Schwingungen

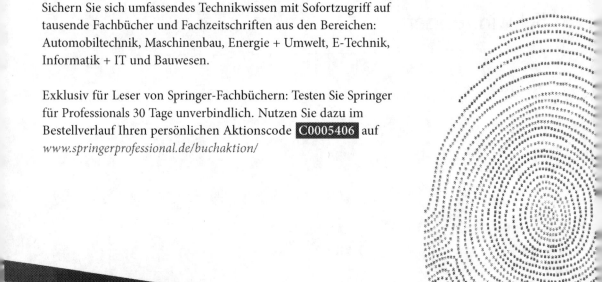

Dieter Guicking

Schwingungen

Theorie und Anwendungen in Mechanik, Akustik, Elektrik und Optik

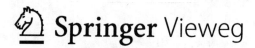 Springer Vieweg

Dieter Guicking
Göttingen, Deutschland

ISBN 978-3-658-14135-6   ISBN 978-3-658-14136-3 (eBook)
DOI 10.1007/978-3-658-14136-3

Die Deutsche Nationalbibliothek verzeichnet diese Publikation in der Deutschen Nationalbibliografie;
detaillierte bibliografische Daten sind im Internet über http://dnb.d-nb.de abrufbar.

Springer Vieweg
© Springer Fachmedien Wiesbaden 2016

Gedruckt auf säurefreiem und chlorfrei gebleichtem Papier.

Springer Vieweg ist Teil von Springer Nature
Die eingetragene Gesellschaft ist Springer Fachmedien Wiesbaden GmbH

Vorwort

Viele ältere Physiker und Ingenieure kennen das Buch „Schwingungslehre" von Erwin Meyer und mir, das 1974 beim Vieweg-Verlag erschienen ist (ISBN 3-528-08254-2). Grundlage war die von Prof. Dr. Erwin Meyer, dem damaligen Direktor des Dritten Physikalischen Instituts – Schwingungsphysik – (DPI) der Universität Göttingen, von 1947 bis 1967 regelmäßig gehaltene Experimentalvorlesung „Schwingungs- und Wellenlehre" mit vielen eindrucksvollen Demonstrationsexperimenten. Meyer hatte mich gebeten, das Manuskript nach dem Vorlesungsablauf zu schreiben. Ein Charakteristikum des Buches waren deshalb die Versuchsbeschreibungen. Meyer ließ mir beim Schreiben des Manuskripts weit gehend freie Hand und akzeptierte ausführlichere Darstellungen der Grundlagen als er sie in der Vorlesung bieten konnte. Meyer verstarb am 6. März 1972, wenige Monate bevor ich das Manuskript fertig stellen und dem Verlag liefern konnte.

Das Buch war seit Mitte 1979 vergriffen; weil es aber immer noch gefragt ist, hat der Springer-Verlag im April 2013 einen Nachdruck herausgegeben (ISBN 978-3-528-08254-3 für die Printausgabe, ISBN 978-3-322-91085-1 für die online-Version).

Das jetzt vorgelegte neue Buch über Schwingungsphysik unterscheidet sich inhaltlich so sehr von der 1974er „Schwingungslehre", dass ich es in Absprache mit dem Springer-Verlag nicht als zweite Auflage ausgeben wollte. Ich habe allerdings die Gliederung und Teile des bewährten Textes sowie viele Abbildungen übernommen, natürlich alles kritisch überarbeitet und Veraltetes weggelassen – auch die Versuchsbeschreibungen; viele Experimente würde man mit den heutigen Möglichkeiten anders aufbauen, und wer sich doch noch für die alten Beschreibungen interessiert, kann sie durch den Nachdruck wieder bekommen.

Das erste Kapitel beschreibt die Schwingungen durch Zeitfunktionen und Spektren, danach folgen, von einfachen zu komplizierteren fortschreitend, Beschreibungen der Schwingungssysteme, wobei mathematisch-formale Herleitungen stets durch physikalisch-anschauliche Überlegungen ergänzt werden, was ebenso wie die Betonung der Gemeinsamkeiten von mechanischen und elektromagnetischen Schwingungen zu einem besseren Verständnis beitragen soll. Ein neues 6. Kapitel behandelt die Möglichkeiten zur kohärent-aktiven Beeinflussung von Schwingungen und Schallfeldern, ein Arbeitsgebiet, mit dem sich auch meine Arbeitsgruppe am DPI etwa 20 Jahre lang intensiv beschäftigte. Literaturhinweise habe ich im Text in [..] eingefügt, die Zitate sind jeweils am Kapitelende aufgelistet.

Ich danke den Mitarbeitern des DPI, vor allem den Professoren Manfred R. Schroeder (†), Werner Lauterborn und Ulrich Parlitz für viele hilfreiche Hinweise und anregende Diskussionen, und den gegenwärtigen Direktoren, den Professoren Jörg Enderlein und Christoph F. Schmidt dafür, dass ich die Einrichtungen des DPI noch nutzen kann. Ich danke auch meinem Sohn, dem Informatiker Axel Arne Guicking dafür, dass er mir Programme zur Text- und Bildverarbeitung auf meinem Rechner installiert hat, ohne die ich das Manuskript nicht hätte erstellen können, und für geduldige Hilfe bei so manchem Problem.

Göttingen, im April 2016   Dieter Guicking

Inhaltsverzeichnis

Zusammenfassung

Dieses Kapitel führt die Grundbegriffe von Schwingungen ein und behandelt die verschiedenen Methoden der Signalverarbeitung. Schwingungen lassen sich durch ihren Ablauf, die Zeitfunktion, und – gleichwertig – durch die darin auftretenden Periodizitäten, das Spektrum darstellen. Zu unterscheiden sind periodische Schwingungen und unperiodische Vorgänge wie Impulse und Rauschen, das mit statistischen Methoden zu untersuchen ist. Die mathematische Behandlung von Schwingungen vereinfacht sich oft durch Berechnungen in komplexer Schreibweise. Neben der Fourieranalyse, der Zerlegung in Sinuskomponenten in Analog- oder Digitaltechnik, sind für Schwingungsvorgänge die Laplace-, die Hilbert- und die z-Transformation wichtig, für die digitale Bildverarbeitung auch die Hadamard- und die Haar-Transformation. Die gesamte Nachrichtentechnik benutzt Modulationsverfahren, von denen hier die Amplituden- und die Frequenzmodulation besprochen werden. Einblicke in die Eigenschaften von Schwingungen liefern auch Korrelationsverfahren, besonders die Auto- und Kreuzkorrelationsanalyse. Auf die Kohärenzfunktion und die Strukturfunktion wird kurz eingegangen. Auch grundlegende Konzepte wie das Abtasttheorem, die Unschärferelation, das Wiener'sche Optimalfilter und die Kramers-Kronig-Relationen werden vermittelt.

1.1 Was ist eine Schwingung?

Stellt man diese Frage einem Laien, so wird er vermutlich die Hin- und Herbewegung eines Pendels beschreiben, und fordert man ihn auf, einen Schwingungsvorgang zu skizzieren, wird er vielleicht eine Kurve aufzeichnen, die einer Sinusfunktion ähnelt.

© Springer Fachmedien Wiesbaden 2016
D. Guicking, *Schwingungen*, DOI 10.1007/978-3-658-14136-3_1

Stellt man die gleiche Frage einem Physiker, wird er sich um eine strenge Definition bemühen, dabei aber bald auf Schwierigkeiten stoßen. Abstrahiert man von der Pendelschwingung und sagt: eine Schwingung ist ein Vorgang, der zeitlich periodisch verläuft, so sieht man leicht ein, dass diese Formulierung einerseits zu weit und andererseits zu eng gefasst ist. Sie ist zu weit, denn jede gleichförmige Rotation (beispielsweise die Erddrehung) stellt ebenfalls einen zeitlich periodischen Prozess dar. Man wird deshalb ergänzend fordern: eine Schwingung ist ein zeitlich periodischer Vorgang, der nicht monoton verläuft, also in jeder Periode mindestens einmal seine Richtung umkehrt. Nun ist diese Formulierung aber auch zu eng, denn streng periodische Vorgänge ohne Anfang und Ende sind mathematische Idealisierungen; bei allen wirklich vorkommenden Schwingungen sind die kennzeichnenden Parameter (Amplitude, Periodenlänge usw.) zeitabhängig. Auch statistische Schwankungsvorgänge sind Schwingungen, z. B. die thermischen Bewegungen der Atome im Kristallgitter um ihre Ruhelage. In manchen Grenzfällen ist es sogar sinnvoll, monoton verlaufende Vorgänge zu den Schwingungen zu zählen, etwa das exponentielle Abklingen einer gedämpften Schwingung im aperiodischen Grenzfall. Der im Prinzip ähnliche Vorgang einer zu Tal gehenden Lawine ist jedoch keineswegs als Schwingung anzusprechen. Auch die gleichförmige Rotation kann ein Schwingungsphänomen bedeuten; z. B. entsteht zirkular polarisiertes Licht durch eine Überlagerung von zwei gegeneinander phasenverschobenen elektromagnetischen Wellen mit gekreuzten Polarisationsebenen.

Weil demnach jede strenge Festlegung eine willkürliche Grenze ziehen müsste, sei der Begriff „Schwingung" in der folgenden, bewusst etwas unscharfen Form definiert:

Eine *Schwingung* ist ein Vorgang, dessen Merkmale sich mehr oder weniger regelmäßig zeitlich wiederholen und dessen Richtung mit ähnlicher Regelmäßigkeit wechselt.

Mathematisch wird eine Schwingung durch ihre *Zeitfunktion* $y(t)$ dargestellt. Der zeitliche Mittelwert $\overline{y(t)}$ heißt *Gleichanteil*, die Differenz $y(t) - \overline{y(t)}$ *Wechselanteil*. Bei einer *streng periodischen* Schwingung ist $y(t + T) = y(t)$, T ist die *Periodendauer*. Ist $y(t + T) \approx y(t)$, wobei sich T langsam mit der Zeit ändern kann, so spricht man von einer *fastperiodischen* oder *quasiperiodischen* Schwingung. Der Wechselanteil muss in jeder Periode mindestens einmal sein Vorzeichen ändern. Bei unperiodischen statistischen Schwingungen müssen positive und negative Werte des Wechselanteils zeitlich abwechseln. Unperiodische, monotone Vorgänge sollten nur dann zu den Schwingungen gezählt werden, wenn sie als Grenzfälle von Schwingungen mit Vorzeichenwechsel auftreten.

Auf Schwingungen trifft man praktisch überall, sie zählen zu den Grundphänomenen der belebten und unbelebten Natur. Jede Wellenausbreitung ist an Schwingungen geknüpft, Schall und Licht sind Schwingungsvorgänge, viele biologische Vorgänge verlaufen periodisch und werden oft durch die tages- oder jahreszeitlichen Helligkeits- und Temperaturschwankungen gesteuert, und jegliche Nachrichtenübertragung ist auf Schwingungen angewiesen. Die Zeitfunktion $y(t)$ einer Schwingung kann daher die verschiedenartigsten Größen beschreiben, z. B. in Mechanik und Akustik: Ort, Geschwindigkeit, Beschleunigung, Druck, Dichte usw., in Elektrik und Optik: Strom, Spannung, Ladung, Widerstand, elektrische oder magnetische Feldstärke, Polarisation, Brechungsindex, Beleuchtungsstärke usw.

Unabhängig von der Beschreibung durch eine Zeitfunktion $y(t)$ lassen sich viele Schwingungssysteme in einer mehr physikalischen Weise charakterisieren. Beim schwingenden Fadenpendel als Beispiel tritt die gesamte in ihm enthaltene Energie in den Umkehrpunkten als potentielle, beim Durchgang durch die Ruhelage als kinetische Energie auf. Entsprechendes gilt für eine große Zahl nicht nur mechanischer Schwingungssysteme, die aber alle dadurch gekennzeichnet sind, dass sie nach einmaligem Anstoß Schwingungen ausführen: die Energie pendelt ständig zwischen zwei Erscheinungsformen hin und her. Im elektrischen Schwingkreis aus Spule und Kondensator wird die Energie abwechselnd im elektrischen Feld des Kondensators und im Magnetfeld der Spule konzentriert.

Eine andere, ebenfalls große Gruppe von Schwingungssystemen enthält nur *einen* Energiespeicher. Er entlädt sich intermittierend – dazu ist ein Steuermechanismus nötig – über einen Verbraucher und bekommt die Energie zur Aufrechterhaltung der Schwingung kontinuierlich zugeführt. Ein Beispiel ist die Blinkschaltung: ein Kondensator wird durch einen schwachen Strom aufgeladen, sodass seine Spannung langsam ansteigt; er entlädt sich über eine parallel geschaltete Glimmlampe bei Erreichen ihrer Zündspannung, oder über eine geeignete Elektronik, worauf das Spiel von neuem beginnt. Man nennt diese Art von Schwingungssystemen *Kippschwinger* (s. Abschn. 1.8.1.3) oder *Relaxationsschwinger* (s. Abschn. 5.2.2).

Auf den Energiespeicher kann man auch ganz verzichten; allerdings muss dann ein Steuerungsmechanismus eingesetzt werden, der die Energiezufuhr zum Verbraucher direkt an- und abschaltet (Zerhackerschaltung). Ein Beispiel ist die Blinkerschaltung, bei der z. B. ein Bimetallschalter oder ein elektrischer Multivibrator den Lampenstrom regelmäßig ein- und ausschaltet.

Eine solche energetische Charakterisierung ist natürlich weniger allgemein als die oben angegebene mathematische, denn viele Schwingungsvorgänge lassen sich durch Energiebetrachtungen allein nicht beschreiben. Man denke nur an eine Pleuelstange, die über einen Exzenter von einer Kurbel angetrieben wird. Dieser Prozess ist im Prinzip rein kinematisch, und Energie wird nur für unvermeidbare Nebeneffekte benötigt: zur Überwindung der Reibung und der Trägheit der Pleuelstange.

Aber auch die Schwingungsbeschreibung durch eine Zeitfunktion $y(t)$ ist nicht allgemein anwendbar. Bei statistischen Vorgängen wie den thermischen Druckschwankungen in einem Gasvolumen entsteht das mit einem empfindlichen Mikrofon im Prinzip messbare Drucksignal durch die ungeordnet aufprasselnden Gasmoleküle, deren Zeitfunktionen nicht zugänglich sind. Hier ist eine formelmäßige Beschreibung nur durch statistische Parameter wie mittlere Frequenz, Streuung um den Mittelwert usw. möglich.

Während in den zuvor genannten Fällen die Schwingungssysteme aus getrennten und in ihrer Wirkungsweise eindeutigen Bauelementen bestehen, leitet das letztere Beispiel über zu Schwingungen in den Kontinua, den homogenen Medien, die aus einer Vielzahl untereinander gleicher oder ähnlicher Teilchen bestehen. Jedes von ihnen (z. B. die Atome im Festkörper oder die Moleküle in Luft) überträgt seine Bewegung mit einer bestimmten zeitlichen Verzögerung auf das nächstbenachbarte, sodass eine *Welle* durch das Medium läuft. Bei streng periodischer Anregung gibt es dann neben der zeitlichen Periodizität mit der Periodendauer $T = 1/f$ (f = Frequenz) noch eine räumliche Periodizität mit der *Wellenlänge* λ, und ein Schwingungszustand pflanzt sich mit der Geschwindigkeit

$$c = \lambda \cdot f \tag{1.1}$$

im Medium fort.

Der Bedeutung der Schwingungslehre entsprechend gibt es zu diesem Gebiet viele Lehr- und Handbücher mit unterschiedlichen Schwerpunkten; eine Auswahl findet sich am Ende dieses Kapitels [2–22].[1]

In diesem Buch werden fast ausschließlich Schwingungssysteme aus diskreten Elementen betrachtet, auf kontinuierliche Systeme wird nur kurz eingegangen. Der Besprechung der nach ihrem Aufbau klassifizierten Systeme (Kap. 2 und folgende) wird eine Art „Kinematik" der Schwingungen vorangestellt. Anhand der verschiedenen Typen von Zeitfunktionen sollen die grundlegenden Begriffe und Sätze der Schwingungslehre eingeführt werden.

1.2 Die Sinusschwingung

Die Sinusschwingung, auch *harmonische Schwingung* genannt, tritt in verschiedenen Teilgebieten der Physik als Idealisierung auf: in der Akustik als *reiner Ton*, in der Optik als *monochromatisches Licht*, in der Nachrichtentechnik als *Trägerschwingung*, der durch Modulation eine Nachricht aufgeprägt werden kann. Weil sich nach dem Fourier'schen Satz (Abschn. 1.7) jeder Vorgang in eine Summe von Sinusschwingungen zerlegen lässt (Abschn. 1.8 und 1.11), und weil diese Zerlegung vor allen anderen aus verschiedenen mathematischen und physikalischen Gründen besonders ausgezeichnet ist, sind die Parameter der Sinusschwingung die grundlegendsten der Schwingungslehre.

Eine physikalische Größe y, die sich sinusförmig mit der Zeit t ändert, lässt sich allgemein darstellen durch die Gleichung

$$y = \widehat{y} \sin(\omega t + \varphi). \tag{1.2}$$

Dabei sind $\widehat{y}$ die *Amplitude* oder der *Scheitelwert* der Schwingung, $\omega = 2\pi f = 2\pi/T$ die *Kreisfrequenz*, f die *Frequenz* und T die *Schwingungs-* oder *Periodendauer*. Das Argument ($\omega t + \varphi$) der Sinusfunktion wird *Phase* oder *Phasenwinkel* der Schwingung genannt. φ gibt die Phase zur Zeit $t = 0$ an und heißt deshalb *Nullphasenwinkel* oder *Anfangsphase*. Da aber die Zeit stets von einem willkürlichen Nullpunkt aus gezählt wird, hat der Nullphasenwinkel bei einer reinen Sinusschwingung keinerlei physikalische Bedeutung. Er spielt erst eine Rolle, wenn mehrere Schwingungen mit verschiedener Phase

---

[1] Die Literaturzitate sind jeweils am Ende der Kapitel aufgelistet, die Nummerierung beginnt jedes Mal mit [1].

Abb. 1.1 Zusammenhang zwischen gleichförmiger Kreisbewegung (**a**) und Sinusschwingung (**b**)

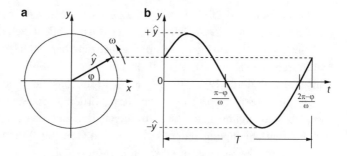

verglichen werden. Der Wert von $y(t)$ zu einer bestimmten Zeit ist der *Momentan-* oder *Augenblickswert*.

1.2.1 Zeigerdarstellung der Sinusschwingung

In Abb. 1.1 ist dargestellt, wie eine Sinusschwingung aus der gleichförmigen Kreisbewegung durch Projektion auf einen Durchmesser entsteht. Ein *Zeiger* der Länge $\hat{y}$ rotiere mit der konstanten Winkelgeschwindigkeit ω, und zu den Zeitpunkten $t = 0, T, 2T, \dots$ habe er den Winkel φ gegen die x-Achse (Abb. 1.1a). Die Projektion der Spitze des Zeigers auf die y-Achse führt dann eine Sinusbewegung aus, wie sie durch Gleichung (1.2) beschrieben wird. Trägt man diese Werte als Funktion der Zeit auf (Abb. 1.1b), so ergibt sich die gewohnte Darstellung der Schwingung als Sinuskurve.

Von den drei Parametern der Sinusschwingung $\hat{y}$, ω (bzw. f) und φ sollen die Frequenz und die Amplitude etwas eingehender besprochen werden.

1.3 Frequenz

Kreisfrequenz ω und Frequenz f werden meistens in der Einheit s^{-1} angegeben. Für die Einheit der Frequenz f ist die Abkürzung Hertz ($\text{Hz} = \text{s}^{-1}$) üblich, mit den abgeleiteten Einheiten $\text{kHz} = 10^3\,\text{s}^{-1}$, $\text{MHz} = 10^6\,\text{s}^{-1}$, $\text{GHz} = 10^9\,\text{s}^{-1}$ und $\text{THz} = 10^{12}\,\text{s}^{-1}$. Für die Drehfrequenzen („Drehzahlen") von Motoren ist die Einheit min^{-1} gebräuchlich. Sowohl bei den mechanischen als auch bei den elektromagnetischen Schwingungen unterscheidet man charakteristische Frequenzbereiche.

1.3.1 Frequenzbereiche mechanischer Schwingungen

Mechanische Schwingungen mit Frequenzen f unter etwa 20 Hz bezeichnet man im Hinblick auf mögliche akustische Auswirkungen oft als *Infraschall*, besonders dann, wenn man an eine gleichzeitige Wellenausbreitung der Schwingung in einem Medium denkt.

Das Gebiet von $f \approx 20\,\text{Hz}$ bis $f \approx 20\,\text{kHz}$ ist der *akustische*, *Hörfrequenz-* oder *Tonfre-quenzbereich*; von $f \approx 20\,\text{kHz}$ bis $f = 10\,\text{GHz}$ schließt sich der *Ultraschallbereich* an, und mechanische Schwingungen mit Frequenzen über $10\,\text{GHz}$ nennt man *Hyperschall*.

Infraschall entsteht z. B. durch Erdbeben, wobei die Frequenzen weit unter 1 Hz liegen können, sowie durch Erschütterungen des Erdbodens durch den Straßen- und Schienen-verkehr mit Frequenzen von einigen Hertz. Große Maschinen haben meist tieffrequente Resonanzschwingungen. Infraschallwellen in Luft werden mit erheblicher Intensität durch die Gezeitenschwingungen der Ozeane, durch Gewitter, Vulkanausbrüche, Explosionen, Raketenstarts usw. ausgelöst. Obwohl der Mensch sie mit dem Gehör nicht wahrnimmt, beeinträchtigt Infraschall hoher Intensität in erheblichem Maß das Wohlbefinden. Dies ist z. B. nachweisbar an Arbeitsplätzen in der Nähe von Infraschall erzeugenden Maschinen oder auch in Gebäuden und Fahrzeugen, die durch Wechselwirkung mit Windböen zu Infraschall angeregt werden, und auch durch Windkraftanlagen.

Die Frequenzen, zwischen denen Luftschwingungen als Schall wahrgenommen wer-den, sind individuell verschieden, vor allem nimmt die obere Grenzfrequenz mit steigen-dem Lebensalter ab. Sie liegt in der frühen Jugend bei 20 kHz, sinkt auf etwa 11 kHz im Alter von 50 Jahren und kann im hohen Alter bis unter 5 kHz abfallen. Diese Zahlen sind Mittelwerte, im Einzelfall gibt es erhebliche Abweichungen, besonders bei starker Lärmbelastung während des Lebens durch gewisse Berufstätigkeiten oder auch durch exzessives Hören lauter Musik; außerdem hängt die obere Hörgrenze natürlich von der Amplitude des Schalls und von Störgeräuschen ab.

Man empfindet Sinustöne, deren Frequenz sich wie 1:2 verhalten (Oktave) als sehr eng miteinander verwandt. Auch andere Tonfolgen klingen besonders harmonisch, wenn sich ihre Frequenzverhältnisse durch kleine ganze Zahlen ausdrücken lassen, wie z. B. 2:3 (Quinte), 3:4 (Quarte), 4:5 (große Terz) usw. Darauf gründet sich das System der Tonleitern in der Musik.

In der normalen *temperierten Stimmung* (gleichschwebende Temperatur) wird die Ok-tave so in 12 Halbtonschritte aufgeteilt, dass das Frequenzverhältnis benachbarter Töne jeweils $\sqrt[12]{2} \approx 1{,}06$ ist. Musikinstrumente werden meist in dieser Weise gestimmt. Dabei ergeben sich freilich nicht genau die oben genannten harmonischen Tonintervalle. Verän-dert man die Frequenzen so, dass ihre Verhältnisse zum Grundton diese einfachen Werte annehmen, so erhält man die *reine Stimmung*, nach der z. B. a-capella-Chöre (ohne Instru-mentalbegleitung) singen und reine Streichorchester spielen. Die Abweichungen zwischen reiner und temperierter Stimmung sind natürlich von Tonart zu Tonart etwas verschie-den; die temperierte Stimmung hat sich aber als guter Kompromiss für die Stimmung der Instrumente durchgesetzt, weil sich bei ihr die „Fehler" gegen die reine Stimmung am gleichmäßigsten auf die Oktave verteilen und alle Tonarten gleich behandelt werden [24]. Quantitativ stellt man die geringen Frequenzunterschiede zwischen den verschiedenen Stimmungen in einer feiner unterteilten Skala dar. In ihr umfasst jeder Halbtonschritt 100 Cent, die Oktave also 1200 Cent.

Der Tonhöhenunterschied zweier Töne im Abstand beispielsweise einer Terz wird bei tiefen Frequenzen stärker empfunden als bei hohen. Das ist ein subjektives Phänomen,

Abb. 1.2 Subjektiv empfundene Tonhöhe mit Tonheits- und Frequenzgruppenskala als Funktion der Frequenz

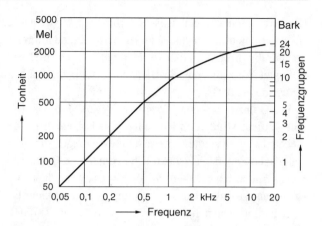

ähnlich wie uns im optischen Spektrum der Unterschied zwischen violett und grün stärker erscheint als der zwischen orange und rot. In der psychologischen Akustik spielt neben der Frequenz die subjektiv empfundene Tonhöhe, die *Tonheit* eine Rolle. Ihre Einheit ist das Mel (abgeleitet von „Melodie") mit der Festsetzung, dass der Frequenz 100 Hz die Tonheit 100 Mel und der subjektiv doppelt so hoch empfundenen Tonhöhe die doppelte Mel-Zahl entsprechen soll. Der nach dieser Vorschrift in subjektiven Versuchen ermittelte Zusammenhang zwischen Frequenz und Tonheit ist in Abb. 1.2 dargestellt: bis 500 Hz ist die Tonheit T in Mel gleich der Frequenz f in Hz, darüber steigt die Tonheit langsamer an. Der empirisch gefundene Zusammenhang wird durch die Beziehung

$$ f \approx 650 \sinh \frac{T}{700\,\mathrm{Mel}}\ \mathrm{Hz} \tag{1.3} $$

gut angenähert. Es hat sich herausgestellt, dass gleichen Intervallen in der Mel-Skala etwa gleiche Abstände der Erregungsmaxima auf der Basilarmembran entsprechen, einem Bestandteil des Innenohrs, auf dem jeder Frequenz eine Stelle maximaler Schwingungsamplitude zugeordnet ist. Die Frequenzgruppenskala rechts in Abb. 1.2 bezieht sich auf die Lautstärkebildung im Gehör und wird im Abschn. 1.5 kurz erläutert.

Die Tonhöhenempfindung folgt weder einer linearen noch einer logarithmischen, sondern eben der Mel-Skala und kann physiologisch durch die räumliche Frequenzverteilung bzw. Frequenzanalyse auf der Basilarmembran gedeutet werden. Bei einem „gehörrichtig" gestimmten Tasteninstrument sind die Frequenzverhältnisse der Oktaven etwas größer als 2:1. Diese *Oktavspreizung* macht über den Frequenzbereich eines Klaviers fast einen Halbton aus. Lediglich bei gleichzeitig gespielten Tönen (Akkorden) bevorzugt man – wegen der sonst störenden Schwebungen – die normale temperierte vor der gespreizten Stimmung.

Auf der Frequenzskala der mechanischen Schwingungen schließt sich an den Hörschallbereich der Ultraschall an. Während er für das menschliche Hören praktisch bedeutungslos ist, können viele kleinere Tiere Ultraschallschwingungen gut erzeugen und hören.

Erinnert sei nur an die akustische Ortung der Fledermäuse. Sie senden Ultraschallimpulse aus und richten sich nach den an Hindernissen oder ihren Beutetieren entstehenden Echos. Technisch wird Ultraschall vielfach benutzt, beispielsweise zur Fehlersuche in undurchsichtigen Werkstücken wie Blechen, Eisenbahnschienen usw., zur Reinigung kleinerer Gegenstände, für Bohrvorgänge u. dgl. mehr.

Die Grenze zwischen *Ultra-* und *Hyperschall* bei 10 GHz ist etwas willkürlich festgelegt worden. Mit den im Hörschall üblichen elektroakustischen Methoden zur Anregung mechanischer Systeme kann man Schwingungen mit Frequenzen bis zu etwa 100 GHz erzeugen; besonders piezoelektrische Wandler (z. B. Quarzplatten) lassen sich auch noch bei den allerhöchsten Frequenzen, allerdings nur noch bei Temperaturen von wenigen Kelvin (weil dann die akustische Dämpfung genügend klein ist), gut verwenden. Mechanische Schwingungen noch höherer Frequenz, bis etwa 700 GHz, erzeugt man unter Ausnutzung quantenmechanischer Effekte und bezeichnet sie deshalb meist als *Phononen*. Auch die thermischen Gitterschwingungen liegen in diesem Frequenzbereich.

Wir haben damit an Hand einer kurzen Übersicht mechanische Schwingungen in dem gewaltigen Frequenzbereich von 10^{-5} Hz (Gezeitenschwingung) bis fast 10^{12} Hz kennen gelernt. Noch größer ist der Frequenzbereich der praktisch bedeutsamen elektromagnetischen Schwingungen.

1.3.2 Frequenzbereiche elektromagnetischer Schwingungen

Die technischen Wechselströme haben vergleichsweise sehr niedrige Frequenzen. Mit $16^2/_3$ Hz fahren die elektrischen Lokomotiven, 50 Hz ist die Netzfrequenz in Europa (in den USA 60 Hz). Die Frequenzen des akustischen Bereichs spielen in der Nachrichtentechnik eine große Rolle, weil praktisch alle Schallübertragungen auf dem Umweg über elektrische Schwingungen vor sich gehen; das gleiche gilt für den Ultraschall.

Im Nachrichtenwesen wird die Eigenschaft der elektromagnetischen Wellen ausgenutzt, sich durch den freien Raum ausbreiten zu können. Bei den höheren Frequenzen wird daher oft nach der Gleichung $\lambda = c/f$ ($c = 3 \cdot 10^8$ m/s ist die (Vakuum)lichtgeschwindigkeit) die Wellenlänge λ bei Ausbreitung im freien Raum statt der Frequenz angegeben. In Tab. 1.1 sind die gebräuchlichen Bezeichnungen der dekadisch unterteilten Wellenlängenbereiche,[2] in Tab. 1.2 die für den Funkverkehr wichtigsten Bereiche zusammengestellt. In der letzten Spalte von Tab. 1.1 stehen die international empfohlenen Abkürzungen der englischen Bezeichnungen (der Reihe nach: Extremely Low, Very Low, Low, Medium, High, Very High, Ultra High, Super High und Extremely High Frequency).

Dezimeter-, Zentimeter- und Millimeterwellen werden zusammenfassend als *Mikrowellen* bezeichnet. An sie schließen sich die *Submillimeterwellen* ($f > 300$ GHz, $\lambda < 1$ mm) an, diese leiten über zur *Infra-* oder *Ultrarotstrahlung* (10^{12} bis $4 \cdot 10^{14}$ Hz, 0,76 μm

---

[2] Bereich Nr. N: $0,3 \cdot 10^N$ Hz $< f < 3 \cdot 10^N$ Hz.

Tab. 1.1 Dekadische Frequenz- und Wellenlängenbereiche

Bereich Nr. N	Frequenzbereich	Wellenlängen-bereich	Bezeichnung	
3	0,3– 3 kHz	100–1000 km		ELF
4	3– 30 kHz	10– 100 km	Myriameterwellen	VLF
5	30–300 kHz	1– 10 km	Kilometerwellen	LF
6	0,3– 3 MHz	0,1– 1 km	Hektometerwellen	MF
7	3– 30 MHz	10– 100 m	Dekameterwellen	HF
8	30–300 MHz	1– 10 m	Meterwellen	VHF
9	0,3– 3 GHz	10– 100 cm	Dezimeterwellen	UHF
10	3– 30 GHz	1– 10 cm	Zentimeterwellen	SHF
11	30–300 GHz	1– 10 mm	Millimeterwellen	EHF

Tab. 1.2 Frequenzbereiche im Funkverkehr

Frequenzbereich	Wellenlängen-bereich	Bezeichnung
10– 150 kHz	2– 30 km	Langwellen-Telegrafiebereich
150– 285 kHz	1050– 2000 m	Langwellen-Rundfunkbereich
525–1605 kHz	187– 560 m	Mittelwellen-Rundfunkbereich
ca. 3– 30 MHz	10–ca. 100 m	Kurzwellenbereich
41– 68 MHz	4,41– 7,33 m	Bereich I (Fernsehkanäle 1–4)
87,5– 100 MHz	3,00– 3,43 m	Bereich II (UKW-Rundfunkbereich)
174– 223 MHz	1,35– 1,73 m	Bereich III (Fernsehkanäle 5–11)
470– 790 MHz	38,0– 63,9 cm	Bereiche IV und V (Fernsehkanäle 14–53)

bis 0,3 mm), es folgen das kleine Gebiet des *sichtbaren Lichts* (380 − 760 nm), die *Ultraviolettstrahlung* ($8 \cdot 10^{-14}$ bis $3 \cdot 10^{16}$ Hz, 10 − 380 nm), die *Röntgenstrahlung* ($3 \cdot 10^{16}$ bis 10^{20} Hz, 3 pm bis 10 nm) und schließlich die γ- und *Höhenstrahlung* ($f > 10^{20}$ Hz, $\lambda < 3$ pm $= 3 \cdot 10^{-2}$ Å). In den letztgenannten Bereichen entstehen die elektromagnetischen Schwingungen durch Quantenprozesse. Statt Frequenz und Wellenlänge, die beide in unhandliche Größenordnungen kommen, gibt man daher meist gemäß der Einstein'schen Gleichung[3] $E = h \cdot f = hc/\lambda$ ($h = 6,63 \cdot 10^{-34}$ Ws^2 Planck'sches Wirkungsquantum[4]) die Energie des zugehörigen Quantenübergangs an. In der Spektroskopie wird häufig die der Frequenz proportionale *Wellenzahl* $1/\lambda$ (meist in cm^{-1}) benutzt.

Generatoren für elektrische Wechselspannungen werden kommerziell für einen weiten Frequenzbereich in großer Auswahl und vielen Varianten angeboten.

Der Submillimeterwellen-Bereich ist der Bereich der *Terahertzstrahlung* ($3 \cdot 10^{11}$ Hz bis $3 \cdot 10^{12}$ Hz, 300 GHz–3 THz). Teleskope, die Terahertz-Strahlung empfangen (etwa 0,5–5 THz, Wellenlängen von 0,6 bis 0,06 mm) werden in der Astrophysik benutzt, um In-

---

[3] Albert Einstein, deutsch–US-amerikanischer Physiker (1879–1955).
[4] Max Planck, deutscher Physiker (1858–1947).

formationen aus Gebieten zu empfangen, deren optische Strahlung durch intergalaktische Staub- und Gaswolken absorbiert wird [25]. Hinreichend starke und stabile THz-Strahlung entsteht in Teilchenbeschleunigern; sie eignet sich für spektroskopische Untersuchungen [26]. Weil THz-Strahlung Kleidung durchdringt, bietet sie sich für Sicherheitsschleusen z. B. in Flughäfen an; es fehlen aber bislang noch geeignete THz-Strahlungsquellen.

1.3.3 Frequenzbandbreite und Frequenzkonstanz

Die Sinusschwingung ist ein mathematischer Grenzfall, der in Technik und Natur nur annähernd verwirklicht ist. Bei vielen Geräten, mit denen Sinusschwingungen erzeugt oder nachgewiesen bzw. Frequenzen gemessen werden, hebt man aus einem breiten mechanischen oder elektromagnetischen Spektrum in irgendeiner Weise einen engen Bereich um eine *Mittenfrequenz* f_0 heraus. Die Breite dieses Bereichs wird durch eine dimensionslose Zahl charakterisiert, die *relative Frequenzbandbreite* $\Delta f / f_0$. Der Kehrwert ist die *relative Frequenzschärfe* oder *-genauigkeit* $f_0 / \Delta f \approx \lambda_0 / \Delta \lambda$ und heißt in der Optik *Monochromasie* oder *Auflösungsvermögen*, in der Elektrotechnik im Hinblick auf Resonatoren *Güte*. Die Vorschrift, wie bei einer gegebenen Frequenzkurve die Bandbreite oder Halbwertsbreite Δf zu bestimmen ist, wird später besprochen (Abb. 2.8).

In vielen Fällen ist die Bandbreite zwar sehr klein, aber die Mittenfrequenz f_0 schwankt zeitlich oder verschiebt sich kontinuierlich mit der Zeit z. B. durch Alterung der Systemelemente. Dann drückt man die *absolute* oder *relative zeitliche Frequenzänderung* oder *-schwankung* ebenfalls durch das Intervall Δf aus, in dem sich die Frequenz ändert und bezieht jetzt auf die Zeit: $\Delta f / t$ bzw. $\Delta f / f_0 t$ (z. B. -3 Hz/Tag oder $\pm 10^{-3}$/Jahr). Gebräuchlich sind hierfür auch die Ausdrücke *absolute* bzw. *relative Frequenzkonstanz*. Die *Kurzzeitkonstanz* verbessert sich zunächst mit wachsender Mittelungszeit τ, erreicht aber je nach Oszillatortyp bei $\tau = 0{,}1$ bis 100 s konstante Minimalwerte. Statistische Kurzzeitschwankungen werden auch als *Phasenrauschen* im Spektralbereich beschrieben (Abschn. 1.8.3.2). Die *Langzeitkonstanz* ist meistens durch die alterungsbedingte Drift begrenzt. Die Frequenz f_0 kann natürlich auch anderen Einflüssen unterliegen, etwa von der Temperatur T abhängen. Dann gibt man entsprechend die absolute oder relative Temperaturabhängigkeit der Frequenz $\Delta f / T$ bzw. $\Delta f / f_0 T$ an.

Besonders wichtig ist die Frequenzkonstanz für die Zeitmessung. Alle genauen Uhren enthalten als wesentliches Element ein Schwingungssystem, dessen Frequenzkonstanz die Ganggenauigkeit der Uhr bestimmt. Mechanische Armband- und Taschenuhren mit Unruh zeigen mittlere tägliche Zeitabweichungen von etwa ± 10 s, entsprechend relativen Frequenzschwankungen von rund $\pm 10^{-4}$. Ortsfeste Pendeluhren sind mit wesentlich höherer Ganggenauigkeit gebaut worden: mit aufwendiger Konstruktion und nachträglicher Korrektur von Temperatur- und Frequenzschwankungen erreichte man bei den besten unter ihnen („Schuleruhren")[5] eine Zeitabweichung unter 10^{-3} s/Tag, $\Delta f / f_0 = 10^{-8}$.

---

[5] Maximilian (Joseph Johannes Eduard) Schuler, deutscher Ingenieur (1882–1972).

Uhren noch höherer Ganggenauigkeit lassen sich mit solchen tieffrequenten mechanischen Schwingungssystemen nicht mehr konstruieren, wohl aber mit höherfrequenten elektromechanischen Schwingern. Hier sind vor allem die *Quarzuhren* zu nennen, die die mechanischen Uhren fast völlig verdrängt haben. Ihr wesentlicher Bestandteil ist ein *Schwingquarz*. Kristalliner Quarz ist piezoelektrisch, d. h. eine geeignet aus dem Kristall heraus geschnittene Scheibe ändert ihre Dicke im elektrischen Feld, und andererseits treten elektrische Ladungen an den Oberflächen auf, wenn man die Scheibe deformiert (Abschn. 3.3). Bei günstiger Formgebung und Halterung (im Schwingungsknoten) ist die mechanische Eigenresonanz des Schwingquarzes sehr scharf; wählt man dazu noch eine günstige kristallographische Orientierung, so ist die Eigenfrequenz der Quarzscheibe in einem gewissen Bereich fast temperaturunabhängig. Die Quarzuhren enthalten einen selbsterregt schwingenden elektronischen Oszillator mit dem Schwingquarz als frequenzbestimmendem Element. Schwingquarze für Digitaluhren werden z. B. auf eine Resonanzfrequenz von $4,194304\,\text{MHz} = 2^{22}\,\text{Hz}$ abgestimmt („4 MHz-Quarz"), sodass ein 22-stufiger binärer Untersetzer direkt die Sekundenimpulse liefert. Viele Quarzuhren enthalten Schwingquarze, die auf $32,768\,\text{kHz} = 2^{15}\,\text{Hz}$ abgestimmt und in ein kleines evakuiertes Gehäuse eingebaut sind. Die preiswerten Gebrauchsuhren lassen sich mit einer Ganggenauigkeit von 2 min/Jahr einstellen, d. h. $\Delta f / f_0 = 4 \cdot 10^{-6}$. Bei Laborgeräten für höhere Ansprüche befindet sich der Quarz zur Temperaturstabilisierung in einem Thermostaten („Ofenquarz"). Hiermit erreicht man eine Kurzzeitkonstanz von bis zu $\Delta f / f_0 = 5 \cdot 10^{-12}$ (Beobachtungszeit 1 s), der aber eine alterungsbedingte Langzeitdrift von etwa $2 \cdot 10^{-10}$ pro Tag überlagert ist.

Quarzoszillatoren dieser oder etwas geringerer Genauigkeit sind Bestandteil vieler elektronischer Geräte zur Frequenz- und Zeitmessung, Signalerzeugung und -analyse. Beispielsweise erzeugt in digitalen Frequenzmessern (*Frequenzzählern*) die Quarzuhr ein Zeitintervall, die *Zeitbasis* τ. Das Gerät ermittelt die Zahl der Schwingungen des zu untersuchenden Signals während dieser Zeit. Abb. 1.3 erläutert das Messprinzip. Aus der Signalspannung (a) erzeugt ein empfindlicher, beim Nulldurchgang umschaltender „Trigger" eine Rechteckspannung (b), diese wird differenziert (c) und gleichgerichtet (d). Man erhält so in jeder Periode der Signalschwingung einen Impuls. Mit dieser Impulsfolge wird eine aus Flip-Flops aufgebaute „Zählschaltung" während der gewählten Zeitbasis (z. B. $\tau = 1\,\text{s}$, 10 s oder 0,1 s) gespeist und das Ergebnis am Ende dieses Intervalls digital angezeigt. Je nach der Phasenlage des Intervallbeginns relativ zur Impulsfolge schwankt die Anzeige um eine Einheit in der letzten Stelle. Bei den genannten Werten der Zeitbasis wird daher die Frequenz mit einer Genauigkeit von $\Delta f = 1\,\text{Hz}$, 0,1 Hz oder 10 Hz, allgemein: $\Delta f = 1/\tau$ gemessen. Die Genauigkeit der Zeitbasis selbst liegt so hoch, dass ihr Einfluss im Allgemeinen klein gegen $1/\tau$ bleibt. Handelsübliche Frequenzzähler werden mit direkter Zählung bis zu einigen Hundert MHz, mit vorheriger Signalverarbeitung durch Frequenzteilung, Frequenzherabsetzung durch Mischung (vgl. Abschn. 1.8.3.1) oder durch Vergleich mit einer phasenstarr gekoppelten Schwingung niedrigerer Frequenz (die dann direkt gezählt werden kann) bis über 100 GHz angeboten.

Abb. 1.3 Zur Arbeitsweise eines elektronischen Frequenzzählers

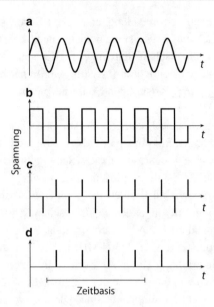

Für höchste Ansprüche an Frequenzschärfe und Frequenzkonstanz genügen auch die Schwingquarze nicht mehr. Eine wesentliche Verbesserung gelang mit der Ausnutzung der molekularen, atomaren und nuklearen Quantenprozesse. Beim Übergang aus einem energiereicheren (*angeregten*) Zustand E_1 in einen energieärmeren Zustand E_0 wird entsprechend der Einstein'schen Gleichung

$$E_1 - E_0 = h f_0 \tag{1.4}$$

(h = Planck'sches Wirkungsquantum) eine elektromagnetische Welle der Frequenz f_0 ausgesandt. Ihre Frequenzbandbreite Δf, die *natürliche Linienbreite* ist nach der *Heisenberg'schen Unschärferelation* [6]

$$\Delta f \cdot \Delta t \geq 1 \tag{1.5}$$

durch die Zeitdauer Δt gegeben, nach der im Mittel der Übergang stattfindet. Für Frequenznormale nutzt man Quantenprozesse in Masern, Atomstrahlapparaturen und Resonatoren mit Gaszellen aus.

Bei den *Masern* liegen die Frequenzen f_0 im Mikrowellengebiet, und die Lebensdauern sind so hoch, dass es im Experiment gelingt, für genügend lange Zeit mehr Atome oder Moleküle in den energiereichen Zustand zu bringen, als es dem thermischen Gleichgewicht entspricht (*Inversion der Besetzungszahlen*). Strahlt man nun eine (schwache) Welle der Frequenz f_0 in ein derartiges Material ein, bei dem der angeregte Zustand überbesetzt

---

[6] Werner Heisenberg, deutscher Physiker (1901–1976).

ist, so erzwingt diese Welle den spontanen Übergang aller „überzähligen" Teilchen in den Grundzustand, und zwar so, dass sich die dabei ausgesandten elektromagnetischen Wellen gleichphasig der den Vorgang auslösenden Welle überlagern. Die Welle wird also durch *stimulierte Emission* verstärkt. (*Maser* ist die Abkürzung für **M**icrowave **A**mplification by **S**timulated **E**mission of **R**adiation). Da Δt nicht beliebig groß ist, kommt es auch ohne äußere Anregung nach einiger Zeit zu einer *spontanen Emission*, wobei ein zufällig in den Grundzustand übergehendes Teilchen die synchrone Emission der anderen auslöst. Lässt man diesen Vorgang in einem auf die Frequenz f_0 abgestimmten Resonator für elektromagnetische Wellen ablaufen, so kann man aus ihm eine Wechselspannung der Frequenz f_0 auskoppeln, sofern man nur durch „Pumpen" dafür sorgt, dass die Überbesetzung der angeregten Niveaus ständig wiederhergestellt wird. Beim *Laser* (**L**ight **A**mplification by **S**timulated **E**mission of **R**adiation) liegt die Frequenz f_0 im optischen Bereich (10^{12} Hz bis $3 \cdot 10^{16}$ Hz). Bezüglich der Analogie zum parametrischen Verstärker vgl. Abschn. 5.5.3.2.

Beim *Ammoniakmaser* wird der Übergang zwischen zwei Moleküleigenschwingungen benutzt, bei dem eine Strahlung der Frequenz $f_0 = 23,870140\,\text{GHz}$ ($\lambda_0 = 1,256\,\text{cm}$) entsteht (vgl. Abschn. 4.1.1.2). Im inhomogenen elektrischen Quadrupolfeld lassen sich aus einem Ammoniakgasstrahl die Moleküle mit der höheren von denen mit der niedrigeren Energie trennen und in einem Hohlraumresonator sammeln. Bei einer Leistungsentnahme von 10^{-9} Watt beträgt die Bandbreite $\Delta f = 10^{-2}$ Hz, die Schwankungen über längere Zeit hinweg (durch Temperatureinflüsse usw.) liegen bei etwa ± 1 Hz, entsprechend einer Frequenzunsicherheit von $\Delta f / f_0 = 10^{-10}$. In der *Ammoniakuhr* wurde die entsprechend vervielfachte Frequenz einer Quarzuhr mit der Frequenz des Ammoniakmasers verglichen und eine auftretende Differenz dazu benutzt, die Frequenz der Quarzuhr nachzuregeln, bis die Abweichung verschwand. Auf diese Weise wurde erreicht, dass die Quarzuhr mit derselben Unsicherheit von 10^{-10} lief. Die Kopplung des Ammoniakmasers mit einer Quarzuhr war deshalb nötig, weil es in der Gegend um 23,87 GHz eine große Zahl von Eigenschwingungen des NH_3-Moleküls gibt, sodass sich die gewünschte Linie mit einem technisch realisierbaren elektronischen Filter nicht isolieren lässt. Die Quarzgenauigkeit ist hingegen ausreichend, den Frequenzvergleich mit einer einzigen Linie eindeutig vorzunehmen.

Die gegen Ende der 1940er Jahre entwickelte Ammoniakuhr wurde etwa ab 1955 durch die *Atomuhren* verdrängt, in denen man Übergänge zwischen Hyperfeinstruktur-Niveaus der Atome ausnutzt. Geeignete Isotope sind vor allem ^{133}Cs und ^{87}Rb. Die derzeit zuverlässigsten Uhren (bezüglich Frequenzgenauigkeit und -konstanz) arbeiten mit *Cäsium-Atomstrahl-Resonanzapparaturen*. Weil sie insbesondere konstanter sind als die Erdrotation,[7] hat man die zuvor astronomisch abgeleitete Zeiteinheit (*Ephemeridensekunde*) seit Oktober 1967 durch die *Atomsekunde* ersetzt [27]. Die Sekunde ist seitdem definiert als die 9.192.631.770-fache Periodendauer des Hyperfeinstrukturübergangs von $F = 4, m_F = 0$ nach $F = 3, m_F = 0$ im Grundzustand des ^{133}Cs-Atoms, extrapoliert auf

---

[7] Die Erdrotation unterliegt Schwankungen, vor allem durch Drehimpulsaustausch der Erdatmosphäre mit gewaltigen tropischen Wirbelstürmen, die einige 10^{-4} s/Tag ausmachen können [29].

das Magnetfeld $H = 0$. Hätte man als letzte drei Ziffern 997 statt 770 genommen, wären deutlich weniger Schaltsekunden (s. nächste Seite) nötig [28].

Im Cs-Frequenznormal werden aus einem Strahl von ^{133}Cs-Atomen die energiereichen in einem inhomogenen Magnetfeld ausgesondert und durch einen auf die Übergangsfrequenz abgestimmten Hochfrequenzresonator geleitet. Bei Anregung des Resonators mit genau der Übergangsfrequenz, die man wie beim NH$_3$-Maser durch Frequenzvervielfachung aus einem Quarzoszillator gewinnt, geben sie ihre Energie an das HF-Feld ab. Nach nochmaliger Zustandsselektion werden die verbleibenden energiereicheren Atome auf einen Detektor fokussiert. Sein Ausgangssignal wird minimal bei genauer Übereinstimmung der HF-Frequenz und der Übergangsfrequenz. Es wird deshalb zur Nachregelung des Quarzoszillators benutzt.

Cs-Uhren dieser Bauart weisen Langzeitgangunsicherheiten (über mehrere Jahre) von 10^{-13} bis 10^{-15} auf und sind, wegen des nahezu frei fliegenden Atomstrahls, weitgehend frei von Störeinflüssen. Der Resonator muss allerdings sehr sorgfältig gegen äußere Magnetfelder abgeschirmt werden.

Durch Mittelung über zur Zeit 260 weltweit betriebene Cs-Uhren (*primäre Frequenzstandards* in den Staatsinstituten zur Festlegung der „gesetzlichen Zeit") wird beim Bureau International des Poids et Mesures (BIPM) in Paris fortlaufend die *Internationale Atomzeit* (TAI, Temps Atomique International) gewonnen, die aber mit der (astronomischen) *Weltzeit* UT1 naturgemäß nicht genau übereinstimmt. Aus diesem Grund hat man als weitere Atomzeitskala die *koordinierte Weltzeit* (UTC, Universal Time Coordinated) eingeführt, die sich von TAI um jeweils eine ganze Zahl von Sekunden und von UT1 um weniger als eine Sekunde unterscheidet. Zur Anpassung fügt man seit 1972 von Zeit zu Zeit, am Jahresende oder zur Jahresmitte, „Schaltsekunden" zwischen TAI und UTC ein. Diese Korrekturen sind wegen der auf der vorigen Seite erwähnten nicht optimalen Definition der Sekunde und der allmählich langsamer werdenden Erdrotation nötig (eine Folge der Gezeitenreibung, die aber nur einige Millisekunden pro Jahrhundert ausmacht [28]).

Die über Funk, z. B. über den Langwellensender DCF 77 bei Frankfurt (Trägerfrequenz 77,5 kHz) verbreiteten Zeitsignale entsprechen sehr genau der UTC-Skala und werden im Umkreis von etwa 1500 km mit den *Funkuhren* [30] empfangen, die dadurch die gleiche hohe Ganggenauigkeit wie die Atomuhren bekommen.

Die als primäre Frequenzstandards in den Staatsinstituten betriebenen Cs-Uhren sind sehr aufwendige Geräte. Etwas einfachere Cs-Uhren sind auch kommerziell erhältlich; sie werden dort eingesetzt, wo es auf eine sehr hohe Langzeitkonstanz ankommt, z. B. in den Satelliten für Ortungssysteme (GPS, GLONASS, Galileo). Preiswerter sind *Rubidiumdampf-Frequenznormale*. Sie nutzen einen Hyperfeinstrukturübergang in ^{87}Rb bei 6,8347 GHz aus [31].

In ihnen ist ^{87}Rb-Dampf zusammen mit einem Edelgas als Puffersubstanz unter vermindertem Druck in einer Gaszelle eingeschlossen, die sich in einem auf die Übergangsfrequenz abgestimmten Resonator befindet. Die Überbesetzung des angeregten Niveaus im Rb-Gas erzielt man durch *optisches Pumpen*, d. h. durch Einstrahlen von Licht, das die Atome aus dem Grundzustand auf ein hochliegendes „Pumpniveau" hebt, von dem aus sie spontan das angeregte Niveau erreichen.

Der Resonator wird wieder von einem Quarzoszillator mit Frequenzvervielfacher gespeist. In Resonanz geben die Rb-Atome ihre Energie an das HF-Feld ab, was zu einer stärkeren Absorption des Pumplichts führt. Der Quarzoszillator wird auf minimale Intensität des durchgelassenen Pumplichts geregelt.

Die Kurzzeitstabilität der Rb-Uhren ($3 \cdot 10^{-12}$/s) ist etwas besser als die der Cs-Uhren, aber die Frequenzgenauigkeit, d. h. die Übereinstimmung der tatsächlichen Frequenz mit der theoretischen, ist weniger gut, weil die Übergangsfrequenz vom Partialdruck des Puffergases, von der Pumplichtintensität und anderen äußeren Einflüssen in nicht vernachlässigbarem Maß abhängt. Die Rb-Uhren lassen sich deshalb nur als *sekundäre Frequenzstandards* einsetzen, die durch Vergleich mit primären Standards zu eichen sind. Ihre Langzeitkonstanz ist mit $8 \cdot 10^{-12}$/Monat aber z. B. wesentlich besser als die der Quarzuhren; zusammen mit einem Empfänger für die Zeitsignale eines Normalfrequenzsenders wie DCF 77, der die Rb-Uhren nachsteuert, ergibt sich eine ideale Kombination: die hohe Kurzzeitstabilität bleibt erhalten, und die Langzeitstabilität erreicht die des Senders (etwa 10^{-13}/Jahr). Vereinzelt sind Rb-Frequenznormale auch als selbsterregt schwingende Maser ohne Hilfsoszillator gebaut worden. Sie zeichnen sich durch noch bessere Kurzzeitkonstanz aus.

Ohne quarzgesteuerten Hilfsoszillator arbeitet auch der *Wasserstoff-Maser*. In ihm wird der Übergang des Elektronenspins zwischen der parallelen und der antiparallelen Lage relativ zum Kernspin ausgenutzt. Dabei entsteht eine elektromagnetische Strahlung der Frequenz $f_0 = 1{,}420405751768\,\text{GHz}$, $\lambda_0 = 21{,}105\,\text{cm}$ (diese *21 cm-Linie* kommt auch in der Weltraumstrahlung vor und spielt in der Radioastronomie eine große Rolle.)

Im Wasserstoffmaser fliegt ein Strahl von angeregten ^{1}H-Atomen in eine innen mit Teflon beschichtete Quarzglasflasche, die in einem auf die Übergangsfrequenz abgestimmten Hohlraumresonator liegt. Bei hinreichend intensivem Atomstrahl setzt die Maserschwingung ein, und man kann die nötige Mikrowellenleistung aus dem Resonator auskoppeln, ohne die Maserschwingung zu beeinträchtigen.

Mit Wasserstoffmasern hat man die sehr hohe Kurzzeitkonstanz von $7 \cdot 10^{-16}$ bei Mittelung über einige Stunden erreicht. Durch Dopplerverschiebung der emittierten Frequenz bei Wandstößen der Atome und einige äußere Einflüsse liegt die Frequenzgenauigkeit jedoch nur bei 10^{-12}. Weil außerdem die Wasserstoffmaser erheblich aufwendiger sind als die Cs-Normale, ist ihre Anwendung auf wenige Spezialprobleme beschränkt, wo die extrem hohe Kurzzeitgenauigkeit wichtig ist (s. unten).

Alle Atomuhren arbeiten mit gasförmigem Medium. Das hat zur Folge, dass sich je nach der momentanen thermischen Geschwindigkeit der Atome bei der Emission die Frequenz der ausgesandten Welle durch den Dopplereffekt verschieben kann und dadurch die Bandbreite gegenüber der natürlichen Linienbreite wesentlich größer wird. Dieser *Dopplereffekt 1. Ordnung* [8] lässt sich in Atomstrahlapparaturen aufgrund eines nach

---

[8] Christian Andreas Doppler, österreichischer Physiker (1803–1853).

R. H. Dicke[9] benannten Effekts durch geeignete Formgebung des Resonators vermeiden (die Wechselwirkungsstrecke zwischen Atom und HF-Feld muss klein gegen die Wellenlänge sein). Es bleibt der *Dopplereffekt 2. Ordnung*, die relativistische Zeitdehnung aufgrund der Relativbewegung zwischen strahlendem Atom und Resonator. Als weitere Wirkung des Dopplereffekts wird durch den Rückstoß, den ein Atom bei der Emission erleidet, die Strahlungsfrequenz niedriger als es der Differenz der Energieniveaus entspricht.

Diese Nachteile entfallen bei der *rückstoßfreien γ-Emission* von Atomkernen, dem *Mößbauereffekt*.[10] Es handelt sich dabei um die γ-Strahlung, die beim Übergang der Atomkerne aus dem ersten angeregten in den Grundzustand emittiert wird. In vielen Kristallen wird der dabei erzeugte Rückstoß vom Kristall insgesamt aufgenommen, sodass auf das emittierende Atom ein praktisch bedeutungsloser Anteil entfällt. Die Strahlung wird also von einem nahezu ruhenden Teilchen ausgesandt, und experimentell beobachtet man auch tatsächlich fast genau die natürliche Linienbreite. Die relative Frequenzbandbreite beträgt bei der 14,4 keV-Line des ^{57}Fe $\Delta f / f_0 = 3 \cdot 10^{-13}$, bei der 93 keV-Linie des ^{67}Zn sogar $5 \cdot 10^{-16}$. Zur Konstruktion von Frequenznormalen lässt sich der Mößbauereffekt allerdings nicht ausnutzen, weil es keine Frequenzzähler für diesen Bereich gibt.

Weiter fortgeschritten sind Pläne, die Cs-Standards durch *optische Frequenznormale* zu ersetzen. Bei ihnen werden einzelne Atome in einer „Atomfalle" gespeichert, z. B. einem Gitter aus Laserlicht. Damit wurden bereits Frequenz*stabilitäten* bis 10^{-18} realisiert [32–34]. Die Frequenzvervielfachung von Mikrowellen mit einem „Frequenzkamm" bis in den optischen Bereich ist auch schon gelungen [35, 36], sodass die Kopplung an niederfrequente Oszillatoren möglich ist. Allerdings ist die Frequenz*genauigkeit* noch problematisch, weil die optischen Oszillatorfrequenzen von diversen Effekten beeinflusst werden.

Wenn die Frequenzzählung im optischen Bereich technisch beherrscht wird, lässt sich wegen der Neudefinition des Meters (1983) als die Strecke, die Licht im Vakuum in 1/299.792.458 s zurücklegt, wegen der zahlenmäßigen Festlegung der Lichtgeschwindigkeit in m/s die Wellenlänge der entsprechenden Spektrallinie mit der gleichen Genauigkeit wie die Frequenz bestimmen. Aus einem Wellenlängen-Prototyp im optischen Bereich kann man durch Vergleich in Interferometern die Wellenlängen anderer Strahlungsquellen mit praktisch gleicher Genauigkeit ermitteln. Da zuvor das Meter als Vielfaches der Wellenlänge einer bestimmten Kryptonstrahlung mit einer Unsicherheit von $4 \cdot 10^{-9}$ festgelegt war, hat die Neudefinition, die die Darstellung des Meters auf eine Zeitmessung und damit eine Frequenzmessung zurückführt, die erzielbare Genauigkeit von Längenmessungen um mehrere Größenordnungen verbessert. Es gibt auch Bestrebungen, sämtliche Grundeinheiten mit Hilfe geeigneter Frequenzangaben zu definieren, weil die Frequenz die mit weitem Abstand am genauesten messbare physikalische Größe ist.

---

[9] Robert Henry Dicke, US-amerikanischer Physiker (1916–1997).
[10] Rudolf Ludwig Mößbauer, deutscher Physiker (1929–2011).

Eine Atomuhr mit einem relativen Frequenzfehler von 10^{-13} würde im Dauerbetrieb erst nach 300.000 Jahren einen Zeitfehler von 1 s erreichen. Die Frage ist daher berechtigt, wozu man solche genauen Uhren überhaupt braucht. Derartige Anforderungen werden aber tatsächlich in Technik und Forschung recht häufig gestellt. So müssen die Trägerfrequenzen der UHF-Fernsehsender eine Stabilität von 10^{-10} aufweisen, um störende Interferenzen zu vermeiden. Hier reichen also freilaufende Quarzoszillatoren nicht mehr aus; man koppelt sie daher über einen 10 MHz-Normalfrequenzsender indirekt an ein Cs-Normal an. In der Nachrichtentechnik benötigt man hochkonstante Uhren zur korrekten Steuerung von Zeitmultiplexsystemen (Abschn. 1.8.1.5).

Besonders hohe Anforderungen an die Zeitmessung stellen Ortung und Navigation. So können Schiffe mit Hilfe des sog. LORAN-C-Verfahrens (*Long Range Navigation*, Hyperbelverfahren) aus den Laufzeitdifferenzen der von mehreren Langwellensendern gleichzeitig ausgesandten Signale ihre Position im Ozean auf 150 m genau bestimmen. Die LORAN-C-Impulse werden von Cs-Normalen gesteuert, sodass ihre Zeitfehler unter 0,5 μs bleiben.

Auch Satelliten-Ortungs- und Navigationssysteme, vor allem GPS[11], aber auch das russische GLONASS (Global Orbiting Navigation Satellite System), das chinesische BeiDou-System, und das im Aufbau befindliche europäische GALILEO-System, sind nur mit hochgenauen Uhren möglich [37]. Die Satelliten haben deshalb Cs-Uhren an Bord. Ein GPS-Empfänger auf der Erde wertet die Sendesignale von mindestens vier der mindestens 24 GPS-Satelliten aus, die die Erde in etwa 20.200 km Höhe über der Erdoberfläche umkreisen, und bestimmt aus den unterschiedlichen Laufzeiten der Signale seine Position auf der Erde. Nach der Allgemeinen Relativitätstheorie ist die Ganggeschwindigkeit der Cs-Uhren in den Satelliten höher als auf der Erde (in Meereshöhe: $\Delta f / f_0 = 1{,}09 \cdot 10^{-16}$ je Meter Höhenänderung), und nach der Speziellen Relativitätstheorie aufgrund der Bahngeschwindigkeit der Satelliten (ca. 3,9 km/s) niedriger. Beide Effekte heben sich in etwa 3000 km Höhe auf, bei den GPS-Satelliten überwiegt der beschleunigende Effekt. Zur Synchronisation der Uhren in den Satelliten und auf der Erde wird die Schwingungsfrequenz der Satelliten-Uhren etwas niedriger eingestellt [38].

Die Atomuhren mit Fehlern von weniger als 10^{-13} in Verbindung mit der Radar- und VLBI-Technik (Very Long Baseline Interferometry) haben auch die experimentelle Nachprüfung von Vorhersagen der speziellen und allgemeinen Relativitätstheorie mit Genauigkeiten von 1 % und besser ermöglicht (z. B. Zeitdilatation im bewegten Bezugssystem, Frequenzbeeinflussung durch Gravitationsfelder (eine Uhr an der Erdoberfläche geht um 10^{-16} schneller, wenn sie um einen Meter angehoben wird [28]), nichtlineare Wechselwirkungen von Gravitationsfeldern untereinander, Periheldrehung der Merkurbahn, und aus der Frequenzänderung eines Pulsars auch indirekt die Existenz von Gravitationswellen).

In der Raumfahrt muss man zur Flugbahnberechnung die Position von Raumsonden mit Radarmessungen auf etwa 10 cm genau bestimmen können. Hierzu braucht man Uhren

---

[11] offizielle Bezeichnung: **Nav**igational **S**atellite **T**iming **a**nd **R**anging – **G**lobal **P**ositioning **S**ystem (NAVSTAR GPS).

mit Frequenzfehlern unter 10^{-13} über mehrere Stunden. Die Installation von Retroreflek-
toren (Eckenspiegeln) auf dem Mond und an Satelliten hat, in Verbindung mit Atomuhren,
der Geophysik neue Möglichkeiten eröffnet: man kann Erdgezeiten, Kontinentaldrift, Plat-
tentektonik usw. auf etwa 10 cm genau messen. Auch die Erforschung ferner Radioquellen
mit Hilfe weit voneinander entfernter Empfänger (VLBI) ist mit dem Einsatz genauer
Wasserstoffmaser wesentlich verbessert worden. Die Pulsarforschung stellt darüber hinaus
hohe Anforderungen an die Langzeitkonstanz der Uhren. Mit der besonders hochfrequenten Mößbauer-Strahlung sind extrem kleine Dopplerverschiebungen bei sehr langsam
bewegter Strahlungsquelle (bis hinab zu 0,1 mm/s) noch gut zu bestimmen.

1.3.4 Frequenz und Sequenz, Mäanderfunktionen

Der Begriff der Frequenz, wie er in diesem Abschnitt behandelt und in Physik und Technik allgemein verstanden wird, ist eng mit der Sinusschwingung verknüpft. Ein „monochromatischer", d. h. nur eine einzige Frequenz enthaltender Vorgang ist stets eine Sinusschwingung, jeder nicht-sinusförmige periodische Vorgang wird aufgrund des Fourier'schen Satzes (Abschn. 1.7) als Summe von Sinusschwingungen aufgefasst und stellt
somit ein „Frequenzgemisch" dar. Sinusschwingungen sind die Eigenschwingungen einfacher mechanischer und elektrischer Schwingkreise (aus Masse und Feder bzw. aus Spule
und Kondensator aufgebaut), sodass sich Generatoren und Filter für Sinusschwingungen
leicht herstellen lassen.

Durch die Entwicklung schneller elektronischer Schalter aus Halbleitern gewannen für
die Nachrichtentechnik und vor allem in Computern die Rechteckschwingungen, die z. B.
zwischen $+1$ und -1 hin- und herspringen, als elementare Funktionen eine herausragende Bedeutung. Es gibt zahlreiche vollständige Orthogonalsysteme von Rechteckschwingungen, sodass analog zur Fourierzerlegung jede periodische Zeitfunktion eindeutig als
Summe derartiger *Mäanderfunktionen* darstellbar ist. Die wichtigsten sind die *Walsh-
Funktionen* [12] [39] und die *Haar-Funktionen* [13] [40].

Abb. 1.4a zeigt die ersten 16 Walshfunktionen wal(n,t). Die geraden Funktionen (n $=$
$0, 2, \ldots$) bezeichnet man auch mit cal(m,t), m $=$ n$/2$ und die ungeraden (n $= 1, 3, \ldots$)
mit sal(m,t), m $=$ (n $+$ 1)$/2$, in Analogie zu den entsprechenden Cosinus- und Sinusfunktionen. Die Walsh-Funktionen sind periodisch mit der Periode T; die 2m Sprungstellen in
jeder Periode sind jedoch nur bei den *Rademacherfunktionen*,[14] den Walsh-Funktionen
mit m $= 2^k$, k $= 1, 2, 3, \ldots$ gleichmäßig über das Intervall T verteilt. Der Frequenz
– gleich der halben Anzahl von Nullstellen pro Zeiteinheit in der gewohnten, auf Sinusschwingungen basierenden Theorie – entspricht in der Theorie der Walsh-Funktionen die
mittlere Sprungstellenzahl pro Zeiteinheit. Dieser hat man zur Unterscheidung von der

[12] Joseph Leonard Walsh, amerikanischer Mathematiker (1895–1973).
[13] Alfréd Haar, ungarischer Mathematiker (1885–1933).
[14] Hans Rademacher, deutscher Mathematiker (1892–1969).

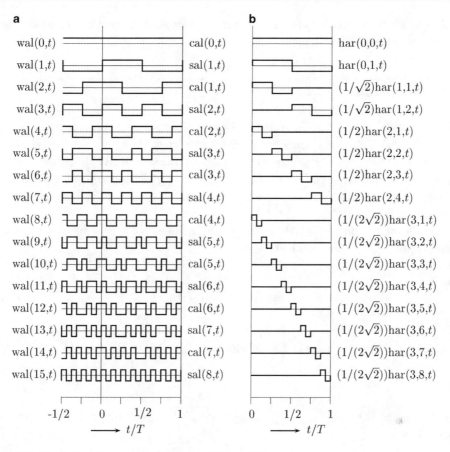

Abb. 1.4 Walsh-Funktionen (**a**) und Haar-Funktionen (**b**)

Frequenz den Namen *Sequenz* gegeben, als Maßeinheit hat sich zps (zero crossings per second) eingebürgert. Auf der Basis von Walsh-Funktionen sind Filter, Funktionsgeneratoren, Analysatoren usw. gebaut worden (*Sequenztechnik*), und es gibt auch leistungsfähige Algorithmen für Computer-Berechnungen. Über Anwendungen von Walsh-Funktionen sowie Vor-und Nachteile der Walsh-Analyse gegenüber der Fourier-Analyse vgl. Abschn. 1.14.3.

Ein weiteres Orthogonalsystem von Mäanderfunktionen sind die in Abb. 1.4b dargestellten *Haar-Funktionen* har(k, n, t). Die beiden ersten, har(0, 0, t) und har(0, 1, t), sind mit wal(0, t) und wal(1, t) identisch. Die übrigen Haar-Funktionen sind nur in einem Teil des Grundintervalls T von Null verschieden („lokale" im Gegensatz zu „globalen" Funktionen). Die Funktion har(0, 1, t) wird nacheinander auf $T/2$, $T/4$, $T/8$ usw. eingeengt und jeweils sukzessive verschoben, bis das ganze Intervall T überstrichen ist. Die Nomenklatur mit Gruppenindex k und Zählindex n wird aus Abb. 1.4 deutlich. Die Faktoren

$\sqrt{2^k}$ sind zur Normierung nötig. Zu Anwendungen zweidimensionaler räumlicher Haar-Funktionen in der Bildverarbeitung s. Abschn. 1.14.3.

1.4 Amplitude

Die Amplitude $\hat{y}$ einer Sinusschwingung ist mit Gleichung (1.2) definiert worden. Für beliebige periodische Schwingungen $y(t)$ mit der Periodendauer T werden folgende Größen definiert (Abb. 1.5): der *Größtwert* y_G ist der höchste auftretende Momentanwert, der *Kleinstwert* y_K der niedrigste. Ihre Differenz ist die *Schwankung* oder *Schwingungsbreite* $y_{ss} = y_G - y_K$ (durch den Index ss wird angedeutet, dass die Schwankung gleich dem Abstand „von Spitze zu Spitze" ist).

Der lineare (arithmetische) Mittelwert y_- der Zeitfunktion $y(t)$ wird als *Gleichwert* (*Gleichanteil, Gleichkomponente*) bezeichnet:

$$y_- = \overline{y(t)} = \frac{1}{T} \int_0^T y(t)\,dt. \tag{1.6}$$

Die Zeitfunktion wird zerlegt in den Gleichwert y_- und den Wechselanteil $y_\sim(t)$:

$$y(t) = y_- + y_\sim(t). \tag{1.7}$$

Aus Gleichung (1.6) und (1.7) folgt, dass der zeitliche lineare Mittelwert von $y_\sim(t)$ verschwindet:

$$\frac{1}{T} \int_0^T y_\sim(t)\,dt = 0 \tag{1.8}$$

(die schraffierten Gebiete in Abb. 1.5 sind flächengleich). Die Extremwerte des Wechselanteils $y_\sim(t)$ sind $(y_G - y_-)$ und $(y_K - y_-)$. Unter dem *Scheitelwert* der Schwingung versteht man den größten Momentanwert, den $|y_\sim(t)|$ annimmt, also den Betrag des größeren der beiden Extremwerte.

Messinstrumente für elektrische Wechselspannungen und -ströme, für den Schalldruck usw. sollen in der Regel den *quadratischen Mittelwert* oder *Effektivwert* $\widetilde{y}$ (engl. root mean square, rms) anzeigen, der definiert ist durch

$$\widetilde{y} = \sqrt{\frac{1}{T} \int_0^T y^2(t)\,dt}. \tag{1.9}$$

Abb. 1.5 Nicht-sinusförmige
periodische Schwingung

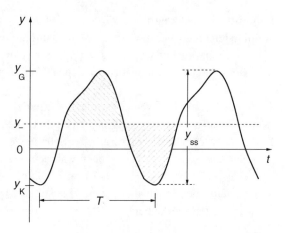

Der Effektivwert ist für die Leistungsberechnung wichtig (Abschn. 2.3.2.3). Tatsächlich bestimmt wird in vielen elektrischen Messinstrumenten aber der lineare Mittelwert des Betrages von $y(t)$, der *Gleichrichtwert (Flächenmittelwert)*

$$\overline{|y|} = \frac{1}{T} \int\limits_0^T |y(t)|\, \mathrm{d}t. \tag{1.10}$$

Bei reinen Wechselgrößen (also ohne Gleichanteil) nennt man das Verhältnis von Scheitelwert zu Effektivwert den *Scheitelfaktor* (engl. peak factor oder crest factor) $\mu_S = \widehat{y}/\widetilde{y}$ und das Verhältnis von Effektivwert zu Gleichrichtwert den *Formfaktor* (shape factor) $\mu_F = \widetilde{y}/\overline{|y|}$. Bei Sinusschwingungen ist $\widetilde{y} = \widehat{y}/\sqrt{2}$ und $\overline{|y|} = 2\widehat{y}/\pi$, also $\mu_S = \sqrt{2}$ und $\mu_F = \pi/2\sqrt{2} \approx 1{,}11$. Die meisten Messinstrumente zeigen als „Effektivwert" den 1,11-fachen Gleichrichtwert an, also $(1{,}11/\mu_F)\widetilde{y}$. Für Sinussignale ist dies korrekt, bei Abweichungen von der Sinusform gibt es aber Fehler. Bei einer symmetrischen Rechteckschwingung (Abb. 1.3b) ist $\widetilde{y} = \overline{|y|} = \widehat{y}$, d. h. $\mu_S = \mu_F = 1$, es wird also eine um 11 % zu hohe Spannung angezeigt. Bei einer Rechteckimpulsfolge mit dem Tastverhältnis 1:10 (Abb. 1.14 aber ohne Gleichanteil) ist $\widetilde{y} = \widehat{y}/3$, $\overline{|y|} = \widehat{y}/5$, $\mu_S = 3$ und $\mu_F = 5/3$, sodass der wahre Effektivwert um 50 % über dem angezeigten 1,11-fachen Gleichrichtwert liegt! Bei Rauschsignalen ($\mu_S \approx 4$, $\mu_F \approx 1{,}25$, siehe Abschn. 1.11.3.3) liegt der Effektivwert um 13 % über dem angezeigten Wert. Selbst bei einem Sinussignal mit nur 6 % Verzerrung tritt schon ein Anzeigefehler von fast 10 % auf. Zur genauen Amplitudenmessung nicht-sinusförmiger Signale braucht man also „Echt-Effektivwertmesser", die als kommerzielle Geräte erhältlich sind.

Zur Verallgemeinerung des Begriffes „Amplitude" zum Begriff der *Einhüllenden* beliebiger Zeitfunktionen vgl. Abschn. 1.13.3.

Logarithmische Skalen

Amplituden oder Effektivwerte gibt man häufig in einer logarithmischen Skala an; sie ist dann vorteilhaft, wenn es auf das Verhältnis zweier Werte ankommt und wenn die Werte in einem sehr großen Zahlenbereich liegen. Zunächst einige Beispiele:

1. Bei elektronischen Verstärkern ist der Verstärkungsfaktor definiert als das Verhältnis von Ausgangsspannung zu Eingangsspannung. Seine Werte reichen von 1 bis über 10^6.
2. Das menschliche Gehör verarbeitet Schallreize in einem sehr großen Amplitudenbereich: der Schalldruck eines eben wahrnehmbaren Tones der Frequenz 1000 Hz liegt bei $\widetilde{p}_0 = 2 \cdot 10^{-5}$ Pa (*Hörschwelle*).[15,16] In der akustischen Literatur findet man noch Druckangaben in μbar = dyn/cm^2. Es ist 1 μbar = 10^{-6} bar = 0,1 Pa. Unerträglich groß wird die Lautstärke bei $\widetilde{p} = 10^2$ Pa (*Schmerzgrenze*).

Der Schalldruck $p_\sim(t)$ und die Schallschnelle $v_\sim(t)$ sind die Größen, mit denen Schallfelder beschrieben werden. Der Schalldruck ist der zeitabhängige Anteil des Drucks in dem Medium, das den Schall überträgt, also meistens des Luftdrucks. Der Gesamtdruck setzt sich aus dem statischen Druck p_- und dem Schalldruck zusammen:

$$p = p_- + p_\sim. \tag{1.11}$$

In einer sinusförmigen Schallwelle gilt an einem festen Ort

$$p_\sim = \widehat{p} \sin(\omega t + \varphi), \tag{1.12}$$

$\widehat{p}$ ist die Schalldruckamplitude. In der Regel versteht man unter dem Schalldruck den Effektivwert $\widetilde{p}$.
Die Schallschnelle ist die Wechselgeschwindigkeit der Luftteilchen. In der Regel ist dies zugleich ihre Gesamtgeschwindigkeit v, es sei denn, man betrachtet z. B. die Schallausbreitung in strömender Luft. Dann gilt entsprechend

$$v = v_- + v_\sim, \tag{1.13}$$

wobei v_- die Strömungsgeschwindigkeit ist.

3. Weitere Beispiele aus der Akustik sind die *Schalldämmzahl* von Wänden und der Hörverlust bei schwerhörigen Personen. Dem ersten Begriff liegt der Quotient der auf eine Wand auftreffenden zu der auf der anderen Seite abgegebenen Schallleistung zugrunde. Je nach Ausführung der Wand und Lage der Frequenz liegen die Leistungsverhältnisse zwischen 10 und 10^7.
Der *Hörverlust* setzt die Schallleistung an der Hörschwelle des Normalhörenden zu der des Schwerhörigen ins Verhältnis. Auch hier kommen Zehnerpotenzen ins Spiel.

---

[15] 1 Pa (Pascal) = 1 N/m^2.
[16] nach Blaise Pascal, französischer Physiker (u. a.) (1623–1662).

Tab. 1.3 Zahlenbeispiele zur Dezibelskala

Pegel-differenz ΔL (dB)	1	3	6	10	20	30	40	60	80
„lineares" Verhältnis A_1/A_2	$\approx 1{,}12$	$\approx \sqrt{2}$	≈ 2	$\sqrt{10}$	10	$\sqrt{1000}$	10^2	10^3	10^4
Energie-verhältnis P_1/P_2	$\approx 1{,}26$	≈ 2	≈ 4	10	100	1000	10^4	10^6	10^8

In diesen und vielen ähnliche Fällen erfüllt die Angabe des Logarithmus dieser Zahlen den Zweck, die großen Zahlenwerte auf eine kleineren und damit handlicheren Bereich zusammenzudrängen. Die dekadischen Logarithmen ergeben allerdings zu kleine Zahlen, und deshalb gibt man in der am häufigsten benutzten *Dezibel*-Skala als *Pegeldifferenz* ΔL den zehnfachen Wert des dekadischen Logarithmus an, falls es sich um ein Verhältnis von Energien oder Leistungen P, und den 20-fachen Wert, wenn es sich um „lineare" Größen[17] A wie Stromstärke, Spannung, Feldstärke, Schwingungsamplitude, Schalldruck oder -schnelle usw. handelt, deren Quadrate den Leistungen proportional sind:

$$10 \lg \frac{P_1}{P_2} = 10 \lg \frac{A_1^2}{A_2^2} = 20 \lg \frac{A_1}{A_2} = \Delta L \text{ dB}. \tag{1.14}$$

Um anzudeuten, dass eine Pegeldifferenz ΔL in dieser Weise errechnet wird, fügt man die Bezeichnung *Dezibel* (abgekürzt dB oder auch db) hinzu.

Durch die zunächst etwas kompliziert erscheinende Definition mit verschiedenen Zahlenfaktoren für „lineare" und energetische („quadratische") Größen wird erreicht, dass der Wert der Pegeldifferenz unabhängig vom Messverfahren ist. Eine häufig zu hörende Angabe wie „die Schallquelle I ist um 20 dB stärker als die Schallquelle II" sagt nicht aus, ob die Schalldrücke oder die Schallleistungen von I und II miteinander verglichen wurden, sie ist aber trotzdem eindeutig. Das ist ein großer Vorteil der Dezibel-Skala gegenüber anderen Arten, Amplitudenverhältnisse darzustellen und einer der Gründe, weshalb sie sich international weitgehend durchgesetzt hat. In Tab. 1.3 sind einige Zahlenwerte zusammengestellt.

Einer Pegeländerung um 1 dB entspricht danach eine Amplitudenänderung von 12 %, das ist etwa gleich der mittleren noch hörbaren Lautstärkeunterschiedsschwelle. In der subjektiven Akustik spielen daher Bruchteile eines dB kaum eine Rolle; man benötigt praktisch nur die ganzen Zahlen zwischen 1 und etwa 100, was für die Anwendung bequem ist.

---

[17] Es gibt keine Sammelnamen für komplementäre Größen wie Strom und Spannung, deren Produkt eine Leistung oder Energie darstellt und die durch ein lineares Gesetz miteinander verknüpft sind, sodass ihre Quadrate der Leistung oder Energie proportional sind. Man spricht deshalb von *Leistungswurzelgrößen*, oder man behilft sich mit den nicht ganz treffenden Begriffen „Feldgrößen", „lineare Größen" oder, noch ungenauer, „Amplituden".

Einige weitere Beispiele für Dezibel-Angaben aus dem Bereich der technischen Akustik:

Die *Schalldämmung* einer 1-Stein-starken beiderseits verputzten Ziegelwand beträgt rund 50 dB, d. h. hinter der Wand ist die Schallintensität auf 1/100.000 gesenkt, der Schalldruck auf rund 1/300.

Die *Nachhallzeit* eines Raumes ist die Zeit, die vergeht, bis nach dem Abschalten einer Schallquelle der Schallpegel um 60 dB, d. h. die Schallintensität auf den 10^{-6}ten Teil abgefallen ist.

Ein Sinfonieorchester hat eine *Dynamik*, d. h. einen Unterschied in der Schallintensität zwischen Fortissimo- und Pianissimo-Stellen von etwa 70 dB. Ein Tonband oder eine Schallplatte besitzt dagegen nur eine Dynamik von etwa 40–60 dB, damit ist der Pegelunterschied zwischen (verzerrungsarmer) Vollaussteuerung und dem ohne jede Aussteuerung vorhandenen Rauschen gemeint. Bei digitalen Tonträgern ist die Dynamik durch die Zahl der Quantisierungsstufen bestimmt, bei einer 16-bit CD mit ihren $2^{16} = 65.536$ Stufen also $20 \lg 2^{16} = 96$ dB. Der Minimalpegel ist dabei durch das Quantisierungsrauschen bestimmt (vgl. Abb. 1.47).

Mit Hilfe der Dezibel-Skala lassen sich nicht nur Amplituden- bzw. Energieverhältnisse und -änderungen angeben, sondern auch die Absolutwerte selbst. Hierzu muss aber ein Bezugswert, der Nullpunkt der Dezibel-Skala willkürlich festgelegt werden. Wenn eine Größe in dB über einem solchen Bezugswert angegeben wird, bezeichnet man ihren Wert allgemein als *Pegel*. Für die wichtigsten in dB auszudrückenden Größen bestehen Konventionen über die jeweiligen Bezugswerte.

So hat man für die Empfindlichkeitsangabe (Spannung/Schalldruck) von Mikrofonen in einer dB-Skala den Bezugswert 1 V/Pa festgelegt (früher: 1 V/µbar = 10 V/Pa). Eine Empfindlichkeit von −60 dB bedeutet also, dass das Mikrofon bei einem Schalldruck von $\widetilde{p} = 1$ Pa (das entspricht einem recht lauten Schall) eine elektrische Wechselspannung $\widetilde{u}$ liefert, die um 60 dB, d. h. um den Faktor 1000 unter 1 V liegt; das Mikrofon hat also die Empfindlichkeit 1 mV/Pa. Zusammen mit einem nachgeschalteten Verstärker mit 60 dB Verstärkung erhält man eine Gesamtempfindlichkeit von 1 V/Pa.

In der Nachrichten- und Mikrowellentechnik werden häufig elektrische Leistungen auf 1 mW bezogen und die so bestimmten Pegel mit „dBm" gekennzeichnet. Die gleiche Bezeichnung dBm ist auch für Spannungspegel üblich, leider aber nicht einheitlich: In der Niederfrequenztechnik legt man zur Umrechnung zwischen Leistung und Spannung meist einen Wirkwiderstand von 600 Ω zugrunde, d. h. die Bezugsspannung ist $\sqrt{0,6}$ V $\approx 0,775$ V. In der Mikrowellentechnik ist dagegen 50 Ω ein genormter Widerstand, die Bezugsspannung errechnet sich daraus zu $\sqrt{0,05}$ V $\approx 0,224$ V. Will man aus einer solchen Angabe z. B. den Spannungspegel über 1 µV berechnen, muss man $20 \lg(\sqrt{0,05}/10^{-6}) = 107$ dB addieren. Neben dem „50 Ω-System" sind auch noch 60 Ω und 75 Ω im Gebrauch, die entsprechenden Bezugsspannungen sind $\sqrt{0,06}$ V $\approx 0,245$ V bzw. $\sqrt{0,075}$ V $\approx 0,274$ V. Bezogen auf 1 V, 1 mV oder 1 µV werden Spannungspegel auch mit dBV, dBmV bzw. dBµV bezeichnet, Pegel über $\sqrt{0,075}$ V mit dBu. Bei Sinusgeneratoren beschreibt man die Spektralreinheit oft durch den Pegelunterschied zwischen dem Störanteil (Oberschwingungen, Phasenrauschen, Rauschuntergrund usw.) und dem Nutzsignal. Letzteres nennt man in Anlehnung an die Modulationstechnik auch *Träger* (engl.: *carrier*) und kennzeichnet den Pegelunterschied deshalb durch dBc.

In der Akustik ist der Bezugsschalldruck für *Luftschall* die menschliche Hörschwelle bei 1000 Hz, $\widetilde{p}_0 = 20\,\mu$Pa. Dem entspricht in einer fortschreitenden ebenen Welle die Schallintensität (Leistung/Fläche) $I_0 = 10^{-12}$ W/cm^2 und die Schallschnelle $\widetilde{v}_0 = I_0/\widetilde{p}_0 = 5 \cdot 10^{-8}$ m/s. Diese Bezugsgrößen sind „konsistent", d. h für ein bestimmtes Schallereignis (ebene Welle vorausgesetzt), sind die zugehörigen drei Pegel gleich.

Für *andere Medien* als Luft hat man sich jedoch unter bewusstem Verzicht auf Konsistenz auf akustische Bezugsgrößen mit einfachen Zahlenwerten geeinigt, die zudem so niedrig gewählt sind, dass in der Praxis kaum negative Pegel auftreten:

Druck:	1 μPa	$= 10^{-6}$ Pa
Kraft:	1 μN	$= 10^{-6}$ N
Schnelle:	1 nm/s	$= 10^{-9}$ m/s
Beschleunigung:	1 μm/s^2	$= 10^{-6}$ m/s^2
Energie:	1 pJ	$= 10^{-12}$ J
Leistung:	1 pW	$= 10^{-12}$ W
Intensität:	1 pW/m^2	$= 10^{-12}$ W/m^2
Energiedichte:	1 pJ/m^3	$= 10^{-12}$ J/m^3

Um Irrtümer zu vermeiden, sollte auch bei Benutzung dieser Konventionen allen Pegelangaben der Bezugswert zugefügt werden, also z. B. „50 dB über 10^{-12} W" oder auch „50 dB re 10^{-12} W".

Die für Lautstärkeangaben bevorzugte dB(A)-Skala bedeutet eine „gehörrichtige" Bewertung der verschiedenen Frequenzanteile eines Geräusches. Der Bezugsschalldruck steigt zu tiefen und zu hohen Frequenzen hin an, sodass er dem geglätteten Verlauf einer Kurve gleicher Lautstärke von 40 dB über der menschlichen Hörschwelle entspricht. Für lautere Schalle gibt es die dB(B)-Skala mit einer flacheren Bewertungskurve, die die Kurve gleicher Lautstärke von 70 dB über der Hörschwelle annähert, und für noch lauteren Lärm die Skala dB(C) mit einer Bewertung entsprechend 90 dB über der Hörschwelle.

In der Nachrichtentechnik ist neben der Dezibel-Skala noch die *Neper-Skala* in Gebrauch, in der die natürlichen Logarithmen der Amplitudenverhältnisse „linearer" Größen angegeben werden:

$$\ln \frac{A_1}{A_2} = \frac{1}{2} \ln \frac{P_1}{P_2} = \Delta L \; \text{Np}. \tag{1.15}$$

Die Neper-Skala wird vorwiegend dann benutzt, wenn die zu vergleichenden Größen durch ein Exponentialgesetz miteinander verknüpft sind, wie es z. B. für die Spannungsamplituden an verschiedenen Stellen einer verlustbehafteten elektrischen Leitung gilt. Der Leistungs- oder Spannungsabfall entlang einer Leitung wird daher oft in Np/km angegeben.

Dezibel und Neper sind Einheiten der Dimension 1 (wie z. B. Winkel). Für die Umrechnung von dB in Np und umgekehrt gilt

$$1\,\text{dB} \ = \ 0{,}1151\,\text{Np}, \qquad\qquad 1\,\text{Np} \ = \ 8{,}686\,\text{dB}. \qquad\qquad (1.16)$$

Neben der Dezibel- und der Neper-Skala gibt es noch verschiedene spezielle logarithmische Skalen, beispielsweise die *Größenklassen* der Gestirne, die *Magnituden* der Erdbeben und die *Empfindlichkeit* fotografischer Filme.

Diese Beispiele, auch aus anderen Gebieten als der Schwingungsphysik gewählt, mögen genügen, um zu zeigen, welche Bedeutung die logarithmischen Skalen haben. Sie wurden im Anschluss an den Amplitudenbegriff so ausführlich behandelt, weil sie erfahrungsgemäß dem Ungeübten einige Schwierigkeiten bereiten, sowohl was das Verständnis als auch den Umgang mit ihnen betrifft. Für die Schwingungsphysik ist die Dezibel-Skala die wichtigste. Die Anzeigeinstrumente von Messverstärkern tragen oft eine Dezibel-Skala, und für Präzisionsmessungen gibt es spezielle Geräte, die umschaltbaren *Eichleitungen*, mit denen man im ganzen Frequenzbereich zwischen Null und einigen GHz in dekadischen Stufen von 1/10, 1 und 10 dB beliebige Dämpfungen im Spannungs- oder Strompegel zwischen 0 dB und z. B. 150 dB einstellen kann; der Eingangs- und Ausgangswiderstand der Eichleitungen (in der Regel 600 Ω) bleibt dabei konstant.

Beim Rechnen mit logarithmischen Größen muss man beachten, dass der arithmetische Mittelwert der Pegel nicht dem arithmetischen, sondern dem geometrischen Mittel der ursprünglichen Größen entspricht.

1.5 Frequenz und Amplitude in der psychologischen Akustik

In den beiden letzten Abschnitten wurden Frequenz und Amplitude als voneinander unabhängige Parameter der Sinusschwingung beschrieben; dabei wurde darauf hingewiesen, dass die subjektive Empfindung der Tonhöhe durch die Frequenz, die der Lautstärke durch die Schalldruckamplitude bestimmt ist. In dem komplizierten Mechanismus des menschlichen Gehörs beeinflussen sie sich aber in gewissen Grenzen auch gegenseitig. So ist unter dem Namen *Broca'sches Phänomen* [18] die Erscheinung bekannt, dass bei konstanter tiefer Frequenz die Tonhöhe etwas abnimmt, wenn die Lautstärke groß wird.

Das Ohr hat die Fähigkeit, die von mehreren Tönen eines engeren Frequenzbandes herrührenden Erregungsstärken auf der Basilarmembran zu summieren. Die Frequenzintervalle, in denen diese Summierung stattfindet, werden *Frequenzgruppen* genannt. Sie haben unter 500 Hz eine konstante absolute Breite von $\Delta f \ = \ 100\,\text{Hz}$, über 500 Hz eine konstante relative Breite von $\Delta f / f \ = \ 0{,}2$. Ihre Lage auf der Frequenzskala ist nicht fixiert, sie werden vielmehr je nach dem Schallvorgang um geeignete Mittenfrequenzen neu gebildet. Rechnet man die erste Frequenzgruppe bis 100 Hz und reiht die weiteren

---

[18] Paul Broca, französischer Mediziner (1824–1880).

lückenlos daran an, so haben im menschlichen Hörbereich bis 16 kHz 24 Frequenzgruppen Platz. Ordnet man in dieser Reihe den oberen Grenzfrequenzen der Frequenzgruppen die Nummern 1 bis 24 zu, erhält man eine Skala, die ebenso wie die Tonheit eine gemäß der subjektiven Tonhöhenempfindung verzerrte Frequenzskala darstellt. Psychoakustische Untersuchungen haben gezeigt, dass zwischen Tonheit und Frequenzgruppe eine enge Beziehung besteht, insofern als die Frequenzgruppen stets eine Breite von 100 Mel haben. Zur Unterscheidung von der Tonheitsskala, die die Tonhöhenempfindung angibt, hat man der Frequenzgruppenskala, die für die Lautstärkebildung im Gehör maßgebend ist, eine andere Einheit gegeben, das *Bark*.[19] In Abb. 1.2 ist daher an der rechten Seite noch die Skala der Frequenzgruppen in Bark angegeben. Der Zusammenhang zwischen Frequenz f und Frequenzgruppe x wird in sehr guter Näherung durch die Beziehung

$$\frac{f}{f_0} = \sinh \frac{x}{x_0} \qquad (1.17)$$

mit $f_0 = 650\,\text{Hz}$ und $x_0 = 7\,\text{Bark}$ beschrieben (der hyperbolische Sinus vermittelt den Übergang von der linearen Relation bei niedrigen zur exponentiellen bei höheren Werten von x und f).

1.6 Komplexe Darstellung von Sinusschwingungen

Eine komplexe Zahl $\underline{y}$ ([20]) lässt sich entweder durch den Realteil $\text{Re}(\underline{y}) = y'$ und den Imaginärteil $\text{Im}(\underline{y}) = y''$ darstellen:

$$\underline{y} = y' + \mathrm{j}y'' \qquad (1.18)$$

($\mathrm{j} = \sqrt{-1}$ ist die imaginäre Einheit), oder durch den Betrag $|\underline{y}| = \widehat{y}$ und den Winkel (die Phase) φ:

$$\underline{y} = \widehat{y}\,\mathrm{e}^{j\varphi}. \qquad (1.19)$$

Dabei gelten die Verknüpfungen

$$\widehat{y} = \sqrt{y'^2 + y''^2}, \qquad \tan \varphi = \frac{y''}{y'} \qquad (1.20)$$

---

[19] Nach Heinrich Georg Barkhausen (1881–1956) genannt, dem Schöpfer des ersten Gerätes zur Messung der subjektiven Lautstärke.
[20] Komplexe Zahlen und Größen werden in diesem Buch grundsätzlich durch Unterstreichung gekennzeichnet. Der Einfachheit halber wird bei komplexen *Zeit*funktionen jedoch die Unterstreichung häufig weggelassen, wenn keine Missverständnisse zu befürchten sind.

und

$$y' = \widehat{y}\cos\varphi, \qquad y'' = \widehat{y}\sin\varphi. \tag{1.21}$$

Die wichtigsten Regeln für das Rechnen mit komplexen Zahlen lauten für Addition und Subtraktion:

$$\frac{\mathrm{Re}}{\mathrm{Im}}\left(\underline{y}_1 \pm \underline{y}_2\right) = \frac{\mathrm{Re}}{\mathrm{Im}}\left(\underline{y}_1\right) \pm \frac{\mathrm{Re}}{\mathrm{Im}}\left(\underline{y}_2\right), \tag{1.22}$$

für die Integration über eine reelle Variable t:

$$\frac{\mathrm{Re}}{\mathrm{Im}}\left[\int \underline{y}(t)\,\mathrm{d}t\right] = \int \frac{\mathrm{Re}}{\mathrm{Im}}\left[\underline{y}(t)\right]\mathrm{d}t, \tag{1.23}$$

für die Differenziation nach einer reellen Variablen t:

$$\frac{\mathrm{Re}}{\mathrm{Im}}\left[\frac{\mathrm{d}\underline{y}(t)}{\mathrm{d}t}\right] = \frac{\mathrm{d}}{\mathrm{d}t}\left[\frac{\mathrm{Re}}{\mathrm{Im}}\left(\underline{y}(t)\right)\right], \tag{1.24}$$

für die Multiplikation mit einem reellen Faktor A:

$$\frac{\mathrm{Re}}{\mathrm{Im}}\left(A\underline{y}\right) = A\left[\frac{\mathrm{Re}}{\mathrm{Im}}\left(\underline{y}\right)\right], \tag{1.25}$$

für die Multiplikation zweier komplexer Zahlen:

$$\underline{y}_1\underline{y}_2 = (y'_1 + \mathrm{j}y''_1)(y'_2 + \mathrm{j}y''_2) = (y'_1 y'_2 - y''_1 y''_2) + \mathrm{j}(y'_1 y''_2 + y''_1 y'_2)$$
$$= \widehat{y}_1 \mathrm{e}^{\mathrm{j}\varphi_1}\widehat{y}_2 \mathrm{e}^{\mathrm{j}\varphi_2} = \widehat{y}_1\widehat{y}_2 \mathrm{e}^{\mathrm{j}(\varphi_1+\varphi_2)}. \tag{1.26}$$

Zu einer komplexen Zahl $\underline{y} = y' + \mathrm{j}y'' = \widehat{y}\,\mathrm{e}^{\mathrm{j}\varphi}$ ist der *konjugiert komplexe Wert* definiert durch

$$\underline{y}^* = y' - \mathrm{j}y'' = \widehat{y}\,\mathrm{e}^{-\mathrm{j}\varphi}. \tag{1.27}$$

Es gilt

$$\underline{y}\,\underline{y}^* = y'^2 + y''^2 = \widehat{y}^2. \tag{1.28}$$

Das Produkt zweier zueinander konjugiert komplexer Zahlen ist also, ebenso wie ihre Summe, reell.

Nach der *Euler'schen Gleichung* [21]

$$\mathrm{e}^{\mathrm{j}x} = \cos x + \mathrm{j}\sin x \tag{1.29}$$

---

[21] Leonhard Euler, Schweizer Mathematiker (1707–1783).

Abb. 1.6 Zur komplexen
Darstellung von Sinusschwingungen

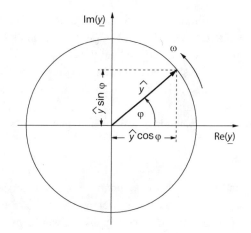

lassen sich Cosinus- und Sinusschwingungen als Real- bzw. Imaginärteil komplexer Exponentialfunktionen schreiben. Eine Schwingungsfunktion

$$y(t) = \widehat{y}\cos(\omega t + \varphi) \tag{1.30}$$

wird also durch Hinzufügen des entsprechenden Imaginärteils $j\widehat{y}\sin(\omega t + \varphi)$ zur *komplexen Schwingungsfunktion*

$$\underline{y}(t) = \widehat{y}\cos(\omega t + \varphi) + j\widehat{y}\sin(\omega t + \varphi) = \widehat{y}\,e^{j(\omega t + \varphi)}. \tag{1.31}$$

Dieser Zusammenhang ist in Abb. 1.6 für den Zeitpunkt $t = 0$ dargestellt. Ein Zeiger
der Länge $\widehat{y}$ rotiert in der komplexen Ebene mit der Winkelgeschwindigkeit ω und hat
bei $t = 0$ den Winkel φ gegen die reelle Achse. Die Projektion seines Endpunkts auf die
reelle Achse führt die Schwingung $\widehat{y}\cos(\omega t + \varphi)$ aus, die auf die imaginäre Achse die
Schwingung $\widehat{y}\sin(\omega t + \varphi)$. Insoweit unterscheidet sich diese Darstellung in der komplexen Ebene praktisch nicht von der in Abb. 1.1 gegebenen, bei der die Sinusschwingung
als Projektion einer zweidimensionalen Kreisbewegung entsteht. Neu ist, dass durch die
Funktion $\widehat{y}e^{j(\omega t + \varphi)}$ auch die von der Spitze des Zeigers beschriebene Bahnkurve in der
komplexen Ebene dargestellt wird; hieraus ergibt sich die Verallgemeinerung zum *analytischen Signal* (Abschn. 1.13.1).

Im Zeigerdiagramm wird die Summe zweier Sinusschwingungen durch die Summe
der entsprechenden Komponenten dargestellt. Zeiger werden also addiert, indem man ihre
Komponenten addiert; mit anderen Worten: Zeiger addieren sich wie Vektoren.

Viele Rechnungen in der Schwingungsphysik werden sehr vereinfacht, wenn man
sie mit den komplexen Schwingungsfunktionen statt der Sinus- und Cosinusfunktionen
durchführt und erst am Ende der Rechnung zum Real- oder Imaginärteil übergeht, die
allein physikalische Bedeutung haben. Dieses Verfahren ist immer dann anwendbar, wenn
Real- und Imaginärteile im Laufe der Rechnung nicht miteinander verknüpft werden, also

bei Addition, Subtraktion, Integration, Differenziation und Multiplikation mit konstanten Faktoren ((1.22) bis (1.25)). Selbstverständlich ist das Ergebnis der Rechnungen unabhängig davon, ob man die komplexen Zahlen und Funktionen in der Form (1.18) oder (1.19) benutzt. Insbesondere lassen sich die vielen in der Schwingungsphysik auftretenden linearen Differenzialgleichungen durch einen Ansatz mit komplexen Exponentialfunktionen lösen.

Man spaltet in den Berechnungen den Faktor $e^{j\omega t}$ meistens ab, schreibt also

$$\underline{y}(t) = \widehat{y}\, e^{j(\omega t + \varphi)} = \widehat{y}\, e^{j\varphi} e^{j\omega t} \tag{1.32}$$

und nennt $\widehat{y}\, e^{j\varphi}$ die *komplexe Amplitude* der Schwingung. Der Faktor $e^{j\varphi}$ bedeutet in der komplexen Ebene eine Drehung des Zeigers um den Winkel φ im mathematisch positiven Sinn (gegen den Uhrzeigersinn). Zwei Schwingungen mit gleicher Frequenz und Amplitude, aber verschiedenen Phasen,

$$y_1(t) = \widehat{y}\cos(\omega t + \varphi), \qquad y_2(t) = \widehat{y}\cos(\omega t + \psi), \tag{1.33}$$

haben gegeneinander die *Phasenverschiebung* $(\psi - \varphi)$ und unterscheiden sich in der komplexen Darstellung durch die komplexen Amplituden $\widehat{y}\, e^{j\varphi}$ bzw. $\widehat{y}\, e^{j\psi}$:

$$\underline{y}_1(t) = \widehat{y}\, e^{j\varphi}\, e^{j\omega t}, \qquad \underline{y}_2(t) = \widehat{y}\, e^{j\psi}\, e^{j\omega t}. \tag{1.34}$$

$\underline{y}_2(t)$ geht aus $\underline{y}_1(t)$ durch Drehung um den Winkel $(\psi - \varphi)$ hervor (Abb. 1.7). Insbesondere stellt ein Unterschied von $(\psi - \varphi) = \pi/2$ eine Drehung um 90° dar. Nach (1.29) ist

$$e^{\pm j\pi/2} = \pm j. \tag{1.35}$$

Daher bedeutet die Multiplikation einer komplexen Schwingungsfunktion mit dem Faktor j eine Phasenverschiebung um +90°, mit −j um −90°.

Die Differenziation einer Schwingungsgleichung

$$y(t) = \widehat{y}\sin\omega t \tag{1.36}$$

nach der Zeit liefert

$$\frac{dy}{dt} = \dot{y} = \omega\widehat{y}\cos\omega t = \omega\widehat{y}\sin\left(\omega t + \frac{\pi}{2}\right), \tag{1.37}$$

also Multiplikation der Amplitude mit ω und Phasenverschiebung um $+\pi/2$. Dasselbe in komplexer Darstellung:

$$\underline{y}(t) = \widehat{y}\, e^{j\omega t}, \tag{1.38}$$

$$\underline{\dot{y}}(t) = j\omega\widehat{y}\, e^{j\omega t} = \omega\widehat{y}\, e^{j\pi/2} e^{j\omega t} = \omega\widehat{y}\, e^{j(\omega t + \pi/2)}. \tag{1.39}$$

Abb. 1.7 Phasenverschiebung
in komplexer Darstellung

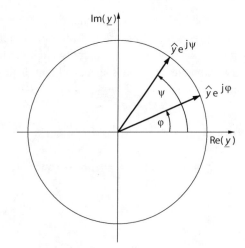

Die Imaginärteile von (1.38) und (1.39) ergeben die reellen Gleichungen (1.36) und (1.37). Entsprechend ist es bei der Integration. Im Reellen erhält man:

$$\int y(t)\,dt = -\frac{\widehat{y}}{\omega}\cos\omega t = \frac{\widehat{y}}{\omega}\sin\left(\omega t - \frac{\pi}{2}\right),\qquad(1.40)$$

im Komplexen:

$$\int \underline{y}(t)\,dt = \frac{\widehat{y}}{j\omega}\,e^{j\omega t} = -j\frac{\widehat{y}}{\omega}\,e^{j\omega t} = \frac{\widehat{y}}{\omega}\,e^{-j\pi/2}e^{j\omega t} = \frac{\widehat{y}}{\omega}\,e^{j(\omega t - \pi/2)}.\qquad(1.41)$$

Wieder ist (1.40) der Imaginärteil von (1.41). Die Integration der Schwingungsgleichung $y(t) = \widehat{y}\sin\omega t$ bedeutet also Multiplikation der Amplitude mit $1/\omega$ und Phasenverschiebung um $-90°$.

An diesen einfachen Beispielen der Differenziation und Integration einer Sinusschwingung erkennt man schon den Vorteil der komplexen Schreibweise: Differenziation bedeutet Multiplikation mit $j\omega$, Integration Division durch $j\omega$. Das erleichtert die rechnerische Behandlung linearer Schwingungssysteme beträchtlich, denn diese Beziehungen stellen die Grundlage für das Rechnen mit komplexen Impedanzen dar, ein Verfahren, das in späteren Kapiteln bei der Behandlung elektrischer und mechanischer Systeme oft benutzt wird.

Gleichbedeutend damit ist die folgende Formulierung: der Vorteil der komplexen Darstellung besteht darin, dass die Zeitabhängigkeit stets in der Form $e^{j\omega t}$ erscheint, während bei reellen Ansätzen zur Lösung der Differenzialgleichungen linearer Schwingungssysteme fast immer $\cos\omega t$ und $\sin\omega t$ nebeneinander auftreten. Wenn nur eine einzige Frequenz in der Rechnung vorkommt, hebt sich daher bei der komplexen Schreibweise der Faktor $e^{j\omega t}$ oft heraus, sodass man es mit den komplexen Amplituden allein zu tun hat.

Wenn im Laufe der Rechnung Schwingungsfunktionen zu multiplizieren sind (z. B. bei Leistungsberechnungen), wenn in der komplexen Darstellung also ihre Real- und Imaginärteile miteinander verknüpft werden, drückt man die reellen Schwingungsfunktionen zweckmäßig durch die folgenden Identitäten als Summen komplexer Exponentialfunktionen aus:

$$C \cos(\omega t + \varphi) = \frac{C}{2} e^{j(\omega t + \varphi)} + \frac{C}{2} e^{-j(\omega t + \varphi)} = \underline{C} e^{j\omega t} + \underline{C}^* e^{-j\omega t} \tag{1.42}$$

mit $\underline{C} = \frac{C}{2} e^{j\varphi}$ und $\underline{C}^* = \frac{C}{2} e^{-j\varphi}$, sowie

$$S \sin(\omega t + \varphi) = \frac{S}{2} e^{j(\omega t + \varphi - \frac{\pi}{2})} + \frac{S}{2} e^{-j(\omega t + \varphi - \frac{\pi}{2})} = \underline{S} e^{j\omega t} + \underline{S}^* e^{-j\omega t} \tag{1.43}$$

mit $\underline{S} = \frac{S}{2} e^{j(\varphi - \frac{\pi}{2})}$ und $\underline{S}^* = \frac{S}{2} e^{-j(\varphi - \frac{\pi}{2})}$.

Neben den Komponenten mit dem Zeitfaktor $e^{j\omega t}$ treten hier solche mit $e^{-j\omega t}$ auf; diese werden durch Zeiger dargestellt, die im mathematisch negativen Sinn (im Uhrzeigersinn) rotieren. Man schreibt ihnen formal *negative Frequenzen* zu. Diese Darstellung von reellen Schwingungen durch Paare zueinander konjugiert komplexer Schwingungsfunktionen mit jeweils positiven und negativen Frequenzen gleichen Betrages wird auch bei der komplexen Fouriertransformation (Abschn. 1.7.1 und 1.9.2) benutzt. Die negativen Frequenzen verschwinden beim Übergang zur reellen Schreibweise, was für physikalische Anwendungen am Ende einer Rechnung stets notwendig ist.

Einige häufig gebrauchte Formeln seien noch angeführt, die sich aus (1.29) und der Definitionsgleichung $j = \sqrt{-1}$ ergeben:

$$j^2 = -1 = e^{j\pi}, \tag{1.44}$$

$$\frac{1}{j} = -j = e^{-j\frac{\pi}{2}}, \tag{1.45}$$

$$\sqrt{j} = \frac{1+j}{\sqrt{2}} = e^{j\frac{\pi}{4}}. \tag{1.46}$$

Oft sind auch komplexe Ausdrücke der Gestalt

$$\underline{y} = \frac{a + jb}{c + jd} \tag{1.47}$$

nach Betrag und Phase gemäß $\underline{y} = \widehat{y} e^{j\varphi}$ oder nach Real- und Imaginärteil gemäß $\underline{y} = y' + jy''$ zu zerlegen. Wie man durch Erweitern von (1.47) mit dem konjugiert komplexen

Nenner $(c - jd)$ leicht verifiziert, gilt

$$\widehat{y} = \sqrt{\frac{a^2 + b^2}{c^2 + d^2}}, \tag{1.48}$$

$$\tan \varphi = \frac{bc - ad}{ac + bd}, \tag{1.49}$$

$$y' = \frac{ac + bd}{c^2 + d^2}, \tag{1.50}$$

$$y'' = \frac{bc - ad}{c^2 + d^2}. \tag{1.51}$$

1.7 Fourieranalyse periodischer Schwingungen

1.7.1 Fourierkoeffizienten in reeller und komplexer Darstellung

Nach dem aus der Mathematik bekannten Satz von Fourier[22] lässt sich jede periodische Schwingungsfunktion $y(t)$ mit der Periodendauer $T = 2\pi/\omega_0$, die im Intervall $0 \leq t \leq T$ höchstens endlich viele Sprungstellen endlicher Höhe und nur endlich viele Maxima und Minima besitzt, eindeutig durch eine – im Allgemeinen unendliche – Summe von Sinus- und Cosinusschwingungen mit den Kreisfrequenzen $\omega_0, 2\omega_0, 3\omega_0, \ldots$ darstellen:

$$
\begin{aligned}
y(t) &= A_0 + C_1 \cos \omega_0 t + C_2 \cos 2\omega_0 t + C_3 \cos 3\omega_0 t + \cdots \\
&\quad + S_1 \sin \omega_0 t + S_2 \sin 2\omega_0 t + S_3 \sin 3\omega_0 t + \cdots \\
&= A_0 + \sum_{n=1}^{\infty} (C_n \cos n\omega_0 t + S_n \sin n\omega_0 t).
\end{aligned} \tag{1.52}
$$

Dabei ist A_0 der arithmetische Mittelwert von $y(t)$ während einer Periode:

$$A_0 = \frac{1}{T} \int_0^T y(t) \, dt, \tag{1.53}$$

und die übrigen Koeffizienten sind bestimmt durch

$$S_n = \frac{2}{T} \int_0^T y(t) \sin n\omega_0 t \, dt, \qquad n = 1, 2, 3, \ldots \tag{1.54}$$

$$C_n = \frac{2}{T} \int_0^T y(t) \cos n\omega_0 t \, dt, \qquad n = 1, 2, 3, \ldots \tag{1.55}$$

---

[22] Jean-Baptiste Joseph Baron de Fourier, französischer Mathematiker und Physiker (1768–1830).

Die Darstellung einer Funktion $y(t)$ nach (1.52) durch eine trigonometrische Reihe bezeichnet man als *Fourierreihe* oder *-entwicklung*, die einzelnen Glieder der Reihe sind die *Fourierkomponenten*, C_n und S_n die *Fourierkoeffizienten*. Die Zerlegung einer periodischen Funktion in ihre Fourierkomponenten nennt man *Fourieranalyse* (*Spektralanalyse, harmonische Analyse*).

Fasst man die Cosinus- und Sinusglieder gleicher Frequenz in (1.52) jeweils zusammen, erhält man die der (1.52) äquivalente Beziehung

$$y(t) = A_0 + A_1 \sin(\omega_0 t + \varphi_1) + A_2 \sin(2\omega_0 t + \varphi_2) + \cdots$$

$$= A_0 + \sum_{n=1}^{\infty} A_n \sin(n\omega_0 t + \varphi_n) \tag{1.56}$$

mit

$$A_n = \sqrt{C_n^2 + S_n^2}, \qquad n = 1, 2, 3, \ldots \tag{1.57}$$

$$\tan \varphi_n = \frac{C_n}{S_n}, \qquad n = 1, 2, 3, \ldots \tag{1.58}$$

Die Folge der A_n nennt man das *Fourieramplitudenspektrum*, die der φ_n das *Fourierphasenspektrum*, beide zusammen – ebenso wie die Gesamtheit der C_n und S_n – das *Fourierspektrum*.

Die Glieder der Fourierentwicklung (1.56) bezeichnet man als *Teilschwingungen*, in der Akustik auch als *Teiltöne*. Das Glied mit der Kreisfrequenz ω_0 ist die erste Teilschwingung, das mit $2\omega_0$ die zweite usw. Die erste Teilschwingung nennt man auch *Grundschwingung* oder *Grundton*, die zweite Teilschwingung ist dann die *erste Oberschwingung* bzw. der *erste Oberton* usw. Die verschiedenen Nummerierungen der Teilschwingungen und der Oberschwingungen führen mitunter zu Missverständnissen.

Da die Funktionen $y(t)$, $\cos n\omega_0 t$ und $\sin n\omega_0 t$ mit der Zeitdauer T periodisch sind, können die Integrale in (1.53), (1.54) und (1.55) über ein beliebig liegendes Zeitintervall der Länge T erstreckt werden, also von einem beliebigen Zeitpunkt t_0 bis zu $t_0 + T$; die Werte der Integrale hängen nicht von t_0 ab. Insbesondere kann man das Integrationsintervall $-T/2$ bis $+T/2$ statt des Intervalls 0 bis T wählen, was häufig für die Rechnung vorteilhaft ist.

Die Berechnung der Fourierkoeffizienten von *symmetrischen* Funktionen vereinfacht sich, weil viele Koeffizienten verschwinden:

1. Wenn $y(t)$ eine *gerade Funktion* ist, d. h.

$$y(-t) = y(t), \tag{1.59}$$

verschwinden die S_n nach (1.54), und die Fourierentwicklung (1.52) enthält nur Cosinusglieder.

2. Wenn $y(t)$ eine *ungerade Funktion* ist, d. h.

$$y(-t) = -y(t), \tag{1.60}$$

verschwinden die C_n, es ergibt sich eine Sinusreihe.

Im ersten Fall ist $A_n = C_n$ und $\varphi_n = \pi/2$, im zweiten Fall $A_n = S_n$ und $\varphi_n = 0$ für alle n. Wenn eine gerade oder ungerade Funktion zu analysieren ist, braucht man also nur das Amplitudenspektrum zu bestimmen.

3. Wenn der Verlauf von $y(t)$ in der zweiten Periodenhälfte spiegelbildlich gleich dem in der ersten Hälfte ist, wenn also

$$y(t) = -y\left(t + \frac{T}{2}\right) \tag{1.61}$$

ist, verschwinden alle Koeffizienten geradzahliger Ordnung: $C_{2n} = S_{2n} = A_{2n} = 0$.

Aus der reellen Fourierreihe (1.56) gewinnt man mit der Identität

$$\sin(n\omega_0 t + \varphi_n) = \frac{e^{jn\omega_0 t} e^{j\varphi_n} - e^{-jn\omega_0 t} e^{-j\varphi_n}}{2j} \tag{1.62}$$

den Ausdruck

$$y(t) = A_0 + \sum_{n=1}^{\infty} \frac{A_n e^{j\varphi_n}}{2j} e^{jn\omega_0 t} + \sum_{n=1}^{\infty} \frac{A_n e^{-j\varphi_n}}{-2j} e^{-jn\omega_0 t}. \tag{1.63}$$

In dieser Gleichung wird die n-te Teilschwingung der Reihe (1.56) durch zwei Summanden wiedergegeben, die durch die Ersetzung von j durch $-$j auseinander hervorgehen, also zueinander konjugiert komplex sind. Es liegt daher nahe, *komplexe Fourierkoeffizienten*

$$\underline{A}_n = \frac{A_n e^{j\varphi_n}}{2j} \tag{1.64}$$

und

$$\underline{A}_{-n} = \frac{A_n e^{-j\varphi_n}}{-2j} = \underline{A}_n^* \tag{1.65}$$

einzuführen, um die Summe (1.63) in der komplexen Form

$$y(t) = \sum_{n=-\infty}^{+\infty} \underline{A}_n e^{jn\omega_0 t} \tag{1.66}$$

zusammenfassen zu können (dabei ist $\underline{A}_0 = A_0$ gesetzt). Mit den Gleichungen in Abschn. 1.6 folgt aus (1.54) bis (1.58)

$$\underline{A}_n = \frac{1}{2}(C_n - \mathrm{j}S_n) = \frac{1}{T}\int\limits_0^T y(t)\mathrm{e}^{-\mathrm{j}n\omega_0 t}\,\mathrm{d}t, \qquad n > 0. \tag{1.67}$$

Während die reellen Fourierdarstellungen (1.52) oder (1.56) den Vorzug größerer Anschaulichkeit haben, kann die komplexe Darstellung oft die Rechnungen vereinfachen.

Es sei noch einmal betont, dass die Summe (1.66) reellwertig ist, weil sich die Imaginärteile der Einzelglieder paarweise aufheben. Die Schwingungsfunktion $\underline{y}(t) = \widehat{\underline{y}}\mathrm{e}^{\mathrm{j}(\omega t + \varphi)}$ (1.31) ist hingegen komplex und stellt einen physikalischen Sachverhalt nur in der Form $y(t) = \mathrm{Re}(\underline{y}(t))$ oder $y(t) = \mathrm{Im}(\underline{y}(t))$ dar. Während man beim Rechnen mit komplexen Schwingungsfunktionen stets darauf achten muss, keine Real- und Imaginärteile miteinander zu verknüpfen, gilt diese Einschränkung für die komplexe Form (1.66) der Fourierreihe nicht. Mit ihr kann man ebenso rechnen wie mit den reellen Darstellungen (1.52) und (1.56).

1.7.2 Bedeutung der Fourieranalyse

Komplizierte Schwingungsfunktionen lassen sich auf mannigfache Weise in einfachere Komponenten zerlegen. Die Fourieranalyse nimmt dabei aus mehreren Gründen eine Sonderstellung ein. Die trigonometrischen Funktionen bilden ein vollständiges Orthogonalsystem. Da die Entwicklungen nach orthogonalen Funktionen eindeutig sind, stellt die nach einer bestimmten Gliederzahl N abgebrochene Fourierreihe

$$y_N(t) = A_0 + \sum_{n=1}^N A_n \sin(n\omega_0 t + \varphi_n) \tag{1.68}$$

die beste durch in N-gliedriges trigonometrische Polynom zu erzielende Näherung der Funktion $y(t)$ dar („beste Näherung" in dem Sinne, dass der mittlere quadratische Fehler zu einem Minimum wird). Beim Übergang zur (N + 1)-ten Näherung werden die Koeffizienten der ersten N Glieder nicht abgeändert.

Einer der Gründe für die Bevorzugung der Fourierzerlegung unter den mathematisch gleichwertigen Entwicklungen nach orthogonalen Funktionen liegt in der Vereinfachung der Rechnungen durch die komplexe Schreibweise.

Wichtiger noch sind physikalische Gründe. Für die Akustik im Hörfrequenzbereich ist die Fourieranalyse von Klängen (nicht-sinusförmigen periodischen Schallvorgängen) und von Geräuschen (unperiodischen Schallvorgängen) wesentlich, weil auch im Ohr eine Art Fourierzerlegung durchgeführt wird. Wie schon in Abschn. 1.3.1 erwähnt, ruft ein reiner Ton, also eine akustische Sinusschwingung, auf der Basilarmembran eine (nicht sehr scharf begrenzte) lokale Erregung hervor, und zwar für jede Frequenz an einer anderen

Stelle. Durch einen Klang werden alle diejenigen Stellen erregt, die den Frequenzen seiner Fourierkomponenten zugeordnet sind; die Erregungsstärken entsprechen den Fourieramplituden. Dass dabei und bei der weiteren Signalverarbeitung im Gehirn die relativen Phasenlagen der Teiltöne für die Klangempfindung von geringerer Bedeutung sind, wird am Anfang des Abschn. 1.8 mit einem Beispiel erläutert. Für Hörschall-Anwendungen wird daher meist nur das Amplitudenspektrum bestimmt.

Der wichtigste Grund für die bevorzugte Zerlegung periodischer Schwingungen in Fourierkomponenten ist jedoch in der verzerrungsfreien Übertragung von Sinusschwingungen durch lineare Systeme zu sehen. Dies soll etwas genauer erläutert werden.

Ein System heißt linear, wenn der Zusammenhang zwischen Eingangs- und Ausgangsgröße durch eine lineare Differenzialgleichung mit konstanten Koeffizienten dargestellt wird. Einer Maßstabsänderung der Eingangsgröße (durch Multiplikation mit einem konstanten Faktor) entspricht dann dieselbe Maßstabsänderung der Ausgangsgröße. Die Änderungen der Kurvenform einer Schwingung beim Passieren eines linearen Systems bezeichnet man als *lineare Verzerrungen*. Die wichtigsten sind Multiplikation mit einem konstanten (reellen oder komplexen) Faktor, sowie zeitliche Differenziation und Integration. Bei Beschränkung auf Sinusschwingungen in komplexer Darstellung laufen auch die letzteren Operationen nach (1.39) und (1.41) auf einfache Multiplikationen hinaus, sodass sich die Differenzialgleichungen auf lineare algebraische Gleichungen mit konstanten reellen oder komplexen Koeffizienten reduzieren.

Eine wesentliche Eigenschaft linearer Systeme ist die lineare Superponierbarkeit von Schwingungen: bewirkt die Eingangsgröße y_{e1} die Ausgangsgröße y_{a1} und y_{e2} entsprechend y_{a2}, so ergibt die Summe $y_{e1} + y_{e2}$ am Eingang auch die Summe $y_{a1} + y_{a2}$ am Ausgang. In einem linearen System beeinflussen sich also verschiedene gleichzeitig übertragene Schwingungen nicht gegenseitig (siehe auch den Additionssatz (1.169) für die Fouriertransformation).

Die meisten Systeme, die im Zusammenhang mit der Übertragung von Schwingungen eine Rolle spielen, sind linear, sofern die Schwingungsamplituden genügend klein bleiben. Kleine Amplituden sind aber in der Akustik ebenso wie in der Nachrichtentechnik und großenteils in der Optik die Regel. Strahler, Empfänger, Leitungen, Filter, Übertrager, Wandler, Verstärker usw. sind im Allgemeinen lineare Systeme, nicht aber z. B. Gleichrichter und Frequenzumsetzer (Abschn. 1.8.2 und 1.8.3).

Eine Sinusschwingung kann durch ein lineares System zwar in Amplitude und Phasenlage verändert werden, bleibt aber eine reine Sinusschwingung derselben Frequenz. Alle linearen Systeme haben jedoch einen mehr oder weniger ausgeprägten „Frequenzgang", d. h. die Amplituden- und Phasenänderungen einer Sinusschwingung hängen von ihrer Frequenz ab. Die Fourierkomponenten einer nicht-sinusförmigen Schwingung werden also in verschiedener Weise beeinflusst, sodass frequenzabhängige lineare Verzerrungen zu einer Änderung des Zeitverlaufs führen. Bei einer Zerlegung in andere als trigonometrische Funktionen (z. B. in Walshfunktionen, Tschebyscheff'sche Polynome, Besselfunktionen usw.) werden daher durch lineare Systeme schon die Grundkomponenten in ihrer Kurvenform verzerrt.

Aus dieser Sonderstellung der Fourierzerlegung ergibt sich als wichtige Anwendung die Berechnung von zeitlichen Schwingungsvorgängen auf dem Umweg über den Frequenzbereich. Um den zeitlichen Verlauf einer gegebenen nicht-sinusförmigen Schwingung nach dem Passieren eines linearen Systems zu errechnen, geht man im Prinzip folgendermaßen vor. Man bestimmt einerseits die komplexe *Übertragungsfunktion* $\underline{G}(\omega)$ des Systems (Ausgangsgröße dividiert durch Eingangsgröße für Sinusschwingungen in komplexer Darstellung), zum anderen das Fourierspektrum $\underline{F}(\omega)$ der zu übertragenden Schwingung und multipliziert $\underline{F}(\omega)$ mit $\underline{G}(\omega)$ für alle Frequenzen. Die Summe der so erhaltenen Fourierkomponenten ist die gesuchte Zeitfunktion am Systemausgang.

Dieses Verfahren enthält zwei wesentliche Schritte, die häufig experimentell durchzuführen sind: die Bestimmung der Übertragungsfunktion und die Fourieranalyse. Die Fourierspektren einiger wichtiger Schwingungsfunktionen, zunächst für periodische Signale, werden im Folgenden gezeigt. Beispiele für Übertragungsfunktionen und ihre Messung folgen später (Abschn. 1.8.1.1, 1.8.1.4, 1.11.1.2, 1.12.2.3, 1.12.3.4, 2.7, 4.1.3, 4.2). Zur Verknüpfung zwischen Real- und Imaginärteil der Übertragungsfunktion durch die Kramers-Kronig-Beziehungen vgl. Abschn. 1.13.4.

1.7.3   Experimentelle Durchführung der Fourieranalyse

Der Begriff „periodische Schwingung" ist eine mathematische Idealisierung tatsächlicher physikalischer Vorgänge (unbegrenzte Dauer, Konstanz aller Parameter). Die im Folgenden beschriebenen Analysierverfahren beziehen sich deshalb auf höchstens näherungsweise periodische Zeitfunktionen. Auf einige Besonderheiten bei der Analyse typisch unperiodischer Vorgänge (Impulse, Rauschen) wird in Abschn. 1.9.5 eingegangen. Für die Fourieranalyse im Frequenzbereich bis etwa 100 GHz gibt es hochentwickelte elektronische Geräte. Bei noch höheren Frequenzen wendet man optische Methoden an (Interferometer, Gitterspektrografen usw.), deren Leistungsfähigkeit aber die der elektronischen Analysatoren nicht erreicht. Bei den letzteren ist zwischen *Analog-* und *Digitalgeräten* zu unterscheiden.

Bei den Analogverfahren werden mathematische Operationen durch rein physikalische Vorgänge ersetzt, ohne dass man zuvor die physikalischen Größen durch Ziffernfolgen darstellt. Zur Bestimmung des Fourieramplitudenspektrums (nicht der Phasen) mit einem Analogverfahren wäre es im Prinzip am einfachsten, die zu analysierende Schwingung als Wechselspannung an den Eingang eines Filters zu legen, das nur einen engen Frequenzbereich durchlässt und dessen Abstimmfrequenz man kontinuierlich verändert. Am Ausgang des Filters erhielte man dann nacheinander als Spannungen die Amplituden der einzelnen Teilschwingungen. Dieses ursprünglich wirklich angewandte Verfahren hat jedoch einen entscheidenden Nachteil: es gelingt selbst mit großem Aufwand nicht, ein genügend schmales Filter variabler Frequenz zu bauen, dessen Bandbreite und Durchlassdämpfung über einen hinreichend großen Frequenzbereich konstant bleiben.

Zur automatischen Fourieranalyse von Schwingungen, die entweder von vornherein als elektrische Wechselspannungen vorliegen oder in solche überführt sind, benutzt man bei den Analogverfahren die Methode der *Frequenztransponierung* (vgl. Abschn. 1.8.3.1). Dabei wird das Gemisch der Fourierkomponenten, das die Schwingung darstellt, auf der Frequenzskala gleitend verschoben und durch ein feststehendes Filter, ein „Frequenzfenster", abgetastet. So erreicht man für jede Teilschwingung die gleiche Empfindlichkeit und die gleiche Trennschärfe.

Funktionsweise eines Niederfrequenz-Analysators in Analogtechnik (*Suchtonverfahren*): Durch „Überlagerung" oder „Mischung" (vgl. Abschn. 1.8.3.1) mit einer Hilfsspannung der Frequenz f_h („Suchton") wird die zu analysierende Wechselspannung aus dem Signalfrequenzbereich von z. B. $f_s = 2\,\text{Hz}$ bis $200\,\text{kHz}$ in den Bereich $f_h + f_s$ d. h. ($f_h + 2\,\text{Hz}$) bis ($f_h + 200\,\text{kHz}$) verschoben. In der Sprache der Modulationstechnik benutzt man das obere Seitenband einer amplitudenmodulierten Schwingung mit der Trägerfrequenz f_h (bei manchen Analysatoren auch das untere Seitenband). Während der Analyse läuft die Frequenz der Hilfsspannung kontinuierlich z. B. von 1,2 MHz bis 1,0 MHz. Ein schmalbandiges Butterworth-Filter (Abschn. 4.2.2) bei der festen *Zwischenfrequenz* (ZF) 1,2 MHz lässt jeweils die Fourierkomponente f_x durch, für die gerade $f_h + f_x = 1{,}2\,\text{MHz}$ ist. Am Ausgang des Filters erscheinen somit nacheinander die einzelnen Fourieramplituden, die auf einem Schreiber oder Oszilloskop mit frequenzproportionaler Zeitablenkung angezeigt werden, wahlweise mit linearer oder logarithmischer Amplitudenskala (typischer Pegelbereich: 80 dB). Die Filterbandbreite ist bei den meisten Geräten in Stufen umschaltbar (z. B. 3 Hz $\cdots$ 1000 Hz), aus technischen Gründen allerdings für die kleineren Bandbreiten üblicherweise bei einer niedrigeren ZF, die durch weitere Mischung erzeugt wird. Die kleinen Bandbreiten lassen Einzelheiten der Spektren besser erkennen, größere Bandbreiten erlauben wegen der dann kürzeren Einschwingzeit eine höhere Analysiergeschwindigkeit (vgl. Abschn. 4.4.2.4).

Analysatoren für den *Mikrowellenbereich* arbeiten ebenfalls mit Frequenztransponierung, allerdings mit Abwärtsmischung, um den Analysierbereich bis zu den höchstmöglichen Frequenzen auszudehnen. Moderne Analysatoren mit mehrstufigen Mischern und Mikrocomputer-gesteuerter automatischer Mischer-Umschaltung für einzelne Frequenzintervalle überstreichen den Bereich von wenigen Hz bis über 100 GHz mit einer Auflösungsbandbreite bis hinunter zu 10 Hz und einer Dynamik von über 80 dB. Mit externen Hohlleiter-Mischern lässt sich der Analysierbereich bis über 200 GHz ausdehnen.

Die Überlagerungsverfahren ergeben Spektren mit konstanter Absolutbandbreite. Für manche Anwendungen ist jedoch eine konstante Relativbandbreite (Terzspektren, Oktavspektren usw.) vorteilhafter, z. B. für Sprach- und Geräuschanalysen, weil das Ohr ähnlich arbeitet (s. Abschn. 1.5). Dies erreicht man in Analogtechnik mit *Filterbänken*: das Signal wird auf eine Parallelschaltung entsprechend vieler Bandfilter gegeben, sodass an deren Ausgängen die zugehörigen Spektralanteile abzunehmen und auf einem Sichtschirm als Stufenfunktion oder als „Säulenspektrum" über logarithmischer Frequenzskala darzustellen sind. Diese Geräte arbeiten in der Regel als „Echtzeitanalysatoren", d. h. die Anzeige erreicht ihren Endwert so schnell, dass die Spektren zeitlichen Signaländerungen praktisch verzögerungsfrei folgen.

Rein *digital* arbeitende Analysatoren setzt man vor allem für Echtzeitanalysen im Tonfrequenzbereich ein, wo sie die zuvor beschriebenen Analogmethoden und auch Hybridverfahren wie die in Abschn. 4.4.2.4 erwähnte Zeitraffer-Analyse mehr und mehr verdrängt haben. Um eine vorliegende Zeitfunktion für die digitale Weiterverarbeitung in eine zeitliche Folge von Ziffernwerten überzuführen, wird sie in äquidistanten Zeitabständen abgetastet („Sampling-Verfahren"), wobei nach dem *Abtasttheorem* (Abschn. 1.8.1.5) die Zahl der Abtastimpulse pro Zeiteinheit mehr als doppelt so hoch sein muss wie die höchste zur Analyse vorgesehene Frequenz. Bei der digitalen Spektralanalyse sind zwei Verfahren zu unterscheiden: *digitale Filterung* und *diskrete Fouriertransformation*.

Analysatoren mit digitalen Filtern entsprechen den Analoggeräten mit Filterbänken, wobei aber die Bandfilter durch rekursive Digitalfilter (Abschn. 4.4.2.4) ersetzt sind. Sie erlauben ebenfalls Echtzeitanalysen und ergeben Spektren mit konstanter Relativbandbreite, sind den Analoggeräten aber an Flexibilität überlegen.

Spektren mit konstanter Absolutbandbreite liefert die diskrete Fouriertransformation (Abschn. 1.14.2.1). Sie berechnet auf digitalem Wege die Fourierkoeffizienten S_n und C_n aus dem komplexen Integral (1.67), das durch eine endliche Summe approximiert wird (deshalb „diskrete" Fouriertransformation). Im Gegensatz zu den bisher beschriebenen können diese Analysatoren also neben dem Amplituden- auch das Phasenspektrum liefern. Um die Rechenzeit abzukürzen, sind besondere Methoden („Fast Fourier Transform" (FFT), Abschn. 1.14.2.2) entwickelt worden. Die digitalen Berechnungen sind natürlich auf Universalcomputern programmierbar; wegen der besonderen Bedeutung der Frequenzanalyse hat man aber Spezialgeräte entwickelt, die diese Rechenoperationen besonders effektiv durchführen und außerdem die Analog/Digital-Konverter (ADC) sowie einen Anzeige-Bildschirm enthalten. Handelsübliche FFT-Analysatoren arbeiten meistens zweikanalig und erlauben auch andere Arten der Signalverarbeitung im Zeit- und Spektralbereich, die erst in den folgenden Abschnitten behandelt werden. Auf einige Probleme und Besonderheiten bei der digitalen Signalverarbeitung soll deshalb später eingegangen werden (Abschn. 1.14).

1.8 Periodische Schwingungen

Periodische Schwingungen lassen sich allgemein kennzeichnen durch die Gleichung

$$y(t + T) = y(t). \tag{1.69}$$

Die einfachsten unter ihnen sind die Sinusschwingungen. Für sie wurden in Abb. 1.1 zwei Arten der zeitlichen Darstellung gezeigt: einmal die veränderliche Größe als Funktion der Zeit, zum anderen das Zeigerdiagramm mit den erforderlichen Zusatzangaben, dass der Zeiger mit der Winkelgeschwindigkeit ω rotiert und dass die Schwingung von seiner y-Komponente ausgeführt wird. Beiden Darstellungen lassen sich die drei Bestimmungsparameter der Sinusschwingung – Amplitude, Frequenz und Nullphasenwinkel – entnehmen.

Als weiteres Diagramm sei noch das *Amplitudenspektrum* eingeführt, d. h. die Amplitude als Funktion der Frequenz. Abb. 1.8 zeigt diese Darstellung für die Sinusschwingung $y = \hat{y} \sin(\omega_0 t + \varphi)$. An der Stelle $f_0 = \omega_0/2\pi$ auf der Frequenzachse markiert eine Linie der Länge $\hat{y}$ die Größe der Amplitude. Diese Darstellung ist den beiden anderen allerdings nicht gleichwertig, denn sie gibt keine Auskunft über den Nullphasenwinkel –

Abb. 1.8 Amplitudenspektrum einer Sinusschwingung

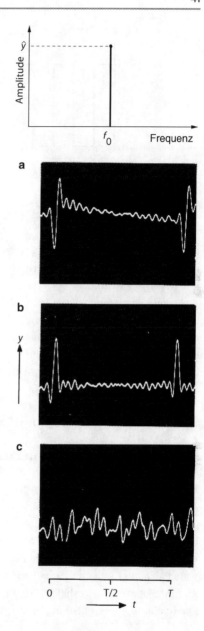

Abb. 1.9 Durch Addition von 20 Teilschwingungen entstehende Zeitfunktionen, **a**: $\varphi_n = 0$, **b**: $\varphi_n = \pi/2$, **c**: φ_n statistisch

ein Mangel, der aber oft unerheblich ist, z. B. in der Hörakustik, weil das Ohr Phasenunterschiede in der Regel nicht wahrnimmt. Abb. 1.9 zeigt gemessene Zeitfunktionen, die aus der Überlagerung von 20 Sinusschwingungen gleicher Amplitude entstanden sind:

$$y(t) = \frac{1}{20} \sum_{n=1}^{20} \sin(nt + \varphi_n). \tag{1.70}$$

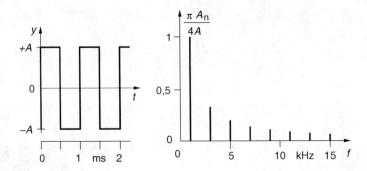

Abb. 1.10 Symmetrische Rechteckschwingung. Zeitfunktion und Amplitudenspektrum

Im Oszillogramm (a) sind alle $\varphi_n = 0$, in (b) $\varphi_n = \pi/2$ (Summe von cos-Funktionen), und in (c) sind die φ_n statistisch verteilt. Die Schwingungsformen sind sehr unterschiedlich, klingen aber gleich.

Das Beispiel zeigt, dass durch Überlagerung von Sinusschwingungen mit verschiedenen Amplituden, Frequenzen und Phasen kompliziertere Schwingungen entstehen. Von großer Bedeutung für die gesamte Schwingungsphysik ist, dass sich umgekehrt jede praktisch denkbare Schwingungsfunktion in Sinuskomponenten zerlegen lässt. Das ist der Inhalt des Fourier'schen Satzes, Abschn. 1.7.

1.8.1 Spezielle Schwingungsformen

1.8.1.1 Symmetrische Rechteckschwingung

Spektrum der Rechteckschwingung

Abb. 1.10 zeigt eine *symmetrische Rechteckschwingung* als Zeitfunktion und als Spektrogramm. Die Schwingungsamplitude springt zwischen den Werten $y = +A$ und $y = -A$ hin und her, die Periodendauer ist $T = 1$ ms, die Grundfrequenz also 1 kHz. Bei der dem Bild zu entnehmenden Wahl des Zeitnullpunkts ist $y(t)$ eine ungerade Funktion, man erwartet also nur Sinusglieder in der Fourierentwicklung. $y(t)$ ist ferner spiegelsymmetrisch im Sinne der (1.61); deshalb dürfen nur Teilschwingungen ungerader Ordnung auftreten. Die Rechnung liefert als Fourierzerlegung

$$y(t) = \frac{4A}{\pi} \left(\sin \omega_0 t + \frac{1}{3} \sin 3\omega_0 t + \frac{1}{5} \sin 5\omega_0 t + \cdots \right)$$

$$= \frac{4A}{\pi} \sum_{\nu=0}^{\infty} \frac{1}{2\nu + 1} \sin(2\nu + 1)\omega_0 t. \tag{1.71}$$

A ist die Amplitude der Schwingung. Die Rechteckschwingung ist ein Beispiel für Zeitfunktionen mit Sprungstellen. Bei diesen fallen die Amplituden der Teilschwingungen stets gemäß $|A| \sim 1/n$, also relativ langsam ab.[23] Allgemein lässt sich sagen: Steilen Flanken in der Zeitfunktion entsprechen im Spektrum starke Anteile hoher Frequenzen.

Systemuntersuchung mit Rechteckschwingungen

Aus dem breiten Spektrum der Rechteckschwingung ergibt sich eine praktische Anwendung. Die Übertragungsfunktion $\underline{G}(\omega)$ eines Systems kann man ihrem Betrag nach in folgender Weise bestimmen: man gibt eine Sinusschwingung bekannter Amplitude auf den Eingang des Systems, misst die Amplitude am Ausgang und bildet das Verhältnis beider für alle in Frage kommenden Frequenzen. Außerdem ist noch der Frequenzgang der Phasendrehung zwischen Ausgangs- zu Eingangsspannung zu bestimmen. Beide Messungen zusammen liefern dann zwar genaue Resultate, erfordern aber einige Zeit. Einen schnellen und oftmals hinreichenden Überblick bekommt man, wenn man eine nicht-sinusförmige Schwingung einfacher Form mit möglichst breitem Spektrum über das System schickt und die Zeitfunktion am Ausgang mit der ursprünglichen vergleicht. Für solche Systemanalysen eignen sich neben kurzen Impulsen (vgl. Abschn. 1.8.1.4, 1.11.1.2) und 1.12.3.4 auch die Rechteckschwingungen [41].

Abb. 1.11 zeigt ein gemessenes Beispiel: (a) die Rechteckschwingung mit der Grundfrequenz 1 kHz, (b) die Zeitfunktion nach dem Passieren eines *Hochpasses* (Kondensatorkette, Abb. 4.18), der nur Schwingungen oberhalb einer gewissen Grenze überträgt, die in diesem Fall recht tief, nämlich bei 80 Hz liegt. Das Spektrum der 1 kHz-Rechteckspannung enthält nur Teilschwingungen weit oberhalb dieser Grenzfrequenz im Übertragungsbereich des Hochpasses; man sollte daher erwarten, dass sie unbeeinflusst übertragen werden und dass am Ausgang die Rechteckkurve unverzerrt erscheint. Tatsächlich ist die Zeitfunktion jedoch stark verändert. Zwar sind die Flanken, in denen sich die Übertragung der hohen Frequenzen äußert, ebenso steil wie die der ursprünglichen Funktion, aber aus den geraden „Dächern" sind durchhängende, schräg verlaufende Kurvenzüge geworden. Die Ursache dafür sind Phasenverschiebungen bei den Teilschwingungen niedriger Ordnungszahlen. Die Amplitudenkurve des benutzten Filters hat zwar an der Grenzfrequenz einen recht scharfen Übergang von Null auf den vollen frequenzunabhängigen Wert, die Phasendifferenz zwischen Eingangs- und Ausgangsspannung dagegen geht im Durchlassbereich mit wachsender Frequenz von dem Wert $n \cdot \pi$ (n = Gliederzahl der Kondensatorkette) nur langsam gegen Null. Dieser Phasengang führt zu einer zeitlichen Voreilung der Teilschwingungen niedriger Ordnungen und damit zu der beobachteten Veränderung der Rechteckkurve.

Die Abb. 1.11c zeigt die Verformung der 1 kHz-Rechteckspannung durch einen Tiefpass (Drosselkette, Abb. 4.14), der nur Schwingungen mit Frequenzen bis zu einer oberen Grenze – in diesem Fall 16 kHz – überträgt. Die Flanken sind deutlich weniger steil, und an der Welligkeit der „Dächer" kann man die obere Frequenzgrenze des Filters ablesen: die Periodendauer der Oszillationen beträgt fast genau 1/16 der Grundperiode der Rechteckkurve.

---

[23] Aus energetischen Gründen muss $|A_n|$ stärker als $1/\sqrt{n}$ abfallen, damit die der Schwingungsleistung proportionale Summe $\sum_{n=0}^{\infty} A_n^2$ konvergiert.

Abb. 1.11 Verformung einer
Rechteckschwingung (**a**) durch
einen Hochpass (**b**) und einen
Tiefpass (**c**). Zugleich De-
monstration der „Gibbs'schen
Höcker"

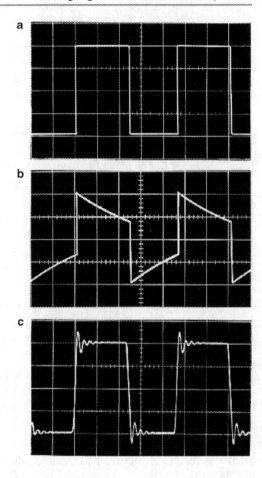

Mit Hilfe von Rechtecksignalen werden besonders in der industriellen Fertigung elektronische und elektroakustische Baugruppen rasch und zuverlässig geprüft (vor allem
Verstärker, aber auch Transformatoren, Lautsprecher, Mikrofone u. a.). Dabei gewinnt
man nicht nur einen qualitativen Überblick, sondern erhält auch überraschend viele quantitative Angaben zum Übertragungsverhalten.

Gibbs'sches Phänomen

In den abklingenden Oszillationen nach den Sprungstellen in Abb. 1.11c zeigt sich ei-
ne Erscheinung, die den Namen *Gibbs'sches Phänomen*[24] trägt. Approximiert man eine
Schwingungsfunktion mit der Grundfrequenz ω_0 und mit Sprungstellen der Höhe $2A$
durch ihre nach N Gliedern abgebrochene Fourierreihe gemäß (1.68), so ergibt diese
Näherung eine Zeitfunktion ähnlich der in Abb. 1.11c, allerdings treten theoretisch die
Oszillationen, die auch *Gibbs'sche Höcker* genannt werden, nicht nur nach, sondern auch

---

[24] Josiah Willard Gibbs, amerikanischer Physiker und Mathematiker (1839–1903).

vor jedem Sprung auf.[25] Mit wachsender Ordnung N der Approximation rücken die Oszillationen immer dichter zu den Sprungstellen hin; ihre Frequenz nimmt nach $\omega_N \approx N\omega_0$
zu, aber ihre Höhen streben gegen endliche Grenzwerte, die, von der Sprungstelle her gerechnet, der Reihe nach $+17,8\,\%$, $-9\,\%$, $+5,7\,\%$, $-4,5\,\%$, ... der Amplitude A betragen.
In der Nähe der Sprungstellen gibt es also auch bei noch so hoher Ordnung der Nähe-
rungsfunktion endliche Abweichungen vom Sollwert.

Diese *ungleichmäßige Konvergenz* in der Nähe von Sprungstellen ist eine Eigentümlichkeit der Fourierreihe, die bei manchen Anwendungen stört. Man greift dann zu anderen
Approximationen, bei denen nicht der mittlere quadratische Fehler, sondern die maximale Abweichung beliebig klein gemacht werden kann. Hierzu gehört z. B. die Darstellung
durch *Tschebyscheff'sche Polynome* [26], von der man bei der Wiedergabe von Bandfilter-
kurven mit vorgeschriebener maximaler Welligkeit Gebrauch macht (Abschn. 4.2.2).

Bei der digitalen Spektralanalyse vermeidet man Sprünge am Anfang und Ende des
Analysierintervalls, indem man die Zeitfunktion mit einer geeigneten „Fensterfunktion"
multipliziert (s. Abschn. 1.14.2.3).

1.8.1.2 Symmetrische Dreieckschwingung

In Abb. 1.12 sind Zeitfunktion und Spektrum einer symmetrischen Dreieckschwingung
mit der Amplitude A und der Periodendauer $T = 1$ ms dargestellt. Für die hier gewählte
Lage des Zeitnullpunkts ergibt die Rechnung

$$y(t) = \frac{8A}{\pi^2} \left(\sin \omega_0 t - \frac{1}{9} \sin 3\omega_0 t + \frac{1}{25} \sin 5\omega_0 t - + \cdots \right)$$

$$= \frac{8A}{\pi^2} \sum_{\nu=0}^{\infty} (-1)^\nu \frac{1}{(2\nu + 1)^2} \sin(2\nu + 1)\omega_0 t. \qquad (1.72)$$

Wieder treten nur die ungeradzahligen Teilschwingungen auf. Entsprechend den weniger steilen Flanken der Schwingung fallen ihre Amplituden schneller ab als für die
Rechteckschwingung. Die Dreieckschwingung hat keine Sprünge, aber Ecken. Die Fourieramplituden dieses Schwingungstyps nehmen mit wachsender Ordnungszahl stets ge-
mäß $|A_n| \sim 1/n^2$ ab. Allgemein gilt: hat die k-te zeitliche Ableitung der Schwingungs-
funktion Sprungstellen, so fallen die Amplituden gemäß $|A_n| \sim 1/n^{k+1}$ ab. Dieser Satz
ist auch umkehrbar.

1.8.1.3 Sägezahnschwingungen

Wichtiger als die Dreieckschwingung ist die *Sägezahnschwingung*. Für die links in
Abb. 1.13 gezeigte fallende Sägezahnschwingung mit Zeitnullpunkt an der Sprungstelle

---

[25] Dass sie in Abb. 1.11c vor den Sprüngen nicht erscheinen, beruht auf der zu kurzen Laufzeit des
Filters und auf seinem Phasengang.
[26] Pafnuti Lwowitsch Tschebyscheff, russischer Mathematiker (1821–1894).

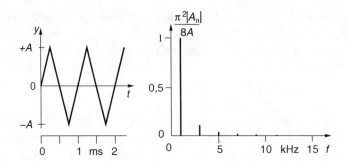

Abb. 1.12 Dreieckschwingung. Zeitfunktion und Amplitudenspektrum in linearem Ordinatenmaß-stab

Abb. 1.13 Fallende und stei-gende Sägezahnschwingung

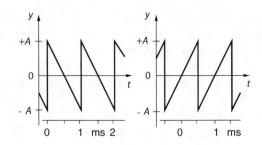

lautet die Fourierzerlegung

$$y(t) = \frac{2A}{\pi}\left(\sin\omega_0 t + \frac{1}{2}\sin 2\omega_0 t + \frac{1}{3}\sin 3\omega_0 t + \ldots\right) = \frac{2A}{\pi}\sum_{\nu=1}^{\infty}\frac{1}{\nu}\sin\nu\omega_0 t, \quad (1.73)$$

für den rechts gezeigten steigenden Verlauf mit Zeitnullpunkt im Nullpunkt des linearen Anstiegs

$$y(t) = \frac{2A}{\pi}\left(\sin\omega_0 t - \frac{1}{2}\sin 2\omega_0 t + \frac{1}{3}\sin 3\omega_0 t - + \ldots\right) \quad (1.74)$$

$$= \frac{2A}{\pi}\sum_{\nu=1}^{\infty}(-1)^{\nu+1}\frac{1}{\nu}\sin\nu\omega_0 t. \quad (1.75)$$

Das vom Analysator aufgezeichnete Amplitudenspektrum ist in beiden Fällen gleich; das Vorzeichen der Fourierkoeffizienten wird naturgemäß nicht angezeigt.

Hat eine Sägezahnschwingung die Extremwerte $\pm A$, errechnen sich der Effektivwert $\widetilde{y}$, der Scheitelfaktor μ_S und der Formfaktor μ_F (Abschn. 1.4) zu

$$\widetilde{y} = \frac{A}{\sqrt{3}}, \qquad \mu_S = \sqrt{3}, \qquad \mu_F = \frac{2}{\sqrt{3}}. \quad (1.76)$$

Anwendungen von Sägezahnschwingungen

Sägezahnschwingungen werden in jedem Oszilloskop zur Horizontalablenkung des Elektronenstrahls gebraucht.

Auch die vielen als *Kippschwingungen* bekannten Vorgänge sind in der Regel mehr oder weniger ausgeprägte Sägezahnschwingungen, z. B. die Bewegung der Saiten von Streichinstrumenten. Beim Anstreichen mit dem Bogen wird die Saite infolge der Haftreibung ein Stück weit mitgeführt und schnellt zurück, wenn ihre rücktreibende Kraft die vom Bogendruck abhängige Reibungskraft überwindet, wird dann erneut vom Bogen gefasst usw. [42].

Die Schwingungsform der Saite ist für die Klangeigenschaften der Streichinstrumente, besonders der Geigen, sehr wichtig. In Stegnähe schwingt die Saite nahezu sägezahnförmig, sodass das über den Steg auf den Korpus wirkende Anregungsspektrum nur wenig rascher als mit 6 dB pro Oktave abfällt und die zahlreichen Geigenkörper-Resonanzen gut anregt. Dabei kommt es zu einem ausgewogenen Klangbild, weil die für einen vollen Klang verantwortlichen tiefen und mittleren Töne stärker hervortreten als die zwar für die Brillanz notwendigen, aber bei weiterer Anhebung leicht zu scharf wirkenden hohen Töne. Das Anregungsspektrum etwa einer Dreieckschwingung (12 dB/Oktave) ergäbe einen dumpfen Klang. Die Klangspektren einiger Streichinstrumente sind in Abb. 1.18 gezeigt.

1.8.1.4 Impulsfolgen (Pulse)

Unter einem *Impuls* versteht man einen Vorgang, dessen Momentanwerte nur innerhalb einer kurzen Zeitspanne merklich von Null verschieden sind. Die *Impulsdauer* τ wird für beliebigen Verlauf der Zeitfunktion häufig als die Dauer des flächengleichen Rechteckimpulses mit gleichem Maximalwert definiert.

Die Zeitfunktion, die durch periodische Wiederholung eines Impulses jeweils nach der Zeit T entsteht, bezeichnet man als *Puls*, die Frequenz $f_0 = 1/T$ als *Pulsfrequenz* oder *Wiederholungsfrequenz* und den Quotienten τ/T als *Tastverhältnis* (dieser Name stammt aus der Nachrichtentechnik).

Rechteckimpulsfolge

Als Beispiel für einen Puls ist in Abb. 1.14 eine periodische Rechteckimpulsfolge gezeigt, wieder als Zeitfunktion und Amplitudenspektrum. Die Fourierzerlegung errechnet sich nach den Gleichungen (1.52) bis (1.55) zu

$$y(t) = A \left[\frac{\tau}{T} + \sum_{n=1}^{\infty} \frac{1}{n\pi} \left\{ (1 - \cos n\omega_0\tau) \sin n\omega_0 t + \sin n\omega_0\tau \cos n\omega_0 t \right\} \right] \quad (1.77)$$

($T = 2\pi/\omega_0$ Periodendauer, τ Impulsdauer, A Impulshöhe). Bei der hier gewählten Lage des Zeitnullpunkts ist die Funktion weder gerade noch ungerade noch spiegelsymmetrisch im Sinne von (1.61). Es treten daher sämtliche Sinus- und Cosinusglieder in der Fourierentwicklung auf. Der Ordinatennullpunkt liegt in der unteren Extremlage, wodurch sich

Abb. 1.14 Rechteckim-
pulsfolge. Zeitfunktion
und Amplitudenspektrum.
$\tau = 1\,\text{ms}$, $T = 10\,\text{ms}$

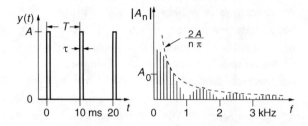

nach (1.53) ein Gleichanteil $A_0 = A\tau/T$ ergibt. (1.77) lässt sich vereinfachen und in die
Form

$$y(t) = \frac{A\tau}{T}\left[1 + 2\sum_{n=1}^{\infty} \frac{\sin n\pi\tau/T}{n\pi\tau/T}\cos n\omega_0\left(t - \frac{\tau}{2}\right)\right] \qquad (1.78)$$

bringen; durch Zeitverschiebung um $\tau/2$ wird die Impulsfolge zu einer geraden Funktion
und ihre Fourierdarstellung daher zu einer reinen Cosinusreihe.

Die Amplituden der Teilschwingungen fallen zu höheren Frequenzen nicht monoton
ab, sondern folgen der *Spaltfunktion* $(\sin x)/x$:[27]

$$A_n = \frac{2A\tau}{T}\frac{|\sin n\pi\tau/T|}{n\pi\tau/T} = \frac{2A}{n\pi}\left|\sin\frac{n\pi\tau}{T}\right|, \qquad n \geq 1. \qquad (1.79)$$

Die Rechteckimpulsfolge enthält Sprungstellen; nach der Bemerkung im Anschluss an
(1.71) sollten die Amplituden der Teilschwingungen daher proportional zu 1/n abfallen.
Dies gilt auch hier insofern, als die Einhüllende $2A/n\pi$ des Amplitudenspektrums (im
Spektrum gestrichelt eingezeichnet) proportional zu 1/n verläuft.

Die Spaltfunktion hat Nullstellen bei $n\tau/T = 1, 2, 3, \ldots$. Die erste Nullstelle liegt bei
derjenigen Frequenz f_1, bei der die Periodendauer $T_1 = 1/f_1$ gleich der Impulsdauer τ
wird. An der zweiten Nullstelle f_2 füllen zwei volle Schwingungen die Impulslänge τ aus,
also $2T_2 = \tau$ usw. Bei dem im Bild gezeigten Puls ist $T/\tau = 10$, daher fallen die 10., 20.,
30. usw. Teilschwingung weg.

Für $T/\tau = 2$ erhält man die symmetrische Rechteckschwingung (Abb. 1.10), bei
der alle geradzahligen Teilschwingungen verschwinden. Sehr geringe Abweichungen von
$T/\tau = 2$ genügen schon, um diese Teilschwingungen, vor allem bei Ausnutzung der
vollen Dynamik eines Analysators (logarithmischer Maßstab), hervortreten zu lassen. Ihr
Verschwinden stellt daher ein empfindliches Kriterium für die Symmetrie einer Rechteckschwingung dar.

---

[27] Für die Spaltfunktion ist die abgekürzte Schreibweise $\text{sinc}\, x = \frac{\sin x}{x}$ gebräuchlich. Oft allerdings
für die normierte Form: $\text{sinc}\, x = \frac{\sin \pi x}{\pi x}$; dann schreibt man für die nicht-normierte Form $\text{si}\, x = \frac{\sin x}{x}$.

Abb. 1.15 Zur Herleitung der
δ-Impulsfolge

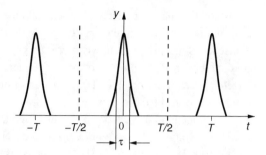

δ-Impulsfolge

Für die Untersuchung von Schwingungssystemen und von sehr schnellen Zeitvorgängen (Stroboskopie, Samplingverfahren, Abschn. 1.8.1.5) sind Folgen von periodisch wiederholten sehr kurzen Impulsen von großer praktischer Bedeutung. Abb. 1.15 zeigt eine Impulsfolge $y(t)$ mit dem Zeitnullpunkt in der Mitte eines Impulses. Zur Berechnung der Fourierreihe in der komplexen Form (1.66) hat man das Integral (1.67) zu lösen. Es lautet für ein symmetrisch um $t = 0$ gelegtes Integrationsintervall

$$\underline{A}_n = \frac{1}{T} \int\limits_{-T/2}^{+T/2} y(t) e^{-jn\omega_0 t} \, dt \tag{1.80}$$

mit $\omega_0 = 2/\pi T$. Bei sehr kleinen Impulsdauern trägt nur die unmittelbare Umgebung von $t = 0$ zum Integral bei. Man kann dann in (1.80) die Exponentialfunktion näherungsweise als konstant ansehen und vor das Integral ziehen. Da sie für $t = 0$ den Wert 1 hat, gilt also

$$\underline{A}_n \approx \frac{1}{T} \int\limits_{-T/2}^{+T/2} y(t) \, dt = \frac{I}{T}, \tag{1.81}$$

wobei die *Impulsstärke* I gleich dem Flächeninhalt des Einzelimpulses ist.

Dieses bemerkenswerte Ergebnis sagt aus, dass mit abnehmender Impulsdauer τ die Spektren periodischer Impulsfolgen gegen ein Linienspektrum streben, dessen Komponenten alle gleich groß sind. Die Amplitude der Teilschwingungen ist unabhängig von der Impulsform und nur durch Impulsstärke und Wiederholungsfrequenz festgelegt.

Die mathematische Idealisierung eines kurzen Impulses ist die Dirac'sche[28] *δ-Funktion* $\delta(t)$ mit der Definition

$$\delta(t) = 0 \quad \text{für} \quad t \neq 0, \tag{1.82}$$

$$\int\limits_{-\varepsilon}^{+\varepsilon} \delta(t) \, dt = 1 \quad \text{für jedes} \quad \varepsilon > 0. \tag{1.83}$$

---

[28] Paul Adrien Maurice Dirac, britischer Physiker (1902–1984).

Die δ-Funktion hat hiernach die Dimension einer reziproken Zeit; allgemein ist ihre Dimension reziprok zur Dimension der Integrationsvariablen. Von einem δ-Impuls im physikalischen Sinn spricht man, wenn er kurz gegen den Kehrwert der höchsten im jeweils interessierenden Problem auftretenden Frequenz ist. Das kontinuierliche Spektrum des Einzelimpulses (Abschn. 1.11.1.2) bzw. das Linienspektrum des periodisch wiederholten Impulses überdeckt dann den ganzen betrachteten Frequenzbereich ohne nennenswerten Amplitudenabfall. Hat beispielsweise der Einzelimpuls einer Rechteckimpulsfolge eine Dauer von $\tau = 10\,\mu s$, so liegt die erste Nullstelle des Spektrums nach (1.79) bei $1/\tau = 100\,kHz$, aber bis 25 kHz sind die Spektralamplituden erst um 1 dB abgefallen. Bei einer Impulsfolgefrequenz von 100 Hz überdeckt ein solches Signal also den Tonfrequenzbereich bis 20 kHz mit 200 Linien praktisch konstanter Höhe. Ein ähnliches Beispiel ist in Abb. 1.9b zu sehen. Die kurzen Impulse sind durch Summation von 20 Cosinuskomponenten gleicher Amplitude entstanden.

Die δ-Impulsfolgen mit ihren gleich hohen Spektrallinien haben eine große Bedeutung für die Analyse linearer Schwingungssysteme. Wie zu Beginn des Abschnitts auf S. 43 erläutert, lässt sich der Frequenzgang eines Systems bestimmen, indem man die Übertragung von Sinusschwingungen für viele Frequenzen misst. Gibt man stattdessen eine δ-Impulsfolge auf den Eingang, so bedeutet dies die gleichzeitige Anregung mit vielen Sinusschwingungen gleicher Amplitude. Jede Komponente wird entsprechend dem Systemfrequenzgang verändert, und ihre Überlagerung ergibt als Ausgangssignal eine periodische Folge von Impulsantworten des Systems (Abschn. 1.11.1.2). Die Fourieranalyse dieser Zeitfunktion liefert ein Linienspektrum, dessen Einhüllende die Übertragungsfunktion selbst ist. In Verbindung mit einem „Echtzeitanalysator" erhält man die Übertragungsfunktion $\underline{G}(\omega)$ sehr viel schneller als auf dem direkten Wege. Die Impulsantwort lässt sich nach dem in Abschn. 1.12.3.4 beschriebenen Verfahren auch mit Rauschen als Anregungssignal ermitteln.

1.8.1.5 Abtasttheorem

Soll eine kontinuierliche Zeitfunktion, z. B. ein Sprachsignal, im Computer verarbeitet oder mit einem Pulsmodulationsverfahren übertragen werden, ist sie zuvor in eine diskrete Folge von Amplitudenwerten zu zerlegen, die dann in digitalisierter Form übertragen werden. Dabei erhebt sich die Frage, in welchen Zeitabständen diese Amplitudenwerte entnommen werden müssen, damit die volle Information erhalten bleibt. Die Antwort gibt das *Abtasttheorem (Sampling-Theorem, Probensatz)*, das bereits 1933 von V. A. Kotelnikov[29] [43] und 1939 von H. Raabe[30] [44] angegeben, aber erst 1948/49 durch C. E. Shannon[31] [45] allgemein bekannt wurde [46, 47]: Die Abtastfrequenz f_s muss mehr als doppelt so hoch sein wie die höchste in dem zu übertragenden Signal enthaltene Frequenz f_m:

$$f_s > 2f_m \tag{1.84}$$

---

[29] Vladimir Alexandrowitsch Kotelnikov, sowjetischer Elektrotechniker (1908–2005).
[30] Herbert P. Raabe, deutscher Elektrotechniker (1909–2004).
[31] Claude Elwood Shannon, US-amerikanischer Mathematiker (1916–2001).

(Herleitung nächste Seite). Die minimale Abtastfrequenz $2f_m$ wird auch *Nyquistfrequenz* [32] genannt. Das ursprüngliche Signal lässt sich aus der Folge diskreter Amplitudenwerte zurückgewinnen, indem man sie durch einen Tiefpass mit der Grenzfrequenz f_m filtert.

Durch *Überabtastung* (*oversampling*), d. h. Abtastung mit einer deutlich höheren als der Nyquistfrequenz, bekommt man weitere Stützwerte, die bei ungestörten Signalen keine zusätzliche Information enthalten. Bei Signalen, die auf dem Übertragungsweg verzerrt oder denen Fremdeinflüsse überlagert sind, gibt die Überabtastung aber eine Möglichkeit, diese Störungen mit Hilfe geeigneter Filter teilweise wieder aufzuheben.

Zur Übertragung einer kontinuierlichen Nachricht genügt es also, lediglich eine periodische Folge von kurzen Impulsen zu senden, deren Amplituden gleich den Momentanwerten der Nachricht in den betreffenden Zeitpunkten sind. Hiervon macht man nicht nur zur Digitalisierung von Zeitfunktionen für die Verarbeitung im Computer Gebrauch, sondern z. B. auch zur besseren Ausnutzung der Übertragungskapazität von Nachrichtenverbindungen im *Zeitmultiplexverfahren*. Man nutzt die Pausen zwischen den Einzelimpulsen zur Übertragung weiterer Nachrichten aus, indem man verschiedene Signale gleicher Frequenzbandbreite durch Pulse mit gleicher Taktfrequenz wiedergibt und diese dann ineinander schachtelt. Durch synchron laufende Schalter werden die Impulsfolgen am Eingang der Übertragungsstrecke zeitlich gestaffelt und am Ausgang wieder getrennt. Gegenüber dem *Frequenzmultiplexverfahren*, bei dem die Nachrichten in verschiedenen Frequenzbändern übertragen werden (Abschn. 1.8.3), bietet dieses Verfahren den Vorteil, dass Nichtlinearitäten im Übertragungsweg nicht zu einem Übersprechen zwischen den Einzelkanälen führen.

Ein weiteres Beispiel, in dem das Abtasttheorem beachtet werden muss, ist das *Sampling-Oszilloskop*. Will man sehr schnelle Vorgänge (mit Frequenzen über etwa 1 GHz oder Anstiegszeiten unter etwa 350 ps) oszilloskopisch registrieren, stößt man auf technische Schwierigkeiten, vor allem beim Bau der Ablenkverstärker. Wenn derartige schnelle Vorgänge periodisch wiederholbar sind, kann man sie durch ein stroboskopisches Verfahren mit dem Sampling-Oszilloskop darstellen. In jeder Periode wird der Zeitfunktion mit Hilfe eines präzise arbeitenden elektronischen Schalters ein einziger Amplitudenwert entnommen, aber in schrittweise fortschreitender Phasenlage. Dieser Amplitudenwert wird bis zum nächsten Abtastzeitpunkt gespeichert und lenkt den Elektronenstrahl in Vertikalrichtung entsprechend ab. Die Zeitablenkung des Oszilloskops erfolgt nicht sägezahnförmig, sondern in kleinen Sprüngen (mit Hilfe eines „Treppengenerators"), sodass insgesamt anstelle der kontinuierlichen Zeitfunktion eine Folge einzelner Punkte auf dem Schirm erscheint. Damit keine Einzelheiten im Kurvenverlauf verloren gehen, müssen die Abtastzeitpunkte genügend dicht liegen: gemäß dem Sampling-Theorem mindestens so dicht, wie Maxima und Minima aufeinander folgen können. Die obere Frequenzgrenze der Sampling-Oszilloskope, die man übrigens auch

---

[32] Harry Nyquist, schwedisch–US-amerikanischer Ingenieur (1889–1976).

bei der Zeitbereichs-Reflektometrie einsetzt (Abschn. 2.4.4), liegt bei etwa 20 GHz und ist durch die Schnelligkeit der Abtast–Halte–Glieder bestimmt (Abschn. 1.14.1).

Zur Herleitung des Abtasttheorems sei auf den Faltungssatz (1.170) vorgegriffen oder – einfacher – auf die Amplitudenmodulation (Abschn. 1.8.3.1). Eine abzutastende Zeitfunktion $y(t)$ habe das Spektrum $A(\omega)$ (ob es kontinuierlich oder ein Linienspektrum ist, spielt keine Rolle), und es sei $A(\omega) = 0$ für $\omega > \omega_m$, d. h. $y(t)$ wird als Tiefpass-begrenztes Signal angenommen. Bei der Abtastung wird $y(t)$ mit einer δ-Impulsfolge $\sum \delta(t - nT)$, n = $0, 1, 2, \ldots$ multipliziert, deren Spektrum aus diskreten Linien bei $\omega = 0, \omega_s, 2\omega_s$ usw. besteht; $\omega_s = 2\pi/T$ ist die Folgefrequenz der δ-Impulse. Wir fassen die Multiplikation von $y(t)$ mit $\sum \delta(t - nT)$ als gleichzeitige Amplitudenmodulation aller Spektralkomponenten der δ-Impulsfolge auf und beachten, dass das Spektrum einer modulierten Schwingung aus dem Träger und den beiden Seitenbändern besteht (Abb. 1.24). Das Spektrum des Abtastsignals entsteht folglich dadurch, dass sich $A(\omega)$ als oberes und unteres Seitenband aller dieser Spektralkomponenten periodisch wiederholt. Das untere Seitenband zu der Frequenz ω_s beginnt bei $\omega_s - \omega_m$ und überlappt mit dem Grundband von $\omega = 0$ bis ω_m nur dann nicht, wenn $\omega_s > 2\omega_m$ ist. In diesem Fall kann ein Tiefpass das Grundband von allen höheren Frequenzbändern abtrennen und damit die ursprüngliche Schwingung wiederherstellen.

Das Abtasttheorem lässt sich natürlich auch direkt im Zeitbereich herleiten. Jeder Impuls des Abtastsignals erzeugt am Filterausgang als Impulsantwort eine Spaltfunktion, deren Maximalwert gleich dem Funktionswert von $y(t)$ im jeweiligen Abtastzeitpunkt ist. Man kann beweisen, dass die Überlagerung der zeitlich gestaffelten Impulsantworten gleich der ursprünglichen Funktion $y(t)$ ist, sofern (1.84) erfüllt ist.

Tastet man das Signal genau mit der Nyquistfrequenz $\omega_s = 2\omega_m$ ab, muss man zur Wiederherstellung des Signals einen idealen Tiefpass (Abschn. 4.4.2.1) haben, der jedoch nicht realisierbar ist. Wählt man die Abtastfrequenz höher als $2\omega_m$, werden die Anforderungen an den Tiefpass gelockert: im Frequenzbereich $\omega < \omega_m$ muss er ungestört übertragen, für $\omega > \omega_s - \omega_m$ sperren, aber im Zwischenbereich $\omega_m < \omega < (\omega_s - \omega_m)$ kann die Übertragungsfunktion beliebig verlaufen.

Bislang wurde angenommen, dass das Signal tiefpassbegrenzt ist. Bei *bandpassbegrenzten* Zeitfunktionen kann die Abtastfrequenz weiter abgesenkt werden. Als Beispiel sei ein Signal betrachtet, dessen Spektrum nur innerhalb einer Oktave endliche Werte aufweist, z. B. zwischen $f_0/2$ und f_0 (Abb. 1.16a); das Spektrum ist komplex dargestellt, sodass es auch im Bereich $-f_0/2 \ldots - f_0$ auftritt. Hier reicht eine Abtastung mit der Frequenz f_0 aus, obwohl nach (1.84) die doppelte Frequenz erforderlich wäre. Abb. 1.16b zeigt das Spektrum des abgetasteten Signals. Die Linien bei $f/f_0 = 0, \pm 1, \ldots$ rühren vom Abtastpuls her. Die schraffierten Seitenbänder sind ihrer Entstehung entsprechend gekennzeichnet (1o: oberes, 1u: unteres Seitenband zu der bei $f/f_0 = 1$ liegenden Spektrallinie des Abtastpulses usw.). Die Seitenbänder überlappen sich nicht, sodass ein Oktavfilter mit dem Durchlassbereich $f_0/2 \ldots f_0$ (Abb. 1.16c) aus dem Spektrum (Abb. 1.16b) das des ursprünglichen Signals wieder herausfiltert (Abb. 1.16d).

Abb. 1.16 Abtastung eines Oktavband-begrenzten Signals. **a** Signalspektrum, **b** Spektrum des abgetasteten Signals, **c** Durchlasskurve des Oktavfilters, **d** Spektrum des regenerierten Signals

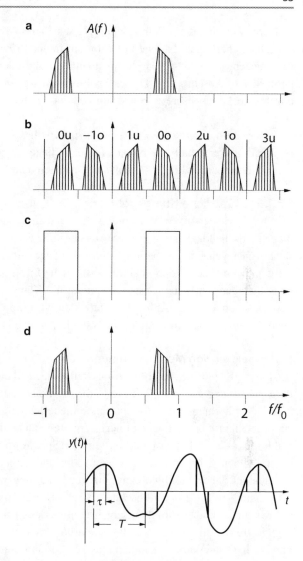

Abb. 1.17 Doppeltakt-Abtastung

Dieser Befund lässt sich wie folgt verallgemeinern. Hat das abzutastende Signal Spektralanteile nur im Frequenzband von f_u bis $f_o > f_u$, ist dieser Bereich zunächst derart auf $f_1 \leq f_u$ bis $f_2 \geq f_o$ zu dehnen, dass $n = (f_2 + f_1)/(f_2 - f_1)$ eine ganze Zahl wird. Ist n ungerade, lässt sich das Signal mit einer Impulsfolge der Frequenz $f_s = 2(f_2 - f_1)$ abtasten. Ist n gerade, ist eine *Doppeltakt-Abtastung* nötig, d. h. mit zwei gegeneinander verschobenen Einzeltakten der Frequenz $f_2 - f_1 = 1/T$, wie in Abb. 1.17 gezeigt. Die Verschiebung τ errechnet sich aus $\tau/T = (2k + 1)/2n$, wobei k eine beliebige ganze Zahl zwischen 0 und $(n - 1)/2$ sein kann. Der Doppeltakt kommt einem Einzeltakt am nächsten ($\tau \approx T/2$), wenn man für k den größtmöglichen Wert wählt. Dann wird $\tau/T = (n - 1)/2n$.

Durch Zeit–Frequenz–Vertauschung lässt sich das Abtasttheorem auch auf *zeitbegrenzte* Signale übertragen. Ist eine Funktion nur in einem Zeitintervall der Länge T von Null verschieden, so wird sie durch ein unendlich ausgedehntes kontinuierliches Spektrum beschrieben (Abschn. 1.9). Dieses Spektrum ist wegen des Abtasttheorems aber bereits durch eine Folge diskreter Spektrallinien im Frequenzabstand $1/(2T)$ vollständig bestimmt.

In [48] wird gezeigt, dass man durch zusätzliches Abtasten mit Frequenzen, die etwas unterhalb und oberhalb der Nyquistfrequenz liegen, Signalanteile eindeutig nachweisen kann, die wesentlich höherfrequent sind, als nach dem Abtasttheorem möglich.

1.8.1.6   Natürliche Klangspektren

Die in den vorstehenden Abschnitten beschriebenen periodischen Zeitfunktionen stellen mathematische Idealisierungen dar. Aus der Fülle der tatsächlich vorkommenden periodischen (oder genauer: fastperiodischen) Vorgänge sollen zwei Beispiele herausgegriffen werden, bei denen aus den Spektren zusätzliche Informationen über die zugrunde liegende Schwingungsentstehung zu ziehen sind: die Klänge von Musikinstrumenten und von gesprochenen Vokalen. Anhand der letzteren wird die *Cepstrum-Analyse* eingeführt, die auch für technische Schwingungsanalysen Bedeutung erlangt hat.

Klangspektren von Musikinstrumenten

In Abb. 1.18 sind die Amplitudenspektren einiger Klänge von Streichinstrumenten wiedergegeben, und zwar wurde jeweils für die tiefste auf dem Instrument noch spielbare Note der mit einem Mikrofon aufgenommene Klang analysiert. Die Teiltonamplituden sind in willkürlichen Einheiten linear aufgetragen, und die Frequenzmaßstäbe sind so gewählt, dass die Teiltonabstände in den vier Spektrogrammen gleich sind. Die Spektren unterscheiden sich beträchtlich voneinander und zeigen keinerlei Ähnlichkeit etwa mit denen einer Sägezahnschwingung, die man näherungsweise bei der Analyse der Saitenschwingung selbst erhält (Abschn. 1.8.1.3). Dieses *Erregungsspektrum* wird durch die Schwingungs- und Abstrahlungseigenschaften des Instrumentenkörpers erheblich verändert; letztere bestimmen daher das Spektrum des vom Instrument erzeugten Klangs und damit seine Klangfarbe wesentlich mit. Streich- und Blasinstrumente haben generell obertonreiche Spektren, mit Ausnahme der Flöten. Diese und gewisse Typen von Lippenpfeifen (mit großer „Mensur") kommen in ihren Klängen reinen Sinustönen am nächsten.

Bei den in Abb. 1.18 gezeigten Spektren fällt auf, dass der Grundton in allen Fällen schwächer ist als die ersten Obertöne. Dieser Effekt hängt mit der Größe der Instrumente zusammen. Wenn ihre Abmessungen kleiner werden als die Schallwellenlänge in Luft, sinkt der Wirkungsgrad der Abstrahlung, was naturgemäß für die Grundtöne zuerst eintritt. Das Gehör bestimmt die Tonhöhe trotzdem richtig, auch wenn der Grundton objektiv im Spektrum nur schwach oder überhaupt nicht vorhanden ist. In der psychologischen Akustik wird dieses Phänomen als *Residuumeffekt* bezeichnet.

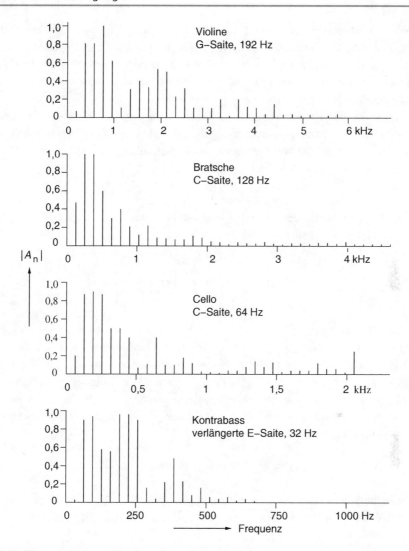

Abb. 1.18 Klangspektren von Streichinstrumenten [49]

Vokale und Cepstrum

Das Linienspektrum $\underline{Y}(\omega)$ einer experimentell gewonnenen periodischen Funktion $y(t)$ enthält häufig in einer mehr oder weniger starken Hervorhebung gewisser Teiltongebiete zusätzliche Informationen über die physikalische Entstehung von $y(t)$. Ein bekanntes Beispiel hierfür sind die Vokale der menschlichen Sprache, deren Teiltonbereiche maximaler Stärke *Formanten* heißen und für die Vokalerkennung entscheidend sind. Den Zusammenhang versteht man leicht aus dem Prozess der Vokalbildung. Der kontinuierliche Luftstrom aus der Lunge wird durch die nahezu periodische Bewegung der Stimmlippen beim Singen oder beim Sprechen eines Vokals in eine fastperiodische Luftströmung mit der Zeitfunktion $s(t)$ und dem Amplitudenspektrum $\underline{S}(\omega)$ umgeformt. Beim nachfolgenden Passieren des Stimmkanals mit seiner von Vokal zu Vokal verschiedenen Einstellung und damit verschiedenen Übertragungskurve erhalten die Zeitfunktion $s(t)$ und die Spektralfunktion $\underline{S}(\omega)$ die wesentlichen Änderungen zu $y(t)$ und $\underline{Y}(\omega)$.

Interessant ist die folgende Methode zur Verarbeitung des Spektrums. Der Stimmkanal wird durch seine Übertragungsfunktion $\underline{H}(\omega)$ oder gleichwertig durch die zugehörige Zeitfunktion, die Impulsantwort $h(t)$ (s. (1.230)) beschrieben. Für die Spektren gilt dann

$$\underline{Y}(\omega) = \underline{S}(\omega)\,\underline{H}(\omega), \tag{1.85}$$

während die entsprechenden Zeitfunktionen miteinander durch eine Faltung (Abschn. 1.9.3, (1.172)) verknüpft werden:

$$y(t) = s(t) * h(t) = \int\limits_{-\infty}^{+\infty} s(\tau)h(t-\tau)\,\mathrm{d}\tau. \tag{1.86}$$

Die beiden Hauptvorgänge der Vokalbildung, Klangentstehung (beschrieben durch $s(t)$ bzw. $\underline{S}(\omega)$) und Klangfärbung (beschrieben durch $h(t)$ bzw. $\underline{H}(\omega)$) sind danach im Zeitbereich durch die Integration (1.86) untrennbar miteinander verkoppelt, im Spektralbereich treten sie dagegen getrennt als Faktoren auf. Um sie rechnerisch noch besser trennen und graphisch interpretieren zu können, liegt es nahe, (1.85) zu logarithmieren und dabei (aus messtechnischen Gründen) zu den Leistungs- bzw. Energiedichtespektren (Abschn. 1.9.4) überzugehen:

$$\log|\underline{Y}(\omega)|^2 = \log|\underline{S}(\omega)|^2 + \log|\underline{H}(\omega)|^2. \tag{1.87}$$

Bildet man hiervon die Fourierrücktransformierte (Abschn. 1.9.3), bleibt der additive Charakter von (1.87) und damit die additive Wirkung der Einflüsse im Entstehungsprozess erhalten:

$$\mathcal{F}^{-1}\{\log|\underline{Y}(\omega)|^2\} = \mathcal{F}^{-1}\{\log|\underline{S}(\omega)|^2\} + \mathcal{F}^{-1}\{\log|\underline{H}(\omega)|^2\}. \tag{1.88}$$

Die Effekte treten noch deutlicher hervor, wenn man diese Funktion quadriert. Die dadurch definierte Zeitfunktion, gewissermaßen das „Leistungsspektrum" des logarithmierten Leistungsspektrums, hat als Namen das Kunstwort *Cepstrum* erhalten [50].

Abb. 1.19 möge als Beispiel diesen Zusammenhang veranschaulichen. Im oberen Teil ist schematisch das Kurzzeitspektrum eines Ausschnitts aus einem stimmhaften Laut, genau gesagt: der Logarithmus der spektralen Leistungsdichte über der Frequenz aufgetragen. Der Stimmbandschwingung entspricht die enge (dick ausgezogene), dem Stimmkanal die weite (gestrichelt angedeutete) „Struktur" im Spektrum. Diese beiden Anteile zeigt nun das Cepstrum (untere Zeichnung) klar getrennt; die scharfe Spitze bei dem Zeitwert

T der Grundperiode ist der Grundfrequenz zugeordnet; das breite Maximum bei kleinen Zeitwerten entspricht der weit „gewellten" Formantstruktur. Die Abszisse hat die Dimension Schwingungen je Hz, d. h. einfach Zeit, wie schon erwähnt; man gibt ihr in diesem Zusammenhang den Namen *Quefrenz* (englisch *quefrency*), weil sie sich auf eine Wiederholungs„frequenz", aber nicht im üblichen Sinne, sondern in der periodischen Struktur der spektralen Darstellung bezieht.

Die Cepstrum-Analyse wurde ursprünglich entwickelt, um Signale von überlagerten Echos zu trennen (Interferenz des Signals mit Reflexionen in Radar- und Sonar-Anwendungen, akustische Freifeldmessungen in halligen Räumen usw.). Auch hier besteht das Problem darin, eine „Entfaltung" vorzunehmen, d. h. die Faltung des gesuchten Signals mit der unbekannten Impulsantwort des Übertragungsmediums rückgängig zu machen. Häufig erweitert man bei derartigen Anwendungen das oben beschriebene Leistungs-Cepstrum zum komplexen Cepstrum indem man in (1.87) und (1.88) nicht das Leistungsspektrum $|\underline{Y}(\omega)|^2$, sondern das komplexe Spektrum $\underline{Y}(\omega)$ logarithmiert und davon die Fourier-Rücktransformierte bildet. Dadurch bleibt die Phaseninformation erhalten. Nach „Filterung" im Quefrenz-Bereich (mit Hilfe eines Zeitfensters) erhält man dann nicht nur das vom Echo-Einfluss befreite Cepstrum, sondern kann durch Fouriertransformation, Exponentiation und Fourierrücktransformation das ursprüngliche Signal rekonstruieren.

Wegen dieser Möglichkeiten ist die Cepstrum-Analyse neben den bereits erwähnten Anwendungen auch für zahlreiche weitere Aufgaben mit Erfolg eingesetzt worden: in der Seismologie, um Quellen seismischer Erschütterungen zu lokalisieren und aus der „gereinigten" Signalform zu identifizieren, in der Medizin zur Auswertung von Elektroenzephalogrammen (EEG), in der Ozeanographie bei der Sonarvermessung des Meeresbodens, in der Maschinenüberwachung zur Früherkennung von Abnutzungserscheinungen in Zahnradgetrieben, die sich als Periodizitäten im Spektrum auswirken, aber wegen überlagerter Störungen nicht direkt erkennbar sind, ferner zur Restaurierung alter Schallplattenaufnahmen, in der Bildverarbeitung, bei der Fluglärmüberwachung und manchen anderen Bereichen [50].

Die Definition des Leistungs-Cepstrums ist nicht ganz einheitlich. Man findet anstelle der Fourier-Rücktransformation auch die Hintransformation ($\mathcal{F}$ statt $\mathcal{F}^{-1}$ in (1.88)), und auf die nachfolgende Quadrierung wird auch mitunter verzichtet.

In der Praxis wird die Cepstrum-Analyse meistens digital mit Hilfe der FTT vorgenommen (Abschn. 1.14.2.2).

1.8.1.7 Lineare Superposition von Sinusschwingungen

Addition zweier Sinusschwingungen

Die Addition zweier Sinusschwingungen beliebiger Amplituden und Phasen, aber gleicher Frequenz ergibt stets wieder eine Sinusschwingung derselben Frequenz, was sich analytisch durch eine elementare Rechnung zeigen lässt. Man erkennt es aber auch unmittelbar aus der Darstellung im Zeigerdiagramm. In Abb. 1.20 ergibt die Summe von y_1 und y_2

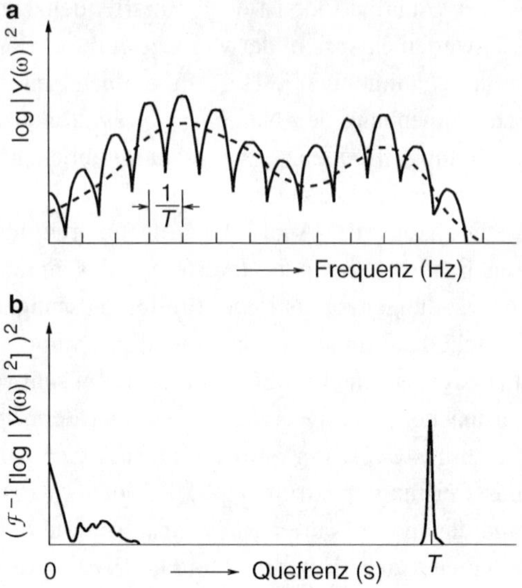

Abb. 1.19 a logarithmier-
tes Leistungsspektrum eines
gesprochenen Vokals (schematisch), **b** zugehöriges Cepstrum
(quadrierte Fourierrücktransformierte des logarithmierten
Leistungsspektrums)

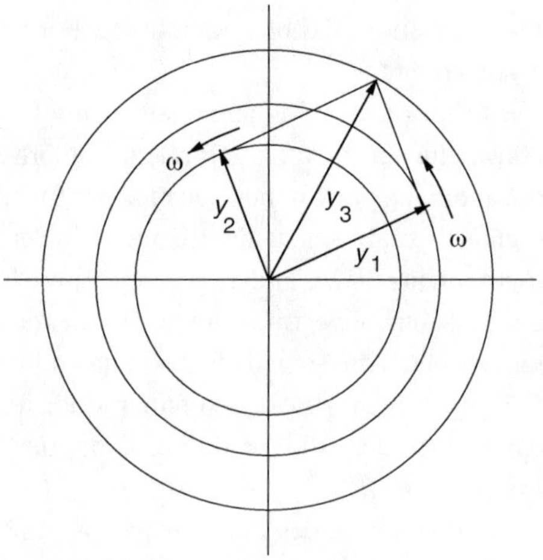

Abb. 1.20 Addition von Sinusschwingungen gleicher
Frequenz

den Zeiger y_3. y_1 und y_2 rotieren mit derselben Winkelgeschwindigkeit ω, das von ihnen
aufgespannte Parallelogramm ändert daher seine Gestalt nicht, und somit rotiert y_3 ebenfalls mit der Winkelgeschwindigkeit ω. Man erkennt bei dieser Darstellung auch, dass die
Summenamplitude am größten ist, wenn die Schwingungen y_1 und y_2 gleichphasig sind,
d. h. gleiche Nullphasenwinkel haben, und dass sie bei Gegenphasigkeit, d. h. bei einer
Phasenverschiebung von 180°, am kleinsten ist.

Zwei Sinusschwingungen verschiedener Frequenz werden hingegen durch verschieden
schnell rotierende Zeiger dargestellt. Das bedeutet, dass sich ihre relative Phasenlage und
damit die Amplitude der Summenschwingung ständig ändert. Die Addition zweier Sinusschwingungen mit verschiedenen Frequenzen ergibt also eine kompliziertere Zeitfunktion.

Wenn die Periodendauern T_1 und T_2 bzw. die Frequenzen f_1 und f_2 in einem rationalen Verhältnis zueinander stehen, ist die Summenschwingung ebenfalls periodisch; denn nach einer Zeit T_3, die gleich dem kleinsten gemeinsamen Vielfachen von T_1 und T_2 ist, herrscht wieder der gleiche Zustand wie zu Beginn. Wenn die eine Frequenz ein ganzzahliges Vielfaches der anderen ist, also $f_2 = n f_1$, $n > 1$, ist die Schwingung mit der höheren Frequenz f_2 die n-te Harmonische der Grundfrequenz f_1, und die Summenschwingung hat die gleiche Periodendauer wie die Grundschwingung: $T_3 = T_1$. In jedem anderen Fall ist T_3 größer als T_1. Stehen die Frequenzen in irrationalem Verhältnis zueinander (z. B. $f_1 : f_2 = 1 : \sqrt{2}$), so ändert sich das Bild der Summenschwingung ständig, ohne sich je zu wiederholen. In diesem Fall erhält man also durch die Überlagerung zweier Sinusschwingungen eine unperiodische Zeitfunktion.

Für die Summe zweier Schwingungen

$$y_1 = \widehat{y}_1 \sin(\omega_1 t + \varphi) \qquad \text{und} \qquad y_2 = \widehat{y}_2 \sin \omega_2 t \qquad (1.89)$$

(es sei $\omega_1 > \omega_2$) ergibt sich mit den Abkürzungen

$$\omega = \frac{\omega_1 + \omega_2}{2} \qquad \text{und} \qquad \omega_s = \omega_1 - \omega_2 \qquad (1.90)$$

der Ausdruck

$$y = y_1 + y_2 = \sqrt{\widehat{y}_1^2 + \widehat{y}_2^2 + 2\widehat{y}_1\widehat{y}_2 \cos(\omega_s t + \varphi)}$$

$$\cdot \sin\left[\omega t + \frac{\varphi}{2} + \arctan\left(\frac{\widehat{y}_1 - \widehat{y}_2}{\widehat{y}_1 + \widehat{y}_2} \tan \frac{\omega_s t + \varphi}{2}\right)\right]. \qquad (1.91)$$

Schwebungen

Von Interesse ist der besondere Fall, dass sich die Frequenzen[33] ω_1 und $\omega_2 < \omega_1$ nur wenig unterscheiden, dass also $\omega_s \ll \omega$ ist. Dann stellt (1.91) das Produkt aus einer mit der Frequenz $\omega_s = 2\pi f_s$ erfolgenden langsamen Schwingung – dem Wurzelausdruck – und einer mit annähernd der Frequenz ω ablaufenden schnellen Schwingung – der Sinusfunktion – dar, oder, anders ausgedrückt, eine Schwingung mit langsam an- und abschwellender Amplitude. Diesen Vorgang bezeichnet man als *Schwebung*. f_s ist die *Schwebungsfrequenz*, $T_s = 1/f_s$ die *Schwebungsperiode*. Die Amplitude der durch (1.91) beschriebenen Summenschwingung schwankt zwischen $\widehat{y}_1 + \widehat{y}_2$ und $|\widehat{y}_1 - \widehat{y}_2|$.

Eine besonders einfache Form der Schwebung ergibt sich, wenn die zu überlagernden Primärschwingungen gleiche Amplituden und gleiche Nullphasenwinkel haben, d. h. $\widehat{y}_1 = \widehat{y}_2 = \widehat{y}$ und $\varphi = 0$. (1.91) vereinfacht sich dann zu

$$y = 2\widehat{y}\left(\cos \frac{\omega_s t}{2}\right) \sin \omega t. \qquad (1.92)$$

---

[33] Der Kürze halber wird im Folgenden häufig „Frequenz" statt „Kreisfrequenz" geschrieben, wenn keine Irrtümer zu befürchten sind. Kreisfrequenzen werden stets mit ω, Frequenzen stets mit f bezeichnet.

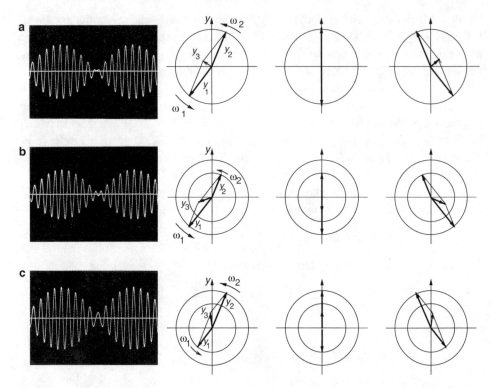

Abb. 1.21 Schwebungen. $f_1 = 110\,\text{kHz}$, $f_2 = 100\,\text{kHz}$. **a** vollkommene Schwebung, **b** schnellere Schwingung mit größerer Amplitude, **c** schnellere Schwingung mit kleinerer Amplitude

Eine solche *vollkommene Schwebung* ist als Oszillogramm in Abb. 1.21a links darge-stellt. Im Schwebungsmaximum oder -bauch sind die beiden Primärschwingungen gleich-phasig, ihre Amplituden addieren sich (*konstruktive Interferenz*). Im Schwebungsmini-mum oder -knoten sind sie gegenphasig und löschen sich vollständig aus (*destruktive Interferenz*). Es ist deutlich zu sehen, dass der Ausschlag beiderseits des Schwebungs-minimums nach derselben Seite erfolgt und dadurch der Abstand zwischen den Schwin-gungsmaxima rechts und links des Minimums halb so groß ist wie im übrigen Verlauf der Schwebung. In der darunter stehenden Abb. 1.21b ist eine *unvollkommene Schwebung* gezeigt, die durch Addition zweier Primärschwingungen mit ungleichen Amplituden ent-steht, und zwar hat die schnellere die größere Amplitude. Die Summenschwingung ist of-fensichtlich im Schwebungsminimum schneller als im Maximum. Die unterste Abb. 1.21c schließlich stellt eine unvollkommene Schwebung aus zwei Primärschwingungen dar, von denen die langsamere die größere Amplitude hat. Hier ist die Summenschwingung im Minimum deutlich langsamer als im Maximum.

Die Erklärung für dieses unterschiedliche Verhalten ergibt sich aus den jeweils neben den Oszillogrammen stehenden Zeigerdiagrammen, die – von links nach rechts – für drei

Zeitpunkte kurz vor, genau in und kurz nach dem Schwebungsminimum gelten. ω_1 ist die höhere Kreisfrequenz. Die Diagramme in der oberen Reihe lassen erkennen, dass der Zeiger y_3 der Summenschwingung beim Nulldurchgang den ganzen unteren Halbraum überspringt. Im Minimum der vollkommenen Schwebung tritt also ein Phasensprung von 180° auf. Wenn die schnellere Primärschwingung y_1 eine etwas größere Amplitude hat (mittlere Reihe), durchläuft der Zeiger der Summenschwingung in der Gegend des Schwebungsminimums den unteren Halbraum sehr schnell und überholt y_1 dabei; hat dagegen die langsamere Primärschwingung y_2 die größere Amplitude (untere Reihe), so bleibt der Summenzeiger hinter y_2 zurück. Aus den Zeigerdiagrammen folgt also anschaulich, dass der Summenzeiger stets um den größeren Zeiger hin- und herpendelt, aber im Zeitmittel ebenso schnell umläuft wie dieser, dass folglich die mittlere Frequenz der Summenschwingung gleich der Frequenz der stärkeren Primärschwingung ist.

Dies hat eine praktische Auswirkung auf den UKW-Rundfunkempfang. Im Empfangsgebiet zwischen zwei Sendestationen mit dicht benachbarten Trägerfrequenzen gibt es die sog. *Verwirrungsbereiche*, in denen die Feldstärken nahezu gleich sind und schwebungsartige Interferenzen auftreten. Bei frequenzmodulierten Sendern (Abschn. 1.8.3.2) stören die Amplitudenschwankungen nicht, und empfangen wird nach dem oben Gesagten der am Empfangsort stärkere Sender, weil es nur auf die Frequenz ankommt. Eine genauere Analyse unter Berücksichtigung der Modulationen beider Sender zeigt, dass sich die Empfangsstörungen durch den schwächeren Sender mit einem Niederfrequenz-Tiefpassfilter nach der Demodulation vollständig abtrennen lassen, sofern die Tiefpass-Grenzfrequenz klein gegen den Trägerfrequenzabstand gewählt werden kann, und das ist praktisch immer der Fall (*Unterdrückungseffekt*, engl. *FM-capture effect*). Bei amplitudenmodulierten Sendern (Abschn. 1.8.3.1) ist eine solche vollständige Unterdrückung der Interferenzstörungen durch benachbarte Sender nicht möglich. Die Verwirrungsbereiche sind deshalb für FM-Empfang (UKW) viel kleiner als für AM-Empfang.

Die Winkelgeschwindigkeit des Summenzeigers ist während der Schwebung nicht konstant. Es liegt daher nahe, seine momentane Winkelgeschwindigkeit als *momentane Kreisfrequenz* ω_t der Summenschwingung zu definieren. Mathematisch ist sie die Ableitung des Arguments der Sinusfunktion in (1.91) nach der Zeit (vgl. Abschn. 1.13.3). Die Rechnung liefert für die Differenz der Extremwerte von ω_t (die im Maximum und im Minimum der Schwebung angenommen werden) den Ausdruck

$$\Delta\omega_t = \omega_s \frac{2\widehat{y}_1\widehat{y}_2}{|\widehat{y}_1^2 - \widehat{y}_2^2|}; \tag{1.93}$$

$\Delta\omega_t$ ist also die maximale Änderung der momentanen Kreisfrequenz während einer Schwebungsperiode. Mit der Annäherung an $\widehat{y}_1 = \widehat{y}_2$ strebt $\Delta\omega_t$ über alle Grenzen, denn dem Phasensprung im Minimum der vollkommenen Schwebung entspricht formal $\omega_t = \infty$.

Die Betrachtung der Schwebungskurven und ihre Erläuterung anhand der Zeigerdiagramme lehren, dass je nach den Amplituden- und Frequenzverhältnissen der Primärschwingungen die Momentanfrequenz in der Schwebung mehr oder weniger starken Schwankungen unterworfen ist, obwohl ihr Spektrum voraussetzungsgemäß aus nur zwei benachbarten Linien besteht. Ebenso ist es auf den ersten Blick erstaunlich, dass die ins Auge fallende Hüllkurvenfrequenz ω_s im Spektrum gleichfalls nicht enthalten ist. Sie tritt erst dann objektiv auf, wenn die Schwebungskurve durch ein nichtlineares (beispielsweise ein gleichrichtendes) System verzerrt wird (vgl. folgenden Abschnitt).

Zum Schluss dieses Abschnitts über Schwebungen seien noch einige praktische Anwendungen genannt. Schwebungen kann man in der Akustik gelegentlich zur Frequenzmessung benutzen. Hört man zwei Töne geringfügig verschiedener Frequenz – den unbekannten und einen geeigneten Vergleichston genau bekannter, dicht benachbarter Frequenz – gleichzeitig, so lässt sich aus den periodisch mit der Schwebungsfrequenz erfolgenden langsamen Lautstärkeschwankungen mit Hilfe einer Stoppuhr der Frequenzunterschied einfach und recht genau bestimmen. Auf diese Weise kann man im wesentlichen Teil des Hörbereichs Frequenzdifferenzen von 1/10 Hz und weniger messen. Als mechanisches Analogon hierzu kann man ein Verfahren ansehen, bei dem kleinste Längenänderungen von weniger als 10^{-12} m (10^{-2} Å) aus der Schwebungsfrequenz zweier Laser gemessen werden.

Beim Klavierstimmen werden die Oktaven auf „Schwebungsnull" abgeglichen, d. h. die Schwebung zwischen dem Grundton der höheren und dem ersten Oberton der tieferen Saite wird zum Verschwinden gebracht. Die Zwischentöne werden sukzessive durch Quintenschritte erreicht und so gestimmt, dass die entsprechenden Obertöne der gleichzeitig angeschlagenen Saiten jeweils die gleiche Schwebung ergeben. Daher rührt der Name „gleichschwebende Temperatur" für diese Stimmung, bei der die Oktave in 12 gleichgroße Intervalle unterteilt wird (vgl. Abschn. 1.3.1).

Eine wichtige Anwendung fanden die Schwebungen in den elektronischen *Schwebungssummern*, die vor allem als Tonfrequenzgeneratoren viel benutzt wurden. Man addiert die Ausgangsspannungen zweier Hochfrequenzoszillatoren, von denen der eine die feste Frequenz f_1 von z. B. 120 kHz hat, während die Frequenz f_2 des anderen von 120 bis 100 kHz verändert werden kann; man erhält auf diese Weise eine Schwebung mit einer Schwebungsfrequenz zwischen 0 und 20 kHz. Durch nichtlineare Verzerrung, z. B. durch Gleichrichtung, entstehen im Spektrum zusätzlich zu f_1 und f_2 die Differenz- und die Summenfrequenz $f_1 \pm f_2$ (s. Abschn. 1.8.2). Ein Tiefpass filtert die im Tonfrequenzbereich liegende Differenzfrequenz heraus. Der Schwebungssummer bot gegenüber anderen Tonfrequenzgeneratoren viele Vorteile, z. B. den, dass der gesamte Frequenzbereich durch Einstellung eines einzigen Drehkondensators in einem Hochfrequenzkreis überstrichen und daher eine Frequenzbereichsumschaltung vermieden wurde. Wichtig war für die Erzeugung sehr tiefer Frequenzen, dass die beiden Oszillatoren wegen des „Mitnahme"-Effekts (vgl. Abschn. 5.2.4) elektrisch gut voneinander entkoppelt waren. Schwebungssummer sind durch digitale Oszillatoren verdrängt worden, werden aber von Hobby-Elektronikern noch sehr geschätzt.

1.8.2 Nichtlineare Verzerrungen

Durch lineare Systeme (vgl. Abschn. 1.7.2) wird die Kurvenform einer Sinusschwingung nicht verzerrt, wohl aber durch solche, bei denen Eingangs- und Ausgangsgröße über eine nichtlineare Beziehung miteinander verknüpft sind. Schaltelemente mit nichtlinearen Kennlinien sind für viele technische und messtechnische Zwecke von großer Bedeutung (Gleichrichter, Frequenzvervielfacher usw.), andererseits werden praktisch alle linearen Systeme durch Übersteuerung, d. h. bei Belastung mit zu großen Schwingungsamplituden, nichtlinear. Dies führt zu (meist unerwünschten) *nichtlinearen Verzerrungen*. Zur Erläuterung einige Beispiele (Näheres in Kapitel 5). Gitter- und Anodenspannung einer Verstärkerröhre, ebenso auch die entsprechenden Größen bei Transistoren, sind einander nicht mehr proportional, wenn die Aussteuerung den geradlinigen Teil der Kennlinie überschreitet. Bei nicht-ohmschen Widerständen können die Widerstandswerte strom- oder spannungsabhängig sein. Auch die mechanische Spannung und die Dehnung einer über den Gültigkeitsbereich des Hooke'schen Gesetzes hinaus beanspruchten Feder hängen nichtlinear miteinander zusammen; aus einem Lautsprecher, der mit einer Sinusspannung sehr tiefer Frequenz gespeist wird, hört man bei zu großer Anregungsamplitude nicht mehr den zugeordneten tiefen Ton, sondern eine Art von Knattern.

Zur quantitativen Behandlung der nichtlinearen Verzerrungen stellt man die *Kennlinie* eines Gerätes oder Schaltelements, d. h. den Zusammenhang zwischen primärer und sekundärer Größe – z. B. Eingangsspannung u_e und Ausgangsspannung u_a – durch eine Potenzreihe dar:

$$u_a = c_1 u_e + c_2 u_e^2 + c_3 u_e^3 + \dots. \tag{1.94}$$

Bei sinusförmiger Eingangsspannung $u_e = \widehat{u}_e \sin \omega t$ erhält man in der Ausgangsspannung vom ersten Term $c_1 u_e$ eine Komponente mit der Kreisfrequenz ω, vom zweiten Term $c_2 u_e^2$ wegen der Beziehung $2 \sin^2 x = 1 - \cos 2x$ einen Gleichspannungsanteil und eine Komponente mit 2ω, vom dritten Term wegen $4 \sin^3 x = 3 \sin x - \sin 3x$ zwei Komponenten mit ω und 3ω usw. Am Ausgang des nichtlinearen Schaltelements liegt also bei sinusförmiger Anregung eine Reihe harmonischer Schwingungen vor:

$$u_a = u_0 + \widehat{u}_1 \sin(\omega t + \varphi_1) + \widehat{u}_2 \sin(2\omega t + \varphi_2) + \dots, \tag{1.95}$$

deren Koeffizienten $\widehat{u}_n$ und φ_n in komplizierter Weise von $\widehat{u}_e$ und den Koeffizienten c_n in (1.94) abhängen. Wenn die Potenzreihe (1.94) endlich ist und mit dem Glied $c_N u_e^N$ abbricht, hat die höchste in der Reihe (1.95) noch auftretende Frequenz den Wert $N\omega$.

Klirrfaktor

Die Nichtlinearität eines Systems ist vollständig durch die Koeffizienten $c_1, c_2, \dots$ aus (1.94) bestimmt. Will man die Nichtlinearität quantitativ darstellen, ist die Angabe dieser Folge von Koeffizienten jedoch oft zu aufwendig. Die übliche pauschale Kennzahl zur

Charakterisierung der nichtlinearen Verzerrungen in einem Schwingungssystem ist sein *Klirrfaktor k*, der definiert ist durch

$$k = \sqrt{\frac{\widehat{u}_2^2 + \widehat{u}_3^2 + \dots}{\widehat{u}_1^2 + \widehat{u}_2^2 + \widehat{u}_3^2 + \dots}}.$$ (1.96)

Unter der Wurzel stehen im Zähler die Amplitudenquadrate der bei Anregung mit einer Sinusschwingung entstehenden Oberschwingungen, im Nenner die Amplitudenquadrate aller Teilschwingungen. Ein lineares System hat danach den Klirrfaktor $k = 0$, ein die Grundschwingung vollständig unterdrückendes System, z. B. eine ideale elektronische Quadrierstufe, den höchstmöglichen Wert $k = 1$. Bei einer Rechteckschwingung ist $k = 0,43$.

Das Quadrat des Klirrfaktors ist der *Klirrgrad* $K = k^2$; er lässt sich in einfacher Weise physikalisch deuten, da das Amplitudenquadrat einer Schwingung proportional zu ihrer Leistung ist. Der Klirrgrad gibt also das Verhältnis der in die Oberschwingungen übergegangenen Leistung zur Gesamtleistung an.

Bisweilen wird der Klirrfaktor auch als das Verhältnis

$$\frac{\sqrt{\widehat{u}_2^2 + \widehat{u}_3^2 + \dots}}{\widehat{u}_1}$$ (1.97)

definiert (engl. *total harmonic distortion*, THD). Die Definition nach (1.96) bietet den messtechnischen Vorteil, dass die Bezugsgröße der Effektivwert des Signals ist. Bei kleinen Klirrfaktoren ist der Unterschied gering.

Kombinationsfrequenzen
Während durch nichtlineare Verzerrung aus einer Sinusschwingung die höheren Harmonischen entstehen, ein reiner Ton also zu einem Klang wird, führt die gleichzeitige Anregung mit verschiedenen Frequenzen zu einem im Allgemeinen anharmonischen Spektrum. Betrachtet man der Einfachheit wegen die Summe von nur zwei Sinusschwingungen

$$u_e = \widehat{u}' \sin \omega_1 t + \widehat{u}'' \sin \omega_2 t,$$ (1.98)

so liefert der lineare Term in (1.94) die Komponenten mit ω_1 und ω_2, der zweite Term aber außer den Komponenten $2\omega_1$ und $2\omega_2$ wegen der Beziehung $2 \sin x \sin y = \cos(x - y) - \cos(x + y)$ noch die *Differenzfrequenz* $|\omega_1 - \omega_2|$ und die *Summenfrequenz* $\omega_1 + \omega_2$. Der dritte Term erzeugt die zusätzlichen Frequenzen $|2\omega_1 - \omega_2|$, $|\omega_1 - 2\omega_2|$, $2\omega_1 + \omega_2$, $\omega_1 + 2\omega_2$. Durch alle Glieder der Reihe (1.94) zusammen entstehen sämtliche *Kombinationsfrequenzen* $|m\omega_1 \pm n\omega_2|$ mit m, n = 0, 1, 2, ...

Diese Kombinationsfrequenzen ergeben nur dann ein harmonisches Spektrum, wenn die Primärtöne harmonisch zueinander liegen, allerdings wird durch sie die Klangfarbe des Primärklangs etwas geändert. Im allgemeinen Fall wird jedoch ein unangenehm klingendes dissonantes Tongemisch entstehen. Für hochwertige Musik- und Sprachübertragungen muss der Klirrfaktor der gesamten Übertragungsanlage sehr klein, etwa unter $k = 0{,}05$ ($k = 5\%$) bleiben. Weil die Klirrfaktoren der dabei benutzten elektroakustischen Geräte wie Mikrofone, Lautsprecher, CD-Player, Plattenspieler, Verstärker usw. stets stark von der Anregungsamplitude abhängen, gibt man sie in der Regel für „Vollaussteuerung" an, die man in geeigneter Weise definiert und anzeigt.

Die nichtlinearen Signalstörungen durch Kombinationsfrequenzen nennt man in der Nachrichtentechnik *Intermodulationsverzerrungen*. Der von einem Glied $c_n u_e^n$ in (1.94) herrührende Anteil des verzerrten Signals heißt *Intermodulationsprodukt n-ter Ordnung*. Seine Amplitude ist der n-ten Potenz des Eingangssignals proportional. Hierauf beruht die Definition der für praktische Anwendungen gebräuchlichen *Interceptpunkte n-ter Ordnung*: es sind diejenigen Werte u_{in} des Eingangssignals, bei denen das Intermodulationsprodukt genauso groß würde wie das Eingangssignal, wenn das nichtlineare Bauteil nicht schon vorher übersteuert wäre, also $u_n = c_n u_{in}^n$, $u_{in} = c_n^{1-n}$. Man gibt die Interceptpunkte als Pegel in dBm an, d. h. bezogen auf 1 mW bei Anpassung (vgl. Abschn. 1.4).

Die lineare Superposition von Schwingungen mit nachfolgender nichtlinearer Verzerrung der Summenschwinguung nennt man zusammenfassend *nichtlineare Superposition*. Das Produkt zweier Schwingungen y_1 und y_2 wird häufig in dieser Weise gebildet, z. B. mit einer quadratischen Kennlinie gemäß der Beziehung

$$(y_1 + y_2)^2 - (y_1 - y_2)^2 = 4y_1 y_2. \tag{1.99}$$

1.8.3 Modulierte Schwingungen

Eine wichtige praktische Anwendung finden periodische (oder genauer: fastperiodische) Schwingungen in der *Modulationstechnik*, auf der z. B. die gesamte drahtlose Nachrichtenübertragung beruht. Einem hochfrequenten *Träger*, entweder einer Sinusschwingung oder einem Rechteckpuls, wird die zu übertragende Information in geeigneter Weise aufgeprägt. Diesen Vorgang bezeichnet man als *Modulation*. Die Nachricht – Musik, Sprache, Bildfolge (beim Fernsehen) usw. – wird in eine gegenüber dem Träger niederfrequente elektrische Wechselspannung umgewandelt und steuert als *Modulierschwingung* einen Parameter der Trägerschwingung [51].

Die Monochromasie eines sinusförmigen Trägers geht natürlich durch die Modulation verloren. Das Spektrum der modulierten Schwingung erstreckt sich über ein mehr oder weniger breites Intervall um die Trägerfrequenz herum. Durch Wahl von Trägerfrequenzen in entsprechendem Abstand voneinander lassen sich verschiedene Nachrichten in Frequenzbändern übermitteln, die sich nicht überlappen und daher im Empfangsgerät durch scharf abschneidende Bandfilter (Abschn. 4.2.2) trennbar sind. Auf diese Weise werden in dem für den drahtlosen Nachrichtenverkehr benutzbaren Bereich des elektromagnetischen Spektrums (Tab. 1.1 und 1.2 in Abschn. 1.3.2) Tausende von Nachrichten gleichzeitig ohne gegenseitige Störung gesendet.

Auch im kabelgebundenen Nachrichtenverkehr dient die Modulationstechnik – hier meist als *Trägerfrequenzverfahren* bezeichnet – der wirtschaftlicheren Ausnutzung der Leitungen; beispielsweise wäre der transozeanische Fernsprechverkehr durch Überseekabel ohne die oben beschriebene Frequenzstaffelung der Einzelnachrichten (*Frequenzmultiplexverfahren*) undenkbar.

Wegen ihrer enormen praktischen Bedeutung ist die Modulation ein hochentwickeltes technisches Spezialgebiet. Von den vielen gebräuchlichen Modulationsarten sollen hier nur die wichtigsten behandelt werden, und auch sie nur in ihren Grundzügen.

Geht man von einer cosinusförmigen Trägerschwingung

$$y(t) = A\cos(\omega_{\mathrm{T}}t + \varphi_0) \tag{1.100}$$

aus, so lassen sich drei Modulationsarten unterscheiden: Wird die Amplitude A zeitlich variiert, spricht man von *Amplitudenmodulation* (abgekürzt: AM), wird die Frequenz ω_{T} variiert, von *Frequenzmodulation* (FM), und wird der Nullphasenwinkel φ_0 variiert, von *Phasenmodulation*. Diese drei Modulationsarten werden im Folgenden beschrieben, wobei die Betrachtung der Spektren im Vordergrund steht (vgl. auch Abschn. 1.13.3).

Die auf einem Rechteckpuls basierenden Verfahren benennt man mit der Sammelbezeichnung *Pulsmodulation* und spezifiziert sie nach dem jeweils modulierten Parameter (Pulsamplitudenmodulation, Pulsbreitenmodulation, Pulslagenmodulation usw.). Auf die Pulsmodulation soll hier nicht weiter eingegangen werden. Zur *Pulscodemodulation*, die eigentlich kein Modulationsverfahren ist, sondern eine Codierung, s. Abschn. 1.11.3.1.

1.8.3.1 Amplitudenmodulation

Eine amplitudenmodulierte Schwingung wird dargestellt durch

$$y(t) = A(t)\cos\omega_{\mathrm{T}}t. \tag{1.101}$$

Im einfachsten Fall ist die Modulation sinusförmig, d. h. die Amplitude schwankt sinusförmig um einen Mittelwert A:

$$y(t) = (A + a\cos\omega_{\mathrm{M}}t)\cos\omega_{\mathrm{T}}t. \tag{1.102}$$

$\omega_{\mathrm{M}}/2\pi$ ist die *Modulationsfrequenz, a der *Amplitudenhub*, $a/A = m$ der *Modulationsgrad*. In der Regel ist $\omega_{\mathrm{M}} \ll \omega_{\mathrm{T}}$ und $m < 1$. Durch trigonometrische Umformung erhält man aus (1.102)

$$y(t) = A\cos\omega_{\mathrm{T}}t + \frac{a}{2}\cos(\omega_{\mathrm{T}} - \omega_{\mathrm{M}})t + \frac{a}{2}\cos(\omega_{\mathrm{T}} + \omega_{\mathrm{M}})t. \tag{1.103}$$

Dies ist offensichtlich die Fourierzerlegung von (1.102). Das Spektrum einer sinusförmig modulierten Sinusschwingung enthält demnach außer der Trägerschwingung mit der Kreisfrequenz ω_{T} noch die *untere Seitenfrequenz* $\omega_{\mathrm{T}} - \omega_{\mathrm{M}}$ und die *obere Seitenfrequenz*

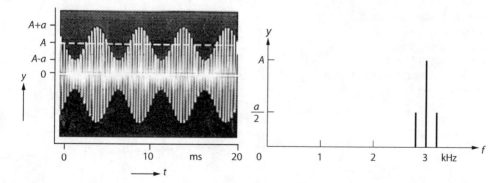

Abb. 1.22 Oszillogramm und Amplitudenspektrum einer sinusförmig amplitudenmodulierten Sinusschwingung. Trägerfrequenz: 3 kHz, Modulationsfrequenz 200 Hz, Modulationsgrad: $m = 0,52$ (52 %)

Abb. 1.23 Zeigerdiagramm der sinusförmig amplitudenmodulierten Sinusschwingung

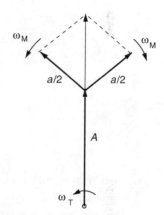

$\omega_T + \omega_M$. In Abb. 1.22 ist das Oszillogramm einer solchen Schwingung sowie ihr Amplitudenspektrum gezeigt.

Das Oszillogramm der amplitudenmodulierten Schwingung in Abb. 1.22 ähnelt dem einer Schwebung. Der Unterschied liegt jedoch darin, dass bei der Schwebung die Momentanfrequenz periodisch schwankt, während sie bei der amplitudenmodulierten Schwingung konstant gleich der Trägerfrequenz ist und die Nulldurchgänge daher äquidistant liegen. Dies folgt einerseits unmittelbar aus (1.101), zum anderen lässt es sich mit einem Zeigerdiagramm gut veranschaulichen (Abb. 1.23). Nach (1.103) sind drei Zeiger zu addieren. Der Zeiger für die Trägerschwingung (Länge A) rotiert mit der Winkelgeschwindigkeit ω_T; die beiden Seitenfrequenzen $\omega_T \pm \omega_M$ werden durch zwei Zeiger der Länge $a/2$ dargestellt, die relativ zum Träger die Winkelgeschwindigkeit ω_M haben, und zwar rotiert der Zeiger für $\omega_T + \omega_M$ im gleichen Drehsinn wie der Träger um dessen Endpunkt, der Zeiger für $\omega_T - \omega_M$ jedoch entgegengesetzt. Man sieht, dass ihre vektorielle Summe stets in die Richtung des Trägers weist. Der insgesamt resultierende Zeiger dreht sich also mit der

Abb. 1.24 Nichtsinusförmi-
ge Amplitudenmodulation.
a Spektrum der Modulierschwingung. **b** Spektrum
der modulierten Schwingung
($f_T = 15\,$kHz)

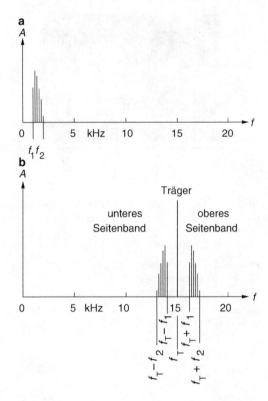

konstanten Winkelgeschwindigkeit ω_T; seine Länge schwankt dabei periodisch zwischen $A + a = A_{max}$ und $A - a = A_{min}$. Unter der Voraussetzung $m \leq 1$ entnimmt man dem Oszillogramm der amplitudenmodulierten Schwingung (Abb. 1.22) diese Extremwerte unmittelbar. Aus ihnen folgt der Modulationsgrad zu $m = (A_{max} - A_{min})/(A_{max} + A_{min})$.

Wird der Modulationsgrad m größer als 1, d. h. die Signalamplitude a größer als die Trägeramplitude A, spricht man von *Übermodulation*. Mit $m \to \infty$ ($A \to 0$, $A_{min} \to -A_{max}$) geht die amplitudenmodulierte Schwingung über in eine vollkommene Schwebung (Abb. 1.21), die man also auch als amplitudenmodulierte Schwingung mit unterdrücktem Träger ansehen kann.

Wenn die Modulierschwingung nicht rein sinusförmig ist, sondern aus einem Frequenzgemisch mit den Grenzen f_1 und f_2 besteht, wie es in Abb. 1.24a dargestellt ist, erhält man durch Amplitudenmodulation des Trägers f_T mit diesem Signal das in Abb. 1.24b gezeigte Spektrum. Statt der bei sinusförmiger Modulation erhaltenen Seiten*frequenzen* treten jetzt Seiten*bänder* auf, und zwar das obere in *Regellage* oder *Gleichlage* (Spektrum der Modulierschwingung lediglich verschoben), das untere in *Kehrlage* (Spektrum verschoben und gespiegelt). Wird dieses Signal vollständig übertragen, also beide Seitenbänder und der Träger, spricht man von *konventioneller Amplitudenmodulation*.

Abb. 1.25 Ideale Dioden-Kennlinie

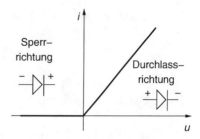

Die zu übertragende Information ist in jedem der beiden Seitenbänder voll enthalten, die Trägerschwingung enthält keine Nachricht. Bei der konventionellen Amplitudenmodulation ist also das Sendesignal stark redundant. Es sind deshalb ökonomischere Übertragungsverfahren entwickelt worden. Überträgt man nur die beiden Seitenbänder ohne den Träger (*Zweiseitenbandmodulation*, ZSB), so reduziert sich die Signalamplitude auf die Hälfte ($m = 1$) oder weniger ($m < 1$), die erforderliche Sendeleistung also mindestens auf ein Viertel, d. h. um 6 dB. Lässt man auch das eine Seitenband weg, spart man weitere 3 dB und halbiert überdies die notwendige Übertragungsbandbreite. Bei dieser *Einseitenbandmodulation* (ESB) bleibt ein Spektrum übrig, das aus dem der Nachricht durch Verschiebung auf der Frequenzachse (und eventuell Spiegelung) hervorgeht. Dieses Prinzip der *Frequenztransponierung* eines Signals durch *Mischung* mit einer Hilfsschwingung (dem Träger) wendet man nicht nur zur Nachrichtenübertragung an, sondern auch vielfältig in der elektronischen Messtechnik (Frequenzanalysatoren, Abschn. 1.7.3; Lock-in-Verstärker, Abschn. 1.12.1). Es wird auch in Rundfunk- und Fernsehempfängern benutzt, um aus der von der Antenne empfangenen modulierten Hochfrequenzspannung (HF) die Zwischenfrequenz (ZF) zu bilden, bevor durch *Demodulation* die Niederfrequenz (NF), das eigentliche Ton- oder Bildsignal, wiedergewonnen wird.

Die Demodulation bei konventioneller Amplitudenmodulation ist einfach; es genügt hierzu jede nichtlineare Kennlinie. Besonders anschaulich wird der Vorgang im Fall einer scharf geknickten Gleichrichterkennlinie (Abb. 1.25), wobei die Nulldurchgänge der Trägerschwingung im Knickpunkt der Kennlinie liegen. Es wird dann nur die eine Halbwelle der modulierten Schwingung (z. B. obere Hälfte im Oszillogramm 1.22) durchgelassen; sie enthält voll die Modulierschwingung (Differenz von Träger und unterem Seitenband), ist aber noch durch einen Tiefpass von der verbleibenden HF zu trennen. Dieser einfache *Hüllkurvendetektor* ist nur dann zur Demodulation einzusetzen, wenn die Trägerschwingung mit übertragen wird und $m \leq 1$ ist. Bei Übermodulation gibt es Verzerrungen, weil Teile der NF-Schwingung „umgeklappt" werden.

Ein nach dem ZSB- oder ESB-Verfahren, also ohne Träger, übertragenes Signal muss *synchron (kohärent)* demoduliert werden, d. h. durch Herabmischen mit einer im Empfänger erzeugten Trägerschwingung der Frequenz ω_T. Das Eingangssignal am Empfänger beim Zweiseitenbandverfahren sei

$$y_{ZSB}(t) = a \sin \omega_M t \sin \omega_T t. \tag{1.104}$$

Die Trägerschwingung für die Demodulation sei

$$y_D(t) = 2\sin(\omega_T t + \varphi), \tag{1.105}$$

wobei φ eine mögliche Phasendifferenz gegen die Trägerschwingung des Senders berücksichtigt. Die Mischung ergibt

$$y_M(t) = y_{ZSB}(t) \cdot y_D(t) = a \sin \omega_M t \cos \varphi$$
$$+ \frac{a}{2} \sin\left((2\omega_T - \omega_M)t + \varphi\right) - \frac{a}{2} \sin\left((2\omega_T + \omega_M)t + \varphi\right). \tag{1.106}$$

Die hochfrequenten Anteile lassen sich durch einen Tiefpass abtrennen, und es bleibt am Ausgang des Empfängers

$$y_a(t) = a \sin \omega_M t \cos \varphi. \tag{1.107}$$

Eine Phasendifferenz φ zwischen den beiden Trägerschwingungen führt also zu einer Amplitudeneinbuße, ein kleiner Frequenzfehler (φ zeitabhängig) zu Amplitudenschwankungen.

Bei Einseitenbandübertragung ist das Empfangssignal

$$y_{ESB}(t) = \frac{a}{2} \cos(\omega_T - \omega_M)t, \tag{1.108}$$

Demodulation durch Mischung mit dem Träger (1.105) gibt

$$y_M(t) = y_{ESB}(t) \cdot y_D(t) = \frac{a}{2} \sin(\omega_M t + \varphi) + \frac{a}{2} \sin\left((2\omega_T - \omega_M)t + \varphi\right), \tag{1.109}$$

und nach Tiefpassfilterung

$$y_a(t) = \frac{a}{2} \sin(\omega t + \varphi). \tag{1.110}$$

Hier bewirkt also ein Phasenfehler φ der Trägerschwingung lediglich eine gleichgroße Phasenverschiebung der NF-Schwingung, die meistens unerheblich ist, und ein Frequenzfehler führt zu einer gleichgroßen Frequenzverschiebung im Ausgangssignal, aber nicht zu Schwankungen.

Eine interessante Variante der Zweiseitenbandmodulation ist die *Quadraturamplitudenmodulation* (QAM). Sie nutzt aus, dass nach (1.107) das demodulierte Signal verschwindet, wenn $\varphi = 90°$ ist. Sendeseitig werden zwei gegeneinander um 90° phasenverschobene Träger gleicher Frequenz mit verschiedenen Signalen $s_1(t)$ und $s_2(t)$ moduliert und dann addiert, sodass als modulierte Schwingung

$$y_{QAM}(t) = s_1(t) \sin \omega_T t + s_2(t) \cos \omega_T t \tag{1.111}$$

Abb. 1.26 Zeigerdiagramm zur Quadraturamplitudenmodulation

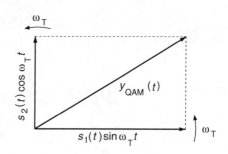

entsteht. Diese Schwingung wird übertragen. Abb. 1.26 gibt das Zeigerdiagramm wieder. Die beiden Nachrichten werden durch die Zeiger $s_1(t) \cdot \sin \omega_T t$ und $s_2(t) \cdot \cos \omega_T t$ dargestellt, die „in Quadratur", d. h. senkrecht aufeinander stehen. Sie laufen mit der konstanten Winkelgeschwindigkeit ω_T um, wobei sich ihre Längen im Rhythmus von $s_1(t)$ bzw. $s_2(t)$ ändern. Da die Nachrichten im Allgemeinen unabhängig voneinander sind, schwankt der Summenzeiger $y_{QAM}(t)$ nicht nur in der Länge wie bei konventioneller AM, sondern auch in der Phasenlage zu den beiden Komponenten; er läuft also nicht mit konstanter Winkelgeschwindigkeit um.

Im Empfänger wird mit entsprechenden Trägern

$$y_{D1}(t) = 2 \sin \omega_T t, \qquad y_{D2}(t) = 2 \cos \omega_T t \qquad (1.112)$$

synchron demoduliert. Es ergibt sich

$$y_{M1}(t) = y_{QAM}(t) \cdot y_{D1}(t) = s_1(t) - s_1(t) \cos 2\omega_T t + s_2(t) \sin 2\omega_T t,$$
$$y_{M2}(t) = y_{QAM}(t) \cdot y_{D2}(t) = s_1(t) \sin 2\omega_T t + s_2(t) + s_2(t) \cos 2\omega_T t, \qquad (1.113)$$

also nach Tiefpassfilterung

$$y_{a1}(t) = s_1(t), \qquad y_{a2}(t) = s_2(t). \qquad (1.114)$$

Hier werden wie bei der ZSB beide Seitenbänder übertragen, aber sie enthalten auch zwei Nachrichtenkanäle, sodass die Übertragungskapazität voll genutzt wird. Wichtig ist, dass der Träger für die Demodulation genau phasenrichtig zugesetzt wird, sonst gibt es Übersprechen zwischen den beiden Nachrichten. Aus diesem Grund muss bei QAM ein Synchronisiersignal mit übertragen werden, das den Oszillator im Empfänger nachregelt.

Die konventionelle AM wird beim Lang-, Mittel- und Kurzwellenrundfunk eingesetzt, weil hier der Vorteil der einfachen Demodulatoren in den zahllosen Empfängern den Nachteil der erforderlichen höheren Sendeleistung überwiegt. Beim Sprechfunk (im Trägerfrequenzbereich unter 30 MHz) und bei der Trägerfrequenztelefonie arbeitet man hingegen fast ausschließlich mit Einseitenbandmodulation. Quadraturamplitudenmodulation benutzt man z. B. beim Farbfernsehen, wo die beiden Farbdifferenzsignale auf diese Weise

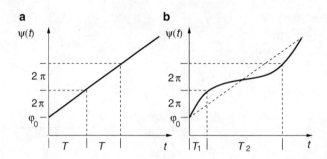

Abb. 1.27 Phasenwinkel als Funktion der Zeit für eine **a** unmodulierte, **b** frequenz- bzw. phasen-
modulierte Sinusschwingung

übertragen werden. Phasenschwankungen gleicht man beim *PAL-Verfahren* (*phase alter-
nation line*) dadurch aus, dass man die Phasendifferenz der beiden Demodulationsträger
zeilenweise abwechselnd zu $+90°$ und $-90°$ wählt.

1.8.3.2 Frequenz- und Phasenmodulation

Frequenz- und Phasenmodulation, zusammen auch *Winkelmodulation* genannt, sind eng
miteinander verknüpft und können deshalb gemeinsam behandelt werden. In einer unmodulierten Cosinusschwingung

$$y(t) = A\cos(\omega_T t + \varphi_0) = A\cos\psi(t) \tag{1.115}$$

nimmt der Phasenwinkel $\psi(t)$ linear mit der Zeit zu; einer Phasenzunahme um 2π entspricht die konstante Periodendauer T (Abb. 1.27a). Bei einer frequenz- oder phasenmodulierten Schwingung wächst $\psi(t)$ nicht mehr linear mit der Zeit, die Periodendauer
wird zeitabhängig (Abb. 1.27b). In solchen Abweichungen von der zeitlich linearen Phasenzunahme wird bei frequenz- bzw. phasenmodulierten Schwingungen die Nachricht
übertragen. Je nachdem, ob man diese Abweichung von der Linearität einer Schwan-
kung des zeitproportionalen Anteils $\omega_T t$ oder des zeitfreien Anteils φ_0 der Phase $\psi(t)$
der Sinusschwingung zuschreibt, spricht man von Frequenzmodulation oder von Phasenmodulation. Unter diesem Aspekt kann man daher (trotz gewisser noch zu besprechender
Unterschiede) sagen, dass Frequenz- und Phasenmodulation nur zwei verschiedene mathematische Beschreibungen des gleichen physikalischen Sachverhalts darstellen.

Im einfachsten Fall ist die Modulierschwingung cosinusförmig:

$$y_M(t) = a\cos\omega_M t. \tag{1.116}$$

Wird mit ihr die Trägerschwingung (1.115) *frequenzmoduliert*, schwankt, falls $\omega_M \ll
\omega_T$ ist, die Momentanfrequenz ω_t der modulierten Schwingung cosinusförmig um ihren
Mittelwert, die Trägerfrequenz ω_T:

$$\omega_t = \omega_T + \Delta\omega\cos\omega_M t. \tag{1.117}$$

Dabei soll der *Frequenzhub* $\Delta\omega/2\pi$ proportional zur Amplitude der Modulierschwingung sein und der *Frequenzmodulationsgrad* $\Delta\omega/\omega_T$ kleiner als eins bleiben. Andererseits ist die Momentanfrequenz definiert durch

$$\omega_t = \frac{d\psi(t)}{dt} \tag{1.118}$$

(Abschn. 1.8.1.7 und 1.13.3), also folgt aus (1.117) für die Phase $\psi(t)$ der frequenzmodulierten Schwingung

$$\psi(t) = \omega_T t + \frac{\Delta\omega}{\omega_M} \sin\omega_M t + \varphi_0. \tag{1.119}$$

Den Faktor $\Delta\omega/\omega_M$ bezeichnet man als *Modulationsindex*, φ_0 ist eine Integrationskonstante.

Wird dagegen die Trägerschwingung (1.115) mit dem Cosinussignal (1.116) *phasenmoduliert*, so schwankt der Nullphasenwinkel in der modulierten Schwingung cosinusförmig um seinen Mittelwert φ_0:

$$\varphi(t) = \varphi_0 + \Delta\varphi \cos\omega_M t, \tag{1.120}$$

in diesem Fall soll der *Phasenhub* $\Delta\varphi$ proportional zur Amplitude a der Modulierschwingung sein. Für den Phasenwinkel $\psi(t)$ der phasenmodulierten Schwingung ergibt sich damit

$$\psi(t) = \omega_T t + \Delta\varphi \cos\omega_M t + \varphi_0. \tag{1.121}$$

Der Vergleich von (1.119) und (1.121) zeigt, dass eine Frequenzmodulation mit dem Frequenzhub $\Delta\omega$ einer Phasenmodulation mit dem Phasenhub $\Delta\varphi = \Delta\omega/\omega_M$ gleichbedeutend ist (abgesehen von der belanglosen Phasenverschiebung um $\pi/2$).

Da der Proportionalitätsfaktor zwischen der Modulieramplitude a und dem Frequenzhub $\Delta\omega$ bzw. dem Phasenhub $\Delta\varphi$ willkürlich ist, kann man einer sinusförmig modulierten Schwingung nicht ansehen, ob Frequenz- oder Phasenmodulation vorliegt. Ein Unterschied tritt erst dann auf, wenn man Modulierschwingungen verschiedener Frequenzen betrachtet: Bei Phasenmodulation ist der Phasenhub unabhängig von der Modulationsfrequenz allein durch die Amplitude der Modulierschwingung gegeben, bei Frequenzmodulation sinkt dagegen bei konstanter Amplitude a der Modulierschwingung der Phasenhub zu höheren Frequenzen hin proportional zu $1/\omega_M$ ab.

Das Fourierspektrum einer frequenzmodulierten Schwingung ist komplizierter als das einer mit dem gleichen Signal amplitudenmodulierten, denn die zeitlich veränderliche Größe steht im Argument einer trigonometrischen Funktion. Aus (1.115) und (1.119) folgt als Gleichung der cosinusförmig frequenzmodulierten Trägerschwingung

$$y(t) = A\cos\left(\omega_T t + \frac{\Delta\omega}{\omega_M}\sin\omega_M t + \varphi_0\right) \tag{1.122}$$

oder nach trigonometrischer Umformung

$$y(t) = A \cos(\omega_{\mathrm{T}} t + \varphi_0) \cos\left(\frac{\Delta\omega}{\omega_{\mathrm{M}}} \sin \omega_{\mathrm{M}} t\right) - A \sin(\omega_{\mathrm{T}} t + \varphi_0) \sin\left(\frac{\Delta\omega}{\omega_{\mathrm{M}}} \sin \omega_{\mathrm{M}} t\right).$$

$$(1.123)$$

Für kleinen Modulationsindex, $\Delta\omega/\omega_{\mathrm{M}} \ll 1$, ergibt sich eine einfache Näherung. Dann wird

$$\cos\left(\frac{\Delta\omega}{\omega_{\mathrm{M}}} \sin \omega_{\mathrm{M}} t\right) \approx 1, \qquad \sin\left(\frac{\Delta\omega}{\omega_{\mathrm{M}}} \sin \omega_{\mathrm{M}} t\right) \approx \frac{\Delta\omega}{\omega_{\mathrm{M}}} \sin \omega_{\mathrm{M}} t, \qquad (1.124)$$

und daher, wenn man noch der Einfachheit halber $\varphi_0 = 0$ annimmt,

$$\begin{aligned} y(t) &\approx A \cos \omega_{\mathrm{T}} t - \frac{A\Delta\omega}{\omega_{\mathrm{M}}} \sin \omega_{\mathrm{T}} t \cdot \sin \omega_{\mathrm{M}} t \\ &= A \cos \omega_{\mathrm{T}} t - \frac{A\Delta\omega}{2\omega_{\mathrm{M}}} \cos(\omega_{\mathrm{T}} - \omega_{\mathrm{M}})t + \frac{A\Delta\omega}{2\omega_{\mathrm{M}}} \cos(\omega_t + \omega_{\mathrm{M}})t. \end{aligned} \qquad (1.125)$$

Bei kleinem Modulationsindex $\Delta\omega/\omega_{\mathrm{M}}$ besteht also in guter Näherung das Spektrum einer sinusförmig frequenzmodulierten Sinusschwingung ebenso wie das der amplitudenmodulierten aus drei Komponenten: der Trägerfrequenz ω_{T}, der unteren Seitenfrequenz $\omega_{\mathrm{T}} - \omega_{\mathrm{M}}$ und der oberen Seitenfrequenz $\omega_{\mathrm{T}} + \omega_{\mathrm{M}}$. Gleichung (1.125) unterscheidet sich von der analogen Gleichung (1.103) für die Amplitudenmodulation in zwei Punkten: Die Amplituden der Seitenschwingungen sind nicht mehr direkt durch die Amplitude der Modulierschwingung, sondern durch den damit zusammenhängenden Modulationsindex festgelegt, und das Vorzeichen der unteren Seitenschwingung hat gewechselt. Während der erste Punkt nur einen Proportionalitätsfaktor bedeutet, liegt in der Phasenumkehr der einen Seitenschwingung der entscheidende Unterschied. Das zugehörige Zeigerdiagramm für schwache Modulation (Abb. 1.28) entsteht aus dem für Amplitudenmodulation (Abb. 1.23), indem der Zeiger der unteren Seitenschwingung um 180° gedreht wird. Der Summenzeiger der beiden Seitenschwingungen steht also immer senkrecht auf dem der Trägerschwingung, und in dem mit ω_{T} rotierenden Bezugssystem pendelt der Zeiger R der modulierten Schwingung im Takt der Modulationsfrequenz ω_{M} hin und her. Man nennt diese Darstellung daher *Pendelzeigerdiagramm*. Der maximale Winkel zwischen dem Trägerzeiger und dem resultierenden Zeiger R ist gleich dem Modulationsindex bzw. Phasenhub $\Delta\varphi = \Delta\omega/\omega_{\mathrm{M}}$.

Mit wachsendem Phasenhub gelten die Näherung (1.124) und damit das einfache Pendelzeigerdiagramm immer schlechter. Die bei der Näherung außer Acht gelassenen Terme bewirken, dass sich die Spitze des resultierenden Zeigers R stets auf einem Kreisbogen bewegt, sie kompensieren also die nach Abb. 1.28 auftretende gleichzeitige Amplitudenmodulation.

Abb. 1.28 Pendelzeigerdiagramm für schwache
sinusförmige Frequenzmodulation einer Sinusschwingung

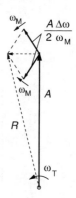

Die strenge Berechnung des Fourierspektrums einer sinusförmig frequenzmodulierten Sinusschwingung führt auf *Besselfunktionen* [34]. Statt der Näherungen (1.124) hat man in (1.123) einzusetzen:

$$\cos\left(\frac{\Delta\omega}{\omega_M}\sin\omega_M t\right) = J_0\left(\frac{\Delta\omega}{\omega_M}\right) + 2\sum_{\nu=1}^{\infty} J_{2\nu}\left(\frac{\Delta\omega}{\omega_M}\right)\cos 2\nu\omega_M t, \qquad (1.126)$$

$$\sin\left(\frac{\Delta\omega}{\omega_M}\sin\omega_M t\right) = 2\sum_{\nu=0}^{\infty} J_{2\nu+1}\left(\frac{\Delta\omega}{\omega_M}\right)\sin(2\nu+1)\omega_M t, \qquad (1.127)$$

und mit den Beziehungen

$$J_{-\nu}\left(\frac{\Delta\omega}{\omega_M}\right) = (-1)^{\nu} J_{\nu}\left(\frac{\Delta\omega}{\omega_M}\right), \qquad (1.128)$$

$$(-1)^{\nu}\sin\alpha = \sin(\alpha - \nu\pi), \qquad (1.129)$$

$$(-1)^{\nu+1}\cos\alpha = \sin\left(\alpha - \frac{(2\nu+1)\pi}{2}\right) \qquad (1.130)$$

erhält man nach einigen Umformungen

$$y(t) = A\sum_{\nu=-\infty}^{+\infty} J_{\nu}\left(\frac{\Delta\omega}{\omega_M}\right)\cos\left[(\omega_T + \nu\omega_M)t + \varphi_0\right]. \qquad (1.131)$$

Dabei ist $J_{\nu}(\Delta\omega/\omega_M)$ die Besselfunktion ν-ter Ordnung mit dem Modulationsindex als Argument.

Bedeutend einfacher gestaltet sich diese Herleitung in der komplexen Schreibweise. Man benutzt die „erzeugende Funktion" der Besselfunktionen

$$e^{jz\sin\alpha} = \sum_{\nu=-\infty}^{+\infty} J_{\nu}(z)e^{j\nu\alpha}, \qquad (1.132)$$

---

[34] Friedrich Wilhelm Bessel, deutscher Astronom und Mathematiker (1784–1846).

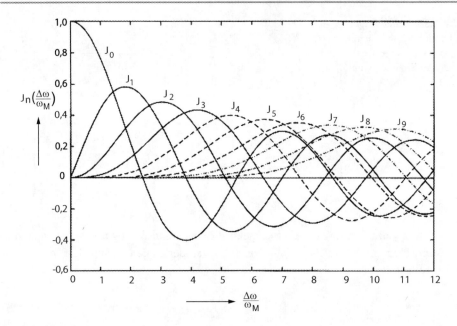

Abb. 1.29 Relative Teilschwingungsamplituden bei sinusförmiger Freuenzmodulation (Bessel-funktionen J_0 bis J_9)

setzt die frequenzmodulierte Schwingung (1.122) in der Form

$$\underline{y}(t) = A\, e^{j(\omega_T t + \varphi_0)}\, e^{j\frac{\Delta\omega}{\omega_M}\sin\omega_M t} \tag{1.133}$$

an und wendet (1.132) auf den letzten Faktor an:

$$\underline{y}(t) = A \sum_{\nu=-\infty}^{+\infty} J_\nu\left(\frac{\Delta\omega}{\omega_M}\right) e^{j[(\omega_T + \nu\omega_M)t + \varphi_0]}. \tag{1.134}$$

Der Realteil hiervon führt unmittelbar zu (1.131).

In der Summe in (1.131) ist der Term mit $\nu = 0$ die Trägerschwingung, $\nu = +1$ und $\nu = -1$ liefern die ersten Seitenschwingungen, $\nu = \pm 2$ die zweiten usw. Bei Frequenzmodulation ergibt also schon ein sinusförmiges Moduliersignal ein unendlich ausgedehntes Spektrum. Die Amplituden der Seitenschwingungen fallen jedoch sehr schnell ab, wenn $|\nu| > \Delta\omega/\omega_M$ wird. Das wird deutlich, wenn man die Werte der Besselfunktionen bei einem bestimmten Argument vergleicht (Abb. 1.29, z. B. für $\Delta\omega/\omega_M = 6$). Die Oszillationen der Besselfunktionen führen dazu, dass bei gewissen Werten des Modulationsindex die Amplituden einzelner Teilschwingungen verschwinden. Bei $\Delta\omega/\omega_M \approx 2{,}4$ wird $J_0(\Delta\omega/\omega_M) = 0$, d. h. die Trägerschwingung ist im Spektrum nicht enthalten. Bei $\Delta\omega/\omega_M \approx 3{,}83$ verschwinden die ersten Seitenschwingungen, bei $\Delta\omega/\omega_M \approx 5{,}13$ die zweiten usw.

Abb. 1.30 Oszillogramm einer frequenzmodulierten Sinusschwingung. $f_T = 3\,\text{kHz}$, $f_M = 200\,\text{Hz}$, $\Delta f = 480\,\text{Hz}$. Modulationsindex: $\Delta f / f_M = 2{,}4$

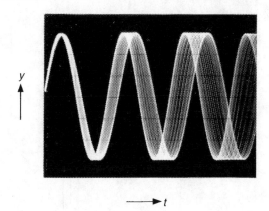

Abb. 1.30 zeigt in einer Zeitaufnahme das Oszillogramm einer sinusförmig frequenz-modulierten Sinusschwingung. Auf dem Bild sind nur etwa drei Perioden der modulierten Schwingung zu sehen, aber während der Belichtungszeit, die größer als eine Periode der Modulierschwingung war, lief der Elektronenstrahl sehr oft über den Bildschirm und zeichnete je nach der gerade vorhandenen Momentanfrequenz eine engere oder weitere Sinuslinie auf. Die Horizontalablenkung des Oszilloskops wurde von der zu registrieren-den Schwingung bei einem bestimmten Amplitudenwert ausgelöst („getriggert"); dadurch entsteht der Eindruck eines links in einem Punkt startenden und nach rechts immer brei-ter werdenden Bandes. Die an der linken Bandkante verlaufende Sinuslinie entspricht der höchsten, die am rechten Rand verlaufende der tiefsten Momentanfrequenz. Die Darstel-lung zeigt anschaulich, dass sich in der frequenzmodulierten Schwingung die Perioden-dauer und damit die Momentanfrequenz verändert, die Amplitude jedoch konstant bleibt. In Abb. 1.30 ist die Trägerfrequenz $f_T = 3\,\text{kHz}$, die Modulationsfrequenz $f_M = 200\,\text{Hz}$, der Frequenzhub $\Delta f = 480\,\text{Hz}$, der Modulationsindex also $\Delta f / f_M = 2{,}4$. Von dem Kontinuum der jeweils momentan in der Zeitfunktion vorkommenden Frequenzen zwi-schen $\omega_T - \Delta\omega$ und $\omega_T + \Delta\omega$ enthält das Spektrum in diesem Fall nur die vier diskreten Werte $\omega_T \pm \nu\omega_M$ mit $\nu = 1$ und 2.

In Abb. 1.31 sind vier Amplitudenspektren (mit linearem Ordinatenmaßstab) von frequenzmodulierten Schwingungen aufgezeichnet, die sich im Modulationsindex unter-scheiden. Die Trägerfrequenz beträgt wieder $3\,\text{kHz}$, die Modulationsfrequenz $200\,\text{Hz}$. In Abb. 1.31a ist der Modulationsindex $\Delta f / f_M = 0{,}5$. Neben dem Träger und den ersten Seitenschwingungen sind noch schwach die zweiten Seitenschwingungen zu erkennen, sonst ließe sich dieses Spektrum nicht von dem einer amplitudenmodulierten Schwingung unterscheiden. In Abb. 1.31b mit $\Delta f / f_M = 0{,}8$ werden die dritten Seitenschwingungen gerade sichtbar. In Abb. 1.31c ($\Delta f / f_M = 1{,}5$) ist die Trägeramplitude bereits kleiner als die der ersten Seitenschwingungen. In Abb. 1.31d ($\Delta f / f_M = 2{,}3$) ist sie fast ver-schwunden; erst die 5. Seitenschwingungen haben wieder eine kleinere Amplitude als der Träger.

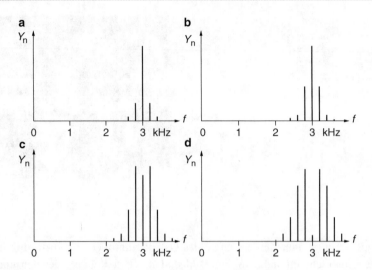

Abb. 1.31 Amplitudenspektren sinusförmig frequenzmodulierter Sinusschwingungen für verschiedene Werte des Modulationsindex. $f_T = 3\,\text{kHz}$, $f_M = 200\,\text{Hz}$, $\Delta f / f_M = 0{,}5$ (**a**), 0,8 (**b**), 1,5 (**c**), 2,3 (**d**)

Mit zunehmendem Modulationsindex verteilt sich die Schwingungsenergie auf ein immer breiteres Frequenzband. Dabei muss natürlich die Gesamtenergie konstant bleiben. Das findet seinen formalen Ausdruck darin, dass die Summe der Quadrate aller Besselfunktionen unabhängig vom Wert des Arguments ist:

$$\sum_{\nu=-\infty}^{+\infty} \mathrm{J}_\nu^2 \left(\frac{\Delta\omega}{\omega_M} \right) = 1. \tag{1.135}$$

Die Zahl der in der linearen Registrierung (Abb. 1.31) sichtbar werdenden Seitenlinien nimmt etwa proportional zum Modulationsindex zu. In der Praxis rechnet man mit dem Wert

$$\Delta f_{FM} \approx 2(f_M + \Delta f) \tag{1.136}$$

für die effektive Breite des Spektrums einer frequenzmodulierten Schwingung. Diese Beziehung gilt auch bei nicht-sinusförmigen Modulierschwingungen, wenn man für f_M die größte auftretende Modulationsfrequenz und für Δf den größten auftretenden Frequenzhub (bei größtmöglicher Amplitude der Modulierschwingung) einsetzt.

Im Vergleich dazu beträgt die Breite des Spektrums einer amplitudenmodulierten Schwingung nur

$$\Delta f_{AM} = 2 f_M. \tag{1.137}$$

Zur Übertragung einer frequenzmodulierten Schwingung benötigt man also in jedem Fall ein breiteres Frequenzband als für eine mit demselben Signal amplitudenmodulierte Schwingung. Dem damit verbundenen größeren wirtschaftlichen Aufwand der Frequenzmodulation steht ihre geringere Störanfälligkeit gegenüber. Amplitudenschwankungen infolge wechselnder Übertragungsbedingungen bleiben ohne jeden Einfluss, weil die übertragene Information sozusagen in der Lage der Nulldurchgänge enthalten ist. Additiv überlagerte Störschwingungen rufen zwar neben Amplituden- auch Phasenschwankungen hervor, diese wirken sich aber um so weniger aus, je größer der Phasenhub bzw. Modulationsindex ist. Eine hohen Ansprüchen genügende Übertragungsqualität im Hörfrequenzbereich erfordert eine effektive Bandbreite der frequenzmodulierten Schwingung von ca. 150 kHz. Solche Bandbreiten stehen für Rundfunkübertragungen im Lang-, Mittel- und Kurzwellenbereich nicht zur Verfügung. In diesen Bereichen wird daher ausschließlich mit Amplitudenmodulation gearbeitet. Erst mit der Erschließung des UKW-Bereichs wurde die Einführung der Frequenzmodulation für Rundfunkübertragungen (im Frequenzbereich 88 bis 100 MHz) möglich. Auf den Unterdrückungseffekt (FM-capture effect) wurde bereits im Abschn. 1.8.1.7 über Schwebungen hingewiesen (Unterdrückung von Störungen durch räumlich und frequenzmäßig benachbarte Sender). Beim Fernsehen wird das Tonsignal durch Frequenzmodulation, das Bildsignal wegen seiner großen Bandbreite von 5 MHz aber durch Amplitudenmodulation übertragen. Beim Satelliten-Fernsehen mit Trägerfrequenzen um 12 GHz steht jedoch genügend Bandbreite zur Verfügung, um auch das Bildsignal durch Frequenzmodulation zu übertragen (Bandbreitenbedarf etwa 30 MHz).

Frequenzmodulierte Sinusschwingungen werden als *Heul-* oder *Wobbeltöne* gern zu Messungen in der Akustik benutzt. Bei der Prüfung der akustischen Eigenschaften (Nachhallzeit, Richtungsdiffusität usw.) eines Raums machen sich seine Eigenschwingungen oft störend bemerkbar. Man führt deshalb solche Messungen nicht mit Sinustönen aus, sondern zieht Tongemische vor. Neben Schmalbandrauschen eignen sich Wobbeltöne mit relativ großem Frequenzhub und niedriger Modulationsfrequenz wegen ihres in einem begrenzten Frequenzband viellinigen Spektrums gut für diesen Zweck.

Zum Schluss dieses Abschnitts soll eine Methode besprochen werden, mit der man Amplituden- und Frequenzmodulationen bei kleinem Modulationsgrad bzw. Modulationsindex gegenseitig ineinander umwandeln kann. Das Prinzip lässt sich am einfachsten anhand der beiden Zeigerdiagramme (Abb. 1.23 und 1.28) erläutern. Als Unterschied zwischen beiden wurde die Phasendrehung der einen Seitenschwingung um 180° genannt; dies lässt sich aber auch so ausdrücken: Bei festgehaltenen Zeigern der Seitenschwingungen gehen Amplituden- und Frequenzmodulation ineinander über, wenn man die Phasenlage des Trägers relativ zu den Seitenschwingungen um 90° dreht. Daraus ergibt sich sofort die Umwandlung beispielsweise von einer Frequenz- in eine Amplitudenmodulation (Abb. 1.32). Zur amplitudenmodulierten Schwingung – die in der bekannten Weise als Summe dreier Zeiger dargestellt ist – wird eine Hilfsschwingung der Frequenz ω_T, ein Zusatzträger, von solcher Phasenlage und Amplitude addiert, dass der resultierende Träger

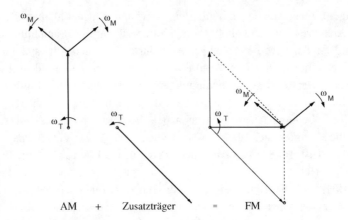

Abb. 1.32 Umwandlung einer Amplitudenmodulation durch Addition eines Zusatzträgers in eine Frequenzmodulation

senkrecht auf dem ursprünglichen steht. Die Summe aller vier Zeiger ergibt dann gerade das Pendelzeigerdiagramm der frequenzmodulierten Schwingung.

In analoger Weise lässt sich durch einen Zusatzträger in entsprechend anderer Phasenlage eine frequenzmodulierte in eine amplitudenmodulierte Schwingung umwandeln. Dieses Prinzip benutzt man in der Optik im *Phasenkontrastmikroskop.* Statt der zeitlichen Modulation eines sinusförmigen Trägers hat man hier eine räumlich modulierte Lichtwelle. Mit dem Phasenkontrastverfahren untersucht man Objekte mit homogener Lichtabsorption, die also im normalen Mikroskop gleichförmig grau erscheinen, bei denen aber der Brechungsindex und damit die Lichtgeschwindigkeit über das Objekt hin nicht konstant sind. Die Phasenfläche der Lichtwelle ist nach dem Passieren des Objekts nicht mehr eben, es liegt eine räumliche Phasenmodulation vor. Addiert man dazu eine räumlich unmodulierte Lichtwelle geeigneter Phasenlage, erhält man durch Interferenz Helligkeitsunterschiede, also eine räumliche Amplitudenmodulation, die in üblicher Weise mikroskopisch zu beobachten ist. Die dem Hilfsträger entsprechende phasenverschobene Zusatzlichtwelle wird beim Phasenkontrastverfahren durch ein $\lambda/4$-Blättchen erzeugt, das nur von einem Teil des Lichtbündels durchsetzt wird. (Zum Zusammenhang mit der Hilbert-Transformation s. Abschn. 1.13.2.)

Die Demodulation einer frequenzmodulierten Schwingung erfolgt stets über die Umwandlung in eine Amplitudenmodulation, aber nicht nach dem oben skizzierten Verfahren, sondern über ein einfaches System, dessen Ansprache stark von der Frequenz abhängt. Hierzu bieten sich die Resonanzkurve eines elektrischen Schwingungskreises oder seine Phasenkurve an. Durch Gleichrichtung der amplitudenmodulierten Schwingung erhält man anschließend das Signal selbst.

Frequenz- oder Phasenmodulation kann auch als unerwünschte Signalstörung auftreten. So lässt sich die endliche Kurzzeitkonstanz von Normalfrequenzgeneratoren (Abschn. 1.3.3) durch statistische Phasenschwankungen der Trägerschwingung beschreiben. Man spricht deshalb auch von *Phasenrauschen*, das man üblicherweise als Verhältnis der Leistung pro Hertz im Seitenband zur Leistung bei der Trägerfrequenz misst, und zwar in Abhängigkeit vom Frequenzabstand zur Trägerfrequenz. Diese spektrale Beschreibung der Kurzzeit-Frequenzschwankungen ist vor allem im Hinblick auf die Erzeugung sehr hochfrequenter Referenzsignale durch Vervielfachung von Normalfrequenzen von Bedeutung. Das Phasenrauschen schränkt diese Möglichkeiten ein, weil sich das Signal/Rausch-Verhältnis (die *Spektralreinheit*) durch die Nichtlinearität der Frequenzvervielfacher um 6 dB/Oktave verschlechtert.

1.8.4 Lissajousfiguren

Steuert man ein Oszilloskop in horizontaler und in vertikaler Richtung mit Sinusschwingungen verschiedener Frequenz, beschreibt der Elektronenstrahl auf dem Bildschirm eine Kurve, die im Allgemeinen alle Punkte eines Rechtecks gleichmäßig überstreicht. Falls die beiden Ablenkfrequenzen f_x (horizontal) und f_y (vertikal) in rationalem Verhältnis zueinander stehen, ergibt sich eine geschlossene Kurve, die periodisch durchlaufen wird. Wenn sich dieses Verhältnis durch kleine ganze Zahlen ausdrücken lässt, werden die Kurven übersichtlich und haben je nach dem Verhältnis f_x/f_y und der Phasendifferenz zwischen f_x und f_y charakteristische Formen. Diese in sich geschlossenen Kurven nennt man *Lissajousfiguren* [35].

Wenn f_x und f_y gleich sind, erhält man je nach der Phasendifferenz zwischen beiden Schwingungen schräg liegende Geraden, Ellipsen oder einen Kreis (im letzten Fall gleiche Amplituden vorausgesetzt). In Abb. 1.33a sind drei solcher Lissajousfiguren für $f_x/f_y = 1{:}1$ gezeigt, im Abb. 1.33b für $f_x/f_y = 2{:}1$ (zwei verschiedene Phasenlagen), in Abb. 1.33c für 3:1 und in Abb. 1.33d für 2:3. Das Frequenzverhältnis entnimmt man der Lissajousfigur, indem man in beiden Richtungen die Berührungsstellen mit den Kanten des gedachten umhüllenden Rechtecks abzählt (zusammenfallende Berührungspunkte wie unten bei der Parabel in Abb. 1.33b sind natürlich doppelt zu zählen).

Weicht das Frequenzverhältnis von den einfachen Zahlenwerten ein wenig ab, verändert sich die entsprechende Figur langsam mit der Zeit. Bei $f_x = 100\,\text{Hz}$ und $f_y = 101\,\text{Hz}$ z. B. werden während einer Sekunde die drei in Abb. 1.33a gezeigten Figuren und alle Zwischenstadien durchlaufen, bis wieder die anfängliche Figur erreicht ist. Durch Messung der Zeit T, die zwischen zwei gleichen Positionen verstreicht, lässt sich die Frequenzdifferenz $|f_x - f_y| = 1/T$ ermitteln. Ebenso wie die Schwebungen wurden die Lissajousfiguren deshalb früher viel benutzt, um eine unbekannte mit einer bekannten Frequenz zu vergleichen. Durch die Entwicklung der Messtechnik (vor allem der elektronischen Zähler) sind diese Verfahren überholt. Lissajousfiguren werden heute nur noch in gelegentlichen Spezialfällen zum Frequenz- oder Phasenvergleich herangezogen.

---

[35] Jules Antoine Lissajous, französischer Physiker (1822–1880).

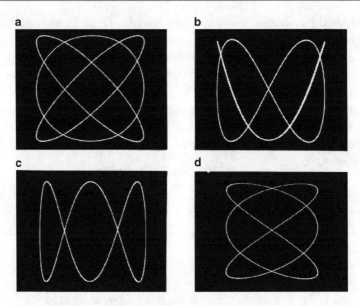

Abb. 1.33 Lissajousfiguren bei verschiedenen Frequenzverhältnissen f_x/f_y: **a** 1 : 1 (drei unterschiedliche Phasenlagen), **b** 2 : 1 (zwei Phasenlagen), **c** 3 : 1, **d** 2 : 3

1.9 Fourierintegral und Fouriertransformation

1.9.1 Reelle Fourierintegraldarstellung

Unperiodische Vorgänge haben im Gegensatz zu periodischen Schwingungen kein aus diskreten Linien bestehendes, sondern ein kontinuierliches Fourierspektrum. Denkt man sich eine unperiodische Schwingung aus einer periodischen dadurch hervorgehend, dass die Periodendauer T immer größer wird, so rücken die Spektrallinien entsprechend der sinkenden Grundfrequenz mehr und mehr zusammen, bis sie im Grenzübergang $T \to \infty$ ein kontinuierliches Spektrum bilden.

Um den Grenzübergang zu verdeutlichen, sei eine unperiodische Zeitfunktion $y(t)$ betrachtet, die aus mathematischen Gründen höchstens endlich viele Sprungstellen endlicher Höhe und endlich viele Maxima und Minima in jedem endlichen Intervall besitzen darf, was in allen praktisch vorkommenden Fällen naturgemäß erfüllt ist. Greift man einen Zeitabschnitt $-T/2 \leq t \leq +T/2$ heraus und denkt sich die Funktion $y(t)$ außerhalb dieses Intervalls periodisch fortgesetzt, so wird die dadurch entstehende mit T periodische Funktion $g(t)$ nach (1.52) bis (1.55) dargestellt durch die Fourierreihe

$$g(t) = A_0 + \sum_{n=1}^{\infty} S_n \sin n\omega_0 t + \sum_{n=1}^{\infty} C_n \cos n\omega_0 t \qquad (1.138)$$

mit

$$A_0 = \frac{1}{T} \int\limits_{-T/2}^{+T/2} y(t)\, dt, \tag{1.139}$$

$$S_\mathrm{n} = \frac{2}{T} \int\limits_{-T/2}^{+T/2} y(t) \sin n\omega_0 t\, dt, \tag{1.140}$$

$$C_\mathrm{n} = \frac{2}{T} \int\limits_{-T/2}^{+T/2} y(t) \cos n\omega_0 t\, dt. \tag{1.141}$$

Im Innern des Zeitintervalls $-T/2 \leq t \leq +T/2$ ist $g(t) \equiv y(t)$, hier wird also $y(t)$ durch (1.138) wiedergegeben. Mit dem Grenzübergang $T \to \infty$ erhält man die Fourierdarstellung von $y(t)$ für alle t. Um diesen Grenzübergang vornehmen zu können, sei zunächst angenommen, dass $y(t)$ für $t \to \pm\infty$ gegen Null abfällt und das Integral

$$\int\limits_{-\infty}^{+\infty} |y(t)|\, dt \tag{1.142}$$

existiert, $y(t)$ also *absolut integrierbar* ist. Dann strebt mit $T \to \infty$ offensichtlich $A_0 \to 0$. Führt man $\omega = n\omega_0 = 2\pi n/T$ als neue Variable ein und bezeichnet den Linienabstand ω_0 des diskreten Fourierspektrums mit $\Delta\omega = 2\pi/T$, so lautet (1.138) unter Weglassung von A_0

$$g(t) = \sum_{[\omega]} \left\{ \frac{\Delta\omega}{\pi} \left[\int\limits_{-T/2}^{+T/2} y(t) \sin \omega t\, dt \right] \sin \omega t + \frac{\Delta\omega}{\pi} \left[\int\limits_{-T/2}^{+T/2} y(t) \cos \omega t\, dt \right] \cos \omega t \right\}. \tag{1.143}$$

Mit $T \to \infty$ gehen die in eckige Klammern gesetzten Integrale unter Einbeziehung des Faktors $1/\pi$ über in die *Spektralfunktionen*

$$S(\omega) = \frac{1}{\pi} \int\limits_{-\infty}^{+\infty} y(t) \sin \omega t\, dt \tag{1.144}$$

und

$$C(\omega) = \frac{1}{\pi} \int\limits_{-\infty}^{+\infty} y(t) \cos \omega t\, dt, \tag{1.145}$$

und aus der Summe über die in (1.143) noch diskreten Frequenzen wird das Integral

$$y(t) = \int_0^\infty \{S(\omega)\sin\omega t + C(\omega)\cos\omega t\}\,d\omega. \tag{1.146}$$

Wenn dieses Integral existiert, ist es die gesuchte Darstellung der unperiodischen Zeit-funktion $y(t)$ durch ein *Fourierintegral* [52]. (1.146) lässt sich auch in der Form

$$y(t) = \int_0^\infty Y(\omega)\cos[\omega t + \varphi(\omega)]\,d\omega \tag{1.147}$$

schreiben, wobei

$$Y(\omega) = \sqrt{S^2(\omega) + C^2(\omega)} \geq 0 \tag{1.148}$$

und

$$\tan\varphi(\omega) = -\frac{S(\omega)}{C(\omega)} \tag{1.149}$$

ist. $Y(\omega)$ ist die *spektrale Amplitudendichte*.

Oben war angenommen worden, dass $y(t)$ für $t \to \pm\infty$ gegen Null geht. Falls $f(t)$ beiderseits gegen den konstanten Wert Y_0 geht, gelten die Gleichungen (1.146) und (1.147) für die Funktion $f(t) - Y_0$. Etwas schwieriger wird es, wenn die beiderseitigen Grenz-werte verschieden sind, also $y(t) \to Y_0'$ für $t \to -\infty$ und $y(t) \to Y_0''$ für $t \to +\infty$, wie es z. B. bei Sprung- und Übergangsfunktionen der Fall ist. Dann lässt sich $y(t)$ zer-legen in die Summe aus einer Funktion, die beiderseits gegen $Y_0 = (Y_0' + Y_0'')/2$ geht und einer Sprungfunktion der Höhe $Y_0'' - Y_0'$ an der Stelle $t = 0$. Das Fourierspektrum von $y(t)$ ist dann gleich der Summe dieser beiden Funktionen (zur Sprungfunktion vgl. Abschn. 1.11.1.3).

1.9.2 Komplexe Fourierintegraldarstellung, Fouriertransformation

Die in den Gleichungen (1.144) bis (1.149) angegebenen Beziehungen bekommen eine besonders einfache Gestalt, wenn man die komplexe Schreibweise benutzt. Die Zeitfunk-tion lautet dann

$$y(t) = \frac{1}{2\pi} \int_{-\infty}^{+\infty} \underline{Y}(\omega)e^{j\omega t}\,d\omega, \tag{1.150}$$

und die hierin auftretende komplexe Spektralfunktion $\underline{Y}(\omega)$ errechnet sich zu

$$\underline{Y}(\omega) = \int\limits_{-\infty}^{+\infty} y(t)\mathrm{e}^{-\mathrm{j}\omega t}\,\mathrm{d}t. \tag{1.151}$$

Die Äquivalenz der komplexen und der reellen Darstellung lässt sich leicht zeigen. Schreibt man in (1.151) ξ statt t und setzt sie in (1.150) ein, so bekommt man

$$y(t) = \frac{1}{2\pi} \int\limits_{-\infty}^{+\infty} \mathrm{d}\omega \int\limits_{-\infty}^{+\infty} y(\xi)\mathrm{e}^{-\mathrm{j}\omega(\xi-t)}\,\mathrm{d}\xi. \tag{1.152}$$

Da $\sin\omega(\xi-t)$ eine ungerade Funktion von ω ist, verschwindet der Imaginärteil des Frequenzintegrals; also gilt

$$y(t) = \frac{1}{2\pi} \int\limits_{-\infty}^{+\infty} \mathrm{d}\omega \int\limits_{-\infty}^{+\infty} y(\xi)\cos\omega(\xi-t)\,\mathrm{d}\xi \tag{1.153}$$

und wegen der Symmetrie der Cosinusfunktion in Bezug auf ω

$$
\begin{aligned}
y(t) &= \frac{1}{\pi} \int\limits_{0}^{\infty} \mathrm{d}\omega \int\limits_{-\infty}^{+\infty} y(\xi)\cos\omega(\xi-t)\,\mathrm{d}\xi \\
&= \frac{1}{\pi} \int\limits_{0}^{\infty} \mathrm{d}\omega \int\limits_{-\infty}^{+\infty} y(\xi)[\cos\omega\xi\cos\omega t + \sin\omega\xi\sin\omega t]\,\mathrm{d}\xi.
\end{aligned} \tag{1.154}
$$

Der letzte Ausdruck ist identisch mit (1.146), wenn man $S(\omega)$ und $C(\omega)$ nach (1.144) und (1.145) mit ξ statt t einsetzt.

In (1.150) treten neben den positiven auch negative Frequenzen auf, weil jede reelle Fourierkomponente gemäß den Identitäten (1.42) und (1.43) durch ein Paar zueinander konjugiert komplexer Schwingungsfunktionen dargestellt wird. Im Anschluss an (1.43) wurde erwähnt, dass die negativen Frequenzen beim Übergang zur reellen Schreibweise verschwinden. Wie im vorstehenden Beispiel folgt dies stets aus den Symmetrieeigenschaften der trigonometrischen Funktionen.

Der Faktor π in (1.150) fehlt in den analogen reellen Gleichungen (1.146) und (1.147); er tritt dafür in den Gleichungen (1.144) und (1.145) für die Spektralfunktionen auf. Dies führt zu einem Unterschied zwischen den reellen Komponenten der komplexen Funktion $\underline{Y}(\omega)$ und den reellen Spektralfunktionen $S(\omega)$, $C(\omega)$ und $Y(\omega)$, jedoch nicht bei $\varphi(\omega)$. Setzt man an

$$\underline{Y}(\omega) = |\underline{Y}(\omega)|\mathrm{e}^{\mathrm{j}\varphi(\omega)}, \tag{1.155}$$

so ergibt sich mit (1.150)

$$y(t) = \frac{1}{2\pi} \int\limits_{-\infty}^{+\infty} |\underline{Y}(\omega)| e^{j(\omega t + \varphi(\omega))} \, d\omega$$

$$= \frac{1}{2\pi} \int\limits_{-\infty}^{+\infty} |\underline{Y}(\omega)| \cos(\omega t + \varphi(\omega)) \, d\omega + \frac{j}{2\pi} \int\limits_{-\infty}^{+\infty} |\underline{Y}(\omega)| \sin(\omega t + \varphi(\omega)) \, d\omega.$$

$$(1.156)$$

Für reelles $y(t)$ folgt aus (1.151) $\underline{Y}(-\omega) = \underline{Y}^*(\omega)$ und daher $|\underline{Y}(-\omega)| = |\underline{Y}(\omega)|$, $\varphi(-\omega) = -\varphi(\omega)$. Somit ist der erste Integrand in (1.156) eine gerade, der zweite eine ungerade Funktion von ω, und es bleibt

$$y(t) = \frac{1}{\pi} \int\limits_0^{\infty} |\underline{Y}(\omega)| \cos(\omega t + \varphi(\omega)) \, d\omega. \qquad (1.157)$$

Der Vergleich mit (1.147) zeigt

$$|\underline{Y}(\omega)| = \pi Y(\omega), \qquad (1.158)$$

und weiter folgt mit (1.148) und (1.149)

$$\mathrm{Re}(\underline{Y}(\omega)) = \pi C(\omega), \qquad \mathrm{Im}(\underline{Y}(\omega)) = -\pi S(\omega). \qquad (1.159)$$

Dieser Unterschied um den Faktor π bzw. $-\pi$ lässt sich durch eine entsprechend abgeänderte Definition entweder der reellen oder der komplexen Spektralfunktionen vermeiden. Die hier gewählte Darstellung schließt sich den in der Literatur am häufigsten zu findenden Definitionen an.

Die reelle Zeitfunktion $y(t)$ und die im Allgemeinen komplexe Spektralfunktion $\underline{Y}(\omega)$ sind nach (1.150) und (1.151) über Integralgleichungen miteinander verknüpft. Dabei sind folgende Benennungen üblich: $y(t)$ ist die *Originalfunktion*, t die *Originalvariable*, $\underline{Y}(\omega)$ die *Bildfunktion* oder *Fouriertransformierte* von $y(t)$, ω die *Bildvariable*. Die Berechnung der Fouriertransformierten aus der Originalfunktion nach (1.151) nennt man *Fouriertransformation*, die umgekehrte Berechnung nach (1.150) *Fourier-Rücktransformation* oder *inverse Fouriertransformation*. $y(t)$ und $\underline{Y}(\omega)$ bilden ein *Paar von Fouriertransformierten* [53].

Für die Schwingungsphysik besteht die große Bedeutung der Fouriertransformation darin, dass man Messungen und Rechnungen im Zeitbereich (mit der Zeitfunktion $y(t)$) durch solche im Frequenzbereich (mit der Bildfunktion $\underline{Y}(\omega)$) ersetzen kann, was häufig zu Vereinfachungen führt. Ein Beispiel hierzu wurde bereits in Abschn. 1.8.1.6 behandelt.

1.9.3 Rechenregeln der Fouriertransformation

Ist $\underline{Y}(\omega)$ die Fouriertransformierte von $y(t)$, symbolisch dargestellt durch

$$\mathcal{F}\{y(t)\} = \underline{Y}(\omega), \qquad \mathcal{F}^{-1}\{\underline{Y}(\omega)\} = y(t), \qquad (1.160)$$

so gelten u. a. folgende Rechenregeln, die sich leicht aus den Definitionsgleichungen (1.150) und (1.151) herleiten lassen:

$$\mathcal{F}\{y(-t)\} = \underline{Y}(-\omega) = \underline{Y}^*(\omega), \quad \text{falls } y(t) \text{ reell,} \qquad (1.161)$$

$$\mathcal{F}\{y(at)\} = \frac{1}{|a|}\underline{Y}\left(\frac{\omega}{a}\right), \qquad \text{falls } a \text{ reell (Maßstabsregel),} \qquad (1.162)$$

Verschiebungssatz:

$$\mathcal{F}\{y(t+T)\} = \underline{Y}(\omega)\mathrm{e}^{\mathrm{j}\omega T}, \qquad (1.163)$$

$$\mathcal{F}\left\{\frac{\mathrm{d}^n y(t)}{\mathrm{d}t^n}\right\} = (\mathrm{j}\omega)^n \underline{Y}(\omega), \qquad (1.164)$$

$$\mathcal{F}\left\{\int y(t)\,\mathrm{d}t\right\} = \frac{1}{\mathrm{j}\omega}\,\underline{Y}(\omega), \qquad (1.165)$$

sofern $y(t)$ gewissen Konvergenz- und Stetigkeitsbedingungen genügt. Koordinatenverschiebung, Differenziation und Integration im Zeitbereich spiegeln sich also im Frequenzbereich durch einfache Multiplikationen wider.

Hin- und Rücktransformation heben sich auf, wie unmittelbar aus (1.160) folgt:

$$\mathcal{F}^{-1}\{\mathcal{F}\{y(t)\}\} = y(t), \qquad \mathcal{F}\{\mathcal{F}^{-1}\{\underline{Y}(\omega)\}\} = \underline{Y}(\omega). \qquad (1.166)$$

Für zwei Paare von Fouriertransformierten

$$\mathcal{F}\{y_1(t)\} = \underline{Y}_1(\omega) \qquad (1.167)$$

$$\mathcal{F}\{y_2(t)\} = \underline{Y}_2(\omega) \qquad (1.168)$$

gilt der *Additionssatz*

$$\mathcal{F}\{ay_1(t) + by_2(t)\} = a\underline{Y}_1(\omega) + b\underline{Y}_2(\omega), \qquad (1.169)$$

wenn a und b Konstanten sind. (1.169) bringt das Gesetz der *linearen Superposition* zum Ausdruck. Einer Addition zweier Zeitfunktionen entspricht die Addition ihrer Spektren ohne gegenseitige Beeinflussung, d. h. insbesondere ohne Bildung von Kombinationsfrequenzen.

Sehr wichtig ist der folgende *Faltungssatz*: Die Fouriertransformierte $\underline{Y}(\omega)$ des Produkts $f_1(t) f_2(t)$ ist gleich der *Faltung* von $\underline{Y}_1(\omega)$ mit $\underline{Y}_2(\omega)$, die durch das Zeichen $*$ symbolisiert und durch das folgende Integral (*Duhamel-Integral*)[36] definiert wird:

$$\underline{Y}(\omega) = \mathcal{F}\{y_1(t)y_2(t)\} = \underline{Y}_1(\omega) * \underline{Y}_2(\omega) = \frac{1}{2\pi} \int\limits_{-\infty}^{+\infty} \underline{Y}_1(\Omega)\underline{Y}_2(\omega - \Omega)\,\mathrm{d}\Omega, \quad (1.170)$$

mit (1.151) erhält man also

$$\int\limits_{-\infty}^{+\infty} y_1(t)y_2(t)\mathrm{e}^{-\mathrm{j}\omega t}\,\mathrm{d}t = \frac{1}{2\pi} \int\limits_{-\infty}^{+\infty} \underline{Y}_1(\Omega)\underline{Y}_2(\omega - \Omega)\,\mathrm{d}\Omega. \quad (1.171)$$

Die Rücktransformation eines Produkts von Spektralfunktionen lautet entsprechend

$$\mathcal{F}^{-1}\{\underline{Y}_1(\omega)\underline{Y}_2(\omega)\} = \frac{1}{2\pi} \int\limits_{-\infty}^{+\infty} \underline{Y}_1(\Omega)\underline{Y}_2(\Omega)\mathrm{e}^{\mathrm{j}\Omega t}\,\mathrm{d}\Omega = \int\limits_{-\infty}^{+\infty} y_1(\tau)y_2(t - \tau)\,\mathrm{d}\tau. \quad (1.172)$$

Frequenz und Zeit als Integrationsvariable sind hier zur Unterscheidung vom Argument der Funktion mit Ω bzw. τ bezeichnet worden.

Die Faltung ist kommutativ:

$$y_1(t) * y_2(t) = y_2(t) * y_1(t) = \int\limits_{-\infty}^{+\infty} y_1(\tau)y_2(t - \tau)\,\mathrm{d}\tau = \int\limits_{-\infty}^{+\infty} y_2(\tau)y_1(t - \tau)\,\mathrm{d}\tau, \quad (1.173)$$

wie man durch die Substitution $\tau' = t - \tau$ sieht.

Herleitung von (1.172): Aus (1.167) und (1.168) folgt mit (1.150) und (1.151)

$$\underline{Y}_1(\omega) = \int\limits_{-\infty}^{+\infty} y_1(t)\mathrm{e}^{-\mathrm{j}\omega t}\,\mathrm{d}t = \int\limits_{-\infty}^{+\infty} y_1(\tau)\mathrm{e}^{-\mathrm{j}\omega \tau}\,\mathrm{d}\tau \quad (1.174)$$

und

$$y_2(t - \tau) = \frac{1}{2\pi} \int\limits_{-\infty}^{+\infty} \underline{Y}_2(\omega)\mathrm{e}^{\mathrm{j}\omega(t-\tau)}\,\mathrm{d}\omega. \quad (1.175)$$

---

[36] Jean-Marie Constant Duhamel, französischer Mathematiker und Physiker (1797–1872).

Durch Einsetzen dieser Beziehungen und Vertauschung der Integrationsreihenfolge erhält man aus (1.150) für die Rücktransformation

$$\frac{1}{2\pi} \int\limits_{-\infty}^{+\infty} \underline{Y}_1(\omega)\underline{Y}_2(\omega)\mathrm{e}^{\mathrm{j}\omega t}\,\mathrm{d}\omega = \frac{1}{2\pi} \int\limits_{-\infty}^{+\infty} \underline{Y}_2(\omega)\mathrm{e}^{\mathrm{j}\omega t} \int\limits_{-\infty}^{+\infty} y_1(\tau)\mathrm{e}^{-\mathrm{j}\omega\tau}\,\mathrm{d}\tau\,\mathrm{d}\omega$$

$$= \frac{1}{2\pi} \int\limits_{-\infty}^{+\infty} y_1(\tau) \int\limits_{-\infty}^{+\infty} \underline{Y}_2(\omega)\mathrm{e}^{\mathrm{j}\omega(t-\tau)}\,\mathrm{d}\omega\,\mathrm{d}\tau = \int\limits_{-\infty}^{+\infty} y_1(\tau)y_2(t-\tau)\,\mathrm{d}\tau. \qquad (1.176)$$

Zur Herleitung des Wiener'schen Satzes wird später (Abschn. 1.12.2.2) der Faltungssatz in der Form

$$\frac{1}{2\pi} \int\limits_{-\infty}^{+\infty} \underline{Y}_1(-\omega)\underline{Y}_2(\omega)\mathrm{e}^{\mathrm{j}\omega\tau}\,\mathrm{d}\omega = \int\limits_{-\infty}^{+\infty} y_1(t)\,y_2(t+\tau)\,\mathrm{d}t \qquad (1.177)$$

gebraucht, die sich aus (1.172) mit (1.161) ergibt.

Mitunter kann man die Symmetrie zwischen Hin- und Rücktransformation ausnutzen, die sich ja nach (1.150) und (1.151) nur durch ein Vorzeichen und den Faktor 2π unterscheiden. Zur Verdeutlichung ein Beispiel. Das Spektrum des Rechteckimpulses ist eine Spaltfunktion (s. (1.79)); hat nun ein Vorgang den zeitlichen Verlauf einer Spaltfunktion, so wird man vermuten, dass sein Spektrum rechteckförmig ist. Quantitativ gilt mit den Bezeichnungen von (1.160), wenn man noch verallgemeinernd statt der reellen Zeitfunktion $y(t)$ eine komplexe Funktion $\underline{y}(t)$ zulässt,

$$\mathcal{F}\{\underline{Y}(\omega)\} = \mathcal{F}\{\mathcal{F}\{\underline{y}(t)\}\} = 2\pi\,\underline{y}(-t) = 2\pi\,\mathcal{F}^{-1}\{\underline{Y}(-\omega)\}\}, \qquad (1.178)$$

$$\mathcal{F}^{-1}\{\underline{y}(t)\} = \mathcal{F}^{-1}\{\mathcal{F}^{-1}\{\underline{Y}(\omega)\}\} = \frac{1}{2\pi}\underline{Y}(-\omega) = \frac{1}{2\pi}\mathcal{F}\{\underline{y}(-t)\} \qquad (1.179)$$

oder, nach Umbenennung $\omega \leftrightarrow t$,

$$\mathcal{F}\{\underline{Y}(t)\} = 2\pi\,\underline{y}(-\omega), \qquad (1.180)$$

$$\mathcal{F}^{-1}\{\underline{y}(\omega)\} = \frac{1}{2\pi}\underline{Y}(-t). \qquad (1.181)$$

Der Beweis folgt leicht aus den Definitionsgleichungen (1.150) und (1.151) mit einigen Umbenennungen. Der in obigem Beispiel beschriebene Umkehrschluss bedeutet also zweimalige Anwendung der gleichen Transformation. Neben dem Faktor 2π muss man den dabei auftretenden Vorzeichenwechsel der Variablen beachten, es sei denn, die Zeitfunktion ist eine gerade Funktion in Bezug auf den Zeitnullpunkt.

1.9.4 Parseval'sches Theorem. Spektrale Energie- und Leistungsdichte

Setzt man im Faltungssatz (1.171) $\omega = 0$, erhält man das *Parseval'sche Theorem* [37]

$$\int\limits_{-\infty}^{+\infty} y_1(t)\,y_2(t)\,\mathrm{d}t = \frac{1}{2\pi} \int\limits_{-\infty}^{+\infty} \underline{Y}_1(\Omega)\underline{Y}_2(-\Omega)\,\mathrm{d}\Omega. \tag{1.182}$$

Speziell folgt für $y_1(t) = y_2(t) = y(t)$ mit der Fouriertransformierten $\underline{Y}(\omega)$ unter Berücksichtigung von $\underline{Y}(-\omega) = \underline{Y}^*(\omega)$

$$\int\limits_{-\infty}^{+\infty} y^2(t)\,\mathrm{d}t = \frac{1}{2\pi} \int\limits_{-\infty}^{+\infty} \underline{Y}(\omega)\underline{Y}^*(\omega)\,\mathrm{d}\omega = \frac{1}{2\pi} \int\limits_{-\infty}^{+\infty} |\underline{Y}(\omega)|^2\,\mathrm{d}\omega$$

$$= \frac{1}{\pi} \int\limits_{0}^{\infty} |\underline{Y}(\omega)|^2\,\mathrm{d}\omega, \tag{1.183}$$

oder auch mit $\mathrm{d}\omega = 2\pi\,\mathrm{d}f$

$$\int\limits_{-\infty}^{+\infty} y^2(t)\,\mathrm{d}t = 2 \int\limits_{0}^{\infty} |\underline{Y}(f)|^2\,\mathrm{d}f. \tag{1.184}$$

Dieses Ergebnis lässt sich physikalisch leicht deuten. Zur Veranschaulichung sei angenommen, dass die Funktion $y(t)$ den elektrischen Strom durch einen ohmschen Widerstand R darstellt. $R\,y^2(t)$ gibt dann die momentane Leistung, das Integral links in (1.184) also – bis auf den Faktor R – die Gesamtenergie des Stroms $y(t)$ an. Die spektrale Amplitudendichte $\underline{Y}(f)$ andererseits wird in unserem Beispiel etwa in Amperesekunden = A/Hz gemessen,[38] $|\underline{Y}(f)|^2$ also in $A^2\,s^2 = A^2\,s/Hz$. Daher ist, wieder bis auf den Faktor R,

$$|\underline{Y}(f)|^2 = E(f) \tag{1.185}$$

die *spektrale Energiedichte* von $y(t)$. Somit stellt die rechte Seite von (1.184) als Integral über alle Frequenzen ebenfalls die Gesamtenergie von $y(t)$ dar. Der Faktor 2 rührt daher, dass die Integration über $f = 0$ bis ∞ statt über $f = -\infty$ bis $+\infty$ erstreckt wird.

---

[37] Marc-Antoine Parseval des Chênes, französischer Mathematiker (1755–1836).

[38] Bezüglich der Dimensionen ist Folgendes zu beachten: Die Fourieramplituden Y_n einer periodischen Funktion $y(t)$ haben nach (1.56) die gleiche Dimension wie $y(t)$, die spektrale Amplitudendichte $\underline{Y}(f)$ hat jedoch nach (1.151) die Dimension von $y(t)$·Zeit (z. B. As = A/Hz). Während den Frequenzen eines Linienspektrums endliche Amplituden Y_n bzw. Leistungen Y_n^2 zugeordnet sind, entspricht im kontinuierlichen Spektrum einer ideal scharfen Frequenz ($\Delta f = 0$) die Amplitude Null.

Y_n^2 ist i. Allg. nur ein Maß für die Leistung, nicht die Leistung selbst. Es ist aber üblich, den Proportionalitätsfaktor hier und bei den übrigen energetischen Spektralgrößen wegzulassen.

Die Gleichungen (1.150) bis (1.185) gelten unter der Voraussetzung, dass die auftretenden Integrale existieren; das ist der Fall, wenn der Vorgang $y(t)$ zeitlich begrenzt ist oder für $t \to \pm\infty$ hinreichend rasch gegen Null abfällt, sodass das Integral (1.142) existiert. Dann sind die spektrale Amplitudendichte durch (1.151) und damit die spektrale Energiedichte nach (1.185) definiert. Der Vorgang hat eine endliche Gesamtenergie, aber eine verschwindende mittlere Leistung, wenn man die Gesamtenergie auf $t = -\infty \dots + \infty$ bezieht. Man nennt solche Zeitfunktionen auch *Energiesignale*.

Eine unperiodische Dauerschwingung $y(t)$ – z. B. stationäres Rauschen – hat hingegen, da sie voraussetzungsgemäß von $t = -\infty$ bis $t = +\infty$ andauert, keine endliche Gesamtenergie, wohl aber eine endliche mittlere Leistung (*Leistungssignal*). Analog zu (1.151) definiert man die spektrale Amplitudendichte für ein Zeitintervall $-T \leq t \leq +T$ durch

$$\underline{Y}(\omega, T) = \int\limits_{-T}^{+T} y(t) \mathrm{e}^{-\mathrm{j}\omega t} \, \mathrm{d}t \qquad (1.186)$$

und die spektrale Energiedichte durch

$$E(\omega, T) = \underline{Y}(\omega, T)\, \underline{Y}^*(\omega, T) = |\underline{Y}(\omega, T)|^2. \qquad (1.187)$$

Diese Größen wachsen monoton mit der Intervalllänge $2T$. Man definiert deshalb als zugehöriges intervallbezogenes energetisches Maß die Leistungsdichte bei der Frequenz ω für das Zeitintervall $-T$ bis $+T$ durch

$$W(\omega, T) = \frac{E(\omega, T)}{2T}. \qquad (1.188)$$

Der Gesamtvorgang $y(t)$ ohne zeitliche Beschränkung wird im Frequenzbereich durch seine *spektrale Leistungsdichte* $W(\omega)$ beschrieben, die sich aber im Allgemeinen nicht durch den Grenzwert $\lim_{T \to \infty} W(\omega, T)$ definieren lässt. Bei zeitlich statistisch verlaufenden Signalen – man spricht auch von *stochastischen Prozessen* (Näheres in Abschn. 1.11.3.3) – mit verschwindendem Mittelwert existiert zwar $W(\omega)$ für jede Frequenz, aber die Schwankungen von $W(\omega, T)$ nehmen mit wachsendem T nicht ab, sodass $W(\omega, T)$ mit $T \to \infty$ nicht gegen $W(\omega)$ konvergiert. Die Gesamtleistung des Vorgangs $y(t)$ lässt sich jedoch entsprechend (1.184) als Grenzwertgleichung schreiben:

$$W_{\mathrm{ges}} = \lim_{T \to \infty} \frac{1}{2T} \int\limits_{-T}^{+T} y^2(t) \, \mathrm{d}t = \lim_{T \to \infty} \frac{1}{2\pi} \int\limits_{-\infty}^{+\infty} W(\omega, T) \, \mathrm{d}\omega$$

$$= \lim_{T \to \infty} 2 \int\limits_{0}^{\infty} W(2\pi f, T) \, \mathrm{d}f. \qquad (1.189)$$

Auch dem Faltungssatz (1.177) entspricht eine Grenzwertgleichung:

$$\lim_{T\to\infty} \frac{1}{4\pi T} \int_{-\infty}^{+\infty} \underline{Y}_1(-\omega, T)\,\underline{Y}_2(\omega, T)\mathrm{e}^{\mathrm{j}\omega\tau}\,\mathrm{d}\omega = \lim_{T\to\infty} \frac{1}{2T} \int_{-T}^{+T} y_1(t)\,y_2(t+\tau)\,\mathrm{d}t. \quad (1.190)$$

Für die Definition der spektralen Leistungsdichte $W(\omega)$ gibt es verschiedene Möglichkeiten [54]:

a) nach dem Wiener'schen Satz (Abschn. 1.12.2.2) ist $W(\omega)$ die Fouriertransformierte der Autokorrelationsfunktion $\phi(\tau)$ von $y(t)$. $\phi(\tau)$ ist durch die rechte Seite von (1.190) mit $y_1 = y_2 = y$ definiert, und dieser Grenzwert existiert. Es gilt also

$$W(\omega) = \mathcal{F}\left\{ \lim_{T\to\infty} \frac{1}{2T} \int_{-T}^{+T} y(t)y(t+\tau)\,\mathrm{d}t \right\}. \quad (1.191)$$

b) Wenn vor dem Grenzübergang über ein Ensemble von Funktionen $W_i(\omega, T)$ gemittelt wird, die zu verschiedenen gleichartigen Zufallsfunktionen $y_i(t)$ eines stochastischen Prozesses $[y(t)]$ gehören, konvergiert mit $T \to \infty$ der Ensemble-Mittelwert gegen $W(\omega)$:

$$W(\omega) = \lim_{T\to\infty} \langle W_i(\omega, T) \rangle \quad (1.192)$$

(die spitzen Klammern bezeichnen das Ensemble- oder Scharmittel, vgl. Abschn. 1.11.3.3).

c) Die Konvergenz kann man auch erreichen, indem man die Funktion $W(\omega, T)$ vor dem Grenzübergang $T \to \infty$ über die Frequenz integriert. Sei

$$D(\omega, T) = \int_{-\infty}^{\omega} W(u, T)\,\mathrm{d}u; \quad (1.193)$$

$D(\omega, T)$ konvergiert für $T \to \infty$, und es ist

$$W(\omega) = \frac{\mathrm{d}}{\mathrm{d}\omega}\left(\lim_{T\to\infty} D(\omega, T) \right). \quad (1.194)$$

Die Definition der spektralen Leistungsdichte $W(\omega)$ eines stochastischen Prozesses schließt also stets eine Mittelung ein: über die Zeit in (1.191), über ein Ensemble in (1.192) oder über die Frequenz in (1.194).

Durch jede dieser drei Vorschriften ist $W(\omega)$ für $\omega = -\infty$ bis $+\infty$ definiert, die Gesamtleistung ist also

$$W_{\text{ges}} = \int_{-\infty}^{+\infty} W(f)\,\mathrm{d}f = 2 \int_0^{\infty} W(f)\,\mathrm{d}f = \frac{1}{\pi} \int_0^{\infty} W(\omega)\,\mathrm{d}\omega. \qquad (1.195)$$

Anstatt spektrale Energiedichte und spektrale Leistungsdichte sagt man oft auch kurz *Energiespektrum* bzw. *Leistungsspektrum*, wenn keine Missverständnisse zu befürchten sind.

1.9.5 Experimentelle Durchführung der Fourieranalyse unperiodischer Zeitfunktionen

Die zur experimentellen Analyse benutzten Spektrografen integrieren die spektrale Amplitudendichte $\underline{Y}(f)$ über ein Frequenzintervall Δf, das durch die Bandbreite des eingebauten Filters gegeben ist. Mit einem nachgeschalteten Quadrierer und zeitlicher Mittelung lässt sich auch direkt die spektrale Leistungsdichte $W(f)$ bestimmen.

Die verschiedenen Analysierverfahren wurden bereits in Abschn. 1.7.3 beschrieben. Hier folgen einige Ergänzungen speziell zur Analyse unperiodischer Vorgänge.

Einmalige, *impulsartige Vorgänge* begrenzter Dauer T_s lassen sich mit Spektrografen, die nach dem Überlagerungsprinzip arbeiten, nur dann analysieren, wenn man sie häufig wiederholen kann. Ist der Vorgang nicht reproduzierbar, muss man ihn registrieren, z. B. mit einem *Transientenrecorder*, der den zu untersuchenden Vorgang abtastet und digitalisiert in einem Schieberegister (vgl. Abschn. 1.11.3.2) mit Rückführung vom Ende zum Anfang speichert (*rezirkulierender Speicher*). Hieraus ist das Signal beliebig oft wieder auszulesen, und zwar durch entsprechende Taktfrequenz mit wählbarer Geschwindigkeit. FFT-Analysatoren (vgl. Abschn. 1.7.3 und 1.14.2.2) enthalten bereits einen Signalspeicher.

Weil die tatsächlich analysierte Zeitfunktion periodisch ist (Rezirkulationsperiode T_r), liefert der Analysator ein Linienspektrum mit der Grundfrequenz $f_0 = 1/T_r$. Das gesuchte kontinuierliche Spektrum des Impulses ist dann die Einhüllende des Linienspektrums. Damit alle Einzelheiten im Verlauf der Einhüllenden wiedergegeben werden, müssen die Linien genügend dicht liegen, d. h. die Wiederholungsfrequenz f_0 muss nach dem hier entsprechend anwendbaren Abtasttheorem kleiner als $2/T_s$ sein. Ein kontinuierliches Spektrum liefert der Analysator, wenn die Zeitfunktion nicht periodisch, sondern zeitlich statistisch wiederholt wird, oder wenn die Filterbandbreite Δf zu groß ist, um die Einzellinien aufzulösen, d. h. falls $\Delta f \gg f_0$. Damit das Spektrum korrekt wiedergegeben wird, muss aber natürlich $\Delta f \ll 1/T_s$ sein, also $T_s \ll T_r$, der zu analysierende Vorgang darf nur einen kleinen Teil des rezirkulierenden Speichers ausfüllen. Dadurch wird jedoch das Signal-Rausch-Verhältnis beeinträchtigt.

Zur Spektralanalyse *unperiodischer Dauerschwingungen* ist theoretisch eine Zeitmittelung von $t = -\infty$ bis $t = +\infty$ erforderlich, praktisch nimmt man ein für den Vorgang charakteristisches endliches Zeitintervall der Länge T_s. Weil die zu analysierende Funktion immer zeitlich begrenzt ist, wird die strenge begriffliche Unterscheidung zwischen spektraler Amplituden- bzw. Energiedichte auf der einen und spektraler Leistungsdichte auf der anderen Seite für die praktischen Anwendungen unnötig.

Häufig möchte man die zeitliche Veränderung von Spektren beobachten (z. B. bei Sprach- und Geräuschanalysen). Hierfür sind *Echtzeitverfahren* von besonderem Interesse. Ihr Kennzeichen ist, dass die Analyse eines Signalausschnitts der Dauer T_s eine höchstens ebenso lange Zeit ($T_a \leq T_s$) erfordert, sodass die gesamte in der Zeitfunktion enthaltene Information auch im Spektrum wiedergegeben wird (Näheres in Abschn. 1.7.3, 1.14.2.2 und 4.4.2.4).

1.9.6 Räumliche Fouriertransformation

Die Variablen der Fouriertransformierten brauchen nicht immer Zeit und Frequenz zu sein. So ist z. B. das Richtdiagramm einer Antenne oder einer Lautsprecherzeile mit der räumlichen „Strahlungsbelegung" $f(x)$ des Strahlers durch eine Fouriertransformation verknüpft, wobei $f(x)$ der Stromstärke bzw. Schallschnelle an der Stelle x proportional ist; die Amplitude $R(\xi)$ der unter dem Winkel α gegen die Strahlernormale abgestrahlten Welle ist im Fernfeld gegeben durch

$$R(\xi) = \int\limits_{-\infty}^{+\infty} f(x) e^{j\xi x}\, \mathrm{d}x \tag{1.196}$$

mit $\xi = (2\pi/\lambda)\sin\alpha$, λ ist die Wellenlänge [55].

Nach (1.196) ist auch die Lichtamplitudenverteilung $f(x)$ längs eines optischen Gitters mit der Amplitude $R(\xi)$ des gebeugten Lichts in großem Abstand vom Gitter verknüpft. Die Lichtintensitäten sind dann gegeben durch $f^2(x)$ bzw. $R^2(\xi)$.

Ein weiteres Beispiel zur räumlichen Fouriertransformation ist die optische Abbildung durch eine Linse. Besonders übersichtlich ist der folgende Fall. In der vorderen Brennebene einer Konvexlinse befindet sich als Objekt ein Schirm mit der Transparenzverteilung $f(x, y)$, wobei x und y die rechtwinkligen Koordinaten in der Schirmebene sind (Abb. 1.34). Der Schirm wird von einer ebenen monochromatischen Lichtwelle, etwa von einem aufgeweiteten und parallel gemachten Laserstrahl durchleuchtet. Die Lichtverteilung $F(u, v)$ in der rückwärtigen Brennebene ist dann mit der *Transparenzfunktion* $f(x, y)$ über eine Fouriertransformation verknüpft, die sich wie folgt errechnet. In einem Punkt (u, v) der Brennebene sammeln sich alle diejenigen Strahlen, die am Objekt unter den Winkeln α und β gegen die x- bzw. y-Achse abgebeugt werden. Der optische Weg von einem Punkt $(x, 0)$ in der Objektebene zur Brennebene ist um $\Delta l_x = x \sin\alpha$ länger als

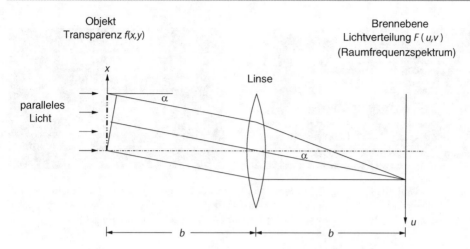

Abb. 1.34 Zweidimensionale räumliche Fouriertransformation durch optische Abbildung mit einer Linse

vom Ursprung $(0, 0)$, entsprechend einem Phasenunterschied $\Delta\varphi_x = 2\pi\Delta l_x/\lambda = k\Delta l_x = kx\sin\alpha$ (λ Lichtwellenlänge, $k = 2\pi/\lambda$ Wellenzahl). Analog gilt $\Delta\varphi_y = ky\sin\beta$ für einen Punkt $(0, y)$ und $\Delta\varphi = \Delta\varphi_x + \Delta\varphi_y$ für einen beliebigen Punkt (x, y). Berücksichtigt man die Phasenunterschiede durch einen Exponentialfaktor, so berechnet sich die Lichtwellenverteilung in der (u, v)-Ebene durch Summation über die jeweils parallelen Strahlen zu

$$F(u, v) = \iint\limits_{-\infty}^{+\infty} f(x, y)e^{-j\Delta\varphi}\,\mathrm{d}x\,\mathrm{d}y = \iint\limits_{-\infty}^{+\infty} f(x, y)e^{-j(\omega_x x + \omega_y y)}\,\mathrm{d}x\,\mathrm{d}y. \qquad (1.197)$$

Dabei sind unter der Annahme kleiner Winkel α und β durch $k\sin\alpha \approx ku/b = \omega_x$ und $k\sin\beta \approx kv/b = \omega_y$ die *Raumfrequenzen* ω_x und ω_y eingeführt worden (b ist die Brennweite der Linse). Wie man sieht, ist $F(u, v)$ die zweidimensionale räumliche Fouriertransformierte der Transparenzfunktion $f(x, y)$; die niedrigen Raumfrequenzen liegen in der (u, v)-Ebene achsennah, die höheren achsenfern. Die Koordinatenrichtungen u und v sind entgegengesetzt zu x und y gewählt. Anderenfalls bekäme man in (1.197) im Exponenten das positive Vorzeichen und damit eine Fourierrücktransformation (vgl. (1.150) und (1.151)). Eine Transversalverschiebung des Objekts $f(x, y)$ in der x, y-Ebene ändert das Spektrum $F(u, v)$ nicht, weil dabei die Winkel α und β gleich bleiben. Bei einer Drehung des Objekts dreht sich hingegen auch das Spektrum.

   Man kann die Raumfrequenzebene in die vordere Brennebene einer zweiten Konvexlinse legen und erhält dann in deren Ausgangsbrennebene (x', y'), wenn man die Koordinatenrichtungen ebenfalls entgegengesetzt zu x und y wählt, die Fourierrücktransformierte der Raumfrequenzverteilung. Wegen $\mathcal{F}^{-1}\{\mathcal{F}\{f(x)\}\} = f(x)$ ist dies die Transparenza 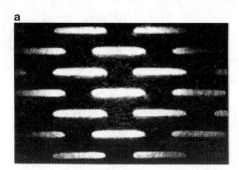 b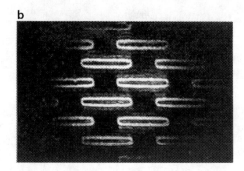

Abb. 1.35 Optische Filterung in der Raumfrequenzebene. **a** Reproduktion des Objekts in der Bildebene ohne Filterung. **b** Hervorhebung der Konturen durch optische Hochpassfilterung. Objekt:
Schlitzsieb, Schlitzabmessungen: 0,1 mm × 1,1 mm. (Aufnahme von Klaus Hinsch)

funktion $f(x, y)$ selbst. (Wählt man x' und y' richtungsgleich mit x und y, kehrt sich
das Bild um: $f(x', y') = f(-x, -y)$. Hier wird der Vorzeichenwechsel bei zweimaliger
Fouriertransformation (1.178) sichtbar.)

Diese „Vier–Brennweiten–Anordnung" („Zwei–Linsen–Anordnung") lässt sich benutzen, um die vorgegebene Objektfunktion $f(x, y)$ einer Raumfrequenzfilterung zu unter-
werfen.

Bringt man z. B. eine kleine lichtundurchlässige Scheibe („Schlierenblende") in der Spektralebene
auf der optischen Achse an, so blendet man die tieffrequenten Anteile des Raumfrequenzspektrums
aus, fügt also einen optischen Hochpass ein. Dies lässt sich demonstrieren. Abb. 1.35 zeigt links
das ohne Filterung in der Bildebene reproduzierte Objekt, ein Schlitzsieb, rechts das Ergebnis der
Hochpassfilterung: eine Hervorhebung der Konturen.

Mit der Zwei-Linsen-Anordnung lässt sich auch die räumliche Kreuzkorrelation zweier Objektfunktionen $f(x, y)$ und $r(x, y)$ bilden (vgl. Abschn. 1.12.3.6). Hierzu muss als
Frequenzfilter in der Spektralebene die räumliche Fouriertransformierte $R(u, v)$ der Funktion $r(x, y)$ eingesetzt werden. Die Eingangsfunktion für die zweite Linse ist dann das
Produkt $F(u, v)R(u, v)$, deren Fourierrücktransformierte die Faltung $f(x, y) * r(x, y)$ der
beiden Originalfunktionen darstellt (vgl. (1.172)). Die Faltung und die Kreuzkorrelationsfunktion unterscheiden sich nur durch das Vorzeichen im Argument des einen Integranden
und – bei komplexen Objektfunktionen – eines Imaginärteils ((1.453)–(1.454)). Setzt
man das Frequenzfilter in umgekehrter Orientierung ein, bekommt man in der Bildebe-
ne die Kreuzkorrelationsfunktion $\phi_{\mathrm{fr}}(x', y')$ der beiden Transparenzverteilungen $f(x, y)$
und $r(x, y)$. Dieses Verfahren ist z. B. für die automatische Zeichenerkennung interessant.
Stellt beispielsweise $f(x, y)$ einen geschriebenen Text dar, in dem die Positionen eines
bestimmten Buchstabens oder Wortes aufgefunden werden sollen, ist das Raumfrequenzspektrum des betreffenden Zeichens in der Spektralebene einzusetzen. In der Bildebene
erscheinen dann maximale Ausgangssignale (helle Punkte) an den gesuchten Stellen.

Zahlreiche Anwendungen dieser und verwandter Methoden in der Fotogrammetrie, Kristallographie, Bildrestaurierung und vielen anderen Gebieten haben die *Fourieroptik* oder *optische Datenverarbeitung* zu einem interessanten Spezialgebiet werden lassen [56, 57].

1.10 Laplacetransformation

1.10.1 Übergang von der Fouriertransformation zur Laplacetransformation

Die Fouriertransformation zur spektralen Darstellung unperiodischer Vorgänge (Abschn. 1.9.2 bis 1.9.4) versagt bei Zeitfunktionen $y(t)$, die mit $t \to \pm\infty$ dem Betrage nach nicht schneller als $1/t$ abfallen, weil dann das Integral (1.151) nicht konvergiert. Dies ist z. B. bei der Sprungfunktion (Abschn. 1.11.1.3) der Fall. Dort wird gezeigt, wie man diese Konvergenzprobleme durch einen Kunstgriff umgeht: Die Zeitfunktion wird mit einem *Konvergenzfaktor* $\mathrm{e}^{-\sigma t}$ multipliziert, wodurch alle in der Praxis vorkommenden Funktionen absolut integrierbar werden. Am Ende der Rechnung wird der Konvergenzfaktor durch den Grenzübergang $\sigma \to 0$ wieder eliminiert.

Alle Einschwingvorgänge beginnen in einem definierten Zeitpunkt, den man zu $t = 0$ festsetzen kann. Es sei daher für die folgenden Rechnungen angenommen, dass die Zeitfunktion $y(t)$ für $t < 0$ verschwindet. In der Transformationsgleichung (1.151) braucht das Integral dann nicht von $-\infty$, sondern nur von 0 an erstreckt zu werden:

$$\mathcal{F}\{y(t)\} = \underline{Y}(\omega) = \int\limits_{0}^{\infty} y(t)\, \mathrm{e}^{-\mathrm{j}\omega t}\, \mathrm{d}t. \tag{1.198}$$

Die Rücktransformation hierzu lautet gemäß (1.150)

$$\mathcal{F}^{-1}\{\underline{Y}(\omega)\} = \frac{1}{2\pi} \int\limits_{-\infty}^{+\infty} \underline{Y}(\omega)\, \mathrm{e}^{\mathrm{j}\omega t}\, \mathrm{d}\omega = \begin{cases} y(t), & t > 0, \\ 0, & t < 0. \end{cases} \tag{1.199}$$

Existiert das Integral (1.198) nicht, weil $y(t)$ mit $t \to \infty$ nicht rasch genug abfällt, kann man anstelle von $y(t)$ die „gedämpfte Ersatzfunktion" $y(t)\mathrm{e}^{-\sigma t}$ einführen, in der die Konstante $\sigma > 0$ so groß gewählt wird, dass das Integral konvergiert. Den dazu erforderlichen Mindestwert von σ nennt man *Konvergenzabszisse*. Das Spektrum hängt dann auch von σ ab, und man erhält anstelle von (1.198) die Transformationsgleichung

$$\mathcal{F}\{y(t)\, \mathrm{e}^{-\sigma t}\} = \underline{Y}(\omega, \sigma) = \int\limits_{0}^{\infty} y(t)\, \mathrm{e}^{-\sigma t}\, \mathrm{e}^{-\mathrm{j}\omega t}\, \mathrm{d}t \tag{1.200}$$

mit der Rücktransformation

$$\mathcal{F}^{-1}\{\underline{Y}(\omega,\sigma)\} = \frac{1}{2\pi} \int\limits_{-\infty}^{+\infty} \underline{Y}(\omega,\sigma)\, e^{j\omega t}\, d\omega = \begin{cases} y(t)e^{-\sigma t}, & t > 0, \\ 0, & t < 0. \end{cases} \tag{1.201}$$

Hierbei ist es wichtig, dass der Integrationsbereich erst bei $t = 0$ und nicht schon bei $t = -\infty$ beginnt, denn für $t < 0$ würde $e^{-\sigma t}$ zu einem Divergenzfaktor werden.

Fasst man den Konvergenzfaktor $e^{-\sigma t}$ nicht mit der Zeitfunktion $y(t)$, sondern mit dem Faktor $e^{-j\omega t}$ zusammen, führt also die komplexe Variable

$$\underline{p} = \sigma + j\omega \tag{1.202}$$

ein (mitunter *komplexe Frequenz* genannt), erhält man die Integraltransformation

$$\mathcal{L}\{y(t)\} = \underline{Y}(\underline{p}) = \int\limits_{0}^{\infty} y(t)\, e^{-\underline{p}t}\, dt, \tag{1.203}$$

die *Laplacetransformation*[39] [58]. Diese Gleichung entspricht (1.200). Die Rücktransformation zu (1.203) ergibt sich aus (1.201) und (1.202) zu

$$\mathcal{L}^{-1}\{\underline{Y}(\underline{p}\} = \frac{1}{2\pi j} \int\limits_{\sigma-j\infty}^{\sigma+j\infty} \underline{Y}(\underline{p})\, e^{\underline{p}t}\, d\underline{p} = \begin{cases} y(t), & t > 0, \\ 0 & t < 0. \end{cases} \tag{1.204}$$

Die Laplacetransformation unterscheidet sich demnach von der Fouriertransformation dadurch, dass zum einen die Kreisfrequenz ω durch die komplexe Variable $\underline{p}$ ersetzt wird und zum anderen die Zeitfunktion definitionsgemäß für $t < 0$ verschwinden muss. Falls $y(t)$ diese Bedingung erfüllt, geht die Laplacetransformation mit $\sigma \to 0$ in die Fouriertransformation über.

Während sich die Fouriertransformation als spektrale Zerlegung der Zeitfunktion $y(t)$ in ein Kontinuum von Sinuskomponenten verstehen lässt, stellt die Laplacetransformation eine Zerlegung in Schwingungen mit zeitlich exponentiell ansteigender Amplitude dar. Gegenüber diesem Nachteil der Laplacetransformation im Vergleich zur Fouriertransformation, dass sie nämlich nicht in anschaulichem Zusammenhang mit der praktischen Frequenzanalyse steht, ist ihr großer Vorzug darin zu sehen, dass sie universeller anwendbar ist und rechnerische Vorteile bietet, vor allem durch die Integration im Komplexen und durch die zwanglose Berücksichtigung der Anfangsbedingungen (siehe (1.210) und (1.211)). In Abschn. 4.4.5 wird gezeigt, wie sich Einschwingvorgänge mithilfe der Laplacetransformation berechnen lassen.

---

[39] Pierre-Simon Marquis de Laplace, französischer Mathematiker und Physiker (1749–1827).

Neben der Berechnung von Einschwingvorgängen stellt die Laplacetransformation auch für die elektrische Systemtheorie bei der Netzwerksynthese und bei der Stabilitätsuntersuchung von Regelkreisen ein wichtiges Hilfsmittel dar.

Folgende Bezeichnungen sind für die Variablen und die Funktionen bei der Laplacetransformation üblich: die Zeitvariable t heißt allgemeiner *Obervariable*, die Zeitfunktion $y(t)$ *Originalfunktion* oder *Oberfunktion*, die „komplexe Frequenz" $\underline{p}$ *Bildvariable* oder *Untervariable*, die Funktion $\underline{Y}(\underline{p})$ *Bildfunktion* oder *Unterfunktion*.

1.10.2   Rechenregeln der Laplacetransformation

Die Rechenregeln zur Laplacetransformation, von denen die wichtigsten im Folgenden zusammengestellt sind, entsprechen zum größten Teil den analogen Gleichungen für die Fouriertransformation (Abschn. 1.9.3).

Ist $\mathcal{L}\{y_1(t)\} = \underline{Y}_1(\underline{p})$ und $\mathcal{L}\{y_2(t)\} = \underline{Y}_2(\underline{p})$, so folgt aus der Definitionsgleichung (1.203) sofort der Additionssatz

$$\mathcal{L}\{a\,y_1(t) + b\,y_2(t)\} = a\,\underline{Y}_1(\underline{p}) + b\,\underline{Y}_2(\underline{p}), \tag{1.205}$$

wobei a und b Konstanten sind. Eine Summe von Zeitfunktionen wird also gliedweise in den Bildbereich übertragen. Konstante Faktoren bleiben dabei erhalten. In (1.205) drückt sich wie in der entsprechenden Gleichung (1.169) für die Fouriertransformation die lineare Superponierbarkeit von Schwingungen aus.

Eine Änderung des Zeitmaßstabs durch einen konstanten, reellen Faktor $a > 0$ führt, wie sich mit der Substitution $at = \tau$ ebenfalls aus (1.203) ergibt, zu der Gleichung

$$\mathcal{L}\{y(at)\} = \frac{1}{a}\,\underline{Y}\left(\frac{\underline{p}}{a}\right), \qquad a > 0. \tag{1.206}$$

Sie stellt die Unschärferelation dar: Eine Einengung der Zeitfunktion bedingt eine Ausdehnung des Bildbereichs und umgekehrt.

Verschiebungen in einem Bereich drücken sich durch Exponentialfaktoren im anderen aus:

$$\mathcal{L}\{e^{-\underline{b}t}\,y(t)\} = \underline{Y}(\underline{p} + \underline{b}) \tag{1.207}$$

und

$$\mathcal{L}\{y(t + \tau)\} = e^{\tau\underline{p}}\,\underline{Y}(\underline{p}); \tag{1.208}$$

die letztere Gleichung gilt unter der Voraussetzung $y(t) = 0$ für $t < \tau$.

Dem Produkt zweier Bildfunktionen entspricht die Faltung im Zeitbereich

$$\underline{Y}_1(\underline{p})\,\underline{Y}_2(\underline{p}) = \mathcal{L}\left\{\int_0^t y_1(\tau)y_2(t-\tau)\,\mathrm{d}\tau\right\}. \tag{1.209}$$

Analog führt das Produkt zweier Zeitfunktionen auf das komplexe Faltungsintegral über die zugeordneten Bildfunktionen.

Von besonderer Bedeutung ist die Laplacetransformation für die Behandlung von Einschwingproblemen (Abschn. 4.4.5). Die wichtigsten Regeln dafür betreffen die Übertragung der zeitlichen Differenziation und Integration in den Bildbereich. Durch ein- bzw. zweimalige partielle Integration von (1.203) verifiziert man leicht die Beziehungen

$$\mathcal{L}\left\{\frac{\mathrm{d}y(t)}{\mathrm{d}t}\right\} = \underline{p}\,\underline{Y}(\underline{p}) - y(0) \tag{1.210}$$

und

$$\mathcal{L}\left\{\frac{\mathrm{d}^2 y(t)}{\mathrm{d}t^2}\right\} = \underline{p}^2\,\underline{Y}(\underline{p}) - \underline{p}\,y(0) - y'(0). \tag{1.211}$$

Aus (1.210) folgt weiter die Integrationsregel

$$\mathcal{L}\left\{\int_0^t y(\tau)\,\mathrm{d}\tau\right\} = \frac{\underline{Y}(\underline{p})}{\underline{p}}. \tag{1.212}$$

Differenziation und Integration im Zeitbereich spiegeln sich wie bei der Fouriertransformation im Bildbereich durch einfache Multiplikationen wieder. Zusätzlich enthält aber die Laplacetransformierte der n-ten Ableitung einer gegebenen Zeitfunktion $y(t)$ noch die Anfangswerte $y(0)$, $y'(0)$, ..., $y^{(n-1)}(0)$. Ist das betrachtete System im Zeitpunkt $t = 0$ energiefrei, verschwinden alle Anfangswerte; (1.210) und (1.211) nehmen dann eine besonders einfache Gestalt an.

Mit Hilfe der genannten Rechenregeln lässt sich die Berechnung der Laplacetransformierten in vielen Fällen sehr vereinfachen. Man geht beispielsweise aus vom Einheitssprung

$$y(t) = \begin{cases} 0, & t < 0, \\ 1, & t > 0. \end{cases} \tag{1.213}$$

Die Bildfunktion hierzu lautet nach (1.203)

$$\underline{Y}(\underline{p}) = \int_0^\infty \mathrm{e}^{-\underline{p}t}\,\mathrm{d}t = -\frac{1}{\underline{p}}\,\mathrm{e}^{-\underline{p}t}\bigg|_0^\infty = \frac{1}{\underline{p}}. \tag{1.214}$$

Nach dem Verschiebungssatz (1.207) ist dann

$$\mathcal{L}\{e^{\mp \underline{b}t}\} = \frac{1}{\underline{p} \pm \underline{b}}, \qquad \underline{b} \text{ beliebig komplex.} \tag{1.215}$$

Hieraus folgt mit dem Additionssatz (1.205) für $\underline{b} = \pm j\omega$

$$\mathcal{L}\{\cos \omega t\} = \frac{1}{2}\left(\mathcal{L}\{e^{j\omega t}\} + \mathcal{L}\{e^{-j\omega t}\}\right)$$

$$= \frac{1}{2}\left(\frac{1}{\underline{p} - j\omega} + \frac{1}{\underline{p} + j\omega}\right) = \frac{\underline{p}}{\underline{p}^2 + \omega^2} \tag{1.216}$$

und entsprechend

$$\mathcal{L}\{\sin \omega t\} = \frac{\omega}{\underline{p}^2 + \omega^2}. \tag{1.217}$$

Nochmalige Anwendung des Verschiebungssatzes liefert

$$\mathcal{L}\{e^{-\alpha t} \sin \omega t\} = \frac{\omega}{(\underline{p} + \alpha)^2 + \omega^2} \tag{1.218}$$

und

$$\mathcal{L}\{e^{-\alpha t} \cos \omega t\} = \frac{\underline{p} + \alpha}{(\underline{p} + \alpha)^2 + \omega^2}. \tag{1.219}$$

Auf diese und ähnliche Weise sind viele Paare von Zeit- und Bildfunktionen berechnet und in ausführlichen Tabellenwerken zusammengestellt worden, die das praktische Arbeiten mit Laplacetransformationen wesentlich erleichtern.

1.11 Unperiodische Vorgänge

Unperiodische Vorgänge lassen sich dadurch charakterisieren, dass ihre Zeitfunktionen $y(t)$ mit keinem Wert T die Gleichung $y(t + T) = y(t)$ im gesamten Zeitbereich erfüllen. Dabei sind zwei wichtige Gruppen zu betrachten: Vorgänge mit genau angebbarem Zeitverlauf und stochastische Vorgänge, wie z. B. Rauschen. Die ersteren lassen sich durch kontinuierliche Fourierspektren beschreiben (Abschn. 1.9); von Bedeutung sind vor allem einmalige Ereignisse wie Sprünge, Übergänge und Impulse (Abschn. 1.11.1). Zur Beschreibung von stochastischen Signalen mit ihren statistisch verlaufenden Zeitfunktionen sind neben dem Leistungsspektrum statistische Kenngrößen anzugeben (Abschn. 1.11.3).

Vorgänge wie Sprache und Musik sind der strengen Begriffsbestimmung nach ebenfalls als unperiodische Dauerschwingungen anzusehen. Vor allem bei Betrachtung kürzerer

Zeitintervalle wird man sie aber eher als *fastperiodische Schwingungen* bezeichnen, die in ihren Eigenschaften den periodischen Schwingungen näher stehen als etwa dem Rauschen. Sie sind daher – von einigen besonderen Fragestellungen abgesehen – besser mit den in Abschn. 1.8 besprochenen Methoden zu untersuchen.

1.11.1 Spezielle einmalige Vorgänge

Als Beispiele für die Beschreibung unperiodischer Zeitfunktionen durch kontinuierliche Fourierspektren werden im Folgenden einige Impulse, Sprünge und Übergänge behandelt. *Sprünge* sind momentane Änderungen einer Größe von einem konstanten Wert auf einen anderen; von *Übergängen* spricht man, wenn die Änderung in endlicher Zeit oder asymptotisch vor sich geht (Beispiele: Einschalten eines elektrischen Gleichstroms in einem Stromkreis mit a) rein ohmschen, b) induktivem Widerstand). *Impulse* sind einmalige, nach einer Auslenkung von einem Ruhewert in begrenzter Zeit oder asymptotisch auf diesen zurückführende Vorgänge (Beispiele: Knalle, Knacke, Stöße). Der Impuls kann auch mit einer Schwingung „ausgefüllt" sein und heißt dann *Schwingungsimpuls* (Beispiel: ein Pfiff).

1.11.1.1 Rechteckimpuls
Aus einer periodischen Rechteckimpulsfolge, wie sie in Abb. 1.14 dargestellt ist (Impulshöhe A, Impulsdauer τ, Impulsabstand T), entsteht der nur einen einzigen Rechteckimpuls umfassende Zeitvorgang durch den Grenzübergang $T \to \infty$ oder $\omega_0 = 2\pi/T \to 0$. Diesen Zusammenhang kann man sich zur Herleitung des Einzelimpulsspektrums zunutze machen. Nach (1.78) lautet die Spektraldarstellung der periodischen Rechteckimpulsfolge

$$y(t) = \frac{A\tau}{T} + \sum_{n=1}^{\infty} \frac{2A\tau}{T} \cdot \frac{\sin \frac{n\pi\tau}{T}}{\frac{n\pi\tau}{T}} \cos n\omega_0 \left(t - \frac{\tau}{2} \right). \tag{1.220}$$

Mit den Ersetzungen

$$\frac{2\pi n}{T} = n\omega_0 \to \omega, \qquad \omega_0 = \frac{2\pi}{T} \to d\omega \tag{1.221}$$

wird aus (1.220) für $T \to \infty$, wenn man noch den Zeitnullpunkt in die Impulsmitte verschiebt $(t - \tau/2) \to t$,

$$y(t) = \int_{0}^{\infty} \frac{A\tau}{\pi} \cdot \frac{\sin \frac{\omega\tau}{2}}{\frac{\omega\tau}{2}} \cos \omega t \, d\omega. \tag{1.222}$$

Die spektrale Amplitudendichte $A(\omega)$ (vgl. (1.147)) des einzelnen Rechteckimpulses lautet somit

$$A(\omega) = \frac{A\tau}{\pi} \cdot \left| \frac{\sin \frac{\omega\tau}{2}}{\frac{\omega\tau}{2}} \right|, \qquad (1.223)$$

die zugehörige Phasenfunktion

$$\varphi(\omega) = \text{sgn} \left(\frac{\sin \frac{\omega\tau}{2}}{\frac{\omega\tau}{2}} \right). \qquad (1.224)$$

$A(\omega)$ ist gleich der Einhüllenden des in Abb. 1.14 wiedergegebenen Linienspektrums. Die dort durchgeführte Analyse des Rechteckimpulses mit $T/\tau = 10$ ist ein Beispiel für das eine der beiden oben genannten Analysierverfahren, das mit langsamer periodischer Wiederholung des Einzelimpulses arbeitet.

Die Funktion $(\sin x)/x$, die das Spektrum (1.223) des Rechteckimpulses bestimmt, heißt *Spaltfunktion*. Sie hat ihren Namen aus der optischen Gittertheorie: die Lichtintensitätsverteilung in der Ebene eines beleuchteten Spalts ist rechteckförmig, sein Beugungsbild (vgl. Abschn. 1.9.6) ist also durch die Funktion $(\sin x)/x$ bestimmt.

Rechteckimpulse spielen in der Elektronik eine große Rolle, z. B. in den Computern. Die Binärzahlen, mit denen alle Rechenoperationen ausgeführt werden, stellt man durch eine Folge von Strom- oder Spannungs-Rechteckimpulsen dar. Damit die Impulsform nicht unzulässig verändert wird, müssen alle Verstärker, Verzögerungsleitungen, Speicher- und Schaltelemente usw. eine genügend große Frequenzbandbreite für die Amplituden- und für die Phasenübertragung aufweisen. Sie muss umso größer sein, je schmaler die Impulse sind; für Rechteckimpulse der Dauer τ soll der Amplitudenübertragungsbereich (3 dB-Abfall) von etwa $10^{-2}/\tau$ bis $10/\tau$ reichen.

1.11.1.2 δ-Impuls

Lässt man einen Rechteckimpuls immer schmaler, zugleich aber höher werden, sodass seine *Impulsstärke*

$$I = \int\limits_{-\infty}^{+\infty} y(t)\,dt = A\tau \qquad (1.225)$$

(A Impulshöhe, τ Impulsdauer) konstant bleibt, so verschiebt sich der Abfall zur ersten Nullstelle des Spektrums zu immer höheren Frequenzen. (Die Energie des Impulses steigt dabei übrigens an, weil sie proportional zu $A^2\tau$ wächst.) Im Grenzübergang $\tau \to 0$ gelangt man zum δ-*Impuls* (Abschn. 1.8.1.4); er hat mit der üblichen Normierung $I = 1$ die konstante spektrale Amplitudendichte

$$Y(\omega) = \frac{A\tau}{\pi} = \frac{1}{\pi}, \qquad (1.226)$$

bzw. nach (1.158)

$$|\underline{Y}(\omega)| = 1, \tag{1.227}$$

und das konstante Phasenspektrum

$$\varphi(\omega) = 0. \tag{1.228}$$

Eine statistische Folge von Tiefpass-gefilterten δ-Impulsen ist der Prototyp des Breitbandrauschens (Abschn. 1.11.3).

Aus den bereits früher angegebenen Definitionsgleichungen (1.82) und (1.83) ergibt sich eine für die rechnerischen Anwendungen der δ-Funktion wichtige Beziehung:

$$\int\limits_{-\infty}^{+\infty} y(t)\,\delta(t - t_0)\,\mathrm{d}t = y(t_0), \tag{1.229}$$

nach der die Faltung einer beliebigen Zeitfunktion $y(t)$ mit einer δ-Funktion gleich dem Funktionswert im Zeitpunkt des δ-Impulses ist. Die δ-Funktion eignet sich dadurch gut zur mathematischen Beschreibung von Abtastvorgängen.

(1.229) führt z. B. auf den in Abb. 1.36 veranschaulichten Zusammenhang: Eine periodische Impulsfolge $y(t)$ entsteht aus dem Einzelimpuls $y_1(t)$ durch Faltung mit der δ-Impulsfolge $y_2(t) = \sum_{n=1}^{\infty} \delta(t - nT)$. Nach (1.172) ist das zu $y(t)$ gehörende Spektrum $\underline{Y}(\omega)$ gleich dem Produkt des kontinuierlichen Spektrums $\underline{Y}_1(\omega)$ der Impulsfunktion mit dem Linienspektrum $\underline{Y}_2(\omega)$ der δ-Impulsfolge. Das beim Rechteckimpuls gefundene Ergebnis, dass das kontinuierliche Amplitudenspektrum des Einzelimpulses gleich der Einhüllenden des Linienspektrums der periodischen Impulsfolge ist, gilt demzufolge allgemein für jede Impulsfolge. Natürlich müssen, dem Abtasttheorem entsprechend, die Linien genügend dicht liegen, d. h. die Wiederholungsfrequenz $\omega_0 = 2\pi/T$ muss genügend klein sein, damit der genaue Verlauf der Einhüllenden erkennbar wird.

Auf die Bedeutung von δ-Impulsen zur Untersuchung linearer Übertragungssysteme ist bereits in Abschn. 1.8.1.4 kurz hingewiesen worden. Regt man ein System mit einem δ-Impuls an (in der Praxis mit einem kurzen Impuls genügender Stärke, sodass sich einerseits das Ausgangssignal deutlich vom Rauschuntergrund abhebt, andererseits aber das System nicht übersteuert wird), so erscheint am Ausgang die *Impulsantwort* $h(t)$. Da das Anregungsspektrum konstant ist ($\underline{A}(\omega) = 1$), ist das Ausgangsspektrum, d. h. die Fouriertransformierte der Impulsantwort, gleich der *Übertragungs*- oder *Gewichtsfunktion*

$$\underline{G}(\omega) = \mathcal{F}\{h(t)\}. \tag{1.230}$$

Für eine beliebige Eingangszeitfunktion $y_e(t)$ mit dem Spektrum $\underline{Y}_e(\omega)$ lautet dann das Spektrum $\underline{Y}_a(\omega)$ der Ausgangszeitfunktion $y_a(t)$

$$\underline{Y}_a(\omega) = \underline{Y}_e(\omega) \cdot \underline{G}(\omega). \tag{1.231}$$

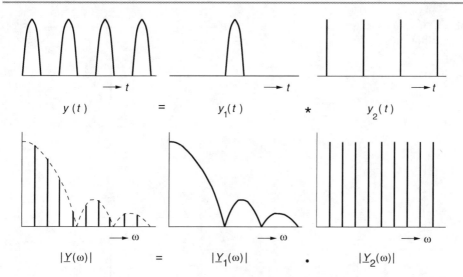

Abb. 1.36 Zusammenhang zwischen den Spektren eines Einzelimpulses und einer periodischen Impulsfolge

Nach (1.172) entspricht dieser Beziehung im Spektralbereich die Faltung der Zeitfunktionen:

$$y_a(t) = y_e(t) * h(t) = \int\limits_{-\infty}^{+\infty} y_e(\tau) h(t - \tau)\, d\tau. \tag{1.232}$$

Kennt man die Systemantwort $h(t)$ auf einen δ-Impuls, kennt man also zugleich die Systemantwort auf jedes beliebige Eingangssignal $y_e(t)$. Die Übertragungsfunktion $\underline{G}(\omega)$ ist üblicherweise dimensionslos; $h(t)$ hat dann – ebenso wie die δ-Funktion – die Dimension einer reziproken Zeit.

1.11.1.3 Sprung- und Übergangsfunktion
Die Sprungfunktion

$$y(t) = \begin{cases} -A/2 & \text{für } t < 0, \\ 0 & \text{für } t = 0, \\ +A/2 & \text{für } t > 0 \end{cases} \tag{1.233}$$

(Abb. 1.37a) ist nicht absolut integrierbar; ihr Spektrum lässt sich nicht nach (1.144) oder (1.151) berechnen, da die hierin auftretenden Integrale nicht konvergieren. Man hilft sich folgendermaßen: Durch Multiplikation der Sprungfunktion mit dem „Konvergenzfaktor" $e^{-|\sigma t|}$ entsteht die in Abb. 1.37a gestrichelt eingezeichnete, absolut integrierbare Funktion $y_\sigma(t)$. Ihre Fourierintegraldarstellung lautet

$$y_\sigma(t) = \frac{A}{\pi} \int\limits_{0}^{\infty} \frac{\omega}{\sigma^2 + \omega^2} \sin \omega t\, d\omega. \tag{1.234}$$

Abb. 1.37 Sprungfunktion und
Einschaltfunktion

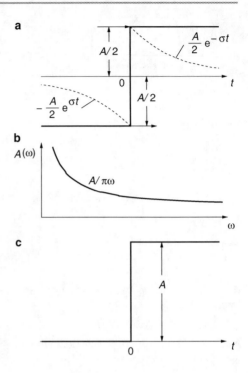

Mit dem Grenzübergang $\sigma \to 0$ geht $y_\sigma(t)$ über in die Sprungfunktion, und aus (1.234) wird

$$y(t) = \frac{A}{\pi} \int_0^\infty \frac{\sin \omega t}{\omega} \, d\omega. \tag{1.235}$$

Dieses Integral existiert, und damit ist (1.235) die Fourierintegraldarstellung der Sprungfunktion. Durch Vergleich mit (1.146) findet man

$$C(\omega) \equiv 0, \qquad S(\omega) = A(\omega) = \frac{A}{\pi \omega}. \tag{1.236}$$

Die spektrale Amplitudendichte der Sprungfunktion fällt proportional zu $1/\omega$ ab (Abb. 1.37b).

Für die bei $t = 0$ vom Wert 0 auf den Wert A springende *Einschaltfunktion* (Abb. 1.37c) lautet die Fourierdarstellung

$$y(t) = \frac{A}{2} + \frac{A}{\pi} \int_0^\infty \frac{\sin \omega t}{\omega} \, d\omega. \tag{1.237}$$

Die Reaktion eines Systems auf die Einschaltfunktion nennt man *Sprungantwort*. Sie wird häufig benutzt zur Beschreibung von Einschwingvorgängen (Abschn. 4.4.2), zur Stabilitätsuntersuchung von Regelkreisen (Abschn. 5.2.5) und bei der Zeitbereichsspektroskopie (Abschn. 2.4.4).

Abb. 1.38 Linearer Übergang

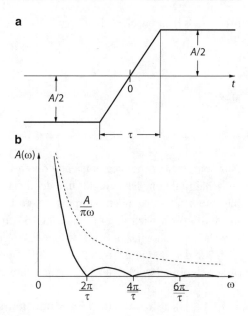

Da die ideale Sprung- oder Einschaltfunktion physikalisch nicht zu realisieren ist, ist der Vergleich ihres Spektrums mit dem eines in endlicher Zeit τ erfolgenden Übergangs interessant. Für den linearen Übergang (Abb. 1.38a) liefert die Rechnung als spektrale Amplitudendichte (Abb. 1.38b)

$$Y(\omega) = \frac{2A}{\pi\tau\omega^2}\left|\sin\frac{\omega\tau}{2}\right| = \frac{A}{\pi\omega}\frac{\left|\sin\frac{\omega\tau}{2}\right|}{\frac{\omega\tau}{2}}. \tag{1.238}$$

Für kleine τ bzw. tiefe Frequenzen geht das Spektrum erwartungsgemäß in das der Sprungfunktion über. Merkliche Abweichungen gibt es, wenn die Frequenz in die Größenordnung von $1/\tau$ kommt. Entsprechend der in Abschn. 1.8.1.2 genannten allgemeinen Regel fällt das Spektrum dieser Zeitfunktion, die Ecken, aber keine Sprünge enthält, gemäß $A(\omega) \sim 1/\omega^2$ ab.

Mit $\tau \to \infty$ wird der lineare Übergang zum unbegrenzten *linearen Anstieg*. In normierter Form lautet seine Zeitfunktion

$$y(t) = \begin{cases} 0 & \text{für} \quad t \leq 0, \\ t & \text{für} \quad t \geq 0. \end{cases} \tag{1.239}$$

Um die Fouriertransformierte nach (1.151) berechnen zu können, muss man wieder den Konvergenzfaktor $e^{-\sigma t}$ zufügen und erhält durch partielle Integration

$$\underline{Y}(\omega, \sigma) = \int_0^\infty t\, e^{-(j\omega+\sigma)t}\, dt = \int_0^\infty \frac{e^{-(j\omega+\sigma)t}}{j\omega + \sigma}\, dt$$

$$= -\frac{e^{-(j\omega+\sigma)t}}{(j\omega+\sigma)^2}\bigg|_0^\infty = \frac{1}{(j\omega+\sigma)^2}. \tag{1.240}$$

Mit $\sigma \to 0$ bleibt nach (1.44)

$$\underline{Y}(\omega) = \frac{1}{(j\omega)^2} = \frac{1}{\omega^2}e^{-j\pi}, \qquad (1.241)$$

also

$$|\underline{Y}(\omega)| = \frac{1}{\omega^2}, \qquad \varphi(\omega) = -\pi. \qquad (1.242)$$

Aus dem linearen Anstieg entstehen durch fortgesetztes Differenzieren nacheinander die Einschaltfunktion, der δ-Impuls und der ideale Wechselimpuls, der sich aus zwei unmittelbar aufeinander folgenden δ-Impulsen verschiedener Richtung zusammensetzt (Abb. 1.39, links von oben nach unten). Nach (1.164) tritt in den zugehörigen Spektralfunktionen jeweils der Faktor $j\omega$ hinzu, also ein Faktor ω in der spektralen Amplitudendichte und $+\pi/2$ in der Phasenfunktion (Abb. 1.39). Durch Ausnutzung derartiger Zusammenhänge lässt sich oftmals viel Rechenarbeit einsparen.

1.11.1.4 Gaußimpuls und Exponentialimpuls

Zwei weitere häufig benutzte Impulsformen sind in Abb. 1.40 zum Vergleich miteinander gemeinsam aufgenommen: oben der zweiseitig unbegrenzte *Gaußimpuls*[40], oft auch *Glockenimpuls* genannt, unten der einseitig unbegrenzte *Exponentialimpuls*. Obwohl beide Impulse etwa gleich schnell von ihrem Maximalwert gegen Null abfallen, hat der Exponentialimpuls aufgrund seines momentanen Anstiegs ein sehr viel breiteres Spektrum als der Gaußimpuls.

Das Zeitgesetz des Gaußimpulses ist die *Gauß'sche Fehlerfunktion*

$$y(t) = A\,e^{-t^2/\tau^2}; \qquad (1.243)$$

die spektrale Amplitudendichte gehorcht – das ist eine Besonderheit einer unendlichen Folge von Funktionen, die sich aus den *Hermite'schen Polynomen*[41] herleiten und von denen der Gaußimpuls die einfachste ist – dem gleichen Gesetz wie die Zeitfunktion:

$$Y(\omega) = \frac{A\tau}{\sqrt{\pi}}\,e^{-\omega^2\tau^2/4}. \qquad (1.244)$$

Das Amplitudenspektrum des mit 50 Hz periodisch wiederholten Gaußimpulses aus Abb. 1.40 ($\tau = 0{,}36$ ms) ist in Abb. 1.41 oben wiedergegeben. Die Einhüllende folgt der Beziehung (1.244).

Für experimentelle Untersuchungen in der subjektiven Akustik benötigt man oft kurze Impulse mit schmalbandigem Spektrum. Glockenimpulse haben unter allen Impulsformen

---

[40] Carl Friedrich Gauß, deutscher Mathematiker und Physiker (1777–1855).
[41] Charles Hermite, französischer Mathematiker (1822–1901).

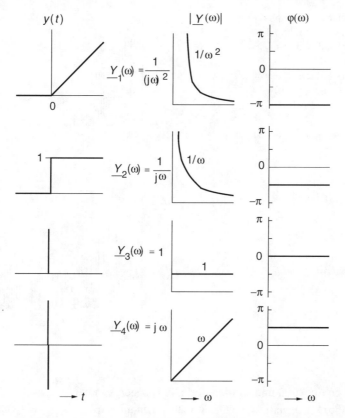

Abb. 1.39 Von *oben* nach *unten*: linearer Anstieg, Einschaltfunktion, δ-Impuls und idealer Wechselimpuls (jeweils durch Differenziation auseinander hervorgehend) und die zugehörigen Spektralfunktionen (jeweils durch Multiplikation mit $j\omega$ auseinander hervorgehend)

Abb. 1.40 Gaußimpuls
($\tau = 0,36$ ms) und Exponentialimpuls ($\tau = 0,25$ ms)

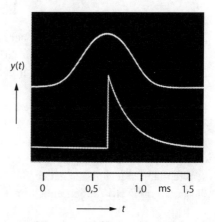

Abb. 1.41 Gemessene Amplitudenspektren von Gaußimpuls ($\tau = 0,36\,\text{ms}$) und Exponentialimpuls ($\tau = 0,25\,\text{ms}$). Beide mit einer Folgefrequenz von 50 Hz periodisch wiederholt

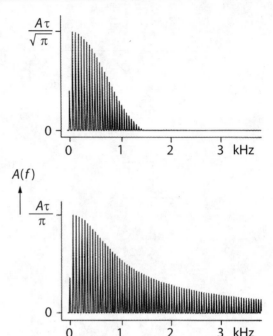

die schmalsten Spektren und werden deshalb, besonders in der Form von Schwingungsimpulsen (Abb. 1.45), gern für solche Versuche genommen.

Der *Exponentialimpuls*

$$y(t) = \begin{cases} 0 & \text{für} \quad t < 0 \\ Ae^{-t/\tau} & \text{für} \quad t \geq 0 \end{cases} \tag{1.245}$$

($\tau = $ *Zeitkonstante*) entsteht z. B. bei der Entladung eines Kondensators über einen Widerstand und tritt als typischer Zählrohrimpuls in kernphysikalischen Teilchenzählern auf. Seine spektrale Amplitudendichte errechnet sich zu

$$Y(\omega) = \frac{A\tau}{\pi} \frac{1}{\sqrt{1 + \omega^2 \tau^2}}. \tag{1.246}$$

Abb. 1.41 zeigt unten das Amplitudenspektrum des ebenfalls mit 50 Hz periodisch wiederholten Exponentialimpulses aus Abb. 1.40 (Zeitkonstante $\tau = 0,25\,\text{ms}$). Es fällt wesentlich langsamer mit steigender Frequenz ab als das des Gaußimpulses. Die Spektren dieser (theoretisch) zeitlich unbegrenzten Impulse sind nullstellenfrei.

1.11.1.5 Sägezahnimpuls, Überschallknall
Der einzelne Sägezahnimpuls in der Form des zeitproportionalen Anstiegs und der plötzlichen Rücksetzung spielt in der Oszilloskoptechnik eine wichtige Rolle. In der Regel wird

Abb. 1.42 Schalldruckverlauf in der N-Welle (Sägezahnimpuls)

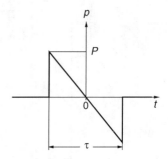

er durch den aufzuzeichnenden einmaligen Vorgang ausgelöst und lenkt den Elektronenstrahl in Abszissenrichtung mit der eingestellten Geschwindigkeit ab.

Seit Längerem ist der Sägezahnimpuls mit dem in Abb. 1.42 dargestellten Zeitverlauf, seiner Form wegen auch *N-Welle* genannt, in schalltechnisch lästiger Weise bedeutsam geworden: er stellt den Schalldruckverlauf in der Stoßwelle dar, die von einem mit Überschallgeschwindigkeit fliegenden Flugzeug erzeugt wird und auch bei großer Flughöhe in einem breiten Streifen am Erdboden als *Überschallknall* (engl. *sonic boom*) zu einer sehr unangenehmen Lärmbelästigung führt [59].

Die spektrale Amplitudendichte des Schalldrucks p errechnet sich für diesen Impuls zu

$$p(\omega) = P\tau \, j_1\left(\frac{\omega\tau}{2}\right), \tag{1.247}$$

dabei ist

$$j_1(x) = \frac{\sin x}{x^2} - \frac{\cos x}{x} \tag{1.248}$$

die sphärische Besselfunktion erster Art und erster Ordnung. Der Maximaldruck P und die Impulsdauer τ hängen von Form und Größe des Flugzeugs ab. Typische Werte sind $P = 240$ Pa (entsprechend 140 dB über der menschlichen Hörschwelle 20 µPa!) und $\tau = 0{,}1$ s. Das mit diesen Daten berechnete Spektrum ist in Abb. 1.43 in einer für akustische Anwendungen geeigneten doppelt-logarithmischen Auftragung gezeichnet. Die Ordinate ist mit zwei Skalen versehen: der spektralen Schalldruckdichte in Pa/Hz (rechts) und dem entsprechenden Pegel in dB über 20 µPa/Hz (links). Das Maximum des Spektrums mit 114 dB liegt bei 6,7 Hz zwar im Infraschallbereich, ist aber wichtig in Bezug auf mögliche Gebäudeschäden. Das Spektrum oszilliert mit einer Periodizität von rund 10 Hz (= $1/\tau$), und die Maxima fallen gemäß dem allgemeinen Gesetz für Impulse mit Sprungstellen (Abschn. 1.8.1.1 und 1.8.1.2) proportional zu $1/\omega$ ab, d. h. mit 6 dB/Oktave oder 20 dB/Dekade. Im Hörbereich treten immer noch Pegel von mehr als 100 dB auf. Der durch Messungen ermittelte Schalldruckverlauf der N-Welle in Bodennähe und ihr Spektrum weichen nur wenig von den in Abb. 1.42 und 1.43 gezeigten idealisierten Formen ab.

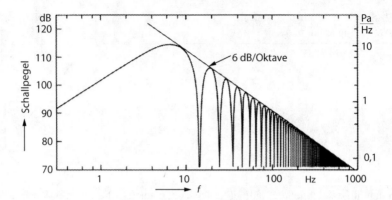

Abb. 1.43 Spektrale Schalldruckdichte $p(f)$ einer N-Welle mit der Amplitude $P = 240\,\mathrm{Pa}$ über der Hörschwelle und der Impulsdauer $\tau = 0{,}1\,\mathrm{s}$

1.11.1.6 Schwingungsimpulse

Unter *Schwingungsimpulsen* (*modulierten Impulsen*, *Trägerfrequenzimpulsen*) versteht man kurzzeitige Signale, die einige oder viele Perioden einer Sinusschwingung enthalten. Links in Abb. 1.44 ist ein modulierter Rechteckimpuls, links in Abb. 1.45 ein modulierter Gaußimpuls dargestellt. Fasst man den einzelnen Schwingungsimpuls als eine mit dem entsprechenden „Gleich"-Impuls amplitudenmodulierte Sinusschwingung auf, ergibt sich sofort der Zusammenhang zwischen den Spektren beider Impulse (vgl. Abb. 1.24): Das Spektrum des unmodulierten Impulses findet man in dem des modulierten Impulses spiegelbildlich rechts und links der Trägerfrequenz mit jeweils der halben Amplitude wieder.

Die Rechnung liefert zunächst ein etwas komplizierteres Ergebnis. Sei $y_\mathrm{G}(t)$ der „Gleich"-Impuls mit dem Spektrum

$$\underline{Y}_\mathrm{G}(\omega) = |\underline{Y}_\mathrm{G}(\omega)|\,\mathrm{e}^{\mathrm{j}\varphi_\mathrm{G}(\omega)} = \pi\,Y_\mathrm{G}(\omega)\,\mathrm{e}^{\mathrm{j}\varphi_\mathrm{G}(\omega)} \tag{1.249}$$

und

$$y_\mathrm{T}(t) = \cos(\omega_\mathrm{T} t + \varphi_\mathrm{T}) = \frac{1}{2}\left(\mathrm{e}^{\mathrm{j}(\omega_\mathrm{T} t + \varphi_\mathrm{T})} + \mathrm{e}^{-\mathrm{j}(\omega_\mathrm{T} t + \varphi_\mathrm{T})}\right) \tag{1.250}$$

die Trägerschwingung. Das Spektrum des Schwingungsimpulses $y(t) = y_\mathrm{G}(t) \cdot y_\mathrm{T}(t)$ errechnet sich dann nach (1.151) zu

$$\underline{Y}(\omega) = \int\limits_{-\infty}^{+\infty} y(t)\,\mathrm{e}^{-\mathrm{j}\omega t}\,\mathrm{d}t = \frac{1}{2}\left[\mathrm{e}^{\mathrm{j}\varphi_\mathrm{T}}\underline{Y}_\mathrm{G}(\omega - \omega_\mathrm{T}) + \mathrm{e}^{-\mathrm{j}\varphi_\mathrm{T}}\underline{Y}_\mathrm{G}(\omega + \omega_\mathrm{T})\right]. \tag{1.251}$$

Mit den Abkürzungen $Y_- = Y_\mathrm{G}(\omega - \omega_\mathrm{T})$, $Y_+ = Y_\mathrm{G}(\omega + \omega_\mathrm{T})$ und entsprechend φ_- und

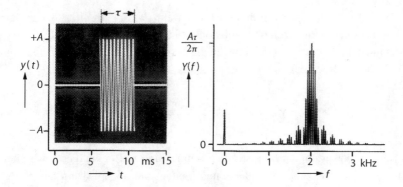

Abb. 1.44 Oszillogramm und gemessenes Spektrum eines modulierten Rechteckimpulses. $\tau = 4{,}8$ ms, $f_T = 2$ kHz, Wiederholungsfrequenz für die Analyse: 45 Hz

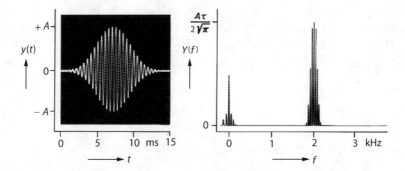

Abb. 1.45 Oszillogramm und gemessenes Spektrum eines modulierten Gaußimpulses. $\tau = 3$ ms, $f_T = 2$ kHz, Wiederholungsfrequenz für die Analyse: 45 Hz

φ_+ folgt daraus für die quadrierte spektrale Amplitudendichte

$$Y^2(\omega) = \frac{1}{\pi^2}\underline{Y}(\omega)\underline{Y}^*(\omega) = \frac{1}{4}\left[Y_-^2 + Y_+^2 + 2Y_-Y_+\cos(\varphi_- - \varphi_+ - 2\varphi_T)\right]. \quad (1.252)$$

Diese Gleichung lässt sich häufig vereinfachen. Wenn der Schwingungsimpuls eine gerade bzw. ungerade Zeitfunktion bezüglich seiner Mitte ist, wird der cos-Term zu $+1$ bzw. -1, und man erhält

$$Y(\omega) = \frac{1}{2}\left|Y_G(\omega - \omega_T) \pm Y_G(\omega + \omega_T)\right|. \quad (1.253)$$

Speziell für den Rechteck-Schwingungsimpuls folgt mit (1.223)

$$Y(\omega) = \frac{A\tau}{2\pi}\left|\frac{\sin\frac{1}{2}(\omega - \omega_T)\tau}{\frac{1}{2}(\omega - \omega_T)\tau} \pm \frac{\sin\frac{1}{2}(\omega + \omega_T)\tau}{\frac{1}{2}(\omega + \omega_T)\tau}\right|. \quad (1.254)$$

Noch einfacher wird die Spektralfunktion $Y(\omega)$, wenn das Spektrum $Y_G(\omega)$ des unmodulierten Impulses bei Frequenzen oberhalb von ω_T nur noch unwesentliche Anteile enthält. Dann kann man in den obigen Gleichungen die Terme mit $(\omega + \omega_T)$ vernachlässigen und erhält z. B. für den Rechteck-Schwingungsimpuls

$$Y(\omega) \approx \frac{A\tau}{2\pi} \left| \frac{\sin \frac{1}{2}(\omega - \omega_T)\tau}{\frac{1}{2}(\omega - \omega_T)\tau} \right|. \tag{1.255}$$

Dieses Resultat entspricht der heuristischen Betrachtung zu Beginn dieses Abschnitts. Es gilt unter der Voraussetzung, dass das untere Seitenband im Spektrum des modulierten Impulses bis $\omega = 0$ praktisch auf Null abgefallen ist.

Bei dem in Abb. 1.44 mit Oszillogramm und Spektrum gezeigten modulierten Rechteckimpuls ist die Trägerfrequenz $f_T = 2\,\mathrm{kHz}$, die Impulsdauer $\tau = 4{,}8\,\mathrm{ms}$; für die Analyse wurde der Impuls periodisch mit etwa $45\,\mathrm{Hz}$ wiederholt. Die Einhüllende des Linienspektrums zeigt beiderseits von $f_T = 2\,\mathrm{kHz}$ den durch die Spaltfunktion gegebenen, von Abb. 1.14 her bekannten Verlauf.

Für den modulierten Gaußimpuls (Abb. 1.45) gilt Entsprechendes. Sein Zeitgesetz lautet

$$y(t) = A\mathrm{e}^{-t^2/\tau^2} \sin \omega_T t; \tag{1.256}$$

die spektrale Amplitudendichte ist gegeben durch

$$Y(\omega) = \frac{A\tau}{2\sqrt{\pi}} \mathrm{e}^{-(\omega - \omega_T)^2 \tau^2/4}, \tag{1.257}$$

wieder unter der Voraussetzung, dass das untere Seitenband bis $\omega = 0$ praktisch auf Null abgefallen ist. Trotz vergleichbarer Impulsbreite umfasst das Spektrum nur etwa ein Zehntel der Frequenzbandbreite des modulierten Rechteckimpulses.

Eine technische Anwendung finden kurze Schwingungsimpulse z. B. bei den verschiedenen Ortungsverfahren wie Radar, Sonar, Ultraschallortung (Materialprüfung, medizinische Diagnostik, Orientierung mancher Tierarten) usw. Ein kurzer Sendeimpuls wird am Hindernis (teilweise) reflektiert und von einem dem Sender benachbarten Empfänger aufgenommen. Aus der Laufzeit zwischen Sendeimpuls und Echo ergibt sich bei bekannter Ausbreitungsgeschwindigkeit die Entfernung des reflektierenden Objekts (*Impuls-Echo-Verfahren*).

1.11.1.7 Impulskompression

Auf eine besondere, für gewisse Anwendungen wichtige Klasse von Schwingungsimpulsen ist noch hinzuweisen, bei denen sich die Trägerfrequenz während der Dauer des Impulses monoton ändert. Im Tierreich erzeugen z. B. Fledermäuse und Delphine solche frequenzmodulierten Impulse akustisch, um Hindernisse durch das an ihnen entstehende

Echo zu orten. Vor allem aber werden sie in der Radartechnik (Ortung mit elektromagnetischen Impulsen im Flug- und Schiffsverkehr) und in der Sonartechnik (Ortung mit Schallimpulsen unter Wasser) als Sendesignale benutzt, um beim Empfang in Verbindung mit dispersionsbehafteten Leitungen oder Allpassfiltern durch *Impulskompression* das Signal/Rausch-Verhältnis anzuheben. Schickt man einen Schwingungsimpuls mit z. B. zeitlich ansteigender Frequenz über eine verlustlose Leitung, auf der die Ausbreitungsgeschwindigkeit mit steigender Frequenz zunimmt, so wird sich das höherfrequente Ende des Impulses schneller ausbreiten als der niederfrequente Anfang, und bei geeigneter Wahl aller Parameter läuft der anfänglich lange Impuls geringer Amplitude zu einem Nadelimpuls von vielfacher Amplitude zusammen, wobei natürlich die Gesamtenergie erhalten bleibt. Die Impulskompression wendet man dann an, wenn eine weitere Erhöhung der Sendeleistung – z. B. beim Wasser wegen Überschreitung der Kavitationsschwelle – nicht mehr möglich ist. Man nennt diese Impulse mit gleitender Momentanfrequenz *Chirpsignale* (der Ausdruck ist aus dem Englischen übernommen) und bezeichnet das beschriebene Impulskompressionsverfahren als *Chirp-Radar* bzw. *Chirp-Sonar* [60].

Damit die Impulskompression überhaupt wirksam werden kann, muss für den Sendeimpuls $\Delta f \Delta t \gg 1$ sein (vgl. den folgenden Abschnitt über die Unschärferelation). Man benutzt praktisch nur Impulse mit konstanter Amplitude, um die zulässige oder technisch erreichbare Maximalleistung voll auszunutzen.

Statt der kontinuierlichen Frequenzänderung sind auch in bestimmtem Rhythmus erfolgende Phasensprünge möglich, beispielsweise nach Barker-Codes oder Maximalfolgen (Abschn. 1.12.2.3). Die so durch binäre Phasentastung erzeugten Signale von relativ langer Dauer geben nach Durchlaufen eines geeigneten Empfangsgeräts (Korrelationsfilter, Abschn. 1.12.2.4) ebenfalls einen sehr hohen und eindeutigen Impuls. Zur Ambiguity-Funktion, aus der die Eignung von Radarsignalen auch zur Ortung bewegter Objekte hervorgeht, vgl. Abschn. 1.12.2.3.

1.11.2 Unschärferelation

Eine Zeitfunktion $y(t)$ und ihre Fouriertransformierte, die komplexe Spektralfunktion $\underline{A}(\omega)$, mögen einen Impuls definierbarer Dauer beschreiben. Dann führt nach der „Maßstabsregel" (1.162) eine zeitliche Dehnung, darstellbar durch die Ersetzung von t durch at mit $0 < a < 1$, zu einer Einengung des Spektrums auf das a-fache der ursprünglichen Breite, und umgekehrt führt eine zeitliche Verkürzung ($a > 1$) zu einem ausgedehnteren Spektrum. Diese Gesetzmäßigkeit, nach der das Produkt aus Zeitdauer Δt und Spektralbreite Δf eines Schwingungsvorgangs konstant ist, bezeichnet man als *Unschärferelation* oder *Unbestimmtheitsbeziehung* [61]. Die Größe der Konstanten $\Delta t \Delta f$ hängt stark von der Impulsform ab, aber auch von der (willkürlichen) Definition der Größen Δt und Δf.

Vielfach wird als Impulsbreite Δt die Dauer des flächengleichen Rechteckimpulses mit gleichem Spitzenwert angegeben. Als *Bandbreite* Δf definiert man oft bei Spektren mit Nullstellen den Frequenzabstand zwischen den ersten Nullstellen rechts und links der

Trägerfrequenz, sofern es sich um Schwingungsimpulse handelt; für „Gleich"-Impulse erklärt man entsprechend die Frequenz der ersten Nullstelle als halbe Bandbreite $\Delta f/2$. Solche in der Hochfrequenztechnik üblichen Definitionen sind zwar wegen ihrer Einfachheit für die Praxis nützlich, eignen sich aber nicht für eine allgemeine Formulierung der Unschärferelation, weil sie nicht bei allen Impulsformen anwendbar sind.

Stattdessen bietet sich z. B. eine Definition mit Hilfe der normierten Varianzen (vgl. Abschn. 1.11.3.3) der Leistungsfunktion bzw. des Energiedichtespektrums an. $y(t)$ sei ein reelles Energiesignal, sodass nach (1.183)

$$\int\limits_{-\infty}^{+\infty} y^2(t)\,\mathrm{d}t = \frac{1}{\pi}\int\limits_0^\infty |\underline{Y}(\omega)|^2\,\mathrm{d}\omega = E \tag{1.258}$$

die in $y(t)$ enthaltene Gesamtenergie darstellt. Die Zeitdauer Δt des Signals $y(t)$ wird definiert durch

$$(\Delta t)^2 = \frac{\int_{-\infty}^{+\infty}(t-t_0)^2 y^2(t)\,\mathrm{d}t}{\int_{-\infty}^{+\infty} y^2(t)\,\mathrm{d}t} = \frac{1}{E}\int\limits_{-\infty}^{+\infty}(t-t_0)^2 y^2(t)\,\mathrm{d}t, \tag{1.259}$$

die spektrale Bandbreite $\Delta\omega$ bzw. Δf durch

$$(\Delta\omega)^2 = (2\pi\Delta f)^2 = \frac{\int\limits_0^\infty (\omega-\omega_0)^2 |\underline{Y}(\omega)|^2\,\mathrm{d}\omega}{\int\limits_0^\infty |\underline{Y}(\omega)|^2\,\mathrm{d}\omega}$$

$$= \frac{1}{\pi E}\int\limits_0^\infty (\omega-\omega_0)^2 |\underline{Y}(\omega)|^2\,\mathrm{d}\omega, \tag{1.260}$$

$$(\Delta f)^2 = \frac{2}{E}\int\limits_0^\infty (f-f_0)^2 |\underline{Y}(f)|^2\,\mathrm{d}f. \tag{1.261}$$

t_0 und ω_0 bzw. f_0 sind die 1. Momente (Mittelwerte) der Leistungsfunktionen:

$$t_0 = \frac{\int_{-\infty}^{+\infty} t\,y^2(t)\,\mathrm{d}t}{\int_{-\infty}^{+\infty} y^2(t)\,\mathrm{d}t} = \frac{1}{E}\int\limits_{-\infty}^{+\infty} t\,y^2(t)\,\mathrm{d}t, \tag{1.262}$$

$$\omega_0 = \frac{\int_0^\infty \omega|\underline{Y}(\omega)|^2\,\mathrm{d}\omega}{\int_0^\infty |\underline{Y}(\omega)|^2\,\mathrm{d}\omega} = \frac{1}{\pi E}\int\limits_0^\infty \omega|\underline{Y}(\omega)|^2\,\mathrm{d}\omega. \tag{1.263}$$

t_0 kann durch entsprechende Wahl des Zeitnullpunkts immer zu Null gemacht werden, hingegen ist $\omega_0 = 2\pi f_0$ stets größer als Null.

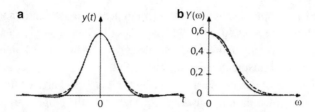

Abb. 1.46 Zeitfunktion (**a**) und Spektrum (**b**) des optimalen Impulses für $\Delta\omega\Delta t = $ Min. *Gestrichelt zum Vergleich:* Gaußkurve mit gleicher Halbwertsbreite [61]

Durch Multiplikation von (1.259) mit (1.261) ergibt sich nach längerer Rechnung [61] die Unschärferelation in der Form

$$\Delta\omega\Delta t \geq 0{,}295053\ldots \tag{1.264}$$

Die untere Grenze erreicht man mit einer parabolischen Zylinderfunktion, die in Abb. 1.46 mit ihrem Spektrum dargestellt ist. Mit einem Gaußimpuls ((1.243) und (1.244)) ergibt sich $\Delta\omega\Delta t = 0{,}301$.

Integriert man in (1.261) und (1.261b) von $-\infty$ bis $+\infty$, also nicht nur über die positiven Frequenzen, so folgt bei reellen Zeitfunktionen wegen der Symmetrie des Betragsspektrums stets $\omega_0 = 0$. In diesem Fall errechnet sich die Unschärferelation zu

$$\Delta\omega_\pm\Delta t \geq 0{,}5; \tag{1.265}$$

das Minimum erreicht man dann mit dem Gaußimpuls, und zwar wird $\Delta t = \tau/2$ und $\Delta\omega = 1/\tau$ (diese Werte geben die Intervalle an, in denen die Glockenkurven auf $e^{-1/16}$ (94 %) des Maximalwerts abfallen). Der Index bei $\Delta\omega_\pm$ soll auf die gegenüber (1.261) geänderte Definition hinweisen. Der Unterschied wird besonders deutlich bei Schwingungsimpulsen. Bei großem Verhältnis von $\omega_0/\Delta\omega$ werden ω_0 und $\Delta\omega_\pm$ annähernd gleich der Trägerfrequenz, während $\Delta\omega$ ein Maß für die tatsächliche Breite des Spektrums ist. Bei dem Impuls in Abb. 1.45 wird $\Delta\omega = 1/\tau = 2\pi \cdot 53\,\text{Hz}$, aber $\Delta\omega_\pm \approx \omega T = 2\pi \cdot 2000\,\text{Hz}$. Bei einem typischen Radarimpuls von $1\,\mu\text{s}$ Dauer bei einer Frequenz von $10\,\text{GHz}$ gibt es sogar einen Unterschied um fast den Faktor 10^5 zwischen $\Delta\omega$ und $\Delta\omega_\pm$. Für die Nachrichtentechnik, etwa zum Abschätzen des Bandbreitenbedarfs in einem Frequenzmultiplexsystem, ist deshalb $\Delta\omega_\pm$ irrelevant.

Der Minimalwert 0,5 des Produkts aus Zeitdauer und Bandbreite nach (1.265) folgt auch mit den Integralen in (1.261), also nur über positive Frequenzen erstreckt, wenn man für ω_0 nicht den Mittelwert nach (1.263) einsetzt, sondern ω_0 als willkürliche Bezugsfrequenz auffasst und entweder $\omega_0 = 0$ wählt oder den Grenzfall $\omega_0 \to \infty$ betrachtet.

Aus der Unschärferelation folgen einige für die Praxis wichtige Einschränkungen. So ist beispielsweise nach (1.264) die im vorigen Abschnitt dargestellte Impulskompression von Schwingungsimpulsen nur dann durchführbar, wenn zuvor ihre Bandbreite vergrößert wird. Diesem Zweck dient die beschriebene Frequenz- oder Phasenmodulation des

Sendeimpulses. Der Empfangsimpuls läuft über ein genau an die Sendemodulation angepasstes Filter (*Matched Filter*, Abschn. 1.12.2.4), das die Signalenergie solange speichert, bis der gesamte Impuls eingelaufen ist, und sie erst dann in einem kurzen, der großen Modulationsbandbreite entsprechenden Impuls abgibt.

In der Filtertheorie ist das im Zusammenhang mit der Unschärferelation maßgebende Zeitintervall die *Einschwingzeit* t_E, die der Frequenzbandbreite umgekehrt proportional ist (4.205). Schmalbandige Systeme können daher nur langsam veränderliche Zeitfunktionen übertragen, wodurch z. B. die Analysiergeschwindigkeit hochauflösender Spektrografen beschränkt ist (Abschn. 1.7.3 und 4.4.2.4). Auch der Übertragungskapazität von Nachrichtenkanälen ist durch die Komplementarität von Bandbreite und Einschwingzeit eine Grenze gesetzt (Abschn. 4.4.2.3).

Unter einem anderen Aspekt betrachtet, besagt die Ungleichung (1.264), dass sich die Frequenz eines Schwingungsvorgangs um so ungenauer festlegen lässt, je kürzere Zeit er andauert. Einem δ-Impuls als zeitlich exakt fixiertem Ereignis kann man keine Frequenz zuordnen, weil sein Spektrum alle Komponenten mit gleicher Stärke enthält, und umgekehrt hat nur die zeitlich unbegrenzte Sinusschwingung eine exakt definierte Frequenz.

Einzelne Merkmale eines Schwingungsvorgangs lassen sich natürlich mit praktisch beliebiger Genauigkeit bestimmen, beispielsweise bei einem Schwingungsimpuls die Zeitpunkte der Null-Durchgänge, aus denen sich die Trägerfrequenz oder die Momentanfrequenz mit gleicher Genauigkeit errechnet. Auch der Zeitpunkt, in dem ein glockenförmiger Schwingungsimpuls sein Maximum erreicht, ist viel genauer bestimmbar als es Δt in (1.259) angibt. Diese Aussagen stehen aber natürlich nicht im Widerspruch zur Unschärferelation mit ihren Angaben über die gesamte zeitliche und spektrale Ausdehnung eines Vorgangs.

Die Heisenberg'sche Unschärferelation der Quantenmechanik $\Delta E \, \Delta t \geq h/4\pi$, die mit (1.264) formal durch die Einstein'sche Gleichung $E = hf$ verknüpft ist (E Energie, h Planck'sches Wirkungsquantum), drückt dagegen eine prinzipielle Grenze der Beobachtbarkeit aus: Die genaue Zeitbestimmung eines Ereignisses verändert durch den Messvorgang die Energie der beobachteten Teilchen, sodass nur noch Wahrscheinlichkeitsaussagen möglich sind. Hier muss man übrigens die (1.259) und (1.261) entsprechenden Integrationen über die komplementären Größen (z. B. Ort und Impuls) stets von $-\infty$ bis $+\infty$ erstrecken.

Nach den Darlegungen zu Beginn dieses Abschnitts folgt die Unschärferelation aus einer allgemeinen Rechenregel für die Fouriertransformation. Sie gilt daher für jedes Paar von Fouriertransformierten, also z. B. nach Abschn. 1.9.6 auch für Antennenlänge und Richtschärfe oder für Spaltbreite und Beugungsbild beim optischen Gitter.

1.11.3   Rauschen

1.11.3.1   Beispiele für Rauschvorgänge

Eine Schwingung, deren Amplitude und Frequenz ständig statistisch schwanken, bezeichnet man als *Rauschen* [62, 63]. Blätterrauschen und das Rauschen am Fuß eines Wasserfalls sind typische Beispiele. In der Schwingungsphysik hat das Rauschen aus zwei Gründen praktische Bedeutung. Zum einen wird es häufig als Testsignal benutzt, vor allem bei Messungen im Bereich der psychologischen Akustik und der Raumakustik, aber auch in der elektronischen Messtechnik, zum anderen tritt es als unvermeidliche Störung auf, die beispielsweise die Empfindlichkeit von Messanordnungen begrenzt (vgl. Abschn. 5.5.3.2).

Ist die spektrale Leistungsdichte eines Rauschsignals im gesamten interessierenden Frequenzbereich konstant – für akustische Untersuchungen im Hörbereich also etwa von 20 Hz bis 20 kHz – so spricht man von *weißem Rauschen*[42] oder *Breitbandrauschen*, anderenfalls von *farbigem* oder *gefiltertem Rauschen*. Beim *$1/f$-Rauschen* fällt die spektrale Leistungsdichte umgekehrt proportional zur Frequenz ab, d. h. mit 3 dB/Oktave. Es entsteht z. B. durch den „Funkeleffekt" in Halbleitern und Elektronenröhren bei tiefen Frequenzen. $1/f$-Rauschen dient auch als Testsignal, vor allem für akustische und elektroakustische Messungen; man nennt es dann häufig *rosa Rauschen*. Der $1/f$-Abfall im Leistungsspektrum wird kompensiert, wenn man das Signal auf z. B. einen Terzanalysator (konstante Relativbandbreite, vgl. Abschn. 1.7.3) gibt, weil die Absolutbandbreite der Analysierintervalle, in denen die Leistung aufsummiert wird, mit der Frequenz entsprechend zunimmt. Noch häufiger benutzt man in der Messtechnik *Schmalbandrauschen* (z. B. *Terzrauschen* oder *Oktavrauschen*), bei dem das Leistungsspektrum nur in einem engeren Frequenzbereich wesentlich von Null verschieden und flach ist.

Die dem Rauschen zugrunde liegenden unvorhersagbaren Vorgänge nennt man *stochastisch* [64]. Ebenso wie weißes Licht aus einer stochastischen Folge von Einzelereignissen – z. B. den Quantenprozessen im hocherhitzten Festkörper – entsteht, lässt sich auch weißes Rauschen aus einer stochastischen Folge kurzer Impulse erzeugen. Das unregelmäßige Ticken eines radioaktive Strahlung registrierenden Teilchenzählers mit akustischer Anzeige geht bei genügender Erhöhung der Zählrate in ein gleichmäßig erscheinendes Rauschen über. Auch das nicht synchronisierte Beifallklatschen einer großen Menschenmenge wirkt z. B. in Rundfunkübertragungen wie Rauschen.

Der Verlauf der spektralen Leistungsdichte des Rauschens als Funktion der Frequenz ist durch die Form des Energiedichtespektrums des Einzelimpulses gegeben, die Rauschleistung durch die zeitliche Anzahldichte n der Impulse. Wegen der statistischen Phasenschwankungen addieren sich nicht die Amplituden der Einzelereignisse zur Gesamtamplitude, sondern ihre Amplitudenquadrate bzw. Leistungen zur Gesamtleistung. Die Rauschleistung ist daher proportional zu n, die Rauschamplitude proportional zu $\sqrt{n}$.

In der Elektronik spielt vor allem das *Widerstandsrauschen* eine Rolle. An den Anschlüssen eines ohmschen Widerstandes R entsteht – als Folge der thermischen Bewegung der Leitungselektronen im Innern des Leiters – eine Leerlaufspannung u, die sich aus dem Planck'schen Strahlungsgesetz berechnen lässt und unter der praktisch stets erfüllten

---

[42] Diese Bezeichnung hat sich in Anlehnung an die Optik eingebürgert, da weißes Licht ebenfalls in dem dort interessierenden Frequenzbereich eine konstante spektrale Leistungsdichte aufweist.

Bedingung $hf \ll kT$ (h Planck'sche Konstante, k Boltzmannkonstante[43], T absolute Temperatur des Widerstands) den quadratischen Mittelwert (Effektivwert)

$$\widetilde{u} = \sqrt{\overline{u(t)^2}} = 2\sqrt{kTR\Delta f} \qquad (1.266)$$

hat (*Nyquistbeziehung*). Δf ist der von der Anzeige erfasste Frequenzbereich. In einem Lastwiderstand gleicher Größe R (Leistungsanpassung) erzeugt diese Rauschspannung bei Zimmertemperatur ($T_0 = 290$ K) eine spektrale Verlustleistung von $kT_0 = 4 \cdot 10^{-21}$ W/Hz. Für Zimmertemperatur ist (1.266) erst bei Frequenzen über 10 THz durch Quanteneffekte zu modifizieren, die zu einem raschen Abfall der spektralen Leistungsdichte mit steigender Frequenz und damit zu einem endlichen Wert für die Gesamtleistung führen. Zu den Begriffen *Rauschzahl* und *Rauschtemperatur* vgl. Abschn. 5.5.3.2.

Es gibt viele andere Beispiele für die Entstehung und die Bedeutung des Rauschens. So ist die prinzipielle Empfindlichkeitsgrenze von Mikrofonen für Luftschall durch den Rauschwechseldruck gesetzt, den die infolge ihrer thermischen Bewegung statistisch auf die Mikrofonmembran „aufprasselnden" Luftmoleküle erzeugen. Auch das Trommelfell des menschlichen Ohres ist diesem Rauschen ausgesetzt, das einen Schalldruck von einigen μPa erzeugt. Die Hörschwelle liegt mit 20 μPa nicht allzu weit über diesem Wert!

Beim Umwandeln kontinuierlicher in diskrete Signale für die Nachrichtenübertragung mit der *Pulscodemodulation* (*PCM*) und für die digitale Signalverarbeitung entsteht das *Quantisierungsrauschen*. Der Vorgang sei anhand von Abb. 1.47 erläutert. Das primäre Signal $y(t)$ wird zunächst unter Beachtung des Sampling-Theorems abgetastet (Abb. 1.47a); $y(t)$ muss deshalb frequenzbandbegrenzt sein (vgl. Abschn. 1.8.1.5). Dann werden die Abtastwerte $y(nT)$ auf den nächstliegenden Wert einer vorgegebenen diskreten Stufung gerundet (*Quantisierung*, Abb. 1.47b). Diese Stufenwerte $y_q(nT)$ lassen sich im Fall von N $= 2^k$ Stufen als Folge k-stelliger Binärzahlen (*Codierung*) übertragen. Als Beispiel sind im Bild für N $= 8$ dreistellige Code-Zahlen angegeben. Die Rundung erzeugt den *Quantisierungsfehler* $y_f(nT) = y_q(nT) - y(nT)$ (Abb. 1.47c), der stets zwischen $+\Delta/2$ und $-\Delta/2$ liegt (Δ Stufenhöhe). Innerhalb dieses Intervalls treten alle Fehlerwerte mit gleicher Wahrscheinlichkeit auf. Regeneriert man nach der Übertragung und Decodierung das kontinuierliche Signal, indem man die Folge $y_q(nT)$ durch einen Tiefpass mit entsprechender Grenzfrequenz filtert, so entsteht eine gegenüber $y(t)$ durch das Quantisierungsrauschen $y_R(t)$ gestörte Zeitfunktion. Bei linearer Übertragung ist $y_R(t)$ das durch das Tiefpassfilter aus der diskreten Folge $y_f(nT)$ entstehende kontinuierliche Signal. Nimmt man vereinfachend an, dass das Primärsignal $y(t)$ sinusförmig ist und den Codierungsbereich NΔ voll überdeckt, so hat es die Amplitude N$\Delta/2$ und den Effektivwert $\widetilde{y} = N\Delta/(2\sqrt{2})$. Der Effektivwert des Quantisierungsrauschens (Amplitude $\Delta/2$) ist wegen der mit gleicher Wahrscheinlichkeit auftretenden Momentanwerte, wie bei der Sägezahnschwingung, (1.76), $\widetilde{y}_R = \Delta/(2\sqrt{3})$, das Signal-Rausch-Verhältnis ist

---

[43] Ludwig Boltzmann, österreichischer Physiker (1844–1906)

also

$$\frac{\widetilde{y}}{\widetilde{y}_R} = \sqrt{\frac{3}{2}}\, N \simeq (6k + 2)\,\text{dB}. \tag{1.267}$$

Für $N = 8$ beträgt der Störabstand hiernach etwa 20 dB; jede Verdoppelung von N (Erhöhung von k um 1) bringt eine Verbesserung um 6 dB. Für Sprachübertragung in der Weitverkehrstelefonie benutzt man die Pulscodemodulation mit einem 8 bit-Quantisierer ($k = 8$, $N = 256$, Störabstand 50 dB) und einer Abtastrate von 8 kHz (Grenzfrequenz 4 kHz), allerdings mit nicht-äquidistanten Quantisierungsstufen, sodass die Stufenhöhe bei kleinen Signalwerten niedriger ist, was die Übertragungsqualität verbessert. Der Hauptvorteil der Pulscodemodulation gegenüber anderen Übertragungsarten liegt darin, dass das Quantisierungsrauschen praktisch die einzige auftretende Störung ist. Störungen auf dem Übertragungsweg lassen sich eliminieren, indem man in gewissen Abständen die Binärfolge regeneriert. Das Quantisierungsrauschen kann man beliebig klein halten, indem man die Stufenzahl N genügend hoch wählt. Zur störungsfreien Übertragung sinfonischer Musik ist eine 14 bit-Quantisierung nötig ($N = 16384$, Störabstand 86 dB).

1.11.3.2 Rauschgeneratoren

In den konventionellen elektrischen Rauschgeneratoren für die Messtechnik wird meist eine Diode oder ein ohmscher Widerstand als Rauschquelle benutzt und die von diesen abgegebene geringe Rauschspannung elektronisch verstärkt. Um Schwierigkeiten bei tiefen Frequenzen zu vermeiden, wird vielfach ein hochfrequenter Ausschnitt des Rauschspektrums – z. B. aus dem Bereich um 60 MHz – durch Mischung mit einer entsprechend hochfrequenten Sinusspannung in den Nieder- und Mittelfrequenzbereich herabtransformiert.

Vielfach verwendet die Messtechnik „pseudo-statistisches Rauschen". Es handelt sich dabei um ein streng periodisches Signal, das aber während einer Periode die Eigenschaften von Tiefpass-gefiltertem Rauschen erfüllt: konstante Teiltonamplituden bis zur Grenzfrequenz, Gaußverteilung der Momentanwerte und Gleichverteilung der Momentanphasen.

Pseudo-statistisches Rauschen wird mit Hilfe der elektronischen Digitaltechnik erzeugt. Man benötigt dazu im wesentlichen ein Schieberegister, eine Kette von bistabilen Multivibratoren, die so miteinander verkoppelt sind, dass sich auf einen „Taktimpuls" hin der Zustand (leitend oder nichtleitend) jedes Gliedes dieser Kette auf das nächste überträgt. Durch eine geeignete Rückführung von den letzten Stufen des Schieberegisters auf den Eingang lässt es sich erreichen, dass jeder Taktimpuls einen anderen Schaltzustand erzeugt, bis im Optimalfall nach $2^n - 1$ Taktimpulsen bei einem n-stelligen Schieberegister sämtliche möglichen Permutationen (mit Ausnahme von n „Nullen") durchlaufen sind und sich die Folge wiederholt (*Maximalfolge, M-Folge*). Greift man irgendwo im Register ab, erhält man ein Signal aus Rechteckimpulsen schwankender Breite, wie es in Abb. 1.48 im Oszillogramm (a) zu sehen ist. Um aus dieser Binärfolge mit nur zwei Amplitudenwerten ein Signal mit Gauß'scher Amplitudenverteilung zu bekommen, braucht sie nur noch

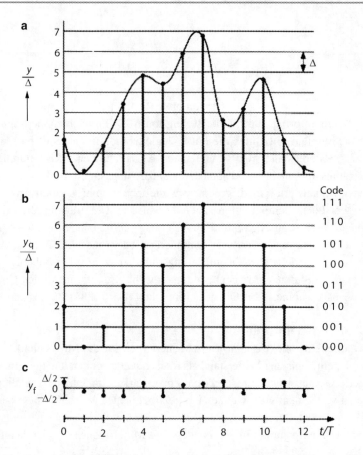

Abb. 1.47 Zur Entstehung des Quantisierungsrauschens. **a** primäres Analogsignal $y(t)$ und Abtastwerte $y(nT)$, **b** quantisierte Abtastwerte $y_q(nT)$, **c** Quantisierungsfehler $y_f(nT) = y_q(nT) - y(nT)$

mit einem Tiefpass gefiltert zu werden (vgl. folgenden Abschnitt). In der Praxis nimmt man hierzu ein digitales Filter, das durch Zuschalten von Widerständen aus dem die Impulsfolge erzeugenden Schieberegister entsteht. Gibt man diesem Filter die Spaltfunktion als Impulsantwort, so ist seine Übertragungsfunktion rechteckförmig, d. h. es stellt einen Tiefpass dar. Das aus der Impulsfolge (a) in Abb. 1.48 durch Tiefpasssfilterung entstehende pseudo-statistische Rauschsignal ist in der Spur (b) zu sehen. Da hier die Periodenlänge nur $2^6 - 1 = 63$ Taktimpulse beträgt, ist die Periodizität noch deutlich sichtbar. In Spur (c) ist eine gefilterte Impulsfolge von $2^9 - 1 = 511$ Takten, in Spur (d) von $2^{11} - 1 = 2047$ Takten registriert. Die Periodizität ist nur noch mit Mühe zu erkennen.

In kommerziellen Generatoren nach diesem Prinzip wird z. B. mit 20-stelligen Schieberegistern gearbeitet. Die Periodenlänge beträgt dann bis über 10^6 Taktimpulse, d. h. bei einer Taktfrequenz von $f_t = 50\,\text{kHz}$ wiederholt sich das Signal erst nach etwa 20 s. Die Bandbreite des gefilterten Rauschens ist $\Delta f = f_t/20 = 2{,}5\,\text{kHz}$. Bei $f_t = 1\,\text{MHz}$ ist $\Delta f = 50\,\text{kHz}$ und die Periodenlänge 1 s.

Abb. 1.48 Pseudo-statistisches Rauschen. **a** Rechteckimpulsfolge aus 6-stelligem Schieberegister mit einer Periodenlänge T von 63 Takten τ. **b** Impulsfolge von Spur (**a**) nach Tiefpassfilterung (Grenzfrequenz 8 kHz bei $1/\tau = 50$ kHz Taktfrequenz). **c** wie (**b**), aber mit $T = 511\tau$ (9-stelliges Schieberegister). **d** wie (**b**), aber mit $T = 2047\tau$ (11-stelliges Schieberegister)

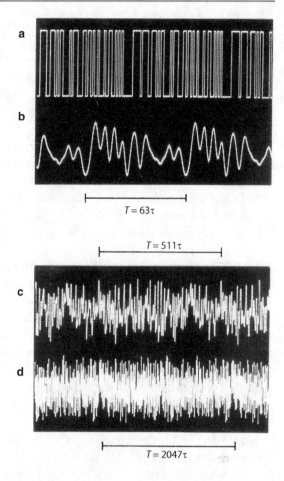

Ein Vorteil dieser Generatoren für pseudo-statistisches Rauschen besteht in ihrem relativ einfachen Aufbau. Mit der Taktfrequenz variiert man gleichzeitig die Periodendauer und die Filtergrenzfrequenz; die Liniendichte lässt sich unabhängig davon durch die benutzte Stellenzahl des Schieberegisters wählen. Auch extrem tieffrequentes Rauschen mit konstanten Spektralamplituden bis hinab zu einer Grenzfrequenz von z. B. 10^{-3} Hz lässt sich durch eine entsprechend tiefe Taktfrequenz mühelos erzeugen, während es mit konventionellen Rauschgeneratoren auch in der Trägerfrequenztechnik nicht darstellbar ist.

Pseudo-statistisches Rauschen wird wegen der strengen Wiederholbarkeit und wegen der erreichbaren extrem tiefen Frequenzen beispielsweise zur Betriebsprüfung und Optimierung von Regelsystemen benutzt, die z. T. große Zeitkonstanten haben. Auch für viele andere Zwecke werden derartige Binärfolgen mit Erfolg eingesetzt. Erwähnt wurde bereits die Verwendung der Pseudo-Rausch-Codes in der Radartechnik, um durch Impulskompression das Signal-Rausch-Verhältnis anzuheben (Abschn. 1.11.1.7). Zur Fehlersuche in hochintegrierten Digitalschaltungen (z. B. Mikroprozessoren) benutzt man M-Folgen bei der sog. Signaturanalyse [65], auf die hier nicht näher eingegangen werden soll. Maximalfolgen eignen sich auch als fehlerkorrigierende Codes. Die sehr schwachen und deshalb außerordentlich stark gestörten Signale von weit entfernten Raumsonden erfordern eine besonders redundanzreiche Codierung. Die zu übertragende Information wird in den ersten Stellen einer langen M-Folge verschlüsselt, der Rest der Folge dient zur Kontrolle und automatischen Korrektur.

Für die Prüfung nichtlinearer Systeme sind „echte" Rauschsignale dem pseudostatistischen Rauschen vorzuziehen, weil bei dem letzteren die nichtlinearen Verzerrungsprodukte mit dem Signal korreliert sein können und dadurch das Testergebnis verfälschen. Beim „echten" Rauschen kann es hingegen nur Korrelationen höherer Ordnung geben: verschiedene Frequenzteile, z. B. in schmalen Bändern bei f_1 und f_2, sind im Allgemeinen unkorreliert; nach nichtlinearer Verzerrung kann aber das Band bei f_1 mit dem bei $(f_2 - f_1)$ und anderen Verzerrungsprodukten, die f_1 enthalten, korreliert sein.

1.11.3.3 Statistische Beschreibung von Rauschsignalen

Eine stochastische Folge gleichartiger Impulse, die sich nicht überlappen, stellt noch kein Rauschen dar, auch wenn die Momentanwerte aufgrund geeigneter Impulsform oder statistisch schwankender Impulshöhe gaußverteilt sind: die Phasen der Spektralanteile sind stark miteinander korreliert, und das widerspricht der für Rauschen zu fordernden statistischen Unabhängigkeit [66]. Die Rechteckimpulsfolge mit statistisch schwankender Impulsbreite bei konstanter Amplitude in Spur (a) von Abb. 1.48 besitzt zwar eine gleichmäßige Spektraldichte, erhält aber die erforderliche statistische Amplituden- und Phasenverteilung erst durch eine Filterung (Spur (b) in Abb. 1.48). Dieser Vorgang soll im Folgenden genauer betrachtet werden.

Jeder Sprung im Eingangssignal regt am Ausgang des Filters eine Oszillation an, die um so langsamer abklingt, je kleiner seine Durchlassbandbreite ist (vgl. z. B. Abb. 4.34). Die statistische Überlagerung all dieser *Sprungantworten* führt zu einem Signal $u(t)$ mit regellos schwankender Amplitude. Nach dem zentralen Grenzwertsatz der Wahrscheinlichkeitstheorie strebt die Summe einer großen Zahl voneinander zeitlich unabhängiger Vorgänge stets gegen ein Signal, dessen Momentanwerte einer Gaußverteilung gehorchen, unabhängig von der Häufigkeitsverteilung im Einzelvorgang. Mit zunehmender Einengung des Spektrums einer stochastischen Binärfolge steigt die Zahl der sich in einem Zeitpunkt überlagernden Sprungantworten an, und damit nähert sich nach dem genannten Satz die Wahrscheinlichkeitsdichte $w(u)$ einer Gaußverteilung. Ist diese erst einmal erreicht, wird sie durch weitere lineare Operationen nicht mehr gestört. Die Gaußverteilung ist also eine besonders stabile Form der Häufigkeitsverteilungen.

Die Wahrscheinlichkeit, mit der Momentanwerte in einem bestimmten Intervall $(u, u + du)$ auftreten, ist bei analytisch beschreibbaren Funktionen leicht anzugeben; sie ist der Verweildauer proportional, und das bedeutet

$$w(u) \sim \left| \frac{dt}{du} \right|. \qquad (1.268)$$

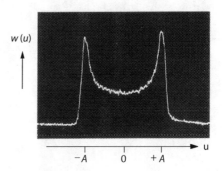

Abb. 1.49 Gemessene Wahrscheinlichkeitsdichtefunktionen einer Sinusschwingung (Amplitude A)

Der fehlende Faktor errechnet sich aus der Normierungsbedingung

$$\int\limits_{-\infty}^{+\infty} w(u)\,\mathrm{d}u = 1. \tag{1.269}$$

$w(u)$ nennt man auch *Dichtefunktion*, *Verteilungsdichte* oder einfach *Verteilung*. Das Integral über $w(u)$ von $-\infty$ bis zu einer variablen Obergrenze U ist die *Verteilungsfunktion* $W(U)$.

Bei Dreieck- und Sägezahnschwingungen ist $w(u) = \text{const.}$ im gesamten Wertebereich. Bei einer Sinusschwingung $u(t) = A \sin \omega t$ ist die Verweildauer in der Nähe der Umkehrpunkte größer als im Nulldurchgang, und das zeigt sich auch bei der Messung (Abb. 1.49). Sieht man von messtechnisch bedingten Verbreiterungen ab, stimmt der beobachtete Verlauf mit dem aus (1.268) folgenden $w(u) \sim (A^2 - u^2)^{-1/2}$ gut überein.

Für eine Rechteckfolge, die zwischen den Werten $+A$ und $-A$ statistisch hin und her springt, ist $w(A) = w(-A) = 0{,}5$ und $w(u) = 0$ für $u \neq \pm A$. Dies wird in der Messung bestätigt (Abb. 1.50a). Hier wurde die Ausgangsspannung eines mit Rauschen getriggerten bistabilen Multivibrators untersucht, d. h. eine stochastische Rechteckfolge mit einer maximalen Sprungfrequenz von etwa 50 kHz. Tiefpassfilterung mit einer Grenzfrequenz von 5,6 kHz führt zu der Amplitudenverteilung im mittleren Oszillogramm, bei dem noch eine starke Einsattelung bei $u = 0$ auffällt. Erst die weitere Einengung auf das Frequenzband 2,8 bis 5,6 kHz ergibt eine Glockenkurve für die Wahrscheinlichkeitsdichte (Abb. 1.50c). Ein ganz ähnliches Bild bekommt man bei Tiefpassfilterung mit 2,8 kHz als Grenzfrequenz.

Experimentelle Untersuchungen an digitalen Rauschgeneratoren haben ergeben, dass die Abweichungen von der Gaußverteilung unter 10 % bleiben, wenn die Filtergrenzfrequenz 1/20 der Taktfrequenz ist.

Bei Rauschsignalen ist wegen ihres statistischen Charakters die Kenntnis des genauen Zeitverlaufs grundsätzlich unwichtig. Quantitativ sind deshalb über die Momentanwerte nur statistische Aussagen sinnvoll. Im Folgenden sei eine Rauschspannung $u(t)$ unbegrenzter Dauer ohne Gleichspannungsanteil betrachtet, deren linearer Mittelwert also

Abb. 1.50 Gemessene
Wahrscheinlichkeitsdichtefunktionen einer statistischen
Binärfolge. **a** ungefiltert, maximale Sprungfrequenz etwa
50 kHz; **b** nach Tiefpassfilterung 0 bis 5,6 kHz; **c** nach
Bandpassfilterung 2,8 bis
5,6 kHz

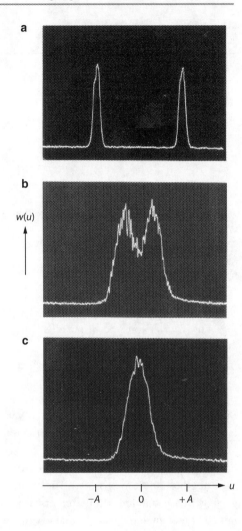

verschwindet:

$$\overline{u(t)} = \lim_{\tau \to \infty} \frac{1}{\tau} \int\limits_0^\tau u(t)\, \mathrm{d}t = 0. \tag{1.270}$$

Der quadratische Mittelwert (Effektivwert) ist

$$\widetilde{u} = \sqrt{\overline{u^2(t)}} = \sqrt{\lim_{\tau \to \infty} \frac{1}{\tau} \int\limits_0^\tau u^2(t)\, \mathrm{d}t}. \tag{1.271}$$

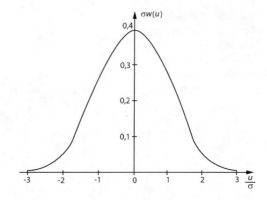

Abb. 1.51 Häufigkeitsverteilung der Momentanwerte $u(t)$ eines Rauschsignals mit der Standardabweichung σ (Gauß'sche Normalverteilung)

Die Momentanwerte mögen mit Häufigkeiten auftreten, die einer Gauß'schen Normalverteilung gehorchen:

$$w(u) = \frac{1}{\sigma\sqrt{2\pi}}\, e^{-u^2/2\sigma^2}. \tag{1.272}$$

Der Parameter σ charakterisiert die Breite der Verteilung aller Momentanwerte um ihren Mittelwert $\overline{u(t)}$ und wird *Standardabweichung*, *Streuung* oder *Schwankung* genannt. $\sigma w(u)$ als Funktion von u/σ gibt die bekannte Glockenkurve (Abb. 1.51). Der Normierungsfaktor in (1.272) ist so gewählt, dass $w(u)$ die Bedingung (1.269) erfüllt, die Gesamtfläche unter der Kurve also den Wert 1 hat. Zwischen $u = -\sigma$ und $u = +\sigma$ liegen rund 2/3 aller Momentanwerte.

Nach den Regeln der Wahrscheinlichkeitsrechnung lässt sich der quadratische Mittelwert von $u(t)$ aus $w(u)$ gemäß

$$\overline{u^2(t)} = \widetilde{u}^2 = \frac{\int_{-\infty}^{+\infty} u^2\, w(u)\, \mathrm{d}u}{\int_{-\infty}^{+\infty} w(u)\, \mathrm{d}u} \tag{1.273}$$

errechnen. Setzt man hier $w(u)$ aus (1.272) ein, erhält man unter Berücksichtigung von (1.271)

$$\widetilde{u} = \sigma. \tag{1.274}$$

Der Effektivwert eines Rauschsignals ist also gleich seiner Standardabweichung (vorausgesetzt ist, dass der Vorgang ergodisch ist. Näheres am Ende dieses Abschnitts).

Die Wahrscheinlichkeit dafür, dass der Betrag $|u(t)|$ des Momentanwerts einen bestimmten Wert U überschreitet, ist

$$w_{\mathrm{m}}(U) = 2\int_{U}^{\infty} w(u)\, \mathrm{d}u = 1 - \frac{2}{\widetilde{u}\sqrt{2\pi}}\int_{0}^{U} e^{-u^2/2\widetilde{u}^2}\, \mathrm{d}u. \tag{1.275}$$

Abb. 1.52 Wahrscheinlichkeit für das Auftreten von
Momentanwerten $u(t)$ mit
$|u(t)| > U$ in einem normal-
verteilten Rauschsignal mit
dem Effektivwert $\widetilde{u}$

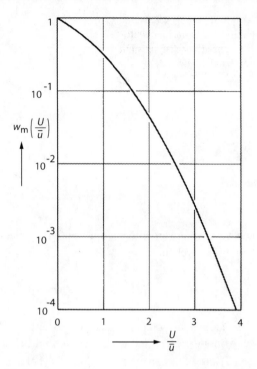

Diese Funktion ist in Abb. 1.52 dargestellt. Danach überschreitet im Durchschnitt nur jeder tausendste einer willkürlich entnommenen Folge von Momentanwerten $u(t)$ dem Betrage nach den Wert $3{,}5\,u$. Obwohl grundsätzlich im Rauschen beliebig hohe Momentanwerte vorkommen können, genügt es deshalb für Messungen mit Rauschsignalen, die Verstärker, Messinstrumente usw. für einen Spitzenwert von etwa $3{,}5\,u$ auszulegen, um nennenswerte nichtlineare Verzerrungen mit Sicherheit auszuschließen.

Träge Spitzenwertmessinstrumente zeigen erfahrungsgemäß bei Rauschsignalen etwa den vierfachen Effektivwert an (bei Sinusspannungen den $\sqrt{2}$-fachen Effektivwert).

Der zeitliche Mittelwert des Betrages $|u(t)|$ einer Rauschspannung errechnet sich mit (1.272) und (1.269) zu

$$\overline{|u(t)|} = \frac{\int_{-\infty}^{+\infty} |u|\, w(u)\, \mathrm{d}u}{\int_{-\infty}^{+\infty} w(u)\, \mathrm{d}u} = 2 \int_{0}^{\infty} u\, w(u)\, \mathrm{d}u = \sigma \sqrt{\frac{2}{\pi}}. \tag{1.276}$$

Für Rauschsignale mit Gaußverteilung ist somit der Formfaktor (s. Abschn. 1.4)

$$\mu_{\mathrm{F}} = \frac{\widetilde{u}}{\overline{|u(t)|}} = \sqrt{\frac{\pi}{2}} \approx 1{,}253. \tag{1.277}$$

Abb. 1.53 Rayleighverteilung

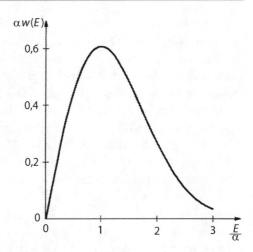

Er ist größer als für Sinusschwingungen ($\mu_F = 1{,}111$), sodass träge Messinstrumente mit linearer Gleichrichtung bei gleichen Effektivwerten Rauschspannungen niedriger anzeigen als Sinusschwingungen.

Beliebige stochastische Signale werden im Wesentlichen charakterisiert durch das Leistungsspektrum und die Form der Häufigkeitsverteilung ihrer Momentanwerte, die oft von der Normalverteilung abweicht. Beispielsweise folgen die Momentanwerte der Einhüllenden (s. Abschn. 1.13.3) $E(t)$ eines gaußverteilten Rauschens $u(t)$ mit der Streuung α der *Rayleighverteilung* [44]

$$w(E) = \frac{E}{\alpha^2} e^{-E^2/2\alpha^2} \qquad (1.278)$$

(Abb. 1.53). Da die Momentanwerte der Einhüllenden stets positiv sind, ist die Verteilung unsymmetrisch. Ihr Maximum liegt bei $E = \alpha$.

Kommen alle Momentanwerte innerhalb eines Intervalls mit gleicher Wahrscheinlichkeit vor, wie beim Quantisierungsfehler (Abschn. 1.11.3.1), so liegt eine *Gleichverteilung* oder *Rechteckverteilung* vor.

Stellt man eine Häufigkeitsverteilung $w(u)$ nicht als stetige Kurve, sondern als Stufenfunktion oder Säulendiagramm dar, indem man die u-Achse in (gleichbreite) Intervalle Δu unterteilt und jeweils die Häufigkeit aufträgt, mit der die Momentanwerte in den Intervallen $u_n \ldots (u_n + \Delta u)$ liegen, so nennt man diese Darstellung ein *Histogramm*.

Häufigkeitsverteilungen, vor allem empirisch gewonnene, charakterisiert man oft durch ihre *Momente*, eine im Prinzip unendliche Folge von Verteilungsparametern, von denen aber für praktische Anwendungen einige wenige ausreichen. Sie sind definiert durch

$$\mu_n = \int\limits_{-\infty}^{+\infty} u^n w(u)\, \mathrm{d}u = \langle u^n \rangle . \qquad (1.279)$$

---

[44] John William Strutt, Lord Rayleigh, britischer Physiker (1842–1919).

Das n-te Moment μ_n ist gleich dem *Erwartungswert* von u^n, angedeutet durch die spitzen Klammern; der Erwartungswert ist ein *Scharmittel* (*Ensemblemittel*), das man sich wie folgt veranschaulichen kann. Man denkt sich viele gleichartige Einzelvorgänge $u_i(t)$ unabhängig voneinander ablaufend (z. B. die von N gleichgroßen Widerständen unter gleichen äußeren Bedingungen abgegebenen Rauschspannungen) und bildet zu einem willkürlich herausgegriffenen Zeitpunkt t_0 den Mittelwert der Größen $u_i^n(t_0)$. Die Werte u_i liegen mit den Häufigkeiten $w(u)\,du$ in den Intervallen $u \ldots u + du$ (so ist $w(u)$ definiert), sodass der Mittelung über die $u_i^n(t_0)$ im Grenzübergang N $\to \infty$ das Integral in (1.279) entspricht. Die Gesamtheit der möglichen Vorgänge $u_i(t)$ nennt man einen *Zufallsprozess* oder *stochastischen Prozess* $[u(t)]$, die einzelnen $u_i(t)$ sind *Repräsentanten* dieses Prozesses. Ist das Ergebnis der Mittelung unabhängig von der Wahl des Zeitpunkts t_0, nennt man den Prozess *stationär*. Bei einem stationären Zufallsprozess $[u(t)]$ kann man die Mittelung über die $u_i^n(t_0)$ meistens ersetzen durch eine Mittelung über Werte, die von einer einzigen Zeitfunktion $u_0(t)$ zu verschiedenen Zeitpunkten t_i angenommen werden, also über $u_0^n(t_i)$. Bezeichnet man wie üblich das Zeitmittel durch Überstreichen, bedeutet dies

$$\langle u^n \rangle = \overline{u^n}. \tag{1.280}$$

Prozesse, bei denen Zeitmittel und Scharmittel gleich sind, heißen *ergodisch*. Die Ergodizität lässt sich nicht allgemein beweisen, sie ist im Einzelfall empirisch oder rechnerisch zu prüfen oder aus Erfahrung vorauszusetzen. Nicht ergodisch sind beispielsweise alle Einschwingvorgänge und anderen instationären Prozesse. Es gibt auch Prozesse, bei denen (1.280) z. B. für n = 1 gilt, für n = 2 aber nicht. Solch ein Prozess ist dann ergodisch im arithmetischen Mittel, aber nicht ergodisch im quadratischen Mittel. Ergodizität ist also nicht notwendig ein Kennzeichen eines Prozesses schlechthin, sondern möglicherweise nur bezüglich bestimmter Eigenschaften.

Bei normierten Verteilungen ist $\mu_0 = 1$ (s. (1.269)) anderenfalls gibt μ_0 den Normierungsfaktor an. Im Folgenden wird $[u(t)]$ ergodisch und $w(u)$ normiert angenommen. μ_1, der Erwartungswert $\langle u \rangle$, ist dann gleich dem Zeitmittel $\overline{u(t)}$, (1.270). Die um den Mittelwert μ_1 genommenen Momente

$$\mu_n' = \langle (u - \mu_1)^n \rangle = \langle (u - \langle u \rangle)^n \rangle = \int\limits_{-\infty}^{+\infty} (u - \mu_1)^n\, w(u)\,du \tag{1.281}$$

sind die *zentralen Momente*. Definitionsgemäß ist $\mu_1' = \langle u - \mu_1 \rangle = 0$, für das 2. zentrale Moment erhält man nach (1.281)

$$\mu_2' = \langle (u - \mu_1)^2 \rangle = \langle u^2 \rangle - \mu_1^2 = \langle u^2 \rangle - \langle u \rangle^2 = \sigma^2. \tag{1.282}$$

σ^2 heißt *Varianz*, σ *Standardabweichung*. Letztere wurde für die Normalverteilung bereits in (1.272) eingeführt. Bei ergodischen Prozessen ist also die Standardabweichung stets gleich dem Effektivwert, d. h. gleich dem zeitlichen quadratischen Mittelwert des Wechselanteils.

Bei symmetrischen Verteilungen wie der Normalverteilung verschwinden alle zentralen Momente ungeradzahliger Ordnung. Für gerade n gilt bei der Normalverteilung

$$\mu'_n = 1 \cdot 3 \cdots (n-1)\sigma^n, \tag{1.283}$$

also z. B. $\mu'_4 = 3\sigma^4$. Die Parameter der Rayleighverteilung, (1.278), sind

$$\mu_n = 1 \cdot 3 \cdots n \sqrt{\frac{\pi}{2}}\alpha^n \qquad\qquad \text{für ungerade n,} \tag{1.284}$$

$$\mu_n = 2^{n/2}\left(\frac{n}{2}\right)!\,\alpha^n \qquad\qquad \text{für gerade n,} \tag{1.285}$$

die Varianz ist

$$\sigma^2 = \mu'_2 = \mu_2 - \mu_1^2 = \left(2 - \frac{\pi}{2}\right)\alpha^2. \tag{1.286}$$

Mittelwert μ_1 und Varianz σ^2 sind für jede Verteilung die wichtigsten Parameter. Das dritte Moment, das *Bispektrum*, macht es z. B. möglich, nicht-Gauß'sche Verteilungen und Nichtlinearitäten zu erkennen [67].

Auf einen Zusammenhang ist noch hinzuweisen, der das Berechnen der Momente von analytisch oder numerisch gegebenen Verteilungen oft erleichtert. Die Fouriertransformierte einer Verteilung $w(u)$, hier im Unterschied zu (1.150) üblicherweise ohne den Faktor $1/2\pi$ definiert und in der Wahrscheinlichkeitstheorie *charakteristische Funktion* des stochastischen Prozesses $[u(t)]$ genannt, sei mit

$$\Psi(\vartheta) = \langle e^{j\vartheta u}\rangle = \int\limits_{-\infty}^{+\infty} e^{j\vartheta u} w(u)\,\mathrm{d}u \tag{1.287}$$

bezeichnet, wobei ϑ die zu u konjugierte Variable ist (mit reziproker Dimension). Setzt man für $e^{j\vartheta u}$ die Reihenentwicklung

$$e^{j\vartheta u} = \sum_{n=0}^{\infty} \frac{(j\vartheta u)^n}{n!} \tag{1.288}$$

ein, so erhält man

$$\Psi(\vartheta) = \sum_{n=0}^{\infty} \frac{j^n\vartheta^n}{n!} \int\limits_{-\infty}^{+\infty} u^n w(u)\,\mathrm{d}u = \sum_{n=0}^{\infty} \frac{j^n\vartheta^n}{n!}\mu_n, \tag{1.289}$$

sofern die Momente alle existieren (was häufig, aber nicht immer der Fall ist). Andererseits lautet die Taylorentwicklung von $\Psi(\vartheta)$

$$\Psi(\vartheta) = \sum_{n=0}^{\infty} \frac{\vartheta^n}{n!} \Psi^{(n)}(0), \qquad (1.290)$$

und der Vergleich der beiden letzten Gleichungen liefert

$$\mu_n = j^{-n} \Psi^{(n)}(0) = (-j)^n \Psi^{(n)}(0). \qquad (1.291)$$

Die Momente ergeben sich also aus den Ableitungen von $\Psi(\vartheta)$ bei $\vartheta = 0$.

Bei unsymmetrischen Verteilungen sind vom arithmetischen Mittel μ_1 das *Dichtemittel* (engl. *mode*) und der *Medianwert* (*Zentralwert*) zu unterscheiden. Das Dichtemittel ist der *häufigste Wert*, also der Wert u_D, bei dem das Maximum einer Verteilung $w(u)$ liegt (bei der Rayleighverteilung $w(E)$ nach Abb. 1.53 also $E_D = \alpha$). Der Medianwert u_M teilt die Fläche unter der Kurve $w(u)$ so, dass gleich viele Werte u_i einer Stichprobe unter und über u_M liegen.

Soviel zu den Häufigkeitsverteilungen. Um ein Rauschsignal vollständig zu charakterisieren, muss man neben der Häufigkeitsverteilung der Momentanwerte (oder den Verteilungsparametern, oder der charakteristischen Funktion) noch den Verlauf der spektralen Leistungsdichte $W(f)$ angeben (Abschn. 1.9.4) oder – gleichwertig – ihre Fouriertransformierte, die nach dem Wiener'schen Satz (Abschn. 1.12.2.2) die Autokorrelationsfunktion $\Phi(\tau)$ des Rauschsignals $u(t)$ ist. Beispiele finden sich in Abschn. 1.12.2.3.

1.11.3.4 Anzeigeschwankungen bei der Messung von Rauschsignalen

Die Anzeige eines Zeigerinstruments mit kleiner Zeitkonstante folgt den zeitlichen Schwankungen einer Rauschspannung bis zu einem gewissen Grade, d. h. der Zeigerausschlag bewegt sich um eine Mittellage statistisch hin und her. Für die Messtechnik ist die Abhängigkeit der Schwankungsweite von der Zeitkonstante bzw. der Integrationsdauer τ und vom Spektrum des Rauschsignals wichtig. Zunächst ist es anschaulich klar, dass der Ausschlag eines Zeigerinstruments um so weniger schwankt, je größer seine Zeitkonstante ist, da sich bei der Mittelwertbildung extrem große und extrem kleine Momentanwerte der Messspannung weitgehend kompensieren. Dazu ist es aber nötig, dass die Integrationszeit eine große Zahl solcher Extrema umfasst, und zwar kommt es hierbei auf die Extrema der Hüllkurve des Rauschsignals an. Die Hüllkurve eines Breitbandrauschens schwankt praktisch ebenso schnell wie das Rauschsignal selbst, die eines Schmalbandrauschens jedoch nicht. Ähnlich wie in einer Schwebung die Schwebungsfrequenz um so niedriger wird, je geringer der Frequenzabstand der Primärschwingungen ist, ändert sich auch die Hüllkurve eines Rauschsignals um so langsamer, je schmaler sein Spektrum ist. Das Oszillogramm eines Schmalbandrauschens (Frequenzband von f_u bis f_o, Bandbreite $\Delta f = f_o - f_u$) ähnelt mit abnehmender relativer Bandbreite $\Delta f / f_u$ mehr und mehr einer Sinusschwingung, deren Amplitude und Phase immer langsamer statistisch schwanken wie in einer zugleich amplituden- und phasenmodulierten Schwingung.

Mit sinkender Bandbreite wird auch der Schwingungsverlauf immer besser vorhersagbar. Ein Maß dafür ist die Autokorrelationsfunktion (Abschn. 1.12.2.1 und 1.12.3.5). Die Rechnung ergibt, dass die Zahl der Hüllkurvenmaxima pro Zeiteinheit im Mittel $0{,}641\,\Delta f$ beträgt. Die Zahl der Hüllkurvenextrema während der Integrationsdauer τ des Instruments ist also proportional zu $\tau\Delta f$, d. h. der Schwankungsbereich der Anzeige ist um so enger, je größer das Produkt $\tau\Delta f$ wird.

Der praktisch wichtige Fall von Rauschspannungsmessungen mit quadrierenden Instrumenten soll etwas genauer betrachtet werden. Die Momentanwerte der Messspannung mögen einer Gaußverteilung genügen, sodass nach (1.274) der quadratische Mittelwert (Effektivwert) $\widetilde{u}$ gleich der Standardabweichung σ ist. Wenn das Produkt $\tau\Delta f$ aus der Zeitkonstante des Instruments und der Frequenzbandbreite der Rauschspannung so groß ist, dass die Anzeige praktisch nicht mehr schwankt, wird der Wert $\widetilde{u} = \sigma$ angezeigt. Bei kleineren Werten von $\tau\Delta f$ schwanken die Momentanwerte $\widetilde{u}_\tau(t)$ des durch Mittelung während der Zeit τ bestimmten Effektivwerts um $\widetilde{u}$. Als Maß für diese Schwankungen bietet sich die analog zur Standardabweichung gebildete Größe

$$\sigma_\tau = \sqrt{\left(\widetilde{u}_\tau(t) - \overline{\widetilde{u}_\tau(t)}\right)^2} = \sqrt{\overline{(\widetilde{u}_\tau(t) - \widetilde{u})^2}} \qquad (1.292)$$

an, also der quadratische Mittelwert der Abweichung der Messgröße $\widetilde{u}_\tau(t)$ vom Mittelwert $\widetilde{u}$. Die genaue Rechnung zeigt, dass σ_τ in komplizierter Weise von f_u, f_o und τ abhängt, dass in den praktisch wichtigen Fällen aber $\sigma_\tau/\sigma = \sigma_\tau/\widetilde{u}$ eine Funktion von $\tau\Delta f$ wird. Für große $\tau\Delta f$ gilt

$$\frac{\sigma_\tau}{\sigma} \approx \frac{1}{\sqrt{\tau\Delta f}}, \qquad\qquad \tau\Delta f > 40. \qquad (1.293)$$

Mit $\tau \to 0$ strebt σ_τ/σ gegen $\sqrt{2}$. Abb. 1.54 zeigt σ_τ/σ als Funktion von $\tau\Delta f$ für Schmalbandrauschen ($\Delta f \ll f_\mathrm{u}$), Oktavrauschen ($\Delta f = f_\mathrm{u}$) und Tiefpassrauschen ($\Delta f = f_\mathrm{o}$). Wenn τ kleiner wird als die halbe mittlere Periodendauer des Rauschsignals, d. h.

$$\tau < \frac{1}{2}\frac{2}{f_\mathrm{u} + f_\mathrm{o}}, \qquad (1.294)$$

folgt die Anzeige mit sinkendem τ immer genauer der Zeitfunktion selbst, was zu einem besonders starken Anwachsen von σ_τ/σ führt. Das ist für Oktavrauschen bei $\tau\Delta f < 1/3$ der Fall und erklärt das Abknicken der entsprechenden Kurve in Abb. 1.54 bei $\tau\Delta f \approx 0{,}3$. Für Terzrauschen folgt aus (1.294) $\tau\Delta f < 0{,}115$, der Verlauf von σ_τ/σ deckt sich daher für $\tau\Delta f > 0{,}1$ praktisch mit dem für Schmalbandrauschen.

Einen ungefähren Überblick über den Frequenzumfang kann man sich mit Hilfe eines digitalen Frequenzmessers („Frequenzzähler") verschaffen, s. Abb. 1.3. Er zeigt die halbe Zahl der Nulldurchgänge in einem Zeitabschnitt wählbarer Länge (der „Zeitbasis") an,

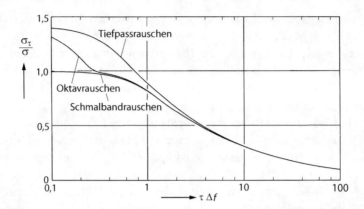

Abb. 1.54 Relative Schwankung der Effektivwertanzeige von Schmalband-, Oktav- und Tiefpass-rauschen als Funktion von $\tau \Delta f$ (τ Zeitkonstante des Messinstruments, Δf Signalbandbreite)

also eine mittlere Frequenz. Falls die Momentanwerte der Zeitfunktion eine Gauß'sche Häufigkeitsverteilung haben, liefert die statistische Rechnung für die mittlere Zahl n_0 der Nulldurchgänge pro Zeiteinheit den Ausdruck

$$n_0 = 2\sqrt{\frac{\int_0^\infty f^2\, W(f)\,\mathrm{d}f}{\int_0^\infty W(f)\,\mathrm{d}f}}. \tag{1.295}$$

Für ein Rauschband mit konstanter Leistungsdichte $W(f)$ zwischen den Frequenzgrenzen f_u und f_o folgt aus (1.295)

$$\frac{n_0}{2} = \sqrt{\frac{f_\mathrm{o}^3 - f_\mathrm{u}^3}{3(f_\mathrm{o} - f_\mathrm{u})}}. \tag{1.296}$$

Für Tiefpassrauschen ($f_\mathrm{u} = 0$) erhält man

$$\frac{n_0}{2} \approx 0{,}577\, f_\mathrm{o}, \tag{1.297}$$

für Oktavrauschen ($f_\mathrm{o} = 2f_\mathrm{u}$)

$$\frac{n_0}{2} \approx 1{,}53\, f_\mathrm{u}, \tag{1.298}$$

und für Schmalbandrauschen ($f_\mathrm{o} - f_\mathrm{u} \ll f_\mathrm{u}$) erwartungsgemäß

$$\frac{n_0}{2} \approx \frac{f_\mathrm{o} + f_\mathrm{u}}{2}. \tag{1.299}$$

Der vom Frequenzzähler angezeigte Wert $n_0/2$ ist für Rauschsignale endlicher Frequenzbandbreite also stets etwas höher als das arithmetische Mittel der Frequenzgrenzen. Bei sehr kleiner Zeitbasis des Frequenzzählers und häufiger Messung kann man aus der Streuung der angezeigten Werte auch die Bandbreite des Rauschspektrums grob abschätzen.

1.12 Korrelation

Neben der Fourierdarstellung im Spektralbereich spielt in der Schwingungsphysik und Schwingungstechnik als Signaluntersuchung im Zeitbereich die *Korrelationsanalyse* eine große Rolle, ein ursprünglich für die Statistik entwickeltes Verfahren. In der Statistik wird die Korrelation im Allgemeinen durch ein Scharmittel definiert, in der Schwingungslehre durch ein Zeitmittel. Für ergodische Prozesse sind die beiden Definitionen äquivalent (1.280), bei nicht-ergodischen Prozessen muss der Unterschied beachtet werden. Im Folgenden steht der zeitliche Aspekt im Vordergrund, auf die statistische Definition wird nur ergänzend am Ende von Abschn. 1.12.2.1 eingegangen.

1.12.1 Korrelationsfaktor und Korrelationskoeffizient, Lock-in-Verstärker

Als *Korrelationsfaktor* Φ zweier Zeitfunktionen $x(t)$ und $y(t)$ bezeichnet man den zeitlichen Mittelwert ihres Produkts, also

$$\Phi = \overline{x(t)\,y(t)} = \lim_{T \to \infty} \int_{-T}^{+T} x(t)\,y(t)\,\mathrm{d}t, \tag{1.300}$$

falls $x(t)$ und $y(t)$ „Leistungssignale" (s. Abschn. 1.9.4) ohne Gleichkomponente ($\overline{x(t)} = \overline{y(t)} = 0$) sind, also Schwingungen von unbegrenzter Dauer, bzw.

$$\Phi = \int_{-\infty}^{+\infty} x(t)\,y(t)\,\mathrm{d}t, \tag{1.301}$$

falls dieses Integral existiert, also mindestens eine der beiden Zeitfunktionen $x(t)$ und $y(t)$ ein „Energiesignal" ist, z. B. ein Impuls.

Wenn $x(t)$ und $y(t)$ Leistungssignale mit nicht-verschwindendem Mittelwert sind, wird der (1.300) entsprechende Ausdruck für den reinen Wechselanteil *Kovarianz* genannt, eine Bezeichnung, die nur aus der statistischen Definition als Scharmittel zu verstehen ist und deshalb später behandelt wird (1.400).

Nach der *Schwarz'schen Ungleichung*[45]

$$\left[\int_{T_1}^{t_2} x(t)\,y(t)\,dt\right]^2 \le \left[\int_{T_1}^{T_2} x^2(t)\,dt\right] \cdot \left[\int_{T_1}^{T_2} y^2(t)\,dt\right] \tag{1.302}$$

ist stets

$$|\Phi| \le \sqrt{\overline{x^2(t)}\ \overline{y^2(t)}}. \tag{1.303}$$

Unter der Wurzel stehen die Quadrate der Effektivwerte $\widetilde{x}$, $\widetilde{y}$ von $x(t)$ und $y(t)$; der größtmögliche Wert des Korrelationsfaktors ist also

$$\Phi_{max} = \widetilde{x}\,\widetilde{y}. \tag{1.304}$$

Die Größe

$$\varphi = \frac{\Phi}{\Phi_{max}} \tag{1.305}$$

wird häufig *Korrelationskoeffizient* genannt. Seine Werte liegen stets zwischen -1 und $+1$.

Ist $\varphi = \pm 1$, nennt man $x(t)$ und $y(t)$ *vollständig* (*positiv* bzw. *negativ*) miteinander korreliert. Dieser Fall tritt nur ein, wenn sich $x(t)$ und $y(t)$ lediglich durch einen konstanten Faktor a unterscheiden:

$$y(t) = a x(t), \tag{1.306}$$

$$|\varphi| = |a|\,\widetilde{x}^2 = \widetilde{x}\,\widetilde{y}. \tag{1.307}$$

$\varphi = +1$ ($a > 0$) bedeutet Gleichphasigkeit, $\varphi = -1$ ($a < 0$) Gegenphasigkeit von $x(t)$ und $y(t)$. Speziell für $x(t) = y(t)$ ist $\varphi = \widetilde{x}^2$; der Korrelationsfaktor einer Zeitfunktion mit sich selbst ist also gleich dem Quadrat ihres Effektivwerts.

Ist $\varphi = 0$, sind $x(t)$ und $y(t)$ *nicht miteinander korreliert*. Das trifft z. B. zu für Sinusschwingungen verschiedener Frequenzen, für gleichfrequente Signale, die um $\pi/2$ gegeneinander verschoben sind (wie Sinus und Cosinus), oder auch für zwei Rauschsignale aus unabhängigen Quellen, sodass positive und negative Werte des Produkts $x(t) \cdot y(t)$ gleich wahrscheinlich sind und sich im Zeitmittel aufheben.

In allen anderen Fällen, wenn also $0 < |\varphi| < 1$ ist, nennt man $x(t)$ und $y(t)$ *teilweise* oder *unvollkommen miteinander korreliert*. Abb. 1.55 zeigt drei Beispiele: (a) $x(t) \sim y(t)$, $\varphi = +1$; (b) $x(t)$ und $y(t)$ sind periodische Funktionen mit gleicher Grundfrequenz, aber verschiedener Kurvenform und Phasenlage, $\varphi = 0{,}2$; (c) $x(t)$ und $y(t)$ sind unabhängige Rauschsignale, $\varphi = 0$.

---

[45] Hermann Amandus Schwarz, deutscher Mathematiker (1843–1921).

Abb. 1.55 Beispiele für Paare von Zeitfunktionen $x(t)$ und $y(t)$, die **a** vollständig, **b** teilweise, **c** nicht miteinander korreliert sind

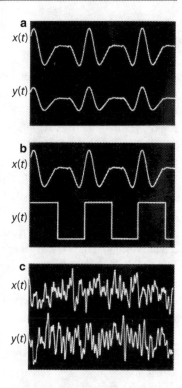

Der Korrelationskoeffizient φ ist ein Maß für die Ähnlichkeit zweier Zeitfunktionen und wird häufig benutzt, um zwischen zeitlich (oder analog auch örtlich) schwankenden Messgrößen Zusammenhänge erkennen zu lassen, die durch überlagerte Störungen oder durch Abhängigkeit der Messgrößen von nicht zu kontrollierenden Parametern verdeckt sind. Solche Probleme treten auch in vielen Disziplinen außerhalb der Schwingungsphysik auf, z. B. in der Geophysik, Meteorologie, Medizin und Biologie.

Ein typisches Problem der Schwingungsmesstechnik, das durch Korrelationsverfahren zu lösen ist, besteht darin, die Amplitude eines schwachen periodischen Signals $s(t)$ zu messen, das als Ergebnis eines Experiments aus einer bekannten Primärschwingung $x(t)$ durch Abschwächung entsteht und von einem viel stärkeren Rauschen $r(t)$ völlig überdeckt wird.

Es liegt also die Funktion

$$y(t) = s(t) + r(t) = a\,x(t) + r(t) \tag{1.308}$$

vor mit $\overline{r^2(t)} \gg \overline{s^2(t)}$. Weil $x(t)$ bekannt ist, genügt es zur Messung von $s(t)$, den Abschwächungsfaktor a zu bestimmen. Der Korrelationsfaktor von $x(t)$ und $y(t)$ ist

$$\Phi = \overline{x(t)y(t)} = a\,\overline{x^2(t)} + \overline{x(t)r(t)} = a\,\overline{x^2(t)}, \tag{1.309}$$

da $x(t)$ und $r(t)$ nicht korreliert sind. Durch Messung des Korrelationsfaktors Φ und des Effektivwerts von $x(t)$ erhält man also den gesuchten Faktor a.

Die hierzu nötige Multiplikation ist messtechnisch nicht ganz einfach durchzuführen. Bei der in Analoggeräten meist benutzten, durch (1.99) angedeuteten Methode benötigt man ein elektronisches Schaltelement mit quadratischer Kennlinie, das bei hohen Genauigkeitsanforderungen nur mit einigem Aufwand zu realisieren ist. Ein einfacheres Messverfahren, das zur Amplituden- und Phasenmessung sehr stark verrauschter Signale viel benutzt wird, ist die *phasenempfindliche Gleichrichtung* (*Synchrongleichrichtung*). Sie arbeitet im Prinzip folgendermaßen: Durch die „Steuerspannung" (Referenzspannung) $x(t)$ wird ein elektronischer Schalter betätigt, der z. B. bei $x(t) > 0$ das Messsignal $y(t)$ unverändert durchlässt und es bei $x(t) < 0$ invertiert, also $-y(t)$ durchlässt. Durch zeitliche Mittelung (mit Hilfe eines Tiefpassfilters, s. Abschn. 4.2.1) heben sich die mit dem Schaltrhythmus unkorrelierten Anteile von $y(t)$ heraus, während die mit $x(t)$ gleichfrequente Komponente $s(t)$ zu einer Gleichspannung führt, deren Größe und Polarität von der Phasenlage zwischen $s(t)$ und $x(t)$ abhängt – deshalb die Bezeichnung „phasenempfindliche" Gleichrichtung –, die aber im zunächst interessierenden Fall reiner Abschwächung ($s(t) = ax(t)$, $a > 0$) proportional zu a ist.

Im Gegensatz zur Bestimmung des Korrelationsfaktors wird also bei der phasenempfindlichen Gleichrichtung der zeitliche Mittelwert des Produkts aus der Messspannung $y(t)$ und einer mit der Steuerspannung $x(t)$ gleichphasigen Rechteckspannung (statt $x(t)$ selbst) gebildet.

Ist $x(t)$ sinusförmig und hat die Frequenz f_0, so spielen periodische Fremdspannungen beliebiger anderer Frequenzen bei der Messung des Korrelationsfaktors keine Rolle, bei der Methode der phasenempfindlichen Gleichrichtung mit $x(t)$ als Rechteckspannung stören jedoch ungeradzahlige Vielfache von f_0.

Geräte zur Messung stark gestörter Signale durch phasenempfindliche Gleichrichtung werden *Lock-in-Verstärker* genannt. (Dem aus dem Englischen übernommenen Namen liegt die Vorstellung zugrunde, dass nur dann eine Anzeige erfolgt, wenn die Steuerspannung und die Messspannung – bzw. eine Komponente der Messspannung – zusammenpassen wie Schlüssel und Schloss.)

Die Störbefreiung von Signalen bekannten Zeitverlaufs durch Korrelation ist einer Frequenzfilterung mit extrem hoher Selektivität äquivalent, wie folgende Überlegung zeigt. Die Quadrierung des Messsignals kann man als Mischung mit sich selbst, d. h. als Transponierung auf die Frequenz Null (Gleichspannung) ansehen; die nachfolgende zeitliche Mittelung wird in der Praxis realisiert als Filterung durch einen Tiefpass mit einer Grenzfrequenz f_g. Die Korrelationsfaktormessung wirkt dann in der gleichen Weise selektiv wie ein Filter, das für alle Fourierkomponenten des Messsignals Durchlassbereiche der Breite $\Delta f = 2f_g$ hat und alle übrigen Frequenzen sperrt. Ist das Messsignal z. B. eine Sinusspannung der Frequenz $f = 10\,$kHz und wählt man als Grenzfrequenz $f_g = 0{,}05\,$Hz, so bewirkt die Korrelation eine Störbefreiung, die der eines $10\,$kHz-Filters mit der relativen Frequenzbandbreite $\Delta f/f = 10^{-5}$ entspricht.

Die phasenempfindliche Gleichrichtung im Lock-in-Verstärker ist in dieser Betrachtungsweise gleichwertig der Filterung des Signals durch ein Kammfilter mit äquidistant liegenden Durchlassbereichen bei den Teilfrequenzen der zur Korrelation benutzten Rechteckspannung und Bewertungsfaktoren 1/n für die n-te Teilschwingung.

Wenn in dem zuvor betrachteten Beispiel $s(t)$ gegen $x(t)$ phasenverschoben ist, was z. B. durch Laufzeiteffekte im Übertragungssystem häufig vorkommt, gilt anstelle von (1.308)

$$y(t) = s(t) + r(t) = a\,x(t + \tau_0) + r(t), \qquad (1.310)$$

wobei τ_0 die zeitliche Verzögerung ist. Einen Zusammenhang nach Art der Gleichung (1.309) erhält man in diesem Fall durch Mittelung über das Produkt $x(t + \tau_0)\,y(t)$:

$$\Phi(\tau_0) = \overline{x(t + \tau_0)\,y(t)} = a\,\overline{x^2(t + \tau_0)} = a\,\overline{x^2(t)}. \qquad (1.311)$$

Ist τ_0 unbekannt, muss man zunächst den Korrelationsfaktor als Funktion der Zeitverschiebung

$$\Phi(\tau) = \overline{x(t + \tau)\,y(t)} \qquad (1.312)$$

bestimmen, und der Maximalwert von $\Phi(\tau)$ ist dann der gesuchte Wert $\Phi(\tau_0)$. Die Lock-in-Verstärker enthalten für diesen Abgleich im Steuerspannungszweig einen kalibrierten Phasenschieber, an dem man die oft ebenfalls interessierende Phasenverschiebung zwischen Signal und Referenz ablesen kann.

Den Nachteil dieser *Breitband-Lock-in-Verstärker*, dass ungeradzahlige Vielfache der Messfrequenz stören, vermeidet man beim *Schmalband-Lock-in-Verstärker* durch ein Resonanzfilter im Signaleingangszweig, dessen Mittenfrequenz und Bandbreite einstellbar sind. Weil Schmalbandfilter jedoch einen steilen Phasengang haben, stören bei diesen Geräten Schwankungen der Signalfrequenz und der Filterabstimmfrequenz, und der Abgleich ist nicht immer eindeutig.

Um diese Probleme zu umgehen, sind Lock-in-Verstärker oft nach dem Überlagerungsprinzip (Abschn. 1.7.3 und 1.8.3.1) aufgebaut, was die Messgenauigkeit erhöht und zahlreiche weitere Vorteile bietet. Die Phaseneinstellung wird überflüssig beim *Lock-in-Analysator*, der ebenfalls nach dem Überlagerungsprinzip arbeitet und neben dem phasenempfindlichen Gleichrichter, der von dem phasenrichtig auf die Zwischenfrequenz transformierten Referenzsignal gesteuert wird, einen zweiten enthält, dessen Steuersignal um 90° phasenverschoben ist. Ist A die Amplitude des nachzuweisenden Signals und ψ die Phasenverschiebung zwischen Signal und Referenz, so liefert dieses Gerät als Ausgangssignale die Komponenten $A\cos\psi$ und $A\sin\psi$ oder – nach Umschaltung – die Größen A und ψ direkt. Mit Lock-in-Analysatoren lassen sich nicht nur schwache Signale nach Betrag und Phase bzw. Real- und Imaginärteil (*Vektorvoltmeter*) messen, sondern auch z. B. komplexe Impedanzen, Übertragungsfunktionen und Spektren in solchen Fällen, in denen die üblichen Geräte aufgrund zu stark gestörter Signale keine ausreichende Messgenauig-keit mehr bieten.

Handelsübliche Lock-in-Verstärker sind typischerweise im Frequenzbereich 0,1 Hz bis 600 MHz einsetzbar, die effektive Filterbreite kann bis auf 0,001 Hz reduziert werden (allerdings beträgt die Messzeit dann einige Minuten). Die *Störspannungsüberlastbarkeit* (*dynamische Reserve*), das Verhältnis der maximal zulässigen Störspannungsamplitude zur Signalamplitude bei Vollausschlag, liegt für Breitband-Lock-in-Verstärker bei 1000, erreicht aber bei Überlagerungsgeräten Werte bis 400.000. Die untere Messgrenze liegt für Spannungen bei 10^{-11} V, für Ströme bei 10^{-15} A.

Ein Lock-in-Verstärker bietet sich also zur Messung schwacher, gestörter Signale an, wenn man sich für die Schwingungsform des Signals nicht interessiert, wenn eine mit dem Messsignal synchrone Referenzspannung zur Verfügung steht oder gewonnen werden kann (bei optischen Experimenten z. B. durch einen mechanischen Zerhacker (engl.: *chopper*) im primären Lichtweg), und wenn die Signalfrequenz unter 50 MHz liegt.

1.12.2 Autokorrelationsanalyse

1.12.2.1 Autokorrelationsfunktion

Die durch (1.312) definierte Funktion $\Phi(\tau)$ heißt *Kreuzkorrelationsfunktion*. Sie spielt in einigen Zweigen der Schwingungsmesstechnik eine bedeutende Rolle und wird in Abschn. 1.12.3 behandelt. Zuvor soll die aus (1.312) mit $y(t) \equiv x(t)$ hervorgehende *Autokorrelationsfunktion* – im Folgenden oft abgekürzt als AKF – betrachtet werden. Sie ist für eine Zeitfunktion $y(t)$ ohne Gleichkomponente $(\overline{y(t)} = 0)$ definiert durch

$$\Phi(\tau) = \overline{y(t)\,y(t+\tau)} = \lim_{T\to\infty} \frac{1}{2T} \int\limits_{-T}^{+T} y(t)\,y(t+\tau)\,\mathrm{d}t, \qquad (1.313)$$

falls $y(t)$ eine stationäre Schwingung (ein „Leistungssignal") darstellt, bzw. durch

$$\Phi(\tau) = \int\limits_{-\infty}^{+\infty} y(t)\,y(t+\tau)\,\mathrm{d}t, \qquad (1.314)$$

falls $y(t)$ ein „Energiesignal" ist, also eine endliche Gesamtenergie enthält. Dieses Integral ähnelt dem Faltungsintegral, (1.173). Der Zusammenhang zwischen AKF und Faltung lautet

$$\Phi(\tau) = y(t) * y(-t). \qquad (1.315)$$

Die AKF gibt also den Korrelationsfaktor einer Zeitfunktion $y(t)$ mit der zeitlich verschobenen Funktion $y(t+\tau)$ an und ist damit ein Maß für die Übereinstimmung zwischen späteren und früheren Teilen einer Schwingung, d. h. für die ihr innewohnende Erhaltungstendenz oder ihre Interferenzfähigkeit mit sich selbst, und auch ein Maß für die Vorhersagbarkeit ihres Zeitverlaufs (Abschn. 1.12.3.5). Für rein statistische Vorgänge muss die AKF mit zunehmender Zeitverschiebung τ gegen Null abfallen, für streng periodische Funktionen ist sie periodisch und für Funktionen mit periodischem Anteil nimmt sie auch bei beliebig großen Werten von τ noch endliche Werte an.

Für $\tau = 0$ geht $\Phi(\tau)$ über in den Korrelationsfaktor von $y(t)$ mit sich selbst, das Quadrat des Effektivwerts:

$$\Phi(0) = \overline{y^2(t)} = \widetilde{y}^2. \tag{1.316}$$

$\Phi(0)$ ist zugleich der Maximalwert von $\Phi(\tau)$. Dies folgt aus der Schwarz'schen Ungleichung (1.302), wenn man $x(t) = y(t + \tau)$ einsetzt:

$$\Phi^2(\tau) \leq \Phi^2(0). \tag{1.317}$$

Ersetzt man in (1.313) bzw. (1.314) t durch $t - \tau$, so erhält man

$$\Phi(\tau) = \Phi(-\tau), \tag{1.318}$$

die AKF ist also eine symmetrische Funktion.

Wenn $y(t)$ eine periodische Funktion mit der Periodendauer T_0 ist, wird wegen $y(t + T_0) = y(t)$ auch $\Phi(\tau + T_0) = \Phi(\tau)$; die AKF einer periodischen Funktion ist also ebenfalls periodisch und hat die gleiche Periodenlänge. Speziell für eine harmonische Zeitfunktion $y(t) = A \sin(\omega t + \varphi)$ ergibt sich

$$\begin{aligned} \Phi(\tau) &= \lim_{T \to \infty} \frac{1}{2T} \int_{-T}^{+T} A^2 \sin(\omega t + \varphi) \sin(\omega(t + \tau) + \varphi) \, dt \\ &= \lim_{T \to \infty} \frac{1}{2T} \int_{-T}^{+T} \frac{A^2}{2} (\cos \omega t - \cos(2\omega t + \omega \tau + 2\varphi)) \, dt \\ &= \frac{A^2}{2} \cos \omega t - \lim_{T \to \infty} \frac{A^2}{4T} \int_{-T}^{+T} \cos(2\omega t + \omega \tau + 2\varphi) \, dt \\ &= \frac{A^2}{2} \cos \omega t. \end{aligned} \tag{1.319}$$

In der AKF der Sinusschwingung tauchen also die Amplitude und die Frequenz der Zeitfunktion wieder auf, jedoch nicht der Nullphasenwinkel. Dies ist nicht anders zu erwarten, denn durch die zeitliche Mittelung muss die Information über die Anfangsphase verloren gehen.

Für eine allgemeine periodische Funktion

$$y(t) = \sum_n A_n \sin(n\omega t + \varphi_n) = \sum_n y_n(t) \tag{1.320}$$

lautet die AKF

$$\Phi(\tau) = \overline{\sum_n y_n(t) \sum_m y_m(t+\tau)} = \sum_n \overline{y_n(t)y_n(t+\tau)} + \sum_{n\neq m} \overline{y_n(t)y_m(t+\tau)}. \tag{1.321}$$

Da das Zeitmittel über das Produkt von Sinusschwingungen verschiedener Frequenz verschwindet, bleibt nur die erste Summe übrig:

$$\Phi(\tau) = \sum_n \overline{y_n(t)y_n(t+\tau)} = \sum_n \frac{A_n^2}{2} \cos n\omega \tau. \tag{1.322}$$

Jeder Fourierkomponente $y_n(t)$ der Zeitfunktion ist also eine Cosinuskomponente der AKF mit gleicher Periodenlänge, aber dem Quadrat des Effektivwerts ($A_n^2/2$) statt der Amplitude (A_n) zugeordnet.

In Abb. 1.56 sind vier mit einem handelsüblichen Korrelator aufgenommene Oszillogramme wiedergegeben, die jeweils in der oberen Spur die Zeitfunktion und darunter die AKF zeigen. Konstante Abschnitte in der Zeitfunktion führen zu einem linearen Anstieg oder Abfall der AKF (linke Bilder), lineare Zeitfunktionen geben eine aus Parabelbögen zusammengesetzte AKF (rechts). Die Integrationen sind für diese Funktionen elementar, sodass auf die formelmäßige Wiedergabe verzichtet werden kann.

Für praktische Messungen muss man die Integration in (1.313) bzw. (1.314) auf ein repräsentatives Zeitintervall einengen (*Kurzzeitkorrelation*, s. Abschn. 1.12.2.5), man berechnet also

$$\Phi(\tau) = \frac{1}{T_2 - T_1} \int_{T_1}^{T_2} y(t)\, y(t+|\tau|)\, \mathrm{d}t \tag{1.323}$$

als Näherungswert anstelle von (1.313).

Liegen für eine digitale Berechnung der AKF einer kontinuierlichen Zeitfunktion $y(t)$ die Messwerte als diskrete Folge y_n, $n = 1,2,\ldots,N$, $N = (T_2 - T_1)/\Delta t$ von äquidistanten Abtastwerten im Zeitabstand Δt vor, so berechnet man anstelle von (1.323)

$$\Phi(m) = \frac{1}{N - |m|} \sum_{n=1}^{N-|m|} y_n\, y_{n+|m|}. \tag{1.324}$$

Der Überlappungsbereich ($N-|m|$) der nicht verschobenen Folge y_n und der verschobenen Folge $y_{n+|m|}$ wird mit wachsendem $|m|$ kleiner, wodurch die Unsicherheit in der

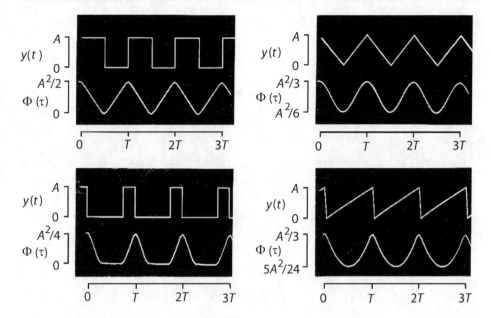

Abb. 1.56 Experimentell aufgenommene Autokorrelationsfunktionen $\Phi(\tau)$ einiger periodischer Zeitfunktionen $y(t)$: symmetrische und unsymmetrische Rechteckschwingung, Dreieckschwingung und Sägezahnschwingung

Bestimmung von $\Phi(m)$ als Annäherung an $\Phi(\tau)$ nach (1.323) wächst. Der Fehler bleibt in der Regel vernachlässigbar, wenn $|m|$ nicht größer als N/5 gewählt wird. Der Faktor $1/(N-|m|)$ gewährleistet unter anderem, dass der Wert von $\Phi(m)$ nicht von dem willkürlich gewählten Abtastintervall Δt abhängt. In manchen Fällen ist es hingegen sinnvoll, die AKF ohne diesen Faktor, also durch

$$\Phi(m) = \sum_{n=1}^{N-|m|} y_n\, y_{n+|m|} \qquad (1.325)$$

zu definieren, und zwar dann, wenn die y_n nicht Abtastwerte einer an sich kontinuierlichen Zeitfunktion sind, sondern die ursprüngliche Funktion selbst darstellen. Dies ist z. B. bei Binärfolgen wie Barker-Codes und Maximalfolgen der Fall (vgl. Abb. 1.61 bis 1.63), wo die Schrittlänge Δt durch das Zeitraster der Folge vorgegeben ist.

Für komplexe Zeitfunktionen $\underline{y}(t)$ sind die Definitionen der AKF so abzuändern, dass von dem jeweils zweiten Faktor der konjugiert komplexe Wert genommen wird, also z. B. in (1.325)

$$\underline{\Phi}(m) = \sum_{n=1}^{N-|m|} \underline{y}_n\, \underline{y}^*_{n+|m|} \qquad (1.326)$$

usw. Die Symmetriebeziehung (1.318) verallgemeinert sich für komplexe Funktionen zu

$$\underline{\Phi}^*(\tau) = \underline{\Phi}(-\tau). \tag{1.327}$$

Wie bereits erwähnt, wurde der Begriff Korrelation ursprünglich in der Statistik eingeführt, und zwar nicht als Zeitmittel, sondern als Scharmittel. Weil diese Zusammenhänge
auch in der Schwingungsphysik gelegentlich gebraucht werden, sollen sie im Folgenden
kurz erläutert werden.

Sei $[y(t)]$ ein (nicht notwendig stationärer) stochastischer Prozess und $y(t)$ ein Reprä-
sentant (s. Abschn. 1.11.3.3). Die *Verbundwahrscheinlichkeit* $w(y_1, t_1; y_2, t_2)$ sei ferner
bekannt ($w(\ldots)\mathrm{d}y_1\,\mathrm{d}y_2$ ist die Wahrscheinlichkeit dafür, dass sowohl der Momentanwert
$y(t_1)$ im Intervall $(y_1, y_1 + \mathrm{d}y_1)$ als auch $y(t_2)$ in $(y_2, y_2 + \mathrm{d}y_2)$ liegt). Dann ist die Autokorrelationsfunktion des stochastischen Prozesses $[y(t)]$ definiert durch das folgende 2.
Moment:

$$\Phi(t_1, t_2) = \langle y(t_1)\,y(t_2)\rangle = \int\limits_{-\infty}^{+\infty} \int\limits_{-\infty}^{+\infty} y_1\,y_2\,w(y_1, t_1; y_2, t_2)\,\mathrm{d}y_1\,\mathrm{d}y_2. \tag{1.328}$$

Wenn das 1. Moment μ_1 (Erwartungwert von $[y(t)]$, Mittelwert) nicht verschwindet, ist
es bei einem instationären Prozess im allgemeinen Fall zeitabhängig. Für die Zeitpunkte
t_1 und t_2 gelte

$$m_1 = \mu_1(t_1) = \langle y(t_1)\rangle, \qquad m_2 = \mu_1(t_2) = \langle y(t_2)\rangle. \tag{1.329}$$

Dann nennt man das zweite zentrale Moment

$$\kappa(t_1, t_2) = \langle (y(t_1) - m_1)(y(t_2) - m_2)\rangle$$

$$= \int\limits_{-\infty}^{+\infty} \int\limits_{-\infty}^{+\infty} (y_1 - m_1)(y_2 - m_2)\,w(y_1, t_1; y_2, t_2)\,\mathrm{d}y_1\,\mathrm{d}y_2 \tag{1.330}$$

in Anlehnung an den Begriff der Varianz (1.282) die *Autokovarianzfunktion* des Zu-
fallsprozesses $[y(t)]$.

Ist der Prozess *stationär*, sind die absoluten Werte von t_1 und t_2 unwesentlich, und es
kommt nur auf die Zeitdifferenz $(t_2 - t_1) = \tau$ an. Die AKF lautet dann

$$\Phi(\tau) = \langle y(t)y(t + \tau)\rangle = \int\limits_{-\infty}^{+\infty} \int\limits_{-\infty}^{+\infty} y_1 y_2\,w(y_1, y_2, \tau)\,\mathrm{d}y_1\,\mathrm{d}y_2. \tag{1.331}$$

Der Erwartungswert $m = \mu_1(t) = \langle y(t) \rangle$ ist beim stationären stochastischen Prozess zeitunabhängig, und die Autokovarianzfunktion bekommt die Form

$$\kappa(\tau) = \langle (y(t) - m)(y(t + \tau) - m) \rangle = \int_{-\infty}^{+\infty} \int_{-\infty}^{+\infty} (y_1 - m)(y_2 - m)\, w(y_1, y_2, \tau)\, dy_1\, dy_2.$$

(1.332)

Ist der Prozess $[y(t)]$ auch noch *ergodisch*, gilt für die AKF

$$\Phi(\tau) = \langle y(t) y(t + \tau) \rangle = \overline{y(t)\, y(t + \tau)},$$

(1.333)

sie kann also auch wie in (1.313) als Zeitmittel definiert werden. Der Unterschied besteht darin, dass in (1.313) nur eine einzige Zeitfunktion, hier aber ein stochastischer Prozess betrachtet wurde, also eine Gesamtheit von möglichen gleichartigen Funktionen. Für die Autokovarianzfunktion eines ergodischen Prozesses gilt entsprechend

$$\kappa(\tau) = \langle (y(t) - m)\, (y(t + \tau) - m) \rangle = \overline{(y(t) - m)\, (y(t + \tau) - m)}.$$

(1.334)

1.12.2.2 Wiener'scher Satz

Aus dem in Abschn. 1.9.3 behandelten Faltungssatz ergibt sich ein allgemeiner Zusammenhang zwischen Zeitfunktion, Autokorrelationsfunktion und Fourierspektrum. Setzt man in der für Leistungssignale gültigen (1.190) für die Rücktransformation eines Produkts von Spektralfunktionen in den Zeitbereich $y_1(t) = y_2(t) = y(t)$, so steht auf der rechten Seite unmittelbar die AKF, und man erhält

$$\Phi(\tau) = \lim_{T \to \infty} \frac{1}{2T} \int_{-T}^{+T} y(t)\, y(t + \tau)\, dt$$

$$= \lim_{T \to \infty} \frac{1}{4\pi T} \int_{-T}^{+T} \underline{A}(-\omega, T)\underline{A}(\omega, T) e^{j\omega\tau}\, d\omega.$$

(1.335)

Daraus folgt mit $\underline{A}(-\omega) = \underline{A}^*(\omega)$, sowie den in Abschn. 1.9.4 angegebenen Beziehungen:

$$\Phi(\tau) = \lim_{T \to \infty} \frac{1}{4\pi T} \int_{-\infty}^{+\infty} |\underline{A}(\omega, T)|^2\, e^{j\omega\tau}\, d\omega = \frac{1}{2\pi} \int_{-\infty}^{+\infty} W(\omega)\, e^{j\omega\tau}\, d\omega.$$

(1.336)

Der Vergleich mit (1.150) zeigt also: Das Leistungsspektrum $W(\omega)$ der Zeitfunktion $y(t)$ ist gleich der Fouriertransformierten ihrer Autokorrelationsfunktion $\Phi(\tau)$ (*Wiener'scher Satz, Wiener–Chintchin–Theorem*).[46][47] Mit $W(-\omega) = W(\omega)$ folgt aus (1.336) in reeller

---

[46] Norbert Wiener, US-amerikanischer Mathematiker (1894–1964)
[47] Alexander Jakowlevich Chintchin, russischer Mathematiker (1894–1959).

Schreibweise

$$\Phi(\tau) = \frac{1}{\pi} \int\limits_{0}^{\infty} W(\omega) \cos \omega \tau \, d\omega = 2 \int\limits_{0}^{\infty} W(f) \cos 2\pi f \tau \, df, \qquad (1.337)$$

und entsprechend den Regeln über die Fouriertransformation

$$W(\omega) = \int\limits_{-\infty}^{+\infty} \Phi(\tau) \cos \omega \tau \, d\tau = \int\limits_{-\infty}^{+\infty} \Phi(\tau) \cos 2\pi f \tau \, d\tau. \qquad (1.338)$$

(1.337) und (1.338) gelten auch für Energiesignale, wenn man anstelle der spektralen Leistungsdichte $W(\omega)$ die spektrale Energiedichte $E(\omega)$ einsetzt. Dies ergibt sich aus (1.177) mit $E(\omega) = |A(\omega)|^2$.

Der Wiener'sche Satz ermöglicht es, die AKF einer gegebenen Zeitfunktion durch eine Berechnung im Frequenzbereich zu ermitteln, anstatt das Faltungsintegral (1.313) oder (1.314) zu lösen. Häufig kann man dabei auf bekannte Zusammenhänge zurückgreifen. Die AKF $\Phi(\tau)$ einer Zeitfunktion $y(t)$ mit der spektralen Leistungsdichte $W(\omega)$ hat den gleichen Verlauf wie diejenige zu $t = 0$ symmetrische (d. h. nur Cosinuskomponenten enthaltende) Zeitfunktion, deren spektrale Amplitudendichte $A(\omega)$ den gleichen Verlauf hat wie $W(\omega)$.

Auch zur numerischen Berechnung von Faltungsintegralen weicht man gern in den Spektralbereich aus, weil Fouriertransformationen einen wesentlich geringeren Rechenaufwand erfordern als Faltungen (vgl. Abschn. 1.14.2).

Umgekehrt kann auch der durch den Wiener'schen Satz ausgedrückte Zusammenhang zwischen AKF und Leistungsspektrum die Spektralanalyse erleichtern, vor allem dann, wenn dem zu analysierenden Signal ein starkes Rauschen überlagert ist. $\Phi(\tau)$ und $W(\omega)$ sind als Paar von Fouriertransformierten eindeutig miteinander verknüpft, sodass die Bestimmung der AKF als *Autokorrelationsanalyse* prinzipiell gleichwertig neben die Bestimmung des Fourieramplitudenspektrums tritt. Beide genügen zur Beschreibung der Zeitfunktion, wenn auf die Kenntnis des Phasenspektrums verzichtet werden kann oder muss, weil – wie z. B. in der Optik – nur zeitlich integrierende Empfänger verfügbar sind.

Eine wichtige Anwendung fand der Wiener'sche Satz in der Infrarotspektroskopie. Für diesen Frequenzbereich gab es lange Zeit weder starke Strahlungsquellen noch hochauflösende Detektoren mit genügender Empfindlichkeit, sodass beispielsweise die Untersuchung der Hyperfeinstruktur von Atom- und Molekülspektren experimentell schwierig war. Hier wurden seit etwa 1970 große Fortschritte mit der so genannten *Fourierspektroskopie* erzielt [68, 69]. Das Prinzip dieser Messmethode ist in Abb. 1.57 dargestellt. Die Strahlungsquelle S (z. B. die durch das im Infraroten homogene Breitbandspektrum einer Quecksilberhochdrucklampe angeregte Substanz) befindet sich in einem Michelson-Interferometer. St ist der Strahlteiler, R_1 der feststehende und R_2 der bewegliche Reflektor. Die von R_1 und R_2 reflektierten, zeitlich gegeneinander verschobenen Wellen $y(t)$ und

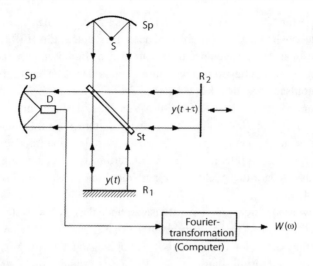

Abb. 1.57 Infrarot-Fourierspektroskopie mit einem Michelson-Interferometer. S: Strahlungsquelle; St: Strahlteiler; R_1: fester, R_2: verschiebbarer Reflektor; Sp: Spiegel; D: Detektor

$y(t + \tau)$ überlagern sich und fallen auf den Energiedetektor D. Dieser misst also die Größe

$$\int [y(t) + y(t + \tau)]^2 \, dt = 2 \int y^2(t) \, dt + 2 \int y(t) \, y(t + \tau) \, dt. \qquad (1.339)$$

Der konstante erste Term ist hier uninteressant; der zweite Term, das *Interferogramm*

$$I(\tau) = \int y(t) \, y(t + \tau) \, dt \qquad (1.340)$$

wird in Abhängigkeit von der Position des beweglichen Reflektors R_2 registriert und stellt die AKF der von dem Substrat S ausgehenden Strahlung dar. Aus $I(\tau)$ gewinnt man nach (1.338) das Leistungsspektrum durch eine Fouriertransformation, die in der Praxis digital vorgenommen wird (FFT, Abschn. 1.14.2.2).

Der Vorteil der Fourierspektroskopie besteht darin, dass in jedem Zeitpunkt die volle[48] Strahlungsintensität ausgenutzt wird.[49] Bei den herkömmlichen Spektralapparaten verteilt sie sich dagegen über den ganzen Spektralbereich, sodass bei hoher Auflösung auf jedes Wellenzahlintervall ein zu geringer Bruchteil entfällt, um sich aus dem Rauschen heraus zu heben.

Das gleiche Verfahren wird bei Hyperschalluntersuchungen zur Spektralanalyse angewandt. Auch hier verfügt man nur über quadratisch arbeitende integrierende Detektoren (Energieempfänger).

---

[48] Genau genommen wird nur die halbe verfügbare Strahlungsleistung ausgenutzt, die andere Hälfte läuft über den Strahlteiler zur Quelle S zurück.
[49] Ein in dieser Hinsicht der Fourierspektroskopie ähnliches Verfahren ist die *Hadamard-Transformations-Spektroskopie* (Abschn. 1.14.3).

Der Begriff „Fourierspektroskopie" ist auch in der magnetischen Kernresonanzspektroskopie gebräuchlich, allerdings in etwas anderer Bedeutung. Ein Hochfrequenzimpuls regt alle Kernresonanzstellen gleichzeitig an; nach dem Impulsende registriert man als „Interferogramm" die Überlagerung der durch freie Präzession erzeugten Kernsignale, also die Impulsantwort des Kernsystems. Die Fouriertransformation liefert dann das Kernresonanzspektrum. Man nennt das Verfahren deshalb auch *Kernresonanz-Impulsspektrometrie*. Hier nutzt man nicht den Zusammenhang zwischen AKF und Leistungsspektrum aus, sondern zwischen Impulsantwort und Übertragungsfunktion nach (1.230). Zur Störbefreiung bildet man vor der Fouriertransformation häufig in einem Mittelwertrechner das Scharmittel vieler einzelner Impulsantworten (synchrone Mittelung, Abschn. 1.12.2.4).

Inzwischen wurden durchstimmbare Bleisalz-Diodenlaser entwickelt, mit denen im Wellenlängenbereich von $\lambda = 2{,}7\,\mu\mathrm{m}$ bis $30\,\mu\mathrm{m}$ (Wellenzahlen $1/\lambda = 330\,\mathrm{cm}^{-1}$ bis $3700\,\mathrm{cm}^{-1}$) leistungsstarke monochromatische Strahlungsquellen zur Verfügung stehen, die Messungen mit einer Auflösung von etwa $10^{-4}\,\mathrm{cm}^{-1}$ erlauben und damit der Fourierspektroskopie überlegen sind.

1.12.2.3 Autokorrelationsfunktion von Rauschsignalen

Ist $y(t)$ ein weißes Rauschen mit $W(f) = \mathrm{const.}$ für alle Frequenzen, so ist $\Phi(\tau)$ nach dem Wiener'schen Satz gleich einer δ-Funktion bei $\tau = 0$. Dies leuchtet auch unmittelbar ein, denn durch den Gehalt an extrem hohen Frequenzen ist $y(t + \tau)$ schon bei beliebig kleinem τ völlig unkorreliert mit $y(t)$.

Für die AKF eines Tiefpassrauschens mit

$$W(f) = \begin{cases} W_0 & \text{für} \quad 0 \leq f \leq f_0 \\ 0 & \text{für} \quad f_0 < f \end{cases} \tag{1.341}$$

erwartet man vom Spektrum eines Rechteckimpulses her nach (1.223) eine Spaltfunktion. Die entsprechende Übertragung der Größen in (1.223) liefert ebenso wie die in diesem Fall elementare Berechnung nach (1.337) in der Tat

$$\Phi(\tau) = 2W_0\, f_0\, \frac{\sin 2\pi f_0 \tau}{2\pi f_0 \tau}. \tag{1.342}$$

Wegen $(\sin x)/x = 1$ für $x = 0$ folgt hieraus $\Phi(0) = 2W_0 f_0$; derselbe Wert ergibt sich mit $\Phi(0) = \overline{y^2(t)}$ nach der aus dem Parseval'schen Theorem folgenden Leistungsbilanz (1.189).

Ist $y(t)$ das gefilterte Rauschen am Ausgang eines Systems mit der Übertragungsfunktion $\underline{G}(\omega)$ (Verhältnis von Ausgangs- zu Eingangsspannung für harmonische Schwingungen in komplexer Darstellung), auf dessen Eingang ein weißes Rauschen mit der konstanten spektralen Leistungsdichte W_0 gegeben wird, so hat $y(t)$ die spektrale Leistungsdichte

$$W(\omega) = W_0 |\underline{G}(\omega)|^2 \tag{1.343}$$

Abb. 1.58 Betrag der
Übertragungsfunktion und
Autokorrelationsfunktion von
gefiltertem Rauschen für ein
RC-Glied

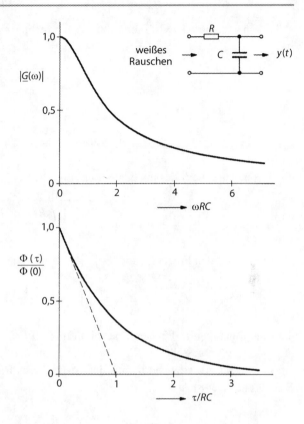

und nach dem Wiener'schen Satz die AKF

$$\Phi(\tau) = \frac{W_0}{\pi} \int\limits_0^\infty |\underline{G}(\omega)|^2 \cos \omega \tau \, d\omega. \qquad (1.344)$$

Beispielsweise gilt für ein RC-Glied (Abb. 1.58), an das links eine niederohmige Spannungsquelle, rechts ein hochohmiger Spannungsmesser angeschlossen zu denken ist,

$$\underline{G}(\omega) = \frac{1}{1 + j\omega RC} \qquad (1.345)$$

und

$$|\underline{G}(\omega)|^2 = \frac{1}{1 + \omega^2 R^2 C^2}. \qquad (1.346)$$

Damit ergibt sich die AKF des mit einem RC-Glied gefilterten Rauschens zu

$$\Phi(\tau) = \Phi(0) \, e^{-|\tau|/RC}. \qquad (1.347)$$

Für ein gedämpftes LC-Filter (Abb. 1.59) errechnet sich die Übertragungsfunktion zu

$$\underline{G}(\omega) = \frac{\omega_0^2}{(j\omega + \alpha)^2 + \omega_d^2}, \qquad (1.348)$$

wobei

$$\omega_0 = \frac{1}{\sqrt{LC}} \qquad (1.349)$$

die Resonanzfrequenz des ungedämpften,

$$\omega_d = \sqrt{\frac{1}{LC} - \frac{1}{4}\left(\frac{R_1}{L} - \frac{1}{R_2 C}\right)^2} \qquad (1.350)$$

die des gedämpften Filters ist und

$$\alpha = \frac{1}{2}\left(\frac{R_1}{L} + \frac{1}{R_2 C}\right) \qquad (1.351)$$

die Dämpfung angibt. Für den Spezialfall $\alpha = 0{,}1\,\omega_0$ mit $R_1/L = 1/R_2 C$ ist $|\underline{G}(\omega)|$ in Abb. 1.59 dargestellt. Im Wesentlichen hebt das Filter aus dem weißen Rauschen ein schmales Frequenzband heraus. Die AKF dieses Rauschsignals errechnet sich nach (1.344) und (1.348) zu

$$\Phi(\tau) = \Phi(0)\,e^{-\alpha|\tau|}\left(\cos\omega_d\tau + \frac{\alpha}{\omega_d}\sin\omega_d|\tau|\right), \qquad (1.352)$$

stellt also eine oszillierende Funktion mit exponentiell abnehmender Amplitude dar (eine Messung hierzu zeigt Abb. 1.70). Man überzeugt sich leicht, dass $\Phi(\tau)$ sowie $\Phi'(\tau)$ und $\Phi''(\tau)$ stetig sind, dass aber die dritte Ableitung bei $\tau = 0$ unstetig ist. Dies ist nach dem allgemeinen Zusammenhang zwischen Unstetigkeiten in der Zeitfunktion und dem Frequenzgang der Fouriertransformierten (s. Abschn. 1.8.1.2) zu erwarten: $|G(\omega)|^2$ fällt asymptotisch mit ω^{-4} ab, dementsprechend tritt ein Sprung erst in der 3. Ableitung von $\Phi(\tau)$ auf.

Fasst man das Schmalbandrauschen näherungsweise als eine Sinusschwingung mit statistisch schwankender Amplitude auf, so lässt sich die Zeitfunktion in der Form

$$y(t) = A(t)\cos\omega t \qquad (1.353)$$

als amplitudenmodulierte harmonische Schwingung schreiben, wobei $A(t)$ die Hüllkurve darstellt. Es gilt dann

$$\Phi(\tau) = \underbrace{\overline{A(t)\,A(t+\tau)}}_{\text{AKF der Hüllkurve}}\,\underbrace{\overline{\cos\omega t\,\cos\omega(t+\tau)}}_{\frac{1}{2}\cos\omega\tau}. \qquad (1.354)$$

Abb. 1.59 Betrag der Übertragungsfunktion eines LC-Filters mit mäßig großem Verlustfaktor ($d_0 = 2\alpha/\omega_0 = 0{,}2$)

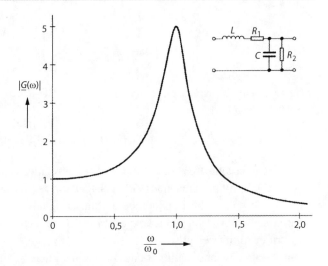

Die AKF einer amplitudenmodulierten Schwingung ist also wieder eine amplitudenmodulierte Schwingung gleicher Frequenz, und ihre Einhüllende ist die AKF der Hüllkurve.

Eine zeitlich unbegrenzte stochastische Binärfolge $y(t)$, die statistisch zwischen den Werten $+A$ und $-A$ springt, hat die gleiche AKF wie das mit einem RC-Glied gefilterte Rauschen. Ist n die mittlere Sprungfrequenz, gilt

$$\Phi(\tau) = \Phi(0)\mathrm{e}^{-2n|\tau|}. \tag{1.355}$$

Herleitung: Die beiden Funktionswerte seien gleich wahrscheinlich:

$$w(+A) = w(-A) = \frac{1}{2}. \tag{1.356}$$

Die Wahrscheinlichkeit dafür, dass k Sprünge in einem Zeitintervall T auftreten, sei

$$w(k,T) = \frac{(nT)^k}{k!}\,\mathrm{e}^{-nT} \tag{1.357}$$

(Poissonverteilung).[50] Zur Berechnung der AKF sind die Wahrscheinlichkeiten für gleiche und für ungleiche Funktionswerte im Zeitabstand τ anzugeben. Sei $y(t) = y_1$ und $y(t + \tau) = y_2$ (jeweils $+1$ oder -1). Dann ist $y_1 = y_2$, falls in der Zeit τ eine gerade Zahl von Sprüngen auftrat, anderenfalls ist $y_1 \neq y_2$. Für die Wahrscheinlichkeiten folgt aus (1.357)

$$w(y_1 = y_2) = w(k \text{ gerade}, \tau) = \mathrm{e}^{-n|\tau|} \sum_{k \text{ gerade}} \frac{(n|\tau|)^k}{k!}$$

$$= \frac{1}{2}\mathrm{e}^{-n|\tau|}\left(\sum_{k=0}^{\infty} \frac{(n|\tau|)^k}{k!} + \sum_{k=0}^{\infty} \frac{(-n|\tau|)^k}{k!}\right) = \tag{1.358}$$

---

[50] Denis Poisson, französischer Mathematiker und Physiker (1781–1840).

$$= \frac{1}{2} e^{-n|\tau|} \left(e^{+n|\tau|} + e^{-n|\tau|} \right) = \frac{1}{2} \left(1 + e^{-2n|\tau|} \right), \tag{1.359}$$

$$w(y_1 \neq y_2) = 1 - w(y_1 = y_2) = \frac{1}{2} \left(1 - e^{-2n|\tau|} \right). \tag{1.360}$$

$\Phi(\tau)$ setzt sich aus Beiträgen $+A^2$ und $-A^2$ mit den Gewichten $w(y_l = y_2)$ bzw. $w(y_1 \neq y_2)$ zusammen. Folglich ist

$$\Phi(\tau) = A^2 \left(w(y_1 = y_2) - w(y_1 \neq y_2) \right) = \Phi(0) e^{-2n|\tau|}. \tag{1.361}$$

Das gemeinsame Kennzeichen aller Autokorrelationsfunktionen von Rauschsignalen ist der Abfall mit zunehmender Zeitverschiebung τ, und zwar erfolgt der Abfall um so schneller, je größer die Bandbreite des Rauschsignals ist. Dies ergibt sich aus der Unschärferelation (Abschn. 1.11.2), die – wie dort gezeigt wurde – generell für Paare von Fouriertransformierten gilt.

Im Zusammenhang damit ist eine Beziehung interessant, die die mittlere Nullstellenhäufigkeit n_0 eines Rauschsignals mit der Krümmung der AKF im Nullpunkt verknüpft. Wenn die Momentanwerte der Zeitfunktion einer Gauß'schen Normalverteilung gehorchen, ist n_0 nach (1.295) aus der spektralen Leistungsdichte $W(f)$ zu berechnen. Nun ist nach dem Wiener'schen Satz (1.337) für $\tau = 0$

$$\Phi(0) = 2 \int_0^\infty W(f) \, df, \tag{1.362}$$

ferner hat $\Phi''(\tau) = d^2\Phi(\tau)/d\tau^2$ für $\tau = 0$ den Wert

$$\Phi''(0) = -8\pi^2 \int_0^\infty f^2 \, W(f) \, df. \tag{1.363}$$

Setzt man dies in (1.295) ein, erhält man

$$n_0 = \frac{1}{\pi} \sqrt{-\frac{\Phi''(0)}{\Phi(0)}}. \tag{1.364}$$

Danach ist die AKF bei $\tau = 0$ um so stärker gekrümmt, je größer die Nullstellenhäufigkeit ist. Messtechnisch wird die Nullpunktkrümmung der AKF jedoch kaum zur Bestimmung von n_0 benutzt, weil die am Ende des Abschn. 1.11.3.4 beschriebene Messung mit dem Frequenzzähler bequemer und genauer ist.

Im diesem Abschnitt über die Autokorrelationsanalyse von Rauschsignalen soll noch auf die *pseudo-statistischen Binärfolgen* eingegangen werden, und zwar im Zusammenhang mit der Verwendung von binär phasengetasteten Schwingungsimpulsen für Impulskompressionsverfahren, besonders in der Radartechnik (Abschn. 1.11.1.7). Abb. 1.60

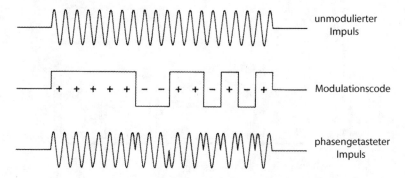

Abb. 1.60   Binäre Phasentastung von Schwingungsimpulsen. Beispiel: 13er Barker-Code

Abb. 1.61   Autokorrelationsfunktion des periodisch wiederholten 13er Barker-Codes
(**a**) und des Einzelimpulses der
Dauer T (**b**), berechnet nach
(1.325) mit $\tau = m\tau_0$

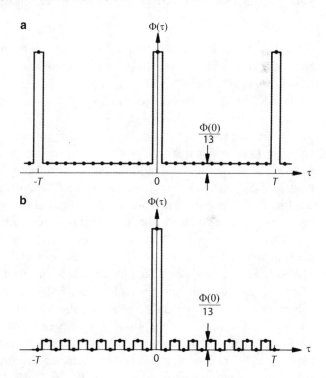

zeigt diese Modulation am Beispiel des 13er Barker-Codes [70]. Geht man zunächst davon aus, dass der Sendeimpuls an einem ruhenden Objekt reflektiert wird, so ist das Echo gegenüber dem Sendeimpuls abgeschwächt und verzögert, hat aber noch die gleiche Länge. Die Impulskompression erreicht man durch Bestimmung der Kreuzkorrelierten zwischen Sende- und Empfangssignal. Sie geht unter den obigen Annahmen aus der Autokorrelationsfunktion des Sendesignals durch zeitliche Verschiebung hervor, sodass die AKF die Eignung eines modulierten Impulses für Radarzwecke erkennen lässt. Dabei führt die Trägerfrequenz zu einer in diesem Zusammenhang unwichtigen hochfrequenten

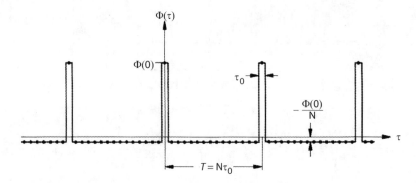

Abb. 1.62 Autokorrelationsfunktion von periodisch wiederholten Pseudo-Rausch-Maximalfolgen

Oszillation der AKF, und man kann sich daher auf die Betrachtung der Modulierschwingung, d. h. hier der benutzten Binärfolgen beschränken. (Zur Impulskompression durch Korrelation vgl. Abschn. 1.12.2.4.)

Die AKF $\Phi(\tau)$ von Binärfolgen mit fester Taktfrequenz gibt man sinnvollerweise nur für die diskreten Zeitverschiebungen $\tau = 0, \pm\tau_0, \pm2\tau_0, \ldots$ an, wobei τ_0 die Taktperiode ist. Günstig sind solche Signale, deren AKF nur bei $\tau = 0$ eine scharfe Spitze hat und sonst keine oder nur sehr schwache Nebenmaxima aufweist. Das Optimum erreicht man mit den *Barker-Codes*, die jedoch nur bis zu einer Länge von N = 13 Takten bekannt sind. Sie sind dadurch definiert, dass ihre AKF außerhalb von $\tau = 0$ nur die Werte $\Phi(\tau) = 0$ oder $\pm\Phi(0)/N$ annimmt. Bei ihnen ist also das Verhältnis zwischen Haupt- und Nebenmaxima gleich N. Abb. 1.61 zeigt oben die AKF des periodisch wiederholten 13er Barker-Codes, unten die des Einzelimpulses. Durch die Autokorrelation wird also der Impuls auf 1/13 seiner Länge eingeengt und gewinnt dabei die 13fache Höhe.

Unter den längeren Binärfolgen haben sich besonders die *Pseudo-Rausch-Codes* bewährt, die nach dem in Abschn. 1.11.3.2 beschriebenen Verfahren in rückgekoppelten Schieberegistern entstehen (*shift register sequences*) [71]. Bei einem n-stelligen Register hat die zwischen den Werten $+A$ und $-A$ springende Maximalfolge die Periodendauer $T = (2^n - 1)\tau_0 = N\tau_0$. Wird die Folge periodisch wiederholt, hat die AKF den Wert $\Phi(0) = A^2$ bei $\tau = 0, \pm T, \pm2T, \ldots$ und dazwischen den konstanten Wert $-\Phi(0)/N$ (Abb. 1.62), ist also ebenso günstig wie die Barker-Codes. Ohne die periodische Wiederholung bekommt die AKF jedoch einen unregelmäßigeren Verlauf. Abb. 1.63 zeigt als Beispiel die AKF eines einzelnen Pseudo-Rausch-Impulses von N = 127 Takten Länge. Das Verhältnis des Hauptmaximums $\Phi(0)$ zum höchsten Nebenmaximum strebt mit wachsendem N gegen $\sqrt{N}$.

Eine wichtige Aufgabe der Radarmessungen besteht neben der Lokalisation auch in der Geschwindigkeitsbestimmung des georteten Objekts aus der Dopplerverschiebung zwischen Empfangs- und Sendesignal. Um auch hier die Vorteile der Impulskompression (Anhebung des Signal-Rausch-Verhältnisses und bessere räumliche Auflösung) ausnutzen zu

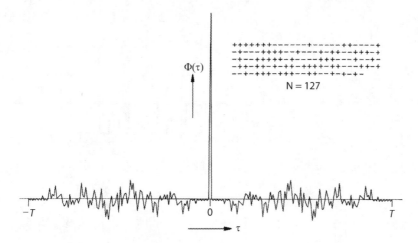

Abb. 1.63 Autokorrelationsfunktion eines einzelnen 127er Pseudo-Rausch-Impulses

können, muss die Kreuzkorrelierte des Sendesignals $y(t)$ mit dem zeitlich um τ und in der Frequenz um ω verschobenen Echo eine möglichst eindeutige Spitze haben. Beschränkt man sich wieder auf die Betrachtung der (bei Phasentastung im Allgemeinen komplexen) Modulationsfunktion $\underline{u}(t)$, so wird dieser Zusammenhang durch die *Ambiguity-Funktion* (*Mehrdeutigkeitsfunktion*) [72]

$$\varPhi(\tau, \omega) = \int\limits_{-\infty}^{+\infty} \underline{u}(t)\,\underline{u}^{*}(t + \tau)\,\mathrm{e}^{-\mathrm{j}\omega t}\,\mathrm{d}t \qquad (1.365)$$

beschrieben. Sie geht für $\omega = 0$ in die AKF von $\underline{u}(t)$ über. Die für Radarzwecke ideale Modulation lässt sich dadurch beschreiben, dass ihre Ambiguity-Funktion eine scharfe Spitze bei $\tau = 0$, $\omega = 0$ über einem sonst konstant niedrigen Sockel aufweist (*thumbtack*-(Reißnagel-)Funktion). Die Pseudo-Rausch-Codes kommen diesem Bild recht nahe, während die Barker-Codes zu hohen Nebenmaxima außerhalb des Nullpunkts führen.

Lässt man beim periodisch wiederholten 13er Barker-Code die Folge nicht zwischen $+A$ und $-A$ springen, sondern zwischen $+A$ und $-7A/6$, so wird, mit Ausnahme der Spitzen bei $\tau = 0$, $\pm T$, $\pm 2T$ usw., $\varPhi(\tau) \equiv 0$. Entsprechende Amplitudenverhältnisse (oder, anders ausgedrückt, zuzufügende Gleichanteile) lassen sich auch für die übrigen periodisch wiederholten Barker-Codes und M-Folgen angeben, sodass die AKF außerhalb der Spitzen verschwindet. Diese Signale sind *verschiebungsorthogonal*, d. h. die um $\mathrm{n}\tau_0$ mit n = 1, ..., (N − 1) verschobenen Folgen sind orthogonal zueinander (ein weiteres Beispiel ist in Abb. 1.64 rechts gezeigt). Derartige Signale sind als Zeitfunktionen z. B. in der Radartechnik interessant; eine andere Anwendung finden sie als Satz orthogonaler Basisfunktionen bei der Transformation von Bilddaten (vgl. Abschn. 1.14.3).

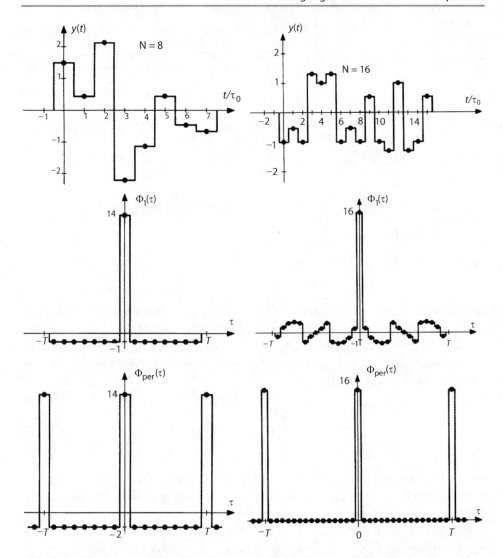

Abb. 1.64 Beispiele für mehrstufige Signale mit Barker-Autokorrelationseigenschaften. *Oben*: Zeitfunktionen $y(t)$, *Mitte*: AKF $\Phi_1(\tau)$ des Einzelimpulses, *unten*: AKF $\Phi_{\text{per}}(\tau)$ des periodisch wiederholten Impulses. *Links*: $N = 8$, $\Phi_1(\tau)$ und $\Phi_{\text{per}}(\tau)$ zweiwertig. *Rechts*: $N = 16$, periodisches Signal verschiebungsorthogonal [76]

Barker-Codes, also binäre Signale mit der Eigenschaft $\Phi(\tau) = 0$ oder ± 1 für $\tau \neq 0$, existieren nur für die Längen $N = 2, 3, 4, 5, 7, 11$ und 13. Die ebenfalls binären Maximalfolgen gibt es nur für die Längen $N = 2^n - 1$ mit $n = 1, 2, \ldots$. Für die digitale Signalverarbeitung möchte man aber oft diskrete Folgen mit den gleichen oder ähnlichen Autokorrelationseigenschaften für andere Werte N haben; besonders günstig sind die Längen $N = 2^n$, weil man dann schnelle Algorithmen wie die FFT (Abschn. 1.14.2.2) anwenden kann. Zeitdiskrete Signale mit weitgehend vorgebbarem Verlauf der AKF der einzelnen und der periodisch wiederholten Folge lassen sich für beliebige Längen N berechnen, wenn man sich nicht auf binäre Folgen beschränkt, sondern *mehrstufige Signale* zulässt. Abb. 1.64 zeigt zwei Beispiele. Die linke Folge mit $N = 8$ ist *mittelwertfrei* (d. h. ohne Gleichanteil), sowohl die AKF $\Phi_1(\tau)$ des Einzelimpulses als auch $\Phi_{\mathrm{per}}(\tau)$ der periodischen Folge nehmen nur zwei verschiedene Werte an (*zweiwertige AKF*), und außerdem erfüllt sie die willkürlich gestellte Forderung $\Phi_1(0)/|\Phi_1(\tau \neq 0)| = 14$. Rechts ist eine Folge mit $N = 16$ dargestellt, die bei periodischer Wiederholung verschiebungsorthogonal ist, d. h. $\Phi_{\mathrm{per}}(\tau) \equiv 0$ für $\tau \neq 0,\ \pm T, \dots$. Stellt man für $\Phi_1(\tau)$ keine besondere Forderung auf, so ist die Berechnung der Stufenwerte relativ einfach. In [73]–[75] wird dargelegt, wie man verallgemeinerte Barker-Sequenzen generieren kann, vor allem im Hinblick auf Radar-Anwendungen.

Der im Wiener'schen Satz ausgedrückte Zusammenhang zwischen AKF und Leistungs- oder Energiedichtespektrum lässt sich auch auf räumliche Anordnungen übertragen, und zwar in Verbindung mit dem in Abschn. 1.9.6 erläuterten Zusammenhang zwischen Strahlungsbelegung und Richtcharakteristik. Ist $\underline{f}(x)$ die im Allgemeinen komplexe räumliche Amplitudenverteilung eines Strahlers mit endlichen Abmessungen, so ist die räumliche Autokorrelationsfunktion analog zu (1.314) definiert durch

$$\Phi(\eta) = \int\limits_{-\infty}^{+\infty} \underline{f}(x)\,\underline{f}^*(x + \eta)\,\mathrm{d}x. \tag{1.366}$$

Die inverse Fouriertransformierte von $\underline{f}(x)$ ergibt nach (1.196) die Richtcharakteristik, d. h. die Winkelabhängigkeit der abgestrahlten Amplitude im Fernfeld. Besteht der Strahler aus einer linearen Kette $\underline{f}_n$ von N diskreten Einzelelementen im gegenseitigen Abstand Δ, so gilt für die Richtcharakteristik

$$R(\xi) = \sum_{n=1}^{N} \underline{f}_n\, \mathrm{e}^{\mathrm{j}\xi n\Delta}, \tag{1.367}$$

wobei ξ dieselbe Bedeutung hat wie in (1.196). Die zugehörige Strahlungsleistung ist

$$|R(\xi)|^2 = \left(\sum_{k=1}^{N} \underline{f}_k \mathrm{e}^{\mathrm{j}\xi k\Delta} \right) \left(\sum_{n=1}^{N} \underline{f}_n^* \mathrm{e}^{-\mathrm{j}\xi n\Delta} \right)$$

$$= \sum_{k=1}^{N} \sum_{n=1}^{N} \underline{f}_k \underline{f}_n^* \mathrm{e}^{\mathrm{j}\xi(k-n)\Delta} = \sum_{m=-(N-1)}^{N-1} \underline{\Phi}(m) \mathrm{e}^{\mathrm{j}\xi m\Delta} \tag{1.368}$$

mit m = k − n und

$$\underline{\Phi}(m) = \sum_{n=1}^{N-|m|} \underline{f}_{n+|m|}\, \underline{f}_n^*. \tag{1.369}$$

$\underline{\Phi}(m)$ ist die AKF von $\underline{f}_n$, wie es nach dem Wiener'schen Satz zu erwarten ist.

Zeigt die räumliche Autokorrelationsfunktion im Wesentlichen nur eine scharfe Spitze, ist die Richtcharakteristik nahezu isotrop (in Analogie zum breiten Spektrum kurzer Impulse). Es lässt sich zeigen, dass das Spektrum von Folgen mit zweiwertiger AKF stets flach ist. Experimente mit piezoelektrischen Ultraschallstrahlern aus parallelen Streifen, die nach Barker-Sequenzen gepolt waren, ergaben weitgehende Übereinstimmung mit den theoretischen Ergebnissen.

Eine weitere akustische Anwendung findet dieses Prinzip als diffus reflektierende Wandbekleidung, die man z. B. zur Verbesserung der akustischen Eigenschaften von Konzertsälen braucht. Den Vorzeichenwechsel erzielt man hier durch Laufwegunterschiede, indem man der Wand eine entsprechende Tiefenstruktur gibt. Abb. 1.65 zeigt eine solche Struktur für zwei Perioden der Maximalfolge mit N = 7 (+ + − − + − +). Bei der Frequenz, für die die aufgesetzten Stege $\lambda/4$ tief sind, scheint bei senkrechtem Schalleinfall die reflektierte Welle von einer Strahlerstruktur auszugehen, die entsprechend der Maximalfolge gepolt ist und eine breit aufgefächerte Richtcharakteristik mit N nahezu gleich starken Keulen im Winkelbereich von +90° bis −90° liefert. Naturgemäß kann dies nur für einen relativ engen Frequenzbereich gelten, in der Praxis für etwa eine Terz um die Optimalfrequenz.

Breitbandigere Diffusoren kann man mit mehrstufigen Strukturen realisieren, die beispielsweise nach dem Prinzip der *quadratischen Restfolgen* aufgebaut sind [77]. Eine quadratische Restfolge ist definiert durch

$$q_n = ((n^2)), \tag{1.370}$$

wobei $((n^2))$ der kleinste nicht-negative Rest von n^2 modulo p und p eine Primzahl ist. Beispielsweise lautet die Folge für $p = 17$

$$0, 1, 4, 9, 16, 8, 2, 15, 13, 13, 15, 2, 8, 16, 9, 4, 1; 0, 1, 4, \ldots \tag{1.371}$$

Die Folgen sind symmetrisch um n = 0 und um n = $(p-1)/2$, und sie wiederholen sich periodisch mit der Periode p. Bildet man mit einer solchen Zahlenfolge q_n die diskrete, periodische, komplexe Funktion

$$\underline{y}_n = e^{j2\pi q_n/p}, \tag{1.372}$$

so weist deren AKF Spitzen bei n = 0, $\pm p$, $\pm 2p, \ldots$ auf und verschwindet bei allen Zwischenwerten. Eine entsprechende Wandstruktur (Abb. 1.66) reflektiert daher diffus,

Abb. 1.65 Binäres Reflexions-
Phasengitter (zwei Perioden
der Maximalfolge mit N = 7)
und zugehörige gemessene
Richtcharakteristik

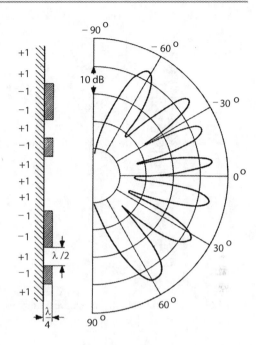

und zwar in diesem Fall nicht nur bei der Grundfrequenz f_0, bei der die Gesamtdicke der
Struktur gleich $(1 - 1/p)\lambda/2$ ist, sondern auch bei allen Vielfachen von f_0 bis $(p-1)f_0$.
Experimente haben gezeigt, dass sich die diffuse Reflexion zwischen diesen Optimalfre-
quenzen und auch bei schrägem Schalleinfall nur unwesentlich verschlechtert, sodass man
hiermit breitbandig diffuse Reflexion erhält. Die Strukturen lassen sich auch zweidimen-
sional aufbauen. Die Tatsache, dass nach (1.372) $|y_n| \equiv 1$ ist, ist für die akustischen
Anwendungen wichtig: Die Struktur wirkt als *Reflexions-Phasengitter*, absorbiert also im
Gegensatz zu Amplitudengittern keine Schallenergie.

1.12.2.4   Störbefreiung durch Autokorrelationsanalyse, synchrone Mittelung und Korrelationsfilter (Matched Filter)

Ihre wichtigste Anwendung finden Korrelationsverfahren bei der Messung und dem Nachweis stark gestörter Signale. Wir betrachten zunächst den Fall eines von Rauschen überdeckten periodischen Signals. Im Unterschied zu dem in Abschn. 1.12.1 besprochenen
Fall stehe kein synchrones Referenzsignal zur Verfügung, sodass ein Lock-in-Verstärker
nicht einsetzbar ist. Die vorliegende Zeitfunktion sei

$$y(t) = s(t) + r(t), \tag{1.373}$$

$s(t)$ ist der periodische und $r(t)$ der Rauschteil, der mit $s(t)$ nicht korreliert ist.

Bei der Fourieranalyse des von Rauschen überdeckten periodischen Signals erwartet
man ein kontinuierliches Amplitudenspektrum, aus dem die Linien des periodischen Si-

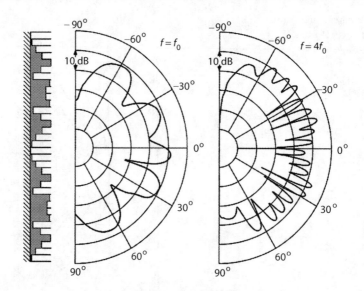

Abb. 1.66 Mehrstufiges Reflexionsphasengitter (zwei Perioden der qudratischen Restfolge mit $p = 17$) und gemessene Richtcharakteristiken für $f = f_0$ und $f = 4f_0$

gnals als scharfe Spitzen herausragen. Bei sehr kleinem Signal-Rausch-Verhältnis treten jedoch die Linien nicht mehr hervor, sodass die periodische Komponente im Amplituden-spektrum nicht nachweisbar ist. Hier hilft oft die Autokorrelationsanalyse. Die AKF von $y(t)$ ist

$$\Phi(\tau) = \overline{[s(t) + r(t)] [s(t + \tau) + r(t + \tau)]}$$
$$= \overline{s(t)s(t + \tau)} + \overline{s(t)r(t + \tau)} + \overline{r(t)s(t + \tau)} + \overline{r(t)r(t + \tau)}$$
$$= \quad \Phi_{ss}(\tau) \quad + \quad \Phi_{sr}(\tau) \quad + \quad \Phi_{rs}(\tau) \quad + \quad \Phi_{rr}(\tau). \qquad (1.374)$$

Die Kreuzkorrelationen $\Phi_{sr}(\tau)$ und $\Phi_{rs}(\tau)$ verschwinden, und für genügend große τ ist auch $\Phi_{rr}(\tau)$ praktisch bedeutungslos, sodass dann $\Phi(\tau)$ in $\Phi_{ss}(\tau)$, die AKF des gesuchten periodischen Signals übergeht.

Bei der vorausgesetzten Unabhängigkeit von $s(t)$ und $r(t)$ ist $\Phi(0)$ gleich der Summe der quadratischen Mittelwerte beider Anteile:

$$\Phi(0) = \Phi_{ss}(0) + \Phi_{rr}(0) = \widetilde{s}^2 + \widetilde{r}^2. \qquad (1.375)$$

$\widetilde{s}^2$ ist gleich der Amplitude des periodischen Anteils $\Phi_{ss}(\tau)$ der AKF, also gleich $\Phi(\tau)$ für große τ; durch Extrapolation auf $\tau = 0$ kann man daher auch $\widetilde{r}^2$ und damit das Signal-Rausch-Verhältnis $\widetilde{s}^2/\widetilde{r}^2$ bestimmen.

Gegenüber der Autokorrelationsanalyse lässt sich die Rauschbefreiung eines periodi-schen Signals messtechnisch vereinfachen, wenn die Periodendauer genau bekannt ist.

Man wendet dann gern das Verfahren der Störbefreiung durch *synchrone Mittelung* (engl.: *signal averaging*) an [78]. Hierbei wird das Scharmittel einer großen Zahl N von Perioden des Empfangssignals gebildet. Die Momentanwerte des heraus zu hebenden periodischen Anteils addieren sich phasenrichtig und wachsen daher proportional zu N, während sich bei den unkorrelierten Störungen die Energien addieren, sodass die Momentanwerte im Mittel nur wie $\sqrt{N}$ ansteigen. Das Signal-Rausch-Verhältnis verbessert sich daher um den Faktor $\sqrt{N}$.

Handelsübliche Geräte für diese Messungen (*Mittelwertrechner*, *Signal Averager*) sind in Digitaltechnik aufgebaut. Die Signalperiode T wird beispielsweise in M $= 1000$ äquidistanten Zeitpunkten t_i abgetastet, quantisiert (meist mit einem 8 bit-Quantisierer) und gespeichert. Die entsprechenden Abtastwerte der N $- 1$ folgenden Signalperioden werden jeweils zu den Registerinhalten addiert, und auf einem Sichtschirm kann man das Anwachsen des gespeicherten Signals

$$Y_\nu^{(a)}(t_i) = \sum_{n=1}^{\nu} y_n(t_i), \qquad i = 1, \ldots, M \qquad (1.376)$$

beobachten ($\nu = 1, 2, \ldots, N$). Von dieser *additiven Speicherung* lässt sich die Anzeige auf *normierte Mittelung* umschalten, bei der jeweils der Mittelwert der bisherigen Abtastwerte gebildet wird:

$$Y_\nu^{(n)}(t_i) = \frac{1}{\nu} \sum_{n=1}^{\nu} y_n(t_i) = Y_{\nu-1}^{(n)} + \frac{y_\nu(t_i) - Y_{\nu-1}^{(n)}(t_i)}{\nu} \qquad (1.377)$$

(tatsächlich dividiert man nicht durch ν, sondern durch die nächstliegende Potenz von 2, weil dies in der Digitaltechnik lediglich eine Stellenverschiebung bedeutet und daher erheblich weniger Rechenzeit erfordert als eine echte Division; die Störbefreiung wird durch diesen „Fehler" um maximal 0,77 dB beeinträchtigt). Zur Beobachtung langsam veränderlicher Signale gibt es als dritte Betriebsart noch die *exponentielle Mittelung*, bei der die Abtastwerte früherer Perioden immer schwächer bewertet werden:

$$Y_\nu^{(e)}(t_i) = (1 - \gamma) \sum_{n=1}^{\nu} \gamma^{\nu-n} y_n(t_i) = Y_{\nu-1}^{(e)}(t_i) + \frac{y_\nu(t_i) - Y_{\nu-1}^{(e)}(t_i)}{2^\mu}, \qquad (1.378)$$

$\gamma = (2^\mu - 1)/2^\mu$, $\mu = 0, \ldots, 16$ wählbar.

Sofern das Signal beliebig oft wiederholbar ist, lässt sich das Signal-Rausch-Verhältnis im Prinzip beliebig erhöhen. In der Praxis begrenzen jedoch das Quantisierungsrauschen und andere Störungen den Gewinn auf etwa 60 dB (N $= 2^{20}$).

Dieses Verfahren ist auch dann anwendbar, wenn das zu beobachtende Ereignis nicht periodisch erfolgt, aber nach einem Synchronisationssignal in stets gleicher Weise abläuft. Ein typisches Anwendungsbeispiel ist die Untersuchung von Hirnstromimpulsen nach äußeren Reizen (Licht, Schall, Berührung usw.). Der Einzelimpuls ist so stark gestört, dass

Abb. 1.67 Zur Herleitung des
Korrelationsfilters

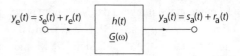

man ihm keine Information entnehmen kann; nach z. B. 26-maliger Wiederholung (18 dB Gewinn) ist jedoch der Impulsverlauf schon gut zu erkennen.

Weitere Anwendungsbeispiele sind die Impulsspektrometrie (Abschn. 1.12.2.2), optische Impulsmessungen (Fluoreszenz usw.), akustische Impuls-Echo-Verfahren und die Verfolgung periodischer Signale in turbulenter Strömung.

Die synchrone Mittelung bietet sich zur Störbefreiung also dann an, wenn man den Zeitverlauf eines schwachen, stark verrauschten Signals ermitteln möchte, das zu definierten Zeiten immer wieder auftritt. Dieses Verfahren wird auch häufig zur Vorverarbeitung von Signalen eingesetzt, z. B. in digital arbeitenden Korrelatoren und FFT-Analysatoren (Abschn. 1.14.2.2), und zwar sowohl in universellen als auch in Spezialgeräten wie den bereits erwähnten Kernresonanz-Impulsspektrometern, wo man die Impulsantwort der Messprobe vor der Fouriertransformation von Störungen befreien möchte.

Ein anderes Problem der Störbefreiung liegt z. B. bei den Impuls-Ortungsverfahren (Radar, Sonar) vor, wo die Information häufig aus dem einzelnen Echo gewonnen werden muss. Hier interessiert die Impulslaufzeit, aus der sich dann die Lage des reflektierenden Objekts ermitteln lässt. Weil die Impulsform nicht erhalten bleiben muss, liegt es bei stark gestörten Übertragungswegen nahe, das Signal-Rausch-Verhältnis durch die bereits in Abschn. 1.11.1.7 behandelte Impulskompression anzuheben. Diese läuft in ihrer optimalen Form auf ein Korrelationsverfahren hinaus. Das soll im Folgenden gezeigt werden.

Die vom Empfänger aufgenommene Zeitfunktion sei

$$y_e(t) = s_e(t) + r_e(t), \tag{1.379}$$

wobei $s_e(t)$ den Signalanteil und $r_e(t)$ ein überlagertes weißes Rauschen mit der konstanten spektralen Leistungsdichte W_0 darstellt. Mit einem nachgeschalteten linearen Übertragungssystem („Filter") soll das Signal-Rausch-Verhältnis bestmöglich angehoben werden. Das Filter (Abb. 1.67) habe die Übertragungsfunktion $\underline{G}(\omega)$ und die Impulsantwort $h(t)$, das Ausgangssignal sei

$$y_a(t) = s_a(t) + r_a(t). \tag{1.380}$$

$s_e(t)$ und $s_a(t)$ seien zeitbegrenzte Signale („Energiesignale") mit den spektralen Amplitudendichten $\underline{S}_e(\omega)$ und $\underline{S}_a(\omega)$, $r_a(t)$ hat die spektrale Leistungsdichte

$$W_a(\omega) = W_0 \, |\underline{G}(\omega)|^2. \tag{1.381}$$

Das Verhältnis der momentanen Nutzsignalleistung zur mittleren Rauschleistung am Ausgang, das quadrierte Signal-Rausch-Verhältnis, ist $s_a^2(t)/\overline{r_a^2(t)}$. Dieses Verhältnis erreiche sein Maximum ρ^2 in einem noch näher zu bestimmenden Zeitpunkt t_0:

$$\rho^2 = \frac{s_a^2(t_0)}{r_a^2(t)}. \tag{1.382}$$

Nach (1.232) ist

$$s_a(t) = h(t) * s_e(t) = \int\limits_{-\infty}^{+\infty} h(\tau)s_e(t-\tau)\,d\tau, \tag{1.383}$$

und aus (1.316), (1.336) sowie (1.183) folgt

$$\overline{r_a^2(t)} = \Phi(0) = \frac{1}{2\pi}W_0 \int\limits_{-\infty}^{+\infty} |G(\omega)|^2\,d\omega = W_0 \int\limits_{-\infty}^{+\infty} h^2(t)\,dt. \tag{1.384}$$

Einsetzen in (1.382) und eine Abschätzung mit der Schwarz'schen Ungleichung (1.302) liefert

$$\rho^2 = \frac{\left(\int\limits_{-\infty}^{+\infty} h(\tau)s_e(t_0-\tau)\,d\tau\right)^2}{W_0 \int\limits_{-\infty}^{+\infty} h^2(t)\,dt} \le \frac{\int\limits_{-\infty}^{+\infty} h^2(\tau)\,d\tau \int\limits_{-\infty}^{+\infty} s_e^2(\tau')\,d\tau'}{W_0 \int\limits_{-\infty}^{+\infty} h^2(\tau)\,d\tau} = \frac{E}{W_0}, \tag{1.385}$$

wobei E die Gesamtenergie des Signals $s_e(t)$ nach (1.184) ist (im zweiten Zählerintegral rechts ist $\tau' = t_0 - \tau$ substituiert worden). Das quadrierte Signal-Rausch-Verhältnis erreicht also sein Optimum $\rho_{\text{opt}}^2 = E/W_0$ dann, wenn sich die gesamte im Signal $s_e(t)$ enthaltene Energie in einem Zeitpunkt t_0 konzentriert. In (1.385) gilt das Gleichheitszeichen, wenn

$$h(t) = \lambda s_e(t_0 - t) \tag{1.386}$$

ist, λ beliebig reell. Die Impulsantwort des Filters stellt demnach bis auf den Proportionalitätsfaktor λ das zeitinvertierte und um t_0 verzögerte Eingangssignal dar. Weil die Eigenschaften des Filters im Wesentlichen durch das nachzuweisende Signal bestimmt sind, nennt man es *signalangepasstes Filter*, engl. *matched filter*. Die Übertragungsfunktion errechnet sich aus $h(t)$ nach (1.161) und (1.163) zu

$$\underline{G}(\omega) = \mathcal{F}\{h(t)\} = \lambda\mathcal{F}\{s_e(t_0 - t)\} = \lambda\underline{S}_e(-\omega)e^{-j\omega t_0} = \lambda\underline{S}_e^*(\omega)e^{-j\omega t_0}. \tag{1.387}$$

$\underline{G}(\omega)$ ist hauptsächlich durch $S_e^*(\omega)$ gegeben; man spricht deshalb auch vom *konjugierten Filter*. Das Nutzsignal am Ausgang des Filters ist

$$s_a(t) = s_e(t) * h(t) = \lambda s_e(t) * s_e(t_0 - t) = \lambda \int\limits_{-\infty}^{+\infty} s_e(\tau)s_e(t - t_0 + \tau)\,d\tau, \tag{1.388}$$

dieses Integral ist aber nach (1.314) die um t_0 verschobene AKF von $s_e(t)$:

$$s_a(t) = \lambda \int\limits_{-\infty}^{+\infty} s_e(t)\, s_e(\tau - t_0 + t)\, \mathrm{d}t = \lambda \Phi(\tau - t_0) \qquad (1.389)$$

(die Integrale in (1.388) und (1.389) gehen durch die Umbenennung $t \leftrightarrow \tau$ ineinander über). Das signalangepasste Filter bildet also, wieder bis auf den Faktor λ, die um t_0 verschobene AKF des Nutzsignals. Deshalb nennt man es auch *Korrelationsfilter*.

Die Zeitverzögerung t_0 ist erforderlich, damit das Korrelationsfilter kausal ist, d. h. $h(t) \equiv 0$ für $t < 0$ (vgl. Abschn. 1.13.4). Stellt $s_e(t)$ ein zeitbegrenztes Signal dar, das von $t = 0$ bis T dauert, ist $s_e(-t)$ im Zeitintervall $-T \dots 0$ von Null verschieden und $\lambda s_e(t_0 - t)$, die Impulsantwort, im Intervall $(t_0 - T)$ bis t_0. Es muss also $t_0 \geq T$ sein, damit das Filter realisierbar ist. Für praktische Anwendungen wählt man t_0 nicht wesentlich größer als T, um das Ausgangssignal nicht unnötig zu verzögern.

Einen Einblick in die Anforderungen an das Sendesignal liefert der Vergleich des Korrelationsfilters mit einem gewöhnlichen Frequenzfilter. Ein Frequenzfilter mit der Bandbreite Δf würde die Rauschleistung $2W_0 \Delta f$ durchlassen ((1.195) mit $W(f) \equiv W_0$). Falls Δf so gewählt ist, dass das Nutzsignal $s_e(t)$ nicht nennenswert beeinträchtigt wird, ist die mittlere Signalleistung während der Signaldauer T sowohl am Filtereingang als auch am Ausgang gleich E/T. Schreibt man die Beziehung $\rho_{\text{opt}}^2 = E/W_0$ (1.385) in der Form

$$\rho_{\text{opt}}^2 = 2T\Delta f\, \frac{E}{2T\,W_0\Delta f}, \qquad (1.390)$$

so stellt der Bruch das quadrierte Signal-Rausch-Verhältnis am Ausgang des gewöhnlichen Filters dar. Das Matched Filter ist also um den Faktor $2T\Delta f$ besser. Besonders geeignet sind demnach Sendesignale mit großem Zeit-Bandbreite-Produkt $T\Delta f$, bei denen also die durch die Unschärferelation gegebene untere Grenze (vgl. Abschn. 1.11.2) möglichst weit überschritten ist. Auf die Verwendung frequenzmodulierter Signale sowie von Binärfolgen (Barker-Codes und Maximalfolgen) für die Impulskompressionstechnik wurde schon in den Abschn. 1.11.1.7 und 1.12.2.3 hingewiesen. Die mehrstufigen Folgen mit zum Teil günstigeren Autokorrelationseigenschaften (z. B. Abb. 1.64) nutzen im Unterschied zu den binären die verfügbare Sendeleistung nicht vollständig aus.

Ein verwandtes Problem ist das der *Mustererkennung* oder *Zeichenerkennung*. Hierbei will man feststellen, ob aus einer begrenzten Zahl möglicher Zeichen irgendeines in einem (möglicherweise stark gestörten) Empfangssignal vorkommt, und wenn ja, welches an welcher Stelle. Man korreliert zu diesem Zweck das Empfangssignal mit allen (zuvor auf gleiche Energie normierten) Zeichen, schickt das Signal also über eine Reihe von Korrelationsfiltern. Wenn eines davon ein hinreichend großes Ausgangssignal liefert, hat das Empfangssignal an dieser Stelle höchstwahrscheinlich das entsprechende Zeichen enthalten.

Dieses Verfahren wird sowohl in der Nachrichtentechnik für zeitliche Vorgänge, als auch in der Optik zum automatischen Erkennen zweidimensionaler Bildmuster eingesetzt (zur praktischen Durchführung vgl. Abschn. 1.9.6, zum gleichungsmäßigen Zusammenhang Abschn. 1.12.3.6).

Eine interessante Variante des Matched-Filter-Prinzips gibt es in der Optik. Eine in z-Richtung fortschreitende Welle lässt sich beschreiben durch das elektrische Feld

$$\mathbf{E}(x, y, z, t) = \text{Re}\{\underline{\Psi}(x, y, z)\,\mathrm{e}^{\mathrm{j}\omega t}\} \tag{1.391}$$

mit

$$\underline{\Psi}(x, y, z) = A(x, y)\,\mathrm{e}^{\mathrm{j}(-kz+\varphi(x.y))}, \tag{1.392}$$

$A(x, y)$ reell. (1.391) kann man auch in der Form

$$\mathbf{E}(x, y, z, t) = \text{Re}\{\underline{\Psi}^*(x, y, z)\,\mathrm{e}^{-\mathrm{j}\omega t}\} \tag{1.393}$$

mit

$$\underline{\Psi}^*(x, y, z) = A(x, y)\,\mathrm{e}^{\mathrm{j}(kz-\varphi(x.y))} \tag{1.394}$$

schreiben. Durchläuft die Welle ein inhomogenes Übertragungsmedium, werden die Wellenfronten deformiert. Wenn man diesen Vorgang durch Zeitumkehr rückwärts ablaufen lassen könnte, würden diese Störungen wieder beseitigt. Die durch Zeitumkehr aus (1.391) oder (1.393) hervorgehende Welle $\mathbf{E}(x, y, z, -t)$ ist aber gleich der zu $\mathbf{E}(x, y, z, t)$ *phasenkonjugierten Welle*

$$\mathbf{E}_k(x, y, z, t) = \text{Re}\{\underline{\Psi}^*(x, y, z)\,\mathrm{e}^{\mathrm{j}\omega t}\}, \tag{1.395}$$

bei der der ortsabhängige Anteil $\underline{\Psi}$ durch den konjugiert komplexen $\underline{\Psi}^*$ ersetzt ist. Sie läuft in *negativer* z-Richtung mit der invertierten räumlichen Phasenverteilung $-\varphi(x, y)$ statt $\varphi(x, y)$. Lässt man die gestörte Welle auf einen Reflektor fallen, der die konjugierte Welle erzeugt, so entsteht aus dieser nach nochmaligem Durchlaufen der verzerrenden Übertragungsstrecke die ursprüngliche Welle. Die phasenkonjugierte Reflexion ist z. B. durch stimulierte Brillouin-Streuung[51] oder „degenerierte Vierwellenmischung" möglich [79].

1.12.2.5 Experimentelle Durchführung der Autokorrelationsanalyse

In der praktischen Durchführung der Autokorrelationsanalyse wird die theoretisch geforderte zeitliche Mittelung von $t = -\infty$ bis $t = +\infty$ durch eine relativ kurze Integrationszeit ersetzt (*Kurzzeitkorrelation*). Um eine wirksame Rauschbefreiung zu erhalten, muss die Integrationszeit jedoch groß gegen die Kohärenzdauer des Rauschens sein.

---

[51] Léon Nicolas Brillouin, französisch–US-amerikanischer Physiker (1889–1969).

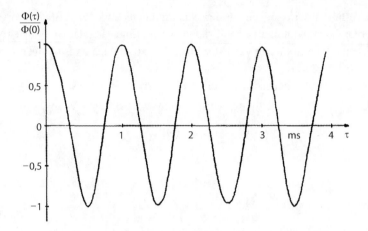

Abb.1.68 Gemessene AKF einer Sinusspannung mit der Frequenz 1 kHz

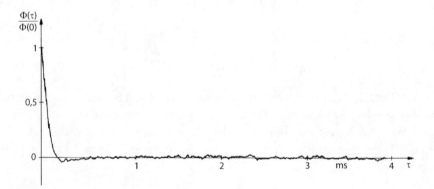

Abb.1.69 Gemessene AKF eines Breitbandrauschens

Es unterstreicht die technische Bedeutung der Korrelationsanalyse, dass es zahlreiche kommerzielle elektronische Geräten hierfür gibt, die teils in Analog-, teils in Digitaltechnik arbeiten. Zur Verzögerung benutzt man Laufzeitketten (LC-Ketten) und andere (z. B. akustische) Verzögerungsleitungen. Bei den meist in Digitaltechnik aufgebauten *Echtzeit-(on line)-Korrelatoren* bevorzugt man für diesen Zweck Schieberegister (typische Werte: 400 Abtastwerte, Abtastrate bis 20 MHz (bei Echtzeit-Betrieb bis 5 kHz), Vorverzögerung bis zur doppelten Speicherlänge). Auch die meisten FFT-Prozessoren (s. Abschn. 1.14.2.2) erlauben, die AKF zu berechnen – zweikanalige Geräte auch die Kreuzkorrelationsfunktion –, und zwar durch Fourier-Rücktransformation des Leistungsspektrums nach (1.336) bzw. des Kreuzleistungsspektrums nach (1.408).

Im Folgenden sind einige gemessene Autokorrelationsfunktionen abgebildet: in Abb. 1.68 die AKF einer Sinusspannung von 1 kHz; in Übereinstimmung mit (1.319) erhält man eine Cosinusfunktion mit der Periodenlänge $1/(1 \text{ kHz}) = 1$ ms. Abb. 1.69 zeigt

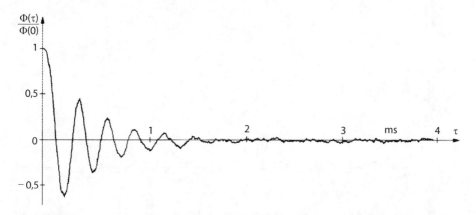

Abb. 1.70 Gemessene AKF von gefiltertem Rauschen: LC-Filter mit der Resonanzfrequenz $f_0 = 3,5\,$kHz und der in Abb. 1.59 gezeigten Übertragungsfunktion

die AKF eines Breitbandrauschens, dessen Anteile oberhalb von 5 kHz allerdings durch den Frequenzgang des benutzten Messwertwandlers unterdrückt wurden. Die AKF verschwindet praktisch für $\tau > 0{,}3\,$ms. Die verbleibenden statistischen Schwankungen lassen sich durch größere Integrationszeiten noch senken. Das gleiche Rauschen liefert nach Filterung über ein LC-Glied mit der Resonanzfrequenz $f_0 = 3{,}5\,$kHz und dem Verlustfaktor $\alpha/\pi f_0 = 0{,}2$ (vgl. Abb. 1.59) die in Abb. 1.70 dargestellte AKF. Die Oszillationen klingen exponentiell ab und sind bei $\tau = 1{,}5\,$ms praktisch verschwunden. Abb. 1.71 zeigt schließlich die AKF einer 2 kHz-Sinusspannung, der das Breitbandrauschen von Abb. 1.69 überlagert wurde, und zwar mit einem Signal-Rausch-Verhältnis von 1:4. Bei $\tau \approx 0{,}3\,$ms ist die AKF des Rauschens abgeklungen, und es bleibt die AKF der Sinusspannung mit einer Periodenlänge von 0,5 ms übrig. Der Scheitelwert dieses periodischen Anteils ist trotz der deutlichen statistischen Schwankungen recht genau bestimmbar, er beträgt erwartungsgemäß $1/(1^2 + 4^2) = 1/17$ von $\Phi(0)$.

1.12.2.6   Impulsanalyse durch Autokorrelation
Die AKF eines einzelnen Rechteckimpulses der Höhe A und der Dauer T (Abb. 1.72) fällt von dem Wert A^2 bei $\tau = 0$ nach beiden Seiten linear ab und verschwindet für $|\tau| \geq T$. Die Halbwertsbreite der AKF ist also gleich der Impulsbreite T. Auch bei beliebigen anderen Impulsformen ist die Halbwertsbreite der AKF ein gutes Maß für die Impulsdauer.

Zur Ausmessung von Impulsen macht man von der Korrelationsanalyse beispielsweise in der nichtlinearen Optik Gebrauch [80]. Mit Riesenimpulslasern gelingt es, durch Modenkopplung oder unter Ausnutzung nichtlinearer Effekte wie der stimulierten Raman- und Brillouinstreuung Lichtimpulse sehr kurzer Dauer zu erzeugen, bis hinab in den Femtosekundenbereich (einige $10^{-15}\,$s); die Wellenzüge haben Längen bis weit unter 1 mm. Für Experimente mit solchen kurzen Lichtimpulsen muss man ihre Dauer und nach Mög-

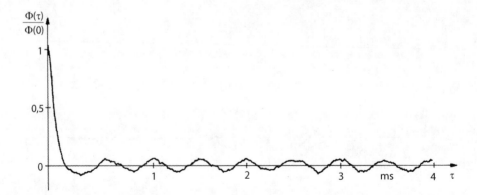

Abb. 1.71 Gemessene AKF einer Sinusspannung von 2 kHz mit überlagertem Breitbandrauschen. Signal-Rausch-Verhältnis 1:4

Abb. 1.72 Rechteckimpuls und seine Autokorrelationsfunktion

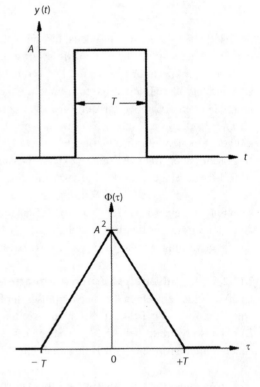

lichkeit auch die Impulsform kennen, d. h. den Verlauf der Lichtintensität als Funktion der Zeit. Die direkte Messung mit einer Fotozelle zur Darstellung des Intensitätsverlaufs auf einem Oszilloskop scheitert daran, dass die Anstiegszeiten auch der schnellsten bekannten Detektoren nicht kurz genug sind.

Abb. 1.73 Messanordnung zur
Bestimmung der Impulsdauer
von Femtosekunden-
Lichtimpulsen. St: Strahlteiler,
Sp: Spiegel, V: Verzögerungsstrecken, F: Filter, D: Detektor
(z. B. Fotomultiplier)

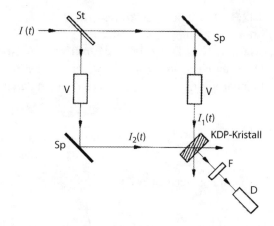

Man benutzt deshalb Korrelationsverfahren. Eine gebräuchliche Messanordnung ist in Abb. 1.73 skizziert. Der zu untersuchende Lichtimpuls mit dem Intensitätsverlauf $I(t)$ wird durch den Strahlteiler St in annähernd gleiche Teilimpulse aufgespalten, die nach dem Durchlaufen einstellbarer Verzögerungsstrecken V als zeitlich gegeneinander versetzte Signale $I_1(t)$ und $I_2(t) = I_1(t + \tau)$ in einem Kristall mit nichtlinearer Charakteristik wieder zusammentreffen. Bei den hohen Intensitäten dieser kurzen Impulse (bis zu einigen Megawatt Spitzenleistung) entsteht in dem Kristall (z. B. Kaliumdihydrogenphosphat, KDP) eine relativ starke Streustrahlung mit doppelter Frequenz, deren Intensität dem Produkt aus $I_1(t)$ und $I_2(t)$ proportional ist (Abschn. 5.4.5.1). Das Filter F lässt nur diese Harmonische durch, sodass der Detektor, der gegenüber den hier auftretenden Impulsdauern träge ist, das Zeitmittel $\overline{I_1(t)I_2(t)}$ misst. Beobachtet man auf einem Oszilloskop das Ausgangssignal des Detektors (meist ein Fotomultiplier) als Funktion der von Impuls zu Impuls in kleinen Stufen veränderten Zeitverzögerung τ zwischen den Teilimpulsen, so erhält man die AKF $\Phi(\tau)$ des Intensitätsverlaufs $I(t)$:

$$\Phi(\tau) = \int I_1(t) \, I_2(t) \, \mathrm{d}t = \int I_1(t) I_1(t + \tau) \, \mathrm{d}t. \tag{1.396}$$

Nach der Bemerkung am Anfang dieses Abschnitts ist der AKF die Impulsdauer zu entnehmen. Voraussetzung für die Anwendung der Messmethode ist eine hinreichend gute Reproduzierbarkeit der Impulse. Um nicht nur die Impulsdauer, sondern auch die Impulsform auszumessen, muss man den Impuls mit einem noch wesentlich kürzeren korrelieren, der zeitlich starr mit ihm gekoppelt ist. Lässt man in Abb. 1.73 den Strahlteiler weg und ersetzt $I_2(t)$ durch einen solchen kurzen Abtastimpuls $\delta(t)$, so registriert man bei Variation der Zeitverzögerung τ die Kreuzkorrelierte von $I_1(t)$ und $\delta(t)$, die nach (1.229) den gleichen Verlauf hat wie $I_1(t)$.

1.12.3 Kreuzkorrelationsanalyse

1.12.3.1 Kreuzkorrelationsfunktion und Kreuzleistungsspektrum

Die *Kreuzkorrelationsfunktion* $\Phi_{xy}(\tau)$ zweier Zeitfunktionen $x(t)$ und $y(t)$ ohne Gleichkomponente $(\overline{x(t)} = \overline{y(t)} = 0)$ ist definiert durch

$$\Phi_{xy}(\tau) = \overline{x(t)y(t+\tau)} = \lim_{T\to\infty} \frac{1}{2T} \int\limits_{-T}^{+T} x(t)\,y(t+\tau)\,\mathrm{d}t \qquad (1.397)$$

für Leistungssignale bzw. durch

$$\Phi_{xy}(\tau) = \int\limits_{-\infty}^{+\infty} x(t)y(t+\tau)\,\mathrm{d}t = x(t) * y(-t) \qquad (1.398)$$

für Energiesignale (Impulse usw.). Diese Definitionen entsprechen genau den Gleichungen (1.313) und (1.314) für die Autokorrelationsfunktion. Ebenso gehen aus (1.323) bis (1.334) die analogen Beziehungen für die Kreuzkorrelationsfunktion und die *Kreuzkovarianzfunktion* dadurch hervor, dass man den einen Faktor y durch x ersetzt und nötigenfalls die beiden Mittelwerte unterscheidet. So wird z. B. die Kreuzkovarianzfunktion $\kappa_{xy}(\tau)$ zweier ergodischer stochastischer Prozesse $[x(t)]$ und $[y(t)]$ mit den Repräsentanten $x(t)$ und $y(t)$ sowie den Mittelwerten m_x und m_y entsprechend (1.332)

$$\kappa_{xy}(\tau) = \big\langle (x(t) - m_x)(y(t+\tau) - m_y) \big\rangle = \overline{(x(t) - m_x)(y(t+\tau) - m_y)}. \qquad (1.399)$$

Für $\tau = 0$ erhält man hieraus die *Kovarianz* κ der Signale $x(t)$ und $y(t)$:

$$\kappa = \big\langle (x(t) - m_x)(y(t) - m_y) \big\rangle = \overline{(x(t) - m_x)(y(t) - m_y)} \qquad (1.400)$$

in Analogie zum Korrelationsfaktor Φ nach (1.300) und die *normierte Kovarianz*

$$\kappa' = \frac{\kappa}{\sigma_x \sigma_y} \qquad (1.401)$$

in Analogie zum Korrelationskoeffizienten φ nach (1.305). σ_x und σ_y sind die Standardabweichungen von $x(t)$ und $y(t)$ gemäß (1.282).

Auf Funktionen von anderen Variablen als der Zeit (Ort, Frequenz usw.) sind die vorstehenden Definitionen entsprechend zu übertragen. Bei komplexen Funktionen ist vom jeweils zweiten Faktor der konjugiert komplexe Wert zu nehmen. Sind beispielsweise $[\underline{X}(\omega)]$ und $[\underline{Y}(\omega)]$ stochastische Gesamtheiten von komplexen Spektren, so ist die Kovarianz bei jeder Frequenz ω definiert durch das Scharmittel

$$\underline{\kappa}_{XY}(\omega) = \big\langle (\underline{X}(\omega) - \underline{m}_x)(\underline{Y}^*(\omega) - \underline{m}_y) \big\rangle. \qquad (1.402)$$

Im Folgenden werden wieder reelle Zeitfunktionen betrachtet, und zwar ohne Gleichanteil, sodass zwischen Kreuzkorrelations- und Kreuzkovarianzfunktion kein Unterschied besteht.

Die Kreuzkorrelationsfunktion ist allgemeiner als die Autokorrelationsfunktion; infolgedessen ist z. B. $\Phi_{xy}(0)$ nicht besonders hervorgehoben, und $\Phi_{xy}(\tau)$ ist auch nicht symmetrisch in Bezug auf τ. Stattdessen gilt jedoch

$$\Phi_{xy}(-\tau) = \Phi_{yx}(\tau), \tag{1.403}$$

d. h.

$$\overline{x(t)y(t-\tau)} = \overline{y(t)x(t+\tau)}. \tag{1.404}$$

Bei Kreuzkorrelationsmessungen können Amplitudenschwankungen der beiden Zeitfunktionen das Ergebnis verfälschen. Man bestimmt deshalb oft die *normierte Kreuzkorrelationsfunktion*

$$\varphi_{xy}(\tau) = \frac{\Phi_{xy}(\tau)}{\widetilde{x}\,\widetilde{y}}. \tag{1.405}$$

$\widetilde{x}$ und $\widetilde{y}$ sind die Effektivwerte der Zeitfunktionen $x(t)$ und $y(t)$. Auch zum Vergleich der Ergebnisse verschiedener Messungen eignet sich $\varphi_{xy}(\tau)$ besser als $\Phi_{xy}(\tau)$. Die meisten handelsüblichen Korrelatoren erlauben sowohl die Messung von $\Phi_{xy}(\tau)$ als auch von $\varphi_{xy}(\tau)$.

Der Maximalwert, den $\Phi_{xy}(\tau)$ erreichen kann, ist – hier gelten die gleichen Überlegungen wie zu Beginn des Abschn. 1.12.1 – gleich dem Produkt der Effektivwerte $\widetilde{x}\,\widetilde{y}$. Nimmt $\Phi_{xy}(\tau)$ diesen Maximalwert für eine Verzögerung $\tau = \tau_0$ an $(\varphi_{xy}(\tau_0) = 1)$, so entsteht $y(t)$ aus $x(t)$ durch zeitliche Verschiebung um $\tau = \tau_0$ und, falls $\widetilde{x} \neq \widetilde{y}$, durch eine Amplitudenänderung. Bei schwächer korrelierten Zeitfunktionen bleibt $\Phi_{xy}(\tau)$ stets kleiner als $\widetilde{x}\,\widetilde{y}$, und für völlig unkorrelierte Zeitfunktionen ist $\Phi_{xy}(\tau) \equiv 0$.

Die Fouriertransformierte der Kreuzkorrelationsfunktion ist die *spektrale Kreuzleistungsdichte*, oft auch *Kreuzleistungsspektrum* oder einfach *Kreuzspektrum* genannt,

$$\underline{W}_{xy}(\omega) = \int\limits_{-\infty}^{+\infty} \Phi_{xy}(\tau)\mathrm{e}^{-j\omega\tau}\,\mathrm{d}\tau. \tag{1.406}$$

Sie lässt sich mit Hilfe des Faltungssatzes (1.190) auf die Spektren der Zeitfunktionen zurückführen. Sind $\underline{A}_x$ und $\underline{A}_y$ die spektralen Amplitudendichten der Zeitfunktionen $x(t)$ und $y(t)$ (s. (1.186)), so folgt aus dem Faltungssatz

$$\Phi_{xy}(\tau) = \lim_{T \to \infty} \frac{1}{4\pi T} \int\limits_{-\infty}^{+\infty} \underline{A}_x(-\omega, T)\underline{A}_y(\omega, T)\mathrm{e}^{j\omega\tau}\,\mathrm{d}\omega. \tag{1.407}$$

Andererseits lautet die Umkehrtransformation zu (1.406)

$$\Phi_{xy}(\tau) = \frac{1}{2\pi} \int\limits_{-\infty}^{+\infty} \underline{W}_{xy}(\omega) e^{j\omega\tau}\, d\omega, \qquad (1.408)$$

und der Vergleich der beiden letzten Beziehungen zeigt

$$\underline{W}_{xy}(\omega) = \lim_{T\to\infty} \frac{1}{2T} \underline{A}_x(-\omega, T) \underline{A}_y(\omega, T) = \lim_{T\to\infty} \frac{1}{2T} \underline{A}_x^*(\omega, T) \underline{A}_y(\omega, T) \qquad (1.409)$$

(bei stochastischen Prozessen sind möglicherweise Mittelungen erforderlich wie in (1.191) ff). In der Kreuzleistungsdichte $\underline{W}_{xy}(\omega)$ sind die Spektren der zugrunde liegenden Zeitfunktionen miteinander verknüpft; sie hat daher im Gegensatz zur Fouriertransformierten der AKF (der spektralen Leistungsdichte) keine so einfache, unmittelbare physikalische Bedeutung und ist auch im Allgemeinen eine komplexe Funktion. In der Zerlegung

$$\underline{W}_{xy}(\omega) = C_{xy}(\omega) - j Q_{xy}(\omega) \qquad (1.410)$$

nennt man $C_{xy}(\omega)$ das *Co-Spektrum* und $Q_{xy}(\omega)$ das *Quad-Spektrum* (Abkürzungen der englischen Bezeichnungen *coincidence spectrum* und *quadrature spectrum*). Da $\Phi_{xy}(\tau)$ reellwertig ist, gilt

$$\underline{W}_{xy}(-\omega) = \underline{W}_{xy}^*(\omega) = C_{xy}(\omega) + j Q_{xy}(\omega). \qquad (1.411)$$

Setzt man (1.410) in (1.408) ein, findet man mit (1.411)

$$\Phi_{xy}(\tau) = \frac{1}{\pi} \int\limits_0^{\infty} (C_{xy}(\omega) \cos\omega\tau + Q_{xy}(\omega) \sin\omega\tau)\, d\omega. \qquad (1.412)$$

Diese Beziehung erlaubt eine physikalische Deutung und messtechnische Anwendung der Co- und Quad-Spektren. Bezeichnet man mit $x_\omega(t, \Delta\omega)$ und $y_\omega(t, \Delta\omega)$ die Zeitfunktionen, die aus $x(t)$ und $y(t)$ durch Schmalbandfilterung im Frequenzintervall $(\omega, \omega + \Delta\omega)$ hervorgehen, so folgt aus (1.412)

$$\overline{x_\omega(t, \Delta\omega) y_\omega(t + \tau, \Delta\omega)} = \frac{1}{\pi}(C_{xy}(\omega) \cos\omega\tau + Q_{xy}(\omega) \sin\omega\tau)\Delta\omega. \qquad (1.413)$$

Speziell für $\tau = 0$ vereinfacht sich (1.413) mit dem Grenzübergang $\Delta\omega \to 0$ zu

$$C_{xy}(\omega) = \pi \lim_{\Delta\omega\to 0} \frac{1}{\Delta\omega} \overline{x_\omega(t, \Delta\omega) y_\omega(t, \Delta\omega)}, \qquad (1.414)$$

und für $\tau = \pi/2\omega$ (Phasendrehung um 90°) zu

$$Q_{xy}(\omega) = \pi \lim_{\Delta\omega \to 0} \frac{1}{\Delta\omega} \overline{x_\omega(t, \Delta\omega) y_\omega(t + \pi/2\omega, \Delta\omega)}. \tag{1.415}$$

Das Co-Spektrum ist also durch den Korrelationsfaktor der Spektralkomponenten beider Zeitfunktionen bestimmt und stellt die spektrale Leistungsdichte der phasengleichen Anteile in $x(t)$ und $y(t)$ dar. Im Quad-Spektrum drückt sich dagegen die Leistungsdichte der um 90° gegeneinander verschobenen Spektralanteile der Zeitfunktionen aus (der Name Quad-Spektrum rührt daher, dass man eine Phasendrehung um 90° als *Quadratur* bezeichnet).

Mit Zweikanal-FFT-Prozessoren (s. Abschn. 1.14.2.2) kann man, wie bereits in Abschn. 1.12.2.5 erwähnt, in der Regel auch das Kreuzleistungsspektrum bestimmen, und zwar nach (1.409) aus den Fourierspektren der beiden Zeitfunktionen (der Grenzübergang $T \to \infty$ entfällt, weil in der Praxis stets Kurzzeitspektren berechnet werden). Man kann das Kreuzleistungsspektrum benutzen, um aus den Maxima auf gemeinsame Anteile in den Spektren der beiden Zeitfunktionen zu schließen. Wichtiger jedoch ist $\underline{W}_{xy}(\omega)$ als Zwischenprodukt zum Berechnen der Kreuzkorrelationsfunktion $\Phi_{xy}(\tau)$ nach (1.408), der Übertragungsfunktion $\underline{G}(\omega)$ eines linearen Systems (Abschn. 1.12.3.4) oder der Kohärenzfunktion $\gamma^2(\omega)$, die in Abschn. 1.12.4.1 besprochen wird.

Die Bestimmung der Kreuzkorrelationsfunktion, die *Kreuzkorrelationsanalyse*, ist ein unentbehrliches Messverfahren bei Schwingungsuntersuchungen in vielen Bereichen. In den folgenden Abschnitten werden einige typische Anwendungen beschrieben.

1.12.3.2 Laufzeitanalyse durch Kreuzkorrelation

Wenn ein Signal von einem Punkt A auf verschiedenen Wegen mit unterschiedlicher Laufzeit zum Punkt B gelangt und festgestellt werden soll, wie sich die in B auftretende Signalenergie auf die einzelnen Übertragungswege aufteilt, so kann dies grundsätzlich durch eine Kreuzkorrelationsanalyse der Signale in A und B geschehen. Bei der mit der jeweiligen Laufzeit gleichgroßen Verzögerung τ des Signals A weist $\Phi_{AB}(\tau)$ ein Maximum auf, dessen Höhe ein Maß für die auf diesem Wege übertragene Energie ist. Ein Vergleich aller Maxima liefert dann die Energieaufteilung. Voraussetzung ist jedoch, dass die Signale hinreichend gut miteinander korreliert sind, dass also der Übertragungsweg keine nennenswerte frequenzabhängige Schwächung und Dispersion bewirkt. Daran scheitert die Anwendung dieses Verfahrens in vielen Fällen, wenn man breitbandige Anregung wählt; im Interesse einer guten zeitlichen Auflösung ist aber nach der Unschärferelation ein breites Spektrum des Prüfsignals erforderlich. Bei Körperschalluntersuchungen stört z. B. sehr oft die Dispersion der Biegewellen, bei Luftschallanwendungen die Schallbeugung.

1.12.3.3 Kreuzkorrelationsmessungen in der subjektiven Akustik

Abb. 1.74 illustriert eine Anwendung der Kreuzkorrelation in der subjektiven Akustik [81]. Ein Kunstkopf wird in der dargestellten Orientierung von einem Lautsprecher mit

Breitbandrauschen beschallt. In die beiden Ohren des Kunstkopfes sind Sondenmikrofone eingebaut, deren Ausgangsspannungen $x(t)$ und $y(t)$ miteinander korreliert werden. Die gemessene normierte Kreuzkorrelationsfunktion (Bezugswert $\widetilde{xy}$) erreicht ihr Maximum mit 0,97 bei $\tau_0 = 0,345\,\mathrm{ms}$. Der Schall trifft das linke Ohr später als das rechte, τ_0 ist die Laufzeitdifferenz. Dass das Maximum fast den Wert 1 erreicht, beweist, dass $x(t)$ und $y(t)$ praktisch die gleiche Kurvenform besitzen. Eine Signalverzerrung durch frequenzabhängige „Schattenwirkung" des Kopfes, wie sie bei anderen Orientierungen im Schallfeld beobachtet wird, tritt also hier kaum auf. Der Verlauf der Kreuzkorrelationsfunktion, insbesondere die Halbwertsbreite des Hauptmaximums, ist einerseits durch die Form des Rauschspektrums gegeben, hängt aber wegen des erwähnten Abschattungseffekts durch den Kopf auch wesentlich von der Schalleinfallsrichtung ab.

Für die Erforschung des Richtungshörens ist die Kenntnis der interauralen Laufzeit wichtig; sie lässt sich gut mit dem beschriebenen Kreuzkorrelationsverfahren bestimmen.

In diesem Zusammenhang ist interessant, dass bei Beschallung mit zwei oder mehr Lautsprechern aus verschiedenen Richtungen die Angabe einer Schalleinfallsrichtung um so ungenauer wird, je geringer der Kohärenzgrad der verschiedenen Schallsignale ist. Strahlt man beispielsweise aus vier Lautsprechern an den Ecken eines Quadrats das gleiche Schallsignal ab, so lokalisiert ein Hörer in der Mitte des Quadrats eine „Phantomschallquelle" senkrecht über sich. Mit abnehmender Kohärenz der vier Signale scheint sich die Schallquelle immer weiter auszubreiten, bis sie schließlich den ganzen oberen Halbraum ausfüllt. Man vermutet, dass im Gehör eine Art Kreuzkorrelation ausgeführt wird, und dass diese stark gestört wird, wenn auf jedes Ohr ein Gemisch untereinander unkorrelierter Signale aus verschiedenen Richtungen trifft.

1.12.3.4   Systemanalyse durch Kreuzkorrelation

In der Nachrichtentechnik und einigen anderen Bereichen wird die Kreuzkorrelationsanalyse vorwiegend zur Untersuchung von linearen Übertragungssystemen benutzt. Dem liegt der bereits in Abschn. 1.11.1.2 dargestellte Zusammenhang zugrunde, der hier kurz wiederholt sei. Eine Eingangszeitfunktion $x(t)$ und ihr Spektrum $\mathcal{F}\{x(t)\} = \underline{X}(\omega)$ sind mit der Ausgangszeitfunktion $y(t)$ und ihrem Spektrum $\mathcal{F}\{y(t)\} = \underline{Y}(\omega)$ verknüpft durch die *Impulsantwort* (*Impulsansprache, Stoßreaktion, Systemfunktion*) $h(t)$ bzw. deren Spektrum, die *Übertragungs-* oder *Gewichtsfunktion* $\mathcal{F}\{h(t)\} = \underline{G}(\omega)$. Im Frequenzbereich gilt

$$\underline{Y}(\omega) = \underline{X}(\omega)\,\underline{G}(\omega), \tag{1.416}$$

im Zeitbereich aufgrund des Faltungssatzes (1.172)

$$y(t) = \int\limits_{-\infty}^{+\infty} x(\tau)h(t-\tau)\,\mathrm{d}\tau. \tag{1.417}$$

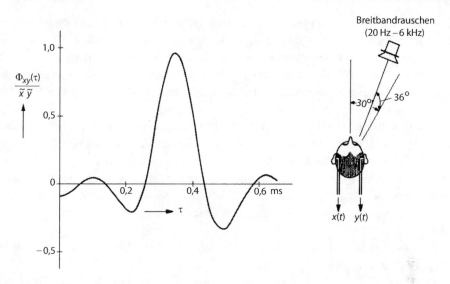

Abb. 1.74 Kreuzkorrelationsfunktion der von den beiden Ohren eines Kunstkopfes aufgenomme-nen Schallsignale bei Beschallung mit Breitbandrauschen aus einer gegen die Gesichtsnormale horizontal um 30°, vertikal um 36° geneigten Richtung (*rechts oben*)

Multipliziert man Gleichung (1.416) mit dem konjugiert komplexen Anregungsspektrum $\underline{X}^*(\omega)$, so ergibt sich

$$\underline{X}^*(\omega)\,\underline{Y}(\omega) = \underline{X}^*(\omega)\,\underline{X}(\omega)\,\underline{G}(\omega). \tag{1.418}$$

Auf der linken Seite steht hier nach (1.409) das Kreuzleistungsspektrum $\underline{W}_{xy}(\omega)$ von Eingangs- und Ausgangssignal, rechts steht das Produkt aus der Übertragungsfunktion und dem Eingangsleistungsspektrum $W_x(\omega)$:

$$\underline{W}_{xy}(\omega) = W_x(\omega)\,\underline{G}(\omega). \tag{1.419}$$

Diese Gleichung dient als Grundlage für ein Messverfahren zur Bestimmung der komple-xen Übertragungsfunktion $\underline{G}(\omega)$, und zwar durch Registrierung des Kreuzleistungsspek-trums. Um aus dem Co- und dem Quad-Spektrum den Realteil bzw. den Imaginärteil der Übertragungsfunktion $\underline{G}(\omega)$ zu bekommen, muss man lediglich noch $W_x(\omega)$ messen, d. h. das Quadrat des Effektivwerts von $x_\omega(t)$. Die meist interessantere Zerlegung der Übertra-gungsfunktion nach Betrag und Phase erfordert allerdings noch eine Umrechnung oder eine weitere elektronische Verarbeitung der Ausgangssignale.

Meistens bestimmt man Übertragungsfunktionen der verschiedenartigsten Systeme mit Zweikanal-FFT-Prozessoren. Sie bieten die Möglichkeit, über mehrere Einzelspektren zu mitteln und erlauben damit auch Messungen an stark gestörten Systemen. Die Mit-telung über $\underline{X}(\omega)$ und $\underline{Y}(\omega)$, deren Quotient nach (1.416) $\underline{G}(\omega)$ ergäbe, ist wegen der

Phasenschwankungen von einem Spektrum zum nächsten und der daraus folgenden Interferenz im Allgemeinen nicht möglich. Die zugehörigen Leistungsspektren $\underline{W}_{xy}(\omega)$ und $W_x(\omega)$ sind frei von Phasenschwankungen und lassen sich daher problemlos mitteln. Ihr Quotient ergibt nach (1.419) ebenfalls die Übertragungsfunktion. Einen Hinweis auf die Zahl der Einzelspektren, über die gemittelt werden muss, gibt die Kohärenzfunktion (Abschn. 1.12.4.1).

Ebenso vollständig wie durch die Übertragungsfunktion $\underline{G}(\omega)$ wird ein System durch seine Impulsantwort $h(t)$ beschrieben. Für eine Reihe von technischen Problemen ist diese Charakterisierung aufschlussreicher, beispielsweise dann, wenn es um die Reaktion eines Regelsystems auf eine plötzliche Eingangsstörung geht. (Das Regelsystem kann ein gegengekoppelter Verstärker sein, aber auch eine großchemische Anlage.) Bei derartigen Untersuchungen wendet man sehr oft das nachstehend beschriebene Korrelationsverfahren an.

Die Fourierrücktransformation von (1.419) ergibt den allgemein für lineare Systeme gültigen Zusammenhang

$$\Phi_{xy}(\tau) = \Phi_{xx}(\tau) * h(\tau) = h(\tau) * \Phi_{xx}(\tau) = \int\limits_{-\infty}^{+\infty} h(t)\Phi_{xx}(\tau - t)\,\mathrm{d}t; \qquad (1.420)$$

die Faltung der AKF des Eingangssignals mit der Impulsantwort des Übertragungssystems ergibt also die Kreuzkorrelierte zwischen Eingangs- und Ausgangssignal. Wählt man als Eingangssignal $x(t)$ speziell weißes Rauschen, so ist

$$W_x(\omega) = W_0 = \text{const.} \qquad (1.421)$$

In diesem Fall liefert die Rücktransformation der Spektralgleichung (1.419) in den Zeitbereich die einfache Beziehung

$$\Phi_{xy}(\tau) = W_0 h(\tau). \qquad (1.422)$$

Die Kreuzkorrelierte zwischen dem Rauschen am Eingang und dem Ausgangssignal ist also der Impulsantwort des Systems proportional.

Um ein genügend großes Ausgangssignal zu bekommen, muss man bei der direkten Aufnahme der Impulsantwort die Amplitude des zwangsläufig kurzen Anregungsimpulses sehr hoch wählen und überschreitet damit unter Umständen den Linearitätsbereich des Systems. Nicht nur aus diesem Grund zieht man oft die Korrelationsmethode vor, sondern auch wegen ihrer geringeren Störanfälligkeit. Mit $x(t)$ unkorrelierte Zeitfunktionen – Eigenrauschen des Systems oder beliebige andere gleichzeitig über das System laufende Signale – stören das Ergebnis nicht, sofern nur die Integrationszeit genügend lang ist. Diese Methode erlaubt daher Systemprüfungen während des normalen Betriebes, erfordert allerdings eine längere Messzeit als die direkte Aufnahme der Impulsantwort.

Eine Variante des Korrelationsverfahrens wird in der Raumakustik benutzt [82]. Das zu untersuchende System ist ein Raum, z. B. ein Konzertsaal, in den über einen Lautsprecher ein Schallsignal $x(t)$ abgestrahlt wird. Die Systemantwort auf dieses Signal ist die Ausgangsspannung $y(t)$ eines im Raum aufgestellten Mikrofons und hängt im Allgemeinen vom Mikrofonort ab. Die Antwort auf einen δ-Impuls, der Nachhallvorgang des Raumes, sei $h_1(t)$ für eine Position M_1 und $h_2(t)$ für eine Position M_2 des Mikrofons. Nach (1.417) ist dann die Antwortfunktion auf ein beliebiges Signal $x(t)$ an den Orten M_1 bzw. M_2

$$y_{1;2}(t) = \int\limits_{-\infty}^{+\infty} x(\tau)h_{1;2}(t-\tau)\,d\tau. \tag{1.423}$$

Der Kernpunkt des Verfahrens besteht darin, die Impulsantwort $h_1(t)$ aufzuzeichnen und sie anschließend zeitinvertiert über denselben Lautsprecher im Raum wieder abzuspielen. Der Raum wird also jetzt mit der Zeitfunktion $h_1(-t)$ angeregt. Setzt man sie als $x(t)$ in (1.423) ein, erhält man als Ausgangsspannung des Mikrofons an der Position M_1

$$y_1(t) = \int\limits_{-\infty}^{+\infty} h_1(-\tau)h_1(t-\tau)\,d\tau = \int\limits_{-\infty}^{+\infty} h_1(\tau)h_1(\tau+t)\,d\tau = \Phi_{11}(t), \tag{1.424}$$

die Autokorrelationsfunktion der Impulsantwort, und an der Position M_2

$$y_2(t) = \int\limits_{-\infty}^{+\infty} h_1(\tau)h_2(\tau+t)\,d\tau = \Phi_{12}(t), \tag{1.425}$$

die Kreuzkorrelationsfunktion der Impulsantworten an den Mikrofonorten M_1 und M_2.

Die gemessenen Funktionen $\Phi_{11}(t)$ und $\Phi_{12}(t)$ geben Aufschluss über akustische Eigenschaften des betreffenden Raumes, vor allem über die zeitliche und die räumliche Diffusität des Schallfelds. Eine frequenzmäßige Differenzierung dieser Aussagen ist möglich, wenn man Schwingungsimpulse statt der δ-Impulse benutzt. Es ist beachtenswert, dass die typischen Operationen bei der Messung von Korrelationsfunktionen, nämlich die Produktbildung und die zeitliche Mittelung, durch das Zeitumkehrverfahren umgangen werden, wodurch sich der messtechnische Aufwand beträchtlich verringert.

1.12.3.5 Wiener'sches Optimalfilter, Prädiktionsfilter

Auf die Bedeutung der Korrelationstechnik zur Störbefreiung von Signalen wurde schon mehrfach hingewiesen: Ist ein periodisches oder repetierbares Signal durch unkorreliertes Rauschen gestört, lässt sich die Signalform durch synchrone Mittelung (Signal Averaging) wiedergewinnen (Abschn. 1.12.2.4); zur Amplitudenmessung eines verrauschten periodischen Signals eignet sich der Lock-in-Verstärker, falls ein gleichfrequentes Referenzsignal verfügbar ist (Abschn. 1.12.1), andernfalls die Autokorrelationsanalyse

Abb. 1.75 Zum Wiener'schen
Optimalfilter

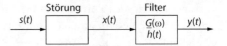

(Abschn. 1.12.2.4); bei einem verrauschten unperiodischen Signal begrenzter Dauer (Impuls) lässt sich der Zeitpunkt des Eintreffens durch das signalangepasste Filter (Matched Filter, Impulskompression) bestimmen (ebenfalls Abschn. 1.12.2.4). Das im Folgenden behandelte *Wiener'sche Optimalfilter* dient dazu, ein irgendwie gestörtes stochastisches Dauersignal (z. B. verrauschte oder durch Nachhall gestörte Sprache) möglichst gut wiederherzustellen oder auch (zusätzlich) in definierter Weise zu verändern.

Sei $s(t)$ das ursprüngliche und $x(t)$ das gestörte Signal, $\underline{G}(\omega)$ die Übertragungsfunktion, $h(t)$ die Impulsantwort des Filters, und $y(t)$ die aus dem Eingangssignal $x(t)$ entstehende Zeitfunktion am Filterausgang (Abb. 1.75). Das Filter soll so gewählt werden, dass der mittlere quadratische Fehler von $y(t)$ gegenüber einer durch $s(t)$ bestimmten Funktion $u(t)$ minimal wird:

$$\overline{e^2(t)} = \overline{(y(t) - u(t))^2} = \text{Min.} \tag{1.426}$$

Das Filter soll also die gewünschte Funktion $u(t)$ möglichst gut approximieren. Im Normalfall der reinen Störbefreiung ist $u(t)$ das ursprüngliche Signal selbst: $u(t) \equiv s(t)$. Für $u(t) = s(t + \Delta t)$ ergibt sich mit $\Delta t < 0$ ein *Verzögerungsfilter* und mit $\Delta t > 0$ ein *Prädiktionsfilter* (*Vorhersagefilter*), für $u(t) = \text{d}s(t)/\text{d}t$ ein differenzierendes Filter usw. Die Optimierungsbedingung (1.426) führt dazu, dass die Eigenschaften des optimalen Filters nur durch die Kreuzkorrelationsfunktion Φ_{xu} zwischen $x(t)$ und $u(t)$ sowie die Autokorrelationsfunktion Φ_{xx} des gestörten Signals bzw. die zugehörigen Fouriertransformierten, das Kreuzleistungsspektrum $\underline{W}_{xu}(\omega)$ und das Leistungsspektrum $W_x(\omega)$ bestimmt sind. Eine wegen ihres Umfangs hier nicht wiedergegebene Variationsrechnung führt auf die *Wiener–Hopf'sche Integralgleichung*[52]

$$\Phi_{xu} - \int_{-\infty}^{\infty} h(\tau)\Phi_{xx}(t - \tau)\,\text{d}\tau = 0, \qquad t \geq 0, \tag{1.427}$$

aus der die Filtercharakteristik, hier die Impulsantwort $h(t)$, zu bestimmen ist. Die Zusatzbedingung $t \geq 0$ folgt aus der Forderung, dass das Filter kausal sein muss ($h(t) \equiv 0$ für $t < 0$), ist also notwendig, um die Realisierbarkeit des Filters zu sichern (vgl. Abschn. 1.13.4).

Würde in (1.427) $\Phi_{xy}(t)$ statt $\Phi_{xu}(t)$ stehen, ergäbe sich die generell gültige (1.420). Das würde aber bedeuten, dass die Ausgangsfunktion $y(t)$ exakt gleich der gewünschten Funktion $u(t)$ ist. Tatsächlich lassen sich jedoch im Allgemeinen Approximationsfehler nicht vermeiden; in diesen Fällen wird der Fehler im Sinne von (1.426) minimal, wenn

[52] Eberhard Hopf, österreichisch-deutscher Mathematiker (1902–1983).

man $h(t)$ so wählt, dass (1.427) für $t \geq 0$ erfüllt, für $t < 0$ aber dann zwangsläufig verletzt ist.

Die Zusatzbedingung $t \geq 0$ erschwert die Lösung von (1.427) erheblich, sodass sich eine explizite Gleichung zur Berechnung des Frequenzgangs $\underline{G}(\omega)$ aus $\underline{W}_{xu}(\omega)$ und $W_x(\omega)$ nur bei analytischer Fortsetzung in die komplexe Frequenzebene $\underline{p} = \sigma + j\omega$ und geeigneter Aufspaltung von $W_x(\underline{p})$ angeben lässt.

Ignoriert man jedoch die Zusatzbedingung $t \geq 0$ zunächst, so ist (1.427), die sich auch in der Form

$$\Phi_{xu}(t) = h(t) * \Phi_{xx}(t) \tag{1.428}$$

schreiben lässt, einfach durch Transformation in den Frequenzbereich zu lösen (vgl. den Zusammenhang zwischen (1.419) und (1.420)):

$$\underline{G}(\omega) = \frac{\underline{W}_{xu}(\omega)}{W_x(\omega)}. \tag{1.429}$$

Diese Beziehung stellt nur für diejenigen Spezialfälle die Übertragungsfunktion des Wiener'schen Optimalfilters dar, in denen die gewünschte Funktion $u(t)$ fehlerfrei erzeugt wird, also für $e(t) \equiv 0$ in (1.426). In allen anderen Fällen ist $\underline{G}(\omega)$ nach (1.429) nicht realisierbar, sondern stellt ein idealisiertes Optimalfilter dar. Trotzdem benutzt man den einfachen Ausdruck (1.429) gern als Ausgangspunkt, um durch nachträgliches Abändern die Realisierbarkeit zu berücksichtigen und so mit geringerem Aufwand eine oftmals gute Approximation an das Wiener'sche Optimalfilter zu bekommen. Einige Beispiele mögen das erläutern.

1. Falls dem Signal $s(t)$ additiv ein unkorreliertes Rauschen $r(t)$ mit der spektralen Leistungsdichte $W_r(\omega)$ überlagert ist,

$$x(t) = s(t) + r(t), \tag{1.430}$$

und die Filteraufgabe darin besteht, dieses Rauschen bestmöglich zu unterdrücken, also

$$u(t) = s(t), \tag{1.431}$$

so wird wegen $\Phi_{rs}(t) \equiv 0$

$$\Phi_{xu}(t) = \Phi_{(s+r)s}(t) = \Phi_{ss}(t) + \Phi_{rs}(t) = \Phi_{ss}(t), \tag{1.432}$$

$$\Phi_{xx}(t) = \Phi_{(s+r)(s+r)}(t) = \Phi_{ss}(t) + \Phi_{rr}(t), \tag{1.433}$$

also nach (1.428)

$$\Phi_{ss}(t) = h(t) * (\Phi_{ss}(t) + \Phi_{rr}(t)), \tag{1.434}$$

Abb. 1.76　a typischer Verlauf
der spektralen Leistungsdichte
von Sprache $W_s(f)$ und starke (–––) bzw. schwächere
(–·–·–) Störung durch überlagertes weißes Rauschen (W_0
willkürliche Bezugsleistung).
b Frequenzgang der zugehörigen idealisierten Optimalfilter
nach (1.435)

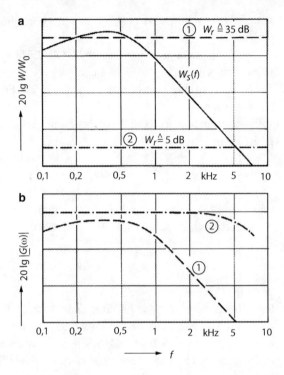

und nach Transformation in den Frequenzbereich

$$\underline{G}(\omega) = \frac{W_s(\omega)}{W_s(\omega) + W_r(\omega)}.　　(1.435)$$

Diese Übertragungsfunktion ist also rein reell und enthält nur die Leistungsspektren des
Signals und des Rauschens. Die zugehörige Impulsantwort $h(t)$, die sich aus $\underline{G}(\omega)$ durch
Fourierrücktransformation errechnet, verschwindet wegen der Herleitung aus (1.429) im
Allgemeinen nicht für alle $t < 0$, ein solches Filter wäre also nicht kausal und daher
nicht realisierbar. Lässt man aber eine Verzögerung t_v des Ausgangssignals gegenüber
dem Eingangssignal zu, ausgedrückt durch einen zusätzlichen Faktor $\mathrm{e}^{-\mathrm{j}\omega t_v}$ in (1.435), so
ist das Filter bei genügend großem t_v zumindest in guter Näherung realisierbar.

Bei schwachen Störungen, $W_r \ll W_s$, wird $\underline{G}(\omega) \approx 1$, das Filter überträgt praktisch unverzerrt. In Frequenzbereichen mit schwachen Signalanteilen, $W_s \ll W_r$, wird die
Übertragung stark reduziert. Abb. 1.76 zeigt oben als Beispiel den typischen Verlauf eines
Sprachspektrums sowie zwei verschiedene Pegel von weißem Rauschen als angenomme-
ner überlagerter Störung. Im unteren Bild sind die zugehörigen Übertragungskurven des
nach (1.435) angenäherten Optimalfilters dargestellt.

2. Wenn das Signal $s(t)$ durch Nachhall oder Echos gestört ist, z. B. bei Sprachübertragung in einem Raum mit gut reflektierenden Wänden, entsteht $x(t)$ aus $s(t)$ durch Faltung

mit der Impulsantwort $m(t)$ des Übertragungsraums,

$$x(t) = s(t) * m(t). \tag{1.436}$$

Für die zugehörigen Spektren, die jeweils mit dem entsprechenden Großbuchstaben gekennzeichnet seien, gilt also

$$\underline{X}(\omega) = \underline{S}(\omega) \cdot \underline{M}(\omega). \tag{1.437}$$

Will man das ursprüngliche Signal $s(t)$ aus dem gestörten Signal $x(t)$ wiedergewinnen, muss man folglich das Spektrum $\underline{X}(\omega)$ mit $1/\underline{M}(\omega)$ multiplizieren. Dasselbe Ergebnis folgt aus (1.429) für $u(t) = s(t)$: Es gilt (s. (1.398))

$$\underline{W}_{xs}(\omega) = \mathcal{F}\{\Phi_{xs}(t)\} = \mathcal{F}\{x(t) * s(-t)\} = \mathcal{F}\{x(-t) * s(t)\}$$
$$= \underline{X}(-\omega)\underline{S}(\omega) = \underline{S}(-\omega)\underline{M}(-\omega)\underline{S}(\omega), \tag{1.438}$$

$$\underline{W}_x(\omega) = \mathcal{F}\{\Phi_{xx}(t)\} = \mathcal{F}\{x(-t) * x(t)\} = \underline{X}(-\omega)\underline{X}(\omega)$$
$$= \underline{S}(-\omega)\underline{M}(-\omega)\underline{S}(\omega)\underline{M}(\omega), \tag{1.439}$$

$$\underline{G}(\omega) = \frac{\underline{W}_{xs}(\omega)}{W_x(\omega)} = \frac{1}{\underline{M}(\omega)}. \tag{1.440}$$

Das idealisierte Optimalfilter zum Regenerieren eines durch einen Faltungsprozess gestörten Signals (zur „Entfaltung") ist demnach das *inverse Filter*. Voraussetzung für die Realisierbarkeit ist unter anderem, dass $\underline{M}(\omega)$ keine Nullstellen besitzt. In der Praxis fällt $|\underline{M}(\omega)|$ zu hohen Frequenzen hin stets gegen Null ab, was zu einem unbegrenzten Anwachsen von $|\underline{G}(\omega)|$ führen würde. Auch hier stellt also das realisierbare Optimalfilter (z. B. ein *Echoentzerrer*) nur eine Annäherung an das ideale inverse Filter dar.

Ein analoges Problem in der Optik ist die Rekonstruktion von scharfen Bildern aus verwackelten Aufnahmen. Aus der zweidimensionalen Helligkeitsverteilung $s(x, y)$ des scharfen Bildes ist die verwackelte Aufnahme durch Faltung mit der „Punktverschmierungsfunktion" $a(x, y)$ entstanden. Ist $\mathcal{F}\{a(x, y)\} = \underline{A}(u, v)$ das zweidimensionale Raumfrequenzspektrum von $a(x, y)$, so ist

$$\underline{G}(u, v) = \frac{1}{\underline{A}(u, v)} \tag{1.441}$$

das optimale Restaurierungsfilter. Auch hier muss $\underline{G}(u, v)$ bei eventuellen Nullstellen von $\underline{A}(u, v)$ begrenzt werden, ebenso auch zu hohen Raumfrequenzen hin, wo ein Anstieg das meist vorhandene Rauschen störend anheben würde.

Ganz ähnlichen Problemen begegnet man in der Astronomie. Das Licht von Sternen wird auf dem Weg durch die Erdatmosphäre an Turbulenzen unregelmäßig gebeugt, sodass die mit großen Teleskopen monochromatisch aufgenommenen Bilder statt der theoretisch zu erwartenden Beugungsscheibchen verhältnismäßig weit ausgedehnte, zeitlich

schwankende Muster aus einzelnen Lichtpunkten ergeben, von denen jeder dem Beugungsscheibchen des Teleskops entspricht. Bei hinreichend kurzer Belichtungszeit (maximal 0,02 s) erhält man *Speckle-Interferogramme* (Granulationsbilder), wie sie z. B. auch
bei der Reflexion von Laserlicht an rauen Oberflächen entstehen. Auf solchen Bildern
kann man benachbarte Sterne nur dann auflösen, wenn ihr Winkelabstand größer als etwa 1 Bogensekunde ist, obwohl das Auflösungsvermögen z. B. eines Teleskops von 3,6 m
Durchmesser theoretisch 0,03 Bogensekunden betragen sollte. Das am Erdboden aufgenommene Bild stellt die Faltung der Beugungsfigur des beobachteten Objekts, z. B. eines
Doppelsterns, mit der Punktverschmierungsfunktion $a(x, y)$ des Übertragungsmediums
(also der Atmosphäre) dar. Um diese übertragungsbedingte Unschärfe zu beseitigen, muss
man das aufgenommene Bild mit $a(x, y)$ entfalten. Man kann $a(x, y)$ registrieren, indem
man gleichzeitig mit dem Speckle-Interferogramm des Beobachtungsobjekts dasjenige eines einige Bogensekunden entfernten Einzelsterns aufnimmt. Das von diesem ausgehende
Licht durchläuft praktisch dieselben atmosphärischen Turbulenzen, aber sein Speckle-
Interferogramm überlappt sich mit dem des Beobachtungsobjekts nicht. Die Entfaltung
– realisiert als inverse Filterung im Raumfrequenzbereich – ist rein rechnerisch oder mit
einem der Hologramm-Rekonstruktion entsprechenden optischen Aufbau möglich. Man
nennt das Verfahren deshalb *Speckle-Holographie*. Probleme mit Nullstellen der Übertragungsfunktion $\underline{A}(u, v)$ umgeht man durch Mittelung über viele Einzelaufnahmen (bei
hellen Objekten genügen etwa 40, bei lichtschwachen benötigt man bis zu 100.000). Die
Mittelung verbessert zugleich die Bildqualität. Mit der Speckle-Holographie erreicht man
nahezu das beugungstheoretische Auflösungsvermögen.

   3. Ein reines Prädiktionsfilter ($u(t) = s(t + \Delta t), \Delta t > 0$) für ein ungestörtes Signal
($s(t) \equiv x(t)$) hätte nach (1.429) und (1.163) wegen $\underline{W}_{xs}(\omega) = W_x(\omega)$ die Übertragungsfunktion

$$\underline{G}(\omega) = \mathrm{e}^{j\omega\Delta t}. \qquad (1.442)$$

Dieses Ergebnis wirkt zunächst plausibel, weil die frequenzproportionale Phasendrehung
um $\omega\Delta t$ einer frequenzunabhängigen Zeitverschiebung Δt entspricht. Ein solches Filter
würde den zeitlichen Verlauf von $x(t)$ auf den Zeitpunkt $(t + \Delta t)$ extrapolieren unter der
Voraussetzung, dass sich das Signalspektrum in der Zeit von t bis $(t + \Delta t)$ nicht ändert.
Eine solche Betrachtung wäre aber nur für periodische Signale mit diskretem Spektrum
sinnvoll. Für unperiodische Signale ist ein derartiges Filter nicht realisierbar, denn durch
Rücktransformation von (1.442) in den Zeitbereich ergibt sich nach (1.163) die Impulsantwort zu

$$h(t) = \delta(t + \Delta t). \qquad (1.443)$$

Dies ist ein Impuls zum Zeitpunkt $t = -\Delta t$, der also vor dem Eingangssignal $\delta(t)$ auftreten müsste und damit der Forderung nach Kausalität widerspräche.

   Eine Möglichkeit, ohne die strenge Wiener'sche Optimalfiltertheorie ein kausales Prädiktionsfilter für stochastische Signale $s(t)$ zu realisieren, wird im Folgenden skizziert

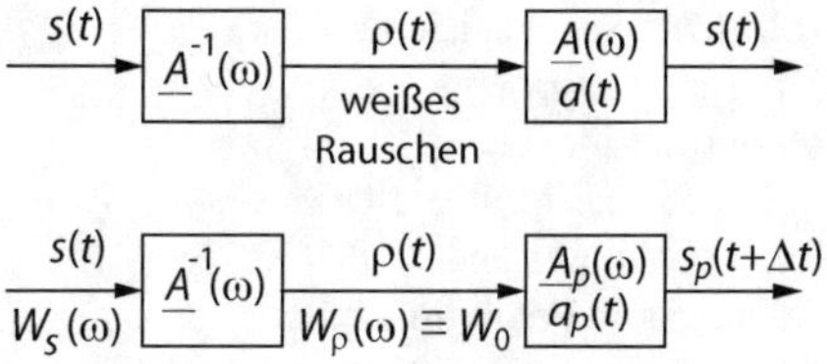

Abb. 1.77 Zum Prädiktionsfilter

(Abb. 1.77). Zunächst erzeugt man aus $s(t)$ – das zugehörige Leistungsspektrum sei $W_s(\omega)$ – durch ein „Whitening-Filter" mit der Übertragungsfunktion $\underline{A}^{-1}(\omega)$ ein weißes Rauschen $\rho(t)$ mit der spektralen Leistungsdichte W_0. Ein nachgeschaltetes inverses Filter $\underline{A}(\omega)$ würde wieder $s(t)$ erzeugen. Offenbar muss gelten

$$|\underline{A}(\omega)| = \sqrt{\frac{W_s(\omega)}{W_0}}. \tag{1.444}$$

Wenn man den damit noch nicht genau festgelegten Phasengang so wählt, dass $\underline{A}(\omega)$ eine Minimalphasenfunktion darstellt (1.522), ist auch $\underline{A}^{-1}(\omega)$ realisierbar.

Ist $a(t)$ die Impulsantwort des Filters $\underline{A}(\omega)$, so folgt aus $a(t) \equiv 0$ für $t < 0$

$$s(t) = \rho(t) * a(t) = a(t) * \rho(t) = \int\limits_{0}^{\infty} a(\tau)\rho(t - \tau)\,\mathrm{d}\tau = \int\limits_{-\infty}^{t} \rho(\tau')a(t - \tau')\,\mathrm{d}\tau' \tag{1.445}$$

(Substitution $\tau' = t - \tau$). Beide Integranden enthalten – im Einklang mit der Kausalitäts-forderung – die Impulsantwort $a(t)$ im Zeitintervall $0 \ldots \infty$ und das Eingangssignal $\rho(t)$ im Zeitintervall $-\infty \ldots t$. Das zugehörige kausale Prädiktionsfilter (Abb. 1.77 unten) mit der Impulsantwort $a_p(t)$ erzeuge aus $\rho(t)$ die Funktion $s_p(t + \Delta t) \approx s(t + \Delta t)$:

$$s_p(t + \Delta t) = a_p(t) * \rho(t) = \int\limits_{0}^{\infty} a_p(\tau)\rho(t - \tau)\,\mathrm{d}\tau. \tag{1.446}$$

Für $s(t + \Delta t)$ folgt aus (1.445)

$$s(t + \Delta t) = \int\limits_{0}^{\infty} a(\tau)\rho(t + \Delta t - \tau)\,\mathrm{d}\tau = \int\limits_{-\Delta t}^{\infty} a(\tau' + \Delta t)\rho(t - \tau')\,\mathrm{d}\tau' \tag{1.447}$$

(Substitution $\tau' = \tau - \Delta t$). Der Vergleich der beiden letzten Gleichungen zeigt

$$a_p(t) = \begin{cases} a(t + \Delta t), & t \geq 0, \\ 0, & t < 0. \end{cases} \tag{1.448}$$

Abb. 1.78 Schematisierte
Impulsantworten $a(t)$ des
Rekonstruktionsfilters,
$a(t + \Delta t)$ des idealisierten
Prädiktionsfilters und $a_p(t)$ des
realisierbaren Prädiktionsfilters

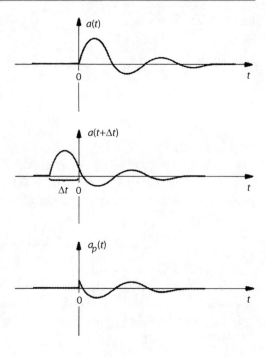

Der Zusammenhang zwischen $a(t)$, $a(t + \Delta t)$ und $a_p(t)$ ist in Abb. 1.78 angedeutet.
Könnte man $\rho(t)$ mit $a(t + \Delta t)$ falten, würde $s(t + \Delta t)$ erzeugt. Tatsächlich kann man
aber $\rho(t)$ nur mit $a_p(t)$ falten. Zerlegt man das zweite Integral in (1.447),

$$s(t + \Delta t) = \int\limits_{-\Delta t}^{\infty} \ldots = \int\limits_{0}^{\infty} \ldots + \int\limits_{-\Delta t}^{0} \ldots = s_p(t + \Delta t) + e(t, \Delta t), \qquad (1.449)$$

so gibt

$$e(t + \Delta t) = \int\limits_{-\Delta t}^{0} a(\tau + \Delta t)\rho(t - \tau)\,d\tau = \int\limits_{t}^{t+\Delta t} a(t + \Delta t - \tau')\rho(\tau')\,d\tau' \qquad (1.450)$$

den *Prädiktionsfehler* an, der offensichtlich mit wachsendem Vorhersageintervall Δt größer wird. Das realisierbare Prädiktionsfilter, das aus $s(t)$ den Näherungswert $s_p(t + \Delta t)$
erzeugt, hat nach Abb. 1.77 den Frequenzgang

$$\underline{G}(\omega) = \underline{A}^{-1}(\omega)\underline{A}_p(\omega). \qquad (1.451)$$

Falls ein Prädiktionsfilter zugleich Störungen unterdrücken soll, ist diese einfache Betrachtung nicht anwendbar. Dann muss man auf die strenge Wiener'sche Theorie zurückgreifen.

Abb. 1.79 der „Vorhersage-
trichter"

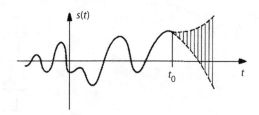

Eine Veranschaulichung des Prädiktionsproblems zeigt Abb. 1.79. Die Zeitfunktion $s(t)$ ist über den Zeitpunkt t_0 hinaus zu extrapolieren. Es gibt einen „Trichter", in dem sich die Funktion irgendwie fortsetzen kann, wobei aber der zentrale Bereich wahrscheinlicher ist als die peripheren. Der Trichter öffnet sich umso rascher, je breiter das Leistungs-spektrum von $s(t)$ ist. Für ein ideales weißes Rauschen wäre der beste Vorhersagewert $s(t + \Delta t) = 0$. Prädiktionsfilter sind umso zuverlässiger, je schmaler das Leistungsspek-trum des Signals ist. Auch dies ist eine Folge der Unschärferelation (Abschn. 1.11.2).

Optimalfilter und Prädiktionsfilter wurden ursprünglich zum Berechnen der Bahn von Flugzeugen aus Radarsignalen entwickelt. Auch heute noch setzt man Wiener'sche Op-timalfilter für die Flugbahnberechnung von Navigationssatelliten aus den beim Überflug empfangenen Signalen ein: Ein vom Satelliten ausgesandtes Sinussignal wird am Boden wegen des Dopplereffekts mit einem für die Flugbahn charakteristischen zeitlichen Fre-quenzverlauf empfangen. Um dieses Signal trotz des bis zu 40 dB stärkeren Rauschens nachweisen zu können, benötigt man ein automatisch nachgestimmtes Schmalbandfilter. Das Regelsystem, das dieses bewirkt, enthält als wesentliches Element ein Wiener'sches Optimalfilter. Ein weiteres Anwendungsgebiet von Optimalfiltern, insbesondere von Prä-diktionsfiltern – allerdings in digitaler Form als Kalman-Filter[53] – sind die digitale Sprach-übertragung und die Sprachsynthese. Durch den Einsatz solcher Filter gelingt es z. B., die Übertragungsrate von etwa 8 bit auf unter 1 bit pro Abtastwert zu senken, ohne dass dar-unter die Sprachqualität leidet.

1.12.3.6 Räumliche Korrelation

Analog zur Korrelation von Zeitfunktionen lässt sich auch eine räumliche Korrelation von Vorgängen betrachten, wenn eine Wellenausbreitung oder eine Strömung vorliegt. Beispielsweise wird die Kreuzkorrelationsanalyse in der aerodynamischen und hydrody-namischen Turbulenzforschung zur Messung der „Lebensdauer" von Wirbeln bzw. der Kohärenzlänge in einer turbulenten Strömung viel benutzt. Zur Veranschaulichung sei auf Abb. 1.80 verwiesen, die ein Experiment hierzu skizziert.

Durch einen 25 cm langen durchsichtigen Kanal mit quadratischem Querschnitt (5 cm × 5 cm) wird ein Luftstrom mit einer Strömungsgeschwindigkeit von etwa 5 m/s gesaugt; durch angesetzte Trichter wird die Strömung im Kanal recht gut laminar. Quer durch den Kanal ist ein Draht von 1,5 mm Durchmesser gelegt („Stolperdraht"), hinter dem sich

---

[53] Rudolf Emil Kálmán, ungarisch–US-amerikanische Mathematiker (1930–2016).

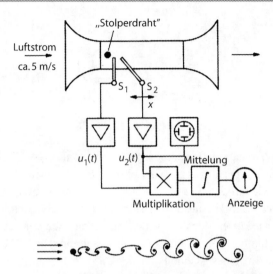

Abb. 1.80 Experiment zur Kreuzkorrelation. Messung der „Lebensdauer" eines Wirbels in der Karman'schen Wirbelstraße. Unten: Karman'sche Wirbelstraße hinter einem zylindrischen Körper (nach einer Schlierenaufnahme gezeichnet)

eine sehr regelmäßige Folge von abwechselnd rechts- und linksläufigen Wirbeln ausbildet (*Karman'sche Wirbelstraße*,[54] Abb. 1.80 unten). Mit zunehmender Entfernung vom Draht wachsen die Wirbel an, werden schließlich zu groß und zerfallen, sodass die Strömung turbulent wird. Dieser Übergang lässt sich durch eine Korrelationsmessung verfolgen.

Durch einen Schlitz im Boden des Kanals werden zwei Hitzdrahtsonden S_1 und S_2 eingeführt, die an ihrer Spitze einen stromdurchflossenen und dadurch erhitzten Platindraht von $4\,\mu$m Durchmesser tragen. Dieser wird je nach der Strömungsgeschwindigkeit mehr oder weniger gekühlt, sodass sein elektrischer Widerstand ein Maß für die Strömungsgeschwindigkeit ist. Elektronische Regelgeräte setzen die Widerstandswerte in Spannungen um. Ein Wirbel kühlt den Hitzdraht stärker als eine laminare Umströmung; die Sonde S_1 kurz hinter dem Stolperdraht in der Höhe seiner Unterkante liefert daher eine periodisch zu- und abnehmende Spannung $u_1(t)$ (dank der geringen Wärmekapazität reagieren die Hitzdrahtsonden auch auf sehr schnelle Geschwindigkeitsschwankungen). Die zweite Sonde S_2 ist in Strömungsrichtung verschiebbar. Auf dem Oszilloskop sieht man, dass die von ihr gelieferte Spannung $u_2(t)$ dicht hinter dem Stolperdraht recht gut periodisch ist, mit zunehmender Entfernung aber immer stärker von statistischen Störungen überlagert wird und schließlich – als Anzeige der Turbulenz – in Rauschen übergeht.

Die Kreuzkorrelationsfunktion $\Phi_{12}(\tau)$ der von S_1 und S_2 gelieferten Spannungen ergibt bei kleinem Abstand kräftige Oszillationen, die auch mit zunehmendem τ kaum schwächer werden, weil die Neubildung der Wirbel mit großer Regelmäßigkeit erfolgt.

---

[54] Theodore von Karman, ungarisch–US-amerikanischer Physiker (1881-1963).

Mit wachsendem Abstand werden die Oszillationen schwächer, und auch nach der dem Laufweg entsprechenden Verzögerungszeit tritt wegen der fehlenden „Individualität" der Wirbel keine Erhöhung auf.

Es liegt daher nahe, statt der Kreuzkorrelogramme für verschiedene Sondenabstände nur den Wert $\Phi_{12}(0)$ als Funktion des Laufwegs x zu bestimmen, also die räumliche Korrelation in der Wirbelstraße zu messen. Man bildet dazu den Korrelationsfaktor von $u_1(t)$ und $u_2(t)$ (das Zeitmittel des Produkts) und zeigt ihn durch ein Zeigerinstrument mit zentralem Nullpunkt an. Bei langsamem Verschieben von S_2 schwingt die Anzeige, mit hohem positivem Wert bei $x = 0$ beginnend, mit abnehmender Amplitude mehrmals hin und her und geht bei einem Abstand von z. B. $x = 3$ bis 4 cm in statistische Schwankungen um den Nullpunkt über. Nach dieser Strecke hat also der Wirbel jede Ähnlichkeit mit seinem Anfangszustand verloren.

In der Turbulenzforschung und anderen Gebieten ist es mitunter vorteilhaft, *Korrelationsfunktionen höherer Ordnung* zu messen. Dabei wird über Produkte von drei oder mehr Faktoren gemittelt, beispielsweise ist

$$\Phi_3(\tau) = \overline{y_1(t)\, y_2(t)\, y_3(t + \tau)} \tag{1.452}$$

eine Korrelationsfunktion dritter Ordnung. Die y_i können Geschwindigkeitskomponenten (in verschiedenen Richtungen), Schalldrücke, Temperaturen usw. an verschiedenen Orten oder bei verschiedenen Frequenzen sein, die unabhängige Variable kann statt der Zeit auch der Ort, die Frequenz oder eine andere Größe sein.

Mit einer anderen Form räumlicher Korrelation hat man es in der Optik zu tun, insbesondere bei der Bildverarbeitung. Für zwei zweidimensionale, i. Allg. komplexwertige Ortsfunktionen $\underline{f}(x, y)$ und $\underline{g}(x, y)$ ist die räumliche Kreuzkorrelationsfunktion definiert durch

$$\underline{\Phi}_{fg}(\xi, \eta) = \int\limits_{-\infty}^{+\infty} \int\limits_{-\infty}^{+\infty} \underline{f}(x, y)\, \underline{g}^*(x - \xi, y - \eta)\, \mathrm{d}x\, \mathrm{d}y, \tag{1.453}$$

wobei ξ und η die räumliche Verschiebung in x- bzw. y-Richtung bedeuten. Weil die Faltung durch

$$\underline{f}(x, y) * \underline{g}(x, y) = \int\limits_{-\infty}^{+\infty} \int\limits_{-\infty}^{+\infty} \underline{f}(x, y)\, \underline{g}(\xi - x, \eta - y)\, \mathrm{d}x\, \mathrm{d}y \tag{1.454}$$

definiert ist, lautet die (1.315) entsprechende Verknüpfung zwischen Korrelation und Faltung

$$\underline{\Phi}_{fg}(\xi, \eta) = \underline{f}(x, y) * \underline{g}^*(-x, -y). \tag{1.455}$$

Zur Anwendung bei der Muster- bzw. Zeichenerkennung vgl. Abschn. 1.9.6, zum Zusammenhang mit dem Matched Filter Abschn. 1.12.2.4.

Abb. 1.81 Zur Definition der Kohärenzfunktion für ein Übertragungssystem mit Störungen im Ausgangssignal

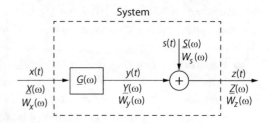

1.12.4 Kohärenzfunktion und Strukturfunktion

Zum Abschluss des Kapitels über die Auto- und Kreuzkorrelation sollen noch zwei verwandte Funktionen behandelt werden, die man in bestimmten Bereichen der Schwingungsanalyse häufiger benutzt.

1.12.4.1 Kohärenzfunktion

Abb. 1.81 zeigt schematisch ein System, dessen lineare Übertragungsfunktion $\underline{G}(\omega)$ durch Eingangs-Ausgangs-Analyse gemessen werden soll. Bei komplizierteren Systemen wie Körperorganen oder größeren technischen Anlagen kann es vorkommen, dass das beobachtete Ausgangssignal $z(t)$ außer dem vom Eingangssignal $x(t)$ herrührenden Anteil $y(t)$ noch eine mit $x(t)$ unkorrelierte Störung $s(t)$ enthält, die z. B. durch Eigenrauschen oder nicht zu erkennende weitere Eingangssignale entstanden sein kann. In diesem Fall ist $\underline{G}(\omega)$ nicht wie bei einem ungestörten linearen System gleich dem Verhältnis $\underline{Z}(\omega)/\underline{X}(\omega)$ der Spektren am Ausgang und Eingang. Um solche Systemstörungen zu erkennen, möchte man ein Maß dafür haben, welcher Anteil des Ausgangssignals $z(t)$ vom Eingangssignal $x(t)$ erzeugt ist, d. h. ein Maß für die Kausalität zwischen $x(t)$ und $z(t)$. Dieses Maß liefert die *Kohärenzfunktion* [83, 84]

$$\gamma^2(\omega) = \frac{|\langle \underline{W}_{xz}(\omega)\rangle|^2}{\langle W_x(\omega)\rangle \, \langle W_z(\omega)\rangle}, \tag{1.456}$$

und zwar nicht nur als pauschale Kennzahl, sondern als Funktion der Frequenz. $\underline{W}_{xz}(\omega)$ ist das Kreuzleistungsspektrum von $x(t)$ und $z(t)$, $W_x(\omega)$ und $W_z(\omega)$ sind die Leistungsspektren von $x(t)$ bzw. $z(t)$. Die spitzen Klammern deuten Mittelwerte über verschiedene Messungen an, also Ensemblemittel.

Schreibt man die Definitionsgleichung (1.409) des Kreuzleistungsspektrums vereinfachend in der Form $\underline{W}_{xy} = \underline{A}_x^* \, \underline{A}_y$, so folgt aus Abb. 1.81

$$\underline{W}_{xz} = \underline{X}^* \underline{Z} = \underline{X}^*(\underline{Y} + \underline{S}) = \underline{W}_{xy} + \underline{W}_{xs}, \tag{1.457}$$

$$W_z = \underline{Z}\,\underline{Z}^* = (\underline{Y} + \underline{S})(\underline{Y}^* + \underline{S}^*) = W_y + \underline{W}_{ys} + \underline{W}_{sy} + W_s. \tag{1.458}$$

Da $s(t)$ mit $x(t)$ und $y(t)$ unkorreliert angenommen wird, verschwinden bei der Mittelung die mit $s(t)$ gebildeten Kreuzleistungsspektren, und es bleibt

$$\langle \underline{W}_{xz}(\omega) \rangle = \underline{W}_{xy}(\omega), \tag{1.459}$$

$$|\langle \underline{W}_{xz}(\omega) \rangle|^2 = \underline{W}_{xy}(\omega)\underline{W}_{xy}^*(\omega) = \underline{X}^* \underline{Y} \, \underline{X} \, \underline{Y}^* = W_x(\omega)W_y(\omega), \tag{1.460}$$

$$\langle W_z(\omega) \rangle = W_y(\omega) + W_s(\omega), \tag{1.461}$$

$$\gamma^2(\omega) = \frac{W_y(\omega)}{W_y(\omega) + W_s(\omega)} = \frac{|\underline{G}(\omega)|^2 W_x(\omega)}{|\underline{G}(\omega)|^2 W_x(\omega) + W_s(\omega)}. \tag{1.462}$$

Die Kohärenzfunktion gibt also das Verhältnis des von $x(t)$ herrührenden Anteils der Ausgangsleistung zur gesamten Ausgangsleistung an; die Bezeichnung γ^2 soll andeuten, dass es sich um ein Leistungsverhältnis handelt. Es gilt offensichtlich

$$0 \le \gamma^2(\omega) \le 1. \tag{1.463}$$

$\gamma^2(\omega) = 1$ bedeutet $W_s(\omega) = 0$, also vollständige Kausalität zwischen $x(t)$ und $z(t)$; Messwerte $\gamma^2(\omega) < 1$ deuten darauf hin, dass bei diesen Frequenzen Störungen des Ausgangssignals auftreten.

W_y/W_s ist das Quadrat des Signal-Stör-Verhältnisses ρ. Damit folgt aus (1.462)

$$\rho^2(\omega) = \frac{W_y(\omega)}{W_s(\omega)} = \frac{\gamma^2(\omega)}{1 - \gamma^2(\omega)}. \tag{1.464}$$

Mit der Kohärenzfunktion bekommt man also auch das Signal-Stör-Verhältnis ρ als Funktion der Frequenz.

Der Zusammenhang der Kohärenzfunktion mit der Korrelation ergibt sich in folgender Weise. Man betrachtet die Spektren $\underline{X}_i(\omega)$ und $\underline{Z}_i(\omega)$ der Einzelvorgänge, über die gemittelt wird. Bei einer bestimmten Frequenz ω ist der Korrelationsfaktor zwischen den Einzelwerten $\underline{X}_i(\omega)$ und $\underline{Z}_i(\omega)$ gegeben durch das Scharmittel

$$\underline{\Phi}_{ZX}(\omega) = \langle \underline{Z}(\omega)\underline{X}^*(\omega) \rangle = \langle \underline{W}_{xz}(\omega) \rangle, \tag{1.465}$$

also ist

$$|\langle \underline{W}_{xz}(\omega) \rangle|^2 = \left| \underline{\Phi}_{ZX}(\omega) \right|^2. \tag{1.466}$$

Ferner ist

$$\langle W_z(\omega) \rangle = \langle \underline{Z}(\omega)\underline{Z}^*(\omega) \rangle = \sigma_{\underline{Z}}^2 \tag{1.467}$$

die Varianz der $\underline{Z}_i(\omega)$ und entsprechend $\langle W_x(\omega) \rangle$ die der $\underline{X}_i(\omega)$, sofern $z(t)$ und $x(t)$ stochastische Signale mit verschwindenden Mittelwerten sind. Damit wird

$$\gamma^2(\omega) = \frac{|\underline{\Phi}_{ZX}(\omega)|^2}{\sigma_{\underline{Z}}^2 \, \sigma_{\underline{X}}^2}, \tag{1.468}$$

Abb. 1.82 Grenzen des 90 %-
Vertrauensbereichs gemessener
Werte der Kohärenzfunktion
bei Mittelung über $N = 2^4$, 2^6
und 2^8 Einzelmessungen

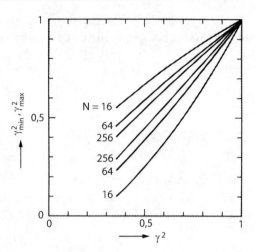

und der Vergleich mit (1.401) zeigt: Die Kohärenzfunktion gibt bei jeder Frequenz das Quadrat des Korrelationskoeffizienten der Spektren $\underline{Z}_i(\omega)$ und $\underline{X}_i(\omega)$ an.

Die Mittelung in der Definition der Kohärenzfunktion ist wesentlich. Für eine Einzelmessung folgt aus (1.457) und (1.458)

$$|\underline{W}_{xz}|^2 = \underline{X}^*(\underline{Y} + \underline{S})\underline{X}(\underline{Y}^* + \underline{S}^*) = W_x(W_y + W_x + \underline{W}_{ys} + \underline{W}_{sy}) = W_x W_z,$$
$$(1.469)$$

ohne Mittelung wäre deshalb nach (1.456) $\gamma^2(\omega) \equiv 1$. In der Praxis bestimmt man die Kohärenzfunktion üblicherweise mit FFT-Prozessoren, die meist auch einen Rauschgenerator als Signalquelle enthalten, und mittelt über mindestens $N = 16$ Einzelspektren. Natürlich sind die so bestimmten Werte von $\gamma^2(\omega)$ noch mit einer statistischen Unsicherheit behaftet. Wenn die Zeitfunktionen normalverteilt sind (Abb. 1.51), kann man mit statistischen Methoden beispielsweise den „90 %-Vertrauensbereich" berechnen (Abb. 1.82). Liefert z. B. die Mittelung über $N = 16$ Spektren einen Messwert $\gamma^2 = 0,5$, so liegt nach diesem Diagramm der wahre Wert mit 90 % Wahrscheinlichkeit im Bereich zwischen $\gamma^2_{min} = 0,25$ und $\gamma^2_{max} = 0,67$, bei $N = 256$ zwischen 0,45 und 0,55.

In ähnlicher Weise kann man Vertrauensbereiche für die Messung der Übertragungsfunktion $\underline{G}(\omega)$ errechnen. Will man z. B. den Betrag $|\underline{G}(\omega)|$ auf $\pm 1,5$ dB und die Phase auf $\pm 10°$ genau bestimmen, reicht die Mittelung mit $N = 16$ aus, falls $\gamma^2 > 0,85$ ist; wenn aber $\gamma^2 \approx 0,5$ ist, ist $N = 64$ und bei $\gamma^2 \approx 0,3$ mindestens $N = 256$ zu wählen.

Enthält das Übertragungssystem eine Zeitverzögerung t_0, müsste man zur Berechnung von γ^2 aus begrenzten Zeitabschnitten T_A eigentlich von $z(t)$ einen um t_0 später liegenden Abschnitt als von $x(t)$ nehmen. Wenn dies nicht möglich ist, entsteht ein systematischer Fehler. Um ihn klein genug zu halten, sollte $T_A > 10 t_0$ sein. Weitere systematische Fehler entstehen durch Nichtlinearitäten im Übertragungssystem, und zwar durch Frequenzumsetzung eines Teils der Eingangssignalleistung.

Das typische Rechenverfahren, nach dem mit FFT-Prozessoren die Übertragungsfunktion $\underline{G}(\omega)$ und die Kohärenzfunktion $\gamma^2(\omega)$ ermittelt werden, ist in Abb. 1.83 als Flussdiagramm dargestellt. Aus den bereits digitalisierten Wertefolgen $x(t_i)$ und $z(t_i)$ heben zwei Zeitfenster (Abschn. 1.14.2.3) die zu analysierenden Abschnitte heraus. Die nachfolgende FFT (Abschn. 1.14.2.2) ergibt die komplexen Linienspektren $\underline{X}(\omega_i)$ und $\underline{Z}(\omega_i)$ bei den Frequenzen ω_i der als periodisch fortgesetzt angenommenen Zeitfunktionen. Aus diesen Spektren erhält man durch Multiplizieren mit den konjugiert komplexen Werten die drei Leistungsspektren. Die Mittelung erfolgt in Speicherfeldern durch Summation der Leistungswerte bei jeder Frequenz ω_i über die gewählte Zahl N der Einzelmessungen. Sobald die Mittelung abgeschlossen ist, werden die Übertragungsfunktion $\underline{G}(\omega_i)$ nach der (1.419) entsprechenden Beziehung

$$\underline{G}(\omega_i) = \frac{\langle \underline{W}_{xz}(\omega_i) \rangle}{\langle \underline{W}_x(\omega_i) \rangle} \tag{1.470}$$

und $\gamma^2(\omega_i)$ nach (1.456) errechnet und in geeigneter Weise ausgegeben.

Der Begriff *Kohärenz* stammt aus der Optik, wo er die Interferenzfähigkeit zweier Lichtwellen beschreibt. Auch den Begriff „Kohärenzfunktion" gibt es in der Optik, allerdings in einer anderen Bedeutung als in der Nachrichtentechnik: Beschreibt man den zeitlichen Verlauf zweier Lichtquellen an einem Ort mit den komplexen elektrischen Feldstärken $\underline{E}_1(t)$ und $\underline{E}_2(t)$, so ist die *optische Kohärenzfunktion* definiert durch

$$\underline{\Gamma}_{12}(\tau) = \lim_{T \to \infty} \frac{1}{2T} \int_{-T}^{+T} \underline{E}_1^*(t)\, \underline{E}_2(t + \tau)\, \mathrm{d}t, \tag{1.471}$$

sie ist also identisch mit der komplexen zeitlichen Kreuzkorrelationsfunktion der beiden Wellen.

1.12.4.2 Strukturfunktion

Bei der Definition der Auto- und Kreuzkorrelationsfunktionen von Leistungssignalen muss man voraussetzen, dass die Mittelwerte der Zeitfunktionen gleich Null sind, weil sonst die Grenzwerte in (1.313) bzw. (1.397) nicht existieren. Bei stochastischen Vorgängen bedeutet dies die Forderung nach Stationarität (Abschn. 1.11.3.3). Messwerte zeigen jedoch oft eine Drift oder tieffrequente Schwankungen des Mittelwerts. Berechnet man aus solchen Messwerten die Kurzzeit-Auto- oder -Kreuzkorrelationsfunktion, so gibt es Fehler, die man bei der AKF häufig daran erkennt, dass die Symmetriebedingung $\Phi(\tau) = \Phi(-\tau)$ verletzt und $\Phi(0)$ nicht der Maximalwert ist. Falls die Störung auf langsame Schwankungen zurückzuführen ist, hilft eine Mittelung über längere Zeit. Eine Drift lässt sich näherungsweise eliminieren, indem man nicht mit der Zeitfunktion $y(t)$ selbst, sondern mit $(y(t) - m_{y,T})$ rechnet, wobei $m_{y,T}$ der Mittelwert von $y(t)$ während des für die Korrelationsberechnung betrachteten Zeitintervalls T ist. Dies ergibt die Kurzzeit-Autokovarianzfunktion, wie der Vergleich mit (1.334) zeigt.

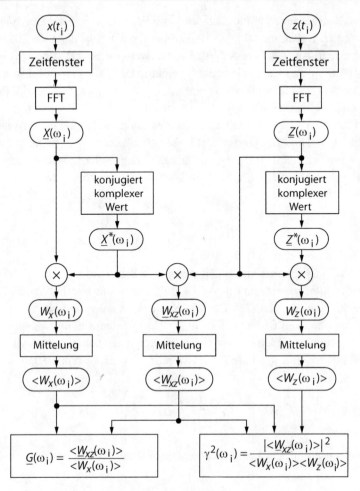

Abb. 1.83 Flussdiagramm zur digitalen Berechnung der Übertragungsfunktion und der Kohärenz-funktion aus gemittelten Leistungsspektren

Vorteilhafter ist es in beiden Fällen, die *Autostrukturfunktion*

$$S(\tau) = \overline{[y(t) - y(t + \tau)]^2} \qquad (1.472)$$

eines Signals $y(t)$ bzw. die *Kreuzstrukturfunktion*

$$S_{xy}(\tau) = \overline{[x(t) - y(t + \tau)]^2} \qquad (1.473)$$

zweier Signale $x(t)$ und $y(t)$ zu berechnen, wobei die Überstreichung wie üblich zeitliche Mittelung bedeutet. Während die Auto- und Kreuzkorrelationsfunktionen nur existieren, wenn die Zeitfunktionen selbst stationär sind, existieren $S(\tau)$ und $S_{xy}(\tau)$ auch dann, wenn

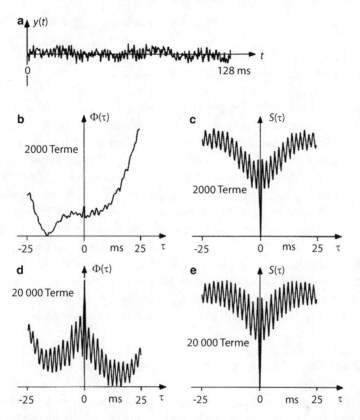

Abb. 1.84 Vergleich der Autokorrelationsfunktion $\Phi(\tau)$ und der Autostrukturfunktion $S(\tau)$. **a** Ausschnitt aus der Zeitfunktion $y(t)$, **b** $\Phi(\tau)$ und **c** $S(\tau)$ nach Mittelung über 2000 Terme, **d** und **e** nach Mittelung über 20.000 Terme. Ordinatenmaßstäbe willkürlich (nach [85])

nur die Inkremente $(y(t) - y(t + \tau))$ stationär sind. Offensichtlich ist stets $S(\tau) \geq 0$ und $S(0) = 0$. Falls $x(t)$ und $y(t)$ stationär sind, lässt sich der Zusammenhang zwischen Korrelations- und Strukturfunktionen leicht angeben:

$$S(\tau) = \overline{y^2(t)} + \overline{y^2(t + \tau)} - \overline{2y(t)y(t + \tau)} = 2\Phi_y(0) - 2\Phi_y(\tau), \qquad (1.474)$$

$$S_{xy}(\tau) = \overline{x^2(t)} + \overline{y^2(t + \tau)} - \overline{2x(t)y(t + \tau)}$$

$$= \Phi_x(0) + \Phi_y(0) - 2\Phi_{xy}(\tau), \qquad (1.475)$$

denn bei einem stationären Prozess ist $\overline{y^2(t)} = \overline{y^2(t + \tau)} = \Phi_y(0)$. In diesem Fall sind also die Strukturfunktionen bis auf den Faktor -2 und additive Konstanten mit den Korrelationsfunktionen identisch und liefern daher die gleiche Information wie diese. Bei instationären Signalen wird der Unterschied bedeutsam. Eine Drift wird durch die Differenzbildung eliminiert, sodass sie überhaupt nicht mehr stört. Es lässt sich ferner zeigen, dass die Strukturfunktion gegen tieffrequente Störungen weniger empfindlich ist als die

Korrelationsfunktion, sodass bei der praktischen Auswertung über weniger Terme summiert werden muss.

Abb. 1.84 zeigt ein Beispiel aus der Strömungsakustik. Oben, in Abb. 1.84a, ist ein Ausschnitt des Signals $y(t)$ zu sehen, Druckschwankungen an der Wand einer durchströmten Düse. Der schnellen 530 Hz-Oszillation, die von einer Resonanz herrührt, ist eine langsamere, unregelmäßige Schwankung von vergleichbarer Amplitude überlagert. Die Abb. 1.84c, d zeigen die AKF und die Autostrukturfunktion für Verzögerungen von -25 ms bis $+25$ ms, wie sie sich bei der Summation von 2000 Termen (Produkte bzw. Quadrate) ergeben. In Abb. 1.84d, e ist schließlich das Ergebnis der Mittelung über 20.000 Terme zu sehen. Die Mittelung über 2000 Terme ist zum Berechnen der AKF noch völlig unzureichend (Abb. 1.84b), während in $S(\tau)$ nach Abb. 1.84c nicht nur die dominierende 530 Hz-Oszillation deutlich erkennbar ist, sondern aus dem Verlauf der Einhüllenden auch Rückschlüsse auf die tieffrequenten Vorgänge zu ziehen sind. In Abb. 1.84d ist zwar die 530 Hz-Komponente auch klar erkennbar, aber $\Phi(\tau)$ ist noch nicht symmetrisch, sodass der Verlauf der Einhüllenden nicht gesichert ist. In $S(\tau)$ ist die 530 Hz-Schwingung bereits nach Mittelung über 200 Terme einwandfrei zu erkennen (hier nicht abgebildet), sodass sich die Rechenzeit um den Faktor 10 bis 100 abkürzt, wenn man $S(\tau)$ statt $\Phi(\tau)$ auswertet. Bei relativ stärkeren tieffrequenten Störungen dürfte der Vorteil noch größer sein.

1.13 Hilbert-Transformation, analytisches Signal

Einige Probleme, die in diesem Kapitel auftraten, lassen sich erst mit einer Verallgemeinerung der komplexen Darstellung harmonischer Schwingungen (Abschn. 1.6) auf beliebige Zeitfunktionen erschöpfend behandeln. Hierzu gehören z. B. die Berechnung der Momentanfrequenz und der Einhüllenden einer Schwingung [86].

1.13.1 Analytisches Signal (Präenveloppe)

Um eine harmonische Zeitfunktion, ein Signal

$$s(t) = \widehat{s}\cos(\omega t + \varphi) \tag{1.476}$$

in komplexer Form darzustellen, addiert man das um $-\pi/2$ phasenverschobene *orthogonale Signal*

$$\check{s}(t) = \widehat{s}\sin(\omega t + \varphi) \tag{1.477}$$

als Imaginärteil und erhält so das komplexe *analytische Signal*, auch *Präenveloppe* genannt (weil sich daraus die Einhüllende oder Enveloppe durch Betragbildung ergibt, s. Abschn. 1.13.3):

$$\underline{\sigma}(t) = s(t) + j\check{s}(t) = \widehat{s}\,e^{j\varphi}\,e^{j\omega t} = \underline{A}\,e^{j\omega t} \tag{1.478}$$

mit der komplexen Amplitude $\underline{A} = \widehat{s}\,\mathrm{e}^{\mathrm{j}\varphi}$. In komplexer Fourierdarstellung lautet das reelle Signal (1.476)

$$s(t) = \frac{\widehat{s}}{2}\,\mathrm{e}^{\mathrm{j}\varphi}\,\mathrm{e}^{\mathrm{j}\omega t} + \frac{\widehat{s}}{2}\,\mathrm{e}^{-\mathrm{j}\varphi}\mathrm{e}^{-\mathrm{j}\omega t} = \frac{1}{2}\left(\underline{A}\,\mathrm{e}^{\mathrm{j}\omega t} + \underline{A}^{*}\mathrm{e}^{-\mathrm{j}\omega t}\right) = \mathrm{Re}\left[\underline{A}\,\mathrm{e}^{\mathrm{j}\omega t}\right]. \qquad (1.479)$$

Wie der Vergleich der komplexen Darstellungen (1.478) und (1.479) zeigt, gewinnt man das analytische Signal aus der reellen Zeitfunktion dadurch, dass man die Summe der konjugiert komplexen Komponenten mit den Frequenzen $+\omega$ und $-\omega$ durch den doppelten Wert der Komponente mit $+\omega$ ersetzt.

Dementsprechend definiert man zu einer beliebigen reellen Zeitfunktion $s(t)$ mit der Fourierdarstellung

$$s(t) = \frac{1}{2\pi}\int\limits_{-\infty}^{+\infty} \underline{A}(\omega)\mathrm{e}^{\mathrm{j}\omega t}\,\mathrm{d}\omega = \mathrm{Re}\left[\frac{1}{\pi}\int\limits_{0}^{\infty} \underline{A}(\omega)\mathrm{e}^{\mathrm{j}\omega t}\,\mathrm{d}\omega\right] \qquad (1.480)$$

das analytische Signal durch

$$\underline{\sigma}(t) = \frac{1}{\pi}\int\limits_{0}^{\infty} \underline{A}(\omega)\mathrm{e}^{\mathrm{j}\omega t}\,\mathrm{d}\omega. \qquad (1.481)$$

Das analytische Signal hat also ein „einseitiges Spektrum", d. h. die Fouriertransformierte verschwindet für negative Frequenzen. Dies ist die herausragende Eigenschaft des analytischen Signals. Mit der Vorzeichenfunktion $\mathrm{sgn}(\omega) = \pm 1$ für $\omega > 1$ bzw. $\omega < 1$ und 0 für $\omega = 0$, lässt sich das Spektrum in der Form

$$\mathcal{F}\{\underline{\sigma}(t)\} = \left\{\begin{array}{ll} 2\underline{A}(\omega), & \omega > 0 \\ \underline{A}(\omega, & \omega = 0 \\ 0, & \omega < 0 \end{array}\right\} = \underline{A}(\omega) + \underline{A}(\omega)\,\mathrm{sgn}(\omega) \qquad (1.482)$$

schreiben, sodass für $\sigma(t)$ folgt

$$\underline{\sigma}(t) = \mathcal{F}^{-1}\{\underline{A}(\omega)\} + \mathcal{F}^{-1}\{\underline{A}(\omega)\mathrm{sgn}(\omega)\}. \qquad (1.483)$$

Setzt man wie in (1.478)

$$\underline{\sigma}(t) = s(t) + \mathrm{j}\check{s}(t), \qquad (1.484)$$

so folgt für das Spektrum $\underline{\check{A}}$ des zu $s(t)$ orthogonalen Signals $\check{s}(t)$

$$\mathcal{F}\{\check{s}(t)\} = \underline{\check{A}}(\omega) = \frac{1}{\mathrm{j}}\underline{A}(\omega)\,\mathrm{sgn}(\omega) = \underline{A}(\omega)\,\mathrm{sgn}(\omega)\,\mathrm{e}^{-\mathrm{j}\pi/2}. \qquad (1.485)$$

Für die reelle Fourierdarstellung ($\omega > 0$) bedeutet dieses Ergebnis, dass $\check{s}(t)$ aus $s(t)$ dadurch hervorgeht, dass alle Fourierkomponenten bei gleichbleibendem Betrag in der Phase um $-\pi/2$ verschoben werden (cos $\rightarrow$ sin, sin $\rightarrow$ $-$cos). Aus der Orthogonalität der jeweils gleichfrequenten Fourierkomponenten von $s(t)$ und $\check{s}(t)$ folgt

$$\int_{-\infty}^{+\infty} s(t)\,\check{s}(t)\,\mathrm{d}t = 0, \tag{1.486}$$

womit sich der Name „zu $s(t)$ orthogonales Signal" für $\check{s}(t)$ rechtfertigt. $s(t)$ und $\check{s}(t)$ haben wegen der Gleichheit ihrer Spektral*amplituden* auch die gleiche Energie:

$$\frac{1}{2\pi}\int_{-\infty}^{+\infty} \underline{\check{A}}(\omega)\,\underline{\check{A}}^*(\omega)\,\mathrm{d}\omega = \frac{1}{2\pi}\int_{-\infty}^{+\infty} \underline{A}(\omega)\,\underline{A}^*(\omega)\,\mathrm{d}\omega, \tag{1.487}$$

$$\int_{-\infty}^{+\infty} \check{s}^2(t)\,\mathrm{d}t = \int_{-\infty}^{+\infty} s^2(t)\,\mathrm{d}t. \tag{1.488}$$

1.13.2 Hilbert-Transformation

Ausgehend von der Verknüpfung (1.485) zwischen den Spektren $\underline{A}(\omega)$ und $\underline{\check{A}}(\omega)$ lässt sich auch eine Beziehung zwischen dem Realteil und dem Imaginärteil eines analytischen Signals im Zeitbereich angeben, wobei nach (1.172) dem Produkt der Spektralfunktionen in (1.485) eine Faltung im Zeitbereich entspricht:

$$\check{s}(t) = \mathcal{F}^{-1}\{\underline{\check{A}}(\omega)\} = -\mathcal{F}^{-1}\{\underline{A}(\omega)\cdot \mathrm{j}\,\mathrm{sgn}(\omega)\} = -s(t) * \mathcal{F}^{-1}\{\mathrm{j}\,\mathrm{sgn}(\omega)\}. \tag{1.489}$$

Dabei ist

$$\mathcal{F}^{-1}\{\mathrm{j}\,\mathrm{sgn}(\omega)\} = -\frac{1}{\pi t}, \tag{1.490}$$

wie man wegen der Symmetrie zwischen Fourier-Hin- und -Rücktransformation aus dem Spektrum der Sprungfunktion (Abb. 1.37) folgern kann. Damit wird

$$\check{s}(t) = -s(t) * \left(-\frac{1}{\pi t}\right) = -\frac{1}{\pi}\int_{-\infty}^{+\infty} \frac{s(\tau)}{\tau - t}\,\mathrm{d}\tau. \tag{1.491}$$

Die hierbei auftretende Integraltransformation

$$\mathcal{H}\{s(t)\} = \frac{1}{\pi}\int_{-\infty}^{+\infty} \frac{s(\tau)}{\tau - t}\,\mathrm{d}\tau = -s(t) * \frac{1}{\pi t} \tag{1.492}$$

heißt *Hilbert-Transformation*.[55] Im Unterschied zur Fouriertransformation und zur La-place-Transformation (Abschn. 1.10), die vom Zeitbereich in den Spektralbereich führen, bildet die Hilbert-Transformation eine Zeitfunktion wieder in den Zeitbereich ab. Wie die vorstehende Rechnung zeigt, erzeugt sie zu einer gegebenen Zeitfunktion $s(t)$ das negative orthogonale Signal $-\check{s}(t)$; Realteil und Imaginärteil eines analytischen Signals $\underline{\sigma}(t) = s(t) + \mathrm{j}\check{s}(t)$ sind also verknüpft durch

$$\check{s}(t) = -\mathcal{H}\{s(t)\}, \qquad s(t) = \mathcal{H}\{\check{s}(t)\}. \tag{1.493}$$

Auf die reelle Fourierdarstellung übertragen, dreht die Hilbert-Transformation die Phasen aller Komponenten um $+\pi/2$. Zweimalige Anwendung der Hilberttransformation dreht alle Phasen um π, kehrt also das Vorzeichen der Zeitfunktion um:

$$\mathcal{H}\{\mathcal{H}\{s(t)\}\} = -s(t). \tag{1.494}$$

Ein Gerät, das eine Hilbert-Transformation durchführt, ist offensichtlich ein 90°-Breitband-Phasenschieber. Solche Geräte benötigt man für eine Reihe von Anwendungen in der Elektronik, vor allem bei einigen Verfahren zur Einseitenbandmodulation (Abschn. 1.8.3.1), bei denen das eine Seitenband durch eine gegenphasige Schwingung kompensiert wird. Hierzu gibt es Filteranordnungen in Analog- und Digitaltechnik. Bei der analytischen oder numerischen Berechnung der Hilbert-Transformierten nach (1.492) bzw. ihrer digitalen Entsprechung ist an der Unendlichkeitsstelle des Integranden der Cauchy'sche[56] Hauptwert zu nehmen.

Die Hilbert-Transformation ist natürlich nicht nur auf Zeitsignale anwendbar, sondern auch auf Funktionen der Frequenz, des Ortes usw. Beispielsweise benutzt man die räumliche Hilbert-Transformation in der Optik, um Phasenobjekte besser sichtbar zu machen (vgl. das Phasenkontrastverfahren, Abschn. 1.8.3.2). Hier wandelt die Hilbert-Transformation eine räumliche Phasenmodulation $f(x) = \mathrm{e}^{\mathrm{j}s(x)}$ im Wesentlichen in eine räumliche Helligkeitsmodulation um (Beispiel: $f(x) = \mathrm{e}^{\mathrm{j}a\cos kx} \rightarrow \mathcal{H}\{f(x)\} \approx -\mathrm{j}a\sin kx$). Praktisch durchführen lässt sich die Transformation mit der „Vier–Brennweiten–Anordnung" (Abschn. 1.9.6). Nach (1.489) muss man das Raum-frequenzspektrum $F(u)$ mit $\mathrm{sgn}(u)$ multiplizieren, also in der Halbebene $u < 0$ das Vorzeichen von $F(u)$ umkehren; das bedeutet eine Phasenverschiebung um 180°, realisiert durch ein $\lambda/2$-Blättchen in einer Hälfte der Raumfrequenzebene.

1.13.3   Momentanfrequenz und Einhüllende

Im Zeigerdiagramm einer harmonischen Schwingung (Abb. 1.6) gibt die Länge $\hat{y}$ des Zeigers die Amplitude und der Winkel $(\omega t + \varphi)$ gegen die reelle Achse die momentane Phase an; die Winkelgeschwindigkeit ω ist die Kreisfrequenz der Schwingung.

---

[55] David Hilbert, deutscher Mathematiker (1862–1943).
[56] Augustin Louis Baron Cauchy, französischer Mathematiker (1789–1857).

Das analytische Signal $\underline{\sigma}(t)$ zu einer Schwingung $s(t)$ kann man sich entsprechend durch die Summe aller Zeiger dargestellt denken, die den einzelnen Fourierkomponenten zugeordnet sind. In jedem Zeitpunkt addieren sie sich zu einem Zeiger endlicher Länge $|\underline{\sigma}(t)|$ mit einem Winkel $\varphi(t)$ gegen die reelle Achse, sodass sich (1.484) durch die Zerlegung nach Betrag und Phase ergänzen lässt:

$$\underline{\sigma}(t) = s(t) + \mathrm{j}\check{s}(t) = |\underline{\sigma}(t)|\, e^{\mathrm{j}\varphi(t)}. \tag{1.495}$$

In sinnvoller Verallgemeinerung des zunächst nur für harmonische Schwingungen eingeführten Begriffes „Amplitude" nennt man den Wert $|\underline{\sigma}(t_0)|$ in einem bestimmten Zeitpunkt t_0 die *Momentan-* oder *Augenblicksamplitude* und die Zeitfunktion $|\sigma(t)|$ die *Einhüllende* oder *Hüllkurve* der Schwingung $s(t)$. Entsprechend sind $\varphi(t)$ die *Momentan-* oder *Augenblicksphase* und die Winkelgeschwindigkeit

$$\omega_t = \frac{\mathrm{d}\varphi(t)}{\mathrm{d}t} = \frac{s\,\dot{\check{s}} - \check{s}\,\dot{s}}{s^2 + \check{s}^2} \tag{1.496}$$

die *Momentan-* oder *Augenblicksfrequenz* (der Punkt bedeutet Ableitung nach der Zeit).

Als Beispiele seien die sinusförmige Amplituden- und Frequenzmodulation betrachtet. Nach (1.102), (1.103) laute ein AM-Signal

$$s(t) = (A + a\sin\omega_M t)\sin\omega_T t$$
$$= A\cos(\omega_T t - \frac{\pi}{2}) + \frac{a}{2}\cos(\omega_T - \omega_M)t - \frac{a}{2}\cos(\omega_T + \omega_M)t \tag{1.497}$$

mit $0 < a < A$. Das zugehörige analytische Signal ist nach (1.476) und (1.478) wegen der linearen Superponierbarkeit, die in der Definition (1.481) enthalten ist,

$$\underline{\sigma}(t) = A\,e^{\mathrm{j}(\omega_T t - \pi/2)} + \frac{a}{2}\,e^{\mathrm{j}(\omega_T - \omega_M)t} - \frac{a}{2}\,e^{\mathrm{j}(\omega_T + \omega_M)t}$$
$$= (A + a\sin\omega_M t)e^{(\mathrm{j}\omega_T - \pi/2)}. \tag{1.498}$$

Der Vergleich mit (1.495) und (1.496) liefert die richtigen Ergebnisse

$$|\underline{\sigma}(t)| = A + a\sin\omega_M t, \qquad \omega_t \equiv \omega_T. \tag{1.499}$$

Für die frequenzmodulierte Schwingung gehen wir von (1.131) mit $\varphi_0 = 0$ aus und schreiben sie in der Form

$$s(t) = A\sum_{\nu=-\infty}^{+\infty} \mathrm{J}_\nu\left(\frac{\Delta\omega}{\omega_M}\right)\cos\left[\omega_T t - \frac{\pi}{2} + \nu(\omega_M t - \frac{\pi}{2})\right]. \tag{1.500}$$

Der Modulationsindex $\Delta\omega/\omega_M$ sei so klein, dass diejenigen Terme mit negativen ν, bei denen $\omega_T + \nu\omega_M < 0$ wird, vernachlässigbar sind. (Sonst gibt es durch die Überlagerung der am Ursprung zu spiegelnden „negativen" Frequenzen mit den tieffrequenten Anteilen des Spektrums Interferenzen, die das Problem unübersichtlich gestalten.) Man kann das analytische Signal wieder gliedweise bilden:

$$\underline{\sigma}(t) = A \sum_{v=-\infty}^{+\infty} J_v \left(\frac{\Delta\omega}{\omega_M} \right) e^{j[\omega_T t - \pi/2 + v(\omega_M t - \pi/2)]}$$

$$= A e^{j(\omega_T t - \pi/2)} \sum_{v=-\infty}^{+\infty} J_v \left(\frac{\Delta\omega}{\omega_M} \right) e^{jv(\omega_M t - \pi/2)}. \tag{1.501}$$

Auf die Summe wendet man (1.132) an und bekommt

$$\underline{\sigma}(t) = A e^{j(\omega_T t - \pi/2)} e^{j\frac{\Delta\omega}{\omega_M} \sin(\omega_M t - \pi/2)} = A e^{(j\omega_T t - \pi/2 - \frac{\Delta\omega}{\omega_M} \cos\omega_M t)}. \tag{1.502}$$

Die Einhüllende ist die Konstante A, und für die Momentanfrequenz findet man analog zu (1.117)

$$\omega_t = \frac{d}{dt} \left(\omega_T t - \frac{\pi}{2} - \frac{\Delta\omega \cos\omega_M t}{\omega_M} \right) = \omega_T + \Delta\omega \sin\omega_M t. \tag{1.503}$$

Die hier eingeführten Definitionen der Einhüllenden und der Momentanfrequenz lassen sich auch bei Zeitfunktionen anwenden, die diese Größen anschaulich nicht mehr erkennen lassen, beispielsweise bei einer Schwebung von zwei Schwingungen mit nicht sehr dicht benachbarten Frequenzen.

1.13.4 Kramers-Kronig-Beziehungen

Wie oben gezeigt wurde, folgt aus

$$\mathcal{F}\{\underline{\sigma}(t)\} = 0 \quad \text{für} \quad \omega < 0 \tag{1.504}$$

(1.482) die Verknüpfung zwischen Real- und Imaginärteil des analytischen Signals

$$\underline{\sigma}(t) = s(t) - j\mathcal{H}\{s(t)\}. \tag{1.505}$$

Vertauscht man in den Gleichungen der Fouriertransformation Frequenz und Zeit, folgt analog aus

$$h(t) = 0 \quad \text{für} \quad t < 0 \tag{1.506}$$

für die Fouriertransformierte

$$\mathcal{F}\{h(t)\} = \underline{G}(\omega) = R(\omega) + jX(\omega) \tag{1.507}$$

die Verknüpfung

$$X(\omega) = \mathcal{H}\{R(\omega)\}. \tag{1.508}$$

Ist $h(t)$ die Impulsantwort eines Systems, so ist $\underline{G}(\omega)$ nach der für lineare Systeme gültigen (1.230) die zugehörige Übertragungsfunktion. Die Voraussetzung (1.506) drückt nichts Anderes als die *Kausalität* des Systems aus. Für alle kausalen linearen Systeme besteht daher zwischen Realteil und Imaginärteil der Übertragungsfunktion die Relation (1.508); $X(\omega)$ ist durch $R(\omega)$ eindeutig festgelegt, und umgekehrt natürlich auch $R(\omega)$ durch $X(\omega)$. Explizit gilt

$$R(\omega) = \frac{1}{\pi} \int\limits_{-\infty}^{+\infty} \frac{X(\Omega)}{\omega - \Omega} \, \mathrm{d}\Omega, \tag{1.509}$$

$$X(\omega) = -\frac{1}{\pi} \int\limits_{-\infty}^{+\infty} \frac{R(\Omega)}{\omega - \Omega} \, \mathrm{d}\Omega. \tag{1.510}$$

In der Literatur findet man diesen Zusammenhang meist mit einem nur über positive Frequenzen erstreckten Integral formuliert. Weil $h(t)$ reell ist, muss $\underline{G}^*(\omega) = \underline{G}(-\omega)$ sein; daraus folgt, dass $R(\omega)$ eine gerade und $X(\omega)$ eine ungerade Funktion ist. Man zerlegt das Integral in (1.509) in zwei Teilintegrale von 0 bis ∞ und von $-\infty$ bis 0, führt im zweiten $-\Omega$ als Variable ein, fasst beide Integrale wieder zusammen und bekommt so

$$R(\omega) = \frac{2}{\pi} \int\limits_{0}^{\infty} \frac{\Omega X(\Omega)}{\omega^2 - \Omega^2} \, \mathrm{d}\Omega; \tag{1.511}$$

entsprechend folgt

$$X(\omega) = -\frac{2\omega}{\pi} \int\limits_{0}^{\infty} \frac{R(\Omega)}{\omega^2 - \Omega^2} \, \mathrm{d}\Omega. \tag{1.512}$$

(1.511) und (1.512) sind die *Kramers-Kronig-Beziehungen* (oder *-Relationen*).[57][58] Sie verknüpfen Real- und Imaginärteil der Übertragungsfunktionen kausaler, d. h. realisierbarer, linearer Systeme.

Die Kramers-Kronig-Relationen verknüpfen auch Real- und Imaginärteil komplexer Materialkenngrößen als Funktion der Frequenz (komplexe mechanische Moduln oder Nachgiebigkeiten, komplexe Dielektrizitäts- und Permeabilitätszahl, Dispersion und Absorption, s. Abschn. 2.4). Ist z. B. $\underline{\varepsilon} = \varepsilon' - \mathrm{j}\varepsilon''$ die komplexe Dielektrizitätszahl eines

[57] Hendrik Anthony Kramers, niederländischer Physiker (1894–1952).
[58] Ralph de Laer Kronig, deutsch–US-amerikanischer Physiker (1904–1955).

Materials, für das das Prinzip der linearen Superposition gilt (Abschn. 1.7.2), so sind ε' und ε'' verknüpft durch

$$\varepsilon'(\omega) = \varepsilon_\infty + \frac{2}{\pi} \int\limits_0^\infty \frac{\Omega \varepsilon''(\Omega)}{\omega^2 - \Omega^2} \, d\Omega, \qquad (1.513)$$

$$\varepsilon''(\omega) = -\frac{2\omega}{\pi} \int\limits_0^\infty \frac{\varepsilon'(\omega) - \varepsilon_\infty}{\omega^2 - \Omega^2} \, d\Omega, \qquad (1.514)$$

wobei ε_∞ der Grenzwert für hohe Frequenzen ist.

Als Beispiel für den Zusammenhang zwischen $R(\omega)$ und $X(\omega)$ betrachten wir ein System, dessen Übertragungsfunktion den Realteil

$$R(\omega) = \frac{1}{1 + \omega^2 \tau^2} \qquad (1.515)$$

hat. Hierdurch ist der Imaginärteil nach (1.512) determiniert:

$$X(\omega) = -\frac{2\omega}{\pi} \int\limits_0^\infty \frac{d\Omega}{(1 + \Omega^2 \tau^2)(\omega^2 - \Omega^2)} = \frac{-\omega \tau}{1 + \omega^2 \tau^2} \qquad (1.516)$$

(die Integration ist mittels Partialbruchzerlegung leicht durchzuführen). Die zugehörige komplexe Übertragungsfunktion ist

$$\underline{G}(\omega) = R(\omega) + \mathrm{j}X(\omega) = \frac{1 - \mathrm{j}\omega \tau}{1 + \omega^2 \tau^2} = \frac{1}{1 + \mathrm{j}\omega \tau}. \qquad (1.517)$$

Diese Funktionen treten als Dispersion und Absorption in einfachen Relaxationsmechanismen auf, vgl. Abschn. 2.4.3.3.

Beim Entwurf von Filtern, die vorgegebene Übertragungseigenschaften besitzen sollen, ist die Frage nach der *Realisierbarkeit* sehr wichtig. Wenn Real- und Imaginärteil oder Betrag und Phase der Übertragungsfunktion $\underline{G}(\omega)$ als Funktion der Frequenz unabhängig voneinander willkürlich vorgegeben werden, verschwindet im Allgemeinen die Fourierrücktransformierte, die Impulsantwort $h(t)$, nicht für $t < 0$; das durch ein solches $\underline{G}(\omega)$ beschriebene System ist also nicht kausal und daher nicht realisierbar.

Auch wenn nur *eine* der reellen Frequenzfunktionen vorgegeben ist, lässt sich nicht in jedem Fall durch Zufügen einer geeigneten zweiten Funktion ein entsprechendes Filter realisieren. Bei vorgegebenem Verlauf des *Realteils* $R(\omega)$ gibt es dann und nur dann ein realisierbares Filter, wenn das Integral (1.510) oder (1.512) existiert, und mit dem so berechneten $X(\omega)$ ist dann $\underline{G}(\omega)$ vollständig bestimmt. Entsprechend muss bei vorgegebenem $X(\omega)$ das Integral (1.509) oder (1.511) existieren, das dann den zugehörigen Realteil liefert.

Etwas komplizierter wird das Problem, wenn der *Betrag* $|\underline{G}(\omega)|$ der Übertragungsfunktion vorgegeben ist. Falls diese Funktion quadratisch integrierbar ist,

$$\int\limits_{-\infty}^{+\infty} |\underline{G}(\omega)|^2 \, d\omega < \infty \tag{1.518}$$

(d. h. das Integral muss existieren), gibt es dann und nur dann eine Phasenfunktion $\varphi(\omega)$, die mit $|\underline{G}(\omega)|$ die Übertragungsfunktion

$$\underline{G}(\omega) = |\underline{G}(\omega)| \, e^{j\varphi(\omega)} \tag{1.519}$$

eines realisierbaren (kausalen) Systems darstellt, wenn das *Paley–Wiener–Kriterium* [59]

$$\int\limits_{-\infty}^{+\infty} \frac{|\ln |\underline{G}(\omega)||}{1 + \omega^2} \, d\omega < \infty \tag{1.520}$$

erfüllt ist (der ziemlich schwierige Beweis soll hier nicht gebracht werden). Dieses Kriterium liefert nur eine Aussage über die Existenz einer Phasenfunktion, lässt die Frage, wie man diese berechnen kann, aber offen. Diese Frage ist auch nicht eindeutig zu beantworten. Während bei vorgegebenem Realteil $R(\omega)$ der Imaginärteil $X(\omega)$ eindeutig festgelegt ist, wird der Zusammenhang zwischen Betrag und Phase wegen der Mehrdeutigkeit der Winkelfunktionen nur mit Zusatzbedingungen eindeutig, z. B. mit der Forderung, dass die Phasendrehung über den gesamten Frequenzbereich hinweg minimal sein soll. Schreibt man die Übertragungsfunktion in der Form

$$\underline{G}_{\min}(\omega) = |\underline{G}(\omega)| \, e^{j\varphi_{\min}(\omega)}, \tag{1.521}$$

so ist bei vorgegebenem Amplitudengang $|\underline{G}(\omega)|$ die *Minimalphasenfunktion* durch

$$\varphi_{\min}(\omega) = -\mathcal{H}\{\ln |\underline{G}(\omega)|\} = -\frac{1}{\pi} \int\limits_{-\infty}^{+\infty} \frac{\ln |\underline{G}(\Omega)|}{\omega - \Omega} \, d\Omega$$

$$= -\frac{2\omega}{\pi} \int\limits_{0}^{\infty} \frac{\ln |\underline{G}(\Omega)|}{\omega^2 - \Omega^2} \, d\Omega \tag{1.522}$$

bestimmt. $\underline{G}_{\min}(\omega)$ beschreibt dann ein *Minimalphasensystem*.

Das Paley–Wiener–Kriterium ist unter anderem dann verletzt, wenn $|\underline{G}(\omega)|$ in einem endlichen Frequenzintervall verschwindet. Die Übertragungsfunktion eines realisierbaren

----

[59] Raymond Paley, englischer Mathematiker (1907–1933).

Systems darf also allenfalls isolierte Nullstellen besitzen. Mit der gleichen Argumentation lässt sich zeigen, dass ein zeitbegrenztes Signal nicht zugleich auch frequenzbandbegrenzt sein kann, dass also die Aussagen $y(t) = 0$ für $|t| > t_1$ und $\underline{A}(\omega) = \mathcal{F}\{y(t)\} = 0$ für $|\omega| > \omega_1$ sich widersprechen: Aus der ersteren Bedingung folgt $y(t - t_1) = 0$ für $t < 0$, sodass $y(t - t_1)$ als Impulsantwort eines kausalen Systems angesehen werden kann. Sein Spektrum $\underline{A}(\omega)e^{-j\omega t_1}$ (s. (1.163)) muss also das Paley–Wiener–Kriterium erfüllen, und diese Forderung wird mit $\underline{A}(\omega) = 0$ für $|\omega| > \omega_1$ verletzt.

Nicht realisierbar ist z. B. der idealisierte dispersionsfreie Tiefpass mit kastenförmiger Amplitudencharakteristik (Abschn. 4.4.2.1). Andere Fälle wurden in Abschn. 1.12.3.5 behandelt. Rechnerisch lassen sich natürlich nicht-kausale Übertragungssysteme ebenso behandeln wie kausale; insbesondere kann man auch Impulsantworten nicht-kausaler Systeme berechnen, weil t hierbei nicht die wahre Zeit ist, sondern eine Rechengröße. Aber die nur für kausale Systeme gültigen, durch die Hilbert-Transformation gegebenen Verknüpfungen sind dann nicht erfüllt.

Nicht-kausal in dem Sinn, dass die Fourierrücktransformierte der Übertragungsfunktion nicht einseitig verschwindet, sind im Allgemeinen optische Systeme. Beim Übergang von Zeit und Frequenz zu Ort und Raumfrequenz (Abschn. 1.9.6) wird aus der Impulsantwort die Punktverschmierungsfunktion (Abschn. 1.12.3.5), bei der keine Raumrichtung ausgezeichnet ist. Die Kramers-Kronig-Beziehungen gelten daher nicht für räumliche Übertragungsfunktionen.

1.14 Digitale Signalverarbeitung

Mit der fortschreitenden Miniaturisierung elektronischer Bauelemente nahm die Bedeutung digital-elektronischer Methoden für die Signalverarbeitung ständig zu. Dies bezieht sich nicht nur auf den Einsatz von Universal-Computern; vielmehr wurden auch viele elektronische Laborgeräte, die früher ausschließlich in Analogtechnik aufgebaut waren, durch häufig genauere und flexibler einsetzbare Digitalgeräte ersetzt. Das beginnt bei den Generatoren, wo neben die herkömmlichen Oszillatoren die sog. *Synthesizer* traten (eine deutschsprachige Bezeichnung hat sich nicht eingebürgert), die als *Hybridgeräte* (gemischte Analog- und Digitaltechnik) hochgenaue Sinussignale mit digital einstellbarer Frequenz und sehr guter Spektralreinheit erzeugen. Die Synthesizer sind Mikroprozessorgesteuert, werden für Frequenzen von 10^{-6} Hz bis 60 GHz mit einer Einstellgenauigkeit bis zu 11 Dezimalstellen angeboten, stellen z. T. zugleich *Funktionsgeneratoren* dar, d. h. liefern Signale wählbarer Kurvenform (Sinus, Rechteck, Dreieck, Sägezahn, Impuls usw.) und sind vielfältig modulierbar. Alle Parameter sind von externen Computern steuerbar, sodass solche Geräte sich auch besonders für automatisierte Messungen eignen. Die absolute Frequenzgenauigkeit der Synthesizer-Signale ist durch den eingebauten Referenzoszillator bestimmt, meist einen Quarzschwinger (z. B. Frequenzfehler unter 10^{-7}, relative Frequenzkonstanz z. B. $5 \cdot 10^{-10}$/Tag). Mit Hilfe von Synthesizern überträgt man auch die extrem hohe Frequenzgenauigkeit der Atomuhren (Abschn. 1.3.3) auf Signale mit anderen Frequenzen.

Ähnlich vielseitige digitale Geräte gibt es auch zur eigentlichen Signalverarbeitung im Zeit- und Frequenzbereich. So lassen sich z. B. mit Zweikanal-FFT-Prozessoren nicht nur die Spektren zweier Zeitfunktionen nach Real- und Imaginärteil oder Betrag und Phase ermitteln, sondern im Frequenzbereich auch Auto- und Kreuzleistungsspektrum, Übertragungs- und Kohärenzfunktion bestimmen sowie im Zeitbereich Auto- und Kreuz-korrelationsfunktion, Amplitudenhistogramm und Impulsantwort, und außerdem kann man mit den Geräten Ensemblemittel zur Störbefreiung bilden (z. B. synchrone Mittelung bei Zeitfunktionen). Mit Steuerung durch einen Mikroprozessor, eingebautem Pseudorauschgenerator als Signalquelle, Speicher für Daten und Messprogramme sowie Anzeige-Sichtschirm können solche digitalen Laborgeräte eine ganze Reihe herkömmlicher Geräte ersetzen und bieten neben Platz- und Arbeitsersparnis auch noch einen hohen Bedienungskomfort.

In den folgenden Abschnitten soll auf einige Besonderheiten bei der digitalen Signalverarbeitung, insbesondere bei der Frequenzanalyse eingegangen werden.

1.14.1 Analog-Digital-Umsetzung

Als ersten Schritt bei der digitalen Verarbeitung analoger Messwerte, die oft als elektrische Spannungen vorliegen, muss man die kontinuierliche Zeitfunktion in eine Folge von Binärzahlen umwandeln. Dies geschieht im *Analog-Digital-Umsetzer* (*ADU*, *A/D-Wandler* oder *ADC* vom englischen Ausdruck *analog-digital-converter*). Er tastet das kontinuierliche Signal ab, d. h. er greift eine (meist äquidistante) Folge von diskreten Momentanwerten heraus und digitalisiert diese, wandelt also die analogen Spannungswerte in Binärzahlen um.

Die *Abtastung* ist schon in Abschn. 1.8.1.5 erörtert worden. In den Abtastzeitpunkten wird der jeweilige Funktionswert bestimmt und in einem *Abtast-Halte-Glied* (Sample-and-Hold-Glied, S&H-Schaltung) bis zum nächsten Abtastzeitpunkt elektronisch gespeichert. Die kontinuierliche Zeitfunktion wird also durch eine Treppenfunktion ersetzt. Um die gesamte in dem zu verarbeitenden Signal enthaltene Information zu bewahren, muss die *Abtastfrequenz* f_s (auch *Abtastrate* genannt) mehr als doppelt so hoch sein wie die Frequenzbandbreite Δf des Signals (*Abtasttheorem*). Es genügt hier nicht, f_s höher als die doppelte Breite des *interessierenden* Frequenzbandes zu wählen. Denn wenn Δf größer ist als $f_s/2$, überlappen sich nach Abb. 1.16 das ursprüngliche Spektrum und die Seitenbänder, die bei der Abtastung entstehen, sodass es Verzerrungen gibt, die sich durch kein Frequenzfilter wieder beseitigen lassen und nach der Rekonstruktion des analogen Signals zu Schwebungen führen. Diese Signalverfälschung durch zu niedrig gewählte Abtastfrequenz nennt man *Aliasing* (die englische Bezeichnung ist auch im Deutschen gebräuchlich). Handelsübliche digitale Analysatoren enthalten deshalb vor dem Analog-

Digital-Umsetzer als *Antialiasing-Filter* einen Tiefpass, dessen Grenzfrequenz mit der meist in Stufen wählbaren Abtastfrequenz automatisch umgeschaltet wird.

Die *Digitalisierung* wurde auch schon behandelt, und zwar in Abschn. 1.11.3.1 im Zusammenhang mit dem Quantisierungsrauschen. Eine k-stellige Binärzahl kann $N = 2^k$ verschiedene Quantisierungsstufen darstellen. Je höher das Auflösungsvermögen sein soll, desto länger muss die Binärzahl sein. Zwischen technischem Aufwand und Auflösungsvermögen ist deshalb ein Kompromiss zu suchen. Handelsübliche Analysatoren benutzen 12 Bit-Umsetzer, sodass nach (1.267) der Störabstand besser als 70 dB ist. Größer ist auch in den meisten praktischen Fällen der Störabstand des analogen Signals nicht, sodass eine feinere Quantisierung sinnlos wäre. Hinzu kommt, dass der Signal-Störabstand von Analog-Digital-Umsetzern nicht nur durch das Quantisierungsrauschen bestimmt ist, sondern auch durch Unvollkommenheiten der elektronischen Bauelemente; bei hohen Frequenzen machen sich insbesondere die endliche *Einstellzeit* der Abtast-Halte-Glieder und der *Jitter* bemerkbar. Unter Jitter (*Aperturunsicherheit*) versteht man Fehler der Abtastwerte, die dadurch entstehen, dass die Abtastzeitpunkte nicht genau äquidistant liegen. Diese Fehler werden umso größer, je steiler die Zeitfunktion im Abtastzeitpunkt verläuft. Ein Sinussignal mit der Amplitude $\widehat{y}$ und der Frequenz ω hat die maximale Steilheit $\omega\widehat{y}$. Weicht der Abtastzeitpunkt um δt vom richtigen Wert ab, so gibt dies einen Fehler des Abtastwerts von $\delta y = \omega\widehat{y}\delta t$. Er soll kleiner bleiben als eine Quantisierungsstufe Δ. Bei Vollaussteuerung ist $\widehat{y} = 2^k\Delta$ für einen k-Bit-ADC. Es muss also $\delta y < \widehat{y}/2^k$ sein und folglich

$$\delta t = \frac{\delta y}{\omega\widehat{y}} < \frac{1}{2^k\omega}. \tag{1.523}$$

Für einen 12 Bit-ADC und eine Maximalfrequenz von 200 kHz ist hiernach zu fordern, dass die Abtastzeitpunkte auf etwa 200 ps genau eingehalten werden. Bei sehr schnellen Abtastern, wie sie z. B. für Sampling-Oszilloskope (Abschn. 1.8.1.5) und Zeitbereichs-Reflektometer (Abschn. 2.4.4) gebraucht werden, begrenzen der Jitter und die in gleicher Größenordnung liegende Einstellzeit der Abtast-Halte-Glieder das Auflösungsvermögen.

1.14.2 Digitale Fouriertransformation

Die Fouriertransformation gehört zu den wichtigsten Rechenoperationen bei der Untersuchung von Signalen und Übertragungssystemen. Digitale Analysatoren liefern nicht nur das Amplitudenspektrum, sondern Real- und Imaginärteil und erlauben durch den schnellen FFT-Algorithmus (Abschn. 1.14.2.2) im Tonfrequenzbereich und im unteren Ultraschallbereich Spektralanalysen in „Echtzeit".

1.14.2.1 Diskrete Fouriertransformation (DFT)

Die Grundgleichungen (1.150) und (1.151) der Fouriertransformation enthalten Integrale über die kontinuierliche Zeitfunktion $y(t)$ bzw. das kontinuierliche Spektrum $\underline{A}(\omega)$, und das Integrationsintervall reicht von $-\infty$ bis $+\infty$ Für die digitale Transformation muss man erstens die Funktionen abtasten, d. h. aus den kontinuierlichen Funktionen diskrete Zahlenfolgen herausgreifen, zweitens die unendlichen Folgen beiderseits abschneiden, um endliche Datenmengen zu gewinnen, und drittens die Abtastwerte digitalisieren. Es ist üblich und sinnvoll, die Abtastpunkte äquidistant zu legen.

Nach Abschn. 1.7.1 beschreibt ein Spektrum, das aus äquidistanten diskreten Linien besteht, eine periodische Zeitfunktion. Die Transformationsbeziehungen für eine kontinuierliche mit T periodische Zeitfunktion $\underline{y}(t)$ und die zugehörigen Spektrallinien $\underline{A}_m$ lauten (s. (1.66) und (1.67))

$$\underline{y}(t) = \sum_{m=-\infty}^{+\infty} \underline{A}_m e^{j2\pi m f_0 t}, \qquad (1.524)$$

$$\underline{A}_m = \frac{1}{T} \int_0^T \underline{y}(t) e^{-j2\pi m f_0 t} \, dt. \qquad (1.525)$$

Für die diskrete Berechnung werde $\underline{y}(t)$ in N Zeitpunkten $t = 0, \Delta t, 2\Delta t, \ldots, (N-1)\Delta t$ abgetastet und habe dort die Abtastwerte $\underline{y}_n = \underline{y}(n\Delta t)$, $n = 0, \ldots, N-1$. Die kontinuierliche Zeitvariable t wird also zu $n\Delta t$, die Grundperiode T zur Gesamtlänge des Zeitintervalls $N\Delta t$, die Grundfrequenz $f_0 = 1/T$ zu $1/N\Delta t$, das Integral zur Summe über $n = 0$ bis $N-1$ und das Differenzial dt zum Zeitintervall Δt. Mit diesen Ersetzungen wird die Folge der $\underline{A}_m$ approximiert durch die Folge

$$\underline{Y}_m = \frac{1}{N} \sum_{n=0}^{N-1} \underline{y}_n e^{-j2\pi mn/N}, \qquad m = 0, \ldots N-1. \qquad (1.526)$$

Wenn man weder Information opfern noch Redundanz hinzufügen möchte, lassen sich aus den N Werten $\underline{y}_n$ (die hier verallgemeinernd komplex angenommen sind) genau N komplexe Spektralwerte $\underline{Y}_m$ (z. B. $m = 0, \ldots, N-1$) berechnen. Aus der unendlichen Summe (1.524) wird damit die endliche Summe

$$\underline{y}_n = \sum_{m=0}^{N-1} \underline{Y}_m e^{j2\pi mn/N}, \qquad n = 0, \ldots, N-1. \qquad (1.527)$$

Die Gleichungen (1.526) und (1.527) sind die Definitionsgleichungen der *diskreten Fouriertransformation* (*DFT*); (1.526) ist die Hin- und (1.527) die Rücktransformation. Physikalische Variable wie Zeit und Frequenz tauchen hierin nicht auf, nur die Indizes m und n. Die diskrete Fouriertransformation verknüpft lediglich die beiden Folgen der komplexen Zahlen $\underline{y}_n$ und $\underline{Y}_m$ in umkehrbar eindeutiger Weise. In physikalischen Anwendungen sind die m und n natürlich mit schrittweise veränderten Größen wie Zeit und Frequenz oder Ort und Raumfrequenz zu identifizieren.

Wenn die Folge der $\underline{y}_n$ reellwertig ist, was dem üblichen Fall einer reellen Zeitfunktion entspricht, errechnen sich aus den N Werten $\underline{y}_n$ nach (1.526) ebenso viele komplexe $\underline{Y}_m$, also 2N reelle Zahlen $\text{Re}(\underline{Y}_m)$ und $\text{Im}(\underline{Y}_m)$. Da nur N dieser Zahlen voneinander unabhängig sein können, muss die eine Hälfte offenbar durch die andere Hälfte bestimmt sein. In der Tat sind die $\underline{Y}_m$ für $m = 0$ bis $N/2$ konjugiert komplex zu den Werten für $m = N/2$ bis N, sodass man bei reellen y_n die $\underline{Y}_m$ nur für $m = 0, \dots, N/2$ zu berechnen braucht. Führt man als Abkürzung

$$\underline{W} = e^{j2\iota/N} \tag{1.528}$$

ein, so lauten die Transformationsgleichungen für eine reellwertige Folge y_n

$$\underline{Y}_m = \frac{1}{N} \sum_{n=0}^{N-1} y_n \underline{W}^{-mn}, \qquad m = 0, \dots, N/2, \tag{1.529}$$

$$\underline{Y}_{(N/2)+k} = \underline{Y}^*_{(N/2)-k}, \tag{1.530}$$

$$y_n = \sum_{m=0}^{N-1} \underline{Y}_m \underline{W}^{mn}, \qquad n = 0, \dots, N-1. \tag{1.531}$$

((1.529) liefert scheinbar $(N+2)$ *reelle* Werte für die Komponenten $\text{Re}(\underline{Y}_m)$ und $\text{Im}(\underline{Y}_m)$; aber $\underline{Y}_0$ und $\underline{Y}_{N/2}$ sind stets reell, weil die Exponentialfaktoren zu ± 1 werden, sodass man doch nur N relevante Daten erhält.)

Die diskrete Fouriertransformation benutzt man in den meisten Fällen, um eine kontinuierliche Fouriertransformation zu approximieren, die man exakt nicht berechnen könnte. Es ist deshalb nötig, sich mit den möglichen Fehlerquellen vertraut zu machen. Weil sich diese aus den Transformationsgleichungen nicht ohne Weiteres erkennen lassen, zerlegt man zweckmäßigerweise den Übergang von der kontinuierlichen Zeitfunktion $y(t)$ und dem zugehörigen Spektrum $\underline{Y}(f)$ zu den diskreten Folgen y_n und $\underline{Y}_m$ in Einzelschritte, die zwar bei der DFT in dieser Form nicht vollzogen werden, die aber die Approximationsfehler besonders gut verdeutlichen.

Abb. 1.85 zeigt bei a links als Zeitfunktion $y(t)$ eine cos-Schwingung mit der Periode τ, daneben das Betragsspektrum $|\underline{Y}(f)|$, diskrete Linien bei $\pm 1/\tau$ (bei komplizierteren Signalen gelten die folgenden Überlegungen für jede Spektralkomponente). Die für die DFT erforderliche Zeitbegrenzung kann man als Multiplikation mit dem *Rechteck-Zeitfenster* $q(t)$ der Länge T ansehen, Abb. 1.85b, das zugehörige *Fensterspektrum* $\underline{Q}(f)$ ist eine Spaltfunktion mit Nullstellen bei Vielfachen von $\pm 1/T$. Die zeitbegrenzte Funktion $y(t) \cdot q(t)$, Abb. 1.85c, hat nach dem Faltungssatz (1.170) das Spektrum $\underline{Y}(f) * \underline{Q}(f)$. Hier ist eine erste Verfälschung des Spektrums zu sehen, die man mit dem englischen Begriff *Leakage* (Durchsickern) bezeichnet: von jeder Komponente von $\underline{Y}(f)$ „sickern" bei der Faltung Ausläufer des Fensterspektrums in benachbarte Frequenzbereiche und täuschen dort Spektralanteile vor, die das „wahre" Spektrum $\underline{Y}(f)$ nicht enthält.

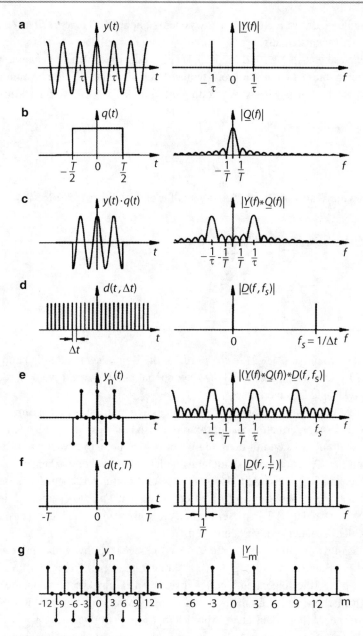

Abb. 1.85 Diskrete Fouriertransformation mit Rechteck-Zeitfenster: periodisch fortgesetzter Zeitausschnitt gleich ursprünglicher Zeitfunktion, keine Transformationsfehler

Die Abtastung der zeitbegrenzten Funktion $y(t) \cdot q(t)$ lässt sich als Multiplikation mit einer periodischen δ-Impulsfolge $d(t, \Delta t)$ („Dirac-Kamm", Abb. 1.85d beschreiben, wobei der Impulsabstand gleich dem Abtastintervall Δt ist. Das „Spektrum"[60] $\underline{D}(f, f_s)$ des Dirac-Kamms besteht aus diskreten Linien im Abstand der Abtastfrequenz $f_s = 1/\Delta t$. Das Spektrum der abgetasteten, zeitbegrenzten Funktion entsteht folglich aus $\underline{Y}(f) *$ $\underline{Q}(f)$ durch Faltung mit den diskreten Linien von $\underline{D}(f, f_s)$, d. h. das in Abb. 1.85c gezeigte Spektrum wiederholt sich jeweils im Abstand der Abtastfrequenz f_s periodisch, Abb. 1.85e. Wenn das Abtasttheorem erfüllt ist, also $f_s > 2f_{max}$, wobei f_{max} die höchste in $y(t)$ enthaltene Frequenz ist, überlappen sich $\underline{Y}(f)$ und die um $\pm f_s$ verschobenen *ursprünglichen* Spektren $\underline{Y}(f \pm f_s)$ nicht; die Ausläufer der verschobenen *verbreiterten* Spektren $\underline{Y}(f \pm f_s) * \underline{Q}(f \pm f_s)$ können aber durchaus mit merklichen Anteilen in den Grundbereich $-f_s/2 \ldots + f_s/2$ hineinreichen und daher trotz Frequenzbandbeschränkung der ursprünglichen Zeitfunktion $y(t)$ zu einem Aliasing führen, vor allem wenn die Abtastfrequenz nur wenig über $2f_{max}$ liegt.

Der Übergang von dem bislang kontinuierlichen periodischen Spektrum ($\underline{Y}(f) *$ $\underline{Q}(f)) * \underline{D}(f, f_s)$ zum diskreten Spektrum $\underline{Y}_m$ ist wieder als Multiplikation mit einem Dirac-Kamm darstellbar, der diesmal aus Spektrallinien im Abstand $1/T$ besteht, Abb. 1.85f. Die zugehörige Zeitfunktion entsteht aus der endlichen Abtastfolge y_n durch Faltung mit dem entsprechenden Dirac-Kamm im Zeitbereich, im Beispiel also durch periodische Wiederholung der bei (e) gezeigten Abtastwerte. Das Ergebnis, Abb. 1.85g, sind die zeitlich periodische Folge y_n und die ebenfalls periodische Folge $\underline{Y}_m$ der zugehörigen Spektralwerte. Die DFT transformiert eine Periode aus der Folge y_n in eine Periode der $\underline{Y}_m$, wobei es gleichgültig ist, ob man die Zeit- und Spektralfunktionen wie in den vorstehenden Gleichungen für $m, n = 0$ bis $N - 1$ betrachtet, oder wie in Abb. 1.85 für $m, n = -N/2$ bis $+(N/2) - 1$ (bzw. $-(N - 1)/2$ bis $+(N - 1)/2$ bei ungeradem N).

Sieht man von Digitalisierungsfehlern (Quantisierungsrauschen und Jitter) und Aliasing ab (diese Fehler lassen sich mit genügend hohem technischen Aufwand im Prinzip beliebig klein halten), ist die Grundperiode des diskreten Spektrums (in Abb. 1.85g von $m = -6$ bis $+5$) gleich dem Spektrum der periodisch fortgesetzten kontinuierlichen Zeitfunktion $y(t) \cdot q(t)$ aus Abb. 1.85c. Man kann daher erwarten, dass die Fehler der DFT verschwinden, wenn das periodisch fortgesetzte mit dem ursprünglichen Signal $y(t)$ übereinstimmt. Das setzt voraus, dass $y(t)$ selbst periodisch ist und die Länge T des Rechteck-Zeitfensters ein ganzzahliges Vielfaches der Periodenlänge τ von $y(t)$ ist. Dieser Sonderfall ist in Abb. 1.85 mit $T = 3\tau$ dargestellt. Die Abtastfrequenzen nach Abb. 1.85f fallen entweder genau in die Hauptmaxima oder in die Nullstellen der Spaltfunktion (Abb. 1.85e).

Bei unperiodischen und solchen periodischen Signalen, deren Periodendauer nicht ein ganzzahliger Bruchteil der Fensterlänge T ist, gibt es Fehler durch das Leakage. Einen solchen Fall zeigt Abb. 1.86. Der einzige Unterschied gegenüber Abb. 1.85 besteht dar-

---

[60] Die Fouriertransformierte der mathematisch idealisierten δ-Impulsfolge existiert nicht, wohl aber die Faltungsintegrale nach Art der (1.229). Die Darstellungen in Abb. 1.85 und 1.86d, f sind als Hilfe zur Veranschaulichung zu verstehen. Man kann sie auch, wie in Abschn. 1.8.1.4 erläutert, als „physikalische" δ-Impulse ansehen, d. h. als endliche Impulse hinreichend kurzer Dauer.

Abb. 1.86 Diskrete Fouriertransformation mit Rechteck-Zeitfenster: periodisch fortgesetzter Zeitausschnitt ist nicht gleich der ursprünglichen Zeitfunktion; Fehler durch Aliasing, Leakage und Picket-Fence-Effekt

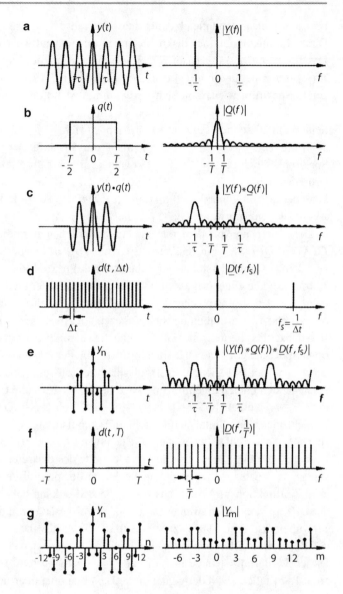

in, dass 3,5 statt 3 Perioden der Zeitfunktion $y(t)$ in das Zeitfenster T und damit die Frequenzabtastwerte (Abb. 1.86f) in die Nebenmaxima der Spaltfunktion (Abb. 1.86e) fallen. Das durch DFT berechnete Spektrum (Abb. 1.86g) lässt das wahre Spektrum (Abb. 1.86a) kaum erkennen. Es ist das Spektrum des periodisch fortgesetzt Zeitausschnitts (Abb. 1.86c), also eines Signals, das aus $y(t)$ durch Phasensprünge um π nach jeweils 3,5 Perioden entsteht.

Neben dem Leakage, also dem Auftreten von Nebenlinien, wird hier ein weiterer Fehler sichtbar: die Hauptmaxima des Spektrums (Abb. 1.86e) werden nicht im Scheitelpunkt, sondern auf den Flanken abgetastet und ergeben dadurch zu niedrige Spektralamplituden. Dieser Fehler beruht auf dem so genannten *Picket-Fence-Effekt* (picket-fence = Lattenzaun). Dem Namen liegt die folgende Vorstellung zugrunde. Man kann die Abtastung des (durch das Zeitfenster in jedem Fall kontinuierlichen) Signalspektrums durch die DFT-Linien so interpretieren, als betrachte man das Spektrum durch einen Zaun mit breiten Latten und schmalen Lücken im Abstand $1/T$. Der maximale Fehler, der dadurch entsteht, tritt offenbar dann auf, wenn das wahre Spektrum eine isolierte Linie enthält, aus der also durch die Zeitbegrenzung eine Spaltfunktion wird, und wenn die Abtastfrequenzen symmetrisch zum Scheitelpunkt der Spaltfunktion liegen, d. h. in der Mitte zwischen dem Hauptmaximum und der ersten Nullstelle (dies ist in Abb. 1.86 der Fall). Hier ist die Spaltfunktion von dem Maximalwert 1 auf $(\sin -\pi/2)/(\pi/2) = 0{,}637$ (beim Leistungsspektrum auf 0,405) abgefallen, das entspricht $-3{,}9\,\mathrm{dB}$.

Von den drei besprochenen Fehlern Leakage, Aliasing und Picket-fence-Effekt lassen sich die beiden ersten reduzieren, wenn man den Zeitausschnitt T vergrößert, weil dann die Spaltfunktion rascher abfällt und sich damit die vorgetäuschten Nebenmaxima auf eine engere Umgebung der Hauptmaxima zusammendrängen.

Alle drei Fehler werden verkleinert, wenn man anstelle des Rechteck-Zeitfensters eine allmählich abfallende Bewertungsfunktion gleicher Dauer T benutzt, deren Spektrum schwächere Nebenmaxima hat als die Spaltfunktion. Es sind zahlreiche derartige *Zeitfenster* entwickelt worden (Abschn. 1.14.2.3); in den handelsüblichen digital arbeitenden Analysatoren benutzt man vorzugsweise das Hanning-Fenster (Abb. 1.90b), dessen spektrale Nebenmaxima im Unterschied zum Rechteckfenster mit 60 statt mit 20 dB/Dekade abfallen, während das Hauptmaximum wegen der geringeren effektiven Zeitdauer breiter ist. Die schwächeren Nebenmaxima reduzieren das Leakage und Aliasing, das breitere Hauptmaximum den Picket-fence-Effekt, der im ungünstigsten Fall (isolierte Spektrallinie, Abtastfrequenzen symmetrisch zum Maximum) nur noch einen Fehler von $-1{,}4\,\mathrm{dB}$ ergibt. Wenn das ursprüngliche Signal keine isolierten Spektrallinien enthält oder wenn die Abtastfrequenzen nicht so ungünstig liegen, verkleinert sich der Fehler noch weiter. Der Picket-Fence-Effekt ist daher in der Praxis häufiger vernachlässigbar als das Leakage.

1.14.2.2 Schnelle Fouriertransformation (FFT)

Die Definitionsgleichungen der komplexen diskreten Fouriertransformation (1.526) und (1.527) lauten, zur Abkürzung mit $\underline{W}$ nach (1.528) geschrieben,

$$\underline{Y}_m = \frac{1}{N}\sum_{n=0}^{N-1} \underline{y}_n \underline{W}^{-nm}, \qquad\qquad m = 0,\ldots,N-1, \qquad (1.532)$$

$$\underline{y}_n = \sum_{m=0}^{N-1} \underline{Y}_m \underline{W}^{nm}, \qquad\qquad n = 0,\ldots,N-1. \qquad (1.533)$$

Sie unterscheiden sich also voneinander nur durch den Faktor $1/N$ und das Vorzeichen im Exponenten von $\underline{W}$. Der Rechengang ist daher für die Hin- und Rücktransformation nahezu gleich; im Folgenden wird zunächst nur (1.533) diskutiert.

Für jeden der N Werte $\underline{y}_n$ sind N Multiplikationen und N Additionen auszuführen, insgesamt bei der Transformation also je N^2 Multiplikationen und Additionen komplexer Zahlen. Zur Transformation von z. B. N = 1000 Abtastwerten sind demnach $2 \cdot 10^6$ komplexe Rechenoperationen nötig, die auch auf schnellen Computern einige Zeit erfordern. Digitale Analysatoren arbeiten mit zwei alternierend genutzten Speichern. Die im Rhythmus der Abtastfrequenz anfallenden digitalisierten Messwerte liest man zunächst in den einen Speicher ein; sobald dieser voll ist, werden die in ihm enthaltenen Daten transformiert, und währenddessen laufen die nächsten Messwerte in den anderen Speicher. Wenn kein Messwert verloren gehen soll (*Echtzeitanalyse*), dürfen während der zur Transformation erforderlichen Zeit höchstens N neue Abtastwerte anfallen. Das beschränkt die Abtastfrequenz f_s und damit die obere Grenzfrequenz $f_s/2$ der zu analysierenden Signale. In dem betrachteten Beispiel liegt die Grenzfrequenz danach in der Größenordnung von 100 Hz, und das ist für die meisten praktischen Anwendungen viel zu niedrig. Wirklich einsetzbar wurde die DFT erst, nachdem Cooley und Tukey[61] im Jahre 1965 einen schnellen Algorithmus zur Berechnung von (1.532) und (1.533) einführten, die *schnelle Fouriertransformation* (*Fast Fourier Transform, FFT*). Sie bringt einen um so größeren Gewinn an Rechenzeit, in je mehr Primfaktoren sich N zerlegen lässt; im Optimalfall ist N eine Potenz von 2, also $N = 2^k$. Dieser Fall wird im Folgenden angenommen.

Man zerlegt die ursprüngliche Folge der Abtastwerte $\underline{Y}_m$ zunächst in zwei Unterfolgen $\underline{X}_m = \underline{Y}_{2m}$ und $\underline{Z}_m = \underline{Y}_{2m+1}$ (m = 0 bis (N/2)−1). Transformiert man die jeweils N/2 Werte dieser Folgen, ergeben sich je N/2 diskrete Werte $\underline{x}_n$ bzw. $\underline{z}_n$. Aus diesen errechnet sich die gesuchte Folge der $\underline{y}_n$ zu

$$\underline{y}_n = \underline{x}_n + \underline{W}^n \underline{z}_n \qquad\qquad n = 0, \ldots, \frac{N}{2} - 1 \qquad (1.534)$$

$$\underline{y}_{n+N/2} = \underline{x}_n - \underline{W}^n \underline{z}_n \qquad\qquad n = 0, \ldots, \frac{N}{2} - 1. \qquad (1.535)$$

Die Transformation der $\underline{Y}_m$ in die $\underline{y}_n$ ist jetzt reduziert auf die einfacheren Transformationen $\underline{X}_m \to \underline{x}_n$ und $\underline{Z}_m \to \underline{z}_n$ und einige zusätzliche Rechenschritte. In gleicher Weise lässt sich die Berechnung der $\underline{x}_n$ und der $\underline{z}_n$ schrittweise weiter zerlegen, bis man schließlich bei Unterfolgen angelangt ist, die nur noch jeweils zwei Abtastwerte enthalten. Für den Fall N = 8 zeigt Abb. 1.87 das Rechenschema als Signalflussdiagramm nach der ersten und Abb. 1.88 nach der vollständigen Unterteilung. Die linken Kreise stellen die Abtastwerte $\underline{Y}_m$ dar, die rechten die Ergebnisse $\underline{y}_n$, die übrigen Kreise Zwischenresultate. Über die in einem Punkt zusammenlaufenden Signale wird – sofern an den Pfeilen Faktoren

---

[61] James W. Cooley (1926–2016) und John Wilder Tukey (1915–2000), US-Amerikanische Mathematiker. Der Algorithmus wurde schon 1805 von C. F. Gauß angegeben, geriet aber in Vergessenheit.

Abb. 1.87 Übergang von der
DFT zur FFT: Signalfluss-
diagramm für N = 8 nach der
ersten Unterteilung

Abb. 1.88 Signalflussdiagramm zur FFT für N = 8

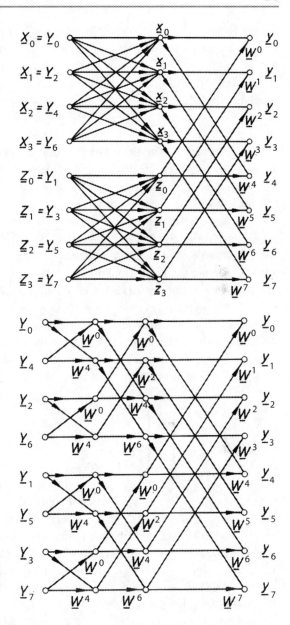

vermerkt sind, nach Multiplikation mit diesen – summiert (im linken Teil von Abb. 1.87
sind die Faktoren aus Platzgründen weggelassen).

   Zählt man die erforderlichen Rechenschritte ab, findet man für die jeweils N Zwischen-
und Endergebnisse in den Spalten von Abb. 1.88 je N Additionen und N Multiplika-

tionen. Ist $N = 2^k$, gibt es $k = \text{lb}\,N$ Spalten[62]. Die Hälfte der Multiplikationen lässt sich jedoch einsparen, weil nach (1.535) jedes Produkt zweimal auftritt (im Beispiel ist $\underline{W}^4 = -\underline{W}^0$, $\underline{W}^5 = -\underline{W}^1$ usw.). Der Rechenaufwand für die FFT reduziert sich gegenüber dem für die direkte Berechnung der DFT nach (1.533) insgesamt auf etwa den Bruchteil $(\text{lb}N)/N$, z. B. bei $N = 2^{10} = 1024$ auf etwa $1/100$.

In Abb. 1.87 und 1.88 sind die Anfangswerte $\underline{Y}_m$ nicht in der natürlichen Reihenfolge der Abtastwerte angeordnet, sondern so, wie es sich bei der sukzessiven Aufspaltung in Unterfolgen ergibt. Dieses bei der FFT übliche Umsortieren gestaltet das Rechenschema besonders übersichtlich: Verknüpft werden stets zwei Werte, die beim ersten Schritt benachbart sind, beim nächsten 2, dann $2^2 = 4$ Plätze voneinander entfernt stehen usw. Mit den je zwei Zwischenergebnissen können die Daten, aus denen sie errechnet wurden, überspeichert werden („in place computation"). Der dadurch reduzierte Speicherbedarf ist ein weiterer Vorteil der FFT gegenüber der DFT.

Das Umsortieren ist leicht vorzunehmen, wenn man die Indizes als Dualzahlen betrachtet: man muss jede Dualzahl rückwärts lesen, um den Platz zu bestimmen, an den der entsprechende Abtastwert zu rücken ist („Bit-verkehrte Ordnung"). Beispiel: $\underline{Y}_3$ bei $N = 8$: $3 \,\hat{=}\, 011$, Umkehrung: $110 \,\hat{=}\, 6$, also rückt $\underline{Y}_3$ auf Platz 6).

Die FFT lässt sich auch auf andere Arten als die vorstehende aus der DFT herleiten. Recht aufschlussreich ist die folgende Darstellung. Die in der Transformationsbeziehung (1.533) zusammengefassten N Gleichungen zur Berechnung von $\underline{y}_0$ bis $\underline{y}_{N-1}$ aus den $\underline{Y}_m$ schreibt man in Matrizenform:

$$
\begin{pmatrix} \underline{y}_0 \\ \underline{y}_1 \\ \vdots \\ \underline{y}_{N-1} \end{pmatrix} = \begin{pmatrix} \underline{W}^0 & \underline{W}^0 & \cdots & \underline{W}^0 \\ \underline{W}^0 & \underline{W}^1 & \cdots & \underline{W}^{N-1} \\ \vdots & \vdots & & \vdots \\ \underline{W}^0 & \underline{W}^{N-1} & \cdots & \underline{W}^{(N-1)^2} \end{pmatrix} \begin{pmatrix} \underline{Y}_0 \\ \underline{Y}_1 \\ \vdots \\ \underline{Y}_{N-1} \end{pmatrix}. \tag{1.536}
$$

Ordnet man die $\underline{Y}_m$ in der Bit-verkehrten Reihenfolge, sind die Spalten der quadratischen *Transformationsmatrix* $(\underline{W}^{mn})$ in gleicher Weise umzuordnen. Die Elemente $\underline{W}^{mn} = e^{j2\imath mn/N}$ sind komplexe Einheitsvektoren mit den N diskreten Winkeln, die bei gleichförmiger Unterteilung des Vollkreises in N Teile entstehen und sich für $mn \geq N$ periodisch wiederholen $(\underline{W}^{mn} = \underline{W}^{mn \bmod N})$. Symbolisiert man die $\underline{W}^{mn}$ durch entsprechend gerichtete Vektoren: $\underline{W}^0 = 1 \,\hat{=}\rightarrow$, $\underline{W}^1 \,\hat{=}\,\nearrow$ usw., so entsteht aus (1.536) die in Abb. 1.89 oben dargestellte Matrizengleichung.

Der Übergang von der DFT zur FFT durch die sukzessive Transformation von Datenpaaren stellt sich in der Matrizenschreibweise als Zerlegung der Transformationsmatrix in ein Produkt von $k = \text{lb}\,N$ einfacheren Matrizen dar (*Faktorisierung*). Beispielsweise führt der in Abb. 1.88 veranschaulichte Rechengang auf die in Abb. 1.89 unten gezeigte Zerlegung. Jede der drei Matrizen enthält in jeder Zeile nur zwei nicht verschwindende Werte, von denen einer gleich 1 ist. Außerdem gibt es zu jeder Zeile eine andere, die sich nur

---

[62] $\text{lb}\,N = 10 \log_2 N$ binärer Logarithmus; früher auch $\text{ld}\,N$ geschrieben (logarithmus dualis).

$$
\begin{pmatrix} y_0 \\ y_1 \\ y_2 \\ y_3 \\ y_4 \\ y_5 \\ y_6 \\ y_7 \end{pmatrix}
=
\begin{pmatrix}
\rightarrow & \rightarrow & \rightarrow & \rightarrow & \rightarrow & \rightarrow & \rightarrow & \rightarrow \\
\rightarrow & \leftarrow & \uparrow & \downarrow & \nearrow & \swarrow & \nwarrow & \searrow \\
\rightarrow & \rightarrow & \leftarrow & \leftarrow & \uparrow & \uparrow & \downarrow & \downarrow \\
\rightarrow & \leftarrow & \downarrow & \uparrow & \nwarrow & \searrow & \nearrow & \swarrow \\
\rightarrow & \rightarrow & \rightarrow & \rightarrow & \leftarrow & \leftarrow & \leftarrow & \leftarrow \\
\rightarrow & \leftarrow & \uparrow & \downarrow & \swarrow & \nearrow & \searrow & \nwarrow \\
\rightarrow & \rightarrow & \leftarrow & \leftarrow & \downarrow & \downarrow & \uparrow & \uparrow \\
\rightarrow & \leftarrow & \downarrow & \uparrow & \searrow & \nwarrow & \swarrow & \nearrow
\end{pmatrix}
\begin{pmatrix} Y_0 \\ Y_4 \\ Y_2 \\ Y_6 \\ Y_1 \\ Y_5 \\ Y_3 \\ Y_7 \end{pmatrix}
$$

DFT für N = 8, Abtastwerte $\underline{Y}_m$ und Spalten der Transformationsmatrix
in „bit-verkehrter" Ordnung

$$
\begin{pmatrix} y_0 \\ y_1 \\ y_2 \\ y_3 \\ y_4 \\ y_5 \\ y_6 \\ y_7 \end{pmatrix}
=
\left(\begin{array}{cccc|cccc}
\rightarrow & 0 & 0 & 0 & \rightarrow & 0 & 0 & 0 \\
0 & \rightarrow & 0 & 0 & 0 & \nearrow & 0 & 0 \\
0 & 0 & \rightarrow & 0 & 0 & 0 & \uparrow & 0 \\
0 & 0 & 0 & \rightarrow & 0 & 0 & 0 & \nwarrow \\ \hline
\rightarrow & 0 & 0 & 0 & \leftarrow & 0 & 0 & 0 \\
0 & \rightarrow & 0 & 0 & 0 & \swarrow & 0 & 0 \\
0 & 0 & \rightarrow & 0 & 0 & 0 & \downarrow & 0 \\
0 & 0 & 0 & \rightarrow & 0 & 0 & 0 & \searrow
\end{array}\right)
\left(\begin{array}{cc|cccccc}
\rightarrow & 0 & \rightarrow & 0 & 0 & 0 & 0 & 0 \\
0 & \rightarrow & 0 & \uparrow & 0 & 0 & 0 & 0 \\
\rightarrow & 0 & \leftarrow & 0 & 0 & 0 & 0 & 0 \\
0 & \rightarrow & 0 & \downarrow & 0 & 0 & 0 & 0 \\
0 & 0 & 0 & 0 & \rightarrow & 0 & \rightarrow & 0 \\
0 & 0 & 0 & 0 & 0 & \rightarrow & 0 & \uparrow \\
0 & 0 & 0 & 0 & \rightarrow & 0 & \leftarrow & 0 \\
0 & 0 & 0 & 0 & 0 & \rightarrow & 0 & \downarrow
\end{array}\right)
\left(\begin{array}{cc|cccccc}
\rightarrow & \rightarrow & 0 & 0 & 0 & 0 & 0 & 0 \\
\rightarrow & \leftarrow & 0 & 0 & 0 & 0 & 0 & 0 \\
0 & 0 & \rightarrow & \rightarrow & 0 & 0 & 0 & 0 \\
0 & 0 & \rightarrow & \leftarrow & 0 & 0 & 0 & 0 \\
0 & 0 & 0 & 0 & \rightarrow & \rightarrow & 0 & 0 \\
0 & 0 & 0 & 0 & \rightarrow & \leftarrow & 0 & 0 \\
0 & 0 & 0 & 0 & 0 & 0 & \rightarrow & \rightarrow \\
0 & 0 & 0 & 0 & 0 & 0 & \rightarrow & \leftarrow
\end{array}\right)
\begin{pmatrix} Y_0 \\ Y_4 \\ Y_2 \\ Y_6 \\ Y_1 \\ Y_5 \\ Y_3 \\ Y_7 \end{pmatrix}
$$

FFT für N = 8: Faktorisierung der umgeordneten Transformationsmatrix

Abb. 1.89 DFT und FFT für N = 8

durch das Vorzeichen des weiter rechts stehenden Faktors unterscheidet. Hierin spiegeln sich die in (1.535) formulierten Eigenschaften der FFT wider.

Das Prinzip der FFT besteht also in der Faktorisierung der Transformationsmatrix. Diese Feststellung lässt sich auf andere diskrete Transformationen übertragen: Immer dann, wenn sich die Transformationsmatrix derart faktorisieren lässt, dass die Faktormatrizen außerhalb der Hauptdiagonalen nur wenige von Null verschiedene Elemente enthalten, lässt sich ein schneller Algorithmus für die Transformation angeben.

Bislang ist die FFT nur für die Rücktransformation (1.533) betrachtet worden. Bei der Hintransformation (1.532) sind als Gewichtsfaktoren die konjugiert komplexen Werte der Einheitsvektoren zu nehmen ($e^{-j2\pi mn/N}$ statt $e^{+j2\pi mn/N}$), und außerdem müssen die Ergebnisse durch N geteilt werden. Die wesentlichen Teile des Rechenprogramms bleiben jedoch gleich. Bei der Transformation reellwertiger Signale lässt sich nach (1.529) bis (1.531) die Rechnung noch verkürzen.

Handelsübliche FFT-Prozessoren ermöglichen gegenwärtig einen „Echtzeitbetrieb" bis knapp 60 kHz. Die A/D-Wandler und sonstigen Bauelemente erlauben höhere Signalfrequenzen, sodass sich unter Verzicht auf vollständige Informationsverarbeitung Signale bis zu mehreren Hundert kHz transformieren lassen.

Dass FFT-Geräte nicht nur zur Analyse von Zeitfunktionen eingesetzt werden, sondern auch zur Untersuchung von Übertragungssystemen, wurde bereits erwähnt (vgl. Abb. 1.83). Auch auf verschiedene andere Einsatzbereiche der FFT, wie die Cepstrumanalyse (Abschn. 1.8.1.6) sowie die Auto- und Kreuzkorrelationsanalyse (Abschn. 1.12.2.5 und 1.12.3.1) ist schon hingewiesen worden.

Für die Bildverarbeitung ist die *zweidimensionale* Fouriertransformation wichtig. Ihr Rechenaufwand wächst bei DFT und FFT mit N^4 bzw. $N^2 \cdot lb\,N$, die FFT ist also hier sogar um den Faktor $N^2/(lb\,N)$ schneller.

Im gleichen Maß wie die Zahl der Rechenoperationen reduzieren sich auch die Rundungsfehler, bei der eindimensionalen FFT also auf den Bruchteil $(lb\,N)/N$ im Vergleich zur DFT.

1.14.2.3   Zeitfenster

Wie bereits in Abschn. 1.14.2.1 erwähnt, lassen sich die typischen Fehler bei der diskreten Fouriertransformation stationärer Signale – Leakage, Picket-fence-Effekt und das durch die Zeitbegrenzung entstehende Aliasing – reduzieren, wenn man das zu transformierende Signal $y(t)$ nicht wie z. B. in Abb. 1.86 an den Grenzen des Transformationintervalls plötzlich abschneidet, sondern die Einhüllende allmählich einengt. In der Darstellung nach Abb. 1.86b ist dazu die Rechteckzeitfunktion durch eine geeignete Bewertungsfunktion, ein *Zeitfenster* zu ersetzen, das vom Maximalwert 1 bei $t = 0$ symmetrisch nach beiden Seiten stetig abfällt. An die Fensterfunktion sind die folgenden Anforderungen zu stellen [87]:

1. Sie muss eine endliche Dauer T haben. Daraus folgt nach der Bemerkung am Ende von Abschn. 1.13.4, dass das Spektrum im Prinzip unendlich ausgedehnt ist.

2. Um das Leakage gering zu halten, soll das Fensterspektrum mit wachsender Frequenz möglichst rasch abfallen. Nach einer Bemerkung in Abschn. 1.8.1.2 verläuft ein Spektrum proportional zu $1/\omega^{k+1}$, wenn erst die k-te zeitliche Ableitung der Zeitfunktion Sprungstellen aufweist. Unter diesem Gesichtspunkt ist es deshalb günstig, wenn das Zeitfenster an seinen Grenzen (bei $\pm T/2$) in möglichst hoher Ordnung stetig gegen Null geht.

3. Um die einzelnen Spektralkomponenten der zu analysierenden Funktion möglichst wenig zu verbreitern, um also das Frequenzauflösungsvermögen möglichst wenig zu beeinträchtigen, sollte das Betragsspektrum $|\underline{Q}(f)|$ der Fensterfunktion ein möglichst schmales Hauptmaximum um $f = 0$ haben.

4. Der zusätzliche Rechenaufwand muss in sinnvoller Relation zur erreichbaren Verbesserung der Analyse stehen.

Zwischen diesen zum Teil widersprüchlichen Forderungen ist ein Kompromiss zu finden, der aber von Fall zu Fall unterschiedlich ausfallen kann. Es sind sehr viele Fensterfunktionen entwickelt worden, die jeweils unter bestimmten Gesichtspunkten optimal sind. Im Folgenden werden das *Hanningfenster* und das *Hammingfenster* behandelt, sowie zum Vergleich das Rechteckfenster.

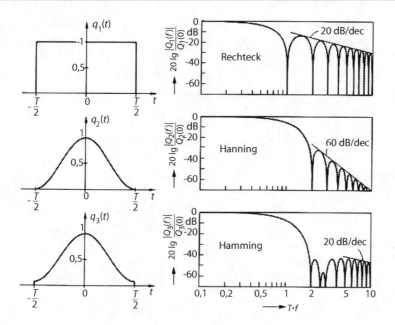

Abb. 1.90 Gebräuchliche Zeitfenster und ihre Spektren

Das *Rechteckfenster* (Abb. 1.90 oben)

$$q_1(t) = \text{rect}_T(t) = \begin{cases} 1 & \text{für} \quad |t| < T/2, \\ 0 & \text{für} \quad |t| \geq T/2 \end{cases} \tag{1.537}$$

mit dem Spektrum

$$\underline{Q}_1(f) = T \, \frac{\sin \pi f T}{\pi f T} \tag{1.538}$$

(nach Abschn. 1.11.1.1 und (1.223)) ist nur dann vorteilhaft anzuwenden, wenn zeitlich begrenzte Signale (Impulse) zu analysieren sind, die sowieso an den Grenzen des Analysierintervalls verschwinden.

Besteht das Signal aus periodisch wiederholten Impulsen und wählt man die Fensterlänge gleich der Wiederholungsdauer der Impulse, so ist das diskrete Spektrum identisch gleich dem wahren Spektrum, während jedes stetig verlaufende Fenster die Impulsform und damit auch das Spektrum verändern würde.

Für die Analyse von Einzelimpulsen ist es nach der dritten Forderung günstig, wenn das Fenster wesentlich länger ist als der Impuls. Allerdings verteilt sich die endliche Energie des Impulses auf mehr Spektrallinien, sodass diese schwächer werden und die prozentualen Rundungsfehler anwachsen.

Das Hauptmaximum im Spektrum des Rechteckimpulses ist schmal, das erste Nebenmaximum aber mit $-13\,\text{dB}$ recht hoch, und die weiteren Nebenmaxima fallen mit $20\,\text{dB/Dekade}$ nur langsam ab.

Unter den „weich" verlaufenden Zeitfenstern stellt das *Hann-Fenster*,[63] meistens in Angleichung an das Hamming-Fenster (s. u.) *Hanning-Fenster* genannt (Abb. 1.90 Mitte)

$$q_2(t) = \begin{cases} \cos^2 \frac{\pi t}{T}, & |t| \leq T/2 \\ 0, & |t| > T/2 \end{cases} \tag{1.539}$$

einen guten Kompromiss dar. Aus der Darstellung

$$q_2(t) = \left(\frac{1}{2} + \frac{1}{2} \cos \frac{2\pi t}{T} \right) \text{rect}_T(t) \tag{1.540}$$

ergibt sich das Spektrum zu

$$\underline{Q}_2(f) = \frac{1}{2}\underline{Q}_1(f) + \frac{1}{4}\underline{Q}_1(f - \frac{1}{T}) + \frac{1}{4}\underline{Q}_1(f + \frac{1}{T}). \tag{1.541}$$

Da die effektive Breite des Hanning-Fensters kleiner ist als die des Rechteckfensters, ist nach der Unschärferelation das Hauptmaximum des Spektrums breiter. Das erste Nebenmaximum liegt mit $-31,5\,\text{dB}$ deutlich niedriger als beim Rechteckspektrum, und der Abfall zu hohen Frequenzen hin ist mit $60\,\text{dB/Dekade}$ recht steil (denn erst die zweite zeitliche Ableitung von $q_2(t)$ ist bei $\pm T/2$ unstetig).

Das Hanning-Fenster ist in nahezu allen FFT-Prozessoren verfügbar, weil es zum einen die Spektralfehler in den meisten Fällen deutlich verringert, vor allem aber, weil es sich für die digitale Berechnung besonders gut eignet. Bei dem zunächst nahe liegend erscheinenden Rechengang würde man die Abtastwerte y_n des zu analysierenden Signals mit den Abtastwerten q_n des Fensters multiplizieren und die so erhaltene Folge

$$z_n = y_n \cdot q_n \tag{1.542}$$

mit Hilfe der FFT transformieren. Statt auf diese Weise im Zeitbereich kann man aber das Fenster auch im Frequenzbereich berücksichtigen. Aus (1.542) folgt die Spektralbeziehung

$$\underline{Z}_m = \underline{Y}_m * \underline{Q}_m, \tag{1.543}$$

wenn man die Fouriertransformierten mit den jeweiligen Großbuchstaben bezeichnet. Diese Faltung nimmt beim Hanning-Fenster eine besonders einfache Form an. Schreibt man (1.542) zunächst noch einmal für die kontinuierlichen Zeitfunktionen auf, so erhält man

$$z(t) = y(t) \cdot q_2(t) = y(t) \cdot \text{rect}_T(t) \cdot \left(\frac{1}{2} + \frac{1}{2} \cos \frac{2\pi t}{T} \right). \tag{1.544}$$

---

[63] Julius Ferdinand von Hann, österreichischer Meteorologe (1839–1921).

Daraus folgt für das Spektrum

$$\underline{Z}(f) = \mathcal{F}\{y(t) \cdot \mathrm{rect}_T(t)\} * \left[\frac{1}{2}\delta(f) + \frac{1}{4}\delta(f - \frac{1}{T}) + \frac{1}{4}\delta(f + \frac{1}{T})\right]. \qquad (1.545)$$

Geht man nun zum diskreten Spektrum über, wird aus $\mathcal{F}\{y(t)\,\mathrm{rect}_T(t)\}$ die Folge $\underline{Y}_m$, aus $\delta(f)$ wird $\delta(0)$, und weil $1/T$ gleich dem Linienabstand im diskreten Spektrum ist, werden aus $\delta(f \mp \frac{1}{T})$ die Diracimpulse $\delta(\pm 1)$. Daher entspricht (1.545) die diskrete Spektralgleichung

$$\underline{Z}_m = \underline{Y}_m * \left[\frac{1}{2}\delta(0) + \frac{1}{4}\delta(1) + \frac{1}{4}\delta(-1)\right] = \frac{1}{2}\underline{Y}_m + \frac{1}{4}\underline{Y}_{m+1} + \frac{1}{4}\underline{Y}_{m-1}. \qquad (1.546)$$

Nach dieser Beziehung berechnet man in digitalen Analysatoren die Wirkung des Hanning-Fensters auf das Spektrum. Man transformiert also zunächst die unbewertete endliche Folge der y_n (als ob mit dem Rechteckfenster gearbeitet würde) in die Folge $\underline{Y}_m$ und bestimmt dann nach (1.546) die gesuchten Werte $\underline{Z}_m$. Das bietet Rechenvorteile: anstelle der im Zeitbereich nötigen Multiplikationen treten hier nur Stellenverschiebungen (weil die Koeffizienten Zweierpotenzen sind) und Additionen auf, der beträchtliche Speicherbedarf für die Fensterkoeffizienten q_n entfällt, und außerdem gibt es geringere Rundungsfehler.

Bei dem unten in Abb. 1.90 gezeigten *Hamming-Fenster*[64]

$$q_3(t) = \left(0{,}54 + 0{,}46 \cos \frac{2\pi t}{T}\right) \mathrm{rect}_T(t), \qquad (1.547)$$

einer Cosinusperiode über niedrigem Sockel, sind die Koeffizienten gegenüber dem Hanning-Fenster so abgeändert, dass im Spektrum

$$\underline{Q}_3(f) = 0{,}54\,\underline{Q}_1(f) + 0{,}23\left(\underline{Q}_1(f - \frac{1}{T}) + \underline{Q}_1(f + \frac{1}{T})\right) \qquad (1.548)$$

möglichst niedrige Nebenmaxima auftreten. Das höchste unter ihnen liegt mit $-43\,\mathrm{dB}$ deutlich tiefer als beim Hanning-Fenster, aber durch die Unstetigkeit in der Zeitfunktion fallen die Nebenmaxima höherer Ordnung wie beim Rechteckfenster mit nur 20 dB/Dekade ab (wegen der geringeren Stufenhöhe liegt allerdings der Pegel insgesamt tiefer). Die effektive Dauer des Hamming-Fensters ist etwas größer, die Breite des Hauptmaximums im Spektrum folglich etwas kleiner als beim Hanning-Fenster.

Man benutzt das Hamming-Fenster gern in solchen Fällen, wo der Störabstand schon beim ursprünglichen Signal nicht größer als etwa 40 bis 50 dB ist, wo also der langsame spektrale Abfall zu hohen Frequenzen hin weniger stört als ein höheres erstes Nebenmaximum.

---

[64] Richard Wesley Hamming, US-amerikanischer Mathematiker (1915–1998).

Die Berechnung ist wiederum nicht nur im Zeitbereich, sondern auch im Frequenzbereich möglich, und zwar gilt

$$\underline{Z}_m = 0{,}54\,\underline{Y}_m + 0{,}23\,(\underline{Y}_{m+1} + \underline{Y}_{m-1}). \tag{1.549}$$

Weil hier die Koeffizienten keine Zweierpotenzen sind, ist der Rechenaufwand etwas größer als für das Hanning-Fenster.

Auf die übrigen Zeitfenster soll hier nicht eingegangen werden.

Bei Sprache und anderen nicht-stationären Signalen interessiert man sich oft für die zeitliche Veränderung des Spektrums. Dazu greift man mit einem Fenster geeigneter Dauer nacheinander verschiedene Zeitabschnitte des Signals heraus und analysiert sie. Legt man die Zeitabschnitte so, dass sie lückenlos aneinander anschließen, geht im Prinzip keine Information verloren. Praktisch stimmt dies jedoch nur, wenn man ein Rechteckfenster benutzt. Bei anderen Fenstern können kurze, aber wichtige Signalteile in die flachen Ausläufer des Fensters fallen und so weit abgeschwächt werden, dass sie im Spektrum nicht mehr erkennbar sind. Deshalb staffelt man die jeweils zu analysierenden Zeitabschnitte so, dass sie sich überlappen, meist zu 50 % oder 75 %. Natürlich sind die aufeinander folgenden Spektren dadurch korreliert (die Korrelationskoeffizienten für 50 % und 75 % Überlappung sind beim Rechteckfenster 0,5 bzw. 0,75, beim Hanning-Fenster 0,17 bzw. 0,66 und beim Hamming-Fenster 0,23 bzw. 0,71).

1.14.3 Hadamard- und Haar-Transformation

Bei der digitalen Berechnung von Spektren durch die diskrete Fouriertransformation braucht man die meiste Rechenzeit dazu, das zu analysierende Signal mit Cosinus- und Sinusfunktionen zu multiplizieren. Die Gründe, weshalb man in der Schwingungsphysik die Fourieranalyse der mathematisch gleichwertigen Entwicklung nach anderen vollständigen Orthogonalsystemen vorzieht, wurden in Abschn. 1.7.2 erläutert. Den Möglichkeiten der Digitaltechnik kommt aber die Zerlegung in Mäanderfunktionen (Abschn. 1.3.4) besonders entgegen, die deshalb als Analysierverfahren einige Bedeutung erlangt haben. Im Folgenden sollen die Entwicklungen nach Walsh-Funktionen und Haar-Funktionen besprochen werden.

Wenn eine Zeitfunktion $y(t)$ im Intervall $0 \dots T$ nach Walsh-Funktionen (Abb. 1.4a) entwickelt wird,

$$y(t) = \sum_{m=0}^{\infty} W_m \text{wal}(m, t), \tag{1.550}$$

errechnen sich die Entwicklungskoeffizienten W_m zu

$$W_m = \frac{1}{T} \int\limits_0^T y(t)\, \text{wal}(m, t)\, dt. \qquad (1.551)$$

Die Walsh-Funktionen sind mit T periodisch, und daher ist auch die durch (1.550) dargestellte Funktion periodisch: $y(t + T) = y(t)$. (1.550) und (1.551) ähneln den Fourier-transformationsbeziehungen (1.524) und (1.525) für periodische Funktionen. Man nennt sie *Walsh-Fouriertransformation* oder einfach *Walsh-Transformation*. Für die digitale Berechnung wird $y(t)$ ersetzt durch eine Folge von N Abtastwerten $y_0, \ldots, y_{N-1}$, und das Integral in (1.551) wird zur endlichen Summe – analog zum Übergang von (1.525) zu (1.526) bei der diskreten Fouriertransformation.

Die endlichen Transformationen lassen sich wie in Abschn. 1.14.2.2 als Matrizengleichungen schreiben, wobei die Transformationsmatrix in jeder Zeile eine Walsh-Funktion enthält. So wird z. B. aus (1.551) für m = 0,. . .,(N−1) die Matrizengleichung

$$\begin{pmatrix} W_0 \\ \vdots \\ W_{N-1} \end{pmatrix} = \begin{pmatrix} \text{wal}(0, n) \\ \vdots \\ \text{wal}(N-1, n) \end{pmatrix} \begin{pmatrix} y_0 \\ \vdots \\ y_{N-1} \end{pmatrix}, \qquad (1.552)$$

in der wal(0,n) für die N Abtastwerte von wal(0,t) bei $t = 0, T/N, \cdots, (N-1)T/N$ steht usw. Im Unterschied zur Fouriertransformation ist es bei dieser Transformation nur sinnvoll, N als Potenz von 2 zu wählen ($N = 2^k$), also jeweils bis zu einer Rademacher-funktion zu entwickeln. Zur Berechnung der N Entwicklungskoeffizienten W_m sind, da die Transformationsmatrix nur die Elemente +1 und −1 enthält, N(N-1) reelle Additionen bzw. Subtraktionen nötig, im Gegensatz zu N^2 komplexen Multiplikationen bei der diskreten Fouriertransformation. Ebenso wie bei der DFT gibt es auch für die diskrete Walsh-Transformation im Fall $N = 2^k$ einen schnellen Algorithmus. Es lässt sich zeigen, dass man dann die Transformationsmatrix durch Umordnen der Zeilen oder Spalten in eine *Hadamard-Matrix*[65] überführen kann, die sich effizient faktorisieren lässt. Eine Hadamard-Matrix $\mathbf{H}_N$ ist eine N×N-Matrix, die nur die Elemente +1 und −1 enthält und die Bedingung $\mathbf{H}_N \mathbf{H}_N^T = N\mathbf{E}$ erfüllt ($\mathbf{H}_N^T$ ist die zu $\mathbf{H}_N$ transponierte Matrix, $\mathbf{E}$ die Einheitsmatrix). Hadamard-Matrizen sind stets symmetrisch und haben die Form

$$\mathbf{H}_{2N} = \begin{pmatrix} \mathbf{H}_N & \mathbf{H}_N \\ \mathbf{H}_N & -\mathbf{H}_N \end{pmatrix}, \qquad (1.553)$$

speziell gilt

$$\mathbf{H}_1 = (1), \qquad \mathbf{H}_2 = \begin{pmatrix} 1 & 1 \\ 1 & -1 \end{pmatrix}. \qquad (1.554)$$

---

[65] Jacques Salomon Hadamard, französischer Mathematiker (1865–1963).

Ein Beispiel zeige den Zusammenhang mit den Walsh-Funktionen. (1.552) lautet für N = 4

$$
\begin{pmatrix} W_0 \\ W_1 \\ W_2 \\ W_3 \end{pmatrix} = \begin{pmatrix} 1 & 1 & 1 & 1 \\ 1 & 1 & -1 & -1 \\ 1 & -1 & -1 & 1 \\ 1 & -1 & 1 & -1 \end{pmatrix} \begin{pmatrix} y_0 \\ y_1 \\ y_2 \\ y_3 \end{pmatrix} = \begin{pmatrix} 1 & 1 & 1 & 1 \\ 1 & -1 & 1 & -1 \\ 1 & 1 & -1 & -1 \\ 1 & -1 & -1 & 1 \end{pmatrix} \begin{pmatrix} y_0 \\ y_3 \\ y_1 \\ y_2 \end{pmatrix}.
$$

$$(1.555)$$

In der linken Transformationsmatrix erkennt man die ersten vier Walsh-Funktionen (vgl. Abb. 1.4) sowohl in den Zeilen als auch in den Spalten. Durch Umordnen der Spalten und der y_m kommt man zu der rechten Darstellung. Dies ist die Hadamard-Matrix $\mathbf{H}_4$, die sich weiterhin faktorisieren lässt gemäß

$$
\mathbf{H}_4 = \begin{pmatrix} 1 & 0 & 1 & 0 \\ 0 & 1 & 0 & 1 \\ 1 & 0 & -1 & 0 \\ 0 & 1 & 0 & -1 \end{pmatrix} \begin{pmatrix} 1 & 1 & 0 & 0 \\ 1 & -1 & 0 & 0 \\ 0 & 0 & 1 & 1 \\ 0 & 0 & 1 & -1 \end{pmatrix}.
$$

$$(1.556)$$

Wie bei der FFT enthält in den Faktormatrizen jede Zeile nur zwei Elemente, wodurch sich der Rechenaufwand auf $N(\text{lb } N)$ reelle Additionen bzw. Subtraktionen reduziert.

Die diskrete Walsh-Transformation ist demnach der Multiplikation mit einer Hadamard-Matrix, einer *Hadamard-Transformation*, äquivalent. Der Rechenvorteil bei der durch (1.556) angedeuteten *schnellen* Hadamard-Transformation gegenüber der FFT, also der Ersatz komplexer Multiplikationen durch reelle Additionen, reduziert die Rechenzeit typischerweise auf etwa 1/8.

Noch geringer als bei der Hadamard-Transformation ist der Rechenaufwand bei der *Haar-Transformation*, der Zerlegung in Haar-Funktionen (Abb. 1.4b), für die es ebenfalls einen schnellen Algorithmus gibt. Die Haar-Transformationsmatrix für $N = 8$ und eine mögliche Faktorisierung lauten

$$
\begin{pmatrix} 1 & 1 & 1 & 1 & 1 & 1 & 1 & 1 \\ 1 & 1 & 1 & 1 & -1 & -1 & -1 & -1 \\ \sqrt{2} & \sqrt{2} & -\sqrt{2} & -\sqrt{2} & 0 & 0 & 0 & 0 \\ 0 & 0 & 0 & 0 & \sqrt{2} & \sqrt{2} & -\sqrt{2} & -\sqrt{2} \\ 2 & -2 & 0 & 0 & 0 & 0 & 0 & 0 \\ 0 & 0 & 2 & -2 & 0 & 0 & 0 & 0 \\ 0 & 0 & 0 & 0 & 2 & -2 & 0 & 0 \\ 0 & 0 & 0 & 0 & 0 & 0 & 2 & -2 \end{pmatrix} = \begin{pmatrix} 1 & 1 & 0 & 0 & 0 & 0 & 0 & 0 \\ 1 & -1 & 0 & 0 & 0 & 0 & 0 & 0 \\ 0 & 0 & \sqrt{2} & 0 & 0 & 0 & 0 & 0 \\ 0 & 0 & 0 & \sqrt{2} & 0 & 0 & 0 & 0 \\ 0 & 0 & 0 & 0 & 2 & 0 & 0 & 0 \\ 0 & 0 & 0 & 0 & 0 & 2 & 0 & 0 \\ 0 & 0 & 0 & 0 & 0 & 0 & 2 & 0 \\ 0 & 0 & 0 & 0 & 0 & 0 & 0 & 2 \end{pmatrix} \times
$$

$$
\times
\begin{pmatrix}
1 & 1 & 0 & 0 & 0 & 0 & 0 & 0 \\
0 & 0 & 1 & 1 & 0 & 0 & 0 & 0 \\
1 & -1 & 0 & 0 & 0 & 0 & 0 & 0 \\
0 & 0 & 1 & -1 & 0 & 0 & -0 & 0 \\
0 & 0 & 0 & 0 & 1 & 0 & 0 & 0 \\
0 & 0 & 0 & 0 & 0 & 1 & 0 & 0 \\
0 & 0 & 0 & 0 & 0 & 0 & 1 & 0 \\
0 & 0 & 0 & 0 & 0 & 0 & 0 & 1
\end{pmatrix}
\begin{pmatrix}
1 & 1 & 0 & 0 & 0 & 0 & 0 & 0 \\
0 & 0 & 1 & 1 & 0 & 0 & 0 & 0 \\
0 & 0 & 0 & 0 & 1 & 1 & 0 & 0 \\
0 & 0 & 0 & 0 & 0 & 0 & 1 & 1 \\
1 & -1 & 0 & 0 & 0 & 0 & 0 & 0 \\
0 & 0 & 1 & -1 & 0 & 0 & 0 & 0 \\
0 & 0 & 0 & 0 & 1 & -1 & 0 & 0 \\
0 & 0 & 0 & 0 & 0 & 0 & 1 & -1
\end{pmatrix}
\qquad (1.557)
$$

Abgesehen von den Normierungsfaktoren $\pm\sqrt{2}$ und ± 2 beträgt der Rechenaufwand für die schnelle Haar-Transformation nur noch 2(N-1) reelle Additionen bzw. Subtraktionen.

In der Praxis geht der Vorteil der schnellen Komponentenberechnung allerdings häufig dadurch verloren, dass erheblich mehr Walsh- oder Haar-Komponenten als Fourier-Komponenten nötig sind, um eine gegebene Originalfunktion mit dem gleichen Signal-Stör-Verhältnis zu approximieren. Dies hat seinen Grund darin, dass die üblicherweise zu analysierenden Signale stetig verlaufen. Bei der Synthese aus Mäanderfunktionen werden sie durch Stufenfunktionen angenähert, und eine feine Stufung bedeutet hohe Sequenz. Umgekehrt erfordert eine gute Synthese von unstetigen Funktionen aus Fourierkomponenten hohe Frequenzen. Deshalb haben z. B. PCM-Signale (Puls-Code-Modulation) schmalere Sequenz- als Frequenzspektren.

Während die Hadamard- und Haar-Transformation deshalb bei der Übertragung und Verarbeitung von Zeitsignalen keine wesentliche Rolle spielen, haben sie sich in der Spektroskopie und der Bildverarbeitung durchgesetzt [88]–[91]. Bei der *Hadamard-Spektroskopie* wird ein übliches Gitterspektrometer in folgender Weise abgewandelt: Das aufgefächerte Spektrum wird nicht abgetastet, sondern durch eine Schlitzmaske räumlich gefiltert, die durchgelassene Strahlung gesammelt und auf einen Detektor fokussiert. Dies macht man nacheinander mit Masken, die gemäß den Zeilen der Hadamard-Matrix strukturiert sind ($+1$: durchlässig, -1: undurchlässig). Das eigentliche Spektrum gewinnt man dann durch rechnerische Hadamard-Transformation. Der Vorteil gegenüber den herkömmlichen Abtastverfahren liegt wie bei der Fourierspektroskopie (Abschn. 1.12.2.2) darin, dass bei schwachen Signalen die Strahlungsintensität besser ausgenutzt und damit das Signal/Stör-Verhältnis angehoben wird. (Weil beide Verfahren in jedem Zeitpunkt der Messung viele Frequenzkomponenten gleichzeitig registrieren, nennt man sie auch *Multiplexverfahren*.) Hadamard-Spektrometer sind robuster als Fourierspektrometer und eignen sich daher besonders für mobilen Einsatz (Flugzeuge, Satelliten).

Benutzt man bei der Bildverarbeitung *zweidimensionale* Mäanderfunktionen, so braucht man die Vorlage nicht zeilenweise abzutasten und beschleunigt dadurch das Verfahren. Abb. 1.91 zeigt zweidimensionale Walsh-Funktionen, Abb. 1.92 zweidimensionale Haar-Funktionen. Die Haar-Funktionen als lokale Funktionen eignen sich besonders zur Kantendetektion und zur genauen Darstellung wichtiger Bildteile, für die die Entwicklung bis zu höherer Ordnung vorgenommen werden kann als für unwesentlichere Teile.

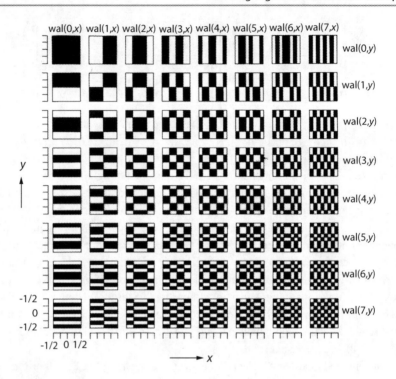

Abb. 1.91 Zweidimenionale Walsh-Funktionen wal(m, x)·wal(n, y) für m, n = 0,. . .,7 im Intervall $-1/2 \leq x \leq +1/2$. Schwarz: $+1$, weiß: -1

Neben diesen beiden Transformationen werden zur digitalen Bildverarbeitung unter anderen noch die *Slant-Transformation*, die *Singulärwert-Zerlegung* (*singular value decomposition, SVD-Transformation*), die *Maximalfolgen- (M-)Transformation* und die *Karhunen-Loève-Transformation* (*Eigenvektor-Transformation*)[66][67] benutzt, die letztere vor allem zur Datenkompression und Bilddrehung. Sie ist auch vom theoretischen Standpunkt aus interessant. Approximiert man ein (ein- oder mehrdimensionales) Signal durch eine endliche Zahl N von Entwicklungstermen eines orthogonalen Funktionensystems, so gibt es einen *Abbruchfehler*, der mit wachsendem N abnimmt, aber auch vom Signal und der gewählten Transformation abhängt. Definiert man ihn als mittleren quadratischen Fehler, so ist er z. B. für Signale mit großem Zeit-Bandbreite-Produkt im Sinne der Unschärferelation (Abschn. 1.11.2) bei der Fourierzerlegung kleiner als bei der Walsh-Zerlegung mit gleicher Zahl N von Termen. Zu jedem Satz von Originaldaten gibt es aber eine Transformation, die den kleinsten Abbruchfehler erzeugt. Das ist die Zerlegung in einen Satz von unkorrelierten Komponenten mit Hilfe der Eigenvektoren und Eigenwerte der Kovarianzmatrix der Originaldaten, wobei mit wachsender Ordnung das statistische Gewicht

[66] Karl Karhunen, finnischer Mathematiker (1915–1992).
[67] Michel Loève, französisch–US-amerikanischer Mathematiker (1907–1979).

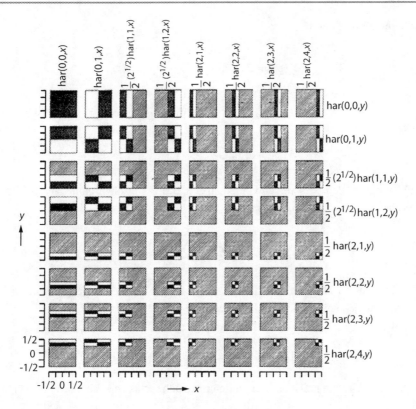

Abb. 1.92 Zweidimensionale Haar-Funktionen har(k, l, x)· har(m, n, y) für k, m = 0, 1, 2 und l, n = 0 bis 4 im Intervall $-1/2 \leq x \leq +1/2, -1/2 \leq y \leq +1/2$. Schwarz: $+1$, weiß: -1, schraffiert: 0

der Entwicklungsterme immer geringer wird. Diese Zerlegung ist die Karhunen-Loève-Transformation.

Wichtig ist natürlich bei allen schnellen Transformationen, dass auch die Rücktransformationen effizient durchzuführen sind, damit man die veränderten Signale oder Bilder rekonstruieren kann.

1.15   z-Transformation

Die in Abschn. 1.9 besprochene Fouriertransformation setzt zeitlich kontinuierliche Signale voraus, ebenso wie die in Abschn. 1.10 behandelte Erweiterung der Fouriertransformation zur Laplacetransformation. Die digitale Signalverarbeitung benutzt zeitdiskrete Signale, die sich mit der *z-Transformation* [92] in den der Laplacetransformierten entsprechenden Spektralbereich überführen lassen.

Sei $\underline{y}[n]$ eine Folge von (reellen oder komplexen) Zahlen, die z. B. durch Abtastung aus einer kontinuierlichen Zeitfunktion $y(t)$ erhalten wurde (dann sind die $y[n]$ natürlich reell). Man definiert durch

$$Y(\underline{z}) = \underline{Z}\{\underline{y}[n]\} = \sum_{n=-\infty}^{+\infty} \underline{y}[n]\, \underline{z}^{-n} \qquad (1.558)$$

die *bilaterale z-Transformierte* von $\underline{y}[n]$, wobei n alle ganzen Zahlen durchläuft und $\underline{z}$ eine komplexe Zahl ist:

$$\underline{z} = |\underline{z}|e^{j\varphi} = \sigma + j\omega. \qquad (1.559)$$

Falls die $\underline{y}[n]$ für alle n < 0 verschwinden, also z. B. für kausale Signale, vereinfacht sich (1.558) zur *unilateralen z-Transformation*

$$Y(\underline{z}) = \underline{Z}\{\underline{y}[n]\} = \sum_{n=0}^{\infty} \underline{y}[n]\, \underline{z}^{-n}. \qquad (1.560)$$

Wie für die Fouriertransformierten und die Laplacetransformierten gelten auch für die z-Transformierten entsprechende Rechenregeln:
Linearität:

$$\underline{Z}(a_1\underline{y}_1[n] + a_2\underline{y}_2[n]) = a_1\underline{Z}(\underline{y}_1[n]) + a_2\underline{Z}(\underline{y}_2[n]). \qquad (1.561)$$

Verschiebung: wird die Folge der Zeitwerte um k nach rechts verschoben, $\underline{y}[n] \rightarrow \underline{y}[n-k]$, gilt

$$\underline{Z}(\underline{y}[n-k]) = \underline{z}^{-k}\underline{Z}(\underline{y}[n]). \qquad (1.562)$$

Der Faltung im Zeitbereich entspricht das Produkt im Bildbereich:

$$\underline{Z}(\underline{y}_1[n] * \underline{y}_2[n]) = \underline{Z}(\underline{y}_1[n]) \cdot \underline{Z}(\underline{y}_2[n]). \qquad (1.563)$$

Für die Zuordnung der diskreten Zeitfunktion $\underline{y}[n]$ zur Bildfunktion $Y(\underline{z})$ ist folgendes Symbol gebräuchlich:

$$\underline{y}[n] \circ\!\!\!-\!\!\bullet\; Y(\underline{z}). \qquad (1.564)$$

Es gibt Korrespondenztabellen für die Zuordnungen nach (1.564), die die Anwendungen erleichtern. Häufig konvergieren die Summen in (1.558) und (1.559) nicht für alle $\underline{z}$, z. B. nur für $|\underline{z}| > 1$ oder $|\underline{z}| < 1$. Für $|\underline{z}| = 1$, also $\underline{z} = e^{j\varphi}$, liegt $\underline{z}$ auf dem Einheitskreis. Mit $\varphi = 2\pi m/N$ geht (1.558) über in (1.526) (bis auf den Faktor 1/N). Die diskrete Fouriertransformation ist also ein Spezialfall der z-Transformation. Der Einheitskreis wird mit wachsendem m periodisch durchlaufen. Darin drückt sich aus, dass diskrete Zeitfunktionen periodische Spektren haben.

Die z-Transformation wird vor allem bei der Entwicklung digitaler Regler angewandt.

Literatur

Lehrbücher

1. *K. W. Wagner*: Einführung in die Lehre von den Schwingungen und Wellen. Dieterich'sche Verlagsbuchhandlung, Wiesbaden 1947.

2. *H. Lippmann*: Schwingungslehre. Bibliographisches Institut, Mannheim etc. 1968, Hochschultaschenbuch 189/189a.

3. *J. R. Barker*: Mechanical and Electrical Vibrations. Methuen 1964.

4. *W. Wien, F. Harms* (Herausg.): Handbuch der Experimentalphysik, Bd. 17, 1. Teil: Schwingungs- und Wellenlehre, Ultraschallwellen. Akademische Verlagsgesellschaft, Leipzig 1969.

5. *C. M. Harris, C. E. Crede*: Shock and Vibration Handbook. 3 Vols., McGraw-Hill 1961, 6th ed.: A. G. Piersol, T. L. Paez 2010, ISBN: 978-0071508193.

6. *K. Magnus*: Schwingungen. Teubner 1961. 9. Aufl.: K. Magnus, K. Popp, W. Sexto: Schwingungen. Physikalische Grundlagen und mathematische Behandlung. Springer-Verlag 2013, ISBN: 978-3-343808414.

7. *F. S. Crawford, Jr.*: Schwingungen und Wellen. Berkeley Physik Kurs, Band 3. Vieweg, 3. Aufl. 1989, ISBN: 978-3528283537. Taschenbuch 2013.

8. *F. H. Lange*: Signale und Systeme, Band I: Spektrale Darstellung, 1965, 1970. Band II: Gesteuerte elektronische Systeme, 1968, 1970. Band III: Regellose Vorgänge, 1973, 1975, VEB Verlag Technik, Berlin.

9. *D. Lange*: Methoden der Signal- und Systemanalyse. Vieweg, 2. Aufl. 1986, ISBN: 978-3-528143411.

10. *K. U. Ingard*: Fundamentals of Waves and Oscillations. Cambridge University Press 1988, ISBN: 978-0521339575.

11. *D. S. Jones*: Acoustic and Electromagnetic Waves. Clarendon Press, Oxford 1986, Paperback: Oxford University Press 1989, ISBN: 978-0-198533801.

12. *H. J. Pain*: The Physics of Vibrations and Waves. Wiley, 6th ed. 2005, ISBN: 978-0-470-01296-3.

13. *T. D. Rossing, N. H. Fletcher*: Principles of Vibration and Sound. Springer-Verlag, 2nd ed. 2004, ISBN: 978-1-4419-2343-1.

14. *H. Meinke, F. W. Gundlach*: Taschenbuch der Hochfrequenztechnik. Springer-Verlag, 5. Aufl. 1992 und 2009, ISBN: 978-3540547143.

15. *P. M. Morse*: Vibration and Sound. McGraw-Hill, 2nd ed. 1948, reprinted 1981, ISBN: 978-0883182871.

16. *P. M. Morse, K. U. Ingard*: Theoretical Acoustics. McGraw-Hill 1968, Paperback: Princeton University Press 1987, ISBN: 978-0-691024011.

17. *P. M. Woodward*: Probability and Information Theory, with Applications to Radar. Pergamon Press 1953, New edition 1980, ISBN: 978-0-890061039.

18. *L. Ljung*: System Identification: Theory for the User. Prentice-Hall, 2nd ed. 1998, ISBN: 978-0-13-2440530.

19. *B. Widrow, S. D. Stearns*: Adaptive Signal Processing. Prentice-Hall 1985, ISBN: 978-0-13-0040299.

20. *H. Marko*: Theorie linearer Zweipole, Vierpole und Mehrtore. Hirzel 1971; 1997: ISBN: 978-3-777602325.

21. *O. Mildenberger*: Grundlagen der Systemtheorie für Nachrichtentechniker. Hanser 1981, 1987: ISBN: 978-3-446-134423.

22. *F. A. Fischer*: Einführung in die statistische Übertragungstheorie. Bibliographisches Institut 1969, Hochschultaschenbuch 130/130a, 1984: ISBN: 978-3-411001309.

23. *E. Herter, W. Lörcher*: Nachrichtentechnik. Hanser, 9. Aufl. 2003, ISBN: 978-3446226845.

Einzelnachweise

24. *E. Terhardt, M. Zick*: Evaluation of the Tempered Tone Scale in Normal, Stretched, and Contracted Intonation. Acustica 32 (1975) 268–274.

25. *M. C. B. Ashley*: The care and feeding of an Antarctic Telescope. Physics Today 66(5) (May 2013) 60–61.

26. *K. Holldack, G. Wüstefeld*: Von den X-Strahlen zu den T-Strahlen. An Linear- und Kreisbeschleunigern lässt sich intensive Terahertz-Strahlung erzeugen. Physik Journal 2(1) (2003) 18–20.

27. *G. Becker*: Die Darstellung der Sekunde und die Realisierung der Atomzeitskala. Phys. Bl. 39 (1983) 55–59.

28. *D. Kleppner*: Time Too Good to Be True. Physics Today 59(3) (March 2006) 10–11.

29. *B. Höling, H. Ruder, M. Schneider*: „Und sie wackelt doch" – Schwankungen der Erdrotation. forschung – Mitteilungen der DFG 1991, Nr. 2, S. 27–29.

30. *P. Hetzel, L. Rohbeck*: Datums- und Zeitangabe drahtlos empfangen. Funkschau 1974, Heft 19, S. 727–730.

31. *J. Camparo*: The rubidium atomic clock and basic research. Physics Today 60(11) (Nov. 2007) 33–39.

32. *T. Becker* et al.: Optische Frequenznormale mit gespeicherten Ionen. Von Grundlagenexperimenten zur Ein-Atom-Uhr. Physik Journal 1(3) (2002) 47–53.

33. *M. Freebody*: Optical clocks move towards miniaturization. Optics and Laser Europe, Issue 160 (April 2008) 15.

34. *A. G. Smart*: Optical-lattice clock sets new standards for timekeeping. Physics Today 67(3) (March 2014) 12–14.

35. *R. van den Berg*: Femtosecond combs lock frequencies. Opto & Laser Europe (OLE), Issue 86 (July/August 2001) 24–26.

36. *T. Udem, R. Holzwarth, T. W. Hänsch*: Uhrenvergleich auf der Femtosekundenskala. Physik Journal 1(2) (2002) 39–45.

37. *E. W. Grafarend, V. S. Schwarze*: Das Global Positioning System. Physik Journal 1(1) (2002) 39–44.

38. *N. Ashby*: Relativity and the Global Positioning System. Physics Today 55(5) (May 2002) 41–47.

39. *E. Gauß*: Walsh-Funktionen für Ingenieure und Naturwissenschaftler. Teubner-Verlag 1994, ISBN: 3-519-02099-8, Taschenbuch: Springer 2013, ISBN: 978-3519020998.

40. *A. Haar*: Zur Theorie der orthogonalen Funktionssysteme. Math. Annalen 69 (1910) 331–371.

41. *W. Schultz*: Messen und Prüfen mit Rechtecksignalen. Philips Technische Bibliothek, Eindhoven 1966.

42. *J. Kohut, M. V. Mathews*: Study of Motion of a Bowed Violin String. J. Acoust. Soc. Am. 49 (1971) 532–537.

43. *V. A. Kotelnikov*: [Die Übertragungskapazität des „Äthers" und des Drahtes bei der elektrischen Nachrichtentechnik.] Materialien zur 1. Allunionskonferenz über Probleme des technischen Wiederaufbaus des Nachrichtenwesens und der Entwicklung der Schwachstromindustrie. Eingereicht: 19.1.1932, für den Druck genehmigt: 14.1.1933. (Text russisch).

44. *H. Raabe*: Untersuchungen an der wechselzeitigen Mehrfachübertragung (Multiplexübertragung). Elektrische Nachrichtentechnik (ENT) 16 (1939) 213–228.

45. *C. E. Shannon*: Communication in the presence of noise. Proc. IRE 37 (1948) 10–21.

46. *H.-D. Lüke*: Zur Entstehung des Abtasttheorems. NTZ 31 (1978) 271–274, 498, 711.

47. *J. I. Churkin, C. P. Jakowlew, G. Wunsch*: Theorie und Anwendung der Signalabtastung. Verlag Technik, Berlin 1966.

48. *R. F. McLean, S. H. Alsop, J. S. Fleming*: Nyquist—overcoming the limitations. J. Sound Vib. 280 (2005) 1–20.

49. *E. Meyer, G. Buchmann*: Die Klangspektren der Musikinstrumente. Ber. Preuß. Akad. Wiss. Berlin, Math.-Phys. Kl. 32 (1931) 735–778.

50. *D. G. Childers* et al.: The Cepstrum: A Guide to Processing. Proc. IEEE 65 (1977) 1428–1443.

51. *R. Mäusl*: Modulationsverfahren in der Nachrichtentechnik mit Sinusträger. Hüthig, 2. Aufl. 1976, ISBN: 978-3778503782.

52. *A. Papoulis*: The Fourier Integral and its Applications. McGraw-Hill 1962, ISBN: 978-0-070484474.

53. *D. C. Champeney*: Fourier Transforms and their Physical Applications. Academic Press 1973, ISBN: 978-012-167450-2.

54. *F. Dittrich*: Verschiedene Definitionen der spektralen Leistungsdichte stationärer stochastischer Signale und Diskussion der auftretenden Konvergenzprobleme. Messen-Steuern-Regeln 13 (1970) 260–262, 356–360.

55. *F. A. Fischer*: Über den Zusammenhang zwischen Richtcharakteristik und Amplitudenverteilung bei linearen und ebenen Strahlergebilden. Acustica 1 (1951/52) AB 9–11.

56. *J. W. Goodman*: Introduction to Fourier Optics. McGraw-Hill 1968, 3rd ed.: Roberts & Co. Publ. 2005, ISBN: 978-0974707723.

57. *D. Casasent* (ed.): Optical Data Processing. Springer-Verlag 1978 und 2014, ISBN: 978-3662308448.

58. *G. Doetsch*: Einführung in Theorie und Anwendung der Laplace-Transformation. Birkhäuser, 3. Aufl. 1976. ISBN: 978-3-0348-5189-3.

59. *Anon.*: Symposium on Sonic Boom. J. Acoust. Soc. Am. 39 (1966) S1–S80.

60. *C. E. Cook, M. Bernfeld*: Radar Signals. Academic Press 1967. Reprint 1993, ISBN: 978-0890067338.

61. *W. Hilberg, P. G. Rothe*: Das Problem der Unschärferelation in der Nachrichtentechnik. Die allgemeinen expliziten Unschärferelationen und optimalen Impulse in der Nachrichtentechnik. Wiss. Ber. AEG-Telefunken 43 (1970) 1–9 bzw. 9–19.

62. *H. Bittel, L. Storm*: Rauschen. Springer-Verlag 1971, Reprint 2012, ISBN: 978-3-642-49241-9.

63. *N. Wax*: Noise and Stochastic Processes. Dover Publ. 1954, ISBN: 978-0486602622.

64. *A. Papoulis*: Probability, Random Variables, and Stochastic Processes. McGraw-Hill 1965, 4th ed. 2002, ISBN: 978-0-071226615.

65. *A. Finger*: Pseudorandom-Signalverarbeitung. Springer 1977, Reprint 2013, ISBN: 978-3-32-2992215.

66. *S. O. Rice*: Mathematical Analysis of Random Noise. The Bell System Technical Journal 23 (1944) 282–332.

67. *A. M. Richardson, W. S. Hodgkiss*: Bispectral analysis of underwater acoustic data. J. Acoust. Soc. Am. 96(2), Pt. 1 (1994) 828–837.

68. *R. J. Bell*: Introductory Fourier Transform Spectroscopy. Academic Press 1972. E-Book: Elsevier 2012, ISBN: 978-0-12-085150-8.

69. *J. R. Ferraro, L. J. Basile*: Fourier Transform Infrared Spectroscopy. Application to Chemical Systems, Vol. 2. Academic Press 1978. ISBN: 978-0122541018.

70. *R. H. Barker*: Group Synchronizing of Binary Digital Systems. In: W. Jackson (ed.): Communication Theory. Butterworth 1953, pp. 273–287.

71. *S. W. Golomb*: Shift Register Sequences. Holden-Day, San Francisco 1967. Revised ed.: Aegean Press 1981, ISBN: 978-0894120480.

72. *P. M. Woodward*: Probability and Information Theory, with Applications to Radar. Pergamon Press, 2nd ed. 1964. Artech Print on Demand 1980, ISBN: 978-0890061039.

73. *S. W. Golomb, R. A. Scholtz*: Generalized Barker Sequences. IEEE Trans. Information Theory IT-11 (1965) 533–537.

74. *S. W. Golomb*: Two-Valued Sequences with Perfect Autocorrelation. IEEE Trans. Aerospace and Electronic Systems 28 (1992) 383–386.

75. *S. W. Golomb*: Construction of signals with favorable correlation properties. In: A. Pott et al. (eds.): Difference Sets, Sequences and their Correlation Properties, pp. 159–194. Springer-Verlag 1999, ISBN: 978-0-7923-5958-6.

76. *K. Lehmann*: Entwurf von Filterstrukturen zur Erzeugung mehrstufiger Codes mit Barker-Autokorrelations-Eigenschaften. AEÜ 33 (1979) 190–192.

77. *M. R. Schroeder*: Number Theory in Science and Communication. Springer-Verlag, 5th ed. 2009, Chapter 16.

78. *C. R. Trimble*: What is Signal Averaging? Hewlett-Packard Journal 19(8) (April 1968).

79. *L. Bergmann, C. Schäfer*: Lehrbuch der Experimentalphysik, Bd. 3: Optik. de Gruyter, 10. Aufl. 2004, ISBN: 978-3110170818.

80. *M. Maier* et al.: Intense Light Bursts in the Stimulated Raman Effect. Phys. Rev. Lett. 17 (1966) 1275–1277.

81. *P. Damaske*: Richtungsabhängigkeit von Spektrum und Korrelationsfunktionen der an den Ohren empfangenen Signale. Acustica 22 (1969/70) 191–204.

82. *H. Kuttruff*: Raumakustische Korrelationsmessungen mit einfachen Mitteln. Acustica 13 (1963) 120–122.

83. *J. S. Bendat, A. G. Piersol*: Engineering Applications of Correlation and Spectral Analysis. Wiley, 2nd ed. 1993, ISBN: 978-0-471-57055-4.

84. *Y. Takebayashi, K. Kido*: Effects of time window on the estimation of coherence function for the system with delays. J. Acoust. Soc. Jpn. (E) 1 (1980) 17–23.

85. *E. O. Schulz-Dubois, I. Rehberg*: Structure Function in Lieu of Correlation Function. Appl. Phys. 24 (1981) 323–329.

86. *R. Unbehauen*: Systemtheorie. Eine Einführung für Ingenieure, Kap. IV.5 und IV.6. Oldenbourg, 2. Aufl. 1971, ISBN: 3-486-38452-x.

87. *F. J. Harris*: On the Use of Windows for Harmonic Analysis with the Discrete Fourier Transform. Proc. IEEE 66 (1978) 51–83.

88. *M. Harwit, N. J. A. Sloane*: Hadamard Transform Optics. Academic Press 1979, ISBN: 978-012335516.

89. *H. Kazmierczak*: Erfassung und maschinelle Verarbeitung von Bilddaten. Springer-Verlag 1980 und 2014, ISBN: 978-3709122563.

90. *T. S. Huang*: Image Sequence Analysis. Springer-Verlag 1981, ISBN: 978-3-642-87039-2.

91. *R. Steinbrecher*: Bildverarbeitung in der Praxis. Oldenbourg 1993, ISBN: 3-486-22372-0.

92. *F. Gausch, A. Hofer, K. Schlacher*: Digitale Regelkreise. 2. Aufl., Oldenbourg 1993, ISBN: 978-3486227345. Kapitel 3: Die z-Transformation.

Einfache lineare Schwingungssysteme

2

Zusammenfassung

Aus wenigen Grundelementen wie Masse, Feder und Dämpfer für mechanische bzw. Spule, Kondensator und ohmschem Widerstand für elektrische Schwingungssysteme bestehen typische Resonatoren, die sich durch lineare Differenzialgleichungen beschreiben lassen. Mit dem Konzept von Impedanz und Admittanz vereinfachen sich viele Berechnungen gegenüber der mathematischen Lösung der Gleichungen. Impedanz- und Admittanzdiagramme mit der Frequenz als Parameter geben informative Darstellungen der Schwingungssysteme. Für die verschiedenen Resonatortypen (Serien- bzw. Parallelschaltung) werden freie und erzwungene Schwingungen berechnet, gebräuchliche Dämpfungsparameter, komplexe Materialkonstanten und Relaxationsmodelle eingeführt sowie der Zusammenhang zwischen Dispersion und Absorption erläutert. Schnelle Messverfahren z. B. für Leitungsstörungen sind Zeitbereichsreflektometrie und -spektroskopie. Aus der Dualität widerstandsreziproker Schwingungssysteme ergeben sich Analogien zwischen mechanischen und elektrischen Schwingungssystemen. Mit ihnen lassen sich viele mechanische Systeme auf die besser untersuchten elektrischen abbilden, was ihre Berechnung und das Verständnis für ihr Verhalten oft erleichtert. Als Anwendungen einfacher mechanischer Schwinger werden Maßnahmen zur Erschütterungsisolierung, tieffrequente Pendel und der Schwingförderer behandelt.

2.1 Grundelemente

In der physikalischen Messtechnik werden außerordentlich oft Resonanzverfahren benutzt, weil sie auf der Bestimmung von Frequenzen beruhen und diese die am genauesten messbaren physikalischen Größen sind. Die Resonanzfrequenz eines Schwingungssys-

© Springer Fachmedien Wiesbaden 2016
D. Guicking, *Schwingungen*, DOI 10.1007/978-3-658-14136-3_2

tems gibt Aufschlüsse über seine frequenzbestimmenden Komponenten (Masse bzw. Elastizität bei mechanischen, Induktivität bzw. Kapazität bei elektrischen Systemen); aus der
Breite der Resonanzkurve, bei schwacher Dämpfung auch aus dem Abklingen der freien
Schwingung, erhält man die Dämpfung. So sind z. B. Untersuchungen über die Struktur
der Materie ohne Messmethoden wie Kern- und Elektronenspinresonanz, akustische und
optische Resonanzabsorption usw. ebenso wie mechanische und elektrische Materialprü-
fungen ohne in Resonanz schwingende Proben kaum denkbar.

Die meisten mechanischen und elektrischen Schwingungssysteme lassen sich – in gewissen Frequenzgrenzen – durch Schaltungen aus den wenigen in Abb. 2.1 mit ihren
Symbolen gezeigten Grundelementen darstellen: Masse, Feder und Dämpfer für die mechanischen, Spule, Kondensator und ohmscher Widerstand[1] für die elektrischen Systeme.

In diesem Kapitel werden die aus diesen Grundelementen darstellbaren einfachen linearen Schwingungssysteme besprochen. „Einfach" heißt: die Schwingungssysteme (oder
Resonatoren) besitzen eine einzige Resonanzfrequenz (*einläufige* oder *einwellige* Schwinger), „linear" heißt im Sinne von Abschn. 1.7.2, dass die auftretenden Differenzialgleichungen linear sind. Dies ist der Fall, wenn die die Grundelemente charakterisierenden
Parameter M, F, W bzw. L, C, R (Abb. 2.1) von Amplitude, Zeit und Frequenz unabhängig sind.

Bei der *Masse M* ist die zeitabhängige Kraft $K(t)$ mit der *Elongation* (Auslenkung
aus der Ruhelage) $x(t)$, der *Schnelle* oder *Schwinggeschwindigkeit* $v(t) = \dot{x}(t)$ und der
Beschleunigung $b(t) = \ddot{x}(t)$ durch das Newton'sche Grundgesetz[2]

$$K(t) = M b(t) = M \dot{v}(t) = M \ddot{x}(t) \tag{2.1}$$

verknüpft, solange der betreffende Körper als starr anzusehen ist.

Für die *Feder* mit der *Federung* oder *Nachgiebigkeit F* (der *Federsteife* $1/F$) gilt unter
Vernachlässigung eventueller Materialdämpfung – bei den meisten Federn allerdings nur
bei kleinen Elongationen und wegen der Eigenmasse der Feder auch nur bei genügend
niedrigen Frequenzen – das *Hooke'sche Gesetz*[3]

$$K(t) = \frac{x(t)}{F} = \frac{1}{F} \int v \, dt. \tag{2.2}$$

Beim *Dämpfer* mit dem *Reibungswiderstand W* ist

$$K(t) = W v(t) = W \dot{x}(t). \tag{2.3}$$

Masse und Feder sind Energiespeicher, der Dämpfer ist dagegen ein Energieverbraucher,
d. h. in ihm wird mechanische Schwingungsenergie z. B. durch Umwandlung in Wärme

---

[1] Georg Simon Ohm, deutscher Physiker (1789–1854).
[2] Sir Isaac Newton, englischer Physiker (1643–1727).
[3] Robert Hooke, englischer Physiker (1635–1703).

Abb. 2.1 Die Grundelemente mechanischer und elektrischer Schwingungssysteme

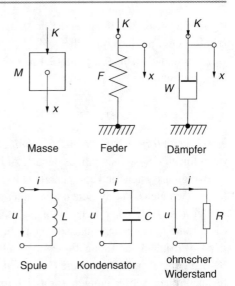

oder auch durch Abstrahlung dissipiert. Das Symbol des Dämpfers deutet einen Mechanismus an, für den das Kraftgesetz (2.3) gilt: die viskose Reibung eines (laminar umströmten) Kolbens in einem (mit Newton'scher Flüssigkeit[4] gefüllten) Zylinder. Das Kraftgesetz (2.3) stellt für die Dämpfung vieler Schwingungssysteme bei kleinen Amplituden eine gute Näherung dar; Ausnahmefälle sind u. a. trockene Reibung, turbulente Strömung, nicht-Newton'sche Flüssigkeiten.

Bei der Masse bedeutet x die Bewegung gegen das Bezugssystem (Erde), bei der Feder die Relativbewegung der Federenden gegeneinander, beim Dämpfer die Relativbewegung des Kolbens gegen den Zylinder.

Die entsprechenden Beziehungen zwischen Spannung u und Strom i bzw. Ladung $q = \int i \, \mathrm{d}t$ bei den ebenfalls als ideal vorausgesetzten elektrischen Schaltelementen lauten für die *Spule* mit der Induktivität L

$$u = L \frac{\mathrm{d}i}{\mathrm{d}t} = L\ddot{q} \tag{2.4}$$

(Induktionsgesetz), für den *Kondensator* mit der Kapazität C

$$u = \frac{q}{C} = \frac{1}{C} \int i \, \mathrm{d}t \tag{2.5}$$

und für den *ohmschen Widerstand* R

$$u = R\,i = R\,\dot{q} \tag{2.6}$$

---

[4] Zum Begriff der Newton'schen Flüssigkeit vgl. die Bemerkung nach (2.194).

(Ohm'sches Gesetz). Spule und Kondensator sind Energiespeicher, der ohmsche Widerstand ist ein Energieverbraucher.

Zwischen (2.1) bis (2.3) und (2.4) bis (2.6) herrscht eine formale Analogie, wenn man die Zuordnungen

$$K \triangleq u, \qquad v \triangleq i, \qquad x \triangleq q, \qquad M \triangleq L, \qquad F \triangleq C, \qquad W \triangleq R \qquad (2.7)$$

einführt (*1. elektrisch–mechanische Analogie*, vgl. Abschn. 2.6.1.4). Wegen der Additivität in linearen Systemen gibt es danach zu jedem mechanischen ein analoges elektrisches Schwingungssystem und umgekehrt, sodass die Verknüpfung zwischen Kraft und Schnelle im einen gleich der zwischen Spannung und Strom im anderen ist.

Bei den elektrischen Schwingungssystemen interessiert man sich fast ausschließlich für Ströme (ganz selten für Ladungen), bei mechanischen dagegen je nach dem vorliegenden Problem für Elongationen, Schnellen oder Beschleunigungen. Bei elektrischen Schwingungen genügt daher die Untersuchung des zeitlichen Stromverlaufs, während bei mechanischen Schwingungen zusätzlich zu der dem Strom analogen Schnelle vielfach noch Elongation oder Beschleunigung zu diskutieren sind. In den folgenden Abschnitten wird jedoch die Schnelle (bzw. der Strom) in den Vordergrund gestellt, weil in diesem Fall erhebliche rechnerische Vereinfachungen durch Einführung der komplexen Impedanz möglich sind.

2.2 Impedanz und Admittanz

Bei elektrischen Schaltungen bezeichnet man das Verhältnis der komplexen Amplitude $\widehat{\underline{u}}$ einer angelegten Sinusspannung $u(t) = \widehat{\underline{u}}\,e^{j\omega t}$ zur komplexen Amplitude $\widehat{\underline{i}}$ des fließenden Stroms $i(t) = \widehat{\underline{i}}\,e^{j\omega t}$ als *Impedanz*

$$\underline{Z} = \frac{\widehat{\underline{u}}}{\widehat{\underline{i}}}, \qquad (2.8)$$

den Kehrwert, also das Verhältnis der komplexen Stromamplitude zur komplexen Spannungsamplitude, als *Admittanz*

$$\underline{Y} = \frac{\widehat{\underline{i}}}{\widehat{\underline{u}}}. \qquad (2.9)$$

Beide Größen sind im Allgemeinen komplex und frequenzabhängig. Die implizit gemachte Voraussetzung, dass eine Sinusspannung einen gleichfrequenten Sinusstrom erzeugt, bedeutet die Beschränkung beider Begriffe auf lineare Systeme.

Eine Spule mit der Induktivität L wird durch (2.4) beschrieben, d. h.

$$u(t) = \widehat{\underline{u}}\,e^{j\omega t} = j\omega L\,\widehat{\underline{i}}\,e^{j\omega t}; \qquad (2.10)$$

damit wird die Impedanz der Spule

$$\underline{Z}_L = \frac{\widehat{\underline{u}}}{\widehat{\underline{i}}} = j\omega L, \tag{2.11}$$

ihre Admittanz

$$\underline{Y}_L = \frac{1}{\underline{Z}_L} = \frac{1}{j\omega L} = -j\frac{1}{\omega L}. \tag{2.12}$$

Für die Impedanz eines Kondensators mit der Kapazität C ergibt sich entsprechend aus (2.5)

$$\underline{Z}_C = \frac{1}{j\omega C} = -j\frac{1}{\omega C}, \tag{2.13}$$

für seine Admittanz

$$\underline{Y}_C = j\omega C. \tag{2.14}$$

Ein ohmscher Widerstand R hat nach (2.6) die Impedanz

$$\underline{Z}_R = R \tag{2.15}$$

und die Admittanz

$$\underline{Y}_R = \frac{1}{R}. \tag{2.16}$$

Die Impedanzen und Admittanzen von idealen Spulen und Kondensatoren sind also rein imaginär, die von idealen ohmschen Widerständen reell.

Unter der Impedanz von *mechanischen Systemen* oder Systemelementen versteht man in Analogie hierzu das Verhältnis von wirkender Kraft zu erzeugter Schnelle, unter ihrer Admittanz (oder auch *Mobilität*) den Quotienten Schnelle durch Kraft. Für die Elemente Masse M, Feder F und Reibungswiderstand W ergeben sich somit die Impedanzen

$$\underline{Z}_M = j\omega M, \tag{2.17}$$

$$\underline{Z}_F = \frac{1}{j\omega F} = -j\frac{1}{\omega F}, \tag{2.18}$$

$$\underline{Z}_W = W \tag{2.19}$$

und die Admittanzen

$$\underline{Y}_M = \frac{1}{j\omega M} = -j\frac{1}{\omega M}, \tag{2.20}$$

$$\underline{Y}_F = j\omega F, \tag{2.21}$$

$$\underline{Y}_W = \frac{1}{W}. \tag{2.22}$$

Für Impedanz und Admittanz sowie für ihre Real- und Imaginärteile sind die folgenden Bezeichnungen üblich:

für die komplexe Größe $\underline{Z}$:   Impedanz   oder Scheinwiderstand,
für den Realteil Re($\underline{Z}$):   *Resistanz*   oder Wirkwiderstand,
für den Imaginärteil Im($\underline{Z}$):   Reaktanz   oder Blindwiderstand,
für die komplexe Größe $\underline{Y}$:   Admittanz   oder Scheinleitwert,
für den Realteil Re($\underline{Y}$):   *Konduktanz* oder Wirkleitwert,
für den Imaginärteil Im($\underline{Y}$):   *Suszeptanz*   oder Blindleitwert.

(Die *kursiven* Begriffe sind weniger gebräuchlich.)

Einige allgemeine Beziehungen seien hier noch zusammengestellt. Aus den Darstellungen

$$\underline{Z} = \text{Re}(\underline{Z}) + j\,Im(\underline{Z}) = Z\,e^{j\varphi} = Z(\cos\varphi + j\sin\varphi) \tag{2.23}$$

und

$$\underline{Y} = \text{Re}(\underline{Y}) + j\,Im(\underline{Y}) = Y e^{j\psi} = Y(\cos\psi + j\sin\psi) \tag{2.24}$$

folgt

$$\text{Re}(\underline{Z}) = Z\cos\varphi, \qquad\qquad \text{Im}(\underline{Z}) = Z\sin\varphi, \tag{2.25}$$

$$|\underline{Z}| = Z = \sqrt{\text{Re}^2(\underline{Z}) + \text{Im}^2(\underline{Z})}, \qquad \tan\varphi = \frac{\text{Im}(\underline{Z})}{\text{Re}(\underline{Z})}. \tag{2.26}$$

Aus

$$\underline{Y} = \frac{1}{\underline{Z}} = \frac{1}{Z}\,e^{-j\varphi} \tag{2.27}$$

folgt

$$|\underline{Y}| = Y = \frac{1}{Z} \qquad \psi = -\varphi, \tag{2.28}$$

$$\text{Re}(\underline{Y}) = Y\cos\psi = \frac{1}{Z}\cos\varphi, \tag{2.29}$$

$$\text{Im}(\underline{Y}) = Y\sin\psi = -\frac{1}{Z}\sin\varphi. \tag{2.30}$$

Ferner folgen aus den vorstehenden Gleichungen die später gebrauchten Beziehungen

$$\underline{Z} = \text{Re}(\underline{Z})(1 + j\tan\varphi), \tag{2.31}$$

$$\underline{Y} = \text{Re}(\underline{Y})(1 + j\tan\psi) = \frac{\cos\varphi}{Z}(1 - j\tan\varphi) = \frac{\cos^2\varphi}{\text{Re}(\underline{Z})}(1 - j\tan\varphi). \tag{2.32}$$

Legt man den Zeitnullpunkt so, dass der Nullphasenwinkel von Spannung bzw. Kraft verschwindet, ihre Amplitude in der komplexen Darstellung also reell wird:

$$\underline{u}(t) = \hat{u}\,\mathrm{e}^{\mathrm{j}\omega t}, \qquad \underline{K}(t) = \hat{K}\,\mathrm{e}^{\mathrm{j}\omega t}, \qquad (2.33)$$

so ergibt sich für den Strom

$$\underline{i}(t) = \hat{\underline{i}}\,\mathrm{e}^{\mathrm{j}\omega t} = \frac{\hat{u}}{Z}\,\mathrm{e}^{-\mathrm{j}\varphi}\mathrm{e}^{\mathrm{j}\omega t} = \hat{u}\,Y\,\mathrm{e}^{\mathrm{j}\psi}\,\mathrm{e}^{\mathrm{j}\omega t}, \qquad (2.34)$$

also

$$\hat{\underline{i}} = \frac{\hat{u}}{Z}\,\mathrm{e}^{-\mathrm{j}\varphi} = \hat{u}\,Y\,\mathrm{e}^{\mathrm{j}\psi} \qquad (2.35)$$

und entsprechend für die Schnelle

$$\hat{\underline{v}} = \frac{\hat{K}}{Z}\,\mathrm{e}^{-\mathrm{j}\varphi} = \hat{K}\,Y\,\mathrm{e}^{\mathrm{j}\psi}. \qquad (2.36)$$

Der Winkel φ der Impedanz ist also der Winkel, um den der Strom der Spannung bzw. die Schnelle der Kraft nacheilt.

Schwingungsprobleme lassen sich rechnerisch in der Weise behandeln, dass man die Differenzialgleichung des betreffenden Systems aufstellt und ihre Lösungen mit den jeweiligen Anfangsbedingungen berechnet. In dem für die Praxis bedeutenden Spezialfall von Sinusschwingungen linearer Systeme bei stationärer Erregung wird der Rechenaufwand durch Einführung der komplexen Impedanz bzw. Admittanz wesentlich reduziert. Die Lösung der Differenzialgleichung besteht in diesem Fall aus zwei reellen Funktionen der Frequenz: dem Verhältnis der Amplituden von Kraft und Schnelle bzw. von Spannung und Strom (z. B. in Form einer Resonanzkurve) und der Phasendifferenz zwischen den beiden Größen (z. B. in Form der einer Resonanzkurve zugeordneten Phasenkurve). Das Amplitudenverhältnis ist gleich dem Betrag, die Phasendifferenz gleich der Phase der komplexen Impedanz. Der Zerlegung in Betrag und Phase ist natürlich die Zerlegung in Real- und Imaginärteil gleichwertig.

Die Impedanz bzw. Admittanz von mechanischen und elektrischen Schwingungssystemen lässt sich, wie später an Beispielen gezeigt wird, im Allgemeinen leichter angeben als die Differenzialgleichung und ihre Lösung. Ob der Impedanz oder der Admittanz der Vorzug zu geben ist, hängt von dem jeweiligen Systemaufbau ab.

Der große praktische Nutzen einer Impedanz- oder Admittanzdarstellung besteht aber vor allem darin, dass man die beiden Frequenzfunktionen (Real- und Imaginärteil bzw. Betrag und Phase) in einer Kurve, der *Ortskurve* in der komplexen Ebene, mit der Frequenz als laufendem Parameter zusammenfassen und auch direkt experimentell aufnehmen kann. Diesem übersichtlichen Diagramm lassen sich nach einiger Übung mühelos die wichtigen

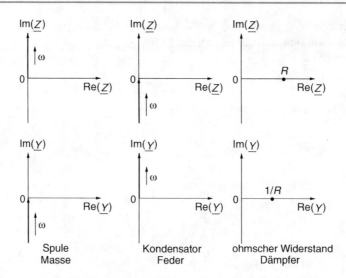

Abb. 2.2 Impedanzkurven (*oben*) und Admittanzkurven (*unten*) der Grundelemente elektrischer und mechanischer Schwingungssysteme

Eigenschaften des untersuchten Systems entnehmen, und daher wurde die Ortskurvendarstellung von der elektrischen Nachrichtentechnik mit großem Erfolg auch auf die Akustik und Mechanik übertragen.

Man trägt in der komplexen Ebene den Realteil von Impedanz oder Admittanz nach rechts, den positiven Imaginärteil (induktiver bzw. Massenanteil der Impedanz, kapazitiver bzw. Federungsanteil der Admittanz) nach oben, den negativen Imaginärteil (kapazitiver bzw. Federungsanteil der Impedanz, induktiver bzw. Massenanteil der Admittanz) nach unten auf.

Die Impedanzkurve einer idealen Spule oder einer Masse fällt mit der positiven, die eines Kondensators oder einer Feder mit der negativen imaginären Halbachse zusammen, bei den Admittanzkurven ist es umgekehrt. In allen vier Fällen wird die Kurve mit steigender Frequenz von unten nach oben durchlaufen. Die Impedanz- und Admittanz„kurven" von ohmschen Widerständen oder von reinen mechanischen Verlustwiderständen bestehen aus einem Punkt auf der reellen Achse (Abb. 2.2).

In der Akustik arbeitet man statt mit der hier eingeführten *mechanischen Impedanz* (Kraft/Schnelle) $\underline{Z} = \underline{K}/\underline{v}$ mit der *Feldimpedanz* (Schalldruck/Schallschnelle) $\underline{Z}_F = p/\underline{v}$ oder, z.B. für die Schallausbreitung in Rohren, mit der *Flussimpedanz* (Schalldruck/Schallfluss) $\underline{Z}_{Fl} = p/\underline{q}$, wobei $\underline{q} = \underline{v} \cdot S$ der Schallfluss und S die Querschnittsfläche des Rohres ist.

In technischen Schwingungsproblemen kommt es oft eher auf die Elongation statt auf die Schnelle an; man arbeitet dann gern mit der *Rezeptanz* (Elongation/Kraft), wie am Ende von Abschn. 2.3.2.4 und in Abschn. 4.3.6 erläutert.

2.3 Mechanischer Parallelresonanzkreis und elektrischer Serienresonanzkreis

Die einfachsten Schwingungssysteme (vgl. Abschn. 1.1) enthalten zwei Energiespeicher, zwischen denen die Energie hin- und herpendelt; hinzu kommt ein Energieverbraucher für die unvermeidlichen Verluste, sodass ein schwingungsfähiges System aus mindestens drei Elementen besteht, die allerdings in verschiedener Weise zusammengeschaltet sein können.

Das wichtigste mechanische Schwingungssystem aus den drei Elementen Masse, Feder und Dämpfer entsteht durch ihre Parallelschaltung (Abb. 2.3a). Die Kraft K wirkt über eine starre, masselose Stange auf die drei Elemente, sodass sie die gleiche Bewegung x ausführen (sog. *zwangsläufige Verbindung*). Die Bewegungsgleichung ergibt sich aus der Überlegung, dass die Kraft $K(t)$ gleich der Summe von Massenkraft $M\ddot{x}$, Federkraft x/F und Reibungskraft $W\dot{x}$ ist:

$$M\ddot{x} + W\dot{x} + \frac{x}{F} = K(t), \tag{2.37}$$

oder bei Einführung der Schnelle $v = \dot{x}$

$$M\dot{v} + Wv + \frac{1}{F}\int v\,\mathrm{d}t = K(t). \tag{2.38}$$

Aus (2.38) folgt mit den Zuordnungen (2.7) die Gleichung des analogen elektrischen Schwingungssystems:

$$L\frac{\mathrm{d}i}{\mathrm{d}t} + Ri + \frac{1}{C}\int i\,\mathrm{d}t = u(t). \tag{2.39}$$

Die Spannungen an Spule, Kondensator und ohmschem Widerstand addieren sich zur Gesamtspannung $u(t)$, d. h. die drei Elemente sind in Reihe geschaltet (Abb. 2.3b). Unter

Abb. 2.3 **a** mechanischer Parallelkreis, **b** elektrischer Serienkreis

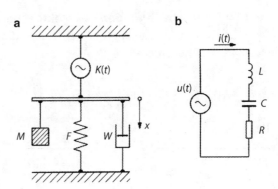

Zugrundelegung der 1. elektrisch–mechanischen Analogie (2.7) stimmen daher die Differenzialgleichungen des mechanischen Parallelkreises und des elektrischen Serienkreises überein.

Für beliebigen Kraftverlauf $K(t)$ bzw. Spannungsverlauf $u(t)$ stellen die Lösungen $x(t)$, $v(t)$ bzw. $i(t)$ der inhomogenen Differenzialgleichungen (2.37) bis (2.39) die Bewegung im mechanischen bzw. den Strom im elektrischen System dar. Aus der Linearität dieser Gleichungen folgt die lineare Superponierbarkeit der Lösungen (vgl. Abschn. 1.7.2), sodass es nach dem Fourier'schen Satz genügt, sie für zeitlich sinusförmigen Kraft- bzw. Spannungsverlauf zu berechnen.

Bei fehlender äußerer Kraft, $K(t) \equiv 0$, geht (2.37) in die homogene Differenzialgleichung

$$M\ddot{x} + W\dot{x} + \frac{x}{F} = 0 \tag{2.40}$$

über; ihre Lösung ist die *freie Schwingung* oder *Eigenschwingung* des Systems. Für eine sinusförmige Anregungskraft $K(t) = \widehat{K}e^{j\omega t}$ liefert der Ansatz einer gleichfrequenten, zeitlich sinusförmigen Bewegung die *erzwungene Schwingung*, die sich nach längerer Zeit als stationäre Bewegung einstellt. Unmittelbar nach dem Beginn der Krafteinwirkung auf das vorher ruhende System gibt es jedoch einen *Einschwingvorgang*; er lässt sich als Summe aus freier und erzwungener Schwingung darstellen (Abschn. 4.4.1).

Freie Schwingungen und damit auch Einschwingvorgänge sind instationär und lassen sich daher nur mit Hilfe der Differenzialgleichungen berechnen (Abschn. 2.3.1). Die erzwungenen Schwingungen – in der Elektrotechnik spricht man einfach von Wechselströmen – werden in Abschn. 2.3.2 zunächst mit den Begriffen der Impedanz bzw. Admittanz und dann ergänzend als Lösungen der Differenzialgleichungen behandelt.

In der technischen Schwingungsmechanik nennt man die freien Schwingungen auch *autonome*, die erzwungenen *heteronome* Bewegungen.

2.3.1 Freie Schwingungen

2.3.1.1 Eigenschwingungen des elektrischen Serienkreises

Bei verschwindender Dämpfung ($R = 0$) lautet die homogene Differenzialgleichung des elektrischen Serienkreises

$$L\frac{di}{dt} + \frac{1}{C}\int i\,dt = 0. \tag{2.41}$$

Ihre Lösung

$$i(t) = \hat{\imath}\sin(\omega_0 t + \varphi) \tag{2.42}$$

mit

$$\omega_0 = \frac{1}{\sqrt{LC}} \qquad (2.43)$$

nennt man *ungedämpfte Eigenschwingung*. $f_0 = \omega_0/2\pi$ ist die *Eigenfrequenz* des ungedämpften LC-Kreises. Amplitude $\hat{\imath}$ und Nullphasenwinkel φ sind durch den Anfangszustand ($q(0)$ und $i(0)$) bestimmt. Einmal angestoßen, fließt in dem nur aus Spule und Kondensator bestehenden Kreis ein streng harmonischer Wechselstrom.

In komplexer Schreibweise lautet die Lösung von (2.41)

$$\underline{i}(t) = \underline{\hat{\imath}}\, e^{j\omega_0 t} = \hat{\imath}\, e^{j\varphi}\, e^{j\omega_0 t} \qquad \text{mit } \underline{\hat{\imath}} = \hat{\imath}\, e^{j\varphi}, \qquad (2.44)$$

woraus man leicht die physikalisch sinnvollen reellen Lösungen $i(t) = \mathrm{Re}(\underline{i}(t))$ oder $i(t) = \mathrm{Im}(\underline{i}(t))$ (mit verschiedenen Nullphasenwinkeln) gewinnt.

Die homogene Differenzialgleichung des gedämpften elektrischen Serienkreises ist

$$L\frac{di}{dt} + R\,i + \frac{1}{C}\int i\,dt = 0. \qquad (2.45)$$

Ihre Lösung ist die *freie gedämpfte Schwingung* oder *gedämpfte Eigenschwingung*

$$\underline{i}(t) = \underline{\hat{\imath}}\, e^{-\alpha t} e^{j\omega_d t} \qquad \text{mit } \underline{\hat{\imath}} = \hat{\imath}\, e^{j\varphi}, \qquad (2.46)$$

in reeller Schreibweise

$$i(t) = \mathrm{Im}(\underline{i}(t)) = \hat{\imath}\, e^{-\alpha t} \sin(\omega_d t + \varphi). \qquad (2.47)$$

Nach einmaligem Anstoß führt das System eine Sinusschwingung aus, deren Amplitude exponentiell mit der Zeit abnimmt. Durch Einsetzen von (2.46) oder (2.47) in (2.45) findet man für die *Abklingkonstante* α den Wert

$$\alpha = \frac{R}{2L}, \qquad (2.48)$$

meist in der Einheit s^{-1} angegeben, und für die Eigenfrequenz des gedämpften Kreises

$$\omega_d = \sqrt{\frac{1}{LC} - \frac{R^2}{4L^2}} = \sqrt{\omega_0^2 - \alpha^2}. \qquad (2.49)$$

ω_d ist stets kleiner als ω_0, allerdings ist der Unterschied bei schwacher Dämpfung geringfügig.

Eine Schwingung tritt nur auf, wenn $\alpha < \omega_0$ ist. Bei $\alpha > \omega_0$ geht der Strom vom Anfangswert $\hat{\imath}$ gemäß

$$i(t) = \hat{\imath}_0\, e^{-\left(\alpha - \sqrt{\alpha^2 - \omega_0^2}\right)t} + (\hat{\imath} - \hat{\imath}_0)\, e^{-\left(\alpha + \sqrt{\alpha^2 - \omega_0^2}\right)t} \qquad (2.50)$$

asymptotisch auf Null zurück (*Kriechfall*), und zwar um so langsamer, je größer die Dämpfung ist ($\hat{i}_0$ ist durch den Wert von $\mathrm{d}i(t)/\mathrm{d}t$ bei $t = 0$ festgelegt). Am schnellsten klingt der Strom im *aperiodischen Grenzfall* $\alpha = \omega_0$ ab. Im Folgenden wird stets $\alpha < \omega_0$ (*Schwingfall*) vorausgesetzt.

2.3.1.2 Eigenschwingungen des mechanischen Parallelkreises

Für die Schnelle v folgt die Eigenschwingung des mechanischen Parallelkreises aus den analogen Gleichungen im vorstehenden Abschnitt. Die homogene Differenzialgleichung des ungedämpften Masse–Feder–Systems

$$M\dot{v} + \frac{1}{F}\int v\,\mathrm{d}t = 0 \tag{2.51}$$

hat die Lösung

$$v(t) = \hat{v}\sin(\omega_0 t + \varphi) \tag{2.52}$$

mit

$$\omega_0 = \frac{1}{\sqrt{MF}}, \tag{2.53}$$

für das gedämpfte System erhält man

$$M\dot{v} + Wv + \frac{1}{F}\int v\,\mathrm{d}t = 0 \tag{2.54}$$

mit der Lösung

$$v(t) = \hat{v}\,\mathrm{e}^{-\alpha t}\sin(\omega_\mathrm{d} t + \varphi), \tag{2.55}$$

$$\alpha = \frac{W}{2M} \tag{2.56}$$

$$\omega_\mathrm{d} = \sqrt{\frac{1}{MF} - \frac{W^2}{4M^2}} = \sqrt{\omega_0^2 - \alpha^2}. \tag{2.57}$$

Die im vorigen Abschnitt eingeführten Bezeichnungen werden für mechanische wie für elektrische Schwingungen gleichermaßen benutzt.

Die Zeitverläufe der Elongation $x(t)$ und der Beschleunigung $b(t)$ ergeben sich aus (2.55) durch Integration bzw. Differenziation zu

$$x(t) = \int v\,\mathrm{d}t = \frac{\hat{v}}{\omega_0}\,\mathrm{e}^{-\alpha t}\sin(\omega_\mathrm{d} t + \varphi - \frac{\pi}{2} - \varepsilon) \tag{2.58}$$

und

$$b(t) = \dot{v} = \omega_0\hat{v}\,\mathrm{e}^{-\alpha t}\sin(\omega_\mathrm{d} t + \varphi + \frac{\pi}{2} + \varepsilon) \tag{2.59}$$

mit

$$\tan \varepsilon = \frac{\alpha}{\omega_d}. \tag{2.60}$$

Die Elongation hat gegenüber der Schnelle die $1/\omega_0$-fache, die Beschleunigung die ω_0-fache Amplitude. Die Elongation läuft der Schnelle um einen Winkel nach, der von $\pi/2$ bei $\alpha = 0$ auf $3\pi/4$ bei $\alpha = \omega_d$ ansteigt; um den gleichen Winkel eilt die Beschleunigung der Schnelle voraus. Die Abklingkonstante ist in allen drei Fällen gleich α.

2.3.1.3   Dämpfungsparameter

Außer der Abklingkonstanten α sind noch eine Reihe anderer Größen zur Charakterisierung der Dämpfung gebräuchlich:

Die *Abklingzeit* oder *Zeitkonstante*

$$\tau = \frac{1}{\alpha} \tag{2.61}$$

gibt die Zeit an, in der die Amplitude auf l/e ihres Anfangswerts, d. h. um 1 Neper gesunken ist.

Zwischen der in der Raumakustik gebräuchlichen *Nachhallzeit* t_N, in der der Schallpegel um 60 dB absinkt, und der Abklingkonstanten α besteht die Beziehung

$$t_N = \frac{3}{\alpha \lg e} = \frac{3 \ln 10}{\alpha} \approx \frac{6{,}91}{\alpha}. \tag{2.62}$$

Häufig findet man zur Charakterisierung eines Abklingvorgangs auch die Angabe der Pegelabnahme in dB pro Sekunde; sie ist durch den Wert $8{,}686\,\alpha = 8{,}686/\tau$ gegeben.

Sind $\widehat{x}_n$ und $\widehat{x}_{n+1}$ zwei aufeinander folgende Maxima der abklingenden Eigenschwingung, so ist das *logarithmische Dekrement D* definiert als

$$D = \ln \frac{\widehat{x}_n}{\widehat{x}_{n+1}} = \alpha\, T_d, \tag{2.63}$$

wobei

$$T_d = \frac{2\pi}{\omega_d} \tag{2.64}$$

die Periodendauer der gedämpften Eigenschwingung ist. Das logarithmische Dekrement wurde früher fast ausschließlich benutzt. Heute ist es weniger gebräuchlich.

Als *Kennverlustfaktor* d_0 des mechanischen Parallelkreises bezeichnet man das Verhältnis des Verlustwiderstands W zum *charakteristischen Widerstand (Kennwiderstand)* $\sqrt{M/F}$:

$$d_0 = \frac{W}{\sqrt{M/F}} = \frac{W}{\omega_0 M} = W \omega_0 F = \frac{2\alpha}{\omega_0}. \tag{2.65}$$

Der Kennverlustfaktor des elektrischen Serienkreises ist analog

$$d_0 = \frac{R}{\sqrt{L/C}} = \frac{R}{\omega_0 L} = R\,\omega_0 C = \frac{2\alpha}{\omega_0}\,. \tag{2.66}$$

Statt mit dem Kennverlustfaktor wird oft auch mit dem *Dämpfungsgrad*

$$\vartheta = \frac{\alpha}{\omega_0} = \frac{d_0}{2} \tag{2.67}$$

gerechnet und für $\vartheta \leq 1$ mit dem *Dämpfungswinkel* θ, der definiert ist durch

$$\vartheta = \sin\theta. \tag{2.68}$$

Damit ergibt sich insofern eine recht elegante Darstellung, als

$$\alpha = \omega_0 \sin\theta, \qquad \omega_\mathrm{d} = \omega_0 \cos\theta, \qquad D = 2\pi \tan\theta \tag{2.69}$$

wird.

Mitunter findet man auch prozentuale Dämpfungsangaben; eine Dämpfung von z. B. 4 % bedeutet dann $d_0 = 0,04$, gelegentlich auch $\pi d_0/2 = 0,04$.

Die für praktische Zwecke geeignetsten Größen zur Angabe der Dämpfung von Schwingkreisen, nämlich die *Güte* und die *Halbwertsbreite*, können erst anhand der Resonanzkurven in den Abschn. 2.3.2.3 bis 2.3.2.5 eingeführt werden.

2.3.2   Erzwungene Schwingungen

2.3.2.1   Impedanzdiagramme

Nach (2.39) lautet die Schwingungsgleichung des elektrischen Serienkreises für sinusförmige Spannung

$$L\frac{\mathrm{d}i}{\mathrm{d}t} + R\,i + \frac{1}{C}\int i\,\mathrm{d}t = \widehat{\underline{u}}\,\mathrm{e}^{\mathrm{j}\omega t}\,. \tag{2.70}$$

Als stationäre Schwingung, d. h. nach Abklingen des Einschwingvorgangs, stellt sich ein gleichfrequenter Wechselstrom ein:

$$i(t) = \widehat{\underline{\imath}}\,\mathrm{e}^{\mathrm{j}\omega t}\,. \tag{2.71}$$

Einsetzen in (2.70) liefert

$$\mathrm{j}\omega L\widehat{\underline{\imath}} + R\,\widehat{\underline{\imath}} + \frac{1}{\mathrm{j}\omega C}\,\widehat{\underline{\imath}} = \widehat{\underline{u}} \tag{2.72}$$

und damit für die Impedanz $\underline{Z}_{es}$ des elektrischen Serienkreises

$$\underline{Z}_{es} = \frac{\widehat{u}}{\widehat{\underline{i}}} = R + j\omega L + \frac{1}{j\omega C} = R + j\left(\omega L - \frac{1}{\omega C}\right). \qquad (2.73)$$

Der Vergleich mit (2.11), (2.13) und (2.15) zeigt

$$\underline{Z}_{es} = \underline{Z}_R + \underline{Z}_L + \underline{Z}_C. \qquad (2.74)$$

Allgemein gilt: In elektrischen Serienschaltungen addieren sich die Impedanzen, in elektrischen Parallelschaltungen dagegen die Admittanzen (2.289).

Für die Impedanz des mechanischen Parallelkreises ergibt sich entsprechend aus (2.38) mit $K(t) = \underline{\widehat{K}}e^{j\omega t}$ und $v(t) = \widehat{\underline{v}}\,e^{j\omega t}$

$$\underline{Z}_{mp} = \frac{\widehat{\underline{K}}}{\widehat{\underline{v}}} = W + j\left(\omega M - \frac{1}{F}\right) = \underline{Z}_W + \underline{Z}_M + \underline{Z}_F. \qquad (2.75)$$

Im Gegensatz zu den elektrischen Systemen addieren sich also in mechanischen Systemen die *Impedanzen* bei *Parallelschaltung*, die *Admittanzen* bei *Serienschaltung* (2.295). Dieser Unterschied ist beim Vergleich elektrischer und mechanischer Schwingungssysteme zu beachten. Er geht darauf zurück, dass der Impedanzbegriff – dem natürlichen Empfinden entsprechend – in Anlehnung an die Analogie $u \mathrel{\hat{=}} K, i \mathrel{\hat{=}} v$ übertragen wurde.

Die Ortskurve der Impedanz des elektrischen Serien- und des mechanischen Parallelkreises ist eine im Abstand R bzw. W parallel zur imaginären Achse verlaufende Gerade, wie man unmittelbar (2.73) und (2.75) entnimmt: Der Realteil ist frequenzunabhängig gleich R bzw. W, der Imaginärteil durchläuft mit steigender Frequenz alle Werte von $-\infty$ bis $+\infty$ (Abb. 2.4). Bei tiefen Frequenzen überwiegt nach (2.73) und (2.75) der kapazitive bzw. Federungsanteil, der Imaginärteil der Impedanz ist negativ. Bei hohen Frequenzen überwiegt der induktive bzw. Massenanteil, der Imaginärteil wird positiv.

Eine ausgezeichnete Frequenz ist diejenige, bei der die Ortskurve die reelle Achse schneidet, d. h. der Imaginärteil verschwindet:

$$\omega L = \frac{1}{\omega C}, \qquad \omega = \frac{1}{\sqrt{LC}} = \omega_0. \qquad (2.76)$$

Die Impedanz des Kreises ist also reell, wenn die Erregungsfrequenz gleich der Eigenfrequenz des ungedämpften Systems ist. Nur in diesem Fall sind Spannung und Strom bzw. Kraft und Schnelle phasengleich. Der Betrag der Impedanz hat gleichzeitig ein Minimum, d. h. bei konstanter Anregungsamplitude durchlaufen Strom bzw. Schnelle ein Maximum. Diese Erscheinung bezeichnet man als *Resonanz*, die Eigenfrequenz ω_0 daher auch als *Resonanzfrequenz* des ungedämpften Schwingkreises.

Im Folgenden wird der Begriff der *Doppelverstimmung V* von ω gegen ω_0 gebraucht, der definiert ist durch

$$V = \frac{\omega}{\omega_0} - \frac{\omega_0}{\omega} \qquad (2.77)$$

Abb. 2.4 Ortskurve der Impedanz des mechanischen Parallelkreises und des elektrischen Serienkreises

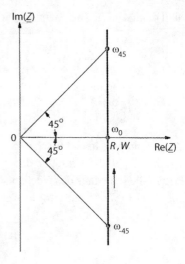

und ein Maß für den Abstand von ω zu ω_0 darstellt: Für $\omega < \omega_0$ ist V negativ, für $\omega = \omega_0$ ist $V = 0$, für $\omega > \omega_0$ ist V positiv. Setzt man $\omega = \omega_0 + \Delta\omega$, folgt für $|\Delta\omega| \ll \omega_0$

$$V \approx 1 + \frac{\Delta\omega}{\omega_0} - \left(1 - \frac{\Delta\omega}{\omega_0}\right) = 2\frac{\Delta\omega}{\omega_0}; \qquad (2.78)$$

V ist demnach in der Nachbarschaft von $\omega = \omega_0$ näherungsweise gleich dem doppelten relativen Abstand der Erregerfrequenz ω von der Resonanzfrequenz ω_0 (deshalb der Name *Doppel*verstimmung; $V/2$ ist die *Verstimmung*).

Der Ausdruck (2.77) tritt nach leichter Umformung in den Impedanzformeln (2.73) und (2.75) auf, die sich damit in folgender Weise vereinfachen lassen:

$$\underline{Z}_{es} = R + j\sqrt{\frac{L}{C}}\left(\frac{\omega}{\omega_0} - \frac{\omega_0}{\omega}\right) = R + jZV = R\left(1 + j\frac{V}{d_0}\right) = Z(d_0 + jV), \quad (2.79)$$

wobei

$$Z = \sqrt{\frac{L}{C}} \qquad (2.80)$$

der charakteristische Widerstand ist. Analog folgt mit $Z = \sqrt{M/F}$

$$\underline{Z}_{mp} = W + jZV = W\left(1 + j\frac{V}{d_0}\right) = Z(d_0 + jV). \qquad (2.81)$$

Neben dem Schnittpunkt mit der reellen Achse ist derjenige Punkt der Ortskurve besonders ausgezeichnet, bei dem Real- und Imaginärteil der komplexen Impedanz einander gleich sind, d. h. ihre Phase den Wert $45°$ hat; denn die mit der zugehörigen $45°$–*Kreisfrequenz* ω_{45} (Abb. 2.4) gebildete $45°$–*Verstimmung* V_{45} ist gleich dem Kennverlustfaktor:

$$V_{45} = \frac{\omega_{45}}{\omega_0} - \frac{\omega_0}{\omega_{45}} = d_0. \tag{2.82}$$

Ist die Lage der Impedanzgeraden (d. h. R bzw. W) bekannt, genügen die beiden Kurvenpunkte mit den Parameterwerten $\omega = \omega_0$ und $\omega = \omega_{45}$ zur vollständigen Beschreibung eines mechanischen Parallel- oder elektrischen Serienkreises.

ω_{45} und die entsprechend definierte Kreisfrequenz ω_{-45} (Abb. 2.4) errechnen sich zu

$$\omega_{\pm 45} = \sqrt{\frac{1}{LC} + \frac{R^2}{4L^2}} \pm \frac{R}{2L} = \sqrt{\omega_0^2 + \alpha^2} \pm \alpha; \tag{2.83}$$

daraus folgt

$$\omega_{45} \cdot \omega_{-45} = \omega_0^2 \tag{2.84}$$

und

$$\frac{\omega_{45} - \omega_{-45}}{\omega_0} = \frac{2\alpha}{\omega_0} = d_0. \tag{2.85}$$

Aus den beiden „$45°$–Frequenzen" der Ortskurve erhält man also bei bekanntem Abszissenabschnitt ebenfalls die drei Schwingkreisparameter R (bzw. W), ω_0 und d_0. Bemerkenswert ist, dass das Produkt der $45°$–Frequenzen unabhängig von R (bzw. W) und ihre Differenz unabhängig von C (bzw. F) ist.

2.3.2.2 Admittanzdiagramme

Die Admittanz ist gleich der reziproken Impedanz. Nach einem Satz der Funktionentheorie gehen die zugehörigen Ortskurven durch „Inversion am Einheitskreis" auseinander hervor, wobei eine nicht durch den Nullpunkt gehende Gerade zu einem Kreis durch den Nullpunkt wird.

Elementar lässt sich die Admittanzkurve eines elektrischen Serien- oder mechanischen Parallelkreises wie folgt berechnen. Nach (2.73) ist $\mathrm{Re}(\underline{Z}_{es}) = R$ und damit nach (2.32)

$$\underline{Y}_{es} = \frac{\cos^2 \varphi}{R}(1 - j \tan \varphi), \tag{2.86}$$

wobei φ der Winkel der Impedanz ist. Setzt man abkürzend

$$\mathrm{Re}(\underline{Y}_{es}) = A, \qquad \mathrm{Im}(\underline{Y}_{es}) = B, \tag{2.87}$$

Abb. 2.5 Ortskurve der Admittanz des mechanischen Parallelkreises und des elektrischen Serienkreises

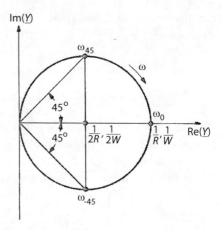

so wird

$$A = \frac{\cos^2 \varphi}{R} = \frac{1}{2R}(1 + \cos 2\varphi), \qquad (2.88)$$

$$B = -\frac{\cos \varphi \, \sin \varphi}{R} = -\frac{1}{2R} \sin 2\varphi. \qquad (2.89)$$

Elimination von φ ergibt

$$\left(A - \frac{1}{2R}\right)^2 + B^2 = \left(\frac{1}{2R}\right)^2. \qquad (2.90)$$

Analoges gilt für den mechanischen Parallelkreis mit W statt R. (2.90) ist die Gleichung eines Kreises mit dem Mittelpunkt beim Wert $1/2R$ bzw. $1/2W$ auf der reellen Achse und dem gleichen Radius (Abb. 2.5). Er wird mit steigender Frequenz, bei Null beginnend, im Uhrzeigersinn durchlaufen.

Der Zeiger vom Ursprung zum Aufpunkt auf der Ortskurve gibt den Strom in A bzw. die Schnelle in m/s nach Betrag und Phase für die Erregung mit einer Sinusspannung der Amplitude 1 V bzw. einer Sinuskraft der Amplitude 1 N an.

Nach (2.28) hat die Admittanz den reziproken Betrag und den negativen Winkel der Impedanz. Zum Schnittpunkt des Kreises mit der reellen Achse gehört wieder die ungedämpfte Eigenfrequenz ω_0, während die anhand der Impedanzkurve definierten Frequenzen $\omega_{\pm 45}$ auf der Admittanzkurve zu den Winkeln $\psi = \mp 45°$ gehören. Beachtet man diesen Vorzeichenunterschied, gelten (2.82) und (2.85) auch für die Admittanzkurve, sodass man aus ihr die Schwingkreisparameter ebenso leicht ermittelt wie aus der Impedanzkurve.

Der rechte Halbkreis der Admittanzkurve wird bei gleichmäßiger Frequenzänderung um so rascher durchlaufen, je geringer die Dämpfung ist, weil einerseits das Frequenzintervall $\omega_{45} - \omega_{-45}$ abnimmt und andererseits der Radius des Kreises zunimmt. Bei

Abb. 2.6 Admittanzkurven
elektrischer Serien- bzw.
mechanischer Parallelkreise
verschiedener Dämpfungen
(*ausgezogene Kreise*) und
Linien gleicher Frequenz (*gestrichelte Kreisbögen*)

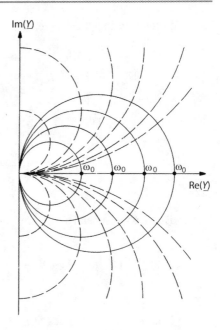

einer Schar von Admittanzkurven für sonst gleiche Systeme mit unterschiedlichen Verlustwiderständen R bzw. W (ausgezogene Kreise in Abb. 2.6) liegen die Punkte gleicher Frequenz auf den dazu orthogonalen Kurven (gestrichelte Kreise). Die entsprechenden Kurven im Impedanzdiagramm sind Geraden parallel zur reellen Achse, weil der Imaginärteil der Impedanz dämpfungsunabhängig ist.

2.3.2.3   Schnelle- und Stromresonanzkurven

Das dynamische Verhalten von Schwingungssystemen durch Impedanz- oder Admittanzdiagramme zu beschreiben, ist praktisch nur in der elektrischen Nachrichtentechnik und in der Akustik üblich. Wenn es lediglich auf die Schwingungsamplitude als Funktion der Frequenz ankommt und die Phasenbeziehungen unwichtig sind, oder wenn es zu mühsam erscheint, dem komplexen Impedanz- oder Admittanzdiagramm mit den unregelmäßig entlang der Ortskurve verteilten Frequenzmarken die Frequenzabhängigkeit zu entnehmen, zieht man eine Darstellung mit der Frequenz als Abszisse vor. Die in der Ortskurve enthaltene Information wird dann durch zwei reelle Funktionen der Frequenz wiedergegeben: Real- und Imaginärteil oder Betrag und Phase von Impedanz oder Admittanz. Bei dem hier betrachteten Beispiel des mechanischen Parallelkreises und des elektrischen Serienkreises spielt von diesen vier prinzipiell gleichwertigen Funktionenpaaren praktisch nur das letzte, Betrag und Phase der Admittanz, eine Rolle. Der Betrag der Admittanz ergibt die Schnelle- bzw. Stromresonanzkurve für Anregung mit konstanter Spannung bzw. Kraft in der gewohnten Form.

Für den elektrischen Serienkreis errechnet sich der Betrag der Impedanz aus (2.79) zu

$$|\underline{Z}_{es}| = Z_{es} = R\sqrt{1 + \frac{V^2}{d_0^2}} = \frac{\sqrt{V^2 + d_0^2}}{\omega_0 C} = Z\sqrt{V^2 + d_0^2} \qquad (2.91)$$

und damit nach (2.28) der Betrag der Admittanz zu

$$Y_{es} = \frac{\hat{i}}{\hat{u}} = \frac{\omega_0 C}{\sqrt{V^2 + d_0^2}} = \frac{1}{Z\sqrt{\left(\frac{\omega}{\omega_0} - \frac{\omega_0}{\omega}\right)^2 + d_0^2}}. \qquad (2.92)$$

Für den mechanischen Parallelkreis gilt analog

$$Y_{mp} = \frac{\hat{v}}{\hat{K}} = \frac{\omega_0 F}{\sqrt{\left(\frac{\omega}{\omega_0} - \frac{\omega_0}{\omega}\right)^2 + d_0^2}}. \qquad (2.93)$$

Die Phasenverschiebung des Stroms $i(t)$ gegen die Spannung $u(t)$ bzw. der Schnelle $v(t)$ gegen die Kraft $K(t)$ ist gleich dem Winkel ψ der Admittanz. Da Admittanz und Impedanz nach (2.28) entgegengesetzt gleiche Winkel haben ($\psi = -\varphi$), folgt aus dem Vergleich von (2.81) und (2.31)

$$\tan\psi = -\tan\varphi = \frac{1}{d_0}\left(\frac{\omega_0}{\omega} - \frac{\omega}{\omega_0}\right). \qquad (2.94)$$

Die gleichen Beziehungen bekommt man natürlich auch unmittelbar durch Lösung der Differenzialgleichungen. Nach (2.38) lautet die Schwingungsgleichung des mechanischen Parallelkreises für sinusförmige Anregung

$$M\dot{v} + Wv + \frac{1}{F}\int v\,dt = \hat{K}e^{j\omega t}. \qquad (2.95)$$

Der Lösungsansatz

$$v(t) = \hat{\underline{v}}e^{j\omega t} = \hat{v}e^{j\psi}e^{j\omega t} \qquad (2.96)$$

liefert

$$j\omega M\hat{\underline{v}} + W\hat{\underline{v}} + \frac{1}{j\omega F}\hat{\underline{v}} = \hat{K}, \qquad (2.97)$$

und die Auflösung nach Betrag $\hat{v}$ und Phase ψ ergibt genau die Beziehungen (2.93) und (2.94).

Abb. 2.7 Schnelleresonanz-
kurven des mechanischen
Parallelkreises bzw. Stromre-
sonanzkurven des elektrischen
Serienkreises. *Oben*: Am-
plitudenkurven, *unten*:
Phasenkurven. Parameter:
Kennverlustfaktor d_0

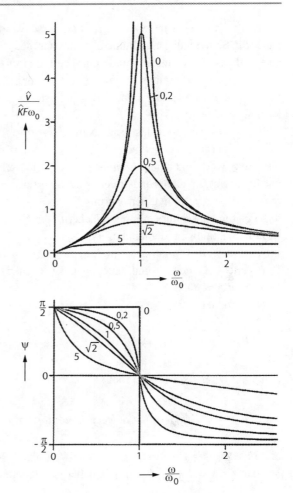

Die Amplituden- und Phasenkurven der Schnelleresonanz sind in Abb. 2.7 für einige
Werte des Kennverlustfaktors d_0 als Funktion der normierten Frequenz ω/ω_0 dargestellt.
Die Resonanzkurven beginnen mit $\widehat{v} = 0$ bei $\omega = 0$, erreichen ein Maximum der Höhe

$$\widehat{v}_r = \frac{\widehat{K}\omega_0 F}{d_0} = \frac{\widehat{K}}{W} \tag{2.98}$$

bei $\omega = \omega_0$ und fallen bei $\omega > \omega_0$ wieder ab.

Der Phasenwinkel ψ ist positiv für $\omega < \omega_0$, d. h. in einem „hochabgestimmten" System (Eigenfrequenz oberhalb der Erregerfrequenz) eilt der Strom der Spannung bzw. die
Schnelle der Kraft voraus; in einem „tiefabgestimmten" System ($\omega_0 < \omega$) ist es umgekehrt.

Bei $\omega = \omega_0$ sind Strom und Spannung bzw. Schnelle und Kraft gleichphasig. Ihr Produkt, die dem System zugeführte Leistung, ist dann stets positiv, d. h. es strömt ständig

Energie vom Erreger ins System. Im Fall verschwindender Dämpfung ($d_0 = 0$) wächst daher die Schwingungsamplitude über alle Grenzen. Bei endlicher Dämpfung stellt sich eine endliche Resonanzamplitude ein, sämtliche in das System fließende Energie wird dann im Energieverbraucher umgesetzt. Dem entspricht die früher gemachte Aussage, dass in der Resonanz die Impedanz des Systems reell und gleich dem ohmschen bzw. Reibungswiderstand wird.

Bei $\omega \neq \omega_0$ wechselt das Produkt $u(t)i(t)$ bzw. $K(t)v(t)$ periodisch das Vorzeichen, d.h. die Energie setzt sich zusammen aus einem *Wirkanteil*, der irreversibel im System umgesetzt wird, und einem *Blindanteil*, der periodisch zwischen Erreger und System hin- und herströmt. Im dämpfungsfreien System verschwindet der Wirkanteil, die Phasendifferenz ist $|\psi| = \pi/2$ mit einem Sprung bei $\omega = \omega_0$. Mit wachsender Dämpfung verlaufen dagegen die Phasenkurven immer flacher in der Umgebung von $\omega = \omega_0$.

Zur quantitativen Berechnung von Wirk- und Blindanteil zerlegt man die Schnelle $v(t) = \widehat{v}\sin(\omega t + \psi)$ in eine mit der Kraft $K(t) = \widehat{K}\sin \omega t$ gleichphasige Komponente $v_\text{W}(t) = \widehat{v}\sin \omega t \cos \psi$ und eine gegen $K(t)$ um $\pi/2$ phasenverschobene Komponente $v_\text{B}(t) = \widehat{v}\cos \omega t \sin \psi$.

Das Produkt

$$P_\text{W}(t) = K(t)\, v_\text{W}(t) = \widehat{K}\,\widehat{v}\sin^2 \omega t \cos \psi = \frac{1}{2}\widehat{K}\,\widehat{v}\cos \psi\,(1 - \cos 2\omega t) \qquad (2.99)$$

ergibt die *Wirkleistung*, das Produkt

$$P_\text{B}(t) = K(t)\, v_\text{B}(t) = \widehat{K}\,\widehat{v}\sin \omega t \cos \omega t \sin \psi = \frac{1}{2}\widehat{K}\,\widehat{v}\sin \psi \sin 2\omega t \qquad (2.100)$$

die *Blindleistung*, deren zeitlicher Mittelwert gleich Null ist. Das Zeitmittel der Gesamtleistung $P(t) = P_\text{W}(t) + P_\text{B}(t)$ ist daher gleich dem der Wirkleistung:

$$\overline{P(t)} = \overline{P_\text{W}(t)} = \frac{1}{2}\widehat{K}\,\widehat{v}\cos \psi = \widetilde{K}\,\widetilde{v}\cos \psi, \qquad (2.101)$$

wobei $\widetilde{K}$ und $\widetilde{v}$ die Effektivwerte sind (s. Abschn. 1.4). Für den Spezialfall des mechanischen Parallelkreises erhält man wegen $\text{Re}(\underline{Z}) = W$ nach (2.25)

$$\overline{P_\text{W}(t)} = \frac{1}{2}\widehat{v}^2\, W = \widetilde{v}^2\, W, \qquad (2.102)$$

für den elektrischen Serienkreis analog

$$\overline{P_\text{W}(t)} = \frac{1}{2}\widehat{u}\,\widehat{\imath}\cos \psi = \widetilde{u}\,\widetilde{\imath}\cos \psi = \frac{1}{2}\widehat{\imath}^2 R = \widetilde{\imath}^2 R. \qquad (2.103)$$

Die Größe $\cos \psi \,(= \cos \varphi)$ heißt *Leistungsfaktor*.

In der komplexen Darstellung muss man wegen der zur Leistungsberechnung nötigen Produktbildung mit den vollständigen Ausdrücken

$$K(t) = \frac{\widehat{K}}{2j} \left(e^{j\omega t} - e^{-j\omega t} \right) \tag{2.104}$$

und

$$v(t) = \frac{\widehat{v}}{2j} \left(e^{j(\omega t + \psi)} - e^{-j(\omega t + \psi)} \right) \tag{2.105}$$

rechnen. Man kann auch mit der „komplexen Leistung"

$$\underline{P} = \frac{1}{2}\underline{K}^*\underline{v} = \overline{P_{\mathrm{W}}(t)} + j\widehat{P}_{\mathrm{B}} \tag{2.106}$$

rechnen oder mit den daraus folgenden Ausdrücken für den zeitlichen Mittelwert der Wirkleistung

$$\overline{P_{\mathrm{W}}(t)} = \frac{1}{2}\mathrm{Re}(\underline{K}^*\underline{v}) = \frac{1}{2}\mathrm{Re}(\underline{K}\,\underline{v}^*) = \frac{1}{4}(\underline{K}^*\underline{v} + \underline{K}\,\underline{v}^*) \tag{2.107}$$

bzw. für die Amplitude der Blindleistung

$$\widehat{P}_{\mathrm{B}} = \frac{1}{2}\mathrm{Im}(\underline{K}^*\underline{v}) = -\frac{1}{2}\mathrm{Im}(\underline{K}\,\underline{v}^*) = \frac{1}{4j}(\underline{K}^*\underline{v} - \underline{K}\,\underline{v}^*) \tag{2.108}$$

(* bedeutet konjugiert komplexe Werte). Mit $\underline{K} = \widehat{K}e^{j\omega t}$ und $\underline{v} = \widehat{v}\,e^{j(\omega t + \psi)}$ ergeben sich die gleichen Ausdrücke wie oben.

Die Breite der Resonanzkurve in Höhe der $1/\sqrt{2}$-fachen Maximalamplitude, d. h. der halben Maximalenergie, bezeichnet man als *Halbwertsbreite* $\Delta\omega_{\mathrm{H}} = \omega_1 - \omega_2$ (Abb. 2.8 oben). Die Intervallgrenzen sind, wie man leicht sieht, nichts Anderes als die „45°–Kreisfrequenzen" (2.83) der Ortskurven, die zugleich den Werten $\psi = \pm\pi/4$ der Phasenkurve entsprechen (Abb. 2.8 unten):

$$\omega_{1,2} = \omega_0 \left(\sqrt{1 + \frac{d_0^2}{4}} \pm \frac{d_0}{2} \right) = \sqrt{\omega_0^2 + \alpha^2} \pm \alpha. \tag{2.109}$$

Die Halbwertsbreite der Schnelle- bzw. Stromresonanzkurve ist daher

$$\Delta\omega_{\mathrm{H}} = \omega_1 - \omega_2 = \omega_0 d_0 = 2\alpha \tag{2.110}$$

und die *relative Halbwertsbreite* $\Delta\omega_{\mathrm{H}}/\omega_0$ gleich dem Kennverlustfaktor:

$$\frac{\Delta\omega_{\mathrm{H}}}{\omega_0} = \frac{\Delta f_{\mathrm{H}}}{f_0} = d_0. \tag{2.111}$$

Abb. 2.8 Halbwertsbreite der
Schnelle- bzw. Stromresonanzkurve

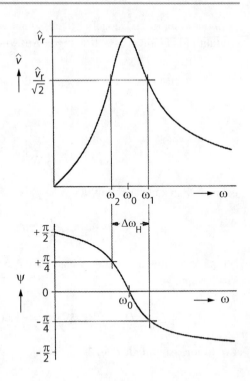

Ihr Kehrwert wird als *Güte Q* (im englischen: quality oder Q-factor) bezeichnet:

$$Q = \frac{1}{d_0}. \tag{2.112}$$

Die Verluste in einem elektrischen Resonanzkreis beschreibt man auch durch das *Dämpfungsverhältnis* R/R_{crit}, wobei $R_{\mathrm{crit}} = 2L\omega_0 = 2Z$ die *kritische Dämpfung* ist (Z nach (2.80)). Damit wird

$$Q = \frac{R_{\mathrm{crit}}}{2R}. \tag{2.113}$$

Messtechnisch bestimmt man die Halbwertsbreite oft als Differenz der Frequenzen des sog. *3 dB-Abfalls*, denn einer Amplitudenabnahme auf das $1/\sqrt{2}$-fache entspricht eine Pegelsenkung um 3 dB ($20\lg\sqrt{2} \approx 3$). Die Verknüpfung mit der Nachhallzeit t_{N} ergibt sich aus (2.62) zu

$$\Delta\omega_{\mathrm{H}} = \frac{6\ln 10}{t_{\mathrm{N}}} \approx \frac{13{,}8}{t_{\mathrm{N}}} \tag{2.114}$$

oder

$$\Delta f_{\mathrm{N}} = \frac{3\ln 10}{\pi\, t_{\mathrm{N}}} \approx \frac{2{,}2}{t_{\mathrm{N}}}. \tag{2.115}$$

Der Kennverlustfaktor d_0 lässt sich energetisch deuten. Bei stationärer Erregung in der Resonanz ($\omega = \omega_0$) ist das Verhältnis der innerhalb einer Schwingungsperiode $T_0 = 2\pi/\omega_0$ im Verlustwiderstand dissipierten Energie (Verlustenergie) E_v zu der in den Speichern maximal aufgespeicherten Energie E_s gleich dem 2π-fachen des Kennverlustfaktors: Nach (2.102) ist

$$E_v = \int_0^{T_0} P_W(t)\,dt = \frac{2\pi}{\omega_0}\,\overline{P_W(t)} = \frac{\pi}{\omega_0}\,\widehat{v}^2\,W, \tag{2.116}$$

ferner ist

$$E_s = \frac{1}{2}M\widehat{v}^2 = \frac{\widehat{x}^2}{2F} = \frac{\widehat{v}^2}{2\,\omega_0^2 F} \tag{2.117}$$

und daher

$$\frac{E_v}{E_s} = 2\pi W\omega_0 F = 2\pi d_0. \tag{2.118}$$

Das Verhältnis $E_v/2\pi E_s$ dient, wie später gezeigt wird (2.189), auch zur Definition des im Allgemeinen frequenzabhängigen Verlustfaktors von Materialien, mit dem man Deformationsverluste beschreibt. Zur Unterscheidung von diesem Verlustfaktor ist der hier benutzte Dämpfungsparameter d_0 durch den Namen *Kenn*verlustfaktor und den Index 0 gekennzeichnet worden, die beide als Hinweis auf die zugrunde liegende Resonanzfrequenz in der energetischen Definition zu verstehen sind.

Bei Schwingungsmessungen ist oftmals zu prüfen, ob eine experimentell aufgenommene Resonanzkurve durch das Verhalten eines einfachen Schwingungskreises beschrieben werden kann, oder ob noch weitere Schaltelemente zur Erklärung des beobachteten Verlaufs hinzuzunehmen sind. Hierzu ist festzustellen, wie gut die gemessene Kurve durch (2.93) wiedergegeben wird und insbesondere, ob zu höheren oder zu tieferen Frequenzen hin Abweichungen auftreten. Man wählt dafür zweckmäßig eine Auftragung, die im Unterschied zu Abb. 2.7 symmetrische Kurven liefert. Dazu gibt es verschiedene Möglichkeiten:

1. Auftragung der Schnelle- bzw. Stromamplitude über dem Logarithmus der Frequenz (Abb. 2.9a); nach (2.93) nimmt $\widehat{v}$ den gleichen Wert bei zwei Frequenzen ω_a und ω_b an, wenn $\omega_a/\omega_0 = \omega_0/\omega_b$ ist, diese Werte liegen aber auf der logarithmischen Skala symmetrisch zu ω_0.
2. Doppelt-logarithmische Darstellung (Abb. 2.9b). Bei ihr schmiegen sich die Kurven für alle Dämpfungen zu tiefen und zu hohen Frequenzen hin den gestrichelten Geraden an, d. h. bei tiefen Frequenzen gilt $\widehat{v} \sim \omega$ und bei hohen Frequenzen $\widehat{v} \sim 1/\omega$. Dies lässt sich bereits der Kraftbilanz (2.97) entnehmen und zugleich anschaulich interpretieren: Bei tiefen Frequenzen spielen Massen- und Reibungskräfte keine Rolle,

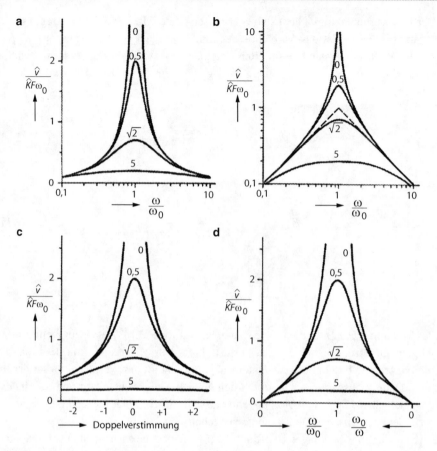

Abb. 2.9 Verschiedene symmetrische Darstellungen von Schnelle- bzw. Stromresonanzkurven. **a** Ordinate linear, Abszisse logarithmisch. **b** Ordinate und Abszisse logarithmisch. **c** Ordinate linear, Abszisse Doppelverstimmung. **d** Ordinate linear, Abszisse mit Maßstabssprung bei $\omega = \omega_0$. Parameter: Kennverlustfaktor d_0

man erhält daher

$$\underline{\widehat{v}} \sim \widehat{K} \mathrm{j}\omega F , \qquad \widehat{v} \sim \widehat{K}\omega F, \tag{2.119}$$

bei hohen Frequenzen sind dagegen Reibungs- und Federkräfte zu vernachlässigen, und man bekommt

$$\underline{\widehat{v}} \sim \frac{\widehat{K}}{\mathrm{j}\omega M} , \qquad \widehat{v} \sim \frac{\widehat{K}}{\omega M} = \frac{\widehat{K}\omega_0^2 F}{\omega}. \tag{2.120}$$

Am besten schmiegt sich die Resonanzkurve den Geraden bei der Dämpfung $d_0 = \sqrt{2}$ an. Wie das Phasendiagramm (Abb. 2.7 unten) zeigt, fällt auch die Phasendifferenz ψ bei dieser speziellen Dämpfung nahezu linear mit wachsender Frequenz bis etwa $\omega = 1{,}2\,\omega_0$ ab..

3. Auftragung über der Doppelverstimmung V (Abb. 2.9c); es gilt

$$\frac{\widehat{v}}{\widehat{K}\omega_0 F} = \frac{1}{\sqrt{V^2 + d_0^2}}. \tag{2.121}$$

4. Wechsel des Abszissenmaßstabs bei der Resonanzfrequenz. Die Resonanzkurve wird symmetrisch und bleibt abszissenmäßig im Endlichen, wenn man $\widehat{v}$ über ω/ω_0 für $\omega < \omega_0$ und über ω_0/ω für $\omega > \omega_0$ aufträgt (Abb. 2.9d).
5. Die beste Probe erhält man durch Auftragung von $(\widehat{v}_r/v)^2$ über dem Quadrat der Doppelverstimmung V^2 (Abb. 2.10). Aus (2.93) und (2.98) folgt

$$\left(\frac{\widehat{v}_r}{\widehat{v}}\right)^2 = 1 + \frac{V^2}{d_0^2}, \tag{2.122}$$

d. h. eine ideale Resonanzkurve wird bei dieser Auftragung in eine Gerade transformiert, welche die Ordinate stets beim Wert 1 schneidet und die Steigung $1/d_0^2$ hat. Voraussetzung dafür, dass in dieser Darstellung die beiden Hälften der Resonanzkurve ($\omega < \omega_0$ und $\omega > \omega_0$) zu einer einzigen Geraden zusammenfallen, ist allerdings die genaue Kenntnis von ω_0. Entnimmt man der Messkurve einen etwas unrichtigen Wert und berechnet mit ihm die Abszissenwerte, so spaltet die Gerade in zwei divergierende Äste auf, wie es die beiden gestrichelten Kurven in Abb. 2.10 für $d_0 = 1$ bei einem angenommenen Fehler von 5 % zeigen. (Man bestimmt ω_0 aus einer gemessenen Resonanzkurve am besten als geometrisches Mittel zweier Frequenzwerte, die zu gleichen Schnelle- bzw. Stromamplituden gehören.)

In der Praxis wird man in größerem Abstand von ω_0 immer Abweichungen von der idealen Resonanzkurve finden, weil die Systemgrößen M, F, W bzw. L, C, R stets mehr oder weniger stark von der Frequenz abhängen oder weil sich weitere Eigenresonanzen bemerkbar machen.

Eine gemessene Resonanzkurve kann auch durch überlagerte Störungen verzerrt werden. Beispielsweise beeinflusst ein „Übersprechen" mit frequenzunabhängiger Phasenlage, etwa eine direkte elektromagnetische Kopplung zwischen Anrege- und Abnahmesystem, die Resonanzkurve unterhalb von ω_0 infolge des Phasengangs des Schwingungssystems anders als oberhalb und macht die gemessene Kurve dadurch unsymmetrisch. In einem solchen Fall lässt sich die Aufspaltung bei der Auftragung nach Abb. 2.10 nicht durch geeignete Wahl von ω_0 beseitigen.

Nach (2.102) ist $\widehat{v}^2$ der im Schwingkreis umgesetzten Leistung proportional. Mit $d_0 = 2\alpha/\omega_0$ nach (2.65) und der Näherung $V \approx 2\Delta\omega/\omega_0$ nach (2.78) erhält man aus (2.122) die Beziehung

$$\left(\frac{\widehat{v}}{\widehat{v}_r}\right)^2 \approx \frac{\alpha^2}{\alpha^2 + \Delta\omega^2}. \tag{2.123}$$

Abb. 2.10 Transformation
der Schnelle- bzw. Stromresonanzkurve in eine Gerade.
Parameter: Kennverlustfaktor
d_0. *Gestrichelt*: Aufspaltung
durch ungenaue Bestimmung
von ω_0 (hier: 5 % Fehler)

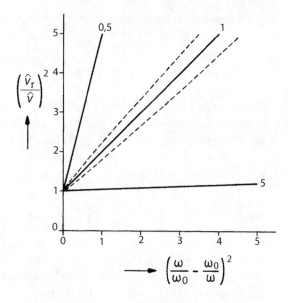

Diese in der Optik als *Lorentzkurve*[5] [1] und in der Kernphysik als *Breit-Wigner-Formel*[6][7]
[2] bezeichnete einfache Funktion beschreibt also näherungsweise die Leistungsresonanz-
kurve in der Umgebung der Resonanzfrequenz. Wenn der Resonanzkreis schwach gedämpft ist ($\alpha^2 \ll \omega_0^2$), lassen sich durch die Lorentzkurve auch alle anderen (quadrierten) Resonanzkurven approximieren, beispielsweise die in den folgenden Abschnitten
behandelten Elongations- und Beschleunigungsresonanzkurven ($\widehat{x}^2/\widehat{x}_r^2$ und $\widehat{b}^2/\widehat{b}_r^2$). Die
Lorentzkurve ist auch eine Näherung für das Spektrum der freien Schwingung bei schwa-
cher Dämpfung. Streng gilt

$$\mathcal{F}\left\{e^{j\omega_0 t - \alpha|t|}\right\} = \frac{2}{\alpha} \frac{\alpha^2}{\alpha^2 + (\omega - \omega_0)^2}. \tag{2.124}$$

2.3.2.4 Elongationsresonanzkurven

Bei mechanischen Schwingungssystemen interessiert man sich oft, wie schon im Abschn. 2.1 erwähnt, neben der Schnelle auch für die Elongation oder die Beschleunigung,
gelegentlich auch für die zeitliche Ableitung der Beschleunigung, die als physikalische
Größe *Ruck* genannt wird. So arbeitet man in der Schwingungsmesstechnik sowohl mit
Schnelle- als auch mit Elongations- und Beschleunigungsaufnehmern. Bei dynamischen
Festigkeitsuntersuchungen an technischen Bauwerken, Flugzeug- oder Fahrzeugteilen
usw. kommt es in der Regel auf die Elongationen (Bruchgefahr) und bei der Beurteilung
der Schwingungsfestigkeit von feinmechanischen Apparaten, elektronischen Geräten, le-
benden Objekten usw. meist auf die Beschleunigungen an. In diesem und dem folgenden

---

[5] Hendrik Antoon Lorentz, niederländischer Physiker (1853–1928).
[6] Gregory Breit, russisch–US-amerikanischer Physiker (1899–1981).
[7] Eugene Paul Wigner, US-amerikanischer Physiker (1902–1995).

Abschnitt sollen deshalb die Unterschiede in den Resonanzkurven für Elongation und Beschleunigung gegenüber denen der Schnelle am Beispiel des mechanischen Parallelkreises kurz beschrieben werden.

Die Rechnung geht von der Differenzialgleichung aus; die der Impedanz- bzw. Admittanzdarstellung entsprechende Behandlung mit der *Rezeptanz* wird am Ende dieses Abschnitts und in Abschn. 4.3.6 erläutert.

Die Schwingungsgleichung für die Elongation $x = \int v \, \mathrm{d}t$ des mechanischen Parallelkreises ergibt sich für sinusförmige Anregung aus (2.95) zu

$$M\ddot{x} + W\dot{x} + \frac{x}{F} = \widehat{K}\mathrm{e}^{\mathrm{j}\omega t}. \tag{2.125}$$

Die stationäre Lösung $x(t)$ lässt sich aus der Lösung für die Schnelle leicht gewinnen und braucht daher nicht neu berechnet zu werden. Setzt man an

$$x(t) = \underline{\widehat{x}}\,\mathrm{e}^{\mathrm{j}\omega t} = \widehat{x}\,\mathrm{e}^{-\mathrm{j}\delta}\mathrm{e}^{\mathrm{j}\omega t}, \tag{2.126}$$

liest man aus der Beziehung

$$\underline{\widehat{x}} = \frac{\widehat{v}}{\mathrm{j}\omega} = -\mathrm{j}\frac{\widehat{v}}{\omega}\mathrm{e}^{\mathrm{j}\psi} = \frac{\widehat{v}}{\omega}\,\mathrm{e}^{\mathrm{j}(\psi - \pi/2)} \tag{2.127}$$

die Verknüpfungen

$$\widehat{x} = \frac{\widehat{v}}{\omega}, \qquad \delta = \frac{\pi}{2} - \psi \tag{2.128}$$

ab. Mit ihnen folgt für die Elongationsamplitude $\widehat{x}$ nach (2.93) der Ausdruck

$$\widehat{x} = \frac{\widehat{K}F}{\frac{\omega}{\omega_0}\sqrt{\left(\frac{\omega}{\omega_0} - \frac{\omega_0}{\omega}\right)^2 + d_0^2}} \tag{2.129}$$

und für die Phasendifferenz δ zwischen Elongation und Kraft nach (2.94)

$$\tan\delta = \cot\psi = d_0\left(\frac{\omega_0}{\omega} - \frac{\omega}{\omega_0}\right)^{-1}. \tag{2.130}$$

Die Amplituden- und Phasenkurven der Elongationsresonanz des mechanischen Parallelkreises sind in Abb. 2.11 für dieselben Werte des Kennverlustfaktors dargestellt wie in Abb. 2.7 für die Schnelleresonanz. Bei statischer Belastung ($\omega = 0$) ist die Elongation allein durch Kraft und Federung bestimmt; für alle Dämpfungen beginnen daher die Amplitudenkurven bei $\omega = 0$ mit $\widehat{x}_0 = \widehat{K}F$ und die Phasenkurven mit $\delta = 0$. Eine Resonanz, d. h. ein Maximum der Amplitudenkurven, tritt nur bei Kennverlustfaktoren $0 < d_0 < \sqrt{2}$

auf, und zwar im Unterschied zur Schnelleresonanz nicht bei der Resonanzfrequenz ω_0 des ungedämpften Systems, sondern bei der tieferen Frequenz

$$\omega_{r,e} = \sqrt{\frac{1}{MF} - \frac{W^2}{2M^2}} = \sqrt{\omega_0^2 - 2\alpha^2} = \omega_0 \sqrt{1 - \frac{d_0^2}{2}}. \qquad (2.131)$$

Sie liegt noch etwas unter der Eigenfrequenz ω_d des gedämpften Systems (2.49). Die Maximalamplitude (Resonanzamplitude) der Elongation ist

$$\widehat{x}_r = \frac{\widehat{K}F}{d_0\sqrt{1 - \frac{d_0^2}{4}}}; \qquad (2.132)$$

die Maxima liegen auf der Kurve

$$\widehat{x} = \frac{\widehat{K}F}{\sqrt{1 - \left(\frac{\omega}{\omega_0}\right)^4}}, \qquad (2.133)$$

die in Abb. 2.11 gestrichelt eingezeichnet ist.

Für $d_0 \geq \sqrt{2}$ liegt das Maximum der Amplitudenkurven bei $\omega = 0$. Sie beginnen alle mit horizontaler Tangente und fallen zu höheren Frequenzen hin um so schneller ab, je größer die Dämpfung ist.

Bei sehr hohen Frequenzen ist praktisch nur noch der Massenanteil des Systems wirksam. Die Elongationsresonanzkurven fallen dann gemäß $\widehat{x} \sim 1/\omega^2$ ab, während sich die Phasenkurven dem Wert $\delta = \pi$ anschmiegen. Die Phasendifferenz δ ist stets positiv, d. h. die erregende Kraft eilt der Elongation voraus.

Eine Halbwertsbreite lässt sich bei der Elongationskurve, die im Gegensatz zur Schnelleresonanz nicht nach beiden Seiten hin gegen Null abfällt, nur angeben, wenn $\widehat{x}_r \geq \sqrt{2}\widehat{K}F$ ist. Dies führt auf die Bedingung

$$d_0 \leq \sqrt{2 - \sqrt{2}} \approx 0{,}7654. \qquad (2.134)$$

Die Halbwertsfrequenzen sind

$$\omega_{1,2} = \omega_0 \sqrt{1 - \frac{d_0^2}{2} \pm d_0 \sqrt{1 - \frac{d_0^2}{4}}}, \qquad (2.135)$$

die relative Halbwertsbreite bei der Elongationsresonanzkurve des mechanischen Parallelkreises wird damit

$$\frac{\Delta\omega_H}{\omega_0} = \frac{\omega_1 - \omega_2}{\omega_0} = \sqrt{2 - d_0^2 - \sqrt{4 - 8d_0^2 + 2d_0^4}}. \qquad (2.136)$$

Abb. 2.11 Elongationsresonanzkurven des mechanischen Parallelkreises bzw. Ladungsresonanzkurven des elektrischen Serienkreises. **a** Amplitudenkurven (in der technischen Literatur: *Vergrößerungsfunktion*). **b** Phasendifferenz zwischen Elongation und Kraft bzw. zwischen Ladung und Spannung. Parameter: Kennverlustfaktor d_0

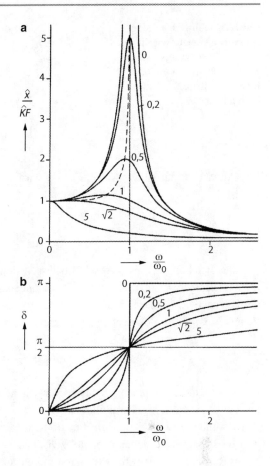

Für kleine d_0 ist auch hier, wie bei der Schnelleresonanz,

$$\frac{\Delta\omega_H}{\omega_0} \approx d_0, \qquad (2.137)$$

in besserer Näherung

$$\frac{\Delta\omega_H}{\omega_0} \approx d_0 + \frac{d_0^3}{4} \qquad (2.138)$$

(Fehler $< 2\,\%$ für $d_0 \leq 0{,}5$).

Ein neuer Dämpfungsparameter, der sich aus der Schnelleresonanzkurve nicht definieren lässt, ist die *Resonanzüberhöhung* ρ. Sie ist gleich dem Verhältnis der Resonanzamplitude $\widehat{x}_r$ zur statischen Elongation x_0:

$$\rho = \frac{\widehat{x}_r}{x_0} = \frac{\widehat{x}_r}{\widehat{K}F} = \frac{1}{d_0\sqrt{1 - \frac{d_0^2}{4}}}. \qquad (2.139)$$

Abb. 2.12 Zur Behandlung zusammengesetzter mechanischer Schwingungssysteme mit Rezeptanzen. **a** einfache, **b** doppelte starre mechanische Verbindung

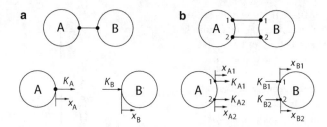

Ihre Angabe ist nur sinnvoll, wenn $\rho > 1$ wird, d. h. für $d_0 < \sqrt{2}$. Bei kleinen Dämpfungen ist

$$\rho \approx \frac{1}{d_0} = Q. \tag{2.140}$$

Alle Gleichungen dieses Abschnitts lassen sich auf das entsprechende elektrische Problem übertragen. Ersetzt man in (2.125) die mechanischen durch die analogen elektrischen Größen nach (2.7), so erhält man die Differenzialgleichung der gelegentlich wichtigen *Ladungsresonanz* des elektrischen Serienkreises: .

$$L\ddot{q} + R\dot{q} + \frac{q}{C} = \widehat{u}\,\mathrm{e}^{\mathrm{j}\omega t}. \tag{2.141}$$

Ihre Lösungen entsprechen genau den vorstehenden Ergebnissen für die Elongationsresonanz des mechanischen Parallelkreises.

Bisweilen wird als Kriterium für die Resonanz nicht das Amplitudenmaximum, sondern die Phasenverschiebung von 90° zwischen Kraft und Elongation angesehen und daher ω_0 als Resonanzfrequenz für alle Dämpfungen auch bei der Elongationsresonanz definiert. Die Resonanzamplitude ist dann $\widehat{x}_{\mathrm{r}} = \widehat{K}F/d_0$, die Resonanzüberhöhung $\rho = Q = 1/d_0$. Legt man der Darstellung von Resonanzkurven den Strom bzw. die Schnelle zugrunde, so werden derartige Unklarheiten vermieden, und außerdem sind die auftretenden Gleichungen einfacher.

In manchen Fällen ist es allerdings nützlich, mit den Elongationen statt den Schnellen zu rechnen. Hierzu zählen Eigenfrequenz- und Eigenschwingungsberechnungen bei komplizierteren mechanischen Strukturen, die aus einfacheren Grundelementen (Massen, Federn, Stäben, Platten, Zylinderschalen usw.) zusammengesetzt sind. Seien A und B zwei solche Elemente, die starr miteinander gekoppelt sind (Abb. 2.12a oben). Man denkt sich nun die Verbindung aufgetrennt (in Abb. 2.12a unten). Sei

$$K_{\mathrm{A}}(t) = \widehat{K}_{\mathrm{A}}\mathrm{e}^{\mathrm{j}\omega t} \tag{2.142}$$

die auf A wirkende Kraft und

$$x_{\mathrm{A}}(t) = \widehat{\underline{x}}_{\mathrm{A}}\mathrm{e}^{\mathrm{j}\omega t} \tag{2.143}$$

die resultierende Bewegung. Dann heißt

$$\alpha = \frac{\widehat{x}_A}{\widehat{K}_A} \tag{2.144}$$

die *Rezeptanz* des Systems A am Angriffspunkt der Kraft. Entsprechend ist

$$\beta = \frac{\widehat{x}_B}{\widehat{K}_B} \tag{2.145}$$

die Rezeptanz des Systems B, wiederum am Angriffspunkt der Kraft. Die starre Kopplung von A und B bedeutet

$$x_A = x_B, \qquad K_A + K_B = 0 \tag{2.146}$$

(die Summe der an einem Punkt angreifenden Kräfte muss verschwinden). Für die Rezeptanzen folgt daraus

$$\alpha + \beta = 0. \tag{2.147}$$

Setzt man für α und β die entsprechenden, im Allgemeinen frequenzabhängigen Ausdrücke ein, so ergeben die Lösungen von (2.147) die Eigenfrequenzen des kombinierten Systems. Mit diesem Formalismus lassen sich Systeme wie z. B. Platten oder Zylinder mit an einem Punkt angekoppelten Massen, Federn oder anderen Elementen berechnen.

Dieses Verfahren lässt sich verallgemeinern. A und B sind in Abb. 2.12b mit n = 2 starren Kopplungen dargestellt. Man muss beachten, dass z. B. die Kraft K_{A2} auch eine Auslenkung am Punkt 1 bewirken kann. Dies erfasst man durch die *Kreuzrezeptanz*

$$\alpha_{12} = \frac{\widehat{x}_{A1}}{\widehat{K}_{A2}}, \tag{2.148}$$

allgemein:

$$\alpha_{ij} = \frac{\widehat{x}_i}{\widehat{K}_j}. \tag{2.149}$$

Damit gilt für die Elongationsamplituden an den Punkten 1 und 2 von System A:

$$\begin{aligned}
\widehat{x}_{A1} &= \alpha_{11}\widehat{K}_{A1} + \alpha_{12}\widehat{K}_{A2}, \\
\widehat{x}_{A2} &= \alpha_{21}\widehat{K}_{A1} + \alpha_{22}\widehat{K}_{A2}.
\end{aligned} \tag{2.150}$$

Im Fall von n Kopplungen schreibt man die entsprechenden Gleichungen kürzer in Matrizenform:

$$\vec{x}_A = (\alpha_{ij})\vec{K}_A, \tag{2.151}$$

wobei $\vec{x}_A$ der Spaltenvektor mit den Komponenten $\widehat{\underline{x}}_{A1}, \widehat{\underline{x}}_{A2}, \ldots$ ist, (α_{ij}) die Rezeptanz-
matrix, und $\vec{K}_A$ der Spaltenvektor mit den Komponenten $\widehat{K}_{A1}, \widehat{K}_{A2}, \ldots$. Entsprechend gilt
für das System B

$$\vec{x}_B = (\beta_{ij}) \, \vec{K}_B. \tag{2.152}$$

Bei der Verbindung der Systeme A und B sind die Elongationen paarweise gleich, die
Kräfte jeweils gegenphasig:

$$\vec{x}_A = \vec{x}_B, \qquad \vec{K}_A = -\vec{K}_B. \tag{2.153}$$

Damit folgt aus (2.151) und (2.152)

$$\left((\alpha_{ij}) + (\beta_{ij})\right) \vec{K}_A = 0. \tag{2.154}$$

Abgesehen von der trivialen Lösung $\vec{K}_A = 0$ folgt hieraus, dass die Determinante der
Summenmatrix verschwinden muss:

$$\left|(\alpha_{ij}) + (\beta_{ij})\right| = 0. \tag{2.155}$$

Die Lösungen dieser Gleichung ergeben wieder die Eigenfrequenzen des Gesamtsystems.

2.3.2.5 Beschleunigungsresonanzkurven

Analog zu den Berechnungen im vorigen Abschnitt erhält man mit dem Ansatz

$$b(t) = \widehat{\underline{b}} \, e^{j\omega t} = \widehat{b} \, e^{-j\gamma} e^{j\omega t} \tag{2.156}$$

für die Amplitude $\widehat{b}$ und die Phase γ der Beschleunigung

$$\widehat{b} = \omega \widehat{v}, \qquad \gamma = \psi - \frac{\pi}{2} = -\delta, \tag{2.157}$$

also aus (2.93) und (2.94)

$$\widehat{b} = \frac{\widehat{K} F \omega_0^2}{\frac{\omega_0}{\omega} \sqrt{\left(\frac{\omega}{\omega_0} - \frac{\omega_0}{\omega}\right)^2 + d_0^2}} = \frac{\widehat{K}/M}{\frac{\omega_0}{\omega} \sqrt{\left(\frac{\omega}{\omega_0} - \frac{\omega_0}{\omega}\right)^2 + d_0^2}} \tag{2.158}$$

und

$$\tan \gamma = d_0 \left(\frac{\omega}{\omega_0} - \frac{\omega_0}{\omega}\right)^{-1}. \tag{2.159}$$

Abb. 2.13 Beschleunigungsresonanzkurven des mechanischen Parallelkreises. **a** Amplitudenkurven, **b** Phasendifferenz zwischen Beschleunigung und Kraft. Parameter: Kennverlustfaktor d_0

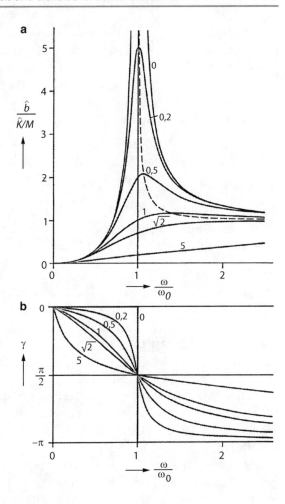

Diese Funktionen sind in Abb. 2.13 wieder für die zuvor schon gewählten Werte des Kennverlustfaktors dargestellt. Die Beschleunigungsresonanzfrequenz

$$\omega_{\mathrm{r,b}} = \frac{\omega_0}{\sqrt{1 - \frac{d_0^2}{2}}} \tag{2.160}$$

liegt oberhalb von ω_0, die Resonanzamplitude ist

$$\widehat{b}_{\mathrm{r}} = \frac{\widehat{K}/M}{d_0\sqrt{1 - \frac{d_0^2}{4}}}; \tag{2.161}$$

die Maxima liegen auf der gestrichelt eingezeichneten Kurve

$$\widehat{b} = \frac{\widehat{K}\, F \omega_0^2}{\sqrt{1 - \left(\frac{\omega_0}{\omega}\right)^4}}. \tag{2.162}$$

Die Beschleunigungsresonanzkurven beginnen mit $\widehat{b} = 0$ bei $\omega = 0$, steigen gemäß $\widehat{b} \sim \omega^2$ an, solange $\omega \ll \omega_0$ ist und streben für hohe Frequenzen gegen den konstanten Wert $\widehat{b}_\infty = \widehat{K}/M$.

Die Phasendifferenz γ ist stets negativ, d. h. die Beschleunigung eilt der erregenden Kraft voraus.

Während sich für die sinngemäß definierte Resonanzüberhöhung

$$\rho = \frac{\widehat{b}_r}{\widehat{b}_\infty} = \frac{1}{d_0\sqrt{1 - \frac{d_0^2}{4}}} \tag{2.163}$$

der gleiche Ausdruck ergibt wie bei der Elongationsresonanz, erhält man für die relative Halbwertsbreite der Beschleunigungsresonanzkurve etwas andere Ausdrücke und z. B. als Näherungswert im Unterschied zu (2.138)

$$\frac{\Delta\omega_H}{\omega_0} \approx d_0 + \frac{5}{4}d_0^3. \tag{2.164}$$

2.4 Materialdämpfung

In der Praxis benötigt man meist Schwingungssysteme mit scharfen Resonanzen, während stark gedämpfte Systeme nur in bestimmten Spezialfällen Anwendung finden. Ein Dämpfer bzw. ein ohmscher Widerstand wird deshalb in der Regel überhaupt nicht vorgesehen, sodass dann die Dämpfung lediglich durch die unvermeidlichen Verluste in den frequenzbestimmenden Elementen entsteht.

Diese Dämpfung kann die verschiedensten Ursachen haben. *Mechanische* Schwingungsenergie kann dissipiert werden erstens durch Schallabstrahlung, zweitens durch Umwandlung in Wärme aufgrund von Teilchendiffusion in Gasen und Flüssigkeiten (innere Reibung, Zähigkeitsverluste), aufgrund von Ordnungs–Unordnungs–Umwandlungen in Flüssigkeiten und Festkörpern, vor allem in Kunststoffen (Entropieänderungen), aufgrund von Relaxationen durch verzögerte Anregung innerer Molekülfreiheitsgrade, aufgrund quantenmechanischer Wechselwirkungen zwischen Phononen, zwischen Elektronen und Phononen usw., oder auch drittens auf dem Umweg über andere Energieformen, z. B. durch Wirbelstromanregung.

Elektromagnetische Schwingungsenergie wird ebenfalls durch Abstrahlung oder durch Umwandlung in Wärme dissipiert, z. B. durch ohmsche Widerstände, Wirbelströme, magnetische und elektrische Hysterese-Effekte, elektrochemische Effekte, Lumineszenzanregung, quantenmechanische Wechselwirkungen u. a. m.

Die *Abstrahlungsdämpfung* wird durch einen *Strahlungsverlustfaktor*

$$d_S = \frac{E_v}{2\pi E_s} \tag{2.165}$$

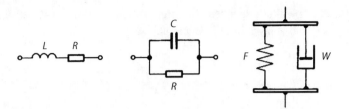

Abb. 2.14 Ersatzschaltbilder realer Speicherelemente mit Materialverlusten

beschrieben, wobei E_v die pro Schwingungsperiode abgestrahlte und E_s die reversibel gespeicherte Maximalenergie ist (vgl. (2.118)). Der Strahlungsverlustfaktor hängt außer von der Frequenz im Wesentlichen von der Form und Größe des Schwingungssystems, sowie von seiner Impedanzanpassung an das umgebende Medium ab. Auf diese Probleme soll hier nicht näher eingegangen werden.

Die *materialbedingte Dämpfung* begrenzt das Verhältnis der von einem Speicherelement reversibel aufgenommenen Maximalenergie E_s zu der pro Periode durch Umwandlung in Wärme dissipierten Energie E_v. Das 2π-fache dieses Verhältnisses ist gleich dem Reziproken des Ausdrucks (2.118) und wird deshalb als *Güte*

$$Q = 2\pi \frac{E_s}{E_v} \tag{2.166}$$

des betreffenden Speicherelements definiert.

Man fasst die im Allgemeinen frequenzabhängigen Materialverluste ohne Rücksicht auf ihre Entstehung in einem ohmschen Widerstand $R(\omega)$ bzw. einem Dämpfer $W(\omega)$ zusammen. Durch eine Serien- bzw. Parallelschaltung mit dem jeweiligen idealen Element kommt man zu den in Abb. 2.14 gezeigten Ersatzdarstellungen einer realen Spule, eines realen Kondensators und einer realen Feder. Es ist leicht zu zeigen, dass für jede derartige Kombination eines speichernden und eines dissipativen Elements mit der Gesamtimpedanz $\underline{Z}$ und der Admittanz $\underline{Y} = 1/\underline{Z}$ die Definition der Güte durch (2.166) gleichbedeutend ist mit

$$Q = \frac{|\text{Im}(\underline{Z})|}{\text{Re}(\underline{Z})} = \frac{|\text{Im}(\underline{Y})|}{\text{Re}(\underline{Y})}. \tag{2.167}$$

Aus dem Ersatzbild der realen Spule (Abb. 2.14 links) mit $\underline{Z} = R + j\omega L$ folgt die *Spulengüte*

$$Q_L = \frac{\omega L}{R}; \tag{2.168}$$

für den realen Kondensator (Mitte) gilt $\underline{Y} = 1/R + j\omega C$, also wird die *Kondensatorgüte*

$$Q_C = \omega RC; \tag{2.169}$$

die Feder mit dem parallel liegenden Dämpfer (rechts in Abb. 2.14) hat die Impedanz $\underline{Z} = W + 1/\mathrm{j}\omega F$, woraus sich ihre *Schwinggüte* zu

$$Q_{\mathrm{F}} = \frac{1}{\omega W F} \qquad (2.170)$$

ergibt.

Abgesehen von Sonderfällen (z. B. $R \sim \omega$ in (2.168)) ist die so definierte Güte der Systemelemente frequenzabhängig und wird deshalb für die jeweils typischen Betriebsfrequenzen angegeben.

Besonders bei Spulen ist die Güteangabe sehr gebräuchlich und auch notwendig, weil die Spulenverluste durch den Drahtwiderstand sowie durch Wirbelströme und Hysterese im Kernmaterial stets recht hoch sind und im Allgemeinen die Verluste der Kondensatoren weit übersteigen. Die Güte eines elektrischen Resonanzkreises ist deshalb durch die Güte der Spule bestimmt. Typische Werte sind $Q_{\mathrm{L}} = 1000$ für den Langwellenbereich, aber nur etwa 50 im UKW-Bereich, weil die Verluste stärker als proportional mit der Frequenz ansteigen. Auch Spulen für sehr tief abgestimmte Resonanzkreise (Hörbereich und darunter) haben aufgrund ihrer Größe (Drahtwiderstand) und wegen des Faktors ω in (2.168) nur geringe Güten.

Bei Kondensatoren gibt man häufig nicht die Güte, sondern ihren Kehrwert, den *Verlustfaktor*

$$d_{\mathrm{C}} = \frac{1}{Q_{\mathrm{C}}} = \tan \delta_{\mathrm{C}} \qquad (2.171)$$

an (δ_{C} ist die Phasenverschiebung zwischen Spannung und Ladung).

Bei mechanischen Resonanzsystemen sind die Verluste in den Massen stets zu vernachlässigen, sodass allein die Güte der Federn maßgebend ist. Mit gutem Federstahl erreicht man bei Frequenzen von etwa 50 kHz mühelos Schwinggüten von 15 000.

Allgemeiner als durch die Güte der Einzelelemente, die naturgemäß auch von der Bauart und Größe abhängt, lässt sich die materialbedingte Dämpfung durch eine Stoffkonstante, den *Materialverlustfaktor d* beschreiben. Er hängt nicht nur von Parametern wie Frequenz, Temperatur usw. ab, sondern auch von der jeweiligen Beanspruchungsart (Torsion, Kompression, Dilatation usw. bei mechanischen, elektrisches oder magnetisches Wechselfeld bei elektromagnetischen Vorgängen). Die Darstellung dieser Verluste und ihre Angabe in komplexen Materialkonstanten ist Gegenstand der folgenden Abschnitte.

2.4.1 Komplexe mechanische Moduln

In mechanischen Schwingungssystemen aus konzentrierten Elementen mit klar getrennter Masse und Feder wird die Masse nicht oder nur ganz unwesentlich deformiert und ist deshalb, wie schon erwähnt, praktisch verlustlos, während die Deformationen der Feder je nach dem benutzten Material und der Beanspruchungsart eine mehr oder weniger starke Energiedissipation bewirken. Ebenso ist auch die Dämpfung von Schwingungen in kontinuierlichen Systemen wie Stäben, Platten und ausgedehnten Festkörpern durch die Deformationsverluste bestimmt.

Die Eignung eines Materials zur Konstruktion von Federelementen für schwingungstechnische Anwendungen ergibt sich daher nicht schon aus dem betreffenden Modul allein (Schubmodul G für Scher- oder Torsionsbeanspruchung, Elastizitätsmodul E für Dehnung und Biegung von Stäben, Kompressionsmodul K für allseitig isotrope Verformung, usw.), sondern zur vollständigen Beschreibung ist die zusätzliche Angabe des jeweils zugeordneten Verlustfaktors (d_G, d_E, d_K usw.) nötig.

Die Verluste sind mit einer Phasendifferenz δ zwischen Spannung und Dehnung bei sinusförmiger Beanspruchung verknüpft. Erfährt ein dünner Stab des betrachteten Materials unter der mechanischen Spannung (Kraft dividiert durch Querschnittsfläche)

$$\sigma(t) = \widehat{\sigma} \sin \omega t \qquad (2.172)$$

die Dehnung (relative Längenänderung)

$$\frac{\Delta l}{l} = \varepsilon(t) = \widehat{\varepsilon} \sin(\omega t - \delta) = \widehat{\varepsilon} (\sin \omega t \cos \delta - \cos \omega t \sin \delta) \qquad (2.173)$$

(l = Stablänge), ist der Elastizitätsmodul durch

$$E = \frac{\widehat{\sigma}}{\widehat{\varepsilon}} \qquad (2.174)$$

und der zugehörige Verlustfaktor durch

$$d_E = \tan \delta \qquad (2.175)$$

definiert. Mit der komplexen Schreibweise

$$\underline{\sigma}(t) = \widehat{\sigma}\, \mathrm{e}^{\mathrm{j}\omega t}, \qquad (2.176)$$

$$\underline{\varepsilon}(t) = \widehat{\varepsilon}\, \mathrm{e}^{\mathrm{j}(\omega t - \delta)} = \underline{\widehat{\varepsilon}}\, \mathrm{e}^{\mathrm{j}\omega t} \qquad (2.177)$$

kann man formal einen *komplexen Elastizitätsmodul $\underline{E}$* definieren, indem man (2.174) auf die komplexen Amplituden überträgt:

$$\underline{E} = E' + \mathrm{j} E'' = \frac{\widehat{\sigma}}{\underline{\widehat{\varepsilon}}} = \frac{\widehat{\sigma}}{\widehat{\varepsilon}}\, \mathrm{e}^{\mathrm{j}\delta} = \frac{\widehat{\sigma}}{\widehat{\varepsilon}} (\cos \delta + \mathrm{j} \sin \delta). \qquad (2.178)$$

Der Realteil

$$E' = \frac{\widehat{\sigma}}{\widehat{\varepsilon}} \cos \delta \qquad (2.179)$$

heißt *Speichermodul*, der Imaginärteil

$$E'' = \frac{\widehat{\sigma}}{\widehat{\varepsilon}} \sin \delta \qquad (2.180)$$

Verlustmodul. Das Verhältnis von Verlust- zu Speichermodul ist gleich dem Verlustfaktor:

$$\frac{E''}{E'} = \tan \delta = d_{\mathrm{E}}, \qquad (2.181)$$

sodass man auch schreiben kann

$$\underline{E} = E'(1 + \mathrm{j}d_{\mathrm{E}}). \qquad (2.182)$$

Die physikalische Bedeutung des Verlustfaktors wird durch eine Leistungsbetrachtung deutlich, wie sie ähnlich in Abschn. 2.3.2.3 durchgeführt wurde. Die räumliche Leistungsdichte $N = P/V$ (V = Volumen) im hier betrachteten Fall ist (in reeller Schreibweise)

$$N = \sigma \dot{\varepsilon} = \omega \widehat{\sigma} \widehat{\varepsilon} (\sin \omega t \cos \omega t \cos \delta + \sin^2 \omega t \sin \delta). \qquad (2.183)$$

Der erste Summand gibt die Dichte der Blindleistung $N_{\mathrm{B}} = P_{\mathrm{B}}/V$, der zweite die der Wirkleistung N_{W}/V an; beide sind periodisch mit der Frequenz 2ω. Der Maximalwert von N_{B} ist

$$\widehat{N}_{\mathrm{B}} = \frac{1}{2} \omega \widehat{\sigma} \widehat{\varepsilon} \cos \delta, \qquad (2.184)$$

der zeitliche Mittelwert von N_{W} ist

$$\overline{N_{\mathrm{W}}} = \frac{1}{2} \omega \widehat{\sigma} \widehat{\varepsilon} \sin \delta. \qquad (2.185)$$

Der Verlustfaktor ist daher gleich dem Verhältnis der mittleren Verlustleistung zur maximalen Blindleistung:

$$d_{\mathrm{E}} = \tan \delta = \frac{\overline{N_{\mathrm{W}}}}{\widehat{N}_{\mathrm{B}}} = \frac{\overline{P_{\mathrm{W}}}}{\widehat{P}_{\mathrm{B}}}. \qquad (2.186)$$

Geht man von der Leistung über zur Energie, wird die Dichte der Verlustenergie pro Periode

$$E_{\mathrm{v}} = \int\limits_{0}^{2\pi/\omega} N_{\mathrm{W}} \, \mathrm{d}t = \pi \widehat{\sigma} \widehat{\varepsilon} \sin \delta, \qquad (2.187)$$

die der maximal gespeicherten Energie

$$E_s = \int\limits_0^{\pi/2\omega} N_B\, dt = \frac{1}{2}\,\widehat{\sigma}\,\widehat{\varepsilon}\,\cos\delta, \tag{2.188}$$

und damit

$$d_E = \frac{E_v}{2\pi E_s}. \tag{2.189}$$

Diese Beziehung entspricht (2.118) für den Kennverlustfaktor eines Resonanzkreises[8].

Ersetzt man in den Gleichungen ab (2.172) die Axialspannung σ durch die Scherspannung τ und die Dehnung ε durch den Scherwinkel γ, so erhält man ganz analoge Beziehungen für den *komplexen Schubmodul*

$$\underline{G} = G' + \mathrm{j}G'' = G'(1 + \mathrm{j}d_G), \tag{2.190}$$

und entsprechende Ausdrücke mit den zugehörigen Spannungen und Verformungen für alle anderen elastischen Moduln. Es ist interessant, dass die aus der klassischen Elastizitätstheorie folgenden Gleichungen für die Umrechnung der Moduln ineinander (isotrope Stoffe besitzen nur zwei unabhängige Moduln) offenbar auch für die komplexen Moduln gelten. Daraus folgt z. B. für nicht allzu schubsteife Stoffe $d_E \approx d_G$, was auch durch Messungen an Kunststoffen bestätigt wird.

Die Phasenverschiebung δ zwischen Spannung und Dehnung wird veranschaulicht im *Spannungs–Dehnungs–Diagramm* (Abb. 2.15). (2.172) und (2.173) zusammen ergeben die Parameterdarstellung einer Ellipse mit der Fläche

$$\oint \sigma\, d\varepsilon = E_v = \pi\,\widehat{\sigma}\,\widehat{\varepsilon}\,\sin\delta = \pi\,\widehat{\sigma}\,\widehat{\varepsilon}\frac{d_E}{\sqrt{1 + d_E^2}} = \pi d_E\, E'\widehat{\varepsilon}^2 = \pi E''\widehat{\varepsilon}^2. \tag{2.191}$$

Die Fläche der Ellipse entspricht der während einer Schwingungsperiode verbrauchten Energie. Verlustarme Materialien zeigen sehr schlanke Ellipsen, im Idealfall eine Gerade. Dann sind Spannung und Dehnung gleichphasig, die Probe stellt eine Hooke'sche Feder dar. Die schraffierte Fläche in Abb. 2.15 ist gleich der maximal gespeicherten Energie E_s.

---

[8] Die *Leistungs*beziehung (2.186) und die Definition (2.175) sind einander äquivalent. Beide setzen voraus, dass der Speicheranteil E_s der Energie zwischen einem Erreger und dem System (hier nur aus Feder und Dämpfer bestehend, Abb. 2.17) hin- und herpendelt und nicht zwischen verschiedenen Speichern innerhalb des Systems (z. B. bei Einfügung einer Masse). Die genannten Gleichungen lassen sich daher nicht auf Resonanzsysteme anwenden und ergeben z. B. für diese bei $\omega = \omega_0$ nicht den Kennverlustfaktor d_0. Die Energiebeziehung (2.189) schließt hingegen keine derartigen Annahmen über E_s ein und gilt allgemein.

Abb. 2.15 Spannungs-
Dehnungs-Diagramm eines
viskoelastischen Materials

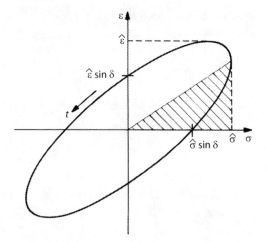

Bei nichtlinearen viskoelastischen Stoffen ergibt sich bei sinusförmigem Spannungsverlauf ein nicht-sinusförmiger Dehnungsverlauf. Aus gemessenen Spannungs–Dehnungs–Diagrammen kann man dann durch Ausmesssen der entsprechenden Fläche den Verlustfaktor abschätzen.

Einige Zahlenwerte mögen die Größenordnungen der praktisch vorkommenden mechanischen Verlustfaktoren im Tonfrequenzbereich veranschaulichen. Die kleinsten Verluste haben fehlstellenarme Einkristalle bei sehr tiefen Temperaturen (Ausschaltung der Phonon-Phonon-Wechselwirkung): Mit guten Quarz-Einkristallen erreicht man bei Temperaturen unter $10\,\mathrm{K}$ Werte von $d_\mathrm{E} \approx 10^{-8}$, während der Verlustfaktor von kristallinem Quarz bei normalen Temperaturen um 10^{-6} liegt. Von den gängigen Metallen hat Aluminium die kleinsten Verluste mit $d_\mathrm{E} \approx 5 \cdot 10^{-5}$, Stahl hat hingegen 10^{-4} bis 10^{-3}, Glas, Ziegelstein und Beton etwa $5 \cdot 10^{-3}$, Holz und Blei etwa $2 \cdot 10^{-2}$, Kork $0,1$ bis $0,4$, Kunststoffe je nach Temperatur, Frequenz und Struktur $5 \cdot 10^{-3}$ bis etwa 3.

Bei einem Stoff ohne jede Elastizität muss die gesamte zugeführte Leistung dissipiert werden. Die Achsen der Spannungs-Dehnungs-Ellipse fallen dann mit den Koordinatenachsen zusammen: Spannung und Elongation haben einen Phasenunterschied von $90°$, Spannung und Schnelle sind phasengleich. Das ist nach (2.3) das Kennzeichen eines Dämpfers. Mit anderen Worten: Während ein Material mit $d_\mathrm{E} = 0$ ideal elastisch ist, zeigt ein Material mit $d_\mathrm{E} = \infty$ rein plastisches Verhalten oder ist eine Flüssigkeit.

Feste Stoffe (Kennzeichen: nicht verschwindende statische Elastizität) mit nennenswerten Verlusten nennt man *viskoelastisch*. Flüssigkeiten, die gegenüber dynamischer Beanspruchung neben der Viskosität eine nennenswerte Elastizität aufweisen, heißen *elastoviskos*. Während man erstere üblicherweise durch die komplexen elastischen Moduln charakterisiert, führt man bei letzteren analog eine *komplexe Viskosität* ein, deren Imaginärteil die elastischen Anteile angibt. Beide Größen sind miteinander verknüpft: Der komplexe Schubmodul $\underline{G}$ (vgl. (2.190)) ist für sinusförmige Zeitabhängigkeit der Schubspannung $\tau(t)$ (komplexe Amplitude $\hat{\underline{\tau}}$) und des Scherwinkels $\gamma(t)$ (komplexe Amplitude $\hat{\underline{\gamma}}$) definiert durch

$$\tau(t) = \underline{G}\,\gamma(t), \qquad \hat{\underline{\tau}} = \underline{G}\,\hat{\underline{\gamma}} = (G' + \mathrm{j}G'')\,\hat{\underline{\gamma}}, \qquad (2.192)$$

die komplexe Scherviskosität $\underline{v} = v' - \mathrm{j}v''$ durch

$$\tau(t) = \underline{v}\,\dot{\gamma}(t), \qquad \hat{\underline{\tau}} = (v' - \mathrm{j}v'')\,\mathrm{j}\omega\,\hat{\underline{\gamma}} = (\mathrm{j}\omega v' + \omega v'')\,\hat{\underline{\gamma}}. \qquad (2.193)$$

Der Vergleich von (2.192) mit (2.193) zeigt

$$G' = \omega v'', \qquad G'' = \omega v', \qquad d_\mathrm{G} = \frac{G''}{G'} = \frac{v'}{v''}. \qquad (2.194)$$

v' ist die Viskosität im üblichen Sinn (Scherviskosität), $v'' = G'/\omega$ wird mitunter *Schwingungsviskosität* genannt.

Bei *Newton'schen Flüssigkeiten* wie Wasser, Glyzerin u. a. ist $v'' = 0$ und v' bei nicht zu hohen Scherraten $\dot{\gamma}$ unabhängig von dieser. Wenn v' amplitudenabhängig oder $v'' \neq 0$ wird (z. B. bei hochmolekularen Flüssigkeiten wie zähen Silikonölen), spricht man von *nicht-Newton'schem Verhalten*.

Ein interessantes Beispiel elastoviskoser Stoffe ist der *Springkitt*. Er fließt wie eine sehr zähe Flüssigkeit, lässt sich kneten und zu Fäden ziehen. Formt man ihn jedoch zu einer Kugel und lässt ihn auf den Boden fallen, so springt er zurück wie ein hochelastischer Ball. Dieses Material (ein untervernetzter Silikonkautschuk) gibt langsamen Beanspruchungen reaktionsfrei nach, auf rasche Änderungen reagiert es jedoch durch reversible elastische Verformung. Der Realteil seines Elastizitätsmoduls nimmt mit steigender Frequenz zu. Bei sehr plötzlicher und starker mechanischer Beanspruchung, beispielsweise unter einem harten Schlag mit dem Hammer, zerbricht der Springkitt wie ein sprödes Material.

Die Materialdämpfung viskoelastischer Stoffe misst man bei kleinen Verlustfaktoren in Resonanzverfahren durch Auswertung der Halbwertsbreite, bei sehr kleinen Dämpfungen auch aus abklingenden freien Schwingungen; bei höheren Verlusten bestimmt man die Dämpfung fortschreitender Wellen in der betreffenden Probe oder benutzt auch die Spannungs-Dehnungs-Ellipsen, letztere allerdings nur bei tiefen Frequenzen.

Die Dämpfung eines Schwingungssystems durch trockene Reibung ist amplitudenabhängig und lässt sich deshalb nicht durch einen Verlustfaktor beschreiben. Eine Art „verlustbehaftete Masse" wird im *rückschlagfreien Hammer* eingesetzt. Der Hammerkopf aus schlagfestem Kunststoff ist innen hohl und mit Bleischrot gefüllt. Während ein massiver Hammer nach dem Aufschlag auf schwere Objekte zurückprellt, was man als unangenehmen Schlag im Arm verspürt, bleibt der rückschlagfreie Hammer ohne jedes Zurückfedern auf dem getroffenen Gegenstand liegen.

2.4.2 Komplexe Dielektrizitäts- und Permeabilitätszahl

In elektrischen Schwingkreisen aus konzentrierten Schaltelementen treten Verluste sowohl im Kondensator als auch in der Spule auf. Luftkondensatoren sind zwar (bis auf Strahlungsdämpfung bei hohen Frequenzen und bei ungünstiger Bauart) praktisch verlustlos, aber in Kondensatoren mit Dielektrikum sind die Verluste selten zu vernachlässigen. Spulen sind (mit Ausnahme von Supraleiter-Luftspulen) stets durch den ohmschen Wicklungswiderstand und, falls vorhanden, durch die magnetischen Verluste im ferro- oder ferrimagnetischen Kernmaterial gedämpft. Die materialbedingten Verluste im Dielektrikum bzw. im Kernmaterial werden durch komplexe Materialkonstanten beschrieben.

Durch einen Kondensator mit der Kapazität

$$C = \varepsilon C_0 \tag{2.195}$$

(C_0 = Kapazität des Kondensators ohne Dielektrikum, ε = Dielektrizitätszahl des Dielektrikums) fließt bei angelegter Sinusspannung $u(t) = \widehat{u}\,\mathrm{e}^{\mathrm{j}\omega t}$ der Strom

$$i(t) = \frac{\mathrm{d}q(t)}{\mathrm{d}t} = \frac{\mathrm{d}(C u(t))}{\mathrm{d}t} = \mathrm{j}\omega\varepsilon C_0 u(t). \tag{2.196}$$

Bei verlustlosem Dielektrikum eilt der Strom der Spannung um $\pi/2$ voraus. Verluste bedeuten eine mit $u(t)$ phasengleiche Stromkomponente und werden formal durch Einführung einer *komplexen Dielektrizitätszahl*

$$\underline{\varepsilon} = \varepsilon' - \mathrm{j}\varepsilon'' = \widehat{\varepsilon}\,\mathrm{e}^{-\mathrm{j}\delta_\varepsilon} \tag{2.197}$$

erfasst. Der Gesamtstrom

$$i(t) = (\mathrm{j}\varepsilon' + \varepsilon'')\omega C_0 u(t) \tag{2.198}$$

eilt dann der Spannung um den Winkel $(\pi/2 - \delta_\varepsilon)$ voraus (Abb. 2.16a). δ_ε ist der *dielektrische Verlustwinkel* und

$$\tan\delta_\varepsilon = \frac{\varepsilon''}{\varepsilon'} \tag{2.199}$$

der *dielektrische Verlustfaktor*.

Angewandt auf einen Plattenkondensator mit der Leerkapazität $C_0 = \varepsilon_0 A/d$ (ε_0 = elektrische Feldkonstante, A = Fläche, d = Plattenabstand) ergibt sich mit der Feldstärke $\mathbf{E}(t) = u(t)/d$ die Stromdichte aus (2.198) zu

$$\frac{i(t)}{A} = (\mathrm{j}\varepsilon' + \varepsilon'')\,\omega\varepsilon_0\mathbf{E}(t) = \underline{\varepsilon}\,\varepsilon_0\frac{\mathrm{d}\mathbf{E}}{\mathrm{d}t}. \tag{2.200}$$

Abb. 2.16 Phasenbeziehung zwischen Spannung und Strom beim verlustbehafteten Kondensator (**a**) und bei der verlustbehafteten Spule (**b**)

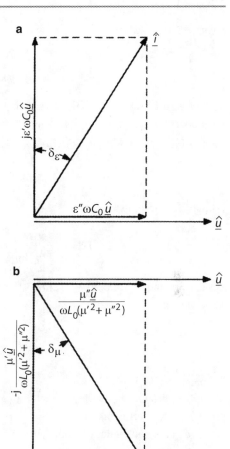

Die Größe

$$\sigma = \omega \, \varepsilon_0 \, \varepsilon'' \qquad (2.201)$$

nennt man *dielektrische Leitfähigkeit*. Sie umfasst neben der eigentlichen Leitfähigkeit auch Effekte, die im Wechselfeld die gleiche Wirkung zeigen, z. B. Ladungsverschiebung und Dipolorientierung im Dielektrikum.

Magnetische Verluste stellt man in entsprechender Weise dar. Durch eine verlustlose Spule mit der Induktivität

$$L = \mu L_0 \qquad (2.202)$$

(L_0 = Induktivität der Spule ohne Kern, μ = Permeabilitätszahl des Kernmaterials) fließt bei angelegter Sinusspannung $u(t) = \widehat{u} \, e^{j\omega t}$ nach dem Induktionsgesetz $u = L \, \mathrm{d}i/\mathrm{d}t$ der

Strom

$$i(t) = \frac{u(t)}{j\omega \mu L_0} = -j\frac{u(t)}{\omega \mu L_0}, \tag{2.203}$$

der bei verlustlosem Ferro- oder Ferrimagnetikum der Spannung um $\pi/2$ nacheilt. Verluste bedeuten eine mit $u(t)$ phasengleiche Stromkomponente und werden formal durch die *komplexe Permeabilitätszahl*

$$\underline{\mu} = \mu' - j\mu'' = \widehat{\mu}\, e^{-j\delta_\mu} \tag{2.204}$$

erfasst. Der Gesamtstrom

$$i(t) = \frac{u(t)}{j\omega \underline{\mu} L_0} = -\frac{ju(t)(\mu' + j\mu'')}{\omega L_0(\mu'^2 + \mu''^2)} \tag{2.205}$$

eilt der Spannung um den Winkel $(\pi/2 - \delta_\mu)$ nach (Abb. 2.16b). δ_μ ist der *magnetische Verlustwinkel*,

$$\tan\delta_\mu = \frac{\mu''}{\mu'} \tag{2.206}$$

der *magnetische Verlustfaktor*.

Für die besten Dielektrika liegt $\tan\delta_\varepsilon$, auch bei höheren Frequenzen, zwischen 10^{-4} und 10^{-5}. Der Verlustfaktor $\tan\delta_\varepsilon$ dielektrischer Werkstoffe kann praktisch immer kleiner als $\tan\delta_\mu$ entsprechender magnetischer Werkstoffe gehalten werden.

Ähnlich wie bei der Messung mechanischer Verluste bedient man sich auch bei der Bestimmung kleiner dielektrischer oder magnetischer Verluste der Resonanzverfahren in vielfältigen Abwandlungen. Beim Einführen der verlustbehafteten Probe wird die Eigenfrequenz des Resonanzsystems zu tieferen Frequenzen verschoben, und seine Halbwertsbreite wird vergrößert. Daraus ergeben sich sofort Real- und Imaginärteil der entsprechenden Konstanten. Besitzt ein Stoff dielektrische und magnetische Verluste zugleich, wie etwa ein Ferrit, wählt man bei hohen Frequenzen als Resonanzgebilde ein System stehender elektromagnetischer Wellen. Befindet sich die Probe im Maximum der elektrischen Feldstärke, erhält man die komplexe Dielektrizitätszahl; im Maximum der magnetischen Feldstärke ergibt sich die komplexe Permeabilität.

Analog zum Spannungs–Dehnungs–Diagramm (Abb. 2.15) kann man für Dielektrika ein *Spannungs–Ladungs–Diagramm* aufzeichnen. Verlustlose Materialien ergeben Geraden, Dielektrika mit Verlusten Ellipsen, deren Fläche durch

$$\oint u\, i\, dt = \oint u\, dq = \pi\, \widehat{u}\, \widehat{q}\, \sin\delta_\varepsilon = \pi\, \widehat{u}\, \widehat{q}\, \frac{\tan\delta_\varepsilon}{\sqrt{1 + \tan^2\delta_\varepsilon}} \tag{2.207}$$

gegeben ist (vergl. (2.191)).

Abb. 2.17 Voigt–Kelvin–Modell und Maxwell–Modell zur Darstellung viskoelastischer und elastoviskoser Stoffe

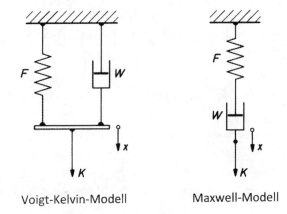

Voigt-Kelvin-Modell   Maxwell-Modell

2.4.3 Relaxationsmodelle

Unter einer *Relaxation* oder *Nachwirkung* versteht man allgemein die zeitlich verzögerte Gleichgewichtseinstellung eines Systems nach einer Zustandsänderung. Setzt man z. B. ein viskoelastisches oder ein elastoviskoses Material einem Spannungs- bzw. Deformationssprung aus, so beobachtet man eine Relaxation: Die Deformation bzw. Spannung strebt asymptotisch gegen den Gleichgewichtswert. Im einfachsten Fall erfolgt dieser Ausgleichsvorgang exponentiell und lässt sich dann durch die Zeitkonstante τ der Exponentialfunktion, die *Relaxationszeit*, charakterisieren. In komplizierteren Fällen stellt man den Relaxationsvorgang durch eine Summe von Exponentialfunktionen dar, d. h. durch ein „Spektrum" von Relaxationszeiten. Dieser „Relaxationszeitenspektroskopie", die bei Hochpolymeren und bei Dielektrika häufig angewandt wird, liegt die Darstellung des Materials durch Modelle aus Federn und Dämpfern zugrunde.

2.4.3.1 Voigt–Kelvin–Modell und Maxwell–Modell

Relaxationen entstehen generell durch Kopplung von (reversibel arbeitenden) Energiespeichern mit (irreversibel arbeitenden) Energieverbrauchern. Das einfachste Modell eines viskoelastischen Körpers besteht aus der Parallelschaltung von Feder und Dämpfer (*Voigt–Kelvin–Modell*),[9][10] Abb. 2.17 links), während die Serienschaltung (*Maxwell–Modell*, Abb. 2.17 rechts)[11] den einfachsten elastoviskosen Körper beschreibt.

Die Bewegungsgleichung des Voigt–Kelvin–Elements lautet

$$K(t) = \frac{x(t)}{F} + W\dot{x}(t) \tag{2.208}$$

---

[9] Woldemar Voigt, deutscher Physiker (1850–1919).
[10] William Lord Kelvin of Largs, britischer Physiker (1824–1907).
[11] James Clark Maxwell, britischer Physiker (1831–1879).

(Summation von Federkraft x/F und Dämpferkraft $W\dot{x}$ zur Gesamtkraft K). Sie wird für den Kraftsprung von $K = 0$ auf $K = K_0$ bei $t = t_0$ gelöst durch die *Deformationsretardation* (Abb. 2.18)

$$x(t) = K_0 F \left(1 - e^{-(t-t_0)/\tau}\right) \tag{2.209}$$

mit der *Zeitkonstante*

$$\tau = WF. \tag{2.210}$$

Die Bewegungsgleichung des Maxwell-Elements lautet

$$x(t) = KF + \frac{1}{W} \int K \, dt \tag{2.211}$$

(kraftgleiche Verbindung von Feder und Dämpfer, Summation der Federelongation KF und der Dämpferelongation $(1/W) \int K \, dt$ zur Gesamtelongation x). Bei einem plötzlichen Elongationssprung von $x = 0$ auf $x = x_0$ im Zeitpunkt $t = t_0$ wird zunächst nur die Feder gedehnt, die Kraft steigt sprunghaft auf den Wert $K_0 = x_0/F$ an, um dann nach

$$K(t) = K_0 \, e^{-(t-t_0)/\tau} \tag{2.212}$$

wieder exponentiell mit $\tau = WF$ abzufallen (*Spannungsrelaxation*, Abb. 2.19).

Nach Einführung entsprechender Proportionalitätsfaktoren gelten die Differenzialgleichungen (2.208) und (2.211) auch für Spannungen und Dehnungen anstelle von Kräften und Elongationen. In diesem Sinne gibt z. B. das Maxwell–Modell das dynamische Verhalten des Springkitts qualitativ richtig wieder. Löst man (2.211) mit einer Sinuskraft und einer phasenverschobenen Elongation:

$$K(t) = \widehat{K} e^{j\omega t}, \qquad x(t) = \widehat{x} \, e^{j(\omega t - \delta)} = \underline{x} \, e^{j\omega t}, \tag{2.213}$$

folgt

$$\underline{\widehat{x}} = F \left(1 + \frac{1}{j\omega\tau}\right) \widehat{K} \tag{2.214}$$

mit $\tau = WF$. Die Größe $\widehat{K}/\underline{\widehat{x}}$ ist dem komplexen Elastizitätsmodul (2.178) proportional. Fasst man die auftretenden Faktoren in E_∞ (Elastizitätsmodul für sehr hohe Frequenzen) zusammen, so erhält man

$$\frac{\widehat{K}}{\underline{\widehat{x}}} \sim \frac{E}{E_\infty} = \frac{1}{1 + \frac{1}{j\omega\tau}} = \frac{j\omega t}{1 + j\omega\tau} = \frac{\omega^2\tau^2 + j\omega\tau}{1 + \omega^2\tau^2}. \tag{2.215}$$

Abb. 2.18 Deformati-
onsretardation des Voigt–
Kelvin–Elements nach einem
Kraftsprung

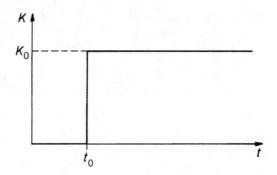

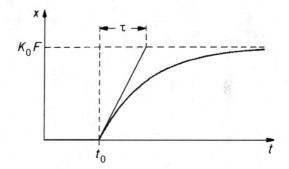

Der Realteil (Speichermodul)

$$E' = E_\infty \frac{\omega^2 \tau^2}{1 + \omega^2 \tau^2} \qquad (2.216)$$

ergibt die *Dispersionskurve*[12], die bei halblogarithmischer Darstellung (Abb. 2.20 oben)
in charakteristischem S-förmigem Verlauf von $E' = 0$ bei $\omega = 0$ über $E' = E_\infty/2$
bei $\omega = 1/\tau$ ansteigt und mit $\omega \to \infty$ asymptotisch gegen den Grenzwert E_∞ strebt.
Die durch die Schnittpunkte der Wendetangente mit den Asymptoten definierte Breite der
Dispersionskurve beträgt 0,74 Dekaden oder fast drei Oktaven der Frequenz.

Der Verlustmodul

$$E'' = E_\infty \frac{\omega \tau}{1 + \omega^2 \tau^2} \qquad (2.217)$$

ergibt die glockenförmige *Absorptionskurve* (Abb. 2.20 Mitte). Ihre Halbwertsbreite beträgt 1,4 Dekaden oder fast 4 Oktaven.

Der Verlustfaktor des Maxwell-Elements

$$d_E = \frac{E''}{E'} = \frac{1}{\omega \tau} \qquad (2.218)$$

fällt mit steigender Frequenz monoton ab (Abb. 2.20 unten).

---

[12] Zu den Begriffen Dispersion und Absorption vgl. Abschn. 2.4.3.4.

Abb. 2.19 Spannungsrelaxation des Maxwell-Elements nach
einem Elongationssprung

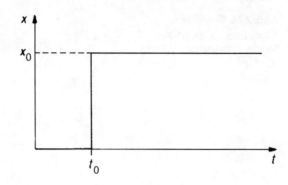

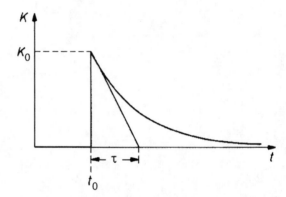

Ist die Relaxationszeit τ sehr groß, wirkt der durch das Maxwell–Modell beschriebene Stoff zwar bei quasistatischer Beanspruchung wie eine zähe Flüssigkeit, wird aber
schon bei relativ niedrigen Frequenzen fast rein elastisch mit geringen Verlusten (etwa für
$\omega\tau > 10$). Dies entspricht in der Tat qualitativ dem Verhalten des Springkitts; für eine
quantitative Darstellung seiner dynamisch-mechanischen Eigenschaften genügt die Annahme einer einzigen Relaxationszeit jedoch nicht, denn die gemessenen Frequenzkurven
von E' und E'' verlaufen flacher und erfordern zu ihrer Beschreibung ein kontinuierliches
Spektrum von Relaxationszeiten.

2.4.3.2 Mechanische „Drei-Parameter"–Relaxationsmodelle

Das reale Stoffverhalten eines *viskoelastischen* Körpers, z. B. eines Kunststofffadens, der
bei plötzlich angelegter Zuglast eine spontane und nachfolgend eine retardierte Dehnung
ausführt, wird nicht durch das Voigt–Kelvin–Modell, sondern erst durch *Drei–Parameter–
Modelle* (Abb. 2.21) qualitativ richtig wiedergegeben. Sie entstehen aus den Modellen von
Abb. 2.17 durch je eine Zusatzfeder und enthalten damit zwei Energiespeicher, zwischen
denen der relaxierende Vorgang abläuft. Die beiden Modelle in Abb. 2.21 sind einander
völlig gleichwertig, wenn man

$$F_2 = \frac{F^2}{F_1 + F}, \quad F_3 = \frac{F_1 F}{F_1 + F}, \quad W_2 = W_1 \frac{(F_1 + F)^2}{F^2} \qquad (2.219)$$

Abb. 2.20 Frequenzkurven
von Speichermodul, Verlustmodul und Verlustfaktor eines
durch ein Maxwell–Modell
darstellbaren Stoffes

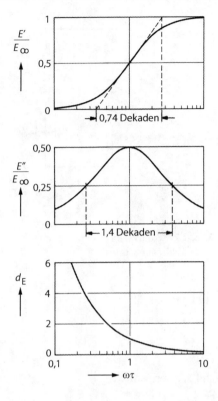

wählt, d. h.

$$\tau_2 = W_2 F_2 = W_1 (F_1 + F) = \tau_1 + W_1 F \qquad (2.220)$$

mit $\tau_1 = W_1 F_1$.

Das dynamische Verhalten des linken Modells in Abb. 2.21 wird für sinusförmige Beanspruchung (2.213) beschrieben durch

$$\frac{\widehat{K}}{\widehat{x}} = \frac{1}{F} + \frac{1}{F_1 + \frac{1}{j\omega W_1}} = \frac{1}{F} + \frac{1}{F_1} \frac{\omega^2 \tau_1^2 + j\omega \tau_1}{1 + \omega^2 \tau_1^2} \qquad (2.221)$$

bzw. in der Darstellung mit einem komplexen Modul durch

$$\underline{E} = E' + jE'' = E_0 + (E_\infty - E_0) \frac{\omega^2 \tau_1^2 + j\omega \tau_1}{1 + \omega^2 \tau_1^2}, \qquad (2.222)$$

wobei $1/F$ durch E_0 und $1/F_1$ durch $E_\infty - E_0$ ersetzt ist. Der Realteil

$$E' = E_0 + (E_\infty - E_0) \frac{\omega^2 \tau_1^2}{1 + \omega^2 \tau_1^2} = \frac{E_0 + E_\infty \omega^2 \tau_1^2}{1 + \omega^2 \tau_1^2}, \qquad (2.223)$$

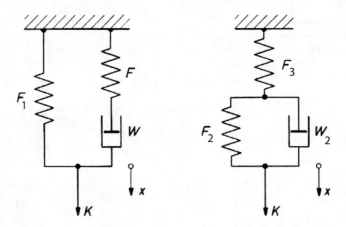

Abb. 2.21 Äquivalente „Drei–Parameter–Modelle" zur Darstellung des mechanischen Verhaltens viskoelastischer Stoffe

der Imaginärteil

$$E'' = (E_\infty - E_0) \, \frac{\omega \tau_1}{1 + \omega^2 \tau_1^2} \tag{2.224}$$

und der Verlustfaktor

$$d_{\mathrm{E}} = \frac{E''}{E'} = \frac{(E_\infty - E_0) \, \omega \tau_1}{E_0 + E_\infty \, \omega^2 \tau_1^2} \tag{2.225}$$

sind in Abb. 2.22 in Abhängigkeit von der Frequenz dargestellt. Während die Frequenzgänge von E' und von E'' denen des Maxwell–Modells (Abb. 2.20) entsprechen, durchläuft der Verlustfaktor ein Maximum, das aber bei einer tieferen Frequenz als das des Verlustmoduls liegt und die Höhe

$$d_{\mathrm{E\,max}} = \frac{1}{2} \left(\sqrt{\frac{E_\infty}{E_0}} - \sqrt{\frac{E_0}{E_\infty}} \right) \tag{2.226}$$

hat. Für den in Abb. 2.22 dargestellten Fall von $E_\infty / E_0 = 6$ ergibt sich $d_{\mathrm{E\,max}} = 1{,}02$.

Anstelle der komplexen Moduln werden mitunter auch die reziproken Größen, die *komplexen Nachgiebigkeiten* dargestellt. Da sie in enger Analogie zur komplexen Dielektrizitätszahl stehen, sei als Beispiel die *Dehnnachgiebigkeit*

$$\underline{J} = J' - \mathrm{j} J'' = \frac{1}{\underline{E}} = \frac{E' - \mathrm{j} E''}{E'^2 + E''^2} \tag{2.227}$$

Abb. 2.22 Frequenzkurven von Speichermodul, Verlustmodul und Verlustfaktor eines durch ein „Drei–Parameter–Modell" nach Abb. 2.21 darstellbaren Stoffes

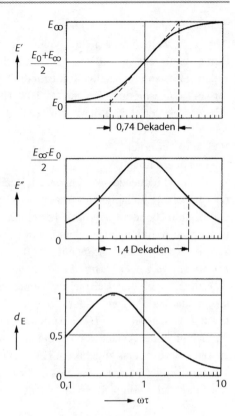

betrachtet. Für das „Drei–Parameter–Modell" rechts in Abb. 2.21 gilt

$$J' = J_\infty + \frac{J_0 - J_\infty}{1 + \omega^2 \tau_2^2} = \frac{J_0 + J_\infty \, \omega^2 \tau_2^2}{1 + \omega^2 \tau_2^2}, \tag{2.228}$$

$$J'' = (J_0 - J_\infty) \frac{\omega \tau_2}{1 + \omega^2 \tau_2^2}, \tag{2.229}$$

$$d_\mathrm{J} = \frac{J''}{J'} = \frac{E''}{E'} = \frac{(J_0 - J_\infty)\, \omega \tau_2}{J_0 + J_\infty \, \omega^2 \tau_2^2} \tag{2.230}$$

mit $J_0 = 1/E_0$, $J_\infty = 1/E_\infty$ und, wie man leicht zeigt,

$$\frac{\tau_2}{\tau_1} = \frac{E_\infty}{E_0} = \frac{J_0}{J_\infty}. \tag{2.231}$$

Von den beiden gleichwertigen Modellen in Abb. 2.21 ist das linke mit der unmittelbar zu entnehmenden Relaxationszeit $\tau_1 = W_1 F_1$ für die Darstellung mit einem komplexen Modul, das rechte mit $\tau_2 = W_2 F_2$ für die Darstellung mit einer komplexen Nachgiebigkeit geeigneter.

In zusammengehörigen Dispersions-, Absorptions- und Verlustfaktorkurven wie in Abb. 2.22 werden häufig die dynamisch-mechanischen Eigenschaften von Hochpolymeren dargestellt. Bei ihnen erstreckt sich jedoch der Übergang vom gummielastisch weichen Zustand („Gleichgewichtsmodul" $E_0 \approx 10^7 \, \mu\mathrm{bar} = 1 \, \mathrm{MPa}$) zum glasartig harten Zustand („Glasmodul" $E_\infty \approx 5 \cdot 10^{10} \, \mu\mathrm{bar} = 5 \, \mathrm{GPa}$) über einen Frequenzbereich von 5 bis 8 Dekaden. Diese durch ein kontinuierliches Spektrum von Relaxationszeiten beschreibbare „Verschmierung" der Dispersion bringt es mit sich, dass das Maximum des Verlustfaktors erheblich unter dem nach (2.226) zu erwartenden Wert liegt und den Wert 1 selten überschreitet.

Weil die Frequenzdispersion der mechanischen Moduln bei diesen Stoffen eng mit ihrer Temperaturabhängigkeit verknüpft ist – bei konstanter Frequenz ergibt die Auftragung der Moduln über der reziproken Temperatur fast die gleichen Kurven wie bei fester Temperatur die Auftragung über dem Logarithmus der Frequenz – spricht man auch von einer *Temperaturdispersion* und nennt den der Dispersion zugrunde liegenden Mechanismus *Einfriervorgang* oder *glasige Erstarrung*.

Abb. 2.23 zeigt als Beispiel die gemessenen Frequenzkurven des komplexen Elastizitätsmoduls von Polyvinylchlorid bei 80 °C und das aus den Messungen berechnete Relaxationszeitenspektrum $H(\tau)$. Zum Vergleich sind gestrichelt die Kurven eingezeichnet, die sich unter der Annahme einer einzigen Relaxationszeit bei gleicher Gesamtdispersion ergeben würden. Das zugehörige Ersatzbild aus Federn und Dämpfern ist eine Parallelschaltung vieler Maxwell-Elemente sowie einer Feder oder, gleichwertig, eine Reihenschaltung vieler Voigt–Kelvin–Elemente sowie einer Feder. $H(\tau)$ ist definiert durch

$$E'(\omega) = E_0 + \int\limits_0^\infty H(\tau) \frac{\omega^2 \tau^2}{1 + \omega^2 \tau^2} \, \mathrm{d}\tau \qquad (2.232)$$

bzw.

$$E''(\omega) = \int\limits_0^\infty H(\tau) \frac{\omega \tau}{1 + \omega^2 \tau^2} \, \mathrm{d}\tau. \qquad (2.233)$$

2.4.3.3   Elektrische Relaxationsmodelle

Den bislang betrachteten Feder–Dämpfer–Modellen für mechanische Relaxationen entsprechen analoge elektrische Modelle aus Kondensatoren und Widerständen. Dem Voigt–Kelvin–Modell (mechanische Parallelschaltung, Abb. 2.17 links) ist nach der ersten elektrisch–mechanischen Analogie (2.7) die Serienschaltung eines Kondensators und eines ohmschen Widerstandes zugeordnet (die Summation der Teilkräfte geht über in die Summation der Teilspannungen). Ebenso entspricht dem mechanischen Maxwell–Modell (Serienschaltung, Abb. 2.17 rechts) die Parallelschaltung eines Kondensators und eines ohmschen Widerstands. Die Zeitkurven in Abb. 2.18 geben entsprechend den Ladungsanstieg nach einem Spannungssprung (für die Serienschaltung), die in Abb. 2.19 den

Abb. 2.23 Ausgezogene Kurven: Speichermodul E', Verlustmodul E'', Verlustfaktor d_E und Relaxationszeitenspektrum $H(\tau)$ von Polyvinylchlorid (PVC) bei $80\,°C$. Gestrichelt: die gleichen Funktionen für eine einzige Relaxationszeit $\tau = 0{,}1\,s$ [3]

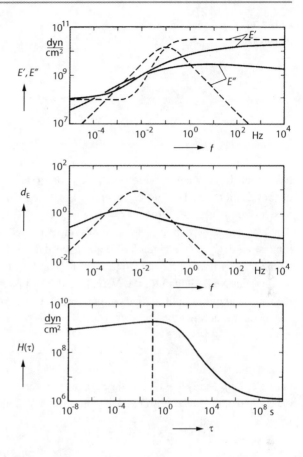

Spannungsverlauf nach einer plötzlich auf den Kondensator gebrachten Ladung (bei der Parallelschaltung) an.

Die elektrischen Analoga der „Drei–Parameter–Modelle" von Abb. 2.21 sind die beiden in Abb. 2.24 gezeigten Schaltungen, die einander gleichwertig sind, wenn die zu (2.219) und (2.220) analogen Beziehungen

$$C_2 = \frac{C^2}{C_1 + C}, \quad C_3 = \frac{C_1 C}{C_1 + C}, \quad R_2 = R_1 \frac{(C_1 + C_2)^2}{C^2} \tag{2.234}$$

und damit

$$\tau = R_2 C_2 = R_1(C_1 + C) = \tau_1 + R_1 C \tag{2.235}$$

erfüllt sind.

Der Relaxationsvorgang nach einer sprunghaften Änderung der angelegten Spannung lässt sich am rechten Modell in einfacher Weise anschaulich interpretieren. Es sind zwei Energiespeicher C_2 und C_3 vorhanden, von denen der eine (C_3) der Spannungsänderung

Abb. 2.24 Elektrische Relaxationsmodelle

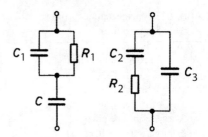

momentan folgt, während der zweite (C_2) den Gleichgewichtszustand exponentiell mit der Relaxationszeit $\tau = R_2 C_2$ anstrebt. Legt man eine Wechselspannung an, so ist das System bei sehr tiefen Frequenzen ($\omega\tau \ll 1$) praktisch stets im Gleichgewicht; beide Kondensatoren werden jeweils fast vollständig umgeladen, und die Kapazität der Schaltung ist $C_2 + C_3$. Mit steigender Frequenz wird der Zweig $R_2 C_2$ immer unwirksamer; im Grenzfall sehr hoher Frequenzen ($\omega\tau \gg 1$) fällt die tatsächliche Kapazität auf C_3 ab.

Quantitativ erhält man für das Verhältnis der komplexen Ladungsamplitude $\widehat{\underline{q}}$ zur komplexen Spannungsamplitude $\widehat{\underline{u}}$ bei sinusförmiger Erregung mit der Frequenz ω z. B. für das rechte Modell in Abb. 2.24

$$\frac{\widehat{\underline{q}}}{\widehat{\underline{u}}} = C_3 + \frac{C_2}{1 + j\omega\tau} = C_3 + \frac{C_2}{1 + \omega^2\tau^2} - j\frac{C_2\,\omega\tau}{1 + \omega^2\tau^2} \tag{2.236}$$

($\tau = R_2 C_2$). Man denkt sich die Schaltung ersetzt durch einen einzigen Kondensator (Leerkapazität C_0), der ein Dielektrikum mit der komplexen Dielektrizitätszahl $\underline{\varepsilon} = \varepsilon' - j\varepsilon''$ enthält, schreibt also

$$\frac{\widehat{\underline{q}}}{\widehat{\underline{u}}} = \underline{\varepsilon}\,C_0 = \varepsilon' C_0 - j\varepsilon'' C_0. \tag{2.237}$$

Mit den Konstanten

$$\varepsilon_g = \varepsilon'(\omega = 0) = \frac{C_2 + C_3}{C_0} \tag{2.238}$$

(Gleichstrom-Dielektrizitätszahl, statische Dielektrizitätszahl, $\omega = 0$) und

$$\varepsilon_\infty = \varepsilon'(\omega \to \infty) = \frac{C_3}{C_0} \tag{2.239}$$

(Dielektrizitätszahl für $\omega \to \infty$) folgt aus (2.236) und (2.237)

$$\varepsilon' = \varepsilon_\infty + \frac{\varepsilon_g - \varepsilon_\infty}{1 + \omega^2\tau^2} = \frac{\varepsilon_g + \varepsilon_\infty\omega^2\tau^2}{1 + \omega^2\tau^2}, \tag{2.240}$$

$$\varepsilon'' = (\varepsilon_g - \varepsilon_\infty)\frac{\omega\tau}{1 + \omega^2\tau^2}, \tag{2.241}$$

$$\tan\delta_\varepsilon = \frac{\varepsilon''}{\varepsilon'} = \frac{(\varepsilon_g - \varepsilon_\infty)\omega\tau}{\varepsilon_g + \varepsilon_\infty\,\omega^2\tau^2}. \tag{2.242}$$

Der Vergleich mit (2.228) bis (2.230) zeigt die Analogie zur komplexen Nachgiebigkeit des entsprechenden mechanischen Modells.

Die vorstehenden Gleichungen stimmen genau mit den von P. Debye[13] angegebenen Beziehungen für die dielektrische Relaxation polarer Moleküle in Flüssigkeiten überein. Man nennt daher Relaxationen mit einer einzigen Relaxationszeit oft auch *Debye-Prozesse*.

Die Frequenzkurven von ε', ε'' und $\tan \delta_\varepsilon$ gehen aus Abb. 2.22 durch Spiegelung an der Achse $\omega\tau = 1$ hervor: ε' fällt mit zunehmender Frequenz vom Wert ε_g auf den niedrigeren Wert ε_∞ ab, ε'' durchläuft ein Maximum der Höhe $(\varepsilon_g - \varepsilon_\infty)/2$ bei $\omega\tau = 1$, $\tan \delta_\varepsilon$ durchläuft oberhalb von $\omega\tau = 1$ ein Maximum der Höhe

$$(\tan \delta_\varepsilon)_{\text{max}} = \frac{1}{2} \left(\sqrt{\frac{\varepsilon_g}{\varepsilon_\infty}} - \sqrt{\frac{\varepsilon_\infty}{\varepsilon_g}} \right). \tag{2.243}$$

Eine viel benutzte Darstellungsart dielektrischer Relaxationen ist das *Cole-Cole-Diagramm*,[14] bei dem ε'' über ε' mit der Frequenz als Kurvenparameter aufgetragen wird. Eliminieren von $\omega\tau$ aus (2.240) und (2.241) ergibt

$$\left(\varepsilon' - \frac{\varepsilon_g + \varepsilon_\infty}{2} \right)^2 + \varepsilon''^2 = \left(\frac{\varepsilon_g - \varepsilon_\infty}{2} \right)^2. \tag{2.244}$$

Das Cole-Cole-Diagramm eines einfachen Relaxationskörpers ist danach ein Halbkreis vom Radius $(\varepsilon_g - \varepsilon_\infty)/2$ mit dem Mittelpunkt auf der Abszisse beim Wert $\varepsilon' = (\varepsilon_g + \varepsilon_\infty)/2$. Das Cole-Cole-Diagramm für einen Debye-Prozess mit $\varepsilon_g/\varepsilon_\infty = 6$ zeigt Abb. 2.25. Das in Abb. 2.26 dargestellte räumliche Modell veranschaulicht den Zusammenhang zwischen der Dispersionskurve $\varepsilon'(\omega)$, der Absorptionskurve $\varepsilon''(\omega)$ und dem Cole-Cole-Diagramm $\varepsilon''(\varepsilon')$: Alle drei Kurven sind Projektionen einer schraubenartigen Raumkurve auf die jeweiligen Ebenen.

Nach dem Drei–Parameter–Modell erwartet man mit wachsender Entfernung vom Relaxationsgebiet auch noch in beliebig großem Abstand eine Abnahme des Verlustfaktors gemäß

$$\tan\delta \sim \omega\tau \quad \text{für} \quad \omega\tau \ll 1 \tag{2.245}$$

bzw.

$$\tan\delta \sim \frac{1}{\omega\tau} \quad \text{für} \quad \omega\tau \gg 1 \tag{2.246}$$

(gestrichelte Kurve in Abb. 2.23 Mitte sowie (2.225), (2.230) oder (2.242)). Man beobachtet aber ein Einmünden in konstante Werte. Zur Charakterisierung von Materialverlusten kann man deshalb weit außerhalb von Dispersionsgebieten einen konstanten Verlustfaktor annehmen.

---

[13] Peter Debye, niederländisch–US-amerikanischer Physiker und Physikochemiker (1884–1966).
[14] Die Brüder Kenneth Stewart Cole (1900–1984) und Robert Hugh Cole (1914–1990), US-amerikanische Physiker, gaben dieses Diagramm 1931 erstmals an.

Abb. 2.25 Cole-Cole-
Diagramm für einen
Debye-Prozess mit $\varepsilon_g/\varepsilon_\infty = 6$

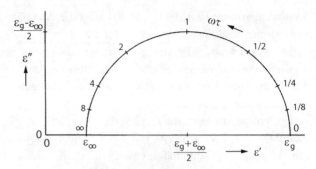

Abb. 2.26 Räumliches Modell zum Zusammenhang
zwischen Dispersionskur-
ve, Absorptionskurve und
Cole-Cole-Diagramm für eine dielektrische Relaxation mit
einer einzigen Zeitkonstan-
ten (Darstellung für $\varepsilon_g = 1$,
$\varepsilon_\infty = 0$)

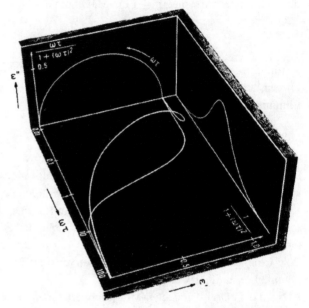

2.4.3.4   Resonanz und Relaxation als Ursachen für Dispersion und Absorption

Ist die Ausbreitungsgeschwindigkeit c einer Welle frequenzabhängig, spricht man von *Dispersion*. Dieser Begriff wird auch auf die Frequenzabhängigkeit der Materialkonstanten übertragen, die die Geschwindigkeit c bestimmen. Für elastische Wellen in Festkör-
pern gilt oft $c = \sqrt{M/\rho}$, wobei M ein vom Wellentyp abhängiger Modul und ρ die Dichte
ist. Eine ebene Welle in x-Richtung wird beschrieben durch $e^{j(\omega t - kx)}$ mit der *Wellenzahl*
$k = \omega/c$. Ist der Modul $\underline{M} = M' + jM''$ komplex, wird auch $\underline{c}$ und damit $\underline{k} = \beta - j\alpha$
komplex.[15] Die *Phasenkonstante* β gibt die Phasengeschwindigkeit $c = \omega/\beta$ und die

---

[15] Anstelle von jk wird auch, besonders in der Nachrichtentechnik, die *Fortpflanzungskonstante* $\underline{\gamma}$
benutzt. Es ist dann $\underline{\gamma} = \alpha + j\beta$.

Dämpfungskonstante α die räumliche Amplitudenabnahme der Welle gemäß $e^{-\alpha x}$ an. Da die Frequenzabhängigkeit von $1/\beta$ derjenigen von M' und die von α derjenigen von M'' ähnelt, nennt man die Frequenzkurve von M' *Dispersions-* und die von M'' *Absorptions-kurve*. Diese Bezeichnungen wurden bereits in Abschn. 2.4.3.1 benutzt.

Der optische Brechungsindex $n = c_0/c$ gibt das Verhältnis der Vakuumlichtgeschwindigkeit c_0 zur Lichtgeschwindigkeit c in der Materie an. Da andererseits (unter der für durchsichtige Stoffe meist erfüllten Bedingung $\mu = 1$) $n = \sqrt{\varepsilon}$ ist, wird mit der komplexen Dielektrizitätszahl $\underline{\varepsilon}$ auch $\underline{n}$ und damit die Wellenzahl $\underline{k} = \omega \underline{n}/c_0$ komplex. Wieder ähnelt der Frequenzgang von ε' dem der Phasenkonstante und der von ε'' dem der Dämpfungskonstante; die Darstellung $\varepsilon'(\omega)$ heißt daher Dispersionskurve und $\varepsilon''(\omega)$ Absorptionskurve.

Akustische Dispersionen entstehen fast immer durch verzögerte Gleichgewichtseinstellung nach der durch eine Schallwelle erzeugten Störung. Optische Dispersionen beruhen im Ultraroten in der Regel auf erzwungenen Schwingungen von Ionen um ihre Ruhelage, im Ultravioletten auf erzwungenen Elektronenschwingungen im Atom. Während also den akustischen Dispersionen vorzugsweise Relaxationen zugrunde liegen, beruhen die optischen Dispersionen auf Resonanzen. Der Zusammenhang zwischen beiden Dispersionstypen und der Einfluss eventuell vorhandener Resonanzen auf die Relaxationen soll im Folgenden dargelegt werden.

Man geht z. B. von der Ladungsresonanz eines elektrischen Serienkreises nach Abb. 2.3b aus. Seine Schwingungsgleichung

$$L\ddot{q}(t) = R\dot{q}(t) + \frac{q(t)}{C} = u(t) \tag{2.247}$$

hat mit der Resonanzfrequenz $\omega_0 = 1/\sqrt{LC}$ und der Zeitkonstante $\tau = RC$ die stationäre Lösung für sinusförmige Anregungsspannung (Spannungsamplitude $\widehat{u}$, komplexe Ladungsamplitude $\widehat{\underline{q}}$)

$$\widehat{u} = \frac{\widehat{\underline{q}}}{C}\left(1 - \frac{\omega^2}{\omega_0^2} + \mathrm{j}\omega\tau\right) \tag{2.248}$$

oder

$$\frac{\widehat{\underline{q}}}{\widehat{u}C} = \frac{1 - \frac{\omega^2}{\omega_0^2} - \mathrm{j}\omega\tau}{\left(1 - \frac{\omega^2}{\omega_0^2}\right)^2 + \omega^2\tau^2}. \tag{2.249}$$

Betrachtet man im Sinne des vorigen Abschnitts den elektrischen Resonanzkreis als Ersatzschaltbild eines Kondensators, der mit einem jetzt resonanzfähigen Dielektrikum gefüllt ist, so stellt der Ausdruck (2.249) die komplexe Dielektrizitätszahl $\underline{\varepsilon} = \varepsilon' - \mathrm{j}\varepsilon''$ dieses

Materials dar. Führt man noch den Kennverlustfaktor $d_0 = \omega_0 \tau$ ein, erhält man für den Real- und Imaginärteil

$$\frac{\varepsilon'}{\varepsilon_g} = \frac{1 - \frac{\omega^2 \tau^2}{d_0^2}}{\left(1 - \frac{\omega^2 \tau^2}{d_0^2}\right)^2 + \omega^2 \tau^2}, \qquad (2.250)$$

$$\frac{\varepsilon''}{\varepsilon_g} = \frac{\omega \tau}{\left(1 - \frac{\omega^2 \tau^2}{d_0^2}\right)^2 + \omega^2 \tau^2}. \qquad (2.251)$$

Dabei ist ε_g der Wert von ε' bei $\omega = 0$ (Gleichstrom-Dielektrizitätszahl). In diesen beiden Gleichungen ist die Ladungsresonanz des elektrischen (Ersatz-)Serienkreises nach Real- und Imaginärteil zerlegt, während der üblichen Darstellung (Abb. 2.11) die Zerlegung nach Betrag und Phase zugrunde liegt.

Abb. 2.27 zeigt die Dispersionskurve $\varepsilon'(\omega)$ und die Absorptionskurve $\varepsilon''(\omega)$ für drei Werte des Parameters $d_0 = \omega_0 \tau$. In Abb. 2.27a ist $\omega \tau < 1$. In diesem Fall hat die Dispersionskurve ein Maximum und ein Minimum bei den Frequenzen

$$\omega_{1,2} = \omega_0 \sqrt{1 \mp \omega_0 \tau}. \qquad (2.252)$$

Ein solcher Verlauf ist typisch für die Dispersionen des optischen Brechungsindex $\underline{n} = \sqrt{\underline{\varepsilon}}$. Im Bereich um die Resonanzfrequenz, in dem der Realteil n des Brechungsindex mit zunehmender Frequenz abfällt, spricht man (aus historischen Gründen) von „anomaler" Dispersion, außerhalb davon, wo n mit der Frequenz ansteigt, von „normaler" Dispersion. In Gebieten anomaler Dispersion tritt aufgrund des Maximums von ε'' stets eine starke Lichtabsorption auf.

Im Fall schwacher Dämpfung dominiert also, wie zu erwarten, der Resonanzcharakter; man spricht hier auch von einer *Resonanzdispersion*. Dispersion und Absorption spielen sich in der Umgebung der Resonanzfrequenz ab, während die Kurven bei der reziproken Relaxationszeit $\omega = 1/\tau$ keine Besonderheit aufweisen.

Dies ändert sich mit zunehmender Dämpfung des Resonanzkreises. Abb. 2.27b zeigt den Fall $\omega_0 \tau = 1$. Das Maximum nach (2.252) ist nach $\omega_1 = 0$ gerückt, die Dispersionskurve fällt monoton bis zum Minimum bei ω_2 ab, das jedoch mit $(\varepsilon'/\varepsilon_g)_{min} = -0{,}33$ gegenüber dem Fall a deutlich angehoben ist; entsprechend ist auch das Maximum von ε'' mit $(\varepsilon''/\varepsilon_g)_{max} = 1{,}07$ wesentlich niedriger als zuvor.

In Abb. 2.27c liegt die Resonanz bei der zehnfachen Relaxationsfrequenz, die Dispersion findet dennoch in der Umgebung von $\omega = 1/\tau$ statt. $\varepsilon''/\varepsilon_g$ erreicht im Maximum den Wert 0,505 gegenüber 0,5 bei einer idealen Relaxationskurve, und auch im Verlauf von ε' sind die Abweichungen von der idealen Kurve kaum wahrzunehmen. An der Resonanzstelle $\omega = \omega_0$ geht ε' zwar durch Null und bleibt für $\omega > \omega_0$ negativ, erreicht aber im Minimum nur noch den Wert $-0{,}008$. (In den negativen ε'-Werten, d. h. einer negativen Ersatz-Kapazität, drückt sich die Tatsache aus, dass der elektrische Serienkreis oberhalb der Resonanz induktiv wird; vgl. Abschn. 2.3.2.1).

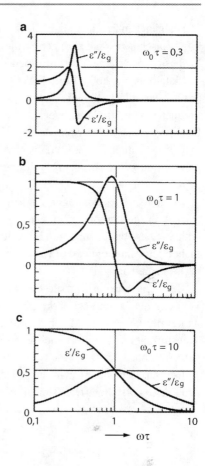

Man kann also zusammenfassend sagen: In schwach gedämpften Resonanzsystemen
($\omega_0\tau < 1$) ist das Dispersionsverhalten durch die Resonanz bestimmt; die Extrema der
Dispersions- und Absorptionskurve sind umso stärker ausgeprägt, je kleiner die Verluste
sind. In stark gedämpften Systemen ($\omega_0\tau > 1$) überwiegt der Relaxationscharakter, und
für $\omega_0 \gg 1/\tau$ ist im Dispersionsgebiet kein Einfluss der Resonanz mehr zu spüren.

Diese Diskussion ist anhand des einfachsten Beispiels, eines gedämpften Resonanz-
kreises durchgeführt worden. In tatsächlichen Systemen strebt ε' mit $\omega \to \infty$ jedoch nicht
gegen Null, sondern gegen einen endlichen Wert ε_∞. Dies drückt sich im Ersatzschaltbild
durch einen dem Serienresonanzkreis parallel geschalteten Kondensator aus; in (2.250)
und (2.251) wird ε_g durch $\varepsilon_g - \varepsilon_\infty$ ersetzt, und zu dem Ausdruck für ε' wird noch ε_∞
addiert. Die Dispersionskurven $\varepsilon'(\omega)$ gehen aus denen in Abb. 2.27 durch Verschiebung
um ε_∞ nach oben hervor, behalten aber im Übrigen – ebenso wie die Absorptionskurven
$\varepsilon''(\omega)$ – die gleiche Gestalt.

Die obige Darstellung ist als Modellrechnung für die zu Beginn dieses Abschnitts erwähnten akustischen und optischen Dispersionen mit ihren Resonatoren von atomarer
Größenordnung zu verstehen.

Die gleichen Erscheinungen beobachtet man auch in Materialien mit eingelagerten makroskopischen resonanzfähigen Strukturen, beispielsweise in den *künstlichen Dielektrika*. Sie bestehen aus einem verlustarmen Trägermaterial (z. B. Schaumpolystyrol), in das kleine Metallteilchen hoher Leitfähigkeit eingebettet sind. Durch die Größe und Anzahldichte der Letzteren lässt sich die Dielektrizitätszahl ε_g dieses inhomogenen Materials für tiefe Frequenzen in definierter Weise erhöhen, ohne dass die Verluste nennenswert ansteigen. Für Frequenzen in der Nähe der Dipolresonanz dieser Einschlüsse und darüber bekommt man jedoch einen Verlauf wie in Abb. 2.27a; deshalb werden die Metallteilchen so klein gewählt, dass ihre Resonanz weit über dem beabsichtigten Anwendungsfrequenzbereich liegt.

Ein akustisches Analogon zur komplexen Dielektrizitätszahl der künstlichen Dielektrika stellt die komplexe Nachgiebigkeit eines Flüssigkeitsvolumens dar, das Gasblasen enthält. Diese bilden mit ihren Pulsationsschwingungen ein je nach Gasart und Flüssigkeit mehr oder weniger gedämpftes Resonanzsystem, dessen Eigenfrequenz durch die Blasengröße variierbar ist.

Bei allen Stoffen, für die das Prinzip der linearen Superposition gilt, wo also die Wirkung der Anregungsstärke proportional ist (Abschn. 1.7.2), sind Real- und Imaginärteil der komplexen Materialkonstanten als Funktion der Frequenz durch die Hilbert-Transformation verknüpft, meistens ausgedrückt in Form der Kramers-Kronig-Beziehungen (Abschn. 1.13.4).

Den Zusammenhang zwischen Resonanz und Relaxation kann man auch in der folgenden Weise darstellen. Die Gleichung einer Resonanzkurve lautet in komplexer Schreibweise, wenn man auf die Maximalamplitude normiert,

$$\underline{y}_{\text{res}} = \frac{1}{1 + jVQ} \tag{2.253}$$

mit der Doppelverstimmung $V = \omega/\omega_0 - \omega_0/\omega$ und der Güte $Q = 1/d_0$ (dies folgt z. B. für $\underline{y}_{\text{res}} = \widehat{\underline{v}}/\widehat{\underline{v}}_r$ mit $\underline{Z}_{\text{mp}} = \widehat{\underline{K}}/\widehat{\underline{v}}$ aus (2.81) und (2.98)). Will man aus dem Resonanzkreis ein einfaches Relaxationssystem machen, muss man einen der beiden Energiespeicher weglassen. Verzichtet man auf die Feder bzw. den Kondensator, so bedeutet dies, dass man V durch ω/ω_0 und Q durch $\omega_0\tau$ ersetzt, und es ergibt sich

$$\underline{y}_{\text{rel1}} = \frac{1}{1 + j\omega\tau}. \tag{2.254}$$

Diese bis auf Konstanten (2.236) entsprechende Gleichung beschreibt eine mit zunehmender Frequenz fallende Dispersionskurve. Lässt man hingegen die Masse bzw. Spule weg, entspricht dies der Ersetzung von V durch $-\omega_0/\omega$ und von Q durch $1/\omega_0\tau$. Die resultierende Relaxationsgleichung lautet

$$\underline{y}_{\text{rel2}} = \frac{j\omega\tau}{1 + j\omega\tau} \tag{2.255}$$

(vgl. (2.215)) und beschreibt eine mit wachsender Frequenz ansteigende Dispersionskurve.

2.4.4 Zeitbereichsreflektometrie und -spektrometrie

Mechanische und dielektrische Relaxationsgebiete erstrecken sich meistens über viele Frequenzdekaden (vgl. Abb. 2.23). Will man sie mit Sinussignalen punktweise oder mit gleitender Frequenz ausmessen, so ist dazu in der Regel ein sehr hoher apparativer Aufwand nötig, weil sich die verschiedenen Messanordnungen jeweils nur für relativ enge Frequenzbereiche eignen. Solche Experimente sind deshalb auch sehr zeitraubend. Rascher, wenn auch im Allgemeinen nicht mit gleicher Genauigkeit, bekommt man einen Überblick über das Relaxationsverhalten durch eine *Zeitbereichsmessung*, d. h. indem man die Zeitabhängigkeit der Reaktion auf ein kurzes Anregungssignal registriert und auswertet. Grundsätzlich kann eine Zeitbereichsmessung Aufschluss geben über das Verhalten bei allen Frequenzen, die im Spektrum des Anregungssignals enthalten sind.

Diese Messmethode ist aus dem Impuls-Echo-Ortungsverfahren entstanden (vgl. Abschn. 1.11.1.7). Zur Fehlersuche in einer elektrischen Leitung regt man sie mit einem kurzen Impuls an; er wird an der Störstelle reflektiert, und diese lässt sich dann aus der Laufzeit lokalisieren (*Zeitbereichsreflektometrie, time domain reflectometry, TDR*). Seit der Entwicklung von Impulsgeneratoren, die Impulse mit Anstiegszeiten unter 50 ps erzeugen und dadurch eine räumliche Auflösung von etwa 1 cm erlauben, kann man diese ursprünglich für Erdkabel usw. entwickelte Technik nicht nur auf Leitungen mit Laborabmessungen übertragen, sondern aus der Form der Echos auch die Art der Leitungsstörung ermitteln. Am einfachsten gelingt dies, wenn das Anregungssignal eine Sprungfunktion ist (in der Praxis ein Rechteckimpuls, dessen Dauer wesentlich länger ist als die Laufzeit vom Leitungsanfang zur Störstelle und zurück). In Abb. 2.28 sind die durch die Grundelemente R, L und C als Serien- oder Parallel-Unstetigkeit hervorgerufenen Echos skizziert. Die Leitung hat den Wellenwiderstand Z_0 und wird aus einem angepassten Generator gespeist (Innenwiderstand Z_0). Beobachtet wird die Spannung am Leitungsanfang ($x = 0$), der Anfangssprung (bei $t = 0$) ist auf 1 normiert. Das Sprungsignal erreicht die Störstelle ($x = l$) nach der Zeit l/c, es wird reflektiert und nach der Zeit $2l/c$ bei $x = 0$ registriert. Aus dem Oszillogramm der reflektierten Sprungfunktion lässt sich dann schließen, ob ein Übergangswiderstand (Serien-R), schlechte Isolation (Parallel-R), Kabelbruch (Serien-C), Kurzschluss (Parallel-L) usw. vorliegt.

Der Zeitverlauf der Signale in Abb. 2.28 errechnet sich wie folgt. Ist eine Leitung mit der Impedanz $\underline{Z}$ abgeschlossen, gilt für die Frequenzabhängigkeit des Reflexionsfaktors $\underline{r}$ die aus der Leitungstheorie bekannte Beziehung

$$\underline{r}(\omega) = \frac{\underline{Z}(\omega) - Z_0}{\underline{Z}(\omega) + Z_0}. \tag{2.256}$$

Ist $\underline{Z}_s(\omega)$ die Impedanz des Leitungsdefekts (in Abb. 2.28: R, $j\omega L$ oder $1/j\omega C$), so ist bei den links gezeigten Serienunstetigkeiten $\underline{Z}(\omega) = \underline{Z}_s(\omega) + Z_0$, bei den Parallelschal-

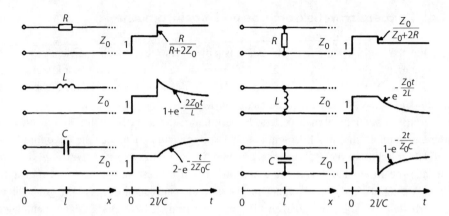

Abb. 2.28 Leitungen mit lokalisierten Inhomogenitäten und zugehörige Zeitverläufe der Reflexion von Sprungfunktionen bei Speisung aus einer angepassten Signalquelle

tungen (rechts) $1/\underline{Z}(\omega) = 1/\underline{Z}_{\mathrm{s}}(\omega) + 1/Z_0$. Der Zusammenhang zwischen $\underline{r}(\omega)$ und dem Zeitverlauf $y_{\mathrm{r}}(t)$ des reflektierten Signals lautet

$$y_{\mathrm{r}}(t) = y_{\mathrm{e}}(t) * \rho(t), \tag{2.257}$$

wobei $y_{\mathrm{e}}(t)$ das Eingangssignal (hier die Sprungfunktion) und $\rho(t)$ die Fourierrücktransformierte von $\underline{r}(\omega)$ ist. Abb. 2.29 veranschaulicht dies durch Gegenüberstellung der entsprechenden Zusammenhänge bei Übertragungssystemen. Aus der Spektralbeziehung

$$\mathcal{F}\{y_{\mathrm{r}}(t)\} = \mathcal{F}\{y_{\mathrm{e}}(t)\} \cdot \underline{r}(\omega) \tag{2.258}$$

folgt mit dem Spektrum der Sprungfunktion, $\mathcal{F}\{y_{\mathrm{e}}(t)\} = 1/\mathrm{j}\omega$ (Abschn. 1.11.1.3),

$$y_{\mathrm{r}}(t) = \mathcal{F}^{-1}\left\{\frac{\underline{r}(\omega)}{\mathrm{j}\omega}\right\}. \tag{2.259}$$

Man kann diese Berechnungen auch mit der Laplacetransformation (Abschn. 1.10) durchführen. Dann schreibt man $\underline{p}$ statt $\mathrm{j}\omega$ und erhält anstelle von (2.259)

$$y_{\mathrm{r}}(t) = \mathcal{L}^{-1}\left\{\frac{\underline{r}(\underline{p})}{\underline{p}}\right\}. \tag{2.260}$$

Hiernach wurden die Zeitverläufe in Abb. 2.28 berechnet. Für das Beispiel der Serieninduktivität gilt $\underline{Z} = \underline{p}L + Z_0$, $\underline{r}(\underline{p}) = \underline{p}L/(\underline{p}L + 2Z_0)$, $\underline{r}(\underline{p})/\underline{p} = 1/(\underline{p} + A)$ mit $A = 2Z_0/L$ und nach (1.215)

$$y_{\mathrm{r}}(t) = \mathrm{e}^{-At} = \mathrm{e}^{-\frac{2Z_0 t}{L}}, \tag{2.261}$$

wie in Abb. 2.28 (Mitte links) angegeben.

Abb. 2.29 Zusammen-
hang zwischen Spektren und
Zeitfunktionen bei Übertragungssystemen (**a**) und bei
Reflexion (**b**)

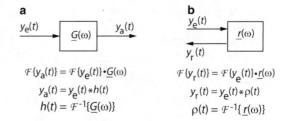

Bei der *Zeitbereichsspektroskopie* (*time domain spectroscopy*, *TDS*) kehrt man dieses Berechnungsverfahren um. Aus dem gemessenen Zeitverlauf der reflektierten Sprungfunktion ermittelt man den Reflexionsfaktor oder die Impedanz des reflektierenden Objekts als Funktion der Frequenz. Wie bereits erwähnt, bestimmt man auf diese Weise häufig Materialeigenschaften, z. B. die komplexe Dielektrizitätszahl $\underline{\varepsilon}(\omega)$. Dabei benutzt man die folgenden Zusammenhänge. Der Feldwellenwiderstand eines Dielektrikums ist

$$\underline{Z} = Z_0 \sqrt{\frac{\mu}{\varepsilon}} \tag{2.262}$$

mit $Z_0 = \sqrt{\mu_0/\varepsilon_0} \approx 377\,\Omega$ (Wellenwiderstand des leeren Raums). Nimmt man $\underline{\mu} = 1$ an, was bei Dielektrika fast immer zulässig ist, so folgt aus (2.256)

$$\underline{r}(\omega) = \frac{1 - \sqrt{\underline{\varepsilon}(\omega)}}{1 + \sqrt{\underline{\varepsilon}(\omega)}}, \tag{2.263}$$

$\underline{\varepsilon}(\omega)$ errechnet sich also aus $\underline{r}(\omega)$ gemäß

$$\underline{\varepsilon}(\omega) = \left(\frac{1 - \underline{r}(\omega)}{1 + \underline{r}(\omega)} \right)^2. \tag{2.264}$$

Den Reflexionsfaktor erhält man nach (2.259) aus der gemessenen Sprungreflexion $y_r(t)$ durch eine Fouriertransformation:

$$\underline{r}(\omega) = \mathrm{j}\omega \mathcal{F}\{y_r(t)\} = \mathcal{F}\{\underline{\dot{y}}_r(t)\}. \tag{2.265}$$

In der Praxis ist man meist an der Auswertung der Messergebnisse für möglichst hohe Frequenzen interessiert. Dabei kann man die endliche Anstiegzeit der Eingangssprungfunktion $y_e(t)$ nicht mehr vernachlässigen. Dann errechnet sich $\underline{r}(\omega)$ nach (2.258) als das Verhältnis der Spektren von $y_r(t)$ und $y_e(t)$. Zur Registrierung benutzt man ein Abtastverfahren (Abschn. 1.8.1.5) und stellt die Sprungantwort auf einem Sampling-Oszilloskop dar. Die weitere Auswertung erfolgt digital (Fourieranalysator oder Computer). Um für das Sampling-Verfahren das Signal periodisch wiederholen zu können, arbeitet man mit

Abb. 2.30 Reflexion einer Sprungfunktion an ohmschem, induktivem und kapazitivem Leitungsabschluss

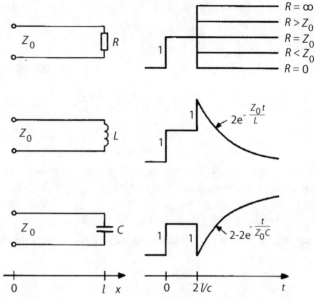

Rechteckimpulsen, deren Dauer länger ist als die Registrierdauer der Sprungantwort, und deren Wiederholungsfrequenz so niedrig ist, dass beim Impulsbeginn die Echos des vorigen Impulses abgeklungen sind.

Bei dielektrischen TDS-Messungen bildet die Messprobe häufig den Abschluss einer Koaxialleitung. Die Sprungreflexionen von Leitungen mit R-, L- und C-Abschluss sind in Abb. 2.30 skizziert (Berechnung aus (2.256) mit $\underline{Z} = R$, $\underline{Z} = j\omega L$ bzw. $\underline{Z} = 1/j\omega C$, Speisung der Leitung aus einem angepassten Generator angenommen). Aufgrund ihrer Leerkapazität liefert die Messzelle auch ohne Probe ein Signal wie unten in Abb. 2.30. Aus dem Unterschied der Signale mit und ohne Probe ist dann die gesuchte Größe, meist also $\underline{\varepsilon}(\omega)$, zu ermitteln.

Optische Zeitbereichsreflektometrie (optical time domain reflectometry, OTDR) wird benutzt, um Fehlstellen in Glasfasern zur Datenübertragung zu detektieren [4].

Statt des reflektierten Signals kann man auch das von einer geeignet konstruierten „Transmissionsmesszelle" durchgelassene Signal verarbeiten, was messtechnisch mitunter von Vorteil ist.

Länger schon als bei dielektrischen Messungen benutzt man das TDS-Verfahren zur Bestimmung der komplexen mechanischen Moduln von Hochpolymeren aus Spannungs-Dehnungs-Messungen. An einer stabförmigen Probe (Länge l) wird entweder nach plötzlicher Dehnung $\Delta\varepsilon = \Delta l / l$ der Zeitverlauf der Rückstellkraft registriert (Spannungsrelaxation $\sigma(t)$) oder nach plötzlich angelegter Längsspannung $\Delta\sigma$ die zeitlich verzögerte Längenänderung (Deformationsretardation) $\varepsilon(t)$. Spannung und Dehnung sind verknüpft durch den *zeit*abhängigen Elastizitätsmodul, den *Spannungsrelaxationsmodul*

$$E(t) = \frac{\sigma(t)}{\Delta \varepsilon} \tag{2.266}$$

bzw. die *Retardationsnachgiebigkeit*

$$J(t) = \frac{\varepsilon(t)}{\Delta \sigma}. \tag{2.267}$$

Bei beliebigem Zeitverlauf $\varepsilon(t)$ bzw. $\sigma(t)$ statt der Sprungfunktionen $\Delta \varepsilon$ und $\Delta \sigma$ gilt anstelle von (2.266)

$$\sigma(t) = \int_0^t E(t - \xi)\,\dot{\varepsilon}(\xi)\,\mathrm{d}\xi \tag{2.268}$$

und anstelle von (2.267)

$$\varepsilon(t) = \int_0^t J(t - \xi)\,\dot{\sigma}(\xi)\,\mathrm{d}\xi, \tag{2.269}$$

sofern $\varepsilon(t) = \sigma(t) = 0$ für $t \leq 0$ und lineare Superponierbarkeit gewährleistet ist. Die Bestimmung von $E(t)$ bzw. $J(t)$ aus gemessenen Zeitverläufen von σ und ε vereinfacht sich mit Hilfe der Laplacetransformation:

$$E(t) = \mathcal{L}^{-1}\left\{\frac{\mathcal{L}\{\sigma(t)\}}{\mathcal{L}\{\dot{\varepsilon}(t)\}}\right\}, \qquad J(t) = \mathcal{L}^{-1}\left\{\frac{\mathcal{L}\{\varepsilon(t)\}}{\mathcal{L}\{\dot{\sigma}(t)\}}\right\}. \tag{2.270}$$

Aus diesen Beziehungen folgt für den Zusammenhang zwischen Modul und Nachgiebigkeit

$$\int_0^t E(t - \xi)J(\xi)\,\mathrm{d}\xi = t, \tag{2.271}$$

und das bedeutet

$$E(t) \cdot J(t) \leq 1, \tag{2.272}$$

wobei das Gleichheitszeichen nur für zeitunabhängige Kenngrößen gilt ($E(t) \equiv E(0)$, $J(t) \equiv J(0)$). Die Modellvorstellungen zu den Relaxationsvorgängen, wie sie in Abschn. 2.4.3 besprochen wurden, führen zu der Darstellung des zeitabhängigen Moduls mit dem Relaxationszeitenspektrum $H(\tau)$ in der Form

$$E(t) = E(\infty) + \int_0^{\infty} H(\tau)\,\mathrm{e}^{-t/\tau}\,\mathrm{d}\tau. \tag{2.273}$$

Die Verbindung zu dem früher eingeführten *frequenz*abhängigen komplexen Modul $\underline{E}(\omega) = E'(\omega) + jE''(\omega)$ wird hergestellt durch

$$\underline{E}(\omega) = E_0 + \int\limits_0^\infty H(\tau)\frac{j\omega\tau}{1+j\omega\tau}\,d\tau, \tag{2.274}$$

die Trennung in Real- und Imaginärteil ergibt (2.232) und (2.233). Der frequenzmäßige Grenzwert $E_0 = \lim_{\omega\to\infty} \underline{E}(\omega)$ ist dabei gleich dem zeitlichen Grenzwert $E(\infty) = \lim_{t\to 0} E(t)$.

Für das Retardationszeitenspektrum $L(\tau)$ gilt analog

$$J(t) = J(0) + \frac{t}{\nu'} + \int\limits_0^\infty L(\tau)\left(1 - e^{-t/\tau}\right)\,d\tau, \tag{2.275}$$

wobei der Term t/ν' ein eventuelles viskoses Fließen beschreibt (ν' = Scherviskosität). Die zugehörigen Beziehungen im Frequenzbereich lauten

$$\underline{J}(\omega) = J' - jJ'' = J_\infty + \frac{1}{j\omega\nu'} + \int\limits_0^\infty L(\tau)\frac{1}{1+j\omega\tau}\,d\tau, \tag{2.276}$$

$$J'(\omega) = J_\infty + \int\limits_0^\infty L(\tau)\frac{1}{1+\omega^2\tau^2}\,d\tau, \tag{2.277}$$

$$J''(\omega) = \frac{1}{\omega\nu'} + \int\limits_0^\infty L(\tau)\frac{\omega\tau}{1+\omega^2\tau^2}\,d\tau. \tag{2.278}$$

Bei dielektrischen Relaxationen entspricht die Bestimmung der Verteilungsfunktion $L(\tau)$ der Zerlegung in Debye-Prozesse (Abschn. 2.4.3.3). Besonders für dielektrische Vorgänge sind aber auch noch andere Modelle gebräuchlich, die bestimmte molekulare Bewegungsmechanismen angemessener beschreiben. Die experimentellen Ergebnisse lassen jedoch häufig keine eindeutige Entscheidung für das eine oder andere Modell zu, weil die Messwerte zum einen nicht genau genug sind und zum anderen stets nur einen begrenzten Frequenz- bzw. Zeitbereich umfassen. Für Präzisionsbestimmungen eignen sich Frequenzbereichsmessungen bei diskreten Frequenzen besser. Zweck der dielektrischen Messungen ist es, Aufschlüsse über molekulare Bewegungsmechanismen zu bekommen. Zur zuverlässigen Interpretation sind im Allgemeinen zusätzliche Informationen erforderlich (chemische Zusammensetzung, molekulare Struktur, Kernresonanzmessungen, Infrarotabsorption, Ultraschallrelaxation usw.). Besondere Probleme bereitet es, die Wechselwirkung der Moleküle mit ihrer Umgebung zu berücksichtigen.

2.5 Elektrischer Parallelresonanzkreis und mechanischer Serienresonanzkreis

Der mechanische Parallelkreis und der elektrische Serienkreis sind im Abschn. 2.3 ausführlich diskutiert worden. Die dort gewonnenen Ergebnisse über freie Schwingungen, Impedanz, Admittanz, Resonanzkurven usw. lassen sich weitgehend auf den elektrischen Parallelkreis und den mechanischen Serienkreis übertragen, sodass diese nur noch kurz behandelt zu werden brauchen.

Die Schwingungsgleichung der elektrischen Parallelschaltung von Kondensator C, Spule L und ohmschem Widerstand R (Abb. 2.31, links) ergibt sich aus der Summation der Teilströme

$$i_C = C \frac{\mathrm{d}u}{\mathrm{d}t}, \qquad i_R = \frac{u}{R}, \qquad i_L = \frac{1}{L} \int u \, \mathrm{d}t \qquad (2.279)$$

zum Gesamtstrom i:

$$C \frac{\mathrm{d}u}{\mathrm{d}t} + \frac{u}{R} + \frac{1}{L} \int u \, \mathrm{d}t = i(t). \qquad (2.280)$$

In dem rechts in Abb. 2.31 dargestellten mechanischen Serienkreis wirkt auf alle Elemente die gleiche Kraft, während sich die Schnelle v_M der Masse gegen den Bezugspunkt (Erde) und die Relativschnellen v_W bzw. v_F der beiden Dämpfer- bzw. Federenden gegeneinander zur Gesamtschnelle v am Systemeingang (linkes Federende) addieren. Daraus erhält man die Bewegungsgleichung

$$F \frac{\mathrm{d}K}{\mathrm{d}t} + \frac{K}{W} + \frac{1}{M} \int K \, \mathrm{d}t = v(t), \qquad (2.281)$$

die aus (2.280) durch Anwendung der 1. elektrisch–mechanischen Analogie (2.7) folgt.

Vergleicht man (2.280) mit (2.39) des elektrischen Serienkreises, stellt man fest, dass beide in gleicher Weise aufgebaut sind, und zwar gehen sie auseinander hervor, wenn man

$$u \rightarrow i, \qquad i \rightarrow u, \qquad L \rightarrow C, \qquad C \rightarrow L, \qquad R \rightarrow \frac{1}{R} \qquad (2.282)$$

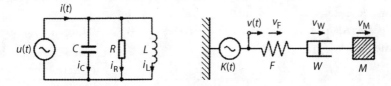

Abb. 2.31 Elektrischer Parallelresonanzkreis und mechanischer Serienresonanzkreis

ersetzt. Ebenso gehen die Schwingungsgleichungen (2.281) und (2.38) der mechanischen Resonanzsysteme durch die Ersetzungen

$$K \to v, \qquad v \to K, \qquad M \to F, \qquad F \to M, \qquad W \to \frac{1}{W} \qquad (2.283)$$

ineinander über.

Die Ergebnisse des Abschn. 2.3 für den Strom durch den elektrischen Serienkreis bei gegebener Speisespannung gelten daher auch für die Spannung am elektrischen Parallelkreis bei vorgegebenem Gesamtstrom, ebenso entsprechen die Ausdrücke für die Schnelle des mechanischen Parallelkreises bei gegebener Kraft denen der Kraft auf das Seriensystem bei gegebener Gesamtschnelle. Im Einzelnen folgen daraus die nachstehenden Beziehungen:

Die Eigenschwingung des elektrischen Parallelkreises (in Abb. 2.31 ist dazu die Spannungsquelle durch ein Voltmeter ersetzt zu denken) lautet analog zu (2.46)

$$u(t) = \widehat{\underline{u}}\, e^{-\alpha t}\, e^{j\omega_d t} \qquad (2.284)$$

mit

$$\alpha = \frac{1}{2RC} \qquad (2.285)$$

und

$$\omega_d = \sqrt{\frac{1}{LC} - \frac{1}{4R^2C^2}} = \sqrt{\omega_0^2 - \alpha^2}, \qquad \omega_0 = \frac{1}{\sqrt{LC}}. \qquad (2.286)$$

Der Kennverlustfaktor ergibt sich aus (2.66) mit den Ersetzungen nach (2.282) zu

$$d_0 = \frac{\sqrt{\frac{L}{C}}}{R} = \frac{1}{\omega_0 RC} = \frac{\omega_0 L}{R} = \frac{2\alpha}{\omega_0}, \qquad (2.287)$$

er ist also gleich dem Verhältnis des charakteristischen Widerstandes $\sqrt{L/C}$ zum ohmschen Widerstand R, d. h. im Vergleich mit dem Serienkreis durch den reziproken Ausdruck definiert. Das ist sinnvoll, weil die Dämpfung des Serienkreises mit steigendem Widerstand R ansteigt, die des Parallelkreises aber abnimmt.

Aus der Impedanz des elektrischen Serienkreises (2.73), (2.79) folgt für die Admittanz des Parallelkreises

$$\underline{Y}_{ep} = \frac{\widehat{i}}{\widehat{\underline{u}}} = \frac{1}{R} + j\left(\omega C - \frac{1}{\omega L}\right) = \frac{1}{R} + j\frac{V}{Z_{ep}}. \qquad (2.288)$$

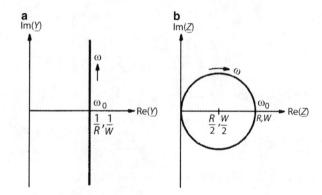

Abb. 2.32 Ortskurven der Admittanz (**a**) und der Impedanz (**b**) eines elektrischen Parallelkreises bzw. eines mechanischen Serienkreises

Bei der Parallelschaltung elektrischer Bauelemente addieren sich also die Einzeladmittanzen zur Gesamtadmittanz:

$$\underline{Y}_{ep} = \underline{Y}_R + \underline{Y}_C + \underline{Y}_L. \tag{2.289}$$

Die Ortskurven der Admittanz $\underline{Y}_{ep}$ und der Impedanz $\underline{Z}_{ep} = 1/\underline{Y}_{ep}$ des elektrischen Parallelkreises sind in Abb. 2.32 wiedergegeben. In der Resonanz ($\omega = \omega_0$) durchläuft der Betrag der Impedanz ein Maximum der Höhe R, d. h. der Resonanzstrom ist allein durch den ohmschen Widerstand bestimmt; die Blindströme i_C und i_L sind gegenphasig und in der Resonanz von gleicher Größe. Der Eingangswiderstand des ungedämpften elektrischen Parallelkreises ($R = \infty$) wächst in der Resonanz über alle Grenzen, während der des ungedämpften Serienkreises ($R = 0$) verschwindet.

Mit den Zuordnungen (2.282) geht die Admittanzgleichung des elektrischen Serienkreises (2.92) in die Impedanzgleichung des elektrischen Parallelkreises über:

$$|\underline{Z}_{ep}| = \frac{Z}{\sqrt{V^2 + d_0^2}} \tag{2.290}$$

($Z = \sqrt{L/C}$, $V = \omega/\omega_0 - \omega_0/\omega$, $d_0 = Z/R$). Die in Abb. 2.7 dargestellten Resonanzkurven geben daher auch die Frequenzabhängigkeit der Spannung am elektrischen Parallelkreis bei Speisung mit konstantem Strom und die Phasendifferenz der Spannung gegen den Strom wieder.

Für den mechanischen Serienkreis gelten die vorstehenden Überlegungen entsprechend. Ersetzt man die Wechselkraft $K(t)$ in Abb. 2.31 durch einen Kraftmesser, beobachtet man nach einmaliger Auslenkung abklingende freie Schwingungen gemäß

$$K(t) = \underline{\widehat{K}}\, e^{-\alpha t} e^{j\omega_d t} \tag{2.291}$$

mit

$$\alpha = \frac{1}{2WF} \tag{2.292}$$

und

$$\omega_{\mathrm{d}} = \sqrt{\frac{1}{MF} - \frac{1}{4W^2F^2}} = \sqrt{\omega_0^2 - \alpha^2}, \qquad \omega_0 = \frac{1}{\sqrt{MF}}. \qquad (2.293)$$

Der Kennverlustfaktor ist

$$d_0 = \frac{\sqrt{\frac{M}{F}}}{W} = \frac{1}{\omega_0 WF} = \frac{\omega_0 M}{W} = \frac{2\alpha}{\omega_0}. \qquad (2.294)$$

Die Admittanz des mechanischen Serienkreises ist

$$\underline{Y}_{\mathrm{ms}} = \frac{\widehat{v}}{\widehat{\underline{K}}} = \frac{1}{W} + \mathrm{j}\left(\omega F - \frac{1}{\omega M}\right) = \underline{Y}_{\mathrm{W}} + \underline{Y}_{\mathrm{F}} + \underline{Y}_{\mathrm{M}}, \qquad (2.295)$$

die mechanischen Admittanzen addieren sich also bei Serienschaltung. Der Betrag der Eingangsimpedanz des schwach gedämpften mechanischen Serienkreises (großer Reibungswiderstand W des Dämpfers) wird in der Resonanz sehr hoch. Die Resonanzkurven in Abb. 2.7 stellen jetzt die Frequenzabhängigkeit und Phasenlage der Wechselkraftamplitude $\widehat{\underline{K}}$ dar, die zur Erzeugung einer konstanten Eingangsschnelle $v(t) = \widehat{v}\,\mathrm{e}^{\mathrm{j}\omega t}$ nötig ist.

2.6 Dualität und elektrisch–mechanische Analogien

Im vorigen Abschnitt wurde die Äquivalenz in den Schwingungsgleichungen von Serien- und Parallelresonanzkreis benutzt. Dieser Zusammenhang stellt einen Spezialfall der *Dualität* oder *Widerstandsreziprozität* dar, die im Folgenden etwas allgemeiner betrachtet wird.

Aus der Gleichwertigkeit der dualen Schaltungen ergeben sich dann zwei verschiedene *elektrisch–mechanische Analogien*. Diese werden – zusammen mit gelegentlich benutzten Abwandlungen – im Abschn. 2.6.1.4 dargestellt.

2.6.1 Dualität (Widerstandsreziprozität)

2.6.1.1 Duale elektrische Schaltungen

Zwei elektrische Schaltungen heißen zueinander *dual* oder *widerstandsreziprok*, wenn die Impedanz $\underline{Z}_1$ der einen proportional zur Admittanz $\underline{Y}_2$ der anderen ist [5]:

$$\underline{Z}_1 = \Lambda^2 \underline{Y}_2. \qquad (2.296)$$

Die *Dualitätskonstante* (*Dualitätsinvariante*) Λ hat die Dimension eines Widerstandes und soll reell und frequenzunabhängig sein.

Abb. 2.33 Schema zur Konstruktion dualer Schaltungen

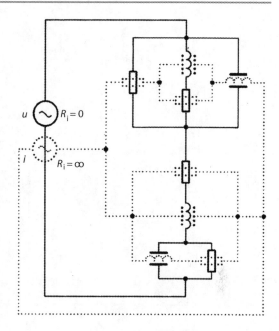

Auf die elektrischen Grundelemente angewandt, bedeutet dies: das duale Element zu einer Spule (Impedanz $\underline{Z}_1 = j\omega L_1$) ist ein Kondensator (Admittanz $\underline{Y}_2 = j\omega C_2$) und umgekehrt, die Dualitätskonstante ist $\Lambda = \sqrt{L_1/C_2}$; zu einem ohmschen Widerstand R_1 ist ein ohmscher Widerstand R_2 dual mit $\Lambda = \sqrt{R_1 R_2}$. Ein ohmscher Widerstand der Größe Λ ist zu sich selbst dual.

Aus einer beliebigen Schaltung von Spulen, Kondensatoren und ohmschen Widerständen gewinnt man die duale Schaltung, indem man jedem Einzelbaustein das duale Element zuordnet und diese dann so verknüpft, dass aus einer Serienschaltung eine Parallelschaltung wird und umgekehrt; denn gemäß der Forderung (2.296) geht damit z. B. eine Summation von Impedanzen in eine Summation von Admittanzen über. Bei komplizierteren elektrischen Netzwerken entspricht die Serienschaltung einer geschlossenen *Masche*, die Parallelschaltung einem Verzweigungspunkt (*Knoten*). Beim Aufstellen der dualen Schaltung hat man also Knoten in Maschen zu verwandeln und umgekehrt. Spannungsquellen (Innenwiderstand $R_i = 0$) sind beim Übergang zur dualen Schaltung durch Stromquellen ($R_i = \infty$) zu ersetzen und umgekehrt, und zwar muss $i_2 = u_1/\Lambda$ sein bzw. $u_2 = \Lambda i_1$.

Ein allgemein bei Schaltungen ohne kontaktlose Kreuzungen anwendbares Schema zur Konstruktion der dualen Schaltung ist in Abb. 2.33 an einem Beispiel dargestellt. Gegeben ist die aus einer Spannungsquelle gespeiste Hintereinanderschaltung eines Parallel- und eines Serienresonanzkreises, beide mit Verlustwiderständen. Man zeichnet quer über jedes Einzelelement das duale und verbindet jeweils alle in einer Masche der ursprünglichen Schaltung liegenden sowie alle im Außenraum endenden Anschlüsse miteinander.

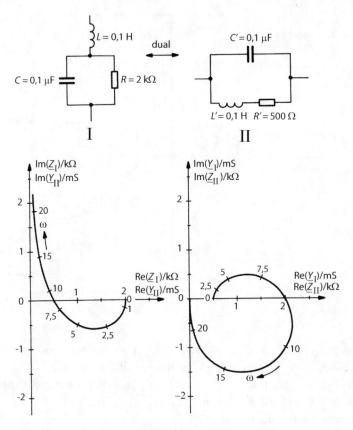

Abb. 2.34 Duale gedämpfte Resonanzkreise mit Ortskurven der Impedanz und Admittanz. Dualitätskonstante: $\Lambda = 10^3\ \Omega$. Kurvenparameter: Kreisfrequenz ω in $10^3\ \mathrm{s}^{-1}$

Als Ergebnis erhält man im vorliegenden Beispiel die punktiert gezeichnete aus einer Stromquelle gespeiste Parallelschaltung eines Parallel- und eines Serienresonanzkreises.

Wird die duale Schaltung so bemessen, dass (2.296) für jedes Paar von einander entsprechenden Einzelelementen mit demselben Λ erfüllt ist, so ist die Impedanzortskurve der einen Schaltung bis auf den Maßstabsfaktor Λ^2 gleich der Admittanzortskurve der anderen. Zwei Beispiele hierfür sind in Abb. 2.34 und 2.35 dargestellt. Es handelt sich um einfache L, C, R-Resonanzkreise in gemischter Serien- und Parallelschaltung. Die Impedanzgleichung der Schaltung I in Abb. 2.34 lautet

$$\underline{Z}_\mathrm{I} = \mathrm{j}\omega L + \frac{1}{\mathrm{j}\omega C + \frac{1}{R}} = \frac{R}{1 + \omega^2 R^2 C^2} + \mathrm{j}\left(\omega L - \frac{\omega R^2 C}{1 + \omega^2 R^2 C^2}\right). \qquad (2.297)$$

Die Ortskurve (links im Bild) beginnt bei $\omega = 0$ mit $\underline{Z}_\mathrm{I} = R$ auf der reellen Achse, geht zunächst ins Kapazitive, schneidet die reelle Achse bei $\omega_\mathrm{r} = \sqrt{(1/LC) - (1/R^2 C^2)}$ und schmiegt sich dann der positiv imaginären Achse an.

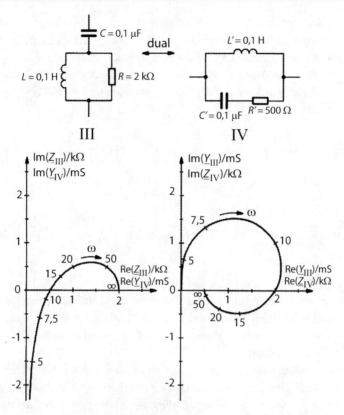

Abb. 2.35 Darstellung wie in Abb. 2.34, jedoch für die zu I und II frequenzreziproken Schaltungen

Die Admittanzgleichung der Schaltung II lautet

$$\underline{Y}_{\mathrm{II}} = j\omega C' + \frac{1}{j\omega L' + R'} = \frac{1/R'}{1 + \omega^2 L'^2/R'^2} + j\left(\omega C' - \frac{\omega L'/R'^2}{1 + \omega^2 L'^2/R'^2}\right). \quad (2.298)$$

Durch die Ersetzungen

$$C' = \frac{L}{\Lambda^2}, \qquad L' = \Lambda^2 C, \qquad R' = \frac{\Lambda^2}{R} \quad (2.299)$$

geht (2.298) aus (2.297) hervor. Bei den im Beispiel gewählten Werten von $L = L' = 10^{-1}$ H, $C = C' = 10^{-7}$ F, $R = 2\,\text{k}\Omega$, $R' = 500\,\text{k}\Omega$ ist

$$\Lambda^2 = \frac{L}{C'} = \frac{L'}{C} = RR' = 10^6\,\Omega^2. \quad (2.300)$$

Die Ortskurve links in Abb. 2.34 ist also zugleich die Impedanzkurve der Schaltung I (Skaleneinheit $\text{k}\Omega$) und die Admittanzkurve der Schaltung II (Skaleneinheit $\text{k}\Omega/\Lambda^2 =$

$(k\Omega)^{-1} = \mathrm{mS}$, S = Siemens). Entsprechend stellt die rechte Ortskurve, die aus der linken durch Inversion hervorgeht, die Admittanz von I und zugleich die Impedanz von II dar. Die Zahlen entlang den Ortskurven sind die Kreisfrequenzen in $10^3\,\mathrm{s}^{-1}$.

Abb. 2.35 zeigt die Ortskurven zweier ebenfalls zueinander dualer Resonanzkreise, die aus den vorigen durch Vertauschung der Spulen und Kondensatoren hervorgehen. Für sie gelten die Gleichungen

$$\underline{Z}_{\mathrm{III}} = \frac{1}{j\omega C} + \frac{1}{1/j\omega L + 1/R} = \frac{R}{1 + R^2/\omega^2 L^2} - j\left(\frac{1}{\omega C} - \frac{R^2/\omega L}{1 + R^2/\omega^2 L^2}\right) \quad (2.301)$$

und

$$\underline{Y}_{\mathrm{IV}} = \frac{1}{j\omega L'} + \frac{1}{1/j\omega C' + R'} = \frac{1/R'}{1 + 1/\omega^2 C'^2 R'^2} - j\left(\frac{1}{\omega L'} - \frac{1/\omega C' R'^2}{1 + 1/\omega^2 C'^2 R'^2}\right). \quad (2.302)$$

Wieder stellt die linke Ortskurve $\underline{Z}_{\mathrm{III}}$ und zugleich $\underline{Y}_{\mathrm{IV}}$ dar, die rechte $\underline{Y}_{\mathrm{III}}$ und $\underline{Z}_{\mathrm{IV}}$; auch diese Ortskurven gehen auseinander durch Inversion am Einheitskreis hervor.

Der praktische Nutzen der Relationen zwischen dualen Schaltungen besteht darin, dass man ohne neue Rechnung das Verhalten einer Schaltung angeben kann, wenn man das der dualen Schaltung bereits kennt.

Es fällt auf, dass die Kurven in Abb. 2.35 aus denen in Abb. 2.34 durch Spiegelung an der Abszisse und Umkehr der Frequenzrichtung hervorgehen. Man bezeichnet diesen Zusammenhang zwischen Schaltungen, die ohne Änderung des Schaltungstyps durch Austausch von Spulen gegen Kondensatoren und umgekehrt entstehen, als *Frequenzreziprozität*, denn formal erhält man (2.301) und (2.302) aus (2.297) und (2.298) durch die Ersetzung von $j\omega L$ durch $1/j\omega C$, d. h. $L \leftrightarrow 1/C$, $j \rightarrow -j$ und, daher der Name, $\omega \rightarrow 1/\omega$.

Etwas allgemeiner lässt sich diese Gesetzmäßigkeit so formulieren: Hat eine Schaltung mit Spulen L_{1i} und Kondensatoren C_{1i} bei der Frequenz ω_1 die Impedanz $\underline{Z}_1 = R_1 + jX_1$, so hat die frequenzreziproke Schaltung, die durch den Austausch $L_{1i} \rightarrow C_{2i}$, $C_{1i} \rightarrow L_{2i}$ entsteht, die konjugiert komplexe Impedanz $\underline{Z}_2 = R_1 - jX_1$ bei der Frequenz $\omega_2 = \omega_0^2/\omega$, wobei $\omega_0^2 = 1/L_{1i}C_{2i} = 1/C_{1i}L_{2i}$ für alle i den gleichen Wert haben muss. Insbesondere gilt $|\underline{Z}_1| = |\underline{Z}_2|$, falls $\omega_2/\omega_0 = \omega_0/\omega_1$ ist. Auch diese Beziehungen können für die Diskussion von Schaltungseigenschaften nützlich sein (z. B. Abschn. 4.2.1).

2.6.1.2 Massen als Schaltelemente

Die dualen Entsprechungen sind natürlich in gleicher Weise auch auf mechanische Schwingungssysteme anzuwenden. Sie wurden aber zunächst an elektrischen Schaltungen dargestellt, weil die Anordnung der Massen gewisse Schwierigkeiten mit sich bringt. Während Feder und Dämpfer ebenso wie die elektrischen Bauelemente zwei Enden haben, fehlt ein zweiter Anschluss bei der Masse. Die Bewegung (Schnelle) einer Masse wird in der Regel gegen die Erde als Bezugssystem („unendlich große Masse")

Abb. 2.36 Anordnung der Masse in der schaltungsmäßigen Darstellung mechanischer Schwingungssysteme

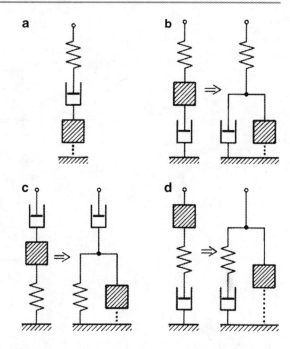

gemessen, ebenso ist der zweite Angriffspunkt einer auf eine Masse wirkenden Kraft im Allgemeinen die Erde. Um die Masse ebenso wie Feder und Dämpfer als Schaltelement behandeln zu können, zwischen dessen beiden Enden Kraft und Bewegung gemessen werden, muss man mechanische Schwingungssysteme stets so zeichnen, dass die Masse ohne ein zwischengeschaltetes anderes Element dem Bezugssystem (Erde) gegenübersteht. Aus diesem Grunde ist im Gegensatz zu elektrischen Schaltungen die Reihenfolge der Schaltelemente bei mechanischen Serienschaltungen nicht beliebig. Beispielsweise stellt in Abb. 2.36 nur die Schaltung (a) den mechanischen Serienresonanzkreis dar, während die jeweils linken Schaltungen in Abb. 2.36b–d nur scheinbar Serienschaltungen sind. Die korrekten Darstellungen rechts daneben, bei denen die Masse der Erde gegenübersteht (durch die punktierten Linien angedeutet), lassen die Kraftverzweigung erkennen.

Diese Schwierigkeiten lassen sich teilweise umgehen, wenn man die Masse M durch einen *Massenhebel* mit der Masse $4M$ in seiner Mitte ersetzt. Der eine Endpunkt des beiderseits drehbar gelagerten Hebels greift am Zentrum der zu ersetzenden Masse, der andere in der Regel am festen Bezugssystem an. Ein Beispiel für die praktische Benutzung des Massenhebels zeigt Abb. 4.4.

2.6.1.3 Duale mechanische Systeme

Ist ein mechanisches Schwingungssystem aus Massen, Federn und Dämpfern im Sinne des vorigen Abschnitts korrekt gezeichnet, so lässt sich das zugehörige duale System ohne Weiteres nach dem Schema von Abb. 2.33 konstruieren: Massen sind durch Federn zu ersetzen und umgekehrt, Dämpfer bleiben Dämpfer, Parallelschaltung wird Serienschal-

Abb. 2.37 Beispiele dualer
mechanischer Schwingungs-
systeme

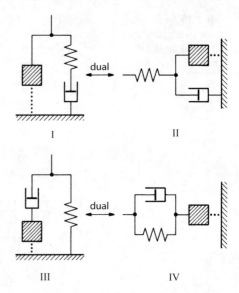

tung und umgekehrt. Der gleichungsmäßige Zusammenhang ist dem im elektrischen Fall
analog, wenn man L durch M, C durch F, R durch W, u durch K und i durch v ersetzt.
Mit diesen Übertragungen gelten (2.297), (2.298), (2.301) und (2.302) für die mechanischen Systeme mit gleicher römischer Ziffer in Abb. 2.37. Die mechanischen Systeme I
und II sind dual zueinander, ebenso III und IV (I und III sowie II und IV sind frequenz-
reziprok, da bei ihnen jeweils Massen und Federn vertauscht sind). Die Ortskurven in
Abb. 2.34 und 2.35 geben damit auch die Impedanzen und Admittanzen der gleich bezif-
ferten mechanischen Systeme in Abb. 2.37 wieder, natürlich mit anderen Skaleneinheiten.

2.6.1.4 Elektrisch–mechanische Analogien

Die Analogie zwischen den Gleichungen, die das Verhalten elektrischer und mechanischer
Schwingungssysteme beschreiben, ist in diesem Kapitel ständig benutzt worden. Dabei
wurden bisher stets die Zuordnungen (2.7) zugrunde gelegt:

$$K \;\widehat{=}\; u, \qquad v \;\widehat{=}\; i, \qquad M \;\widehat{=}\; L, \qquad F \;\widehat{=}\; C, \qquad W \;\widehat{=}\; R. \tag{2.303}$$

In dieser *1. elektrisch–mechanischen Analogie* oder *Kraft–Spannungs–Analogie* entspricht
die mechanische Impedanz $\underline{Z}_\mathrm{m} = \widehat{K}/\widehat{\underline{v}}$ der elektrischen Impedanz $\underline{Z}_\mathrm{e} = \widehat{\underline{u}}/\widehat{\underline{\imath}}$, ebenso
entsprechen einander die Admittanzen. Da sich aber bei der elektrischen Parallelschal-
tung der Strom verzweigt und die Spannung an allen Elementen gleich ist, während sich
bei der mechanischen Parallelschaltung die Kraft aufteilt und die Schnellen gleich sind
– für die Serienschaltungen gilt das jeweils umgekehrte –, ist bei den nach der Kraft-
Spannungs-Analogie einander entsprechenden elektrischen und mechanischen Systemen
der Schaltungstyp verschieden: Parallelschaltung wird zu Serienschaltung und umgekehrt.

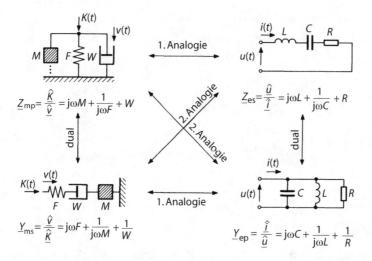

Abb. 2.38 Dualität und elektrisch–mechanische Analogien. Zuordnungen zwischen den mechanischen und elektrischen Parallel- und Serienresonanzkreisen

In den vorangehenden Abschnitten ist dargelegt worden, dass zwischen Serien- und Parallelschaltung ein enger Zusammenhang über die Dualitätsbeziehungen besteht. Man kann daher generell jedes mechanische System mit zwei verschiedenen elektrischen Schaltungen vergleichen, die zueinander dual sind, und umgekehrt jede elektrische Schaltung mit zwei dualen mechanischen Systemen. Neben der genannten 1. Analogie mit Umkehr des Schaltungstyps, bei der Impedanz und Admittanz erhalten bleiben, ist daher auch die Zuordnung

$$K \hateq i, \qquad v \hateq u, \qquad M \hateq C, \qquad F \hateq L, \qquad W \hateq \frac{1}{R} \qquad (2.304)$$

möglich, die sich z. B. aus der Übertragung nach der 1. Analogie mit nachfolgender Dualisierung ergibt. In dieser *2. elektrisch–mechanischen Analogie* oder *Kraft–Strom–Analogie* entspricht die Impedanz im einen der Admittanz im anderen System, aber der Schaltungstyp bleibt erhalten. Zur Veranschaulichung sind in Abb. 2.38 die Analogien und dualen Beziehungen zwischen den einfachen elektrischen und mechanischen Serien- und Parallelkreisen zusammengefasst.

Das elektrische Ersatzschaltbild eines gegebenen mechanischen Systems erhält man nach der 1. Analogie durch formale Dualisierung mit dem Schema von Abb. 2.33, nach der 2. Analogie durch schaltungstreue Übertragung der entsprechenden Elemente. Die einander in den beiden Analogien zugeordneten Größen sind der Abb. 2.38 durch Vergleich der angegebenen Impedanz- und Admittanzgleichungen unmittelbar zu entnehmen. Der Übersichtlichkeit halber sind die Entsprechungen in Tab. 2.1 noch einmal zusammengestellt.

Tab. 2.1 Zuordnungen in den beiden elektrisch–mechanischen Analogien

Mechanische Größe bzw. Schaltung	Analoge elektrische Größe bzw. Schaltung	
	1. Analogie	2. Analogie
Kraft	Spannung	Strom
Schnelle	Strom	Spannung
Masse	Induktivität	Kapazität
Federung	Kapazität	Induktivität
Reibungswiderstand	ohmscher Widerstand	reziproker ohmscher Widerstand
Impedanz	Impedanz	Admittanz
Admittanz	Admittanz	Impedanz
Parallelschaltung	Serienschaltung	Parallelschaltung
Serienschaltung	Parallelschaltung	Serienschaltung

Die beiden Analogien sind im Prinzip vollkommen gleichwertig. Für die Praxis sind sie aus mehreren Gründen wichtig. Zunächst einmal sind viel mehr elektrische Schaltungen durchgerechnet als mechanische. Wenn ein entsprechendes mechanisches Problem vorliegt, findet man daher sehr oft die Lösung für das analoge elektrische Problem schon vor; der Vorteil der Analogiebetrachtung liegt hier also in der Arbeitsersparnis. Zum zweiten ist wohl vielen Physikern und Technikern das Denken in elektrischen Schaltungen vertrauter als in mechanischen (die umgekehrte Einstellung gibt es aber auch). Die Übertragung in das gewohntere System kann in jedem Fall das qualitative Verständnis für das Schwingungsverhalten einer gegebenen Anordnung erleichtern. Ferner ist die experimentelle Untersuchung komplizierter mechanischer Schwingungssysteme, vor allem die Variation einzelner Parameter, im elektrischen Modell leichter und schneller vorzunehmen als im mechanischen Original. Schließlich sind die Analogien fast unentbehrlich für die Behandlung elektromechanischer Wandler, in denen elektrische und mechanische Bauelemente in einem einzigen System vereinigt sind (nächstes Kapitel).

Ob der 2. Analogie mit der schaltungstreuen Übertragung oder der 1. Analogie mit der Äquivalenz der Impedanzen der Vorzug zu geben ist, hängt vom Einzelfall ab. Bei den elektromechanischen Wandlern (Kap. 3) bietet sich durch die jeweilige Art der Verknüpfung zwischen elektrischer und mechanischer Größe eine der beiden Analogien an, während die Schwingungsgleichungen und Ersatzschaltungen mit der anderen Analogie unnötig kompliziert werden (vgl. Abschn. 3.5, Abb. 3.17).

Die elektrisch–mechanischen Analogien sind in der hier dargestellten Form auf Systeme aus konzentrierten Schaltelementen zugeschnitten. Schwingungen in eindimensionalen kontinuierlichen mechanischen Systemen, deren Länge vergleichbar mit der Schallwellenlänge oder groß gegen sie ist, lassen sich mathematisch ebenso behandeln wie elektrische Wellen auf Leitungen. Dehn- und Torsionswellen auf Stäben (nicht aber Biegewellen wegen der Dispersion), Luftschwingungen in Rohren usw. werden daher oft mit der gut ausgearbeiteten elektrischen Leitungstheorie behandelt. Einem am Ende offenen Rohr oder einem frei schwingenden Stab (verschwindende Kraft, maximale Schnelle am

Ende) entspricht eine kurzgeschlossene Leitung (verschwindende Spannung, maximaler Strom), und ebenso entspricht einem geschlossenen Rohr oder einem eingespannten, longitudinal schwingenden Stab eine am Ende offene Leitung (Leerlauf). Diese Äquivalenzen werden in Abschn. 4.3.3 benutzt.

Auch die teilweise anstelle elektronischer Regelkreise benutzten fluidischen Netzwerke lassen sich mit einigen Einschränkungen durch analoge elektrische Schaltungen darstellen, wobei die elektrische Spannung dem Druck K/S (S = Fläche) und die Stromstärke dem Massenfluss $\rho v S$ (Dimension: Masse/Zeit) entspricht. Bezüglich der Umwandlung des Schaltungstyps ist dabei zu beachten, dass sich bei einer Verzweigung der Druck im Gegensatz zur Kraft nicht aufteilt, wohl aber der Massenfluss. Das bedeutet, dass diese Analogie schaltungstreu ist [6].

Bei der Behandlung mechanischer Stoßprobleme wird gelegentlich auch die Analogie $x \;\hat{=}\; u$, $K \;\hat{=}\; \mathrm{d}i/\mathrm{d}t$ benutzt, in der der mechanische Impuls dem elektrischen Strom entspricht.

Überblicke über die elektrisch-mechanischen Analogien findet man in [7, 8] und in Büchern über Elektroakustik [9–12].

2.7 Erschütterungsisolierung

In diesem und den folgenden Abschnitten sollen an praktischen Beispielen einige einfache mechanische Resonanzsysteme betrachtet werden.

Eine wichtige Aufgabe der praktischen Schwingungstechnik ist die *Erschütterungsisolierung (Schwingungsisolierung)*, d. h. die erschütterungsfreie Aufstellung von Maschinen oder empfindlichen Geräten. Die Isoliermaßnahmen sollen entweder Schwingungen des Fundaments von einem empfindlichen Gerät, z. B. einer Waage, fernhalten oder die Übertragung der von einer Maschine erzeugten Schwingungen in das Fundament reduzieren [13].

Steht das zu isolierende Objekt nur unter Zwischenschaltung einer verlustbehafteten Feder auf dem Fundament, liegt ein einfaches Resonanzsystem vor. Da solche Anordnungen bei schwacher Dämpfung zu einer starken Resonanzüberhöhung und bei hoher Dämpfung zu einer verhältnismäßig wenig wirksamen Schwingungsisolation führen (Abschn. 2.7.1), koppelt man in hochwertigen körperschallisolierenden Lagerungen ein zweites Resonanzsystem an, um die Isolation im gesamten Frequenzbereich zu erhöhen (Abschn. 2.7.2).

2.7.1 Erschütterungsisolierung durch einfache federnde Lagerung

2.7.1.1 Geschwindigkeitsproportionale (viskose) Dämpfung

In Abb. 2.39 sind die beiden Isolationsprobleme schematisch dargestellt. Bei der Anordnung (a) schwingt das Fundament mit der Elongationsamplitude $\hat{x}$ und mit der Schnelle-

Abb. 2.39 Erschütterungsisolierung durch federnde
Aufstellung. **a** Fundament
schwingt, M soll geschützt
werden. **b** M schwingt, Fundament soll geschützt werden.
Darunter: elektrische Ersatzbil-
der nach der ersten (**c**), (**d**) und
nach der zweiten Analogie (**e**),
(**f**)

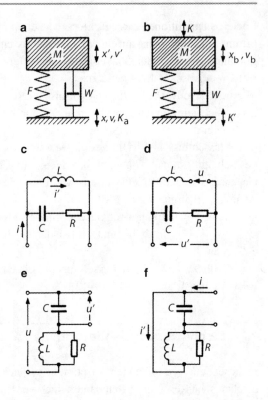

amplitude $\widehat{v} = \omega\widehat{x}$, wenn man Sinusschwingungen voraussetzt. Das zu isolierende Objekt
hat die Masse M, das trennende Element ist die Feder F mit dem parallel liegenden
Dämpfer W. Die Masse M schwingt mit der Elongationsamplitude $\widehat{x}'$ bzw. der Schnelle-
amplitude $\widehat{v}' = \omega\widehat{x}'$. Gesucht ist der *Übertragungsfaktor*

$$\ddot{u} = \frac{\widehat{x}'}{\widehat{x}} = \frac{\widehat{v}'}{\widehat{v}} \tag{2.305}$$

als Funktion der Frequenz.[16] Die ebenfalls auftretende Phasenverschiebung zwischen der
Fundamentschwingung $x(t)$ und der Schwingung $x'(t)$ der Masse ist in der Regel unwichtig und wird hier nicht betrachtet. Die Erregerschwingung $x(t)$ soll durch das angekoppelte System nicht beeinflusst werden, d. h. die mechanische Impedanz des Fundaments
wird als groß gegenüber der des Systems vorausgesetzt.

Im Fall (b) stellt M die schwingende Maschine (z. B. einen Motor mit Unwucht) dar,
dessen Vibrationen über die Feder F und den Dämpfer W in das Fundament übertragen
werden. Da man über die mechanische Eingangsimpedanz des Fundaments keine speziellen Annahmen machen kann, definiert man in diesem Fall den Übertragungsfaktor nicht
wie oben als das Verhältnis der Bewegungsamplituden, sondern durch das Verhältnis der
auf das Fundament übertragenen Kraft K' zu der auf die Masse wirkenden Kraft K.

---

[16] Die reziproke Größe $1/\ddot{u}$ wird *Dämmfaktor* oder *Dämmzahl* genannt.

Beide Definitionen sind gleichwertig, was sich folgendermaßen zeigen lässt. Im Fall (a) übt das Fundament auf das Resonanzsystem die Kraft $K_a = \underline{Z}_a v$ aus, wobei $\underline{Z}_a$ die Eingangsimpedanz des Systems (Parallelschaltung von F und W, in Serie dazu M) ist:

$$\frac{1}{\underline{Z}_a} = \frac{1}{\underline{Z}_F + \underline{Z}_W} + \frac{1}{\underline{Z}_M} = \frac{\underline{Z}_M + \underline{Z}_F + \underline{Z}_W}{\underline{Z}_M(\underline{Z}_F + \underline{Z}_W)}. \tag{2.306}$$

Weil Feder und Dämpfer die Kraft K_a unverändert übertragen, wirkt diese auch auf die Masse M und erteilt ihr die Schnelle $v' = K_a/\underline{Z}_M$. Daher ist

$$\frac{v'}{v} = \frac{\underline{Z}_a}{\underline{Z}_M} = \frac{\underline{Z}_F + \underline{Z}_W}{\underline{Z}_M + \underline{Z}_F + \underline{Z}_W}. \tag{2.307}$$

Im Fall (b) wirkt die Kraft K auf die Parallelschaltung von M, F und W mit der Impedanz

$$\underline{Z}_b = \underline{Z}_M + \underline{Z}_F + \underline{Z}_W \tag{2.308}$$

und erteilt der Masse die Schnelle $v_b = K/\underline{Z}_b$. Die Feder F übt damit die Kraft $v_b\underline{Z}_F$ und der Dämpfer die Kraft $v_b\underline{Z}_W$ auf das Fundament aus. Die Gesamtkraft ist daher $K' = v_b(\underline{Z}_F + \underline{Z}_W)$, und es ergibt sich

$$\frac{K'}{K} = \frac{\underline{Z}_F + \underline{Z}_W}{\underline{Z}_b} = \frac{\underline{Z}_F + \underline{Z}_W}{\underline{Z}_M + \underline{Z}_F + \underline{Z}_W}, \tag{2.309}$$

also der gleiche Ausdruck wie in (2.307). Das Verhältnis der Schnellen bzw. der Elongationen im Fall (a) ist also nach Betrag und Phase gleich dem Verhältnis der Kräfte im Fall (b).

Zur Berechnung des Übertragungsfaktors $\ddot{u}$ ist nun lediglich noch der Betrag des komplexen Impedanzverhältnisses (2.309) zu berechnen.

Zuvor soll jedoch gezeigt werden, wie sich das gleiche Problem unter Benutzung der elektrisch–mechanischen Analogien (vgl. Tab. 2.1) behandeln lässt. In Abb. 2.39 stellt (c) die elektrische Ersatzschaltung zu (a) nach der 1. Analogie dar. Dem Verhältnis v'/v entspricht das Stromverhältnis i'/i, und da die an der Spule L liegende Spannung gleich der Gesamtspannung ist, ist $i'/i = \underline{Y}_L/\underline{Y}_c$, wobei $\underline{Y}_L$ die Admittanz von L und $\underline{Y}_c$ die Gesamtadmittanz der Schaltung (c) ist. Nach der zweiten Analogie entspricht dem System (a) die Ersatzschaltung (e), in der v'/v durch $u'/u = \underline{Z}_C/\underline{Z}_e$ wiedergegeben wird ($\underline{Z}_C$ = Impedanz von C, $\underline{Z}_e$ = Impedanz der Schaltung (e)).

Dem Kraftverhältnis K'/K im Fall (b) entspricht in Schaltung (d) nach der ersten Analogie das Spannungsverhältnis $u'/u = (\underline{Z}_C + \underline{Z}_R)/(\underline{Z}_L + \underline{Z}_C + \underline{Z}_R)$ und in Schaltung (f) nach der zweiten Analogie das Stromverhältnis $i'/i = (\underline{Y}_L + \underline{Y}_R)/(\underline{Y}_C + \underline{Y}_L + \underline{Y}_R)$. Die Rückübersetzung in die mechanischen Größen nach der jeweiligen Analogie führt wieder auf (2.307) oder (2.309).

Das Verhalten der beiden Anordnungen (a) und (b) bei Frequenzen weit unterhalb und weit oberhalb der Resonanz lässt sich qualitativ aus den mechanischen Darstellungen und aus den elektrischen Ersatzschaltungen leicht ablesen. Das System (a) wird bei sehr tiefen Frequenzen als Ganzes auf und ab bewegt, die Amplituden $\widehat{x}'$ und $\widehat{x}$ sind nahezu gleich. Bei sehr hohen Frequenzen wird M kaum noch mitschwingen und daher $\widehat{x}' \ll \widehat{x}$ werden. Im Ersatzbild (c) fließt bei tiefen Frequenzen praktisch der gesamte Strom durch die Spule L, d. h. es wird $\hat{\imath}' \approx \hat{\imath}$; bei hohen Frequenzen fließt er jedoch durch den kapazitiven Zweig, falls R nicht zu groß ist: $\hat{\imath}' \ll \hat{\imath}$. Im Ersatzbild (e) fällt an C bei tiefen Frequenzen fast die gesamte Spannung ab, $\widehat{u}' \approx \widehat{u}$, bei hohen Frequenzen jedoch nur ein sehr kleiner Bruchteil, sodass $\widehat{u}' \ll \widehat{u}$ wird. Ganz entsprechend folgt aus den Darstellungen (b), (d) und (f), dass bei tiefen Frequenzen $\widehat{K}' \approx \widehat{K}$, $\widehat{u}' \approx \widehat{u}$, $\hat{\imath}' \approx \hat{\imath}$ ist und bei hohen Frequenzen $\widehat{K}' \ll \widehat{K}$, $\widehat{u}' \ll \widehat{u}$, $\hat{\imath}' \ll \hat{\imath}$.

Quantitativ ergibt sich der Übertragungsfaktor $\ddot{u}$ aus (2.307) bzw. (2.309) durch Betragbildung:

$$\ddot{u} = \left| \frac{v'}{v} \right| = \left| \frac{K'}{K} \right| = \left| \frac{\frac{1}{j\omega F} + W}{j\omega M + \frac{1}{j\omega F} + W} \right| = \left| \frac{1 + j\omega d_0/\omega_0}{1 - \frac{\omega^2}{\omega_0^2} + j\frac{\omega}{\omega_0}d_0} \right|$$

$$= \sqrt{\frac{1 + \frac{\omega^2}{\omega_0^2}d_0^2}{\left(1 - \frac{\omega^2}{\omega_0^2}\right)^2 + \frac{\omega^2}{\omega_0^2}d_0^2}} \tag{2.310}$$

mit der Resonanzfrequenz $\omega_0 = 1/\sqrt{MF}$ und dem Kennverlustfaktor $d_0 = \omega_0 W F$. In Abb. 2.40 ist das *Übertragungsmaß* [17] $20 \lg \ddot{u}$ als Funktion der normierten Frequenz ω/ω_0 für verschiedene Dämpfungen dargestellt. Wenn M starr mit dem Fundament verbunden ist, hier dargestellt durch $d_0 = \infty$, ist natürlich $\ddot{u} = 1$ für alle Frequenzen. Bei verschwindender Dämpfung ($d_0 = 0$) wächst die Schwingungsamplitude in der Resonanz über alle Grenzen, fällt aber jenseits der Resonanz sehr rasch ab, bei hohen Frequenzen mit 12 dB/Oktave ($\ddot{u} \rightarrow \omega_0^2/\omega^2$). Bei endlichen Dämpfungen verlaufen die Übertragungskurven zwischen diesen beiden Extremen. Der Übertragungsfaktor ist in jedem Fall bis zur Frequenz $\omega = \sqrt{2}\,\omega_0$ größer als 1, erst bei höheren Frequenzen wird die Isolierung wirksam und mündet schließlich in einen Abfall des Übertragungsmaßes mit 6 dB/Oktave ein ($\ddot{u} \rightarrow \omega_0 d_0/\omega$). Mit zunehmender Dämpfung wird die Resonanzüberhöhung geringer, dafür aber auch die Isolierung im Dämmbereich schlechter.

Bei der Dimensionierung körperschallisolierender Lagerungen wird man stets bemüht sein, durch große Massen und weiche Federn die Resonanzfrequenz so tief wie möglich unter den Bereich der auftretenden Störfrequenzen zu legen, was jedoch häufig nicht möglich ist. Bei wechselnden Lasten ist der Weichheit der Federn durch die zu groß werdenden statischen Elongationen eine Grenze gesetzt, und die Massen lassen sich auch nicht beliebig groß wählen. Vor allem aber sind in der Regel stoßartige Erregungen, in

---

[17] Das negative Übertragungsmaß $-20 \lg \ddot{u}$ wird *Isolationsmaß* genannt.

Abb. 2.40 Übertragungsmaß als Funktion der Frequenz für Dämmanordnungen mit Flüssigkeitsdämpfern. Parameter: Kennverlustfaktor d_0

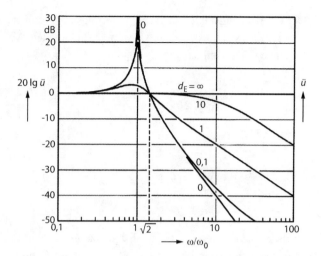

deren Spektrum die Resonanzfrequenz enthalten ist, oder Anlauf- bzw. Auslaufvorgänge, bei denen alle Frequenzen zwischen Null und der Betriebsdrehzahl eines Motors durchlaufen werden, nicht auszuschließen. Man muss daher zur Dämpfung der Resonanz und auch zur Verkürzung des Ausschwingvorgangs fast immer relativ hohe Verluste vorsehen und damit eine geringere Dämmung bei hohen Frequenzen in Kauf nehmen.

Auch die Federn und Stoßdämpfer in Kraftfahrzeugen dienen der Erschütterungsisolierung des Wagenkastens gegen das Fahrgestell, das trotz der Dämmung durch die Reifen verhältnismäßig fest mit der Straße verbunden ist. Die Eigenfrequenz liegt bei rund 1 Hz; die Dämpfung ist so eingestellt, dass die freie Schwingung nach einer Stoßanregung in wenigen Perioden praktisch vollständig abklingt.

2.7.1.2 Dämpfung durch viskoelastische Feder

In der Praxis benutzt man zur schwingungsisolierenden Aufstellung statt nahezu verlustloser Federn mit parallel liegenden Dämpfern oft Federungselemente aus viskoelastischem Material, z. B. aus Gummi. Der Zusammenhang zwischen der Kraft K auf ein solches Federungselement und seiner Deformation x werde durch den komplexen Elastizitätsmodul $\underline{E} = E(1 + \mathrm{j}d_E)$ mit frequenzabhängigem Realteil E und Verlustfaktor d_E (vgl. Abschn. 2.4.1 und Abb. 2.23) beschrieben:

$$K = \alpha \underline{E} x = \frac{\alpha \underline{E}}{\mathrm{j}\omega} v = \left(\frac{\alpha E}{\mathrm{j}\omega} + \frac{\alpha E\, d_E}{\omega} \right) v, \tag{2.311}$$

wobei α eine durch die Federgeometrie bestimmte Konstante ist. Für die Feder F mit parallel liegendem Dämpfer W gilt dagegen

$$K = \left(\frac{1}{\mathrm{j}\omega F} + W \right) v. \tag{2.312}$$

Der Übertragungsfaktor einer erschütterungsisolierenden Aufstellung mit viskoelastischer Feder ergibt sich aus (2.310), wenn man die aus dem Vergleich von (2.311) und (2.312) folgenden Ersetzungen

$$F \rightarrow \frac{1}{\alpha E}, \qquad W \rightarrow \frac{\alpha E \, d_{\mathrm{E}}}{\omega}, \qquad \frac{\omega d_0}{\omega_0} = \omega W F \rightarrow d_{\mathrm{E}} \qquad (2.313)$$

vornimmt:

$$\ddot{u} = \sqrt{\frac{1 + d_{\mathrm{E}}^2}{\left(1 - \frac{\omega^2 M}{\alpha E}\right)^2 + d_{\mathrm{E}}^2}}, \qquad (2.314)$$

worin E und d_{E} im Allgemeinen frequenzabhängig sind. Die Resonanz des ungedämpften Systems liegt bei derjenigen Frequenz ω_0, für die $E/\omega_0 = M/\alpha$ ist. Mit $E(\omega_0) = E_{\mathrm{r}}$ wird aus (2.314)

$$\ddot{u} = \sqrt{\frac{1 + d_{\mathrm{E}}^2}{\left(1 - \frac{\omega^2}{\omega_0^2} \frac{E_{\mathrm{r}}}{E}\right)^2 + d_{\mathrm{E}}^2}}. \qquad (2.315)$$

Im Dispersionsgebiet nimmt der Elastizitätsmodul E mit steigender Frequenz zu. Setzt man als einfache Näherung $E \sim \omega$ an, erhält man mit $d_{\mathrm{E}} = 1$ (Verlustfaktormaximum) für das Übertragungsmaß als Funktion der Frequenz die Kurve (a) in Abb. 2.41, und mit $d_{\mathrm{E}} \sim 1/\omega$, $d_{\mathrm{E}}(\omega_0) = 1$ (Näherung für das Gebiet dicht oberhalb des Verlustfaktormaximums) die etwas günstigere Kurve (b). Liegt die Resonanzfrequenz ω_0 weit außerhalb des Relaxationsgebiets, so ist $E(\omega) \approx$ const. und auch $d_{\mathrm{E}} \approx$ const. Mit $d_{\mathrm{E}} = 0{,}1$ als Beispiel findet man die Übertragungskurve (c) in Abb. 2.41, die unterhalb von $\omega/\omega_0 = \sqrt{2}$ praktisch identisch ist mit der Kurve für $d_0 = 0{,}1$ in Abb. 2.40 und oberhalb in die Kurve für $d_0 = 0$ einmündet, weil d_0 nach (2.313) durch $\omega_0 d_{\mathrm{E}}/\omega$ ersetzt wird. Eine Änderung des Verlustfaktors wirkt sich praktisch nur in der Umgebung der Resonanz aus. Bei der Gestaltung viskoelastischer Federungselemente wird man daher bestrebt sein, Materialien zu benutzen, deren Steifigkeit im fraglichen Bereich möglichst wenig mit der Frequenz ansteigt, deren Verlustfaktor aber möglichst hoch ist. Leider sind dies zwei grundsätzlich widersprüchliche Forderungen, sodass für die Praxis Kompromisslösungen gefunden werden müssen.

Bei allen erschütterungsisolierenden Lagerungen treten bei höheren Frequenzen durch Eigenresonanzen der Federn Einbrüche in der Dämmkurve auf. Diese Übertragungsspitzen stören um so weniger, je höher die Materialdämpfung ist und je höher die tiefste Federresonanz im Vergleich zur Systemresonanz liegt. Man wird daher möglichst kurze und möglichst leichte Federn verwenden.

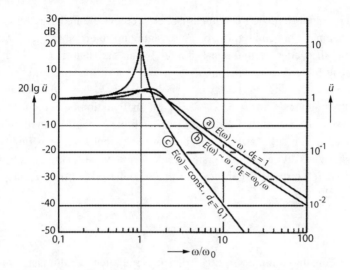

Abb. 2.41 Übertragungsmaß als Funktion der Frequenz für Dämmanordnungen mit viskoelastischen Federn. **a** Beanspruchung im Verlustfaktormaximum, **b** Beanspruchung dicht oberhalb des Verlustfaktormaximums, **c** Beanspruchung außerhalb des Dispersionsgebiets

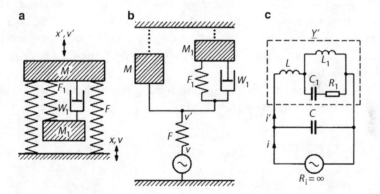

Abb. 2.42 Erschütterungsisolierung mit Hilfssystem. **a** schematische Anordnung des Gesamtsystems. M, F: Hauptsystem; M_1, F_1, W_1: Zusatzsystem, **b** schaltungsmäßige Umzeichnung des Systems (**a**), **c** elektrische Ersatzschaltung nach der 1. Analogie, gewonnen durch formale Dualisierung der Schaltung (**b**)

2.7.2 Erschütterungsisolierung mit Hilfssystem („dynamischer Absorber")

Die starke Resonanzüberhöhung in einfachen Dämmanordnungen mit geringer Dämpfung lässt sich durch Ankopplung eines geeignet dimensionierten Zusatzsystems weitgehend beseitigen. Eine solche Anordnung ist schematisch in Abb. 2.42a dargestellt. Die Masse

M soll gegen das vibrierende Fundament isoliert werden; die Feder F sei als verlustlos angenommen, um bei hohen Frequenzen gute Dämmung zu gewährleisten. Die Hilfsmasse M_1 ist über die Feder F_1 und den Dämpfer W_1 an die Hauptmasse M angekoppelt. Das Fundament führe die Schwingung $x(t) = \hat{x}\,e^{j\omega t}$ aus (Schnelle $v(t) = j\omega x(t)$), die Masse M die Schwingung $x'(t) = \hat{x}'e^{j(\omega t + \varphi)}$ bzw. $v'(t) = j\omega x'(t)$. Gefragt ist wieder nach dem Übertragungsfaktor $\ddot{u} = \hat{x}'/\hat{x} = \hat{v}'/\hat{v}$ als Funktion der Frequenz. (Wie beim einfachen System ist die so definierte Größe $\ddot{u}$ auch gleich dem Kraftverhältnis bei der Übertragung einer von der Masse M ausgeführten Schwingung auf das Fundament.) Die elektrische Ersatzschaltung nach der ersten Analogie (Abb. 2.42c) ergibt sich aus der Umzeichnung (b) durch formale Dualisierung. Dem Schnelleverhältnis $\hat{v}'/\hat{v}$ entspricht hierin das Stromverhältnis

$$\frac{i'}{i} = \frac{\underline{Y}'}{j\omega C + \underline{Y}'},\tag{2.316}$$

wobei $\underline{Y}'$ die Eingangsadmittanz des gestrichelt umrahmten Schaltungsteils ist. Die Impedanz des Hilfskreises (L_1, C_1, R_1) ist in der Umgebung seiner Resonanz hoch, sodass der Strom i' durch L (entspricht der Schnelle v' von M) klein wird. Anders betrachtet: In der Resonanz schwingen M und M_1 gegenphasig, d. h. mit besonders großer Relativamplitude. Die dynamisch wirksame Zusatzmasse wird dadurch in der Resonanz scheinbar vergrößert, weshalb man diese Systeme auch *dynamische Absorber* nennt, oder, weil sie Schwingungsenergie absorbieren, *Tilger*. Die Gegenphasigkeit der Zusatzkraft zur ursprünglichen ist wesentlich für die Effizienz des Tilgers, die Dämpfung des Zusatzkreises ist aber nicht unbedingt nötig.

Quantitativ erhält man aus (2.316) durch Berechnung der Admittanzen beim Übergang zu den analogen mechanischen Größen

$$\frac{v'}{v} = \frac{x'}{x} = \frac{1 - \omega^2 M_1 F_1 + j\omega F_1 W_1}{\omega^4 M_1 F_1 M F - \omega^2 (M_1(F_1 + F) + MF) + 1 + j\omega F_1 W_1 (1 - \omega^2 F(M + M_1))}.\tag{2.317}$$

Führt man die folgenden dimensionslosen Parameter ein:

$$\Omega = \frac{\omega}{\omega_0} = \omega\sqrt{F(M_1 + M)}\tag{2.318}$$

(ω_0 = Resonanzfrequenz des Hauptsystems bei starrer Ankopplung von M_1),

$$p = \sqrt{\frac{F(M + M_1)}{F_1 M_1}}\tag{2.319}$$

(Verhältnis der Resonanzfrequenz des ungedämpften Zusatzsystems zu ω_0), ferner den Kennverlustfaktor

$$d_1 = \frac{W_1}{\omega_0 M_1}\tag{2.320}$$

Abb. 2.43 Übertragungskurven der Anordnung nach
Abb. 2.42 für $M = M_1$ und
$\mu = p^2$ bei verschiedenen
Dämpfungen

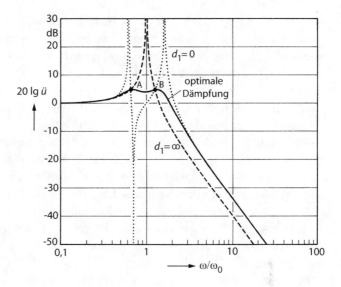

und den Massenfaktor

$$\mu = \frac{M}{M + M_1}, \tag{2.321}$$

so gewinnt man aus (2.317) nach Erweiterung mit p^2 und Betragbildung gemäß (1.48)

$$\ddot{u}^2 = \frac{(\Omega^2 - p^2)^2 + d_1^2 \Omega^2}{(\mu \Omega^4 - (1 + p^2)\Omega^2 + p^2)^2 + d_1^2 \Omega^2 (\Omega^2 - 1)^2}. \tag{2.322}$$

Im Grenzfall $d_1 \to \infty$, d. h. bei starrer Kopplung zwischen M und M_1, ergibt sich mit

$$\ddot{u}^2 = \frac{1}{(\Omega^2 - 1)^2} \tag{2.323}$$

der gleiche Verlauf wie beim einfachen System (Abb. 2.39, 2.40) für $d_0 = 0$. Die Übertragungskurve ist in Abb. 2.43 noch einmal gestrichelt eingezeichnet. Der andere Extremfall ($d_1 = 0$, punktierte Kurve in Abb. 2.43 für $\mu = p^2 = 0{,}5$) führt zu zwei gekoppelten ungedämpften Resonanzsystemen mit zwei Resonanzen unter- und oberhalb von ω_0 und mit einer „Antiresonanz" dazwischen (Näheres über gekoppelte Systeme in Kap. 4).

Bei endlicher Dämpfung verlaufen die Übertragungskurven vollständig zwischen diesen beiden Extremlagen und müssen insbesondere durch die Schnittpunkte A und B gehen. Diese haben für $\mu = p^2$ gleiche Ordinaten, und zwar um so kleinere Werte, je kleiner μ ist, d. h. je größer M_1 im Vergleich zu M ist. In der Praxis wird man die Hilfsmasse höchstens gleich der Hauptmasse wählen, d. h. $\mu = 0{,}5$. Bei hoher Dämpfung tritt nur ein Maximum in der Übertragungskurve zwischen A und B auf, bei kleiner Dämpfung zwei

Maxima außerhalb von A und B. Das Optimum stellt offenbar diejenige Dämpfung dar, bei der die Maxima bei A und B liegen, wenn diese die gleichen Ordinaten haben. Die Rechnung liefert hierfür den Kennverlustfaktor $d_1 = 0{,}624$. Die mit diesem Wert und $\mu = p^2 = 0{,}5$ berechnete Übertragungskurve ist in Abb. 2.43 als durchgezogene Linie eingetragen. Die Resonanzüberhöhung ist im Pegel gegenüber dem unendlich hohen Wert beim ungedämpften einfachen System auf knapp 5 dB gesenkt, der Abfall zu hohen Frequenzen hin erfolgt aber ebenfalls mit 12 dB/Oktave.

Nach Wahl der Resonanzfrequenz ω_0 und des Massenverhältnisses μ sind die weiteren Parameter F_1 und W_1 durch die Optimierungsforderungen ($p^2 = \mu$, $d_1 = 0{,}624$) bestimmt. Allerdings ist der Wert für d_1 nicht sehr kritisch; Abweichungen um $\pm 40\,\%$ vom Bestwert 0,624 erhöhen den maximalen Übertragungspegel um weniger als 3 dB.

Hier sind nur Schwingungen in einer Richtung betrachtet worden. Erschütterungsisolierende Systeme mit Zusatzresonatoren (Tilger) lassen sich jedoch auch so konstruieren, dass neben vertikalen gleichzeitig horizontale Schwingungen und Torsionsschwingungen gedämpft werden.

Die Bedämpfung von Resonanzen durch gleich abgestimmte Zusatzresonatoren wird nicht nur zur Konstruktion erschütterungsisolierender Systeme benutzt. Zum Beispiel beruht auch der *Frahm'sche Schlingertank*,[18] mit dem die Roll- und Stampfbewegungen von Schiffen gemindert werden, auf dem gleichen Prinzip. Das Hauptsystem ist hier das schlingernde Schiff, das Zusatzsystem eine Wassermasse, die zwischen zwei Behältern an Backbord und Steuerbord durch eine als Dämpfer wirkende Engstelle hin- und herströmen kann.

Ein anderes Beispiel ist die Beseitigung des sog. *Wolftons* bei Streichinstrumenten, vor allem Celli. Hier entzieht eine sehr schwach gedämpfte Korpuseigenschwingung der angestrichenen Saite intermittierend Energie und führt zu einem schnarrenden Klang. Die betreffende Korpusschwingung lässt sich sehr wirkungsvoll mit einem an geeigneter Stelle angebrachten kleinen Tilger bedämpfen. Für eine „aktive" Bedämpfung siehe Abschn. 6.2.2.

In der gleichen Weise werden auch Karosserieresonanzen, z. B. in Leichtmetall-Eisenbahnwagen bedämpft und damit die üblichen Entdröhnmaßnahmen (Beschichtung mit absorbierendem Belag) unterstützt.

Eine noch bessere Schwingungsisolierung als mit dem dynamischen Absorber erreicht man mit einem mechanischen Tiefpass, einer kettenförmigen Anordnung von abwechselnd Massen und Federn. Die Übertragungskurve einer N-gliedrigen Tiefpasskette fällt im Dämmbereich theoretisch mit $N \cdot 6$ dB/Oktave ab (Näheres hierzu in Abschn. 4.2.1).

2.8   Spezielle Masse–Feder–Systeme

Mit der in den ersten Abschnitten dieses Kapitels entwickelten Theorie der einfachen Resonanzsysteme lassen sich eine ganze Reihe wichtiger Schwinger behandeln. Der

---

[18] Hermann Frahm, deutscher Schiffbauingenieur (1867–1939).

Frequenzbereich technisch realisierbarer mechanischer Schwingungssysteme aus getrennten Massen und Federn reicht von etwa 10^{-1} Hz (langsam schwingende Pendel, Abschn. 2.8.1) bis in die Gegend von 20 kHz (kleine Tonpilze). Als Beispiele akustischer Resonatoren, die sich durch Masse–Feder-Systeme darstellen lassen, werden in den Abschn. 2.8.2 und 2.8.3 der Tonpilz, der Helmholtzresonator und der Tonraum behandelt.

Bei höheren Frequenzen kommt die Wellenausbreitung ins Spiel; Masse–Feder-Systeme müssten winzige Abmessungen bekommen, damit sie klein zur Wellenlänge bleiben. Höherfrequente mechanische Resonatoren sind daher stets kontinuierliche Systeme (Stäbe, Platten, Luftsäulen usw.), in denen Masse und Federung nicht mehr gegeneinander abzugrenzen sind. In kleineren Frequenzintervallen in der Umgebung einer Resonanz kann man jedoch auch kontinuierliche Systeme in guter Annäherung durch Modelle aus konzentrierten Elementen beschreiben. Beispiele hierfür finden sich in den Abschn. 2.8.4 und 4.3.3.

Elektrische Schwingungssysteme aus Spulen und Kondensatoren lassen sich bis hinab zu Eigenfrequenzen von ebenfalls etwa 10^{-1} Hz aufbauen; dabei wird allerdings die Güte wegen der erforderlichen großen Induktivitäten mit abnehmender Frequenz immer geringer. Die obere Frequenzgrenze liegt wegen der wesentlich größeren Wellenausbreitungsgeschwindigkeit weit höher als in der Mechanik. Resonanzkreise aus konzentrierten Schaltelementen werden bis ins Meterwellengebiet, also bis etwa 300 MHz benutzt. Für noch höhere Frequenzen gibt es auch hier nur „kontinuierliche" Resonatoren, meist Leitungsstücke oder Hohlleiterteile.

2.8.1 Tieffrequente Pendel

Ist für Schwingungsmessungen kein ruhender Bezugspunkt vorhanden, wie z. B. bei der Erdbebenregistrierung, muss man sich einen solchen künstlich schaffen. Meistens bedient man sich dabei der Massenträgheit, indem man an den Körper, dessen Schwingung gemessen werden soll, eine Zusatzmasse möglichst weich ankoppelt und dann die Relativbewegung zwischen ihr und dem schwingenden Körper misst [14].

Im Prinzip hat man damit die gleiche Anordnung vor sich wie in Abb. 2.39a. Das Fundament stellt den Körper dar, dessen Absolutbewegung x zu registrieren ist, M entspricht der künstlichen Bezugsmasse. Ihre absolute Schwingungsamplitude x' soll möglichst klein bleiben, sodass die tatsächlich gemessene Relativbewegung $x - x' \approx x$ wird. Man hat also das Zusatzsystem M, F, W so zu dimensionieren, dass bei den vorkommenden Messfrequenzen $|(x - x')/x| = |1 - x'/x| \approx 1$ wird.

Quantitativ folgt aus (2.307) oder (2.309)

$$1 - \frac{x'}{x} = 1 - \frac{v'}{v} = \frac{\underline{Z}_M}{\underline{Z}_M + \underline{Z}_F + \underline{Z}_W} = \frac{-\omega^2/\omega_0^2}{1 - (\omega^2/\omega_0^2) + j(\omega/\omega_0)d_0} \qquad (2.324)$$

mit $\omega_0 = 1/\sqrt{MF}$ und $d_0 = \omega_0 WF$; Betragbildung führt zu

$$\left| \frac{x - x'}{x} \right| = \frac{1}{\frac{\omega_0}{\omega}\sqrt{\left(\frac{\omega}{\omega_0} - \frac{\omega_0}{\omega}\right)^2 + d_0^2}}. \tag{2.325}$$

Das ist aber, wie der Vergleich mit (2.158) zeigt, die in Abb. 2.13 oben dargestellte Kurvenschar. Zu hohen Frequenzen hin schmiegen sich die Kurven für alle Dämpfungen dem Wert 1 an. Optimal sind relativ hohe Dämpfungen; mit $d_0 \approx 1$ erhält man schon für $\omega > \omega_0/2$ eine leidlich verzerrungsfreie Registrierung.

Für die Aufzeichnung langsamer Schwingungen – bei Erdbeben kommen Periodendauern von 20 s und mehr vor – benötigt man also als Bezugskörper sehr tieffrequente mechanische Systeme und nimmt dazu in der Regel Pendel in verschiedenen Bauformen (Abb. 2.44). Wollte man z. B. eine Schwingungsdauer von 10 s mit einem Fadenpendel (auch *Vertikalpendel* genannt, weil die Schwingungsebene vertikal ist) erreichen, müsste es nach den bekannten Formeln für die Schwingungsdauer T und die Eigenfrequenz ω_0 des mathematischen Pendels

$$T = 2\pi \sqrt{\frac{l}{g}}, \qquad \omega_0 = \sqrt{\frac{g}{l}} \tag{2.326}$$

($g = 9{,}81\,\mathrm{m/s^2}$) eine Länge l von 25 m haben. Auch mit einem vertikal schwingenden Masse–Feder–Pendel (Abb. 2.44b) werden die Abmessungen nicht handlicher: Die Federung F ist gleich dem Verhältnis von Federdehnung Δl zu wirkender Kraft Mg, $F = \Delta l/Mg$, und damit ergibt sich die Eigenfrequenz zu

$$\omega_0 = \frac{1}{\sqrt{MF}} = \sqrt{\frac{g}{\Delta l}}. \tag{2.327}$$

Der Vergleich mit (2.326) zeigt: Wenn das Masse–Feder–Pendel eine Schwingungsperiode von 10 s haben soll, muss sich die Feder unter dem Gewicht der Masse M um 25 m dehnen!

Zu langsam schwingenden Pendeln von handlicher Größe kommt man nur durch weitgehende Kompensation der Schwerkraft („Astasierung"). Dies ist auf verschiedene Weisen möglich. Beim *umgekehrten Pendel* (Abb. 2.44c) ruht die Masse M auf einer Schneiden-gelagerten Stange der Länge l und wird seitlich durch Hilfsfedern mit der Gesamtfederung F' stabilisiert. Die rücktreibende Kraft bei einer kleinen Auslenkung x ist

$$K = \left(\frac{1}{F'} - \frac{Mg}{l}\right) x = \frac{1}{F} x, \tag{2.328}$$

die die Eigenfrequenz bestimmende wirksame Federung F lässt sich also durch geeignete Parameterwahl beliebig groß machen. (Zunehmende Nullpunktinstabilität setzt dem allerdings in der Praxis Grenzen.)

Abb. 2.44 Bauformen langsam schwingender Pendel

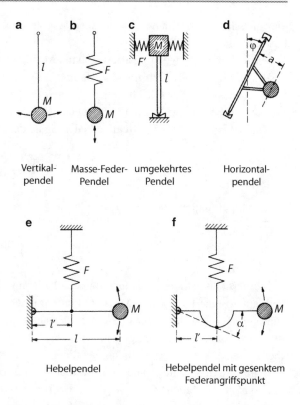

Vertikalpendel   Masse-Feder- umgekehrtes   Horizontalpendel
                   Pendel   Pendel

Hebelpendel   Hebelpendel mit gesenktem
                        Federangriffspunkt

Nach dem Prinzip des stark gedämpften umgekehrten Pendels hat E. Wiechert[19] zu Beginn des vorigen Jahrhunderts die ersten brauchbaren *Horizontalseismographen* zur Messung der Horizontalbewegungen des Erdbodens konstruiert. Die starke Dämpfung bewirkt außer der schon genannten Entzerrung durch Fortfall der Resonanzüberhöhung auch, dass stoßartige Erregungen als solche registriert werden und nicht ein freies Ausschwingen des Systems die Aufzeichnung verfälscht. Bei den frühen – z. T. noch in Betrieb befindlichen – Seismographen wurden die Auslenkungen durch mechanische Hebelübersetzung bis 2000-fach vergrößert und mit feinen Schreibspitzen auf berußtem Papier registriert, was zur Überwindung der damit verbundenen Reibung allerdings tonnenschwere Massen erforderte. Die Wiechert'schen Seismographen können noch heute in der „Historischen Erdbebenwarte" in Göttingen besichtigt werden. In modernen Seismographen lassen sich bei reibungsfreier Messung (optische Abtastung mit fotografischer Registrierung, elektromagnetische oder piezoelektrische Messwertwandler mit Trägerfrequenzverfahren und Magnetbandaufzeichnung o. ä.) mit Massen von etwa 1 kg Vergrößerungen bis zu 10^6 erzielen.

Viele Horizontalseismographen enthalten ein *Horizontalpendel* (Abb. 2.44d) als Bezugsmasse. Die Achse ist um einen kleinen Winkel φ gegen die Vertikale geneigt, sodass

---

[19] Emil Wiechert, deutscher Geophysiker (1861–1928).

die äquivalente Pendellänge $l' = a/\sin\varphi$ sehr groß wird und die Schwingungsebene fast horizontal liegt.

Vertikalschwingungen registriert man mit Masse–Feder–Pendeln, die man zur Senkung der Eigenfrequenz als *Hebelpendel* ausführt (Abb. 2.44e). Senkt man die Masse M um eine Strecke x aus der Gleichgewichtslage, wird die Feder F um $x' = xl'/l$ gedehnt. Von der am Federangriffspunkt auftretenden Rückstellkraft $K' = x'/F$ wirkt auf M der Bruchteil $K = K'l'/l$. Die effektive Federung ist daher

$$F' = \frac{x}{K} = F\frac{l^2}{l'^2} \tag{2.329}$$

und die Eigenfrequenz des Hebelpendels

$$\omega_0 = \frac{1}{\sqrt{MF}}\frac{l'}{l}. \tag{2.330}$$

Bei Vertikalseismographen legt man den Federangriffspunkt in der Regel tiefer als die Verbindungslinie Drehpunkt–Masse (Abb. 2.44f). Dadurch verkürzt sich bei einer Senkung der Masse M der Hebelarm l', die Rückstellkraft wächst schwächer als proportional zum Ausschlag, und ω_0 wird gegenüber dem Wert in (2.330) niedriger. Diese Pendel sind aber schon bei kleinen Amplituden nichtlinear.

Extrem tieffrequente Pendel braucht man auch in der Flugnavigation als künstlichen Horizont. Völlig unempfindlich gegen Horizontalbeschleunigungen seines Aufhängepunkts wäre ein Vertikalpendel mit einer Schwingungsdauer von 84,3 min; als Fadenpendel hätte es die Länge des Erdradius. Für die Praxis stellen präzedierende Kreisel mit Präzessionsdauern von mehreren Minuten brauchbare Näherungen dar.

Das von Musikern als Taktgeber benutzte *Metronom* ist ein umgekehrtes Pendel mit Uhrwerkantrieb.

2.8.2 Tonpilz

Ebenso wie für die Messung fehlt oft auch für die Erzeugung mechanischer Schwingungen die Gegenmasse, nämlich dann, wenn der Schwinger frei beweglich sein muss. In solchen Fällen wird das eine unendlich große Masse darstellende Fundament durch eine endliche Masse ersetzt, die im Allgemeinen von gleicher Größenordnung ist wie die Schwingermasse selbst, sodass man ihre Bewegung nicht vernachlässigen kann. Man kommt damit zu der in Abb. 2.45 schematisch dargestellten Anordnung: Zwei durch eine Feder F miteinander verbundene Massen M_1 und M_2, wenn man von einer Dämpfung absieht. Ein solches System nennt man einen *Tonpilz*. M_1 und M_2 schwingen gegenphasig mit solchen Amplituden, dass der Schwerpunkt in Ruhe bleibt. Das elektrische Ersatzschaltbild, nach der ersten Analogie die Parallelschaltung zweier Spulen L_1, L_2 und eines Kondensators C, zeigt, dass L_1 und L_2 zu einer einzigen Induktivität L zusammenzufassen sind, und

Abb. 2.45 Tonpilz und elektrisches Ersatzschaltbild nach der 1. Analogie

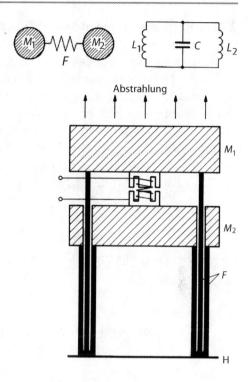

Abb. 2.46 Tonpilz mit „gefalteter" Feder als Wasserschallsender (schematisch). Anregung elektromagnetisch

zwar ist $1/L = 1/L_1 + 1/L_2 = L_1 L_2/(L_1 + L_2)$. Dementsprechend verhält sich der Tonpilz wie ein Masse–Feder–System mit der Masse

$$M = \frac{M_1 M_2}{M_1 + M_2} \tag{2.331}$$

und der Resonanzfrequenz $\omega_0 = 1/\sqrt{MF}$.

Tonpilze mit longitudinal schwingenden Stäben als Feder stellen sehr robuste Systeme dar, die vor allem eine hohe mechanische Impedanz besitzen und sich daher z. B. als Wasserschallsender eignen. Abb. 2.46 zeigt schematisch einen Schnitt durch eine früher viel benutzte Anordnung mit „gefalteter" Feder. Die Massen M_1, M_2 werden elektromagnetisch zu gegenphasigen Schwingungen erregt. An M_1 sind als Federn vier Stahlstäbe, an M_2 vier diese Stäbe umschließende und unten mit ihnen verbundene Rohre angebracht. Sie sind so dimensioniert, dass die Fußpunkte schwingungsfrei bleiben und sich der Tonpilz daher in ihrer Ebene H haltern lässt.

Schwinger dieser Art werden stets in Resonanz betrieben, weil nur dann der Wirkungsgrad genügend hoch ist. Eine Frequenzvariation ist in beschränktem Maß durch Aufschrauben von Zusatzmassen und die dadurch bewirkte Änderung der Resonanzfrequenz möglich. Als Wasserschallsender sind diese Generatoren durch die in vieler Hinsicht besseren piezoelektrischen Keramiken und durch magnetostriktive Wandler verdrängt worden (Abschn. 3.3 und 3.6).

2.8.3 Helmholtzresonator und Tonraum

Resonatoren für Luftschall enthalten schwingende Luftmassen. Beim *Helmholtzresonator*[20] (Abb. 2.47), einem (hier kugelförmigen) Hohlraum mit angesetztem „Hals", bewegt eine auftreffende Schallwelle den „Luftpfropfen" im Hals ohne nennenswerte Deformation hin und her; der Luftpfropfen verhält sich also wie eine Masse, während die Luft im Hohlraum, die nicht ausweichen kann, als Federung wirkt.

Eine Druckänderung $\mathrm{d}p$ (Kraft $\mathrm{d}K = S\,\mathrm{d}p$, S = Querschnitt des Halses) verschiebe die Luftteilchen im Hals um $\mathrm{d}x$ (Volumenänderung $\mathrm{d}V = S\,\mathrm{d}x$). Dann ist die Federung des Hohlraumvolumens V_0 gegeben durch

$$F = -\frac{\mathrm{d}x}{\mathrm{d}K} = -\frac{\mathrm{d}V}{S^2\mathrm{d}p}. \tag{2.332}$$

Die Zustandsänderungen mögen so schnell verlaufen, dass das Adiabatengesetz gilt:

$$pV^\kappa = \text{const.}, \qquad \frac{\mathrm{d}V}{\mathrm{d}p} = -\frac{V}{\kappa p} \tag{2.333}$$

(κ = Verhältnis der spezifischen Wärmen). Bei kleinen Amplituden ändern sich p und V wenig; es gilt daher in guter Näherung

$$\frac{\mathrm{d}V}{\mathrm{d}p} = -\frac{V_0}{\kappa\,p_0} \tag{2.334}$$

(p_0 = statischer Druck). Ein Hohlraum mit dem Volumen V_0 und der Öffnungsfläche S stellt also für adiabatisch verlaufende Schwingungen kleiner Amplitude eine Federung dar mit dem Wert

$$F = \frac{V_0}{\kappa\,p_0\,S^2}. \tag{2.335}$$

Die Masse des Luftpfropfens ist

$$M = \rho\,l\,S \tag{2.336}$$

(ρ = Luftdichte, l = Länge des Halses). Der Helmholtzresonator hat also die Resonanzfrequenz

$$\omega_0 = \frac{1}{\sqrt{MF}} = \sqrt{\frac{\kappa\,p_0\,S}{\rho\,l\,V_0}} = c\sqrt{\frac{S}{l\,V_0}}, \tag{2.337}$$

wobei $c = \sqrt{\kappa\,p_0/\rho}$ die (adiabatische) Schallgeschwindigkeit ist.

---

[20] Hermann (Ludwig Ferdinand) von Helmholtz, deutscher Physiker und Physiologe (1821–1894).

Abb. 2.47 Helmholtz-
resonator

Die strenge Aufteilung des gesamten Luftvolumens im Helmholtzresonator in Masse und Federung stellt natürlich eine Idealisierung dar. Bei genauerer Rechnung sind die obigen Formeln durch eine *Mündungskorrektur* zu ergänzen, die das Ein- und Ausströmen der Luft an beiden Halsenden berücksichtigt und vor allem bei kleinen Längen l eine Rolle spielt. Bei rundem Hals mit dem Radius R ist l durch $l + \pi R / 2$ zu ersetzen. Auch die Dämpfung des Resonators (durch Luftreibung im Hals, Mitschwingen der Wände, Wärmeableitung und Abstrahlung) ist nicht berücksichtigt.

In der Form von Messinghohlkugeln mit angesetztem Hals und einer zusätzlichen Öffnung, die man ans Ohr hält, hat Helmholtz einen Satz solcher Resonatoren zur subjektiven qualitativen Klanganalyse benutzt. Heute sind Helmholtzresonatoren in abgewandelter Form z. B. in der Raumakustik wichtig: Um die Nachhallzeit bei tiefen Frequenzen zu senken, setzt man Loch- oder Schlitzplatten in einigem Abstand vor die Wände; jede Öffnung bildet mit dem dahinter befindlichen Luftvolumen einen Helmholtzresonator. Die Dämpfung der Resonatoren wird meistens durch zusätzlich in den Öffnungen angebrachte poröse Stoffe erhöht und so bemessen, dass der Reflexionsfaktor der gesamten Anordnung bei der Resonanzfrequenz gleich Null wird.

In der obigen Herleitung ist der Helmholtzresonator im Kontakt mit dem unendlich großen Außenraum betrachtet worden. Ist der Resonator mit einem endlichen Volumen abgeschlossen, erhält man einen *Tonraum* (Abb. 2.48): Zwei Volumina V_1 und V_2, die durch einen Kanal von der Länge l und dem Querschnitt S miteinander verbunden sind. Dieser Übergang vom Helmholtzresonator zum Tonraum steht in enger Analogie zum Übergang vom Masse–Feder–System zum Tonpilz. Ebenso wie sich bei diesem die reziproken Einzelmassen zur reziproken effektiven Gesamtmasse addieren, summieren sich hier die reziproken Volumina zum reziproken Effektivvolumen V:

$$\frac{1}{V} = \frac{1}{V_1} + \frac{1}{V_2}. \tag{2.338}$$

Ersetzt man V_0 durch diesen Wert V, gelten die (2.335) bis (2.337) auch für den Tonraum.

Der Tonraum stellt gegenüber dem Helmholtzresonator ein abgeschlossenes System dar. Das ist für Messzwecke vorteilhaft, weil die Strahlungsdämpfung entfällt und man äußere Störungen klein halten kann. Aus diesem Grunde misst man die Schalldämpfung in Rohren, akustische Relaxationsprozesse usw. häufig in abgeschlossenen Resonanzsystemen.

Abb. 2.48 Tonraum

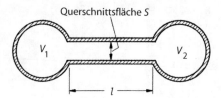

2.8.4   Reduktion einer schwingenden Membran auf ein Masse–Feder–System

Die strenge mathematische Behandlung von kontinuierlichen Systemen führt auf partielle Differenzialgleichungen, die mit den jeweiligen Randbedingungen zu lösen sind. Für viele praktische Anwendungen ist diese Berechnung jedoch unnötig aufwendig. Geometrisch einfache Schwinger lassen sich häufig auf ein Masse–Feder–System zurückführen. Dies sei am Beispiel der homogenen, ebenen, am Rande eingespannten kreisförmigen Membran bzw. Platte gezeigt [15].

Bis zur Grundresonanz ist die örtliche Amplitudenverteilung auf der Membran radialsymmetrisch und annähernd gleich der statischen Durchbiegung unter einem einseitigen Überdruck. Da der Schwingungszustand der ganzen Membran durch den des Mittelpunkts bestimmt ist, verhält sich die Membran ebenso wie ein elastisch gehaltener Massenpunkt, der mit der gleichen Amplitude schwingt wie der Membranmittelpunkt und in jedem Moment die gleiche potentielle und kinetische Energie besitzt wie die ganze Membran. Zur Berechnung der Masse M und der Federung F des äquivalenten Ersatzsystems muss die „Durchbiegungsform" $f(r)$ der Membran bekannt sein. Sie ist gleich der (zur Normierung) durch die Mittelpunktselongation $\widehat{y}_0$ dividierten örtlichen Amplitudenverteilung. Die Membranschwingung wird dann beschrieben durch

$$y(r,t) = \widehat{y}_0 \, f(r) \sin \omega t, \qquad (2.339)$$

die Schnelle durch

$$\dot{y}(r,t) = \omega \, \widehat{y}_0 \, f(r) \cos \omega t. \qquad (2.340)$$

Die maximale kinetische Energie der Membran (Radius R, Dicke d, Dichte ρ) ist

$$E_{\text{kin}} = \frac{1}{2} \int\limits_0^R \widehat{y}^2(r)\rho \, d \, 2\pi r \, \mathrm{d}r = \frac{1}{2} \widehat{y}_0^2 \, \omega^2 \left[2\pi \rho \, d \int\limits_0^R f^2(r) \, r \, \mathrm{d}r \right], \qquad (2.341)$$

für die äquivalente Masse M des Masse–Feder–Systems ergibt sich also

$$M = 2\pi \rho \, d \int\limits_0^R f^2(r) \, \mathrm{d}r. \qquad (2.342)$$

Vergleicht man diesen Wert mit der Membranmasse $\pi R^2 \rho\, d$, ergibt sich der *Massenfaktor* μ zu

$$\mu = \frac{2}{R^2} \int\limits_0^R f^2(r)\, r\, \mathrm{d}r. \tag{2.343}$$

μ gibt an, welcher Bruchteil der Membranmasse dynamisch wirksam ist.

Zur Berechnung der äquivalenten Federung F muss man unterscheiden zwischen einer Membran (ohne Biegesteife) und einer Platte (mit Biegesteife). Die Membran erhält ihre Elastizität durch eine konstante radiale Zugspannung P. Die maximale potentielle Energie einer *Membran* ist gegeben durch

$$E_{\mathrm{pot}} = \frac{1}{2} P \int\limits_0^R \left(\frac{\mathrm{d}\widehat{y}}{\mathrm{d}r}\right)^2 2\pi r\, \mathrm{d}r = \frac{1}{2} \widehat{y}_0^2 \left[2\pi P \int\limits_0^R \left(\frac{\mathrm{d}f}{\mathrm{d}r}\right)^2 r\, \mathrm{d}r \right], \tag{2.344}$$

für die äquivalente Federung F gilt also

$$\frac{1}{F} = 2\pi P \int\limits_0^R \left(\frac{\mathrm{d}f}{\mathrm{d}r}\right)^2 r\, \mathrm{d}r. \tag{2.345}$$

Bei einer *Platte* mit dem Elastizitätsmodul E und der Querkontraktionszahl σ ist

$$E_{\mathrm{pot}} = \frac{1}{2} \widehat{y}_0^2 \frac{d^3 E}{12(1-\sigma^2)} \int\limits_0^R 2\pi r \left(\frac{\mathrm{d}^2 f}{\mathrm{d}r^2} + \frac{1}{r}\frac{\mathrm{d}f}{\mathrm{d}r}\right)^2 \mathrm{d}r \tag{2.346}$$

und daher

$$\frac{1}{F} = \frac{\pi d^3 E}{6(1-\sigma^2)} \int\limits_0^R \left(\frac{\mathrm{d}^2 f}{\mathrm{d}r^2} + \frac{1}{r}\frac{\mathrm{d}f}{\mathrm{d}r}\right)^2 r\, \mathrm{d}r. \tag{2.347}$$

Diese Berechnungen spielen in der Elektroakustik eine Rolle, denn viele Mikrofone und Lautsprecher enthalten Membranen. Befindet sich hinter der Membran ein abgeschlossenes Luftvolumen, stellt dieses einen zusätzlichen Federungswiderstand für die Membranschwingung dar. Die Größe dieser Zusatzfederung hängt vom Volumen der Luftkammer und vom *Deformationsvolumen* V_{D} der Membran ab. Es ist das Volumen, das die Membran von der Ruhelage bis zur maximalen Auslenkung verdrängt:

$$V_{\mathrm{D}} = \widehat{y}_0 \int\limits_0^R f(r)\, 2\pi r\, \mathrm{d}r. \tag{2.348}$$

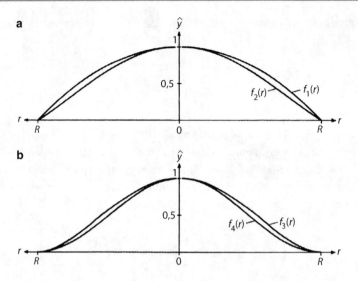

Abb. 2.49 Durchbiegungsformen von am Rand eingespannten Membranen (**a**) und Platten (**b**) [15]

Man bezieht V_D auf das Deformationsvolumen $\pi R^2 \widehat{y}_0$ einer gleichgroßen Kolbenmembran, die mit der Mittelpunktsamplitude $\widehat{y}_0$ schwingt, und nennt dieses Verhältnis den *Flächenfaktor*

$$\tau = \frac{V_D}{\pi R^2 \widehat{y}_0} = \frac{2}{R^2} \int\limits_0^R f(r) r \, dr. \tag{2.349}$$

Bei einer eingespannten Membran ist an $f(r)$ die Forderung $f(R) = 0$ zu stellen, bei einer eingespannten Platte zusätzlich $df/dr = 0$ für $r = R$. In Abb. 2.49 sind oben zwei Durchbiegungsformen für eine Membran, unten zwei für eine Platte dargestellt:

$$f_1(r) = 1 - \left(\frac{r}{R}\right)^2, \tag{2.350}$$

$$f_2(r) = J_0\left(2{,}405 \frac{r}{R}\right), \tag{2.351}$$

$$f_3(r) = 1 - 2\left(\frac{r}{R}\right)^2 + \left(\frac{r}{R}\right)^4, \tag{2.352}$$

$$f_4(r) = 0{,}287 + 0{,}713 \, J_0\left(3{,}83 \frac{r}{R}\right) \tag{2.353}$$

(J_0 = Besselfunktion nullter Ordnung, s. Abb. 1.29). Die mit diesen Funktionen berechneten Werte von μ, F und τ sind in Tab. 2.2 zusammengestellt. Für Membranschwingungen ist $\mu = 1/3$ bis $1/4$, $\tau = 1/2$ bis $1/3$, und für Plattenschwingungen $\mu = 1/5$ bis $1/6$, $\tau = 1/3$ bis $1/4$.

Tab. 2.2 Parameter der in Abb. 2.49 dargestellten Durchbiegungsformen von Membranen und Platten

$f(r)$	μ	F	τ
$f_1(r)$	1/3	$\frac{1}{2P}$	1/2
$f_2(r)$	0,27	$\frac{1}{1,56P}$	0,43
$f_3(r)$	1/5	$\frac{9}{16}\frac{R^2(1-\sigma^2)}{\pi d^3 E}$	1/3
$f_4(r)$	0,165	$0,675\frac{R^2(1-\sigma^2)}{\pi d^3 E}$	0,29

2.8.5 Schwingförderer

Ein einfacher mechanischer Schwingungsmechanismus, der in der industriellen Fertigung zur geordneten Zuführung von Kleinteilen viel benutzt wird, ist der *Schwingförderer* [16] (Abb. 2.50). Eine zylindrische Trommel T ist durch schrägstehende Blattfedern F mit einer schweren Grundplatte G verbunden. Eine elektromagnetische oder pneumatische Anregung A versetzt die Trommel in eine kombinierte Dreh- und Vertikal-Resonanzschwingung. Durch das Zusammenwirken von Reibungs- und Beschleunigungskräften gleiten oder hüpfen die Kleinteile auf einer schraubenförmig an der Innenseite der Trommel angebrachten Bahn B nach oben und werden durch einen Auslaufstutzen S der Weiterverarbeitung zugeführt. Die Schwingförderer bieten gegenüber anderen Vorrichtungen vor allem den Vorteil, dass jedes Teil gesondert transportiert wird. Die Stücke schieben sich daher nicht gegenseitig und können deshalb unabhängig von Form und Größe in nahezu allen Stellungen fortbewegt werden. Durch die Schwingung gelangen die Teile aus dem ungeordnet in die Trommel geschütteten Vorrat selbsttätig auf die Förderrinne und lassen sich dabei durch einfache Zusatzeinrichtungen sortieren und in die richtige Lage bringen.

Der Bewegungsablauf sei anhand von Abb. 2.51 erläutert. Die Bahn B ist um einen Winkel α gegen die Horizontale, die Blattfeder um den *Federwinkel* γ gegen die Vertikale geneigt. Die Schwingungsrichtung eines Bahnpunkts steht senkrecht auf der Ebene der Blattfeder und schließt daher mit der Bahn den *Schwingungswinkel* $\beta = \gamma - \alpha$ ein. Die Tangentialkomponente der Schwingungsamplitude sei $\widehat{x}$, die Normalkomponente $\widehat{y}$. Bei einer harmonischen Schwingung mit der Kreisfrequenz ω haben also die Beschleunigungskomponenten die Amplituden $\widehat{b}_x = \omega^2\widehat{x}$ bzw. $\widehat{b}_y = \omega^2\widehat{y}$.

Man erwartet, dass das Fördergut bei kleinen Schwingungsamplituden die Bahnbewegung mitmacht, also nicht transportiert wird. Eine genauere Betrachtung der auftretenden Kräfte zeigt, dass dies der Fall ist, solange

$$\frac{\widehat{b}_x}{g} < \frac{\mu\cos\alpha + \sin\alpha}{1 + \mu\tan\beta} \approx \frac{\mu + \alpha}{1 + \mu\tan\beta} \tag{2.354}$$

bleibt (g = Erdbeschleunigung, μ = Haftreibungskoeffizient der Teile auf der Bahn). Wenn hingegen die Normalkomponente der Beschleunigung größer wird als g, müssen die Teile von der Bahn abheben. Für kleine Winkel α (in der Praxis arbeitet man mit $\alpha = 2\ldots 5°$)

Abb. 2.50 Skizze eines Schwingförderers mit elektromagnetischer Anregung

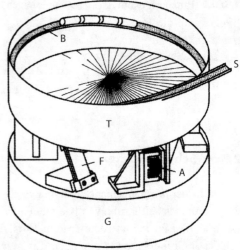

Abb. 2.51 Schematische Skizze zum Bewegungsablauf im Schwingförderer

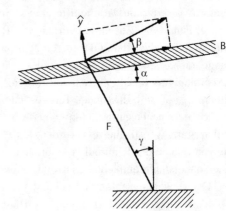

bedeutet dies $\widehat{b}_y > g$ oder

$$\frac{\widehat{b}_x}{g} > \cot\beta. \tag{2.355}$$

In dem dazwischenliegenden Amplitudenbereich

$$\frac{\mu + \alpha}{1 + \mu\tan\beta} < \frac{\widehat{b}_x}{g} < \cot\beta \tag{2.356}$$

wird die Haftreibung periodisch überwunden, sodass die Teile zeitweise gleiten. Weil dies naturgemäß bei der Abwärtsbewegung der Rinne eher geschieht als bei ihrer Aufwärtsbewegung, resultiert insgesamt ein Aufwärtsgleiten.

Die Transportgeschwindigkeit ist unabhängig von der Masse und erreicht ihr Maximum, wenn die Einzelkörper in jeder Schwingungsperiode die Bahn nur kurz im Zeitpunkt größter Aufwärtsbeschleunigung berühren. Sie springen dann in Parabelbögen nach oben. Bei einem optimal eingestellten Schwingförderer liegt der „Geschwindigkeitswirkungsgrad", das Verhältnis der Transportgeschwindigkeit zur Maximalschnelle $\omega \hat{x}$ der Förderbahn, bei 0,4 bis 0,8. Die Teile legen dann je Schwingungsperiode in Bahnrichtung eine Strecke zurück, die gleich dem 2,5- bis 5-fachen der Elongationsamplitude $\hat{x}$ ist.

Literatur

1. *D. C. Champeney*: Fourier Transforms and their Physical Applications. Academic Press 1973, ISBN: 978-012-167450-2.

2. *F. S. Crawford, Jr.*: Schwingungen und Wellen. Berkeley Physik Kurs, Band 3. Vieweg, 3. Aufl. 1989, ISBN: 978-3528283537. Taschenbuch 2013.

3. *W. Sommer*: Elastisches Verhalten von Polyvinylchlorid bei statischer und dynamischer Beanspruchung. Kolloid-Z. 167 (1959) 97–131.

4. *J. Titus*: *Pin down* key OTDR specs. Test & Measurement Europe (Aug./Sep. 2001) 23–27.

5. *R. Feldtkelller*: Duale Schaltungen in der Nachrichtentechnik. Georg Siemens Verlagsbuchhandlung, Berlin 1948.

6. *H. J. Tafel, H. Schaedel*: Analogien zwischen elektrischen und fluidischen Bauelementen und Netzwerken. Frequenz 23 (1969) 68–73.

7. *H. F. Olson*: Solutions of Engineering Problems by Dynamical Analogies. Van Nostrand, 2nd ed. 1966. ISBN: 978-0442062903.

8. *W. Reichardt*: Grundlagen der Technischen Akustik. Geest & Portig 1968.

9. *F. A. Fischer*: Grundzüge der Elektroakustik. Fachverlag Schiele & Schön, Berlin, 2. Aufl. 1959.

10. *L. Cremer, M. Hubert*: Vorlesungen über Technische Akustik. Springer-Verlag, 4. Aufl. 1990, ISBN: 3-540-52480-0.

11. *E. Zwicker, M. Zollner*: Elektroakustik. Springer-Verlag, 3. Aufl. 1993, Nachdruck 2003. ISBN: 978-3-540-64665-5.

12. *F. V. Hunt*: Electroacoustics. Harvard University Press 1954; Reprint: American Institute of Physics 1982, ISBN: 0-88318-401-X.

13. *J. C. Snowdon*: Vibration and Shock in Damped Mechanical Systems. Wiley 1968, ISBN: 978-0471810001, online 2007.

14. *S. Flügge* (Herausg.): Handbuch der Physik, Bd. 47: Geophysik 1. Springer-Verlag 1957.

15. *W. Wien, F. Harms* (Herausg.): Handbuch der Experimentalphysik, Bd. 17, 2. Teil: Technische Akustik, erster Teil, S. 16–23. Geest & Portig 1934.

16. *H. G. de Cock*: Schwingförderer. Philips Techn. Rundschau 24 (1962/63) 88–100.

Elektromechanische Wandler

3

Zusammenfassung

Zur Umwandlung elektrischer in mechanische Schwingungen und umgekehrt benutzt man elektromechanische Wandler, z. B. Lautsprecher und Mikrofone. Für die wichtigsten Typen, die elektrodynamischen, piezoelektrischen, dielektrischen, elektromagnetischen und magnetostriktiven Wandler werden die Sende- und Empfangseigenschaften behandelt und die Unterschiede als transformatorische oder gyratorische Wandler mit ihren Vierpoldarstellungen erläutert. Neben Messwandlern für mechanische Impedanzen werden auch sonstige Anwendungen von Gyratoren beschrieben.

3.1 Vorbemerkung

Mechanische Schwingungen werden fast ausschließlich auf dem Umweg über elektrische Größen gemessen und vielfach auch erzeugt. Die Umsetzung der mechanischen Schwingungen in elektrische und umgekehrt erfolgt in den *elektromechanischen Wandlern*, deren wichtigste Typen in diesem Kapitel behandelt werden. Ausführlichere Darstellungen findet man in speziellen Lehrbüchern [1–4].

Jeder elektromechanische Wandler lässt sich als *Vierpol* (auch *Zweitor* genannt) darstellen. Beim *Sender* (Abb. 3.1a) sind Spannung u und Strom i auf der elektrischen Seite die Eingangsgrößen, Kraft K und Schnelle v die Ausgangsgrößen. Beim elektromechanischen *Empfänger*, der in der Schwingungsmesstechnik auch *Geber* genannt wird (Abb. 3.1b), stellt die mechanische Seite den Eingang und die elektrische den Ausgang dar. Viele Wandler sind *reversibel*, d. h. sie lassen sich als Sender und auch als Empfänger betreiben; einige, z. B. Kohlemikrofon und Dehnmessstreifen, sind nicht reversibel.

Die mechanischen und die elektrischen Größen sind bei den einzelnen Wandlertypen in verschiedener Weise miteinander verknüpft. Beim elektrodynamischen Wandler ist die

© Springer Fachmedien Wiesbaden 2016
D. Guicking, *Schwingungen*, DOI 10.1007/978-3-658-14136-3_3

Abb. 3.1 Elektromechanische
Wandler in Vierpol- (Zweitor-)
Darstellung als Sender (**a**) und
als Empfänger (**b**)

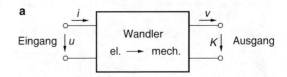

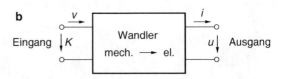

Kraft dem Strom und die Schnelle der Spannung, beim piezoelektrischen Wandler die
Kraft der Spannung und die Schnelle dem Strom proportional. Bei allen anderen Typen ist
die Kraft dem Quadrat einer elektrischen Größe proportional; zur Linearisierung ist dann
ein überlagertes elektrisches oder magnetisches Gleichfeld nötig.

3.2 Elektrodynamische Wandler

Die meisten Lautsprecher, dynamische Mikrofone, dynamische Tonabnehmer, dynamische Schütteltische usw. arbeiten nach dem *elektrodynamischen Prinzip*.

Zunächst sei ein idealisierter Fall betrachtet. Fließt ein Strom i durch einen wider-
standslosen Leiter der Länge l, der sich in einem Magnetfeld mit der Flussdichte B
senkrecht zum Leiter befindet, so wirkt auf ihn die Kraft

$$K = B\,l\,i. \tag{3.1}$$

Bewegt sich dabei der Leiter mit einer Geschwindigkeit v, ist zur Aufrechterhaltung des
Stroms i eine solche Spannung u nötig, dass die mechanische Leistung gleich der elektrischen ist:

$$Kv = u\,i. \tag{3.2}$$

Aus (3.1) und (3.2) folgt für die Spannung u, die an dem Leiter entsteht, wenn er mit der
Geschwindigkeit v bewegt wird,

$$u = B\,l\,v \tag{3.3}$$

Das *Kraftgesetz* (3.1) und das *Bewegungsgesetz* (3.3) sind die Grundgleichungen des elektrodynamischen Wandlers. Sie lassen sich in Matrizenform zusammenfassen:

$$\begin{pmatrix} u \\ i \end{pmatrix} = \begin{pmatrix} 0 & \alpha_{\mathrm{d}} \\ \frac{1}{\alpha_{\mathrm{d}}} & 0 \end{pmatrix} \begin{pmatrix} K \\ v \end{pmatrix} \tag{3.4}$$

und

$$\begin{pmatrix} K \\ v \end{pmatrix} = \begin{pmatrix} 0 & \alpha_d \\ \frac{1}{\alpha_d} & 0 \end{pmatrix} \begin{pmatrix} u \\ i \end{pmatrix} \tag{3.5}$$

mit dem *elektromechanischen Umsetzungsfaktor* (auch *Wandlerkonstante* genannt) $\alpha_d = B\,l$. Dies sind die Vierpolgleichungen des idealisierten elektrodynamischen Wandlers, in denen die Eingangsgrößen u und i (bzw. K und v) mit den Ausgangsgrößen K und v (bzw. u und i) durch die *Kettenmatrix* verknüpft sind.

Die Determinante dieser Kettenmatrix hat den Wert -1. Vierpole mit dieser Eigenschaft nennt man *Gyratoren*. Darin, dass die Determinante dem Betrag nach gleich eins ist, drückt sich aus, dass der Vierpol leistungssymmetrisch ist ((3.2)). Das Minuszeichen deutet auf eine Vorzeichenunsymmetrie in den beiden Übertragungsrichtungen hin, die in diesem Beispiel auf folgende Weise entsteht: Schickt man einen Strom durch den Leiter, so ist die Richtung der Kraft durch Strom- und Magnetfeldrichtung nach der bekannten Dreifingerregel festgelegt. Schaltet man den Strom ab und bewegt den Leiter in der Richtung dieser Kraft, entsteht eine Spannung, deren Richtung der ursprünglichen Stromrichtung entgegengesetzt ist.

Alle Wandler, die mit Magnetfeldern arbeiten, gehören dem *gyratorischen Typ* an, d. h. in der idealisierten Form des Wandlers hat die Determinante der Kettenmatrix den Wert -1; bei allen Wandlern mit elektrischen Feldern hat dagegen diese Determinante den Wert $+1$. Da dies das Kennzeichen eines idealen Transformators ist, spricht man bei den letzteren Wandlern vom *transformatorischen Typ*. Näheres über rein mechanische, rein elektrische und elektromechanische Transformatoren und Gyratoren findet sich in Abschn. 3.9.

Elektrodynamische Wandler haben den in Abb. 3.2 schematisch dargestellten Aufbau. In dem Ringspalt eines zylindrischen Permanentmagneten mit dem sehr homogenen radialen Magnetfeld der Flussdichte B kann eine Tauchspule (Induktivität L, ohmscher Widerstand R) in axialer Richtung schwingen. An die Spule ist ein mechanisches Übertragungssystem gekoppelt (Papierkonus beim Lautsprecher, Membran beim Mikrofon, Diamant- oder Saphirspitze beim Tonabnehmer, Platte beim Schütteltisch, Koppelstück beim Schwingererreger („Shaker")). Die Masse der beweglichen mechanischen Teile sei M, die elastische Halterung habe die Federung F und die Reibung W.

In den Grundgleichungen (3.1) und (3.3) ist weder die elektrische Impedanz

$$\underline{Z}_{ei} = R + j\omega L \tag{3.6}$$

der Tauchspule (Indizes: e $\widehat{=}$ elektrisch, m $\widehat{=}$ mechanisch, i $\widehat{=}$ innen, a $\widehat{=}$ außen), noch die Impedanz des mechanischen Schwingungssystems

$$\underline{Z}_{mi} = j\omega M + \frac{1}{j\omega F} + W \tag{3.7}$$

Abb. 3.2 Schema des elektrodynamischen Wandlers

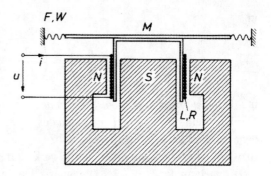

enthalten. Beide Grundgleichungen sind daher für den realen elektrodynamischen Wandler entsprechend zu ergänzen. Die beim Sendebetrieb von außen angelegte Spannung $\underline{u}$ ist gleich der Summe aus dem Spannungsabfall an der Tauchspule und der durch die Bewegung induzierten Gegenspannung nach (3.3):

$$\underline{u} = \underline{Z}_{\text{ei}}\, \underline{i} + \alpha_{\text{d}}\, \underline{v}. \tag{3.8}$$

Von der durch den Sendestrom $\underline{i}$ erzeugten Kraft $\alpha_{\text{d}}\underline{i}$ fällt der Teil $\underline{Z}_{\text{mi}}\underline{v}$ am mechanischen Innenwiderstand des Wandlers ab, der Rest ist die nach außen wirksam werdende Kraft $\underline{K}$:

$$\alpha_{\text{d}}\underline{i} = \underline{Z}_{\text{mi}}\, \underline{v} + \underline{K}. \tag{3.9}$$

(3.8) und (3.9) des realen elektrodynamischen Senders lassen sich nach Umformung in Matrizenschreibweise zusammenfassen:

$$\begin{pmatrix} \underline{u} \\ \underline{i} \end{pmatrix} = \begin{pmatrix} \frac{Z_{\text{ei}}}{\alpha_{\text{d}}} & \alpha_{\text{d}} + \frac{Z_{\text{ei}}Z_{\text{mi}}}{\alpha_{\text{d}}} \\ \frac{1}{\alpha_{\text{d}}} & \frac{Z_{\text{mi}}}{\alpha_{\text{d}}} \end{pmatrix} \begin{pmatrix} \underline{K} \\ \underline{v} \end{pmatrix} \tag{3.10}$$

Man sieht, dass die Determinante dieser Kettenmatrix ebenso wie die des idealisierten Wandlers den Wert -1 hat.

Die mechanische Impedanz, auf die der Wandler wirkt (z. B. beim Lautsprecher ein reeller Strahlungswiderstand und eine Reaktanz, gegeben durch die mitschwingende – d. h. ohne Kompression hin- und herbewegte – Luftmasse im Nahfeld), sei $\underline{Z}_{\text{ma}}$. Dann ist

$$\underline{K} = \underline{Z}_{\text{ma}}\, \underline{v}, \tag{3.11}$$

und durch Eliminieren von $\underline{v}$ mithilfe von (3.9) und (3.11) folgt aus (3.8) für die elektrische Eingangsimpedanz $\underline{Z}_{\text{e}}$ des als Sender betriebenen elektrodynamischen Wandlers

$$\underline{Z}_{\text{e}} = \frac{\underline{u}}{\underline{i}} = \underline{Z}_{\text{ei}} + \frac{\alpha_{\text{d}}^2}{\underline{Z}_{\text{mi}} + \underline{Z}_{\text{ma}}}. \tag{3.12}$$

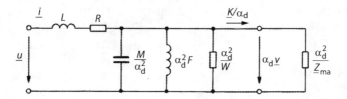

Abb. 3.3 Elektrisches Ersatzschaltbild des als Sender betriebenen elektrodynamischen Wandlers

Die mechanischen Impedanzen sowohl des Wandlers selbst ($\underline{Z}_{mi}$) als auch die des ange-koppelten Außensystems ($\underline{Z}_{ma}$) wirken also auf den elektrischen Eingang zurück. Beim elektrodynamischen Vibrometer (Abschn. 3.8.1) macht man Gebrauch davon, dass sich die mechanische Impedanz $\underline{Z}_{ma}$ durch die rein elektrische Messung von $\underline{Z}_e$ bestimmen lässt.

(3.12) erlaubt es, dem elektrodynamischen Wandler ein rein elektrisches Ersatzschalt-bild zuzuordnen. Bezeichnet man die elektrisch wirksame Impedanz der mechanischen Teile, den zweiten Term rechts in (3.12), mit $\underline{Z}_{em}$, wird mit (3.7)

$$\frac{1}{\underline{Z}_{em}} = \frac{\underline{Z}_{mi}}{\alpha_d^2} + \frac{\underline{Z}_{ma}}{\alpha_d^2} = j\omega \frac{M}{\alpha_d^2} + \frac{1}{j\omega \alpha_d^2 F} + \frac{W}{\alpha_d^2} + \frac{\underline{Z}_{ma}}{\alpha_d^2}. \tag{3.13}$$

$\underline{Z}_{em}$ stellt also die Parallelschaltung der elektrischen Impedanzen $\alpha_d^2/\underline{Z}_{mi}$ und $\alpha_d^2/\underline{Z}_{ma}$ dar, wobei $\alpha_d^2/\underline{Z}_{mi}$ die Impedanz der parallel geschalteten Ersatz-Systemelemente Kapa-zität M/α_d^2, Induktivität $\alpha_d^2 F$ und ohmscher Widerstand α_d^2/W ist. Das gesamte Ersatz-schaltbild des elektrodynamischen Wandlers entsteht nach (3.12) durch Serienschaltung von $\underline{Z}_{ei} = R + j\omega L$ und $\underline{Z}_{em}$ (Abb. 3.3). Wie die Grundgleichungen (3.1) und (3.3) schon erwarten lassen, wird man auf eine Übertragung der mechanischen Komponenten nach der 2. elektrisch–mechanischen Analogie geführt.

Die einzelnen Elemente der Ersatzschaltung lassen sich durch Messungen bestimmen. Bei festgebremster Schwingspule tritt nur die Spulenimpedanz $\underline{Z}_{ei}$ auf ($\underline{v} = 0$, $\underline{Z}_{ma} = \infty$, $\alpha_d^2/\underline{Z}_{ma}$ stellt einen Kurzschluss dar). Koppelt man dagegen das Außensystem ab, lässt man also z. B. den Lautsprecher im Vakuum schwingen ($\underline{K} = 0$, $\underline{Z}_{ma} = 0$), so tritt der durch die mechanische Eigenimpedanz des Wandlers gebildete elektrische Parallelkreis hinzu, und untersucht man den Lautsprecher schließlich unter normalen Betriebsbedin-gungen, so hat man es mit dem kompletten Ersatzbild zu tun. Aus den verschiedenen Ortskurven der elektrischen Eingangsimpedanzen ergeben sich die einzelnen Parameter.

In Abb. 3.4 sind die für ein praktisches Beispiel berechneten Impedanzkurven eines dynamischen Lautsprechers dargestellt. Die Tauchspulimpedanz allein gibt die Gerade parallel zur positiv imaginären Halbachse; mit dem Parallelresonanzkreis tritt am Beginn der Ortskurve eine große Schleife hinzu, die sich mit der Strahlungsbelastung etwas ver-engt und wegen des parallel geschalteten Kondensators zu tieferen Frequenzen verschiebt. Es ist interessant, dass in einem gewissen Frequenzbereich oberhalb der Resonanz die

Abb. 3.4 Typisches Dimensionierungsbeispiel für die Ersatzschaltung eines dynamischen Lautsprechers und damit berechnete Ortskurven der elektrischen Eingangsimpedanz (*a*) ohne, (*b*) mit Strahlungsbelastung. Parameter: Frequenz in Hz bzw. kHz

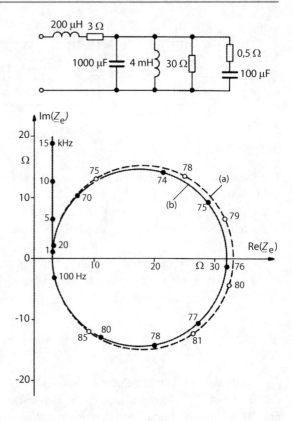

Gesamtimpedanz kapazitiv wird. Dies ist allein eine Folge der mechanisch-elektrischen Rückwirkung; der elektrische Kreis selbst enthält keinerlei Kapazität.

Der *elektrodynamische Empfänger* lässt sich ganz analog wie der Sender behandeln. Die Tauchspule wird mechanisch zu einer Schwingung mit der Schnelle $\underline{v}$ angeregt, durch die in ihr die Spannung $\alpha_d \underline{v}$ induziert wird. Die Tauchspule sei an die äußere elektrische Impedanz $\underline{Z}_{ea}$ angeschlossen, die innere elektrische Impedanz sei wie vorher $\underline{Z}_{ei}$. Dann fließt infolge der Spannung $\alpha_d \underline{v}$ der Strom

$$\underline{i} = \frac{\alpha_d \underline{v}}{\underline{Z}_{ei} + \underline{Z}_{ea}}. \tag{3.14}$$

Dieser Strom verursacht die Rückwirkungskraft $\alpha_d \underline{i}$, die sich mit der durch die vorgegebene Schnelle an der mechanischen Eigenimpedanz $\underline{Z}_{mi}$ entstehenden Kraft $\underline{Z}_{mi} \underline{v}$ zur Gesamtkraft $\underline{K}$ auf die Tauchspule summiert:

$$\underline{K} = \underline{Z}_{mi} \underline{v} + \alpha_d \underline{i} = \underline{Z}_{mi} \underline{v} + \frac{\alpha_d^2 \underline{v}}{\underline{Z}_{ei} + \underline{Z}_{ea}}. \tag{3.15}$$

Abb. 3.5 Mechanisches Ersatzschema eines elektrodynamischen Wandlers als Empfänger

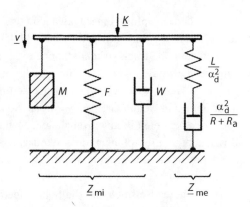

Führt man die Ausgangsspannung $\underline{u} = \underline{Z}_{ea}\underline{i}$ ein, lassen sich die Empfängergleichungen (3.14) und (3.15) in der Form

$$\begin{pmatrix} \underline{K} \\ \underline{v} \end{pmatrix} = \begin{pmatrix} \frac{\underline{Z}_{mi}}{\alpha_d} & \alpha_d + \frac{\underline{Z}_{ei}\underline{Z}_{mi}}{\alpha_d} \\ \frac{1}{\alpha_d} & \frac{\underline{Z}_{ei}}{\alpha_d} \end{pmatrix} \begin{pmatrix} \underline{u} \\ \underline{i} \end{pmatrix} \qquad (3.16)$$

zusammenfassen. Die Determinante dieser Kettenmatrix hat, ebenso wie diejenigen in (3.4) und (3.10), den Wert -1. Auch bei allen anderen in den folgenden Abschnitten behandelten Wandlern sind die Kettendeterminanten der idealisierten und der realen Sender und Empfänger untereinander jeweils gleich (-1 bei magnetischen, $+1$ bei elektrischen Wandlern).

Die mechanische Eingangsimpedanz des elektrodynamischen Empfängers ergibt sich aus (3.15) zu

$$\underline{Z}_m = \frac{\underline{K}}{\underline{v}} = \underline{Z}_{mi} + \frac{\alpha_d^2}{\underline{Z}_{ei} + \underline{Z}_{ea}} = \underline{Z}_{mi} + \underline{Z}_{me}. \qquad (3.17)$$

Da sich mechanische Impedanzen bei Parallelschaltung addieren, liegt die mechanisch wirksame Impedanz $\underline{Z}_{me}$ der elektrischen Schaltelemente parallel zur mechanischen Impedanz $\underline{Z}_{mi}$ des schwingenden Systems. Für $\underline{Z}_{me}$ gilt

$$\frac{1}{\underline{Z}_{me}} = \frac{\underline{Z}_{ei}}{\alpha_d^2} + \frac{\underline{Z}_{ea}}{\alpha_d^2}. \qquad (3.18)$$

$\underline{Z}_{me}$ ist also eine Serienschaltung von $\alpha_d^2/\underline{Z}_{ei}$ und $\alpha_d^2/\underline{Z}_{ea}$. Mit $\underline{Z}_{ei} = R + j\omega L$ spaltet sich $\alpha_d^2/\underline{Z}_{ei}$ in die Serienschaltung eines Reibungswiderstands α_d^2/R und einer Feder mit der Federung L/α_d^2 auf. Nehmen wir an, dass $\underline{Z}_{ea} = R_a$ ein ohmscher Widerstand sei, so erhält man mit $\underline{Z}_{mi} = j\omega M + 1/j\omega F + W$ ((3.7)) die in Abb. 3.5 gezeichnete mechanische Ersatzschaltung für den elektrodynamischen Empfänger.

Von der Möglichkeit, das mechanische Schwingungsverhalten eines elektrodynamischen Systems durch den elektrischen Außenwiderstand R_a zu beeinflussen, macht man

z. B. bei der Dämpfung eines Galvanometers durch Anschließen eines ohmschen Widerstands Gebrauch. Ein Kurzschluss bewirkt dabei eine sehr starke Dämpfung.

Man kann die Rückwirkungsspannung auch noch verstärken, in der Phase ändern und dann an die Spule legen, was einer Änderung des Umsetzungsfaktors α_d gleichkommt. Auf diese Weise lässt sich die mechanische Impedanz des Wandlers durch rein elektrische Maßnahmen in weiten Grenzen variieren. So kann man z. B. den Frequenzgang von Lautsprechern bei tiefen Frequenzen glätten. Man koppelt dazu an die Membran einen kleinen Beschleunigungsempfänger, dessen Ausgangssignal nach geeigneter elektronischer Verarbeitung als Gegenkopplungsspannung der Lautsprecher-Anregungsspannung überlagert wird.

Ein weiteres Beispiel sind die Schneidgeräte für Schallplatten, bei denen eine innere elektromechanische Gegenkopplung für den gewünschten Frequenzgang des Geräts sorgt.

Die elektromechanische Rückkopplung spielt schließlich auch eine Rolle in der Schwingungs- oder Wellenmesstechnik, wenn es darum geht, mechanische Impedanzen zu realisieren, die auf rein mechanischem Wege kaum oder gar nicht darstellbar sind. Beispielsweise lässt sich ein mechanischer Wellenleiter, etwa ein longitudinal schwingender Stab, elektromechanisch mit seinem Wellenwiderstand für die jeweilige Frequenz reflexionsfrei abschließen.

3.3 Piezoelektrische Wandler

Durch mechanische Deformation entstehen an den Oberflächen bestimmter Ionenkristalle elektrische Ladungen. Diese Erscheinung bezeichnet man als (*direkten*) *piezoelektrischen Effekt*. Der Vorgang ist reversibel, d. h. beim Anlegen eines elektrischen Feldes werden derartige Kristalle verformt (*inverser* oder *reziproker piezoelektrischer Effekt*).

Von den vielen in der Natur vorkommenden piezoelektrischen Stoffen sind *Quarz* und *Seignettesalz*[1] (Rochellesalz,[2] Kalium-Natrium-Tartrat) die wichtigsten. Daneben werden piezoelektrische Materialien in großem Umfang synthetisch hergestellt. Ohne auf ihre speziellen Eigenschaften einzugehen, seien einige Beispiele genannt: Lithiumsulfathydrat (LSH), Ammonium- und Kaliumdihydrogenphosphat (ADP, KDP), Cadmiumsulfid (CdS), Galliumarsenid und -phosphid (GaAs, GaP), Lithiumniobat (LiNbO$_3$), Tellurdioxid (TeO$_2$) und die für die Ultraschalltechnik besonders wichtigen ferroelektrischen polykristallinen Keramiken Bariumtitanat (BaTiO$_3$) und Bleizirkonattitanat (PZT), die durch „Polarisation" (Abkühlung unter die Curietemperatur bei anliegendem elektrischem Feld) „induziert" piezoelektrisch werden.

Voraussetzung dafür, dass ein Material piezoelektrisch ist, ist nicht die Zugehörigkeit zu einer bestimmten Kristallklasse, sondern das Fehlen eines Symmetriezentrums in der

---

[1] Elio Seignette, französischer Apotheker (1632–1698).
[2] La Rochelle, französische Hafenstadt am Golf von Biskaya, in der das Seignettesalz entdeckt wurde.

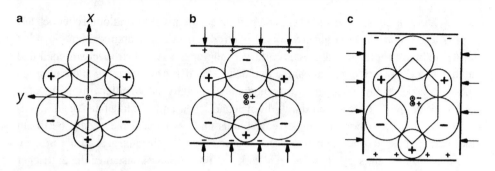

Abb. 3.6 Zur Veranschaulichung des piezoelektrischen Effekts an einer schematischen Darstellung der Strukturzelle des Quarzes. **a** ungestörte Ausgangslage, **b** longitudinaler piezoelektrischer Effekt, **c** transversaler piezoelektrischer Effekt. Die Ladungsschwerpunkte der jeweils drei Ionen mit gleichnamiger Ladung sind eingezeichnet

Strukturzelle des Kristalls. In Abb. 3.6a ist in stark vereinfachter Form eine solche Zelle für Quarz dargestellt. Die kleinen Kreise entsprechen positiv geladenen Si-Ionen, die großen je zwei übereinander liegenden negativ geladenen O-Ionen. (In Wirklichkeit sind die Ionen schraubenförmig angeordnet; die Zeichnung stellt eine Projektion in Richtung der kristallografischen z-Achse dar). Die eingezeichnete x-Achse ist eine *polare Achse*, d. h. beim Umklappen des Kristalls in die negative x-Richtung erhält man eine andere Ionenanordnung. Die y-Achse ist hingegen nicht polar, da der Kristallaufbau bezüglich positiver und negativer y-Richtung symmetrisch ist.

Wird auf den Kristall ein Druck in x-Richtung ausgeübt (Abb. 3.6b), verschieben sich die Schwerpunkte der positiven und der negativen Ladungen gegeneinander. Weil die Richtungen der mechanischen Kraft und der dielektrischen Polarisation zusammenfallen, spricht man hier vom *longitudinalen piezoelektrischen Effekt*.

Wirkt jedoch ein Druck in y-Richtung (Abb. 3.6c), wird der Kristall in dieser Richtung nicht polarisiert, wohl aber wegen der senkrecht hierzu erfolgenden Dehnung wiederum in x-Richtung (*transversaler piezoelektrischer Effekt*). Das Modell zeigt, dass die bei Kompression und bei Dehnung in x-Richtung entstehenden Polarisationen entgegengesetzte Richtungen haben; der Zusammenhang zwischen Deformation und Polarisation ist linear.

Auch der inverse piezoelektrische Effekt lässt sich anhand des Modells verstehen. Ein äußeres elektrisches Feld übt auf das Gitter der positiven und das der negativen Ionen entgegengesetzt gerichtete Kräfte aus. Wirkt das Feld in x-Richtung, deformiert sich der Kristall in der Weise, dass die entstehende Polarisation das innere elektrische Feld teilweise kompensiert. Dadurch wird die elektrische Feldenergie gesenkt, sodass der deformierte Zustand trotz der elastischen Verspannung energetisch günstiger ist. Zur Darstellung des inversen piezoelektrischen Effekts sind in Abb. 3.6 die Kraftpfeile wegzulassen und die Vorzeichen der Ladungen an den Kristalloberflächen zu vertauschen.

Der prinzipielle Aufbau eines piezoelektrischen Wandlers ist hiernach sehr einfach; ein geeignet geformtes Stück piezoelektrischen Materials ist lediglich mit mechanischen und elektrischen Anschlüssen zu versehen. Die genaue quantitative Behandlung ist jedoch aus zwei Gründen komplizierter als etwa beim elektrodynamischen Wandler: Zum einen hat die Kristallanisotropie zur Folge, dass alle Verknüpfungen zwischen mechanischen und elektrischen Größen richtungsabhängig und daher durch Tensorgleichungen darzustellen sind; zum anderen hat man es hier mit einem „materialaktiven" Wandler zu tun, bei dem die Umwandlungsfaktoren auch durch die mechanischen und elektrischen Materialkonstanten (z. B. die Tensoren des Elastizitätsmoduls und der Dielektrizitätszahl) bestimmt sind. Diese Materialkonstanten wiederum hängen von den Zustandsgrößen ab. So sind z. B. die bei konstanter elektrischer Feldstärke E und die bei konstanter dielektrischer Verschiebung $D = \varepsilon E$ gemessenen Elastizitätsmoduln verschieden, und analog unterscheiden sich auch die Dielektrizitätszahlen für konstante mechanische Spannung von denen für konstante Dehnung. Die Unterschiede sind bei Stoffen mit schwachem Piezoeffekt (Quarz usw.) nur bei extrem starker Beanspruchung von Belang, können aber bei den ferroelektrischen Materialien nicht vernachlässigt werden.

Im Folgenden wird für die Behandlung des piezoelektrischen Empfängers (direkter Piezoeffekt) angenommen, dass der Wandler elektrisch kurzgeschlossen ist. Dann bleibt das Innere des Kristalls auch bei mechanischer Beanspruchung feldfrei, weil das durch die Polarisation entstehende elektrische Feld dadurch kompensiert wird, dass Ladungsträger an den Wandleroberflächen gebunden werden.

Diese Ladung ist der auf den Wandler wirkenden Kraft proportional. Beim Quarz gilt z. B. für den longitudinalen piezoelektrischen Effekt (Abb. 3.6b)

$$q_x = d_{11} K_{xx} \qquad (3.19)$$

und für den transversalen (Abb. 3.6c)

$$q_x = d_{12} \frac{b}{a} K_{yy}. \qquad (3.20)$$

Dabei sind K_{xx} und K_{yy} die Normalkräfte in x- bzw. y-Richtung, q_x die auf den Oberflächen senkrecht zur x-Achse gebundene Ladung, a und b die Abmessungen des quaderförmig angenommenen Kristalls in x- bzw. y-Richtung. Die Proportionalitätsfaktoren d_{11} und d_{12} heißen *piezoelektrische Moduln*. Im allgemeinsten Fall gibt es 18 verschiedene Werte $d_{11} \ldots d_{36}$, wobei der erste Index die Polarisationsrichtung ($x \hateq 1, y \hateq 2, z \hateq 3$) und der zweite die mechanische Spannung (1, 2, 3 Normalspannungen in x-, y-, z-Richtung; 4, 5, 6 Schubspannungen um die x-, y-, z-Richtung) bezeichnet. Je nach der Kristallsymmetrie gibt es meistens nur wenige voneinander unabhängige Werte. Speziell beim Quarz ist $d_{11} = -d_{12} = -\frac{1}{2}d_{26}$ und $d_{14} = -d_{25}$, während alle anderen $d_{ij} = 0$ sind. Einige Zahlenwerte sind in Tab. 3.1 zusammengestellt. Die für die Ferroelektrika angegebenen Größen sind als Richtwerte zu verstehen. Sie hängen stark von der Temperatur und der elektrischen Vorbehandlung ab. Definition der Kopplungsfaktoren: (3.42).

Tab. 3.1 Daten einiger piezoelektrischer Substanzen

Material	Dielektrizitätszahlen (bei konstanter mechanischer Spannung)	Piezoelektrische Moduln (10^{-12} C/N)	Elektromechanische Kopplungsfaktoren
Quarz	$\varepsilon_{11} = 4{,}5$ $\varepsilon_{33} = 4{,}6$	$d_{11} = +2{,}3$ $d_{14} = -0{,}7$	$k_{11} = 0{,}1$
Seignettesalz	$\varepsilon_{11} = 180$ $\varepsilon_{22} = 9{,}3$ $\varepsilon_{33} = 9{,}5$	$d_{14} = +350$ $d_{25} = -55$ $d_{36} = +12$	$k_{14} = 0{,}8$
Bariumtitanat-keramik	$\varepsilon_{11} = 1600$ $\varepsilon_{33} = 1900$	$d_{15} = +270$ $d_{31} = -80$ $d_{33} = +190$	$k_{15} = 0{,}5$ $k_{31} = 0{,}2$ $k_{35} = 0{,}5$
Bleizirkonat-titanatkeramik (PZT-4)	$\varepsilon_{11} = 1500$ $\varepsilon_{33} = 1300$	$d_{15} = +500$ $d_{31} = -120$ $d_{33} = +290$	$k_{15} = 0{,}7$ $k_{31} = 0{,}3$ $k_{33} = 0{,}7$

Die gleichen piezoelektrischen Moduln bestimmen auch den inversen Piezoeffekt, und zwar als Proportionalitätsfaktoren zwischen Elongation und elektrischer Spannung, beispielsweise

$$x_x = d_{11}u_x \qquad (3.21)$$

für den longitudinalen und

$$y_y = d_{12}\frac{b}{a}u_x = -d_{11}\frac{b}{a}u_x \qquad (3.22)$$

für den transversalen inversen piezoelektrischen Effekt im Quarz. u_x ist die in x-Richtung an den Kristall gelegte elektrische Spannung, x_x und y_y sind die Elongationen in x- bzw. y-Richtung. Voraussetzung ist dabei, dass der Kristall mechanisch spannungsfrei ist.

Für die Diskussion des dynamischen Verhaltens sei ein piezoelektrischer Längsschwinger mit der Grundfläche S und der Länge l betrachtet (Abb. 3.7). Lässt man die Indizes zur Vereinfachung der Schreibweise fort, lautet (3.19)

$$q = dK. \qquad (3.23)$$

Bei mechanischer Anregung mit niedrigen Frequenzen wirkt das piezoelektrische Element als Federung F, sodass die Kraft K eine Elongation $x = KF$ hervorruft. Durch Differenziation nach der Zeit folgt dann aus (3.23) als Beziehung zwischen Strom i und Schnelle v das *Bewegungsgesetz* des piezoelektrischen Wandlers

$$i = \frac{d}{F}v. \qquad (3.24)$$

Abb. 3.7 Piezoelektrischer
Längsschwinger

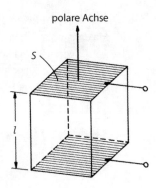

Betreibt man den Wandler auf der elektrischen Seite nicht im Kurzschluss, sondern fügt einen ohmschen Widerstand ein, an dem eine Spannung u auftritt, muss die umgesetzte elektrische Leistung der mechanischen Schwingung entzogen werden, und aus der Leistungsbilanz $u \cdot i = K \cdot v$ folgt das *Kraftgesetz*

$$K = \frac{d}{F}\, u. \tag{3.25}$$

Wie beim elektrodynamischen Wandler lassen sich beide Grundgesetze (3.24) und (3.25) in Matrizenform zusammenfassen, und man erhält

$$\begin{pmatrix} u \\ i \end{pmatrix} = \begin{pmatrix} \frac{1}{\alpha_p} & 0 \\ 0 & \alpha_p \end{pmatrix} \begin{pmatrix} K \\ v \end{pmatrix} \tag{3.26}$$

bzw.

$$\begin{pmatrix} K \\ v \end{pmatrix} = \begin{pmatrix} \alpha_p & 0 \\ 0 & \frac{1}{\alpha_p} \end{pmatrix} \begin{pmatrix} u \\ i \end{pmatrix} \tag{3.27}$$

mit dem *Umsetzungsfaktor* $\alpha_p = d / F$. Im Gegensatz zu (3.4) und (3.5) hat hier die Determinante der Kettenmatrix den Wert $+1$. Wie schon im vorigen Abschnitt erwähnt, gehört also der mit einem elektrischen Feld arbeitende piezoelektrische Wandler dem transformatorischen Typ an.

Die Federung F des Piezoelements lässt sich durch den Elastizitätsmodul E des Materials gemäß $F = l / SE$ ausdrücken. Der Umsetzungsfaktor lautet damit

$$\alpha_p = \frac{d\, SE}{l}. \tag{3.28}$$

In dieser Gleichung sind für d und E die Werte einzusetzen, die der jeweiligen Kristallorientierung, der Beanspruchungsart, den mechanischen und elektrischen Nebenbedingungen, der Arbeitstemperatur usw. entsprechen.

Die Grundgleichungen (3.24) und (3.25) gelten für den idealisierten piezoelektrischen Wandler als Sender und als Empfänger. Beim realen Wandler wird im Senderbetrieb ein Teil des einfließenden Stroms $\underline{i}$ zur Aufladung der unabhängig vom Piezoeffekt, d. h. auch bei mechanisch festgebremstem Kristall, vorhandenen Kondensatorkapazität C_0 verbraucht, der Rest bewirkt die mechanische Deformation. Statt (3.24) erhält man dann

$$\underline{i} = \alpha_p \underline{v} + j\omega C_0 \underline{u} \tag{3.29}$$

mit

$$C_0 = \varepsilon \, \varepsilon_0 \, \frac{S}{l}. \tag{3.30}$$

ε ist die Dielektrizitätszahl bei konstanter mechanischer Dehnung.

Von der beim Anlegen einer Spannung $\underline{u}$ an den Kristall entstehenden Kraft $\underline{u}d / F = \alpha_p \underline{u}$ wird ein Teil zur Überwindung der inneren mechanischen Impedanz $\underline{Z}_{mi}$ des Wandlers verbraucht, der Rest ist die nach außen wirkende Kraft $\underline{K}$:

$$\alpha_p \underline{u} = \underline{Z}_{mi} \, \underline{v} + \underline{K}. \tag{3.31}$$

In Matrizenschreibweise lauten die Sendergleichungen (3.29) und (3.30), wenn man $\underline{Z}_{ei}$ anstelle von $1/j\omega C_0$ schreibt,

$$\begin{pmatrix} \underline{u} \\ \underline{i} \end{pmatrix} = \begin{pmatrix} \frac{1}{\alpha_p} & \frac{\underline{Z}_{mi}}{\alpha_p} \\ \frac{1}{\alpha_p \underline{Z}_{ei}} & \alpha_p + \frac{\underline{Z}_{mi}}{\alpha_p \underline{Z}_{ei}} \end{pmatrix} \begin{pmatrix} \underline{K} \\ \underline{v} \end{pmatrix}. \tag{3.32}$$

Die Kettendeterminante hat wie in (3.26) und (3.27) den Wert $+1$.

Wirkt $\underline{K}$ auf die äußere mechanische Impedanz $\underline{Z}_{ma}$, so ist $\underline{K} = \underline{Z}_{ma}\underline{v}$, und man erhält durch Zusammenfassen von (3.29) und (3.31) für die elektrische Eingangsadmittanz des piezoelektrischen Senders

$$\underline{Y}_e = \frac{\underline{i}}{\underline{u}} = j\omega C_0 + \frac{\alpha_p^2}{\underline{Z}_{mi} + \underline{Z}_{ma}}. \tag{3.33}$$

Für Frequenzen bis in die Gegend der Grundresonanz des Piezokristalls lässt sich in guter Näherung setzen

$$\underline{Z}_{mi} = j\omega M + \frac{1}{j\omega F} + W. \tag{3.34}$$

Damit ergibt sich als elektrische Ersatzschaltung des unbelastet ($\underline{Z}_{ma} = 0$) schwingenden piezoelektrischen Wandlers die Parallelschaltung eines Serienresonanzkreises und der Kapazität C_0 (Abb. 3.8). Man wird hier auf eine Übertragung der mechanischen Elemente

Abb. 3.8 Elektrisches
Ersatzschaltbild eines piezoelektrischen Schwingers ohne
mechanische Belastung

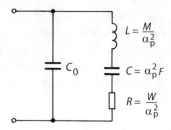

nach der 1. elektrisch–mechanischen Analogie geführt, was nach den Proportionalitäten zwischen Strom und Schnelle (3.24) bzw. Spannung und Kraft (3.25) zu erwarten war.

Für einen Schwingquarz mit der in Abb. 3.7 gezeigten Orientierung gelten folgende Beziehungen:

$$C_0 = 0{,}4 \, \frac{S}{l} \, \frac{\mathrm{pF}}{\mathrm{cm}}, \tag{3.35}$$

$$L = \frac{M}{\alpha_\mathrm{p}^2} = 112 \, \frac{l^3}{S} \, \frac{\mathrm{H}}{\mathrm{cm}}, \tag{3.36}$$

$$C = \alpha_\mathrm{p}^2 F = 2{,}8 \cdot 10^{-3} \, \frac{S}{l} \, \frac{\mathrm{pF}}{\mathrm{cm}}, \tag{3.37}$$

$$R = \frac{W}{\alpha_\mathrm{p}^2} = 272 \, \frac{l}{S} \, \Omega \, \mathrm{cm}. \tag{3.38}$$

Die Induktivität L ist groß, die Kapazität C sehr klein, sodass der charakteristische Widerstand $\sqrt{L/C}$ und mit ihm die Güte Q des Serienkreises

$$Q = \frac{\sqrt{\frac{L}{C}}}{R} = 0{,}74 \cdot 10^6 \, \frac{l}{\mathrm{cm}} \tag{3.39}$$

sehr groß werden.

Aufgrund ihrer hohen Güten benutzt man Quarzschwinger zur Frequenzstabilisierung elektronischer Normalfrequenzgeneratoren (vgl. Abschn. 1.3.3). Bei geeigneter Formgebung und kristallografischer Orientierung sind die zeitliche Frequenzdrift und die Temperaturabhängigkeit der Resonanzfrequenz außerordentlich gering. Die Frequenzkonstanz ist so gut, dass man z. B. die Massenzunahme durch Aufdampfschichten von nur einer Atomlage aus der geringfügigen Abnahme der Eigenfrequenz messen kann (*Dünnfilm-Schichtdickenmesser, Quarzwaage, Quartz Crystal Microbalance, QCM*) [5].

Andererseits gibt es auch einen Quarzschnitt, bei dem die Resonanzfrequenz in einem weiten Bereich linear von der Temperatur abhängt. In Verbindung mit einem Frequenzzähler lassen sich nach diesem Prinzip Präzisions-Temperaturmessgeräte konstruieren [6]. In einem kommerziellen „Quarzthermometer" für den Temperaturbereich von −80 °C bis +250 °C wird ein 28 MHz-Schwinger mit einer Empfindlichkeit von 1000 Hz/°C benutzt, sodass z. B. bei einer Zähldauer von 1 s die Temperatur auf 1/1000 °C genau digital angezeigt wird. Notwendig ist bei diesen Anwendungsarten von Schwingquarzen eine sorgfältige Halterung, sodass die Schwingung möglichst wenig gedämpft wird.

Durch mechanische Belastung kann die Güte beträchtlich sinken. Die Schaltung in Abb. 3.8 und (3.35–3.38) gelten für einen im Vakuum schwingenden Quarz; die Abstrahlungsdämpfung ist durch einen mit R in Serie liegenden ohmschen Widerstand zu berücksichtigen. Man hat z. B. an einem beidseitig in Luft abstrahlenden Quarzschwinger $Q = 5 \cdot 10^4$ gemessen, bei einseitiger Abstrahlung in Wasser dagegen nur $Q = 16$.

In Abb. 3.9 ist für den Fall $Q = 500$ die Ortskurve der Impedanz dargestellt, wie sie sich aus der Ersatzschaltung Abb. 3.8 mit entsprechend vergrößertem Widerstand R ergibt. Es treten zwei Resonanzen (im Sinne von $\mathrm{Im}\,(\underline{Z}) = 0$) bei den Kreisfrequenzen ω_s und ω_p auf. Im Falle vernachlässigbarer Dämpfung ist

$$\omega_\mathrm{s} = \frac{1}{\sqrt{LC}} \qquad (3.40)$$

die Resonanzfrequenz des Serienkreises und

$$\omega_\mathrm{p} = \sqrt{\frac{1}{L}\left(\frac{1}{C} + \frac{1}{C_0}\right)} = \omega_\mathrm{s}\sqrt{1 + \frac{C}{C_0}} \qquad (3.41)$$

die Resonanzfrequenz des durch die Parallelschaltung von C_0 erweiterten Kreises. Für Oszillatoren nutzt man die schwächer gedämpfte Resonanz ω_s aus.

Die auch in induktive Gebiete der Impedanzebene führende Resonanzschleife der elektrischen Eingangsimpedanz kommt allein durch die mechanisch–elektrische Rückwirkung zustande. Wenn sich der Piezoeffekt nicht auswirken kann, z. B. bei mechanisch festgebremstem Kristall, erhält man nur die Ortskurve der Kapazität C_0.

Während die meisten piezoelektrischen Substanzen auf Normalspannungen reagieren, einige – wie Turmalin und Lithiumsulfat – auch auf allseitigen Druck, zeigt Seignettesalz nur gegenüber Schubdeformationen einen Piezoeffekt. Um z. B. den größten Modul d_{14} auszunutzen, schneidet man einen Quader so aus dem Seignettesalzkristall heraus, dass die Elektrodenflächen senkrecht zur kristallografischen x-Achse liegen, die anderen Flächen aber mit der y- bzw. z-Achse einen Winkel von 45° bilden. Dann rufen Normalkräfte auf diese Flächen einen (transversalen) Piezoeffekt hervor.

Bei Seignettesalz vergrößert man üblicherweise den piezoelektrischen Effekt noch dadurch, dass man viele dünne Kristallscheiben zu einem „Paket" übereinander schichtet. Die Scheiben sind mechanisch in Serie, elektrisch aber parallel geschaltet.

Anstelle des Umsetzungsfaktors α_p gibt man bei piezoelektrischen Substanzen häufig den *statischen Kopplungsfaktor k* an. Sein Quadrat, der *Kopplungsgrad k^2*, ist definiert als das Verhältnis der infolge des Piezoeffekts umgewandelten zur insgesamt eingespeisten Energie. Nach Abb. 3.8 werden die beiden Kondensatoren C_0 und C bei tiefen Frequenzen praktisch gleichphasig ge- und entladen, sodass die gesamte gespeicherte Energie proportional zur Summe $C_0 + C$ ist, während der in mechanische Energie umgesetzte Teil

Abb. 3.9 Berechnete Ortskurve der elektrischen
Eingangsimpedanz eines longitudinalen Quarzschwingers
($S = 1\,\text{cm}^2, l = 0{,}2\,\text{cm}$,
$Q = 500$)

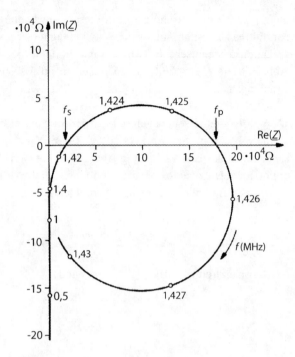

durch die Größe C bestimmt ist. Damit wird

$$k^2 = \frac{\text{umgewandelte Energie}}{\text{aufgenommene Energie}} = \frac{C}{C_0 + C} \qquad (3.42)$$

oder

$$\frac{k^2}{1 - k^2} = \frac{C}{C_0} = \frac{d^2 E}{\varepsilon \varepsilon_0}. \qquad (3.43)$$

Nach (3.41) ist

$$\frac{C}{C_0} = \frac{\omega_p^2 - \omega_s^2}{\omega_s^2}, \qquad (3.44)$$

und unter der häufig erfüllten Bedingung $C \ll C_0$ (vgl. (3.35)–(3.38)) folgt daraus

$$\frac{k^2}{1 - k^2} \approx \frac{2(\omega_p - \omega_s)}{\omega_s}. \qquad (3.45)$$

Der statische Kopplungsfaktor k lässt sich also durch Messung der Resonanzfrequenzen ω_p und ω_s ermitteln. Den in Tab. 3.1 aufgeführten Werten entnimmt man, dass z. B. bei Quarz ($k_{11}^2 = 0{,}01$) nur etwa 1 % der aufgenommenen Energie umgewandelt wird, während es bei Seignettesalz über 60 % sein können.

Der Kopplungsfaktor k hängt nach (3.43) nur von Kristalleigenschaften ab und gilt daher ebenso wie der Umsetzungsfaktor α_p sowohl für den direkten als auch für den inversen Piezoeffekt.

Der *Wirkungsgrad* eines piezoelektrischen Schallsenders, d. h. das Verhältnis der ins umgebende Medium abgestrahlten akustischen zur aufgenommenen elektrischen Leistung, ist nicht durch den Kopplungsgrad gegeben. Bei tiefen Frequenzen ($\omega \ll \omega_p$) ist der Wirkungsgrad i. a. viel kleiner als k^2, in der Resonanz ω_p kann er aber auch bei kleinem Kopplungsgrad sehr nahe an den Wert 1 herankommen. Man sicht dies anhand der Ersatzschaltung in Abb. 3.8 leicht ein, da die in C_0 gespeicherte Energie in der Resonanz nicht zum Generator zurück fließt, sondern zwischen C_0 und C hin- und herpendelt und dabei im Strahlungswiderstand verbraucht wird.

Die elektrische Ersatzschaltung des *piezoelektrischen Empfängers* (Abb. 3.10) ergibt sich aus Abb. 3.8 durch entsprechende Ergänzungen. Auf den Kristall wirkt eine Kraft $\underline{K}$ und erzeugt nach (3.25) eine Spannung $\underline{K}/\alpha_p$. Diese wird in den Zweig der Ersatzschaltung eingespeist, der dem mechanischen Kreis entspricht. Die Schnelle $\underline{v}$, mit der der Wandler schwingt, entspricht nach (3.24) einem Strom $\alpha_p\underline{v}$. Parallel zur Kristallkapazität C_0 liegt einmal der ohmsche Widerstand R_0 zur Erfassung der Relaxations- und Leitfähigkeitsverluste, und zum anderen der elektrische Abschluss-Widerstand $\underline{Z}_{ea}$, die Eingangsimpedanz des an den Schwingungsaufnehmer angeschlossenen Verstärkers.

Die Gleichungen des piezoelektrischen Empfängers lassen sich durch eine Überlegung herleiten, die der beim elektrodynamischen Empfänger durchgeführten ganz analog ist. Man kann sie aber auch der Schaltung 3.10 direkt entnehmen. Die Impedanz der Serienschaltung von L, C und R sei wieder durch $\underline{Z}_{mi}/\alpha_p^2$ und die der Parallelschaltung von C_0 und R_0 durch $\underline{Z}_{ei}$ abgekürzt. Dann gilt

$$\underline{K} = \alpha_p\underline{u} + \underline{Z}_{mi}\underline{v}, \tag{3.46}$$

$$\underline{i} = \alpha_p\underline{v} - \frac{\underline{u}}{\underline{Z}_{ei}}, \tag{3.47}$$

in Matrizenschreibweise

$$\begin{pmatrix} \underline{K} \\ \underline{v} \end{pmatrix} = \begin{pmatrix} \alpha_p + \frac{\underline{Z}_{mi}}{\alpha_p\underline{Z}_{ei}} & \frac{\underline{Z}_{mi}}{\alpha_p} \\ \frac{1}{\alpha_p\underline{Z}_{ei}} & \frac{1}{\alpha_p} \end{pmatrix} \begin{pmatrix} \underline{u} \\ \underline{i} \end{pmatrix}. \tag{3.48}$$

Löst man (3.32) nach $\underline{K}$ und $\underline{v}$ auf, erhält man ein Gleichungspaar, das sich von (3.48) durch die Vorzeichen von $\underline{v}$ und $\underline{i}$ unterscheidet. Das hat seinen Grund in der nach Abb. 3.1 vorgenommenen Richtungsfestlegung, bei der sich die in das System einfließende Leistung durch ein positives Produkt der Eingangsgrößen und die vom System abgegebene Leistung durch ein positives Produkt der Ausgangsgrößen ausdrückt.

Piezoelektrische Schwinger werden wegen ihrer hohen Resonanzfrequenzen und wegen ihrer relativ großen Eigenimpedanz besonders in der Ultraschall- und Wasserschalltechnik gern als Sender und Empfänger benutzt. Auch die *Beschleunigungsmesser* für

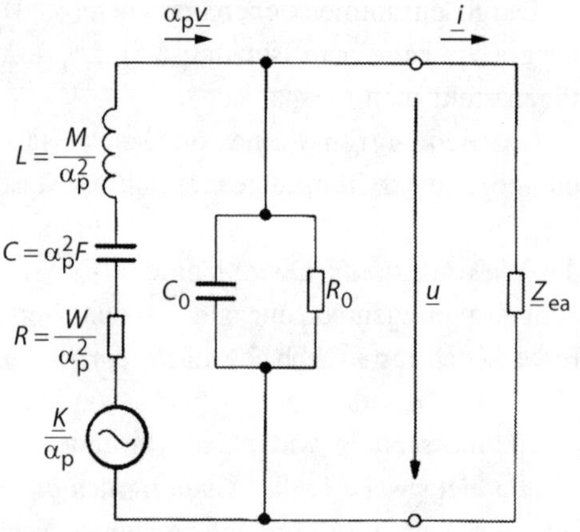

Abb. 3.10 Elektrische
Ersatzschaltung des piezoelektrischen Empfängers

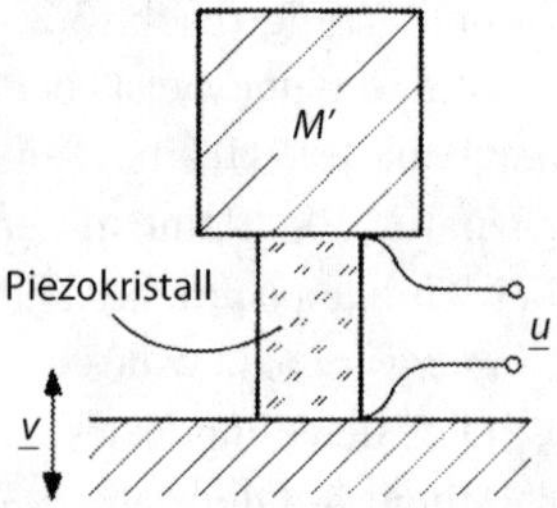

Abb. 3.11 Prinzip des
piezoelektrischen Kör-
perschallaufnehmers.
Beschleunigungsmesser für
$\omega \ll \omega_0$, Elongationsmesser
für $\omega \gg \omega_0$

Körperschalluntersuchungen sind piezoelektrische Geber. Das auf die schwingende Oberfläche zu setzende System aus dem Piezokristall und einer Hilfsmasse M' (Abb. 3.11)
ist so zu dimensionieren, dass einerseits die mechanische Impedanz klein genug ist, um
die erregende Schwingung nicht zu beeinflussen, und dass andererseits seine Eigenfrequenz weit oberhalb des Messfrequenzbereichs liegt. Bei einem solchen *hochabgestimmten* System ($\omega \ll \omega_0$) ist von der Gesamtimpedanz (mechanische Serienschaltung, d. h.
elektrische Parallelschaltung) nur der Massenanteil $j\omega M'$ wirksam, sodass für die auf den
Kristall wirkende Kraft $\underline{K} = j\omega M'\underline{v} = M'\underline{b}$ gilt, wobei $\underline{v}$ die Fundamentschnelle und
$\underline{b}$ die zugehörige Beschleunigung ist. Die Ausgangsspannung $\underline{u}$ des Piezokristalls ist der
Kraft und damit der Beschleunigung proportional.

Bei einem *tiefabgestimmten* System ($\omega \gg \omega_0$) ist dagegen nur die Federung F des
Kristalls wirksam, die Masse M' bleibt praktisch in Ruhe. Es ist $\underline{K} = \underline{v}/j\omega F = \underline{x}/F$,
sodass die Ausgangsspannung der Elongation $\underline{x}$ proportional ist (vgl. Abschn. 2.8.1).

Mit elektrischen Korrekturnetzwerken, die den Amplitudengang und den Phasengang
weitgehend kompensieren, lässt sich der Frequenzbereich von Körperschallaufnehmern
bis in die Nähe der Resonanzfrequenz ω_0 ausdehnen.

Neben den bereits genannten gibt es noch eine Reihe weiterer Anwendungen piezoelektrischer Bauelemente in der Schwingungstechnik. In der Elektronik werden sie für
schmalbandige Filter (Abschn. 4.2.2) und für Ultraschallverzögerungsleitungen benutzt.

Durch Zusammenkleben gegensinnig polarisierter Streifen aus piezoelektrischem Material (wie bei einem Bimetallstreifen) erhält man piezoelektrische Biegeschwinger. Mit ihnen stellt man mechanische Zerhacker für Gleichspannungsmessgeräte und -schreiber her, sowie in Verbindung mit entsprechend geformten Zahnrädern Schrittschaltwerke für den Antrieb einfach gebauter und ermüdungsarmer netzbetriebener Synchronuhren und Stellmotoren.

Piezoelektrische Oberflächenanregung und -abtastung schließlich ermöglicht die Erzeugung und den Nachweis von Schallwellen noch im GHz-Bereich, für den sich Quarzresonatoren nicht mehr herstellen lassen (vgl. Abb. 4.24).

3.4 Dielektrische Wandler

Bei diesem Typ der elektromechanischen Wandler, die man auch *elektrostatische* oder *kapazitive* Wandler nennt, wird die Kraftwirkung zwischen den Platten eines aufgeladenen Kondensators ausgenutzt. Abb. 3.12 zeigt das Prinzip. Der Kondensator besteht aus einer massiven Rückelektrode und einer dünnen leitfähigen Membran (Fläche S, Abstand a). Dazwischen befindet sich entweder Luft oder ein Dielektrikum (Dielektrizitätszahl ε), dessen Oberfläche aufgeraut ist, sodass die Membran Schwingungen ausführen kann.

Die Kapazität des Kondensators ist $C_0 = \varepsilon\varepsilon_0 S/a$ (die bei Füllung mit einem Dielektrikum notwendige sehr dünne Luftschicht ist vernachlässigt). Legt man eine Spannung u an, fließt die Ladung $q = C_0 u$ ein, und es entsteht im mechanisch festgebremsten Wandler eine Kraft

$$K = \frac{1}{2}\frac{qu}{a} = \frac{C_0 u^2}{2a} = \frac{\varepsilon\varepsilon_0 S}{2a^2}u^2. \qquad (3.49)$$

Im Gegensatz zu den vorher betrachteten dynamischen und piezoelektrischen Wandlern liegt hier also ein quadratisches Kraftgesetz vor. Zur Linearisierung ist eine statische Vorspannung u_0 erforderlich. Mit

$$u = u_0 + \underline{u} = u_0 + \widehat{u}\,\mathrm{e}^{\mathrm{j}\omega t} \qquad (3.50)$$

erhält man

$$K = \underbrace{\frac{\varepsilon\varepsilon_0 S}{2a^2}u_0^2}_{K_0} + \underbrace{\frac{\varepsilon\varepsilon_0 S u_0}{a^2}\underline{u}}_{\underline{K}} + \frac{\varepsilon\varepsilon_0 S}{2a^2}\underline{u}^2. \qquad (3.51)$$

Der erste Term stellt eine konstante Kraft K_0 dar, der zweite den gewünschten linearen Zusammenhang und der dritte eine Störung mit der doppelten Frequenz. Damit diese Störung vernachlässigbar klein bleibt, muss

$$u_0 \gg \widehat{u} \qquad (3.52)$$

Abb. 3.12 Prinzip des dielektrischen Wandlers

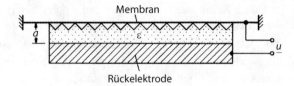

sein. Unter dieser Bedingung lautet das *Kraftgesetz* des idealisierten dielektrischen Wandlers

$$\underline{K} = \alpha_e \, \underline{u}, \tag{3.53}$$

wobei

$$\alpha_e = \frac{\varepsilon \varepsilon_0 S u_0}{a^2} \tag{3.54}$$

der elektromechanische Umsetzungsfaktor ist.

Um das Bewegungsgesetz zu erhalten, denken wir die Spannung u_0 konstant gehalten
und die Membran gemäß $\underline{x} = \widehat{x} \, e^{j\omega t}$ um ihre Ruhelage bewegt. Dadurch ändern sich die
Kapazität $C = \varepsilon \varepsilon_0 S/(a + \underline{x})$ und die Ladung $q = C u_0$. Unter der Voraussetzung

$$a \gg \widehat{x} \tag{3.55}$$

gilt

$$q = \frac{\varepsilon \varepsilon_0 S u_0}{a + \underline{x}} \approx \frac{\varepsilon \varepsilon_0 S u_0}{a} \left(1 - \frac{\underline{x}}{a} \right) = q_0 - \underline{q}, \tag{3.56}$$

$$\underline{q} = \frac{\varepsilon \varepsilon_0 S u_0}{a^2} \, \underline{x}, \tag{3.57}$$

woraus sich durch Differenziation nach der Zeit das *Bewegungsgesetz* des idealisierten
dielektrischen Wandlers ergibt:

$$\underline{i} = \alpha_e \, \underline{v}. \tag{3.58}$$

Die Grundgesetze entsprechen damit genau denen des piezoelektrischen Wandlers und
lassen sich analog zu (3.26) und (3.27) in Matrizenform zusammenfassen. Auch die dielektrischen Wandler gehören also dem transformatorischen Typ an, da die Determinante
der Kettenmatrix den Wert $+1$ hat.

Beim realen Wandler sind die mechanische Membranimpedanz $\underline{Z}_{mi}$ und die elektrische
Wandlerimpedanz $\underline{Z}_{ei}$ zu berücksichtigen. Bis zur mechanischen Grundresonanz kann
man wie üblich

$$\underline{Z}_{mi} = j\omega M + \frac{1}{j\omega F} + W \tag{3.59}$$

setzen, während die elektrische Impedanz bei Vernachlässigung des Zuleitungswiderstands aus der Parallelschaltung der Kapazität C_0 und eines i. Allg. sehr großen (frequenzabhängigen) ohmschen Widerstands R_0 zur Berücksichtigung etwaiger Relaxationsverluste im Dielektrikum besteht:

$$\frac{1}{\underline{Z}_{ei}} = j\omega C_0 + \frac{1}{R_0}. \tag{3.60}$$

Im Senderbetrieb fließt infolge der angelegten Spannung $\underline{u}$ ein Strom $\underline{i} = \underline{u}/\underline{Z}_{ei}$ durch den Wandler, wenn er mechanisch festgebremst ist. Kann die Membran schwingen, kommt der durch die Kapazitätsänderung bedingte Strom $\alpha_e \underline{v}$ hinzu:

$$\underline{i} = \frac{\underline{u}}{\underline{Z}_{ei}} + \alpha_e \underline{v}. \tag{3.61}$$

Die Kraft, die die Spannung $\underline{u}$ im festgebremsten Wandler erzeugt, ist $\underline{K} = \alpha_e \underline{u}$. Beim schwingenden Wandler wird hiervon der Anteil $\underline{Z}_{mi}\underline{v}$ zur Überwindung der Membranimpedanz verbraucht. Außerdem ist noch die Abhängigkeit der Kraft vom Plattenabstand zu beachten. Verkürzt sich der Abstand a um Δx ($\ll a$), steigt die Kraft entsprechend der zusätzlich einfließenden Ladung $\Delta q = \alpha_e \Delta x$ um $\Delta K = \alpha_e \Delta q/C_0 = \alpha_e^2 \Delta x/C_0$. Bei Sinusvorgängen ist $\Delta x = v/j\omega$, und man erhält insgesamt

$$\underline{K} = \alpha_e \underline{u} - \underline{Z}_{mi}\underline{v} + \frac{\alpha_e^2}{j\omega C_0}\underline{v}. \tag{3.62}$$

Der letzte Summand lässt sich als eine durch das elektrische Feld bedingte Reduktion der Membransteife deuten und mit dem Impedanzterm zusammenfassen:

$$\underline{K} = \alpha_e \underline{u} - \underline{Z}'_{mi}\underline{v}, \tag{3.63}$$

$$\underline{Z}'_{mi} = \underline{Z}_{mi} - \frac{\alpha_e^2}{j\omega C_0} = j\omega M + \frac{1}{j\omega F'} + W, \tag{3.64}$$

$$\frac{1}{F'} = \frac{1}{F} - \frac{\alpha_e^2}{C_0}. \tag{3.65}$$

In Matrizenschreibweise zusammengefasst, lauten die Sendergleichungen (3.61) und (3.63)

$$\begin{pmatrix} \underline{u} \\ \underline{i} \end{pmatrix} = \begin{pmatrix} \frac{1}{\alpha_e} & \frac{\underline{Z}'_{mi}}{\alpha_e} \\ \frac{1}{\alpha_e \underline{Z}_{ei}} & \alpha_e + \frac{\underline{Z}'_{mi}}{\alpha_e \underline{Z}_{ei}} \end{pmatrix} \begin{pmatrix} \underline{K} \\ \underline{v} \end{pmatrix}. \tag{3.66}$$

Die Determinante der Kettenmatrix hat den Wert $+1$.

Arbeitet der Wandler gegen die äußere mechanische Impedanz $\underline{Z}_{ma}$, ist $\underline{K} = \underline{Z}_{ma}\underline{v}$, und man findet durch Eliminieren von $\underline{K}$ und $\underline{v}$ aus (3.61) und (3.63) für die elektrische

Abb. 3.13 Elektrische Ersatzschaltung des als Sender
betriebenen dielektrischen
Wandlers

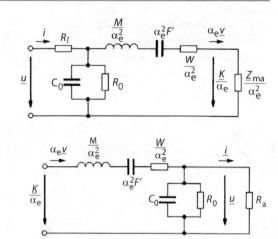

Abb. 3.14 Elektrische Ersatzschaltung des dielektrischen
Empfängers

Eingangsimpedanz $\underline{Z}_e$ des als Sender betriebenen dielektrischen Wandlers den Ausdruck

$$\frac{1}{\underline{Z}_e} = \frac{i}{u} = \frac{1}{\underline{Z}_{ei}} + \frac{\alpha_e^2}{\underline{Z}'_{mi} + \underline{Z}_{ma}}. \qquad (3.67)$$

Das elektrische Ersatzschaltbild besteht aus der Parallelschaltung von $\underline{Z}_{ei}$ und $(\underline{Z}'_{mi} + \underline{Z}_{ma})/\alpha_e^2$. In Abb. 3.13 ist noch ein Zuleitungswiderstand R_l ergänzt.

Die Gleichungen des dielektrischen Empfängers entsprechen den Sendergleichungen (3.61) und (3.63). Eine vorgegebene Schnelle $\underline{v}$ erzeugt den Strom $\alpha_e \underline{v}$, der sich in den Strom $\underline{i}$ durch die äußere und $\underline{u}/\underline{Z}_{ei}$ durch die innere elektrische Impedanz aufteilt:

$$\alpha_e \underline{v} = \underline{i} + \frac{u}{\underline{Z}_{ei}}. \qquad (3.68)$$

Dabei ist $\underline{u}/\underline{i} = \underline{Z}_{ea}$ im Allgemeinen ein ohmscher Widerstand R_a.

Die zweite Empfängergleichung lautet

$$\underline{K} = \underline{Z}'_{mi} \underline{v} + \alpha_e \underline{u}, \qquad (3.69)$$

denn die Schnelle $\underline{v}$ erzeugt rein mechanisch die Kraft $\underline{Z}_{mi} \underline{v}$, zu der bei konstanter Ladung q_0 der elektrisch erzeugte Anteil $\alpha_e \underline{u}$ hinzukommt; ferner ist die Reduktion der Membransteife gemäß (3.65) zu berücksichtigen.

(3.68) und (3.69) ergeben das in Abb. 3.14 dargestellte Ersatzschema des dielektrischen Empfängers.

Kapazitive Wandler werden vielfach als Ultraschallsender und -empfänger in Luft wie in Flüssigkeiten eingesetzt, weil man die mechanische Resonanz dank der geringen Membranmasse sehr hoch legen kann. Allerdings lassen sich mit ihnen keine großen Schallleistungen erzielen, weil die Schwingungsamplituden klein bleiben müssen. Beim häufig benutzten *Sellwandler*[3] wird z. B. eine einseitig metallisierte Kunststofffolie straff über eine aufgeraute Gegenelektrode (z. B. aus Aluminium) gespannt. Die Schwingungsamplitude ist dann durch die Rauigkeitskorngröße begrenzt.

Die bekannteste Anwendung finden dielektrische Wandler in den *Kondensatormikrofonen*. Seit der Erfindung des Folien-Elektretmikrofons durch Gerhard Sessler und James E. West im Jahre 1962 [8]–[10] braucht die Vorspannung nicht mehr von außen zugeführt zu werden: das Dielektrikum, z. B. Teflon, hat eine „eingefrorene" Polarisation, entsprechend einer Vorspannung von beispielsweise 100 V. Die *Elektretmikrofone* mit nachgeschaltetem Transistorverstärker werden in großen Stückzahlen hergestellt und finden sich in praktisch allen Telefonen, Recordern, Hörgeräten usw., werden aber auch schon als hochwertige Messmikrofone eingesetzt. Elektretwandler lassen sich gut miniaturisieren und dienen deshalb auch als Schallsender in Hörgeräten und Mobiltelefonen.

3.5 Elektromagnetische Wandler

Die Kraft, die ein Elektromagnet auf einen Weicheisenanker ausübt, wird im elektromagnetischen Wandler ausgenutzt (Abb. 3.15), Der magnetische Fluss Φ ist mit der magnetischen Feldstärke H_E im Innern des Eisens durch

$$\Phi = \mu\mu_0 S H_E \qquad (3.70)$$

und mit H_L im Luftspalt durch

$$\Phi = \mu_0 S H_L \qquad (3.71)$$

verknüpft (μ_0 = magnetische Feldkonstante, μ = effektive Permeabilitätszahl des Eisens im jeweiligen Arbeitsbereich, S = jeweilige Querschnittsfläche). Der Luftspalt sei so schmal, dass das Feld als homogen vorausgesetzt werden kann. Fließt durch die Spule (Induktivität L_0, Windungszahl n) ein Strom i, entsteht dadurch der magnetische Fluss

$$\Phi = \frac{L_0}{n} i. \qquad (3.72)$$

Ferner bestimmt der Strom i das Umlaufintegral der Feldstärke gemäß

$$\oint H \, dx = n \, i. \qquad (3.73)$$

Zwischen Spannung und Strom besteht bei einer idealen Spule die Beziehung

$$u = L_0 \frac{di}{dt}. \qquad (3.74)$$

---

[3] Helmut Sell (1898–1956), deutscher Ingenieur, hat diesen Wandler 1937 erstmals beschrieben [7].

Abb. 3.15 Prinzip des elektromagnetischen Wandlers

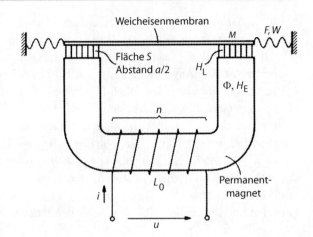

Die Kraft auf den Anker aus Weicheisen ist

$$K = \frac{1}{2}\Phi H_{\mathrm{L}} = \frac{\Phi^2}{2\mu_0 S}. \tag{3.75}$$

Wie beim dielektrischen Wandler ist auch hier das Kraftgesetz quadratisch. Es wird linea-
risiert, indem man den durch einen Wechselstrom $\underline{i}$ erzeugten Wechselfluss $\underline{\Phi} = \widehat{\Phi}\mathrm{e}^{\mathrm{j}\omega t}$
einem konstanten magnetischen Fluss Φ_0 überlagert. Dieser kann von einem zusätzlichen
Gleichstrom i_0 durch die Spule oder – einfacher – durch einen Permanentmagneten erzeugt werden. Unter der Voraussetzung $\Phi_0 \gg \widehat{\Phi}$ gilt für die Kraft

$$K = \frac{1}{2\mu_0 S}(\Phi_0 + \underline{\Phi})^2 \approx \frac{\Phi_0^2}{2\mu_0 S} + \frac{\Phi_0}{\mu_0 S}\,\underline{\Phi}. \tag{3.76}$$

Der erste Term ist eine Gleichkraft K_0, der zweite gibt den gewünschten linearen Zusammenhang

$$\underline{K} = \frac{\Phi_0}{\mu_0 S}\,\underline{\Phi}. \tag{3.77}$$

Drückt man $\underline{\Phi}$ nach (3.72) durch $\underline{i}$ aus, erhält man

$$\underline{K} = \frac{\Phi_0 L_0}{\mu_0 n S}\,\underline{i}. \tag{3.78}$$

Dies ist das *Kraftgesetz* des idealisierten elektromagnetischen Wandlers.

Das Bewegungsgesetz ergibt sich aus (3.73). Die Gesamtlänge des Eisenpfades sei l,
die der Luftspalte a. Dann folgt mit (3.70) und (3.71)

$$\oint H\,\mathrm{d}x = l H_{\mathrm{E}} + a H_{\mathrm{L}} = \frac{\Phi}{\mu_0 S}\left(\frac{l}{\mu} + a\right) = n\,i. \tag{3.79}$$

Dabei ist angenommen, dass der Gleichfluss Φ_0 durch einen Strom i_0 erzeugt wird. Konstante Kraft ($K = K_0$) bedeutet nach (3.75) konstanten Fluss ($\Phi = \Phi_0$). Ein Wechselstrom $i = i_0 + \underline{i}$ bewirkt dann eine Membranschwingung, die sich durch $a = a_0 + \underline{x}$ beschreiben lässt (a_0 ist der gesamte Luftweg bei Membranruhe, $\underline{x}$ seine Änderung). Einsetzen in (3.79) liefert

$$\frac{\Phi_0}{\mu_0 S}\left(\frac{l}{\mu} + a_0\right) = n\, i_0 \tag{3.80}$$

und

$$\frac{\Phi_0}{\mu_0 S}\,\underline{x} = n\,\underline{i}. \tag{3.81}$$

Zeitliche Differenziation von (3.81) ergibt zusammen mit (3.74) das *Bewegungsgesetz* des idealisierten elektromagnetischen Wandlers:

$$\underline{u} = \frac{\Phi_0 L_0}{\mu_0 n S}\,\underline{v}. \tag{3.82}$$

Wie beim elektrodynamischen Wandler ist auch hier die Kraft dem Strom und die Schnelle der Spannung proportional. Der Umsetzungsfaktor ist

$$\alpha_{\mathrm{m}} = \frac{\Phi_0 L_0}{\mu_0 n S}. \tag{3.83}$$

Die Zusammenfassung der Grundgleichungen (3.78) und (3.82) in Matrizenschreibweise ergibt die Formen (3.4) und (3.5); die Determinante der Kettenmatrix hat den Wert -1, der elektromagnetische Wandler gehört also dem gyratorischen Typ an.

Für den realen Wandler gilt bei mechanisch festgebremster Membran im Senderbetrieb $\underline{u} = \underline{Z}_{\mathrm{ei}}\,\underline{i}$, wobei in $\underline{Z}_{\mathrm{ei}}$ die Induktivität L_0, der ohmsche Spulenwiderstand, Hystereseverluste im Eisen und die Wicklungskapazität zusammengefasst sind. Bewegt sich die Membran mit der Schnelle $\underline{v}$, muss $\underline{u}$ um $\alpha_{\mathrm{m}}\underline{v}$ vergrößert werden, um den gleichen Strom $\underline{i}$ zu erzeugen:

$$\underline{u} = \underline{Z}_{\mathrm{ei}}\,\underline{i} + \alpha_{\mathrm{m}}\,\underline{v}. \tag{3.84}$$

Der Strom $\underline{i}$ ruft im festgebremsten Wandler die Kraft $\alpha_{\mathrm{m}}\underline{i}$ hervor. Bei schwingender Membran ist zum einen der Kraftabfall $\underline{Z}_{\mathrm{mi}}\underline{v}$ an der mechanischen Membranimpedanz $\underline{Z}_{\mathrm{mi}}$ und zum anderen die Abhängigkeit der Kraft vom Abstand a zu berücksichtigen. Bei konstantem Strom i_0 erhöhe eine Verengung des Spalts um Δx (klein gegen den Ruhewert a_0) den Fluss um $\Delta \Phi$ und die Kraft um ΔK. Nach (3.79) ist

$$\Phi_0 + \Delta\Phi = \frac{\mu_0 n S i_0}{\frac{l}{\mu} + a_0 + \Delta x} \approx \frac{\mu_0 n S i_0}{\frac{l}{\mu} + a_0}\left(1 - \frac{\Delta x}{\frac{l}{\mu} + a_0}\right) \tag{3.85}$$

und mit (3.80) und (3.72)

$$\Delta \Phi = -\frac{\Phi_0 L_0}{\mu_0 n^2 S} \Delta x. \tag{3.86}$$

Einsetzen in (3.77) gibt für die Kraftänderung

$$\Delta K = -\frac{\Phi_0^2 L_0}{\mu_0^2 n^2 S^2} \Delta x = -\frac{\alpha_{\mathrm{m}}^2}{L_0} \Delta x, \tag{3.87}$$

für sinusförmige Membranschwingungen also

$$\underline{K} = -\frac{\alpha_{\mathrm{m}}^2}{L_0} \frac{\underline{v}}{\mathrm{j}\omega}. \tag{3.88}$$

Diese gegenphasig zur Elongation verlaufende Kraft wirkt wie eine Reduktion der Membransteife und lässt sich wie beim dielektrischen Wandler mit der mechanischen Membranimpedanz $\underline{Z}_{\mathrm{mi}} = \mathrm{j}\omega M + (1/\mathrm{j}\omega F) + W$ zusammenfassen:

$$\underline{Z}'_{\mathrm{mi}} = \underline{Z}_{\mathrm{mi}} - \frac{\alpha_{\mathrm{m}}^2}{\mathrm{j}\omega L_0} = \mathrm{j}\omega M + \frac{1}{\mathrm{j}\omega F'} + W, \tag{3.89}$$

$$\frac{1}{F'} = \frac{1}{F} - \frac{\alpha_{\mathrm{m}}^2}{L_0}. \tag{3.90}$$

Die zweite Sendergleichung lautet damit

$$\underline{K} = \alpha_{\mathrm{m}} \underline{i} - \underline{Z}'_{\mathrm{mi}} \underline{v}. \tag{3.91}$$

Die äußere mechanische Impedanz sei $\underline{Z}_{\mathrm{ma}}$, also $\underline{K} = \underline{Z}_{\mathrm{ma}} \underline{v}$. Durch Eliminieren der mechanischen Variablen ergibt sich aus (3.84) und (3.91) für die elektrische Eingangsimpedanz des elektromagnetischen Senders der Ausdruck

$$\underline{Z}_{\mathrm{e}} = \frac{\underline{u}}{\underline{i}} = \underline{Z}_{\mathrm{ei}} + \frac{\alpha_{\mathrm{m}}^2}{\underline{Z}'_{\mathrm{mi}} + \underline{Z}_{\mathrm{ma}}}. \tag{3.92}$$

In der Ersatzschaltung (Abb. 3.16) enthält $\underline{Z}_{\mathrm{ei}}$ neben der Induktivität L_0 den ohmschen Wicklungswiderstand R_l, die Wicklungskapazität C_{w} und den frequenzabhängigen Widerstand R_{v} zu Erfassung der Hystereseverluste ($\sim \omega$) und Wirbelstromverluste ($\sim \omega^2$). Abgesehen von C_{w} und R_{v} entspricht die Schaltung genau der des elektrodynamischen Wandlers (Abb. 3.8). Wie nach den Grundgleichungen zu erwarten, werden die mechanischen Größen nach der 2. Analogie übertragen.

Man kann grundsätzlich jeden mit einem Magnetfeld arbeitenden Wandler auch nach der 1. Analogie und jeden mit einem elektrischen Feld arbeitenden auch nach

Abb. 3.16 Elektrische Ersatzschaltung des elektromagnetischen Wandlers als Sender

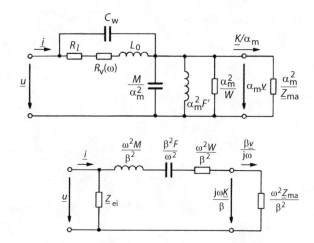

Abb. 3.17 Elektrische Ersatzschaltung des elektromagnetischen Senders bei Behandlung mit der 1. elektrisch–mechanischen Analogie

der 2. Analogie übertragen. Das bedeutet aber, dass schon in den Grundgleichungen und daher auch in der Größe der Schaltelemente die Frequenz auftritt. So erhielte man z. B. für das Kraftgesetz aus (3.78) und (3.74)

$$\underline{K} = \frac{\Phi_0}{\mu_0 n S}\, \frac{\underline{u}}{j\omega} \tag{3.93}$$

und entsprechend für das Bewegungsgesetz aus (3.82) und (3.74)

$$\underline{i} = \frac{\Phi_0}{\mu_0 n S}\, \frac{\underline{v}}{j\omega}. \tag{3.94}$$

Mit der Abkürzung $\beta = \alpha_m/L_0$ für den hier auftretenden Umsetzungsfaktor $\Phi_0/\mu_0 n S$ führt die weitere Rechnung auf das in Abb. 3.17 gezeigte Ersatzbild. Die hierin vorkommenden frequenzabhängigen Schaltelemente machen es praktisch unmöglich, aus dem Ersatzbild den Frequenzgang des elektromagnetischen Systems abzulesen. Diesem schwerwiegenden Nachteil der Schaltung 3.17 steht bei der Schaltung 3.16 nur der kleine „Schönheitsfehler" gegenüber, dass die Größe F' nicht rein mechanisch bestimmt ist.

Zur Vervollständigung seien noch die Gleichungen für den elektromagnetischen Empfänger angegeben. Eine Schnelle $\underline{v}$ erzeugt nach dem Bewegungsgesetz die Spannung $\alpha_m \underline{v}$, von der am elektrischen Innenwiderstand der Anteil $\underline{Z}_{ei}\, \underline{i}$ abfällt. Am elektrischen Abschlusswiderstand liegt daher

$$\underline{u} = \underline{Z}_{ea}\, \underline{i} = \alpha_m \underline{v} - \underline{Z}_{ei}\, \underline{i}. \tag{3.95}$$

Eine Schnelle $\underline{v}$ erzeugt rein mechanisch die Kraft $\underline{Z}_{mi}\, \underline{v}$. Hinzu kommt die Rückwirkung $\alpha_m \underline{i}$ des erzeugten Induktionsstroms $\underline{i}$, abzuziehen ist der Anteil aufgrund der Abstandsabhängigkeit der Kraft, der durch Einsetzen von $\underline{Z}'_{mi}$ anstelle von $\underline{Z}_{mi}$ berück-

Abb. 3.18 Elektrische
Ersatzschaltung des elektromagnetischen Empfängers

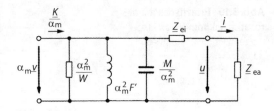

sichtigt wird:

$$\underline{K} = \alpha_{m}\, \underline{i} + \underline{Z}'_{mi}\, \underline{v}. \tag{3.96}$$

Diese Gleichungen stellt die in Abb. 3.18 gezeigte Ersatzschaltung dar.

3.6 Magnetostriktive Wandler

In magnetisierbaren Stoffen ist die Gitterkonstante des Kristallgitters in Richtung der Magnetisierung gewöhnlich etwas verschieden von derjenigen in anderen Richtungen. Die mit der Magnetisierung eines solchen Materials verbundene Parallelorientierung der Elementardipole bewirkt daher eine Verkürzung oder Dehnung (je nach Material) in Magnetfeldrichtung. Diese Erscheinung bezeichnet man als *Magnetostriktion*. Die relative Längenänderung $\Delta l / l$ ist näherungsweise proportional dem Quadrat der Magnetisierung $J = B - \mu_0 H$ (B = magnetische Flussdichte, H = magnetische Feldstärke). Zur Linearisierung des Effekts ist deshalb wie beim elektromagnetischen Wandler eine Vormagnetisierung nötig, die so zu bemessen ist, dass man durch die überlagerte Wechselaussteuerung nicht in das Gebiet der magnetischen Sättigung gerät.

Das Prinzip eines magnetostriktiven Wandlers ist in Abb. 3.19 dargestellt. Ein Stab aus magnetostriktivem Material (Länge l, Querschnitt S) ist von einer Spule (Windungszahl n, Induktivität L_0) umgeben. Ein Strom i erzeugt eine Flussdichte B bzw. einen Fluss $\Phi = BS$, und dieses Magnetfeld verursacht im mechanisch festgebremsten Stab eine Kraft

$$K = \frac{1}{2}\kappa S B^2 = \frac{1}{2}\kappa\frac{\Phi^2}{S}. \tag{3.97}$$

κ wird *Magnetostriktionskonstante* genannt. (Da es sich hier um einen materialaktiven Wandler handelt, hängt κ von Nebenbedingungen wie Temperatur, thermischer und magnetischer Vorgeschichte, mechanischem Spannungszustand usw. ab.) Mit einem polarisierenden Fluss Φ_0 und einem Wechselfluss $\underline{\Phi}$, der nach (3.72) durch den Spulenwechselstrom $\underline{i}$ und die Spuleninduktivität L_0 ausgedrückt werden kann, erhält man in Analogie zu (3.78) aus (3.97) das Kraftgesetz des idealisierten magnetostriktiven Wandlers

$$\underline{K} = \frac{\kappa \Phi_0 L_0}{n S}\, \underline{i} = \alpha_{ms}\, \underline{i}. \tag{3.98}$$

Abb. 3.19 Prinzip des magnetostriktiven Wandlers

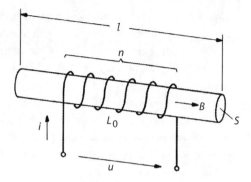

Die weitere Behandlung entspricht genau der des elektromagnetischen Wandlers. In den Gleichungen und Ersatzbildern ist lediglich α_{m} durch α_{ms} zu ersetzen. Die zweite Grundgleichung, das Bewegungsgesetz, ist

$$\underline{u} = \alpha_{\mathrm{ms}}\,\underline{v}, \tag{3.99}$$

und die Sendergleichungen lauten

$$\underline{u} = \underline{Z}_{\mathrm{ei}}\underline{i} + \alpha_{\mathrm{ms}}\,\underline{v}, \tag{3.100}$$

$$\underline{K} = \alpha_{\mathrm{ms}}\,\underline{i} - \underline{Z}'_{\mathrm{mi}}\,\underline{v}, \tag{3.101}$$

$$\underline{Z}_{\mathrm{e}} = \frac{\underline{u}}{\underline{i}} = \underline{Z}_{\mathrm{ei}} + \frac{\alpha_{\mathrm{ms}}^2}{\underline{Z}'_{\mathrm{mi}} + \underline{Z}_{\mathrm{ma}}}. \tag{3.102}$$

Ebenso wie beim dielektrischen und beim elektromagnetischen Wandler ist auch hier eine Zusatzkraft zu berücksichtigen, die wie eine Reduktion der Materialsteife wirkt: Bei mechanischer Deformation des elektrisch offenen Wandlers wird ein Teil der Energie nicht als potentielle mechanische, sondern als magnetische Feldenergie im Wandlermaterial gespeichert.

Als elektrisches Senderersatzbild erhält man die schon in Abb. 3.16 gezeigte Schaltung.

Die relativen Längenänderungen $\Delta l/l$ aufgrund des magnetostriktiven Effekts sind nicht sehr groß. Die höchsten Werte treten bei Nickel und einigen Ferriten auf, wo $\Delta l/l$ einige 10^{-6} erreicht. Um trotzdem nennenswerte Schwingungsamplituden zu erzielen, betreibt man deshalb magnetostriktive Sender stets in Resonanz. Die Schnelle ihrer Endflächen kann noch durch Aufsetzen eines stufenförmig oder kontinuierlich verjüngten, in Resonanz schwingenden Übergangsstücks (*Masonhorn*)[4] im reziproken Verhältnis der Querschnittsflächen vergrößert und so auf sehr hohe Werte gebracht werden (Anwendung zum Bohren von Glas und anderen spröden Werkstoffen, sowie für trockene Schweißungen von Metallen). Magnetostriktive Wandler wurden früher gern als robuste und leistungsstarke Wasserschallsender benutzt, sind inzwischen aber durch die variabler einsetzbaren Piezoschwinger ersetzt worden.

---

[4] Warren Perry Mason, US-amerikanischer Physiker (1900–1986).

Wirbelstrom- und Hystereseverluste erfasst man durch einen Widerstand $R_v(\omega)$. Sie sind besonders klein bei magnetisch harten Ferriten. Bei metallischen Magnetostriktionsschwingern senkt man die Wirbelstromverluste durch Unterteilung in dünne, gegeneinander isolierte Bleche oder Drähte, während sich die Hystereseverluste durch Wahl geeigneter Legierungen herabsetzen lassen.

Der magnetostriktive Effekt ist reversibel, d. h. bei mechanischer Deformation ändert sich die Magnetisierung (in Analogie zum piezoelektrischen spricht man deshalb zuweilen auch vom *piezomagnetischen Effekt*). So induziert z. B. eine durch einen Nickeldraht laufende Stoßwelle in einer den Draht dicht umfassenden Spule einen Spannungsstoß (*Nickeldraht–Sondenmikrofon*).

3.7 Sende- und Empfangseigenschaften der elektroakustischen Wandler

Für praktische Anwendungen elektroakustischer Wandler ist es wichtig, ihre Sende- und Empfangsempfindlichkeit als Funktion der Frequenz zu kennen. Dabei gibt es charakteristische Unterschiede zwischen den Wandlern vom transformatorischen und vom gyratorischen Typ.

Als *Mikrofonempfindlichkeit M* definiert man das Verhältnis der Effektivwerte von Leerlaufausgangsspannung $\underline{u}_L$ und einwirkendem Schalldruck $\underline{p}$: $M = (\underline{u}_L)_{\text{eff}}/(\underline{p})_{\text{eff}} = \widetilde{u}_L/\widetilde{p}$. Die *Sendeempfindlichkeit S* ist das Verhältnis des in bestimmtem Abstand (z. B. 1 m) erzeugten Schalldrucks $\widetilde{p}$ zur Speisespannung $\widetilde{u}$ bzw. zum Speisestrom $\widetilde{\imath}$ (je nach Betriebsbedingungen).

Für die folgende Rechnung sei angenommen, dass der Wandler im ganzen betrachteten Frequenzbereich klein gegen die Wellenlänge im Wandlermaterial und im umgebenden Medium sei. Bei den hiermit vorausgesetzten tiefen Frequenzen lässt sich einerseits der Wandler durch die Ersatzschaltbilder in den vorangehenden Abschnitten darstellen, und zum anderen werden von ihm in guter Näherung Kugelwellen abgestrahlt. Die Strahlungsimpedanz $\underline{Z}_{\text{ma}}$ eines Kugelstrahlers umfasst den reellen Strahlungswiderstand W_s zur Berücksichtigung der abgestrahlten Leistung und einen Blindanteil von der mitschwingenden Mediummasse, die für tiefe Frequenzen gleich der dreifachen vom Wandler verdrängten Mediummasse ist ((5.104)). Die Teilimpedanzen W_s und $j\omega M_s$ sind mechanisch in Serie geschaltet, ihre Kehrwerte addieren sich also zu $1/\underline{Z}_{\text{ma}}$. Daraus folgt $\text{Re}(\underline{Z}_{\text{ma}})/\text{Im}(\underline{Z}_{\text{ma}}) = \omega M_s/R_s$, sodass bei tiefen Frequenzen der Realteil zu vernachlässigen ist und sich $\underline{Z}_{\text{ma}}$ zu einer Massenimpedanz reduziert.

Beim elektrodynamischen oder elektromagnetischen Mikrofon erzeugt ein Schalldruck $\underline{p}$ die Kraft $\underline{K} = \underline{p}A$ (A = Mikrofonfläche) und im elektrischen Ersatzschaltbild 3.18 den Strom $\underline{K}/\alpha_m$. Für $\underline{Z}_{\text{ea}} = \infty$ ist $\underline{u}$ die Leerlaufspannung, und die Mikrofonempfindlichkeit M wird proportional zum Verhältnis der Spannung $(\underline{u})_{\text{eff}}$ zum Strom $(\underline{K}/\alpha_m)_{\text{eff}}$, d. h. zum Impedanzbetrag $|\underline{Z}_{\text{em}}|$ des Parallelresonanzkreises. Weit unterhalb der Resonanz ($\omega \ll \omega_{\text{res}} = 1/\sqrt{MF'}$) ist nur die Spule wirksam, $|\underline{Z}_{\text{em}}| \approx \omega L$ und damit $M \sim \omega$. Für $\omega \gg \omega_{\text{res}}$ wird der Kondensator bestimmend, $M \sim 1/\omega$. In Resonanznähe domi-

Abb. 3.20 Mikrofon-
empfindlichkeit M und
Sendeempfindlichkeit S
kleiner elektromechanischer
Wandler als Funktion der Frequenz [11]

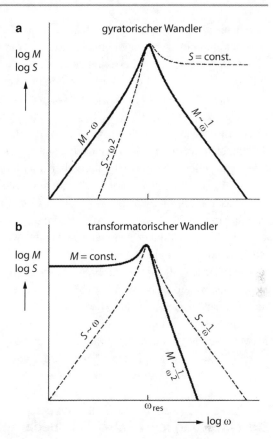

niert der Widerstand α_m^2/W und führt, wenn er hoch genug ist, zu einer Resonanzspitze (ausgezogene Kurve in Abb. 3.20a).

Für den entsprechenden Sender (z. B. Abb. 3.3) ist die Sendeempfindlichkeit S dem Verhältnis des Stroms $(\underline{K}/\alpha_d)_{\text{eff}}$ zum Speisestrom $(\underline{i})_{\text{eff}}$ proportional, also dem Verhältnis der Admittanzbeträge $|\underline{Z}_{\text{ma}}/\alpha_d^2|$ und $|(\underline{Z}_{\text{mi}}+\underline{Z}_{\text{ma}})/\alpha_d^2|$. Bei tiefen Frequenzen ($\omega \ll \omega_{\text{res}}$) verzweigt sich der Strom zwischen der Spule $\alpha_d^2 F$ und dem kapazitiven Außenwiderstand (vgl. Abb. 3.4). Das führt zu einem Anstieg $S \sim \omega^2$. Bei $\omega \gg \omega_{\text{res}}$ ist vom Parallelkreis nur die Kapazität wirksam, die Stromaufteilung wird frequenzunabhängig. Dazwischen gibt es wieder eine Resonanzüberhöhung (gestrichelte Kurve in Abb. 3.20a).

Der hier gefundene Zusammenhang zwischen Mikrofon- und Sendeempfindlichkeit, $S/M \sim \omega$, folgt aus dem Frequenzgang der Strahlungsimpedanz und gilt daher allgemein für Kugelstrahler, d. h. insbesondere für kleine Wandler. Er lässt sich auch aus dem Reziprozitätssatz für reversible Wandler herleiten und ist in der Akustik als *Schottky'sches Tiefenempfangsgesetz* [5] bekannt: Tiefe Frequenzen werden von kleinen reversiblen Wandlern besser empfangen als abgestrahlt. Bei ebenen Wellen besteht dieser Unterschied nicht, S/M ist frequenzunabhängig; bei Zylinderwellen ist $S/M \sim \sqrt{\omega}$.

[5] Walter Schottky, deutscher Physiker (1886–1976).

Für piezo- oder dielektrische Wandler lassen sich $M(\omega)$ und $S(\omega)$ in gleicher Weise ermitteln wie zuvor für die magnetischen Wandler. Im Mikrofon (Fläche A) erzeugt eine vom Schalldruck $\underline{p}$ herrührende Kraft $\underline{K} = \underline{p}A$ die Spannung $\underline{K}/\alpha_\mathrm{p}$ (Abb. 3.10). Mit $\underline{Z}_\mathrm{ea} = \infty$ wird die Mikrofonempfindlichkeit M proportional zum Verhältnis der Spannungen $(\underline{u})_\mathrm{eff}$ und $(\underline{K}/\alpha_\mathrm{p})_\mathrm{eff}$, d. h. zum Verhältnis der Impedanzbeträge von C_0 und der Serienschaltung L, C, R, C_0 ($R_0 \gg \omega C_0$ angenommen). Weit unterhalb der mechanischen Resonanz ($\omega \ll \omega_\mathrm{res} = 1/\sqrt{LC}$) wirkt vom Serienkreis nur die Kapazität C, das Impedanzverhältnis ist frequenzunabhängig. Für $\omega \gg \omega_\mathrm{res}$ bilden L und C_0 einen Spannungsteiler, die Mikrofonempfindlichkeit fällt mit $1/\omega^2$ ab (Abb. 3.20b, ausgezogene Kurve). Bei der Resonanz führt der Spannungsteiler R, C_0 wieder zu einer Überhöhung.

Die Sendeempfindlichkeit $S(\omega) = \widetilde{p}/\widetilde{i}$ der mit elektrischen Feldern arbeitenden Wandler (gestrichelte Kurve in Abb. 3.20b) unterscheidet sich wieder durch den Faktor ω von $M(\omega)$ und hat daher den gleichen Verlauf wie $M(\omega)$ für die magnetischen Wandler (für $\widetilde{u} = $ const. tritt ein weiterer Faktor ω hinzu).

Die in Abb. 3.20 skizzierten Frequenzabhängigkeiten sind typisch für gyratorische (a) bzw. transformatorische Wandler (b). Die frequenzunabhängigen Kurvenstücke sind für die praktischen Anwendungen bedeutsam: Als Schallsender benutzt man gern tiefabgestimmte elektrodynamische Lautsprecher oder Schwingtische ($S = $ const. für $\omega \gg \omega_\mathrm{res}$), als Messempfänger hochabgestimmte Kondensatormikrofone ($M = $ const. für $\omega \ll \omega_\mathrm{res}$). Andere Wandler benötigen zur Ebnung ihres Frequenzgangs einen Entzerrerverstärker mit entsprechend kompensierendem Frequenzgang.

3.8 Messung mechanischer Impedanzen

Elektrische Impedanzen in einem weiten Frequenzbereich zu messen, bereitet keine besonderen Schwierigkeiten. Man bestimmt z. B. Spannung und Strom und ermittelt ihr Verhältnis nach Betrag und Phase oder nach Real- und Imaginärteil.

Weit schwieriger ist die Messung mechanischer Impedanzen. Man benötigt wohl stets elektromechanische Wandler, wodurch der Frequenzbereich und die erzielbare Genauigkeit eingeschränkt sind. Praktisch gebräuchlich sind zwei Verfahren: im einen transformiert man die mechanische Impedanz in eine elektrische Impedanz oder Admittanz (*elektrodynamisches Vibrometer*), im anderen bestimmt man Kraft und Schnelle (oder Beschleunigung) mit je einem Wandler und erhält die mechanische Impedanz durch entsprechende weitere Signalverarbeitung (Abschn. 3.8.2).

3.8.1 Elektrodynamisches Vibrometer

Zur Messung mechanischer Impedanzen wurden elektrodynamische Vibrometer entwickelt, Tauchspulsysteme mit zwei getrennten Wicklungen auf dem Spulenkörper (Abb. 3.21). Durch die *Anregungsspule* 1 wird ein Strom $\underline{i}$ geschickt, der eine Kraft $\underline{K} = $

Abb. 3.21 Prinzipskizze des elektrodynamischen Vibrometers

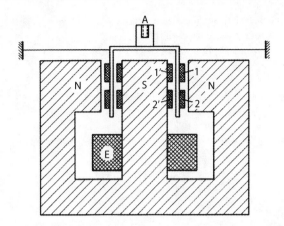

$\alpha_1 \underline{i}$ auf den Spulenkörper und auf das bei A angesetzte Messobjekt ausübt; die gesamte mechanische Eingangsimpedanz sei $\underline{Z}_m$. Infolge der Schnelle $\underline{v} = K/\underline{Z}_m$, mit der der Spulenkörper dann schwingt, wird in der *Messspule* 2 eine Spannung $\underline{u} = \alpha_2 \underline{v} = \alpha\, \underline{i}/\underline{Z}_m$ ($\alpha = \alpha_1\alpha_2$) induziert. Die mechanische Impedanz wird also durch eine ihr proportionale elektrische Admittanz $\underline{Y}_e$ gemessen:

$$\underline{Z}_m = \alpha\, \frac{\underline{i}}{\underline{u}} = \alpha\, \underline{Y}_e. \tag{3.103}$$

Die beiden fest auf dem Magnetkern befindlichen Hilfsspulen 1' und 2' dienen zur Kompensation des Übersprechsignals zwischen den Spulen 1 und 2. 1 und 1' sind gegensinnig gewickelt und in Serie geschaltet, ebenso 2 und 2'. Durch sorgfältige mechanische Justierung lassen sich die Spulen 1 und 2 elektrisch völlig entkoppeln.

Mit einem solchen Vibrometer misst man in der Regel oberhalb seiner Resonanz, sodass von der mechanischen Eigenimpedanz nur der Masseanteil wirksam und von der gemessenen Impedanz abzuziehen ist. Um bei bestimmten Frequenzen große Empfindlichkeiten zu erzielen, kann man das System auch in der mechanischen Resonanz betreiben, sodass die Eigenreaktanz gleich Null wird. Die Eichung von Vibrometern erfolgt mit Massen bekannter Größe.

Zur Untersuchung der sehr kleinen Eingangsimpedanzen von Schallplatten-Tonabnehmern hat man derartige Vibrometer mit effektiven Eigenmassen von nur einigen 10 mg gebaut [12].

Nicht zur Impedanzmessung, sondern zur Schwingungsmessung werden Laser-Doppler-Vibrometer eingesetzt (Abschn. 4.3.7).

3.8.2 Piezoelektrischer Impedanzmesskopf

Mit piezoelektrischen Wandlern lassen sich Messzellen zur Bestimmung mechanischer Impedanzen konstruieren, die zwischen einen Schwingungserreger und das Messobjekt

Abb. 3.22 Schnittzeichnung
eines piezoelektrischen Impe-
danzmesskopfes

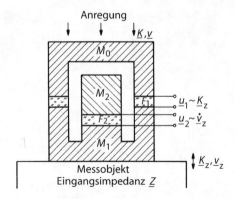

mit der Eingangsimpedanz $\underline{Z}$ eingefügt werden. Das Prinzip ist in Abb. 3.22 dargestellt.
Zwischen zwei Koppelstücke M_0 und M_1, die starr mit dem Schwingungserreger (Kraft
$\underline{K}$, Schnelle $\underline{v}$) bzw. dem Messobjekt ($\underline{K}_z, \underline{v}_z$) verbunden werden, ist ein ringförmiger
piezoelektrischer Geber (Federung F_1) zur Kraftmessung ($\underline{u}_1 \sim \underline{K}_z$) eingekittet, während das Innere des topfförmigen Hohlraums ein mit dem Messobjekt starr gekoppeltes
hochabgestimmtes System F_2, M_2 zur Beschleunigungsmessung ($\underline{u}_2 \sim \underline{\dot{v}}_z$) enthält. Aus
$\underline{u}_2$ folgt durch elektronische Integration das Schnellesignal $\underline{u}_2/j\omega \sim \underline{v}_z$, und weiter durch
Quotientenbildung $j\omega \underline{u}_1/\underline{u}_2 \sim \underline{Z}$.

Aus der schaltungsmäßigen Umzeichnung des mechanischen Systems (Abb. 3.23a)
erhält man durch formale Dualisierung (vgl. Abb. 2.33) das elektrische Ersatzbild nach
der ersten Analogie (Abb. 3.23 rechts). An den elektrischen Schaltelementen sind die
analogen mechanischen Größen vermerkt. Man entnimmt der elektrischen Schaltung unmittelbar folgende Zusammenhänge: Wenn der Resonanzkreis F_2, M_2 hoch abgestimmt
ist, d. h. $1/\omega F_2 \gg \omega M_2$, ist die an M_2 abfallende Spannung proportional zu $\underline{\dot{v}}_z$; damit ferner die erregende Kraft $\underline{K}$ voll an $\underline{Z}$ wirksam wird, müssen die Impedanzen von
M_0, M_1, M_2 niedrig, die von F_1 dagegen groß gegen $\underline{Z}$ sein. Mit anderen Worten: Die

Abb. 3.23 Schaltungsmäßige
Darstellung des Impedanz-
messkopfes (**a**) und elektrische
Ersatzschaltung nach der
1. Analogie (**b**)

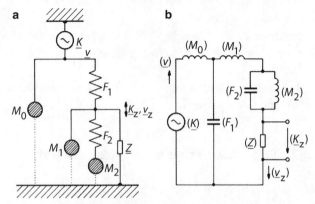

Massen müssen klein, die Piezoelemente hart sein, und die Resonanzfrequenzen sollen hinreichend weit oberhalb des Messbereichs liegen, der sich allerdings mit elektrischen Entzerrungsnetzwerken zur Kompensation der Amplituden- und Phasenfehler beträchtlich erweitern lässt. Man hat Impedanzaufnehmer nach diesem Prinzip mit Massen von wenigen Gramm für den Frequenzbereich von etwa 20 Hz bis etwa 20 kHz gebaut.

Die Eichung mechanischer Impedanzmesser nimmt man, wie schon beim elektrodynamischen Vibrometer erwähnt, am besten mit Massen bekannter Größe vor.

3.9 Transformator und Gyrator

3.9.1 Vierpoldarstellungen

Ein idealer elektrischer *Transformator* ist ein verlustloser, passiver, linearer, leistungssymmetrischer Vierpol, dessen Übertragungseigenschaften durch eine dimensionslose reelle Zahl, das Verhältnis $\ddot{u} = n_1/n_2$ der primärseitigen Windungszahl n_1 zur sekundärseitigen n_2 (Übersetzungsverhältnis) beschrieben werden. Die Beziehungen zwischen den Eingangsgrößen $\underline{u}_1, \underline{i}_1$ und den Ausgangsgrößen $\underline{u}_2, \underline{i}_2$ lauten

$$\underline{u}_1 = \ddot{u}\,\underline{u}_2 \tag{3.104}$$

und

$$\underline{i}_1 = \frac{1}{\ddot{u}}\,\underline{i}_2, \tag{3.105}$$

wenn man die Strom- und Spannungsrichtungen so festlegt wie in Abb. 3.24 angegeben. Die Eingangsimpedanz $\underline{Z}_1 = \underline{u}_1/\underline{i}_1$ eines Transformators ist der Abschlussimpedanz $\underline{Z}_2 = \underline{u}_2/\underline{i}_2$ proportional:

$$\underline{Z}_1 = \ddot{u}^2 \underline{Z}_2. \tag{3.106}$$

Unter einem idealen *Gyrator* versteht man hingegen einen verlustlosen, passiven, linearen, leistungssymmetrischen Vierpol, dessen Eingangsimpedanz $\underline{Z}_1$ der Abschlussimpedanz $\underline{Z}_2$ umgekehrt proportional ist:

$$\underline{Z}_1 = \frac{\zeta^2}{\underline{Z}_2}. \tag{3.107}$$

Abb. 3.24 Strom- und Spannungsrichtungen beim elektrischen Vierpol

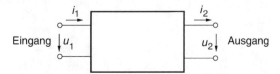

Abb. 3.25 Schaltzeichen für
den Gyrator

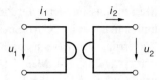

Mit der geforderten Verlustlosigkeit ($\underline{u}_1\underline{i}_1 = \underline{u}_2\underline{i}_2$) folgen aus (3.107) die Übertragungs-
gleichungen

$$\underline{u}_1 = \zeta\,\underline{i}_2, \tag{3.108}$$

$$\underline{i}_1 = \frac{1}{\zeta}\,\underline{u}_2. \tag{3.109}$$

Die Größe ζ hat die Dimension eines Widerstands und wird im Folgenden *Gyratorwider-stand* genannt.

Der ideale Gyrator spielt eine Rolle in der Theorie der elektrischen Wechselstromschal-tungen. Sämtliche denkbaren passiven, linearen elektrischen Netzwerke lassen sich aus ohmschen Widerständen, Spulen, Kondensatoren, Transformatoren und Gyratoren auf-bauen. Da aber ein ausgangsseitig kapazitiv abgeschlossener Gyrator vom Eingang her induktiv wirkt und umgekehrt, und da ferner zwei in Serie geschaltete Gyratoren einen Transformator ergeben, reduzieren sich die fünf Schaltelemente auf drei Basistypen: den ohmschen Widerstand, eine Reaktanz (wahlweise Spule oder Kondensator) und den Gy-rator (Schaltzeichen Abb. 3.25).

Die in den integrierten elektronischen Schaltungen schwer zu realisierenden Induk-tivitäten werden üblicherweise durch Gyratoren mit nachfolgenden Kapazitäten ersetzt (Abb. 3.30).

Wichtig ist der Vorzeichenwechsel bei Umkehr der Übertragungsrichtung, auf den be-reits im Anschluss an die Matrizengleichungen (3.4) des elektrodynamischen Wandlers hingewiesen wurde. Diese Eigenschaft des Gyrators gestattet den Bau von Einwegleitun-gen, die in der Mikrowellentechnik benutzt werden.

Zur Beschreibung dieser Erscheinungen gehen wir von der allgemeinen Definition des (idealen wie des realen) Gyrators aus: ein Gyrator ist ein Vierpol, dessen Kettendetermi-nante $|A_{mn}|$ den Wert -1 hat:

$$\begin{pmatrix} \underline{u}_1 \\ \underline{i}_1 \end{pmatrix} = \begin{pmatrix} A_{11} & A_{12} \\ A_{21} & A_{22} \end{pmatrix} \begin{pmatrix} \underline{u}_2 \\ \underline{i}_2 \end{pmatrix} \tag{3.110}$$

mit

$$|A_{mn}| = A_{11}A_{22} - A_{12}A_{21} = -1. \tag{3.111}$$

(Beim *idealen* Gyrator ist $A_{11} = A_{22} = 0$, $A_{12} = 1/A_{21} = \zeta$). Bei allen Vierpolen, die nur ohmsche Widerstände, Induktivitäten, Kapazitäten und Transformatoren enthalten, ist dagegen

$$|A_{mn}| = +1. \tag{3.112}$$

(Beim idealen Transformator ist $A_{12} = A_{21} = 0$, $A_{11} = 1/A_{22} = \ddot{u}$.) Löst man (3.110) nach $\underline{u}_2$ und $\underline{i}_2$ auf, folgt

$$\begin{pmatrix} \underline{u}_2 \\ \underline{i}_2 \end{pmatrix} = \frac{1}{|A_{mn}|} \begin{pmatrix} A_{22} & -A_{12} \\ -A_{21} & A_{11} \end{pmatrix} \begin{pmatrix} \underline{u}_1 \\ \underline{i}_1 \end{pmatrix}. \tag{3.113}$$

Vertauschung von Eingang und Ausgang bedeutet nach Abb. 3.24 die Ersetzungen

$$\underline{u}_1 \leftrightarrow \underline{u}_2, \qquad \underline{i}_1 \leftrightarrow -\underline{i}_2. \tag{3.114}$$

Ein Gyrator, dessen Übertragungseigenschaften in einer Richtung durch (3.110) beschrieben werden, überträgt, wie man durch Einsetzen von (3.114) und (3.111) in (3.113) sieht, in der Gegenrichtung gemäß

$$\begin{pmatrix} \underline{u}_1 \\ -\underline{i}_1 \end{pmatrix} = \begin{pmatrix} -A_{22} & A_{12} \\ A_{21} & -A_{11} \end{pmatrix} \begin{pmatrix} \underline{u}_2 \\ -\underline{i}_2 \end{pmatrix} \tag{3.115}$$

oder

$$\begin{pmatrix} \underline{u}_1 \\ \underline{i}_1 \end{pmatrix} = \begin{pmatrix} -A_{22} & -A_{12} \\ -A_{21} & -A_{11} \end{pmatrix} \begin{pmatrix} \underline{u}_2 \\ \underline{i}_2 \end{pmatrix} = \begin{pmatrix} A_{22} & A_{12} \\ A_{21} & A_{11} \end{pmatrix} \begin{pmatrix} -\underline{u}_2 \\ -\underline{i}_2 \end{pmatrix}. \tag{3.116}$$

Mit anderen Worten: Die Phasendifferenz zwischen Eingangs- und Ausgangsstrom oder -spannung des Gyrators ändert sich bei der Umkehr der Übertragungsrichtung um $180°$. Der Gyrator verletzt den *Reziprozitätssatz* (Invarianz gegen Richtungsumkehr), der sonst für passive, lineare Systeme gilt.

Führt man jedoch die Vertauschungen (3.114) in (3.113) aus und setzt $|A_{mn}| = +1$, gelangt man wieder zur Beziehung (3.110). Vierpole mit $|A_{mn}| = +1$ nennt man daher *übertragungssymmetrisch* (*reziprok*). Beispiele sind Transformatoren, Dämpfungsglieder, Filter, Leitungen.

Durch Zusammenschalten eines reziproken Vierpols und eines Gyrators lässt sich eine *Einwegleitung* aufbauen (Abb. 3.26). In der Übertragungsrichtung von links nach rechts wird die Schwingung von beiden Vierpolen in gleicher Weise übertragen, die gleichgroßen Ausgangssignale addieren sich phasengleich. In der Gegenrichtung, von rechts nach links, kehrt der Gyrator die Phase der Schwingung um, die Ausgangssignale der beiden Vierpole sind gegenphasig und löschen sich aus.

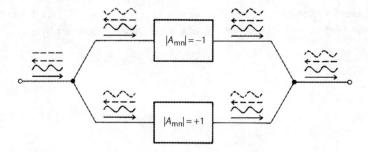

Abb. 3.26 Einwegleitung aus einem Gyrator (*oben*) und einem reziproken Vierpol

Abb. 3.27 Schwerer, symmetrischer Kreisel als Gyrator

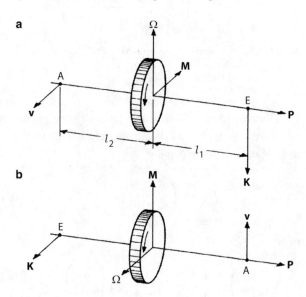

3.9.2 Praktische Beispiele

Der Gyrator hat seinen Namen aus der Mechanik, wo die charakteristische Vorzeichenunsymmetrie bei der Kreiselpräzession auftritt. Die Zusammenhänge sind in Abb. 3.27 dargestellt. Ein schwerer, symmetrischer Kreisel rotiere um seine Figurenachse und habe den Drehimpuls **P**. Wir sehen ihn als ein mechanisches Zweitor an mit einem „Eingang" E und einem „Ausgang" A, in denen Kräfte und Geschwindigkeiten, jeweils gegen das Bezugssystem, zu beobachten sind. Lässt man, wie in Abb. 3.27a gezeichnet, bei E am Hebelarm l_1 eine Kraft **K** nach unten wirken und übt damit auf den Kreisel ein Drehmoment **M** vom Betrage Kl_1 aus, so vollführt der Kreisel eine Präzessionsbewegung mit der Winkelgeschwindigkeit $\mathbf{\Omega}$, die durch **M** und **P** nach Größe und Richtung gemäß

$$\mathbf{M} = \mathbf{\Omega} \times \mathbf{P} \tag{3.117}$$

Abb. 3.28 Hebel als mechanischer Transformator

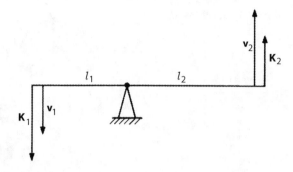

bestimmt ist. Am „Ausgang" A (Hebelarm l_2) tritt eine Geschwindigkeit $\mathbf{v}$ vom Betrage

$$\mathbf{v} = \frac{l_1 l_2}{\mathbf{P}} \mathbf{K} = \frac{\mathbf{K}}{\zeta} \qquad (3.118)$$

auf. $\zeta = \mathbf{P}/l_1 l_2$ ist der Gyratorwiderstand (vgl. (3.109)).

Vertauschen wir „Eingang" und „Ausgang" (Abb. 3.27b) und lassen die Kraft $\mathbf{K}$ in Richtung der vorherigen Bewegung wirken, so reagiert der Kreisel mit einer Präzession, die dem Punkt A eine Geschwindigkeit $\mathbf{v}$ nach *oben*, also entgegen der vorherigen Kraftrichtung erteilt. Verhindert man die Präzession durch eine entsprechende Führung der Figurenachse, entsteht als Folge einer erzwungenen Bewegung des Punkts E mit der Geschwindigkeit $\mathbf{v}$ eine Kraft vom Betrage $\mathbf{K} = \mathbf{P}v/l_1 l_2 = \zeta \mathbf{v}$ auf die Führung bei A. Unter idealisierenden Voraussetzungen (verschwindendes Trägheitsmoment des Kreisels um die zur Figurenachse senkrechten Richtungen und verschwindende Reibung in der Führung) setzt der Kreisel dem Kippen der Achse keinen Widerstand entgegen. Der präzedierende Kreisel transformiert also Kraft in Geschwindigkeit und umgekehrt, aber die Richtungen von Kraft und Geschwindigkeit sind nicht vertauschbar.

Die angegebenen Beziehungen gelten ebenso auch für oszillierende Kräfte und Bewegungen. Daher erscheint eine bei A angebrachte mechanische Impedanz $\underline{Z}_A$ von E aus gesehen als $\underline{Z}_E = \zeta^2/\underline{Z}_A$ Der schwere, symmetrische Kreisel erfüllt demnach durch seine Präzession alle Forderungen, die im vorigen Abschn. 3.9.1 an einen idealen Gyrator gestellt wurden.

Das mechanische Analogon zum idealen elektrischen Transformator ist ein reibungsfreier, masseloser, starrer *Hebel* (Abb. 3.28). In Analogie zu (3.104) und (3.105) gelten die Gleichungen

$$\mathbf{K_1} = \frac{l_2}{l_1} \mathbf{K_2}, \qquad \mathbf{v_1} = \frac{l_1}{l_2} \mathbf{v_2}. \qquad (3.119)$$

Eine mechanische Impedanz transformiert sich gemäß

$$\underline{Z}_1 = \frac{\mathbf{K_1}}{\mathbf{v_1}} = \frac{l_2^2}{l_1^2} \frac{\mathbf{K_2}}{\mathbf{v_2}} = \ddot{u} \underline{Z}_2, \qquad \ddot{u} = \frac{l_2^2}{l_1^2}. \qquad (3.120)$$

Abb. 3.29 Halleffekt

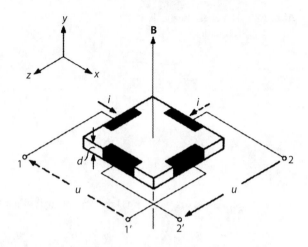

Rein elektrische Gyratoren lassen sich auf verschiedene Arten realisieren. Eine Möglichkeit bietet der *Halleffekt*[6] (Abb. 3.29). Ein dünnes quadratisches Plättchen aus geeignetem Material ist an allen vier Seiten mit Elektroden versehen und befindet sich in einem Magnetfeld der Flussdichte **B** senkrecht zu seiner Ebene ($+y$-Richtung). Ein Strom $\underline{i}$ in *positiver* x-Richtung (von 1 nach 1') erzeugt in *positiver* z-Richtung (2 $\rightarrow$ 2') aufgrund der im Magnetfeld auf die Ladungsträger wirkenden Lorentzkraft die *Hallspannung*

$$\mathbf{u} = \frac{R}{d} \, (\mathbf{i} \times \mathbf{B}). \tag{3.121}$$

Dabei ist d die Probendicke und R die (positive oder negative) *Hallkonstante*, die in einigen der sog. III/V-Verbindungen (z. B. Indiumantimonid) besonders groß ist. Umgekehrt erzeugt ein Strom in positiver z-Richtung (2 $\rightarrow$ 2') nach (3.121) eine Spannung in negativer x-Richtung (1' $\rightarrow$ 1).

(3.121) gilt für den Fall, dass die Elektroden in z-Richtung elektrisch offen sind. Sind sie kurzgeschlossen ($u = 0$), fließen die von 1 injizierten Ladungsträger nach 2, und von 2' zurück nach 1. Zwischen 1 und 1' kommt trotz anliegender Spannung kein Strom zustande. In Übereinstimmung mit (3.108) und (3.109) erzeugt also ein Eingangsstrom eine Ausgangsspannung und eine Eingangsspannung einen Ausgangsstrom. Der Gyratorwiderstand ist $\zeta = R\mathbf{B}/d$. Eine bei 2, 2' angeschlossene Impedanz $\underline{Z}_2$ wirkt von 1, 1' her als $\underline{Z}_1 = \zeta^2/\underline{Z}_2$.

Der in Abb. 3.29 dargestellte Gyrator lässt sich zur Einwegleitung ergänzen, indem man ohmsche Überbrückungswiderstände zwischen 1 und 2' sowie zwischen 1' und 2 hinzufügt. Die durch Stromeinspeisung bei 1, 1' an 2, 2' entstehende Hallspannung wird dann bei richtiger Dimensionierung der Widerstände gerade kompensiert, während sich die bei Stromeinspeisung in 2, 2' an 1, 1' entstehende Spannung noch erhöht. In der Praxis

[6] Edwin Herbert Hall, US-amerikanischer Physiker (1855–1938).

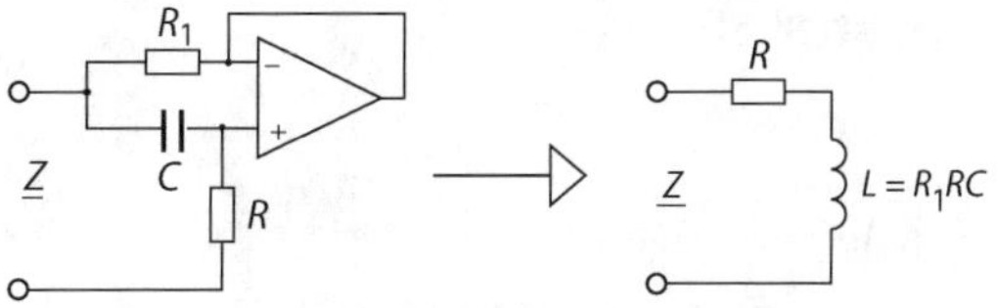

Abb. 3.30 Prinzip eines Gyrators, der eine Induktivität
simuliert

erreicht man ein *Vorwärts-Rückwärts-Verhältnis* von 10^3 (Pegeldifferenz 60 dB) in einem
großen Frequenzbereich.

Im Mikrowellenbereich wird ein anderer Gyratortyp benutzt, der auf der *Faraday-
Rotation* beruht, d. h. der Drehung der Polarisationsebene einer elektromagnetischen Welle beim Durchlaufen eines permanent vormagnetisierten Ferritmaterials. Diese Drehung
der Polarisationsebene kommt durch eine Wechselwirkung der elektromagnetischen Welle
mit der Präzession der Elektronenspins um die Richtung des permanenten Magnetfeldes
zustande. Sie erfolgt daher in den beiden Wellenausbreitungsrichtungen in entgegengesetztem Drehsinn, ebenso wie beim Kreisel die Drehungen aus der **K**-Richtung in die
v-Richtung in den beiden Blickrichtungen (Abb. 3.27a und b, beide Male von E nach A
gesehen) in entgegengesetztem Drehsinn erfolgen. Durch Kombination eines Hohlleiters
mit Faraday-Rotator und eines normal übertragenden Hohlleiters erhält man auch hier eine
Einwegleitung. Einwegleitungen werden vor allem zur Entkopplung der Mikrowellensen-
der von den angeschlossenen Messobjekten oder Leitungen benötigt.

Eine ganz andere Möglichkeit, elektrische Gyratoren zu bauen, ergibt sich – und damit sind wir wieder beim Thema dieses Kapitels – mit reversiblen elektromechanischen
Wandlern. In den vorangehenden Abschnitten wurde bereits auf den Unterschied zwischen Wandlern des gyratorischen und des transformatorischen Typs hingewiesen. Die
Kettendeterminante in den nach der 1. Analogie geschriebenen Verknüpfungsgleichungen
(z. B. (3.4) und (3.5)) hat bei den mit Magnetfeldern arbeitenden (gyratorischen) Wandlern den Wert -1, bei den mit elektrischen Feldern arbeitenden (transformatorischen) den
Wert $+1$. Durch mechanische Kopplung zweier Wandler, von denen der eine als Sender, der andere als Empfänger fungiert, entsteht ein elektrischer Vierpol. Da sich bei der
Serienschaltung von Vierpolen ihre Kettenmatrizen und damit auch die Kettendeterminanten multiplizieren, ist der durch die Wandlerkombination entstehende elektrische Vierpol
übertragungssymmetrisch, wenn beide Wandler dem gleichen Typ angehören. Koppelt
man dagegen einen gyratorischen und einen transformatorischen Wandler mechanisch
miteinander, so entsteht ein elektrischer Gyrator.

Während derartige Gyratoren keine praktische Bedeutung haben, sondern nur von di-
daktischem Reiz sind, werden elektronische Gyratoren zur Impedanzinversion oft eingesetzt, um voluminöse Spulen mit hoher Induktivität durch Kondensatoren mit Impedanz-
konverterschaltungen zu ersetzen. Abb. 3.30 zeigt das Prinzip: links die Schaltung mit
einem rückgekoppelten Operationsverstärker, rechts das Ersatzbild, eine Induktivität mit
Verlusten.

Literatur

Lehrbücher

1. *F. A. Fischer*: Grundzüge der Elektroakustik. Fachverlag Schiele & Schön, Berlin, 2. Aufl. 1959.

2. *L. Cremer, M. Hubert*: Vorlesungen über Technische Akustik. Springer-Verlag, 4. Aufl. 1990, ISBN: 3-540-52480-0.

3. *E. Zwicker, M. Zollner*: Elektroakustik. Springer-Verlag, 3. Aufl. 1993, Nachdruck 2003. ISBN: 978-3-540-64665-5.

4. *F. V. Hunt*: Electroacoustics. Harvard University Press 1954; Reprint: American Institute of Physics 1982, ISBN: 0-88318-401-X.

Einzelnachweise

5. *G. Sauerbrey*: Verwendung von Schwingquarzen zur Wägung dünner Schichten und zur Mikrowägung. Z. Phys. 155(2) (1959) 206–222.

6. *W. L. Smith, W. J. Spencer*: Quartz Crystal Thermometer for Measuring Temperature Deviations in the 10^{-3} to 10^{-6} °C Range. Rev. Sci. Instr. 34 (1963) 268–270.

7. *H. Sell*: Eine neue kapazitive Methode zur Umwandlung mechanischer Schwingungen in elektrische und umgekehrt. Z. techn. Physik 18 (1937) 3–10.

8. *G. M. Sessler, J. E. West*: Self-biased condenser microphone with high capacitance. J. Acoust. Soc. Am. 34 (1962) 1787–1788.

9. *G. M. Sessler, J. E. West*: Foil-Electret Microphones. J. Acoust. Soc. Am. 40 (1966) 1433–1440.

10. *G. M. Sessler*: Transducer Research at Bell Laboratories Under Manfred Schroeder. In: N. Xiang, G. M. Sessler (Eds.): Acoustics, Information, and Communication. Memorial Volume in Honor of Manfred R. Schroeder, Chapter 11. Springer-Verlag 2015, ISBN: 978-3-319-05659-3.

11. *R. J. Bobber*: Underwater Electroacoustic Measurements, Chapter 5.2. US Naval Research Laboratory 1970. Reprint: Peninsula Pub 1990, ISBN: 978-0932146199.

12. *R. Kaiser*: Die mechanischen Eingangsimpedanzen von Tonabnehmern. Acustica 5 (1955) 81–92.

Gekoppelte Schwingungssysteme

4

Zusammenfassung

Dieses Kapitel beginnt mit zwei gekoppelten elektrischen bzw. mechanischen Resonanzkreisen, für die die freien und erzwungenen Schwingungen berechnet werden. Durch Zusammenschalten eines Parallel- und eines Serienkreises erhält man Zweikreis-Resonanzabsorber, die für elektrische Wellen und im Wasserschall Verwendung finden. Mit mehr als zwei gekoppelten Resonatoren ergibt sich der Übergang zu Siebketten, die als elektrische Tiefpässe, Hochpässe, Bandfilter und Bandsperren eingesetzt werden, in der HF-Technik auch als monolithische Quarzfilter und Oberflächenwellen-Filter. Die Dispersion einer Masse-Feder-Kette führt zur Definition von Phasen- und Gruppengeschwindigkeit. Von der Masse-Feder-Kette gelangt man durch einen Grenzübergang zum Wellen leitenden Kontinuum. Eigenschwingungen endlicher Kontinua lassen sich durch einfache Resonatoren approximieren. Auf die Modalanalyse und Schwingungsmessungen mit dem Laser-Doppler-Vibrometer wird kurz eingegangen. Das Kapitel endet mit einem Abschnitt über Einschwingvorgänge in Resonatoren, Filtern, Analysatoren, Leitungen und Spektralgittern, und auch die Berechnung von Einschwingvorgängen mit der Laplacetransformation wird dargestellt.

4.1 Zwei gekoppelte Schwingkreise

Einfache, lineare Schwingungssysteme, wie sie in Kap. 2 eingehend untersucht wurden, enthalten zwei Energiespeicher, zwischen denen die Schwingungsenergie periodisch hin- und herpendeln kann (z. B. Masse und Feder, Spule und Kondensator). Durch die Größe dieser Speicherelemente ist (bei geringer Dämpfung) die Eigenfrequenz festgelegt, die sowohl den zeitlichen Verlauf der freien Schwingung als auch das Resonanzverhalten bei erzwungenen Schwingungen bestimmt. Enthält ein Schwingungssystem mehr als zwei Speicherelernente, besitzt es im Allgemeinen auch mehr als eine Resonanzfrequenz.

© Springer Fachmedien Wiesbaden 2016
D. Guicking, *Schwingungen*, DOI 10.1007/978-3-658-14136-3_4

Abb. 4.1 Zwei gekoppelte elektrische Kreise mit
a Stromkopplung, **b** Spannungskopplung

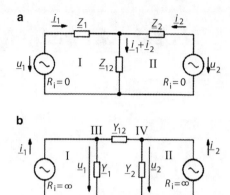

Wichtig ist vor allem der Spezialfall, dass zwei oder mehr *gleichartige* Schwingungssysteme, die jedes für sich gleiche Eigenfrequenzen besitzen, über zusätzliche Kopplungselemente miteinander verknüpft sind. Systeme aus zwei gekoppelten Schwingkreisen (Abschn. 4.1) spielen als *Bandfilter* vor allem in der Hochfrequenztechnik eine Rolle. Schwingerketten aus *vielen* gekoppelten identischen Resonanzsystemen (Abschn. 4.2) sind z. B.
die Hoch- und Tiefpässe. Von den letzteren führt ein Grenzübergang zur Leitungstheorie. Die linearen mechanischen Schwingerketten stellen zugleich ein eindimensionales
Festkörpermodell dar, aus dem sich die Theorie der elastischen Kontinua durch einen
Grenzübergang ergibt (Abschn. 4.3).

In der technischen Schwingungsmechanik nennt man ein System aus n gekoppelten
Schwingkreisen auch einen *n-läufigen Verband*.

In Abb. 4.1a sind in sehr allgemeiner Form zwei gekoppelte elektrische Kreise darge-
stellt. Die in den Impedanzen $\underline{Z}_1$ und $\underline{Z}_{12}$ zusammengefassten Schaltelemente bilden mit
der Spannungsquelle $\underline{u}_1$ den einen Kreis, $\underline{Z}_2$ und $\underline{Z}_{12}$ mit $\underline{u}_2$ den anderen. Der Strom $\underline{i}_1$
im Kreis I durchfließt $\underline{Z}_{12}$ und damit einen Teil des zweiten Kreises, ebenso fließt auch $\underline{i}_2$
durch $\underline{Z}_{12}$ und damit durch einen Teil des Kreises I. Man nennt diese Art der Kopplung
Stromkopplung.

Abb. 4.1b gibt die zu (a) duale Schaltung wieder. (Nach Abschn. 2.6.1.1 vertauschen
sich bei der Dualisierung Parallel- und Serienschaltung, Spannungs- und Stromquelle, Impedanz und Admittanz.) Kreis I besteht aus den in der Admittanz $\underline{Y}_1$ zusammengefassten
Schaltelementen und der Stromquelle $\underline{i}_1$, Kreis II aus $\underline{Y}_2$ und der Quelle $\underline{i}_2$. Von der infolge des Stroms $\underline{i}_1$ an $\underline{Y}_1$ entstehenden Spannung $\underline{u}_1$ wirkt ein Teil über das Kopplungsglied
$\underline{Y}_{12}$ auch auf $\underline{Y}_2$, ebenso ein Teil von $\underline{u}_2$ auf den Kreis I. Diese Kopplungsart heißt *Spannungskopplung*.

Gekoppelte Zweikreissysteme werden durch Gleichungspaare beschrieben. Für die
Schaltung Abb. 4.1a liefert die Spannungsbilanz in den Maschen I und II

$$\underline{u}_1 = \underline{i}_1\underline{Z}_1 + (\underline{i}_1 + \underline{i}_2)\underline{Z}_{12}, \qquad \underline{u}_2 = \underline{i}_2\underline{Z}_2 + (\underline{i}_1 + \underline{i}_2)\underline{Z}_{12}. \tag{4.1}$$

Abb. 4.2 Zwei elektrische Serienresonanzkreise mit Stromkopplung

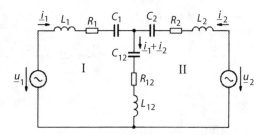

Ebenso ergibt die Strombilanz in den Knoten III und IV der Schaltung (b)

$$\underline{i}_1 = \underline{u}_1 \underline{Y}_1 + (\underline{u}_1 - \underline{u}_2)\underline{Y}_{12}, \qquad \underline{i}_2 = \underline{u}_2 \underline{Y}_2 + (\underline{u}_1 - \underline{u}_2)\underline{Y}_{12}. \tag{4.2}$$

Im Folgenden werden zwei elektrische Serienresonanzkreise mit Stromkopplung betrachtet (Abb. 4.2). Zur rechnerischen Behandlung ihrer freien Schwingung und ihrer Einschwingvorgänge muss man von den Differenzialgleichungen ausgehen. Sie lauten

$$\left.\begin{aligned}
\underline{u}_1 &= L_1 \tfrac{d\underline{i}_1}{dt} + R_1 \underline{i}_1 + \tfrac{1}{C_1} \int \underline{i}_1 \, dt + L_{12} \tfrac{d(\underline{i}_1 + \underline{i}_2)}{dt} \\
&\quad + R_{12}(\underline{i}_1 + \underline{i}_2) + \tfrac{1}{C_{12}} \int (\underline{i}_1 + \underline{i}_2) \, dt, \\
\underline{u}_2 &= L_2 \tfrac{d\underline{i}_2}{dt} + R_2 \underline{i}_2 + \tfrac{1}{C_2} \int \underline{i}_2 \, dt + L_{12} \tfrac{d(\underline{i}_1 + \underline{i}_2)}{dt} \\
&\quad + R_{12}(\underline{i}_1 + \underline{i}_2) + \tfrac{1}{C_{12}} \int (\underline{i}_1 + \underline{i}_2) \, dt.
\end{aligned}\right\} \tag{4.3}$$

Mit den Abkürzungen

$$\left.\begin{aligned}
L_{11} &= L_1 + L_{12}, & R_{11} &= R_1 + R_{12}, & \tfrac{1}{C_{11}} &= \tfrac{1}{C_1} + \tfrac{1}{C_{12}}, \\
L_{22} &= L_2 + L_{12}, & R_{22} &= R_2 + R_{12}, & \tfrac{1}{C_{22}} &= \tfrac{1}{C_2} + \tfrac{1}{C_{12}}
\end{aligned}\right\} \tag{4.4}$$

wird aus (4.3)

$$\left.\begin{aligned}
\underline{u}_1 &= L_{11} \tfrac{d\underline{i}_1}{dt} + R_{11} \underline{i}_1 + \tfrac{1}{C_{11}} \int \underline{i}_1 \, dt + L_{12} \tfrac{d\underline{i}_2}{dt} + R_{12} \underline{i}_2 + \tfrac{1}{C_{12}} \int \underline{i}_2 \, dt, \\
\underline{u}_2 &= L_{12} \tfrac{d\underline{i}_1}{dt} + R_{12} \underline{i}_1 + \tfrac{1}{C_{12}} \int \underline{i}_1 \, dt + L_{22} \tfrac{d\underline{i}_2}{dt} + R_{22} \underline{i}_2 + \tfrac{1}{C_{22}} \int \underline{i}_2 \, dt.
\end{aligned}\right\} \tag{4.5}$$

Von besonderer Bedeutung ist der Spezialfall identischer Kreise. Setzt man

$$L_1 = L_2 = L, \qquad R_1 = R_2 = R, \qquad C_1 = C_2 = C, \tag{4.6}$$

so folgt $L_{11} = L_{22}$, $R_{11} = R_{22}$, $C_{11} = C_{22}$ und damit

$$\left.\begin{aligned}
\underline{u}_1 &= L_{11} \tfrac{d\underline{i}_1}{dt} + R_{11} \underline{i}_1 + \tfrac{1}{C_{11}} \int \underline{i}_1 \, dt + L_{12} \tfrac{d\underline{i}_2}{dt} + R_{12} \underline{i}_2 + \tfrac{1}{C_{12}} \int \underline{i}_2 \, dt, \\
\underline{u}_2 &= L_{12} \tfrac{d\underline{i}_1}{dt} + R_{12} \underline{i}_1 + \tfrac{1}{C_{12}} \int \underline{i}_1 \, dt + L_{11} \tfrac{d\underline{i}_2}{dt} + R_{11} \underline{i}_2 + \tfrac{1}{C_{11}} \int \underline{i}_2 \, dt.
\end{aligned}\right\} \tag{4.7}$$

Abb. 4.3 Zwei gekoppelte
mechanische Parallelresonanz-
kreise

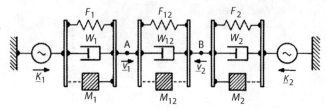

Abb. 4.4 Hebelmechanismus
zur Veranschaulichung einer
Massenkopplung

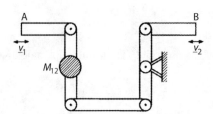

Das mechanische Analogon zu der elektrischen Schaltung in Abb. 4.2 sind zwei gekoppelte mechanische Parallelkreise (Abb. 4.3). Die Koppelmasse M_{12} darf mit keinem der beiden Punkte A und B fest verbunden sein; sie setzt nur Relativbewegungen von A gegen B ihren Trägheitswiderstand entgegen, während eine konphase Schwingung von A und B nicht behindert wird. Eine Hebelanordnung, die dies bei kleinen Amplituden leistet, ist in Abb. 4.4 skizziert. M_{12} ist dabei als punktförmig (keine Rotationsträgheit) angenommen. Die Schwingungsgleichungen des mechanischen Systems in Abb. 4.3 sind denen der elektrischen Schaltung in Abb. 4.2 völlig analog. In (4.3) bis (4.7) sind die elektrischen Größen nur durch die ihnen nach der ersten Analogie (2.7) entsprechenden mechanischen Größen zu ersetzen.

4.1.1 Freie Schwingungen

4.1.1.1 Gekoppelte Schwingkreise

Gekoppelte Systeme aus ungleichen Schwingkreisen, wie sie durch die (4.5) beschrieben werden, zeigen im Allgemeinen recht komplizierte Schwingungsformen. Übersichtlicher ist das Verhalten identischer Kreise. Setzt man zur Berechnung der freien Schwingungen $\underline{u}_1 = \underline{u}_2 = 0$ und macht den bei freien Schwingungen linearer Systeme stets zum Ziel führenden Exponentialansatz

$$\underline{i}_1 = \hat{\imath}_1 \, e^{\underline{p}t}, \qquad \underline{i}_2 = \hat{\imath}_2 \, e^{\underline{p}t}, \tag{4.8}$$

so folgt aus (4.7) für die gekoppelten identischen Kreise nach Abb. 4.2, wenn man noch beide Gleichungen mit $\underline{p}$ multipliziert,

$$
\left.
\begin{aligned}
0 &= \hat{\imath}_1 \left(\tfrac{1}{C_{11}} + R_{11}\,\underline{p} + L_{11}\,\underline{p}^2 \right) + \hat{\imath}_2 \left(\tfrac{1}{C_{12}} + R_{12}\,\underline{p} + L_{12}\,\underline{p}^2 \right), \\
0 &= \hat{\imath}_1 \left(\tfrac{1}{C_{12}} + R_{12}\,\underline{p} + L_{12}\,\underline{p}^2 \right) + \hat{\imath}_2 \left(\tfrac{1}{C_{11}} + R_{11}\,\underline{p} + L_{11}\,\underline{p}^2 \right).
\end{aligned}
\right\}
\tag{4.9}
$$

Mit den Abkürzungen a_{11} bzw. a_{12} für die Klammerausdrücke bekommt man

$$0 = a_{11}\,\hat{\imath}_1 + a_{12}\,\hat{\imath}_2, \qquad 0 = a_{12}\,\hat{\imath}_1 + a_{11}\,\hat{\imath}_2. \tag{4.10}$$

Die Bedingung für die Existenz nichttrivialer Lösungen ist

$$a_{11}^2 - a_{12}^2 = 0, \qquad (a_{11} - a_{12})(a_{11} + a_{12}) = 0 \tag{4.11}$$

oder

$$a_{11} \mp a_{12} = \frac{1}{C_{11}} \mp \frac{1}{C_{12}} + (R_{11} \mp R_{12})\,\underline{p} + (L_{11} \mp L_{12})\,\underline{p}^2 = 0. \tag{4.12}$$

Die Lösungen dieser quadratischen Gleichungen lauten

$$\underline{p}_{1\pm} = -\frac{R_{11} - R_{12}}{2(L_{11} - L_{12})} \pm \mathrm{j}\sqrt{\frac{1}{L_{11} - L_{12}}\left(\frac{1}{C_{11}} - \frac{1}{C_{12}}\right) - \frac{(R_{11} - R_{12})^2}{4(L_{11} - L_{12})^2}}, \tag{4.13}$$

$$\underline{p}_{2\pm} = -\frac{R_{11} + R_{12}}{2(L_{11} + L_{12})} \pm \mathrm{j}\sqrt{\frac{1}{L_{11} + L_{12}}\left(\frac{1}{C_{11}} + \frac{1}{C_{12}}\right) - \frac{(R_{11} + R_{12})^2}{4(L_{11} + L_{12})^2}}. \tag{4.14}$$

Der Ansatz (4.8) führt also auf vier Lösungen, durch deren Kombination sich die Anfangsbedingungen (Amplituden und Nullphasenwinkel von $\underline{i}_1$ und $\underline{i}_2$) erfüllen lassen.

Die ersten Terme in (4.13) und (4.14) stellen Abklingkonstanten α_1 bzw. α_2 dar, die Wurzeln Eigenfrequenzen gedämpfter Kreise (vgl. die analogen Ausdrücke für einfache Resonanzkreise in Abschn. 2.3.1.1). Mit den Abkürzungen ω_1 und ω_2 für die Eigenfrequenzen der entsprechenden ungedämpften Kreise lauten die Lösungen

$$\underline{p}_{1\pm} = -\alpha_1 \pm \mathrm{j}\sqrt{\omega_1^2 - \alpha_1^2} \tag{4.15}$$

und

$$\underline{p}_{2\pm} = -\alpha_2 \pm \mathrm{j}\sqrt{\omega_2^2 - \alpha_2^2}. \tag{4.16}$$

Einsetzen der Ausdrücke (4.4) in (4.13) und (4.14) ergibt mit (4.6)

$$\omega_1^2 = \frac{1}{LC}, \qquad\qquad \alpha_1 = \frac{R}{2L}, \tag{4.17}$$

$$\omega_2^2 = \frac{1}{L + 2L_{12}}\left(\frac{1}{C} + \frac{2}{C_{12}}\right), \qquad \alpha_2 = \frac{R + 2R_{12}}{2(L + 2L_{12})}. \tag{4.18}$$

Abb. 4.5 Gleichsinnige (1.) und gegensinnige (2.) Hauptschwingung gekoppelter Systeme

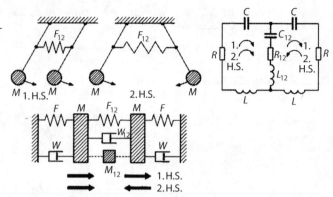

Die beiden Lösungen $\underline{p}_{1\pm}$ unterscheiden sich von den beiden Lösungen $\underline{p}_{2\pm}$ durch Eigenfrequenz und Dämpfung. Die allgemeinen freien Schwingungen entstehen durch Linearkombinationen der Art

$$\left.\begin{array}{rl} \underline{i}_1 & = \; I_1\, e^{\underline{p}_{1+}t} + I_2\, e^{\underline{p}_{1-}t} + I_3\, e^{\underline{p}_{2+}t} + I_4\, e^{\underline{p}_{2-}t}, \\[2mm] \underline{i}_2 & = \; c_1 I_1\, e^{\underline{p}_{1+}t} + c_2 I_2\, e^{\underline{p}_{1-}t} + c_3 I_3\, e^{\underline{p}_{2+}t} + c_4 I_4\, e^{\underline{p}_{2-}t}. \end{array}\right\} \qquad (4.19)$$

In ihnen sind die vier Größen I_1 bis I_4 durch die Anfangsbedingungen und die vier Faktoren c_1 bis c_4 durch die Schwingkreiselemente festgelegt. Die durch (4.19) beschriebenen Schwingungen enthalten zwei Frequenzen ω_1 und ω_2 und sind daher im Allgemeinen Schwebungen. Bei geeigneten Anfangsbedingungen verschwinden jedoch entweder I_3 und I_4 oder I_1 und I_2, und dann klingen $\underline{i}_1$ und $\underline{i}_2$ als gedämpfte Sinusschwingungen gemäß (4.8) ab.

Die Schwingung, bei der $\underline{p} = \underline{p}_1$ ist, nennt man die *1. Hauptschwingung*, die mit $\underline{p} = \underline{p}_2$ die *2. Hauptschwingung*. Wie der Vergleich mit (2.48) und (2.49) zeigt, erfolgt die 1. Hauptschwingung so, als ob der zweite Kreis und die Kopplungselemente gar nicht vorhanden wären. Bei dieser Schwingung fließen die (gleichgroßen) Ströme $\underline{i}_1$ und $\underline{i}_2$ gleichsinnig (d. h. gemäß der Richtungsfestlegung in Abb. 4.2 gegenphasig) und kompensieren sich im Kopplungszweig. Da die Koppelglieder überhaupt nicht beansprucht werden, können sie auch den Schwingungsablauf nicht beeinflussen.

Bei der zweiten Hauptschwingung fließen dagegen $\underline{i}_1$ und $\underline{i}_2$ gegensinnig, der Strom durch die Koppelglieder ist doppelt so groß wie der durch die Schwingkreiselemente. In (4.18) treten deshalb die Koppelelemente mit dem Faktor 2 auf. Abb. 4.5 veranschaulicht an Fadenpendeln mit Federkopplung und an den Systemen nach Abb. 4.2 und 4.3 die Strom- bzw. Bewegungsrichtungen in den beiden Hauptschwingungen.

Man entnimmt Abb. 4.5 auch die Bedingungen zur Erregung von Hauptschwingungen gekoppelter identischer Systeme: Gleiche bzw. entgegengesetzt gleiche Anfangsauslenkungen der Massen M im mechanischen Fall, gleiche bzw. entgegengesetzt gleiche Anfangsaufladungen der Kondensatoren C im elektrischen System.

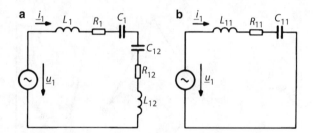

Abb. 4.6 Aus Abb. 4.2 durch Abtrennen des Kreises II entstehender ungekoppelter Resonanzkreis.
(**a** mit getrennten, **b** mit paarweise zusammengefassten Schwingkreis- und Koppelelementen)

Trennt man den zweiten Kreis in Abb. 4.2 auf (im mechanischen Analogon, Abb. 4.3, entspricht dies einer Fixierung von M_2), so entsteht der einfache Resonanzkreis in Abb. 4.6a. Seine Elemente lassen sich gemäß (4.4) paarweise zusammenfassen, sodass sich die Schaltung zu der im Bild rechts dargestellten vereinfacht. Eigenfrequenz ω_0 und Abklingkonstante α_0 dieses Einzelkreises sind gegeben durch

$$\omega_0^2 = \frac{1}{L_{11}C_{11}} = \frac{1}{L_1 + L_{12}}\left(\frac{1}{C_1} + \frac{1}{C_{12}}\right), \tag{4.20}$$

$$\alpha_0 = \frac{R_{11}}{2L_{11}} = \frac{R_1 + R_{12}}{2(L_1 + L_{12})} \tag{4.21}$$

oder zusammengefasst:

$$p_{0\pm} = -\frac{R_{11}}{2L_{11}} \pm \mathrm{j}\sqrt{\frac{1}{L_{11}C_{11}} - \frac{R_{11}^2}{4L_{11}}}. \tag{4.22}$$

Diese Werte liegen zwischen denen der beiden Hauptschwingungen, was man auch erwartet, denn die Koppelelemente werden hier „einfach" beansprucht gegenüber der fehlenden bzw. „doppelten" Beanspruchung in den Hauptschwingungen.

4.1.1.2 Quantenmechanisches Analogon

Die Schwingungsgleichungen mechanischer oder elektrischer Resonanzsysteme haben mathematisch gewisse Ähnlichkeiten mit den Schrödingergleichungen für atomare Systeme. Zur Eigenfrequenzaufspaltung und zum periodischen Hin- und Herpendeln der Schwingungsenergie in gekoppelten makroskopischen Systemen gibt es daher analoge quantenmechanische Effekte. Als Beispiel betrachten wir das Ammoniak-Molekül. Es hat tetraedrische Gestalt, wobei das N-Atom in jedem Schwingungszustand des Moleküls oberhalb oder unterhalb der Ebene der drei H-Atome liegen und infolge des quantenmechanischen Tunneleffekts zwischen diesen beiden Positionen wechseln kann (Abb. 4.7, links). Bezüglich der Schwingung senkrecht zur H_3-Ebene befindet sich das N-Atom

Abb. 4.7 Zum Ammo-
niakmaser. **a** Struktur des
NH_3-Moleküls mit den beiden
stabilen Lagen des N-Atoms;
b Potentialverlauf für Schwingungen des N-Atoms senkrecht
zur H_3-Ebene (schematisch)

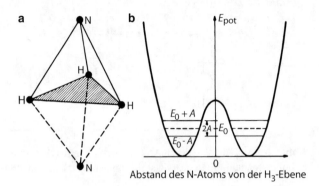

also in einem Zwei-Mulden-Potential, wie es rechts im gleichen Bild schematisch angedeutet ist. In jeder Mulde für sich hätte das Molekül im Grundzustand eine Energie E_0,
entsprechend einer Frequenz E_0/h (h = Planck'sches Wirkungsquantum). Das Tunneln
wird durch eine Austauschwechselwirkungsenergie A beschrieben, die Molekülzustände
stellt man dar durch eine symmetrische und eine antisymmetrische Eigenfunktion mit den
Energien $E_0 - A$ und $E_0 + A$ bzw. den Frequenzen $(E_0 - A)/h$ und $(E_0 + A)/h$. Die
Eigenfunktionen und ihre Energien stehen in Analogie zu den beiden Hauptschwingungen
der gekoppelten makroskopischen Systeme mit ihren unterschiedlichen Eigenfrequenzen.
Befindet sich das Molekül zur Zeit $t = 0$ auf der einen Seite der H_3-Ebene, liegt es
im Mittel nach der Zeit $t = h/4A$ auf der anderen, nach der Zeit $t = h/2A$ wieder
auf der ersten usw. Dieser *Inversionsschwingung* im molekularen System entspricht das
Energiependeln mit der Schwebungsfrequenz im makroskopischen System.

In einem elektrischen Feld haben die NH_3-Moleküle in den beiden Orientierungen
aufgrund ihres Dipolmoments verschiedene Energien. Bei dem Übergang aus dem energiereicheren in den energieärmeren Zustand emittiert das Molekül ein Photon mit der
Differenzenergie. Dieser Vorgang wird im *Ammoniakmaser* als Frequenznormal ausgenutzt (vgl. Abschn. 1.3.3). Beim NH_3-Molekül ist der Energieunterschied sehr klein:
$2A \approx 10^{-4}$ eV, entsprechend einer Inversionsfrequenz von etwa 24 GHz. Die energiereicheren Moleküle werden aus einem Ammoniak-Gasstrahl im elektrischen Quadrupolfeld
aussortiert und durch einen auf die Inversionsfrequenz abgestimmten Hohlraumresonator
hoher Güte geleitet, dessen Länge so bemessen ist, dass ihre Laufzeit gerade gleich der
Inversionszeit $h/4A$ ist. Sie geben dabei so viel Mikrowellenenergie an den Resonator ab,
dass die Schwingung in ihm ohne sonstige Energiezufuhr aufrechterhalten wird und noch
eine Leistung von etwa 10^{-9} Watt entnommen werden kann.

4.1.2 Kopplungsarten

Für die Rechnungen des vorigen Abschnitts wurde stets angenommen, dass das Koppelglied Spule, Kondensator und Wirkwiderstand (bzw. Masse, Feder und Dämpfer) enthält.

In der Praxis hat man es jedoch meist mit nur einer dieser Kopplungsarten zu tun, deren verschiedene Typen Eigenfrequenz und Dämpfung unterschiedlich beeinflussen.

Es seien zwei identische elektrische Serienresonanzkreise ($L_1 = L_2 = L$, $C_1 = C_2 = C$, $R_1 = R_2 = R$) mit Stromkopplung (L_{12}, C_{12}, R_{12}) wie in Abb. 4.2 betrachtet. Die Eigenfrequenzen $\omega_{1,2}$ und die Abklingkonstanten $\alpha_{1,2}$ der beiden Hauptschwingungen sind in (4.17) und (4.18), die der ungekoppelten Kreise (ω_0, α_0) in (4.20) und (4.21) angegeben.

Bei rein *kapazitiver Kopplung* ist $L_{12} = R_{12} = 0$ zu setzen. Die Eigenfrequenzen sind mit den Abkürzungen nach (4.4)

$$\omega_1 = \sqrt{\frac{1}{L}\left(\frac{1}{C_{11}} - \frac{1}{C_{12}}\right)}, \quad \omega_2 = \sqrt{\frac{1}{L}\left(\frac{1}{C_{11}} + \frac{1}{C_{12}}\right)}, \quad \omega_0 = \sqrt{\frac{1}{LC_{11}}}; \quad (4.23)$$

zusammengefasst und für den Fall schwacher Kopplung ($C_{12} \gg C_{11}$) approximiert:

$$\omega_{1,2} = \omega_0 \sqrt{1 \mp \frac{C_{11}}{C_{12}}} \approx \omega_0 \left(1 \mp \frac{C_{11}}{2C_{12}}\right). \quad (4.24)$$

Die Dämpfungen sind

$$\alpha_1 = \alpha_2 = \alpha_0 = \frac{R}{2L}. \quad (4.25)$$

Bei der kapazitiven Kopplung (bzw. Federkopplung) zweier identischer Resonanzkreise spalten also die Eigenfrequenzen in zwei bei schwacher Kopplung symmetrisch zur Eigenfrequenz der ungekoppelten Systeme liegende Werte auf, die Dämpfung bleibt unbeeinflusst.

Rein *induktive Kopplung* bedeutet $R_{12} = 1/C_{12} = 0$. Damit wird

$$\omega_1 = \sqrt{\frac{1}{(L_{11} - L_{12})C}}, \quad \omega_2 = \sqrt{\frac{1}{(L_{11} + L_{12})C}}, \quad \omega_0 = \sqrt{\frac{1}{L_{11}C}}. \quad (4.26)$$

Auch hier spalten also die Eigenfrequenzen auf und nehmen Werte an, die bei schwacher Kopplung wegen

$$\omega_{1,2} = \frac{\omega_0}{\sqrt{1 \mp \frac{L_{12}}{L_{11}}}} \approx \omega_0 \left(1 \pm \frac{L_{12}}{2L_{11}}\right) \quad (4.27)$$

symmetrisch zu ω_0 liegen. Allerdings erfolgt die gleichsinnige Hauptschwingung im Gegensatz zur kapazitiven Kopplung mit höherer Frequenz als die gegensinnige. Auch sind bei induktiver Kopplung (Massenkopplung) die Abklingkonstanten der beiden Hauptschwingungen verschieden:

$$\alpha_{1,2} = \frac{R}{2(L_{11} \mp L_{12})}, \quad \alpha_0 = \frac{R}{2L_{11}}, \quad (4.28)$$

Abb. 4.8 Zwei identische
elektrische Serienkreise mit
Stromkopplung und einer
Spannungsquelle

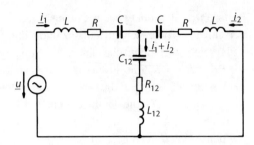

für schwache Kopplung gilt näherungsweise

$$\alpha_{1,2} \approx \alpha_0 \left(1 \pm \frac{L_{12}}{L_{11}} \right). \tag{4.29}$$

Bei rein *ohmscher Kopplung* schließlich wird $L_{12} = 1/C_{12} = 0$. Daraus folgt

$$\omega_1 = \omega_2 = \omega_0 = \sqrt{\frac{1}{LC}}, \tag{4.30}$$

$$\alpha_{1,2} = \frac{R_{11} \mp R_{12}}{2L}. \tag{4.31}$$

Bei ohmscher Kopplung bzw. Reibungskopplung zweier identischer Kreise bleiben also die Eigenfrequenzen ungeändert. Dies ist auch anschaulich leicht einzusehen, denn der hinzukommende Koppelzweig enthält kein frequenzbestimmendes Element. Hingegen muss die Abklingkonstante der zweiten Hauptschwingung, bei der im Koppelelement Energie umgesetzt wird, größer sein als die der ersten.

Die vorstehenden Gleichungen für die Eigenfrequenzen $\omega_{1,2}$ beziehen sich auf die jeweiligen ungedämpften Kreise. Gemäß den Wurzelausdrücken in (4.15) und (4.16), die die Frequenzen der gedämpften freien Schwingungen angeben, ist ein geringer Dämpfungseinfluss vorhanden, der aber von zweiter Ordnung und daher in der Regel zu vernachlässigen ist.

4.1.3   Erzwungene Schwingungen

Wegen der beiden verschiedenen Eigenfrequenzen gekoppelter Zweikreis-Schwingungssysteme zeigen die Resonanzkurven, die Amplitudenkurven bei erzwungenen Schwingungen, auch zwei Maxima, die nur bei Widerstandskopplung und bei schwach gekoppelten Systemen mit genügend hoher Dämpfung zu einem einzigen Maximum verschmelzen.

Für die Rechnung seien wieder zwei identische elektrische Serienresonanzkreise mit Stromkopplung (Abb. 4.8) angenommen. Gesucht ist die komplexe Amplitude $\hat{\underline{i}}_1$ des Eingangsstroms $\underline{i}_1$ als Funktion der Frequenz bei konstanter Amplitude der Anregungsspannung $\underline{u} = \hat{u}\,e^{j\omega t}$. Da nach stationären Lösungen gefragt ist, setzt man in (4.7) (mit $\underline{u}_1 = \underline{u}$, $\underline{u}_2 = 0$) $\underline{i}_1 = \hat{\underline{i}} \, e^{j\omega t}$ und $\underline{i}_2 = \hat{\underline{i}}_2 \, e^{j\omega t}$ an und geht zur Impedanzschreibweise über:

$$\left. \begin{aligned} \hat{u} &= \left(R_{11} + j\omega L_{11} + \tfrac{1}{j\omega C_{11}}\right) \hat{\underline{i}}_1 + \left(R_{12} + j\omega L_{12} + \tfrac{1}{j\omega C_{12}}\right) \hat{\underline{i}}_2, \\ 0 &= \left(R_{12} + j\omega L_{12} + \tfrac{1}{j\omega C_{12}}\right) \hat{\underline{i}}_1 + \left(R_{11} + j\omega L_{11} + \tfrac{1}{j\omega C_{11}}\right) \hat{\underline{i}}_2 \end{aligned} \right\} \tag{4.32}$$

mit $R_{11} = R + R_{12}, L_{11} = L + L_{12}, 1/C_{11} = 1/C + 1/C_{12}$. Zur Vereinfachung der Schreibweise empfiehlt es sich, folgende Größen einzuführen: $\omega_0 = 1/\sqrt{L_{11}C_{11}}$ (s. (4.20)), den charakteristischen Widerstand $Z = \sqrt{L_{11}/C_{11}}$, den Kennverlustfaktor $d = R_{11}/Z$, die Doppelverstimmung $V = \omega/\omega_0 - \omega_0/\omega$ und als Abkürzung $\underline{Z}_{12} = R_{12} + j\omega L_{12} + 1/j\omega C_{12}$. (4.32) lauten damit (vgl. (2.79))

$$\left. \begin{aligned} \hat{u} &= Z(d + jV)\hat{\underline{i}}_1 + \underline{Z}_{12}\hat{\underline{i}}_2, \\ 0 &= \underline{Z}_{12}\hat{\underline{i}}_1 + Z(d + jV)\hat{\underline{i}}_2. \end{aligned} \right\} \tag{4.33}$$

Nach Eliminieren von $\hat{\underline{i}}_2$ folgt für die Eingangsimpedanz $\underline{Z}_e$ der Schaltung von Abb. 4.8

$$\underline{Z}_e = \frac{\hat{u}}{\hat{\underline{i}}_1} = (d + jV)Z - \frac{\underline{Z}_{12}^2}{(d + jV)Z}. \tag{4.34}$$

Im Fall rein *induktiver Stromkopplung* ist $\underline{Z}_{12} = -\omega^2 L_{12}^2$. Definiert man das Verhältnis der im Koppelelement gespeicherten Energie zur Gesamtenergie des Einzelkreises als *Kopplungsgrad* κ, so gilt bei induktiver Stromkopplung

$$\kappa = \frac{L_{12}}{L_{11}}. \tag{4.35}$$

Hiermit ergibt sich aus (4.34) das Impedanzverhältnis $\underline{Z}_e/Z$ zu

$$\frac{\underline{Z}_e}{Z} = d + jV + \frac{\omega^2 \kappa^2}{\omega_0^2(d + jV)}. \tag{4.36}$$

Einige nach dieser Gleichung berechnete Ortskurven mit verschiedenen Kopplungsgraden sind in Abb. 4.9 gezeichnet. Die Ortskurve des ungekoppelten Kreises ($\kappa = 0$) ist eine Gerade parallel zur imaginären Achse im Abstand d (vgl. Abb. 2.4). Mit zunehmendem κ erhält die Ortskurve in der Umgebung der Resonanz eine immer spitzer werdende Ausbuchtung zu höheren Realteilen hin, die bei $\kappa > d$ in eine Schleife um die reelle Achse übergeht. Die Schleife ist um so größer, je stärker die Kopplung ist.

Aus dem Impedanzausdruck (4.36) bekommt man für den Primärkreis die normierte Stromamplitude $|\hat{\underline{i}}_1|Z/\hat{u}$ durch Bildung des reziproken Betrages. Eine Schar auf diesem Wege berechneter Stromresonanzkurven mit schrittweise verändertem Kopplungsgrad κ ist in Abb. 4.10 in perspektivischer Darstellung wiedergegeben. Man erkennt deutlich

Abb. 4.9 Ortskurven der
Eingangsimpedanz zweier induktiv gekoppelter elektrischer
Serienkreise bei verschiedenen
Kopplungsgraden κ. (Berechnet für $d = 0{,}3$ und $\kappa = 0$;
0,2; 0,6)

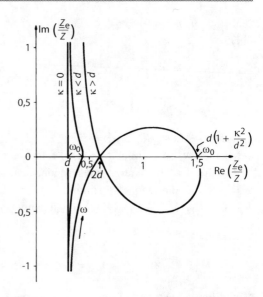

die mit zunehmender Kopplung immer tiefer werdende Einsattelung in der Umgebung
von $\omega = \omega_0$, und man sieht auch, dass die tieferfrequente der beiden Einzelresonanzen
schärfer ist (geringere Halbwertsbreite). Dies steht im Einklang mit der Aufspaltung von
Frequenz und Dämpfung bei den freien Schwingungen ((4.27) und (4.28)). Die Einsattelung tritt erst auf, wenn der Kopplungsgrad einen bestimmten, etwas über $d/2$ liegenden
Wert überschreitet (in Abb. 4.10: $\kappa > 0{,}054$). Die gestrichelte Kurve in der Grundebene
gibt die Lage der Maxima bei den zweigipfligen Resonanzkurven an.

Bei rein *kapazitiver Stromkopplung* ist $\underline{Z}_{12}^2 = -1/\omega^2 C_{12}^2$. Definiert man den Kopplungsgrad in gleicher Weise wie zuvor durch das Verhältnis der im Koppelglied gespeicherten Energie zur Gesamtenergie des Einzelkreises, so folgt

$$\kappa = \frac{C_{11}}{C_{12}} \tag{4.37}$$

und

$$\frac{\underline{Z}_e}{Z} = d + jV + \frac{\omega_0^2 \kappa^2}{\omega^2(d + jV)}. \tag{4.38}$$

(4.38) und (4.36) gehen auseinander hervor, indem man ω/ω_0 durch den Kehrwert ersetzt und (weil damit V in $-V$ übergeht) das Vorzeichen des Imaginärteils von $\underline{Z}_e/Z$
wechselt. Die Impedanzkurven des kapazitiv gekoppelten Bandfilters entstehen daher aus
Abb. 4.9 durch Spiegelung an der reellen Achse. Die Resonanzkurven werden bei schwacher Dämpfung und nicht zu starker Kopplung infolge der Frequenzinversion gegenüber
Abb. 4.10 nahezu symmetrisch.

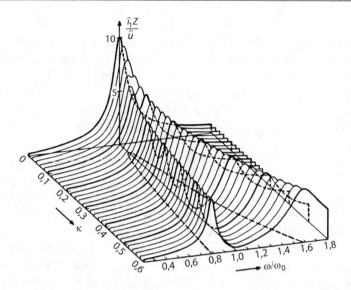

Abb. 4.10   Perspektivische Darstellung der Resonanzkurven des Eingangsstroms induktiv gekoppelter elektrischer Serienresonanzkreise bei verschiedenen Kopplungsgraden κ (berechnet für den Verlustfaktor $d = 0{,}1$). Die Maxima der zweigipfligen Resonanzkurven liegen über der gestrichelten Kurve in der Grundebene

Die obige Rechnung, die für Serienkreise mit induktiver Stromkopplung durchgeführt wurde, beschreibt nach den Regeln für duale Schaltungen auch das Verhalten entsprechender Parallelkreise mit kapazitiver Spannungskopplung. Abb. 4.9 stellt für diesen Fall die Ortskurve der Eingangsadmittanz, Abb. 4.10 die Spannungsresonanzkurven dar.

Ebenso gelten die vorstehenden Überlegungen zu den Serienkreisen mit kapazitiver Stromkopplung auch für Parallelkreise mit induktiver Spannungskopplung.

Kapazitiv oder induktiv gekoppelte Resonanzkreise werden in der Hochfrequenztechnik als *Zweikreisbandfilter* benutzt, um aus einem breitbandigen Signal ein schmales Frequenzband herauszusieben. Dies ist zur Kanaltrennung von modulierten Trägerfrequenzsignalen nötig, beispielsweise in den Zwischenfrequenz-(ZF-)Stufen der Rundfunk- und Fernsehempfänger. Das breitbandige Signal wird auf den einen Kreis gegeben, das gewünschte Frequenzband am anderen Kreis abgenommen. Während Abb. 4.9 und 4.10 die Rückwirkung des angekoppelten passiven Kreises auf den Strom im Primärkreis veranschaulichen, beschreibt man Bandfilter durch ihre *Übertragungs-* oder *Durchlasskurve*, bei einem Filter nach Abb. 4.8 also durch das Verhältnis $|\hat{\imath}_2/\hat{u}|$ als Funktion der Frequenz. Zur quantitativen Behandlung ist in (4.33) $\hat{\imath}_1$ zu eliminieren. Die Durchlasskurven gehen aus den in Abb. 4.10 dargestellten Resonanzkurven des Eingangsstroms durch Multiplikation mit

$$\left|\frac{\hat{\imath}_2}{\hat{\imath}_1}\right| = \frac{\omega\kappa}{\omega_0\sqrt{d^2 + V^2}} \tag{4.39}$$

hervor. Sie ähneln ihnen im prinzipiellen Verlauf, sind aber flacher. Die Einsattelung tritt erst bei stärkerer Kopplung als in Abb. 4.10 auf (*kritischer Kopplungsgrad* $\kappa_c \approx d$). Die Maximalhöhe der Durchlasskurven nimmt von κ_c aus mit wachsendem und mit fallendem κ ab; bei $\kappa = 0$ ist natürlich $i_2 = 0$. In der Praxis arbeitet man mit leicht überkritischer Kopplung, um bei genügend hoher Übertragungsamplitude und ausreichender Bandbreite auch eine möglichst flache Frequenzkurve im Durchlassbereich zu erzielen.

Zweikreisresonanzsysteme benutzt man hauptsächlich in der beschriebenen Art als Bandfilter für die Trägerfrequenztechnik [10]. Eine ganz andere Anwendung findet das gleiche Prinzip bei der Konstruktion von *Resonanzabsorbern* für elektromagnetische Wellen, Luft- oder Wasserschall. Man benötigt Absorber, um Messräume zur Simulation von Freifeldbedingungen reflexionsarm auszukleiden, und ferner zur Umhüllung von Körpern, an denen sonst unerwünschte Reflexionen auftreten würden (z. B. stationäre Objekte in der Nähe von Radarstationen). Der Absorber muss an das umgebende Medium gut „angepasst" sein, d. h. seine flächenbezogene Eingangsimpedanz $\underline{Z}_e$ muss in einem möglichst großen Frequenzbereich nahezu gleich dem Wellenwiderstand Z_0 des Mediums sein (für Schallwellen: $Z_0 = \rho c$, ρ = Dichte, c = Schallgeschwindigkeit; für elektromagnetische Wellen in Luft: $Z_0 = \sqrt{\varepsilon_0/\mu_0} \approx 377\,\Omega$). Neben $\mathrm{Re}(\underline{Z}_e) \approx Z_0$ muss also auch $\mathrm{Im}(\underline{Z}_e) \approx 0$ sein. Von einem guten Absorber wird gefordert, dass der Betrag des Reflexionsfaktors $|\underline{r}| = |(\underline{Z}_e - Z_0)/(\underline{Z}_e + Z_0)| \leq 0{,}1$ bleibt (entsprechend 99 % Energieabsorption). Dies ist erfüllt, wenn $\underline{Z}_e$ innerhalb des in Abb. 4.11 eingetragenen „10 %-Kreises" liegt. Für niedrige Frequenzen, für die die sonst üblichen Keilanordnungen zu viel Raum beanspruchen, benutzt man Resonanzabsorber. Bei einfachen Resonanzsystemen kompensieren sich die Blindanteile der Eingangsimpedanz hinreichend gut nur in einem sehr engen Frequenzbereich um ω_0. Fügt man aber einen zweiten Resonanzkreis hinzu, dessen Reaktanz sich in der Umgebung von ω_0 gegenüber der des ersten Kreises gegenläufig ändert, gelingt die Kompensation in einem relativ weiten Frequenzbereich.

Praktisch bewährt haben sich Anordnungen, deren elektrisches Ersatzbild aus der Parallelschaltung eines gedämpften Serienkreises und eines ungedämpften (oder nur sehr schwach gedämpften) Parallelkreises mit gleichen Resonanzfrequenzen besteht. Bei geeigneter Dimensionierung durchläuft die Impedanzkurve eine Schleife um Z_0, die in den 10 %-Kreis fällt (Abb. 4.11). Ist der Verlustfaktor $d = R\sqrt{C_s/L_s}$ gegeben, erreicht die Absorptionsbandbreite ihr Maximum, wenn die Resonanzwerte der Impedanz auf dem 10 %-Kreis liegen. Die Bedingungen hierfür sind

$$\frac{1}{\sqrt{L_s C_s}} = \frac{1}{\sqrt{L_p C_p}} = \omega_0, \qquad \sqrt{\frac{L_s L_p}{C_s C_p}} = Z_0^2, \qquad \sqrt{\frac{L_p C_s}{C_p L_s}} = \left(\frac{11}{9}d\right)^2. \qquad (4.40)$$

Die in Abb. 4.11 rechts eingetragenen Punkte der Impedanzkurve sind unter diesen Annahmen mit $d = 1$ für Frequenzwerte berechnet, die sich jeweils um den Faktor 1,1 unterscheiden. Die Bandbreite (für $|\underline{r}| \leq 0{,}1$) beträgt hier eine Oktave (von $0{,}7\,\omega_0$ bis $1{,}4\,\omega_0$); bei höherem Verlustfaktor wäre sie noch größer.

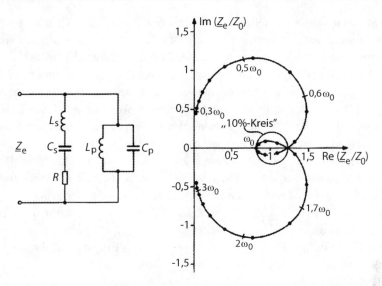

Abb. 4.11 Elektrisches Ersatzbild eines Zweikreis-Resonanzabsorbers und Ortskurve seiner Eingangsimpedanz, berechnet für $d = R\sqrt{C_s/L_s} = 1$ und optimale Einpassung in den 10%-Kreis

Abb. 4.12 Zweikreis-Resonanzabsorber für elektromagnetische Wellen (**a**) und für Wasserschall (**b**). Welleneinfall von links

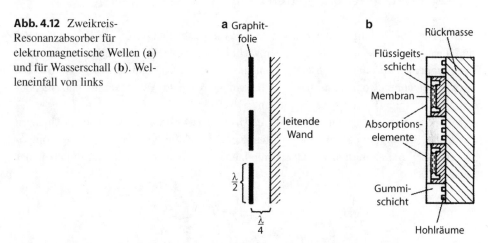

In Abb. 4.12 sind schematisch zwei praktische Realisierungen von flächenhaften Zweikreisresonanzabsorbern dargestellt, links ein *Dipolabsorber* für elektromagnetische Wellen, rechts ein *Strömungsabsorber* für Wasserschall.

Der Dipolabsorber besteht aus einer flächenhaften Anordnung von $\lambda/2$ langen Dipolen aus Graphitfolie im Abstand $\lambda/4$ vor einer elektrisch leitenden Wand, wobei λ die Wellenlänge bei der Mittenfrequenz ω_0 des Absorbers ist. Die Dipole wirken als gedämpfte Serienresonanzkreise, die Luftschicht von $\lambda/4$ Dicke als praktisch ungedämpfter Parallelkreis.

Beim Strömungsabsorber stellen die Absorptionselemente mit ihrer schwingungsfähigen Deckmembran und der viskosen Reibung in einer durch die einfallende Schallwelle zu Radialströmungen gezwungenen sehr dünnen Flüssigkeitsschicht mechanische Parallelkreise dar, nach der 1. elektrisch–mechanischen Analogie also gedämpfte elektrische Serienkreise. Die Absorptionselemente sind von einer elastischen Schicht umgeben, deren Federung durch kleine Hohlräume auf den geforderten Wert eingestellt wird. Die elastische Schicht stellt mit der Rückmasse einen kaum gedämpften mechanischen Serienkreis, also im Ersatzbild einen elektrischen Parallelkreis dar [11].

Die Ortskurven der Eingangsimpedanz beider Absorbertypen verlaufen im Prinzip so wie in Abb. 4.11 gezeichnet. Da das Ersatzbild die Absorber (vor allem den mechanischen) nicht vollständig beschreibt, treten im Einzelnen leichte Abweichungen auf.

Wenn man in Abb. 4.11 $L_s = L_p = L$ und $C_s = C_p = C$ setzt und in Serie zum Parallelkreis einen weiteren ohmschen Widerstand $R = \sqrt{L/C}$ einfügt, gelangt man zum *Boucherot-Kreis*,[1] der unabhängig von der Frequenz den Eingangswiderstand $\underline{Z}_e = R$ hat, dessen Ortskurve also nur aus dem Punkt $\underline{Z}_e / Z_0 = 1$ besteht.

4.2 Mehrkreisfilter und Ketten

Gekoppelte Schwingungssysteme aus mehr als zwei Resonanzkreisen werden vorwiegend als *Schwingungssiebe* in der Hochfrequenztechnik und in der Elektroakustik zur Trennung von Frequenzgemischen eingesetzt, wenn die Selektion von Ein- und Zweikreisfiltern nicht ausreicht und wenn keine aktiven Filter (rückgekoppelte Verstärker mit entsprechendem Frequenzgang) benutzt werden sollen.

Mehrkreisfilter stellen im Prinzip oft *elektrische Siebketten* aus identischen Gliedern dar. Abb. 4.13 zeigt ein Stück einer solchen Kette. Ist $\underline{Z}$ die Impedanz der Längskomponenten und $\underline{Y}$ die Admittanz der Querkomponenten, so lautet die Spannungsbilanz in der n-ten Masche

$$\frac{1}{\underline{Y}}(\underline{i}_n - \underline{i}_{n-1}) + \underline{Z}\,\underline{i}_n + \frac{1}{\underline{Y}}(\underline{i}_n - \underline{i}_{n+1}) = 0, \qquad (4.41)$$

$$-\underline{i}_{n-1} + (2 + \underline{Z}\,\underline{Y})\underline{i}_n - \underline{i}_{n+1} = 0. \qquad (4.42)$$

Ein Filter mit N Maschen wird durch N derartige Gleichungen beschrieben, wobei die Ströme $\underline{i}_0$ und $\underline{i}_{N+1}$ durch die Abschlussimpedanzen am Eingang und Ausgang sowie durch die angeschlossenen Strom- oder Spannungsquellen bestimmt sind. Allgemeine Aussagen über die Übertragungseigenschaften der Filter lassen sich nur bei speziellen Annahmen über die Abschlussimpedanzen machen, beispielsweise für den Abschluss mit dem Wellenwiderstand und für den eingangs- wie ausgangsseitigen Leerlauf oder Kurzschluss.

---

[1] Paul Boucherot, französischer Ingenieur (1869–1943).

Abb. 4.13 Elektrische
Siebkette

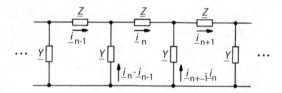

Unter dem *Wellenwiderstand* Z_0 einer Kettenschaltung von identischen Gliedern versteht man den Eingangswiderstand der unendlich langen Kette. Die Eingangsimpedanz einer mit dem Wellenwiderstand abgeschlossenen Kette beliebiger Länge ist daher gleich dem Wellenwiderstand. Der Wellenwiderstand verlustfreier (d. h. nur Reaktanzen enthaltender) Ketten ist im Übertragungsbereich stets reell und schließt die Kette reflexionsfrei ab, was zugleich eine optimale Leistungsübertragung zur Folge hat.

Die Übertragungseigenschaften von Ketten mit reflexionsfreiem Abschluss berechnet man üblicherweise nach den Methoden der Vierpoltheorie oder der Leitungstheorie. Die wichtigsten Ergebnisse lassen sich aber auch durch die folgende einfache Herleitung gewinnen.

Da das Signal nur in einer Richtung übertragen wird, ist das Verhältnis der Ströme bzw. Spannungen in zwei aufeinander folgenden Gliedern der Kette stets das gleiche. Man setzt an

$$\frac{\underline{i}_n}{\underline{i}_{n-1}} = \frac{\underline{i}_{n+1}}{\underline{i}_n} = \ldots = e^{-\underline{g}}, \tag{4.43}$$

wobei man

$$\underline{g} = a + \mathrm{j}b \tag{4.44}$$

das komplexe *Fortpflanzungsmaß* (*Übertragungsmaß*, *Ausbreitungsmaß*) nennt. Das *Dämpfungsmaß a* gibt den Amplitudenabfall, das *Phasenmaß b* die Phasendrehung durch ein Glied der Kette an. Mit (4.43) folgt aus (4.42) nach Division durch $\underline{i}_n$ als Bestimmungsgleichung für $\underline{g}$ die Beziehung

$$\frac{e^{\underline{g}} + e^{-\underline{g}}}{2} = \cosh \underline{g} = 1 + \frac{Z\,Y}{2}. \tag{4.45}$$

Eine dämpfungsfreie Übertragung ist nur dann möglich, wenn $a = 0$ ist. In diesem Fall wird

$$1 + \frac{Z\,Y}{2} = \cosh \mathrm{j}b = \cos b, \tag{4.46}$$

und diese Gleichung ist nur erfüllbar unter der Bedingung

$$-1 \le 1 + \frac{Z\,Y}{2} \le +1, \tag{4.47}$$

$$-4 \le \underline{Z}\,\underline{Y} \le 0. \tag{4.48}$$

Das Produkt $\underline{Z}\,\underline{Y}$ ist im Allgemeinen frequenzabhängig. (4.48) legt daher den Übertragungsbereich von Siebketten fest, die mit dem Wellenwiderstand abgeschlossen sind, und (4.46) stellt im Übertragungsbereich die Phasendrehung je Kettenglied als Funktion der Frequenz dar. Als Beispiele werden in den folgenden Abschnitten Tiefpass, Hochpass und Bandfilter betrachtet.

Die Begriffe Wellenwiderstand Z_0 und Fortpflanzungsmaß $\underline{g}$ sind der Leitungstheorie entnommen und werden zusammenfassend *Wellenparameter* genannt. Die Beschreibung der Filtereigenschaften durch die Größen Z_0 und $\underline{g}$ heißt deshalb *Wellenparameterdarstellung* im Gegensatz zur *Betriebsparameterdarstellung*, bei der auch die beiderseitigen Abschlussimpedanzen berücksichtigt werden, und zur *Pol-Nullstellen-Darstellung*, auf die hier nicht eingegangen werden soll [12].

Der Amplitudengang eines mit dem Wellenwiderstand abgeschlossenen dämpfungsfreien Filters ist im Übertragungsbereich glatt. Ausgeprägte Resonanzen treten nicht auf, weil infolge des nur in Vorwärtsrichtung erfolgenden Signalflusses keine frequenzabhängige Rückwirkung und damit auch keine Interferenz möglich ist. Anders ausgedrückt: Der Abschluss mit dem Wellenwiderstand bedämpft das System der gekoppelten gleich abgestimmten Schwingkreise gerade so stark, dass kritische Kopplung vorliegt.

Sobald die Abschlussimpedanzen vom Wellenwiderstand Z_0 abweichen, treten in der Übertragungskurve Resonanzspitzen auf; sie liegen bei den Eigenfrequenzen des Filters. Als Beispiel betrachten wir die eingangs- und ausgangsseitig offene Kette (Leerlauf), für die bei fehlender äußerer Erregung $\underline{i}_0 = \underline{i}_{N+1} = 0$ gilt. In diesem Fall eignet sich das folgende Berechnungsverfahren besser als die Wellenparameterdarstellung.

Die N gekoppelten Gleichungen der Art (4.42) mit $n = 1, \ldots, N$ haben nur dann nichttriviale Lösungen, wenn die Determinante

$$
D_{\mathrm{L}} = \begin{vmatrix}
2 + \underline{Z}\,\underline{Y} & -1 & 0 & \ldots & 0 & 0 \\
-1 & 2 + \underline{Z}\,\underline{Y} & -1 & \ldots & 0 & 0 \\
0 & -1 & 2 + \underline{Z}\,\underline{Y} & \ldots & 0 & 0 \\
. & . & . & & . & . \\
. & . & . & & . & . \\
0 & 0 & 0 & \ldots & 2 + \underline{Z}\,\underline{Y} & -1 \\
0 & 0 & 0 & \ldots & -1 & 2 + \underline{Z}\,\underline{Y}
\end{vmatrix} \tag{4.49}
$$

der Koeffizientenmatrix verschwindet. Der Wert dieser Determinante ist bekannt:

$$
D_{\mathrm{L}} = \frac{\sin(N+1)\Theta}{\sin \Theta} \tag{4.50}
$$

mit

$$
2\cos \Theta = 2 + \underline{Z}\,\underline{Y} \tag{4.51}
$$

(durch Induktionsbeweis leicht nachzuprüfen). Aus $|\cos \Theta| \leq 1$ ergibt sich auch hier die Eingrenzung (4.48) für den Frequenzbereich, in dem Schwingungen der ganzen Kette überhaupt möglich sind. Die genauen Werte der Eigenfrequenzen folgen aus der Bedingung $D_L = 0$:

$$(N + 1)\Theta = k\pi, \qquad k = 1, \ldots, N, \tag{4.52}$$

und mit (4.51)

$$-\underline{Z}\,\underline{Y} = 2\left(1 - \cos\frac{k\pi}{N+1}\right) = 4\sin^2\frac{k\pi}{2(N+1)}. \tag{4.53}$$

Als Beispiele werden hiernach im folgenden Abschnitt die Eigenfrequenzen von Tief- und Hochpässen berechnet.

Das zur beidseitig offenen Kette duale System ist eine Kette mit Kurzschluss am Eingang und am Ausgang. Die zugehörige Determinante D_K unterscheidet sich von D_L nach (4.49) nur durch die beiden Eckterme in der Diagonalen ($1 + \underline{Z}\,\underline{Y}$ statt $2 + \underline{Z}\,\underline{Y}$) und hat den Wert

$$D_K = \underline{Z}\,\underline{Y}\,\frac{\sin N\Theta}{\sin\Theta} \tag{4.54}$$

(N = Zahl der Längselemente $\underline{Z}$ in der Kette, Θ nach (4.51)). Die Eigenfrequenzgleichung $D_K = 0$ der N-gliedrigen kurzgeschlossenen Kette liefert also neben $\underline{Z}\,\underline{Y} = 0$ die gleichen Lösungen wie man sie für die entsprechende offene Kette mit einer um eins niedrigeren Gliederzahl erhält.

4.2.1 Tiefpass und Hochpass

Ein *Tiefpass* ist ein System, das niederfrequente Schwingungen durchlässt, hochfrequente jedoch nicht. Es ist anschaulich klar, dass die Siebkette in Abb. 4.14 diese Forderung erfüllt: Die Widerstände der Spulen im Längszweig steigen mit zunehmender Frequenz an, die der Kondensatoren in den Querzweigen sinken ab. Mit

$$\underline{Z} = j\omega L, \qquad \underline{Y} = j\omega C \tag{4.55}$$

wird

$$\underline{Z}\,\underline{Y} = -\omega^2 LC = -\frac{\omega^2}{\omega_0^2}, \tag{4.56}$$

wenn man wie üblich $\omega_0^2 = 1/LC$ setzt. Für den beiderseits mit dem Wellenwiderstand abgeschlossenen Tiefpass folgt aus (4.48) und (4.55) der Übertragungsbereich zu

$$0 \leq \omega \leq 2\omega_0 = \omega_g. \tag{4.57}$$

Abb. 4.14 Elektrischer
Tiefpass (Drosselkette,
Spulenkette)

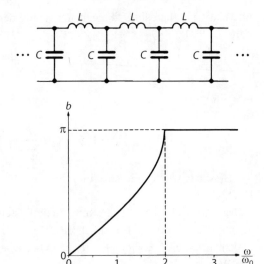

Abb. 4.15 Phasendrehung
eines Gliedes der reflexionsfrei
abgeschlossenen Tiefpasskette
als Funktion der Frequenz

ω_g ist die *Grenzfrequenz* des Tiefpasses. Höherfrequente Signale werden vom Filter reflektiert, denn eine Signaldämpfung längs der Kette ist ohne ohmsche Widerstände nicht möglich.

Die Phasendrehung b eines Gliedes des Tiefpassfilters errechnet sich nach (4.46) mit (4.56) zu

$$\cos b = 1 - \frac{\omega^2}{2\omega_0^2}, \qquad \sin \frac{b}{2} = \frac{\omega}{2\omega_0}, \qquad \omega \le 2\omega_0 \qquad (4.58)$$

(Abb. 4.15). Für $\omega > 2\omega_0$ ist $b = \pi$, wie die weitere Diskussion von (4.46) ergibt.

Bei kleinen ω gilt

$$b \approx \frac{\omega}{\omega_0}, \qquad (4.59)$$

die Phasendrehung wächst also proportional zur Frequenz. Setzt man nach (4.43) $\underline{i}_\mathrm{N}(t) = \underline{i}_0(t)\mathrm{e}^{-\mathrm{j}Nb}$ und schreibt $\underline{i}_0(t) = \hat{\underline{i}}_0(t)\mathrm{e}^{\mathrm{j}\omega t}$, so folgt mit (4.59)

$$\underline{i}_\mathrm{N}(t) = \hat{\underline{i}}_0\,\mathrm{e}^{\mathrm{j}(\omega t - Nb)} = \hat{\underline{i}}_0\,\mathrm{e}^{\mathrm{j}\omega(t - N/\omega_0)}. \qquad (4.60)$$

Das bedeutet eine frequenzunabhängige Zeitdifferenz $\Delta t = N/\omega_0$ zwischen der Eingangs- und Ausgangsspannung des N-gliedrigen Filters. Für Signale, deren höchste Frequenzkomponenten noch weit unterhalb von $\omega_\mathrm{g} = 2\omega_0$ liegen, stellt der Tiefpass daher eine *Verzögerungs-* oder *Laufzeitkette* dar. Reicht jedoch das Spektrum bis in die Gegend der Grenzfrequenz, wird die Kurvenform merklich verzerrt.

Das mechanische Analogon zum elektrischen Tiefpass ist eine Masse–Feder–Kette, wie sie in Abb. 4.16 oben für N = 3 mit festgebremstem und darunter für N = 4 mit

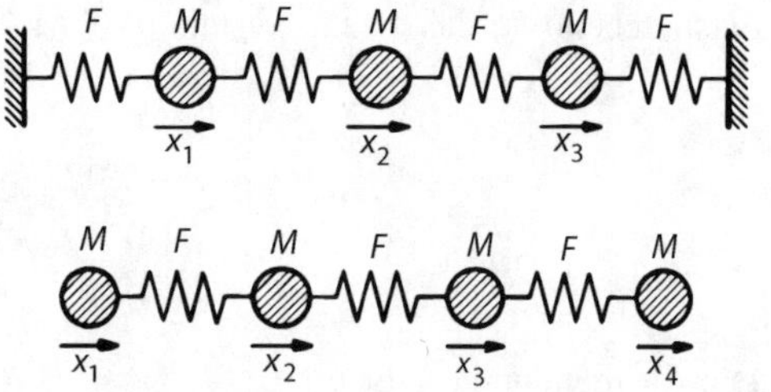

Abb. 4.16 Mechanischer Tiefpass in zwei zueinander dualen Formen mit gleichen Eigenfrequenzen

freiem Anfang und Ende gezeichnet ist. Aus dem dreigliedrigen elektrischen Tiefpass mit beiderseitigem Leerlauf (Abb. 4.14) entsteht die obere Kette nach der ersten, die untere (zur oberen duale) nach der zweiten elektrisch–mechanischen Analogie.

Die Eigenfrequenzen dieser beiden mechanischen Systeme lassen sich durch Übertragung der (4.50) bis (4.56) sofort angeben; zur Verdeutlichung sollen sie aber noch einmal explizit aus den Schwingungsgleichungen berechnet werden.

Die Kraftbilanz für die linke Masse des oberen (festgebremsten) Systems lautet

$$M\ddot{x}_1 + \frac{x_1}{F} + \frac{x_1 - x_2}{F} = 0, \tag{4.61}$$

für die mittlere Masse

$$M\ddot{x}_2 + \frac{x_2 - x_1}{F} + \frac{x_2 - x_3}{F} = 0, \tag{4.62}$$

für die linke Masse des unteren (freien) Systems

$$M\ddot{x}_1 + \frac{x_1 - x_2}{F} = 0 \tag{4.63}$$

usw. Bei harmonischer Bewegung ist $\ddot{x}_n = -\omega^2 x_n$; mit $\omega_0^2 = 1/MF$ und der vorübergehenden Abkürzung

$$y = \frac{\omega^2}{\omega_0^2} \tag{4.64}$$

lautet die Determinante der Koeffizientenmatrix für das festgebremste System (oben in Abb. 4.16)

$$D_{\mathrm{L}} = \begin{vmatrix} 2-y & -1 & 0 \\ -1 & 2-y & -1 \\ 0 & -1 & 2-y \end{vmatrix}, \tag{4.65}$$

entsprechend für das offene System (Abb. 4.16 unten)

$$D_K = \begin{vmatrix} 1-y & -1 & 0 & 0 \\ -1 & 2-y & -1 & 0 \\ 0 & -1 & 2-y & -1 \\ 0 & 0 & -1 & 1-y \end{vmatrix}. \tag{4.66}$$

Die Ausrechnung ergibt

$$D_L = (2-y)(y^2 - 4y + 2) = 0 \tag{4.67}$$

mit den Lösungen

$$y_1 = 2, \qquad y_{2,3} = 2 \pm \sqrt{2} \tag{4.68}$$

und

$$D_K = -y(2-y)(y^2 - 4y + 2) = 0 \tag{4.69}$$

mit der zusätzlichen trivialen Lösung $y = 0$, d. h. $\omega = 0$ (verformungsfreie Translation der ganzen Kette).

Aus (4.53) und (4.56) folgt mit N = 3

$$\frac{\omega}{\omega_0} = 2 \sin \frac{k\pi}{8}, \qquad k = 1, 2, 3. \tag{4.70}$$

In Übereinstimmung mit (4.68) bekommt man aus (4.70) die Eigenfrequenzen

$$\left. \begin{aligned} \frac{\omega_1}{\omega_0} &= 2 \sin \frac{\pi}{8} &= \sqrt{2 - \sqrt{2}} &\approx 0{,}765, \\ \frac{\omega_2}{\omega_0} &= 2 \sin \frac{\pi}{4} &= \sqrt{2} &\approx 1{,}414, \\ \frac{\omega_3}{\omega_0} &= 2 \sin \frac{3\pi}{8} &= \sqrt{2 + \sqrt{2}} &\approx 1{,}848. \end{aligned} \right\} \tag{4.71}$$

(4.70) gestattet eine graphische Interpretation der Eigenfrequenzen (Abb. 4.17). Man teilt einen Viertelkreis mit dem Radius $2\omega_0$ in N + 1 gleiche Sektoren ein. Die Lote von den Endpunkten der Radien auf die ω-Achse geben die Lagen der Eigenfrequenzen an.

Ersetzt man die Elemente eines Tiefpasses durch die jeweils dualen Elemente, ohne dabei den Schaltungstyp (Parallel- oder Serienschaltung) zu verändern, so bedeutet dies nach den Regeln der Frequenzreziprozität (Ende des Abschn. 2.6.1.1) u. a. eine Erset- zung von ω durch $1/\omega$: aus dem Tiefpass wird ein *Hochpass*. Abb. 4.18 zeigt die zu Abb. 4.14 frequenzreziproke Schaltung mit Kondensatoren im Längszweig und Spulen in den Querzweigen. Der Vergleich mit Abb. 4.13 ergibt

$$\underline{Z} = \frac{1}{j\omega C}, \qquad \underline{Y} = \frac{1}{j\omega L}, \tag{4.72}$$

$$\underline{Z}\,\underline{Y} = -\frac{1}{\omega^2 LC} = -\frac{\omega_0^2}{\omega^2}, \tag{4.73}$$

also wie erwartet die Frequenzinversion gegenüber (4.56).

Abb. 4.17 Graphische Ermittlung der Eigenfrequenzen
eines hart abgeschlossenen
mechanischen oder eines beidseitig offenen elektrischen
Tiefpasses (hier für N = 3)

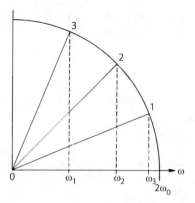

Der Übertragungsbereich des mit seinem Wellenwiderstand abgeschlossenen Hochpasses errechnet sich nach (4.48) zu

$$\omega \geq \omega_g = \frac{\omega_0}{2}. \tag{4.74}$$

Signale mit Frequenzen unterhalb der Grenzfrequenz ω_g werden reflektiert, höherfrequente ungeschwächt durchgelassen.

Die Eigenfrequenzen des beiderseits offenen N-gliedrigen Hochpasses bestimmen sich
nach (4.53) aus

$$\frac{\omega_0}{\omega} = 2 \sin \frac{k\pi}{2(N+1)}, \qquad k = 1, \dots, N. \tag{4.75}$$

Auch beim Hochpass lassen sich die Eigenfrequenzen analog zu Abb. 4.17 graphisch ermitteln; man hat nur die dort angegebenen Frequenzwerte durch die jeweils reziproken zu
ersetzen.

Der Wellenwiderstand Z von Filtern aus konzentrierten Schaltelementen ist in der
Nähe der Grenzfrequenz frequenzabhängig. Ohmsche Festwiderstände als Abschlussimpedanzen können deshalb bei diesen Filtern (im Gegensatz zu verlustlosen homogenen
Leitungen) nicht zu völlig glatten Übertragungskurven führen. Der als „Wellenwiderstand" auf handelsüblichen Filtern angegebene Festwert ist derjenige ohmsche Abschluss-
widerstand R_0, der die geringste Welligkeit in der Amplitudenübertragungskurve ergibt.
Durch zusätzliche induktive oder kapazitive Kopplungen zwischen den einzelnen Gliedern einer Filterkette lässt sich der Frequenzgang noch weiter glätten. Filter für niedrige
Frequenzbereiche werden, einer Normung entsprechend, in der Regel so konstruiert, dass
$R_0 = 600\,\Omega$ ist.

Abb. 4.18 Elektrischer Hochpass (Kondensatorkette)

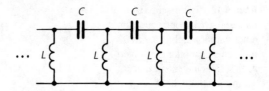

4.2.2 Bandfilter

Schaltet man einen Hochpass mit der Grenzfrequenz f_1 und einen Tiefpass mit der Grenzfrequenz $f_2 > f_1$ in Serie, so erhält man einen *Bandpass*, der nur Schwingungen im
Frequenzbereich von f_1 bis f_2 überträgt. Schaltet man hingegen dem Hochpass einen
Tiefpass mit der Grenzfrequenz $f_2 < f_1$ parallel, entsteht eine *Bandsperre*, ein Filter, das
alle Frequenzen mit Ausnahme des Bereichs von f_1 bis f_2 überträgt.

Das gleiche Verhalten zeigen Siebketten aus Serien- und Parallelkreisen (Abb. 4.19).
Bei gleichen Resonanzfrequenzen

$$\omega_0 = \frac{1}{\sqrt{L_1 C_1}} = \frac{1}{\sqrt{L_2 C_2}} \tag{4.76}$$

der Einzelkreise hängt der nach (4.48) berechnete Übertragungsbereich der reflexionsfrei
abgeschlossenen Bandpass- bzw. Bandsperrenkette noch von dem Verhältnis $L_1/L_2 = C_2/C_1$ ab. Beispielsweise ergibt sich beim Bandpass nach Abb. 4.19a mit

$$\frac{L_1}{L_2} = \frac{C_2}{C_1} = 8 \tag{4.77}$$

Abb. 4.19 Elektrische
Bandfilter aus Parallel-
und Serienresonanzkreisen,
a Bandpass, **b** Bandsperre

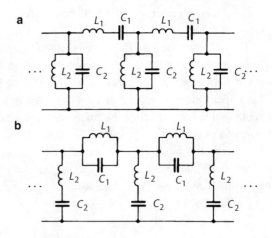

Abb. 4.20 Elektrisches Dreikreisbandfilter mit magnetischer Kopplung über die Gegeninduktivitäten L_{12}, L_{23}

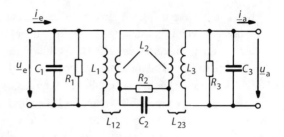

ein Oktavsieb. Seine Bandgrenzen sind

$$\frac{\omega_{g1}}{\omega_0} = \frac{1}{\sqrt{2}}, \qquad \frac{\omega_{g2}}{\omega_0} = \sqrt{2}. \tag{4.78}$$

Die hieraus abzulesende Beziehung

$$\sqrt{\omega_{g1}\omega_{g2}} = \omega_0 \tag{4.79}$$

ist bei allen derartigen Filtern erfüllt, d. h. für jeden Wert von $L_1/L_2 = C_2/C_1$ liegen die Bandgrenzen auf einer logarithmischen Frequenzskala symmetrisch zu ω_0.

Diese Symmetrie gilt sogar für die ganze Übertragungskurve, wie man leicht einsieht: Bei der Vertauschung von L_1 mit C_1 und von L_2 mit C_2 gehen die Ketten von Abb. 4.19 in sich selbst über; nach den Regeln der Frequenzreziprozität (Abschn. 2.6.1.1) müssen dann aber diejenigen Filtergrößen, die sich bei der gleichzeitigen Umkehr aller Reaktanzvorzeichen nicht ändern, bei den auf der logarithmischen Frequenzachse symmetrisch zu ω_0 liegenden Frequenzen ω und ω_0^2/ω den gleichen Wert haben. Zu diesen Größen gehört der Amplitudenübertragungsfaktor, da er ein Verhältnis von Impedanzbeträgen darstellt (siehe unten). Bei der Spiegelung an der Mittenfrequenz ω_0 dürfen sich daher die Durchlasskurven nicht ändern.

Nach dem Schema von Abb. 4.19a sind aus drei oder fünf Einzelkreisen die meisten handelsüblichen umschaltbaren Oktav- und Terzfilter aufgebaut. In der Trägerfrequenztechnik benutzt man zur Trennung der Frequenzbänder ebenfalls selektive Filter aus mehreren gekoppelten Resonanzkreisen, die aber im Interesse einer flexibleren Dimensionierbarkeit nicht wie in Abb. 4.19 galvanisch, sondern über Koppelreaktanzen miteinander verbunden sind.

Abb. 4.20 zeigt als typisches Beispiel ein Bandfilter aus drei Parallelkreisen, die magnetisch über Gegeninduktivitäten gekoppelt sind. Je nach der Problemstellung sollen bei solchen Filtern die Frequenzkurven der Eingangsimpedanz $\underline{Z}_e = \underline{u}_e/\underline{i}_e$, der Übertragungsimpedanz $\underline{Z}_\ddot{u} = \underline{u}_a/\underline{i}_e$, des Übertragungsfaktors $|\underline{u}_a/\underline{u}_e| = |\underline{Z}_\ddot{u}/\underline{Z}_e|$ bzw. des Übertragungsmaßes $20\lg|\underline{u}_a/\underline{u}_e|$ oder auch der Phasendrehung $\Delta\varphi$ zwischen Eingangs- und Ausgangsspannung bestimmte Anforderungen erfüllen.

Die komplizierten Rechnungen zur Realisierbarkeit und Dimensionierung von Filtern mit vorgegebenen Eigenschaften sollen hier übergangen und stattdessen nur einige allgemeine Gesetzmäßigkeiten der Mehrkreisfilter betrachtet werden.

Der Übertragungsfaktor eines Filters aus N gleichen Kreisen ist weit außerhalb der Durchlassbereiche leicht zu überblicken. Von Kreis zu Kreis wird dann so wenig Schwingungsenergie übertragen, dass man die Rückwirkung auf den vorangehenden Kreis vernachlässigen kann. Von jedem Kreis gelangt der gleiche Bruchteil seiner Eingangsspannung auf den folgenden, sodass sich die Selektionswirkung des Einzelkreises potenziert. Nach Abb. 2.9b fällt die Resonanzkurve eines Einzelkreises in genügendem Abstand von ω_0 proportional zu ω bzw. $1/\omega$ ab, d. h. wegen $20 \lg 2 \approx 6$ mit 6 dB/Oktave. Die *Weitabselektion* eines N-Kreis-Bandfilters verbessert sich dementsprechend pro Oktave um N·6 dB. Als Beispiele hierzu sind in Abb. 4.21 die Frequenzkurven des normierten Übertragungsmaßes σ (bezogen auf den Maximalwert bei $\omega = \omega_0$) von Ein-, Zwei-, Drei- und Vierkreis-Bandfiltern mit kritischer Kopplung (d. h. ohne Welligkeit im Übertragungsbereich) wiedergegeben, deren Dämpfungen so bemessen sind, dass ihre Halbwertsbreiten (3 dB-Abfall) gleich sind. Sie werden durch die Gleichung

$$\sigma = 20 \lg \left| \frac{\underline{u}_a}{\underline{u}_a(\omega = \omega_0)} \right| = 20 \lg \frac{1}{\sqrt{1 + \left(\frac{V}{h}\right)^{2N}}} = -10 \lg \left(1 + \left(\frac{V}{h}\right)^{2N} \right) \qquad (4.80)$$

beschrieben, wobei $V = \omega/\omega_0 - \omega_0/\omega$ die Doppelverstimmung und $h = \Delta\omega/\omega_0$ die relative Halbwertsbreite sind. Mit wachsender Gliederzahl N nähert sich die Übertragungskurve immer mehr der idealen Rechteckform.

Bei überkritischer Kopplung treten im Durchlassbereich eines N-Kreisfilters N Maxima auf, sofern alle Koppelelemente einfache Reaktanzen sind. Wie beim Zweikreissystem ausführlich dargelegt, kommen die verschiedenen Resonanzfrequenzen durch die gleich- bzw. gegenphasigen Schwingungen in den Einzelkreisen zustande. Die Frequenzlage einer Resonanz hängt davon ab, wie viele der N − 1 Koppelelemente bei der entsprechenden Schwingungsmode des Filters beansprucht werden.

Die Maxima sind im Allgemeinen verschieden hoch. Durch geeignete Bemessung der Kopplungen und der Dämpfungen in den Einzelkreisen gelingt es aber, alle Maxima gleich hoch und auch alle Minima zwischen ihnen gleich tief zu machen. Solche Filter mit konstanter Welligkeit im Übertragungsbereich, die man wegen der Darstellbarkeit ihres Frequenzgangs durch Tschebyscheff'sche Polynome auch *Tschebyscheff-Filter* nennt, spielen in der Hochfrequenztechnik eine große Rolle. Ihre Welligkeit im Durchlassgebiet führt zwar zu leichten Signalverzerrungen, sie bieten aber gegenüber den Filtern mit flacher Übertragungscharakteristik (*Butterworth-Filter*)[2] den Vorteil eines zunächst steileren Abfalls an den Bandgrenzen. Als Beispiel ist in Abb. 4.21 gestrichelt das be-

---

[2] Stephen Butterworth, britischer Physiker (1885–1958).

Abb. 4.21 Selektionskurven von Bandfiltern. Ausgezogene Kurven: Filter aus N = 1, 2, 3 und 4 Kreisen mit geebneter Charakteristik. *Gestrichelt*: Dreikreis-Tschebyscheff-Filter mit 3 dB Welligkeit im Durchlassbereich

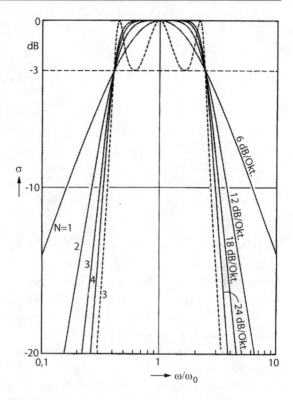

rechnete Übertragungsmaß eines Dreikreis-Tschebyscheff-Filters mit einer Welligkeit von 3 dB eingezeichnet; seine Gleichung lautet

$$\sigma = 20\lg\frac{1{,}17}{\sqrt{(1{,}17-\Omega^2)^2+\Omega^2(2{,}6-\Omega^2)^2}} \tag{4.81}$$

mit

$$\Omega = 1{,}67\frac{V}{h}. \tag{4.82}$$

In dem hier dargestellten Amplitudenbereich ist die Selektion dieses Filters besser als die des Vierkreisfilters gleicher Bandbreite mit geebneter Charakteristik. In genügendem Abstand vom Übertragungsband muss sich natürlich der Abfall mit 24 dB/Oktave beim Vierkreisfilter gegenüber dem mit 18 dB/Oktave beim Dreikreisfilter durchsetzen. Die Überschneidung der beiden Kurven erfolgt in unserem Beispiel (unabhängig von der Bandbreite) jedoch erst bei rund −50 dB. Bei vorgegebener Zahl der Kreise ist also zur Bemessung von Bandfiltern stets ein Kompromiss zwischen Welligkeit und Trennschärfe zu schließen; meist ist eine Welligkeit von 0,5 bis 3 dB zulässig.

Ist eine besonders hohe Selektion gefordert, wählt man elektromechanische Filter. Sie bestehen meistens aus kapazitiv gekoppelten Schwingquarzen, da man mit diesen die

Abb. 4.22 Monolithisches
Quarzfilter

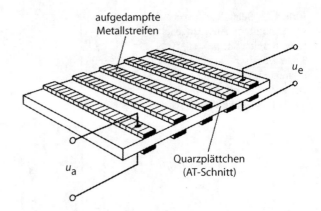

höchsten Güten im Einzelkreis erreicht. Im MHz-Gebiet verwendet man auch *monolithische Filter*, z. B. aus einem Quarzplättchen mit beidseitig aufgedampften Metallstreifen [13]–[15] (Abb. 4.22). Die äußeren Streifenpaare dienen als Elektroden zur piezoelektrischen Anregung bzw. Abnahme einer Dickenscherschwingung des Quarzes (im sog. AT-Schnitt). Die Massenbelastung an den bedampften Stellen verändert die Eigenfrequenz gegenüber den nicht bedampften Stellen, sodass der „Monolith" eine Serie von gleich abgestimmten Resonatoren darstellt, die über die im Spalt zwischen den Streifen abklingende Schwingung mechanisch miteinander gekoppelt sind. Die Spaltbreite bestimmt den Kopplungsfaktor und damit die Bandbreite, die Zahl der Resonatoren die Flankensteilheit. Die Vorteile gegenüber herkömmlichen Quarzfiltern aus getrennten Schwingkristallen liegen in geringeren Herstellungskosten, beträchtlicher Raum- und Gewichtseinsparung, sowie besserer mechanischer Stabilität. Mit Piezokeramiken statt Quarz bekommt man monolithische Filter größerer Bandbreite, aber geringerer Güte.

Das wichtigste Einsatzgebiet von Bandfiltern ist die Trägerfrequenztechnik. Aus Gründen der Wirtschaftlichkeit rückt man die einzelnen Frequenzbänder für die drahtlose und auch für die kabelgebundene Nachrichtenübertragung im Frequenzmultiplexverfahren (Abschn. 1.8.3) so dicht wie möglich aneinander und muss diese Kanäle dann auf der Empfangsseite durch hochselektive Filter wieder trennen.

Zur sauberen Trennung der sehr dicht gestaffelten Rundfunkbänder braucht man Filter mit besonders hoher Flankensteilheit. Die nötige Aufstellung erreicht man bei LC-Filtern wie auch bei elektro-mechanischen Filtern durch zusätzliche reaktive Schaltelemente, die durch die damit entstehenden neuen Resonanzen scharfe Minima der Durchlasskurve (*Dämpfungspole*) am Rand des Übertragungsbereichs ergeben. Die Schaltung eines derartigen *Hybridfilters* für die Zwischenfrequenz-(ZF-)Stufe des Mittelwellenteils in Rundfunkempfängern ist zusammen mit der Durchlasskurve in Abb. 4.23 wiedergegeben. Das Filter enthält drei piezokeramische Resonatoren mit Ersatzschaltungen nach Abb. 3.8 und hat durch die vielen Bauelemente zahlreiche Resonanzen, die unter anderem die tiefen Einbrüche bei $f_0 \pm 22$ kHz erzeugen. In dem Bestreben, elektronische Schaltungen mit Hilfe der Aufdampftechnik immer kompakter aufzubauen (integrierte Schaltungen),

Abb. 4.23 ZF-Filter ($f_0 = 455\,\text{kHz}$) mit zwei Dämpfungsspolen. **a** Schaltung mit drei Quarzfiltern, **b** Selektionskurve

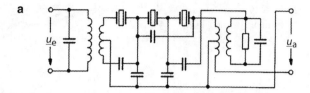

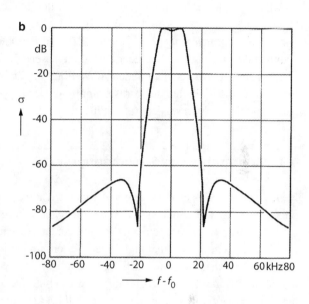

mussten spulenlose Filter entwickelt werden. Zwei Lösungen dieser Aufgabe wurden schon erwähnt: Der Ersatz von Spulen durch Kondensatoren mit vorgeschaltetem Gyrator (Abschn. 3.9) und die monolithischen Filter nach Abb. 4.22.

Besonders häufig setzt man *akustische Oberflächenwellen-Filter* (*AOW-Filter*) ein, auch *SAW-Filter* genannt (von englisch *surface acoustic wave*). Bei ihnen nutzt man die Ausbreitung akustischer Oberflächenwellen (*Rayleighwellen*) auf piezoelektrischem Material aus (vor allem Lithiumniobat, $LiNbO_3$, oder Quarz). Angeregt und abgenommen werden die Wellen durch *Interdigitalwandler*, ineinander greifende kammförmige Aufdampfelektroden (Abb. 4.24). Solche Systeme haben eine Resonanz bei der Frequenz, für die der Abstand benachbarter „Finger" gleich der halben Oberflächen-Wellenlänge ist. Eine auf diese Weise von einem Kammpaar erzeugte Welle breitet sich auf dem Piezomaterial aus und kann an anderer Stelle empfangen werden. Man bekommt damit sehr einfach gebaute Verzögerungsleitungen, die sehr oft kommerziell eingesetzt werden. Durch die erwähnte Resonanzansprache stellen solche Systeme zugleich Filter dar, deren Frequenzgang von der Anzahl und der geometrischen Anordnung der Elektrodenstreifen abhängt. Die Übertragungsfunktion eines AOW-Filters ist durch die Fouriertransformierte der Feldverteilung bestimmt. Daraus ergeben sich zahlreiche Anwendungen. Bekannt wurden

Abb. 4.24 Akustisches
Oberflächenwellen-Filter
(AOW-Filter)

schon Anordnungen zur Bildung von Faltungsintegralen und Autokorrelationsfunktionen, im letzteren Fall z. B. als Impulskompressionsfilter in Radargeräten für frequenzmodulierte oder binär phasengetastete Impulse (vgl. Abschn. 1.12.2.3). Die obere Frequenzgrenze von Interdigitalfiltern liegt bei einigen GHz und ist dadurch gegeben, dass sich feinere Kammzinken technisch nicht mehr herstellen lassen (Breite etwa 1 μm für 1 GHz).

Die häufigste Anwendung finden AOW-Filter als Zwischenfrequenzfilter in Funkempfangsgeräten (Mobiltelefone, Fernsehempfänger, Satellitenempfänger) und auch z. B. in den Funkfernsteuerungen der Autoschlüssel.

4.3 Kontinuierliche Schwingungssysteme

Kontinuierliche Systeme, wie Stäbe, Platten, Luftsäulen, Wasserschichten, elektrische oder dielektrische Leitungen und andere mechanisch deformierbare bzw. elektrisch leitende Körper mit homogenem oder inhomogenem Aufbau, mit beliebigen Ausdehnungen und Formen, sind Träger mannigfaltiger Wellen- und Schwingungsvorgänge, die im Rahmen dieses Buches nicht ausführlich dargestellt werden können. Ausführliche Lehrbücher hierzu sind in der Literaturliste aufgeführt [1]–[9]. In den folgenden Abschnitten sollen nur einige einfache Beispiele behandelt werden und vor allem die Verknüpfungen zwischen diskreten und kontinuierlichen Schwingungssystemen aufgezeigt werden.

4.3.1 Übergang vom Tiefpass zum eindimensionalen Kontinuum

Von der Masse–Feder–Kette führt ein Grenzübergang zum longitudinal schwingenden Stab. Eine lange, beidseitig reflexionsfrei abgeschlossene Kette aus identischen Massen M und identischen Federn F erstrecke sich in x-Richtung; die Elongation der n-ten Masse aus der Ruhelage sei y_n, der Ruheabstand benachbarter Massen Δx (Abb. 4.25). Für eine Frequenz ω im Durchlassbereich des Tiefpasses ($0 \leq \omega \leq 2\omega_0$, $\omega_0 = 1/\sqrt{MF}$) schwingen im stationären Fall alle Massen mit gleichen Amplituden $\widehat{y}$, aber mit einer Phasendifferenz b gegen die Nachbarmassen, die sich nach (4.58) errechnet und in Abb. 4.15 dargestellt ist. Im Hinblick auf den nachfolgenden Grenzübergang wird die *Phasenkonstante*

$$k = \frac{b}{\Delta x} \tag{4.83}$$

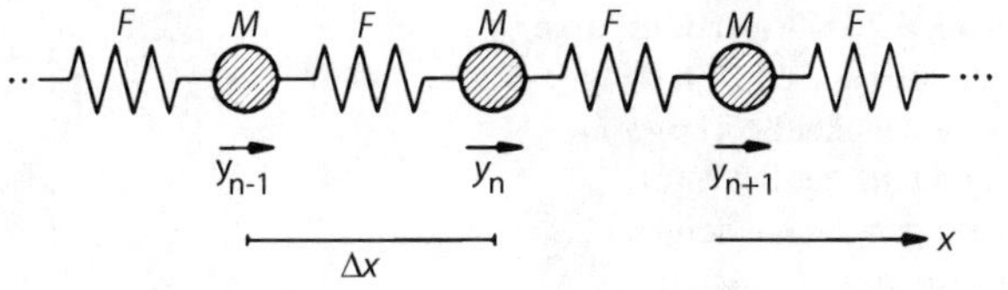

Abb. 4.25 Mechanische Tiefpasskette

eingeführt, die die Phasendrehung pro Längeneinheit der Kette angibt. Einer Phasendrehung um 2π entspricht eine Strecke, die man bei einer Wellenausbreitung als Wellenlänge
λ bezeichnet. Es ist also stets

$$k = \frac{2\pi}{\lambda}. \tag{4.84}$$

Da für die Größe $1/\lambda$ der Name Wellenzahl gebräuchlich ist, nennt man analog zum Unterschied zwischen Frequenz und Kreisfrequenz die Größe k auch *Kreiswellenzahl*.

Für eine sinusförmige Bewegung lassen sich die Schwingungsgleichungen aller Massen der Kette in der Form

$$y_n = \widehat{y}\cos(\omega t - nb) = \widehat{y}\cos(\omega t - nk\Delta x) \tag{4.85}$$

zusammenfassen. Diese Gleichung zeigt, dass eine bestimmte Schwingungsphase der n-
ten Masse die (n + 1)te Masse nach einer Zeit Δt erreicht, die sich aus

$$\omega t - nb = \omega(t + \Delta t) - (n + 1)b \tag{4.86}$$

zu

$$\Delta t = \frac{b}{\omega} = \frac{k\Delta x}{\omega} \tag{4.87}$$

berechnet. (4.85) stellt somit eine *Welle* dar, die mit der *Phasengeschwindigkeit*

$$c_{ph} = \frac{\Delta x}{\Delta t} = \frac{\omega}{k} \tag{4.88}$$

in positiver x-Richtung über die Kette läuft.

Von c_{ph} zu unterscheiden ist die *Gruppen-* oder *Signalgeschwindigkeit*

$$c_{gr} = \frac{d\omega}{dk}, \tag{4.89}$$

mit der sich – was hier nicht nachgewiesen werden soll – die Energieschwerpunkte von
Wellengruppen (Schwingungsimpulse mit schmalem Spektrum, vgl. z. B. Abb. 1.45) ausbreiten.

Abb. 4.26 Dispersionskurve
der Tiefpasskette. Phasenge-
schwindigkeit: $c_{\mathrm{ph}} = \omega/k$
(Steigung der Sekante),
Gruppengeschwindigkeit:
$c_{\mathrm{gr}} = \mathrm{d}\omega/\mathrm{d}k$ (Steigung der
Tangente)

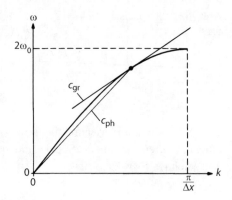

Ist c_{ph} frequenzabhängig, was gleichbedeutend ist mit $c_{\mathrm{ph}} \neq c_{\mathrm{gr}}$, so spricht man von einer *Dispersion* des betreffenden Schwingungs- bzw. Wellenträgers. Das Dispersionsgesetz $\omega(k)$ der Tiefpasskette folgt mit $b = k\Delta x$ (4.83) aus (4.58) zu

$$\omega = 2\omega_0 \sin \frac{k\Delta x}{2} \tag{4.90}$$

und ist in Abb. 4.26 wiedergegeben. c_{ph} ist gleich der Steigung der Sekante, c_{gr} gleich der Steigung der Tangente an die Dispersionskurve. Bei tiefen Frequenzen ($\omega \ll 2\omega_0$) ist $\omega \sim k$, c_{ph} und c_{gr} sind praktisch gleich; bei der Grenzfrequenz $\omega_{\mathrm{g}} = 2\omega_0$ ist $c_{\mathrm{gr}} = 0$, d. h. es findet kein Energietransport statt.

Der Grenzübergang von der Tiefpasskette zum homogenen Stab soll in der Weise erfolgen, dass die Massen immer enger zusammenrücken ($\Delta x \to 0$), dabei aber die Massenbelegung

$$M' = \frac{M}{\Delta x} \tag{4.91}$$

und die flächenbezogene Federung

$$F' = \frac{F}{\Delta x} \tag{4.92}$$

konstant bleiben. Man sieht, dass die Grenzfrequenz

$$\omega_{\mathrm{g}} = \frac{2}{\sqrt{MF}} = \frac{2}{\Delta x \sqrt{M'F'}} \tag{4.93}$$

mit $\Delta x \to 0$ über alle Grenzen wächst. Mit feiner werdender Struktur der Kette erstreckt sich also der lineare Bereich der Dispersionskurve (Abb. 4.26) bis zu immer höheren Frequenzen. Das Dispersionsgesetz der Tiefpasskette

$$\omega = \frac{2}{\Delta x \sqrt{M'F'}} \sin \frac{k\Delta x}{2} \tag{4.94}$$

geht mit $\Delta x \to 0$ über in

$$\omega = \frac{k}{\sqrt{M'F'}}. \tag{4.95}$$

Daraus folgt

$$c_{\text{ph}} = c_{\text{gr}} = c = \frac{1}{\sqrt{M'F'}}; \tag{4.96}$$

für die hier betrachteten Longitudinalschwingungen ist also das ideale Kontinuum dispersionsfrei.

Der diskontinuierliche Aufbau der Materie aus Atomen, Molekülen oder Ionen begrenzt den Frequenzbereich, in dem Festkörper als mechanische Kontinua anzusehen sind. Allerdings errechnen sich aus Ionenmassen und molekularen Kraftkonstanten Grenzfrequenzen in der Größenordnung von 10^{13} Hz, sodass Auswirkungen der Dispersion in mechanischen Experimenten nur bei extrem hohen Hyperschallfrequenzen zu erwarten sind. Abgesehen von diesen Grenzfällen kann man die Gesetze der mechanischen Kontinua als streng gültig ansehen. Allgemein wird die Wellenausbreitung von einer Struktur des übertragenden Mediums nicht beeinflusst, wenn die Phasendrehung zwischen benachbarten Strukturelementen klein, d. h. die Wellenlänge groß gegen die räumliche Strukturkonstante ist.

Zur Herleitung der Schwingungsdifferenzialgleichung des eindimensionalen Kontinuums gehen wir wieder von der Tiefpasskette (Abb. 4.25) aus. Die Kraftbilanz für die n-te Masse lautet

$$M \ddot{y}_n + \frac{1}{F}(y_n - y_{n-1}) + \frac{1}{F}(y_n - y_{n+1}) = 0. \tag{4.97}$$

Einsetzen von (4.91) und (4.92) ergibt nach Umordnen

$$M'F'\ddot{y}_n - \frac{(y_{n+1} - y_n) - (y_n - y_{n-1})}{(\Delta x)^2} = 0. \tag{4.98}$$

Beim Grenzübergang $\Delta x \to 0$ wird $y_n(t)$ zu der kontinuierlich vom Ort abhängenden Variablen $y(x, t)$, und der zweite Differenzenquotient in (4.98) wird zur zweiten Ableitung nach dem Ort x. Setzt man noch für $M'F'$ nach (4.96) $1/c^2$ ein, folgt

$$\frac{1}{c^2}\frac{\partial^2 y(x, t)}{\partial t^2} - \frac{\partial^2 y(x, t)}{\partial x^2} = 0. \tag{4.99}$$

Der Vergleich dieser eindimensionalen *Wellengleichung* mit der entsprechenden (4.97) zeigt einen für die rechnerische Behandlung wesentlichen Unterschied zwischen diskreten und kontinuierlichen Schwingungssystemen: Die ersteren werden durch Systeme von gekoppelten gewöhnlichen Differenzialgleichungen beschrieben, die letzteren durch partielle Differenzialgleichungen mit Ort und Zeit als Variablen. Charakteristisch für alle Lösungen von (4.99) ist, dass sie sich als Funktionen von $(x + ct)$ oder $(x - ct)$ schreiben lassen, dass sich also ein bestimmter Schwingungszustand ohne Formänderung (d. h. dispersionsfrei) mit der Geschwindigkeit c in positiver oder negativer x-Richtung ausbreitet.

Zur Berechnung der Ausbreitungsgeschwindigkeit c nehmen wir einen dünnen Stab vom Querschnitt S aus einem Material der Dichte ρ an. Dann ist

$$M' = \frac{M}{\Delta x} = \rho S \tag{4.100}$$

und, wenn man die Federung F durch den Elastizitätsmodul

$$E = \frac{\Delta x}{FS} \tag{4.101}$$

ausdrückt,

$$F' = \frac{F}{\Delta x} = \frac{1}{ES}. \tag{4.102}$$

Damit erhält man aus (4.95) für die *Dehnwellengeschwindigkeit* in einem dünnen Stab den bekannten Ausdruck

$$c = \sqrt{\frac{E}{\rho}}, \tag{4.103}$$

der nur noch Materialkonstanten enthält.

Mit einem analogen Grenzübergang gelangt man von der elektrischen Tiefpasskette, Abb. 4.14, zur homogenen Zweidrahtleitung (*Lecherleitung*)[3]. Die längenspezifischen Größen L' und C' der Zweidrahtleitung hängen vom umgebenden Medium und von der Geometrie der Leiter ab. Für ihr Produkt gilt aber stets

$$L'C' = \varepsilon_0 \varepsilon \mu_0 \mu = \frac{\varepsilon \mu}{c_0^2}; \tag{4.104}$$

ε_0 ist die elektrische, μ_0 die magnetische Feldkonstante, c_0 die Vakuumlichtgeschwindigkeit. ε und μ sind die Dielektrizitäts- bzw. Permeabilitätszahl des die Leiter umgebenden Mediums (für Luft: $\varepsilon = \mu = 1$). Die Ausbreitungsgeschwindigkeit der leitungsgebundenen Wellen

$$c = \frac{1}{\sqrt{L'C'}} = \frac{c_0}{\sqrt{\varepsilon \mu}} \tag{4.105}$$

ist gleich der im freien Medium.

---

[3] Ernst Lecher, österreichischer Physiker (1856–1926).

Die Wellengleichung (4.99) beschreibt noch eine große Zahl anderer Wellentypen, wobei stets

$$c = \sqrt{\frac{A}{\rho}} \qquad (4.106)$$

ist und A eine Elastizitätskonstante bedeutet. Mit dem Schubmodul $A = G$ beispielsweise gibt (4.106) die Ausbreitungsgeschwindigkeit von Torsionswellen auf dünnen Rundstäben und zugleich die von Scherwellen im allseitig ausgedehnten Medium wieder. Setzt man den *Longitudinalwellenmodul*

$$L = \frac{4G^2 - EG}{3G - E} \qquad (4.107)$$

ein, erhält man Dilatationswellen im allseitig ausgedehnten Medium (Longitudinalwellen bei behinderter Querkontraktion). Mit einer konstanten Zugspannung P_0 sind es Transversalwellen auf Saiten bei vernachlässigter Biegesteife (Abschn. 5.3.2). Der Kompressionsmodul $K = -V\mathrm{d}p/\mathrm{d}V$ (V = Volumen, p = Druck) gilt für ebene Wellen in schubspannungsfreien Medien (Gase, Flüssigkeiten).

Diese Beispiele eindimensionaler Ausbreitung von mechanischen Wellen gehorchen sämtlich einer Wellengleichung zweiten Grades. Dazu gehören aber nicht die praktisch wichtigen Biegeschwingungen und Biegewellen. Hier, z. B. auf einem transversal schwingenden Stab, bewegen sich die Teilchen in einer Querschnittsebene nicht wie bei der Dehnwelle nur translatorisch, sondern es findet auch eine Drehschwingung der Ebene statt. Diesem komplizierteren Verhalten entspricht eine partielle Differenzialgleichung 4. Ordnung. Ihre Lösung zeigt, dass die Schallgeschwindigkeit für Biegewellen zwar auch von Dichte und Elastizitätsmodul, aber zusätzlich noch von den geometrischen Dimensionen abhängt; von Bedeutung ist, dass sie mit der Wurzel aus der Frequenz ansteigt.

4.3.2 Eigenschwingungen eindimensionaler Kontinua

Die in einem endlichen Körper sich ausbreitenden Wellen werden an seinen Oberflächen reflektiert, und bei geeigneten Abmessungen der Laufwege im Vergleich zur Wellenlänge bilden sich Eigenschwingungen aus. Zu ihrer Berechnung muss man die dreidimensionale Wellengleichung, eine partielle Differenzialgleichung in 4 Veränderlichen (s. (4.193)), mit allen vorgegebenen Randbedingungen lösen.

Bei den oben betrachteten Wellentypen mit eindimensionaler Ausbreitung geschieht dies für die Randflächen parallel zur Ausbreitungsrichtung sozusagen von selbst. Die Definition des Elastizitätsmoduls E beispielsweise enthält nämlich bereits die Voraussetzung unbehinderter Querkontraktion und impliziert damit die Beschränkung von (4.103) auf dünne Stäbe mit freien Oberflächen, wobei die Querschnittsform beliebig ist („dünn" bedeutet, dass die größte Querabmessung des Stabes klein gegen die Wellenlänge ist). Die

Randbedingungen betreffen dann nur noch die Stirnflächen des betreffenden Körpers; man erfüllt sie, indem man die Funktionen $f(x + ct)$ und $g(x - ct)$ in der allgemeinen Lösung

$$y = f(x + ct) + g(x - ct) \qquad (4.108)$$

der Wellengleichung (4.99) geeignet bestimmt.

Als Beispiel berechnen wir die longitudinalen Eigenschwingungen eines Stabes der Länge l mit fixierten und mit freien Enden. Da es sich um monochromatische Vorgänge handelt, sind entsprechend (4.108) zwei einander entgegenlaufende Sinuswellen anzusetzen:

$$y = \widehat{y}_1 \sin(\omega t - kx) + \widehat{y}_2 \sin(\omega t + kx). \qquad (4.109)$$

Zunächst sei der Fall eines beidseitig (bei $x = 0$ und bei $x = l$) fixierten („fest-festen") Stabes betrachtet. An einer festen Einspannung ist $y \equiv 0$, also für $x = 0$

$$\widehat{y}_1 \sin(\omega t) + \widehat{y}_2 \sin(\omega t) = 0. \qquad (4.110)$$

Diese Gleichung ist nur dann für alle t erfüllt, wenn

$$\widehat{y}_1 = -\widehat{y}_2 = \widehat{y} \qquad (4.111)$$

ist. Hiermit liefert die zweite Randbedingung, $y = 0$ bei $x = l$,

$$\sin(\omega t - kl) - \sin(\omega t + kl) = 2 \cos \omega t \sin kl = 0. \qquad (4.112)$$

Aus der Gültigkeitsforderung für alle t resultiert

$$\sin kl = 0, \qquad (4.113)$$

$$k_n l = n\pi, \qquad n = 1, 2, \ldots \qquad (4.114)$$

und mit $\omega_n = k_n c$

$$\omega_n = n \frac{\pi c}{l}. \qquad (4.115)$$

Die Eigenfrequenzen liegen also harmonisch.

An den Enden eines beiderseits frei schwingenden („frei-freien") Stabes liegen dagegen Schwingungsmaxima. Die zugehörige Randbedingung lautet $\partial y / \partial x = 0$. Aus dem Ansatz (4.109) ergibt sich damit

$$\widehat{y}_1 = \widehat{y}_2 = \widehat{y} \qquad (4.116)$$

und wiederum $\sin kl = 0$, sodass (4.114) und (4.115) auch für diesen Fall gelten..

Für den „fest-freien" Stab schließlich, der am Ende ($x = l$) fest eingespannt ist und bei $x = 0$ frei schwingt, findet man wiederum $\widehat{y}_1 = \widehat{y}_2$, aber als Eigenschwingungsbedingung $\cos kl = 0$ und damit

$$k_n l = (n + \frac{1}{2})\pi, \qquad n = 0, 1, 2, \ldots, \tag{4.117}$$

$$\omega_n = (n + \frac{1}{2})\frac{\pi c}{l}. \tag{4.118}$$

Sind λ_n die Wellenlängen bei den Eigenfrequenzen ω_n, ergibt $k_n = 2\pi/\lambda_n$ mit (4.114)

$$l = n\frac{\lambda_n}{2} \tag{4.119}$$

und mit (4.117)

$$l = (2n + 1)\frac{\lambda_n}{4}. \tag{4.120}$$

Die Zahl der Eigenfrequenzen von gekoppelten longitudinal schwingenden Masse–Feder–Systemen wächst beim Übergang zum homogenen Stab endlicher Länge unbegrenzt an und mündet in die äquidistante Folge derjenigen Frequenzen ω_n ein, bei denen die Stablänge l gleich einem ganzzahligen Vielfachen der halben Wellenlänge (für den fest-festen und für den frei-freien Stab) bzw. gleich einem ungeradzahligen Vielfachen von $\lambda/4$ (beim fest-freien Stab) ist.

Die mit den errechneten Eigenschwingungsbedingungen aus dem Ansatz (4.109) folgenden Lösungsfunktionen lauten für den fest-festen Stab

$$y_n = \left(2\widehat{y}\sin\frac{n\pi}{l}x\right)\sin\frac{n\pi}{l}ct, \tag{4.121}$$

für den frei-freien Stab

$$y_n = \left(2\widehat{y}\cos\frac{n\pi}{l}x\right)\sin\frac{n\pi}{l}ct, \tag{4.122}$$

und für den fest-freien Stab

$$y_n = \left(2\widehat{y}\cos\frac{(n + 1/2)\pi}{l}x\right)\sin\frac{(n + 1/2)\pi}{l}ct. \tag{4.123}$$

Sie stellen zeitliche Sinusschwingungen mit den durch die Klammerausdrücke gegebenen räumlich sinusförmig variierenden Amplituden dar, beschreiben also *stehende Wellen* mit Schwingungsknoten an den fixierten und Schwingungsbäuchen an den freien Stabenden.

Die vorstehenden Beziehungen gelten für den idealisierten Fall eines verlustfreien Mediums. Will man die Materialdämpfung berücksichtigen, setzt man am einfachsten den elastischen Modul als komplexe Größe (vgl. Abschn. 2.4.1) in die Gleichung für die Schallgeschwindigkeit c ein, die dadurch gleichfalls komplex wird. Mit (2.182) wird z. B. aus (4.103)

$$\underline{c} = \sqrt{\frac{E}{\rho}} = \sqrt{\frac{E'}{\rho}} \sqrt{1 + \mathrm{j}d_{\mathrm{E}}} \approx \sqrt{\frac{E'}{\rho}} \left(1 + \mathrm{j}\frac{d_{\mathrm{E}}}{2}\right). \tag{4.124}$$

Die Näherung gilt für schwache Dämpfung ($d_{\mathrm{E}} \ll 1$). Da zum Gebrauch der komplexen Moduln die Zeitfunktionen komplex darzustellen sind, schreibt man (4.121) bis (4.123) unter Berücksichtigung einer schwachen Dämpfung zusammenfassend in der Form

$$\underline{y}_{\mathrm{n}} = \widehat{y}_{\mathrm{n}}(x)\,\mathrm{e}^{\mathrm{j}k_{\mathrm{n}}\underline{c}t} \approx \widehat{y}_{\mathrm{n}}(x)\,\mathrm{e}^{\mathrm{j}k_{\mathrm{n}}ct}\,\mathrm{e}^{-\frac{\omega_{\mathrm{n}}d_{\mathrm{E}}}{2}t}, \tag{4.125}$$

wobei $c = \sqrt{E'/\rho}$ ist und $\widehat{y}_{\mathrm{n}}(x)$ als Abkürzung für die räumliche Amplitudenverteilung steht. Geht man wieder zur reellen Schreibweise über, wird

$$y_{\mathrm{n}} \approx \widehat{y}_{\mathrm{n}}(x)(\sin k_{\mathrm{n}}ct)\,\mathrm{e}^{-\frac{\omega_{\mathrm{n}}d_{\mathrm{E}}}{2}t}, \tag{4.126}$$

die Eigenschwingungen klingen also bei schwacher Dämpfung mit der Abklingkonstante $\omega_{\mathrm{n}}d_{\mathrm{E}}/2$ ab.

Freie Schwingungen von Strom und Spannung auf elektrischen Leitungsstücken lassen sich ebenfalls mit dem Ansatz (4.109) einer hinlaufenden und einer rücklaufenden Welle beschreiben. Die Randbedingungen lauten $u = 0$ bzw. $\partial i/\partial x = 0$ für ein kurzgeschlossenes und $i = 0$ bzw. $\partial u/\partial x = 0$ für ein offenes Leitungsende (Leerlauf), sodass (4.109) bis (4.123) ohne Weiteres auf verlustlose elektrische Leitungen übertragbar sind, wenn man für die Ausbreitungsgeschwindigkeit c den Ausdruck $c_0/\sqrt{\varepsilon\mu}$ (4.105) einsetzt.

Ein Leitungswiderstand (Längswiderstand) pro Längeneinheit R' bzw. ein durch Leitfähigkeit im Dielektrikum hervorgerufener Querleitwert pro Längeneinheit G' führen, wie eine Leistungsbetrachtung ergibt, unter der Annahme schwacher Dämpfung annähernd zu einer zeitlich exponentiellen Amplitudenabnahme ($\sim \mathrm{e}^{-\delta t}$) mit der Abklingkonstante

$$\delta = \frac{R'}{2L'} + \frac{G'}{2C'} \tag{4.127}$$

(vgl. die Werte (2.48) und (2.49) für $L, C, R-$Kreise, dort α genannt). Falls das Dielektrikum Relaxationsverluste aufweist, erhält δ analog zu (4.126) einen frequenzabhängigen Anteil.

Andere Leitungsabschlüsse als Leerlauf und Kurzschluss machen es erforderlich, Strom und Spannung gleichzeitig zu betrachten. Dies geschieht mit Hilfe der Leitungsgleichungen, worauf jedoch hier nicht eingegangen werden soll.

Abb. 4.27 Leitungsstücke als Resonatoren: **a** mit Leerlauf, **b** mit Kurzschluss am Ende

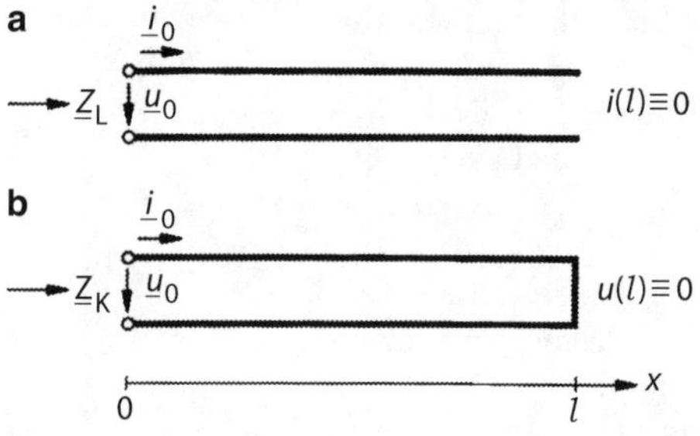

4.3.3 Resonanzkurven eindimensionaler Kontinua

In der Umgebung einer Resonanzfrequenz verhält sich jedes nicht zu stark gedämpfte schwingende Kontinuum näherungsweise wie ein geeignet dimensioniertes System aus konzentrierten Schaltelementen. Dies wird im Folgenden an einigen einfachen Beispielen gezeigt.

Zunächst sei ein am Ende offenes Leitungsstück der Länge l betrachtet (Abb. 4.27a), das bei $x = 0$ mit einer Sinusspannung

$$\underline{u}_0 = \widehat{u}_0\, e^{j\omega t} \tag{4.128}$$

variabler Frequenz gespeist wird. Der Eingangsstrom $\underline{i}_0$ habe die Amplitude $\widehat{i}_0$. Die Spannungsverteilung längs der Leitung entsteht wie in (4.109), jetzt komplex geschrieben, durch die Überlagerung einer hinlaufenden und einer am Leitungsende reflektierten Welle:

$$\underline{u}(x,t) = (\widehat{u}_1\, e^{-\gamma x} + \widehat{u}_2\, e^{\gamma x})e^{j\omega t}. \tag{4.129}$$

Im komplexen Fortpflanzungsmaß

$$\gamma = \alpha + jk \tag{4.130}$$

werden die Verluste auf der Leitung durch das Dämpfungsmaß α erfasst. In einer schwach gedämpften fortschreitenden Welle ist das Verhältnis von Spannungs- zu Stromamplitude in guter Näherung gleich dem Wellenwiderstand

$$Z = \sqrt{\frac{L'}{C'}} \tag{4.131}$$

der ungedämpften Leitung ($L' = $ Induktivität/Länge, $C' = $ Kapazität/Länge). Beachtet man noch, dass einer Umkehr der Ausbreitungsrichtung bei gleicher Spannungsrichtung eine Umkehr der Stromrichtung entspricht, so muss der Ansatz für die zur Spannungsverteilung (4.129) gehörende Stromverteilung lauten

$$\underline{i}(x,t) = \left(\frac{\widehat{u}_1}{Z}e^{-\gamma x} - \frac{\widehat{u}_2}{Z}e^{\gamma x}\right) e^{j\omega t}. \tag{4.132}$$

Abb. 4.28 Frequenzkurve (Betrag der normierten Eingangsimpedanz) einer offenen Leitung mit $\alpha l = 0{,}6$ (*ausgezogene Kurve*) und Resonanzkurven von Parallelkreisen, die an die Spannungsresonanzen bei $\omega = 2\omega_0$ und bei $\omega = 4\omega_0$ angepasst sind (*gestrichelt*)

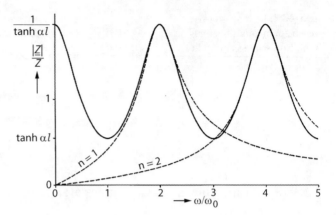

Am offenen Ende bei $x = l$ ist $\underline{i}(l, t) \equiv 0$, womit aus (4.132) folgt

$$\widehat{u}_2 = \widehat{u}_1\, e^{-2\gamma l}. \tag{4.133}$$

Die Eingangsimpedanz des offenen Leitungsstücks ergibt sich aus den vorstehenden Gleichungen zu

$$\underline{Z}_\mathrm{L} = \frac{\underline{u}(0)}{\underline{i}(0)} = Z\,\frac{1 + e^{-2\gamma l}}{1 - e^{-2\gamma l}} = Z \coth \gamma l. \tag{4.134}$$

Mit $\gamma = a + \mathrm{j}k$ errechnet sich hieraus der Impedanzbetrag nach einfachen Umformungen zu

$$|\underline{Z}_\mathrm{L}| = Z\sqrt{\frac{1 + \tanh^2 \alpha l\,\tan^2 kl}{\tanh^2 \alpha l + \tan^2 kl}}. \tag{4.135}$$

Diese Funktion oszilliert mit wachsender Wellenzahl $k = \omega/c$ periodisch um den Wert Z (ausgezogene Kurve in Abb. 4.28). Sie hat Maxima (Spannungsresonanzen)

$$\underline{Z}_{\mathrm{L\,max}} = \frac{Z}{\tanh \alpha l} \tag{4.136}$$

bei

$$\tan kl = 0, \qquad kl = \mathrm{n}\pi, \qquad \mathrm{n} = 0, 1, 2, \ldots \tag{4.137}$$

und Minima (Stromresonanzen)

$$\underline{Z}_{\mathrm{L\,min}} = Z \tanh \alpha l \tag{4.138}$$

bei

$$\tan kl = \infty, \qquad kl = (n + \frac{1}{2})\pi, \qquad n = 0, 1, 2, \ldots \qquad (4.139)$$

In der tiefsten Resonanz mit

$$k_0 l = \frac{\pi}{2} \qquad (4.140)$$

bei der *Grundfrequenz*

$$\omega_0 = ck_0 = \frac{\pi}{2l\sqrt{L'C'}} \qquad (4.141)$$

ist $l = \lambda/4$ ($\lambda/4$-*Resonanz*). In (4.137) und (4.139) lässt sich die Frequenz aufgrund von $k/k_0 = \omega/\omega_0$ durch

$$kl = \frac{\pi\omega}{2\omega_0} \qquad (4.142)$$

einführen. Die Spannungsresonanzen liegen also bei den Frequenzen

$$\omega_{u,n} = 2n\omega_0, \qquad n = 0, 1, 2, \ldots, \qquad (4.143)$$

die Stromresonanzen bei

$$\omega_{i,n} = (2n + 1)\omega_0, \qquad n = 0, 1, 2, \ldots \qquad (4.144)$$

Um den Impedanzverlauf in der Nähe der Spannungsresonanzen zu beschreiben, sei

$$\frac{\omega}{\omega_0} = 2n + \frac{\Delta\omega}{\omega_0}, \qquad \Delta\omega \ll \omega_0 \qquad (4.145)$$

gesetzt. Dann wird

$$\tan kl = \tan \frac{\pi\Delta\omega}{2\omega_0} \approx \frac{\pi\Delta\omega}{2\omega_0} \ll 1; \qquad (4.146)$$

bei kleiner Dämpfung ist ferner

$$\tanh \alpha l \approx \alpha l \ll 1. \qquad (4.147)$$

Damit vereinfacht sich (4.135) zu

$$|\underline{Z}_{\mathrm{L}}| \approx \frac{Z}{\sqrt{\tanh^2 \alpha l + \left(\frac{\pi\Delta\omega}{2\omega_0}\right)^2}} \approx \frac{Z}{\sqrt{(\alpha l)^2 + \left(\frac{\pi\Delta\omega}{2\omega_0}\right)^2}}. \qquad (4.148)$$

Diese Beziehung erinnert an die Impedanzgleichung (2.290) eines elektrischen Parallelresonanzkreises (Abb. 2.31):

$$|\underline{Z}_p| = \frac{Z_p}{\sqrt{d_0^2 + \left(\frac{\omega}{\omega_r} - \frac{\omega_r}{\omega}\right)^2}}, \qquad (4.149)$$

wobei $Z_p = \sqrt{L/C}$, $\omega_r = 1/\sqrt{LC}$ und $d_0 = Z_p/R$ sind. Nach (2.78) gilt in Resonanznähe

$$|\underline{Z}_p| \approx \frac{Z_p}{\sqrt{d_0^2 + \left(\frac{2\Delta\omega}{\omega_r}\right)^2}}. \qquad (4.150)$$

Der Vergleich mit (4.148) zeigt, dass sich die Impedanz des Parallelresonanzkreises in erster Näherung jeder Spannungsresonanz des offenen Leitungsstücks angleichen lässt. Hierzu ist

$$\omega_r = 2n\omega_0 \qquad (4.151)$$

zu setzen, ferner

$$d_0 = \frac{2\tanh\alpha l}{n\pi} \approx \frac{2\alpha l}{n\pi} \qquad (4.152)$$

und

$$Z_p = \frac{2}{n}Z. \qquad (4.153)$$

Aus den drei letzten Beziehungen errechnen sich die Einzelelemente des Ersatz-Parallelresonanzkreises zu

$$L = \frac{2L'l}{n^2\pi^2}, \qquad (4.154)$$

$$C = \frac{C'l}{2}, \qquad (4.155)$$

$$R = \frac{Z}{\tanh\alpha l} \approx \frac{Z}{\alpha l} \qquad (4.156)$$

($L'l$ ist die Gesamtinduktivität, $C'l$ die Gesamtkapazität des Leitungsstücks). Die gestrichelten Kurven in Abb. 4.28 sind nach der aus (4.149) mit (4.151) bis (4.153) folgenden Beziehung

$$|\underline{Z}_p| = \frac{Z}{\sqrt{\tanh^2\alpha l + \left(\frac{n\pi}{2}\right)^2\left(\frac{\omega}{2n\omega_0} - \frac{2n\omega_0}{\omega}\right)^2}} \qquad (4.157)$$

für n = 1 und n = 2 berechnet. Die Resonanzkurven der Parallelkreise passen sich den Leitungsresonanzen gut an, und zwar in einem um so breiteren Frequenzbereich, je geringer die Dämpfung ist.

In der Nähe der Stromresonanzen gilt anstelle von (4.145) und (4.146)

$$\frac{\omega}{\omega_0} = (2n + 1) + \frac{\Delta\omega}{\omega_0}, \tag{4.158}$$

$$\frac{1}{\tan kl} = \cot kl = \cot\left(\left(n + \frac{1}{2}\right)\pi + \frac{\pi\Delta\omega}{2\omega_0}\right)$$

$$= -\tan\frac{\pi\Delta\omega}{2\omega_0} \approx -\frac{\pi\Delta\omega}{2\omega_0}. \tag{4.159}$$

Nach Erweiterung von (4.135) mit $1/\tan^2 kl$ und Einsetzen von (4.159) folgt als Näherung in der Nähe von Stromresonanzen bei schwacher Dämpfung

$$|\underline{Z}_{\mathrm{L}}| \approx Z\sqrt{(\alpha l)^2 + \left(\frac{\pi\Delta\omega}{2\omega_0}\right)^2}. \tag{4.160}$$

Die gleiche Frequenzabhängigkeit zeigt der Impedanzbetrag eines elektrischen Serienkreises, (2.91), in Resonanznähe:

$$|\underline{Z}_{\mathrm{s}}| = Z_{\mathrm{s}}\sqrt{d_0^2 + \left(\frac{\omega}{\omega_{\mathrm{r}}} - \frac{\omega_{\mathrm{r}}}{\omega}\right)^2} \approx Z_{\mathrm{s}}\sqrt{d_0^2 + \left(\frac{2\Delta\omega}{\omega_{\mathrm{r}}}\right)^2} \tag{4.161}$$

mit $Z_{\mathrm{s}} = \sqrt{L/C}$, $\omega_{\mathrm{r}} = 1/\sqrt{LC}$ und $d_0 = R/Z_{\mathrm{s}}$. Aus der Gegenüberstellung der Näherungsausdrücke (4.160) und (4.161) resultieren mit $\omega_{\mathrm{r}} = (2n + 1)\omega_0$ die Anpassungsbedingungen

$$Z_{\mathrm{s}} = \frac{2n + 1}{4}\pi Z \tag{4.162}$$

und

$$d_0 = \frac{4\alpha l}{(2n + 1)\pi}, \tag{4.163}$$

bzw. für die Einzelelemente des an die n-te Stromresonanz angeglichenen Serienresonanzkreises

$$L = \frac{L'l}{2}, \tag{4.164}$$

$$C = \frac{8C'l}{(2n + 1)^2\pi^2}, \tag{4.165}$$

$$R = \alpha l Z. \tag{4.166}$$

Mit dem Ansatz (4.129), (4.132) lässt sich ganz analog auch das am Ende kurzge-schlossene Leitungsstück behandeln (Abb. 4.27b). Bei $x = l$ gilt $\underline{u}(l, t) \equiv 0$. Damit folgt aus (4.129)

$$\widehat{u}_2 = \widehat{u}_1 e^{-2\gamma l}, \tag{4.167}$$

$$\underline{Z}_K = \frac{\underline{u}(0)}{\underline{i}(0)} = Z \frac{1 - e^{-2\gamma l}}{1 + e^{-2\gamma l}} = Z \tanh \gamma l. \tag{4.168}$$

Nach den Rechenregeln für Hyperbelfunktionen ist

$$\tanh(\alpha l + jkl) = \coth(\alpha l + j(kl - \frac{\pi}{2})). \tag{4.169}$$

Die Frequenzkurve des kurzgeschlossenen Leitungsstücks geht, wie der Vergleich mit (4.134) und (4.142) zeigt, aus Abb. 4.28 durch Verschiebung längs der Abszisse um $\omega/\omega_0 = 1$ hervor. Sie beginnt mit einem Minimum, sodass die Frequenzwerte der Spannungs- und Stromresonanzen gegenüber denen bei der offenen Leitung vertauscht sind. Die Näherungsdarstellung durch Resonanzkreise lässt sich entsprechend durchfüh-ren.

Verlustlose Leitungen mit total reflektierendem Abschluss haben rein imaginäre Ein-gangsimpedanzen:

$$\underline{Z}_L = -jZ \cot kl = -jZ \cot \left(\frac{\pi \omega}{2\omega_0} \right) \tag{4.170}$$

für eine offene und

$$\underline{Z}_K = jZ \tan kl = jZ \tan \left(\frac{\pi \omega}{2\omega_0} \right) \tag{4.171}$$

für eine kurzgeschlossene Leitung. Diese Funktionen sind in Abb. 4.29 und 4.30 darge-stellt, zusammen mit Reaktanzkurven $\underline{Z}_s(\omega)$ von LC-Serienkreisen, die an die Stromre-sonanzen der Leitung ($\underline{Z}_L = 0$ bzw. $\underline{Z}_K = 0$) angepasst sind:

$$\frac{\underline{Z}_s}{Z} = j\frac{m\pi}{2} \left(\frac{\omega}{m\omega_0} - \frac{m\omega_0}{\omega} \right) \tag{4.172}$$

mit ungeraden m in Abb. 4.29 und mit geraden in Abb. 4.30.

Bei tiefen Frequenzen ($\omega \ll \omega_0$) ist

$$\underline{Z}_L \approx -jZ \frac{2\omega_0}{\pi \omega} = \frac{1}{j\omega C'l}, \tag{4.173}$$

$$\underline{Z}_K \approx jZ \frac{\pi \omega}{2\omega_0} = j\omega L'l. \tag{4.174}$$

Abb. 4.29 Frequenzabhängig-
keit von Eingangsreaktanzen:
Verlustlose offene Leitung
(*ausgezogene Kurven*); an die
Stromresonanzen angepasste
LC-Serienkreise (*gestrichelt*);
Kondensator mit der statischen
Leitungskapazität als Nähe-
rung für sehr tiefe Frequenzen
(*punktiert*)

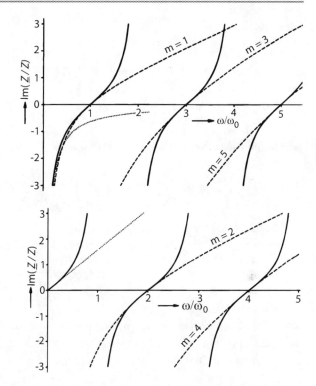

Abb. 4.30 Frequenzabhängigkeit von Eingangsreaktanzen:
Verlustlose kurzgeschlossene
Leitung (*ausgezogene Kurven*); an die Stromresonanzen
angepasste LC-Serienkreise
(*gestrichelt*); Spule mit der
statischen Leitungsinduktivität als Näherung für sehr tiefe
Frequenzen (*punktiert*)

Ein offenes Leitungsstück, dessen Länge l klein gegen die Wellenlänge ist, verhält sich
also wie ein Kondensator mit der statischen Leitungskapazität $C'l$, ein kurzgeschlossenes Leitungsstück wie eine Spule mit der Leitungsinduktivität $L'l$. Die Näherungskurven
gemäß (4.173) und (4.174) sind punktiert in Abb. 4.29 bzw. 4.30 eingezeichnet.

Abschließend seien die vorstehenden Betrachtungen über Leitungsresonanzen auf mechanische Kontinua übertragen. Die Resonanzkurven longitudinal schwingender Stäbe
lassen sich in genau der gleichen Weise berechnen wie diejenigen elektrischer Leitungen. Allerdings führt der auf Relaxationsverlusten beruhende Dämpfungsmechanismus
im Gegensatz zu den viskoser Reibung entsprechenden ohmschen Verlusten zu einem frequenzabhängigen Dämpfungsmaß α, ähnlich wie es bei den Abklingkonstanten der freien
Schwingungen (4.126) der Fall ist. Soll zur Herleitung dieser Abhängigkeit die komplexe
Schallgeschwindigkeit $\underline{c}$ nach (4.124) benutzt werden, so ist auch die Gleichung $c = \omega/k$
komplex zu schreiben, und zwar bei Benutzung des Fortpflanzungsmaßes γ (4.130) in der
Form

$$\underline{c} = \frac{\omega}{-j\gamma} = \frac{\omega}{k - j\alpha} = \frac{\omega}{k^2 + \alpha^2}(k + j\alpha). \tag{4.175}$$

Dann gilt

$$\underline{c}^2 = \frac{E'}{\rho}(1 + \mathrm{j}d_{\mathrm{E}}) = \frac{\omega^2}{(k^2 + \alpha^2)^2}(k^2 - \alpha^2 + 2\mathrm{j}k\alpha), \tag{4.176}$$

$$d_{\mathrm{E}} = \frac{\mathrm{Im}(\underline{c}^2)}{\mathrm{Re}(\underline{c}^2)} = \frac{2k\alpha}{k^2 - \alpha^2}, \tag{4.177}$$

oder aufgelöst nach dem Dämpfungsmaß α:

$$\alpha = \frac{k}{d_{\mathrm{E}}}\left(\sqrt{1 + d_{\mathrm{E}}^2} - 1\right) = \frac{2\pi}{\lambda d_{\mathrm{E}}}\left(\sqrt{1 + d_{\mathrm{E}}^2} - 1\right). \tag{4.178}$$

Bei frequenzunabhängigem Verlustfaktor d_{E} ist also die Größe $\alpha\lambda$, die Dämpfung pro Wellenlänge, konstant. Die Dämpfung entlang einer gegebenen Strecke l

$$\alpha l = \frac{kl}{d_{\mathrm{E}}}\left(\sqrt{1 + d_{\mathrm{E}}^2} - 1\right) \tag{4.179}$$

wächst in einem dispersionsfreien Medium mit Materialdämpfung frequenzproportional an, während sie bei viskoser Dämpfung konstant bleiben würde.

Bei schwacher Dämpfung ($d_{\mathrm{E}} \ll 1$) vereinfacht sich (4.178) zu

$$\alpha\lambda \approx \pi d_{\mathrm{E}}. \tag{4.180}$$

Das Produkt πd_{E} gibt in dieser Näherung die Amplitudenabnahme einer fortschreitenden Welle in Neper pro Wellenlänge an.

Als Beispiel sollen die Schnelleresonanzkurven eines am Ende ($x = l$) fixierten Stabes mit den längenbezogenen Größen M', F' und γ (Abb. 4.31) untersucht werden, dem nach der ersten Analogie eine am Ende offene Leitung entspricht. Nach (4.134) gilt daher für die Schnelle $\underline{v}_0$ an der Stirnfläche proportionale Eingangsadmittanz des Stabes

$$\underline{Y}_{\mathrm{e}} = \frac{\underline{v}_0}{\underline{K}_0} = Y \tanh \gamma l \tag{4.181}$$

mit

$$Y = \sqrt{\frac{F'}{M'}}. \tag{4.182}$$

Setzt man $\gamma = \alpha + \mathrm{j}k$ in (4.181) ein, wird

$$\frac{\underline{Y}_{\mathrm{e}}}{Y} = \frac{\tanh \alpha l(1 + \tan^2 kl) + \mathrm{j}\tan kl(1 - \tanh^2 \alpha l)}{1 + \tanh^2 \alpha l \tan^2 kl}. \tag{4.183}$$

Abb. 4.31 Einseitig fixierter longitudinal schwingender Stab

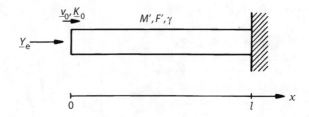

Abb. 4.32 Ortskurve der mechanischen Eingangsadmittanz eines am Ende festgehaltenen longitudinal schwingenden Stabes mit einem Verlustfaktor $d_E = 0{,}3$

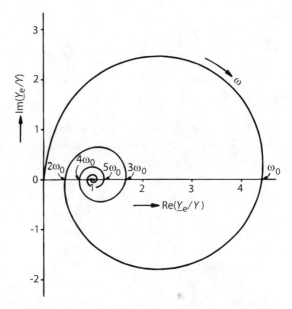

Resonanzen (Nullstellen des Imaginärteils) liegen bei $\tan kl = 0$ und bei $\tan kl = \infty$. In der Grundresonanz ist

$$k_0 l = \frac{\pi}{2}, \qquad \omega_0 = ck_0 = \frac{\pi}{2l\sqrt{M'F'}}, \tag{4.184}$$

sodass sich kl in (4.183) gemäß (4.142) durch $\pi\omega/2\omega_0$ ersetzen lässt.

Führt man für αl den Ausdruck (4.179) ein, stellt die durch (4.183) beschriebene Ortskurve eine Spirale dar, die sich mit wachsender Frequenz auf den Wert $\underline{Y}_e = Y$ zusammenzieht, wie es Abb. 4.32 für den der Deutlichkeit halber so hoch gewählten Wert $d_E = 0{,}3$ des Verlustfaktors zeigt. Die zugehörige Frequenzkurve des Betrages (Frequenzkurve der Schnelle bei konstanter Anregungskraft)

$$|\underline{Y}_e| = Y \sqrt{\frac{\tanh^2 \alpha l + \tan^2 \frac{\pi\omega}{2\omega_0}}{1 + \tanh^2 \alpha l \, \tan^2 \frac{\pi\omega}{2\omega_0}}} \tag{4.185}$$

Abb. 4.33 Zur Ortskur-
ve in Abb. 4.32 gehörende
Frequenzkurve (Betrag der
Eingangsadmittanz als Funkti-
on der Frequenz, *ausgezogene
Kurve*) und Resonanzkurven
von angepassten mechanischen
Parallelkreisen (*gestrichelt*)

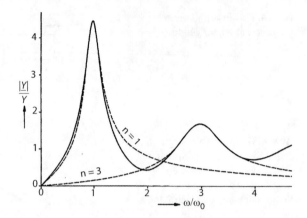

ist in Abb. 4.33 wiedergegeben: Im Gegensatz zu den Leitungsresonanzen in Abb. 4.28
eine Folge zunehmend gedämpfter Resonanzen mit dazwischenliegenden *Antiresonanzen*,
wie man die Schnelleminima auch nennt.

Elektrische Leitungen mit ohmscher (frequenzunabhängiger) Dämpfung ergeben solche Kurvenverläufe bei Darstellung als Funktion der Leitungslänge l für eine feste Frequenz (beispielsweise durch Verschieben eines Kurzschlussbügels). Bei genügender Leitungslänge ist die am Ende reflektierte und zum Eingang zurückgelaufene Welle so stark
gedämpft, dass sie nicht mehr nennenswert mit der Anregungsschwingung interferieren
kann und daher die Eingangsimpedanz gleich dem Wellenwiderstand wird.

Gestrichelt sind in Abb. 4.33 wieder die Resonanzkurven von angepassten Schwingkreisen eingezeichnet. Analog zu (4.164) bis (4.166) findet man für die Elemente des an
die Resonanz bei $\omega = (2n + 1)\omega_0$ angeglichenen mechanischen Parallelkreises unter der
Annahme $d_E \ll 1$:

$$\left.\begin{array}{lll} \text{Masse} & M & = \frac{M'l}{2}, \\[2mm] \text{Feder} & F & = \frac{8F'l}{(2n+1)^2\pi^2}, \\[2mm] \text{Dämpfer} & W & = \alpha l \sqrt{\frac{M'}{F'}} \approx \frac{(2n+1)\pi d_E}{4} \sqrt{\frac{M'}{F'}}, \end{array}\right\} \qquad (4.186)$$

wobei die letztere Näherung aus (4.179) mit $kl = (2n + 1)\pi/2$ folgt. Berechnet man mit
dieser Näherung den Kennverlustfaktor $d_0 = W/\sqrt{M/F}$, ergibt sich unabhängig von n

$$d_0 \approx d_E. \qquad (4.187)$$

Der Materialverlustfaktor d_E lässt sich demnach aus den Resonanzen (z. B. nach (2.111)
aus der relativen Halbwertsbreite) eines aus dem betreffenden Material hergestellten Stabes bestimmen.

4.3.4 Zwei- und dreidimensionale kontinuierliche Schwingungssysteme

Nur kurz soll noch auf zwei- und dreidimensionale Systeme eingegangen werden. Man knüpft dazu am besten an die Wellengleichung (4.99) an; sie lautet, auf zwei Dimensionen erweitert, in kartesischen Koordinaten:

$$\frac{\partial^2 s}{\partial x^2} + \frac{\partial^2 s}{\partial y^2} = \frac{1}{c^2}\frac{\partial^2 s}{\partial t^2} \tag{4.188}$$

und beschreibt z. B. die Wellenausbreitung auf einer gespannten Membran oder die Schallausbreitung in einem zweidimensionalen mit Luft oder Wasser gefüllten Flachraum. Im ersten Fall ist s die Membranauslenkung, im zweiten Fall beispielsweise die Schallschnelle (Geschwindigkeit der Mediumteilchen). Durch die Begrenzung der Membran bzw. durch die seitlichen Abschlüsse des Flachraums ergeben sich wieder Eigenschwingungen, aber dieses Mal in *zweifach* unendlicher Mannigfaltigkeit und im Allgemeinen nicht mehr harmonisch zueinander liegend.

Setzt man, um beim Beispiel der Membran zu bleiben, eine rechteckige, feste Begrenzung (verschwindende Bewegung an den Rändern) voraus, und sind die Membranabmessungen l_x und l_y, lautet die räumliche Lösung für die Eigenschwingungen

$$s_{\mathrm{n}_x\mathrm{n}_y}(x,y) = \widehat{s}\sin\frac{\pi\mathrm{n}_x x}{l_x}\sin\frac{\pi\mathrm{n}_y y}{l_y}, \quad \mathrm{n}_x \text{ bzw. } \mathrm{n}_y = 1,2,3,\dots, \tag{4.189}$$

wobei die Eigenfrequenzen aufgrund der Wellengleichung der Gesetzmäßigkeit

$$f_{\mathrm{n}_x\mathrm{n}_y} = \frac{c}{2}\sqrt{\left(\frac{\mathrm{n}_x}{l_x}\right)^2 + \left(\frac{\mathrm{n}_y}{l_y}\right)^2} \tag{4.190}$$

unterliegen; $c = \sqrt{T/\rho}$ ist die Schallgeschwindigkeit auf der gespannten Membran ($T =$ Zugspannung).

Verschwindende Amplituden hat man außer an den Rändern auch auf den Linien

$$x = \frac{\mathrm{a}l_x}{\mathrm{n}_x} \text{ und } y = \frac{\mathrm{a}l_y}{\mathrm{n}_y}, \quad \mathrm{a} = 1,2,\dots,\mathrm{n}_x - 1 \text{ bzw. } \mathrm{n}_y - 1. \tag{4.191}$$

Mit anderen Worten: Die Knotenfiguren auf einer Rechteckmembran sind rechtwinklig sich schneidende Geraden, jedenfalls gilt dies in den Fällen kleiner Dämpfung. Bei größerer Dämpfung überlagert sich der stehenden Schwingung eine fortschreitende Welle vom Anregungsbereich aus und verändert damit die Knotenzonen in der Weise, dass sich ein Schnittpunkt in eine hyperbelförmige Annäherung der Knotenlinien „auflöst".

Was die Aufeinanderfolge der Eigenfrequenzen betrifft, gibt es auch im zweidimensionalen Fall der gespannten Membran noch eine Serie von streng harmonischen Eigenfrequenzen f_{11}, f_{22}, f_{33} usw. Aber zwischen ihnen liegen, nach hohen Frequenzen hin zunehmend, viele andere Eigenfrequenzen. Man kann zeigen, dass in diesem Bereich in einem Frequenzintervall von f bis $f + \Delta f$ die mittlere Eigenfrequenzzahl N gleich dem Produkt aus der Größe $2\pi f \Delta f / c^2$ und der Membranfläche ist. Diese Aussage gilt, unabhängig von der Membranform, um so genauer, je höher das betrachtete Frequenzgebiet liegt.

Für die kreisförmige Membran lautet die Wellengleichung in Polarkoordinaten r, φ

$$\frac{\partial^2 s}{\partial r^2} + \frac{1}{r} \frac{\partial s}{\partial r} + \frac{1}{r^2} \frac{\partial^2 s}{\partial \varphi^2} = \frac{1}{c^2} \frac{\partial^2 s}{\partial t^2}. \tag{4.192}$$

Wieder erhält man eine zweifach unendliche Mannigfaltigkeit von Eigenfrequenzen, unter denen es aber grundsätzlich keine harmonische Folge gibt. Die Knotenkurven sind Kreise und Durchmesser.

Erweitert man die Wellengleichung (4.99) auf drei Dimensionen:

$$\frac{\partial^2 p}{\partial x^2} + \frac{\partial^2 p}{\partial y^2} + \frac{\partial^2 p}{\partial z^2} = \frac{1}{c^2} \frac{\partial^2 p}{\partial t^2}, \tag{4.193}$$

so kann man damit z. B. Schallwellen in einem quaderförmigen Luftraum beschreiben; p ist dann der Schalldruck. Für einen Quader mit harten Wänden und den Abmessungen l_x, l_y, l_z lautet die Lösung für die räumliche Schalldruckverteilung (ohne Zeitfaktor)

$$p(x, y, z) = \cos \frac{\pi \mathrm{n}_x x}{l_x} \cdot \cos \frac{\pi \mathrm{n}_y y}{l_y} \cdot \cos \frac{\pi \mathrm{n}_z z}{l_z}, \quad \mathrm{n}_x, \mathrm{n}_y, \mathrm{n}_z = 0, 1, 2, \dots \tag{4.194}$$

Somit erhält man für die Eigenfrequenzen die Werte

$$f_{\mathrm{n}_x \mathrm{n}_y \mathrm{n}_z} = \frac{c}{2} \sqrt{\left(\frac{\mathrm{n}_x}{l_x}\right)^2 + \left(\frac{\mathrm{n}_y}{l_y}\right)^2 + \left(\frac{\mathrm{n}_z}{l_z}\right)^2}, \tag{4.195}$$

eine dreifach unendliche Mannigfaltigkeit. Wieder gibt es darunter harmonische Folgen, z. B. $f_{111}, f_{222}, \dots$ oder $f_{100}, f_{200}, \dots$. Auch hier erhält man bei hohen Frequenzen und in großen Räumen (Volumen V) unabhängig von der Raumform ein Grenzgesetz für die Zahl N der Eigenfrequenzen bis zur Frequenz f hin:

$$\mathrm{N} = \frac{4\pi}{3} \frac{f^3 V}{c^3}. \tag{4.196}$$

Diese Gleichung sagt z. B. aus, dass in einem großen Konzertsaal zwischen 1000 Hz und 1001 Hz mehrere tausend Eigenfrequenzen liegen!

Auch für die zwei- und dreidimensionalen schwingenden Kontinua gilt der Satz, der durch Beispiele bei den eindimensionalen Gebilden belegt wurde: In der unmittelbaren Umgebung jeder Eigenschwingung lassen sich die Resonanzgleichungen eines entsprechend bemessenen Schwingungssystems mit konzentrierten Systemelementen anwenden.

Diese Näherungsdarstellung ist freilich nur dann sinnvoll, wenn der Abstand der Eigenfrequenzen voneinander merklich größer ist als ihre Halbwertsbreite.

Die Amplitudenverteilung der zu Eigenschwingungen angeregten Kontinua lässt sich auf verschiedene Arten experimentell ermitteln. Das Knotenmuster schwingender Membranen und Platten macht man in der bekannten Weise sichtbar, indem man feinen Sand auf die horizontal gestellte Ebene streut. Er sammelt sich längs der Knotenlinien an und bildet so die bekannten „Chladni'schen Klangfiguren"[4]. Die Ursache für die Bewegung der Sandteilchen liegt darin, dass die Schwerkraft durch die entgegengerichtete Beschleunigung in der entsprechenden Schwingungsphase der Membran kompensiert wird. Die Sandkörnchen „tanzen", sobald die lokale Beschleunigungsamplitude $\omega^2\hat{x}$ ($\hat{x}$ = Amplitude der Elongation) größer wird als die Erdbeschleunigung g (vgl. den Schwingförderer, Abschn. 2.8.5).

Die Schwingungen durchsichtiger Körper untersucht man häufig mit Hilfe der Spannungsdoppelbrechung, indem man den Prüfling im polarisierten Licht zwischen gekreuzten Polarisationsprismen (Nicols[5]) betrachtet.

Das bevorzugte Verfahren zum Studium von Schwingungsverteilungen ist die *holografische Interferometrie* [16]. Im Unterschied zur normalen Fotografie, die nur die Intensität des am Objekt gestreuten Lichts registriert, speichert ein Hologramm die Intensitäts- *und* die Phasenstruktur der vom Objekt ausgehenden *Signalwelle* in ihrem Interferenzmuster mit einer *Referenzwelle*. Damit beide Lichtwellen interferenzfähig sind, müssen sie kohärent sein, also aus demselben Laser stammen. Durchleuchtet man das fertige Hologramm mit der Referenzwelle, entsteht durch Beugung an der Interferenzstruktur ein virtuelles räumliches Bild des ursprünglichen Objekts (*Rekonstruktion*). Die Hologrammplatte wirkt daher im Laserlicht wie ein Fenster, hinter dem das Objekt in seiner ganzen räumlichen Struktur zu sehen ist. Dieses virtuelle Bild lässt sich auch fotografieren.

Wird nach der Aufnahme eines Hologramms die Lage des Objekts ein wenig verändert und dann von ihm durch nochmaliges Belichten ein zweites Hologramm auf derselben Platte erzeugt, erscheint bei der Rekonstruktion ein von Interferenzstreifen durchzogenes Bild. Aus ihrem Abstand lassen sich die in der Größenordnung von Lichtwellenlängen liegenden Verrückungen der einzelnen Punkte der Objektoberfläche nachträglich ermitteln. Mit dieser *Doppelbelichtungstechnik* verfolgt man Vorgänge wie Pflanzenwachstum, wärme- oder druckbedingte Ausdehnung usw.

Für die Schwingungsanalyse eignet sich eine andere Aufnahmetechnik besser, bei der das Hologramm durch eine Dauerbelichtung über mehrere Schwingungsperioden entsteht. Die von einem schwingenden Objekt gestreute Welle und die Referenzwelle haben eine periodisch schwankende Phasendifferenz, sodass im Allgemeinen die holografische Interferenzstruktur zerstört wird und kein brauchbares Hologramm entsteht. Bei einem *stationär* schwingenden Objekt führt die Zeitmittelung jedoch zu einer von Ort zu Ort unterschiedlich stark ausgeprägten Auslöschung, sodass bei der Rekonstruktion wieder-

---

[4] Ernst Florens Friedrich Chladni, deutscher Physiker (1756–1827).
[5] William Nicol, britischer Physiker (um 1768–1851).

um ein von Interferenzstreifen durchzogenes Bild des Objekts entsteht. Kurven gleicher Helligkeit entsprechen Kurven gleicher Schwingungsamplitude; nichtschwingende Objektteile, z. B. die Knotenlinien, erscheinen hell.

Setzt man eine Sinusbewegung mit lokal variierender Amplitude voraus, hält sich die Objektoberfläche relativ länger in der Nähe der Umkehrpunkte auf als in den Zwischenpositionen. In grober Näherung kann man daher bei der Rekonstruktion ein Bild erwarten, wie man es bei der Doppelbelichtungsmethode von den beiden Extremlagen der Objektoberfläche bekäme. Die zu benachbarten Interferenzstreifen gehörenden Schwingungsamplituden unterscheiden sich um etwa $\lambda/4$ (λ = Lichtwellenlänge), denn dann ist die Differenz der entsprechenden Schwingungsweiten $\lambda/2$ und die der Lichtwege gerade gleich λ. Eine genauere Rechnung ergibt, dass die Intensitätsverteilung des Streifenmusters im Zeitmittel proportional ist zu $J_0^2(2\pi\widehat{x}(\cos\alpha+\cos\beta)/\lambda)$. α und β sind der Einfalls- und der Beobachtungswinkel gegen die Flächennormale, und J_0 ist die Besselfunktion nullter Ordnung (vgl. Abb. 1.29).

Die Anzahl und die Dichte der Interferenzstreifen in der Rekonstruktion wächst mit zunehmender Maximalamplitude des Objekts. Der Kontrast im Interferenzmuster ist bei der Doppelbelichtungstechnik überall gleich, während er bei dem Verfahren mit mittelwertbildendem Hologramm zu größeren Ordnungszahlen hin, d. h. mit ansteigender Objektamplitude, geringer wird.

Da bei der holografischen Interferometrie die Gestalt des Versuchskörpers keine Rolle spielt, ist das Verfahren vielseitig anwendbar, z. B. für Schwingungsaufnahmen an elektromechanisch angeregten Geigen.

4.3.5 Schwingungsberechnung bei komplexeren Strukturen

Die zuletzt beschriebenen Messmethoden setzen voraus, dass das zu untersuchende Objekt bereits existiert. Oft möchte man aber schon in der Planungsphase einen Überblick über das zu erwartende Schwingungsverhalten bekommen. Die Lösung der Wellengleichung wird schon für relativ einfache Körper recht aufwendig, praktisch undurchführbar wird diese „analytische Behandlung" bei zusammengesetzten Strukturen und bei Bauteilen mit unregelmäßiger Form. Da solche Gebilde aber oft technisch bedeutsam sind, hat man Näherungsmethoden zur Berechnung ihres Schwingungsverhaltens entwickelt.

Am gebräuchlichsten ist die *Methode der finiten Elemente* (englisch: finite element method, FEM), ein numerisches Verfahren, das seit etwa 1960 entwickelt wurde [17]. Die zu untersuchende kontinuierliche Struktur denkt man sich in hinreichend viele kleine Teilflächen endlicher (finiter) Größe zerlegt, für flächige Strukturen z. B. in aneinander stoßende Dreiecke. Für die Bewegung der finiten Elemente wählt man einen möglichst einfachen Ansatz, meist ein Polynom niedriger Ordnung in den Ortskoordinaten, mit zunächst unbekannten Koeffizienten. Diese bestimmt man z. B. durch eine Energiebilanz nach dem Hamilton'schen Prinzip[6] der analytischen Mechanik, wozu man für jeden Kno-

---

[6] Sir William Rowan Hamilton, irischer Mathematiker und Physiker (1805–1865).

tenpunkt die potentielle und kinetische Energie sowie die von den übertragenen Kräften und Momenten verrichtete virtuelle Arbeit berechnet. Die Lösung für die Gesamtstruktur erhält man schließlich durch Kombination der Lösungen für die finiten Elemente, sodass die Steigkeitsforderungen in den Knotenpunkten und die vorgegebenen Randbedingungen erfüllt sind. Für Schwingungsprobleme erhält man auf diese Weise ein System von gewöhnlichen Differenzialgleichungen, deren Lösungen dann die Eigenfrequenzen sind.

4.3.6 Modalanalyse

Ähnlich wie man Schwingungs-Zeitfunktionen durch ihr Spektrum beschreiben kann, lassen sich schwingungsfähige mechanische Strukturen durch ihre Schwingungseigenschaften, ihre *modalen Parameter* beschreiben: im Wesentlichen durch ihre *Eigenfrequenzen* und *Eigenschwingungsformen*. Die Erfassung dieser Parameter ist Gegenstand der *Modalanalyse* (auch *Eigenwertanalyse* genannt).

In der technischen Strukturdynamik werden Modalanalysen häufig als rein rechnerische Simulationen vorgenommen, um eine Vorstellung vom zu erwartenden Schwingungsverhalten einer geplanten Struktur zu bekommen.

Es sind aber durchaus auch Messungen üblich. Dazu regt man die Struktur mit einer geeigneten Stoßkraftquelle, z. B. einem Impulshammer oder einem elektrodynamischen Shaker, zu Schwingungen an und misst einerseits die anregende Kraft, zum anderen das Schwingungsverhalten, die *Strukturantwort*, z. B. mit Beschleunigungsmessern oder Vibrometern. Aus diesen Daten lässt sich der Frequenzgang der Strukturantwort durch Fouriertransformation (FFT) berechnen. Es gibt Softwarepakete, mit denen sich auch die Schwingungsformen der Struktur darstellen und z. B. gefährliche Resonanzen auffinden lassen. Diese kann man dann durch Konstruktionsänderungen unterdrücken.

Aufwendige Tests sind auch die *Standschwingungsversuche* an Prototypen von neuen Flugzeugen oder Bauteilen wie den Tragflächen. Die Strukturen werden an geeigneten Punkten mit elektrodynamischen Shakern angeregt, das Schwingungsverhalten wird mit bis zu mehreren hundert Sensoren an allen wichtigen Strukturpunkten gemessen. Wichtig ist vor allem, dass sich Eigenschwingungen nicht zu gefährlichen *Flatterschwingungen* aufschaukeln können.

4.3.7 Laser-Doppler-Vibrometer (LDV)

Eine sehr vielseitig einzusetzende optische Methode zur Schwingungsmessung ist die *Laser-Doppler-Vibrometrie*. Ein Laserstrahl wird auf die schwingende Fläche fokussiert, das reflektierte Licht erfährt durch den Dopplereffekt eine Frequenzverschiebung, diese wird in einem Interferometer ausgewertet und als Schwingungsamplitude oder -schnelle digital oder analog (als Messspannung) ausgegeben. Die Wegauflösung liegt bei einigen Nanometern. Solche *Vibrometer* hat man unter anderem eingesetzt zur berührungslosen

Messung des Schwingverhaltens von Flugzeugen und Automobilen (oder Teilen von ihnen), Lautsprecher- und Mikrofonmembranen, Gebäuden und Brücken, in Biologie und Medizin zur Untersuchung des Trommelfells im Ohr, zur Erfassung von Stimmen über große Entfernungen, und sogar zum Aufspüren von Landminen im Boden, weil der von einem Lautsprecher beschallte Boden über einer Mine anders schwingt als der Boden ohne Mine.

4.4 Einschwingvorgänge

Lässt man auf ein in Ruhe befindliches Schwingungssystem eine plötzlich beginnende äußere Erregung einwirken, kann das System nicht sofort in die zugehörige stationäre erzwungene Schwingung übergehen, denn hierzu wäre im Allgemeinen eine sprunghafte Änderung von Elongation und Schnelle (oder der entsprechenden elektrischen Größen) nötig; dies würde aber einer momentan unendlich großen Leistungsaufnahme entsprechen. Den stattdessen erfolgenden allmählichen Übergang aus der Ruhe in die stationäre Schwingung nennt man *Einschwingvorgang* des Systems. Allgemeiner bezeichnet man den Übergang aus einer stationären Schwingung in eine andere nach einer Änderung der äußeren Anregung als *Ausgleichsvorgang*. Die Zeitdauer, nach der diese meist asymptotisch erfolgenden Übergänge im Wesentlichen abgeschlossen sind, ist die *Einschwingzeit*, die für verschiedene Systeme und Schwingungstypen etwas unterschiedlich definiert wird. Besonders anschaulich sind die im räumlichen und zeitlichen Ablauf durch eine Wellenausbreitung beschreibbaren Einschwingvorgänge zu verstehen, z. B. auf Leitungen und in Spektralgittern (Abschn. 4.4.3 und 4.4.4).

Die Berechnung der instationären Einschwingvorgänge ist im Allgemeinen schwieriger als die Berechnung von stationären Schwingungen. Eine generelle Aussage gilt für alle linearen Schwingungssysteme: Der Einschwingvorgang entsteht durch die Überlagerung der stationären und der freien Schwingung. Dies folgt aus dem bekannten Satz aus der Theorie der gewöhnlichen Differenzialgleichungen, dass die allgemeine Lösung einer inhomogenen linearen Differenzialgleichung gleich der Summe aus der allgemeinen Lösung der zugehörigen homogenen Differenzialgleichung und einer speziellen Lösung der inhomogenen Differenzialgleichung ist. Hiermit ist die Berechnung des Einschwingvorgangs auf die Berechnung der freien Schwingung zurückgeführt. Als Beispiel hierzu wird im Abschn. 4.4.1 ein einfacher Resonanzkreis betrachtet.

Von praktischem Interesse sind die Einschwingvorgänge vor allem bei Filtern und anderen mehrkreisigen oder kontinuierlichen Systemen; dies ist auch der Grund dafür, sie im Rahmen des Kapitels über gekoppelte Systeme zu behandeln. Bei solchen komplizierteren Schwingungssystemen wird in der Regel die direkte Berechnung der freien Schwingung im Zeitbereich durch Lösen der Differenzialgleichung schwierig, und man ermittelt den Einschwingvorgang besser auf dem Umweg über die Darstellung im Frequenzbereich.

Ist das betrachtete System linear und sein Frequenzgang (d. h. die komplexe Übertragungsfunktion) bekannt, gewinnt man das Spektrum der Schwingung am Ausgang durch

Multiplikation des Eingangsspektrums mit der Übertragungsfunktion (einfache Beispiele in den Abschn. 4.4.2.1 und 4.4.2.2). Sind dagegen zur Systemcharakterisierung eine oder mehrere gekoppelte gewöhnliche lineare Differenzialgleichungen gegeben, wandelt man diese Differenzialgleichungen im Zeitbereich durch eine Integraltransformation in algebraische Gleichungen im Frequenzbereich um und bestimmt hieraus das Ausgangsspektrum.

Für die Untersuchung von Einschwingvorgängen wählt man als Eingangssignale üblicherweise Sprung- und Einschaltfunktionen (vgl. Abschn. 1.11.1.3). Die Konvergenzschwierigkeiten bei der Berechnung der Fourierintegrale mit solchen Einschaltfunktionen überwindet man dadurch, dass man von der Fouriertransformation zur Laplacetransformation übergeht (Abschn. 1.10).

Bei komplizierteren linearen Systemen und besonders bei nichtlinearen Systemen sind die Zeitfunktionen der Einschwingvorgänge meist nicht mehr als geschlossene Lösungen darstellbar; man führt dann die Rechnung numerisch durch.

4.4.1 Einschwingvorgänge in einfachen Resonanzkreisen

Als Beispiel für ein einfaches Schwingungssystem sei ein mechanischer Parallelkreis mit äußerer Erregung durch eine Sinuskraft betrachtet, wie er in Abb. 2.3a dargestellt ist. Seine Differenzialgleichung lautet nach (2.95) für die Schnelle v

$$M \frac{\mathrm{d}v}{\mathrm{d}t} + Wv + \frac{1}{F} \int v \, \mathrm{d}t = \widehat{K} \sin \omega t. \tag{4.197}$$

Die allgemeine Lösung dieser inhomogenen Differenzialgleichung ist gleich der Summe aus einer partikulären Lösung und der allgemeinen Lösung der zugehörigen homogenen Gleichung. Beide Teillösungen sind bereits aus Kap. 2 bekannt. Eine spezielle Lösung von (4.197) ist die stationäre Schwingung

$$v_{\mathrm{s}}(t) = \widehat{v} \sin(\omega t + \psi), \tag{4.198}$$

worin $\widehat{v}$ und ψ nach (2.93) und (2.94) durch die Erregungsgrößen $\widehat{K}$ und ω sowie durch die Schwingkreisparameter M, F und W festgelegt sind. Die zu (4.197) gehörende homogene Differenzialgleichung (2.54) hat nach (2.55) als Lösung die exponentiell gedämpfte freie Schwingung

$$v_{\mathrm{f}}(t) = \widehat{v}_{\mathrm{f}} \, \mathrm{e}^{-\alpha t} \sin(\omega_{\mathrm{d}} t + \varphi), \tag{4.199}$$

worin die Anfangsamplitude $\widehat{v}_{\mathrm{f}}$ und der Nullphasenwinkel φ freie Parameter sind. Die Summe beider Lösungen

$$v(t) = \widehat{v} \sin(\omega t + \psi) + \widehat{v}_{\mathrm{f}} \, \mathrm{e}^{-\alpha t} \sin(\omega_{\mathrm{d}} t + \varphi) \tag{4.200}$$

beschreibt in der Tat den Einschwingvorgang; sie ist durch die beiden freien Parameter an jede Anfangsbedingung anzupassen und geht für große Zeiten in die stationäre Schwingung über. Der Einschwingvorgang besteht also bei einem einfachen Resonanzkreis mit sinusförmiger Erregung aus der Überlagerung der stationären Schwingung mit der Anregungsfrequenz ω und einer abklingenden freien Schwingung mit der gedämpften Eigenfrequenz ω_d nach (2.57).

Wie der Einschwingvorgang im Einzelnen verläuft, hängt von den Anfangsbedingungen und vom Verhältnis der Anregungsfrequenz zur Eigenfrequenz ab. Für das Anschwingen aus der Ruhelage ergeben sich aus den Anfangsbedingungen $v(0) = \dot{v}(0) = 0$ die Parameter in (4.200) zu

$$\widehat{v}_f = \frac{\widehat{v}\omega_0}{\omega_d} = \frac{2\widehat{v}}{\sqrt{4 - d_0^2}} \tag{4.201}$$

und

$$\tan(\varphi + \pi) = \frac{\omega_d}{\alpha}\frac{\omega^2 - \omega_0^2}{\omega^2 + \omega_0^2} = \frac{\sqrt{4 - d_0^2}}{d_0}\frac{\omega^2 - \omega_0^2}{\omega^2 + \omega_0^2} \tag{4.202}$$

($d_0 = 2\alpha/\omega_0$ ist der Kennverlustfaktor des Resonanzkreises). Für einige Frequenzverhältnisse ω/ω_0 sind hiermit berechnete Einschwingvorgänge in Abb. 4.34 dargestellt. Bei tieffrequenter Anregung ($\omega \ll \omega_0$) ist der stationären Schwingung (4.198) (punktierte Linie in Abb. 4.34a die gedämpfte schnellere Eigenschwingung überlagert. Bei Anregungsfrequenzen in der Nachbarschaft von ω_0 gibt es Schwebungen (Abb. 4.34b), Anregung mit der Eigenfrequenz $\omega = \omega_0$ führt zu monoton ansteigender Amplitude (Abb. 4.34c). Bei hochfrequenter Anregung schließlich (Abb. 4.34d) ist den schnelleren erzwungenen Schwingungen die langsamere Eigenschwingung überlagert und lässt den Eindruck entstehen, als ob die Nulllinie der erzwungenen Schwingung gedämpft hin- und herpendelt. Im monotonen Anstieg bei $\omega = \omega_0$ spiegelt sich die schon in Abschn. 2.3.2.3 festgestellte Tatsache wider, dass in der Resonanz Schwingungsenergie nur vom Erreger ins System einströmen, aber nicht wieder zurückfließen kann.

Als Einschwingzeit t_E bezeichnet man bei derartigen Vorgängen in der Regel die Zeit, die vergeht, bis die Amplitude den Bereich von $\pm 20\,\%$ um den stationären Endwert nicht mehr verlässt. Aus (4.200) resultiert damit

$$\frac{\widehat{v}_f}{\widehat{v}}\mathrm{e}^{-\alpha t_E} = 0{,}2. \tag{4.203}$$

Lässt man die geringe Dämpfungsabhängigkeit (4.201) von $\widehat{v}_f/\widehat{v}$ außer Acht, folgt aus (4.203) die Proportionalität

$$t_E \sim \frac{1}{\alpha}. \tag{4.204}$$

Abb. 4.34 Anschwingen
eines gedämpften Resonanzkreises aus der Ruhelage für
verschiedene Frequenzverhält-
nisse ω/ω_0: **a** $\omega/\omega_0 = 1/8$
($d_0 = 0{,}05$), **b** $\omega/\omega_0 = 0{,}8$
($d_0 = 0{,}03$), **c** $\omega/\omega_0 = 1$
($d_0 = 0{,}05$), **d** $\omega/\omega_0 = 8$
($d_0 = 0{,}3$)

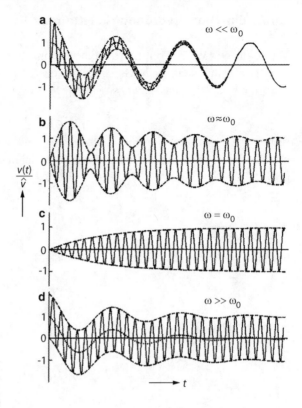

Nach (2.110) ist $\alpha = \pi\Delta f_{\mathrm{H}}$, die Einschwingzeit ist also der Halbwertsbreite Δf_{H} der Resonanzkurve umgekehrt proportional:

$$t_{\mathrm{E}} \sim \frac{1}{\Delta f_{\mathrm{H}}}. \tag{4.205}$$

Der Einschwingvorgang klingt um so langsamer ab, je schwächer das System gedämpft ist. Im Grenzfall $d_0 = 0$ wird z. B. aus Abb. 4.34b eine vollkommene Schwebung, während bei Resonanzanregung ($\omega = \omega_0$) die Amplitude im ungedämpften Schwingkreis zeitproportional unbegrenzt ansteigen würde.

Die wichtige Verknüpfung (4.205) zwischen Einschwingzeit und Frequenzbandbreite gilt nicht nur für die hier betrachteten einfachen Resonanzkreise, sondern ist kennzeichnend für alle Einschwingvorgänge in beliebigen Schwingungssystemen. Sie folgt aus der Unschärferelation (Abschn. 1.11.2).

Zur Verkürzung des Einschwingvorgangs muss man demnach entweder die Bandbreite des Systems erhöhen oder aber, was jedoch in der Praxis meist undurchführbar ist, die Schwingung mit Anfangsbedingungen starten lassen, die sich von den stationären Amplituden- und Phasenwerten für $t = 0$ nur wenig unterscheiden; in diesem Fall wird die Amplitude $\hat{v}_{\mathrm{f}}$ der überlagerten freien Schwingung sehr klein.

4.4.2   Einschwingvorgänge in Filtern

Von besonderer Wichtigkeit sind die Einschwingvorgänge in Filtern, weil sie der Übertragungsgeschwindigkeit von Nachrichten eine obere Grenze setzen [18, 19]. Wird ein Filter durch die komplexe Übertragungsfunktion

$$\underline{G}(\omega) = G(\omega)\,e^{j\varphi(\omega)} \tag{4.206}$$

charakterisiert, und ist das Eingangssignal $y_e(t)$ durch seine Fourierdarstellung

$$y_e(t) = \frac{1}{2\pi} \int_{-\infty}^{+\infty} \underline{Y}(\omega)\,e^{j\omega t}\,d\omega \tag{4.207}$$

mit der komplexen spektralen Amplitudendichte

$$\underline{Y}(\omega) = Y(\omega)\,e^{j\psi(\omega)} \tag{4.208}$$

gegeben, lautet die Ausgangsfunktion

$$y_a(t) = \frac{1}{2\pi} \int_{-\infty}^{+\infty} \underline{Y}(\omega)\underline{G}(\omega)\,e^{j\omega t}\,d\omega$$

$$= \frac{1}{2\pi} \int_{-\infty}^{+\infty} Y(\omega)G(\omega)\,e^{j(\omega t + \psi(\omega)+\varphi(\omega))}\,d\omega. \tag{4.209}$$

Im Folgenden soll zunächst das Einschwingen eines idealisierten Tiefpasses nach dem plötzlichen Einschalten einer Gleichspannung betrachtet werden. Auf diesen Vorgang lässt sich, wie im Abschn. 4.4.2.2 gezeigt wird, das Einschwingverhalten von Bandfiltern näherungsweise zurückführen.

4.4.2.1   Einschwingvorgänge in Tiefpässen
Ein Tiefpass habe die idealisierte Übertragungsfunktion

$$\underline{G}(\omega) = G(\omega)\,e^{j\varphi(\omega)} = \begin{cases} e^{j\omega t_0} & \text{für} \quad 0 \le \omega \le \omega_g, \\ 0 & \text{für} \quad \omega_g < \omega, \end{cases} \tag{4.210}$$

d. h. er soll bis zur Grenzfrequenz ω_g ungeschwächt und dispersionsfrei übertragen und darüber völlig sperren (Abb. 4.35). Der frequenzproportionale Phasengang bedeutet eine frequenzunabhängige Zeitverzögerung um t_0 für alle Spektralkomponenten der Eingangsschwingung, die in den Übertragungsbereich fallen.

Abb. 4.35 Amplitudengang
$G(\omega)$ und Phasengang $\varphi(\omega)$
eines idealisierten Tiefpasses
mit der Grenzfrequenz ω_g und
der Laufzeit t_0

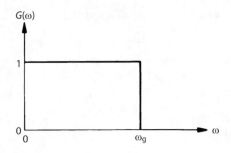

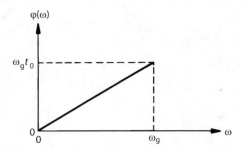

Das Eingangssignal sei ein Sprung

$$y_e(t) = \begin{cases} 0 & \text{für} \quad t < 0, \\ A & \text{für} \quad t \geq 0. \end{cases} \tag{4.211}$$

Die Fourierdarstellung dieser Einschaltfunktion wurde in Abschn. 1.11.1.3 hergeleitet und lautet nach (1.237)

$$y_e(t) = A\left(\frac{1}{2} + \frac{1}{\pi}\int_0^\infty \frac{\sin\omega t}{\omega}\, d\omega\right). \tag{4.212}$$

Die Filterwirkung lässt sich sehr einfach berücksichtigen: Das Integral ist nur von 0 bis ω_g zu erstrecken, und t ist durch $t - t_0$ zu ersetzen. Die Ausgangsspannung des Filters lautet daher

$$y_a(t) = A\left(\frac{1}{2} + \frac{1}{\pi}\int_0^{\omega_g} \frac{\sin\omega(t - t_0)}{\omega}\, d\omega\right). \tag{4.213}$$

Schreibt man diese Gleichung in der Form

$$y_a(t) = A\left(\frac{1}{2} + \frac{1}{\pi}\int_0^{\omega_g(t-t_0)} \frac{\sin\omega(t - t_0)}{\omega(t - t_0)}\, d[\omega(t - t_0)]\right), \tag{4.214}$$

Abb. 4.36 Sprungantwort des
Tiefpasses nach Abb. 4.35

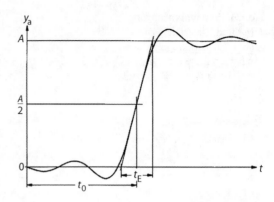

so stellt das Integral die als Integralsinus

$$\mathrm{Si}(x) = \int_0^x \frac{\sin \xi}{\xi}\, \mathrm{d}\xi \tag{4.215}$$

bekannte Funktion dar; es wird also

$$y_a(t) = A\left(\frac{1}{2} + \frac{1}{\pi}\mathrm{Si}[\omega_g(t - t_0)] \right). \tag{4.216}$$

Abb. 4.36 zeigt dieses auch *Sprungantwort* genannte Ausgangssignal des Tiefpasses. Nach anfänglicher Oszillation um die Nulllinie steigt es in der Umgebung von $t = t_0$ an und oszilliert dann mit abnehmender Amplitude um den asymptotischen Endwert A.

Der Tiefpass übt also auf die Sprungfunktion als Eingangssignal dreierlei Wirkungen aus:

1. die Verzögerung um die Laufzeit t_0, an deren Stelle bei einem dispergierenden Filter die *Gruppenlaufzeit*

$$t_{gr} = \frac{\mathrm{d}\varphi}{\mathrm{d}\omega} \tag{4.217}$$

tritt. (Ihre Angabe ist nur bei schwacher Dispersion sinnvoll, sodass t_{gr} im Übertragungsbereich annähernd konstant ist und das Eingangssignal nicht zu stark verzerrt wird.)
2. Die Oszillationen mit der Frequenz der Bandgrenze, die bereits in Abschn. 1.8.1.1 als *Gibbs'sche Höcker* erklärt wurden.
3. Die endliche Flankensteilheit. Aus (4.214) folgt

$$\frac{\mathrm{d}y_a}{\mathrm{d}t} = \frac{A\omega_g}{\pi} \frac{\sin \omega_g(t - t_0)}{\omega_g(t - t_o)} \tag{4.218}$$

mit dem Maximum bei $t = t_0$:

$$\left.\frac{dy_a}{dt}\right|_{t_0} = \frac{A\omega_g}{\pi} = 2Af_g. \tag{4.219}$$

Definiert man nach einem Vorschlag von K. Küpfmüller[7] die Einschwingzeit t_E als die Zeit, in der das Ausgangssignal auf die Endamplitude anstiege, wenn der Anstieg während der ganzen Zeit mit der maximalen Steilheit erfolgen würde, wie es in Abb. 4.36 angedeutet ist, so folgt aus (4.219) in Übereinstimmung mit der allgemein gültigen Beziehung (4.205)

$$t_E = \frac{1}{2f_g}. \tag{4.220}$$

Dieses Ergebnis ist auch anschaulich einzusehen, denn der schnellste am Filterausgang mögliche Anstieg ist durch die höchste übertragene Frequenz bestimmt, und $1/2f_g$ ist gerade gleich dem zeitlichen Abstand von Schwingungsminimum und -maximum bei der Grenzfrequenz.

Auf eine Eigentümlichkeit der vorstehenden Rechnung ist noch hinzuweisen: Die Oszillationen in Abb. 4.36 setzen sich auch zu negativen Zeiten hin fort. Da am Systemausgang naturgemäß kein Signal auftreten kann, bevor ein Eingangssignal angelegt wird, ist dieses Ergebnis der Rechnung physikalisch sinnlos. Der Widerspruch hat seinen Grund darin, dass zwischen dem Amplitudengang und dem Phasengang jedes Übertragungssystems eine (wenn auch nicht eindeutige) Verknüpfung besteht (Abschn. 1.13.4). Diese Funktionen dürfen deshalb nicht, wie es mit (4.210) und im Abb. 4.35 geschehen ist, beide willkürlich festgelegt werden. Die Einschwingfunktion in Abb. 4.36 stellt jedoch eine gute Annäherung an den tatsächlichen Verlauf dar, die um so besser wird, je größer die Laufzeit t_0 ist. (Passive Filter mit großer Flankensteilheit enthalten, wie in den Abschn. 4.2.1 und 4.2.2 dargelegt wurde, viele Kreise und haben, damit verbunden, auch eine große Laufzeit. Die Näherung ist also auch physikalisch vernünftig.) Die wesentlichen Ergebnisse – die Zeitverzögerung, die Steilheit des Anstiegs und die Oszillationen – werden von der hier benutzten rechnerisch besonders bequemen Näherung richtig wiedergegeben, wenngleich sie, streng genommen, ein nicht-kausales System beschreibt.

4.4.2.2 Einschwingvorgänge in Bandfiltern

Auf ein idealisiertes dispersionsfreies Bandfilter mit den Übertragungsgrenzen ω_1 und ω_2 (Abb. 4.37) werde eine plötzlich eingeschaltete Sinusschwingung mit der Bandmittenfrequenz ω_0 (Abb. 4.38) gegeben. Die geschaltete Sinusschwingung entsteht durch Multiplikation von $\sin\omega_0 t$ mit der Einschaltfunktion (4.212). Das Eingangssignal des

---

[7] Karl Küpfmüller, deutscher Elektrotechniker (1897–1977).

Abb. 4.37 Amplitudengang
$G(\omega)$ und Phasengang $\varphi(\omega)$
eines idealisierten Bandfilters
mit der Bandmittenfrequenz
ω_0, der Bandbreite $\Delta\omega$ und der
Laufzeit t_0

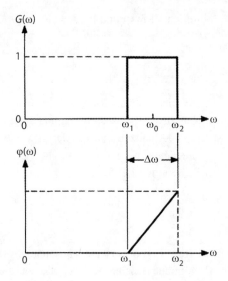

Bandfilters ist folglich

$$y_e(t) = A\left(\frac{1}{2} + \frac{1}{\pi}\int_0^\infty \frac{\sin\omega t}{\omega}\,d\omega\right)\sin\omega_0 t \tag{4.221}$$

und kann als eine amplitudenmodulierte Schwingung mit der Trägerfrequenz ω_0 aufgefasst werden. Eine Modulationsfrequenz ω ergibt die Fourierkomponenten $\omega+\omega_0$ und $\omega-\omega_0$ im Spektrum der modulierten Schwingung (s. Abschn. 1.8.3.1). In den Filterdurchlassbereich $(\omega_0-\Delta\omega/2) < \omega < (\omega_0+\Delta\omega/2)$ fallen daher Komponenten, die zum einen von den Modulationsfrequenzen $\omega = 0\ldots\Delta\omega/2$, zum anderen von $\omega = (\omega_0+\omega_1)\ldots(\omega_0+\omega_2) = (2\omega_0-\Delta\omega/2)\ldots(2\omega_0+\Delta\omega/2)$ herrühren. Da die Frequenz ω im Nenner des Integranden in (4.221) steht, liefert nach einer einfachen Abschätzung der letztere Bereich einen Beitrag von der Größenordnung $\Delta\omega/2\pi\omega_0$, den man bei Schmalbandfiltern $(\Delta\omega \ll \omega_0)$ vernachlässigen kann. Mit dieser Vereinfachung und der frequenzunabhängigen Laufzeit t_0 lautet die Filterausgangsfunktion

$$y_a(t) = A\left(\frac{1}{2} + \frac{1}{\pi}\int_0^{\Delta\omega/2} \frac{\sin\omega(t-t_0)}{\omega}\,d\omega\right)\sin\omega_0(t-t_0)$$

$$= A\left(\frac{1}{2} + \frac{1}{\pi}\,\mathrm{Si}\left[\frac{\Delta\omega}{2}(t-t_0)\right]\right)\sin\omega_0(t-t_0). \tag{4.222}$$

Wie der Vergleich mit (4.216) zeigt, ist die Einhüllende des Signals (4.222) gleich der Sprungantwort eines Tiefpassfilters mit der Grenzfrequenz $\Delta\omega/2$. Die Funktion (4.222) ist in Abb. 4.39 dargestellt.

Abb. 4.38 Im Zeitpunkt
$t = 0$ eingeschaltete Sinusschwingung

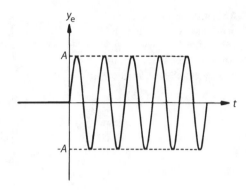

In der vorstehenden Überlegung wird von der speziellen Form der Durchlasskurve und von der Phase des Trägers im Einschaltzeitpunkt kein Gebrauch gemacht. Bei allen symmetrischen Schmalbandfiltern ist daher die Einhüllende der Systemantwort auf eine plötzlich eingeschaltete Wechselspannung mit der Bandmittenfrequenz in der genannten Näherung gleich der Sprungantwort des äquivalenten Tiefpasses mit der halben Bandbreite und der gleichen Form der Durchlasskurve (Abb. 4.40).

Die im vorigen Abschnitt gefundenen Eigenschaften des Einschwingvorgangs beim Tiefpass lassen sich hiernach auf symmetrische Bandpässe übertragen. Die Schwingung erreicht ihre halbe Endamplitude nach der Laufzeit t_0, und für die analog zu Abb. 4.36 durch die Tangente im Punkt maximaler Steilheit definierte Einschwingzeit t_E eines Schmalbandfilters mit der Bandbreite Δf folgt

$$t_E = \frac{1}{\Delta f}. \qquad (4.223)$$

Besitzt das Filter eine (schwache) Dispersion $\varphi(\omega)$, so ist in (4.222) die Laufzeit t_0 in dem Ausdruck für die Umhüllende durch die Gruppenlaufzeit t_{gr} zu ersetzen, im Träger-frequenzterm jedoch durch die *Phasenlaufzeit* t_{ph}, die für die Frequenz ω_0 den Wert

$$t_{ph} = \frac{\varphi(\omega_0)}{\omega_0} \qquad (4.224)$$

hat. Die Filterausgangsfunktion lautet dann

$$y_a(t) = A \left(\frac{1}{2} + \frac{1}{\pi} \operatorname{Si} \left[\frac{\Delta\omega}{2}(t - t_{gr}) \right] \right) \sin \omega_0(t - t_{ph}). \qquad (4.225)$$

Die Einschwingzeit t_E ist in einem dispergierenden System allgemein größer als in einem dispersionsfreien.

Die Oszillationen der Einhüllenden, die sich besonders in elektroakustischen Übertra-gungsanlagen als Rauigkeit oft störend bemerkbar machen, hängen empfindlich von der

Abb. 4.39 Einschwingvorgang eines Schmalbandfilters
gemäß Abb. 4.37 nach
Anlegen einer plötzlich ein-
geschalteten Sinusschwingung

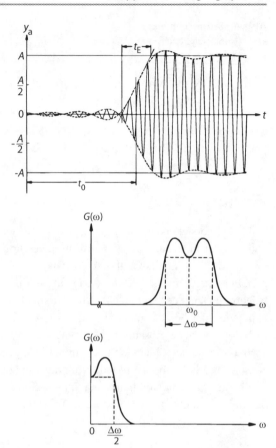

Abb. 4.40 Durchlasskurven eines symmetrischen
Schmalbandfilters und des
äquivalenten Tiefpasses

Form der Durchlasskurve des Filters in der Nähe der Bandgrenzen ab. Sie werden gegenüber Abb. 4.39 noch verstärkt und führen dann zu einem „harten Schwingungseinsatz",
wenn dem Abfall der Übertragungskurve eine Anhebung (z. B. eine Resonanzspitze) vor-
ausgeht. Sie werden aber abgeschwächt und ergeben einen „weichen Einsatz", wenn der
Übergang vom Durchlass- zum Sperrbereich allmählich erfolgt. Bei der Bemessung von
Bandfiltern ist deshalb neben dem Kompromiss zwischen Welligkeit der Durchlasskurve
und Flankensteilheit an den Bandgrenzen (Abschn. 4.2.2) auch das Einschwingverhalten,
insbesondere das Überschwingen, zu beachten.

4.4.2.3 Übertragung von Schwingungsimpulsen durch Bandfilter
Die Betrachtungen über das Einschwingen eines Filters nach dem plötzlichen Anlegen
einer Wechselspannung lassen sich auf das Ausschwingen nach dem Abschalten übertragen. Man kann sich einen Schwingungsimpuls dadurch entstanden denken, dass zunächst
eine Dauerschwingung eingeschaltet und etwas später eine zweite, zur ersten gegenphasige hinzugefügt wird, die diese im weiteren Verlauf genau kompensiert. Ein- und Aus-

schwingvorgang gehorchen daher den gleichen Gesetzmäßigkeiten. Die Schwingungs-amplitude ist auf die Hälfte des stationären Wertes abgesunken, wenn, vom Ende des Primärimpulses an gerechnet, die Gruppenlaufzeit t_{gr} vergangen ist; die Abklingdauer ist gleich der Einschwingzeit.

Schwingungsimpulse werden beispielsweise in der Telegrafie zur Nachrichtenüber-tragung benutzt. Um eine Richtfunkstrecke oder ein Kabel möglichst wirtschaftlich auszunutzen, überträgt man verschiedene Nachrichten gleichzeitig in dicht gestaffelten Frequenzbändern und trennt sie empfangsseitig durch scharfe Filter (Abschn. 4.2.2). Je schmaler diese Bänder sind, desto mehr Nachrichten können gleichzeitig übertra-gen werden, desto langsamer muss allerdings auch die Übertragung erfolgen. Denn ein Schwingungsimpuls erreicht am Filterausgang nur dann annähernd seine volle Amplitu-de, wenn seine Länge mindestens gleich der Einschwingzeit ist. Auch der Zeitabstand zwischen zwei aufeinander folgenden Impulsen muss mindestens von der Dauer t_E sein, weil erst nach dieser Zeit der vorige Impuls abgeklungen ist. Die höchste zulässige Impulsfolgefrequenz ist daher $f_m = 1/2t_E$, also nach der fundamentalen Beziehung $t_E \sim 1/\Delta f$ der Bandbreite proportional. Aus einer bestimmten geforderten Nachrichten-übertragungsgeschwindigkeit resultiert somit eine Mindestbandbreite für den einzelnen Kanal. Die gesamte Übertragungskapazität einer Nachrichtenstrecke lässt sich nach dem Gesagten durch Vergrößern der Kanaldichte nicht erhöhen.

Die Einschwingvorgänge spielen auch in der Raumakustik eine große Rolle. Sie ent-stehen in Räumen dadurch, dass die kontinuierlich einfließende akustische Leistung die Energiedichte allmählich auf den stationären Wert ansteigen lässt, der um so höher ist, je schwächer die Eigenschwingungen des Raums gedämpft sind. Der Ausschwingvor-gang nach Abschalten der Schallquelle ist der *Nachhall*, analog bezeichnet man den Ein-schwingvorgang als *Anhall*. Der oben beschriebenen Begrenzung der Impulsfolgefrequenz bei Bandfiltern durch die Einschwingzeit entspricht in der Raumakustik die Forderung, dass für eine gute Sprachverständlichkeit die Nachhallzeit des Raums kurz sein muss.

4.4.2.4 Einschwingvorgänge in Analysatoren

Ein weiteres Beispiel für die Bedeutung der Einschwingzeit ist der Zusammenhang zwischen der Analysiergeschwindigkeit und der Bandbreite von Spektrografen. Im Ab-schn. 1.7.3 wurde das Suchtonverfahren erläutert, bei dem nach Frequenztransponierung der zu analysierenden Wechselspannung mit Hilfe eines schmalen Filters ein Frequenz-band gleitender Lage (in Bezug auf das ursprüngliche Signal) heraus gesiebt und die zugehörige Amplitude gemessen wird. Je kleiner die Bandbreite Δf dieses Filters ist, desto besser ist das Frequenzauflösungsvermögen des Spektrografen. Bei einer Analy-siergeschwindigkeit v (z. B. gemessen in Hz/s) ist die „Verweilzeit" Δt jeder Frequenz im Filterbereich gegeben durch

$$\Delta t = \frac{\Delta f}{v}. \tag{4.226}$$

Abb. 4.41 Elektrische Leitung
mit ohmschem Abschluss

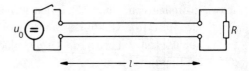

Nimmt man für eine Abschätzung der höchstmöglichen Analysiergeschwindigkeit an, dass der Einschwingvorgang während dieser Zeit Δt abgeschlossen sein soll und setzt nach (4.223) $\Delta t = 1/\Delta f$, folgt für die Analysiergeschwindigkeit

$$v = (\Delta f)^2 \qquad (4.227)$$

und für die Analysierzeit t_A bei einem Frequenzbereich f_A

$$t_A = \frac{f_A}{v} = \frac{f_A}{(\Delta f)^2}. \qquad (4.228)$$

Diese Abschätzung ist recht gut. Bei Verwendung von Quarzfiltern und einer Analysiergeschwindigkeit nach (4.227) ist der Amplitudenfehler kleiner als 2 %.

(4.228) bietet eine Möglichkeit, die Analysierzeit ohne Einbuße an Auflösungsvermögen zu verkürzen. Durch kombinierte Anwendung von Analog- und Digitaltechnik gelingt es, die zu analysierende Zeitfunktion nach einer Speicherung viel schneller als in Wirklichkeit ablaufen zu lassen und dadurch ihren Frequenzbereich zu dehnen. Bei der Suchtonanalyse genügt dann zur Erzielung gleicher Auflösung ein Filter, dessen Bandbreite im gleichen Verhältnis größer ist, sodass sich die Analysierdauer t_A nach (4.228) um denselben Faktor verkürzt. In einem nach diesem Prinzip arbeitenden handelsüblichen „Echtzeit-" („real-time-" oder „on-line-") Analysator wird die Zeitfunktion mit 500-facher Geschwindigkeit reproduziert. Das Analysierintervall f_A wird dadurch von 0...10 kHz auf 0...5 MHz gedehnt, die Filterbandbreite Δf von z. B. 20 Hz auf 10 kHz vergrößert und damit die Analysierzeit t_A von 25 s auf 50 ms gesenkt. In Abständen von 50 ms liefert das Gerät also vollständige Spektren, die auf einem Oszilloskop zeilenweise dicht untereinander registriert werden und die praktisch verzögerungsfreie Beobachtung der spektralen Veränderungen z. B. eines fortlaufend gesprochenen Textes gestatten.

4.4.3 Einschwingvorgänge auf Leitungen

Einschwingvorgänge auf dispersionsfreien, homogenen Leitungen lassen sich sehr anschaulich verstehen. An eine Zweidrahtleitung der Länge l mit ohmschem Abschluss R werde zum Zeitpunkt $t = 0$ die konstante Spannung u_0 gelegt (Abb. 4.41). Es läuft dann eine Spannungswelle mit scharfer Front nach rechts über die Leitung und erreicht das

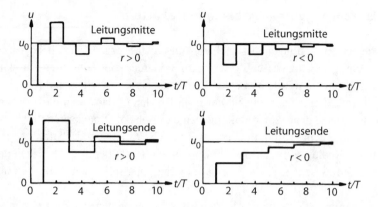

Abb. 4.42   Einschwingvorgang auf einer dispersionsfreien, homogenen Leitung mit ohmschem Abschluss. Zeitlicher Spannungsverlauf in der Leitungsmitte (oben) und am Leitungsende (unten) bei positivem (links) und negativem Reflexionsfaktor (rechts)

Ende nach der Zeit $T = l/c$, wenn c die Ausbreitungsgeschwindigkeit ist. In diesem Zeitpunkt herrscht auf der ganzen Leitung die Spannung u_0. Ist R gleich dem Wellenwiderstand Z der Leitung, tritt keine Reflexion auf, und der Einschwingvorgang ist nach der Zeit T abgeschlossen. Ist jedoch $R \neq Z$, wird am Leitungsende der Bruchteil

$$r = \frac{R - Z}{R + Z} \qquad (4.229)$$

reflektiert und überlagert sich der einlaufenden Spannungswelle, bis die reflektierte Welle nach der Zeit $2T = 2l/c$ den Leitungsanfang erreicht hat. In diesem Zeitpunkt herrscht auf der ganzen Leitung die Spannung $u_0 \cdot (1 + r)$. Am Leitungsanfang wird jedoch die Spannung u_0 aufrechterhalten; daher muss vom Zeitpunkt $t = 2T$ an eine neue Welle mit der Spannung $-u_0 r$ nach rechts laufen, die nach der Zeit $3T$ eine Reflexion $-u_0 r^2$ am Leitungsende erzeugt usw. Als Folge dieser Vielfachreflexionen ergeben sich auf der Leitung zeitliche Spannungsverläufe, wie sie in Abb. 4.42 oben für die Leitungsmitte und unten für das Leitungsende skizziert sind, links für $r > 0$ und rechts für $r < 0$.

Mit etwas größerem Rechenaufwand lassen sich auf entsprechende Weise auch die Einschwingvorgänge auf gedämpften Leitungen mit komplexen Abschlussimpedanzen berechnen.

Die Ausbreitung eines *kurzen* Spannungsimpulses auf einer Leitung und sein Abklingen infolge der Vielfachreflexionen kann man in entsprechender Weise verfolgen. Das akustische Analogon hierzu, der Ausschwingvorgang des Schallfeldes zwischen zwei parallelen Wänden nach impulsförmiger Anregung, ist als *Flatterecho* bekannt.

4.4.4   Einschwingvorgänge bei Spektralgittern

Ebenso wie bei den Leitungen lässt sich der Einschwingvorgang auch bei Spektralgittern durch eine einfache geometrische Überlegung erklären. Dies soll an einem akustischen Gitter gezeigt werden, mit dem „Echtzeit"-Klanganalysen möglich sind [20]. Es handelt sich um ein reflektierendes Konkavgitter nach Rowland,[8] das durch die Krümmung zugleich fokussiert und daher zur Abbildung keine Linsen oder Spiegel benötigt (Abb. 4.43). Hat das Gitter (AB) eine Krümmung mit dem Radius R und liegt der Strahler S auf einem Kreis mit dem Radius $R/2$, der das Gitter in einem Punkt berührt, wird auch das scharfe Spektrum auf diesem Kreis entworfen und kann hier mit einem Mikrofon abgetastet werden.

Beim Spektrum 1. Ordnung ist die Wegdifferenz der an benachbarten Gitterelementen gebeugten Strahlen gleich der Wellenlänge λ, die Gangdifferenz zwischen den am ersten und am letzten von den N Elementen eines Gitters gebeugten Strahlen also Nλ. Diesem Gangunterschied entspricht die Wegdifferenz der Randstrahlen $\Delta r = (r_A + r'_A) - (r_B + r'_B)$ in Abb. 4.43. Aus der Optik ist das Auflösungsvermögen eines Gitters bekannt; für die erste Beugungsordnung gilt

$$\frac{\lambda}{\Delta \lambda} = \frac{f}{\Delta f} = N. \tag{4.230}$$

Damit errechnet sich die absolute Trennschärfe des Gitters zu

$$\Delta f = \frac{f}{N} = \frac{c}{N\lambda} = \frac{c}{\Delta r} = \frac{1}{\Delta t} \tag{4.231}$$

(c = Schallgeschwindigkeit). Δt ist die Zeit zwischen dem Eintreffen des am ersten und des am N-ten Gitterelement gebeugten Signals, also die zum Aufbau der Interferenzerscheinung nötige Zeit. Sie stellt in diesem Fall die Einschwingzeit dar, womit auch hier wieder die allgemeine Beziehung (4.205) erfüllt ist.

Der Vorteil eines solchen Gitterspektrografen gegenüber einem Suchtonanalysator besteht darin, dass die Analysierzeit für einen im Prinzip beliebig großen Frequenzbereich nur die Einschwingzeit Δt eines einzigen „Kanals" Δf ist, da alle Kanäle gleichzeitig arbeiten. Die Registrierzeit ist klein, denn mit einem Breitbandmikrofon (dessen Einschwingzeit vernachlässigbar kurz ist) lässt sich das Spektrum in der Brennebene sehr schnell abtasten und auf einem Oszilloskop anzeigen. In der Praxis erreicht man allerdings mit akustischen Gitterspektrografen nur eine Frequenzauflösung von etwa 100 Hz, weil man einerseits das zu analysierende Spektrum in einen höherfrequenten Bereich (mindestens in die Gegend von 50 kHz) transformieren muss, um die Ausdehnung des Gitters nicht zu groß werden zu lassen, und weil andererseits die Anforderungen an die mechanische Präzision bei höheren Frequenzen kaum noch erfüllbar sind. Wenn auch der akustische Gitterspektrograf keine praktische Bedeutung hat, ist er doch didaktisch interessant, weil er anschaulich und in rechnerisch einfacher Form auf die Beziehungen zwischen Auflösungsvermögen, Einschwingzeit und Analysierdauer führt.

---

[8] Henry Augustus Rowland, US-amerikanischer Physiker (1848–1901).

Abb. 4.43 Rowland'sches
Konkavgitter

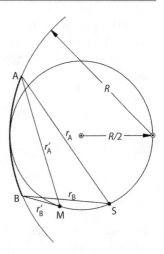

4.4.5 Berechnung von Einschwingvorgängen mithilfe der Laplacetransformation

Die Berechnung der Einschwingvorgänge auch von komplizierter aufgebauten schwingungsfähigen Systemen ist für die praktische Schwingungstechnik von großer Bedeutung, nicht nur zur Abschätzung der Einschwingzeit, sondern beispielsweise auch zur Ermittlung der maximal zu erwartenden Amplituden. Häufig lassen sich zwar die Differenzialgleichungen eines Schwingungssystems angeben, aber ihre allgemeine Lösung, die dann durch Anpassen an die Anfangsbedingungen den Einschwingvorgang ergibt, ist oft nur schwer zu berechnen. Hier bietet die *Laplacetransformation* (Abschn. 1.10) ein für die Praxis brauchbares Verfahren, die gesuchte spezielle Lösung, nämlich den Einschwingvorgang, auf einfacherem Weg direkt zu berechnen. Ein Hauptanwendungsgebiet der Laplacetransformation besteht in der Lösung von Systemen linearer gewöhnlicher Differenzialgleichungen mit konstanten Koeffizienten. Sie werden durch die Transformation in lineare algebraische Gleichungen umgewandelt, wobei die gegebenen Anfangsbedingungen gleich mit in die Rechnung eingehen. Auf partielle Differenzialgleichungen angewandt, erniedrigt die Laplacetransformation die Zahl der Veränderlichen um eins und macht so z. B. aus den partiellen Differenzialgleichungen eindimensionaler kontinuierlicher Systeme gewöhnliche Differenzialgleichungen.

Die Lösung von Schwingungsproblemen unter Benutzung der Laplacetransformation geht stets nach folgendem Schema vor sich:

1. Aufstellung der Schwingungsdifferenzialgleichung und der Anfangsbedingungen,
2. Übertragung in den Bildbereich,
3. Auflösung nach der Bildfunktion des gesuchten Zeitvorgangs,
4. Rücktransformation in den Zeitbereich.

Zur Erläuterung soll der Einschwingvorgang eines mechanischen Parallelresonanzkreises für die Elongation untersucht werden. Das System ist in Abb. 2.3a dargestellt. Für eine bei $t = 0$ einsetzende Sinuskraft wird die Schwingung beschrieben durch die Differenzialgleichung

$$M\ddot{x} + W\dot{x} + \frac{x}{F} = \widehat{K}\sin\omega t, \tag{4.232}$$

oder mit den Abkürzungen $W/M = 2\alpha$, $1/MF = \omega_0^2$

$$\ddot{x} + 2\alpha\dot{x} + \omega_0^2 x = \frac{\widehat{K}}{M}\sin\omega t. \tag{4.233}$$

Das System möge anfänglich energiefrei sein, sodass die Anfangsbedingungen lauten $x(0) = \dot{x}(0) = 0$.

Die Übertragung der Differenzialgleichung (4.233) in den Bildbereich bereitet nach den Regeln in Abschn. 1.10.2 keine Schwierigkeiten; man benötigt den Additionssatz (1.205), die Differenziationsregeln (1.210) und (1.211), sowie (1.217) und erhält

$$(\underline{p}^2 + 2\alpha\underline{p} + \omega_0^2)\underline{X}(\underline{p}) = \frac{\widehat{K}}{M}\frac{\omega}{\underline{p}^2 + \omega^2}. \tag{4.234}$$

Die Bildfunktion $\underline{X}(\underline{p})$ des gesuchten Zeitvorgangs $x(t)$ ist also

$$\underline{X}(\underline{p}) = \frac{\widehat{K}\omega}{M}\frac{1}{(\underline{p}^2 + \omega^2)(\underline{p}^2 + 2\alpha\underline{p} + \omega_0^2)}. \tag{4.235}$$

Zur Gewinnung der Bildfunktion $\underline{X}(\underline{p})$ ist bei den meisten in der Praxis vorkommenden Fällen lediglich eine algebraische Gleichung zu lösen, die auf eine gebrochen rationale Funktion in p führt. Die eigentliche Aufgabe besteht dann in der Rücktransformation in den Zeitbereich. In den meisten Fällen wird man mit den Korrespondenztabellen auskommen oder höchstens die Bildfunktion zuvor in mehrere Summanden aufspalten müssen, wobei eine vollständige Partialbruchzerlegung nur selten erforderlich ist. So genügen zur Rücktransformation von (4.235) schon die wenigen in Abschn. 1.10.2 angegebenen Funktionspaare, wenn man folgende Zerlegung vornimmt:

$$\underline{X}(\underline{p}) = \frac{\widehat{K}\omega}{M}\left(\frac{a\underline{p} + b}{\underline{p}^2 + \omega^2} + \frac{c\underline{p} + d}{\underline{p}^2 + 2\alpha\underline{p} + \omega_0^2}\right). \tag{4.236}$$

Durch Koeffizientenvergleich findet man

$$a = -c = -\frac{2\alpha}{N}, \quad b = \frac{\omega_0^2 - \omega^2}{N}, \quad d = \frac{\omega^2 - \omega_0^2 + 4\alpha^2}{N} \tag{4.237}$$

mit dem Nenner $N = (\omega^2 - \omega_0^2)^2 + 4\alpha^2\omega^2$. Zerlegt man (4.236) weiter in

$$\underline{X}(\underline{p}) = \frac{\widehat{K}\omega}{M}\left(a\,\frac{\underline{p}}{\underline{p}^2 + \omega^2} + \frac{b}{\omega}\,\frac{\omega}{\underline{p}^2 + \omega^2} + c\,\frac{\underline{p} + \alpha}{(\underline{p} + \alpha)^2 + \omega_d^2}\right.$$
$$\left. + \frac{d - \alpha c}{\omega_d}\,\frac{\omega_d}{(\underline{p} + \alpha)^2 + \omega_d^2}\right), \qquad (4.238)$$

wobei $\omega_d = \sqrt{\omega_0^2 - \alpha^2}$ gesetzt ist, so kann man die Rücktransformation unmittelbar mit (1.216) bis (1.219) durchführen:

$$x(t) = \frac{\widehat{K}\omega}{M}\left(a\cos\omega t + \frac{b}{\omega}\sin\omega t + c\,e^{-\alpha t}\cos\omega_d t\right.$$
$$\left. + \frac{d - \alpha c}{\omega_d}\,e^{-\alpha t}\sin\omega_d t\right). \qquad (4.239)$$

Fasst man die ersten beiden und die letzten beiden Terme jeweils zusammen:

$$x(t) = \widehat{x}_s\sin(\omega t - \delta) + \widehat{x}_f e^{-\alpha t}\sin(\omega_d t - \varepsilon), \qquad (4.240)$$

so erkennt man die erwartete Struktur des Bewegungsablaufs. Die Schwingung entsteht durch die Überlagerung einer stationären Schwingung mit der Anregungsfrequenz ω und einer exponentiell abklingenden freien Schwingung mit der Eigenfrequenz ω_d des gedämpften Systems. Einsetzen der entsprechenden Werte gibt für den stationären Term

$$\widehat{x}_s = \frac{\widehat{K}\omega}{M}\sqrt{a^2 + \frac{b^2}{\omega^2}} = \frac{\widehat{K}}{M\sqrt{(\omega^2 - \omega_0^2)^2 + 4\alpha^2\omega^2}} \qquad (4.241)$$

und

$$\tan\delta = -\frac{a\omega}{b} = \frac{2\alpha\omega}{\omega_0^2 - \omega^2}. \qquad (4.242)$$

Mit dem Verlustfaktor $d_0 = 2\alpha/\omega_0$ gehen diese Beziehungen in die früher angegebenen (2.129) und (2.130) über. Die Kenngrößen der freien Schwingung errechnen sich zu

$$\widehat{x}_f = \frac{\omega}{\omega_0}\widehat{x}_s \qquad (4.243)$$

und

$$\tan\varepsilon = \frac{2\alpha\omega_d}{\omega_0^2 - \omega^2 - 2\alpha^2}. \qquad (4.244)$$

Bei verschwindenden Anfangswerten braucht man nicht unbedingt zu Beginn der Rechnung die Differenzialgleichungen aufzustellen, sondern kann auch mit komplexen Impedanzen rechnen. Dieses Verfahren wird besonders bei elektrischen Netzwerken viel benutzt. Soll beispielsweise der Strom durch die Schaltung I in Abb. 2.34 (Spule L in Serie mit der Parallelschaltung von Kondensator C und Widerstand R) nach dem Anlegen einer Sinusspannung berechnet werden, so gilt nach (2.297)

$$u(t) = \left(\mathrm{j}\omega L + \frac{1}{\mathrm{j}\omega C + \frac{1}{R}} \right) i(t).$$ (4.245)

Bei der Übertragung in den Bildbereich hat man $\mathrm{j}\omega$ durch $\underline{p}$ zu ersetzen. Ist $u(t) = \hat{u}\sin\omega t$ gegeben und $\underline{I}(\underline{p})$ die Bildfunktion zu $i(t)$, lautet die Gleichung im Bildbereich

$$\frac{\hat{u}\omega}{\underline{p}^2 + \omega^2} = \left(\underline{p}L + \frac{1}{\underline{p}C + \frac{1}{R}} \right) \underline{I}(\underline{p}).$$ (4.246)

Die Auflösung nach $\underline{I}(\underline{p})$ ist elementar, und $i(t)$ errechnet sich dann durch Rücktransformation nach den erwähnten Methoden. Es ist bemerkenswert, dass sich aus der Impedanzgleichung mit Hilfe der Laplacetransformation auch der Einschwingvorgang errechnen lässt, obwohl der Impedanzbegriff im Grunde auf stationäre, harmonische Schwingungen beschränkt ist.

Literatur

Lehrbücher

1. *K. Klotter*: Technische Schwingungslehre (2 Bände). Springer-Verlag, 3. Aufl. 1978, ISBN: 978-3-662393017 und 978-3-642-67993-3.

2. *D. J. Inman*: Vibration. With Control, Measurement, and Stability. Prentice-Hall 1989, ISBN: 0-13-941642-0.

3. *D. J. Inman*: Vibration With Control. Wiley 2006, ISBN: 978-0-470-01051-8.

4. *A. W. Leissa*: Vibration of Plates. NASA-SP-160, 1969. Reprint: Acoustical Society of America 1993, ISBN: 978-1563962943.

5. *A. W. Leissa*: Vibration of Shells. NASA-SP-288, 1973. Reprint: Acoustical Society of America 1993, ISBN: 978-1563962936.

6. *U. Fischer, W. Stephan*: Mechanische Schwingungen. Hanser, 3. Aufl. 1993, ISBN: 978-3-343-00841-4.

7. *W. Macke*: Wellen. Geest & Portig, 2. Aufl. 1961.

8. *W. C. Elmore, M. A. Heald*: Physics of Waves. McGraw-Hill, 2nd ed. 1986, ISBN: 978-0486649269.

9. *F. Söchting*: Berechnung mechanischer Schwingungen. Springer-Verlag 1951. Nachdruck: ISBN: 978-3662244593.

Einzelnachweise

10. *R. Feldtkeller*: Einführung in die Theorie der Hochfrequenzbandfilter. Hirzel, 6. Aufl. 1969.

11. *D. Guicking*: Research on Underwater Acoustics in Göttingen. In: N. Xiang, G. M. Sessler (Eds.): Acoustics, Information, and Communication. Memorial Volume in Honor of Manfred R. Schroeder. Chapter 13. Springer-Verlag 2015, ISBN: 978-3-31905659-3.

12. *G. Wunsch*: Theorie und Anwendung linearer Netzwerke. Teil I: Analyse und Synthese. Teil II: Wellenparametertheorie und nichtstationäre Vorgänge. Geest & Portig 1961 und 1964.

13. *G. Kohlbacher*: Monolithische Quarz- und Keramikfilter. Intern. Elektron. Rundschau 26 (1972) 151–155.

14. *M. Börner* et al.: Mechanische Einseitenbandfilter. Telefunken-Ztg. 36 (1972) 272–280.

15. *E. Langer*: Spulenlose integrierte Filter. Intern. Elektron. Rundschau 25 (1971) 163–168.

16. *G. Groh*: Holographie in der Schwingungstechnik. VDI-Berichte 135 (1969) 145–153.

17. *D. Braess*: Finite Elemente: Theorie, schnelle Löser und Anwendungen in der Elastizitätstheorie. Springer-Verlag 1997, ISBN: 978-3-540-72449-0.

18. *V. Fetzer*: Einschwingvorgänge in der Nachrichtentechnik. Porta-Verlag 1958.

19. *V. Fetzer*: Elektrische Ausgleichsvorgänge in linearen Übertragungssystemen. Berliner Union – Kohlhammer 1971. 1982: ISBN: 978-3408530485.

20. *E. Meyer, E. Thienaus*: Schallspektroskopie, ein neues Verfahren der Klanganalyse. Z. techn. Physik 15 (1934) 630–637.

Nichtlineare und parametrische Systeme

5

Zusammenfassung

Selbsterregt schwingende Oszillatoren brauchen zur Amplitudenstabilisierung eine Nichtlinearität. Dies wird für ein Beispiel gezeigt und rechnerisch durch die Van der Pol'sche Differenzialgleichung beschrieben. Zur Veranschaulichung nichtlinearer Systeme dienen Phasendiagramme und Phasenporträts. In gekoppelten Oszillatoren mit Nichtlinearitäten beobachtet man das Frequenzziehen und Mitnahmeeffekte, letztere erklären auch die Synchronisation biologischer Vorgänge durch den Tag-Nacht-Rhythmus (circadiane Rhythmen), experimentell oft durch Phasenresponsekurven untersucht. Als Störung tritt Selbsterregung in Regelsystemen auf. Als Beispiele für nichtlineare mechanische Schwingungssysteme werden das Schwerependel und die transversal schwingende Saite behandelt, bei denen die Rückstellkraft schwächer bzw. stärker als proportional zur Auslenkung anwächst, sowie Pulsationsschwingungen von Gasblasen in Flüssigkeiten, bei denen die schwingende Masse amplitudenabhängig ist. Für diese drei Systeme werden freie und erzwungene Schwingungen mit der Näherung durch harmonische Balance berechnet. Es gibt überhängende Resonanzkurven, charakteristische Frequenzumsetzungen und Hystereseeffekte. Nichtlineare Effekte in der Wellenausbreitung werden durch einige Beispiele erläutert, u. a. Solitonen. Das Kapitel endet mit einem Abschnitt über parametrische Schwingungen, ihre mathematische Beschreibung und Beispiele aus der Mechanik. Wichtig sind parametrische Verstärker mit Idlerkreis.

5.1 Vorbemerkung

Die Schwingungen von passiven, linearen Systemen, die in den bisherigen Kapiteln dieses Buches fast ausschließlich behandelt wurden, gehorchen definitionsgemäß linearen Differenzialgleichungen mit konstanten Koeffizienten (vgl. Abschn. 1.7.2). Hieraus ergeben sich als wichtige Konsequenzen die lineare Superponierbarkeit der Lösungen und die Unabhängigkeit der Eigenfrequenzen von der Schwingungsamplitude. Nur auf dieser Basis ist die spektrale Zerlegung der Zeitfunktionen sinnvoll, die bei rechnerischen und experimentellen Schwingungsuntersuchungen die Beschränkung auf Sinusvorgänge erlaubt und die vollständige Charakterisierung von Schwingungssystemen durch ihre komplexe Übertragungsfunktion oder durch ihre Impedanz als Funktion der Frequenz möglich macht. Ohne Zweifel ist die Linearität der Differenzialgleichungen die wichtigste Voraussetzung in der linearen Schwingungstheorie.

Diese Grundlage einer systematischen Behandlung von Schwingungsproblemen fehlt bei den *nichtlinearen Systemen*, die daher jeweils „individuell" zu betrachten sind. Ihr mathematisches Kennzeichen ist die Nichtlinearität der Differenzialgleichungen; physikalisch sind sie dadurch charakterisiert, dass sie Bauelemente mit nichtlinearer Verknüpfung zwischen Strom und Spannung bzw. zwischen Kraft und Bewegung enthalten. Ohne auf die erheblichen mathematischen Schwierigkeiten bei der Lösung nichtlinearer Differenzialgleichungen näher einzugehen, sollen in den folgenden Abschnitten durch einfache Näherungsrechnungen besonders interessante Eigenschaften der nichtlinearen Schwingungen in ihren Grundzügen hergeleitet und durch praktische Beispiele veranschaulicht werden. Tiefer gehende Darstellungen findet man in speziellen Lehrbüchern, z. B. [1–9].

Zu den nichtlinearen Bauteilen zählen in elektrischen Netzwerken beispielsweise Multiplikatoren, Gleichrichter, signalgesteuerte Schalter, spannungs- oder stromabhängige Widerstände, Spulen und Kondensatoren usw. Beispiele für nichtlineare mechanische Elemente sind Federn mit quadratischem oder kubischem Kraftgesetz und Dämpfer mit turbulenter Strömung oder trockener Reibung. (Diskrete Massen verhalten sich dagegen im Unterschied zu Spulen immer linear.) Darüber hinaus werden praktisch alle Schwingungssysteme durch *Übersteuerung* nichtlinear, auch wenn sie an sich nur lineare Bestandteile enthalten. Beispielsweise werden in mechanischen Anordnungen häufig bei großen Elongationen die Federn überdehnt, sodass die Rückstellkraft stärker als proportional zur Dehnung ansteigt und damit das Hooke'sche Gesetz verletzt wird. Dies lässt sich durch eine elongationsabhängige Federung $F(x)$ beschreiben. Entsprechend werden auch die Kapazitäten und Induktivitäten in elektrischen Schwingkreisen bei großen Amplituden durch dielektrische bzw. magnetische Sättigung spannungs- bzw. stromabhängig.

Nichtlineare Sättigungseffekte spielen auch bei den *selbsterregten Schwingungen* eine wesentliche Rolle und führen zur Amplitudenstabilisierung, ohne die die Oszillatoren nicht funktionsfähig wären (Abschn. 5.2). Das Frequenzziehen (Abschn. 5.2.3) und die Mitnahme (Abschn. 5.2.4) bei selbsterregten Schwingungen sind ebenfalls Folgen der Nichtlinearität.

Bei einer weiteren, sehr interessanten Gruppe von Schwingungssystemen hängen die Systemparameter und damit die Koeffizienten der Differenzialgleichungen nicht wie bei den Übersteuerungserscheinungen von der schwingenden Größe ab, sondern von der Zeit. Man spricht dann von *parametrischen Schwingungssystemen*; wenn die Differenzialgleichungen linear sind, nennt man die Systeme und ihre Schwingungen häufig auch *rheolinear*. Obwohl für diese die Gesetze der linearen Superposition gelten, werden die rheolinearen Schwingungen hier im Zusammenhang mit den Nichtlinearitäten behandelt (Abschn. 5.5), weil sich ihre typischen Eigenschaften (vor allem die Frequenzvervielfachung bzw. -teilung) ähneln.

5.2 Selbsterregung, Ziehen und Mitnahme

5.2.1 Selbsterregte Schwingungen

In passiven Systemen klingen freie Schwingungen infolge der stets vorhandenen Dämpfung mit der Zeit ab. Eine stationäre Schwingung lässt sich nur dadurch aufrechterhalten, dass man die Verluste durch kontinuierliche oder periodische Energiezufuhr kompensiert. Wird dieser Energiestrom über ein geeignetes Steuerorgan von der Schwingung des betreffenden Systems selbst im Takt seiner Eigenfrequenz gesteuert, spricht man von *selbsterregten Schwingungen*. Dieses Prinzip liegt einer großen Zahl von Schwingungsgeneratoren zugrunde. Einige Beispiele mögen das erläutern.

In mechanischen *Uhrwerken* löst die Schwingung des Pendels oder der Unruh über die „Hemmung" eine stoßartige Energiezufuhr in jedem Nulldurchgang aus, die gerade die Verluste während der vorangehenden Halbperiode kompensiert. Mit einer im Prinzip ähnlichen Selbststeuerung arbeiten ältere elektrische Klingeln.

Bei den *Kippschwingungen* entlädt sich die kontinuierlich in ein speicherndes Element einfließende Energie nach Erreichen eines Schwellenwertes über einen Verbraucher. Hier wirkt die Steuerung über einen Schalter auf den periodisch erfolgenden Energieabfluss. (Mitunter steuert der Schalter auch die periodische Energiezufuhr bei kontinuierlichem Energieabfluss.) Die Frequenz von Kippschwingungen ist, da nur ein einziger Energiespeicher vorhanden ist, nicht allein durch das System festgelegt, sondern wird durch die Stärke des Energiestroms mitbestimmt (Blinkschaltungen mit Bimetallschalter, Multivibrator, Kolbenbewegung bei der Dampfmaschine und beim Verbrennungsmotor usw.).

Ein Spezialfall der Kippschwingungen sind die *Reibungsschwingungen*, für deren Entstehung (vgl. Abschn. 1.8.1.3) der Unterschied zwischen Gleit- und Haftreibung maßgebend ist (Streichinstrumente und auch Geräusche wie Türknarren und Bremsenquietschen).

Ein anderes Beispiel ist das Anblasen von *Pfeifen*. Hier streicht ein Luftstrom über die Öffnung eines resonanzfähigen Hohlraums hinweg. Solch eine Strömung ist oszillatorisch instabil: schwingen in einem Zeitpunkt die Luftteilchen in der Mündung nach außen, übt der hierdurch nach außen gelenkte Luftstrom einen zusätzlichen Sog auf sie aus; schwingen sie nach innen, wird der Luftstrom ebenfalls nach innen geleitet und erhöht die Kompression. Eine durch zufällige Störungen vorhandene schwache Schwingung wird auf diese Weise angefacht und nach Erreichen der stationären Amplitude aufrechterhalten. (Eine genauere Erklärung betrachtet die Rückwirkung der an der Kante entstehenden Wirbel auf die Resonatorschwingung.)

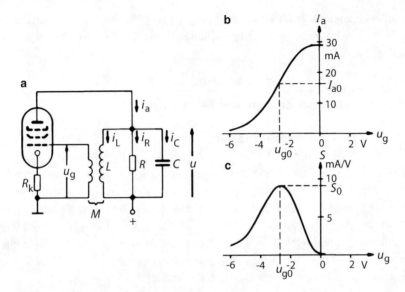

Abb. 5.1 **a** selbsterregter Röhrenoszillator in Meißnerschaltung; **b** typische Röhrenkennlinie bei großem Außenwiderstand (Resonanzwiderstand R des Schwingkreises); **c** Steilheit

Elektrische Schwingungsgeneratoren enthalten entweder Elemente mit fallender Strom-Spannungs-Kennlinie („negativer Widerstand") oder arbeiten mit einer Rückkopplung. In beiden Fällen bewirkt ein Zusatzglied in der Differenzialgleichung des Systems, dass der Dämpfungsterm verschwindet (*Entdämpfung*). Die durch die Rückkopplung in Regelsystemen leicht entstehenden unerwünschten *Regelschwingungen* lassen sich umgekehrt durch eine Erhöhung der Dämpfung unterdrücken (Abschn. 5.2.5).

Als typisches Beispiel eines selbsterregten elektronischen Schwingers mit Rückkopplung sei im Folgenden die historische *Meißnerschaltung*[1] (Abb. 5.1a) etwas genauer betrachtet. Meißner hat sie 1913 erfunden; sie ermöglichte erstmals die Nachrichtenübermittlung in der Funktechnik. Wegen ihrer historischen Bedeutung und ihrer eingängigen rechnerischen Behandlung sei sie in der ursprünglichen Form mit einem Röhrenverstärker analysiert (technisch ist dies natürlich heute durch die Halbleitertechnik überholt). Im Anodenkreis der Röhre liegt ein Parallelresonanzkreis, dessen Verluste im Widerstand R zusammengefasst sind. Ein Teil der Schwingkreisspannung wird über die Gegeninduktivität M ausgekoppelt, mit der Röhre verstärkt und phasenrichtig über die Anodenleitung wieder eingekoppelt. Bei Röhren mit hohem Innenwiderstand ist der Anodenwechselstrom i_a mit der Gitterwechselspannung u_g gemäß

$$i_a = S u_g \tag{5.1}$$

---

[1] Alexander Meißner, österreichischer Physiker (1883–1958).

durch die „Steilheit" $S = \mathrm{d}i_\mathrm{a}/\mathrm{d}u_\mathrm{g}$ verknüpft, die bei nicht zu großen Schwingungsamplituden durch

$$S \approx S_0 - S_2 u_\mathrm{g}^2 \tag{5.2}$$

angenähert werden kann (Abb. 5.1c).

Man entnimmt der Schaltung Abb. 5.1a die folgenden Beziehungen für die Wechselströme und -spannungen:

$$i_\mathrm{a} = i_\mathrm{L} + i_\mathrm{C} + i_\mathrm{R}, \tag{5.3}$$

$$u_\mathrm{g} = M \frac{\mathrm{d}i_\mathrm{L}}{\mathrm{d}t}, \tag{5.4}$$

$$u = -R i_\mathrm{R} = -L \frac{\mathrm{d}i_\mathrm{L}}{\mathrm{d}t} = -\frac{L}{M} u_\mathrm{g}, \tag{5.5}$$

$$i_\mathrm{C} = -C \frac{\mathrm{d}u}{\mathrm{d}t} = LC \frac{\mathrm{d}^2 i_\mathrm{L}}{\mathrm{d}t^2}. \tag{5.6}$$

Führt man in (5.3) gemäß (5.1) und (5.4) bis (5.6) u als Variable ein, ergibt sich, wenn man einmal nach der Zeit differenziert, mit

$$\frac{\mathrm{d}(Su)}{\mathrm{d}t} = \frac{\mathrm{d}S}{\mathrm{d}u} \frac{\mathrm{d}u}{\mathrm{d}t} u + S \frac{\mathrm{d}u}{\mathrm{d}t} : \tag{5.7}$$

$$LC \frac{\mathrm{d}^2 u}{\mathrm{d}t^2} + \left(\frac{L}{R} - SM - M \frac{\mathrm{d}S}{\mathrm{d}u} u \right) \frac{\mathrm{d}u}{\mathrm{d}t} + u = 0. \tag{5.8}$$

Diese Differenzialgleichung unterscheidet sich von der des passiven Resonanzkreises durch die Rückkopplungsterme mit dem Faktor M. Eine stationäre Schwingung (mit der Frequenz $\omega_0 = 1/\sqrt{LC}$) ist nur dann möglich, wenn das Dämpfungsglied verschwindet:

$$\frac{L}{R} - SM - M \frac{\mathrm{d}S}{\mathrm{d}u} u = 0. \tag{5.9}$$

Die Bedingung für den Schwingungseinsatz aus dem Rauschen heraus lautet demnach mit (5.2) unter der Annahme kleiner Spannungen

$$M > \frac{L}{RS_0}. \tag{5.10}$$

Den Schwellenwert L/RS_0 nennt man mitunter *Pfeifgrenze*.

Ist (5.10) erfüllt, wächst die Schwingungsamplitude zunächst exponentiell mit der Zeit an, strebt dann aber gegen einen stationären Grenzwert, weil nach Abb. 5.1c bei fester Gittervorspannung $U_{\mathrm{g}0}$ (optimaler Arbeitspunkt, Steilheitsmaximum) die effektive Steilheit mit wachsender Gitteraussteuerung abnimmt. Die Amplitudenbegrenzung ist somit eine Folge der nichtlinearen Röhrenkennlinie $I_\mathrm{a} = f(U_\mathrm{g})$, Abb. 5.1b.

Zur näherungsweisen Berechnung dieser nichtlinearen Vorgänge setzt man gemäß (5.2) und (5.5) $S = S_0 - S_2 M^2 u^2 / L^2$ in (5.8) ein und erhält

$$LC \frac{d^2 u}{dt^2} + \left(\frac{L}{R} - M S_0 + \frac{3M^3}{L^2} S_2 u^2 \right) \frac{du}{dt} + u = 0. \qquad (5.11)$$

Mit der „dimensionslosen Zeit"

$$\tau = \omega_0 t = \frac{t}{\sqrt{LC}}, \qquad (5.12)$$

den Abkürzungen

$$d_0 = \frac{\sqrt{L/C}}{R}, \qquad (5.13)$$

$$\varepsilon = M \omega_0 S_0 - d_0, \qquad (5.14)$$

$$\beta = \frac{3M^3}{L^3} \omega_0 S_2 \qquad (5.15)$$

und der Bezeichnung $u' = du/d\tau$ vereinfacht sich (5.11) zu

$$u'' - (\varepsilon - \beta u^2) u' + u = 0. \qquad (5.16)$$

Durch die Transformation

$$x = u \sqrt{\frac{\beta}{\varepsilon}} \qquad (5.17)$$

geht schließlich (5.16) über in die dimensionslose *Van der Pol'sche Differenzialgleichung*[2]

$$x'' - \varepsilon(1 - x^2) x' + x = 0. \qquad (5.18)$$

Diese nichtlineare Differenzialgleichung beschreibt in der durch (5.2) gegebenen Näherung das Schwingungsverhalten der Meißnerschaltung Abb. 5.1, ebenso wie das einer Reihe anderer selbsterregter Schwinger.

Unter den nichtlinearen Differenzialgleichungen der verschiedenartigen selbsterregten Systeme ist die Van der Pol'sche Gleichung relativ einfach. Trotzdem erfordert ihre exakte Lösung schon einen beträchtlichen Aufwand. Gute Näherungslösungen liefert jedoch das sehr einfache Verfahren der *harmonischen Balance*. Man macht dabei einen harmonischen Ansatz

$$x = \widehat{x} \cos \tau \qquad (5.19)$$

---

[2] Balthasar van der Pol, niederländischer Physiker (1889–1959).

für die stationäre Schwingung, vernachlässigt also die durch den quadratischen Zusatz-term bedingten höherfrequenten Komponenten. Einsetzen in (5.18) gibt die Bedingung

$$(1 - \widehat{x}^2 \cos^2 \tau) \sin \tau = 0. \tag{5.20}$$

Entsprechend dem Ansatz (5.19) kann man nur Aussagen über die Grundfrequenz erwarten und muss daher die Komponenten mit anderen Frequenzen in (5.20) vernachlässigen:

$$\cos^2 \tau \sin \tau = \sin \tau - \sin^3 \tau = \sin \tau - \frac{3}{4} \sin \tau + \frac{1}{4} \sin 3\tau \approx \frac{1}{4} \sin \tau. \tag{5.21}$$

Hiermit folgt aus (5.20)

$$\widehat{x} = 2, \tag{5.22}$$

oder mit (5.17)

$$\widehat{u} = 2\sqrt{\frac{\varepsilon}{\beta}} = \frac{2L}{M}\sqrt{\frac{S_0}{3S_2} - \frac{L}{3MRS_2}}. \tag{5.23}$$

Dieser als Näherung erhaltene Wert stellt auch bei stark oberwellenhaltigen Schwingungs-formen noch eine sehr gute Abschätzung der zu erwartenden Schwingungsamplituden dar. Man kann beweisen, dass die Schwingung mit der Amplitude $\widehat{u}$ nach (5.23) stabil ist. Eine anfänglich größere Amplitude fällt ab, eine kleinere steigt an, bis $\widehat{u}$ erreicht ist. Diese Ein-schwingvorgänge lassen sich besonders gut im *Phasendiagramm* veranschaulichen (vgl. hierzu Abb. 5.5 im nächsten Abschnitt).

In der Praxis sind wegen diverser Phasendrehungen im Rückkopplungszweig u und u_g meist nicht genau gegenphasig, sodass sich auch bei kleinem ε eine von $\omega_0 = 1/\sqrt{LC}$ etwas abweichende Frequenz erregt (für große ε vgl. (5.38)).

Die Schaltung in Abb. 5.1a mit Amplitudenbegrenzung durch Sättigung hat gegen-über anderen Schaltungen mit automatischer Steilheitsregelung Nachteile in Bezug auf Amplitudenstabilität und Klirrfaktor. Hier wurde sie deshalb betrachtet, weil sie in leicht überschaubarer Weise auf die wichtige Van der Pol'sche Differenzialgleichung führt und weil die hiermit erzielten Ergebnisse im Wesentlichen auch für andere selbsterregte Os-zillatoren gelten.

5.2.2 Phasendiagramm

Neben der üblichen Darstellung einer Schwingung als Zeitfunktion ist, vor allem in der technischen Schwingungsmechanik, die Veranschaulichung von Bewegungen im *Phasen-diagramm* gebräuchlich. Der Begriff *Phase* wurde im Anschluss an (1.2) für das Argument

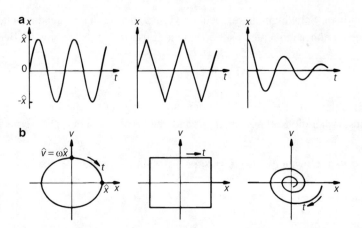

Abb. 5.2 Zeitfunktionen (**a**) und Phasendiagramme (**b**) einfacher Schwingungsformen.

$(\omega t + \varphi)$ der Winkelfunktion einer harmonischen Schwingung $y = \widehat{y} \sin(\omega t + \varphi)$ eingeführt. Setzt man die Amplitude $\widehat{y}$ als bekannt voraus, gibt die Phase den momentanen Schwingungszustand an. In verallgemeinerter Form bezeichnet man in der theoretischen Mechanik als Phase eines Systems die Gesamtheit der Augenblickswerte seiner voneinander unabhängigen Variablen. In dem von den Variablen aufgespannten Raum, dem *Phasenraum*, wird der momentane Bewegungszustand eines Systems durch einen Punkt dargestellt und der gesamte Bewegungsablauf durch eine Kurve, die *Phasenkurve*, beschrieben.

Bei Schwingern mit einem Freiheitsgrad, z. B. bei einfachen Resonanzgebilden, genügen zwei Variable zur vollständigen Systembeschreibung, sodass der Phasenraum zur *Phasenebene* wird. In der Mechanik wählt man üblicherweise die Elongation x und die Geschwindigkeit v als seine Koordinaten.

In Abb. 5.2 sind als Beispiele eine Sinusschwingung, eine Dreieckschwingung und eine gedämpfte Cosinusschwingung mit ihren Zeitfunktionen und Phasendiagrammen abgebildet. Für die Sinusschwingung

$$x = \widehat{x} \sin(\omega t + \varphi), \tag{5.24}$$

$$\frac{v}{\omega} = \frac{\dot{x}}{\omega} = \widehat{x} \cos(\omega t + \varphi) \tag{5.25}$$

folgt durch Quadrieren und nachfolgendes Addieren beider Gleichungen als Phasenkurve die Ellipse

$$\frac{x^2}{\widehat{x}^2} + \frac{v^2}{\omega^2 \widehat{x}^2} = 1. \tag{5.26}$$

Die Phasenkurve der Dreieckschwingung ist ein Rechteck, für die gedämpfte Schwingung erhält man eine mit der Zeit enger werdende Spirale. Weil bei positiver Geschwindigkeit

Abb. 5.3 Zeitfunktionen (**a**) und Phasenporträt (**b**) für die aperiodischen Bewegungen eines kritisch gedämpften einfachen Schwingers

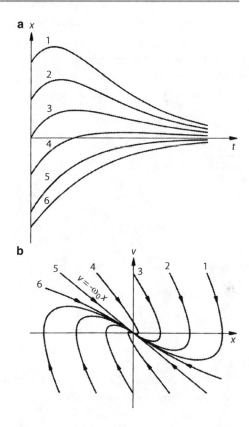

die Elongation zeitlich anwächst und bei negativer Geschwindigkeit abnimmt, werden die Phasenkurven stets im Uhrzeigersinn durchlaufen. Geschlossene Phasenkurven sind das Kennzeichen stationärer Schwingungen.

In der Regel begnügt man sich nicht mit der Wiedergabe einer einzigen, speziellen Phasenkurve, sondern zeichnet eine Schar von ihnen für verschiedene Anfangsbedingungen und gelangt so zum *Phasenporträt* des betreffenden Schwingers. Das Phasenporträt des ungedämpften harmonischen Oszillators besteht aus einer Schar konzentrischer Ellipsen, gedämpfte Schwingungen ergeben ineinander geschachtelte Spiralen.

Als Beispiel ist in Abb. 5.3b das Phasenporträt eines einfachen mechanischen Parallelkreises mit kritischer Dämpfung wiedergegeben, dessen Bewegung also aperiodisch erfolgt (vgl. Abschn. 2.3.1.1). Zum Vergleich sind darüber die zu den Phasenkurven 1 bis 6 gehörenden Zeitverläufe der Elongation dargestellt, die sich in den Anfangsbedingungen x_0, v_0 unterscheiden. Zu großen Zeiten hin müssen natürlich alle Phasenkurven asymptotisch in den Nullpunkt einmünden. Man entnimmt dem Phasenporträt, dass sie sich dabei der Geraden $v = -\omega_0 x$ anschmiegen, und zwar bei Anfangswerten oberhalb dieser Grenzgeraden von positiven x-Werten, im anderen Fall von negativen x-Werten her. Dem Phasenporträt lässt sich z. B. ohne Weiteres die Bedingung für einen Vorzeichenwechsel in der Zeitkurve $x(t)$, d. h. für eine Überkreuzung der v-Achse entnehmen: Der Anfangspunkt muss in dem Winkelbereich zwischen der Grenzgeraden und der v-Achse liegen (z. B. Kurve 4 in Abb. 5.3), gleichungsmäßig ausgedrückt: $v_0/\omega_0 x_0 < -1$.

In diesem einfachen Fall ist das Verhalten des Schwingers auch rechnerisch leicht darzustellen. Schreibt man die Schwingungsgleichung

$$M\ddot{x} + W\dot{x} + \frac{x}{F} = 0 \tag{5.27}$$

mit $\omega_0^2 = 1/MF$ und $\alpha = W/2M$ in der Form

$$\ddot{x} + 2\alpha\dot{x} + \omega_0^2 x = 0, \tag{5.28}$$

so bedeutet kritische Dämpfung

$$\alpha = \omega_0; \tag{5.29}$$

die Lösung lautet für diesen Fall

$$x = [x_0 + (\omega_0 x_0 + v_0)t]\,e^{-\omega_0 t}, \tag{5.30}$$

$$v = \dot{x} = [v_0 - (\omega_0 x_0 + v_0)\omega_0 t]\,e^{-\omega_0 t}. \tag{5.31}$$

Dies ist die Parameterdarstellung der Phasenkurven. Aus (5.30) und (5.31) folgt für große t die Gleichung der Grenzgeraden

$$v = -\omega_0 x. \tag{5.32}$$

Die Veranschaulichung von Schwingungsvorgängen im Phasendiagramm wird vor allem dadurch nahegelegt, dass man auch bei vielen komplizierteren Differenzialgleichungen mithilfe der *Isoklinen* relativ leicht das *Richtungsfeld* in der Phasenebene berechnen kann. Lässt sich nämlich die Schwingungsgleichung in der Form

$$\ddot{x} + f(x, \dot{x}) = 0 \tag{5.33}$$

schreiben, folgt nach Division durch $\dot{x} = v$

$$\frac{\ddot{x}}{\dot{x}} = \frac{\dot{v}}{\dot{x}} = \frac{dv}{dx} = -\frac{f(x, v)}{v}. \tag{5.34}$$

Der Ausdruck $-f(x,v)/v$ gibt also für jeden Punkt (x, v) der Phasenebene die Steigung der Phasenkurve an. Die Linien konstanter Steigung $dv/dx = \tan\varphi$, die *Isoklinen*, werden dann durch die Gleichung

$$v = -\frac{f(x, v)}{\tan\varphi} \tag{5.35}$$

Abb. 5.4 Richtungsfeld und
Phasenkurve (in A beginnend)
für die Van der Pol'sche Differenzialgleichung mit $\varepsilon = 0{,}5$

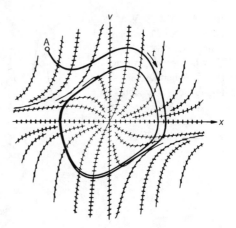

beschrieben. Die x-Achse wird immer senkrecht geschnitten, denn ein Vorzeichenwechsel
in der Geschwindigkeit bedeutet einen Umkehrpunkt der Schwingung.

Als Beispiel sei ein selbsterregungsfähiges System in der Van der Pol'schen Näherung (5.18) betrachtet. Aus dieser Differenzialgleichung *zweiter* Ordnung folgen nach
den allgemeinen Beziehungen (5.34) und (5.35) mit $x' = v$ für die Phasenkurven die
Differenzialgleichung erster Ordnung

$$\frac{\mathrm{d}v}{\mathrm{d}x} = \varepsilon(1 - x^2) - \frac{x}{v} \tag{5.36}$$

und die Isoklinengleichung

$$v = \frac{x}{\varepsilon(1 - x^2) - \tan\varphi}. \tag{5.37}$$

Während sich die Lösungen der nichtlinearen Differenzialgleichung (5.18) nicht explizit darstellen lassen, gehorchen die Isoklinen in der Phasenebene einer einfachen algebrai-
schen Gleichung und sind daher leicht zu zeichnen. Abb. 5.4 zeigt für $\varepsilon = 0{,}5$ eine Schar
von Isoklinen. Die Richtung der Phasenkurven (Winkel φ gegen die x-Achse) ist jeweils
durch kurze Querstriche markiert, die in ihrer Gesamtheit das *Richtungsfeld* ergeben. Liegen diese Richtungselemente hinreichend dicht, lässt sich von einem Anfangspunkt A aus
durch sukzessives Weiterzeichnen die Phasenkurve einer Schwingung schnell und doch
recht genau gewinnen. Bevor es Computer gab, boten solche graphischen Verfahren praktisch den einzigen Zugang zu den Lösungen vieler nichtlinearer Differenzialgleichungen,
zumal sich aus der Phasenkurve durch eine graphische Übertragung auch die Zeitfunktion
selbst gewinnen lässt.

Heute benutzt man die Phasendiagramme mehr für qualitative Veranschaulichungen.
Beispielsweise stellen sich in Abb. 5.5 die mit der Van der Pol'schen Gleichung berechneten Einschwingvorgänge in den Phasendiagrammen übersichtlicher dar als in den entspre-

Abb. 5.5 Mit der Van
der Pol'schen Differen-
zialgleichung berechnete
Einschwingvorgänge eines
selbsterregten Oszilla-
tors für schwache, mittlere
und starke Rückkopplung
($\varepsilon = 0{,}3; 1; 5$), jeweils dargestellt als Zeitfunktion und
im Phasendiagramm

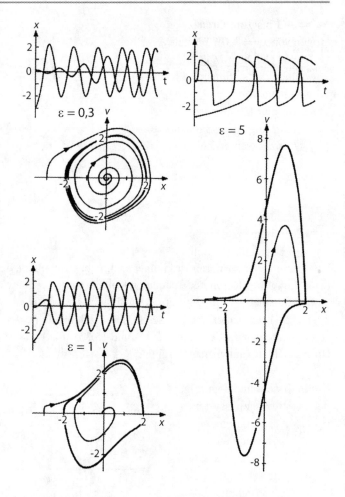

chenden Zeitkurven. Die stationäre Schwingung ergibt einen *Grenzzykel*, eine geschlossene Kurve, an die sich alle Phasenkurven von innen und außen asymptotisch anschmiegen.
Mit wachsender Rückkopplung ($\varepsilon = 0{,}3; 1; 5$) erfolgt der Übergang bei gleichen Anfangsbedingungen ($v_0 = 0, x_0 = -3$ und $\pm 0{,}1$) in immer weniger Schwingungszyklen.
Abweichungen der Zeitfunktion von der Sinusform zeigen sich in den Phasenkurven als
Deformationen des Grenzzykels gegenüber der Kreisgestalt deutlich an, auch schon bei
$\varepsilon = 0{,}3$, wo die Zeitfunktion die Verzerrungen noch kaum erkennen lässt. In der starken
Verformung des Grenzzykels für $\varepsilon = 5$ mit den großen Geschwindigkeitsspitzen drückt
sich der Übergang zur Rechteckschwingung aus, der allerdings in der Zeitdarstellung deutlicher wird.

Die Phasenkurven lassen den zeitlichen Verlauf nicht direkt erkennen; besonders auf-
fällig zeigt sich dies beim Vergleich der Einschwingkurven für $\varepsilon = 5$, rechts in Abb. 5.5.
Das Durchlaufen des relativ kurzen Abschnitts in der Phasenkurve vom Anfangswert

$x_0 = -3$ bis zum Grenzzykel erfordert fast eine volle Periode, der viel längere innere Bogen von $x_0 = -0,1$ bis zum Grenzzykel dagegen nur 1/8 dieser Zeit.

Die in gleichem Maßstab gezeichneten Kurven in Abb. 5.5 lassen erkennen, dass die Amplitude der stationären Schwingung von ε praktisch unabhängig ist (die tatsächliche Abweichung von $\widehat{x} = 2$ beträgt maximal 1 %), dass aber die Periodenlänge bei großen ε zunimmt. Für kleine ε ist sie nahezu konstant gleich 2π in der dimensionslosen τ-Skala (s. (5.12)), für große ε lässt sie sich zu etwa $1{,}61\varepsilon$ abschätzen. Geht man nach (5.12) mit $t = \tau/\omega_0$ zur wahren Zeit über, folgt für die Periodendauer bei sehr großen ε

$$T \approx 1{,}61\frac{\varepsilon}{\omega_0} = 1{,}61\left(MS_0 - \frac{L}{R}\right). \tag{5.38}$$

Da MS_0 nach (5.10) proportional zu L/R ist, findet man das interessante Ergebnis, dass die Eigenfrequenz des selbsterregten Oszillators in Abb. 5.1 bei starker Rückkopplung von der Kapazität C unabhängig wird und nur noch durch die Zeitkonstante oder Relaxationszeit L/R bestimmt ist. Man nennt diese Schwingungen deshalb ebenso wie die in Entstehung und Kurvenform ähnlichen Kippschwingungen oft auch *Relaxationsschwingungen*.

5.2.3 Zieherscheinungen

Die in diesem und dem folgenden Abschnitt zu besprechenden Effekte können in gekoppelten Schwingungssystemen mit Selbsterregung auftreten, und zwar das *Frequenzziehen* bei der Kopplung eines selbsterregten und eines passiven Systems, die *Mitnahme* (Abschn. 5.2.4), wenn auf den selbsterregten Kreis zusätzlich eine periodische Schwingung einwirkt. Da beide Effekte Folgen der Nichtlinearität sind, ist ihre strenge quantitative Behandlung schwierig. Wir beschränken uns daher auf qualitative Beschreibungen und Näherungsrechnungen.

Abb. 5.6 zeigt links einen selbsterregten Oszillator mit der Eigenfrequenz $\omega_I = 1/\sqrt{L_0C_0}$, an den ein zusätzlicher Resonanzkreis induktiv angekoppelt ist, dessen Eigenfrequenz ω_{II} sich mit dem Kondensator C durchstimmen lässt. Für den Fall verschwindend kleiner Kopplung der beiden Kreise stellen die gestrichelten Kurven in dem Diagramm rechts in Abb. 5.6 den Verlauf der Eigenfrequenzen ω_I und ω_{II} als Funktion der Kapazität C des passiven Kreises dar: ω_I ist natürlich konstant, ω_{II} fällt mit zunehmender Kapazität ab. Sind die Kreise hingegen miteinander gekoppelt, verschieben sich gemäß der Theorie gekoppelter Systeme die Eigenfrequenzen zu den neuen Werten ω_1 und ω_2, wobei der Schnittpunkt ($\omega_1 = \omega_2$ bei $C = C_0$) „aufgelöst" wird ($\omega_1 > \omega_2$, vgl. (4.27)). Beim Anschwingen des Oszillators erregt sich diejenige der beiden Eigenfrequenzen ω_1 und ω_2, für die die Erregungsbedingungen günstiger sind. Im Fall $\omega_{II} < \omega_I$ ($C > C_0$) ist dies ω_1, im Fall $\omega_{II} > \omega_I$ ($C < C_0$) ist es ω_2.

Interessant ist nun folgender Effekt. Lässt man den Oszillator bei tief abgestimmtem Sekundärkreis ($\omega_{II} \ll \omega_I, C \gg C_0$) anschwingen, sodass sich die Frequenz $\omega_1 \approx \omega_I$

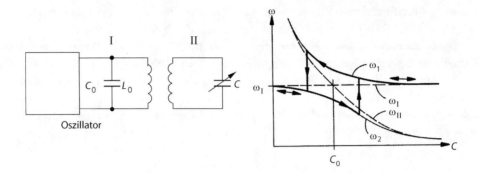

Abb. 5.6 Frequenzziehen

erregt, und erhöht dann kontinuierlich die Eigenfrequenz ω_{II} des passiven Kreises durch allmähliches Verkleinern von C, steigt die Oszillatorfrequenz entsprechend dem Verlauf der ω_1-Kurve an, und zwar auch noch unterhalb des Wertes $C = C_0$, von dem ab die Schwingung mit der tieferen Eigenfrequenz ω_2 an sich stabiler wäre. Erst in einem gewissen Abstand jenseits von $C = C_0$ springt die Schwingungsfrequenz plötzlich auf den niedrigeren Wert ω_2 und bleibt dann bei weiterer Abnahme von C auf der ω_2-Kurve. Erhöht man jetzt die Kapazität wieder, ändert sich die erregte Frequenz bis über $C = C_0$ hinaus gemäß der unteren Kurve, um dann plötzlich auf ω_1 umzuspringen, wie es die Pfeile in Abb. 5.6 rechts andeuten.

Die Eigenfrequenz eines selbsterregten Oszillators lässt sich also von einem angekoppelten durchstimmbaren, passiven Schwingkreis innerhalb gewisser Grenzen „mitziehen". Die dabei im Frequenzverlauf auftretende Hysterese ist um so ausgeprägter, je fester die Kopplung zwischen den Schwingkreisen und je geringer die Dämpfung des passiven Kreises ist.

Auf die quantitative Behandlung der Zieherscheinungen soll wegen der dazu nötigen langwierigen Stabilitätsberechnungen verzichtet werden.

Das Frequenzziehen wurde in der Frühzeit der Funktechnik entdeckt. Man koppelte die Sendeantenne direkt an einen selbsterregten Oszillator (damals meist einen Lichtbogensender) an und konnte durch Verändern der Antennenabstimmung die Oszillatorfrequenz in gewissen Grenzen mitziehen.

Auch bei den Hochfrequenzoszillatoren in Überlagerungsempfängern kann das Ziehen als Störung auftreten und die Zwischenfrequenz verschieben. Diese unerwünschte Wirkung lässt sich aber durch geeignete Wahl der Schaltung leicht vermeiden.

In der Akustik beobachtet man Zieheffekte z. B. bei den Zungenpfeifen. Die von einem Luftstrom zu Schwingungen erregte Zunge ist mit einem Ansatzrohr variabler Länge als Resonator gekoppelt. Bei kontinuierlichem Anblasen der Pfeife und abwechselndem Verlängern und Verkürzen des Ansatzrohres lassen sich Frequenzkurven wie in Abb. 5.6 rechts mit deutlicher Hysterese durchfahren.

5.2.4 Mitnahme

5.2.4.1 Mitnahme von Schwingungsgeneratoren

Stärker noch als durch die Ankopplung eines passiven Zusatzkreises lässt sich die Frequenz einer selbsterregten Schwingung durch die Einwirkung eines fremden Oszillators beeinflussen. In einem gewissen Bereich um die Eigenfrequenz des Resonanzkreises sind Schwingungen mit der Frequenz der äußeren Erregung stabil. In diesem Bereich, der sich mit wachsender Amplitude der Fremdschwingung verbreitert, wird die Frequenz der selbsterregten Schwingung durch den äußeren Oszillator „mitgenommen".

Anhand der in Abschn. 5.2.1 behandelten Meißnerschaltung mit der Beschreibung durch die Van der Pol'sche Gleichung lässt sich der Effekt der Mitnahme näherungsweise berechnen. Durch den Schwingkreis des selbsterregten Oszillators fließe der Zusatzstrom $i_e = \hat{i}_e \sin \omega t$ (Abb. 5.7). Anstelle von (5.3) und (5.8) gelten dann die Beziehungen

$$i_L + i_C + i_R = i_a + i_e \tag{5.39}$$

und

$$LC \frac{d^2u}{dt^2} + \left(\frac{L}{R} - SM - M\frac{dS}{du}u \right) \frac{du}{dt} + u = \frac{\omega}{\omega_0} \hat{u}_e \cos \omega t, \tag{5.40}$$

wobei $\hat{u}_e = -\omega_0 L \hat{i}_e$ gesetzt ist. Mit den früher benutzten Abkürzungen folgt daraus die gegenüber (5.18) durch die Zusatzerregung modifizierte Van der Pol'sche Gleichung

$$x'' - \varepsilon(1 - x^2)x' + x = \frac{\omega}{\omega_0} \hat{x}_e \cos \frac{\omega}{\omega_0} \tau \tag{5.41}$$

($\hat{x}_e = \hat{u}_e \sqrt{\beta/\varepsilon}$ gemäß (5.17)). Um zu prüfen, in welchem Frequenzbereich die selbsterregte Schwingung von der zusätzlichen Anregung mitgenommen wird, muss man nach stationären Lösungen mit der Erregerfrequenz ω suchen. Bei dem schon in Abschn. 5.2.1 benutzten Verfahren der harmonischen Balance macht man dazu den Ansatz

$$x = \hat{x} \cos \left(\frac{\omega}{\omega_0} \tau + \varphi \right). \tag{5.42}$$

Einsetzen in (5.41), trigonometrische Umformungen, Koeffizientenvergleich der Ausdrücke mit $\cos(\omega\tau/\omega_0)$ bzw. $\sin(\omega\tau/\omega_0)$ und Eliminieren von φ ergibt schließlich unter Berücksichtigung von (5.21)

$$\hat{x}^2 \left[\frac{\omega^2}{\omega_0^2} \varepsilon^2 \left(1 - \frac{\hat{x}^2}{4} \right)^2 + \left(1 - \frac{\omega^2}{\omega_0^2} \right)^2 \right] = \hat{x}_e^2 \frac{\omega^2}{\omega_0^2}. \tag{5.43}$$

Diese Gleichung verknüpft die Frequenz ω mit der Amplitude $\hat{x}$, stellt also die Resonanzkurve dar. Man löst (5.43) zweckmäßig nicht nach $\hat{x}$, sondern nach ω^2/ω_0^2 auf und

Abb. 5.7 Selbsterregter
Oszillator mit zusätzlicher
Fremderregung

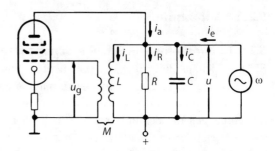

erhält

$$\frac{\omega^2}{\omega_0^2} = A \pm \sqrt{A^2 - 1} \quad \text{mit} \quad A = 1 - \frac{\varepsilon^2}{2}\left(1 - \frac{\widehat{x}^2}{4}\right)^2 + \frac{\widehat{x}_e^2}{2\widehat{x}^2}. \tag{5.44}$$

Durch diese Gleichung sind zu jeder Schwingungsamplitude $\widehat{x}$ die zugehörigen Frequenzen festgelegt. Die ausgezogenen Kurven in Abb. 5.8 oben sind hiernach mit $\varepsilon = 1$ für verschiedene Amplituden $\widehat{x}_e$ der Fremdschwingung berechnet. Für $\widehat{x}_e = 0$ (ohne äußere Anregung) ergibt sich als einzige Lösung die schon in (5.22), (5.23) errechnete Amplitude

$$\widehat{x}_s = 2, \qquad \widehat{u}_s = 2\sqrt{\frac{\varepsilon}{\beta}} \tag{5.45}$$

der selbsterregten Schwingung bei $\omega = \omega_0$, in Abb. 5.8 durch den Punkt bei $\omega/\omega_0 = 1$, $\widehat{x} = 2$ wiedergegeben. Bei kleinen Werten von $\widehat{x}_e$ spalten die Resonanzkurven in der Umgebung von ω_0 in einen ellipsenähnlichen Ast um $\widehat{x}_s$ und eine darunterliegende flache Resonanzkurve auf. Bei $\widehat{x}_e = 4/\sqrt{27}$ berühren sich beide Äste in einer Spitze, bei größeren $\widehat{x}_e$ verschmelzen sie zu einem einzigen Kurvenzug.

Zum Vergleich sind im oberen Teil von Abb. 5.8 gestrichelt die Resonanzkurven des Kreises eingetragen, die man mit den gleichen Anregungsamplituden, aber bei fehlender Selbsterregung erhält. Man sieht, dass die Entdämpfung des Kreises durch die Rückkopplung bei sehr tiefen und bei sehr hohen Frequenzen praktisch ohne Einfluss ist, in der Umgebung von ω_0 jedoch eine starke zusätzliche Resonanzüberhöhung bewirkt.

Bei nichtlinearen Resonanzkurven, insbesondere bei mehrästigen, sind Stabilitätsbetrachtungen nötig. Die nicht ganz einfache Rechnung liefert für die nach (5.44) berechneten Kurven, dass nur die Teile stabil sind, die sowohl oberhalb der Geraden $\widehat{x} = \sqrt{2}$, als auch oberhalb der Verbindungslinie aller Kurvenpunkte mit senkrechten Tangenten liegen. Diese Grenzkurve ist punktiert in Abb. 5.8 eingetragen. Im unteren Teil von Abb. 5.8 sind die zugehörigen Phasenkurven im Mitnahmebereich gezeichnet.

Die Breite der fett gezeichneten stabilen Kurvenäste gibt den Mitnahmebereich bei der jeweiligen Anregungsamplitude an und lässt sich näherungsweise für kleine $\widehat{x}_e$ berechnen. Setzt man

$$\widehat{x} = \widehat{x}_s + \Delta x = 2 + \Delta x \tag{5.46}$$

Abb. 5.8 **a** Resonanzkurven eines selbsterregten und zugleich fremderregten Oszillators nach Abb. 5.7 in dimensionsloser Darstellung für $\varepsilon = 1$. Parameter: $\widehat{x}_e$. *Fett* gezeichnet: stabile Äste (Mitnahmebereich). *Punktiert*: Stabilitätsgrenze. *Gestrichelt*: Resonanzkurven des passiven Kreises (ohne Selbsterregung). **b** zugehörige Phasenkurven im Mitnahmebereich

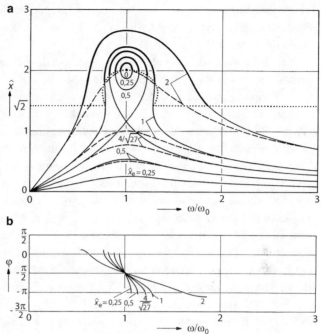

mit $\Delta x \ll \widehat{x}_s$ und nimmt $\widehat{x}_e \ll \widehat{x}_s$ an, so folgt aus (5.44)

$$\left(\frac{\omega^2}{\omega_0^2} - 1\right)^2 + \varepsilon^2 (\Delta x)^2 \approx \frac{\widehat{x}_e^2}{\widehat{x}_s^2} = \frac{\widehat{x}_e^2}{4} \qquad (5.47)$$

und mit

$$\frac{\omega}{\omega_0} = 1 + \frac{\Delta\omega}{\omega_0}, \qquad \Delta\omega \ll \omega_0, \qquad (5.48)$$

$$\frac{4(\Delta\omega)^2}{\omega_0^2} + \varepsilon^2 (\Delta x)^2 \approx \frac{\widehat{x}_e^2}{\widehat{x}_s^2} = \frac{\widehat{x}_e^2}{4}. \qquad (5.49)$$

Die Resonanzkurven in der Umgebung von $\widehat{x}_s$ und ω_0 sind also in der Tat näherungsweise Ellipsen. Der Mitnahmebereich ist durch ihren horizontalen Durchmesser gegeben zu

$$\frac{2\Delta\omega}{\omega_0} = \frac{\widehat{x}_e}{\widehat{x}_s} = \frac{\widehat{u}_e}{2} \sqrt{\frac{\beta}{\varepsilon}}. \qquad (5.50)$$

Der Frequenzbereich, in dem eine selbsterregte Schwingung von einem Fremdoszillator mitgenommen wird, ist der Erregeramplitude $\widehat{x}_e$ bei schwacher Einwirkung proportional.

Die synchronisierte Schwingung ist mit der Erregerschwingung am unteren Ende des Mitnahmebereichs etwa gleichphasig, in der Resonanz eilt sie um $\pi/2$, am oberen Ende um etwa π nach (in (5.42): $\varphi = 0 \ldots - \pi/2 \ldots - \pi$).

Liegt die Frequenz der Fremderregung außerhalb des Mitnahmebereichs, laufen im Resonanzkreis zwei unabhängige Schwingungen ab: die selbsterregte mit der Amplitude $\widehat{x}_s$ und der Frequenz ω_0, und außerdem die der Resonanzkurve des passiven Kreises entsprechende erzwungene Schwingung mit der Fremdfrequenz ω (vgl. die gestrichelten Kurven in Abb. 5.8). Sobald man durch Frequenzänderung oder durch Amplitudenerhöhung der Fremdschwingung in den Mitnahmebereich kommt, wird die Schwingung mit der Frequenz ω_0 unterdrückt, und es bleibt nur die Schwingung mit der Frequenz ω der äußeren Anregung übrig, aber mit entsprechend vergrößerter Amplitude.

Außerhalb des Mitnahmebereichs überlagern sich also zwei Schwingungen mit unterschiedlichen Frequenzen im Resonanzkreis, was nach den in Abb. 5.8 dargestellten Verhältnissen zu beträchtlichen Verzerrungen der Kurvenform führen müsste. Der hier angenommene Parameterwert $\varepsilon = 1$ ist jedoch gegenüber praktisch vorkommenden Bedingungen viel zu hoch gewählt worden, um die wesentlichen Kurveneigenschaften im Bild zu verdeutlichen. Schreibt man (5.10) in der Form $M = \kappa L/RS_0$, so ist $\varepsilon = (\kappa - 1)d_0$. Mit typischen Werten wie $\kappa = 1{,}5$ und $d_0 = 0{,}02$ wird $\varepsilon = 10^{-2}$. Damit werden aber die Resonanzkurven so schmal, dass man sie zeichnerisch kaum noch darstellen kann. Die erzwungene Schwingung hat dann außerhalb des Mitnahmebereichs eine so kleine Amplitude, dass sie die selbsterregte Schwingung nicht stört.

Lässt man auf einen selbsterregten Oszillator eine Fremdschwingung einwirken, deren Frequenz in der Umgebung der doppelten, dreifachen usw. Eigenfrequenz des Oszillators liegt, tritt ebenfalls eine Mitnahme auf. Der selbsterregte Oszillator schwingt dann mit einer Frequenz, die gleich dem entsprechenden Bruchteil der Anregungsfrequenz ist.

Die Mitnahme trat z. B. als unerwünschter Effekt in den früher viel benutzten Schwebungssummern auf. Wenn zwischen den beiden selbsterregten Hochfrequenzoszillatoren eine wenn auch nur schwache Kopplung bestand, synchronisierten sie sich gegenseitig in einem gewissen Bereich um die Gleichstimmung. In dieser *Schwebungslücke* ist die Differenzfrequenz unabhängig von der Einstellung des durchstimmbaren Oszillators gleich Null. Wollte man mit Schwebungssummern sehr tiefe Frequenzen erzeugen, musste man nicht nur jegliches kapazitive und induktive Übersprechen zwischen den Oszillatorkreisen abschirmen, sondern auch z. B. eine Kopplung über die gemeinsame Stromversorgung peinlichst vermeiden.

Mitnahmeerscheinungen sind auch in der Akustik bekannt. Orgelpfeifen, die nicht exakt gleich abgestimmt sind, beseitigen die an sich zu erwartenden Schwebungen durch Mitnahme, wobei die gemeinsame Windzuführung die Kopplung herstellt. In Orchestern ist eine Mitnahme bei den Blasinstrumenten denkbar; bei Streichinstrumenten ist die Rückwirkung des äußeren Schallfelds auf die schwingende Saite so schwach, dass eine Mitnahme, die musikalisch vielleicht sogar erwünscht wäre, sehr unwahrscheinlich ist.

5.2.4.2 Mitnahme in Organismen, Phasenresponse-Kurven

Die Mitnahme spielt auch eine große Rolle in der belebten Natur. Alle Lebewesen zeigen tägliche (und auch jährliche) periodische Schwankungen in ihrem Verhalten und in ihrem Stoffwechsel, die durch äußere Einflüsse synchronisiert werden. In vielen Versuchen mit Pflanzen, Tieren und Menschen ist festgestellt worden, dass diese Periodizitäten auch bei fehlenden äußeren Reizen auftreten, aber mit einer mehr oder weniger stark von 1/Tag (bzw. 1/Jahr) abweichenden Frequenz. Man suchte deshalb lange nach einer diese Vorgänge steuernden *inneren Uhr*, die als selbsterregter Oszillator aufzufassen ist und von *Zeitgebern*, z. B. dem täglichen Licht-Dunkel-Wechsel, mitgenommen wird. Inzwischen hat man gefunden, dass schon in einzelnen Zellen *circadiane Rhythmen* auftreten (mit einer Periodenlänge von *etwa* einem Tag).

Um zu prüfen, ob eine bestimmte, in der Natur periodisch veränderliche Größe als Zeitgeber wirkt, könnte man prinzipiell versuchen, den Mitnahmebereich durch Frequenzvariation dieser Größe im Experiment zu ermitteln. Gelegentlich ist dies auch mit Erfolg durchgeführt worden. Da solche Versuche aber naturgemäß eine lange Zeit beanspruchen, während derer sich die Organismen schon verändern können, geht man in der biologischen Rhythmusforschung häufig einen anderen Weg und nimmt sog. *Phasenresponse-Kurven* auf.

Dem liegt folgende Überlegung zugrunde. Lässt man ein selbsterregungsfähiges System aus einem bestimmten Anfangszustand heraus anschwingen, gibt es zunächst einen Einschwingvorgang, der nach einiger Zeit in den stationären Endzustand übergeht. Die Endamplitude hängt nicht von den Anfangsbedingungen ab, aber die Phasenlage der Schwingung.

Gibt man auf ein selbsterregt schwingendes System einen kurzen Impuls, wird der momentane Schwingungszustand durch diese Störung verändert, und nach einem Ausgleichsvorgang stellt sich eine neue stationäre Schwingung mit gleicher Amplitude ein, die aber gegenüber der ursprünglichen Schwingung phasenverschoben ist. Die Größe dieser Phasenverschiebung $\Delta\varphi$ hängt einerseits von der Stärke des Impulses ab, vor allem aber davon, bei welcher Phasenlage t_0 der ursprünglichen Schwingung $y(t)$ der Impuls erfolgte. Variiert man t_0 und trägt $\Delta\varphi$ als Funktion von t_0 auf, erhält man die *Phasenresponse-Kurve*, die typischerweise einen sägezahnähnlichen Verlauf hat.

In Abb. 5.9 ist eine solche Phasenresponse-Kurve dargestellt. Beobachtet wurde die periodische Öffnung und Schließung von im Dauerdunkel gehaltenen Blüten der Pflanze *Kalanchoë blossfeldiana*, nachdem sie zu verschiedenen Tageszeiten jeweils einmalig einer zweistündigen Belichtung ausgesetzt waren. Die ausgezogene Kurve gibt die stationäre Phasenverschiebung des Öffnungsmaximums gegenüber dem von unbelichteten Vergleichsblüten in Abhängigkeit vom Zeitpunkt des Störlichtbeginns wieder. Die gestrichelte Kurve zeigt schematisch den Verlauf der Blütenöffnung im Dauerdunkel. Während der Schließungsphase führt die Belichtung zu einer Verzögerung, während der Öffnungsphase zu einer Verfrühung. Im Öffnungsminimum springt der Effekt von maximaler Verzögerung auf maximale Voreilung um.

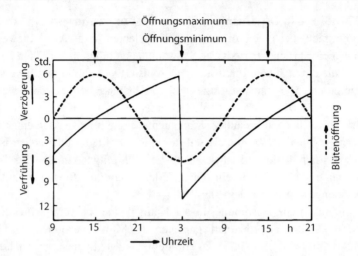

Abb. 5.9 Phasenresponse-Kurve. Ordinate: Phasenverschiebung des Blütenöffnungsmaximums von *Kalanchoë blossfeldiana* nach einmaliger zweistündiger Belichtung (Pflanze sonst im Dauerdunkel). Abszisse: Belichtungsbeginn relativ zum Öffnungszyklus der Blüte. *Gestrichelt*: schematischer Verlauf der Blütenöffnung im Dauerdunkel [10]

Darin, dass überhaupt Phasenverschiebungen auftreten, zeigt sich, dass Licht für den beobachteten Vorgang der Blütenbewegung tatsächlich als Zeitgeber wirkt. Aus der Größe der erreichbaren Phasenverschiebung und aus der Kurvenform lassen sich weitere Schlüsse über die Mitnahme ziehen.

Auf der Basis der Van der Pol'schen Differenzialgleichung

$$y'' - \varepsilon(1 - y^2)y' + y = f(\tau),\qquad\qquad(5.51)$$

wobei $f(\tau)$ den Störimpuls darstellt, ist auch eine annähernde Berechnung solcher Phasenresponse-Kurven möglich. Für $\varepsilon \ll 1$ und $f(\tau) \equiv 0$ ist

$$y = \frac{2\sin(\tau - \Delta\varphi)}{\sqrt{1 + K\,\mathrm{e}^{-\varepsilon\tau}}}\qquad\qquad(5.52)$$

eine Näherungslösung von (5.51), wie man durch Einsetzen nachweist. Mit den Konstanten $\Delta\varphi$ und K lässt sich die Lösung an die Anfangsbedingungen (z. B. y und y' in einem Zeitpunkt $\tau = \tau_0$) anpassen. Der Wurzelausdruck im Nenner von (5.52) stellt das asymptotische Einschwingen auf die stationäre Endamplitude $\widehat{y} = 2$ bei großen τ dar. Die Phasenlage $\Delta\varphi$ ändert sich während des Einschwingvorgangs nicht.

Die Wirkung eines Störimpulses macht man sich leicht anhand von Abb. 5.7 klar. Ist $i_\mathrm{e}(t)$ ein kurzer Stromstoß mit der Ladungsmenge q_e, so wird momentan die Ladung auf C um q_e und damit die Schwingkreisspannung u um q_e/C geändert.

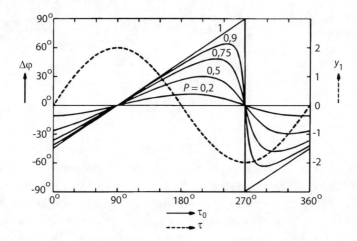

Abb. 5.10 Nach (5.57) berechnete Phasenresponse-Kurven für verschiedene Werte des Impulsparameters P. *Gestrichelt*: Verlauf der ursprünglichen Schwingung

Für die Rechnung benutzen wir die dimensionslose Darstellung und gehen aus von einer stationären Schwingung

$$y_1 = 2\sin\tau, \tag{5.53}$$

$$y_1' = 2\cos\tau. \tag{5.54}$$

Im Zeitpunkt $\tau = \tau_0$ werde y durch einen Impuls um $2P$ geändert, während y' gleich bleibt:

$$\Delta y = 2P, \qquad \Delta y' = 0. \tag{5.55}$$

Für die Schwingung y_2 nach der Impulseinwirkung setzen wir (5.52) an. Genähert ist dann für kleine ε

$$y_2' = \frac{2\cos(\tau - \Delta\varphi)}{\sqrt{1 + K e^{-\varepsilon\tau}}}. \tag{5.56}$$

Im Zeitpunkt $\tau = \tau_0$ gilt nach (5.55) $y_2 - y_1 = 2P$, $y_2' = y_1'$. Setzt man die entsprechenden Ausdrücke ein und eliminiert die Wurzeln, folgt nach trigonometrischen Umrechnungen

$$\tan(\Delta\varphi) = -\frac{\cos\tau_0}{\frac{1}{P} + \sin\tau_0}. \tag{5.57}$$

Abb. 5.11 Prinzipschaltung eines Regelkreises

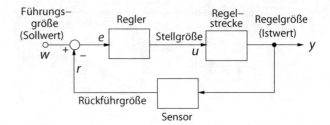

In Abb. 5.10 ist $\Delta\varphi$ als Funktion von τ_0 für verschiedene P dargestellt. Gestrichelt ist die ursprüngliche Schwingung (5.53) eingezeichnet. Der Vergleich mit Abb. 5.9 macht deutlich, dass man für einen selbsterregten Oszillator bei hinreichend starken Störimpulsen ähnliche Response-Kurven zu erwarten hat wie sie in der Natur auch beobachtet werden. Dies stützt die Hypothese, dass es sich bei den tagesperiodischen Vorgängen um selbsterregte Schwingungen handelt, die von äußeren Einflüssen (Licht-Dunkel-Wechsel u. a.) durch Mitnahme synchronisiert werden.

Die Phasenverschiebung der menschlichen circadianen Rhythmik durch Lichtimpulse nutzt man, um in besonderen Situationen den Wach-Schlaf-Rhythmus zu beeinflussen. Lichtimpulse in der Zeit von etwa 2 Std. vor dem normalen Zu-Bett-Gehen bis etwa 5 Std. danach verzögern die circadiane Phase, und zwar umso mehr, je später der Lichtimpuls erfolgt. In Übereinstimmung mit Abb. 5.10 springt danach der Effekt von maximaler Verzögerung auf maximale Voreilung. Im menschlichen Auge gibt es „intrinsisch photosensitive retinale Ganglion-Zellen", die den Mitnahme-Effekt steuern. Sie reagieren besonders auf blaues Licht.

5.2.5 Regelschwingungen

Selbsterregte Schwingungen sind die Basis der meisten Schwingungsgeneratoren, sie können aber auch als Störungen auftreten – zum Beispiel in Regelsystemen. Ein Regelkreis ist stets nach dem in Abb. 5.11 gezeigten Prinzip aufgebaut. Betrachten wir als Beispiel die Temperaturregelung in einem Raum mit Klimaanlage. Der Raum ist die *Regelstrecke*, das Klimagerät der *Regler*, die Heiz- oder Kühlleistung die *Stellgröße u*, die Lufttemperatur am Ausgang des Klimagerätes der *Istwert y*. Das Thermometer (der *Sensor*) ist meistens an anderer Stelle angebracht als die Klimaanlage, sodass sein Ausgangssignal r gegenüber y um eine gewisse *Totzeit* verzögert reagiert. Der Vergleich mit der gewünschten Temperatur, dem *Sollwert w*, gibt die *Regeldifferenz* $e = w - r$, die bei $e > 0$ die Heizung, bei $e < 0$ die Kühlung einschaltet. Durch die Verzögerung um die Totzeit schießen sowohl die Heizung als auch die Kühlung über das Ziel hinaus, dadurch entsteht eine *Regelschwingung*, die umso stärker ausgeprägt ist, je länger die Totzeit und je größer die Heiz- bzw. Kühlleistung ist. Bei einem *Zweipunktregler* ist die Leistung fest eingestellt. Wenn sie hoch ist, gibt es starke Regelschwingungen; wenn sie niedrig ist, sind die Schwingungen schwächer, aber die Temperatureinstellung dauert lange. Besseres Verhalten zeigen *Proportionalregler* (*P-Regler*), bei denen die Leistung der Regeldifferenz proportional ist, also $u \sim e$. Das Regelverhalten in aufwendigeren Systemen lässt sich weiter verbessern, indem man die Regelstrecke zusätzlich zu e mit dem Zeitintegral $\int e \, dt$ (*Proportional-Integral-Regler PI-Regler*) oder/und der Ableitung de/dt ansteuert (*Proportional-Differential-Regler, PD-Regler*) bzw. *Proportional-Integral-Differential-Regler* (*PID-Regler*).

5.3 Freie Schwingungen in passiven nichtlinearen Systemen

In Schwingungssystemen mit nichtlinearer Dämpfung beobachtet man eine nichtexponentielle Amplitudenabnahme der freien Schwingung. Im Folgenden sollen zwei weitere Eigenschaften von freien Schwingungen nichtlinearer mechanischer Systeme – nichtlinear vor allem hinsichtlich der Federung bzw. der rücktreibenden Kraft – im Vordergrund stehen, nämlich die Verzerrung der Kurvenform und die Verschiebung der Eigenfrequenz mit steigender Schwingungsamplitude. Beide Erscheinungen treten in nichtlinearen Systemen mit und ohne Dämpfung auf; für die nachstehend besprochenen drei Beispiele – Schwerependel, transversal schwingende Saite und Gasblasen in Flüssigkeiten – werden zunächst dämpfungsfreie Systeme angenommen, weil sich für diese die Rechnungen vereinfachen.

5.3.1 Schwerependel bei großen Schwingungsamplituden

Eine Masse M an einer leichten Stange der Länge l schwinge reibungsfrei um den Drehpunkt O (Abb. 5.12). Die rücktreibende Kraft $M g \sin \varphi$ dieses Pendels (g = Erdbeschleunigung) wächst schwächer als proportional mit dem Winkel φ an. Das Pendel ist also ein Schwingungssystem, dessen Federung $F(\varphi)$ zu größeren Ausschlägen hin ansteigt und dessen Eigenfrequenz $\omega = 1/\sqrt{MF}$ demzufolge mit wachsender Amplitude absinkt.

Mit der Trägheitskraft $M l \ddot{\varphi}$ lautet die Kraftbilanz für eine Auslenkung φ aus der Ruhelage

$$M l \ddot{\varphi} + M g \sin \varphi = 0. \tag{5.58}$$

Aus ihr folgt mit $\omega_0^2 = g/l$ die nichtlineare Schwingungsgleichung des Pendels

$$\ddot{\varphi} + \omega_0^2 \sin \varphi = 0. \tag{5.59}$$

ω_0 ist die Eigenfrequenz für kleine Amplituden ($\sin \varphi \approx \varphi$). Während die Lösung $\varphi(t)$ von (5.59) nur mit Hilfe eines elliptischen Integrals in geschlossener Form darstellbar ist (vgl. (5.65)), lassen sich die Phasenkurven leicht berechnen. Multiplikation von (5.59) mit $\dot{\varphi}$ und zeitliche Integration liefert

$$\int \ddot{\varphi} \dot{\varphi} \, dt + \omega_0^2 \int \dot{\varphi} \sin \varphi \, dt = 0. \tag{5.60}$$

Abb. 5.12 Schwerependel
bei großen Schwingungs-
amplituden als nichtlinearer
Schwinger

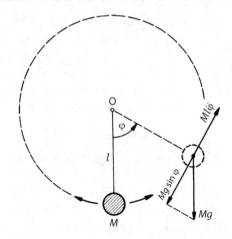

Die Integrale, die bis auf den konstanten Faktor $\Theta = Ml^2$ die kinetische bzw. potentielle
Energie darstellen, sind beide elementar: das erste hat den Wert $\dot{\varphi}^2/2$, für das zweite folgt
mit der Integrationskonstante $-C$

$$\int \dot{\varphi} \sin \varphi \, dt = \int \sin \varphi \, d\varphi = -(\cos \varphi + C). \tag{5.61}$$

Damit erhält man für die Phasenkurven die explizite Gleichung

$$\dot{\varphi} = \pm\omega_0 \sqrt{2(\cos \varphi + C)}. \tag{5.62}$$

In dem hiernach berechneten Phasenporträt des ungedämpften Pendels (Abb. 5.13), das
wegen der Periodizität von $\cos \varphi$ eigentlich nur von $\varphi = -\pi$ bis $\varphi = +\pi$ dargestellt zu
werden braucht, sind zwei Typen von Phasenkurven zu erkennen: geschlossene, ellipsen-
ähnliche für $-1 < C < +1$ und wellenförmige, unbegrenzte für $C > 1$.

Die geschlossenen Kurven entsprechen den eigentlichen Pendelschwingungen. Wenn
man (5.62) hierfür in der Form

$$\dot{\varphi} = \pm\omega_0 \sqrt{2(\cos \varphi - \cos \widehat{\varphi})} \tag{5.63}$$

schreibt, ist $\widehat{\varphi}$ die Schwingungsamplitude, weil für $\varphi = \widehat{\varphi}$ die Winkelgeschwindigkeit
$\dot{\varphi} = 0$ wird.

Die Phasenkurven ohne Geschwindigkeitsumkehr beschreiben das sich überschlagende
Pendel, und zwar die oberen ($\dot{\varphi} > 0$) für die Rotation im mathematisch positiven Sinn, die
unteren für die Gegenrichtung.

Die Grenzkurve ($C = 1$, $\dot{\varphi} = \pi$) entspricht der (theoretisch unendlich lange dau-
ernden) aperiodischen Bewegung, bei der das Pendel ohne Anfangsgeschwindigkeit im
oberen Scheitelpunkt startet und diesen nach einem vollen Umlauf asymptotisch wieder
erreicht.

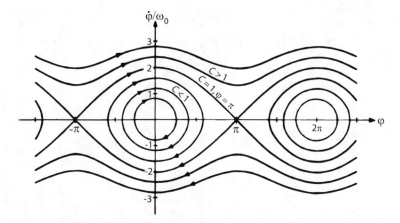

Abb. 5.13 Phasenporträt des ungedämpften Schwerependels. (Zusammenhang zwischen Ausschlagswinkel φ und Winkelschnelle $\dot{\varphi}$ für verschiedene Anfangsbedingungen. Parameter C vgl. Text)

In Abb. 5.13 werden Sinusschwingungen durch Kreise wiedergegeben. Die Deformation der Phasenkurven mit wachsender Amplitude zeigt an, dass der zeitliche Verlauf mehr und mehr von der Sinusform abweicht, und die dabei zu beobachtende Streckung in φ-Richtung deutet auf eine Abnahme der Eigenfrequenz hin.

Den genauen Verlauf einer nichtlinearen Schwingung berechnet man in der Regel durch numerische Lösung der Schwingungsdifferenzialgleichung. Abb. 5.14 zeigt für die Pendelschwingung drei auf diesem Weg erhaltene Lösungen. Bei kleiner Schwingungs-amplitude (obere Kurve, $\widehat{\varphi} = 10°$) sind Abweichungen von einer Sinusschwingung mit der Periode $T_0 = 2\pi/\omega_0$ noch nicht zu erkennen. Bei $\widehat{\varphi} = 90°$ (mittlere Kurve) ist die Schwingung schon merklich verlangsamt, aber noch fast sinusförmig. Bei der extrem großen Amplitude von $175°$ (untere Kurve) wird zusätzlich zur weiteren Erhöhung der Schwingungsdauer der Einfluss der Nichtlinearität auch in der starken Kurvenabplattung deutlich.

Wenn auch durch die numerischen Verfahren jede noch so komplizierte Schwingungs-gleichung mit beliebiger Genauigkeit zu lösen ist, bleibt es dennoch sinnvoll, nach analytischen Ausdrücken oder Näherungsformeln für die Zeitfunktion zu suchen, weil sich mit ihnen ein Überblick über den Einfluss von Parametern auf den Schwingungsablauf leichter gewinnen lässt.

Für die Pendelschwingung mit der relativ einfachen Schwingungsgleichung (5.59) ist noch eine exakte Lösung möglich. Schreibt man (5.63) in der Form

$$\mathrm{d}t = \frac{\mathrm{d}\varphi}{\omega_0 \sqrt{2(\cos\varphi - \cos\widehat{\varphi})}}, \tag{5.64}$$

Abb. 5.14 Schwingungen des ungedämpften Schwerependels bei verschiedenen Amplituden

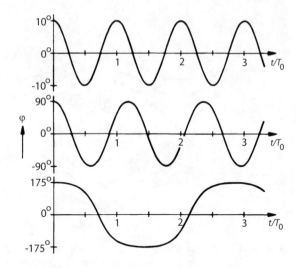

so folgt für die Umkehrfunktion $t(\varphi)$ zum Zeitverlauf $\varphi(t)$ das elliptische Integral

$$t = t_0 + \frac{1}{\omega_0} \int\limits_0^\varphi \frac{\mathrm{d}\varphi'}{\sqrt{2(\cos\varphi' - \cos\widehat{\varphi})}}. \tag{5.65}$$

Es geht mit der Substitution

$$\sin\frac{\varphi'}{2} = \sin\frac{\widehat{\varphi}}{2}\sin\chi' \tag{5.66}$$

und der Abkürzung $k = \sin(\widehat{\varphi}/2)$ in die tabellierte Legendre'sche Normalform[3]

$$t = t_0 + \frac{1}{\omega_0} \int\limits_0^\chi \frac{\mathrm{d}\chi'}{\sqrt{1 - k^2\sin^2\chi'}} \tag{5.67}$$

über. Insbesondere ergibt sich für die Periodendauer T die Gleichung

$$T = \frac{4}{\omega_0} \int\limits_0^{\pi/2} \frac{\mathrm{d}\chi'}{\sqrt{1 - k^2\sin^2\chi'}} \tag{5.68}$$

($\varphi = \widehat{\varphi}$ entspricht $\chi = \pi/2$). In Abb. 5.15 ist das hiermit berechnete Verhältnis der Eigenfrequenz $\omega_e = 2\pi/T$ zu ω_0 als Funktion der Amplitude $\widehat{\varphi}$ dargestellt (ausgezogene Kurve). Dieser Zusammenhang, der jedem Wert der Eigenfrequenz ω_e zwischen 0 und ω_0 eine Schwingungsamplitude $\widehat{\varphi}$ zuordnet, ist für das Verständnis des Resonanzverhaltens wichtig (Abschn. 5.4.1).

[3] Adrien Marie Legendre, französischer Mathematiker (1752–1833).

Abb. 5.15 Amplitudenabhängigkeit der Eigenfrequenz ω_e des ungedämpften Schwerependels (ω_0 = Eigenfrequenz bei kleinen Amplituden). *Ausgezogene Kurve*: exakte Lösung, *gestrichelt*: durch harmonische Balance berechnete Näherung

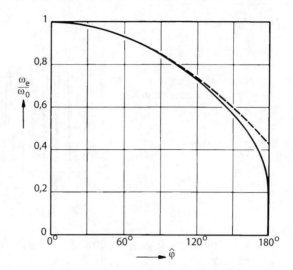

Eine gute Näherungsgleichung für die Amplitudenabhängigkeit der Eigenfrequenz erhält man wieder mit dem Verfahren der harmonischen Balance. Der Lösungsansatz

$$\varphi(t) = \widehat{\varphi} \sin \omega_e t \qquad (5.69)$$

für (5.59) führt mit der Formel

$$\sin(\widehat{\varphi} \sin \omega_e t) = 2 \sum_{n=1}^{\infty} J_{2n+1}(\widehat{\varphi}) \sin((2n+1)\omega_e t) \qquad (5.70)$$

bei Beschränkung auf die Grundfrequenz zu dem Näherungsausdruck

$$\sin \varphi(t) \approx 2J_1(\widehat{\varphi}) \sin \omega_e t = \frac{2J_1(\widehat{\varphi})}{\widehat{\varphi}} \varphi(t) \qquad (5.71)$$

($J_1(\widehat{\varphi})$ ist die Besselfunktion 1. Ordnung, s. Abb. 1.29). Zusammen mit $\ddot{\varphi}(t) = -\omega_e^2 \varphi(t)$ folgt aus der Schwingungsgleichung (5.59) für die Eigenfrequenz ω_e die Näherungsformel

$$\frac{\omega_e}{\omega_0} \approx \sqrt{\frac{2J_1(\widehat{\varphi})}{\widehat{\varphi}}}. \qquad (5.72)$$

Der hiernach berechnete Verlauf ist in Abb. 5.15 gestrichelt eingezeichnet. Bis zu $\widehat{\varphi} = 120°$ bleibt der Fehler unter 1,5 %; damit zeigt sich wieder, wie gut die mit diesem Verfahren erhaltenen Näherungswerte sind.

Bei einem *gedämpften* Pendel, beschrieben durch ein Zusatzglied $2\alpha\dot{\varphi}$ in (5.59), nimmt die Frequenz während des Ausschwingens entsprechend dem Amplitudenabfall zu. Nähe-

Abb. 5.16 Ausschwing-
vorgang eines gedämpften
Schwerependels in loga-
rithmischer Registrierung
(Anfangsauslenkung $\varphi_0 = 3{,}1$
(177,6°), $\dot{\varphi} = 0$; Kennverlustfaktor $d_0 = 2\alpha/\omega_0 = 0{,}04$)

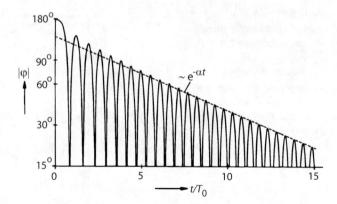

rungsweise gilt für die Eigenfrequenz ω_d (analog zu den linearen gedämpften Schwingungen, vgl. (2.57))

$$\omega_d = \sqrt{\omega_e^2 - \alpha^2}, \tag{5.73}$$

wobei $\omega_e = 2\pi/T$ die „ungedämpfte Eigenfrequenz" nach (5.68) ist. Die Schwingungsamplitude sinkt bei großen Winkeln stärker als exponentiell ab und geht allmählich in den $e^{-\alpha t}$-Abfall des entsprechenden linearen Systems über. Abb. 5.16 zeigt dies in logarithmischer Registrierung für ein numerisch berechnetes Beispiel. Die höhere Dämpfung bei großen Amplituden wird aus der energetischen Deutung des Kennverlustfaktors d_0 (Abschn. 2.3.2.3) verständlich, wonach das Verhältnis der Verlustenergie pro Schwingungsperiode E_v zur maximal gespeicherten Energie E_s gleich dem 2π-fachen von $d_0 = 2\alpha/\omega_0$ ist. Beim Pendel ist E_s infolge der Nichtlinearität kleiner als im entsprechenden linearen System, E_v bleibt aber bei der hier vorausgesetzten geschwindigkeitsproportionalen Dämpfung unverändert.

5.3.2 Transversal schwingende Saite

Will man die Differenzialgleichung

$$M\ddot{y} + \frac{y}{F} = 0 \tag{5.74}$$

eines ungedämpften, linearen Schwingers erweitern, um eine Amplitudenabhängigkeit der Federung zu berücksichtigen, so besteht die einfachste Ergänzung in einem kubischen Zusatzterm:

$$M\ddot{y} + \frac{y}{F} + \frac{y^3}{F'} = 0. \tag{5.75}$$

Abb. 5.17 Zur Herleitung
der Wellengleichung für die
transversal schwingende Saite

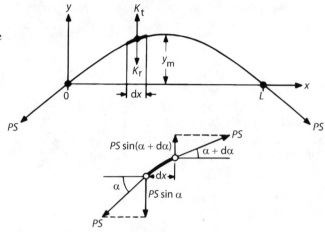

Schreibt man diese Gleichung in der Form

$$\ddot{y} + \omega_0^2 \left(1 + \varepsilon y^2\right) y = 0, \tag{5.76}$$

so ist $\omega_0 = 1/\sqrt{MF}$ die Eigenfrequenz im Grenzfall kleiner Amplituden und $\varepsilon = F/F'$ ein Maß für die Stärke der Nichtlinearität. Den Klammerausdruck in (5.76) kann man als erste Näherung einer allgemeineren Nichtlinearitätsfunktion

$$f(y) = \sum_{n=0}^{\infty} a_{2n}\, y^{2n} \tag{5.77}$$

ansehen. Ihre Potenzreihenentwicklung darf nur Glieder mit positiven, geradzahligen Exponenten enthalten, wenn die Rückstellkraft für $y = 0$ verschwinden und die Bewegung symmetrisch um die Ruhelage erfolgen soll.

Mit positivem ε beschreibt (5.76) Systeme, in denen die Rückstellkraft stärker als proportional zur Elongation y anwächst, die effektive Federung also abnimmt. Für negative ε gilt das Umgekehrte; z. B. ergibt (5.76) mit $\varepsilon = -1/6$ eine Näherung für die nichtlineare Schwingungsgleichung des Pendels, die aber gegenüber der exakten Beziehung (5.59) keine rechnerischen Vereinfachungen bringt.

Als Beispiel für ein System, das bei nicht zu großen Amplituden auf (5.76) mit positivem ε führt, soll eine *transversal schwingende Saite* betrachtet werden. Die Saite schwinge in y-Richtung, ihre Endpunkte seien bei $x = 0$ und $x = L$ fixiert (Abb. 5.17 oben). Mit der Zugspannung P und dem Querschnitt S hat die überall in Richtung der Saite wirkende Spannkraft die Größe PS.

Die Wellengleichung ergibt sich aus einer Kraftbilanz. Auf ein Längenelement dx der Saite mit der Masse $\rho S \, \mathrm{d}x$ (ρ = Dichte) wirkt in y-Richtung die Trägheitskraft

$$K_{\mathrm{t}} = \rho S \, \mathrm{d}x \, \frac{\partial^2 y}{\partial t^2}. \tag{5.78}$$

Die auf das gleiche Stück ausgeübte elastische Rückstellkraft K_{r} ist die Resultierende der an den Enden von dx mit dem Richtungsunterschied dα angreifenden Spannkraft PS. Setzt man kleine Elongationen voraus, gilt nach der Skizze unten in Abb. 5.17 für die Differenz der y-Komponenten

$$K_{\mathrm{r}} = PS(\sin\alpha - \sin(\alpha + \mathrm{d}\alpha)) \approx -PS\mathrm{d}(\tan\alpha) = -PS \, \frac{\partial^2 y}{\partial x^2} \, \mathrm{d}x. \tag{5.79}$$

Die Kraftbilanz $K_{\mathrm{t}} + K_{\mathrm{r}} = 0$ führt damit auf die bereits früher (4.99) erwähnte *Wellengleichung*

$$\frac{\partial^2 y}{\partial t^2} - \frac{P}{\rho} \frac{\partial^2 y}{\partial x^2} = 0. \tag{5.80}$$

Sie beschreibt die Schwingungen der Saite in der (x, y)-Ebene unter Vernachlässigung von Dämpfung und Biegesteife und gilt entsprechend der Herleitung nur für kleine Amplituden.

Beschränkt man sich auf eine bestimmte Schwingungsform, lässt sich die Ortsabhängigkeit aus der Wellengleichung eliminieren. Für die in Abb. 5.17 skizzierte Grundschwingung geht (5.80) mit dem Lösungsansatz

$$y = y_1(x) \, y_2(t), \qquad y_1(x) = \sin\frac{\pi x}{L} \tag{5.81}$$

in die gewöhnliche Differenzialgleichung

$$\ddot{y} + \frac{\pi^2 P}{L^2 \rho} \, y = 0 \tag{5.82}$$

über (der Index 2 ist wieder weggelassen worden). (5.82) beschreibt den zeitlichen Bewegungsablauf $y(t)$ eines festen Punktes x.

Nimmt man an, dass $P = P_0$ eine konstante Vorspannung ist, so ist (5.82) linear und hat als Lösung eine Sinusschwingung mit der konstanten Frequenz

$$\omega_0 = \frac{\pi}{L} \sqrt{\frac{P_0}{\rho}}. \tag{5.83}$$

ω_0 ist die „lineare Eigenfrequenz" der Saite für die Grundschwingung.

Berücksichtigt man jedoch, dass sich mit zunehmender Auslenkung der Saite die Zugspannung P infolge der elastischen Dehnung vergrößert, wird das Problem nichtlinear. Die Rückstellkraft steigt dadurch mehr als proportional zur Elongation an, sodass die effektive Federung mit wachsender Schwingungsamplitude kleiner wird, die Eigenfrequenz der Saite also zunimmt. Die Gesamtspannung P setzt sich dann aus der konstanten Vorspannung P_0 und der Spannung P_D infolge der elastischen Dehnung zusammen. Für P_D folgt aus der Definition des Elastizitätsmoduls E

$$P_D = E\,\frac{\Delta l}{L}, \tag{5.84}$$

wobei $\Delta l = l - L$ die Verlängerung der Saite ist (l = Länge der ausgelenkten Saite, L = Länge in der Ruhelage). Für die Saitenmitte $x = L/2$ sei $y(t) = y_m(t)$. In einem Zeitpunkt t hat dann die Saite die Gestalt

$$y(x) = y_m \sin\frac{\pi x}{L}, \tag{5.85}$$

und ihre Bogenlänge errechnet sich für kleine Auslenkungen ($y_m \ll L$) zu

$$l = \int_0^L \sqrt{1 + y'^2(x)}\,\mathrm{d}x = \int_0^L \sqrt{1 + \frac{\pi^2 y_m^2}{L^2}\cos^2\frac{\pi x}{L}}\,\mathrm{d}x$$

$$\approx \int_0^L \left(1 + \frac{\pi^2 y_m^2}{2L^2}\cos^2\frac{\pi x}{L}\right)\mathrm{d}x = L\left(1 + \frac{\pi^2 y_m^2}{4L^2}\right). \tag{5.86}$$

Damit wird die Dehnung

$$\frac{\Delta l}{L} = \frac{\pi^2}{4L^2}\,y_m^2 \tag{5.87}$$

und folglich die elongationsabhängige Zugspannung

$$P = P_0 + P_D = P_0 + \frac{\pi^2 E}{4L^2}\,y_m^2. \tag{5.88}$$

Setzt man diesen Ausdruck in (5.82) ein und beschränkt sich für die Berechnung der Zeitabhängigkeit auf die Bewegung der Saitenmitte ($x = L/2$), kann man den Index m wiederum weglassen und bekommt die nichtlineare Differenzialgleichung

$$\ddot{y} + \frac{\pi^2 P_0}{L^2 \rho}\,y + \frac{\pi^4 E}{4L^4 \rho}\,y^3 = 0. \tag{5.89}$$

Mit $\omega_0 = 2\pi f_0$ nach (5.83) und

$$\varepsilon = \frac{\pi^2 E}{4L^2 P_0} = \frac{\pi^4 E}{4L^4 \rho \, \omega_0^2} = \frac{\pi^2 E}{16L^4 \rho f_0^2} \tag{5.90}$$

nimmt (5.89) die Form (5.76) an:

$$\ddot{y} + \omega_0^2 \, y + \omega_0^2 \, \varepsilon \, y^3 = 0. \tag{5.91}$$

Diese nichtlineare Schwingungsgleichung lässt sich ähnlich lösen wie (5.59) für das Pendel und führt nach einigen Umrechnungen auf den Ausdruck

$$\omega_e = \frac{\pi \omega_0 \sqrt{1 + \varepsilon \, \widehat{y}^2}}{2K(k)} \tag{5.92}$$

für die Eigenfrequenz der Saite, wobei

$$K(k) = \int\limits_0^{\pi/2} \frac{\mathrm{d}\chi'}{\sqrt{1 - k^2 \sin^2 \chi'}} \tag{5.93}$$

das vollständige elliptische Integral 1. Gattung ist, dessen Parameter

$$k = \frac{\varepsilon \, \widehat{y}^2}{2\,(1 + \varepsilon \, \widehat{y}^2)} \tag{5.94}$$

von der Schwingungsamplitude $\widehat{y}$ der Saite abhängt. Die Eigenfrequenz ω_e steigt wie erwartet mit zunehmendem $\widehat{y}$ an, denn die Funktion $K(k)$ im Nenner von (5.92) nimmt mit wachsendem $\widehat{y}$ nur langsam zu: von $K(0) = \pi/2 \approx 1{,}571$ bei $\widehat{y} = 0$ auf $K(0{,}5) \approx 1{,}854$ bei großen $\widehat{y}$.

Bei fehlender Vorspannung ($P_0 = 0$) resultiert die Rückstellkraft allein aus der elastischen Verformung der Saite. In (5.89) entfällt dann der lineare Term, was anstelle von (5.92) auf die Beziehung

$$\omega_e = \frac{\pi^3}{4L^2 K(0{,}5)} \sqrt{\frac{E}{\rho}} \, \widehat{y} \tag{5.95}$$

führt. Diesem linearen Anstieg der Eigenfrequenz mit wachsender Schwingungsamplitude $\widehat{y}$ nähern sich die nach (5.92) berechneten Kurven zu großen y hin asymptotisch an.

Für kleine Amplituden liegt es nahe, (5.91) mit dem Näherungsverfahren der harmonischen Balance zu lösen. Mit dem Ansatz

$$y = \widehat{y} \sin \omega_e t \tag{5.96}$$

und der Approximation

$$\sin^3 \omega_e t = \frac{3}{4} \sin \omega_e t - \frac{1}{4} \sin 3\omega_e t \approx \frac{3}{4} \sin \omega_e t \tag{5.97}$$

folgt aus der Schwingungsgleichung (5.91)

$$-\omega_e^2 + \omega_0^2 + \frac{3}{4} \varepsilon \, \omega_0^2 \, \widehat{y}^2 = 0, \tag{5.98}$$

anstelle von (5.92) also die einfachere Beziehung

$$\omega_e = \omega_0 \sqrt{1 + \frac{3}{4} \, \varepsilon \, \widehat{y}^2}. \tag{5.99}$$

Für den Fall fehlender Vorspannung ($P_0 = 0$) gibt die Näherung anstelle von (5.95)

$$\omega_e = \frac{\pi^2}{4L^2} \sqrt{\frac{3E}{\rho}} \, \widehat{y}. \tag{5.100}$$

Für eine Stahlsaite von 1 m Länge, Amplituden von $\widehat{y} \leq 5\,$cm und Frequenzen $f_e \leq$ 200 Hz liefern diese Formeln wiederum nur geringe Fehler von maximal 2 %.

In ihrem zeitlichen Verlauf liegen die transversalen Saitenschwingungen zwischen einer Sinusschwingung und einer Dreieckschwingung gleicher Amplitude. Im Gegensatz zur Pendelschwingung mit der deutlichen Abflachung (Abb. 5.14) ist hier jedoch die Aufsteilung so schwach, dass die Abweichungen von der Sinusform kaum ins Auge fallen und deshalb auf eine bildliche Wiedergabe, die praktisch nur die Frequenzerhöhung mit steigender Amplitude zeigt, verzichtet wird.

Für die freie Schwingung der *gedämpften Saite* gilt das am Ende des vorigen Abschnitts über das gedämpfte Pendel Gesagte mit den entsprechenden Umkehrungen. Die Frequenz sinkt während des Ausschwingens; die Amplitudenabnahme erfolgt zunächst langsam und geht allmählich in den schnelleren Exponentialabfall des zugeordneten linearen Systems ($P_D = 0$) über.

Zur genäherten Berechnung der Eigenfrequenz ω_d löst man die durch den Dämpfungsterm $2\alpha \dot{y}$ ergänzte (5.91) mit dem Ansatz $y = y_0 \, e^{-\alpha t} \sin \omega_d t$. Durch harmonische Balance folgt mit der Approximation (5.97) und der „Augenblicksamplitude" $\widehat{y} = y_0 \, e^{-\alpha t}$ die schon beim Pendel genannte Beziehung $\omega_d^2 = \omega_e^2 - \alpha^2$, wobei ω_e durch (5.99) gegeben ist.

5.3.3 Pulsationsschwingungen von Gasblasen in Flüssigkeiten

Gas- und Dampfblasen in Flüssigkeiten, vor allem in Wasser, spielen in der Akustik eine wichtige Rolle[4]. Als schwingungsfähige Gebilde beeinflussen sie durch Absorption und

---

[4] Der Autor dankt Herrn Prof. Dr. Werner Lauterborn für die Einführung in dieses Gebiet, viele klärende Gespräche und die Überlassung hier wiedergegebener Abbildungen nach numerischen Berechnungen.

Streuung die Schallausbreitung im Wasser. Außerdem treten sie auch selbst als intensive Schallquellen auf. Das hat seinen Grund darin, dass die Flüssigkeit bei hinreichend großem Unterdruck aufreißt und dadurch die Eigenschwingungen der so entstehenden Gasblasen angeregt werden (*Schwingungskavitation* im Schallfeld, *Strömungskavitation* durch Bernoulli'schen Unterdruck[5] in einer verengten Strömung).

Blasenschwingungen sind besonders stark nichtlinear, weil bei ihnen nicht nur wie in den zuvor behandelten Beispielen Pendel und Saite die Federung von der Schwingungsamplitude abhängt, sondern auch die Masse. Die Federung rührt im wesentlichen von der Kompressibilität des eingeschlossenen Gases her, die Masse wird durch das Mitschwingen der umgebenden Flüssigkeit bestimmt.

Unter vereinfachenden Annahmen gelingt es, diese Effekte quantitativ zu fassen und eine Differenzialgleichung für die Blasenschwingungen aufzustellen. Eine kugelförmige Blase mit dem Ruheradius R_n schwinge rein radial (*Pulsationsschwingung*) in einer unendlich ausgedehnten, inkompressiblen Flüssigkeit der Dichte ρ. Dämpfungseffekte werden zunächst außer Acht gelassen. Der Innendruck p_i der Blase und der Außendruck p_a hängen beide, wie später gezeigt wird, vom momentanen Radius R ab. Im Ruhezustand ($R = R_n$) ist $p_i = p_a$, für $R \neq R_n$ resultiert aus der Druckdifferenz eine Rückstellkraft

$$K_r = 4\pi R^2 (p_a - p_i). \qquad (5.101)$$

Die kinetische Energie des aus der Blase und dem umgebenden Medium bestehenden Schwingungssystems errechnet sich durch Integration über die Radialbewegung der Flüssigkeit zu

$$E_{kin} = 2\pi\rho R^3 \dot{R}^2. \qquad (5.102)$$

Für die Untersuchung der Blasendynamik reduziert man die unendliche Masse der umgebenden Flüssigkeit, deren Radialschnelle von dem Maximalwert $\dot{R}$ an der Blasenwand mit wachsendem Abstand quadratisch gegen Null abfällt, auf die endliche *mitschwingende Mediummasse* $M(R)$, die sich mit der einheitlichen Geschwindigkeit $\dot{R}$ bewegt. Durch Vergleich des Ansatzes

$$E_{kin} = \frac{1}{2}M(R)\,\dot{R}^2 \qquad (5.103)$$

mit (5.102) findet man

$$M(R) = 4\pi\rho R^3. \qquad (5.104)$$

Die mitschwingende Mediummasse ist also gleich der dreifachen Masse der von der Blase verdrängten Flüssigkeit.

---

[5] Daniel Bernoulli, Schweizer Physiker (1700–1782).

Bei den Pulsationsschwingungen von Gasblasen in Flüssigkeiten hängt demnach die zugehörige Masse vom Blasenradius R ab und bleibt damit während der Schwingung nicht konstant. In solchen Fällen empfiehlt es sich, die Schwingungsgleichung nicht direkt als Kraftbilanz zu formulieren, sondern sie aus einer Energiebeziehung herzuleiten, z. B. aus der Lagrange'schen Gleichung[6]

$$\frac{\mathrm{d}}{\mathrm{d}t} \frac{\partial L}{\partial \dot{R}} - \frac{\partial L}{\partial R} = 0 \tag{5.105}$$

($L = E_{\mathrm{kin}} - E_{\mathrm{pot}}$). Aus ihr folgt

$$\frac{\mathrm{d}}{\mathrm{d}t} \frac{\partial E_{\mathrm{kin}}}{\partial \dot{R}} - \frac{\partial E_{\mathrm{kin}}}{\partial R} + \frac{\partial E_{\mathrm{pot}}}{\partial R} = 0. \tag{5.106}$$

Hierbei ist der dritte Term, der Gradient der potentiellen Energie, gleich der Rückstellkraft K_{r} nach (5.101). Mit (5.103) folgt daher aus (5.106)

$$M(R)\,\ddot{R} + \frac{1}{2} \frac{\mathrm{d}M}{\mathrm{d}R}\,\dot{R}^2 + K_{\mathrm{r}} = 0. \tag{5.107}$$

Diese Beziehung enthält im Gegensatz zu allen bisher betrachteten Fällen ein Glied mit $\dot{R}^2$, das für die Bewegungsgleichungen von Körpern mit veränderlicher Masse typisch ist. Es stellt eine Art Rückstoß dar, der die starke Nichtlinearität der Blasenschwingung bewirkt und sich auf folgende Weise verstehen lässt: Während der Kontraktionsphase der Blase muss entsprechend der abnehmenden mitschwingenden Mediummasse die in der Massendifferenz enthaltene Energie auf die verbleibende Masse übertragen werden und deren Geschwindigkeit erhöhen. Dadurch beschleunigt sich noch die Energiekonzentration und führt so zu den für die Kavitation charakteristischen extrem hohen Geschwindigkeiten. Die Implosion der Blase findet schließlich durch den sehr hoch ansteigenden Gasdruck in ihrem Innern ein Ende. Während der nachfolgenden Expansionsphase treibt dieser Druck die Blasenwand mit zunächst ebenso hoher Geschwindigkeit nach außen und bewirkt dabei – hinreichend große Schwingungsamplituden vorausgesetzt – die Abstrahlung von Stoßwellen, die als Kavitationsgeräusch hörbar sind.

Mit $M(R)$ nach (5.104) und K_{r} nach (5.101) ergibt sich aus (5.107) die Schwingungsgleichung

$$\ddot{R} + \frac{3}{2} \frac{\dot{R}^2}{R} = \frac{1}{\rho R}(p_{\mathrm{i}} - p_{\mathrm{a}}), \tag{5.108}$$

in die noch die Radiusabhängigkeit von p_{i} und p_{a} einzuführen ist. Der Innendruck p_{i} setzt sich aus dem Dampfdruck p_{d} der Flüssigkeit und dem Gasdruck zusammen. Nimmt man

---

[6] Joseph de Lagrange, französischer Mathematiker (1736–1813).

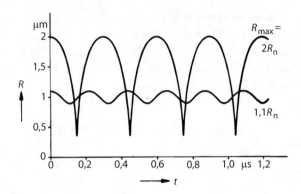

adiabatische Zustandsänderungen an, wird mit dem Anfangsdruck p_n und dem Adiaba-
tenexponenten κ

$$p_i = p_n \left(\frac{R_n}{R} \right)^{3\kappa} + p_d. \tag{5.109}$$

Der Außendruck p_a umfasst den statischen Druck p_{stat} (Luftdruck + hydrostatischer
Druck), den Druck $2\sigma/R$ aufgrund der Oberflächenspannung σ und eventuell eine zusätzliche Erregung $P(t)$, die aber bei den hier zunächst interessierenden freien Schwingungen
entfällt:

$$p_a = \frac{2\sigma}{R} + p_{stat}. \tag{5.110}$$

Der Anfangsdruck p_n bestimmt sich aus der Forderung $p_a = p_i$ für den Ruheradius $R =
R_n$ zu

$$p_n = \frac{2\sigma}{R_n} + p_{stat} - p_d. \tag{5.111}$$

Insgesamt erhält man damit eine Differenzialgleichung für ungedämpfte freie Schwingungen von Gasblasen in Flüssigkeiten in der zuerst von Noltingk und Neppiras angegebenen
Form [11]

$$\ddot{R} + \frac{3}{2}\frac{\dot{R}^2}{R} = \frac{1}{\rho R} \left[p_n \left(\frac{R_n}{R} \right)^{3\kappa} + p_d - \frac{2\sigma}{R} - p_{stat} \right]. \tag{5.112}$$

Diese stark nichtlineare Gleichung lässt sich nicht mehr analytisch lösen. Abb. 5.18 zeigt
zwei numerisch berechnete Schwingungen für verschiedene Anfangsbedingungen. Bei
kleiner Amplitude ($R_{max} = 1{,}1\,R_n$) ist die Schwingung nahezu harmonisch, bei der größeren Amplitude ($R_{max} = 2\,R_n$) sieht man in den scharfen Minima den schon beschriebenen

Abb. 5.19 Amplitudenabhängigkeit der Eigenfrequenz
ω_e von Gasblasen in Wasser
($p_{stat} = 1$ bar; $\kappa = 1,33$; ω_M
nach (5.113) für verschiedene
Ruheradien R_n [12]

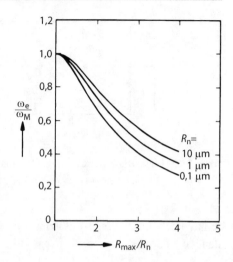

fast implosionsartigen Zusammenfall der Blase. Die hier ebenfalls erkennbare Senkung
der Eigenfrequenz ω_e mit wachsender Amplitude ist in Abb. 5.19 für verschiedene R_n als
Funktion von R_{max}/R_n gesondert dargestellt. Die Frequenz ist normiert auf die „lineare
Eigenfrequenz" ω_M, die man mit einem harmonischen Ansatz für kleine Amplituden aus
(5.112) zu

$$\omega_M = \frac{1}{R_n \sqrt{\rho}} \sqrt{3\kappa p_n - \frac{2\sigma}{R_n}} \qquad (5.113)$$

berechnet (*Minnaert'sche Eigenfrequenz*).[7] Sieht man die Frequenzverschiebung als Maß
der Nichtlinearität an, schwingen offenbar kleine Blasen (0,1 μm) stärker nichtlinear als
große (10 μm); bei noch kleineren und bei noch größeren als den hier angegebenen Werten
von R_n verschieben sich allerdings die normierten Eigenfrequenzen kaum noch.

Bei größeren als den in Abb. 5.19 angegebenen Maximalamplituden bewegt sich die
Blasenwand zeitweise schneller als mit Schallgeschwindigkeit. Dann werden die nach
(5.112) berechneten Eigenfrequenzen sicher fehlerhaft, weil die Kompressibilität des Was-
sers und damit die Strahlungsdämpfung nicht berücksichtigt ist.

Bisher wurde nur das Schwingungsverhalten einer Blase ohne Dämpfung beschrieben.
In Wirklichkeit klingen jedoch die Eigenschwingungen von Gasblasen in Flüssigkeiten
rasch ab, weil zahlreiche Dämpfungsmechanismen auftreten. Die wichtigsten außer der
erwähnten Schallabstrahlung sind die Wärmeleitung durch die Blasenwand und die viskose Reibung in der umgebenden Flüssigkeit. Sie alle rechnerisch zu berücksichtigen,
bereitet Schwierigkeiten. Die zuletzt genannten Zähigkeitsverluste kann man allerdings

---

[7] Marcel Minnaert, belgisch–holländischer Biologe und Physiker (1893–1970).

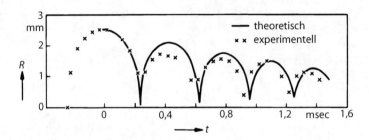

Abb. 5.20 Freie Blasenschwingung in Silikonöl. $\mu = 0{,}485\,\text{Pa\,s}$; $R_n = 0{,}8\,\text{mm}$; $R_{max} = 2{,}525\,\text{mm}$; $\kappa = 1{,}33$; $\sigma = 21{,}1 \cdot 10^{-5}\,\text{N/m}$ [13]

relativ leicht durch einen Zusatzterm in der Differenzialgleichung (5.112) erfassen, die damit die Form

$$\ddot{R} + \frac{3}{2}\frac{\dot{R}^2}{R} = \frac{1}{\rho R}\left[p_n \left(\frac{R_n}{R}\right)^{3\kappa} + p_d - \frac{2\sigma}{R} - p_{stat} - 4\mu\frac{\dot{R}}{R} \right] \tag{5.114}$$

annimmt (μ = Viskosität der umgebenden Flüssigkeit). Mit diesem Dämpfungsansatz lassen sich experimentell beobachtete Blasenschwingungen bei hinreichend hoher Viskosität schon recht zufriedenstellend beschreiben. Ein Beispiel hierzu gibt Abb. 5.20; es stellt den Ausschwingvorgang einer Blase mit dem Ruheradius $R_n = 0{,}8\,\text{mm}$ in Silikonöl AK 500 ($\mu = 0{,}485\,\text{Pa\,s}$) dar. Zur Erzeugung und Anregung der Blase wird der Lichtblitz eines Riesenimpulslasers in die Mitte einer flüssigkeitsgefüllten Küvette fokussiert, sodass er dort die Flüssigkeit aufreißt. Es bildet sich eine mit Gas und Flüssigkeitsdampf gefüllte Blase, die zunächst anwächst und dann oszillatorisch auf ein Endvolumen abnimmt. Die einzelnen Phasen der Volumenpulsation lassen sich mit einer Hochfrequenz-Filmkamera festhalten und anschließend ausmessen. Auf diese Weise wurden die in Abb. 5.20 durch Kreuze markierten Messpunkte gewonnen, die die erwartete Schwingungsform der Blase und die Amplitudenabhängigkeit ihrer Eigenfrequenz zeigen. Der Unterschied zwischen der tatsächlichen Blasenschwingung und dem nach (5.114) mit der statischen Viskosität $\mu = 0{,}485\,\text{Pa\,s}$ berechneten Kurvenzug in Abb. 5.20 rührt von der Vernachlässigung anderer Dämpfungsterme her. Sie spielen vor allem bei großen Schwingungsamplituden eine Rolle und führen zusammen mit der Amplitudenabhängigkeit der Eigenfrequenz zu der im weiteren Verlauf annähernd konstant bleibenden zeitlichen Verschiebung. Silikonöl eignet sich für diese Messungen auch deshalb besonders gut, weil in dieser Flüssigkeit – anders als z. B. in Wasser – die Neigung der Blase, nach der Kollapsphase durch Anregung starker Oberflächenschwingungen die Kugelform zu verlieren und damit instabil zu werden, wesentlich geringer ist. Dies ist vermutlich auf die höhere Viskosität und auf das beim Laserschuss durch chemische Zersetzung entstehende Gas im Innern der Blase zurückzuführen.

5.4 Erzwungene Schwingungen in passiven nichtlinearen Systemen

Zwei wichtige bei Fremderregung in nichtlinearen Systemen auftretende Erscheinungen wurden schon in Abschn. 1.8.2 beschrieben: Die Entstehung von Kombinationsfrequenzen bei der Anregung mit Frequenzgemischen und die Frequenzvervielfachung. Weitere Beispiele zur Frequenzumsetzung folgen in den Abschn. 5.4.3 und 5.4.4. Zuvor soll jedoch anhand der bereits für die freien Schwingungen herausgegriffenen Beispiele Pendel und Saite eine andere interessante Erscheinung untersucht werden, nämlich die Ausbildung *überhängender Resonanzkurven*.

5.4.1 Resonanzkurven des Schwerependels

Versucht man, die Resonanzkurve eines Schwerependels aufzunehmen, indem man es mit einem sinusförmigen Drehmoment langsam gleitender Frequenz, aber konstanter Amplitude anregt, bekommt man nur bei sehr kleinen Erregeramplituden oder bei hoher Dämpfung des Pendels Resonanzkurven in der von linearen Systemen gewohnten Form. In der Regel treten jedoch im Amplitudenverlauf der Schwingung Unstetigkeiten auf, deren Frequenzlage nicht nur von den genannten Parametern abhängt, sondern auch davon, ob man mit steigender oder mit fallender Anregungsfrequenz arbeitet.

Dieses Verhalten lässt sich qualitativ und quantitativ verstehen. Vor der anschaulichen Deutung anhand von Abb. 5.23 soll der Gang der rechnerischen Analyse unter Verzicht auf die Stabilitätsuntersuchungen skizziert werden. Betrachtet man zunächst ein ungedämpftes Pendel, so ist seine Schwingungsgleichung (5.58) nunmehr durch die äußere Kraft zu ergänzen. Als einfachster Fall sei ein zeitlich sinusförmiges Drehmoment $D \sin(\Omega t + \psi)$ angenommen, auf das sich aber nicht unter Berufung auf den Fourier'schen Satz allgemeinere Anregungsfunktionen zurückführen lassen, weil bei nichtlinearen Schwingern das Superpositionsprinzip nicht gilt. Ω ist die Erregerfrequenz und ψ ein vorerst willkürlicher Nullphasenwinkel, der der Einfachheit halber hier und nicht im Lösungsansatz (5.117) eingeführt wird. Damit lautet die Differenzialgleichung der erzwungenen Pendelschwingung

$$M l \ddot{\varphi} + M g \sin \varphi = \frac{D}{l} \sin(\Omega t + \psi). \tag{5.115}$$

Führt man wie in (5.59) $\omega_0^2 = g/l$ ein und setzt $D/Ml^2 = \omega_0^2 \widehat{\Phi}$, so ist $\widehat{\Phi}$ bei kleinen Drehmomenten die durch D bewirkte statische Auslenkung des Pendels. (5.115) vereinfacht sich damit zu

$$\ddot{\varphi} + \omega_0^2 \sin \varphi = \omega_0^2 \widehat{\Phi} \sin(\Omega t + \psi). \tag{5.116}$$

Eine strenge Lösung ist hier analytisch nicht durchführbar. Wir beschränken uns deshalb auf eine Näherungsberechnung der Grundkomponente der erzwungenen Schwingung $\varphi(t)$, die die Kreisfrequenz Ω hat. Der Ansatz

$$\varphi(t) = \widehat{\varphi} \sin \Omega t \tag{5.117}$$

führt in der harmonischen Balance mit der Näherung (5.71) auf

$$-\Omega^2 \sin \Omega t + \omega_0^2 \frac{2 J_1(\widehat{\varphi})}{\widehat{\varphi}} \sin \Omega t = \omega_0^2 \frac{\widehat{\Phi}}{\widehat{\varphi}} \sin(\Omega t + \psi). \tag{5.118}$$

Diese Gleichung ist nur dann für alle t erfüllbar, wenn entweder $\psi = 0$ oder $\psi = \pi$ ist. $\psi = 0$ bedeutet Gleichphasigkeit, $\psi = \pi$ Gegenphasigkeit von Erregung und Pendelschwingung. Damit folgt

$$\Omega^2 = \omega_0^2 \frac{2 J_1(\widehat{\varphi})}{\widehat{\varphi}} \pm \omega_0^2 \frac{\widehat{\Phi}}{\widehat{\varphi}} = \omega_N^2 \pm \omega_0^2 \frac{\widehat{\Phi}}{\widehat{\varphi}}, \tag{5.119}$$

wobei ω_N der Näherungswert für die Eigenfrequenz des Pendels nach (5.72) ist. Kennt man den exakten Wert $\omega_e(\widehat{\varphi})$ der Eigenfrequenz und setzt ihn anstelle von ω_N ein, wird damit die durch harmonische Balance berechnete Verknüpfung zwischen Frequenz Ω und Amplitude $\widehat{\varphi}$ genauer. Für das Pendel folgt aus (5.68)

$$\omega_e(\widehat{\varphi}) = \frac{2\pi}{T} = \omega_0 \frac{\pi}{2K\left(\frac{\varphi}{2}\right)} \tag{5.120}$$

mit dem elliptischen Normalintegral

$$K\left(\frac{\widehat{\varphi}}{2}\right) = \int_0^{\pi/2} \frac{\mathrm{d}\chi'}{\sqrt{1 - \sin^2 \frac{\widehat{\varphi}}{2} \sin^2 \chi'}}. \tag{5.121}$$

Die Näherungsgleichung für die Resonanzkurven des ungedämpften Pendels lautet dann

$$\frac{\Omega}{\omega_0} = \sqrt{\frac{\pi^2}{4K^2\left(\frac{\varphi}{2}\right)} \pm \frac{\widehat{\Phi}}{\widehat{\varphi}}} \tag{5.122}$$

(entsprechend der Herleitung ist $\widehat{\varphi}$ nur ein Näherungswert für die Amplitude der Pendelschwingung. Die Abweichungen sind aber selbst bei großen Schwingungsweiten gering, sodass dieser Unterschied im Weiteren außer Acht gelassen werden kann).

Weil sich (5.122) nicht nach $\widehat{\varphi}$ auflösen lässt, ermittelt man die Resonanzkurven, indem man $\widehat{\varphi}$ schrittweise verändert und die zugehörigen Frequenzpaare berechnet. Für

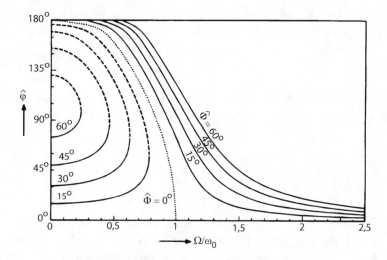

Abb. 5.21 Resonanzkurven des ungedämpften Schwerependels für verschiedene Anregungsamplituden $\widehat{\Phi}$. *Gestrichelte* Kurvenäste instabil. *Punktiert*: Amplitudenabhängigkeit der Eigenfrequenz

verschiedene Werte von $\widehat{\Phi}$ erhält man auf diese Weise die Kurvenschar in Abb. 5.21.
Man sieht, dass die Anregungsamplitude $\widehat{\Phi}$, die bei linearen Systemen ein unwesentlicher
Proportionalitätsfaktor ist, hier einen wesentlichen Parameter darstellt (vgl. hierzu auch
Abb. 5.25). $\widehat{\Phi} = 0$, d. h. fehlende äußere Anregung, ergibt den schon aus Abb. 5.15 bekannten Zusammenhang zwischen Amplitude und Eigenfrequenz (punktierte Kurve). Für
$\widehat{\Phi} > 0$ liefert (5.122) zwei nicht zusammenhängende Äste: mit dem positiven Vorzeichen
(gegenphasige Schwingung) die rechten Kurven in Abb. 5.21, die sämtlich bei $\widehat{\varphi} = 180°$
enden (Pendelüberschlag), mit dem negativen Vorzeichen (gleichphasige Schwingung) die
linken Bögen. Von den letzteren stellen nur die unteren Teile (bis zu den Punkten mit
senkrechter Tangente) stabile Schwingungen dar, während die gestrichelten Kurvenstücke
labilen Schwingungsformen entsprechen, deren Amplitude nach der geringsten Störung
entweder zum unteren Kurvenast abfällt oder zum oberen Ast bzw. bis zum Überschlag
anwächst.

In gewissen Frequenzbereichen, z. B. für $\widehat{\Phi} = 15°$ zwischen $\Omega \approx 0{,}3\,\omega_0$ und $0{,}8\,\omega_0$,
gibt es also zwei stabile Werte der Schwingungsamplitude, von denen sich je nach den An-
regungsbedingungen der eine oder der andere einstellt. Solche Doppeldeutigkeiten führen
zu den am Anfang dieses Abschnitts angedeuteten Erscheinungen. Bevor dies näher erläutert wird, soll aber noch der Einfluss von Dämpfungen verschiedener Größe auf die
Resonanzkurven des Pendels untersucht werden.

Mit dem Dämpfungsterm $2\alpha\dot{\varphi}$ lautet anstelle von (5.116) die Schwingungsgleichung
nunmehr

$$\ddot{\varphi} + 2\alpha\dot{\varphi} + \omega_0^2 \sin\varphi = \omega_0^2\,\widehat{\Phi}\sin(\Omega t + \psi). \qquad (5.123)$$

Sie kann wieder mit dem Ansatz $\varphi(t) = \widehat{\varphi} \sin \Omega t$ durch harmonische Balance näherungs-weise gelöst werden. Setzt man wie zuvor

$$\omega_0^2 \sin \varphi \approx \omega_e^2 \, \widehat{\varphi} \sin \Omega t \tag{5.124}$$

mit ω_e nach (5.120) und (5.121), führt ein Koeffizientenvergleich der Glieder mit $\sin \Omega t$ und $\cos \Omega t$ in (5.123) nach Eliminieren von ψ auf die Gleichung

$$\frac{\Omega^2}{\omega_0^2} = \frac{\pi^2}{4 K^2 \left(\frac{\widehat{\varphi}}{2}\right)} - \frac{d_0^2}{2} \pm \sqrt{\frac{\widehat{\Phi}^2}{\widehat{\varphi}^2} - d_0^2 \left(\frac{\pi^2}{4 K^2 \left(\frac{\widehat{\varphi}}{2}\right)} - \frac{d_0^2}{4}\right)}, \tag{5.125}$$

worin wie üblich $d_0 = 2\alpha/\omega_0$ der Kennverlustfaktor ist. Unter den hiernach berechneten Resonanzkurven des gedämpften Pendels (für $\widehat{\Phi} = 15°$ in Abb. 5.22 dargestellt) lassen sich verschiedene Typen unterscheiden. Bei großen Verlustfaktoren ($d_0 = 1{,}5$; $0{,}6$; $0{,}25$ in Abb. 5.22) ähneln die Resonanzkurven denen eines linearen Systems (vgl. Abb. 2.11). Die Nichtlinearität des Pendels bewirkt hier allerdings noch die kleinen zusätzlichen Kurvenäste links oben im Diagramm; die zugehörigen Schwingungen sind aber zum Teil instabil und die übrigen nur mit sehr genau eingehaltenen Anfangsbedingungen realisierbar.

Mit abnehmender Dämpfung werden die unteren Kurvenäste höher, im Gegensatz zum linearen Fall scheint aber ihre Spitze zu tiefen Frequenzen „umgebogen" zu sein, sodass als neuartiger Typ *überhängende Resonanzkurven* entstehen ($d_0 = 0{,}18$ in Abb. 5.22). Das Stück zwischen den Punkten mit senkrechter Tangente ist instabil.

Die überhängenden geschlossenen Resonanzkurven treten beim Pendel und anderen nichtlinearen Schwingern, deren Eigenfrequenz mit wachsendem Ausschlag abnimmt (im Gegensatz zur Saite und ähnlichen Systemen, s. folgenden Abschnitt), nur bei nicht zu großen Anregungsamplituden und jeweils nur in einem gewissen Dämpfungsbereich auf. Mit kleiner werdender Dämpfung nähern sich der obere und der untere Kurvenast, bis sie sich in einer Spitze berühren (für $\widehat{\Phi} = 15°$: $d_0 \approx 0{,}1708$). Weiterhin trennen sie sich in einen rechten und einen linken Ast (Beispiel: $d_0 = 0{,}1$), wie es aus Abb. 5.21 für den dämpfungsfreien Fall schon bekannt ist.

In Abb. 5.23 sind die drei Typen von Resonanzkurven noch einmal getrennt wiedergegeben, um den Amplitudenverlauf bei der Aufnahme nichtlinearer Resonanzkurven zu veranschaulichen. Abb. 5.23a gilt für kleine Dämpfung. Beginnt man bei hohen Frequenzen (Punkt A), ist die Amplitude der erzwungenen Pendelschwingung ebenso wie beim entsprechenden linearen System zunächst klein und nimmt mit sinkender Anregungsfrequenz Ω stetig zu. Beim Erreichen der linearen Eigenfrequenz, $\Omega = \omega_0 = \sqrt{g/l}$, ist jedoch die Pendelamplitude $\widehat{\varphi}$ nur bis zu relativ kleinen Werten angewachsen, weil die tatsächliche Eigenfrequenz $\omega_e(\widehat{\varphi})$ mit steigendem $\widehat{\varphi}$ absinkt und damit bei $\Omega = \omega_0$ die Resonanzbedingung $\Omega = \omega_e$ nicht erfüllt ist. Mit weiterer Verringerung von Ω wird der Abstand $\Omega - \omega_e$ kleiner, sodass die Amplitude weiter ansteigt und ω_e wiederum sinkt.

Abb. 5.22 Resonanzkurven eines Schwerependels für eine Anregungsamplitude von $\widehat{\Phi} = 15°$ bei verschiedenen Dämpfungen (Parameter: Kennverlustfaktor d_0). *Gestrichelte* Kurvenäste instabil

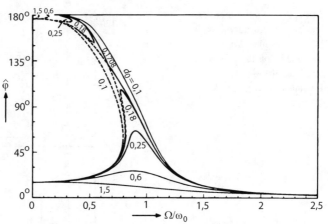

Auf diese Weise schiebt die Erregerfrequenz Ω bei ständig wachsender Amplitude $\widehat{\varphi}$ die Eigenfrequenz ω_e gewissermaßen vor sich her, bis sich das Pendel überschlägt (Punkt B) und seine Amplitude anschließend auf die durch den unteren Ast der Resonanzkurve gegebenen Werte abfällt (C–D).

Beginnt man dagegen mit der Resonanzkurvenaufnahme bei tiefen Frequenzen (D), schwingt sich das Pendel zunächst auf eine Amplitude ein, die etwa der statischen Auslenkung $\widehat{\Phi}$ infolge des ausgeübten Drehmoments entspricht. Mit steigender Anregungsfrequenz Ω nimmt die Amplitude $\widehat{\varphi}$ zu, weil sich Ω der Eigenfrequenz ω_e nähert. Da aber ω_e mit steigender Schwingungsweite absinkt, also der Anregungsfrequenz entgegenkommt, wächst $\widehat{\varphi}$ rascher an als beim entsprechenden linearen Schwinger. Bei einer bestimmten kritischen Frequenz (Punkt E), an der der linke Ast der Resonanzkurve in Abb. 5.23a endet, reicht eine minimale Frequenzerhöhung aus, um $\widehat{\varphi}$ spontan und irreversibel auf den höheren Wert (F) des rechten Kurvenastes ansteigen zu lassen; dieser Ast wird dann bei weiterer Steigerung von Ω stetig durchlaufen. Die mit fallender Frequenz aufgenommene Resonanzkurve A–B–C–D sieht also wesentlich anders aus als die mit steigender Frequenz aufgenommene D–E–F–A.

Eine im Prinzip gleiche Hysterese (aber ohne Pendelüberschlag) beobachtet man bei den mit mittlerer Dämpfung erhaltenen geschlossenen, überhängenden Resonanzkurven (Abb. 5.23b): A–B–C–D mit fallender, D–E–F–A mit steigender Frequenz. Ist durch geeignete Anfangsbedingungen eine dem oberen Ast entsprechende Schwingung erregt, springt die Amplitude irreversibel auf den unteren Ast, sobald durch Frequenzvariation die Punkte R und S erreicht sind (bei R gibt es zunächst wieder einen Überschlag).

Bei großer Dämpfung (Abb. 5.23c) treten normalerweise keine Amplitudensprünge auf, die Resonanzkurve wird zwischen A und D in beiden Richtungen stetig durchlaufen. Nur von dem oberen Ast springt die Amplitude wieder bei den Punkten R und S auf den unteren Ast.

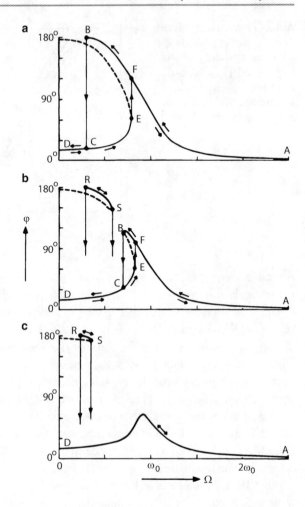

Abb. 5.23 Amplitudenverlauf bei der Aufnahme von Pendel-Resonanzkurven. **a** kleine Dämpfung, **b** mittlere Dämpfung (überhängende Resonanzkurve), **c** starke Dämpfung.

Dass die Amplitudensprünge immer in den Punkten B, E, R oder S und nicht schon irgendwo zwischen F und B, C und E oder R und S erfolgen, liegt daran, dass mit dem Amplitudensprung auch ein Phasensprung verbunden ist (im dämpfungsfreien Fall stets 180°, mit Dämpfung weniger). Beim langsamen Durchstimmen der Anregungsfrequenz sind daher die Bedingungen für eine stetige Änderung entlang den stabilen Ästen günstiger als für einen Sprung. Dieser wird erst an den Stellen mit vertikaler Tangente bzw. nach dem Pendelüberschlag unausweichlich.

Die unstetigen Amplituden- und Phasenübergänge beziehen sich natürlich auf die stationären Schwingungen. Führt man einen der zuvor beschriebenen Versuche tatsächlich durch, beobachtet man an den theoretischen Sprungstellen Ausgleichsvorgänge, die um so länger andauern, je geringer die Dämpfung ist.

5.4.2 Resonanzkurven der transversal schwingenden Saite und verwandter nichtlinearer Systeme

Die im vorigen Abschnitt angestellten Überlegungen zum Resonanzverhalten eines Schwerependels sind analog auch auf Schwingungssysteme zu übertragen, deren Eigenfrequenz mit steigender Amplitude anwächst. Für Schwinger, die sich durch einen kubischen Zusatzterm im Kraftgesetz beschreiben lassen, sollen im Folgenden die Resonanzkurven berechnet werden. Im Abschn. 5.3.2 sind bereits die freien Schwingungen solcher Systeme untersucht worden, und zwar speziell im Hinblick auf die Transversalschwingungen einer Saite. Die dort angegebene (5.76) ist jetzt durch einen Dämpfungsterm, im einfachsten Fall $2\alpha\dot{y}$, und durch die äußere Erregung, im einfachsten Fall eine Sinusfunktion, zu erweitern. Die Differenzialgleichung für die erzwungenen Schwingungen einer Saite nimmt damit die Form

$$\ddot{y} + 2\alpha\dot{y} + \omega_0^2(1 + \varepsilon y^2)y = \omega_0^2\,\widehat{Y}\sin(\Omega t + \psi) \tag{5.126}$$

an. ω_0 ist die lineare Eigenfrequenz (im Grenzfall kleiner Schwingungsamplituden), ε (für die Saite: (5.90)) gibt die Stärke der Nichtlinearität an, Ω ist die Erregerfrequenz, ψ stellt wie in (5.115) eine zunächst unbestimmte Phasenverschiebung gegen die erregte Schwingung dar, $\omega_0^2\,\widehat{Y}$ ist bis auf einen Massenfaktor die Amplitude der ausgeübten Kraft, und $\widehat{Y}$ ist näherungsweise (bei kleinen Amplituden) die statische Elongation unter dieser Kraft.

(5.126) soll wieder durch harmonische Balance gelöst werden. Mit dem Ansatz

$$y = \widehat{y}\sin\Omega t \tag{5.127}$$

und der Approximation $\sin^3\Omega t \approx (3/4)\sin\Omega t$ (5.97) folgen durch Koeffizientenvergleich der Glieder mit $\sin\Omega t$ und $\cos\Omega t$ aus (5.126) die Beziehungen

$$-\Omega^2 + \omega_0^2 + \omega_0^2\,\frac{3\varepsilon}{4}\,\widehat{y}^2 = \omega_0^2\,\frac{\widehat{Y}}{\widehat{y}}\cos\psi \tag{5.128}$$

und

$$2\alpha\Omega = \omega_0^2\frac{\widehat{Y}}{\widehat{y}}\sin\psi, \tag{5.129}$$

die sich nach Eliminieren von ψ zu

$$(-\Omega^2 + \omega_0^2(1 + \frac{3\varepsilon}{4}\widehat{y}^2))^2 = \omega_0^4\frac{\widehat{Y}^2}{\widehat{y}^2} - 4\alpha^2\Omega^2 \tag{5.130}$$

zusammenfassen lassen. Dies ist eine Gleichung sechsten Grades in $\widehat{y}$, aber nur vierten Grades in Ω, sodass man wie beim Pendel (5.125) besser nach der Frequenz auflöst. Die

Abb. 5.24 Berechnete
Resonanzkurven einer vor-
gespannten Stahlsaite von 1 m
Länge mit der linearen Grundfrequenz $f_0 = 50\,\text{Hz}$ für
verschiedene Kennverlustfaktoren d_0 bei fester Amplitude
der Anregung ($\widehat{Y} = 2\,\text{cm}$).
a Schwingungsamplitude der
Saitenmitte, **b** Phasenverschiebung zwischen Anregung und
Bewegung. *Gestrichelte* Kurvenstücke instabil. *Punktiert*:
Verlauf der Eigenfrequenz für
$d_0 = 0$

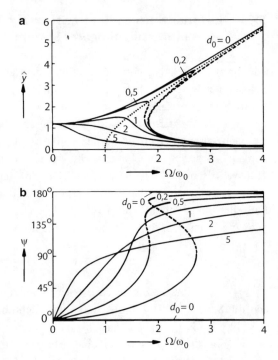

Resonanzkurven der transversal schwingenden Saite und ähnlicher durch einen kubischen
Zusatzterm erfassbarer Fälle stellen sich dann mit dem Kennverlustfaktor $d_0 = 2\alpha/\omega_0$ in
der Form

$$\frac{\Omega^2}{\omega_0^2} = 1 + \frac{3\varepsilon}{4}\,\widehat{y}^2 - \frac{d_0^2}{2} \pm \sqrt{\frac{\widehat{Y}^2}{\widehat{y}^2} - d_0^2\left(1 + \frac{3\varepsilon}{4}\,\widehat{y}^2 - \frac{d_0^2}{4}\right)} \qquad (5.131)$$

dar. Man sieht, dass außer im Fall $d_0 = 0$ für große $\widehat{y}$ die Wurzel imaginär wird; die
Resonanzkurven müssen also ein absolutes Maximum haben, sodass zusätzliche Äste,
wie sie für das Pendel bei großen Amplituden gefunden wurden (Abb. 5.22), hier nicht
auftreten können.

Aus (5.128) und (5.129) ergibt sich auch die zugehörige Phasenkurve, im Prinzip durch
Eliminieren von $\widehat{y}$. Für die Rechnung ist es bequemer, die durch Division unmittelbar
folgende Beziehung

$$\tan\psi = \frac{2\alpha\Omega}{\omega_0^2 - \Omega^2 + \omega_0^2\,\frac{3\varepsilon}{4}\,\widehat{y}^2} = \frac{d_0\,\frac{\Omega}{\omega_0}}{1 - \frac{\Omega^2}{\omega_0^2} + \frac{3\varepsilon}{4}\,\widehat{y}^2} \qquad (5.132)$$

zusammen mit (5.131) als Parameterdarstellung der Phasenkurve $\psi(\Omega)$ aufzufassen, wobei die Amplitude $\widehat{y}$ der Parameter ist. Um die Amplituden- und Phasenkurven zu berechnen, variiert man $\widehat{y}$ schrittweise, bestimmt die zugehörigen Frequenzen nach (5.131) und

Abb. 5.25 Resonanzkurven einer Stahlsaite ($L = 1\,\text{m}$, $f_0 = 50\,\text{Hz}$, $d_0 = 0,2$) für verschiedene Erregungsstärken. **a** Amplitudenkurven, **b** Phasenkurven. *Gestrichelte* Teile instabil. *Punktiert*: Verlauf der Eigenfrequenz für $d_0 = 0,2$

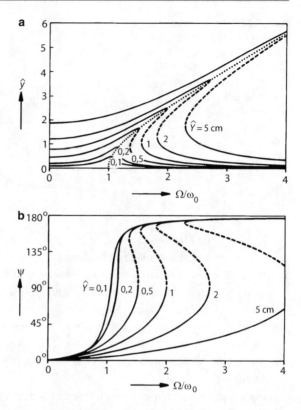

dann die Phasen nach (5.132). In dieser Weise sind die Kurvenscharen in Abb. 5.24 und 5.25 erhalten worden, beide Male für $\varepsilon = 0,64\,\text{cm}^{-2}$ (Stahlsaite von 1 m Länge, Vorspannung $P_0 = 77 \cdot 10^6\,\text{N/m}^2$).

Abb. 5.24 gibt die Resonanzkurven bei gleichen „Anregungsamplituden" $\widehat{Y}$ für verschiedene Kennverlustfaktoren d_0 wieder. Um auch zu zeigen, wie sich ein gegebenes Schwingungssystem bei verschieden starken Erregungen verhält, ist in Abb. 5.25 der Verlustfaktor festgehalten und $\widehat{Y}$ variiert worden. Wie zu erwarten, bilden sich einerseits bei kleinen Dämpfungen und andererseits bei starker Fremderregung überhängende Resonanzkurven aus, von denen wiederum die gestrichelten, rückläufigen Teile zwischen den Punkten mit senkrechter Tangente instabil sind. Ihnen entsprechen ebenfalls rückläufige instabile Stücke in den zugeordneten Phasenkurven. Die Phasenkurve zu der theoretisch bis ins Unendliche reichenden Amplitudenkurve für $d_0 = 0$ besteht aus den Geraden $\psi = 0°$ für den linken und $\psi = 180°$ für den rechten Ast.

In die Amplitudendiagramme ist punktiert der Gang der Eigenfrequenz eingezeichnet (die „ungedämpfte Eigenfrequenz" ω_e nach (5.99) in Abb. 5.24, die für $d_0 = 2\alpha/\omega_0 = 0,2$ hiervon nur wenig abweichende „gedämpfte Eigenfrequenz" $\omega_d = (\omega_e^2 - \alpha^2)^{1/2}$ in Abb. 5.25). Man erkennt deutlich, wie die Resonanzspitzen in ihrem Verlauf diesen Kurven folgen. An den Schnittpunkten der Amplitudenkurven mit der Eigenfrequenzkurve

Abb. 5.26 Magnetisierungskurve (Flussdichte B als
Funktion der Feldstärke H) eines Ferrits (Ferroxcube 3 H1).
Einfluss der Aussteuerungs-
amplitude auf die effektive
Permeabilität μ_{eff}

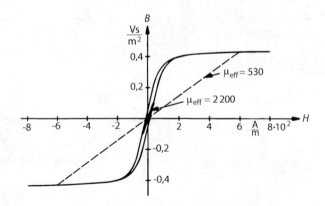

$\omega_{\text{e}}(\hat{y})$ beträgt die Phasenverschiebung zwischen Erregung und erzwungener Schwingung $\psi = 90°$ (dies folgt auch aus (5.132), denn für $\Omega = \omega_{\text{e}}$ verschwindet der Nenner). Hierin unterscheiden sich die nichtlinearen Systeme nicht von den linearen (vgl. Abb. 2.11).

Beim langsamen Durchstimmen der Anregungsfrequenz treten an den Stellen mit senkrechter Tangente wieder Amplituden- und Phasensprünge mit den zugehörigen Ausgleichsvorgängen auf, und man beobachtet eine Hysterese zwischen den beiden Richtungen der Frequenzänderung. Es fällt übrigens auf, dass bei der Phase im Gegensatz zur Amplitude der Sprung bei der oberen Frequenz des Hysteresebereiches kleiner ist als bei der tieferen.

Ähnlich wie bei Saiten treten nichtlineare Effekte z. B. bei Konuslautsprechern auf, die mit zu großen Amplituden schwingen. Auch hier hat man überhängende Resonanzkurven beobachtet.

Während bei mechanischen Schwingern die Nichtlinearität fast immer durch die Feder gegeben ist (eine Ausnahme bilden z. B. die Blasenschwingungen mit ihrer veränderlichen Masse), entstehen nichtlineare Verzerrungen in elektrischen Schwingkreisen meist durch Übersteuerung von Spulen mit Eisen- oder Ferritkern, und zwar durch magnetische Sättigung. Abb. 5.26 zeigt die typische Magnetisierungskurve eines Ferrits mit schwacher Hysterese. Bei kleiner Aussteuerung (fett gezeichnet) wird nur der geradlinige, steile Teil der Kurve durchfahren; die durch die Kurvensteigung gegebene Permeabilitätszahl μ ist in diesem Bereich nahezu amplitudenunabhängig. Mit wachsender Erregungsfeldstärke H (die dem Spulenstrom proportional ist) wird der Ferrit magnetisch mehr und mehr gesättigt, sodass die effektive Permeabilität μ_{eff} (Steigung der gestrichelten Geraden) kleiner wird. Mit zunehmendem Speisestrom sinkt also die Induktivität L ab, die Eigenfrequenz $\omega_{\text{e}} = 1/\sqrt{LC}$ des Schwingkreises steigt an.

In praktischen Anwendungen stören nichtlineare Verzerrungen fast immer. Man muss deshalb stets auf hinreichend kleine Aussteuerungen achten. Wichtig ist auch, dass Spulen nicht von einem zusätzlichen Gleichstrom durchflossen werden, der den Arbeitspunkt auf der Magnetisierungskurve verschieben und dadurch unsymmetrische Verzerrungen hervorrufen würde.

Neben magnetisch übersteuerten Spulenkernen können in elektrischen Kreisen auch die Kondensatoren Ursache nichtlinearer Verzerrungen sein, z. B. bei Verwendung von *Kapazitätsdioden*. Dies sind in Sperrrichtung vorgespannte Dioden, deren Kapazität C sich durch eine angelegte Gleichspannung U_v z. B. von 3 pF bis 300 pF variieren lässt. Sie werden in den Abstimmkreisen von Rundfunk- und Fernsehempfängern usw. anstelle der früher üblichen Drehkondensatoren eingesetzt. Die $C(U_v)$-Kennlinie ist gekrümmt. Einer Vorspannung U_v sei eine bestimmte Diodenkapazität C_0 zugeordnet. Bei einer überlagerten Wechselspannung mit kleiner Amplitude ist die mittlere Kapazität praktisch gleich C_0, mit zunehmender Aussteuerung macht sich jedoch die Kennlinienkrümmung bemerkbar, und die effektive Kapazität steigt an $(C_0 + \Delta C)$. Enthält ein Schwingkreis eine Kapazitätsdiode mit fester Vorspannung, fällt seine Eigenfrequenz ω_e mit zunehmender Wechselspannungsamplitude ab; als Folge hiervon hängen die Resonanzkurven zu tiefen Frequenzen hin über.

In der Praxis beugt man den Verzerrungen bei Kapazitätsdioden und vor allem der Kapazitätsschwankung im Takt der Wechselspannung dadurch vor, dass man zwei gleiche Dioden gegensinnig in Serie schaltet und die Vorspannung an ihrem gemeinsamen Anschluss zuführt.

Die Resonanzkurven nichtlinearer Systeme zeigen weitere Spitzen bei ω_0/m, $n\omega_0$ und $n\omega_0/m$ mit ganzzahligen m,n, die aber durch die hier angewandte Näherung nach dem Verfahren der harmonischen Balance nicht erfasst werden und deshalb in Abb. 5.21 bis 5.25 nicht auftreten. In Abschn. 5.4.4 wird gezeigt, wie man sie für Blasenschwingungen berechnen kann (Abb. 5.28 und 5.29).

Zum Schluss dieses Abschnitts soll noch auf ein messtechnisches Problem hingewiesen werden. Bei der experimentellen Untersuchung nichtlinearer Schwingungssysteme lassen sich den Resonanzkurven weder die Eigenfrequenz (aus dem Amplitudenmaximum) noch die Dämpfung (aus der Halbwertsbreite) entnehmen. Diese Schwierigkeiten kann man umgehen, indem man die Resonanzkurven z. B. eines mechanischen Parallelkreises nicht mit konstanter Kraft, sondern mit konstanter Schwingungsamplitude aufnimmt und den Kehrwert der zur Aufrechterhaltung dieser Amplitude nötigen Kraft als Funktion der Frequenz aufträgt.

Abb. 5.27 zeigt als Beispiel Messungen an einem Stahlbetonträger mit mäßiger Bewehrung. Feine Risse im Beton weiten sich mit zunehmender Schwingungsamplitude auf und setzen damit seine Steife und infolgedessen die Eigenfrequenz des Balkens herab. Die obere Kurve in Abb. 5.27 wurde mit konstanter Amplitude $\widehat{K}$ der anregenden Kraft aufgenommen; in ihrer Unsymmetrie zeigt sich das Überhängen der zugehörigen Resonanzkurve zu tieferen Frequenzen. Bei der unteren Messkurve ist dagegen die Schwingungsamplitude $\widehat{x} = 5\,\mu\mathrm{m}$ konstant gehalten und der jeweilige Kehrwert $1/\widehat{K}$ der hierzu erforderlichen Anregungskraft aufgetragen (Ordinatenskala willkürlich). Diese weitgehend symmetrische Kurve erlaubt eine einwandfreie Auswertung von Resonanzfrequenz und Halbwertsbreite für den gewählten Wert der Schwingungsamplitude.

Abb. 5.27 Nichtlineare Resonanz eines Stahlbetonträgers
(2,7 m lang, 15 cm breit, 10 cm
hoch) in der Biegungsgrund-
schwingung. **a** Amplitude der
anregenden Kraft konstant
gehalten, **b** konstante Schwingungsamplitude $\widehat{x} = 5\,\mu$m
[14]

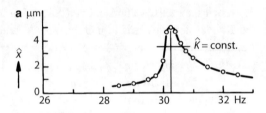

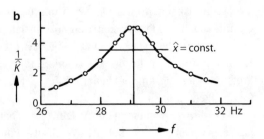

5.4.3 Frequenzumsetzung in nichtlinearen Resonanzsystemen

Die Rechnungen zu Beginn des Abschnitts 5.4.2 beschränkten sich auf eine Näherung
durch harmonische Balance. Beim Einsetzen von $y = \widehat{y}\sin\Omega t$ in die Schwingungsgleichung (5.126) führte der kubische Term zu einem Glied mit der Frequenz 3Ω, das
vernachlässigt wurde. Versucht man, zu einer genaueren Lösung zu kommen, indem man

$$y = \widehat{y}_1 \sin\Omega t + \widehat{y}_3 \sin 3\Omega t \tag{5.133}$$

ansetzt, liefert der kubische Term zusätzliche Komponenten mit den Frequenzen 5Ω, 7Ω
und 9Ω. Die logische Folge ist, die erzwungene Schwingung in der Form

$$y = \sum_{n=1}^{\infty} \widehat{y}_n \sin n\Omega t \tag{5.134}$$

anzusetzen, wobei n alle ungeraden Zahlen durchläuft (bei unsymmetrischen Nichtlinearitäten auch alle geraden n, einschließlich n = 0 für einen „Gleichanteil"). Praktisch sind mit
solchen erweiterten Ansätzen aber die Spektralamplituden kaum noch berechenbar, weil
jedes der $\widehat{y}_n$ von allen anderen in komplizierter Weise abhängt. Schon der Ansatz (5.133)
liefert für die Bestimmung von $\widehat{y}_1$ und $\widehat{y}_3$ zwei gekoppelte Gleichungen dritten Grades.

Das wichtige qualitative Ergebnis dieser Betrachtung liegt darin, dass bei sinusförmiger
Erregung eines nichtlinearen Systems, wie sie (5.126) voraussetzt, höhere Harmonische
entstehen, also eine Frequenzvervielfachung auftritt. Dies wurde in einer etwas anderen
Darstellung schon in Abschn. 1.8.2 erläutert, ebenso wie die Erzeugung von Kombinationsfrequenzen bei Anregung mit Frequenzgemischen.

Der Ansatz (5.134) erfasst aber immer noch nicht alle möglichen Frequenzkomponenten der nichtlinearen Schwingung, denn es können auch *Subharmonische* entstehen. Beispielsweise lässt sich (5.126) für das dämpfungsfreie System ($\alpha = 0$) mit dem Ansatz

$$y = \widehat{y} \sin \frac{\Omega}{3} t \tag{5.135}$$

streng lösen, allerdings in diesem Fall nur für eine Anregung mit der dreifachen Eigenfrequenz ω_e:

$$\Omega = 3\omega_0 \sqrt{1 + \frac{3\,\varepsilon\,\widehat{y}^2}{4}} = 3\omega_e, \tag{5.136}$$

wobei die Schwingungsamplitude $\widehat{y}$ durch die Anregungsamplitude $\widehat{Y}$ nach

$$\widehat{y} = \sqrt[3]{\frac{4\widehat{Y}}{\varepsilon}} \tag{5.137}$$

festgelegt ist. Auch alle weiteren ungeradzahligen Subharmonischen $\Omega/5$, $\Omega/7$ usw. (bei unsymmetrischen Nichtlinearitäten auch die geradzahligen) können unter geeigneten Bedingungen entstehen. Bei gedämpften nichtlinearen Systemen muss die Erregungsamplitude $\widehat{Y}$ einen Schwellenwert überschreiten, bevor Subharmonische erzeugt werden. Diese Schwelle wächst mit der Dämpfung und mit der Ordnung der Subharmonischen an.

Wenn gleichzeitig Harmonische mit den Frequenzen $n\Omega$ ($n = 2, 3, 4, \ldots$) und Subharmonische mit den Frequenzen Ω/m ($m = 2, 3, 4, \ldots$) auftreten, können beim Überschreiten weiterer Schwellenwerte von $\widehat{Y}$ einige Harmonische so stark werden, dass sie ihrerseits Subharmonische anregen. Diese *Ultraharmonischen* haben dann Frequenzen $(n/m)\Omega$, wobei aber n und vor allem m in der Praxis auf kleine Zahlen beschränkt bleiben, weil auch bei starken Nichtlinearitäten die Anregungsschwellen schnell zu hoch werden.

Man beobachtet Subharmonische und Ultraharmonische beispielsweise bei den erzwungenen Schwingungen von Gasblasen in Flüssigkeiten (vgl. den folgenden Abschnitt); in der Wasserschalltechnik ist das Auftreten der 1. Subharmonischen ein viel benutztes Kriterium für den Kavitationseinsatz bei Schwingungskavitation. Auch in magnetisch übersteuerten elektrischen Resonanzkreisen lassen sich sub- und ultraharmonische Schwingungen erzeugen.

5.4.4 Erzwungene Blasenschwingungen

Aufbauend auf der in Abschn. 5.3.3 erläuterten Theorie ist es möglich, das Resonanzverhalten einzelner Gasblasen in einer Flüssigkeit unter den dort genannten vereinfachenden

Bedingungen zu berechnen. Dazu ist (5.114) durch die äußere Erregung zu vervollständigen, in diesem Fall durch einen Schallwechseldruck $\widehat{P}\sin\Omega t$:

$$\ddot{R} + \frac{3}{2}\frac{\dot{R}^2}{R} = \frac{1}{\rho R}\left[p_n\left(\frac{R_n}{R}\right)^{3\kappa} + p_d - \frac{2\sigma}{R} - p_{stat} - 4\mu\frac{\dot{R}}{R} + \widehat{P}\sin\Omega t\right] \tag{5.138}$$

($\widehat{P}$ = Amplitude, Ω = Frequenz der Erregung; die übrigen Größen sind in Abschn. 5.3.3 erklärt). An eine analytische Berechnung des zeitlichen Verlaufs $R(t)$ der Blasenwandschwingung und der Resonanzkurven ist bei der Kompliziertheit der Gleichung nicht zu denken. Gerade die starke Nichtlinearität macht die Blasenschwingungen aber neben der praktischen Bedeutung in der Hydroakustik auch als Beispiel für die Entstehung von sub- und ultraharmonischen Schwingungen interessant. Ausgehend von willkürlichen Anfangsbedingungen (für Abb. 5.28 und 5.29: $R = R_n$, $\dot{R} = 0$) kann man (5.138) numerisch lösen. Aufgrund des Dämpfungsterms $4\mu\dot{R}/R$ klingt der Einschwingvorgang allmählich ab, sodass sich nach hinreichend vielen Perioden eine stationäre erzwungene Schwingung $R(t)$ einstellt. Trägt man den in dieser auftretenden Maximalradius R_{max} als Funktion der Erregungsfrequenz Ω auf, bekommt man Kurven, wie sie Abb. 5.28 für zwei Erregungsamplituden ($\widehat{P}$ = 0,4 bar und 0,7 bar) zeigt. Entsprechend dem Verlauf der Eigenfrequenz (Abb. 5.19) hängen sie nach links über. (Die oberen Äste setzen sich jenseits der gestrichelten Sprungstellen fort; mit geeigneten Anfangsbedingungen lassen sich auch diese Werte als stationäre Lösungen erhalten.)

Als Folge der starken Nichtlinearität treten neben der Hauptresonanz (in der Umgebung von $\Omega = \omega_M$, ω_M = Minnaert'sche (lineare) Eigenfrequenz nach (5.113)) zahlreiche weitere Maxima auf, in denen die Blasen ebenfalls mit ihrer Eigenfrequenz ω_e schwingen. Die Quotienten n/m an den einzelnen Spitzen geben die zugehörigen Frequenzverhältnisse ω_e/Ω zwischen Blasenpulsation und anregendem Schallfeld an. Der jeweilige Schwingungstyp geht aus der Beschriftung hervor.

Um zu verdeutlichen, dass hier tatsächlich Harmonische, Subharmonische bzw. Ultraharmonische entstehen, sind links in Abb. 5.29 die mit $\widehat{P}$ = 0,7 bar errechneten Radius–Zeit–Kurven für vier charakteristische Werte von Ω/ω_M wiedergegeben. Gezeichnet ist jeweils eine Periode der stationären Blasenschwingung; die gestrichelte Kurve deutet den Verlauf des anregenden Schalldrucks an. Ergänzt werden die Zeitdarstellungen durch die Amplitudenspektren $A_k(k\cdot\Omega)$, jeweils rechts daneben.

In der Hauptresonanz (Abb. 5.29a oben) schwingt die Blase mit der Frequenz des Schallfeldes und mit einer Kurvenform, wie sie bei der freien Schwingung beobachtet wird (Abb. 5.18). Im Spektrum ist demzufolge neben der Gleichkomponente ($k = 0$) die Anregungsfrequenz Ω (k = 1, Pfeil) am stärksten vertreten. Weil man sich auf dem höherfrequenten Ast der Resonanzkurve befindet, schwingt die Blase gegenphasig zum anregenden Schallfeld (nach der Vorzeichenwahl in (5.138) bedeuten positive Werte von $P(t)$ eine Zugspannung).

Bei Ω/ω_M = 0,45 (zweites Diagramm in Abb. 5.29) durchläuft die Blase während einer Schallperiode zwei Maxima und Minima, allerdings mit etwas verschiedenen Hö-

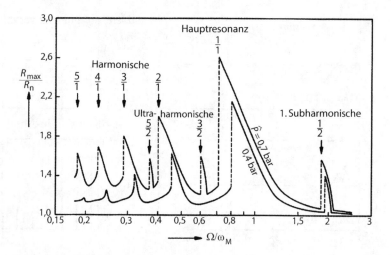

Abb. 5.28 Berechnete Resonanzkurven einer Gasblase mit dem Ruheradius $R_n = 10\,\mu$m in Wasser für Anregungsamplituden von $\widehat{P} = 0{,}4$ bar und 0,7 bar. Ω = Anregungsfrequenz, ω_M = Minnaert'sche Eigenfrequenz nach (5.113). (Dichte $\rho = 10^3$ kg/m^3, Viskosität $\mu = 10^{-3}$ Pa s, Oberflächenspannung $\sigma = 7{,}25 \cdot 10^{-6}$ N/m, Dampfdruck $p_d = 0{,}0233$ bar, Adiabatenexponent $\kappa = 1{,}33$, statischer Außendruck $P_{stat} = 1$ bar) [15]

hen. Obwohl die Blase mit der doppelten Anregungsfrequenz pulsiert, baut sich daher das Spektrum wiederum aus Vielfachen der Anregungsfrequenz Ω auf, aber die zweite Harmonische ($k = 2$) ist die stärkste Komponente.

Regt man mit etwa der doppelten Eigenfrequenz an (3. Diagramm, $\Omega/\omega_M = 1{,}87$), schwingt die Blase mit der halben Schallfrequenz. Es wird also die erste Subharmonische erzeugt, und dies zeigt sich im Spektrum darin, dass bei k = 0,5 eine besonders starke Linie auftritt. Unten in Abb. 5.29 ist schließlich die Anregung der Ultraharmonischen mit der Ordnung 3/2 durch eine Schallfrequenz von etwa 2/3 der Eigenfrequenz gezeigt. Auf zwei Perioden der Erregung fallen drei Pulsationen der Blase, sodass die zugehörige Spektralkomponente bei $k = 1{,}5$ deutlich hervortritt.

Auf diese Weise lassen sich durch Betrachtung der Radius–Zeit–Kurven den Resonanzspitzen in Abb. 5.28 die durch die Zahlenverhältnisse n/m angedeuteten Schwingungstypen eindeutig zuordnen. Die Erregungsschwellen für die Ultraharmonischen 3/2 und 5/2 liegen nach Abb. 5.28 offenbar zwischen $\widehat{P} = 0{,}4$ bar und 0,7 bar. Für die erste Subharmonische (n/m = 1/2) liegt die Schwelle tiefer, bei etwa $\widehat{P} = 0{,}12$ bar.

Die Entstehung der Nebenresonanzen kann man sich in folgender Weise veranschaulichen. Die schwingende Blase und das erregende Schallfeld sind miteinander gekoppelt, zwischen beiden findet also ein Energieaustausch statt. Eine Resonanz kommt dann zustande, wenn im Zeitmittel wesentlich mehr Energie vom Schallfeld in die Blasenschwingung strömt als zurück. Im Bereich der hier untersuchten hochfrequenten Äste der Resonanzkurven facht das Schallfeld annähernd gegenphasige Schwingungen bis zum

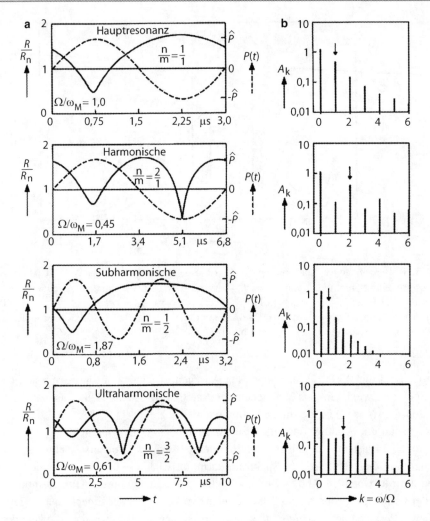

Abb. 5.29 Erzwungene Schwingungen einer Gasblase ($R_n = 10\,\mu m$) in Wasser für verschiedene Anregungsfrequenzen Ω. **a** Radius–Zeit–Kurven (*ausgezogen*) und Schalldruckverlauf (*gestrichelt*; $\widehat{P} = 0{,}7\,$bar). **b** Amplitudenspektren der Blasenschwingungen [16].

Erreichen der stationären Amplitude an, gleichphasige bremst es ab. Für die Hauptresonanz ist die Gegenphasigkeit in Abb. 5.29 (oben) deutlich zu sehen, bei den anderen Resonanzen wechseln Gleich- und Gegenphasigkeit ab. Aus der Tatsache, dass sich Nebenresonanzen ausbilden, muss man also folgern, dass der Energierückstrom von der Blase ins Schallfeld (während der ungünstigen Phasenlagen) vergleichsweise schwach ist. Die Erklärung hierfür findet man in der Nichtlinearität. Mit Masse, Federung und Wirkwiderstand wird auch die Impedanz der Blase radiusabhängig, die durch sie bestimmte Ankopplung an das Schallfeld schwankt also im Takt der Blasenschwingung. In den Nebenresonanzen ist die Kopplung während der Anfachungsphasen besonders fest, während der Abbremsungsphasen aber infolge der Fehlanpassung nur schwach.

Bei linearen Schwingern gibt es solche Impedanzschwankungen nicht; hier kompensieren sich bei unterschiedlichen Frequenzen der anregenden Schwingung und der Systemschwingung Energiezufuhr und -abfluss im Zeitmittel. Erzwungene lineare Schwingungen haben daher stets die gleiche Frequenz wie die Erregung.

5.4.5   Nichtlineare Wellenausbreitung

Aus der Fülle der nichtlinearen Schwingungserscheinungen in allen Bereichen der Physik sollen hier nur wenige kurz berührt werden: Einige Effekte aus der nichtlinearen Optik, die Schallabsorption durch Phonon–Phonon–Wechselwirkung und die Aufsteilung der Wellenfront in Medien mit amplitudenabhängiger Ausbreitungsgeschwindigkeit. Makroskopisch gesehen handelt es sich dabei um Wellenvorgänge in nichtlinearen Übertragungsmedien, mikroskopisch gesehen um erzwungene Schwingungen in nichtlinearen gekoppelten Vielkreissystemen.

5.4.5.1   Nichtlineare Optik

Die nichtlineare Optik (NLO) befasst sich mit Vorgängen, die bei der Einstrahlung intensiven Laserlichts in Materie auftreten. Ein Atom wird im elektrischen Feld polarisiert, unter dem Einfluss einer Lichtwelle wird es daher zum schwingenden Dipol und strahlt selbst im Rhythmus seiner Polarisation Licht ab. Die Polarisation $\mathbf{P}$ ist bei schwacher Lichtintensität der elektrischen Feldstärke $\mathbf{E}$ proportional:

$$\mathbf{P} = \varepsilon_0 \chi \mathbf{E}, \tag{5.139}$$

der dimensionslose Proportionalitätsfaktor χ ist die elektrische Suszeptibilität (genauer: ein Tensor 2. Stufe, da $\mathbf{P}$ und $\mathbf{E}$ Vektoren sind).

Bei Feldstärken über etwa 10^8 V/cm wird der Zusammenhang zwischen $\mathbf{P}$ und $\mathbf{E}$ merklich nichtlinear. (5.139) ist dann auf der rechten Seite durch Terme zu ergänzen, die proportional sind zu $\mathbf{E}^2, \mathbf{E}^3, \mathbf{E} \cdot (\partial \mathbf{E}/\partial t)$, $\mathbf{E} \cdot (\partial \mathbf{E}/\partial x)$, $\mathbf{B}^2 \mathbf{E}$ usw., wobei $\mathbf{B}$ die magnetische Flussdichte ist. (Diese Schreibweise ist etwas vereinfacht. Genau genommen treten alle Produkte der Vektorkomponenten auf, die Proportionalitätsfaktoren sind Tensoren 3. bzw. 4. Stufe.) Mit überlagerten starken Gleichfeldern $\mathbf{E}_0$ oder $\mathbf{B}_0$ (im ersteren Fall ist $\mathbf{E} = \mathbf{E}_0 + \mathbf{E}_\sim$) ergeben sich aus den nichtlinearen Anteilen in der Polarisation eine Reihe von elektro- und magnetooptischen Effekten (Pockels-Effekt[8] $\sim \mathbf{E}_0\mathbf{E}_\sim$, Kerr-Effekt[9] $\sim \mathbf{E}_0^2\mathbf{E}_\sim$, Cotton–Mouton-Effekt[10][11] $\sim \mathbf{B}_0^2\mathbf{E}_\sim$ usw.). Während diese Effekte auch bei

---

[8] Friedrich Carl Alwin Pockels, deutscher Physiker (1865–1913).
[9] John Kerr, schottischer Physiker (1824–1907).
[10] Aimé Auguste Cotton, französischer Physiker (1869–1951).
[11] Henri Julien Désiré Mouton, französischer Biologe und Chemiker (1867–1935).

kleinen Wechselfeldstärken $\mathbf{E}_\sim$ auftreten und daher schon seit langem bekannt sind, wurde die experimentelle Untersuchung der hier interessierenden nichtlinearen Erscheinungen in reinen Wechselfeldern hoher Intensität erst mit der Entwicklung leistungsstarker Festkörperlaser möglich.

Von dem zu $\mathbf{E}^2$ proportionalen Anteil der Polarisation, der übrigens nur in piezoelektrischen Substanzen auftreten kann, erwartet man beispielsweise eine Frequenzverdopplung (engl. second harmonic generation, SHG). Sie wird auch tatsächlich beobachtet, allerdings nur dann, wenn neben einer stark nichtlinearen Suszeptibilität noch einige Zusatzbedingungen erfüllt sind.

Eine nennenswerte Umwandlung des eingestrahlten Lichts mit der Frequenz ω in solches mit der Frequenz 2ω ist nur möglich, wenn sich die von den einzelnen Atomen ausgehenden Teilwellen phasenrichtig überlagern, wenn also die Phasengeschwindigkeiten für die Frequenzen ω und 2ω gleich sind (*Phasenanpassung*). Nun zeigen aber alle in Frage kommenden Stoffe eine so starke Dispersion, dass diese Bedingung zunächst unerfüllbar erscheint. Es gibt jedoch für polarisiertes Licht in einer Reihe von doppelbrechenden Kristallen dank der Anisotropie bestimmte Richtungen, in denen die Phasenanpassung gegeben ist; dabei läuft die eine Welle als ordentlicher, die andere als außerordentlicher Strahl (d. h. mit verschiedenen Polarisationsebenen).

Die Strecke, längs derer die Umwandlung in die zweite Harmonische erfolgt, ist nicht nur durch die erreichbaren Kristalldicken begrenzt, sondern vor allem dadurch, dass bei gleich gerichteten Wellennormalen die Richtungen des Energietransports (Poynting-Vektoren)[12] des ordentlichen und des außerordentlichen Strahls im Allgemeinen nicht zusammenfallen. Trotzdem hat man in einigen Kristallen eine hohe Konversion (bis zu 80 % der Energie) z. B. von ultrarotem Licht ($\lambda = 1060$ nm, Neodym-dotierter Yttrium–Aluminium–Granat-(Nd : YAG-)Laser) in grünes oder von rotem ($\lambda = 649$ nm, Rubinlaser) in ultraviolettes erzielt. Geeignete Kristalle sind z. B. Kaliumdihydrogenphosphat (KDP, KH_2PO_4), Lithiumniobat ($LiNbO_3$), Kalium–Lithium–Niobat ($K_6Li_4NbO_3$), Barium–Natrium–Niobat ($Ba_2NaNb_5O_{15}$), Lithiumiodat ($LiIO_3$) und Iodsäure (HIO_3). Wichtig ist auch, dass die Kristalle nur sehr schwach absorbieren, denn bei den hohen Lichtintensitäten (Größenordnung 10 MW/cm^2) würden sie sonst durch Erhitzung schnell zerstört.

Die Entstehung der zweiten Harmonischen ist auch im Teilchenbild leicht zu beschreiben. Kennzeichnet man die Primärwelle mit dem Index 1, die neu entstehende mit 2, haben die einfallenden Photonen die Energie $\hbar\omega_1$ ($\hbar = h/2\pi$, h = Planck'sche Konstante) und den Impuls $\hbar k_1$ ($k_1 = \omega_1/c_{ph1}$ ist die in Ausbreitungsrichtung weisende Komponente des Wellenzahlvektors k_1, c_{ph1} = Phasengeschwindigkeit der Primärwelle). Vereinigen sich zwei Primärphotonen zu einem neuen Photon, folgt aus dem Energieerhaltungssatz $\hbar\omega_1 + \hbar\omega_1 = \hbar\omega_2$, also $\omega_2 = 2\omega_1$, aus dem Impulserhaltungssatz $\hbar k_1 + \hbar k_1 = \hbar k_2$ folgt $k_2 = 2k_1$, d. h. $\omega_2/c_{ph2} = 2\omega_1/c_{ph1}$ oder $c_{ph1} = c_{ph2}$. Die Frequenzverdopplung ergibt sich also aus dem Energiesatz, die Phasenanpassung aus dem Impulssatz.

---

[12] John Henry Poynting, britischer Physiker (1852–1914).

Strahlt man zwei Wellen mit den Frequenzen ω_1 und ω_2 in den Kristall ein, entstehen, falls die vorerwähnten Nebenbedingungen erfüllt sind, durch eine quadratische Nichtlinearität die Summen- und Differenzfrequenz. Auch der umgekehrte Vorgang ist möglich: Ein nichtlinearer Kristall kann aus einer einfallenden Welle mit der Frequenz ω_3 zwei neue Wellen erzeugen, sodass die Summe ihrer Frequenzen $\omega_1 + \omega_2 = \omega_3$ ist (wieder unter der Voraussetzung der Phasenanpassung). Dieser Vorgang wird technisch ausgenutzt, um ein kontinuierlich durchstimmbares Lasersystem zu konstruieren. Der Kristall befindet sich in einem Resonator, dessen Güte für ω_1 und ω_2 sehr hoch ist. In Abschn. 5.5.3.2 wird erläutert, dass es sich hierbei um einen parametrischen Oszillator mit Idlerkreis handelt; ω_1 und ω_2 nennt man deshalb Signal- bzw. Idlerfrequenz, ω_3 Pumpfrequenz. Die Resonanzfrequenzen ω_1 und ω_2 hängen von der Phasengeschwindigkeit im Kristall ab, die sich beispielsweise durch Temperaturvariation beeinflussen lässt. In einer handelsüblichen Kombination aus einem Nd:YAG-Laser, einem parametrischen Oszillator mit $LiNbO_3$-Kristall und einem externen Mischer (ebenfalls mit nichtlinearem Kristall) zur Frequenzverdopplung bzw. -summation steht eine von 250 nm bis 3500 nm kontinuierlich durchstimmbare kohärente Lichtquelle zur Verfügung.

Die bislang genannten Effekte beruhen, wie erwähnt, auf einem Polarisationsanteil, der dem Quadrat der elektrischen Feldstärke proportional ist. Auch der kubische Anteil, der im Unterschied zum quadratischen nicht nur in Kristallen mit einer polaren Achse, sondern grundsätzlich in allen – auch isotropen – Substanzen auftreten kann, führt zu interessanten Erscheinungen, unter anderem zur *Selbstfokussierung*. Bei monochromatischer Einstrahlung (Frequenz ω) entsteht infolge einer kubischen Nichtlinearität neben $\omega + \omega + \omega = 3\omega$ auch die Frequenz $\omega + \omega - \omega = \omega$ als Verzerrungsprodukt. Diese zusätzliche Polarisation bewirkt, dass mit zunehmender Intensität des einfallenden Lichts die Suszeptibilität χ des Mediums ansteigt. Wegen der Beziehung $\chi = \varepsilon - 1$ (ε = Dielektrizitätszahl) wird die Phasengeschwindigkeit $c = c_0/\sqrt{\varepsilon}$ (c_0 = Vakuumlichtgeschwindigkeit) um so stärker herabgesetzt, je höher die Lichtintensität ist. Da in einem Laserstrahl die Intensität nach außen hin abfällt, ist aufgrund dieses Effekts die Phasengeschwindigkeit am Rand höher als in der Strahlachse, und das ist genau die Wirkung einer Sammellinse. Die hierdurch verursachte Strahlverengung nennt man Selbstfokussierung. Sie setzt unabhängig vom Strahldurchmesser oberhalb einer Schwelle im kW-Bereich ein und führt zu sehr engen Lichtbündeln von einigen μm Durchmesser mit Intensitäten bis über $10\,GW/cm^2$.

Die kubische Nichtlinearität bewirkt auch die außerordentlich hohe Kohärenz des Laserlichts (vgl. Abschn. 1.3.3), indem sie dafür sorgt, dass die trotz der stimulierten Emission verbleibenden inkohärenten Spontanübergänge ebenfalls kohärent werden, sobald die Intensität der Laserschwingung eine gewisse Schwelle überschreitet (auf die etwas kompliziertere Erklärung dieses Effekts kann hier nicht eingegangen werden).

Ebenfalls durch nichtlineare Prozesse entstehen die bereits in Abschn. 1.12.2.6 erwähnten *ultrakurzen Lichtimpulse* mit Dauern bis hinab in den fs-Bereich (10^{-15} s) und Intensitäten bis 150 GW. Sie werden entweder durch phasenrichtige Überlagerung vieler Eigenschwingungen des Laserresonators erzeugt (*Modenkopplung*) oder durch besondere

Effekte bei der stimulierten Raman-[13] oder Brillouinstreuung. Diese letztgenannten Effekte sind auch von großer Bedeutung für die Untersuchung der atomaren Eigenschaften vieler Stoffe.

Die Bemerkung, dass auch die höchsten bisher erreichten Feldstärken noch nicht ausreichen, um die von der Quantenelektrodynamik vorausgesagte Nichtlinearität des Vakuums experimentell zu prüfen, soll diesen Abschnitt über nichtlineare elektromagnetische Schwingungen abschließen.

5.4.5.2 Phonon–Phonon–Wechselwirkung

Die Frequenzumsetzung durch Nichtlinearitäten spielt bei der Schallabsorption in manchen kristallinen Festkörpern eine entscheidende Rolle, sofern sie nämlich durch Phonon–Phonon–Wechselwirkung verursacht wird.

Die Rückstellkraft der Umgebung auf ein Gitteratom ist der Auslenkung aus der Ruhelage nur in einem sehr kleinen Bereich annähernd proportional (Hooke'sches Gesetz). Bei größeren Elongationen gibt es Abweichungen, weil die Abstoßung stärker als proportional zur Abstandsverringerung zwischen den Atomen und andererseits die Anziehung schwächer als proportional zur Abstandsvergrößerung ansteigt. Obwohl es sich hierbei um Potentialkräfte handelt, kann infolge der Nichtlinearität z. B. durch Phonon–Phonon–Wechselwirkung akustische Energie in thermische übergeführt werden. Im klassischen Wellenbild lässt sich dieser Vorgang veranschaulichen: Aus den tiefen Frequenzen der akustischen und den hohen Frequenzen der thermischen Gitterschwingungen (letztere um 10^{13} Hz) entstehen Kombinationsfrequenzen, die ebenfalls im thermischen Bereich liegen. Das Ergebnis ist eine starke Dämpfung der akustischen Schwingung.

5.4.5.3 Aufsteilung der Wellenfront

Schallwellen sehr großer Amplitude verändern aufgrund nichtlinearer Effekte bei der Ausbreitung in Luft ihre Kurvenform. In den Überdruckphasen ist die Temperatur gegenüber den Unterdruckphasen erhöht, und da die Schallgeschwindigkeit in Luft mit wachsender Temperatur ansteigt, laufen die Druckmaxima etwas schneller als die Druckminima. Noch stärker wirkt in gleicher Richtung folgender Effekt: Schalldruck und Schallschnelle sind in der ebenen Welle gleichphasig. In den Überdruckphasen addiert sich daher die Schallschnelle zur Schallgeschwindigkeit, in den Unterdruckphasen subtrahiert sie sich von ihr. Beide Vorgänge bewirken eine starke Aufsteilung der Wellenfronten. Eine ursprünglich sinusförmige Welle geht nach und nach in eine Welle mit Sägezahnprofil über. Diesen Prozess kann man zur Erzeugung von Stoßwellen ausnutzen, die beispielsweise ein wichtiges Hilfsmittel bei der Untersuchung schneller Reaktionen in Gasen darstellen; in unerwünschter Weise macht sich die Aufsteilung in der Nähe von Großlautsprechern bemerkbar, wo sie zu einer spürbaren Anhebung des Klirrfaktors führen kann. Eine Aufsteilung der Wellenfront beobachtet man immer dann, wenn die Ausbreitungsgeschwindigkeit mit steigender Amplitude anwächst. Eine positive Spannungshalbwelle breitet sich

---

[13] Sir Chandrasekhara Venkata Raman, indischer Physiker (1888–1970).

demnach um so schneller aus, je größer ihre Amplitude ist; umgekehrt wird eine negative verzögert.

5.4.5.4 Solitonen

Lichtimpulse, die sich in Wellenleitern ausbreiten, werden durch Dispersion während der Ausbreitung breiter, wodurch die mögliche Übertragungsstrecke von Nachrichten sehr eingeschränkt wird. In nichtlinearen Medien mit anomaler Dispersion (die Gruppenge-schwindigkeit steigt mit der Frequenz an) können sich durch ein Wechselspiel zwischen Dispersion und Nichtlinearität *Solitonen* ausbilden – Wellenpakete, die sich ohne Ände-rung ihrer Form ausbreiten. Dabei werden die schnelleren Komponenten derart in lang-samere umgewandelt und langsamere in schnellere, dass die Impulsform erhalten bleibt. Mit Impulsdauern von einigen ps (10^{-12} s) erreicht man Übertragungsraten von mehr als 10^{12} bit/s. Um Dämpfungsverluste zu kompensieren, muss man die Solitonen lediglich mit optischen Verstärkern im Abstand von etwa 20 km regenerieren.

Solitonen sind auch in Wasserkanälen beobachtet worden, erstmals 1834. Eine etwa 10 m lange und 50 cm hohe Wasserwelle lief in einem engen schottischen Kanal kilome-terweit ohne nennenswerte Formänderung.

Ein eigenartiges Phänomen beobachtet man, wenn sich zwei Solitonen begegnen: sie durchdringen sich, ohne sich gegenseitig zu beeinflussen und laufen dann unverändert weiter. Ein stärkeres Soliton kann auch ein schwächeres überholen.

5.5 Parametrische (rheolineare) Schwingungen

Bei den zuvor beschriebenen nichtlinearen Schwingern entstehen die interessanten Ef-fekte dadurch, dass die frequenzbestimmenden Systemeigenschaften (wirksame Masse oder Rückstellkraft, Induktivität oder Kapazität) vom Momentanwert der schwingenden Größe abhängen. In den nachfolgend behandelten Schwingungssystemen werden diese Parameter durch eine äußere Einwirkung, also unabhängig von der Systemschwingung, periodisch geändert. Allein durch diese Parametervariation lassen sich Eigenschwingun-gen erregen oder verstärken, und man nennt daher diese Vorgänge *parametrische Schwin-gungserzeugung* bzw. *parametrische Verstärkung*. In Anlehnung an den Begriff „rheono-me Bindungen" in der theoretischen Mechanik (für zeitabhängige Zwangsbedingungen, die die Bewegungsfreiheit eines Systems einschränken) spricht man je nach dem Typ der Differenzialgleichung eines parametrischen Oszillators auch von *rheolinearen* bzw. *rheo-nichtlinearen Schwingungen*. Hier werden vorwiegend die rheolinearen betrachtet.

Zunächst soll das Prinzip der parametrischen Schwingungsanfachung an einem beson-ders übersichtlichen Beispiel veranschaulicht werden. Abb. 5.30 zeigt oben einen dämp-fungsfreien elektrischen Schwingkreis aus einer Spule L und einem Kondensator, dessen Kapazität C man durch sprunghafte Änderung des Plattenabstands zwischen den Wer-ten C_0 und $C_1 > C_0$ umschalten kann. Ist die Kapazität zunächst konstant ($C = C_0$), wird nach einer Anfangsaufladung $q = \pm q_0$ der Platten im elektrischen Kreis eine har-

Abb. 5.30 Parametrische
Schwingungsanfachung in
einem LC-Kreis durch periodische Kapazitätsänderung

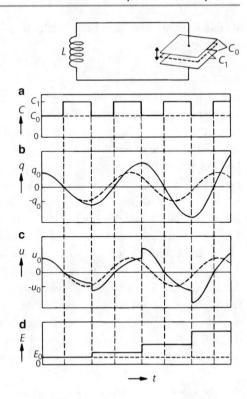

monische Schwingung mit der Frequenz $\omega = 1/\sqrt{LC_0}$ ablaufen (gestrichelte Kurven in
Abb. 5.30b für die Ladung q und im Teilbild c für die Kondensatorspannung $u = q/C_0$).
Die Schwingkreisenergie E (Teilbild d) bleibt wegen der fehlenden Dämpfung konstant
($E_0 = q_0^2/2C_0$).

Die elektrische Schwingung lässt sich nun durch periodische Variation des Plattenabstands verstärken. Um ihr möglichst viel Energie zuzuführen, muss man die Platten
offenbar dann auseinander ziehen, wenn hierzu die größte Kraft aufzuwenden ist, d. h.
in den Zeitpunkten maximaler Aufladung; die Polung spielt dabei keine Rolle. Wenn der
Kondensator spannungsfrei ist, kann man die Platten ohne Energieentzug wieder in den
geringeren Abstand zurückbringen. Die hierbei ablaufenden Vorgänge werden durch die
ausgezogenen Kurven in Abb. 5.30 illustriert: Die rechteckförmige Kapazitätsänderung
(a) mit Sprüngen in den Nulldurchgängen bzw. bei den Extremwerten der $q(t)$-Kurve (b)
erhöht stufenweise die Spannungsamplitude (c) und die Schwingkreisenergie (d). (Der
Frequenzunterschied gegenüber der gestrichelten Schwingung rührt von der im Zeitmittel größeren Kapazität her.) Durch mechanische Änderung des Schwingkreisparameters
C lässt sich also in diesem idealisierten Modell die elektrische Schwingung theoretisch
unbegrenzt verstärken; ihre Amplitude steigt exponentiell mit der Zeit an (in einem realen
Schwingkreis würden Nichtlinearitäten zu einer Amplitudenbegrenzung führen).

Das einfache Beispiel macht bereits drei typische Eigenschaften rheolinearer Systeme deutlich: das *Pumpen*, wie man die periodische Energiezufuhr allgemein bei parametrischen Schwingern nennt, erfolgt mit der doppelten Eigenfrequenz des Schwingkreises, die richtige Phasenlage ist einzuhalten, und es muss – im Unterschied zu erzwungenen Schwingungen – schon am Anfang eine wenn auch schwache Schwingung vorhanden sein. Die letztere Forderung ist durch das thermische Rauschen immer erfüllt; sie führt aber dazu, dass man nicht vorhersagen kann, wie lange es dauert, bis sich nach dem Einschalten eines parametrischen Oszillators eine bestimmte Schwingungsamplitude aufbaut. Von den beiden übrigen Voraussetzungen, der Frequenz- und der Phasenbedingung, kann man sich durch Ankoppeln eines geeignet abzustimmenden Hilfskreises lösen. Dies ist vor allem für die parametrischen Verstärker von großer Bedeutung (Abschn. 5.5.3.2).

5.5.1 Hill'sche Differenzialgleichung

Bei einem rheolinearen mechanischen Einkreissystem können im allgemeinsten Fall Masse, Feder und Dämpfer zeitabhängig sein. Ein solcher Schwinger gehorcht dann der homogenen Differenzialgleichung

$$M(t)\,\ddot{x} + W(t)\,\dot{x} + \frac{x}{F(t)} = 0, \tag{5.140}$$

die nach Division durch $M(t)$ mit den Bezeichnungen $2\alpha(t) = W(t)/M(t)$ und $\omega^2(t) = 1/F(t)M(t)$ in die Form

$$\ddot{x} + 2\alpha(t)\,\dot{x} + \omega^2(t)\,x = 0 \tag{5.141}$$

übergeht. Führt man durch die Transformation

$$x = y\,\mathrm{e}^{-\int \alpha(t)\,\mathrm{d}t} \tag{5.142}$$

die neue Variable y ein, entfällt der Dämpfungsterm $2\alpha(t)\,\dot{x}$, und man bekommt aus (5.141)

$$\ddot{y} + [\omega^2(t) - \alpha^2(t) - \dot{\alpha}(t)]\,y = 0. \tag{5.143}$$

Bei einem linearen System mit festem α und fester Eigenfrequenz ω_0 (Abschn. 2.3.1.1 und 2.3.1.2) bedeutet die Transformation $x = y\mathrm{e}^{-\alpha t}$ die Abspaltung des Exponentialfaktors aus der Lösung $x(t)$. Es verbleibt dann für y die Gleichung $\ddot{y} + (\omega_0^2 - \alpha^2)y = 0$ mit der bekannten Lösung $y = \widehat{y}\sin(\omega_\mathrm{d}t + \psi)$, $\omega_\mathrm{d}^2 = \omega_0^2 - \alpha^2$.

(5.140) lässt sich also auf die speziellere, aber immer noch sehr allgemeine Form

$$\ddot{y} + \Phi(t)\, y = 0 \tag{5.144}$$

zurückführen. Wenn $\Phi(t)$ periodisch ist, d. h.

$$\Phi(t + T) = \Phi(t), \tag{5.145}$$

nennt man (5.144) eine *Hill'sche Differenzialgleichung*. (Sie wurde von G. W. Hill[14] 1886 untersucht, und zwar im Zusammenhang mit der Mondbahnberechnung, wobei das Gravitationsfeld der Sonne eine zeitlich periodische Störung bewirkt.) Bei der rechnerischen und experimentellen Untersuchung rheolinearer Systeme stellt man fest, dass je nach den Werten der Parameter der periodischen Funktion $\Phi(t)$ die Amplitude der Systemschwingung von beliebigen Anfangsbedingungen her zeitlich unbegrenzt anwächst, konstant bleibt oder gegen Null abfällt. Im ersteren Fall spricht man von *instabilen*, in den beiden letzteren von *stabilen* Lösungen. Wichtig ist, dass die Stabilität nur von Größen abhängt, die in der Schwingungsdifferenzialgleichung auftreten, nicht aber von den Anfangsbedingungen. Es lässt sich zeigen, dass die Hill'sche Differenzialgleichung (5.144) Lösungen von der Form

$$y(t) = a_1\, e^{\underline{\mu}_1 t}\, y_1(t) + a_2\, e^{\underline{\mu}_2 t}\, y_2(t) \tag{5.146}$$

besitzt (Theorem von Floquet).[15] a_1 und a_2 sind Konstanten, $y_1(t)$ und $y_2(t)$ periodische Funktionen der Zeit und $\underline{\mu}_1$, $\underline{\mu}_2$ die im Allgemeinen komplexen „charakteristischen Exponenten". Offenbar ist $y(t)$ dann eine instabile Lösung, wenn mindestens einer der charakteristischen Exponenten einen positiven Realteil hat. Sind beide Realteile negativ, verklingt die Schwingung exponentiell; für $\underline{\mu}_1 = \underline{\mu}_2 = 0$ wird $y(t)$ periodisch. Die Stabilitätsfrage reduziert sich also auf die Bestimmung der charakteristischen Exponenten.

Hill'sche Differenzialgleichungen spielen nicht nur bei rheolinearen Schwingern eine Rolle, sondern treten auch sonst oft bei Stabilitätsuntersuchungen auf. Beispielsweise werden erzwungene Schwingungen nichtlinearer Systeme häufig durch

$$\ddot{y} + 2\,\alpha\,\dot{y} + f(y) = A(t) \tag{5.147}$$

beschrieben. Ist $y_0(t)$ eine bekannte Lösung, von der geprüft werden soll, ob sie stabil oder labil ist, betrachtet man eine „Nachbarlösung"

$$y(t) = y_0(t) + \varepsilon(t) \tag{5.148}$$

und stellt fest, ob $\varepsilon(t)$ anwächst oder abklingt. Als Näherung nimmt man

$$f(y) = f(y_0) + \left(\frac{\mathrm{d}f}{\mathrm{d}y}\right)_{y_0(t)} \varepsilon \tag{5.149}$$

---

[14] George William Hill, US-amerikanischer Astronom und Mathematiker (1838–1914).
[15] Achille Marie Gaston Floquet, französischer Mathematiker (1847–1920).

an. Einsetzen von $y(t)$ in (5.147) führt dann, da $y_0(t)$ (5.147) löst, auf

$$\ddot{\varepsilon} + 2\alpha\dot{\varepsilon} + \left(\frac{\mathrm{d}f}{\mathrm{d}y}\right)_{y_0(t)} \varepsilon = 0. \qquad (5.150)$$

Diese Gleichung hat die Gestalt von (5.141) und lässt sich daher in die Form (5.144) über-führen. Weil $y_0(t)$ eine periodische Zeitfunktion ist, ist es der Koeffizient von ε ebenfalls, sodass auch die Zusatzforderung (5.145) erfüllt ist. Die bei der Transformation (5.142) gebildete Funktion $\varepsilon e^{\alpha t}$ gehorcht damit einer Hill'schen Differenzialgleichung. Mit $\varepsilon e^{\alpha t}$ lässt sich auch ε selbst in der Form (5.146) darstellen, sodass sich die Stabilitätsuntersu-chung der Lösungsfunktion $y_0(t)$ auf die Berechnung der charakteristischen Exponenten in der Störungsfunktion $\varepsilon(t)$ reduziert.

5.5.2 Mathieu'sche Differenzialgleichung

Die Hill'sche Differenzialgleichung (5.144) ist zu allgemein, um genauere Aussagen über die charakteristischen Exponenten zu erlauben. Eingehend untersucht worden sind zwei Spezialfälle. Schwankt $\Phi(t)$ rechteckförmig um einen Mittelwert A, wie z. B. $C(t)$ in Abb. 5.30a, so gelangt man zur *Meißner'schen Differenzialgleichung*

$$\ddot{y} + (\lambda \pm \gamma)y = 0. \qquad (5.151)$$

Ist dagegen die Schwankung sinusförmig, bekommt man die *Mathieu'sche Differenzial-gleichung*[16]

$$\ddot{y} + (\lambda + \gamma \sin \Omega t)\, y = 0, \qquad (5.152)$$

die eine große Zahl von Schwingungssystemen mit zeitlich sinusförmig variiertem Para-meter beschreibt.

Ein typisches Beispiel ist das Pendel mit oszillierendem Aufhängepunkt (Abb. 5.31). Die Drehachse schwinge in Vertikalrichtung nach dem Zeitgesetz $y(t) = \widehat{y}\sin\Omega t$, y werde nach oben positiv gerechnet. Während beim Pendel mit fester Drehachse (Ab-schn. 5.3.1) die Rückstellkraft durch $Mg\sin\varphi$ gegeben ist, ist hier die Erdbeschleuni-gung g durch $g - \ddot{y}(t) = g + \Omega^2\widehat{y}\sin\Omega t$ zu ersetzen. Im Unterschied zu (5.58) lautet daher die Bewegungsgleichung für den Ausschlagwinkel φ in einem mit der Drehachse fest verbundenen Koordinatensystem

$$M l\ddot{\varphi} + M(g + \widehat{y}\,\Omega^2 \sin \Omega t)\sin\varphi = 0. \qquad (5.153)$$

---

[16] Émile Léonard Mathieu, französischer Mathematiker (1835–1890).

Abb. 5.31 Pendel (Masse M,
Länge l) mit oszillierendem
Aufhängepunkt

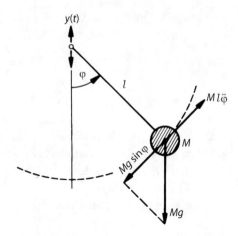

Diese rheonichtlineare Differenzialgleichung vereinfacht sich für kleine Ausschläge φ zur Mathieu'schen Gleichung

$$\ddot{\varphi} + \left(\frac{g}{l} + \frac{\widehat{y}\,\Omega^2}{l} \sin \Omega t \right) \varphi = 0. \tag{5.154}$$

Physikalisch ähnlich verhält sich ein Pendel mit periodisch veränderter Fadenlänge $l(t)$. Dieses auf eine etwas andere Gleichung führende System (Abb. 5.32) stellt das Modell einer Schaukel dar. Ein schaukelndes Kind variiert durch rhythmisches Heben und Senken des Schwerpunkts die effektive Pendellänge und erzielt dadurch eine parametrische Anfachung seiner Schwingung.

Im Modell ist der Faden des Pendels am oberen Ende exzentrisch auf einer Scheibe befestigt, die durch einen Motor in langsame gleichförmige Drehung versetzt werden kann. Der Faden gleitet durch eine Führungshülse H, sodass die vorher ruhig hängende Pendelmasse nach dem Einschalten des Motors zunächst nur auf und ab schwingt. Wählt man die Drehfrequenz der Scheibe gleich der doppelten Eigenfrequenz des Pendels, schaukelt sich eine zufällig vorhandene minimale Horizontalbewegung in irgendeiner Schwingungsebene zu einer sichtbar werdenden Pendelschwingung auf, deren Amplitude dann rasch ansteigt. Bei genügend großem Hub der Pumpschwingung ist zu erkennen, dass die Pendelmasse eine abgeflachte Bahnkurve beschreibt, wie sie in Abb. 5.32 skizziert ist.

Ein weiteres Beispiel ist die transversal schwingende Saite mit periodisch schwankender Zugspannung $P(t) = P_0 + \widehat{P} \sin \Omega t$. Setzt man diesen Ausdruck in die Schwingungsgleichung (5.82) ein, folgt für kleine Transversalelongationen, d. h. unter Vernachlässigung der in Abschn. 5.3.2 betrachteten Nichtlinearität,

$$\ddot{y} + \left(\omega_0^2 + \frac{\pi^2 \widehat{P}}{L^2 \rho} \sin \Omega t \right) y = 0, \tag{5.155}$$

Abb. 5.32 Modell zur
parametrischen Schwingungsanregung beim Schaukeln:
Pendel mit periodisch veränderter Fadenlänge. H:
Führungshülse

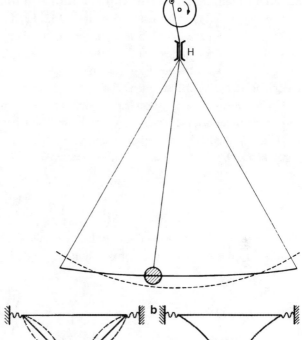

Abb. 5.33 Entstehung des
„son rauque" bei Lautsprechern mit Konusmembran (**a**).
Abhilfe durch NAWI-
Membran (**b**)

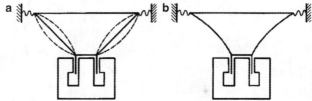

also wieder die Mathieu'sche Differenzialgleichung (ω_0 ist die lineare Eigenfrequenz nach
(5.83)).

Der Vergleich von (5.154) und (5.155) mit (5.152) zeigt, dass der Parameter λ gleich
dem Quadrat der Eigenfrequenz und γ proportional zur Pumpamplitude ist.

Auch bei Lautsprechern mit konischer Membran kann eine Schwingung mit der halben Anregungsfrequenz entstehen. Bei großen Amplituden beult sich die Membran aus,
wie es in Abb. 5.33 links gestrichelt angedeutet ist, und zwar (wegen der kinetischen
Energie beim Zurückschwingen) abwechselnd nach innen und nach außen. Bei genügend
großer Amplitude entsteht plötzlich eine Schwingung mit der halben Anregungsfrequenz,
die deutlich neben dem Anregungston zu hören ist. Diesen „rauen" Klang hat man mit
dem französischen Ausdruck *son rauque* benannt. Um den Effekt zu vermeiden, gibt man
der Lautsprechermembran auch in radialer Richtung eine Krümmung (Abb. 5.33 rechts:
NAWI-Membran, Abkürzung für *nichtabwickelbar*).

5.5.2.1 Parametrische Erregung der Subharmonischen

Zur Lösung der Mathieu'schen Gleichung (5.152) kann man im Prinzip nach dem Theorem von Floquet den Ansatz (5.146) machen und dabei $y_1(t)$, $y_2(t)$ durch Fourierreihen darstellen. Die Rechnungen zur Ermittlung der Lösungsfunktionen und auch zur Bestimmung der charakteristischen Exponenten sind aber sehr umfangreich und können deshalb hier nicht wiedergegeben werden.

Mit geringem Rechenaufwand lassen sich jedoch Bedingungen für das Auftreten stationärer Schwingungen näherungsweise ermitteln. Die Überlegungen anhand von Abb. 5.30 zeigten, dass die Parametervariation eine Schwingung mit der halben Frequenz zur Folge haben kann. Dies legt es nahe, (5.152) mit dem Ansatz

$$y(t) = \widehat{y} \sin\left(\frac{\Omega}{2}t + \psi\right) \tag{5.156}$$

näherungsweise durch harmonische Balance zu lösen. Nach der Formel $2\sin\alpha\sin\beta = \cos(\alpha-\beta)-\cos(\alpha+\beta)$ folgt unter Beschränkung auf die Komponenten mit der Frequenz $\Omega/2$

$$\sin\Omega t \sin\left(\frac{\Omega}{2}t + \psi\right) = \frac{1}{2}\cos\left(\frac{\Omega}{2}t - \psi\right) - \frac{1}{2}\cos\left(\frac{3\Omega}{2}t + \psi\right)$$

$$\approx \frac{1}{2}\cos\left(\frac{\Omega}{2}t - \psi\right). \tag{5.157}$$

Damit ergibt sich aus (5.152)

$$\left(\lambda - \frac{\Omega^2}{4}\right)\sin\left(\frac{\Omega}{2}t + \psi\right) + \frac{\gamma}{2}\cos\left(\frac{\Omega}{2}t - \psi\right) = 0 \tag{5.158}$$

und durch Koeffizientenvergleich für die Glieder mit $\cos\Omega t/2$ bzw. $\sin\Omega t/2$ nach Eliminieren von ψ

$$\gamma = \pm 2\left(\lambda - \frac{\Omega^2}{4}\right). \tag{5.159}$$

Dies ist in der hier betrachteten Näherung die Bedingung für das Auftreten stationärer Schwingungen. Ohne Parametervariation ($\gamma = 0$) reduziert sich (5.152) auf $\ddot{y} + \lambda y = 0$, sodass Sinusschwingungen beliebiger Amplitude mit der Eigenfrequenz $\Omega/2 = \sqrt{\lambda}$ stabil sind. Diesem Schwingungszustand entspricht der Schnittpunkt der beiden durch (5.159) dargestellten Geraden in der λ, γ-Ebene (Abb. 5.34a). Stimmt die Eigenfrequenz $\sqrt{\lambda}$ nicht mit der halben Pumpfrequenz $\Omega/2$ überein, sind stationäre Schwingungen möglich, wenn die Pumpamplitude γ den durch (5.159) oder die Geraden in Abb. 5.34a bestimmten Wert hat (positive und negative Werte von γ sind gleichbedeutend, sie entsprechen nur verschiedener Wahl des Zeitnullpunkts).

Abb. 5.34 Durch harmonische Balance berechnete Stabilitätskurven für die Mathieu'sche Differenzialgleichung **a** ohne, **b** mit Dämpfung ((5.152) bzw. (5.160))

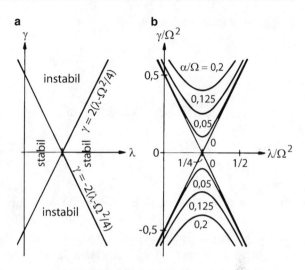

Die Geraden stellen bezüglich des Schwingungsverhaltens Grenzwerte der Pumpamplitude dar. Eine Erhöhung, also auf $|\gamma| > 2|\lambda - \Omega^2/4|$, führt zur exponentiellen Schwingungsanfachung wie in Abb. 5.30, eine Senkung, $|\gamma| < 2|\lambda - \Omega^2/4|$, führt zum völligen Abklingen einer vorhandenen Schwingung, und zwar gilt dies für beliebige endliche Anfangsamplituden. Die λ, γ-Ebene wird demnach durch die Geraden (5.159) in vier Gebiete unterteilt, in denen die Schwingungsamplituden entweder beschränkt bleiben (*stabile Bereiche*) oder unbeschränkt anwachsen (*instabile Bereiche*), wie in Abb. 5.34a vermerkt. Allerdings gelten diese Aussagen wegen der sehr einfachen Näherung nur für eine enge Umgebung des Schnittpunkts (vgl. die Strutt'sche Karte, Abb. 5.35).

Enthält ein parametererregtes Schwingungssystem eine geschwindigkeitsproportionale Dämpfung, lautet die zugehörige Mathieu'sche Differenzialgleichung

$$\ddot{y} + 2\alpha \dot{y} + (\lambda + \gamma \sin \Omega t)\, y = 0. \tag{5.160}$$

Nach der Überlegung zu Beginn des Abschnitts 5.5.1 unterscheidet sich die Lösungsfunktion dieser Gleichung von der der dämpfungsfreien Mathieu'schen Gleichung (5.152) durch den Exponentialfaktor $\mathrm{e}^{-\alpha t}$. Nimmt die Amplitude einer Lösung von (5.152) schwächer als mit $\mathrm{e}^{\alpha t}$ zu, wird die Schwingung beim Zufügen der Dämpfung trotz der parametrischen Energiezufuhr abklingen. Es leuchtet daher ein, dass die Dämpfung zu einer Vergrößerung der stabilen Bereiche auf Kosten der instabilen führt. Näherungsweise lässt sich auch dies durch harmonische Balance leicht berechnen. Mit dem harmonischen Ansatz (5.156) zum Aufsuchen stationärer Lösungen folgt aus (5.160) durch eine entsprechende

Rechnung wie bei der Herleitung von (5.159)

$$\gamma = 2\sqrt{\left(\lambda - \frac{\Omega^2}{4}\right)^2 + \alpha^2 \Omega^2}. \tag{5.161}$$

Geht man für die graphische Darstellung zu dimensionslosen Größen über, folgt

$$\frac{\gamma}{\Omega^2} = 2\sqrt{\left(\frac{\lambda}{\Omega^2} - \frac{1}{4}\right)^2 + \frac{\alpha^2}{\Omega^2}}. \tag{5.162}$$

Abb. 5.34b zeigt für verschiedene Werte von α/Ω diese Kurven. Sie grenzen wieder die stabilen gegen die instabilen Schwingungsbereiche ab. Bemerkenswert ist, dass die periodische Parametervariation bei entsprechend höherer Pumpamplitude auch im gedämpften System zu unbegrenzt anwachsenden Schwingungsamplituden führen kann. Hierin unterscheiden sich die parametrischen Schwingungen wesentlich von den erzwungenen Schwingungen gedämpfter Systeme mit festen Parametern, bei denen die kontinuierliche Leistungszufuhr durch die Erregerschwingung stets zu einer endlichen Schwingungsamplitude führt.

5.5.2.2 Strutt'sche Karte, Stehpendel
Die strenge Lösung der Mathieu'schen Differenzialgleichung (5.152) zeigt, dass mit kleinen Pumpamplituden γ nicht nur bei $\lambda/\Omega^2 = 1/4$ parametrische Schwingungen angefacht werden können, sondern bei allen Werten

$$\frac{\lambda}{\Omega^2} = \frac{n^2}{4}, \qquad n = 1, 2, 3, \ldots \tag{5.163}$$

Die Pumpfrequenz Ω muss demnach nicht notwendig gleich der doppelten Eigenfrequenz $\omega_0 = \sqrt{\lambda}$ sein, sondern darf jeden ganzzahligen Bruchteil von $2\omega_0$ annehmen ($\Omega = 2\omega_0/n$).

Den genauen Verlauf der Stabilitätsgrenzen in der λ, γ-Ebene hat M. J. O. Strutt[17] Anfang der 1930er Jahre berechnet [17]. Man nennt diese in Abb. 5.35 wiedergegebene Darstellung daher die *Strutt'sche Karte*. Wegen der Symmetrie zur λ-Achse ist nur der obere Teil ($\gamma \geq 0$) gezeichnet. Die Bereiche stabiler Lösungen sind schraffiert. Die instabilen Bereiche verbreitern sich – wie zu erwarten – mit zunehmender Pumpamplitude γ. Sie werden aber bei festem γ mit wachsender Ordnung n, d. h. zu größeren Abszissenwerten hin, immer schmaler, sodass ihre Anregung auf experimentelle Schwierigkeiten stößt. Hinzu kommt, dass eine Dämpfung bei den höheren Ordnungen die Stabilitätsgrenze wesentlich stärker anhebt als es Abb. 5.34b für den Grundbereich zeigt. Aus diesen Gründen sind die Instabilitätsbereiche höherer Ordnung von geringer praktischer Bedeutung.

---

[17] Maximilian Julius Otto Strutt, indonesisch–niederländischer Elektroingenieur (1903–1992).

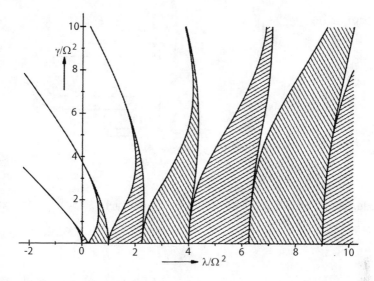

Abb. 5.35 Strutt'sche Karte: Bereiche stabiler (*schraffiert*) und instabiler Lösungen der Mathieu'schen Differenzialgleichung $\ddot{y} + (\lambda + \gamma \sin \Omega t)\, y = 0$

Interessant ist, dass auch bei $\lambda < 0$ stabile Bereiche auftreten. Wegen $\lambda = \omega_0^2$ entsprechen negativen Werten von λ imaginäre Werte der Eigenfrequenz ω_0, die sich formal ergeben, wenn man Bewegungen eines Schwingungssystems um labile Gleichgewichtslagen betrachtet. Beispielsweise gilt beim starren Pendel für kleine Auslenkungen aus der oberen, labilen Gleichgewichtslage (in Abb. 5.31 ist dazu die Richtung der Schwerkraft Mg umgekehrt zu denken) die Kraftbilanz

$$M l \ddot{\varphi} - M g \varphi = 0. \qquad (5.164)$$

Im Vergleich mit der Schwingungsgleichung $\ddot{\varphi} + \omega_0^2\, \varphi = 0$ führt das negative Vorzeichen formal auf $\omega_0^2 = -g/l$; die Lösungen von (5.164) sind Hyperbelfunktionen, also keine Schwingungen. Die Strutt'sche Karte sagt aus, dass für kleine negative Werte von λ/Ω^2, d. h. bei hoher Pumpfrequenz Ω, schon mit relativ geringen Pumpamplituden Schwingungen um die labile Gleichgewichtslage stabilisiert werden. Es ist also zu erwarten, dass ein starres Pendel bei rascher vertikaler Erschütterung seiner Drehachse in der aufrechten Lage verharrt (*Stehpendel*). Die Erschütterungs-Mindestamplitude $\widehat{y}_{\text{min}}$ für das Stehpendel lässt sich leicht abschätzen. Die im Ursprung der Strutt'schen Karte beginnende Grenzkurve hat näherungsweise den Verlauf

$$\frac{\lambda}{\Omega^2} \approx -\frac{1}{2}\left(\frac{\gamma}{\Omega^2}\right)^2. \qquad (5.165)$$

Abb. 5.36 Experiment zum
„Stehpendel"

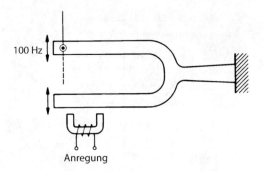

Mit der reduzierten Pendellänge l_r wird $\lambda = -g/l_r$ und nach (5.154) $\gamma/\Omega^2 = \widehat{y}/l_r$. Aus (5.165) folgt daher

$$\widehat{y}_{\min} = \frac{\sqrt{2gl_r}}{\Omega}. \tag{5.166}$$

Experimentell lässt sich das Stehpendel beispielsweise mit der in Abb. 5.36 skizzierten Anordnung realisieren. Ein dünner Draht von z. B. 4 cm Länge ist leicht drehbar am Ende einer Stimmgabelzinke befestigt. Bei elektromagnetischer Anregung der Stimmgabel bleibt der Draht nach Anheben in der Tat senkrecht stehen. Nach (5.166) ergibt sich für $l_r = 4$ cm und eine Pumpfrequenz von $\Omega = 2\pi \cdot 100$ Hz eine Mindestamplitude von $\widehat{y}_{\min} = 1{,}4$ mm. Unter Berücksichtigung der Dämpfung, die die stabilen Bereiche erweitert, genügt auch schon ein etwas kleinerer als der nach (5.166) errechnete Wert.

Nach der Strutt'schen Karte muss mit wachsender Pumpamplitude die aufrechte Lage des Pendels bei Werten von $\gamma/\Omega^2 \approx 0{,}5$ wieder instabil werden, für das Stehpendel also bei $\widehat{y} \approx l_r/2$. Die Stabilitätsbereiche höherer Ordnung erstrecken sich dagegen schon bei kleinen negativen Werten von λ/Ω^2 über so enge Intervalle der Pumpamplitude γ, dass sie experimentell kaum auffindbar sind.

Schwingt die Drehachse eines Pendels nicht in vertikaler, sondern in einer schrägen Richtung, so ist ebenfalls eine parametrische Stabilisierung möglich. Solche Schwinger führen auf inhomogene Mathieu'sche Differenzialgleichungen, sodass Stabilitätsaussagen aus der Strutt'schen Karte in Abb. 5.35, der die homogene (5.152) zugrunde liegt, nicht möglich sind. Ohne Schwerkraft (beispielsweise bei einem Pendel mit vertikal gestellter Drehachse, sodass jede Position ein indifferentes Gleichgewicht darstellt) würde die Richtung, in der die Erschütterungen erfolgen, stabilisiert, während sich senkrecht dazu labile Gleichgewichtslagen ergäben. Hingegen können bei gleichzeitiger Einwirkung von Schwerkraft und Erschütterungen in verschiedenen Richtungen bestimmte Pendellagen zwischen diesen beiden Richtungen stabilisiert werden.

Die parametrische Stabilisierung an sich instabiler Lagen machte sich störend bei Zeigerinstrumenten bemerkbar, die – beispielsweise in Propellerflugzeugen – Vibrationen ausgesetzt waren. Ebenso wie die Ruhelage eines erschütterten Pendels aus der abwärts weisenden Richtung heraus geschwenkt werden kann, können die Vibrationen den an die Stelle des Pendels tretenden Instrumentenzeiger aus der Sollrichtung drehen. Diese „Auswanderungserscheinungen", die wegen ihrer praktischen Bedeutung theoretisch und experimentell eingehend untersucht wurden, können übrigens auch bei ausgewuchteten Zeigern auftreten, bei denen also Schwerpunkt und Drehpunkt zusammenfallen, und zwar aufgrund von Trägheitswirkungen der Rückstellfedern.

Eine wichtige technische Anwendung findet die parametrische Stabilisierung als sog. *starke Fokussierung* in großen Kreisbeschleunigern, schon 1968 angewandt beim 28 GeV Protonen-Synchrotron in Genf (CERN). Die Protonen werden auf ihrem Sollkreis magnetisch stabilisiert. Ein inhomogenes Magnetfeld, das in radialer Richtung fokussiert, defokussiert zwangsläufig in der dazu senkrechten axialen Richtung. Kehrt man die Richtung des Feldgradienten um, fokussiert es axial, defokussiert aber radial. Um die Teilchenbahn in beiden Richtungen zu stabilisieren, nutzt man die Wirkung einer periodischen Parametervariation aus und ordnet längs des Sollkreises abwechselnd Magnete mit den beiden Feldtypen an, sodass die Protonen ein Magnetfeld mit alternierendem Gradienten durchlaufen (daher *AG-Synchrotron* genannt). Diese räumlich periodische Magnetfeldstruktur übt auf die umlaufenden Partikel eine zeitlich periodisch modulierte Rückstellkraft aus, sodass die rechnerische Beschreibung auf eine Hill'sche Differenzialgleichung führt. Die Teilchen werden bei geeigneter Bemessung der Feldgradienten nach spontanen Richtungsänderungen durch Stöße usw., die sonst zum Ausscheiden führen müssten, wieder eingefangen und schwingen dann mit kleiner Amplitude um den Sollkreis.

5.5.3 Parametrischer Verstärker

Die Schwingungsanfachung in einem parametrischen Oszillator ist dadurch möglich, dass der Pumpquelle Energie entzogen und der Oszillatorschwingung zugeführt wird. Eine nahe liegende Frage ist, ob eine derartige Energieumsetzung auch zur Verstärkung ausgenutzt werden kann. In der Tat lassen sich parametrische Schwingungssysteme auch als Verstärker betreiben, wenn man mit der Pumpamplitude unter der Instabilitätsschwelle bleibt. Im Prinzip braucht man ein unterkritisch gepumptes parametrisches System nur durch zwei Koppelglieder zu ergänzen, über die man dem Kreis das zu verstärkende Signal als Eingangsgröße zuführt und das verstärkte Ausgangssignal entnimmt. Die zusätzlichen Verluste, die beim Anschließen eines Verbrauchers entstehen, werden durch die entdämpfende Wirkung des Pumpens kompensiert.

Die Pumpschwingung steuert in der Regel eine Reaktanz (meist eine Kapazitätsdiode). Man bezeichnet diese parametrischen Verstärker daher auch als *Reaktanzverstärker*.

Ihr Vorteil gegenüber den üblichen Halbleiterverstärkern liegt in der Rauscharmut, denn ideale Reaktanzen können keine Rauschleistung abgeben. Reaktanzverstärker werden vor allem im Mikrowellenbereich benutzt. Gegenüber den noch rauschärmeren Molekularverstärkern (Masern) sind sie einfacher aufgebaut, und sie brauchen nicht unbedingt gekühlt zu werden.

Neben den Reaktanzverstärkern gibt es auch parametrische Verstärker, in denen eine Tunneldiode als veränderlicher negativer Widerstand gesteuert wird. Sie sind nicht ganz so rauscharm wie die Reaktanzverstärker, bieten aber eine größere Frequenzbandbreite.

Der folgende Unterabschnitt 5.5.3.1 behandelt zunächst einfache parametrische Verstärker ohne den zur automatischen Phasenanpassung von Pump- und Signalschwingung notwendigen Hilfskreis. Auf die eigentlichen parametrischen Verstärker mit Hilfskreis wird in Abschn. 5.5.3.2 eingegangen.

5.5.3.1 Einfache parametrische Verstärker

Für einen parametrischen Oszillator, der der Mathieu'schen Differenzialgleichung gehorcht, lässt sich in einfacher Näherung zeigen, dass eine parametrische Verstärkung möglich ist. Führt man die „dimensionslose Zeit" $\tau = \Omega t$ und die Abkürzungen

$$d_0 = \frac{2\alpha}{\Omega}, \qquad \Lambda = \frac{\lambda}{\Omega^2}, \qquad \Gamma = \frac{\gamma}{\Omega^2} \tag{5.167}$$

ein, und ergänzt man die homogene Gleichung (5.160) durch eine sinusförmige Erregung mit der halben Pumpfrequenz als Eingangssignal, bekommt man mit $y' = \mathrm{d}y/\mathrm{d}\tau$ die inhomogene Mathieu'sche Differenzialgleichung

$$y'' + d_0\, y' + (\Lambda + \Gamma \sin \tau)y = \widehat{y}_{\mathrm e} \sin\left(\frac{\tau}{2} + \varphi_{\mathrm e}\right). \tag{5.168}$$

$\widehat{y}_{\mathrm e}$ ist die Erregungsamplitude und $\varphi_{\mathrm e}$ eine zunächst unbestimmte Phasenverschiebung gegen die Pumpschwingung. Mit dem Ansatz

$$y(\tau) = \widehat{y} \sin\left(\frac{\tau}{2} + \varphi\right) \tag{5.169}$$

suchen wir stationäre Lösungen mit der Anregungsfrequenz $\Omega/2$. Durch harmonische Balance (Beschränkung auf Glieder mit $\tau/2$) folgt aus Koeffizientenvergleichen der Terme mit $\sin \tau/2$ bzw. $\cos \tau/2$ nach Eliminierung von φ

$$\widehat{y} = \widehat{y}_{\mathrm e} \frac{\sqrt{\left(\Lambda - \frac{1}{4}\right)^2 + \frac{1}{4}(\Gamma^2 + d_0^2) + \frac{\Gamma d_0}{2}\cos 2\varphi_{\mathrm e} - \Gamma\left(\Lambda - \frac{1}{4}\right)\sin 2\varphi_{\mathrm e}}}{\left(\Lambda - \frac{1}{4}\right)^2 - \frac{1}{4}(\Gamma^2 - d_0^2)}. \tag{5.170}$$

Die Amplitude $\widehat{y}$ der stationären Schwingung (5.169), die durch das Zusammenwirken der Fremderregung und des Pumpvorgangs entsteht, ist demnach der Erregungsamplitude $y_{\mathrm e}$ proportional, wie man es von einem linearen Verstärker fordert. Voraussetzung ist, dass der Nenner in (5.170) nicht verschwindet, was bei

$$\Gamma = 2\sqrt{\left(\Lambda - \frac{1}{4}\right)^2 + \frac{d_0^2}{4}} \tag{5.171}$$

Abb. 5.37 Verstärkungsfaktor eines optimal gepumpten
einkreisigen parametrischen
Verstärkers als Funktion der
Pumpamplitude $\Gamma = \gamma/\Omega^2$
bei verschiedenen Verlustfaktoren $d_0 = 2\alpha/\Omega$

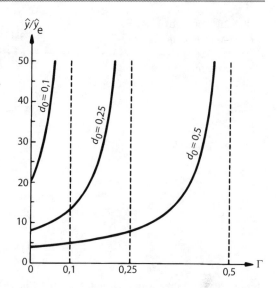

eintreten würde. Diese letztere Beziehung ist identisch mit (5.162) und beschreibt die in
Abb. 5.34b dargestellten Grenzkurven zwischen stabilen und instabilen Lösungen der homogenen Mathieu'schen Differenzialgleichung (5.160). Der durch den Bruch in (5.170)
gegebene Verstärkungsfaktor wird um so größer, je mehr man sich dieser Oszillator-
schwelle nähert. (Wird sie überschritten, ist keine Verstärkung mehr möglich, weil dann
die Amplitude zeitlich exponentiell anwächst.) Bei gegebener Dämpfung erreicht man
eine bestimmte Verstärkung mit der geringsten Pumpamplitude, wenn $\Lambda = 1/4$ ist.
Bezüglich der Phasenverschiebung zwischen Erreger- und Pumpschwingung liegt das Optimum in diesem Fall bei $\varphi_e = 0$, und man erhält dann aus (5.170)

$$\frac{\widehat{y}}{\widehat{y}_e} = \frac{2}{d_0 - \Gamma} \tag{5.172}$$

(Abb. 5.37). Der Faktor $2/d_0$ für $\Gamma = 0$ entspricht der Resonanzüberhöhung im passiven
Resonanzkreis. In dem Anstieg mit $\Gamma \to d_0$ zeigt sich die entdämpfende Wirkung des
Pumpens, die man formal auch durch Zufügen eines negativen Widerstandes beschreiben
kann.

Diese Betrachtung zeigt nicht, dass im Gegensatz zur Resonanzüberhöhung eines passiven Kreises hier auch eine *Leistungs*verstärkung möglich ist. Das ist sie aber, z. B.
elektronisch, allerdings muss zwischen Signalspannung und Pumpspannung die richtige
Phasenbeziehung in recht engen Grenzen eingehalten werden.

5.5.3.2 Parametrische Verstärker mit Idlerkreis

Die notwendige starre Phasenkopplung zwischen Signal- und Pumpspannung macht einfache parametrische Verstärker nach Art der im vorigen Abschnitt besprochenen für tech-

Abb. 5.38 Parametrischer
3-Kreis-Verstärker mit nichtlinearer Kapazität $C(u)$
als steuerbarem Element.
$\omega_i = \omega_p - \omega_s$ oder $\omega_i = \omega_p + \omega_s$

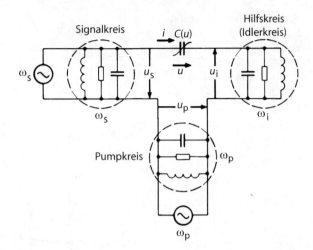

nische Anwendungen ungeeignet, weil die Phasenlage des zu verstärkenden Signals naturgemäß unbekannt ist und außerdem die Signalfrequenz im Allgemeinen etwas schwanken kann. Im Folgenden wird anhand einer typischen Schaltung gezeigt, dass sich nach
Zufügen eines geeignet abgestimmten *Hilfskreises* die richtige Phasenlage automatisch
einstellt.

Die meisten in der Praxis benutzten parametrischen Verstärker enthalten als steuerbares
Glied eine Kapazitätsdiode, also ein nichtlineares Element. Wirken auf die Kapazitätsdiode gleichzeitig die Signalspannung mit der Frequenz ω_s und die Pumpspannung mit
der Frequenz ω_p ein, entstehen als Folge der Nichtlinearität neben anderen Verzerrungsprodukten auch die Summen- und Differenzfrequenz $\omega_p \pm \omega_s$. Auf eine dieser beiden
Frequenzen wird der Hilfskreis abgestimmt. Abb. 5.38 zeigt eine übersichtliche Prinzipschaltung mit Signal- und Pumpspannungsquelle, drei auf ω_s, ω_p und $\omega_i = \omega_p - \omega_s$
oder $\omega_p + \omega_s$ abgestimmten Parallelresonanzkreisen und der nichtlinearen Koppelka-
pazität $C(u)$. (Die Vorspannung der Kapazitätsdiode ist für das Wechselstromverhalten
unwesentlich und deshalb nicht eingezeichnet.) Der Lastwiderstand des angeschlossenen
Verbrauchers ist im ohmschen Widerstand des Signalkreises bzw. des Hilfskreises enthalten zu denken. Weil der Hilfskreis (auch: *Ausgleichskreis*) nur passiv angekoppelt ist, hat
man ihn in der angelsächsischen Literatur *idler circuit* (Müßiggänger) genannt. Auch im
Deutschen hat sich der Name *Idlerkreis* eingebürgert.

Um die folgenden Überlegungen zu erleichtern, machen wir einige vereinfachende
Annahmen. Die Frequenzen ω_p, ω_s und ω_i mögen so weit auseinander liegen, dass sich
die zugehörigen Spannungen nur an dem jeweils entsprechenden Resonanzkreis aufbau-
en, während die beiden anderen Kreise einen Kurzschluss darstellen. Für jede der drei
Frequenzen liegt die Kapazität $C(u)$ daher parallel zu dem jeweils zugeordneten Resonanzkreis. Für $C(u)$ sei eine lineare Abhängigkeit angenommen:

$$C(u) = C_0 + ku, \tag{5.173}$$

d. h. die Kennlinie der Kapazitätsdiode wird durch ihre Tangente im Arbeitspunkt angenähert.

Anstatt für die drei gekoppelten Kreise Mathieu'sche Differenzialgleichungen mit der zusätzlichen Komplikation durch die Nichtlinearität (5.173) zu lösen, empfiehlt sich hier eine Leistungsbetrachtung, die direkt von den auftretenden Strömen und Spannungen ausgeht. Gesucht sind die Wirkleistungskomponenten P_s, P_p und P_i bei den durch den Index angedeuteten Frequenzen, weil sie die erzielbare Verstärkung bestimmen. Man entnimmt Abb. 5.38

$$u(t) = u_s(t) + u_p(t) + u_i(t) \tag{5.174}$$

mit den harmonisch angenommenen Zeitfunktionen

$$u_x(t) = \widehat{u}_x \cos(\omega_x t + \varphi_x), \qquad x = \text{s, p, i}. \tag{5.175}$$

Ist q die Ladung auf dem Koppelkondensator, gilt

$$C(u) = \frac{dq}{du} \tag{5.176}$$

und folglich für den Strom

$$i(t) = \frac{dq}{dt} = \frac{dq}{du}\frac{du}{dt} = C(u)\,\dot{u} = C_0\,\dot{u}(t) + k\,u(t)\,\dot{u}(t). \tag{5.177}$$

Der erste Term in (5.177) liefert Komponenten mit den Frequenzen ω_s, ω_p und ω_i, der zweite liefert $2\omega_p$, $2\omega_s$, $2\omega_i$, $\omega_p \pm \omega_s$, $\omega_p \pm \omega_i$, $\omega_i \pm \omega_s$. Zunächst sei angenommen, dass der Idlerkreis auf die Differenzfrequenz abgestimmt ist, also

$$\omega_i = \omega_p - \omega_s. \tag{5.178}$$

Dann brauchen vom zweiten Term in (5.177) für die weitere Diskussion nur die Komponenten mit $\omega_p - \omega_s \,(= \omega_i)$, $\omega_p - \omega_i \,(= \omega_s)$ und $\omega_i + \omega_s \,(= \omega_p)$ berücksichtigt zu werden, weil nur sie zu Spannungen an den Resonanzkreisen führen. Alle anderen Frequenzanteile werden kurzgeschlossen und tragen zum Wirkleistungsumsatz nichts bei. Zerlegt man $i(t)$ in Spektralkomponenten,

$$i(t) = i(\omega_s t) + i(\omega_p t) + i(\omega_i t) + \ldots, \tag{5.179}$$

so folgt durch Einsetzen von (5.174) mit (5.175) in (5.177) nach elementaren trigonometrischen Umformungen

$$\left.\begin{aligned}
i(\omega_s t) &= -C_0\,\omega_s\,\widehat{u}_s \sin(\omega_s t + \varphi_s) - \tfrac{k}{2}\,\omega_s \widehat{u}_p \widehat{u}_i \sin(\omega_s t + \varphi_p - \varphi_i), \\
i(\omega_p t) &= -C_0\,\omega_p\,\widehat{u}_p \sin(\omega_p t + \varphi_p) - \tfrac{k}{2}\,\omega_p \widehat{u}_s \widehat{u}_i \sin(\omega_p t + \varphi_s + \varphi_i), \\
i(\omega_i t) &= -C_0\,\omega_i\,\widehat{u}_i \sin(\omega_i t + \varphi_i) - \tfrac{k}{2}\,\omega_i \widehat{u}_p \widehat{u}_s \sin(\omega_i t - \varphi_s + \varphi_p).
\end{aligned}\right\} \tag{5.180}$$

Die an der Diode umgesetzte Wirkleistung mit der Signalfrequenz errechnet sich hieraus zu

$$P_{\mathrm{s}} = \overline{u_{\mathrm{s}}(t) \cdot i(\omega_{\mathrm{s}} t)} = -\frac{k}{4}\,\omega_{\mathrm{s}}\,\widehat{u}_{\mathrm{s}}\,\widehat{u}_{\mathrm{p}}\,\widehat{u}_{\mathrm{i}}\,\sin(\varphi_{\mathrm{p}} - \varphi_{\mathrm{i}} - \varphi_{\mathrm{s}});\qquad (5.181)$$

entsprechend folgt für die Pumpfrequenz

$$P_{\mathrm{p}} = +\frac{k}{4}\,\omega_{\mathrm{p}}\,\widehat{u}_{\mathrm{s}}\,\widehat{u}_{\mathrm{p}}\,\widehat{u}_{\mathrm{i}}\,\sin(\varphi_{\mathrm{p}} - \varphi_{\mathrm{i}} - \varphi_{\mathrm{s}})\qquad (5.182)$$

und für die Idlerfrequenz

$$P_{\mathrm{i}} = -\frac{k}{4}\,\omega_{\mathrm{i}}\,\widehat{u}_{\mathrm{s}}\,\widehat{u}_{\mathrm{p}}\,\widehat{u}_{\mathrm{i}}\,\sin(\varphi_{\mathrm{p}} - \varphi_{\mathrm{i}} - \varphi_{\mathrm{s}}).\qquad (5.183)$$

Der Vergleich dieser drei Beziehungen führt auf den wichtigen Zusammenhang

$$\frac{P_{\mathrm{p}}}{\omega_{\mathrm{p}}} = -\frac{P_{\mathrm{s}}}{\omega_{\mathrm{s}}} = -\frac{P_{\mathrm{i}}}{\omega_{\mathrm{i}}}.\qquad (5.184)$$

Ist der Idlerkreis auf die Summenfrequenz abgestimmt, also

$$\omega_{\mathrm{i}} = \omega_{\mathrm{p}} + \omega_{\mathrm{s}},\qquad (5.185)$$

so folgt in gleicher Weise

$$\frac{P_{\mathrm{p}}}{\omega_{\mathrm{p}}} = \frac{P_{\mathrm{s}}}{\omega_{\mathrm{s}}} = -\frac{P_{\mathrm{i}}}{\omega_{\mathrm{i}}}.\qquad (5.186)$$

Die Relationen (5.184) und (5.186) sind Spezialfälle der *Manley–Rowe-Gleichungen*

$$\sum_{m=0}^{\infty}\sum_{n=-\infty}^{\infty}\frac{m\,P_{\mathrm{m,n}}}{m\,\omega_1 + n\,\omega_0} = 0\qquad (5.187)$$

und

$$\sum_{m=-\infty}^{\infty}\sum_{n=0}^{\infty}\frac{n\,P_{\mathrm{m,n}}}{m\,\omega_1 + n\,\omega_0} = 0.\qquad (5.188)$$

J. M. Manley und H. E. Rowe[18] haben 1956 gezeigt [18], dass diese Gleichungen für eine beliebige nichtlineare Reaktanz gelten, die mit den Frequenzen ω_1 und ω_0 gespeist wird.

---

[18] Jack M. Manley (1916–1971) und Harrison Edward Rowe (geb. 1927), US-amerikanische Elektroingenieure.

$P_{m,n}$ ist die Wirkleistung der durch die Nichtlinearität entstehenden Schwingung mit der Kombinationsfrequenz $m\,\omega_1 + n\,\omega_0$.

In (5.184) und (5.186) tauchen die Nullphasenwinkel φ_s, φ_p und φ_i nicht mehr auf, der Leistungsfluss ist also insbesondere unabhängig von der Phasendifferenz zwischen Pump- und Signalschwingung.

Im Sonderfall $\omega_p = 2\omega_s$, der im vorigen Abschnitt betrachtet wurde, ist $\omega_i = \omega_s$. Damit verknüpfen sich $i(\omega_s t)$ und $i(\omega_i t)$ in (5.180), und die Leistungen erhalten im Gegensatz zu (5.181) und (5.182) unterschiedliche Phasenfaktoren. Es ergibt sich ein Optimum bei derjenigen Phasenverschiebung zwischen Pump- und Signalschwingung, die im vorigen Abschnitt auf andere Weise ermittelt wurde.

In den Manley–Rowe-Gleichungen (5.184) und (5.186) bedeutet positives Vorzeichen, dass die betreffende Leistung der nichtlinearen Reaktanz zugeführt, negatives, dass sie von ihr abgegeben wird. Im Fall $\omega_i = \omega_p - \omega_s$ folgt aus (5.184), dass die der Kapazitätsdiode zufließende Pumpleistung zum Teil in Leistung mit der Signalfrequenz ω_s umgesetzt wird und der Rest in den Idlerkreis fließt. Hingegen werden bei $\omega_i = \omega_p + \omega_s$ nach (5.186) sowohl die Pumpleistung als auch die Signalleistung in Leistung mit der Frequenz ω_i umgewandelt; in diesem Fall gibt es also keine Signalverstärkung, sondern eine Abschwächung.

Da die nichtlineare Kapazität als verlustlos angenommen wurde, muss die Leistungssumme verschwinden. Sowohl aus (5.184) als auch aus (5.186) mit den zugehörigen Frequenzbeziehungen folgt in der Tat

$$P_p + P_s + P_i = 0. \tag{5.189}$$

Es sei noch einmal betont, dass die Größen P_p, P_s und P_i Wirkleistungen sind, die in den entsprechenden Resonanzkreisen dissipiert werden. Man sieht daraus, dass der Idlerkreis bedämpft sein muss, damit die nichtlineare Kapazität überhaupt Leistung umsetzen kann.

Die Leistungs-Frequenz-Beziehungen (5.184) und (5.186) sind in Abb. 5.39 unter Beachtung der Vorzeichen veranschaulicht. Mit den Begriffen der Modulationstechnik beschrieben, entsteht im linken Teilbild ($\omega_i = \omega_p - \omega_s$) durch Mischung der Signalschwingung mit der Pumpschwingung das untere, im rechten Bild das obere Seitenband, während das jeweils andere durch die Schaltung unterdrückt wird. Anordnungen nach dem in Abb. 5.38 dargestellten Prinzip verwendet man technisch nicht nur als Verstärker, sondern auch als Mischer. Wird die Frequenz heraufgesetzt ($\omega_s \rightarrow \omega_i$), spricht man von einem *Aufwärtsmischer* (*Aufwärtskonverter*) oder kurz *Aufmischer*. Speist man umgekehrt den höherfrequenten Kreis (ω_i) und entnimmt das herabtransponierte Signal (ω_s), betreibt man die Schaltung als *Ab(wärts)mischer*. Weil der Frequenzverlauf im unteren Seitenband dem der Signalschwingung entgegengesetzt ist (schematische Dreiecksspektren in Abb. 5.39, vgl. auch Abb. 1.24), nennt man diesen Modulatortyp *Kehrlagemischer* im Gegensatz zum *Gleichlagemischer* (*Regellagemischer*) bei Ausnutzung des oberen Seitenbandes.

Beide Betriebsarten nach Abb. 5.39 lassen sich also als Aufmischer ($\omega_s \rightarrow \omega_i$) oder Abmischer ($\omega_i \rightarrow \omega_s$) benutzen, die Kehrlageanordnung auch als Verstärker (bei ω_s). Bei

Abb. 5.39 Leistung-Frequenz-Diagramme des parametrischen Verstärkers mit Idlerkreis. **a** $\omega_i = \omega_p - \omega_s$, Kehrlagemischer; **b** $\omega_i = \omega_p + \omega_s$, Gleichlagemischer

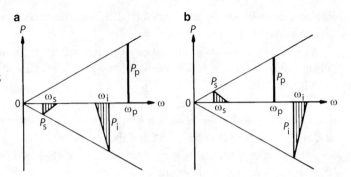

den Aufmischern ist die entnommene Leistung größer als die eingespeiste Signalleistung („Konversionsgewinn"), bei den Abmischern kleiner („Konversionsverlust"). Unter dem Gesichtspunkt der Leistungsumsetzung arbeitet der Gleichlageaufmischer ($\omega_s \rightarrow \omega_i = \omega_p + \omega_s$) am günstigsten. Die Leistungsverstärkung erreicht hier den Wert

$$\eta = -\frac{P_i}{P_s} = \frac{\omega_i}{\omega_s} = 1 + \frac{\omega_p}{\omega_s}, \tag{5.190}$$

wenn man von Verlusten durch nicht-ideale Schaltelemente absieht. Parametrische Mischer werden allerdings überwiegend für Mikrowellensignale eingesetzt, und da ist nur die Abwärtsmischung interessant, weil die weitere Signalverarbeitung aus technischen Gründen bei niedrigeren Frequenzen erfolgt.

Es wurde schon erwähnt, dass der Vorteil der Reaktanzverstärker gegenüber konventionellen Verstärkern in der Rauscharmut liegt. Bei der Auswahl eines Verstärkers für einen bestimmten Anwendungsfall muss man darauf achten, dass sich das Verhältnis von Signalleistung P_s zu Rauschleistung P_r durch das Zwischenschalten des Verstärkers nicht zu sehr verschlechtert. Als Maß hierfür definiert man die *Rauschzahl F* als den Quotienten der Signal-Rausch-Leistungsverhältnisse am Eingang (e) und am Ausgang (a) des Verstärkers:

$$F = \frac{\left(\frac{P_s}{P_r}\right)_e}{\left(\frac{P_s}{P_r}\right)_a} = \frac{P_{se}}{P_{sa}} \frac{P_{ra}}{P_{re}}. \tag{5.191}$$

Der Quotient P_{sa}/P_{se} ist die Leistungsverstärkung η. Die Rauschleistung P_{ra} am Ausgang setzt sich zusammen aus dem um den Faktor η verstärkten Eingangsrauschen P_{re} und dem im Verstärker entstehenden Eigenrauschen P_{ria}, wobei der dritte Index a wieder andeuten soll, dass die Rauschleistung am Ausgang gemeint ist:

$$P_{ra} = \eta P_{re} + P_{ria}. \tag{5.192}$$

Durch $P_{\text{ria}} = \eta P_{\text{rie}}$ definiert man die Eigenrauschleistung am Verstärkereingang und kommt so zu der Beziehung

$$F = 1 + \frac{P_{\text{rie}}}{P_{\text{re}}}. \tag{5.193}$$

Häufig benutzt man auch die von der Rauschzahl abgeleiteten Größen *Rauschmaß*

$$G = 10 \lg F \tag{5.194}$$

und *Zusatzrauschzahl*

$$F_{\text{z}} = F - 1 = \frac{P_{\text{rie}}}{P_{\text{re}}}. \tag{5.195}$$

Die Rauschzahl F ist ihrer Definition nach keine Verstärker-spezifische Größe, sondern hängt wesentlich davon ab, welche Rauschleistung P_{re} dem zu verstärkenden Signal P_{se} bereits außerhalb des Verstärkers überlagert ist. Man sieht aus (5.193), dass sich bei einem stark verrauschten Signal (P_{re} groß) der Einsatz besonders rauscharmer Verstärker nicht lohnt, denn wenn schon $P_{\text{rie}} < P_{\text{re}}$ ist, kann eine weitere Senkung von P_{rie} die Rauschzahl kaum noch verbessern. Man setzt daher Reaktanzverstärker nur dann ein, wenn schwache Signale mit geringen Rauschstörungen zu verstärken sind. Dieser Fall liegt z. B. in der Radioastronomie vor. Den diskreten Radioquellen sind das Rauschen aus der Erdatmosphäre, das kosmische Rauschen aus unserer Galaxie (der Milchstraße) und die von Penzias[19] und Wilson[20] 1965 entdeckte kosmische Hintergrundstrahlung aus der Frühzeit des Universums überlagert (Zahlenwerte s. nächste Seite).

Um das Rauschverhalten von Verstärkern und anderen Übertragungssystemen mit der Rauschzahl F bzw. den Größen G oder F_{z} unabhängig von dem jeweiligen Eingangssignal beschreiben zu können, hat man als Konvention eingeführt, dass P_{re} die Rauschleistung sein soll, die ein angepasster ohmscher Widerstand bei Zimmertemperatur ($T = 290\,\text{K}$) an das Gerät im Übertragungsfrequenzbereich Δf abgibt: Schreibt man die Nyquistbeziehung (1.266) für den Fall der Leistungsanpassung (vgl. die Erläuterungen zu (1.266)) in der Form

$$P = \frac{\widetilde{u}^2}{4R} = kT\Delta f, \tag{5.196}$$

so folgt damit $P_{\text{re}} = k \cdot \Delta f \cdot 290\,\text{K}$.

Liefert ein Rauschvorgang die spektrale Rauschleistungsdichte $P/\Delta f$, ordnet man ihm nach (5.196) formal die *äquivalente Rauschtemperatur* $T = P/k\Delta f$ zu. Ebenso wie die Leistungen unabhängiger Rauschvorgänge addieren sich auch die zugehörigen

---

[19] Arno Allan Penzias, US-amerikanischer Physiker (geb. 1933).
[20] Robert Woodrow Wilson, US-amerikanischer Astronom (geb. 1936).

Rauschtemperaturen. Die letzteren haben meistens handlichere Werte und werden deshalb vielfach vorgezogen.

Der Zusammenhang zwischen der Rauschtemperatur T und der Rauschzahl F bzw. dem Rauschmaß G ist nach der obigen Konvention gegeben durch

$$T = (F - 1) \cdot 290\,\text{K} = (10^{G/10} - 1) \cdot 290\,\text{K}. \tag{5.197}$$

Diese Beziehung gilt also für Übertragungssysteme unabhängig vom Eingangssignal. Ist ein System nur für spezielle Signale vorgesehen, z. B. ein Radioteleskop, schreibt man die Rauschzahl des Gerätes für dieses Signal in der aus (5.193) folgenden Form

$$F = 1 + \frac{T_\text{E}}{T_\text{A}} \tag{5.198}$$

mit der äquivalenten Empfänger-Rauschtemperatur

$$T_\text{E} = \frac{P_\text{rie}}{k\,\Delta f} \tag{5.199}$$

und der äquivalenten Antennen-Rauschtemperatur

$$T_\text{A} = \frac{P_\text{re}}{k\,\Delta f}. \tag{5.200}$$

T_E und T_A sind die Temperaturen, bei denen angepasste ohmsche Widerstände im betrachteten Frequenzbereich Δf die Rauschleistungen P_rie bzw. P_re abgeben würden. Die Leistung P_re gibt auch ein schwarzer Strahler (Hohlraumstrahler) bei der Temperatur T_A ab; man sagt deshalb auch, T_A sei die Temperatur des Strahlungsfeldes, in dem die Antenne steht.

Zur Veranschaulichung einige Zahlenwerte: In dem für die Radioastronomie interessanten Frequenzbereich von etwa 1 bis 10 GHz (3 bis 30 cm Wellenlänge) liegt die Antennen-Rauschtemperatur zwischen $T_\text{A} \approx 5\,\text{K}$ (Beobachtung senkrecht zur Erdoberfläche und senkrecht zur Ebene der Milchstraße) und $T_\text{A} \approx 100\,\text{K}$ (tangential zur Erdoberfläche in der galaktischen Ebene). Die kosmische Hintergrundstrahlung hat eine Rauschtemperatur von etwa 2,7 K. Rauschquellen im Reaktanzverstärker sind vor allem der Bahnwiderstand der Diode (einige Ω) und der Verlustwiderstand im Idlerkreis. Mit Reaktanzverstärkern, die bei Zimmertemperatur (290 K) arbeiten, kommt man auf $T_\text{E} \approx 50 \ldots 100\,\text{K}$. Durch Kühlen des gesamten Verstärkers mit flüssigem Stickstoff (77 K) wird T_E auf etwa 30 K, mit flüssigem Wasserstoff (20 K) auf etwa 10 K bei 1 GHz gesenkt. Die minimal erreichbaren Empfänger-Rauschtemperaturen nehmen mit steigender Frequenz rasch zu, was z. B. für die Satelliten-Funktechnik von Bedeutung ist. Man arbeitet mit Frequenzen im Bereich 10 bis 18 GHz und setzt in den Erdstationen parametrische Verstärker mit $T_\text{E} = 85\,\text{K}$ (ungekühlt, kleinere Empfangsanlagen) bzw. $T_\text{E} = 13\,\text{K}$ (auf 20 K gekühlt, große Anlagen) ein.

Die Maser liegen mit $T_E \approx 5 \cdots 10\,\mathrm{K}$ günstiger als die Reaktanzverstärker, sind aber technisch aufwendiger, weil sie starke Magnetfelder und Kühlung mit flüssigem Helium erfordern, und arbeiten jeweils nur in einem sehr engen Frequenzbereich. Sie werden deshalb nur bei extrem hohen Anforderungen an Rauscharmut eingesetzt (z. B. zum Empfang der Signale von interplanetarischen Raumsonden und z. T. in der Radioastronomie). Die Rauschtemperaturen von Mikrowellentransistoren liegen bis 1 GHz bei 100 K, steigen aber dann bis 14 GHz auf etwa 300 K an (GaAs-FET).

Aus der Heisenberg'schen Unschärferelation der Quantenmechanik folgt als prinzipielle untere Grenze der Rauschtemperatur eines Leistungsverstärkers mit $\eta \gg 1$

$$T_{E\,\mathrm{min}} = \frac{hf}{k\,\ln 2} \approx 6{,}9 \cdot 10^{-11}\, f\, \frac{\mathrm{K}}{\mathrm{Hz}}, \tag{5.201}$$

also bei 10 GHz etwa 0,7 K.

In Nachrichtenübertragungssystemen lässt sich mit Hilfe frequenzmodulierter Signale die Rauschzahl des gesamten Empfangssystems auf Werte $F < 1$ reduzieren, z. B. bei einem parametrischen Gleichlageabmischer mit Synchrondemodulation und Bandbreitenkompression theoretisch bis $F = \frac{1}{6}$ ($G = -7{,}7\,\mathrm{dB}$).

Das älteste veröffentlichte Beispiel einer parametrischen Schwingungsanregung ist die Erzeugung von *Kapillar-* oder *Schwerewellen* auf freien Flüssigkeitsoberflächen durch periodische Vertikalbeschleunigung, die M. Faraday[21] beobachtete und 1831 beschrieb [19]. Um den Erregungsmechanismus zu erläutern, betrachten wir eine langgestreckte flüssigkeitsgefüllte Küvette. Sie sei mit einem auf- und abschwingenden Anregungssystem verbunden, und wir nehmen an, dass bereits eine stehende Oberflächenwelle (mit kleiner Amplitude) vorhanden sei: Im Zustand maximaler Wellung besitzt die Oberflächenschwingung nur potentielle Energie, eine Viertelperiode später ist die Oberfläche eben und enthält nur kinetische Energie. Die potentielle Energie ist wie bei einer gespannten Feder dem Quadrat der Elongation und der Rückstellkraft proportional. Die Rückstellkraft setzt sich aus zwei Anteilen zusammen; der eine rührt von der Oberflächenspannung her, der andere von der Gesamtbeschleunigung, d. h. der Erdbeschleunigung und der periodischen Vertikalbeschleunigung. Ähnlich wie bei dem mechanisch gepumpten Kondensator (Abb. 5.30) denken wir uns die Anregung als Rechteckfunktion. Im Zeitpunkt größter Wellung springe die Beschleunigung von $-b$ auf $+b$ (in Richtung der Erdbeschleunigung positiv gerechnet). Dabei nimmt die potentielle Energie sprunghaft zu, sodass Energie vom Anregungssystem in die Oberflächenschwingung gepumpt wird. Setzt man die Beschleunigung in dem Zeitpunkt wieder auf $-b$ zurück, in dem die Oberfläche eben ist, kommt das Erregungssystem wieder in den Anfangszustand, ohne der Kapillarwelle Energie zu entziehen. Im nächsten Maximum, wo Wellenberge mit Wellentälern getauscht haben, springt die Beschleunigung wieder auf $+b$, usw. Die phasenrichtige Pumpschwingung führt also der mit der halben Frequenz erfolgenden Oberflächenschwingung ständig Energie zu. Übersteigt der Energiegewinn die Dämpfungsverluste, wird die

---

[21] Michael Faraday, englischer Physiker (1791–1867).

anfänglich schwache stehende Welle bis zur Stabilisierung durch nichtlineare Prozesse angefacht [20].

Parametrische Oszillatoren und Verstärker gibt es auch in der Optik. Im Abschn. 5.4.5.1 wurde eine durchstimmbare kohärente Lichtquelle beschrieben, in der ein nichtlineares optisches Medium (z. B. $LiNbO_3$-Kristall) kurzwelliges Pumplicht (Frequenz ω_p) in zwei langwelligere Komponenten ω_s und ω_i zerlegt, die der Bedingung $\omega_s + \omega_i = \omega_p$ genügen. Der Kristall ist Teil eines Spiegelresonators mit Resonanzen bei ω_s und ω_i (oder auch nur einer der beiden Frequenzen). Weil sich ω_s und ω_i durch Mischung mit ω_p wechselseitig erzeugen, kann der Oszillator aus dem Rauschen heraus anschwingen. Man koppelt ω_s über einen halbdurchlässigen Spiegel als Signalwelle aus, während die bei ω_i entstehende Leistung dissipiert wird.

In diesem parametrischen Oszillator ist die Polarisation des nichtlinearen Mediums der durch das Pumplicht gesteuerte Parameter, die Resonanz bei ω_i wirkt als Idlerkreis und lässt sich durch Temperaturvariation oder Kristalldrehung durchstimmen.

Zum Abschluss sei noch kurz auf die Analogie zwischen parametrischen Oszillatoren und Masern oder Lasern hingewiesen. Beim *3-Niveau-Maser* nutzt man Quantenübergänge zwischen drei Energieniveaus $E_0 < E_1 < E_2$ aus, von denen das mittlere metastabil ist, also eine lange Lebensdauer besitzt. Mit einem Pumpsignal der Frequenz $\omega_p = (E_2 - E_0)/\hbar$ ($\hbar = h/2\pi$, h = Planck'sche Konstante) werden Atome oder Moleküle zunächst aus dem Grundzustand E_0 in den Anregungszustand E_2 gehoben, von wo sie aber sehr schnell auf den Zwischenzustand E_1 zurückfallen und dabei Strahlung der Frequenz $\omega_i = (E_2 - E_1)/\hbar$ emittieren. Von dem metastabilen Niveau E_1 gelangen sie dann durch die in Abschn. 1.3.3 beschriebene stimulierte Emission unter Aussendung von $\omega_s = (E_1 - E_0)/\hbar$ in den Grundzustand zurück. Die Indizes p, i und s sind in Analogie zum parametrischen Verstärker mit Idlerkreis gewählt. Aus der Einstein'schen Gleichung $\Delta E = \hbar\omega$ folgt sofort $\omega_p = \omega_i + \omega_s$, und für die Leistungen P_p, P_i, P_s bei den entsprechenden Frequenzen gilt im stationären Fall (konstante Besetzungsdichten der drei Energieniveaus) neben $P_p + P_i + P_s = 0$ (zugeführte Pumpleistung positiv, abgegebene Leistung negativ gezählt) die Manley–Rowe-Gleichung (5.184). Zwischen den beiden äußerlich so verschiedenen Prozessen der parametrischen Schwingungsanfachung und der stimulierten Emission im Maser besteht also eine weitgehende formale Analogie.

Literatur

Lehrbücher

1. *R. E. Mickens*: An Introduction to Nonlinear Oscillations. Cambridge University Press 1981, ISBN: 978-521-222082.

2. *R. E. Mickens*: Truly Nonlinear Oscillations. World Scientific 2010, ISBN: 978-9814291651.

3. *R. Starkermann*: Die harmonische Linearisierung, Bd. I: Einführung, Schwingungen, nichtlineare Regelkreisglieder. Bd. II: Nichtlineare Regelsysteme. Bibliographisches Institut 1970, Hochschultaschenbücher 469/469a und 470/470a.

4. *H. Kauderer*: Nichtlineare Mechanik. Springer-Verlag 1958.

5. *C. Hayashi*: Nonlinear Oscillations in Physical Systems. McGraw-Hill 1964, Reprint 1985, 2014: Princeton University Press, ISBN: 978-0691611204.

6. *E. Philippow*: Nichtlineare Elektrotechnik. Geest & Portig, 2. Aufl. 1971.

7. *R. Clay*: Nonlinear Networks and Systems. Wiley 1971, ISBN: 978-0471160403.

8. *P. Hagedorn*: Nichtlineare Schwingungen. Koch Buchvlg., Planegg 1982, ISBN: 978-3400003512.

9. *J. Guckenheimer, P. Holmes*: Nonlinear Oscillations, Dynamical Systems, and Bifurcations of Vector Fields. Springer-Verlag 1983, ISBN: 978-0-387-90819-9.

Einzelnachweise

10. *R. Zimmer*: Phasenverschiebung und andere Störlichtwirkungen auf die endogen tagesperiodischen Blütenblattbewegungen von Kalanchoë Blossfeldiana. Planta 58 (1962) 283–300.

11. *B. E. Noltingk, E. A. Neppiras*: Cavitation Produced by Ultrasonics. Proc. Phys. Soc. London, Sec. B63 (1950) 674–685.

12. *W. Lauterborn*: Eigenfrequenzen von Gasblasen in Flüssigkeiten. Acustica 20 (1968) 14–20.

13. *W. Lauterborn*: Abklingende Blaseneigenschwingungen in viskosen Flüssigkeiten. In: DAGA '73, Fortschritte der Akustik, VDI-Verlag, Düsseldorf 1973, S. 165–168.

14. *E. Meyer, E. Bock*: Hörschall- und Ultraschalluntersuchungen von Betonbalken mit Rissen. Akustische Zeitschrift 4 (1939) 231–237.

15. *W. Lauterborn*: Resonanzkurven von Gasblasen in Flüssigkeiten. Acustica 23 (1970) 73–81.

16. *W. Lauterborn*: Über die erste Subharmonische im Spektrum des Kavitationsgeräusches bei Ultraharmonischen. In: DAGA '75, Fortschritte der Akustik, VDI-Verlag, Düsseldorf 1975, S. 641–644.

17. *M. J. O. Strutt*: Lamésche, Mathieusche und verwandte Funktionen in Physik und Technik. In: Ergebnisse der Mathematik und ihrer Grenzgebiete, Bd. 1, Nr. 3, Springer-Verlag 1932.

18. *J. M. Manley, H. E. Rowe*: Some General Properties of Nonlinear Elements – Part I. General Energy Relations. Proc. IRE 57 (1956) 904–913.

19. *M. Faraday*: On a Peculiar Class of Acoustical Figures; and on Certain Forms Assumed by Groups of Particles upon Vibrating Elastic Surfaces. Philosophical Transactions of the Royal Society of London 121 (1831) 299–340.

20. *W. Eisenmenger*: Ultraschall, Stoßwellen und Phononen. Phys. Bl. 51 (1995) 655–660.

Aktive Schwingungs- und Schallbeeinflussung

6

Zusammenfassung

Die Idee, störende Schwingungen durch Überlagern genau gegenphasiger Schwingungen zu kompensieren, ist nicht neu, ließ sich aber in vielen Bereichen erst mit modernen Techniken realisieren. Die historische Entwicklung und der gegenwärtige Stand werden in diesem Überblick mit vielen Literaturnachweisen dokumentiert. Technische Anwendungen finden sich zur Schiffsstabilisierung und Schwingungsisolierung, in der aktiven und adaptiven Optik, zur Schallisolation und Lärmminderung, zur Kontrolle nichtlinearer dynamischer Systeme, zur Strömungsbeeinflussung, zur Geräuschminderung in Lüftungsanlagen, in aktiven Kopfhörern, zur Übersprechkompensation in Stereophonieanlagen und in vielen anderen Bereichen. Dabei setzt man überwiegend adaptive Digitalfilter ein. Zusatzquellen können die Schallabstrahlung reduzieren, wobei die Wechselwirkung der Quellen zu beachten ist. Ein interessanter Aspekt ist auch die aktive Impedanzbeeinflussung.

6.1 Vorbemerkung

Störende Schwingungen in flexiblen Strukturen, insbesondere die Resonanzen mit ihren großen Amplituden, lassen sich oft durch konstruktive Maßnahmen wie zusätzliche Versteifungen oder bessere Dämpfung reduzieren. Gängige passive Methoden zur Erschütterungsisolierung sind bereits in Abschn. 2.7 beschrieben, Zweikreisresonanzabsorber in Abschn. 4.1.3. Seit langem gibt es daneben auch kohärent-aktive Verfahren, die mehr und mehr praktisch eingesetzt werden. Ihre zunehmende Bedeutung zeigt sich auch darin, dass es schon etliche Monographien hierzu gibt [1–9].

© Springer Fachmedien Wiesbaden 2016   537
D. Guicking, *Schwingungen*, DOI 10.1007/978-3-658-14136-3_6

6.2   Aktive Schwingungsdämpfung

6.2.1   Frühe Anwendungen

Zur aktiven Schwingungsminderung gab es schon sehr früh technische Anwendungen, vor allem in der Schiffstechnik. Schon 1905 wird über die Schwingungsreduktion bei einem Dampfschiff durch gegenphasige Synchronisation der beiden Antriebsmaschinen berichtet [10], und 1934 über die Reduktion von Rollbewegungen durch einen aktiv unterstützten Frahm'schen Schlingertank (S. 322) [11]. Die Rollstabilisierung durch Auftriebssteuerung über seitlich aus dem Rumpf ins Wasser ragende Hilfsruder mit regelbarem Anstellwinkel gibt es seit 1945 [12]. Dieses letztere Verfahren wird auch heute noch eingesetzt.

Für rotierende Aggregate im Hochvakuum, wo Schmiermitteldämpfe vermieden werden müssen, setzt man anstelle von Gleit-, Kugel- oder Walzenlagern bevorzugt berührungslose Magnetlager ein, deren inhärente Instabilität allerdings eine Rückkopplungsregelung erfordert, mit der sich zugleich die Regelschwingungen unterdrücken lassen [13].

Seit den 1980er Jahren hat man die durch den ungleichförmigen Vortrieb angeregten Längsschwingungen von Schiffsaufbauten nach dem Prinzip des dynamischen Absorbers (s. Abschn. 2.7.2) mit Hilfe eines angekoppelten Zentrifugalpendels kompensiert, einem in Schiffs-Längsrichtung schwingenden Pendel, dessen Aufhängepunkt um eine ebenfalls in Längsrichtung weisende Achse rotiert. Über die Drehgeschwindigkeit wird die Zentrifugalkraft und damit die Pendel-Eigenfrequenz der jeweiligen Schwingungsfrequenz des Schiffes angepasst und die Phasenlage so eingestellt, dass das Pendel der Schiffsschwingung Energie entzieht [14].

6.2.2   Aktive Dämpfung von Stab-, Platten- und Strukturschwingungen

Wesentliche Impulse bekam die Erforschung aktiver Schwingungsdämpfungen durch die Luft- und Raumfahrt. Im Unterschied zu den im vorigen Abschnitt angenommenen „Starrkörperschwingungen" von Schiffen, die wegen der sehr tiefen Frequenzen relativ leicht zu regeln sind, handelt es sich hier in der Regel um elastische Strukturen, also Kontinua mit unendlich vielen Freiheitsgraden, bei deren Regelung besondere Probleme auftreten. Zum einen gibt es in Festkörpern verschiedene Wellentypen (vor allem Longitudinal-, Torsions- und Biegewellen), deren Beeinflussung unterschiedliche *Aktoren*[1] und *Sensoren* erfordert; außerdem ist die Ausbreitungsgeschwindigkeit recht hoch, sodass man bei breitbandigen adaptiven Steuerungen Kausalitätsprobleme bekommt. Meist begnügt man sich deshalb mit modalen Regelungen, wobei man (besonders bei sich überlappenden Moden) das Problem des „Spillover" beachten muss, die unerwünschte Anregung anderer Moden. In Abb. 6.1 sei angenommen, dass die N-te Mode mit der Resonanzfrequenz f_N durch ein Kompensationssignal mit f_N und entsprechender Ampli-

---

[1] engl. actuator, danach *Aktuator* genannt, moderner: *Aktor*

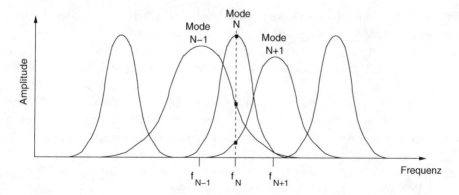

Abb. 6.1 „Spillover": die aktive Kompensation der N-ten Schwingungsmode bei der Resonanzfrequenz f_N regt Nachbarmoden (hier: N − 1 und N + 1) mit nicht vernachlässigbaren Amplituden an

tude und Phase gedämpft werden soll. Die Ausläufer der Nachbarmoden haben aber bei f_N nicht vernachlässigbare Amplituden (Punkte auf der gestrichelten Linie) und werden durch das Kompensationssignal auch angeregt, und zwar wegen des Phasengangs in der Umgebung einer Resonanz in der Regel nicht gegenphasig, sodass sie gegenüber dem Anfangszustand verstärkt werden können.

In schnell laufenden Druckmaschinen neigt die Papierbahn zu störenden Schwingungen senkrecht zur Papierebene zwischen den Führungswalzen. Sie lassen sich durch Lautsprecher unterhalb der Papierbahn kompensieren. In der Papierindustrie stören mitunter sich aufschaukelnde Eigenschwingungen gegeneinander laufender Walzenpaare, die sich mit einem aktiven System unterdrücken lassen [15].

Gängige klassische Schwingungsabsorber sind die dynamischen Absorber (Tilger), s. Abschn. 2.7.2, an die zu beruhigende Struktur gekoppelte mechanische Resonanzsysteme aus Masse, Feder und Dämpfer [16]. Ihre Effizienz kann man durch aktive Modifikationen verbessern, z. B. durch veränderliche Federungen, um die Tilgerresonanz einer sich ändernden Strukturresonanzfrequenz folgen zu lassen [17]. Es wurden auch kleine Tilger entwickelt, um mehrkanalig Schwingungen dünner Platten zu dämpfen und die Schallabstrahlung zu reduzieren; man setzt dazu dezentrale Regler mit Schnellerückkopplung ein [18, 19]. Maximaler Energieentzug ist durch Umschalten der Federsteife (jeweils in den Nulldurchgängen) zwischen zwei Werten möglich [20]. Eine Weiterentwicklung der aktiven Tilger sieht, zusätzlich zur adaptiv veränderlichen Federsteife, eine Resonanzanregung der Tilgermasse vor, um den Dämpfeinfluss zu kompensieren, der die Wirkung des Tilgers reduziert [21].

Für Satelliten ist es wichtig, die z. B. durch Ausrichtmanöver angeregten Eigenschwingungen aktiv zu dämpfen, weil Luftreibung wegfällt und die Material-Eigendämpfung häufig zu schwach ist. Die Optimierung von Zahl und Positionen der Sensoren und Aktoren für die meist eingesetzten adaptiven Rückkopplungsregelungen setzt genaue Kenntnis der Strukturdynamik voraus, sodass eine zuverlässige Modellierung im Zustandsraum und eine verlässliche Abschätzung der Diskretisierungsfehler nötig ist. Eine Einführung in dieses Gebiet gibt [22]. Für Stabschwingungen ist in [23] die optimale Platzierung von piezoelektrischen Sensor-/Aktorpaaren theoretisch behandelt (Optimierung durch genetische Algorithmen).

Biegeschwingungen von Festplatten in Computern sind wegen der winzigen Abstände zum Lese- oder Schreibkopf problematisch. Man setzt deshalb zu ihrer Unterdrückung schon seit längerem aktive oder semiaktive Regler ein, sowohl für magnetische [24]–[29], als auch für optische Speichermedien [30]–[32]. Auch die extrem schwingungsempfindlichen Spiegel der Gravitationswellen-Detektoren lassen sich aktiv bedämpfen [33].

Die Dämpfung und Steifigkeit mechanischer Gelenkverbindungen lässt sich durch Regelung der trockenen Reibung zwischen den z. B. durch einen Bolzen verschraubten Schenkeln verändern, indem man den Anpressdruck mit einer piezoelektrischen „Unterlegscheibe" durch Steuerung oder Regelung beeinflusst, typischerweise mit einem nichtlinearen Algorithmus, etwa einem neuronalen Netzwerk [34] oder mit Zweipunktregelung [35].

Für Flugzeuge sind aktive Regelungen zur Manöver- und Böenlastabminderung [36, 37] und zur Flatterunterdrückung der Tragflächen entwickelt worden [38], für Hubschrauber zur Schwingungs- und Lärmreduktion [39], insbesondere durch Einzelblattregelung (*individual blade control*, IBC) [40] und höherharmonische Regelung (*higher harmonic control*, HHC) [41], insbesondere mit Klappen an den Rotorblatt-Hinterkanten [42]. Zur Optimierung piezoelektrischer Aktoren für die Klappen werden genetische Algorithmen und Finite-Elemente–Modelle (FEM) eingesetzt [43].

Eine populäre Anwendung findet die aktive Schwingungskompensation in Digitalkameras als *Bildstabilisator*. Die Bildunschärfe durch „Verwackeln" während der Aufnahme wird dadurch kompensiert, dass der CCD-Chip z. B. mit Piezo-Aktoren nachgeführt wird; das Ansteuerungssignal liefert ein Bewegungssensor, z. B. [44].

Interessant ist die Idee, elektrische Energie aus der Dämpfung von Strukturschwingungen mit elektrodynamischen Aktoren zu gewinnen, engl. *energy harvesting* oder *energy scavenging* [45]–[47], was für die Stromversorgung kleiner tragbarer Geräte und auch für Satellitenanwendungen durchaus interessant sein kann. Energiegewinnung ist auch mit elektrohydraulischen [48] und magnetostriktiven Aktoren [49] möglich. Ein Überblick über die bis 2006 publizierten Arbeiten hierzu wird in [50] gegeben. In [51] wird gezeigt, dass nichtlineare elektromechanische Dämpfer für die Energiegewinnung effektiver sind als lineare. Für die Dämpfung von Transversalschwingungen einer schnell rotierenden Welle mit piezoelektrischen Aktoren wurde ein Verfahren zur autonomen Stromversorgung entwickelt [52]. Analytische Modelle für frei schwingende Stäbe in verschiedenen Moden sind in [53] angegeben. [54] bietet eine einheitliche Theorie für optimales energy harvesting mit elektrodynamischen und piezoelektrischen Schwingern; dort wird eine Vierpoldarstellung der Wandler benutzt, und es wird in Modellrechnungen gezeigt, dass der Piezoschwinger mehr Leistung liefert als der elektrodynamische. Weil der Wirkungsgrad dieser Anordnungen in Resonanzen der schwingenden Struktur am höchsten ist, wurde vorgeschlagen, die Strukturresonanz aktiv an die Anregungsfrequenz anzupassen [55]. Wie dies mit Membranen von Piezopolymeren möglich ist, beschreibt [56].

Ein größeres deutsches Forschungsvorhaben war das „Adaptive Wing Project" [57] mit dem Ziel, den Strömungswiderstand von Flugzeugen zu vermindern und die Strömungsablösung zu beeinflussen. Dies ist möglich durch aktive Beeinflussung des Tragflächenprofils, speziell durch eine winzige Aufwölbung auf der ganzen Länge kurz vor der Hinterkante mit Hilfe piezoelektrischer oder Formgedächtnis-Aktoren. Dies ist ein Beispiel für „adaptive Strukturen", siehe den folgenden Abschnitt.

Schwingungen in metallischen Strukturen lassen sich auch durch Wirbelstromdämpfer reduzieren, sowohl passiv mit Permanentmagneten als auch mit aktiver Regelung [58]. Vorteile sind die kontaktlose Dämpfung, die die Strukturdynamik unbeeinflusst lässt, und die weitgehende Wartungsfreiheit, wodurch sich Wirbelstromdämpfer für Anwendungen bei Satelliten empfehlen. Einen aktiven Wirbelstromdämpfer mit Elektromagnet beschreibt [59].

Als *tensegrity structures* sind seit den 1960er Jahren dreidimensionale Gitterstrukturen bekannt, die aus (mindestens drei) Stäben unter Druckspannung und (mehr) Seilen unter Zugspannung bestehen [60]. Die festen Stäbe dürfen sich nicht berühren. Tensegrity ist ein Kunstwort aus *tensile integrity*, also etwa „unter Zugspannung stehende Einheit". Bekannt geworden sind diese *Buckminster Fuller*–Konstruktionen[2] durch große freitragende Kuppeln, und wegen der formalen Ähnlichkeit nennt man auch die Kohlenstoff-Gittermoleküle *Fullerene*. Tensegrity structures finden auch Verwendung in Satelliten, wo es auf geringes Gewicht und die Eignung zum Auseinanderfalten ankommt. Weil die tensegrity structures aber leicht zu Schwingungen und zu Formänderungen bei nur wenig variierenden Spannungen neigen, ist ihre aktive Kontrolle seit langem Gegenstand der Forschung [61–65]. Mit optimalen Rückkopplungsreglern lassen sich auch stochastische Schwingungen dieser Strukturen kompensieren [66].

Den „Wolfton" bei Streichinstrumenten kann man anstatt mit passiven Tilgern (Abschn. 2.7.2) auch aktiv mit adaptiven Resonanzabsorbern dämpfen, die sich schwankenden Eigenfrequenzen des Instruments anpassen [67–69].

6.2.3 Adaptive („intelligente") Strukturen und Materialien

Die Verschmelzung von Strukturen mit Aktoren und Sensoren, z. B. durch Einbetten von aktiven Fasern oder durch Verkleben von Struktur- und Aktor-Platten in Sandwichbauweise, ist seit Ende der 1980er Jahre ein wichtiges Forschungsgebiet geworden. Anfangs traten bei der Integration von Aktoren in die Strukturen technische Probleme u. a. dadurch auf, dass Aktormaterialien wie Piezokeramiken und -polymere, elektro- und magnetostriktive Materialien, Formgedächtnislegierungen und -polymere keine Konstruktionsmaterialien mit der nötigen Festigkeit für lasttragende Strukturen sind, oder auch zu spröde

---

[2] Richard Buckminster Fuller, US-amerikanischer Architekt (1895–1983).

oder zu schwach für zuverlässige Konstruktionen. Diese Schwierigkeiten sind inzwischen großenteils überwunden.

Bei weitem am häufigsten setzt man piezoelektrische Wandler ein (Abschn. 3.3). Die mit Piezo*keramiken* (z. B. PZT, Bleizirkonat-Titanat) erreichbaren Stellwege sind zwar klein, aber die ausgeübten Kräfte groß. Man kann die Amplituden mit Stapelaktoren vergrößern, z. B. [70] und für manche Anwendungen „mechanische Transformatoren" einsetzen, die über einen Hebelmechanismus größere Auslenkungen bewirken, z. B. [71]. Die erreichbaren Auslenkungen von PZT-Aktoren lassen sich auch durch Aussteuerung bis in den nichtlinearen (ferroelektrischen) Bereich erhöhen [72]. Piezo*polymere*, vor allem Polyvinylidenfluorid (PVDF), sind weich und weitgehend formbar, sodass man sie auch auf gekrümmten Flächen anbringen kann. Sie werden oft als Sensoren benutzt, als Aktoren üben sie aber vielfach zu geringe Kräfte aus; zur Anregung bzw. Kompensation von Strukturresonanzen sind sie allerdings durchaus geeignet, weil die Struktur-Eingangsimpedanz in Resonanzen klein ist [73]. Ein piezoelektrischer Aktor kann auch zugleich als Sensor dienen (*self-sensing actuator, sensoriactuator*); das Ansteuersignal des Aktors kann man durch eine Brückenschaltung vom Sensorausgang fern halten [74]. Weil die Brückenschaltungen empfindlich auf Parameteränderungen reagieren und das ganze System destabilisieren können, wurde ein Verfahren entwickelt, das ohne Brückenschaltungen auskommt, und an einem Gittermast praktisch erprobt [75].

Semiaktive Schwingungsdämpfer erhält man, indem man die Piezokontakte energiesparend mit passiven Schaltkreisen überbrückt (*shunt damping*), die aber auch aktiv geregelt sein können [76–79]. In [80] wird ein Verfahren zur Optimierung der Schaltelemente mit hierarchischem „fuzzy control" beschrieben. Als Adaptionskriterium (Kostenfunktion) wird in [81] die Schaltkreisadmittanz eingeführt. Wichtig ist auch die geeignete Anzahl, Form und Platzierung der Aktoren. Ein Rechenprogramm zur Optimierung der Aktor-Position mit einem evolutionären Algorithmus wird in [82] entwickelt. Besonders effektiv ist das shunt damping in Resonanz; der Einfluss von Modellunsicherheiten ist in [83] diskutiert.

Unter dem Akronym LIPCA (Lightweight Piezo-Composite Curved Actuator) ist eine Sandwichstruktur aus Piezokeramik und mehreren Epoxidharzschichten bekannt geworden, mit der sich z. B. Biegeschwingungen von Strukturen dämpfen lassen [84, 85]. Um die Härte von PZT weiter zu erhöhen, wird eine Verstärkung mit Kohlenstoff-Nanoröhrchen vorgeschlagen, die einen extrem hohen Elastizitätsmodul (im Terapascalbereich) aufweisen [86].

Als *constrained layer damping* (CLD) bezeichnet man die Dämpfung von Platten und Stäben durch Aufbringen einer viskoelastischen Schicht, deren freie Verformung durch eine feste Deckschicht behindert wird, sodass bei Biegungen starke Scherungen und damit eine hohe Energiedissipation auftreten. Mit einem Aktor als Deckschicht und einer Sensorschicht zwischen der zu dämpfenden Struktur und der viskoelastischen Schicht kommt man zum *active constrained layer damping* (ACLD). Hinweise, wie man ein solches System plant und optimiert, finden sich in [87]. Ein analytisches Modell für einen Stab mit ACLD wurde entwickelt, das auch die Temperaturabhängigkeit des viskoelastischen Mediums berücksichtigt [88].

Mehrschichtstrukturen tendieren zur Delamination bei starker Beanspruchung. Seit 1993 werden deshalb Materialien mit stetig variierenden Eigenschaften entwickelt, z. B. Platten, deren Härte in Dickenrichtung zunimmt. Man nennt sie *functionally graded materials* (FGM). In [89] wird ein Optimalregler für eine solche Platte mit einem (weichen) PVDF-Sensor auf einer Fläche und einem (härteren) Komposit-Aktor mit PZT-Fasern auf der anderen beschrieben, und in [90] ein Verfahren zur Verschiebung von FGM-Plattenresonanzen mit piezoelektrischen Sensor-Aktor-Paaren. [91] empfiehlt, die Delamination im Randbereich von Verbundplatten und -balken, z. B. auch bei Stahlbeton, mit Piezoaktoren dadurch zu verhindern, dass man die Randspannung senkt.

Piezopolymere gehören zur größeren Gruppe der elektroaktiven Polymere, und zwar zur Untergruppe der elektronisch aktivierten Polymere. Zu ihnen zählen auch elektrostriktive, elektrostatische und ferroelektrische Polymere, die alle durch Coulombkräfte[3] aktiviert werden. Die zweite Untergruppe der elektroaktiven Polymere sind *ionische Polymere*, bestehend aus zwei Elektroden und einem Elektrolyten. Sie werden seit etwa 1992 wegen ihrer Eignung als „künstliche Muskeln" erforscht [47, 92]. Weil sie sich ähnlich wie biologische Muskeln verhalten, nennt man sie auch „biomimetische Materialien" [93]. Seit einiger Zeit erforscht man insbesondere Kompositstrukturen aus ionischen Polymeren und Metallen als Aktoren. Auf elektrische Spannungen von wenigen Volt reagieren sie mit starker Dehnung oder Biegung, was sie z. B. als Aktoren für Roboter interessant macht. Weil der Aktionsmechanismus auf der Diffusion von Ionen (in flüssigem Medium) beruht, reagieren sie relativ langsam. Trotzdem eignen sie sich als aktive Dämpfer für flexible Manipulatoren [94, 95]. Auch als Sensoren sind Kompositstrukturen aus ionischen Polymeren und Metallen untersucht worden [96].

Eine weitere Klasse von Aktoren benutzt *magnetostriktive Materialien* (Abschn. 3.6). Sie reagieren auf ein äußeres Magnetfeld mit Längenänderungen, die bei *Terfenol-D*, einer Legierung aus Terbium, Eisen und Dysprosium etwa 0,2 % erreichen können. Der Effekt ist proportional zum Quadrat der Magnetfeldstärke, sodass zur Linearisierung eine Vormagnetisierung nötig ist, der die Wechselfeldanregung überlagert wird. Eine Anwendung zur aktiven Schwingungsdämpfung von Stäben ist in [97] beschrieben, und in [98] zur Mikroschwingungskompensation in sechs Freiheitsgraden. Weil der magnetostriktive Effekt reversibel ist, kann man ihn auch sensorisch ausnutzen; es wurde ein Sensori-Aktor mit Halleffekt-Sensor zur Rückkopplungsregelung entwickelt [99]. Einen Überblick über magnetostriktive Sensoren für Drehmoment, Dehnung, Kraft, Magnetfeld usw. gibt [100].

Eine ebenfalls interessante Klasse von Aktoren sind *Formgedächtnislegierungen* (engl. shape memory alloy, SMA), z. B. die Nickel-Titan-Legierung NiTiNOL (NOL steht für Naval Ordnance Laboratory, wo dieses Material 1963 in den USA entwickelt wurde). Es zeigt eine temperaturabhängige Umwandlung der Kristallstruktur: martensitisch bei tiefen und austenitisch bei hohen Temperaturen. In der Martensitphase ist ein Draht aus NiTi-NOL leicht plastisch verformbar, springt aber oberhalb der Umwandlungstemperatur in die ursprüngliche Gestalt zurück, z. B. [101]. Einen Überblick über die Anwendungsmög-

---

[3] Charles Augustin de Coulomb, französischer Physiker (1736–1806).

lichkeiten gibt [102]. Wegen der recht langsamen thermischen Umschaltung lassen sich schnelle Schwingungen mit Formgedächtnisaktoren nicht direkt dämpfen; man hat aber eine Änderung der Federsteife zur aktiven Schwingungsisolierung ausgenutzt [103]. Mit zwei NiTiNOL-Drähten lässt sich eine Tragflügelklappe auf und ab bewegen; der Vorteil gegenüber herkömmlichen hydraulischen oder elektromagnetischen Antrieben liegt in der erheblichen Gewichtseinsparung [104]. Neben NiTiNOL gibt es noch andere Legierungen, die den Formgedächtniseffekt zeigen, z. B. CuAlBe-Drähte. Ihre Eignung zur Dämpfung seismischer Gebäudeschwingungen wird in [105] diskutiert.

Außer den Formgedächtnis*legierungen*, also Metallen, gibt es auch Polymere auf Polyurethanbasis, die den Formgedächtniseffekt zeigen [106]. Weil sie elektrisch nichtleitend sind, muss man die Strukturumwandlung durch direkte Wärmezu- oder -abfuhr erzeugen. Einer koreanischen Arbeitsgruppe ist es aber gelungen, durch Einbetten von Kohlenstoff-Nanoröhrchen das Polymer leitfähig zu machen, sodass die Umwandlung auch durch elektrischen Strom möglich ist, was die praktische Anwendung sehr erleichtert [107].

Hydraulische Aktoren für Stoßdämpfer enthalten oft *elektrorheologische Flüssigkeiten* (ERF). ERF sind Suspensionen dielektrisch polarisierbarer kleiner Partikel in einer unpolaren Basisflüssigkeit, z. B. Polyurethan in niederviskosem Silikonöl [108]; die Viskosität lässt sich durch Anlegen eines elektrischen Feldes reversibel zwischen dünnflüssig und pastös einstellen, allerdings sind Feldstärken von einigen kV/mm nötig. Um Instrumente in Satelliten vor den extremen Beschleunigungen beim Raketenstart zu schützen, sind nichtlineare ERF-Dämpfer entwickelt worden, deren Wirkung besser ist als passive oder lineare aktive Systeme [109]. Auch in hydraulischen Stoßdämpfern werden sie eingesetzt [110]. [111] beschreibt eine Platte mit einem Kern aus flüssiger ERF zur Schwingungskontrolle. Eine medizinische Anwendung können ERF-Dämpfer in der Orthopädie finden, und zwar zur Drehmomentkontrolle bei künstlichen Kniegelenken [112].

Alternativ lassen sich *magnetorheologische Flüssigkeiten* (MRF) einsetzen, Suspensionen feiner ferromagnetischer Partikel in einer Basisflüssigkeit. Die Viskosität der Suspension lässt sich durch ein Magnetfeld verändern. Zur Steuerung nimmt man üblicherweise Elektromagnete, die hohe Stromstärken anstelle der hohen Spannungen bei den ERF benötigen [113]. Um einen möglichst weiten Regelbereich der Viskosität zu bekommen, wählt man für ERF und MRF niederviskose Basisflüssigkeiten, was allerdings bei den spezifisch schwereren Partikeln in den MRF zu größeren Problemen mit der Absetzstabilität führt als bei ERF.

Trotzdem wird intensiv am Einsatz von MRF gearbeitet, z. B. zur Gebäudesicherung gegen Erdbeben [114], Gleitlager für rotierende Maschinen [115], für Gittermasten in Satelliten [116], Fahrzeuglager [117], Sandwich-Balken [118], gegen Schwingungen von Freileitungen [119] und Spannseilbrücken [120], als regelbare dynamische Absorber für flexible Strukturen [121, 122] und für Quetschfilmdämpfer (*squeeze film damper*) [123, 124]. Hydropneumatische Stoßdämpfer mit MRF wurden für Flugzeugfahrwerke entwickelt [125]. Auch zur vorübergehenden Erhöhung der Dämpfung von Waschmaschinen beim Umschalten vom Wasch- auf den Schleudergang eignen sich MRF-Dämpfer, vor allem in der Form von magnetorheologischen Polymer-Gelen, bei denen die Absetzstabilität keine Rolle mehr spielt [122, 126]. MRF-Dämpfer für schwere Lastwagen wurden vorgeschlagen, um bei Unfällen das Umstürzen zu verhindern [127].

Das Verhalten von MRF-Dämpfern ist durch Hysterese nichtlinear. Ein Modell für Simulation und Systemdesign ist in [128] entwickelt. Ein in Hongkong entwickelter MRF-Dämpfer mit integriertem PZT-Kraftsensor wird in [129] vorgestellt, und es werden Einsatzmöglichkeiten bei Spannseilbrücken, Autositzen usw. diskutiert.

Am Massachusetts Institute of Technology (MIT) in den USA ist eine neue Art von adaptiven Materialien entwickelt worden: mit MRF gefüllte Polymer-Schäume, die sich besonders zur Absorption von Stoßkräften empfehlen, z. B. in Kopfstützen von Fahrzeugen [130].

Als Alternative zu magnetorheologischen Flüssigkeiten hat man auch magneto-sensitive Gummi-Isolatoren entwickelt: dem Gummi ist ein hoher Prozentsatz magnetisierbarer (Eisen-)Teilchen beigemischt [131].

In einer Forschungskooperation des DLR Braunschweig mit der TU Clausthal und dem Biozentrum der Universität Würzburg werden neuartige wabenförmige Aktoren aus Piezokeramik entwickelt, die gegenüber plattenförmigen etliche Vorteile bieten, vor allem Gewichtsersparnis und optimale Kraft-Weiterleitung. Zur Herstellung der Wabenstruktur nutzt man einen thermisch kontrollierten Selbstorganisationsprozess (Laser-Sinterung bei ca. 1400 °C), der im Prinzip ähnlich abläuft wie die Bildung der Waben von Honigbienen. Die Übertragung biologischer auf technische Prozesse ist ein aktuelles Entwicklungsgebiet der Bionik [132].

Einen Überblick über Schwingungssysteme mit „intelligenten" Materialien gibt [133]: Materialeigenschaften, semiaktive Schwingungsdämpfer, energy harvesting, aktive Schwingungsdämpfung und -isolierung, Erkennung von Strukturfehlern (*structural health monitoring*) und selbstheilende Vorrichtungen.

Viele aktuelle Arbeiten zu adaptiven Strukturen und Materialien findet man in den Spezialzeitschriften *Journal of Composite Materials* (seit 1967), *Journal of Intelligent Material Systems and Structures* (seit 1990) und *Smart Materials and Structures* (seit 1992), sowie den Proceedings der *International Conferences on Adaptive Structures and Technologies* (ICAST) (seit 1989) und der *Adaptronic Congresses* in Deutschland (seit 1996). Stichworte sind *intelligente Materialien, bifunktionale Elemente, adaptive* (oder *intelligente*) *Strukturen, Adaptronik und Struktronik* [134, 135].

Es ist auch schon gelungen, Sensoren und RFIDs (radio frequency identifier) während des Produktionsprozesses in Aluminium- und Zink-Druckguss-Werkstücke einzubetten und sie als Diebstahlschutz sowie auch als Sensoren für aktive Schwingungsdämpfer zu nutzen [136].

6.2.4 Aktive Schwingungsisolierung

Die Innenraumgeräusche in Kraftfahrzeugen rühren vor allem von Motor- und Radschwingungen her, die sich als Körperschall über die Karosserie ausbreiten und in den

Innenraum abstrahlen. Es liegt daher nahe, aktive Motorlager und Stoßdämpfer zu entwickeln, die einerseits steif genug sind, um die statische Last zu tragen, andererseits
aber dynamisch weich sein müssen, sodass Schwingungen nicht übertragen werden. Für
Stellwege im Submillimeterbereich eignen sich piezokeramische Aktoren [137], für große
Amplituden und Kräfte bei Frequenzen von wenigen Hz, z. B. zur Isolierung von Fah-
rersitzen in schweren Fahrzeugen, setzt man hydraulische und pneumatische Lager ein
[138]. Hierfür benutzt man auch ERF-Dämpfer [139, 140]. An Prototypen sind aktive
Federungen für schwere Geländefahrzeuge erfolgreich getestet worden. Sie sollen in
Rad- und Kettenfahrzeugen eingesetzt werden [141]. Auch für leistungsstarke Schiffs-
Dieselmotoren wurden aktive Motorlager installiert [142]. Als *aktive Hydrolager* sind
kompakte und robuste Kombinationen von herkömmlichen Gummilagern mit elektrody-
namisch angetriebener Hydraulik entwickelt worden [143, 144]. Aktive Lager wurden
z. B. serienmäßig im Mercedes CL-Coupé eingesetzt [145]. Um auch sehr tieffrequente
Schwingungen (0,5 ⋯ 5 Hz) zu isolieren, sind Federn mit variabler negativer Steifigkeit entwickelt worden [146]. Über Versuche mit piezokeramischen Aktoren in aktiven
Fahrzeuglagern wird in [147] berichtet.

Die Schwingungsisolierung von Automotoren wird vor allem bei neueren Modellen
mit zeitweiliger Zylinderabschaltung (*variable displacement engine*, VDE) zur Kraftstoff-
ersparnis kritisch. Probleme und Lösungsansätze werden in [148] diskutiert.

In Hubschrauberkabinen ist die hauptsächliche Lärmquelle die Getriebebox, deren
Schwingungen über typischerweise 7 Verbindungsstreben (engl. *struts*) als Körperschall
zur Kabinendecke übertragen und in die Kabine abgestrahlt werden, wobei tonale Kom-
ponenten zwischen 700 Hz und 4 kHz besonders lästig sind. Mit Piezoaktoren an den
Streben hat man die Schwingungsübertragung reduzieren können, sodass der Lärm in der
Kabine deutlich gemildert wurde [149, 150].

Serienmäßige technische Anwendung finden aktive Lager bei schwingungsisolierten
Tischen, u. a. für optische Experimente und die Rastermikroskopie, sowie für schwin-
gungsempfindliche Prozesse in der Halbleiterfertigung. Kommerzielle Anbieter von Tischen mit aktiver Schwingungsisolierung sind z. B. die Firmen Newport (USA), Technical
Manufacturing Corporation (TMC, USA), Halcyonics (Göttingen und Menlo Park, CA,
USA) und Integrated Dynamics Engineering (IDE, Raunheim). Die letztere Firma bietet auch aktive, adaptive Kompensatoren für magnetische Streufelder an, die z. B. für
hochauflösende Elektronenmikroskope wichtig sind. Informationen findet man auf den
Homepages der Firmen.

In einer relativ kleinen Serie werden Baby-Notarztwagen mit aktiv schwingungsent-
koppelten Liegen ausgestattet, die das Verletzungsrisiko der Säuglinge durch Erschütterungen während des Transports ausschließen [151].

Aufwendige Regelungen sind entworfen worden, um Satelliten-Antennen und Installationen z. B. für Mikrogravitationsexperimente gegen die Erschütterungen des Lageregel-
systems und anderer Bordgeräte zu isolieren [137, 152]. Ein System zur gleichzeitigen
Mikropositionierung, Schwingungsreduktion und -isolierung wurde entwickelt, das 6 Piezoaktoren und optische Glasfasersensoren enthält [153, 154]. Vor allem für Satellitenan-

wendungen ist die sog. *Stewart-Plattform*,[4] auch *Hexapod* genannt, entwickelt worden
[155], die mit 6 schräg angeordneten Streben regelbarer Länge eine Montageplatte gegen
die Grundplatte in den drei Raumrichtungen und gegen Drehungen um die drei Raum-
achsen aktiv isoliert. Eine Weiterentwicklung für besonders empfindliche Instrumente
beschreibt [156]. Um mikroelektronische Bauteile gegen Erschütterungen in Flugzeugen zu isolieren, ist in einen Siliziumrahmen eine Brücke gesetzt, die das zu schützende
Bauteil trägt und mit PZT-Aktoren und -Sensoren aktiv gegen die Schwingungen isoliert
[157, 158].

In [159] wird ein semiaktiver Isolator vorgestellt, der neben einem herkömmlichen
Gummilager drei schräg angekoppelte aktive Tilger mit piezokeramischen Aktoren und
seismischen Massen enthält, sodass Schwingungen in drei Raumrichtungen kompensiert
werden können.

Auch für Fahrräder wird an semiaktive MRF-Isolatoren gegen die durch Fahrbahn-
unebenheiten angeregten Schwingungen gedacht [160], und für Rennräder an die Dämpfung von Lenkervibrationen durch Verbundaktoren mit PZT-Fasern [161].

In Houston (Texas, USA) ist ein Demonstrator gebaut worden, an dem für Unter-
richts- und Forschungszwecke die aktive Schwingungsisolierung einer Unwucht-erregten
Plattform gegen das Fundament mit PZT-Sensoren, Formgedächtnisdrähten als Aktoren
und MRF-Dämpfern studiert werden kann, sowohl mit manueller als auch Computer-
unterstützter Regelung [162].

6.2.5   Bauwerke

Windinduzierte Schwingungen von modernen, relativ leicht gebauten schlanken Hochhäu-
sern mit mehreren hundert Metern Höhe können in den obersten Stockwerken Amplituden
von etlichen Metern erreichen und den Aufenthalt dort unerträglich machen. Sie lassen
sich durch Resonanzabsorber (engl. *tuned mass damper*, TMD) reduzieren: Massen in
der Größenordnung von 1 % der Gebäudemasse sind im obersten Geschoss beweglich
gelagert und über Federn und Dämpfer mit den Außenwänden des Gebäudes gekoppelt.
Ihre Wirkung erhöht sich, wenn man die Relativbewegung aktiv verstärkt (*active mass
damper*, AMD). Ein bekanntes Beispiel ist das Citycorp Center in New York [163]. Wenig
Zusatzmasse erfordern verstellbare Klappen an der Außenseite der Gebäude, bei denen
man die Windkräfte zur Schwingungsunterdrückung ausnutzt [164].

Auf dem Campus der Universität Stuttgart ist eine gewölbt aufragende hölzerne Dach-
konstruktion von $10\,\mathrm{m} \times 10\,\mathrm{m}$ Spannweite, aber nur $4\,\mathrm{cm}$ Dicke gebaut worden. Sie ruht
an drei von vier Punkten auf Lagern, die über Hydraulikzylinder bewegt werden können.
Dadurch lassen sich Verformungen der Schale („Stuttgart SmartShell"), z. B. durch Windkräfte und Schneelast, kompensieren und Schwingungen dämpfen [165, 166]. Ohne die
aktiven Lager wäre die Struktur instabil.

---

[4] von dem britischen Maschinenbauingenieur D. Stewart 1965 erfunden.

Für schlanke Strukturen wie Antennenmasten und Brücken wurden Spannseilverfahren (engl. *tendon control*) entwickelt, um Wind-induzierte Schwingungen durch gesteuerte Zugkräfte in verschiedenen Diagonalrichtungen aktiv zu unterdrücken [167, 168]. Transversalschwingungen der Kabel von Spannseilbrücken hat man auch mit superelastischen Formgedächtnislegierungen in mehreren niedrigen Moden bis etwa 10 Hz gedämpft [169], oder auch mit MRF-Dämpfern und Formgedächtnisaktoren [170].

In den USA, Kanada, Korea, Japan und einigen anderen Ländern wird intensiv am aktiven Erdbebenschutz für Gebäude gearbeitet, wobei allerdings schwierige technische Probleme zu lösen sind [171, 172]. Die durch Erdbeben angeregten gefährlichen horizontalen Gebäudeschwingungen lassen sich wiederum mit AMDs dämpfen. Wegen der Nichtlinearität der Körperschallausbreitung im Boden und der Wechselwirkung von Boden- und Gebäudebewegung wird in [173] vorgeschlagen, eine gekoppelte fuzzy logic und PID-Regelung einzusetzen (Abschn. 5.2.5). Auch die Kombination eines LQR-Reglers und eines rekursiven Schätzers (mit Kalman-Filter) für den Anregungsvektor ist angeregt worden [174]. Zur Umgehung der Modellunsicherheit der Gebäudemasse und -steifigkeit ist ein robuster H_∞-Regler konzipiert und in Modellversuchen erprobt worden [175]. Alternativ wurden auch semiaktive Dämpfer mit magnetorheologischen Flüssigkeiten und einer modalen Regelung mit neuronalem Netz eingesetzt [176]. In Modellversuchen wurden die Gebäudeschwingungen durch Gelenkhebel und Dämpfer mit magnetorheologischen Flüssigkeiten reduziert [71]. [177] vergleichen theoretisch und experimentell verschiedene Regelstragien zur semiaktiven Dämpfung horizontaler Gebäudeschwingungen: magnetorheologische Dämpfer mit Hysteresekontrolle durch neuronale Netze, kollokale Regelung mit optimalem LQR-Regler und variabler Verstärkung, und fuzzy logic mit genetischen Algorithmen; dabei werden sowohl die Beschleunigungen als auch die Auslenkungen des Gebäudes drastisch reduziert. In [178] wird gezeigt, dass *fuzzy sliding mode control* besonders günstig ist.

Durch Erdbeben können auch Flüssigkeiten in großen Tanks zum Hin- und Herschwappen (engl. *sloshing*) angeregt werden. Diese durchaus nicht ungefährlichen Schwingungen lassen sich durch Gasblasen-Injektion dämpfen [179], oder auch aktiv mit elektrorheologischen Flüssigkeitsdämpfern [180].

Eine wichtige Anwendung ist die Dämpfung der Pendelschwingungen von Lasten an den Seilen von Kränen. Erfahrene Kranführer können den Transportablauf rasch und ohne gefährliche Schwingungen manuell regeln. Um dies auch automatisch zu optimieren, setzt man erfolgreich aktive Regler mit *fuzzy control* ein [181], vgl. auch [258]. Auch am Institut für Systemdynamik (ISYS) der Universität Stuttgart werden aktive Dämpfungssysteme für schwingende Kranlasten entwickelt, ebenso für Feuerwehr-Drehleitern mit ihren bis zu 50 m hohen Teleskop-Gitterstrukturen, die nach Fahrzeugbewegungen und durch Windkraft-Anregung schwingen, was das Arbeiten im an der Spitze angebrachten Rettungskorb erschwert. Um diese Schwingungen zu dämpfen, wurden Regelungen entwickelt, die aus Messdaten von Dehnmessstreifen und Gyroskopen die horizontalen und vertikalen Schwingungen erfassen und die am Fahrzeug vorhandenen Antriebe als Aktoren entsprechend ansteuern [182].

Ähnliche Probleme treten in der Robotik auf. Industrieroboter und Manipulatoren neigen nach raschen Positionsänderungen zu Schwingungen. Diese lassen sich aktiv mit Aktoren aus Piezokeramiken und geeigneter Regelung dämpfen [183].

6.2.6 Aktive und Adaptive Optik

Die Qualität der mit optischen und radioastronomischen Spiegelteleskopen aufgenommenen Bilder hängt entscheidend von der Genauigkeit ab, mit der die optimale Spiegelform eingehalten wird. Bei heutigen schwenkbaren Großteleskopen spielt schon die Verformung unter dem Eigengewicht eine Rolle, die man anstatt durch gewichtsvermehrende zusätzliche Versteifungen erfolgreicher durch *aktive Verformungskontrolle* (*Gestaltregelung*) korrigiert. Diese Technik bezeichnet man als *aktive Optik* [184, 185].

Während es sich hierbei wegen der sehr langsamen Bewegungen mit Zeitkonstanten über 0,1 s um vergleichsweise einfache Regelungen handelt, hat man mit der *adaptiven Optik* das viel kompliziertere Problem gelöst, die durch Luftunruhe (das sog. *Seeing*) hervorgerufene Bildunschärfe zu korrigieren, für die Schwankungen im Frequenzbereich um 1000 Hz charakteristisch sind. Der große Primärspiegel ist fest, aber der kleinere, flexible Sekundärspiegel ruht auf einer Matrix von Piezoelementen, die über einen adaptiven Vielkanalregler so angesteuert werden, dass ein benachbarter Referenzstern bestmöglich scharf abgebildet wird [184]. Wenn es in der Nähe des zu beobachtenden Objekts keinen geeigneten Stern gibt, kann man über einen starken Laserstrahl in etwa 100 km Höhe Resonanzstreuung an Natriumatomen erzeugen und so einen „künstlichen Referenzstern" (*artificial guide star, laser guide star*) erzeugen und auf diesen fokussieren [186, 187]. Damit hat man das Auflösungsvermögen für Infrarotteleskope um etwa den Faktor 50 bis nahe an die beugungsbedingte Grenze verbessern können.

Die adaptive Optik wurde in den 1970er Jahren im Zusammenhang mit dem militärischen SDI-Projekt der USA entwickelt und erst im Mai 1991 zur Veröffentlichung freigegeben, nachdem die zivile Forschung bereits fast zu den gleichen Ergebnissen gekommen war [188, 189]. Inzwischen wird diese Technik bei allen neuen Infrarot-Großteleskopen angewandt, z. B. dem *Gemini North Telescope* auf dem Mauna Kea auf Hawaii [190], dem *Very Large Telescope* (VLT) in Chile, und bei noch größeren Anlagen [191–194]. Die adaptive Optik ist auch schon in der Infrarot-Astronomie für Beobachtungen in der Nähe des galaktischen Zentrums eingesetzt worden [195].

Auch in der industriellen Fertigung setzt man adaptive optische Spiegel ein, etwa beim Laserschneiden und -schweißen [196] und allgemein zur Optimierung der Strahlqualität von Lasern [197, 198]. Weitere nicht-astronomische Anwendungen werden u. a. in der konfokalen Mikroskopie [199] und bei räumlichen Lichtmodulatoren (*spatial light modulators*, SLM) für die optische Kommunikation gesehen [200], sowie bei Augenuntersuchungen [201]. Die meisten der kleinen deformierbaren Spiegel werden als mikroelektromechanische Systeme (MEMS) gefertigt [202, 203], typischerweise mit elektrostatischer Anregung [204]. Wenn sich die fokussierenden Spiegel für Hochleistungslaser zum Schneiden und Schweißen durch Aufheizen verformen, lassen sie sich durch adaptive Optik korrigieren [205, 206]. Einen Überblick über industrielle und medizinische Anwendungen der adaptiven Optik bietet [207]. Für potentielle Anwender der adaptiven Optik gibt es Entscheidungshilfen bezüglich der zu wählenden Konfiguration der Anlage aus Wellenfrontsensor, Korrekturspiegel und Software [208]. Wie wichtig die adaptive Optik geworden ist, zeigt sich auch darin, dass es bereits etliche Monographien hierzu gibt [209–213].

Es wird auch daran gearbeitet, diese Technik zur Korrektur optischer Abbildungen einzusetzen, die durch streuende (opake) Schichten aufgenommen wurden und daher unscharf sind. Als Fernziel hofft man, damit optische Methoden in der medizinischen Diagnostik nicht-invasiv einsetzen zu können [214].

6.2.7 Lärmminderung durch aktive Körperschallbeeinflussung

Viele Lärmprobleme entstehen durch Körperschallabstrahlung, z. B. im Innenraum von Autos, Schienenfahrzeugen, Flugzeugen und auf Schiffen, durch schwingende Maschinenverkleidungen usw. Hier setzt ein unter dem Schlagwort ASAC (*active structural acoustic control*) bekannt gewordenes Konzept an, nämlich die Lärmminderung nicht durch aktive Luftschallbeeinflussung mit entsprechend angesteuerten Lautsprechern zu erreichen, sondern durch Maßnahmen an der Struktur selbst [215]. Dies kann durch geeignet platzierte und angesteuerte Schwingerreger zur Unterdrückung der Strukturschwingung geschehen. Die Minimierung der abgestrahlten Schallleistung von Platten und Hohlzylindern (als Modell für Flugzeugrumpf und U-Boot) gelingt mit der Messung einer gewichteten Summe räumlicher Gradienten (*weighted sum of spatial gradients*, WSSG) besser als mit der Messung des Schallflusses [216]–[218].

Akustisch relevant sind besonders die Biegewellen auf Platten, bei denen man wegen ihrer Dispersion ($c_B \sim \sqrt{\omega}$) im Bereich $\omega < \omega_g$ nicht abstrahlende und darüber abstrahlende Moden bekommt. ω_g ist die Grenz- oder Koinzidenzfrequenz, bei der die Biegewellengeschwindigkeit c_B gleich der Schallgeschwindigkeit c_0 im angrenzenden Medium ist. Bei $c_B < c_0$ gibt es durch „akustischen Kurzschluss" zwischen benachbarten Wellenbergen und -tälern nur eine schwache, bei $c_B > c_0$ dagegen eine sehr effektive Abstrahlung. Der fehlende Faktor in der Proportionalität $c_B \sim \sqrt{\omega}$ enthält die Biegesteife, sodass man durch ihre aktive Beeinflussung die Grenzfrequenz verschieben und so aus gut abstrahlenden schlecht abstrahlende Moden machen kann (*modal restructuring*). Häufig sind die Randbedingungen schwingender Platten, z. B. in Flugzeugen, nur ungenau bekannt oder zeitlich variabel. Man kann dennoch ein ASAC-System mit genetischen Algorithmen optimieren [219].

Auf dem Dach von Straßenbahn-Fahrerkabinen sind oft Klimageräte montiert, die vor allem durch die Kompressorschwingungen den Lärmpegel in der Kabine beherrschen. Der lässt sich durch Tilger mit adaptiver Frequenzabstimmung deutlich reduzieren [220].

Durch den Einsatz von Laminaten aus Blech und Piezoschichten als Sensoren und
Aktoren lassen sich adaptive Strukturen entwickeln, die z. B. in Propellerflugzeugen die
bereits erwähnte Körperschallanregung durch die Propellerwirbel unterdrücken können
und mit denen man auch die recht aufwendige aktive Lärmkompensation ersetzen oder
ergänzen kann [3], [221]–[223]. Auch die turbulente Grenzschichtströmung entlang der
Flugzeug-Außenhaut regt Schwingungen an, die als Lärm ins Innere abgestrahlt werden.
Diese Schwingungen und damit die Schallabstrahlung können durch Ankoppeln eines einzigen Tilgers pro Außenhautsegment reduziert werden, wenn man die Impedanz optimal
anpasst [224]. Zur Gewichtsersparnis versteift man Flugzeuge, Fahrzeuge und Boote gern
mit Wabenstrukturen, die aber wegen der hohen Biegesteife und der niedrigen Masse
bezüglich Schwingverhalten und akustischer Eigenschaften ungünstiger sind als massi-
ve Platten. Mit Problemen bei der aktiven Schwingungsdämpfung solcher Wabenplatten
setzen sich [225] auseinander.

Das lästige Bremsenquietschen von Fahrzeugen ist eine selbsterregte Schwingung mit
Frequenzen bis zu mehreren kHz. Dagegen ist ein „Anti-Squealing-System" entwickelt
worden, das den Druck in der Bremsflüssigkeit über einen piezoelektrischen Aktor so
regelt, dass das Quietschen unterdrückt wird. Auch das Kurvenquietschen von Straßen-
bahnen wurde in einem Pilotprojekt aktiv um mehr als 10 dB reduziert. In den älteren
ICE-Zügen der Deutschen Bahn treten oft unangenehme Brummgeräusche auf, die durch
den Rad-Schiene-Kontakt entstehen und z. B. Harmonische der Raddrehfrequenz enthalten. Zu ihrer Unterdrückung wurden elektromagnetische Aktoren parallel zu den Wagen-
federn angebracht und über ein Regelsystem so angesteuert, dass die Beschleunigung am
Fahrzeugboden minimiert wurde. In Experimenten am Rollenprüfstand und bei Strecken-
fahrten ergaben sich bei etwa 85 Hz Schallpegelsenkungen um 25 dB. Diese Anwendungen aktiver Maßnahmen sind in [142] beschrieben. Auch im Rahmen eines EU-Projektes
wird versucht, das Bremsenquietschen aktiv zu bedämpfen, entweder mit einem adaptiven
Tilger oder einem auf den Bremssattel geklebten Aktor, der die Dehnungen des Systems
kompensiert [226].

6.2.8 Aktive Verbesserung der Schallisolation

Der Schalldurchgang durch Wände, Fenster, Dämmplatten usw. lässt sich effektiv durch
aktive Maßnahmen verringern. Oft wendet man dazu das ASAC-Verfahren an (siehe vorigen Abschnitt), mitunter aber auch andere Methoden. So lässt sich die Isolationswir-
kung von Doppelfenstern durch aktiv angesteuerte schmale Lautsprecher zwischen den
Scheiben verbessern [227]. Aktiv unterstützte Doppelwände sind auch in [228] sowie
in [229] beschrieben worden, im letzteren Fall zur besseren Trittschalldämmung. Zur
großflächigen Anregung von Einfach-Fensterscheiben benötigt man lichtdurchlässige Aktoren mit ebenfalls transparenten Elektroden. Dies erreicht man mit einer PVDF-Folie
und beidseitig aufgebrachten, flexiblen leitfähigen Schichten [230], auch mit Kohlenstoff-
Nanoröhrchen [231]. Kombinierte aktive Schwingungsdämpfung von Doppelfensterschei-

ben und Schallabsorption durch semi-aktive Helmholtzresonatoren für den Zwischenraum wird in [232] untersucht.

6.2.9   Aktive Kontrolle nichtlinearer dynamischer Systeme

Die aktive Beeinflussung nichtlinearer Schwingungen wird intensiv erforscht, weil man sich vielfältige Anwendungen in Physik, Technik, Medizin und Kommunikation verspricht.

In der spanabhebenden Metallbearbeitung (z. B. mit Drehmaschinen und Langlochbohrern) tritt bei höheren Arbeitsgeschwindigkeiten leicht das „Rattern" auf, eine selbsterregte Schwingung, die zu höherem Werkzeugverschleiß und rauen Oberflächen führt. Neben passiven Maßnahmen wie Erhöhung der Materialdämpfung oder Drehzahlsenkung sind auch aktive Regelungen erfolgreich getestet worden. Eine Übersicht über Stabilitätsanalysen sowie Methoden zur passiven und aktiven Schwingungsunterdrückung gibt [233]. Auch die Unterdrückung der Reibungs-induzierten selbsterregten Schwingungen im Bohrgestänge (*stick-slip oscillation*) ist aktiv möglich [234].

Bereits erwähnt wurde in Abschn. 6.2.1 die unerlässliche aktive Stabilisierung von Magnetlagern. Ihr Einsatz für Ultrazentrifugen ist in [235] untersucht worden. Beim Hochlauf von Rotoren aller Art treten oft gefährliche Resonanzen auf, die sich z. B. auch mit Formgedächtnis-Materialien in einer selbst-optimierenden Lagerung unterdrücken lassen [236, 237]. Transienten in Magnetlagern kann man mit prädiktiven Reglern auf der Basis einer Waveletanalyse regeln [238].

Schwingungen von Flugzeugen, die durch Pilotenfehler entstehen (vor allem bei Militärmaschinen) lassen sich mit Modell-basierten Reglern dämpfen, werden aber durch Geschwindigkeits- oder Auslenkungsbegrenzungen nichtlinear. In einer chinesisch-japanischen Kooperation sind Lösungsmöglichkeiten erarbeitet worden, indem der Regler entweder parallel zum Piloten oder in Serie mit ihm eingreift [239].

Sehr intensiv wird die *Chaoskontrolle* erforscht, um chaotische Schwingungen in einen stabilen periodischen Orbit zu zwingen [240–242].

Die bekannteste Eigenschaft chaotischer dynamischer Systeme ist, dass kleinste Änderungen des momentanen Schwingungszustands zu großen Abweichungen im zukünftigen Verlauf führen können. Umgekehrt lassen sich daher gewünschte Änderungen im Schwingungsverlauf durch geringfügige Eingriffe erreichen. Die wichtigsten Regelungsstrategien sind: (1) aktive Steuerung [243]; (2) Regelung durch schwache Beeinflussung eines zugänglichen Systemparameters, wenn die Trajektorie in die Nähe eines instabilen Orbits gerät, auf welchem man das System stabilisieren möchte; diese so genannte OGY-Regelung [244] ist benannt nach den Protagonisten dieser Methode: Ott,[5] Grebogi[6]

---

[5] Edward Ott, US-amerikanischer Physiker (geb. 1941).
[6] Celso Grebogi, brasilianischer Physiker (geb. 1947).

und Yorke[7] (1990); (3) zeitverzögerte Autosynchronisation oder verzögerte Rückkopplung, wobei das rückgekoppelte Signal die Differenz zwischen dem aktuellen und einem früheren Wert des Ausgangssignals des chaotischen Systems ist [245]; und (4) „Sliding Mode Control" [246] für nichtlineare Systeme hoher Ordnung mit Modellunsicherheiten. Hierbei wird durch schnelles Hin- und Herschalten des Reglers erreicht, dass der Systemzustand um eine stabile Hyperfläche im Zustandsraum pendelt und sich so dem Gleichgewichtszustand nähert [247, 248]. Möglichkeiten zur Reduktion des dabei oft auftretenden, störenden „Ratterns" (chatter) diskutieren [249] und [250]. Über Modellversuche zur Schwingungsdämpfung mehrstöckiger Gebäude mit MRF-Dämpfern und Sliding Mode Control im Vergleich zur LQR-Regelung berichtet [251]. Die Synchronisation zweier horizontaler chaotisch schwingender Plattformen durch lineare Rückkopplung wird in [252] behandelt.

Eine frühe Realisierung der verzögerten Rückkopplung zur Stabilisierung eines nichtlinearen Systems wurde in [253] beschrieben, und zwar zur Theorie des Balancierens von Stäben auf der Hand und zum Radfahren.

Eine medizinische Anwendung könnte Chaoskontrolle in der Stabilisierung von Vorhofflimmern finden, einer chaotischen Störung des Blutflusses im Herzen [254, 255].

Möglicherweise kann Chaoskontrolle auch zur abhörsicheren Kommunikation beitragen, indem man die zu übertragende Nachricht mit einem breitbandigen chaotischen Träger maskiert und empfängerseitig durch entsprechende Synchronisation entschlüsselt [256]. Allerdings scheint es, dass kaum Vorteile gegenüber herkömmlichen Verschlüsselungssystemen bestehen, sodass praktische Anwendungen wohl nur in speziellen (z. B. militärischen) Bereichen zu erwarten sind [257].

Mit der verzögerten Rückkopplung („Pyragas-Regelung") lassen sich z. B. die Pendelschwingungen der Last an einem Container-Portalkran dämpfen; in [258] wurden dazu ein vereinfachtes nichtlineares Modell analytisch und numerisch untersucht, Bifurkationsdiagramme berechnet und Stabilitätsbereiche angegeben.

Eine Erweiterung der verzögerten Rückkopplung ist die „vielfach-verzögerte Rückkopplung", bei der das Rückkopplungssignal mehrere frühere Ausgangssignal-Werte enthält. Damit sind z. B. ein Colpitts-Schwinger und ein frequenzverdoppelter Festkörperlaser erfolgreich stabilisiert worden [259]. Das Kontrollsignal für lineare und nichtlineare mechanische Schwingungssysteme lässt sich auch aus den gemessenen Beschleunigungssignalen synthetisieren [260].

Verwandt mit der Chaoskontrolle ist die *Bifurkationskontrolle*. Einen Überblick über die Theorie, Regelungsstrategien und mögliche Anwendungen geben [261].

Während die meisten Anwendungen der Chaoskontrolle auf die Stabilisierung eines sonst unvorhersagbaren Prozesses auf einen stabilen Orbit abzielen, gibt es auch den umgekehrten Fall, dass nämlich ein regelmäßiges Verhalten in eine chaotische Schwingung übergeführt werden soll (*Antikontrolle* oder *Chaotifizierung*), z. B. in Verbrennungsmotoren, wo das Chaos – hier die Turbulenz – die Vermischung von Kraftstoff und Verbren-

---

[7] James Alan Yorke, US-amerikanischer Mathematiker und Physiker (geb. 1941).

nungsluft verbessert und so zu einem besseren Wirkungsgrad führt [262]. Ein anderes Beispiel ist die Verbesserung eines künstlichen neuronalen Netzwerks durch Zustandsregelung [263]. Eine militärische Nutzung ist vorgeschlagen worden, nämlich die tonalen Geräusche von U-Booten durch Chaotifizierung in ein unspezifisches Rauschen zu wandeln und dadurch die passive Sonar-Ortung zu erschweren [264].

6.2.10   Aktive Strömungsbeeinflussung

Man kennt mannigfache Wechselwirkungen von Schall und Strömungen, z. B. schlägt die laminare Strömung in einer schlanken Gasflamme bei Beschallung in Turbulenz um. Umgekehrt ist es auch gelungen, die Turbulenz einer Flamme aktiv zu unterdrücken [265, 266].

Resonanzschwingungen in überströmten Hohlräumen sind mit Piezo-Biegeschwingern an der Hinterkante der Öffnung unterdrückt worden, und zwar mit Reglern mit fest eingestellter Rückkopplungsverstärkung [267] sowie auch adaptiv [268].

In Laborexperimenten hat man seit etwa 1982 gezeigt, dass sich der Umschlag von laminarer in turbulente Strömung durch Beeinflussen der Tollmien–Schlichting–Wellen[8] [9] in der Grenzschicht zu höheren Reynoldszahlen verschieben lässt. Die damit verbundene Reduktion des Strömungswiderstandes (*drag reduction*) ist von erheblicher technischer Bedeutung. Man erreicht dies durch thermische Anregung [269], akustische bzw. Schwingungsanregung [270–272], oder auch durch Wellenanregung mit Hilfe einer „aktiven Haut", bei der Biegewellen durch piezoelektrische Beschichtung angeregt werden [273].

Auch die durch Kompressorinstabilitäten ausgelösten gefährlichen Stoßwellen in fluidischen Leitungen (*compressor surge, stall*) lassen sich durch akustisches Gegensteuern aktiv unterdrücken [274]. Es ist ein interessanter Aspekt, dass das Verfahren der linearen aktiven Schallfeldbeeinflussung in diesem Fall auch in einen nichtlinearen Prozess eingreift [275, 276].

Der Strom ionisierter Gase in Brennkammern (z. B. von Raketen) neigt zur Ausbildung instabiler Resonanzschwingungen. Diese kann man mit einem geregelten elektrischen Gleichstrom durch die Brennkammer unterbinden, wobei eine Fotozelle als Schwingungssensor dient [277]. Brennkammerschwingungen lassen sich auch mit Modell-basierten Reglern stabilisieren [266].

Ein mikro-elektromechanisches System (MEMS) zur Unterdrückung von Turbulenz ist in [262] beschrieben. Es umfasst einen Turbulenzsensor, eine integrierte Schaltung und einen Aktor und lässt sich auch zum Anfachen der Turbulenz benutzen – etwa bei Wärmetauschern, um den Wärmeübergang zu beschleunigen. Experimente mit dieser interessanten Technik zur Flugkontrolle eines Flugzeugs mit Deltaflügeln sind in [278]

---

[8] Walter Tollmien, deutscher Strömungsphysiker (1900–1968).
[9] Hermann Schlichting, deutscher Strömungsphysiker (1907–1982).

beschrieben, und in [279] wird gezeigt, wie sich der Umschlag laminar/turbulent an einem Tragflächenprofil im Windkanal beeinflussen lässt.

Das durch Wechselwirkung der Rotorblätter mit Wirbeln entstehende Hubschrauber-Knattern lässt sich durch Steuerklappen an der Rotorblatt-Hinterkante reduzieren [280, 281]. Auch das „Überziehen" von Hubschraubern kann man durch solche Steuerklappen [282] oder mit Plasma-Aktoren [283] vermeiden. Weiterhin ist vorgeschlagen worden, die sich von den Propellerblattspitzen ablösenden Wirbel bei Hubschrauberrotoren, Flugzeugtragflächen und Schiffspropellern durch gesteuertes Luft-Einblasen an der Überdruckseite des Auftriebskörpers zu reduzieren [284, 285]. Durch Druckluft-Einblasen lässt sich auch der Turbinenlärm von Flugzeug-Strahltriebwerken mindern, wodurch Start und Landung leiser werden [286]. Zacken an der Düsen-Hinterkante brechen die großen Wirbel in kleinere Turbulenzstrukturen auf, was den Lärmpegel weiter senkt [287]. Die gezackten Düsen sind als *Chevron-Düsen*[10] bekannt; über ihre Lärm-mindernde Wirkung wird seit 2004 auf Kongressen berichtet [288].

Experimente zur dynamischen Stabilisierung der Strahl-Kanten-Strömung mit verschiedenen adaptiven Regelungsstrategien sind in [289] beschrieben. Störende Resonanzen in einem großen Windkanal mit Freistrahl-Teststrecke („Göttinger Modell") sind durch adaptive akustische Mehrkanalregelung mit mehreren Lautsprechern unterdrückt worden [290]. Unter Ausnutzung einer aeroakustischen Instabilität ist mit aktiver Strömungsakustik auch eine tieffrequente Schallquelle hoher Intensität realisiert worden [291, 292].

Störende Strömungsgeräusche von Windkraftanlagen lassen sich durch aktive Maßnahmen reduzieren, sodass eine sonst nötige Reduzierung der Leistungsabgabe vermieden werden kann [293].

6.3 Aktive Schallfeldbeeinflussung

6.3.1 Eindimensionale Schallausbreitung

Schon 1933/34 wurde die in Abb. 6.2 skizzierte Anordnung in einer Patentanmeldung vorgeschlagen [294, 295]. Das Mikrofon nimmt den von links einfallenden Schall auf und steuert nach geeigneter Signalverarbeitung den Lautsprecher so an, dass sich rechts von ihm das primäre und das zusätzliche Signal aufheben. Die „Signalverarbeitung" sollte die Amplitudeneinstellung, die Vorzeichenumkehr und die Zeitverzögerung entsprechend der akustischen Laufstrecke umfassen. In dieser Form ist das System allerdings in der Praxis nicht einsetzbar. Zum einen muss man die akustische Rückkopplung zwischen Lautsprecher und Mikrofon unterbinden, und außerdem ist in der Regel die Übertragungsfunktion adaptiv nachzuführen, weil sich die Schalllaufzeit und das Signalspektrum durch Temperaturdrift, überlagerte Strömung und andere Umgebungsbedingungen zeitlich ändern

---

[10] nach französisch „chevron": eine gezackte Uniformlitze.

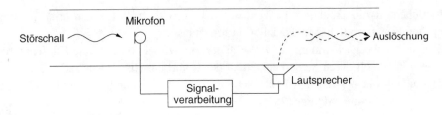

Abb. 6.2 Prinzip der aktiven Schallkompensation im Rohr [295]

können. Deshalb setzt man heute adaptive Digitalfilter ein, die auf echtzeitfähigen Signal-prozessoren implementiert werden. Abb. 6.3 zeigt das Blockschaltbild einer typischen Anordnung (Verstärker, A/D- und D/A-Wandler sowie Antialiasing-Tiefpässe sind weg-gelassen). Die Übertragungsfunktion der akustischen Rückkopplungsstrecke vom Laut-sprecher L zum Referenzmikrofon R wird durch das Rückkopplungs-Kompensationsfilter RKF nachgebildet und sein Ausgangssignal vom Mikrofonsignal abgezogen, sodass das Filtereingangssignal $x(t)$ den von L herrührenden Anteil nicht mehr enthält. Das Fehlermi-krofon E nimmt bei unvollständiger Kompensation des Primärschalls ein Fehlersignal $e(t)$ auf, das zur Nachführung des adaptiven Hauptfilters A dient. A adaptiert sich so, dass es die akustische Übertragungsfunktion von R nach L nachbildet, einschließlich der (komplexen) Frequenzgänge von R und L selbst. A und RKF werden häufig als Transversalfilter (FIR-Filter, *finite impulse response*) konzipiert (Abb. 6.4 ohne die untere Verzögerungskette), und der gebräuchlichste Adaptionsalgorithmus ist der *LMS-Algorithmus* (Abschn. 6.3.2).

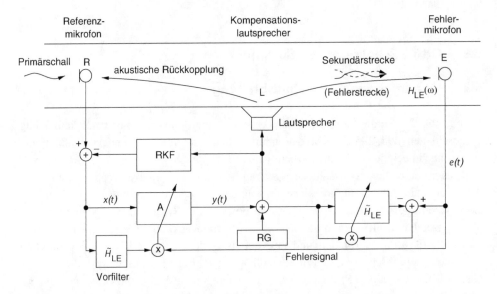

Abb. 6.3 Aktive Lärmkompensation im Rohr durch adaptive Steuerung mit Rückkopplungskom-pensation und Sekundärstreckenadaption für den „Filtered-X-LMS-Algorithmus" [296]

Er verändert die Filterkoeffizienten von A so, dass $x(t)$ und $e(t)$ bestmöglich dekorreliert werden. Bei stochastischem Primärgeräusch sind $x(t)$ und $e(t)$ allerdings durch die Laufzeitverzögerung von L nach E oft bereits so stark dekorreliert, dass das aktive System nur noch wenig bewirken kann. Um diesen Einfluss der *Sekundärstrecke* (oder *Fehlerstrecke*) $H_{LE}(\omega)$ aufzuheben, wird $x(t)$ vor der Multiplikation mit $e(t)$ über die Nachbildung $\widetilde{H}_{LE}$ von H_{LE} vorgefiltert, der so modifizierte Algorithmus heißt deshalb *Filtered-X-LMS-Algorithmus* [296]. Der dazu nötigen „Sekundärstreckenerkennung" dient der Rauschgenerator RG als Hilfssignalquelle und die rechts unten in Abb. 6.3 gezeigte Adaptionsschaltung, die wieder mit dem LMS-Algorithmus arbeitet. Mit ihr werden entweder in einer Initialisierungsphase einmalig die Koeffizienten von $\widetilde{H}_{LE}$ (und entsprechend die von RKF) vorweg ermittelt, in die entsprechenden digitalen Filter kopiert und dann konstant gehalten, oder – bei zu starken zeitlichen Änderungen der akustischen Übertragungsstrecken – ständig unterschwellig nachgeführt. Dann bleibt allerdings das Hilfssignal von RG als (schwaches) Restrauschen am Ausgang des Rohres hörbar, weil es vom Lautsprechersignal $y(t)$ nicht kompensiert wird. Eine Möglichkeit, ohne Hilfssignal auszukommen, ist in [297] und [298] entwickelt worden, *simultaneous equations method* genannt.

Nach der Adaption stellt der Lautsprecher einen schallweichen Reflektor für die von links einfallende Welle dar, sie wird also nicht absorbiert, sondern nach rechts reflektiert. Mit einer anderen Regelungsstrategie könnte man den Lautsprecher auch als „aktiven Absorber" betreiben, allerdings maximal die Hälfte der einfallenden Schallleistung absorbieren; je ein Viertel der Leistung würden reflektiert bzw. durchgelassen. Der Grund dafür ist, dass mit einem einzigen seitlich angeordneten Lautsprecher keine Impedanzanpassung zu erreichen ist. Der von links einfallende Schall „sieht" die Parallelschaltung aus der Eingangsimpedanz des Lautsprechers und dem Wellenwiderstand des nach rechts weitergehenden Rohres. (Einen Lautsprecher am Ende eines Rohres kann man hingegen so ansteuern, dass er die einfallende Schallwelle vollständig absorbiert [299].)

Ein *Digitalfilter* ist in Abb. 6.4 als Prinzipschaltung dargestellt. Die diskrete Eingangssignalfolge $x[n]$ mit der z-Transformierten $X(z)$ läuft über eine Kette von N Gliedern, die die $x[n]$ jeweils um einen Takt verzögern. Die Verzögerungsglieder sind durch ihre Übertragungsfunktion z^{-1} nach (1.562) charakterisiert. Die $x[n-k]$ werden mit Filterkoeffizienten $a_k[n]$ multipliziert und zum Ausgangssignal $y[n]$ mit der z-Transformierten $Y(z)$ aufsummiert. Die $y[n]$ werden über die untere Verzögerungskette mit den Filterkoeffizienten b_k auf die Summierer rückgekoppelt. Die beiden Verzögerungsketten können auch verschieden lang sein. Sei M die Länge der unteren Kette, dann wird

$$y[n] = \sum_{k=0}^{N} a_k[n]x[n-k] + \sum_{i=1}^{M} b_i[n]y[n-i]. \qquad (6.1)$$

Falls alle $b_i = 0$ sind, gilt

$$y[n] = \sum_{k=0}^{N} a_k[n]x[n-k]. \qquad (6.2)$$

Abb. 6.4 Digitalfilter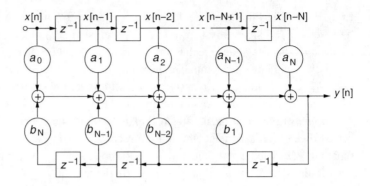

Dann ist die Folge der Koeffizienten $a_k(n)$ die Impulsantwort des Filters. Weil diese Folge eine endliche Länge (N + 1) hat, nennt man diese Systeme *Filter mit endlicher Impuls-antwort* oder griffiger mit dem englischen Ausdruck *finite impulse response filter* oder *FIR-Filter*. Dieser Name hat sich auch im Deutschen eingebürgert. Auch der Name *Trans-versalfilter* ist gebräuchlich.

Bei einem FIR-Filter ist die Folge der $y[n]$ ein mit den a_k gewichtetes gleitendes Mittel, engl. *moving average*, MA, über die letzten N Werte der $x[n]$. FIR-Filter werden deshalb auch MA-Filter genannt.

Falls die a_1 bis a_N verschwinden, bekommt man ein rein rekursives Filter, engl. *autore-gressive filter*, deshalb auch AR-Filter genannt. Filter mit beiden Anteilen nennt man auch ARMA-Filter. Die Impulsantwort von AR- und ARMA-Filtern ist zeitlich unbegrenzt, deshalb heißen sie nach dem englischen Ausdruck *infinite impulse response* IIR-Filter.

Neben der in Abb. 6.4 gezeigten Filterstruktur gibt es noch andere Ausführungsformen, die für die digitale Realisierung mitunter von Vorteil sind.

Nach dem Prinzip der schallweichen Reflexion entsprechend Abb. 6.3 werden kom-merzielle Geräte für die aktive Unterdrückung von Lärm vor allem in Abluftkanälen seit etwa 1987 erfolgreich eingesetzt [300]. Bei ihnen sind die Filter A und RKF zu einem IIR-Filter, zusammengefasst, das oft mit dem Feintuch-Algorithmus [301] arbeitet. Die Geräte benutzen schnelle Signalprozessoren und arbeiten damit im Frequenzbereich z. B. bis 500 Hz, unterdrücken tonale Anteile um bis zu 40 dB und Rauschanteile typischerweise um 15 dB. Ähnliche Anlagen werden auch in Deutschland [302–306] und anderswo [307] kommerziell gefertigt. Die untere Frequenzgrenze ist durch die Druckschwankungen auf-grund der turbulenten Strömung gegeben, die obere durch die Rechengeschwindigkeit des Signalprozessors und die Querabmessungen des Lüftungskanals. Wenn letztere in die Größenordnung der Schallwellenlänge kommen, treten höhere Moden auf, die nur mit deutlich höherem Hardwareaufwand zu kompensieren sind [308].

Wenn bei der Anordnung nach Abb. 6.2 und 6.3 die resultierende Stehwelligkeit oder die stärkere Schallausbreitung nach links stören, kann man mit Lautsprecherpaaren oder -zeilen auch einen aktiven Absorber realisieren [309–311].

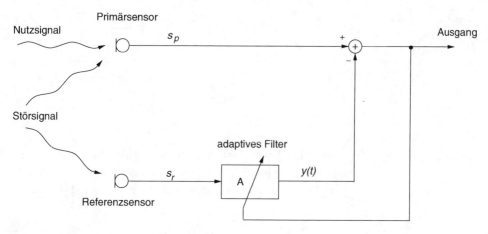

Abb. 6.5 Adaptive Störsignalkompensation, adaptive noise cancelling

Ein wichtiges Verfahren zur adaptiven Störsignalkompensation ist das *adaptive noise cancelling* [312]. Abb. 6.5 zeigt das Prinzip. Ein „Primärsensor" nimmt das Nutzsignal auf, dem ein Störsignal additiv überlagert ist, das Summensignal sei $s_p(t)$. Ein (oder mehrere) „Referenzsensoren" sind so platziert, dass ihr Ausgangssignal $s_r(t)$ mit dem Störsignal (in unbekannter Weise) korreliert ist, aber das Nutzsignal praktisch nicht enthält. $s_r(t)$ wird adaptiv gefiltert und das so erhaltene Signal $y(t)$ von $s_p(t)$ subtrahiert. Das Ausgangssignal hat dann in der Regel ein wesentlich besseres Signal-Rausch-Verhältnis, weil das adaptive Filter das Ausgangssignal und $s_r(t)$ dekorreliert. Dieses Konzept, realisiert mit einem linearen prädiktiven Filter und dem LMS-Algorithmus wurde 1981 patentiert [313] und seitdem vielfach eingesetzt: unter anderem zur Sprachübertragung aus lauter Umgebung [314], in der seismologischen Exploration [315], bei der medizinischen EKG-Diagnostik [316], für Stethoskope mit Störunterdrückung [317], zur Verbesserung des Sprachempfangs in Einsatzfahrzeugen durch Kompensation des eigenen Martinshorns [318], für Hörgeräte [319] und für viele andere Probleme. In der experimentellen Kosmologie soll das Adaptive Noise Cancelling zum Nachweis der 21 cm-Wasserstofflinie aus dem frühen Universum eingesetzt werden, die durch die kosmische Expansion bis etwa 2 m Wellenlänge verschoben ist. Die Interferenz mit den um Größenordnungen stärkeren Signalen terrestrischer Radiosender soll adaptiv unterdrückt werden [320].

Bei der adaptiven Steuerung nach Abb. 6.3 darf der Schalllaufweg vom Mikrofon R zum Lautsprecher L nicht zu kurz sein, damit genügend Zeit für die Aufbereitung des Lautsprecher-Speisesignals bleibt (die Kausalität muss gewahrt bleiben). Limitierend ist dabei meist nicht die Verarbeitungszeit im Signalprozessor, sondern die Gruppenlaufzeit in den für die digitale Signalverarbeitung nötigen Antialiasing-Tiefpassfiltern.

Ein technisches Problem bei der industriellen Anwendung aktiver Systeme stellen vielfach die Lautsprecher dar. Für Abluftanlagen müssen sie oft hohe Leistungen bei sehr tiefen Frequenzen erbringen und dabei robust gegen aggressive Gase und hohe Temperaturen

Abb. 6.6 Nachbildung einer Übertragungsfunktion
$H(z)$ durch ein adaptives Filter $A(z)$.

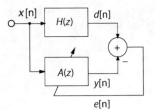

sein. Ein glatter Frequenzgang spielt dagegen im Unterschied zu HiFi-Lautsprechern keine große Rolle, weil er durch das adaptive Filter ausgeglichen wird. An der Entwicklung
von Lautsprechern für solche Anwendungen wird seit längerem gearbeitet [321–325].

6.3.2 LMS-Algorithmus

Probleme wie das in Abb. 6.3 dargestellte lassen sich auf die adaptive Nachbildung einer
(unbekannten) Übertragungsfunktion $H(z)$ zurückführen, wie in Abb. 6.6 gezeigt. Ziel
der Adaption ist es, die Koeffizienten a_k des Filters $A(z)$ so einzustellen, dass sein Ausgangssignal $y[n]$ das „Zielsignal" $d[n]$ (engl. *desired signal*) bestmöglich approximiert,
also der Fehler

$$e[n] = d[n] - y[n] \tag{6.3}$$

minimal wird. Zur Vereinfachung der Schreibweise seien der Eingangs-Spaltenvektor

$$\vec{x}[n] = (x[n], \ldots, x[n-N])^{\mathsf{T}} \tag{6.4}$$

und der Koeffizientenvektor

$$\vec{a}[n] = (a_0[n], \ldots, a_N[n-N])^{\mathsf{T}} \tag{6.5}$$

eingeführt. Damit wird das Ausgangssignal

$$y[n] = \vec{x}^{\mathsf{T}}[n]\,\vec{a}[n] = \vec{a}^{\mathsf{T}}[n]\,\vec{x}[n] \tag{6.6}$$

und das Fehlersignal

$$e[n] = d[n] - \vec{a}^{\mathsf{T}}[n]\,\vec{x}[n]. \tag{6.7}$$

Als Maß für die Güte des momentanen Koeffizientenvektors $\vec{a}[n]$ wählt man üblicherweise
den quadratischen Fehler

$$e^2[n] = d^2[n] - 2d[n]\,\vec{a}^{\mathsf{T}}[n]\,\vec{x}[n] + \vec{a}^{\mathsf{T}}[n]\,\vec{x}[n]\,\vec{x}^{\mathsf{T}}[n]\,\vec{a}[n]. \tag{6.8}$$

Der *mittlere quadratische Fehler* (*mean square error*, MSE) ist der Erwartungswert von $e^2[n]$, wie in Kap. 1, (1.279) durch spitze Klammern angedeutet:

$$\varepsilon = \langle e^2[n]\rangle = \langle d^2[n]\rangle - 2\langle d[n]\,\vec{a}^{\mathsf{T}}[n]\,\vec{x}[n]\rangle + \langle \vec{a}^{\mathsf{T}}[n]\,\vec{x}[n]\,\vec{x}^{\mathsf{T}}[n]\,\vec{a}[n]\rangle$$
$$= \langle d^2[n]\rangle - 2\vec{a}^{\mathsf{T}}[n]\langle d[n]\,\vec{x}[n]\rangle + \vec{a}^{\mathsf{T}}[n]\langle \vec{x}[n]\,\vec{x}^{\mathsf{T}}[n]\rangle\,\vec{a}[n]. \qquad (6.9)$$

Der MSE ist also eine quadratische Form der Koeffizienten $a[n]$ und ergibt ein Paraboloid im (N+1)-dimensionalen Koeffizientenraum. Das Paraboloid hat ein eindeutiges Minimum, das mit der Adaption erreicht werden soll. Im Minimum verschwindet der Gradient $\nabla\langle e^2[n]\rangle$. Um einen formalen Ausdruck für den optimalen Koeffizientenvektor zu bekommen, seien zunächst zwei Hilfsgrößen definiert: der Kreuzkorrelationsvektor $\vec{p}$ des Zielsignals $d[n]$ und des Eingangssignalvektors $\vec{x}[n]$:

$$\vec{p} = \langle d[n]\,\vec{x}[n]\rangle, \qquad (6.10)$$

und die Autokorrelationsmatrix **P** des Eingangssignalvektors $\vec{x}[n]$:

$$\mathbf{P} = \langle \vec{x}[n]\vec{x}^{\mathsf{T}}[n]\rangle = (\Phi_{xx}(i-j))_{ij}. \qquad (6.11)$$

Damit wird (6.9) zu

$$\langle e^2[n]\rangle = \langle d^2[n]\rangle - 2\vec{a}^{\mathsf{T}}[n]\,\vec{p} + \vec{a}^{\mathsf{T}}[n]\,\mathbf{P}\,\vec{a}[n]. \qquad (6.12)$$

Der Gradientenvektor von $\varepsilon = \langle e^2[n]\rangle$ bezüglich der Koeffizienten ist

$$\vec{\nabla}_{\vec{a}} = \left(\frac{\partial}{\partial a_0}, \ldots, \frac{\partial}{\partial a_N}\right)^{\mathsf{T}}. \qquad (6.13)$$

Er verschwindet im Minimum der Fehlerfläche:

$$\vec{\nabla}_{\vec{a}}\varepsilon = -2\vec{p} + 2\mathbf{P}\vec{a}_{\text{opt}} = \vec{0} \qquad (6.14)$$

Als Mittelwerte sind $\vec{p}$ und **P** zeitunabhängig, außerdem ist **P** in der Regel nicht singulär und damit invertierbar. Daher folgt für das Koeffizienten-Optimum

$$\vec{a}_{\text{opt}} = \mathbf{P}^{-1}\vec{p}, \qquad (6.15)$$

das zeitdiskrete Analogon zum Wiener'schen Optimalfilter (Abschn. 1.12.3.5).

Für die praktische Berechnung in Echtzeit eignet sich diese Beziehung wegen der zeitaufwendigen Matrixinversion allerdings nicht. Stattdessen sind Iterationsverfahren üblich, vor allem Gradientenverfahren, z. B. die „Methode des steilsten Abstiegs" (engl. *steepest descent*). Man fordert danach

$$\vec{a}_{j+1} = \vec{a}_j - \mu\,\vec{\nabla}_{\vec{a}}\langle e_a^2[n]\rangle, \qquad (6.16)$$

wobei μ der „Schrittweitenparameter" ist, der so groß zu wählen ist, dass die Adaption nicht zu langsam erfolgt, aber auch nicht zu groß, weil der Algorithmus dann leicht divergiert. Für die Iteration (6.16) müsste man den Mittelwert $\langle e_a^2[n]\rangle$ bestimmen, was aber nicht möglich ist. Stattdessen schätzt man den Mittelwert, und der einfachste Schätzer einer zeitgemittelten Größe ist ihr Momentanwert. Damit kommt man zum *LMS-Algorithmus* nach Widrow und Hoff [296]:

$$\vec{a}_{j+1} = \vec{a}_j - 2\mu\, e[n]\, \vec{x}[n]. \tag{6.17}$$

Weil man den wahren Gradienten durch einen Schätzwert ersetzt hat, der statistischen Schwankungen unterliegt, spricht man hier von einem *stochastischen Gradientenverfahren*.

Der Filtered-X-LMS-Algorithmus hat den Vorteil, geringe Rechenleistung zu erfordern (seine numerische Komplexität ist $O(2N)$, wenn N die Filterlänge ist), er konvergiert aber bei Rauschsignalen mit spektral gefärbtem Rauschen sehr langsam. Lüftergeräusche haben meist ein mit steigender Frequenz rasch abfallendes Spektrum, sodass dafür das Konvergenzverhalten oft unzureichend ist. Deshalb sind schnelle, ebenfalls echtzeitfähige Algorithmen entwickelt worden, z. B. der SFAEST-Algorithmus [326], der unabhängig von der Signalstatistik arbeitet und die Komplexität $O(8N)$ hat. Da er außerdem die Koeffizienten für das optimale Filter in einem einzigen Schritt berechnet, eignet er sich besonders für instationäre Geräusche und Übertragungsstrecken. Stabilitätsprobleme in der Initialisierungsphase konnten inzwischen gelöst werden (FASPIS-Konfiguration, *fast adaptive secondary path integration scheme*) [327]–[329]. Zu den Algorithmen vergl. auch die Bücher [2] und [4]. Die sehr schwierige Erweiterung der schnellen Algorithmen und der FASPIS-Konfiguration auf IIR-Filter gelang in einer Dissertation [330]. Alternativen stellen adaptive IIR-Laguerre-Filter [331] und eine Modifikation des Filtered-X-LMS-Algorithmus durch Angleichen der Eigenwerte dar [332].

Die moderne Kontrolltheorie bietet fortgeschrittene Algorithmen an wie H_∞, H_2, Fuzzy Control, Optimalregelung mit LQR (*linear quadratic regulator*) und LQG (*linear quadratic Gaussian*), künstliche neuronale Netze, genetische Algorithmen und andere. Überblicke finden sich z. B. in den Büchern [333] und [334].

6.3.3 Der Energie-Einwand

Im Zusammenhang mit aktiver Schallfeldkompensation wird häufig die Frage nach dem Verbleib der Schallenergie gestellt [335]. Mit dem scheinbar überzeugenden Argument, die primär vorhandene Feldenergie lasse sich durch Zuschalten von Sekundärquellen nur noch vergrößern, keinesfalls aber vernichten, wird das Konzept der aktiven Absorber prinzipiell in Frage gestellt. Der Einwand ist richtig, wenn die Auslöschung nur auf Interferenz beruht; eine lokale Auslöschung wird dann mit einer Verdoppelung des Schalldrucks anderswo erkauft. Genauere Betrachtungen zeigen aber, dass die Sekundärquellen bei ge-

Abb. 6.7 Hüllflächenverfahren

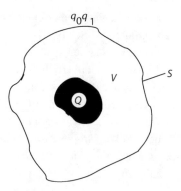

eigneter Anordnung die Energie des Primärfeldes absorbieren können. In anderen Fällen beeinflussen sich die Quellen gegenseitig derart, dass die Strahlungsimpedanz verändert wird und sich damit die Schallerzeugung reduziert. Dies sei im Folgenden näher erläutert.

6.3.4   Hüllflächenverfahren (JMC-Theorie)

Der französische Akustiker M. Jessel (1921–1993) und seine Mitarbeiter G. Mangiante und G. Canevet haben Anfang der 1970er Jahre die nach ihren Initialen so genannte *JMC-Theorie* entwickelt [336]. Das von ihnen behandelte Problem ist in Abb. 6.7 skizziert. In einem Volumen V mit der Oberfläche S befinden sich Schallquellen Q. Auf S sollen Sekundärquellen so verteilt werden, dass sie das von Q in den Außenraum abgestrahlte Schallfeld kompensieren, aber das Feld in V nicht verändern. Nach dem Huygens'schen Prinzip[11] ist dies möglich: Kontinuierlich auf S verteilte Ersatzquellen q können danach im Außenraum das gleiche Schallfeld erzeugen wie die Primärquellen Q. Wenn man diese Ersatzquellen umpolt, erzeugen sie ein Feld, das gegenphasig zu dem von Q herrühren-den ist. Denkt man sich solche umgepolten (und akustisch transparenten) Ersatzquellen gleichzeitig mit Q betrieben, so kompensieren sich die Schallfelder im Außenraum. Falls die Kompensationsquellen akustische Monopole sind, strahlen sie nicht nur nach außen, sondern auch nach innen; sie erzeugen stehende Wellen und erhöhen die Schallenergie in V. Durch Kombination von Monopolen q_0 und Dipolen q_1 kann man aber die Abstrah-lung nach innen unterbinden und erreichen, dass sich das Primärfeld in V nicht ändert. Energetisch betrachtet absorbieren die *Tripole* aus q_0 und q_1 (Richtstrahler mit Cardio-idcharakteristik) den von Q ausgehenden Schall längs S; sie wirken also wie perfekt angepasste Absorber mit einer akustischen Eingangsimpedanz, die gleich dem Feldwel-lenwiderstand des Ausbreitungsmediums ist.

Mit der gleichen Argumentation folgt, dass man ein quellenfreies Gebiet V gegen Schalleinstrahlung von außen aktiv abschirmen kann, indem man entsprechende Kompen-

---

[11] Christiaan Huygens, niederländischer Mathematiker und Physiker (1629–1695).

sationsquellen auf seiner Oberfläche S anbringt. Monopolverteilungen auf S reflektieren den einfallenden Schall, Tripole absorbieren ihn.

Quantitativ lassen sich die Ersatzquellen $q_0(\vec{r})$ und $q_1(\vec{r})$ bei gegebener Hüllfläche S und Primärquellenverteilung $Q(\vec{r})$ aus der Helmholtz-Kirchhoff'schen Integraldarstellung berechnen, die das Schallfeld in einem Raumgebiet mit dem Schalldruck und dem Druckgradienten auf seiner Oberfläche verknüpft [337, 338].

In praktischen Anwendungen muss man natürlich die theoretisch geforderte kontinuierliche Sekundärquellenverteilung durch diskrete Quellen ersetzen. Ihre minimale Flächendichte ergibt sich aus ihrem Wirkungsquerschnitt $A = \lambda^2/4\pi$ [1] und der kleinsten Schallwellenlänge λ, für die das System noch wirksam sein soll. Dieses Konzept ist in Rechnersimulationen [339] und Experimenten im reflexionsfreien Raum [340] bestätigt worden.

6.3.5   Wechselwirkung von Primär- und Sekundärquellen

Die zuvor behandelten Anordnungen zum aktiven Lärmschutz zielten darauf ab, die von der Primärquelle erzeugte Schallenergie an geeigneter Stelle zu absorbieren oder wenigstens zu reflektieren; es wurde dabei stillschweigend angenommen, dass die abgestrahlte Leistung durch die Zusatzquellen nicht beeinflusst wird. Wenn es aber möglich ist, die primäre Schallerzeugung durch aktive Maßnahmen zu reduzieren, ist dies eine besonders wirksame Methode zur Lärmminderung.

Ein Monopolstrahler vom Radius a mit der Oberflächenschnelle v erzeugt einen Schallfluss $q_0 = 4\pi a^2 v$. Die von ihm in ein Medium der Dichte ρ und der Schallgeschwindigkeit c bei einer Frequenz ω bzw. der Wellenlänge λ (Wellenzahl $k = 2\pi/\lambda$) abgestrahlte Leistung ist

$$P_0 = \frac{\rho\omega^2 q_0^2}{4\pi c}. \tag{6.18}$$

Fügt man einen zweiten Monopolstrahler im Abstand $d \ll \lambda$ hinzu und speist ihn gegenphasig zum ersten, so erhält man einen Dipol, der die geringere Leistung

$$P_1 = \frac{P_0\,(kd)^2}{3} \tag{6.19}$$

abstrahlt. Ergänzt man diesen Dipol durch einen zweiten Dipol noch zum Quadrupol, so ist dessen Leistungsabstrahlung

$$P_2 = \frac{P_0\,(kd)^4}{15}, \tag{6.20}$$

also bei $kd \ll 1$ nochmals deutlich reduziert [341, Chapter 7.1].

Diese Beziehungen gelten unter der Annahme, dass der Schallfluss q in den drei Fällen gleich ist, was aber nicht notwendigerweise der Fall ist. Denn bei der aktiven Lärmminderung durch Zufügen einer dicht benachbarten Kompensationsquelle muss man neben der Erhöhung der Multipolordnung noch die Änderung der Strahlungsimpedanz $\underline{Z}_s = R_s + j\omega M_s$ beachten. Auf einen Monopol wirkt das umgebende Medium mit dem Strahlungswiderstand

$$R_{s0} = 4\pi a^2 \rho c \tag{6.21}$$

und der Massenbelastung

$$M_{s0} = 4\pi a^3 \rho \tag{6.22}$$

(dem Dreifachen der verdrängten Mediummasse), auf einen Dipol mit

$$R_{s1} = R_{s0} \cdot \frac{(ka)^2}{6} \tag{6.23}$$

und

$$M_{s1} = \frac{M_{s0}}{6}, \tag{6.24}$$

auf einen Quadrupol mit

$$R_{s2} = R_{s0} \cdot \frac{(ka)^4}{45}. \tag{6.25}$$

und

$$M_{s2} = \frac{M_{s0}}{45}. \tag{6.26}$$

Der Masseanteil führt zu einer Blindleistung, einem Hin- und Herpendeln kinetischer Energie zwischen Primär- und Sekundärquellen („akustischer Kurzschluss"), das Produkt $v^2 R_s$ bestimmt die abgestrahlte (Wirk-)Leistung. Die Schnelle v, mit der der primäre Strahler schwingt, hängt von seiner inneren Impedanz und dem Strahlungswiderstand ab. Eine „niederohmige" Quelle (Schalldruck nahezu belastungsunabhängig) reagiert auf verminderten Strahlungswiderstand R_s mit größerer Schallschnelle, sodass dadurch die aufgrund der höheren Multipolordnung geringere Schallabstrahlung zum Teil wieder aufgehoben wird. Hingegen führen bei angepassten und „hochohmigen" (Schnelle-)Quellen die gegenphasigen Zusatzquellen im Nahfeld zum gewünschten Erfolg, nämlich der verminderten Schallabstrahlung, also einer globalen Wirkung [342, 343].

Dieses Prinzip lässt sich z. B. zur aktiven Reduktion des von der Mündung von Abgasleitungen ausgehenden Lärms ausnutzen, wie etwa von Schiffs- und Industrieschornsteinen oder auch dem Auspuff von Kraftfahrzeugen mit Verbrennungsmotor.

Schon 1980 ist in einem Demonstrationsvorhaben das tieffrequente Dröhnen eines Gasturbinen-Schornsteins bei $20 \cdots 50$ Hz durch einen Ring von Gegenquellen aktiv kompensiert worden [344]. Die Lautsprecher wurden hier von je einem Mikrofonpaar über Verstärker mit fest eingestellter Verstärkung und Phasendrehung betrieben. Bei dem sehr stationären Geräusch und dem schmalen Frequenzband reichte eine solche einfache Steuerung (im Gegensatz zu den sonst nötigen Regelungen) aus. Über eine neuere Installation mit digitaler Signalverarbeitung wird in [345] berichtet.

Ein Auspuff mit seinem pulsierenden Gasaustritt ist ein sehr effektiver „hochohmiger" Monopol-Schallstrahler; eine gegenphasige Zusatzquelle macht daraus einen Dipol, bei ringförmiger Umschließung einen rotationssymmetrischen Quadrupol. Solche „aktiven Auspuffanlagen" sind vielfach vorgeschlagen worden, z. B. [346], dem praktischen Einsatz bei Autos stehen jedoch technische und wirtschaftliche Probleme entgegen: Mikrofone und Lautsprecher unter dem Fahrzeug müssen geschützt werden vor Stößen und Schwingungen, Spritzwasser, hochgeschleuderten Steinchen sowie den heißen und aggressiven Abgasen [347], und außerdem müssen sie mit den weit entwickelten und vergleichsweise billigen herkömmlichen Schalldämpfern aus geformtem Blech konkurrieren. Ingenieure in der Auspuffindustrie entwickeln aber weiterhin aktive Schalldämpfer, fertigen Prototypen und sind unter anderem optimistisch, dass ihr praktischer Einsatz durch niedrigeren Gegendruck die Motoreffizienz steigern kann. Die Autoindustrie ist auch aus Platzgründen an aktiven Auspuffschalldämpfern interessiert. So wird ein viel versprechender Ansatz verfolgt, den pulsierenden Abgasstrom durch eine in das Auspuffrohr eintauchende oszillierende Klappe zu glätten. Probleme bereitet hier der (breitbandige) Antrieb und die nötige Kühlung. Demonstrationen mit Prototypen der „aktiven Abgasklappe" ergaben Pegelsenkungen bei der dominierenden Frequenz (z. B. 100 Hz) um mehr als 30 dB. Außerdem konnte damit unter dem Auto viel Platz gespart werden [142], siehe auch [348–351]. Unter realistischen rauen Bedingungen wurde auch die aktive Kompensation des Auspufflärms eines großen Schiffsdieselmotors erprobt [352].

6.3.6   Kleine Volumina — persönlicher Schallschutz

Den akustisch einfachsten Fall für eine aktive Kompensation stellt ein „Raum" dar, dessen Abmessungen auch bei den höchsten in Frage kommenden Frequenzen klein gegen die Wellenlänge sind. Der Schalldruck ist dann räumlich nahezu konstant, und der Kompensationslautsprecher kann an beliebiger Stelle angebracht werden. Er wirkt bei richtiger Speisung als aktiver Absorber.

Ein solcher kleiner Raum ist das Volumen zwischen Kopfhörer und Trommelfell. Die Idee zu einem „persönlichen Schallschutz" durch aktive Kopfhörer findet sich schon 1949 in einer russischen Patentschrift [353], aber die zuverlässige Signalaufbereitung gelang trotz intensiver Arbeiten in vielen Ländern erst viel später. Parallel haben Firmen in USA [354] und in Deutschland [355] aktive Kopfhörer für Flugzeugpiloten entwickelt und auf den Markt gebracht. Es gibt sie als reine Gehörschützer in offener und geschlosse-

ner Bauweise (mit analoger Feedforward- bzw. Feedback-Regelung) und auch mit ei-
nem Signaleingang für den Funksprechverkehr. Man setzt auch digitale Regler in aktiven
Kopfhörern und Gehörschützern ein [356–358]. Diese Technik wird auch für „In-Ear-
Kopfhörer" angewandt [359, 360], und auch unter Berücksichtigung psychoakustischer
Aspekte [361–363]. Um die lauten Geräusche, denen Patienten in den Röhren der Kern-
resonanztomografen ausgesetzt sind, aktiv zu dämpfen, braucht man nichtmagnetische
Geräte, z. B. optische Mikrofone und entsprechende Kopfhörer [364–366].

6.3.7   Globale und lokale Schallkompensation

Nach (6.19) reduziert sich die von einem „hochohmigen" kleinen Monopol abgestrahlte Leistung für ein monofrequentes Signal mit der Wellenlänge λ um $(kd)^2/3$, wenn
man einen gegenphasigen Monopol im Abstand d zufügt ($k = 2\pi/\lambda$). Damit dies eine nennenswerte Reduktion ist, muss aber d sehr klein sein: für $(kd)^2/3 = 0{,}1$, eine
Pegelsenkung um $10\,\mathrm{dB}$, folgt $d \approx \lambda/10$ [1]. In [342, 343] wird berichtet, dass sich störende Geräusche von axialen und tangentialen Computer-Lüftern durch dicht benachbarte
Kompensationsquellen signifikant reduzieren lassen, also bei geeigneter Platzierung der
Nahfeld-Quellen eine globale Wirkung erzielt wird.

Für $d \geq \lambda$ interferieren die von den beiden Quellen ausgehenden Schallfelder und
löschen sich nur entlang den Knotenflächen aus; dies findet deshalb keine praktischen
Anwendungen zur Lärmminderung.

Bei akustischen Laborexperimenten ist eine *lokale* Kompensation mitunter nützlich,
beispielsweise bei der kopfbezogenen Stereophonie, um Kunstkopfaufnahmen im reflexionsfreien Raum über Lautsprecher wiederzugeben [367]. Damit der z. B. vom linken
Lautsprecher abgestrahlte Schall nur das linke Ohr erreicht, wird vom rechten Lautsprecher ein Zusatzsignal ausgesandt, das den vom linken Lautsprecher herrührenden Schall
am rechten Ohr kompensiert und umgekehrt, siehe Abb. 6.8. Im Unterschied zur Quel-
lenlokalisation nur zwischen den beiden Lautsprechern bei herkömmlicher Stereophonie
stellt diese Methode eine dreidimensionale Schallfeldreproduktion dar mit Quellenlokali-
sierung in allen Richtungen, einschließlich „oben", und sie gibt auch einen verlässlichen
Entfernungseindruck der Quelle. Bei dieser Anwendung handelt es sich zwar nicht um aktive Lärmbekämpfung, aber um eine Störschallkompensation mit den gleichen Methoden.
In nicht echofreien Räumen reicht eine Übersprechkompensation nach Abb. 6.8 nicht aus.
Eine Wiedergabeanlage mit drei Lautsprecherpaaren ist in Computersimulationen ausführlich untersucht worden [368].

Große Bedeutung hat die lokale Schallkompensation für Freisprechtelefone und Tele-
konferenzanlagen zur Enthallung der Raumimpulsantwort erlangt, um nämlich am Mikrofonort Echos von den Raumwänden zu kompensieren, die die Sprachqualität beeinträchtigen und durch akustische Rückkopplung zur Selbsterregung führen können [369, 370].
Echokompensation und Sprachqualitätsverbesserung im Auto ist in [371] beschrieben
worden. Bei stereophoner Übertragung ist die Echokompensation aufwendiger als bei ein-

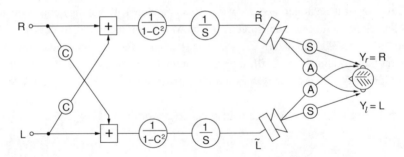

Abb. 6.8 Übersprechkompensation durch Vorfilterung bei stereophonischer Schallfeldwiedergabe mit Lautsprechern. $S = S(\omega)$ und $A = A(\omega)$ sind die Übertragungsfunktionen von den Lautsprechern zum zugewandten bzw. abgewandten Ohr. Die großen Kreise bedeuten Filter mit den hinein geschriebenen Übertragungsfunktionen. $C = C(\omega) = -A(\omega)/S(\omega)$

kanaliger Wiedergabe, aber auch möglich [372, 373]. Auch psychoakustische Aspekte wie Maskierung lassen sich zur Echoauslöschung bei gleichzeitiger subjektiv empfundener Störschallunterdrückung ausnutzen [374]. Zur Echounterdrückung in rasch veränderlicher Umgebung ist ein spezieller Algorithmus entwickelt worden [375]. Ein kostengünstiges Gerät mit nur einem Signalprozessor für Stereo-Echounterdrückung beschreibt [376].

Ein älteres, entsprechendes Problem ist die Kompensation elektrischer Leitungsechos bei der Weitverkehrstelefonie über Satelliten, bei der der lange Übertragungsweg zu hörbaren Echos führt [377]. Die Signale werden an Leitungsstoßstellen reflektiert, vor allem an der „Gabel" (engl. *hybrid*), wo der Übergang vom Zweidrahtkabel zur Vierdrahtleitung im Telefonapparat einen Impedanzsprung darstellt. Die geostationären Fernmeldesatelliten sind in etwa 36 000 km Höhe positioniert, sodass der Echoweg (Sender → Satellit → Empfänger → Satellit → Sender) 4×36 000 km beträgt, was trotz der Ausbreitung mit Lichtgeschwindigkeit zu einer Echolaufzeit von fast 0,5 s führt; solche Echos würden als sehr störend empfunden. Die Satelliten-Fernsprechverbindungen sind deshalb alle mit Echokompensatoren ausgestattet (z. B. [378]).

Die lokale aktive Lärmkompensation hat auch ein Problem im Frachtraum von großen Transportflugzeugen mit Propellerantrieb gelöst, und zwar an der Kopfposition des Lademeisters, der während des Fluges in einer nach vorn offenen Kabine sitzt (er muss die Ladung beobachten) und ohne Schutzmaßnahmen einem unzumutbaren Lärm ausgesetzt wäre. Mit mehreren Lautsprechern an den Kabinenwänden und Fehlermikrofonen in den Kopfstützen gelingt es, den Lärm auf ein erträgliches Maß zu senken [379].

Eine anspruchsvollere Signalverarbeitung ist zur „blinden Quellentrennung" (*blind source separation*) nötig, wo man keine direkten Informationen über die einzelnen Schallquellen bekommen kann, sondern nur Mikrofonsignale mit (additiver) Überlagerung der verschiedenen Quellen. Die Trennung gelingt mit Mikrofonzeilen und Algorithmen wie räumlicher Gradientenschätzung, unabhängiger Komponentenanalyse (*independent com-*

ponent analysis, ICA), statistischer Quellenunterscheidung, Maximum Likelihood und Kalman-Filtern. Einen umfassenden Überblick über dieses Gebiet bietet das Buch [380].

Lokal wirkende Systeme mit kompakten Mikrofon-Lautsprecher-Anordnungen als aktiven Absorbern, die tieffrequenten Schall in einer engen Umgebung des Mikrofons absorbieren, hat H. F. OLSON schon seit 1953 beschrieben und Anwendungen für Flugzeugpassagiere und Maschinenarbeiter vorgeschlagen [381, 382] (siehe auch [383]). Wegen des sehr engen Wirkungsbereichs haben sich solche Systeme aber nicht durchsetzen können. Bei neueren Experimenten dieser Art empfanden Versuchspersonen auch die starken Pegelschwankungen bei Kopfbewegungen als sehr störend. Als *Okklusionseffekt* ist die unnatürliche Wahrnehmung der eigenen Stimme (z. B. durch Knochenleitung) beim Tragen von Gehörschützern bekannt. Eine aktive Verbesserung der Situation ist in [384] beschrieben.

Die Kompensation akustischer Echos ist auch für die Ultraschallprüfung vorgeschlagen worden, bei der Fehlstellenechos oft von starken Oberflächenechos verdeckt werden. Man kann die letzteren vom Empfangssignal subtrahieren und dadurch den Nachweis von Fehlstellen verbessern [385, 386]. Mit derselben Technik lässt sich auch die Reflexion des Ultraschallimpulses am Empfänger auslöschen [387].

6.3.8   Dreidimensionale Schallfelder in Innenräumen

Komplexe Schallfelder in großen Räumen – womöglich mit instationären Quellen und zeitlich variablen Randbedingungen – global zu kompensieren, erscheint nach dem gegenwärtigen Stand der Technik utopisch. Realistischer ist das Konzept, einem Raum die Halligkeit zu nehmen, indem man Lautsprecher als aktive Absorber an den Wänden anbringt. Der auf die Wand treffende Schall wird von Mikrofonen aufgenommen, die über eine geeignete Signalaufbereitung die Lautsprecher so ansteuern, dass sie sich wie angepasste Absorber verhalten, also der Schallwelle eine Impedanz gleich dem Wellenwiderstand der Luft bieten. Die Situation ist damit die gleiche wie in Abb. 6.7, wenn man die Wände des Raumes als die Hüllfläche ansieht. Man kann die Lautsprecher nicht nur als aktive Absorber betreiben, sondern auch in einem breiten Frequenzband fast beliebige akustische Impedanzen bzw. Reflexionsfaktoren (in Experimenten $0,1 \leq |r| \leq 3$) einstellen. Dies würde es ermöglichen, einen Raum mit elektronisch in weiten Grenzen einstellbarer Nachhallzeit zu realisieren [388], allerdings mit einem hohen Hardwareaufwand. Experimente in Japan haben gezeigt, dass eine variable Akustik von Aufnahmestudios etc. auch durch absorbierende Wände und dahinter angebrachte Lautsprecher zu erreichen ist; die Mikrofone für die adaptive Ansteuerung sind vor der Wand platziert [389].

Als „aktive Akustik" bezeichnet man elektroakustische Installationen, mit denen man in Mehrzwecksälen die raumakustischen Eigenschaften den jeweiligen Anforderungen (Nachhallzeit, Beschallung usw.) anpassen kann [390–394].

Das Konzept der aktiven Impedanzregelung in akustischen und Schwingungssystemen wurde von unserer Göttinger Arbeitsgruppe seit 1983 propagiert [395–397] und hat weitere Aktivitäten stimuliert (z. B. [398–402], [224]). Mitunter ist es günstiger, mit der Rezeptanz (dem komplexen Verhältnis von Kraft und Auslenkung statt Schnelle) zu arbeiten [403].

Tieffrequente Raumresonanzen lassen sich durch Lautsprecher dämpfen, deren Klemmen mit einem geeigneten passiven Netzwerk verbunden sind, sodass sie als Resonanzabsorber wirken; mit einem zusätzlichen Mikrofon kann man das Netzwerk adaptiv nachführen [404, 405].

Ein intensiv untersuchtes Gebiet ist das der aktiven Lärmkompensation in kleinen Innenräumen wie Auto-, Flugzeug- und Hubschrauberkabinen. Vierzylinder-Verbrennungsmotoren haben eine inhärente Unwucht bei der doppelten Drehfrequenz (der „zweiten Motorordnung"), die über die Motorlager, Körperschallausbreitung im Chassis und Schallabstrahlung in den Innenraum z. B. in PKWs Hohlraumeigenschwingungen mit großen Amplituden anregen kann. Dieses mit der Motordrehzahl synchronisierte oft sehr lästige *Dröhnen* (engl. *boom*) lässt sich durch eine *Ausgleichswelle* reduzieren, eine zusätzliche, gegensinnig rotierende Kurbelwelle, die zwar eine beträchtliche Zusatzmasse darstellt, aber recht effektiv arbeitet. Mit relativ geringem Aufwand ist das Dröhnen aber auch aktiv mit Lautsprechern zu kompensieren [406]. Kommerziell angeboten wurde die aktive Kompensation allerdings bislang nur zeitweise von NISSAN für das Modell *Bluebird* auf dem japanischen Markt. Fast alle anderen Autohersteller führen ebenfalls Untersuchungen hierzu durch und haben zum Teil auch schon Prototypen gebaut, warten aber offenbar mit dem praktischen Einsatz (z. B. im Rahmen eines „Komfort-Pakets" gegen Aufpreis) ab; ein mitunter zu hörendes Argument ist, dass die Kunden sich beklagen würden, wenn sie trotz des Mehrpreises immer noch (andere) störende Geräusche hören.

Aufwändiger ist die Kompensation *breitbandiger* Fahrgeräusche im Fahrzeuginnern, z. B. der Rollgeräusche. Hier sind bereits in Laborexperimenten Lösungsansätze erarbeitet worden, wobei die Instationarität der Geräusche und der Übertragungsfunktionen den Einsatz schneller Algorithmen für die Sekundärstreckenerkennung erfordert [327, 330, 407, 408]. Mit der Tendenz zu immer sparsameren, leichteren Autos, z. B. mit 3-Zylinder-Motoren, werden die Lärm- und Schwingungsprobleme immer drängender. Man arbeitet in der Autoindustrie deshalb an Kombinationssystemen zur gleichzeitigen Reduzierung des Lärm- und Schwingungspegels im Fahrzeuginnern, wobei man die aktive Schwingungskompensation sowohl für den Motor („aktive Motorlager") als auch für die Karosserie gegenüber dem Fahrgestell vorsieht (siehe auch Abschn. 6.2.7). Für Autos der gehobenen Klasse geht der Trend in der Fahrzeugindustrie dahin, die aktive Lärm- und Schwingungsminderung mit „Klangbeeinflussung" (*sound quality design*) im Innenraum zu kombinieren, sodass der Fahrer z. B. zwischen einem leisen Auto und einem „sportlichen Sound" wählen kann [409–416]. In [417] wird ein System beschrieben, das ein geeignetes Innenraumgeräusch für Elektro- und Hybridfahrzeuge erzeugt. In [418] wird ein linearisiertes Modell der Rad–Straßen–Wechselwirkung entwickelt, und zur Schwingungsminderung wird vorgeschlagen, radiale Kräfte auf den Reifen besonders an der Aufstandsfläche auszuüben [419]. Über Experimente zur aktiven Dämpfung der Motorgeräusche und zugleich der Rollgeräusche berichtet [420].

Adaptive Systeme zur lokalen Kompensation breitbandiger Geräusche in Innenräumen sind am wirksamsten am Ort des Fehlermikrofons. Weil man dies aber nicht direkt am Ohr eines Fahrers oder Passagiers anbringen kann, hat man „virtuelle Mikrofone" entwickelt [421], Zweimikrofonanordnungen, bei denen man den effektiven Mikrofonort durch gewichtetes Summieren der Einzelsignale auf der Verbindungslinie verschieben kann. [422] erweitern das Verfahren auf die Nachführung des virtuellen Mikrofons bei bewegtem Zielort, z. B. bei Kopfbewegungen. Über den Einsatz virtueller Mikrofone in diffusen monofrequenten Schallfeldern berichtet [423] und über die Nachführung im Schallfeld mit hoher Modendichte [424].

Die Flugzeugindustrie setzt aus wirtschaftlichen Gründen auf kürzeren Strecken wieder vermehrt Propellermaschinen ein, die aber in der Kabine viel lauter sind als Düsenflugzeuge. Mit relativ geringem Aufwand lässt sich der Lärmpegel durch eine als „Synchrophasing" bezeichnete Betriebsart senken. Die von den Propellerspitzen ausgehenden Wirbelfäden schlagen gegen den Rumpf und regen Biegeschwingungen an, die Luftschall nach innen abstrahlen. Synchronisiert man den rechten und den linken Propeller so, dass ihre „Schläge" nicht gleichzeitig auftreffen, sondern „auf Lücke", so werden Zylinderschwingungen höherer Ordnung angeregt und die Schalldruckpegel gesenkt [425]. Neben der Lärmreduktion ist auch die Schwingungsminderung wichtig, um z. B. in Frachtmaschinen empfindliches Transportgut gegen Erschütterungen zu schützen. Es hat sich gezeigt, dass statt fest eingestellter Phasenbeziehungen der Propeller eine Optimierung je nach Flugbedingungen von Vorteil ist [426]. Pegelreduzierungen um 5 bis 10 dB sind für das Synchrophasing typisch. Bessere Ergebnisse, allerdings auch mit größerem Aufwand, erzielt man mit Lautsprecher- und Mikrofonarrays und adaptiven Mehrkanal-Regelsystemen. In einem unter dem Akronym ASANCA (*Advanced Study for Active Noise Control in Aircraft*) durchgeführten internationalen Projekt ist ein auch serienmäßig eingesetztes System entwickelt worden [427].

Nicht unwichtig bei Anwendungen in dreidimensionalen Schallfeldern ist die Positionierung der Mikrofone und Lautsprecher, vor allem bei mehrkanaligen Anordnungen wie in Flugzeugkabinen, wo man niederfrequenten Lärm aktiv kompensieren kann [428, 429]. Neben der Kausalität ist auch auf *Beobachtbarkeit* und *Steuerbarkeit* zu achten, vor allem bei ausgeprägten stehenden Wellen im Raum. Wenn das Fehlermikrofon für eine bestimmte Frequenz in einem Knoten des Schallfeldes steht, nimmt es die entsprechende Frequenzkomponente bzw. Schwingungsmode nicht auf, sodass hierfür auch keine Adaption erfolgen kann. Steht der Lautsprecher in einem Knoten, kann ein vom Signalprozessor errechnetes Kompensationssignal nicht abgestrahlt werden, was durch die resultierende Aufschaukelung im Signalprozessor meist zu einem Fehlerabbruch durch Übersteuerung führt.

Die Schalldämmung von Fenstern wird zunichte gemacht, wenn man das Fenster zum Lüften kippt. In [430] wird über eine experimentelle Studie berichtet, mit einer Reihe von Referenzmikrofonen um den Fensterspalt und Fehlermikrofonen z. B. am Kopfende eines Bettes eine Lautsprecherreihe in Fensternähe so anzusteuern, dass der Straßenlärm am Kopfende reduziert wird. Eingesetzt wird dabei eine Mehrkanalversion des Filtered-X LMS-Algorithmus.

Babys in Inkubatoren sind lauten Geräuschen ausgesetzt. Man hat deshalb ein aktives System zur Lärmminderung entwickelt, das zugleich Schreie des Babys aufnimmt und überträgt, um Helfer zu alarmieren [431].

Zur Maskierung von Maschinenlärm [432, 433] und von Straßenlärm in einem Bürocontainer ist ein adaptiv-aktives System entwickelt worden, das für ein gleichmäßiges Geräuschniveau sorgt [434]. Auch zur Maskierung von Sprache in Chauffeurfahrzeugen sind Versuche gemacht worden, damit der Fahrer Gespräche oder Telefonate der Passagiere auf dem Rücksitz nicht versteht [435].

Ein besonders intensiv bearbeitetes Gebiet ist die elektroakustische Schallfeldwiedergabe, besonders in Räumen. Die dafür eingesetzten Verfahren von der Zweikanal-Stereophonie bis zu Vielkanalsystemen sind technisch mit denen der aktiven Schallfeldkompensation verwandt. Eine neuere Entwicklung stellt die *Wellenfeldsynthese* dar [436].

6.3.9   Freifeld-Anwendungen der Aktiven Lärmminderung

Schon oft vorgeschlagen wurde es, das lästige Brummen von im Freien stehenden Transformatoren aktiv zu kompensieren, das wegen der strengen Periodizität (Vielfache der Netzfrequenz von 50 Hz, in den USA 60 Hz) eigentlich besonders einfach sein sollte. Man dachte an eine „Lautsprecherhülle" nach Art der JMC-Theorie (Abschn. 6.3.4) [437, 438], Krafteinspeisung in das zur Kühlung dienende Öl, das den Transformator umgibt [439], oder in die Hüllbleche [440], oder an schalldämmende aktive Wände um den Transformator [441, 442]. Experimentelle Ergebnisse wurden in [443, 444] diskutiert. Die erfolgreiche Installation einer Lautsprecherwand mit Einzelregelung jedes Lautsprechers wird in [445] beschrieben. Probleme bereitet allerdings die wetterabhängige Schallausbreitung mit Temperaturgradienten und gekrümmten Schallstrahlen [446], außerdem hängt das Geräuschspektrum von der elektrischen Last des Transformators ab [447]. Es wurde übrigens berichtet, dass Kühe, die in der Umgebung lauter Transformatoren grasen, weniger Milch gaben [448].

Man hat auch versucht, die Wirkung von Schallschutzwänden an Straßen aktiv zu verbessern, insbesondere den tieffrequenten Lärm zu kompensieren, der durch Beugung an der Oberkante in die „Schattenzone" gelangt. Dazu bringt man Lautsprecher an der Oberkante der Wand an und betreibt sie mit adaptiver Regelung oder Steuerung so, dass die Fehlersignale an Mikrofonen in der Schattenzone minimiert werden [449, 450]. Die Wirksamkeit lässt sich durch zusätzliche Lautsprecherzeilen auf den Wandflächen [451] und durch Mehrfach-Referenzmikrofone sowie virtuelle Fehlermikrofone erhöhen [452]. Es wurde gezeigt, dass die Adaption auf minimale Schallintensität bessere Ergebnisse liefert als die Minimierung des quadrierten Schalldrucks [453].

Elektroautos fahren so leise, dass sie ein Sicherheitsrisiko für Fußgänger und Radfahrer bedeuten können. In einem EU-geförderten Projekt werden Warnsignale entwickelt, die einerseits den Fahrzeuglärm nicht wesentlich erhöhen, andererseits die Verkehrsteilnehmer warnen und sich möglichst in ein Fußgänger-Detektionssystem integrieren lassen und das Warnsignal von einem Lautsprecher-Array auf den Fußgänger gerichtet abstrahlen können [454, 455]. Im November 2013 war eine ganze Sitzung bei der Tagung der Acoustical Society of America dem Geräuschproblem der leisen Autos gewidmet [456].

6.4   Schlussbemerkung

In der Akustik werden aktive Systeme in einigen Bereichen bereits technisch eingesetzt, allerdings handelt es sich stets um akustisch in irgendeiner Weise „einfache" Probleme: kleines Volumen, niedrige Frequenzen, eindimensionale Ausbreitung, quasiperiodischer Lärm, isolierte Eigenfrequenzen. In der Schwingungstechnik gibt es deutlich vielfältigere Anwendungen, allerdings auch Bereiche, wo es auf den ersten Blick erstaunlich wirkt, dass gut entwickelte Verfahren in der Praxis nicht eingesetzt werden. Dazu gehört die seit mehr als 30 Jahren erforschte aktive Flatterregelung von Tragflächen. Man könnte damit die Fluggeschwindigkeit über die natürliche Flattergrenze hinaus erhöhen, tut dies aber aus Sicherheitsbedenken nicht: Wenn eine solche aktive Regelung versagt, und damit muss man bei komplizierteren Systemen immer rechnen, wäre die Gefahr des Tragflächenbruchs und damit eines Absturzes zu groß. Überhaupt wird bei sicherheitskritischen Anwendungen immer darauf geachtet, dass durch den Ausfall einer aktiven Regelung keine Katastrophe eintreten kann.

Literatur

Lehrbücher

1. *P.A. Nelson, S.J. Elliott*: Active Control of Sound. Academic Press 1992, ISBN: 0-12-515425-0.

2. *M.O. Tokhi, R.R. Leitch*: Active Noise Control. Clarendon Press 1992, ISBN: 978-019852436.

3. *C.R. Fuller, S.J. Elliott, P.A. Nelson*: Active Control of Vibration. Academic Press 1996, ISBN: 0-12-269440-6.

4. *S.M. Kuo, D.R. Morgan*: Active Noise Control Systems. Algorithms and DSP Implementations. Wiley 1996, ISBN: 0-471-13424-4.

5. *C. Hansen, S.D. Snyder*: Active Control of Noise and Vibration. CRC Press 1996, ISBN: 978-0-419193906.

6. *S.D. Snyder*: Active Noise Control Primer. Springer-Verlag 2000, ISBN: 978-0-387-98951-8.

7. *M.O. Tokhi, S.M. Veres*: Active Sound and Vibration Control: Theory and Applications. Institution of Engineering and Technology 2002, ISBN: 978-0-85296-038-7.

8. *S.J. Elliott*: Signal Processing for Active Control. Elsevier 2001, ISBN: 978-0-12-237085-4.

9. *C. Hansen, S. D. Snyder* et al.: Active Control of Noise and Vibration. 2 Volume set. CRC Press, 2nd ed. 2012, ISBN: 978-0-415590617.

Einzelnachweise

10. *A. Mallock*: A Method of Preventing Vibration in Certain Classes of Steamships. Trans. Inst. Naval Architects 47 (1905) 227–230.

11. *H. Hort*: Beschreibung und Versuchsergebnisse ausgeführter Schiffsstabilisierungsanlagen. Jahrb. Schiffbautechn. Ges. 35 (1934) 292–312.

12. *J. F. Allan*: The Stabilization of Ships by Activated Fins. Trans. Inst. Naval Architects 87 (1945) 123–159.

13. *Anon.*: Perfectionnements apportés aux paliers pour corps tournants, notamment pour ensembles devant tourner a l'interieur d'une enceinte étanche. Französisches Patent FR 1 186 527. Anmeldung: 18. 11. 1957. Erteilung: 23. 2. 1959.

14. *M. Mano*: Ship Design Considerations for Minimal Vibration. Ship Technology and Research (STAR) 10th Symposium of the Society of Naval Architects and Marine Engineers (SNAME) (1985), Proc.: pp. 143–156.

15. *D. Greco* et al.: Active vibration control of flexible materials found within printing machines. J. Sound Vib. 300 (2007) 831–846.

16. *J. C. Snowdon*: Vibration and Shock in Damped Mechanical Systems. Wiley 1968, Chapter 4: Vibrations of the Dynamic Absorber.

17. *H. Ruscheweyh, T. Galemann, C. Marsico*: Ein frequenzgeregelter dynamischer Schwingungsdämpfer zur Dämpfung von Bauwerksschwingungen. VDI-Berichte 695 (1988) 19–34.

18. *C. González Díaz, C. Paulitsch, P. Gardonio*: Active damping control unit using a small scale proof mass electrodynamic actuator. J. Acoust Soc. Am. 124 (2008) 886–897.

19. *C. González Díaz, C. Paulitsch, P. Gardonio*: Smart panel with active damping units. Implementation of decentralized control. J. Acoust Soc. Am. 124 (2008) 898–910.

20. *M. Holdhusen, K. A. Cunefare*: Investigation of the Two-state, Maximum Work Extraction Switching Rule of a State-switched Absorber for Vibration Control. J. Intelligent Material Syst. Struct. 19 (2008) 1245–1250.

21. *H. L. Sun* et al.: A novel kind of active resonator absorber and the simulation on its control effort. J. Sound Vib. 300 (2007) 117–125.

22. *L. Meirovitch*: Dynamics and Control of Structures. Wiley 1990, ISBN: 978-0-471-62858-1.

23. *K. Ramesh Kumar, S. Narayanan*: Active vibration control of beams with optimal placement of piezoelectric sensor/actuator pairs. Smart Materials and Structures 17(5) (2008), Paper No. 055008.

24. *H. Ohta, J. Naruse, T. Hirata*: Vibration Reduction of Magnetic Disk Drive Mechanism. (1st Report, Vibration Reduction of Rotary Actuator Mechanism). Bull. Japan Soc. Mech. Engrs. (JSME) 28(241) (1985) 1489–1496.

25. *S.-M. Swei, P. Gao, R. Lin*: A dynamic analysis for the suspension structure in hard disk drives using piezofilm actuators. Smart Materials and Structures 10 (2001) 409–413.

26. *T. Atsumi* et al.: Integrated Design of a Controller and a Structure for Head-positioning in Hard Disk Drives. J. Vibration and Control 12 (2006) 713–736.

27. *S.-C. Lim, S.-B. Choi*: Vibration control of an HDD disk-spindle system utilizing piezoelec-
    tric bimorph shunt damping: I. Dynamic analysis and modeling of the shunted drive. Smart
    Materials and Structures 16 (2007) 891–900.

28. *S.-C. Lim, S.-B. Choi*: Vibration control of an HDD disk-spindle system using piezoelectric bi-
    morph shunt damping: II. Optimal design and shunt damping implementation. Smart Materials
    and Structures 16 (2007) 901–908.

29. *H. Yamada, M. Sasaki, Y. Nam*: Active Vibration Control of a Micro-Actuator for Hard Disk
    Drives using Self-Sensing Actuator. J. Intelligent Material Syst. Struct. 19 (2008) 113–123.

30. *S. Lim, T.-Y. Jung*: Dynamics and robust control of a high speed optical pickup. J. Sound Vib.
    221 (1999) 607–621.

31. *P. C.-P. Chao, J.-S. Huang, C.-L. Lai*: Robust sliding-mode control design of a four-wire-type
    optical lens actuator for high-density CD/DVD pickups. Proc. of ACTIVE 2002, 1177–1188.

32. *C. C. Hsiao, T. S. Liu, S. H. Chien*: Adaptive inverse control for the pickup head flying height
    of near-field optical disk drives. Smart Materials and Structures 15 (2006) 1632–1640.

33. *M. Barton*: Auf der Jagd nach den Wellen. dSPACE Magazin 2 (2008) 20–25.

34. *L. Gaul*: Aktive Beeinflussung von Fügestellen in mechanischen Konstruktionselementen und
    Strukturen. Deutsche Patentanmeldung DE 197 02 518 A1. Anmeldung: 24. 1. 1997. Veröffent-
    lichung: 12. 6. 1997.

35. *P. Buaka, P. Micheau, P. Masson*: Optimal energy dissipation in a semi-active friction device.
    J. Acoust. Soc. Am. 117 (2005) 2602 (Abstract).

36. *Tang, D.; Gavin, H. P.; Dowell, E. H.*: Study of airfoil gust response alleviation using an
    electro-magnetic dry friction damper. Part 1: Theory, and Part 2: Experiment. J. Sound Vib.
    269 (2004) 853–874 and 875–897.

37. *I. Tuzcu, L. Meirovitch*: Control of flying flexible aircraft using control surfaces and dispersed
    piezoelectric actuators. Smart Materials and Structures 15 (2006) 893–903.

38. *R. Freymann*: Dynamic Interactions Between Active Control Systems and a Flexible Aircraft
    Structure. Proc. 27th AIAA/ASME/SAE SDM Conference (1986) pp. 517–524, AIAA Paper
    86-0960.

39. *H. H. Heller, W. R. Splettstoesser, K.-J. Schultz*: Helicopter Rotor Noise Research in Aero-
    acoustic Wind Tunnels – State of the Art and Perspectives. NOISE-93, International Noise
    and Vibration Control Conference, St. Petersburg (1993). Proc.: Vol. 4, pp. 39–60.

40. *Y. Chen, V. Wickramasinghe, D. G. Zimcik*: Experimental evaluation of the Smart Spring for
    helicopter vibration suppression through blade root impedance control. Smart Materials and
    Structures 14 (2005) 1066–1074.

41. *R. L. Clark, G. P. Gibbs*: A novel approach to feedforward higher-harmonic control. J. Acoust.
    Soc. Am. 96 (1994) 926–936.

42. *S. R. Viswamurthy, R. Ganguli*: Using the Complete Authority of Multiple Active Trailing-edge
    Flaps for Helicopter Vibration Control. J. Vibration and Control 14 (2008) 1175–1199.

43. *A. Rader et al.*: Optimization of Piezoelectric Actuator Configuration on a Flexible Fin for
    Vibration Control using Genetic Algorithms. J. Intelligent Material Syst. Struct. 18 (2007)
    1015–1033.

44. *J.-C. Chiou, et al.*: Micro-optical image stabilizer. U.S. Patentanmeldung US 2008/0273092
    A1. Veröffentlichung: 6. 11. 2008. Priorität (TW): 2. 5. 2007.

45. *G. A. Lesieutre, G. K. Ottman, H. F. Hofmann*: Damping as a result of piezoelectric energy harvesting. J. Sound Vib. 269 (2004) 991–1001.

46. *S. Jiang* et al.: Performance of a piezoelectric bimorph for scavenging vibration energy. Smart Materials and Structures 14 (2005) 769–774.

47. *F. Grotelüschen*: Kunstmuskel als Schwingungsdämpfer. Weiter vorn – Das Fraunhofer-Magazin 2/12 (2012) 48–49.

48. *J. Kowal* et al.: Energy Recovering in Active Vibration Isolation System – Results of Experimental Research. J. of Vibration and Control 14 (2008) 1075–1088.

49. *L. Wang, F. G. Yuan*: Vibration energy harvesting by magnetostrictive material. Smart Materials and Structures 17 (2008) Paper No. 045009.

50. *S. R. Anton, H. A. Sodano*: A review of power harvesting using piezoelectric materials (2003–2006). Smart Materials and Structures 16 (2007) R1–R21.

51. *M. G. Tehrani, S. J. Elliott*: Nonlinear Damping for Energy Harvesting. AIA-DAGA 2013, Programmheft: S. 235.

52. *P. J. Sloetjes, A. de Boer*: Vibration Reduction and Power Generation with Piezoceramic Sheets Mounted to a Flexible Shaft. J. Intelligent Material Syst. Struct. 19 (2008) 25–34.

53. *A. Erturk, D. J. Inman*: On Mechanical Modeling of Cantilevered Piezoelectric Vibration Energy Harvesters. J. of Intelligent Material Syst. Struct. 19 (2008) 1311–1325.

54. *K. Nakano, S. J. Elliott, E. Rustighi*: A unified approach to optimal conditions of power harvesting using electromagnetic and piezoelectric transducers. Smart Materials and Structures 16 (2007) 948—958.

55. *V. R. Challa* et al.: A vibration energy harvesting device with bidirectional resonance frequency tunability. Smart Materials and Structures 17 (2008) Paper No. 015035.

56. *D. J. Morris* et al.: A resonant frequency tunable, extensional mode piezoelectric vibration harvesting mechanism. Smart Materials and Structures 17(6) (2008) Paper No. 065021.

57. *D. Heyland* et al.: The adaptive wing project (DLR): Survey on targets and recent results from active/adaptive structures viewpoint. In: Tenth Int. Conf. on Adaptive Structures and Technologies (ICAST '99), Proc. (2000): pp. 178–185.

58. *H. A. Sodano, J.-S. Bae*: Eddy Current Damping in Structures. The Shock and Vibration Digest 36 (2004) 469–478.

59. *H. A. Sodano, D. J. Inman*: Non-contact vibration control system employing an active eddy current damper. J. Sound Vib. 305 (2007) 596–613.

60. *R. Buckminster Fuller*: Tensile-integrity systems. U.S. Patent US 3,063,521. Anmeldung: 31. 8. 1959. Erteilung: 13. 11. 1962.

61. *S. Djouadi* et al.: Active Control of Tensegrity Systems. J. of Aerospace Engng. 11 (1998) 37–44.

62. *E. Fest, K. Shea, I. F. C. Smith*: Active Tensegrity Structure. J. of Structural Engng. 130 (2004) 1454–1465.

63. *B. Domer, I. F. C. Smith*: An Active Structure that Learns. J. of Computing in Civil Engng. 19 (2005) 16–24.

64. *B. de Jager, R. E. Skelton*: Input-output selection for planar tensegrity models. IEEE Trans. Control Syst. Technol. 13 (2005) 778–785.

65. *B. Adam, I. F. C. Smith*: Tensegrity Active Control: Multiobjective Approach. J. of Computing in Civil Engng. 21 (2007) 3–10.

66. *M. Ganesh Raja, S. Narayanan*: Active control of tensegrity structures under random excitation. Smart Materials and Structures 16 (2007) 809–817.

67. *J. Tschesche* et al.: Simulation of smart wolf tone elimination. AIA-DAGA 2013, Programmheft: S. 238.

68. *J. Tschesche* et al.: Vergleich der Wirkung adaptronischer Wolfstöter. DAGA 2014, Programmheft: S. 86.

69. *P. Neubauer* et al.: Aktive Minderung des Cello-Wolftons durch bedarfsgerechte Geschwindigkeitsrückführung. DAGA 2015, Programmheft: S. 333–334.

70. *S. R. Viswamurthy, A. K. Rao, R. Ganguli*: Dynamic hysteresis of piezoceramic stack actuators used in helicopter vibration control: experiments and simulations. Smart Materials and Structures 16 (2007) 1109–1119.

71. *S.-H. Lee* et al.: Bracing Systems for Installation of MR Dampers in a Building Structure. J. Intelligent Material Syst. Struct. 18 (2007) 1111–1120.

72. *U. Kushnir, O. Rabinovitch*: Non-linear Piezoelectric and Ferroelectric Actuators – Analysis and Potential Advantages. J. Intelligent Material Syst. Struct. 19 (2008) 1077–1088.

73. *O. M. Fein, L. Gaul, U. Stöbener*: Vibration Reduction of a Fluid-loaded Plate by Modal Control. J. Intelligent Material Syst. Struct. 16 (2005) 541–552.

74. *G. E. Simmers Jr.* et al.: Improved Piezoelectric Self-sensing Actuation. J. Intelligent Material Syst. Struct. 15 (2004) 941–953.

75. *K. Makihara, J. Onoda, K. Minesugi*: A self-sensing method for switching vibration suppression with a piezoelectric actuator. J. Smart Materials and Structures 16 (2007) 455–461.

76. *J. Kim, J.-H. Kim*: Multimode shunt damping of piezoelectric smart panel for noise reduction. J. Acoust. Soc. Am. 116 (2004) 942–948.

77. *D. Guyomar* et al.: Wave reflection and transmission reduction using a piezoelectric semipassive nonlinear technique. J. Acoust. Soc. Am. 119 (2006) 285–298.

78. *A. Belloli* et al.: Structural Vibration Control via R-L Shunted Active Fiber Composites. J. Intelligent Material Syst. Struct. 18 (2007) 275–287.

79. *T. Anderson* et al.: Response prediction of switched inductor/piezoelectric vibration suppression. Smart Materials and Structures 16 (2007) 135–139.

80. *J. Lin*: An active–passive absorber by using hierarchical fuzzy methodology for vibration control. J. Sound Vib. 304 (2007) 752–768.

81. *L. J. Zhao, H. S. Kim, J. Kim*: Noise Reduction Using Smart Panel with Shunt Circuit. AIAA J. 45 (2007) 79–89.

82. *A. Belloli, P. Ermanni*: Optimum placement of piezoelectric ceramic modules for vibration suppression of highly constrained structures. Smart Materials and Structures 16 (2007) 1662–1671.

83. *U. Andreaus, M. Porfiri*: Effect of Electrical Uncertainties on Resonant Piezoelectric Shunting. J. Intelligent Material Syst. Struct. 18 (2007) 477–485.

84. *N. S. Goo* et al.: Behaviors and Performance Evaluation of a Lightweight Piezo-Composite Curved Actuator. J. Intelligent Material Syst. Struct. 12 (2001) 639–646.

85. *A. Suhariyono, N. S. Goo, H. C. Park*: Use of Lightweight Piezo-composite Actuators to Suppress the Free Vibration of an Aluminum Beam. J. Intelligent Material Syst. Struct. 19 (2008) 101–112.

86. *M. C. Ray, R. C. Batra*: A single-walled carbon nanotube reinforced 1–3 piezoelectric composite for active control of smart structures. Smart Materials and Structures 16 (2007) 1936–1947.

87. *S. Ahlawat, B. R. Vidyashankar, B. Bhattacharya*: Closed-form studies of a new hybrid damping technique using an active layer and hard-coated damping alloys. Smart Materials and Structures 16 (2007) 626–633.

88. *N. Ganesan, R. Sethuraman*: Dynamic modeling of active constrained layer damping of composite beam under thermal environment. J. Sound Vib. 305 (2007) 728–749.

89. *B. A. Reddy, M. C. Ray*: Optimal Control of Smart Functionally Graded Plates Using Piezoelectric Fiber Reinforced Composites. J. Vibration and Control 13 (2007) 795–814.

90. *R. Mirzaeifar, H. Bahai, S. Shahab*: Active control of natural frequencies of FGM plates by piezoelectric sensor/actuator pairs. Smart Materials and Structures 17(4) (2008) Paper No. 045003.

91. *O. Rabinovitch*: Piezoelectric Control of Edge Debonding in Beams Strengthened with Composite Materials: Part I – Analytical Modeling. J. Composite Materials 41 (2007) 525–546.

92. *M. Shahinpoor*: Conceptual design, kinematics and dynamics of swimming robotic structures using ionic polymer gel muscles. Smart Materials and Structures 1 (1992) 91–94.

93. *M. Shahinpoor* et al.: Ionic polymer-metal composites (IPMC) as biomimetic sensors, actuators and artificial muscles – a review. Smart Materials and Structures 7 (1998) R15–R30.

94. *D. Bandopadhya, B. Bhattacharya, A. Dutta*: An active vibration control strategy for a flexible link using distributed ionic polymer metal composites. Smart Materials and Structures 16 (2007) 617–625.

95. *D. Bandopadhya, B. Bhattacharya, A. Dutta*: Active Vibration Control Strategy for a Single-Link Flexible Manipulator Using Ionic Polymer Metal Composite. J. Intelligent Material Syst. Struct. 19 (2008) 487–496.

96. *Z. Chen* et al.: A dynamic model for ionic polymer–metal composite sensors. Smart Materials and Structures 16 (2007) 1477–1488.

97. *S.-J. Moon* et al.: Structural vibration control using linear magnetostrictive actuators. J. Sound Vib. 302 (2007) 875–891.

98. *Y. Nakamura* et al.: Application of Active Micro-vibration Control System using a Giant Magnetostrictive Actuator. J. Intelligent Material Syst. Struct. 18 (2007) 1137–1148.

99. *K. Kuhnen, M. Schommer, H. Janocha*: Integral feedback control of a self-sensing magnetostrictive actuator. Smart Materials and Structures 16 (2007) 1098–1108.

100. *F. T. Calkins, A. B. Flatau, M. J. Dapino*: Overview of Magnetostrictive Sensor Technology. J. Intelligent Material Syst. Struct. 18 (2007) 1057–1066.

101. *H. Janocha* (ed.): Aktoren: Grundlagen und Anwendungen. Springer-Verlag 1992, ISBN: 978-3-540-547075.

102. *S. Saadat* et al.: An overview of vibration and seismic applications of NiTi shape memory alloy. Smart Materials and Structures 11 (2002) 218–229.

103. *J. Heinonen* et al.: Controlling stiffness of a frame spring by changing the boundary condition with an SMA actuator. Computers and Structures 86 (2008) 398–406.

104. *G. Song, N. Ma*: Robust control of a shape memory alloy wire actuated flap. Smart Materials and Structures 16(6) (2007) N51–N57.

105. *O. E. Ozbulut* et al.: A fuzzy model of superelastic shape memory alloys for vibration control in civil engineering applications. Smart Materials and Structures 16 (2007) 818–829.

106. *R. F. Gordon*: The properties and applications of shape memory polyurethanes. Mater. Technol. 8 (1993) 254–258.

107. *N. S. Goo, I. H. Paik, K. J. Yoon*: The durability of a conducting shape memory polyurethane actuator. Smart Materials and Structures 16 (2007) N23–N26.

108. *Anon.*: Intelligente Lösungen. Chemiewerkstoffe machen das Auto umweltverträglicher. In: Chemie mit Chlor. Bayer AG, Konzernzentrale Öffentlichkeitsarbeit, Leverkusen, April 1995, S. 78–79.

109. *K. Makihara, J. Onoda, K. Minesugi*: Numerical Analysis of Powerful Shock Absorber Utilizing Particle-Dispersion ER Fluid. Trans. Japan Soc. Aeron. Space Sci. 49(166) (2007) 203–210.

110. *S. Morishita, J. Mitsui*: An Electronically Controlled Engine Mount Using Electro-Rheological Fluid. SAE Special Publication 936 (1992) 97–103.

111. *J.-Y. Yeh*: Vibration control of a sandwich annular plate with an electrorheological fluid core layer. Smart Materials and Structures 16 (2007) 837–842.

112. *J. Nikitczuk, B. Weinberg, C. Mavroidis*: Control of electro-rheological fluid based resistive torque elements for use in active rehabilitation devices. Smart Materials and Structures 16 (2007) 418–428.

113. *M. Taki, T. Mori, S. Murakami*: Sound Attenuating System. U.S. Patent US 5,347,585. Anmeldung: 10.9.1991. Erteilung: 13.9.1994.

114. *S. J. Dyke* et al.: Modeling and control of magnetorheological dampers for seismic response reduction. Smart Materials and Structures 5 (1996) 565–575.

115. *J. Wang, G. Meng*: Experimental study on stability of an MR fluid damper-rotor-journal bearing system. J. Sound Vib. 262 (2003) 999–1007.

116. *Hyun-Ung Oh*: Experimental demonstration of an improved magneto-rheological fluid damper for suppression of vibration of a space flexible structure. Smart Materials and Structures 13 (2004) 1238–1244.

117. *S. Sassi* et al.: An innovative magnetorheological damper for automotive suspension: from design to experimental characterization. Smart Materials and Structures 14 (2005) 811–822.

118. *L. Chen, C. H. Hansen*: Active Vibration Control of a Magnetorheological Sandwich Beam. Acoustics 2005 – Australian Acoustical Society Annual Conference, Proc.: pp. 93–98.

119. *Q. Zhou, S. R. K. Nielsen, W. L. Qu*: Semi-active control of three-dimensional vibrations of an inclined sag cable with magnetorheological dampers. J. Sound Vib. 296 (2006) 1–22.

120. *M. Liu, G. Song, H. Li*: Non-model-based semi-active vibration suppression of stay cables using magneto-rheological fluid dampers. Smart Materials and Structures 16 (2007) 1447–1452.

121. *H.-X. Deng, X.-L. Gong, L.-H. Wang*: Development of an adaptive tuned vibration absorber with magnetorheological elastomer. Smart Materials and Structures 15 (2006) N111–N116.

122. *H.-X. Deng, X.-L. Gong*: Adaptive Tuned Vibration Absorber based on Magnetorheological Elastomer. J. Intelligent Material Syst. Struct. 18 (2007) 1205–1210.

123. *C. Carmignani, P. Forte, E. Rustighi*: Design of a novel magneto-rheological squeeze-film damper. Smart Materials and Structures 15 (2006) 164–170.

124. *L. Pahlavan, J. Rezaeepazhand*: Dynamic response analysis and vibration control of a cantilever beam with a squeeze-mode electrorheological damper. Smart Materials and Structures 16 (2007) 2183–2189.

125. *D. C. Batterbee* et al.: Magnetorheological landing gear: 1. A design methodology. und: 2. Validation using experimental data. Smart Materials and Structures 16 (2007) 2429–2440 und 2441–2452.

126. *G. Aydar* et al.: A Low Force Magneto-rheological (MR) Fluid Damper: Design, Fabrication and Characterization. J. Intelligent Material Syst. Struct. 18 (2007) 1155–1160.

127. *H. Sahin* et al.: Full-Scale Magnetorheological Fluid Dampers for Heavy Vehicle Rollover. J. Intelligent Material Syst. Struct. 18 (2007) 1161–1167.

128. *F. Ikhouane, S. J. Dyke*: Modeling and identification of a shear mode magnetorheological damper. Smart Materials and Structures 16 (2007) 605–616.

129. *S. W. Or* et al.: Development of Magnetorheological Dampers with Embedded Piezoelectric Force Sensors for Structural Vibration Control. J. Intelligent Material Syst. Struct. 9 (2008) 1327–1338.

130. *S. S. Deshmukh, G. H. McKinley*: Adaptive energy-absorbing materials using field-responsive fluid-impregnated cellular solids. Smart Materials and Structures 16 (2007) 106–113.

131. *P. Blom, L. Kari*: Smart audio frequency energy flow control by magneto-sensitive rubber isolators. Smart Materials and Structures 17(1) (2008), Paper No. 015043.

132. *J. Melcher*: Der Trick der Bienen. Piezowaben – eine bionische Innovation in der Adaptronik. DLR Nachrichten 119 (2008) 36–39.

133. *S. Hurlebaus, L. Gaul*: Smart structure dynamics – a Review. Mechanical Systems and Signal Processing 20 (2006) 255–281.

134. *J. Melcher, A. Büter*: Adaptive Structures Technology for Structural Acoustic Problems. 1st Joint CEAS/AIAA Aeronautics Conference (16th AIAA Aeroacoustics Conference) 1995, Proc.: pp. 1213–1220.

135. *H.-P. Monner, E. J. Breitbach, H. Hanselka*: Recent Results and Future of the German Major Project Adaptronics. 13th Intl. Conf. on Adaptive Structures and Technologies (ICAST 2002), Proc. (2004): pp. 259–269.

136. *F. Grotelüschen*: Mikro-Chip im Alu-Gewand. Fraunhofer-Magazin 2 (2007) 60–61.

137. *D. L. Edberg, A. H. von Flotow*: Progress Toward a Flight Demonstration of Microgravity Isolation of Transient Events. World Space Congress, 43rd Congress of the Intnl. Astronaut. Federation (1992), Paper IAF-92-0781.

138. *G. J. Stein*: A Driver's Seat with Active Suspension of Electropneumatic Type. ASME J. Vibration and Acoustics 119 (1997) 230–235.

139. *S.-B. Choi, Y.-M. Han*: Vibration control of electrorheological seat suspension with human-body model using sliding mode control. J. Sound Vib. 303 (2007) 391–404.

140. *S.-B. Choi* et al.: Field Test on Vibration Control of Vehicle Suspension System Featuring ER Shock Absorbers. J. Intelligent Material Syst. Struct. 18 (2007) 1169–1174.

141. *D. Weeks*: Aktiv im Gelände. Entwicklung aktiver Fahrzeugfederungen für Offroad-Anwendungen. dSPACE Magazin 2/2012, 32–35.

142. *R. Wimmel* et al.: Aktive Lärmreduzierung bei Diesellokomotiven: Schwingungs- und Schall-
minderung bei Bahnsystemen. In: RAIL-noise 33 (2011), III. Internationales Symposium zur
Bahn-Akustik, pp. 5–26. Näheres: www.eras.de, info@eras.de.

143. *U. Weltin*: Aktive Schwingungskompensation bei Verbrennungsmotoren. Fortschrittsberichte
VDI, Reihe 12 (1993) Nr. 179.

144. *G. Kim, R. Singh*: A study of passive and adaptive hydraulic engine mount systems with em-
phasis on non-linear characteristics. J. Sound Vib. 179 (1995) 427–453.

145. *L. Maack, J. Stäbler*: Active Body Control in Production. dSPACE NEWS, Fall 2000, pp. 2–3.

146. *C.-M. Lee, V. N. Goverdovskiy, A. I. Temnikov*: Design of springs with „negative" stiffness to
improve vehicle driver vibration isolation. J. Sound Vib. 302 (2007) 865–874.

147. *H. Atzrodt* et al.: Umsetzung und Erprobung von aktiven Lagern im Fahrwerksbereich. DAGA
2012, Programmheft: S. 322.

148. *S. Arzanpour, M. F. Golnaraghi*: A Novel Semi-active Magnetorheological Bushing Design for
Variable Displacement Engines. J. Intelligent Material Syst. Struct. 19 (2008) 989–1003.

149. *R. Maier, M. Bebesel*: Helicopter Interior Noise Reduction. dSPACE NEWS, Fall 2000, pp. 6–
7.

150. *S. Asiri, A. M. Baz, D. J. Pines*: Active periodic struts for a gearbox support system. Smart
Materials and Structures 15 (2006) 1707–1714.

151. Informationen: Eras GmbH Göttingen, www.eras.de und info@eras.de.

152. *J. Wang* et al.: Active vibration control of a plate-like structure with discontinuous boundary
conditions. Smart Materials and Structures 15 (2006) N51–N60.

153. *M. Jaensch, M. U. Lampérth*: Development of a multi-degree-of-freedom micropositioning,
vibration isolation and vibration suppression system. Smart Materials and Structures 16 (2007)
409–417.

154. *M. Jaensch, M. U. Lampérth*: Investigations into the stability of a PID-controlled micropositioning and vibration attenuation system. Smart Materials and Structures 16 (2007) 1066–1075.

155. *D. Stewart*,: A platform with six degrees of freedom. Proc. IMechE 180 (1965) 371–386.

156. *A. Preumont* et al.: A six-axis single-stage active vibration isolator based on Stewart platform.
J. Sound Vib. 300 (2007) 644–661.

157. *Y. Meyer* et al.: Active isolation of electronic micro-components with piezoelectrically trans-
duced silicon MEMS devices. Smart Materials and Structures 16 (2007) 128–134.

158. *Y. Meyer, M. Collet*: Mixed control for robust vibration isolation: numerical energy comparison
for an active micro suspension device. Smart Materials and Structures 16 (2007) 1361–1369.

159. *S.-B. Choi* et al.: Dynamic Characteristics of Three-axis Active Mount Featuring Piezoelectric
Actuators. J. Intelligent Material Syst. Struct. 19 (2008) 1053–1066.

160. *K. Plaza*: Semiactive control strategies for a fully suspended bicycle. Mechanics 24 (2005)
135–139.

161. *J. J. Ro* et al.: Flexural Vibration Control of the Circular Handlebars of a Bicycle by Using
MFC Actuators. J. Vibration and Control 13 (2007) 969–987.

162. *C. Olmi, G. Song, Y. L. Mo*: An innovative and multi-functional smart vibration platform. Smart
Materials and Structures 16 (2007) 1302–1309.

163. *N. R. Petersen*: Design of large scale tuned mass dampers. In: H. H. E. Leipholz (ed.): Structural
Control. North-Holland Publ. Co. 1980, pp. 581–596.

164. *J. C. H. Chang, T. T. Soong*: The use of aerodynamic appendages for tall building control. In: H. H. E. Leipholz (ed.): Structural Control. North-Holland Publ. Co. 1980, pp. 199–210.

165. *M. Weickgenannt, S. Neuhäuser*: Das Dach der Zukunft. Anpassungsfähige Tragwerke erlauben es Ingenieuren, extrem leichte Bauwerke zu konstruieren. Spektrum der Wissenschaft, Nov. 2012, 18–20.

166. *M. Weickgenannt* et al.: Architektur mit Köpfchen. Regelungskonzepte für ultraleichte Bauwerke. dSPACE Magazin 2013-01, 28–33.

167. *T. T. Soong, H. G. Natke*: From Active Control to Active Structures. VDI-Berichte 695 (1988) 1–18.

168. *K. Hanahara, Y. Tada*: Dynamics of Geometry Adaptive Truss with Wire Member Actuators. In: 13th International Conference on Adaptive Structures and Technologies (ICAST 2002), Potsdam 2002. Proc. (2004): pp. 403–412.

169. *M. Liu, G. Song, J. Ou*: Investigation of vibration mitigation of stay cables incorporated with superelastic shape memory alloy dampers. Smart Materials and Structures 16 (2007) 2202–2213.

170. *Y. L. Xu, H. J. Zhou,*: Damping cable vibration for a cable-stayed bridge using adjustable fluid dampers. J. Sound Vib. 306 (2007) 349–360.

171. *M. Izumi*: Control of Structural Vibration — Past, Present and Future. International Symposium on Active Control of Sound and Vibration, Tokyo, JP (1991), Proc.: pp. 195–200.

172. *Q. S. Li* et al.: Combinatorial optimal design of number and positions of actuators in actively controlled structures using genetic algorithms. J. Sound Vib. 270 (2004) 611–624.

173. *R. Guclu, H. Yazici*: Fuzzy Logic Control of a Non-linear Structural System against Earthquake Induced Vibration. J. Vibration and Control 13 (2007) 1535–1551.

174. *Chih-Cherng Ho, Chih-Kao Ma*: Active vibration control of structural systems by a combination of the linear quadratic Gaussian and input estimation approaches. J. Sound Vib. 301 (2007) 429–449.

175. *L. Huo* et al.: H_∞ robust control design of active structural vibration suppression using an active mass damper. Smart Materials and Structures 17(1) (2008), Paper No. 015021.

176. *H.-J. Lee* et al.: An Experimental Study of Semiactive Modal Neuro-control Scheme Using MR Damper for Building Structure. J. Intelligent Material Syst. Struct. 19 (2008) 1005–1015.

177. *D. Shook* et al.: A comparative study in the semi-active control of isolated structures. Smart Materials and Structures 16 (2007) 1433–1446.

178. *A.-P. Wang, Y.-H. Lin*: Vibration control of a tall building subjected to earthquake excitation. J. Sound Vib. 299 (2007) 757–773.

179. *F. Hara, H. Shibata*: Experimental Study on Active Suppression by Gas Bubble Injection for Earthquake Induced Sloshing in Tanks. Japan Soc. Mech. Eng. (JSME) Intnl. J. 30(260) (1987) 318–323.

180. *D. Sakamoto, N. Oshima, T. Fukuda*: Tuned sloshing damper using electro-rheological fluid. Smart Materials and Structures 10 (2001) 963–969.

181. *C.-Y. Chang* et al.: Modified Fuzzy Variable Structure Control Method to the Crane System with Control Deadzone Problem. J. Vibration and Control 14 (2008) 953–969.

182. Internet-Seiten von ISYS.

183. *L. Fuhrmann*: Gegen die Schwingung. Das Geheimnis schneller und zugleich präziser Robotersysteme. DLR Magazin 130 (Juni 2011) 13–15.

184. *F. Merkle*: Aktive und adaptive Optik in der Astronomie. Neue Technologien für zukünftige Großteleskope. Physikalische Blätter 44 (1988) 439–446.

185. *B. Schwarzschild*: First of the Twin 10-Meter Keck Telescopes Starts Doing Astronomy. Physics Today 46(10) (Oct. 1993) 17–18.

186. *R. Q. Fugate* et al.: Measurement of atmospheric wavefront distortion using scattered light from a laser guide-star. Nature 353 (Sept. 12, 1991) 144–146.

187. *Ch. Baranec, B. J. Bauman, M. Lloyd-Hart*: Concept for a laser guide beacon Shack-Hartmann wave-front sensor with dynamically steered subapertures. Optics Lett. 30 (2005) 693–695.

188. *G. P. Collins*: Making Stars to See Stars: DOD Adaptive Optics Work is Declassified. Physics Today 45(2) (Feb. 1992) 17–21. Comments: *G. Cooper*: Has Defense Research Held Science Back? Physics Today 45(7) (July 1992) 13–14.

189. *A. Finkbeiner*: Klare Sicht für Astronomen. Spektrum der Wissenschaft, Aug. 2015, 42–46.

190. *B. Schwarzschild*: Adaptive Optics at the New 8-Meter Gemini Telescope. Physics Today 52(9) (Sept. 1999) 23.

191. *T. G. Hawarden*: Extremely Large Ground-based Telescopes (ELTs): Performance Comparisons with 8-m class Space Telescopes. The Institute of Space and Astronautical Science, Sagamihara, JP, Report SP No. 14 (Dec. 2000) 249–256.

192. *R. Gilmozzi*: Riesenteleskope der Zukunft. Spektrum der Wissenschaft, Aug. 2006, 28–36.

193. *Q. Yang, C. Ftaclas, M. Chun*: Wavefront correction with high-order curvature adaptive optics systems. J. Optical Soc. Am. (JOSA) A 23 (2006) 1375–1381.

194. *T. Feder*: New telescope in Turkey. Physics Today 67(10) (Oct. 2014) 26–27.

195. *B. Schwarzschild*: Infrared Adaptive Optics Reveals Stars Orbiting Within Light-Hours of the Milky Way's Center. Physics Today 56(2) (Feb. 2003) 19–21.

196. *J. Bell*: Adaptive optics clears the view for industry. Opto & Laser Europe (OLE) No. 45 (Nov. 1997) pp. 17–20.

197. *H. Baumhacker* et al.: Correction of strong phase and amplitude modulations by two deformable mirrors in a multistaged Ti:sapphire laser. Optics Lett. 27 (2002) 1570–1572.

198. *D. Burns*: University of Strathclyde: intracavity adaptive-optic control of lasers. Opto & Laser Europe (OLE), No. 126 (March 2005), p. 27.

199. *M. J. Booth, M. A. A. Neil, T. Wilson*: New modal wave-front sensor: application to adaptive confocal fluorescence microscopy and two-photon excitation fluorescence microscopy. J. Optical Soc. Am. (JOSA) A 19 (2002) 2112–2120.

200. *H. Hemmati, Y. Chen*: Active optical compensation of low-quality optical system aberrations. Optics Lett. 31 (2006) 1630–1632.

201. *S. Zommer* et al.: Simulated annealing in ocular adaptive optics. Optics Lett. 31 (2006) 939–941.

202. *C. R. Vogel, Q. Yang*: Modeling, simulation, and open-loop control of a continuous facesheet MEMS deformable mirror. J. Optical Soc. Am. (JOSA) A 23 (2006) 1074–1081.

203. *J. Hewett, P. Bierden*: Deformable mirrors reach pivotal point. Optics and Laser Europe (OLE), No. 149 (April 2007) 19–21.

204. *R. C. Batra, M. Porfiri, D. Spinello*: Review of modeling electrostatically actuated microelectromechanical systems. Smart Materials and Structures 16 (2007) R23–R31.

205. *R. Schmiedl*: Mirrors to improve processing quality. Opto & Laser Europe No. 68 (Nov. 1999) 11.

206. *Anon.*: Unerwünschte Verformung ausgleichen. Weiter vorn, das Fraunhofer Magazin 4.14 (2014) 6.

207. *A. Greenaway, J. Burnett*: Industrial and Medical Applications of Adaptive Optics. Institute of Physics (IOP) Publishing, Bristol, GB, 2004.

208. *J. Ballesta*: Choosing adaptive optics for precision applications. Optics and Laser Europe (OLE), Issue 160 (April 2008) 31–35.

209. *R. K. Tyson*: Principles of Adaptive Optics. Academic Press, 3rd ed. 2011, ISBN: 978-1-4398-0859-7.

210. *V. P. Lukin*: Atmospheric Adaptive Optics. SPIE Press Vol. PM23 (1996), ISBN: 0-8194-1871-4.

211. *J. W. Hardy*: Adaptive Optics for Astronomical Telescopes. Oxford University Press 1998, ISBN: 0-19-509019-5.

212. *F. Roddier* (ed.): Adaptive Optics in Astronomy. Cambridge University Press 2004, ISBN: 978-0521612142.

213. *D. F. Buscher, R. M. Myers, G. D. Love*: Adaptive Optics. Wiley 2001, ISBN: 978-3527402984.

214. *Z. Merali*: Blick hinter den Vorhang. Spektrum der Wissenschaft, Aug. 2015, 36–40.

215. *C. R. Fuller, C. H. Hansen, S. D. Snyder*: Active Control of Sound Radiation from a Vibrating Rectangular Panel by Sound Sources and Vibration Inputs: An Experimental Comparison. J. Sound Vib. 145 (1991) 195–215.

216. *W. R. Johnson* et al.: Active structural acoustic control using a sum of weighted spatial gradients control metric. J. Acoust. Soc. Am. 134(5), Pt. 2 (2013) 4190 (Abstract).

217. *P. Aslani* et al.: Active noise control for cylindrical shells using a sum of weighted spatial gradients (WSSG) control metric. J. Acoust. Soc. Am. 135(4), Pt. 2 (2014) 2387 (Abstract).

218. *Y. Cao* et al: An analysis of the weighted sum of spatial gradients (WSSG) control metric in active structural acoustic control. J. Acoust. Soc. Am. 135(4), Pt. 2 (2014) 2418 (Abstract).

219. *J. D. Sprofera* et al.: Structural acoustic control of plates with variable boundary conditions: Design methodology. J. Acoust. Soc. Am. 122 (2007) 271–279.

220. *J. Bös,* et al.: Reduction of compressor vibrations by means of an active tuned vibration absorber. In: Fortschritte der Akustik – DAGA 2008, S. 315–316.

221. *R. L. Clark, C. R. Fuller*: Active Structural Acoustic Control with Adaptive Structures Including Wavenumber Considerations. In: Proc. of the 1st Conference on Recent Advances in Active Control of Sound and Vibration (1991), pp. 507–524.

222. *M. R. F. Kidner, R. I. Wright*: Global control of sound radiation from a plate using several adaptive vibration neutralisers with local control schemes. Acoustics 2005, Australian Acoustical Society Annual Conference, Busselton, AU, Proc.: pp. 55–60.

223. *K. Chen* et al.: Secondary actuation and error sensing for active acoustic structure. J. Sound Vib. 309 (2008) 40–51.

224. *P. J. Remington* et al.: Reduction of turbulent boundary layer induced interior noise through active impedance control. J. Acoust. Soc. Am. 123 (2008) 1427–1438.

225. *C. Hong, S. J. Elliott*: Local feedback control of light honeycomb panels. J. Acoust. Soc. Am. 121 (2007) 222–233.

226. *G. Honsel*: Quietschfrei anhalten. Technology Review – Das M.I.T. Magazin für Innovation, Deutsche Ausgabe, No. 6 (Juni 2007) 10.

227. *A. Jakob, M. Möser*: Parameter Study with a Modal Model for Actively Controlled Double-Glazed Windows. Acta Acustica/Acustica 90 (2004) 467–480.

228. *J. P. Carneal, C. R. Fuller*: An analytical and experimental investigation of active structural acoustic control of noise transmission through double panel systems. J. Sound Vib. 272 (2004) 749–771.

229. *S. Akishita, A. Mitani, H. Takanashi*: Active Modular Panel System for Insulating Floor Impulse Noise. 18th International Congress on Acoustics (ICA 2004), Kyoto, JP, April 4–9, 2004. Proc.: Paper We4.D.5, pp. III-2165 – III-2168.

230. *J. Lane, J. Pearse, S. Gutschmidt*: Novel application of PVDF film in active noise control through windows. J. Acoust. Soc. Am. 131(4), Pt. 2 (2012) 3436 (Abstract).

231. *X. Yu* et al.: Active Control of Sound Transmission Through Windows With Carbon Nanotube-Based Transparent Actuators. IEEE Trans. Control Syst. Technol. 15 (2007) 704–714.

232. *O. Heuss* et al.: Application of active and semi-passive control strategies at a double glazing window. AIA-DAGA 2013, Programmheft: S. 385.

233. *A. Ganguli, A. Deraemaeker, A. Preumont*: Regenerative chatter reduction by active damping control. J. Sound Vib. 300 (2007) 847–862.

234. *H. Puebla, J. Alvarez-Ramirez*: Suppression of stick-slip in drillstrings: A control approach based on modeling error compensation. J. Sound Vib. 310 (2008) 881–901.

235. *J. C. Ji, C. H. Hansen*: Hopf Bifurcation of a Magnetic Bearing System with Time Delay. ASME J. Vib. Acoust. 127 (2005) 362–369.

236. *Y.-Y. He* et al.: Vibration control of a rotor-bearing system using shape memory alloy: I. Theory. Smart Materials and Structures 16 (2007) 114–121.

237. *Y.-Y. He* et al.: Vibration control of a rotor-bearing system using shape memory alloy: II. Experimental study. Smart Materials and Structures 16 (2007) 122–127.

238. *I. S. Cade, P. S. Keogh, M. N. Sahinkaya*: Rotor/active magnetic bearing transient control using wavelet predictive moderation. J. Sound Vib. 302 (2007) 88–103.

239. *X.-H. Liang* et al.: Model Predictive Controller Design to Suppress Rate-Limiter-Based Pilot-Induced Oscillations. Trans. Japan Soc. Aeron. Space Sci. 49(166) (2007) 239–245.

240. *T. Kapitaniak*: Chaos for Engineers. Springer-Verlag, 2nd ed. 2000, ISBN: 3-540-66574-9.

241. *H. G. Schuster* (Ed.): Handbook of Chaos Control. Wiley 1999, ISBN: 3-527-29436-8.

242. *E. Schöll, H. G. Schuster* (Eds.): Handbook of Chaos Control. Wiley, 2nd edition 2008, ISBN: 978-3-527-40605-0.

243. *A. Hübler, E. Lüscher*: Resonant stimulation and control of nonlinear oscillators. Die Naturwissenschaften 76 (1989) 67–69.

244. *E. Ott, C. Grebogi, Y. A. Yorke*: Controlling chaos. Phys. Rev. Lett. 64 (1990) 1196–1199.

245. *K. Pyragas*: Continuous control of chaos by self-controlling feedback. Phys. Lett. A 170 (1992) 421–428.

246. *H.-T. Yau, C.-K. Chen, C.-L. Chen*: Sliding mode control of chaotic systems with uncertainties. Int. J. Bifurcation and Chaos 10 (2000) 1139–1147.

247. *G. Song, H. Gu*: Active Vibration Suppression of a Smart Flexible Beam Using a Sliding Mode Based Controller. J. Vibration and Control 13 (2007) 1095–1107.

248. *K.-G. Sung* et al.: Discrete-time fuzzy sliding mode control for a vehicle suspension system featuring an electrorheological fluid damper. Smart Materials and Structures 16 (2007) 798–808.

249. *H. Lee, V. I. Utkin*: Chattering suppression methods in sliding mode control systems. Annual Reviews in Control 31 (2007) 179–188.

250. *H. Gu, G. Song, H. Malki*: Chattering-free fuzzy adaptive robust sliding-mode vibration control of a smart flexible beam. Smart Materials and Structures 17(3) (2008), Paper No. 035007.

251. *K.-C. Lu* et al.: Decentralized sliding mode control of a building using MR dampers. Smart Materials and Structures 17(5) (2008), Paper No. 055006.

252. *X. Wu, J. Cai, M. Wang*: Robust synchronization of chaotic horizontal platform systems with phase difference. J. Sound Vib. 305 (2007) 481–491.

253. *F. Schürer*: Zur Theorie des Balancierens. Math. Nachr. 1 (1948) 295–331.

254. *W. L. Ditto* et al.: Control of human atrial fibrillation. Int. J. Bifurcation and Chaos 10 (2000) 593–601.

255. *M. Ogorzałek*: Electronic Chaos Controllers – From Theory to Applications. In: E. Schöll and H. G. Schuster (Eds.): Handbook of Chaos Control, 2nd ed., 2008, Chapter 34, pp. 751–770.

256. *L. Kocarev, U. Parlitz*: General approach for chaotic synchronization with application to communication. Phys. Rev. Lett. 74 (1995) 5028–5031.

257. *T. L. Carroll*: Noise Robust Chaotic Systems. In: E. Schöll and H. G. Schuster (Eds.): Handbook of Chaos Control, 2nd ed., 2008, Chapter 15, pp. 325–347.

258. *T. Erneux, T. Kalmár-Nagy*: Nonlinear Stability of a Delayed Feedback Controlled Container Crane. J. Vibration and Control 13 (2007) 603–616.

259. *A. Ahlborn, U. Parlitz*: Multiple Delay Feedback Control. In: E. Schöll und H. G. Schuster (Eds.): Handbook of Chaos Control, 2nd ed., 2008, Chapter 11, pp. 197–220.

260. *S. Chatterjee*: Vibration control by recursive time-delayed acceleration feedback. J. Sound Vib. 317 (2008) 67–90.

261. *G. Chen, J. L. Moiola, H. O. Wang*: Bifurcation control: Theories, methods, and applications. Int. J. Bifurcation and Chaos (IJBC) 10 (2000) 511–548.

262. *S. Lee*: Noise Killing System of Fans. U.S. Patent US 5,791,869. Erteilung: 11.8.1998. Priorität (KR): 18.9.1995.

263. *X. F. Wang, G. Chen*: Chaotification via arbitrarily small feedback controls: Theory, method, and applications. Int. J. Bifurcation and Chaos 10 (2000) 549–570.

264. *S.-Y. Liu, X. Yu, S.-J. Zhu*: Study on the chaos anti-control technology in nonlinear vibration isolation system. J. Sound Vib. 310 (2008) 855–864.

265. *P. J. Dines*: Active control of flame noise. Ph. D. Thesis, Cambridge, England (1984).

266. *A. S. Morgans, A. P. Dowling*: Model-based control of combustion instabilities. J. Sound Vib. 299 (2007) 261–282.

267. *M. A. Kegerise, R. H. Cabell, L. N. Cattafesta III*: Real-time feedback control of flow-induced cavity tones – Part 1: Fixed-gain control. J. Sound Vib. 307 (2007) 906–923.

268. *M. A. Kegerise, R. H. Cabell, L. N. Cattafesta III*: Real-time feedback control of flow-induced cavity tones – Part 2: Adaptive control. J. Sound Vib. 307 (2007) 924–940.

269. *H. W. Liepmann, D. M. Nosenchuk*: Active control of laminar–turbulent transition. J. Fluid Dynamics 118 (1982) 201–204.

270. *D. Egelhof*: Einrichtung zur Schwingungsdämpfung. Deutsche Patentanmeldung DE 35 41 201 A1. Anmeldung: 21. 11. 1985. Veröffentlichung: 27. 5. 1987.

271. *R. A. Mangiarotty*: Control of Laminar Flow in Fluids by Means of Acoustic Energy. U.S. Patent US 4,802,642. Anmeldung: 14. 10. 1986. Erteilung: 7. 2. 1989.

272. *F. Evert, D. Ronneberger, F.-R. Grosche*: Application of linear and nonlinear adaptive filters for the compensation of disturbances in the laminar boundary layer. Z. angew. Math. und Mech. (ZAMM) 80 (2000) Suppl. 2, pp. 85–88.

273. *R. Mani, D. C. Lagoudas, O. K. Rediniotis*: Active skin for turbulent drag reduction. Smart Materials and Structures 17(3) (2008) Paper No. 035004.

274. *M. F. L. Harper*: Active Control of Surge in a Gas Turbine Engine. In: Proc. of the 1st Conference on Recent Advances in Active Control of Sound and Vibration. Blacksburg, VA, USA, April 1991, pp. 133–149.

275. *J. E. FfowcsWilliams*: The Aerodynamic Potential of Anti-Sound. ICAS 15th Congress, London, Sept. 7–12, 1986. Proc.: Paper 86-01 (14 pp.). Auch: J. de Mécanique Théorique et Appliquée 6 (1987) 1–21.

276. *J.E. FfowcsWilliams, W. Möhring*: Active Control of Kelvin-Helmholtz Waves. In: IUTAM Symposium on Mechanics of Passive and Active Flow Control 1999. Kluwer Academic Publishers, pp. 343–348.

277. *W. R. Babcock, A. G. Cattaneo*: Method and Apparatus for Generating an Acoustic Output from an Ionized Gas Stream. U.S. Patent US 3,565,209. Anmeldung: 28. 2. 1968. Erteilung: 23. 2. 1971.

278. *Chih-Ming Ho* et al.: Active Flow Control by Micro Systems. In: IUTAM Symposium on Mechanics of Passive and Active Flow Control 1999. Kluwer Academic Publishers, pp. 195–202.

279. *A. V. Boiko, V. V. Kozlov*: Strategy of the Flow MEMS Control at Laminar-Turbulent Transition in a Boundary Layer. In: IUTAM Symposium on Mechanics of Passive and Active Flow Control 1999, Kluwer Academic Publishers, Proc.: pp. 203–208.

280. *B. D. Charles* et al.: Blade Vortex Interaction Noise Reduction Techniques for a Rotorcraft. U.S. Patent US 5,588,800. Anmeldung: 31. 5. 1994. Erteilung: 31. 12. 1996.

281. *J.-S. Kim, K. W. Wang, E. C. Smith*: Development of a resonant trailing-edge flap actuation system for helicopter rotor vibration control. Smart Materials and Structures 16 (2007) 2275–2285.

282. *P. Gerontakos, T. Lee*: Dynamic Stall Flow Control via a Trailing-Edge Flap. AIAA J. 44 (2006) 469–480.

283. *M. L. Post, T. C. Corle*: Separation Control Using Plasma Actuators: Dynamic Stall Vortex Control on Oscillating Airfoil. AIAA J. 44 (2006) 3125–3135.

284. *H. T. Ngo*: Tip Vortex Reduction System. U.S. Patent US 5,791,875. Anmeldung: 10. 9. 1996. Erteilung: 11. 8. 1998.

285. *B.-H. Kim* et al.: Modeling Pulsed-Blowing Systems for Flow Control. AIAA J. 43 (2005) 314–325.

286. *L. Enghardt*: Mit Druckluft wirds leiser. Fluglärmminderung mit Antischall. DLR Magazin 146 (Juni 2015) 26–29.

287. *F. Bake, I. Röhle, L. Enghardt*: Laut – leise – leiser. DLR-Triebwerksakustiker erforschen Brennkammergeräusche. DLR Nachrichten 119 (2008) 16–21.

288. *R. H. Cabell* et al.: Feedback Control of a Morphing Chevron for Takeoff and Cruise Noise Reduction. ACTIVE 04. The 2004 International Symposium on Active Control of Sound and Vibration, Williamsburg, VA, USA. Proc. on CD ROM: Paper a04_097.pdf.

289. *H. Preckel, D. Ronneberger*: Dynamic Control of the Jet-Edge-Flow. In: Proc. of the IUTAM Symp. on Mechanics of Passive and Active Flow Control 1999. Kluwer Acad. Publ., pp. 349–354.

290. *G. Wickern*: Windkanal. Deutsche Patentanmeldung DE 197 02 390 A1. Anmeldung: 24.1.1997. Veröffentlichung: 30.7.1998.

291. *B. Lange, D. Ronneberger*: Control of Pipe Flow by Use of an Aeroacoustic Instability. In: IUTAM Symposium on Mechanics of Passive and Active Flow Control 1999. Kluwer Acad. Publ., pp. 305–310.

292. *B. Lange, D. Ronneberger*: Active Noise Control by Use of an Aeroacoustic Instability. Acta Acustica/Acustica 89 (2003) 658–665.

293. *B. Arnold, T. Lutz, E. Krämer*: Aeroacoustic Simulation of Wind Turbines and Active Noise Reduction by Means of Boundary Layer Suction. DAGA 2014, Programmheft: S. 147.

294. *P. Lueg*: Verfahren zur Dämpfung von Schallschwingungen. DRP Nr. 655 508. Anmeldung: 27.1.1933. Erteilung: 30.12.1937.

295. *P. Lueg*: Process of Silencing Sound Oscillations. U.S. Patent US 2,043,416. Anmeldung: 8.3.1934. Erteilung: 9.6.1936.

296. *B. Widrow, S. D. Stearns*: Adaptive Signal Processing. Prentice-Hall 1985, ISBN: 978-0-13-0040299.

297. *Y. Iwamatsu, K. Fujii, M. Muneyasu*: Frequency domain method to estimate the coefficients of feedback control filter for active noise control systems. Acoust. Sci. Technol 27 (2006) 264–269.

298. *K. Fujii* et al.: Verification of simultaneous equations method by an experimental active noise control system. Acoust. Sci. Technol. 27 (2006) 270–277.

299. *D. Guicking, K. Karcher*: Active Impedance Control for One-Dimensional Sound. ASME J. Vib. Acoust. Stress Rel. in Design 106 (1984) 393–396.

300. *L. J. Eriksson*: Active Attenuation System with On-line Modeling of Speaker, Error Path and Feedback Path. U.S. Patent US 4,677,676. Anmeldung: 11.2.1986. Erteilung: 30.6.1987.

301. *Paul L. Feintuch*: An Adaptive Recursive LMS Filter. Proc. IEEE 64 (1976) 1622–1624. Comments: 65 (1977) 1399 und 1402.

302. *W. von Heesen*: Practical Experience with an Active Noise Control Installation in the Exhaust Gas Line of a Co-Generator Plant Engine. ACUSTICA – acta acustica 82 (1996) Suppl. 1, p. S195.

303. *S. Deus*: Aktive Schalldämpfung im Ansaugkanal von Gebläsen. In: Fortschritte der Akustik – DAGA 98 (1998), S. 686–687.

304. *J. Hansen*: Eine anwendungsreife Lösung für die aktive Minderung von Abgasgeräuschen industrieller Dieselmotoren und Drehkolbenpumpen. VDI Bericht Nr. 1491 (1999).

305. *K. Bay, M. Krämer, P. Brandstätt*: Aktiver Kompaktschalldämpfer für Heizungssysteme. Fraunhofer Institut für Bauphysik, IBP-Mitteilung, Jg. 31 (2004), No. 447 (2 S.).

306. *P. Brandstätt, K. Bay, G. Fischer*: Lärmminderung in Abgasleitungen von Heizungssystemen. Fraunhofer Institut für Bauphysik, IBP-Mitteilung, Jg. 31 (2004), No. 450 (2 S.).

307. *C. H. Hansen* et al.: Practical implementation of an active noise control system in a hot exhaust stack. Acoustics 1996 – Australian Acoustical Society Annual Conference, Brisbane, AU.

308. *L. J. Eriksson, M. C. Allie, R. H. Hoops*: Active Acoustic Attenuation System for Higher Order Mode Non-Uniform Sound Field in a Duct. U.S. Patent US 4,815,139. Anmeldung: 16. 3. 1988. Erteilung: 21. 3. 1989.

309. *M. A. Swinbanks*: The active control of sound propagation in long ducts. J. Sound Vib. 27 (1973) 411–436.

310. *J. Winkler, S. J. Elliott*: Aktive Kompensation von breitbandigem Schall in Kanälen mittels zweier Lautsprecher. In: Fortschritte der Akustik – DAGA '94, DPG-GmbH 1994, 529–532. Auch: Adaptive Control of Broadband Sound in Ducts Using a Pair of Loudspeakers. Acustica 81 (1995) 475–488.

311. *D. Guicking, H. Freienstein*: Broadband Active Sound Absorption in Ducts with Thinned Loudspeaker Arrays. In: ACTIVE 95 (1995), Newport Beach, CA, USA. Proc.: pp. 371–382. Auch: *H. Freienstein, D. Guicking*: Experimentelle Untersuchung von linearen Lautsprecheranordnungen als aktive Absorber in einem Kanal. In: Fortschritte der Akustik – DAGA 96 (1996), S. 112–113.

312. *B. Widrow* et al.: Adaptive Noise Cancelling: Principles and Applications. Proc. IEEE 63 (1975) 1692–1716.

313. *J. M. McCool* et al.: Adaptive detector. U.S. Patent US 4,243,935. Anmeldung: 18. 5. 1979. Erteilung: 6. 1. 1981.

314. *M. H. Silverberg, R. D. Benning, N. B. Thompson*: Outbound Noise Cancellation for Telephonic Handset. U.S. Patent US 5,406,622. Anmeldung: Sept. 2, 1993. Erteilung: April 11, 1995.

315. *B. Widrow*: Seismic Exploration Method and Apparatus for Cancelling Interference from Seismic Vibration Source. U.S. Patent US 4,556,962. Anmeldung: 21. 4. 1983. Erteilung: 3. 12. 1985.

316. *B. Widrow*: ECG Enhancement by Adaptive Cancellation of Electrosurgical Interference. U.S. Patent US 4,537,200. Anmeldung: 7. 7. 1983. Erteilung: 27. 8. 1985.

317. *T. R. Harley*: Active Noise Control Stethoscope. U.S. Patent US 5,610,987. Erstanmeldung: 16. 8. 1993. Erteilung: 11. 3. 1997.

318. *H. Ding, X. Qiu, B. Xu*: An adaptive speech enhancement method for siren noise cancellation. Applied Acoustics 65 (2004) 385–399.

319. *J. Vanden Berghe, J. Wouters*: An adaptive noise canceller for hearing aids using two nearby microphones. J. Acoust. Soc. Am. 103 (1998) 3621–3626.

320. *H. Falcke*: Lofar und die Epoche der Reionisation. Spektrum der Wissenschaft, Jan. 2007, S. 51.

321. *G. P. Eatwell, S. L. Machacek, M. J. Parrella*: Piezo Speaker for Improved Passenger Cabin Audio Systems. International Patent Application WO 97/17818 A1. Veröffentlichung: 15. 5. 1997. Priorität (US): 25. 9. 1995.

322. *H.-J. Raida, O. Bschorr*: Gerichteter Stabstrahler. Deutsches Patent DE 196 48 986 C1. Anmeldung: 26. 11. 1996. Erteilung: 9. 4. 1998.

323. *M. A. Daniels*: Loudspeaker Phase Distortion Control Using Velocity Feedback. U.S. Patent US 5,771,300. Anmeldung: 25. 9. 1996. Erteilung: 23. 6. 1998.

324. *C. Carme, A. Montassier, J. L. Regnier*: Haut-parleur linéaire. Französische Patentanmeldung FR 2 766 650 A1. Anmeldung: 23. 7. 1997. Veröffentlichung: 29. 1. 1999.

325. *D. Min, D. Kim, J. Park*: Active control of exhaust noise using an air horn. J. Acoust. Soc. Am. 131(4), Pt. 2 (2012) 3436 (Abstract).

326. *G. V. Moustakides*: Correcting the Instability Due to Finite Precision of the Fast Kalman Identification Algorithms. Signal Processing 18 (1989) 33–42.

327. *R. Schirmacher, D. Guicking*: Theory and implementation of a broadband active noise control system using a fast RLS algorithm. Acta Acustica 2 (1994) 291–300.

328. *S. R. Popovich*: Fast Adapting Control System and Method. U.S. Patent US 5,602,929. Anmeldung: 30. 1. 1995. Erteilung: 11. 2. 1997.

329. *R. W. Jones, B. L. Olsen, B. R. Mace*: Comparison of convergence characteristics of adaptive IIR and FIR filters for active noise control in a duct. Applied Acoustics 68 (2007) 729–738.

330. *R. Schirmacher*: Schnelle Algorithmen für adaptive IIR-Filter und ihre Anwendung in der aktiven Schallfeldbeeinflussung. Dissertation Göttingen 1995. Abstract: ACUSTICA – acta acustica 82 (1996) 384.

331. *J. Yuan*: Adaptive Laguerre filters for active noise control. Applied Acoustics 68 (2007) 86–96.

332. *J. K. Thomas* et al.: Eigenvalue equalization filtered-x algorithm for the multichannel active noise control of stationary and nonstationary signals. J. Acoust. Soc. Am. 123 (2008) 4238–4249.

333. *W. S. Levine*: The Control Handbook. CRC Press 1995, ISBN: 0-8493-8570-9.

334. *S. O. R. Moheimani, D. Halim, A. J. Fleming*: Spatial Control of Vibration: Theory and Experiments. World Scientific 2003, ISBN: 978-9812383372.

335. *L. Schreiber* (1971): Schallschutz durch „Antilärmquellen"? Wirkliche Lärmminderung nur durch Vernichtung der Schallenergie. VDI-Nachrichten Nr. 15 (14. 4. 1971), S. 13.

336. *M. J. M. Jessel*: La question des absorbeurs actifs. Revue d'Acoustique 5(18) (1972) 37–42.

337. *G. A. Mangiante*: Active Sound Absorption. J. Acoust. Soc. Am. 61 (1977) 1516–1523.

338. *N. Epain, E. Friot*: Active control of sound inside a sphere via control of the acoustic pressure at the boundary surface. J. Sound Vib. 299 (2007) 587–604.

339. *G. A. Mangiante, J. P. Vian*: Application du principe de Huygens aux absorbeurs acoustiques actifs. II: Approximations du principe de Huygens. Acustica 37 (1977) 175–182.

340. *J. Piraux, S. Mazzanti*: Broadband active noise attenuation in three-dimensional space. Internoise 85, München 1985, Proc.: pp. 485–488.

341. *P. M. Morse, K. U. Ingard*: Theoretical Acoustics. McGraw-Hill 1968, ISBN: 0-12-515425-0. Reprint: Princeton University Press 1986, ISBN: 0-691-08425-4.

342. *S. D. Sommerfeldt, K. L. Gee*: Lessons learnt for implementing near-field active control systems to achieve global control of fan noise. J. Acoust. Soc. Am. 131(4), Pt. 2 (2012) 3379 (Abstract).

343. *S. Sommerfeldt, K. L. Gee*: Active control of axial and centrifugal fan noise. J. Acoust. Soc. Am. 133(5), Pt. 2 (2013) 3264 (Abstract).

344. *M. A. Swinbanks*: The active control of noise and vibration and some applications in industry. Proc. IMechE 198A(13) (1984) 281–288.

345. *L.-A. Boudreault, A. L'Espérance, A. Boudreau*: Upgrade of a multi-channel active noise control system for an industrial stack. J. Acoust. Soc. Am. 133(5), Pt. 2 (2013) 3266 (Abstract).

346. *G. B. B. Chaplin*: Anti-sound — The Essex breakthrough. Chartered Mechanical Engineer (CME) 30 (Jan. 1983) pp. 41–47.

347. *F. Lehringer, G. Zintel*: Aktive Pegelminderung bei Abgasanlagen von Kraftfahrzeugen. Haus der Technik, Essen, Informationsmappe zur Tagung „Aktive Lärmbekämpfung und Schwingungsabwehr" am 21.2.1995, No. 14.

348. *D. Bönnen* et al.: Development Methodology for Active Exhaust Systems. AIA–DAGA 2013, Programmheft: S. 279–280.

349. *J. Krüger, M. Pommerer, M. Conrath*: Leichtbau im Automobil mit aktiven Abgas-Schalldämpfern. DAGA 2012, Programmheft: S. 46.

350. *J. Krüger, M. Conrath, M. Pommerer*: Progress on Active Exhaust Silencers for Gasoline Engines. AIA–DAGA 2013, Programmheft: S. 280.

351. *M. Pommerer, V. Koch, J. Krüger*: Active Sound Design for Diesel Exhaust Systems. AIA–DAGA 2013, Programmheft: S. 280–281.

352. *K. Simanowski* et al.: Active Noise Cancellation in the Exhaust Gas System of a Ship's Engine. AIA–DAGA 2013, Programmheft: S. 339.

353. *A. V. Bychowskij*: Sposob polawlenija schuma w sluchowom organe [Verfahren zur Lärmminderung im Ohr]. Patent der UdSSR, SU 133 631. Anmeldung: 24. 8. 1949. Veröffentlichung: Erf.-Bulletin Nr. 22, 1960.

354. *R. L. McKinley*: Development of Active Noise Reduction Earcups for Military Applications. ASME Winter Annual Meeting, Anaheim, CA, 1986, Session NCA-8B.

355. *I. Veit*: Gehörschutz-Kopfhörer. Elektronik kontra Lärm. Funkschau 60(23) (1988) 50–52.

356. *L. R. Ray* et al.: Hybrid feedforward–feedback active noise reduction for hearing protection and communication. J. Acoust. Soc. Am. 120 (2006) 2026–2036.

357. *A. J. Brammer* et al.: Improving speech intelligibility in active hearing protectors and communication headsets with subband processing. J. Acoust. Soc. Am. 133(5), Pt. 2 (2013) 3272 (Abstract).

358. *D. Dalga, S. Doclo*: ANC-Motivated Noise Reduction Algorithms for Open-Fitting Hearing Aids. DAGA 2014, Programmheft: S. 48–49.

359. *S. Priese* et al.: Aktive Schallreduktion mit Ohrkanalhörern. DAGA 2012, Programmheft: S. 265–266.

360. *S. Höber, C. Pape, E. Reithmeier*: Echtzeit-Detektion von instabilem Regelkreisverhalten. DAGA 2015, Programmheft: S. 331–332.

361. *C. Bruhnken* et al.: Adaptive Feedback Control for Active Noise Cancellation with In-Ear Headphones. AIA–DAGA 2013, Programmheft: S. 337–338.

362. *M. Behn* et al.: Psychoacoustical Evaluation of Active Noise Control in Headphones. AIA–DAGA 2013, Programmheft: S. 338.

363. *S. Priese* et al.: The Need for Psychoacoustics in Active Noise Cancellation. AIA–DAGA 2013, Programmheft: S. 338.

364. *J. Peissig*: The Optical Microphone. Acoustics Today 2(2) (April 2006) 39–42.

365. *N. Miyazaki, Y. Kajikawa*: Head-mounted active noise control system and its application to reducing MRI noise. J. Acoust. Soc. Am. 131(4), Pt. 2 (2012) 3380 (Abstract).

366. *S. Nakayama* et al.: Sound source measurement of magnetic resonance imaging driving sound for feedforward active noise control system. J. Acoust. Soc. Am. 133(5), Pt. 2 (2013) 3302 (Abstract).

367. *M. R. Schroeder, D. Gottlob, K. F. Siebrasse*: Comparative Study of European Concert Halls. Correlation of Subjective Preference with Geometric and Acoustic Parameters. J. Acoust. Soc. Am. 56 (1974) 1195–1201.

368. *M. A. Akeroyd* et al.: The binaural performance of a cross-talk cancellation system with matched or mismatched setup and playback acoustics. J. Acoust. Soc. Am. 121 (2007) 1056–1069.

369. *E. Hänsler*: The hands-free telephone problem – An annotated bibliography. Signal Processing 27 (1992) 259–271.

370. *S. M. Kuo, Y. C. Huang, Z. Pan*: Acoustic Noise and Echo Cancellation Microphone System for Videoconferencing. IEEE Trans. Consumer Electronics 41 (1995) 1150–1158.

371. *A. Ortega, E. Lleida, E. Masgrau*: Speech Reinforcement System for Car Cabin Communications. IEEE Trans. Speech and Audio Processing 13 (2005) 917–929.

372. *T. Gänsler, J. Benesty*: New Insights to the Stereophonic Acoustic Echo Cancellation Problem and an Adaptive Nonlinearity Solution. IEEE Trans. Speech and Audio Processing 10 (2002) 257–267.

373. *A. W. H. Khong, P. A. Naylor*: Stereophonic Acoustic Echo Cancellation Employing Selective-Tap Adaptive Algorithms. IEEE Trans. Audio, Speech, and Language Processing 14 (2006) 785–796.

374. *S. Gustafsson* et al.: A Psychoacoustic Approach to Combined Acoustic Echo Cancellation and Noise Reduction. IEEE Trans. Speech and Audio Processing 10 (2002) 245–256.

375. *O. Hoshuyama, R. A. Goubran*: A new adaptation algorithm for echo cancellation in fast changing enviroments. 18th International Congress on Acoustics (ICA 2004), Kyoto, JP. Proc.: Paper Th.P1.13, pp. IV-3147 – IV-3150.

376. *S. Emura* et al.: New stereo echo canceller operating on single digital signal processor. Acoust. Sci. Technol. 28 (2007) 172–180.

377. *M. M. Sondhi*: Closed Loop Vibration Echo Canceller Using Generalized Filter Networks. U.S. Patent US 3,499,999. Anmeldung: 31. 10. 1966. Erteilung: 10. 3. 1970.

378. *E. Herter, W. Lörcher*: Nachrichtentechnik. Hanser, 5. Aufl. 1990, Abschnitt 7.5.6, ISBN: 3-446-15964-9. 9. Aufl. 2004.

379. *C. Gerner, D. Sachau, H. Breitbach*: Optimization of Actuator and Sensor Positions for Active Noise Reduction (ANR). 12th Intnl. Congr. Sound Vib. (ICSV) (2005), Paper 348.

380. *A. Cichocki, S.-I. Amari*: Adaptive Blind Signal and Image Processing. Wiley 2002, ISBN: 978-0-471-60791-5.

381. *H. F. Olson*: Electronic Sound Absorber. U.S. Patent US 2,983,790. Anmeldung: 30. 4. 1953. Erteilung: 9. 5. 1961.

382. *H. F. Olson*: Electronic Control of Noise, Vibration, and Reverberation. J. Acoust. Soc. Am. 28 (1956) 966–972.

383. *G. P. Eatwell*: The Use of the Silentseat in Aircraft Cabins. In: Proceedings of the 1st Conference on Recent Advances in Active Control of Sound and Vibration (1991), pp. 302–310.

384. *J. Mejia, H. Dillon, M. Fisher*: Active cancellation of occlusion: An electronic vent for hearing aids and hearing protectors. J. Acoust. Soc. Am. 124 (2008) 235–240.

385. *D. H. Gilbert*: Echo Cancellation System. U.S. Patent US 4,875,372. Anmeldung: 3. 5. 1988. Erteilung: 24. 10. 1989.

386. *C. G. Hutchens, S. A. Morris*: Method for Acoustic Reverberation Removal. U.S. Patent US 4,796,237. Anmeldung: 28. 1. 1987. Erteilung: 3. 1. 1989.

387. *D. Hassler*: Apparatus and Method for Suppressing Reflections at an Ultrasound Transducer. U.S. Patent US 5,245,586. Erteilung: 14. 9. 1993. Priorität (EP): 15. 11. 1991.

388. *M. Wenzel*: Untersuchungen zur breitbandigen Messung und Regelung der akustischen Wandimpedanz an einer aktiven Schallwand mit adaptiven Filtern. Dissertation Göttingen 1992.

389. *Y. Nagatomo* et al.: Variable reflection acoustic wall system by active sound radiation. Acoust. Sci. Technol. 28 (2007) 84–88.

390. *K. A. Hoover, S. Ellison*: Electronically variable room acoustics—Motivations and challenges. J. Acoust. Soc. Am. 133(5), Pt. 2 (2013) 3306 (Abstract).

391. *R. W. Schwenke*: Active acoustics and sound reinforcement at TUI Operettenhaus, Hamburg: A case study. J. Acoust. Soc. Am. 133(5), Pt. 2 (2013) 3307 (Abstract).

392. *S. Ellison, P. Germain*: Optimizing acoustics for spoken word using active acoustics. J. Acoust. Soc. Am. 133(5), Pt. 2 (2013) 3402 (Abstract).

393. *R. Sonnadara* et al.: Designing an auditory lab including active acoustics. J. Acoust. Soc. Am. 135(4), Pt. 2 (2014) 2400 (Abstract).

394. *R. Freiheit*: Enhancements in technology for improving access to active acoustic solutions in multipurpose venues. J. Acoust. Soc. Am. 136(4), Pt. 2 (2014) 2115 (Abstract).

395. *D. Guicking, K. Karcher, M. Rollwage*: Active control of the acoustic reflection coefficient at low frequencies. Internoise 83, International Congress on Noise Control Engineering, Edinburgh, UK (1983), Proc.: pp. 419–422.

396. *D. Guicking, K. Karcher, M. Rollwage*: Coherent active methods for application in room acoustics. J. Acoust. Soc. Am. 78 (1985) 1426–1434.

397. *D. Guicking, J. Melcher, R. Wimmel*: Active Impedance Control in Mechanical Systems. Acustica 69 (1989) 39–52.

398. *S. Ise*: Theory of Acoustic Impedance Control for Active Noise Control. Internoise 94, International Congress on Noise Control Engineering, Yokohama, JP, 1994, Proc.: pp. 1339–1342.

399. *O. Lacour, M.-A. Galland, D. Thenail*: Preliminary experiments on noise reduction in cavities using active impedance changes. J. Sound Vib. 230 (2000) 69–99.

400. *J. Melcher*: Adaptive Impedanzregelung an strukturmechanischen Systemen. Dissertation Magdeburg, März 2001, Shaker Verlag, Aachen.

401. *M.-A. Galland, B. Mazeaud, N. Sellen*: Hybrid passive/active absorbers for flow ducts. Applied Acoustics 66 (2005) 691–708.

402. *P. Cobo, M. Cuesta*: Hybrid passive-active absorption of a microperforated panel in free field conditions. J. Acoust. Soc. Am. 121(6) (2007) EL251–EL255.

403. *Y. M. Ram, J. E. Mottershead*: Receptance Method in Active Vibration Control. AIAA J. 45 (2007) 562–567.

404. *A. J. Fleming* et al.: Control of Resonant Acoustic Sound Fields by Electrical Shunting of a Loudspeaker. IEEE Trans. Control Syst. Technol. 15 (2007) 689–703.

405. *E. Rivet, R. Boulandet, H. Lissek*: Optimization of electroacoustic resonators for semi-active room equalization in the low-frequency range. J. Acoust. Soc. Am. 133(5), Pt. 2 (2013) 3348 (Abstract).

406. *S. J. Elliott, P. A. Nelson*: Multichannel active sound control using adaptive filtering. ICASSP '88 (1988), Paper A3.4, Proc.: pp. 2590–2593.

407. *W. Böhm*: Untersuchungen zur breitbandig wirksamen aktiven Kompensation instationär angeregter Schallfelder. Dissertation Göttingen 1992.

408. *M. Bronzel*: Aktive Schallfeldbeeinflussung nicht-stationärer Schallfelder mit adaptiven Digitalfiltern. Dissertation Göttingen 1993.

409. *R. Freymann*: Von der Pegelakustik zum Sounddesign. In: Fortschritte der Akustik – DAGA '96 (1996) S. 32–42.

410. *J. Scheuren, U. Widmann, J. Winkler*: Active Noise Control and Sound Quality Design in Motor Vehicles. SAE Technical Paper Series, No. 1999-01-1846 (1999).

411. *A. González* et al.: Sound quality of low-frequency and car engine noises after active noise control. J. Sound Vib. 265 (2003) 663–679.

412. *L. E. Rees, S. J. Elliott*: Adaptive Algorithms for Active Sound-Profiling. IEEE Trans. Audio, Speech, and Language Processing 14 (2006) 711–719.

413. *J. Krüger, F. Castor, R. Jebasinski*: Aktive Abgas-Schalldämpfer für PKW – Chancen und Risiken. In: Fortschritte der Akustik – DAGA 2005, S. 21–22.

414. *J. Krüger*: Aktive Gestaltung des Abgasgeräusches – Stand und Perspektiven. In: Fahrzeugaußengeräusche. Konferenz-Unterlagen, Haus der Technik e.V., Essen, 30.–31. Jan. 2007, No. 13.

415. *R. Schirmacher, S. Kerber*: Integration aktiver Fahrzeugakustik-Technologien in In-Vehicle Infotainment Systeme. DAGA 2015, Programmheft: S. 299.

416. *S. Kerber, R. Schirmacher*: Zukünftige Strategien zur Abstimmung von Systemen für die aktive Geräuschbeeinflussung in Serienfahrzeugen. DAGA 2015, Programmheft: S. 295.

417. *M. Bodden, T. Belschner*: Umfassende aktive Geräuschgestaltung für Fahrzeuge. DAGA 2014, Programmheft: S. 115.

418. *E. Rustighi, S. J. Elliott*: Stochastic road excitation and control feasibility in a 2D linear tyre model. J. Sound Vib. 300 (2007) 490–501.

419. *I. Veit*: Anordnung und Verfahren zur aktiven Reduzierung von Reifenschwingungen. Deutsches Patent DE 197 23 516 C1. Anmeldung: 5. 6. 1997. Erteilung: 29. 10. 1998.

420. *J. Cheer, S. J. Elliott*: Multichannel feedback control of interior road noise. J. Acoust. Soc. Am. 133(5), Pt. 2 (2013) 3588 (Abstract).

421. *K. Schaaf* et al.: Aktive Geräuschkompensation im Fahrzeuginnenraum mit Hilfe virtueller Mikrofonpositionierung. Fortschritte der Akustik – DAGA '92 (1992) 917–920.

422. *C. D. Petersen* et al.: A moving zone of quiet for narrowband noise in a one-dimensional duct using virtual sensing. J. Acoust. Soc. Am. 121 (2007) 1459–1470.

423. *D. J. Moreau* et al.: Active Noise Control with a Virtual Acoustic Sensor in a Pure-Tone Diffuse Sound Field. ICSV14, 14th International Congress on Sound and Vibration, Cairns, AU, 2007, Proceedings (8 pp.).

424. *D. J. Moreau* et al.: Active noise control at a moving location in a modally dense three-dimensional sound field using virtual sensing. J. Acoust. Soc. Am. 123 (2008) 3063 (Abstract).

425. *C. R. Fuller*: Analytical model for investigation of interior noise characteristics in aircraft with multiple propellers including synchrophasing. J. Sound Vib. 109 (1986) 141–156.

426. *D. M. Blunt, B. Rebbechi*: Propeller Synchrophase Angle Optimisation Study. 28th AIAA Aeroacoustics Conference, Rome, IT 2007, Paper AIAA 2007-3584.

427. *S. Johansson* et al.: Performance of a Multiple versus a Single Reference MIMO ANC Algorithm Based on a Dornier 328 Test Data Set. In: Proceedings of ACTIVE 97, The 1997 International Symposium on Active Control of Sound and Vibration, Budapest, pp. 521–528.

428. *J. Foht, H. Mattauch, D. Sachau*: Position Optimization of Laudspeakers and Microphones of a Large Active Noise System. AIA-DAGA 2013, Programmheft: S. 339.

429. *C. Hinze, M. Wandel, D. Sachau*: Optimierung der Position von Aktoren und Sensoren für ein aktives Gegenschallsystem. DAGA 2014, Programmheft: S. 265.

430. *J. Foht, S. Jukkert, D. Sachau*: Beruhigt schlafen. Aktive Schallreduktion in Wohn- und Schlafräumen. dSPACE Magazin 1/2004, 36–40.

431. *L. Liu, K. Kuo*: Active noise control systems integrated with infant cry detection and classification for infant incubators. J. Acoust. Soc. Am. 131(4), Pt. 2 (2012) 3381 (Abstract).

432. *C. Thyes* et al.: Adaptronische akustische Maskierung von Maschinengeräuschen. DAGA 2012, Programmheft: S. 327.

433. *C. Thyes* et al.: Acoustic masking by means of an active system. AIA-DAGA 2013, Programmheft: S. 238.

434. *C. Thyes* et al.: Aktive akustische Maskierung an einem Büro-Container. DAGA 2014, Programmheft: S. 264.

435. *R. Skowronek, G. Krump*: Private Telefonie im Fahrzeuginnenraum durch Sprachmaskierung. DAGA 2015, Programmheft: S. 121.

436. *P.-A. Gauthier, A. Berry*: Adaptive wave field synthesis for active sound field reproduction: Experimental results. J. Acoust. Soc. Am. 123 (2008) 1991–2002.

437. *W. B. Conover, W. F. M. Gray*: Noise Reducing System for Transformers. U.S. Patent US 2,776,020. Anmeldung: 9. 2. 1955. Erteilung: 1. 1. 1957.

438. *H.-J. Lee* et al.: An Active Noise Control System for Controlling Humming Noise Generated by a Transformer. Internoise 97, Budapest 1997, Proc.: Vol. I, pp. 517–520.

439. *G. B. B. Chaplin, R. A. Smith, R. G. Bearcroft*: The Cancelling of Vibrations Transmitted through a Fluid in a Containing Vessel. International Patent Application WO 81/01479 A1. Veröffentlichung: 28. 5. 1981. Priorität (GB): 10. 11. 1979.

440. *Y. Hori* et al.: Vibration/Noise Reduction Device for Electrical Apparatus. U.S. Patent US 4,435,751. Erteilung: 6. 3. 1984. Priorität (JP): 3. 7. 1980.

441. *W. Gossman, G. P. Eatwell*: Active High Transmission Loss Panel. U.S. Patent US 5,315,661. Anmeldung: 12. 8. 1992. Erteilung: 24. 5. 1994.

442. *S. Hildebrand, Z. Q. Hu*: Global Quieting System for Stationary Induction Apparatus. U.S. Patent US 5,617,479. Erstanmeldung: 3. 9. 1993. Erteilung: 1. 4. 1997.

443. *O. L. Angevine*: Active Cancellation of the Hum of Large Electric Transformers. Internoise 92, Toronto, CA, 1992, Proc.: pp. 313–316.

444. *O. L. Angevine*: Active Systems for Attenuation of Noise. Int. J. Active Control 1 (1995) 65–78.

445. *A. Niepenberg, D. Krahé*: Aktive Schalldämpfung für Mittel- und Hochspannungstransformatoren. DAGA 2015, Programmheft: S. 241.

446. *Y. Ai, X. Qiu, C. H. Hansen*: Minimizing wind effects on active control systems for attenuating outdoor transformer noise. Noise Control Engineering J. 48 (2000) 130–135.

447. *X. Qiu, X. Li, Y. Ai, C. H. Hansen*: A waveform synthesis algorithm for active control of transformer noise: Implementation. Applied Acoustics 63 (2002) 467–479.

448. *M. R. Schroeder* (2007): persönliche Mitteilung (nach einer Zeitungsmeldung in den USA).

449. *S. Ise, H. Yano, H. Tachibana*: Basic study on active noise barrier. J. Acoust. Soc. Japan (E) 12 (1991) 299–306.

450. *H.-I. Koh, M. Möser*: Improved shielding effect of noise screens by means of actively controlled headpieces. CFA/DAGA '04, Congres Joint 7eme Congres Français d'Acoustique – 30. Deutsche Jahrestagung für Akustik, Strasbourg, FR 2004. Proc.: pp. 77–78.

451. *T. Nakashima, S. Ise*: Active noise barrier for far field noise reduction. 18th International Congress on Acoustics (ICA 2004). Proc.: Paper We4.D.4, pp. III-2161 – III-2164.

452. *A. P. Berkhoff*: Control strategies for active noise barriers using near-field error sensing. J. Acoust. Soc. Am. 118 (2005) 1469–1479.

453. *N. Han, X. Qiu*: A study of sound intensity control for active noise barriers. Applied Acoustics 68 (2007) 1297–1306.

454. *P. Pondrom* et al.: eVADER: Electrical Vehicle Alert for Detection and Emergency Response. AIA-DAGA 2013, Programmheft: S. 340.

455. *P. Pondrom* et al.: Lautsprecher-Array für die gerichtete Abstrahlung von akustischen Warnsignalen von Elektrofahrzeugen. DAGA 2014, Programmheft: S. 114–115.

456. Minimum Sound Requirements for Hybrid and Electric Vehicles. J. Acoust. Soc. Am. 134(5), Pt. 2 (2013) 3978–3979.

Sach- und Personenregister

© Springer Fachmedien Wiesbaden 2016
D. Guicking, *Schwingungen*, DOI 10.1007/978-3-658-14136-3

stimulierte, 510
Broca, P., 26
Broca'sches Phänomen, 26
Brücke, 548
Brummgeräusch, 551
Buckminster Fuller, R., 541
Butterworth, S., 404
Butterworth-Filter, 404

C

Cardioidstrahler, 563
carrier, 25
Cäsiumuhr, 13
Cauchy, A. L., 197
Cepstrum, 54–56
    komplexes, 57
CERN, 523
Chaoskontrolle, 552
Chaotifizierung, 553
chaotische Schwingung, 552
charakteristische Funktion, 131
charakteristischer Exponent, 514
charakteristischer Widerstand, 245
chatter, 553
Chevron-Düse, 555
Chintchin, A. J., 145
Chirpsignal, 115
Chladni, E. F. F., 429
Chladni'sche Klangfiguren, 429
circadiane Rhythmik, 471, 474
Citycorp Center, 547
CLD, 542
Codierung, 66, 120
coincidence spectrum, 172
Cole, K. S., 289
Cole, R. H., 289
Cole-Cole-Diagramm, 289, 290
compressor surge, 554
Computer-Festplatten, Schwingungsdämpfung, 540
constrained layer damping, 542
Cooley, J. W., 212
Co-Spektrum, 172
Cotton, A. A., 507
Cotton–Mouton-Effekt, 507
Coulomb, C. A., 543
Coulombkraft, 543
crest factor, 21
Cs-Uhr, 13

D

Dämmfaktor, 314
Dämmzahl, 314
Dämpfer, 234, 235
Dämpfung
    viskoelastische Feder, 317
    viskose, 313
Dämpfungsgrad, 246
Dämpfungskonstante, 291
Dämpfungsmaß, 395
    Stabschwingung, 424
Dämpfungsparameter, 245
Dämpfungspol, 406
Dämpfungsverhältnis, 256
Dämpfungswinkel, 246
Datenkompression, 224
Datenverarbeitung, optische, 97
dB(A)-Skala, 25
dB(B)-Skala, 25
dB(C)-Skala, 25
dBm, 24
DCF 77, 14
Debye, P., 289
Debye-Prozess, 289, 290, 300
Deformationsretardation, 280, 281, 298
Deformationsvolumen, 331
degenerierte Vierwellenmischung, 165
Dehnmessstreifen, 337
Dehnnachgiebigkeit, 284
Dehnwellengeschwindigkeit, 412
Dekameterwellen, 9
Delamination, 543
Deltaflügel, 554
δ-Funktion, 49
δ-Impuls, 103
δ-Impulsfolge, 49
Demodulation, 69–71, 80
Demonstrator, aktive Schwingungsdämpfung, 547
Dezibel, 23
Dezimeterwellen, 9
DFT, 205
Dichtefunktion, 125
Dichtemittel, 132
Dicke, R. H., 16
Dicke-Effekt, 16
Dielektrika, künstliche, 294
dielektrische Leitfähigkeit, 277
dielektrische Polarisation, 345, 544

M

Mäanderfunktion, 18
  zweidimensionale, 223
MA-Filter, 558
magnetische Flussdichte, 507
magnetische Sättigung, 500
magnetischer Verlustfaktor, 278
magnetischer Verlustwinkel, 278
Magnetlager, 538, 552
magnetorheologische Flüssigkeit, 544, 545, 548
magneto-sensitiver Gummi-Isolator, 545
Magnetostriktion, 364, 543
Magnetostriktionskonstante, 364
magnetostriktiver Aktor, 540
magnetostriktiver Wandler, 364–366
Manipulator, 543, 549
Manley, J. M., 528
Manley–Rowe-Gleichungen, 528, 529, 534
Manöverlastabminderung, 540
Martensit, 543
Martinshorn, Störgeräuschkompensation, 559
Masche (Schaltkreis), 305, 380
Maschinenlärm, 572
Maser, 12, 533, 534
Maskierung, 568, 572
Mason, W. P., 365
Masonhorn, 365
Masse, 234, 235
  als Schaltelement, 308
  mitschwingende, 486
  verlustbehaftete, 275
Masse–Feder–Kette, 398, 408
Masse–Feder–Pendel, 324
Masse–Feder–System, 244, 322
Massenbelastung, 565
Massenfaktor, 321, 331
Massenhebel, 382
Massenkopplung, 382, 387
Massenverhältnis, 322
Maßstabsregel, 115
Matched Filter, 118, 159, 163, 164, 178, 187
Material, inhomogenes, 294
Materialdämpfung, 268
  elektromagnetische, 268
  mechanische, 268
Materialeigenschaften, 297
Materialien, intelligente, 545
Materialkenngrößen, 200
Materialverlustfaktor, 270

Mathieu, E. L., 515
Mathieu'sche Differenzialgleichung, 515, 517, 521, 522, 524, 525, 527
  Stabilitätskurve, 519
Matrizendarstellung von Transformationen, 214, 221
Matrizengleichung
  dielektrischer Sender, 357
  elektrodynamischer Empfänger, 343
  elektrodynamischer Sender, 340
  elektrodynamischer Wandler, 338
  Gyrator, 373
  piezoelektrischer Empfänger, 353
  piezoelektrischer Sender, 349
  piezoelektrischer Wandler, 348
  Vierpol, 372, 373
Maximalfolge, 121, 156, 158
Maximalfolgen-Transformation, 224
Maxwell, J. C., 279
Maxwell-Element, 281
  Bewegungsgleichung, 280
  Spannungsrelaxation, 282
Maxwell–Modell, 279, 283, 284
mean square error, 561
mechanische Gelenkverbindung, 540
mechanische Impedanz, 240, 340
  Messung, 368
mechanische Tiefpasskette, 409
mechanischer Parallelkreis, 241, 247, 252, 433
  Beschleunigungsresonanzkurve, 267
  Bewegungsgleichung, 241
  Eigenschwingung, 244
  Elongationsresonanzkurve, 263
  Ortskurve, 248
  Schnelleresonanzkurve, 253
mechanischer Serienkreis, 301, 303
  Bewegungsgleichung, 301
mechanischer Tiefpass, 399
mechanischer Transformator, 542
Medianwert, 132
medizinische Anwendung, adaptive Optik, 550
medizinische Anwendung, Chaoskontrolle, 553
Mehrdeutigkeitsfunktion, 155
Mehrkreisfilter, 394
Mehrschichtstruktur, 543
mehrstufiges Signal, 157
Meißner, A., 456
Meißnerschaltung, 456, 467
Meißner'sche Differenzialgleichung, 515

Printed in the United States
By Bookmasters